制作室内效果图

合成贴图效果

应用灯光照明效果

渲染效果

应用VRay Mlt材质

混合贴图效果

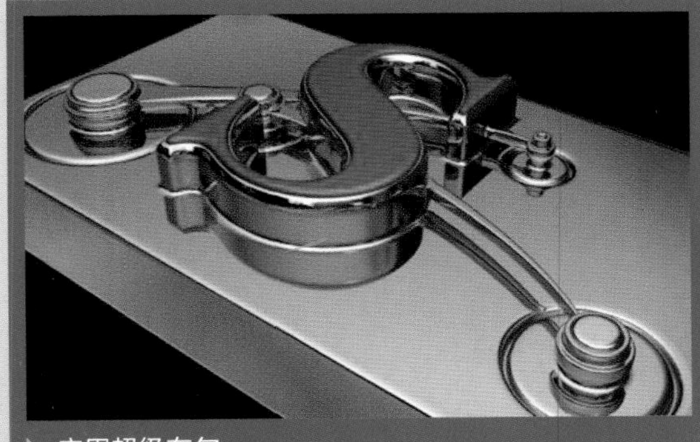

应用超级布尔

应用附着点约束

制作动画场景

应用镜头效果

平面镜贴图效果

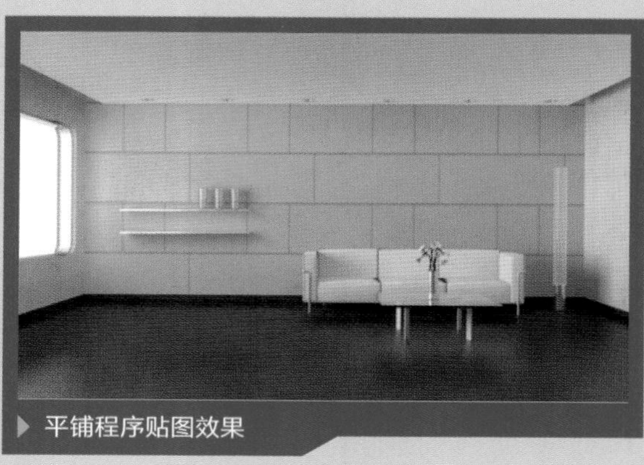

平铺程序贴图效果

制作带漆铁锈材质

应用胶片颗粒效果

应用色彩平衡效果

应用亮度对比度效果

制作火焰效果

应用条纹效果

应用VRay材质

创建光斑效果

阴影贴图渲染效果

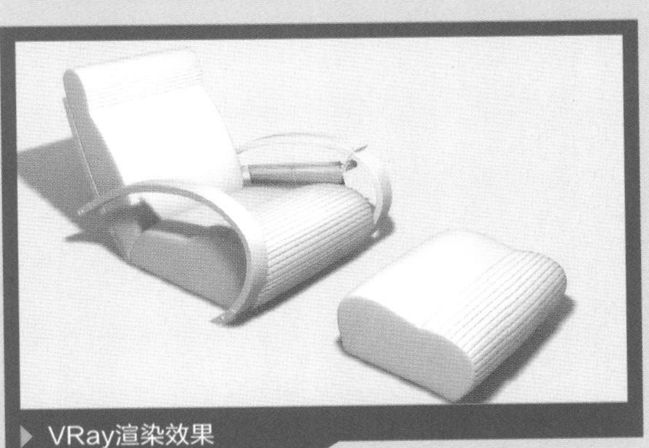
VRay渲染效果

光度学灯光照明效果

应用暴风雨粒子

创建棋盘

创建与调整摄影机

应用全局照明

创建克隆对象

应用体积光效果

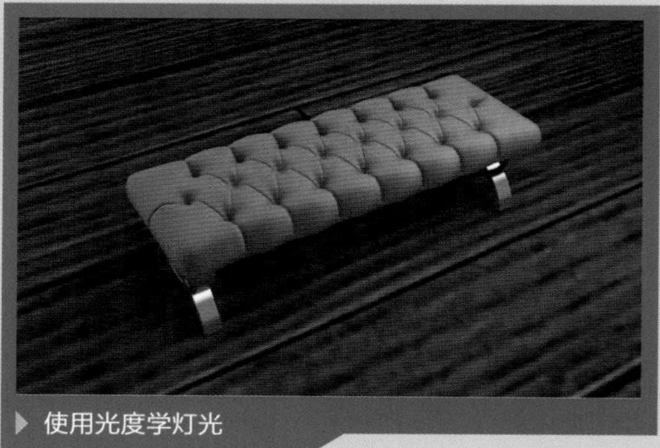

使用光度学灯光

应用渲染选项

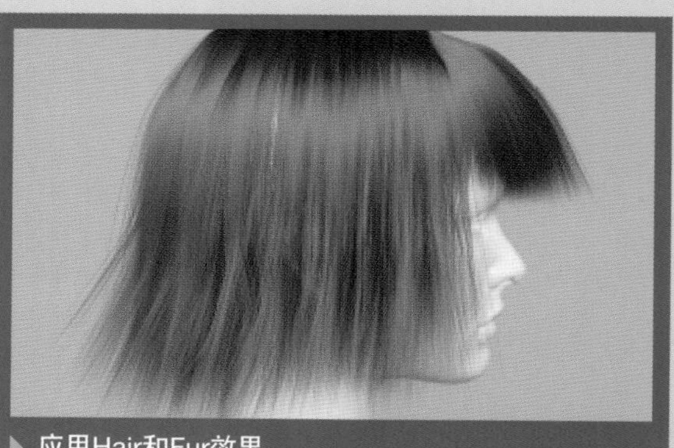

应用Hair和Fur效果

CAN DO! Learn 3ds Max 2013 the right way

集经验、技术与创意于一体，历经千锤百炼华丽登场！

中青雄狮
从入门到精通
系列总销量突破
300万

权威理论知识讲解+海量实战案例解析=成就三维设计高手！

3ds Max 2013 中文版 从入门到精通

高峰 赵侠 武长治 王晓飞 / 编著

中国青年出版社
CHINA YOUTH PRESS

图书在版编目（CIP）数据

3ds Max 2013 中文版从入门到精通 / 高峰等编著．— 北京：中国青年出版社，2012.10
ISBN 978-7-5153-1121-0
I. ①3… II. ①高… III. ①三维动画软件 IV. ①TP391.41
中国版本图书馆 CIP 数据核字（2012）第 239899 号

3ds Max 2013 中文版从入门到精通

高峰 赵侠 武长治 王晓飞 编著

出版发行：中国青年出版社
地　　址：北京市东四十二条 21 号
邮政编码：100708
电　　话：（010）59521188 / 59521189
传　　真：（010）59521111
企　　划：北京中青雄狮数码传媒科技有限公司
责任编辑：郭 光 张海玲 柳 琪 沈 莹
封面设计：六面体书籍设计 王世文 王玉平

印　　刷：中国农业出版社印刷厂
开　　本：787×1092 1/16
印　　张：40.25
版　　次：2013 年 1 月北京第 1 版
印　　次：2015 年 9 月第 3 次印刷
书　　号：ISBN 978-7-5153-1121-0
定　　价：69.90 元（附赠 1DVD，含教学视频与海量素材）

本书如有印装质量等问题，请与本社联系　电话：（010）59521188 / 59521189
读者来信：reader@cypmedia.com
如有其他问题请访问我们的网站：www.lion-media.com.cn

“北大方正公司电子有限公司”授权本书使用如下方正字体。
封面用字包括：方正粗雅宋简体，方正兰亭黑系列。

软件介绍

3ds Max自问世以来，凭借其强大的建模、材质、动画等功能和人性化的操作方式，被广泛应用于建筑、工业、影视、游戏、广告等领域，在行业中拥有庞大的用户群，受到国内外设计师和三维爱好者的青睐。不管你想为游戏制作3D内容、为电视制作广播图形还是为电影制作视觉特效，Autodesk 3ds Max 2013 皆为你提供了一套全面的开箱即可使用的业界标准 3D 工具，使你能够快速上手并突破创造力和效率的极限。

本书特色

- **入门为基础：** 全面介绍使用3ds Max 2013进行三维设计的工作流程和方法，涵盖建模、材质、灯光、动画和渲染等内容。
- **精通为目的：** 从介绍软件基础知识入手，通过实例讲解和技巧提示，让初学者真正成为三维设计高手。
- **范例为向导：** 精心设计上百个小型实例，将软件各个功能命令充分体现在具体应用中，让学习简单有趣。
- **提示为精华：** 上千个软件操作重点提示，凝聚作者多年三维设计经验，避免读者在学习、工作时再走弯路。

本书内容

本书全面介绍了使用3ds Max Design 2013进行三维设计的工作流程和方法，内容涵盖建模、材质、灯光、动画和渲染等方面。该书从软件基础知识入手，通过逐步讲解实例操作，让初学者的软件操作水平得到大幅提高，成为具有较高水平的三维设计人员。其中由笔者精心设计的上百个小型范例，将每个功能命令充分应用到具体的案例中，使读者在学习过程中更容易掌握这些命令的灵活运用方式，使学习过程变得简单有趣。

光盘内容

随书赠送一张DVD光盘，内含本书全部范例的配套场景文件和各种素材；5小时重点案例的多媒体视频教学；2000多个精美材质贴图与300个实用模型库；3ds Max常用快捷键及插件使用电子书。

作　者

目录 CONTENTS

Chapter 01 基础知识

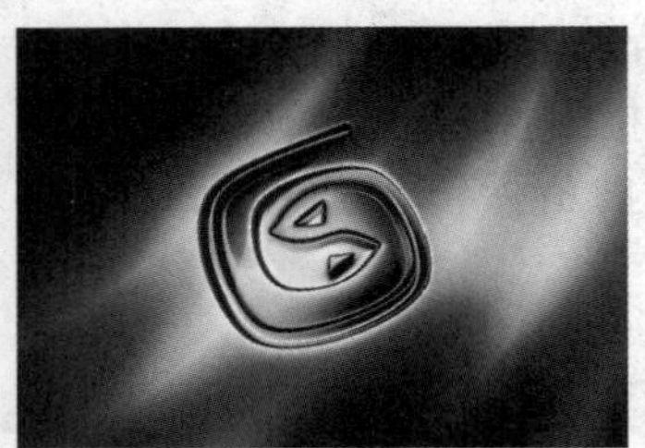

Chapter 02 熟悉用户界面

Chapter 03 场景对象

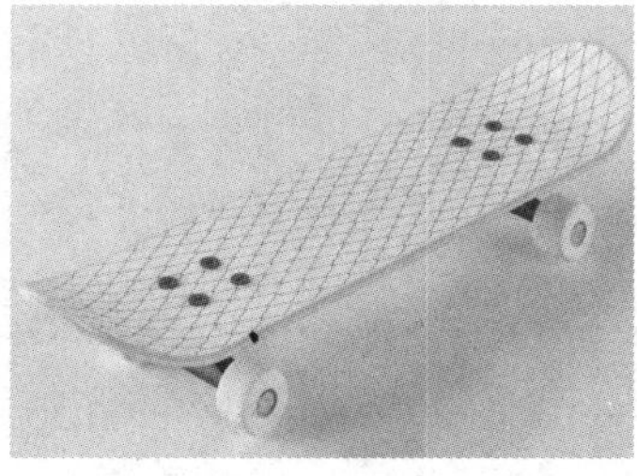

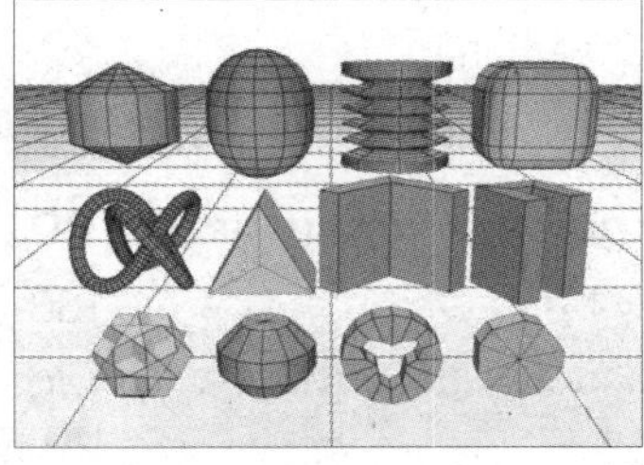

Chapter 04 对象的变换

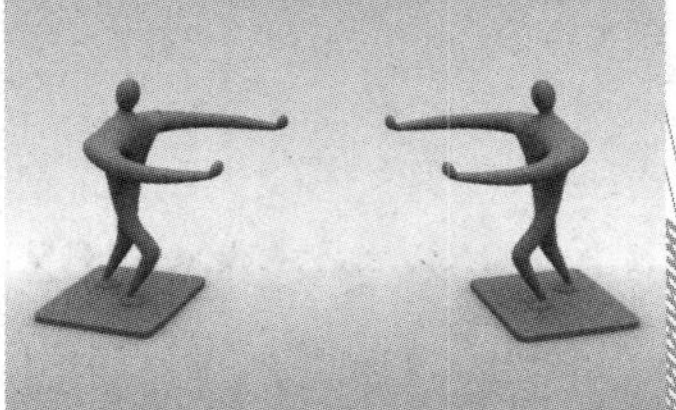

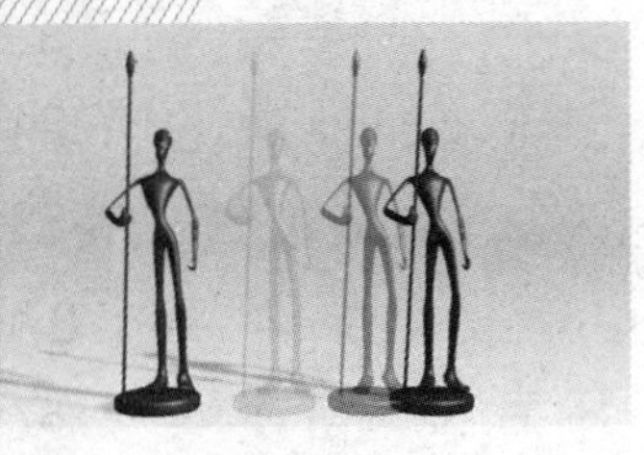

Chapter 05 文件与场景管理

Chapter 06 复杂对象的创建

Chapter 07 材质与贴图

GLUGGO

Chapter 09 环境与效果

Chapter 10 动画

Chapter 11 渲染

Chapter 12 粒子系统

Chapter 13　效果图的制作

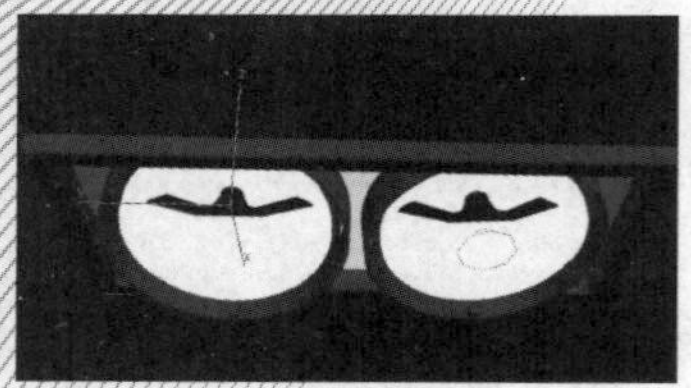

Chapter 14　动画场景的制作

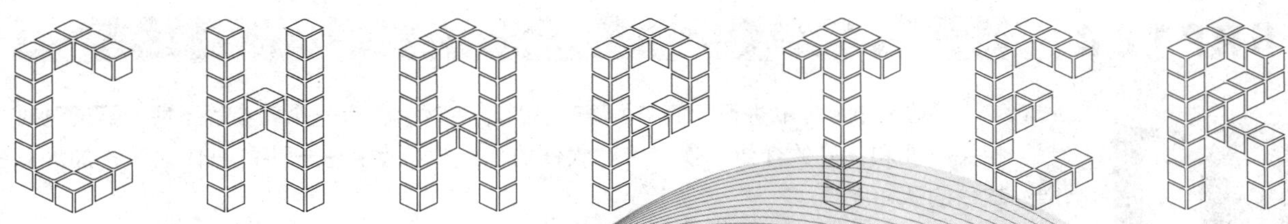

CHAPTER

01

基础知识

本章对3ds Max 2013进行了简单介绍，让读者了解3ds Max软件的性质和应用领域。同时，对3ds Max的使用进行初步介绍和解读，带领读者进入3ds Max的三维世界。

重点知识链接

本章主要内容	知识点拨
3ds Max的基础知识	什么是3ds Max 3ds Max的应用
如何使用3ds Max	3ds Max的应用行业
3ds Max工作流程	建模、修改模型、赋予材质、 创建灯光、制作动画、渲染作品

CHAPTER

01

> 提 示
>
> 3ds Max 2013和3ds Max Design 2011两个版本不能安装在同一台计算机上，用户可以根据需求选择其中之一进行安装。

> 提 示
>
> 3ds Max与3ds Max Design相对于之前的版本有一定的区别，而均作为2013新版本的这两款软件并没有太大的区别。对于初学者来说，这两个软件是并通的。

1.1 了解认识3ds Max

本章对3ds Max进行了简单的概述，使读者对软件有一个初步的了解。再通过对相关行业和作品的介绍，使读者对软件的功能和特点有进一步的具体认识，加深对软件的认知度。

1.1.1 什么是3ds Max

3ds Max的雏形是当时运行在DOS系统下的3DS，到1996年正式转形为Windows操作系统下的桌面程序，命名为3D Studio MAX。1999年，Autodesk公司将收购的Discreet Logic公司和旗下的Kinetix公司合并，吸收了该软件的设计人员，并成立了Discreet多媒体分公司，专业致力于提供用于视觉效果、3D动画、特效编辑、广播图形以及电影特技的系统和软件。2005年3月24日，Autodesk宣布将其下属分公司Discreet正式更名为Autodesk媒体与娱乐部，而软件的名称也由原来的Discreet 3ds Max更名为Autodesk 3ds Max。

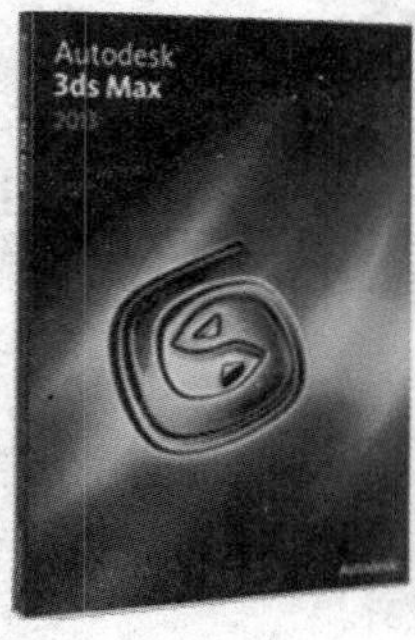

3ds Max 2013是Autodesk对3ds Max进行XBR（神剑计划）的第二个版本。2013版本仍然具有两个产品，一个是用于游戏以及影视制作的3ds Max 2013 Entertainment，另一个是用于建筑、工业设计以及视觉效果制作的Autodesk 3ds Max Design 2013。下图所示为3ds Max 2013 Entertainment的启动界面。

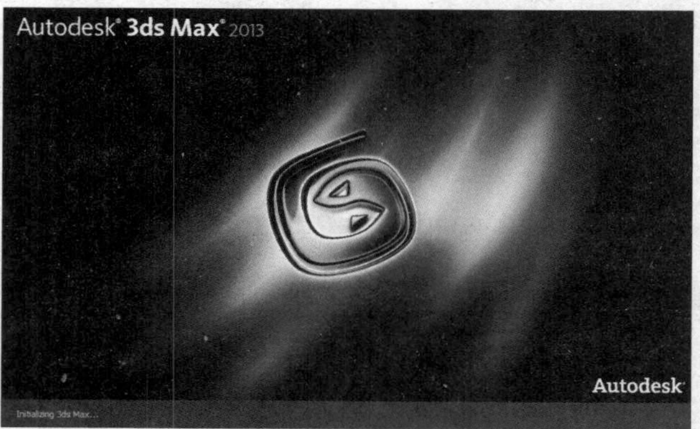

3ds Max Design 2011的升级，使用户可以更方便地进行渲染、角色动画、粒子等特效的制作，并可在更短时间内生产出高品质的动画。3ds Max 2013版本中的Nitrous、MassFX、iray渲染器等更是突破性的改进，其神剑计划（XBR）的启动使得用户们产生了无限遐想。下图所示为3ds Max Design 2011的启动界面。

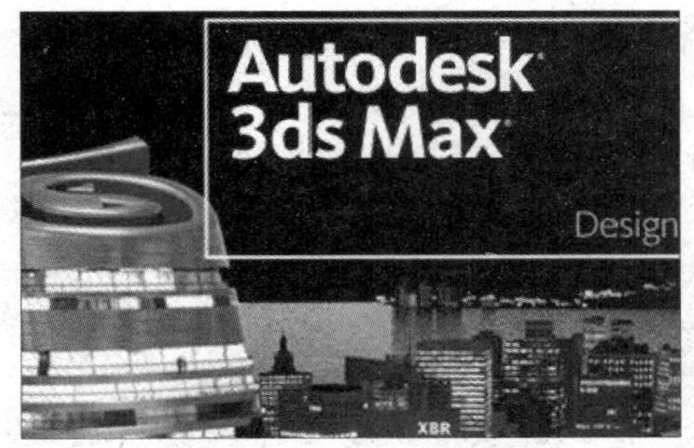

> **提 示**
>
> 如果同时执行多个3ds Max程序，会打开多个3ds Max窗口，并占用大量内存，所以为了获得最佳性能，最好不要同时运行多个3ds Max程序。

1.1.2 3ds Max应用领域

3ds Max是当今世界上应用领域最广的三维设计软件，它能帮助三维设计师摆脱行业设计中复杂制作的束缚，从而得以集中精力实现其创作理念，它主要应用于以下几个方面。

1. 影视动画

3ds Max最常应用于影视动画行业，利用3ds Max可以为各种影视广告公司制作令人炫目的广告。在电影中，利用3ds Max可以完成真实世界中无法完成的特效，甚至制作大型的虚拟场景，从而使影片更显震撼和真实，下图就是使用3ds Max软件制作的。

2. 游戏

在游戏行业中，大多数游戏公司会选择使用3ds Max来制作角色模型、场景环境，这样可以最大程度地减少模型的面数，增强游戏的性能。除了建模外，为游戏角色设定动作和表情以及场景物理动画等，也都可以通过3ds Max来完成，下图所示为使用3ds Max制作的角色模型作品。

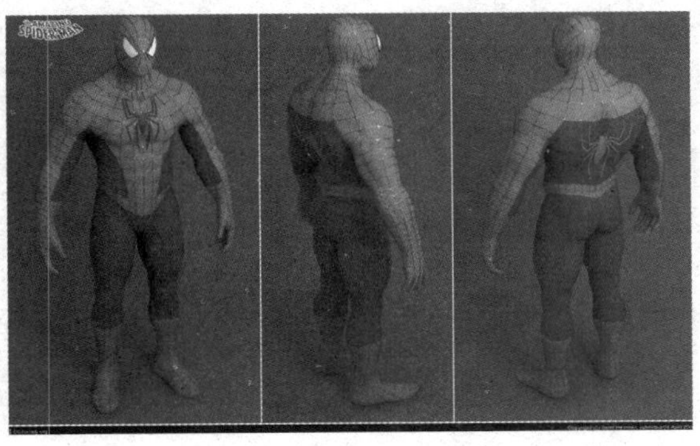

3. 建筑园林与室内表现

在国内的建筑园林设计和室内表现行业中，有大量优秀的规划师和设计师都将3ds Max作为辅助设计和设计表现工具。通过3ds Max来诠释设计作品，可产生更加强烈的视觉冲击效果，下图所示为使用3ds Max完成的室内表现作品。

4. 工业设计

在工业设计领域，如汽车、机械制造等行业，大都会使用3ds Max来为产品制作宣传动画，下图所示为利用3ds Max完成的工业设计作品。

1.1.3 3ds Max 2013新增功能

为了修订前面版本近400个的漏洞，同时也为用户提供更加完美的产品，Autodesk公司决定推迟1个月发布新产品。为了更好地获取用户的反馈，开发人员邀请了来自各行各业使用3ds Max的人员一起参与测试和改进工作，在3ds Max 2013测试阶段，有大约200人参加了调查和测试。

2013版增加了全新的创作工具集、交互性更强的视口和工作流程增强功能，强化了各个应用程序之间的一致性和交互操作性，方便开展协作、管理复杂数据，以及在工作流程中更高效地转移数据。在渲染方面，3ds Max 2013提供了实时渲染的功能，在制作的过程中可以提前预览最终效果。除此之外，新版本还提供了有关真实衣物、毛发和人群的全新模拟工具，可帮助用户创作出更为生动逼真的人物角色。

Workflow Updates工作流程更新

工作流程的改进、新增的Node Editor（节点编辑器）和Alembic Caching（蒸馏器缓存）使用户的工作更加方便快捷。新版本完美地改进了FBX文件格式的输出，大大提高了软件之间的兼容性和文件导入/导出的准确性。其中，Alembic Caching（蒸馏器缓存）可以导入/导出Alembic格式的文件。这是一个由Sony Pictures Imageworks和Lucasfilm共同开发的开源文件交换格式。

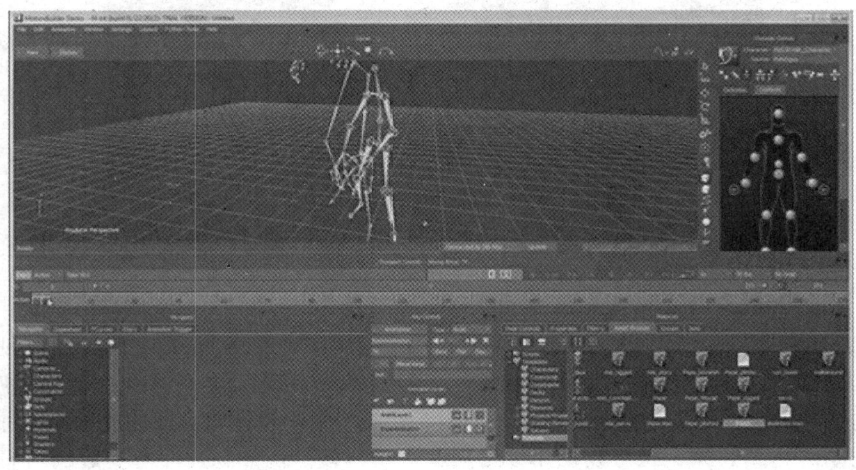

Nitrous加速图形核心

在新版本中，Autodesk公司推出了3ds Max重建计划——神剑计划（XBR），这一具有革命性的计划将能够大幅提高软件性能和设计作品的视觉效果，使用户享受到更流畅、更直观的工作流程。此外，Nitrous还提供了具备渲染质量的显示环境，可支持无限光、软阴影、屏幕空间环境光吸收、色调贴图和更高质量的透明度。它还可以在不影响场景变更的情况下对图像质量进行逐步改进，帮助用户根据最终效果制定更出色的创意决策。

材质的改进

3ds Max 2013借助包含80种物质纹理的新素材库实现了多种视觉效果的变化。

这些与分辨率无关的动态纹理仅占用极小的内存和磁盘空间，能够通过Substance Air中间件导出到特定的游戏引擎中。

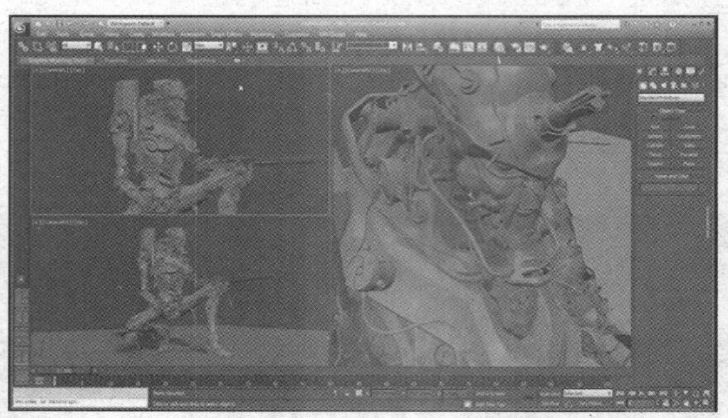

mRigids刚体动力学

3ds Max 2013新增了MassFX仿真解算器统一系统：mRigids刚体动力学模块。借助mRigids，用户可以直接在3ds Max视口中利用多线程的NVIDIA PhysX引擎创建更具吸引力的动态刚体仿真。mRigids支持静态、动态和运动学刚体以及诸多约束。如刚体、滑动、合页、扭曲、通用、球窝和齿轮。动画设计师可以快速创建各种逼真的动态仿真效果，也可以使用该工具集进行建模，例如创建随意安放的岩石景观，为模型分配物理属性（摩擦、密度和弹性）就像选择初始预设的真实材质和位置参数一样简单。

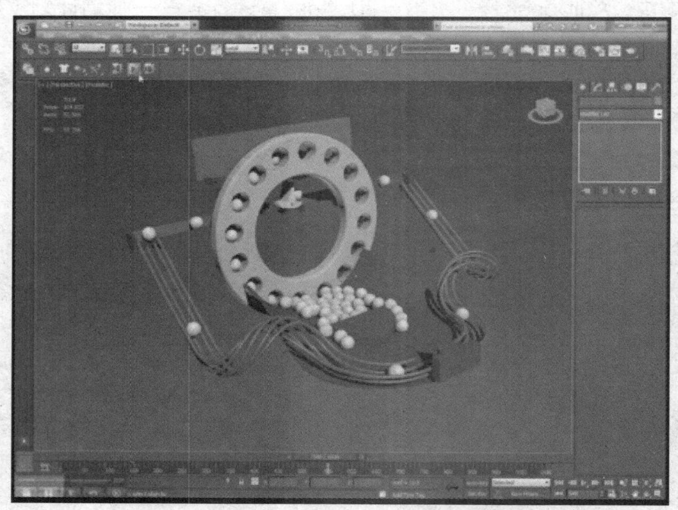

iray渲染器

通过集成mental images的iray渲染技术，可以在3ds Max中轻松创建逼真图像。iray是渲染技术革命中的另一个重大里程碑，用户只需创建场景并按下“渲染”，便可获得可预测的照片级渲染效果，无需考虑渲染设置——就像“傻瓜”相机一样。用户还可以直观地使用真实的材质、采光和设置更准确地描述物理环境，从而将更多精力放在创意上。iray支持对图像进行逐步完善，直至达到用户所期望的精细度水平。iray还可支持标准的多核CPU，但支持NVIDIA CUDA的GPU硬件可以显著加快渲染速度。

1.2 如何使用3ds Max 2013

3ds Max软件除了在三维领域具有独特优势之外，其基本操作与其他常用软件的应用程序一样，也具备打开、关闭、备份、存档等基础功能，下面从项目工作流程开始深入了解这款软件的特点和优势。

1.2.1 了解项目工作流程

3ds Max的主要工作流程分为建模、赋予材质、设置摄影机与灯光、创建场景动画、制作环境特效以及渲染出图等几步。根据工种的不同在流程上可能会有所删减，但是制作的顺序却是大致相同的。

1. 建模

建模即创建模型，不论进行怎样的工作，都会有一个操作对象存在，创建操作对象的工序就是创建模型，简称为建模。3ds Max软件中有许多常用的基础模型供用户选择，为模型的创建提供了便利。

2. 赋予材质

赋予材质是指为操作对象赋予物理质感。每个物体都有其物体特性，如金属、玻璃、皮毛等，鲜明的物体特性就体现在质感上。在3ds Max中使用“材质编辑器”可以调试出各种具有真实质感的材质，使模型的外观更加真实。

> **提 示**
>
> 在plugin.ini文件中嵌套其他路径，就可以使用多个插件配置文件了。这非常有用，因为它允许整个网络的用户共享同一个plugin.ini文件，也使得网络管理员能够更容易地维护系统。

3. 设置摄影机与灯光

在3ds Max中创建摄影机时，可以与在现实世界中一样控制镜头的长度、视野并进行运动控制。3ds Max提供了业界标准参数，可以精确实现与摄影机相匹配的功能，灯光选项则可以设置照射方向、照射强度、灯光颜色等，使模拟效果更加真实。

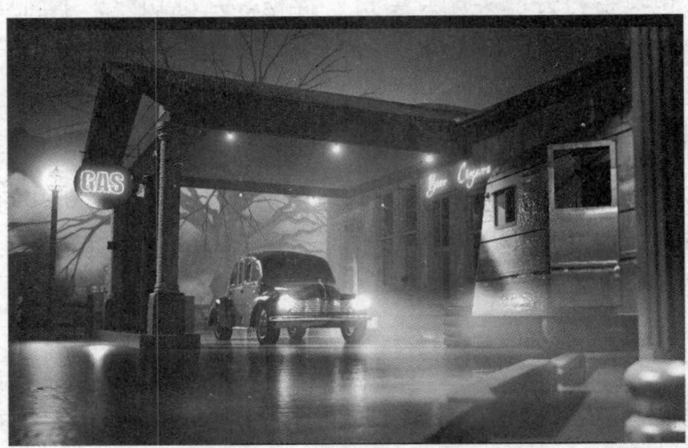

4. 创建场景动画

> **提 示**
>
> 与"自动关键点"功能对应的是"手动关键点"功能，场景中发生变化后需要手动插入关键点。

利用"自动关键点"功能可以记录场景中模型的移动、旋转比例变化甚至是外形改变。当激活"自动关键点"功能时，场景中的任何变化都会被记录为动画过程。

5. 制作环境特效

3ds Max软件将环境中的特殊效果作为渲染效果提供给用户，可将其理解为制作渲染图像的合成图层。用户可以变换颜色或使用贴图使场景背景更丰富，包括为场景加入雾、火焰、模糊等特殊效果。

> **提 示**
>
> 如果在操作过程中3ds Max程序崩溃，系统会试图恢复和保存当前内存中的文件。

6. 渲染出图

渲染工作是3ds Max最后的工作流程，可以对场景进行真正的着色，并最终计算如光线跟踪、图像抗锯齿、运动模糊、景深、环境效果等各种前期设置，输出完成项目作品。

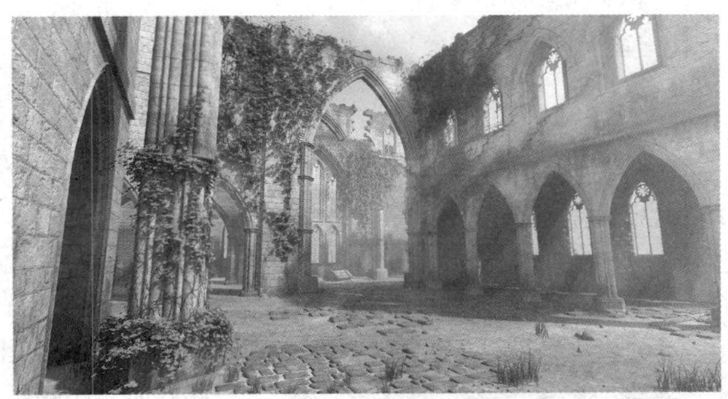

1.2.2 3ds Max 2013的安装

在计算机中安装或运行3ds Max 2013，首先要确保硬件环境和操作系统符合安装需求，在配置过低的计算机中将无法成功安装或运行3ds Max 2013。

> **提 示**
>
> 除了Windows操作系统外，Autodesk公司未提供如Linux等操作系统下适用的相应程序。

1. 系统需求

下列任何一种操作系统都支持Autodesk 3ds Max 2013的32位版本：

- Microsoft Windows XP Professional（Service Pack 2 或更高版本）
- Microsoft Windows Vista Business （SP2 或更高版本）
- Microsoft Windows 7 Professional

下列任何一种操作系统都支持Autodesk 3ds Max 2013的64位版本：

- Microsoft Windows XP Professional x64（SP2或更高版本）
- Microsoft Windows Vista Business x64（SP2或更高版本）
- Microsoft Windows7 x64

3ds Max 2013 需要以下补充软件：

- Microsoft Internet Explorer 7或更高版本
- DirectX 9.0c（必须）
- Mozilla Firefox 2.0 web或更高版本

2. 硬件需求

> **提　示**
>
> 3da Max 2013支持基于Intel处理器和运行Microsoft操作系统的苹果电脑，但是需要使用苹果的Boot Camp应用程序。可通过Parallels Desktop for Mac软件在苹果机上运行。

3ds Max 2013 32位软件最低需要以下配置：

- Intel Pentium 4或更高版本、1.4 GHz或同等的AMD处理器，支持SSE2技术
- 2 GB内存（推荐使用 4 GB）
- 2 GB 交换空间（推荐使用 4 GB）
- 具有Direct3D 10、Direct3D 9 或 OpenGL 功能的显卡，256 MB 内存或更高
- 3 键鼠标和鼠标驱动程序软件
- 3 GB 可用硬盘空间
- DVD-ROM光驱

3ds Max 2013 64位软件最低需要以下配置：

- Intel EM64T、AMD 64 或更高版本处理器，支持SSE2技术
- 4 GB内存（推荐使用 8 GB）
- 4 GB 交换空间（推荐使用 8 GB）
- 具有Direct3D 10、Direct3D 9 或 OpenGL 功能的显卡，256 MB 内存或更高
- 3 键鼠标和鼠标驱动程序软件
- 3 GB可用硬盘空间
- DVD-ROM 光驱

范例实录　安装3ds Max 2013

Step 01 运行3ds Max 2013的安装文件，弹出3ds Max的安装程序界面，如图所示。

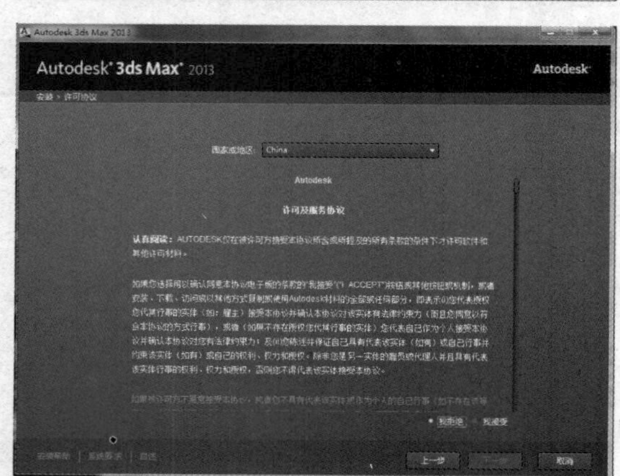

Step 02 用户阅读Autodesk软件许可协议，如果用户同意该协议，可以单击“我接受”单选按钮并进入下一界面。如不能接受该协议，将终止安装。

> **提　示**
>
> 安装程序中提供了多国语言的软件许可协议，但并未提供相应的语言程序版本。

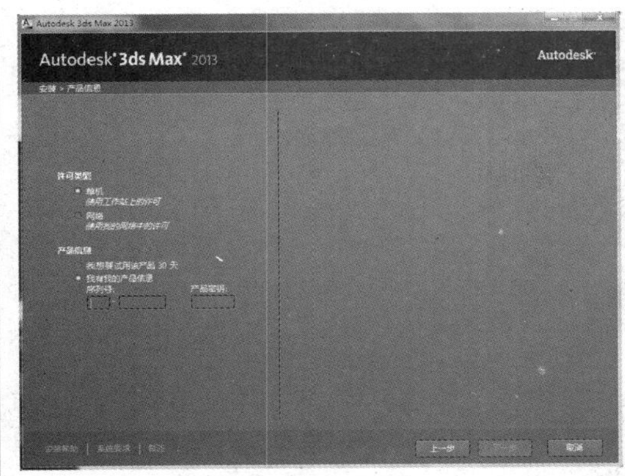

Step 03 在产品信息界面中，用户必须输入软件的正版序列号、产品密钥等信息，如图所示。

提 示

错误报告包含了错误发生时有关系统状态的信息。还可以添加相关的其他信息，如错误发生时正在执行的操作等。

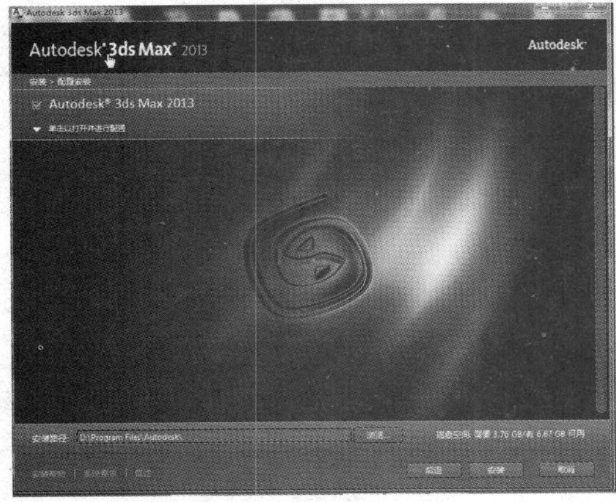

Step 04 单击“安装”按钮，3ds Max 2013开始安装，如图所示。

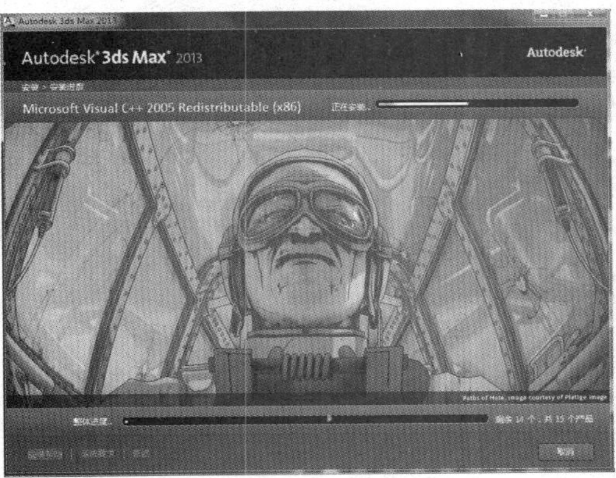

Step 05 3ds Max 2013开始进行安装，安装过程如图所示。

Step 06 所有文件复制完成后，进入安装完成界面，将提示用户Autodesk 3ds Max 2013 32位程序成功安装。启动软件，弹出欢迎界面，在其中单击标题，即可打开相关的教学影片，如图所示。

提 示

恢复丢失的对话框有两种方法，这两种方法都需要使用3dsmax.ini文件，该文件位于安装软件所在的根目录中。

提　示

如果启动3ds Max 2013软件界面出现，但还是可以透过每个视口看到系统桌面，则说明显卡不完全支持OpenGL或者Direct3D。

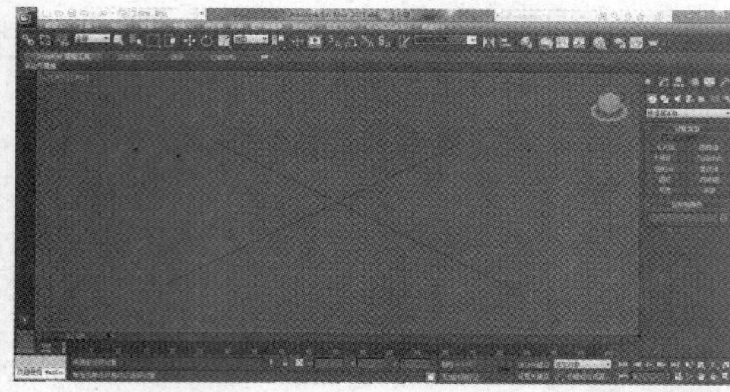

Step 07 关闭欢迎界面，可观察到3ds Max 2013的用户界面，如图所示。

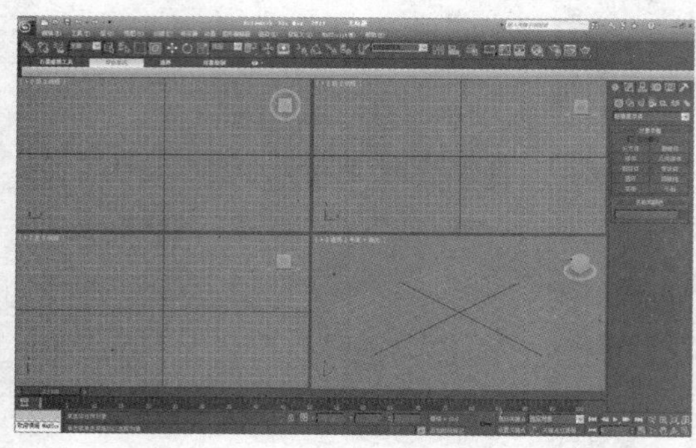

Step 08 关闭“学习影片”对话框，可观察到3ds Max 2013的用户界面，如图所示。

1.2.3 首次使用3ds Max 2013

如果用户是首次使用3ds Max，可以根据下面介绍的工作流程完成第一件作品。

范例实录

咖啡机

DVD-ROM

最终文件:
范例文件\Chapter 1\咖啡机.max

Step 01 启动3ds Max 2013程序，进入软件界面，如图所示。

提　示

从3ds Max 9开始，默认情况下不再显示“角色”菜单。

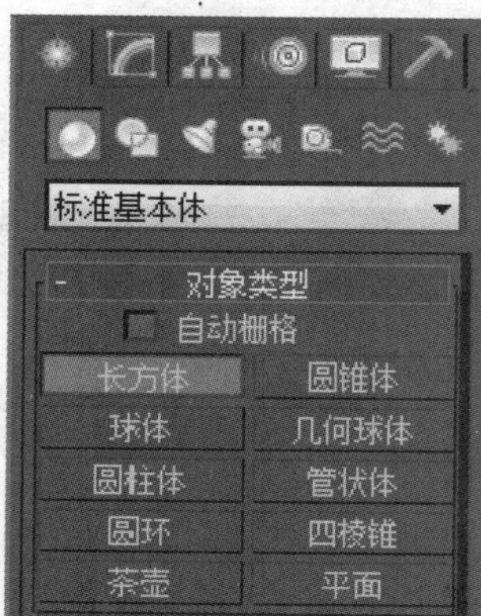

Step 02 在场景中创建一个长方形，在右侧命令面板的下拉列表中选择“标准基本体”选项，然后单击“长方体”按钮 长方体 ，如图所示。

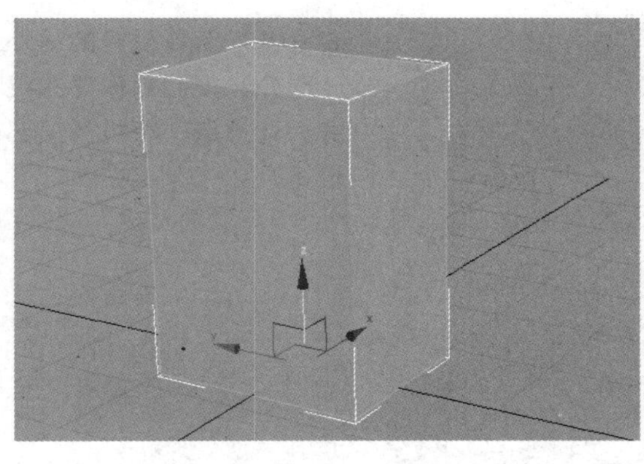

Step 03 继续创建另一个长方形，通过“缩放”、“移动”命令制作咖啡机的底部，如图所示。

Step 04 继续创建长方形，通过“缩放”、“移动”命令制作咖啡机的顶部，如图所示。

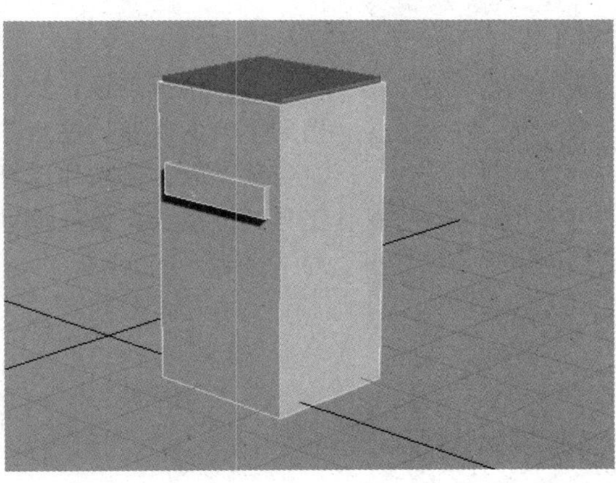

Step 05 创建一个条形长方体并将其放置在机身的前端，制作正面的装饰，如图所示。

提 示

材质贴图的创意做法帮助解决了很多3D图形方面的问题，利用这一简单的步骤可以实现更多的艺术效果，同时还可以有效节省时间和电脑中的资源。

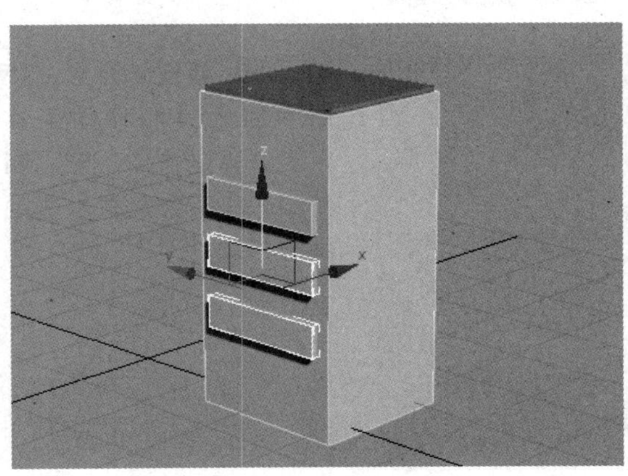

Step 06 按住Shift键的同时拖曳长方形，复制得到另外两个条形长方形。

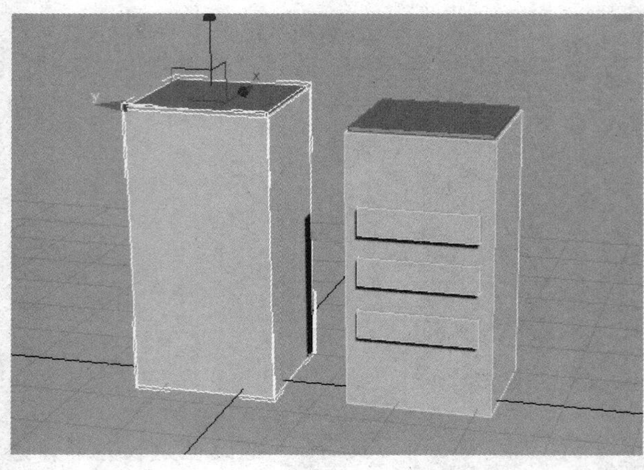

Step 07 制作机身的另外一部分，复制制作好的机身。选择点，将机身顶部拉长。

Step 08 对复制的机身进行调整大小的操作，制作前方的挡板。将挡板放置在正确的位置上，可以在侧视图中进行微调。

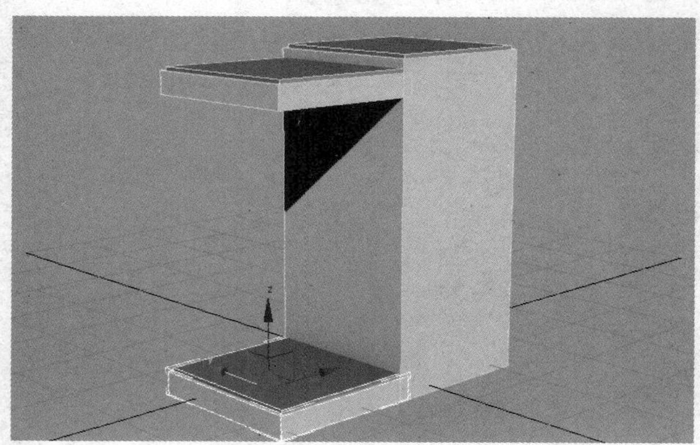

Step 09 选择挡板，复制得到下方的底座。注意在进行移动时，要按住选择工具的上箭头，保证垂直向下移动。

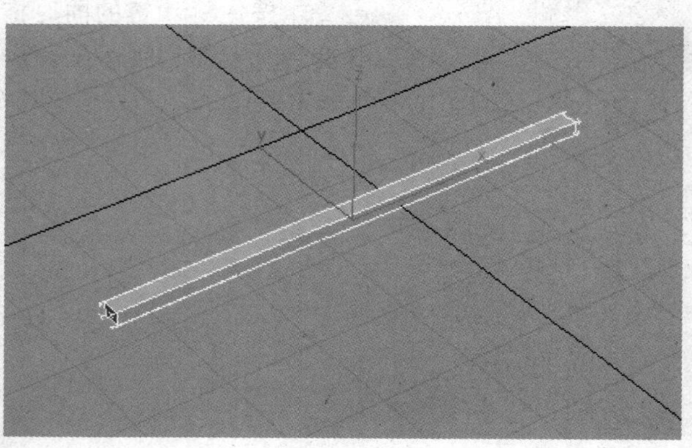

Step 10 新建长方形，使用缩放工具和移动工具将长方体制作成条形，制作咖啡机下方放置水壶的位置。

Step 11 选择制作好的长方条按住Shift键的同时进行拖曳，复制得到多个长条，将其整齐地排列在底座上。

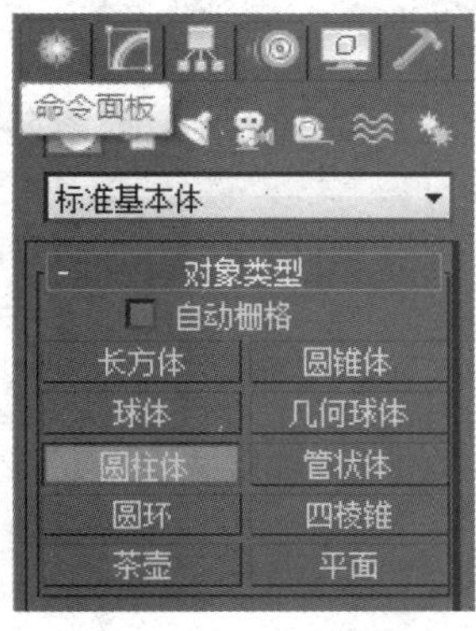

Step 12 下面制作水壶模型。在右侧命令面板中的下拉列表中选择“标准基本体”选项，单击“圆柱体”按钮，创建一个圆柱体。

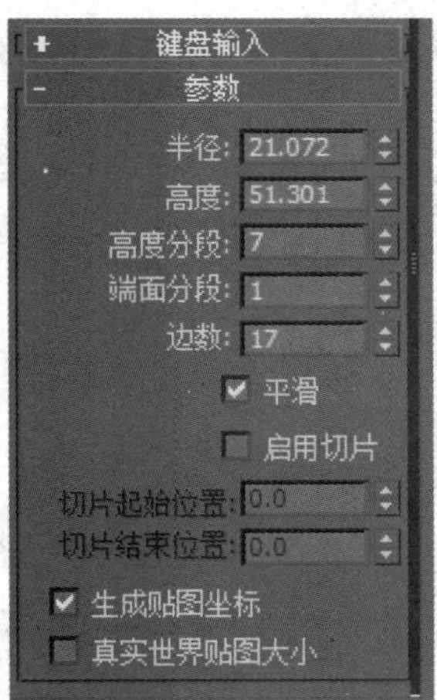

Step 13 设置圆柱体的参数，调整圆柱体的外观，如图所示。

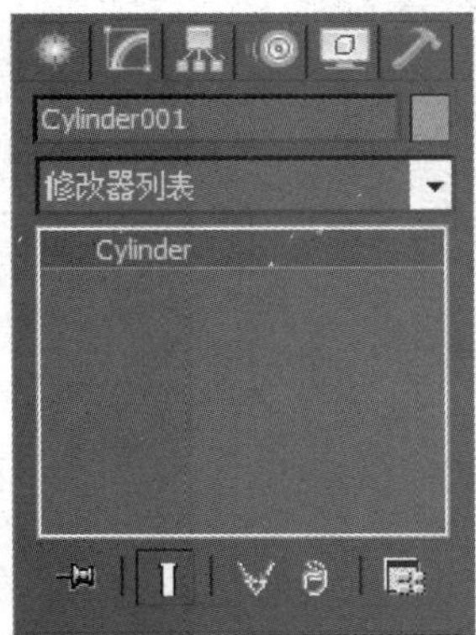

Step 14 选择圆柱体，在右侧命令面板中单击“创建”按钮，切换到修改面板。

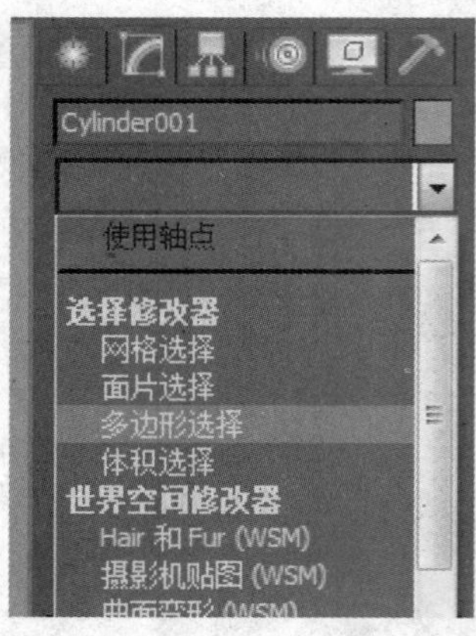

Step 15 在修改器列表中选择“选择修改器”下的“多边形选择”选项。

Step 16 右击“多边形选择”选项，在弹出的右键菜单中选择“塌陷全部”命令，对模型进行编辑，如图所示。

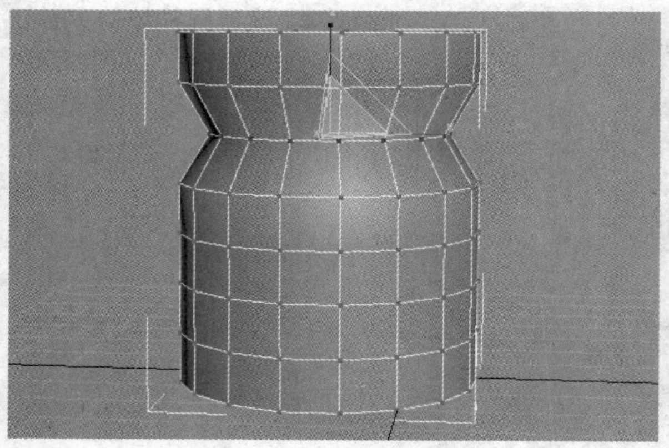

Step 17 模型进入可编辑状态后单击图标，进入点模式，对模型进行调整，如图所示。

Step 18 通过移动工具、缩放工具，在点模式下对模型进行编辑，如图所示。

Step 19 将水壶放置在咖啡机底座上，进行细微调整，这样咖啡机的模型制作完成。

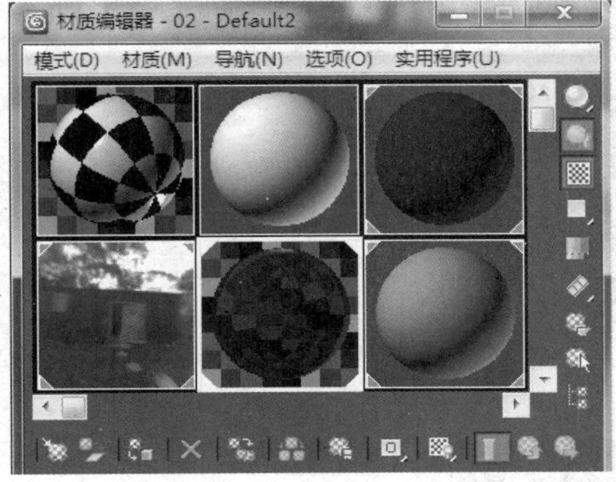

Step 20 在主工具栏中单击“材质编辑器”按钮，如图所示，为咖啡机和小壶赋予相应的材质。

Step 21 在“创建”命令面板中单击“灯光”按钮，在下拉列表中选择“标准”选项，单击“泛光”按钮。

Step 22 在场景中需要添加聚光灯的位置单击鼠标左键，创建一盏目标聚光灯，如图所示。

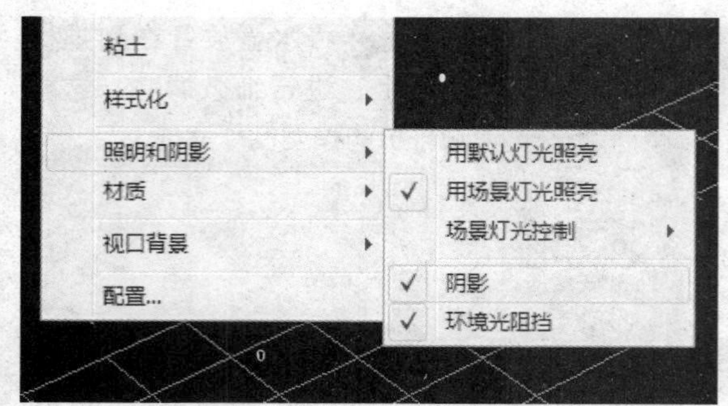

Step 23 右击并选择“照明和阴影>阴影”命令，使场景中显现阴影效果。

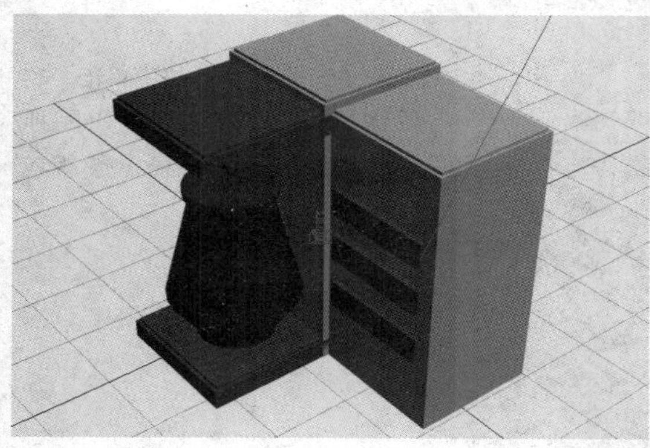

Step 24 在场景中查看灯光照射的效果，调整得到最佳的效果，如图所示。

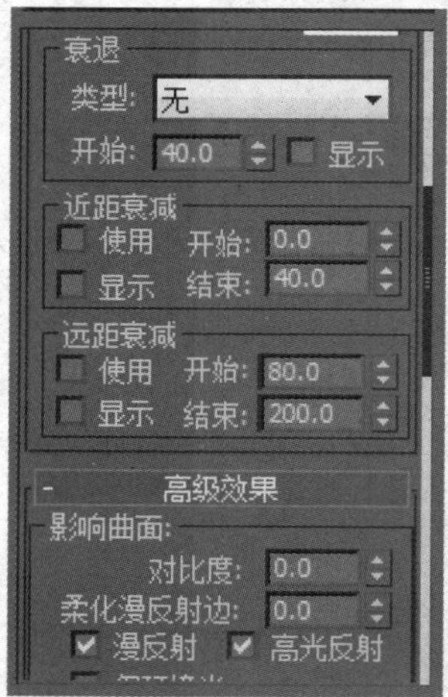

Step 25 打开“灯光”参数面板，调整相关灯光参数，如图所示。

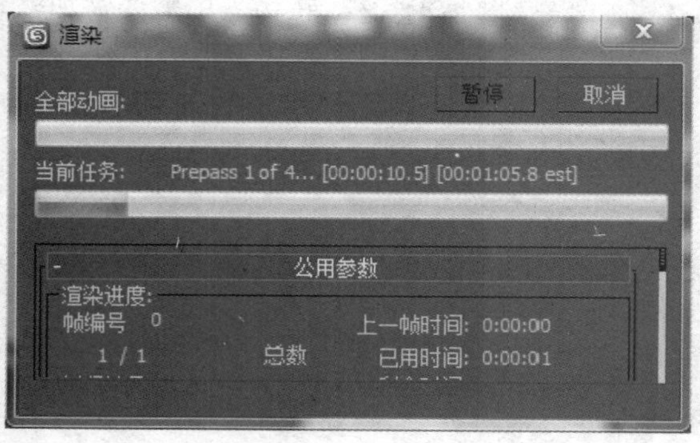

Step 26 单击场景中的白色方盒子，选择“camera2”视窗。在工具栏中单击“渲染产品”按钮，对图像进行渲染。

Step 27 等待并最终查看渲染效果，最终效果如图所示。

注意 在命令行中键入3dsmax后，可以使用以下开关以不同的模式启动3ds Max 2013

开 关	效 果
-c othercui	使用 othercui.cui，而不是 maxstart.cui 来启动程序
-d	使"轨迹视图"使用双缓冲区显示，这种显示方式比使用单缓冲区显示更平滑，但需要占用更多的系统资源
-g	在以下窗口中使背景变为白色（而不是灰色）：轨迹视图、RAM 播放器、Video Post、放样和衰减曲线
-h	允许使用以下图形驱动程序的选择：软件、OpenGL、Direct3D和自定义
-i otherfile	使用 otherfile.ini，而不是 3dsmax.ini 来启动程序
-l	自动加载最后的 .max 文件
-ma	以最大化模式启动程序
-mi	以最小化模式启动程序
-n	以禁用网络模式启动程序
-p otherfile	使用 otherfile.ini，而不是 plugin.ini 来启动程序
-q	以静默方式启动程序，抑制初始屏幕
-s	以服务器模式启动程序
-u	打开工具
-v	加载显示驱动程序
-z	将版本编号写入文件
anyscene	启动程序，并打开名为 anyscene.max 的文件

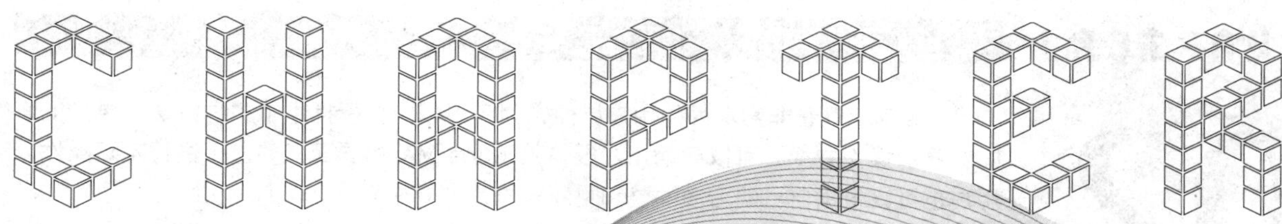

CHAPTER

02 熟悉用户界面

本章将对3ds Max 2013的界面组成部分和基本操作进行详细介绍，其中将会对自定义用户界面进行深入剖析，并侧重讲解视口与视图的区别、视口的控制方法以及3ds Max 2013视口盒的应用。

重点知识链接

本章主要内容	知识点拨
了解3ds Max的用户界面	界面的组成和系统预置界面
3ds Max用户界面的操作	工具栏、四元菜单和卷展栏的操作控制
视口的重要性	视口与视图的区别、视口的渲染方法和控制、视口盒的应用

CHAPTER 02

2.1 主界面

3ds Max有着非常友好的用户界面，为实现相同目标提供了多种方法，再加上面向对象的操作方式，可以帮助用户很快熟悉3ds Max的界面，并上手进行实际操作，用户也可以根据自己的习惯调整和重新安排用户界面元素。

2.1.1 认识界面组成

3ds Max 2013的用户界面主要由菜单栏、主工具栏、视口、命令面板、状态栏及各种控制工具区组成，如图所示为3ds Max 2013的用户界面。

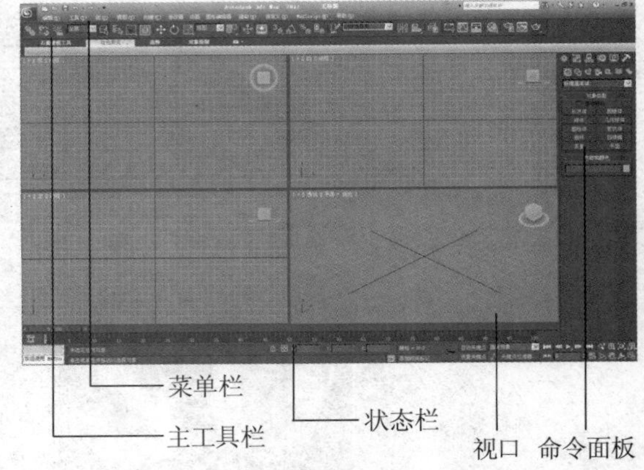

1. 菜单栏

> **提 示**
>
> 3ds Max 2013一共有12个菜单目录。

在用户界面的最上方是菜单栏，与Windows操作系统下的大多数程序一样，菜单栏中包含了程序中几乎所有命令。3ds Max 2013的菜单也具有级联菜单和多级级联菜单，如图所示为打开级联菜单的状态。

对具有通用快捷键的命令，在命令后面会显示相应的快捷键，如图所示。

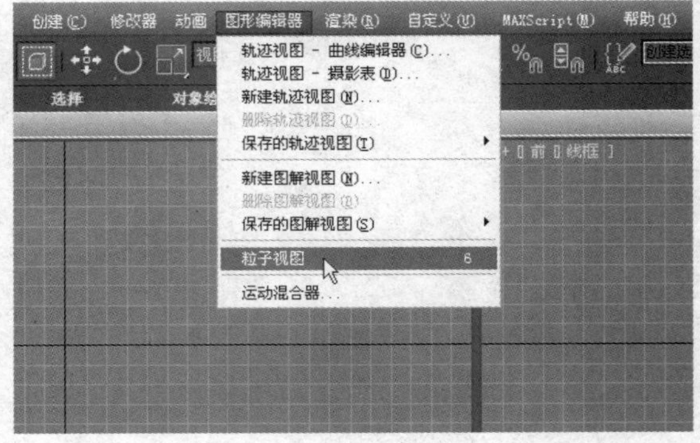

2. 主工具栏

3ds Max 2013对各种常用工具进行了分类，并将其整合到不同的工具栏中。在用户界面顶部的主工具栏里，主要包括了使用频率较高的操作和控制类工具，如图所示。

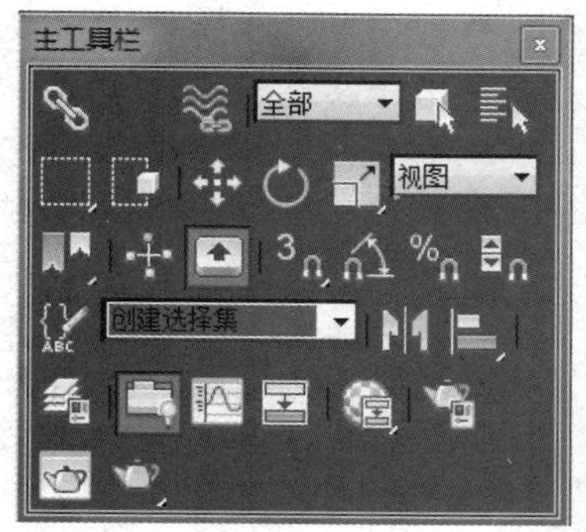

> **提 示**
>
> 在1024×768分辨率下无法显示所有主工具栏中的工具，可通过手形工具进行拖动显示。

3. 命令面板

命令面板位于用户界面的右侧，由创建、修改、层次、运动、显示和工具6个子面板组成，如图所示。

> **提 示**
>
> 命令面板可以进行宽度调整，但不能调整为浮动面板。

4. 视口

视口是3ds Max的主要操作区域，所有对象的变换和编辑都在视口中进行。默认界面主要显示顶、前、左和透视4个视口，用户可以从这4个视口中以不同的角度观察场景，视口布局如图所示。

5. 其他

在视口的下方有轨迹栏、MaxScript迷你侦听器、状态栏、提示行、动画控件和时间控件以及视口控制工具等，通过使用这些工具，用户可以更好地创建和控制场景。相关工具如图所示。

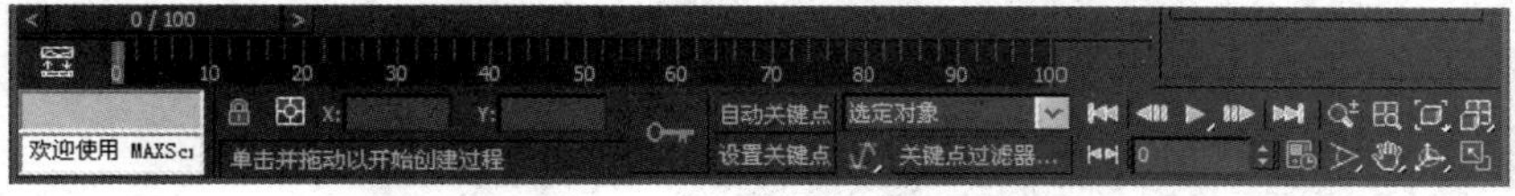

- 轨迹栏：轨迹栏提供了显示帧数的时间线。这为用于移动、复制和删除关键点，以及更改关键点属性的轨迹视图提供了一种便捷的替代方式。
- MaxScript迷你侦听器：MaxScript迷你侦听器分为粉红色和白色两个文本框。粉红色文本框是"宏录制器"文本框；白色文本框是"脚本"文本框，可以在这里创建脚本。

- 状态栏：状态栏提供有关场景和活动命令的提示和状态信息，其右侧是坐标显示区域，可以在此输入变换值。
- 提示行：提示行位于状态栏下方，即窗口底部，可以基于当前光标位置和当前程序活动提供动态反馈。
- 动画控件和时间控件：位于状态栏和视口控制工具之间的是动画控件，以及用于在视口中进行动画播放的时间控件。
- 视口控制工具：视口控制工具主要用于控制当前活动视口，也可针对场景对象同时控制所有视口。

2.1.2 预置界面主题

提　示

如果在3ds Max 2013中安装了其他插件，在自定义UI与默认设置切换器中将出现相应的程序初始设置。

3ds Max 2013的默认用户界面以深灰色为主，同时提供了“自定义UI与默认设置切换器”命令来使用预置的用户界面，允许用户对界面进行自定义修改并进行保存，如图所示为用户自定义的界面效果。

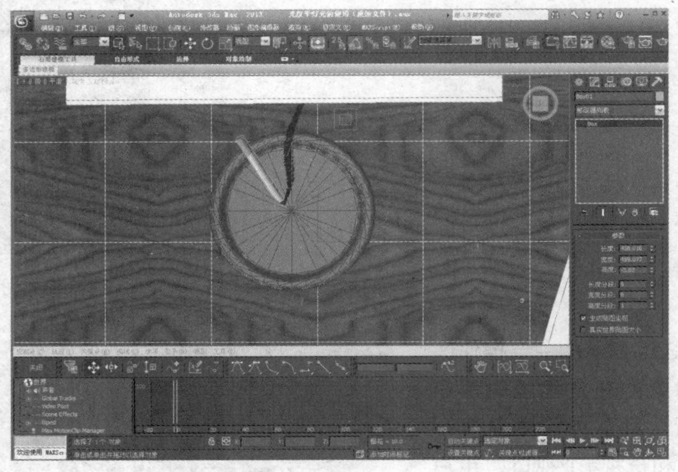

用户通过“自定义UI与默认设置切换器”命令，可以选择预置的界面效果和系统设置。3ds Max 2013一共提供了4种系统设定和用户界面皮肤效果，用户可以根据不同的工作需要直接选择读取某一款设置或界面主题。

范例实录

使用预置的用户界面

提　示

3ds Max 2013可以通过双击桌面快捷方式打开，也可通过在“开始”菜单中打开。

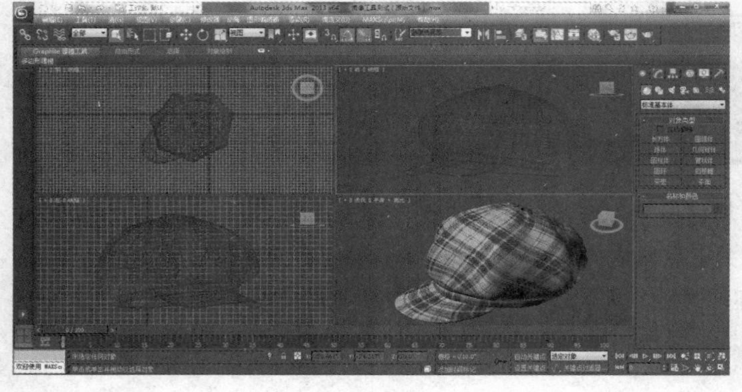

Step 01 打开3ds Max 2013，如图所示为默认的界面效果。

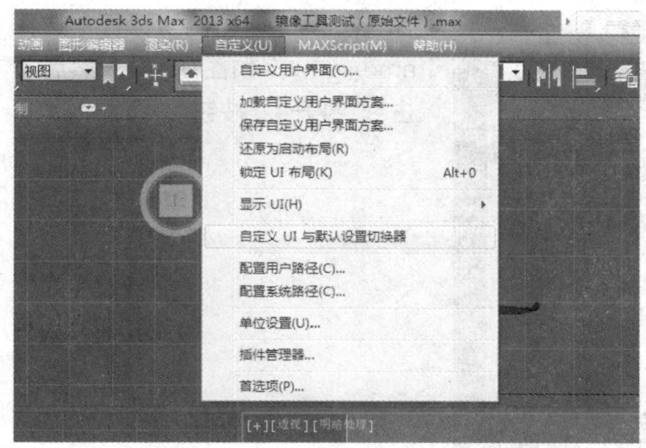

Step 02 在菜单栏中执行“自定义＞自定义UI与默认设置切换器”命令，如图所示。

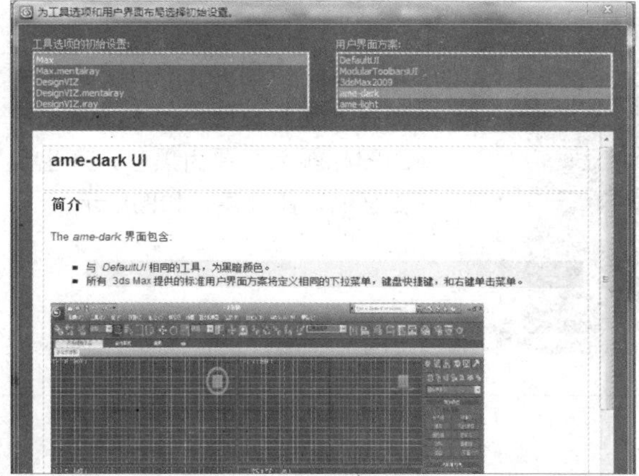

Step 03 在弹出的对话框中可以选择需要的“工具选项的初始设置”和“用户界面方案”，如图所示。

提 示

在“自定义UI和默认设置切换器”对话框左侧的下拉列表框中可选择参数选项，右边列表框中可选择界面颜色效果。

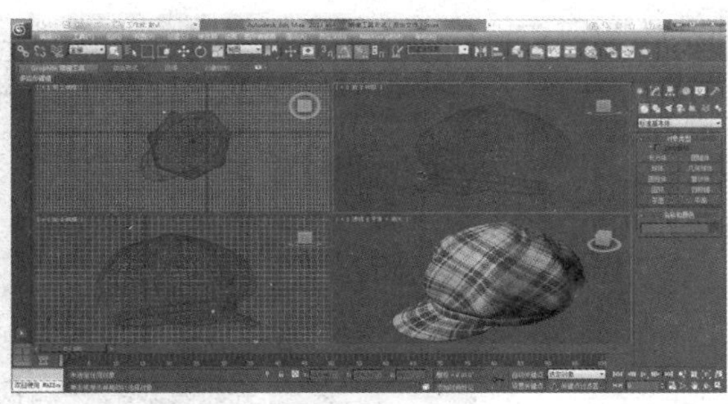

Step 04 如果在“用户界面方案”列表框中选择ame-dark方案，用户界面将使用黑暗色系，效果如图所示。

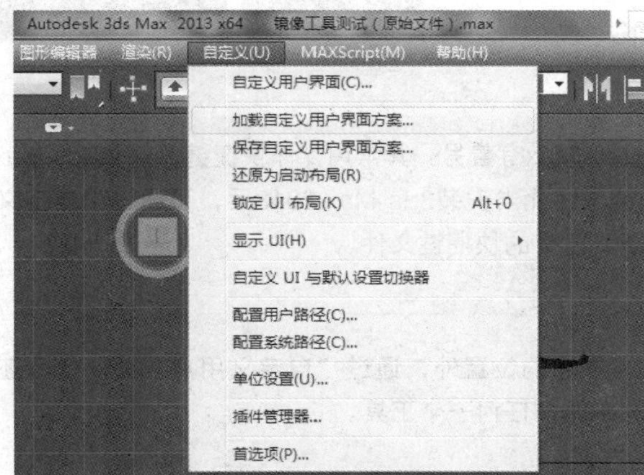

Step 05 执行“自定义＞加载自定义用户界面方案”命令，如图所示。

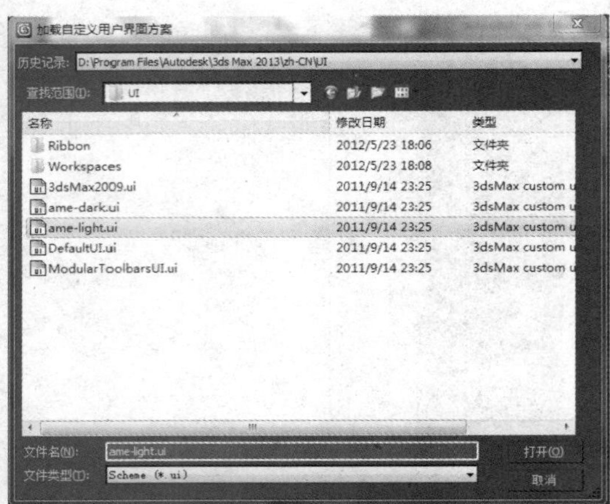

Step 06 在弹出的对话框中选择ame-light，如图所示，然后单击“打开”按钮。

提 示

3ds Max 2013提供了多套按钮图标效果和风格，用户可以根据自己的习惯进行设置。

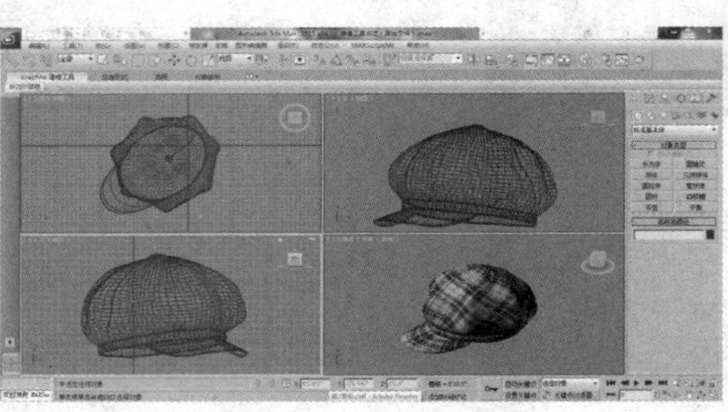

Step 07 应用ame-light方案后界面将恢复为灰色，但主工具栏中的图标颜色主要为黑色，产生了更强的对比效果，如图所示。

2.1.3 自定义用户界面

提 示

四元菜单的颜色不能在“自定义用户界面”对话框中设置。要自定义四元菜单的颜色，可以使用“高级四元菜单选项”对话框。

不同的用户和设计者在使用3ds Max时，都具有自己的操作习惯或喜好。可以通过“自定义用户界面”命令来定制属于自己的UI，包括快捷键、颜色显示、菜单命令放置顺序、工具栏等都可以重新定义，如图所示为“自定义用户界面”对话框。

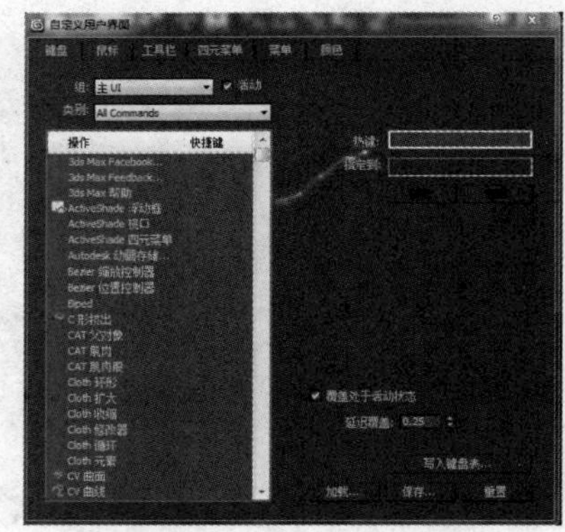

1. 快捷键

在3ds Max 5以前的版本中，3ds Max有着另一套常用操作快捷键，部分3ds Max的老用户仍然习惯使用这些快捷键。因此当安装3ds Max 2013后，可通过“自定义用户界面”命令来修改快捷键或导入已有的快捷键文件。

2. 工具栏

对于工具栏，除了可以自定义按钮的位置外，通过“自定义用户界面”命令还可以创建新的工具栏，并在工具栏中添加任何一个工具。

3. 四元菜单

四元菜单是3ds Max特有的菜单方式，3ds Max 2013允许用户新建或修改四元菜单。

4. 菜单

菜单栏的菜单也可以通过“自定义用户界面”对话框进行新建，还可以自定义菜单标签、功能和布局。

5. 颜色

在“自定义用户界面”对话框中可以自定义软件界面的外观，调整界面中几乎所有元素的颜色，自由设计独特的界面风格。

创建自定义用户界面文件

范例实录

DVD-ROM

最终文件:
范例文件\Chapter 2\创建自定义用户界面文件.ui等

Step 01 打开3ds Max 2013应用程序，其默认用户界面如图所示。

Step 02 在菜单栏中执行“自定义 > 自定义用户界面”命令，如图所示。

Step 03 弹出“自定义用户界面”对话框，如图所示。

提 示

在该对话框中所设置的参数会即时生效。如果设置有误，只能通过单击“重置”按钮进行恢复。

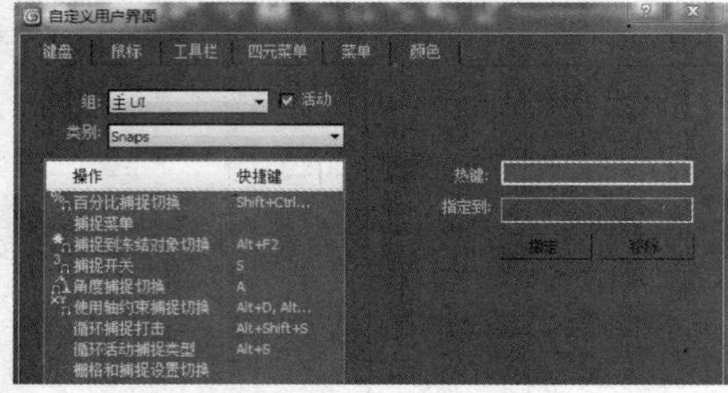

Step 04 在“类别”下拉列表中选择 Snaps（捕捉）选项，在下面的列表框中可查看到与捕捉相关的命令以及快捷键，如图所示。

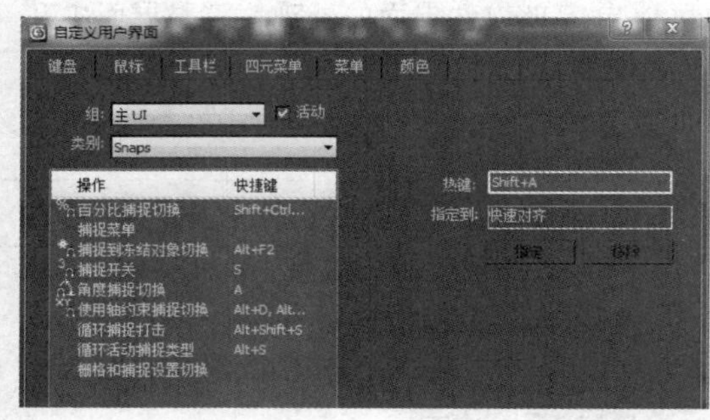

Step 05 在“热键”文本框中输入一组快捷键，如果该快捷键已被其他命令占用，将在“指定到”文本框中显示已经使用该快捷键的命令，如图所示。

提 示

3ds Max允许不同的命令使用相同的快捷键，但这两个命令必须属于不同的功能范围。

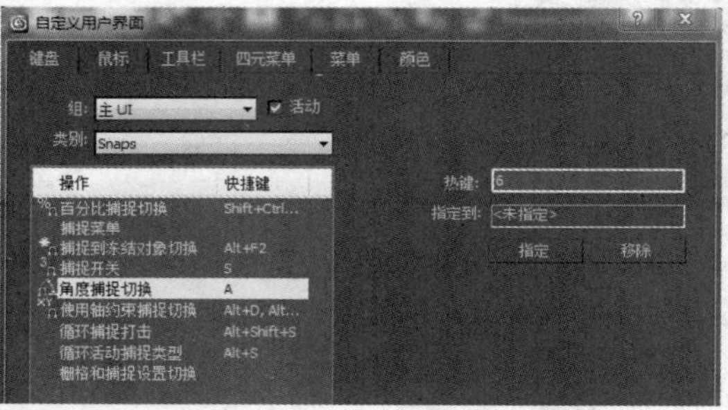

Step 06 选择“角度捕捉切换”选项，单击“移除”按钮，删除该命令使用的快捷键，在“热键”文本框中输入6，如图所示。

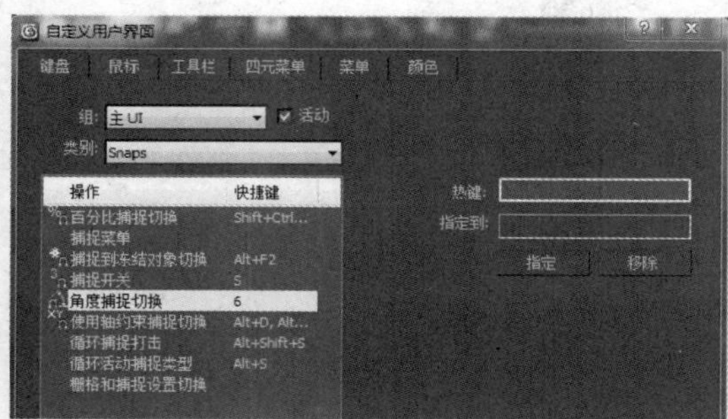

Step 07 单击“指定”按钮，将“角度捕捉切换”命令的快捷键指定为6，如图所示。

提 示

为了正确为多个命令设置相同的快捷键，必须启用键盘快捷键覆盖切换功能（默认情况下为启用）。如果禁用此选项，只能使用主UI键盘快捷键。

Step 08 在“自定义用户界面”对话框中单击“保存”按钮，可将快捷键的新设置存为文件，如图所示。

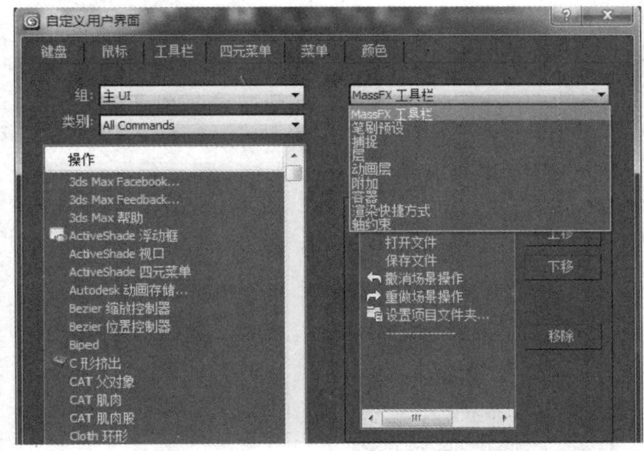

Step 09 切换到“工具栏”选项卡，在右侧的下拉列表中可查看3ds Max 2013所有工具栏的名称，如图所示。

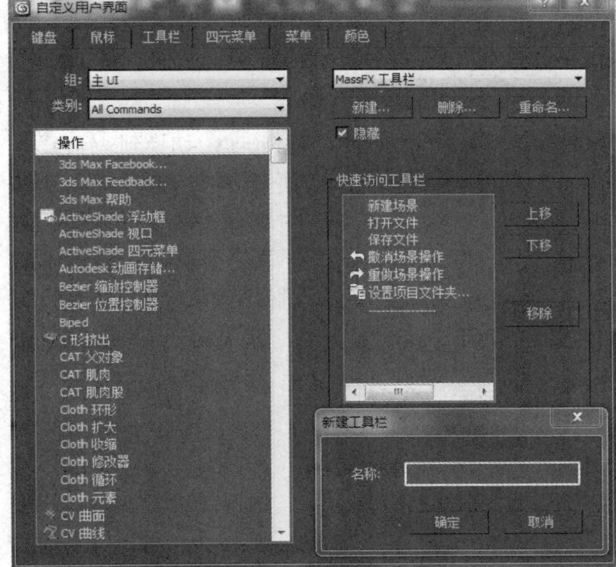

Step 10 单击“新建”按钮新建，可新建一个工具栏，在弹出的对话框中为工具栏命名，如图所示。

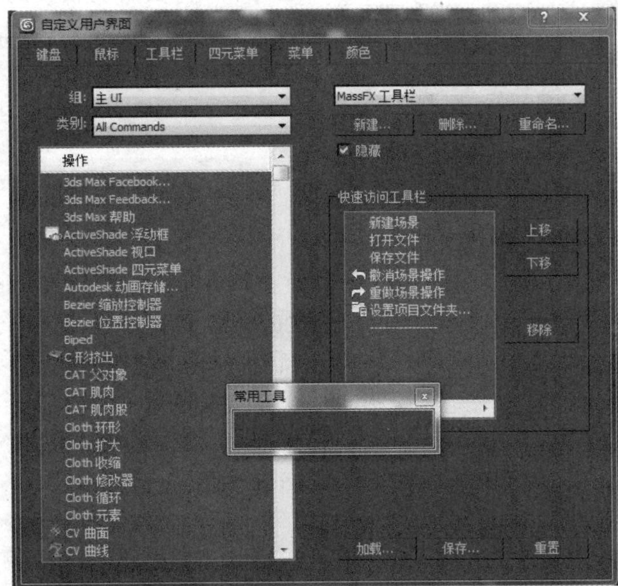

Step 11 新建工具栏后将弹出一个新的浮动工具栏，如图所示。

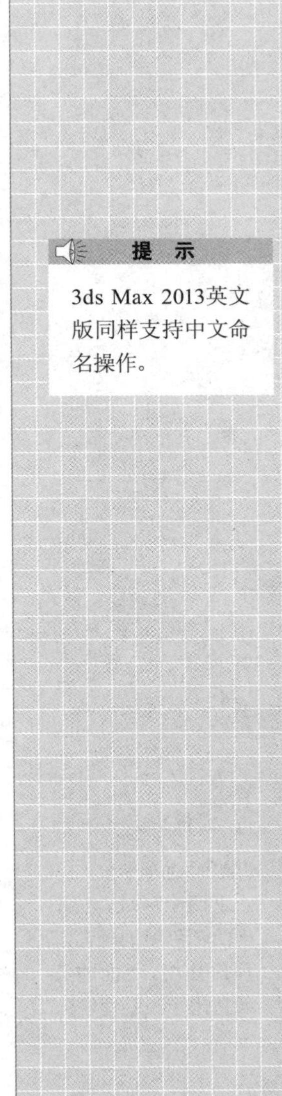

提 示

3ds Max 2013英文版同样支持中文命名操作。

提 示

在添加工具时可以向下拖动列表框的滚动条，选择更多的工具。

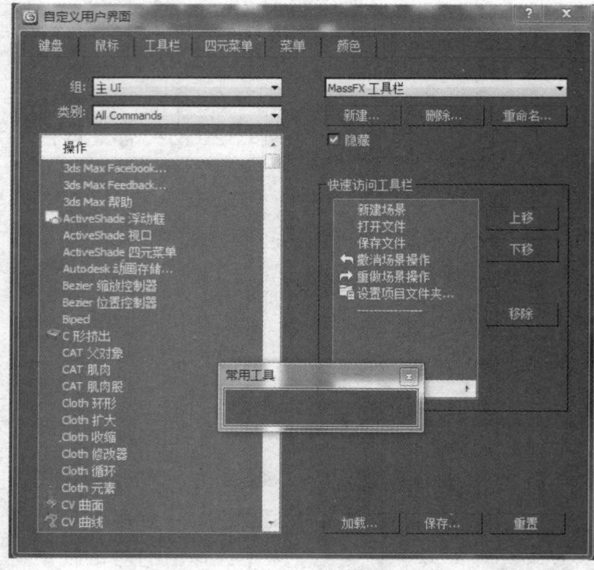

Step 12 用户可以将左侧列表框中的任意命令选项拖动并添加到工具栏中，如图所示。

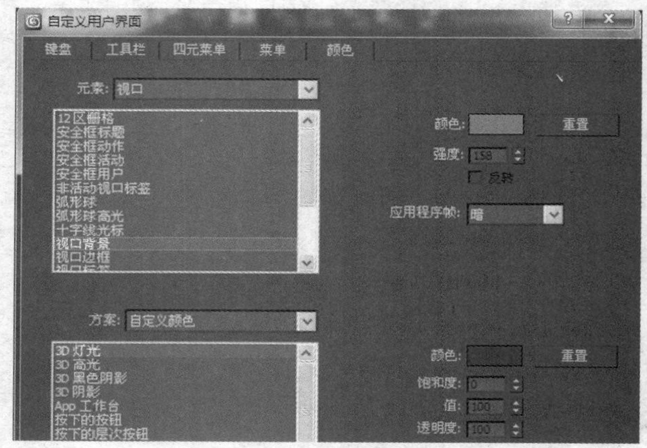

Step 13 切换到"颜色"选项卡，在"元素"下拉列表中选择"视口"选项，再在下面的列表框中选择"视口背景"选项，如图所示。

提 示

"颜色"选项卡分为上下两个区域，上面的颜色用于设置程序环境，下面的颜色用于控制程序皮肤。

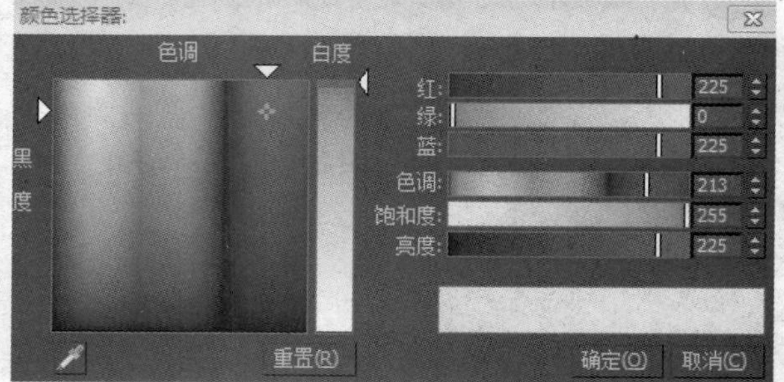

Step 14 单击右侧相应的色块，然后在弹出的对话框中设置颜色，如图所示。

提 示

应用颜色后，只能通过加载原始默认UI文件进行恢复。

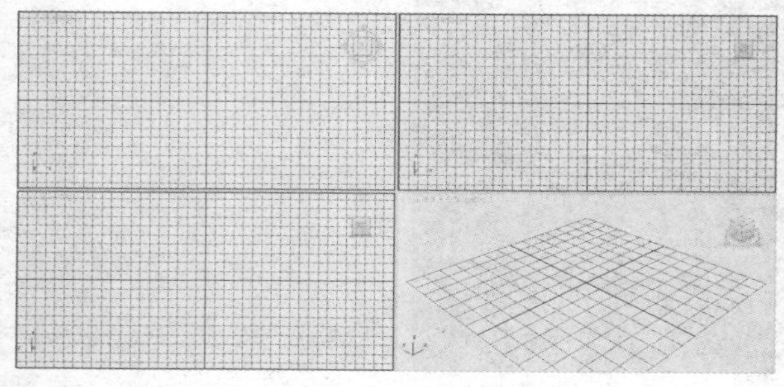

Step 15 单击"立即应用颜色"按钮 立即应用颜色 ，可观察到视口背景的颜色已更改为设置的颜色，效果如图所示。

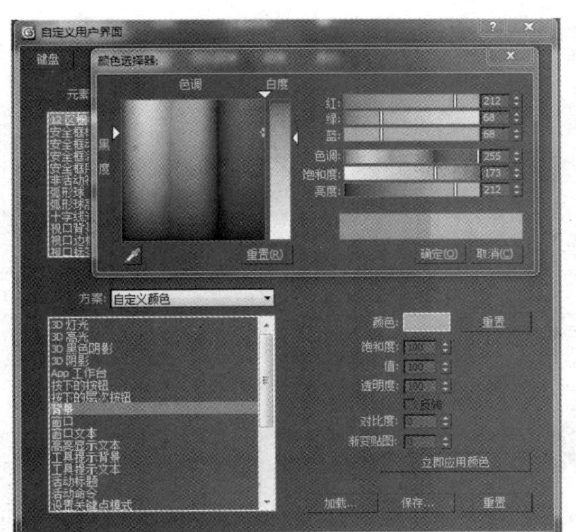

Step 16 在“方案”下方的列表框中选择“背景”选项，然后单击右侧相应的色块，在弹出的对话框中设置颜色，如图所示。

> **提　示**
>
> 方案的背景就是软件程序的背景。

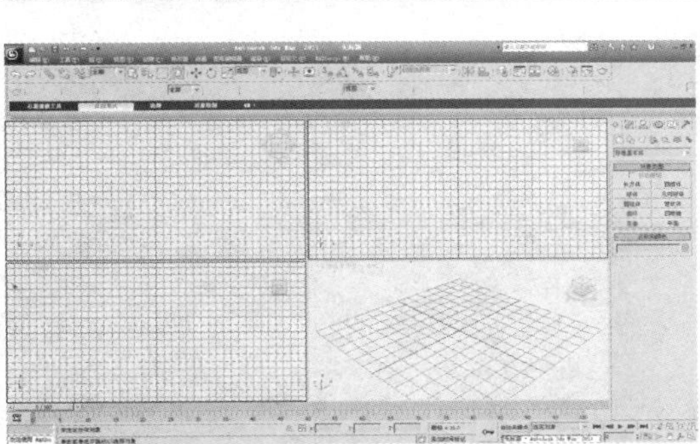

Step 17 应用颜色后，可观察到软件程序的背景颜色变为设置的颜色，效果如图所示。

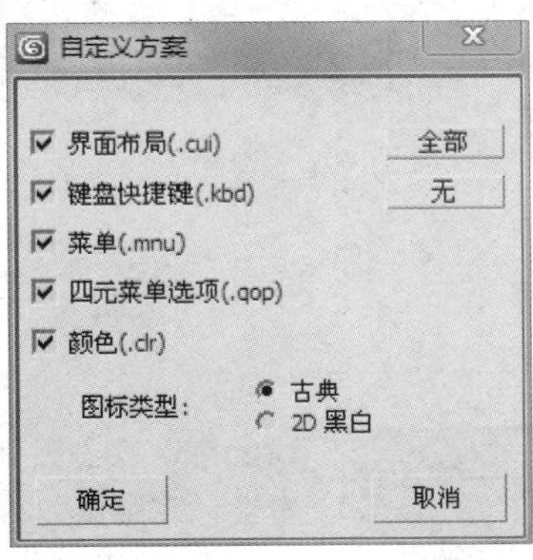

Step 18 在菜单栏中执行“自定义 > 保存自定义用户界面方案”命令，在保存过程中将提示是否保存如快捷键等自定义设置，如图所示。

> **提　示**
>
> 存储UI时，可选择具体的存储方案，如只保存快捷键设置等。

Step 19 在保存文件的目录中可以观察到，一共有7个文件，包括快捷键、颜色的设置等。

> **提　示**
>
> 这些UI文件可以进行单独加载。

注 意

使用插件管理器可以动态管理插件，而不必进行初始化。插件管理器提供了位于3ds Max插件目录中所有插件的列表，包括插件描述、类型（对象、辅助对象、修改器等）、状态（已加载或已延迟）、大小和路径等。

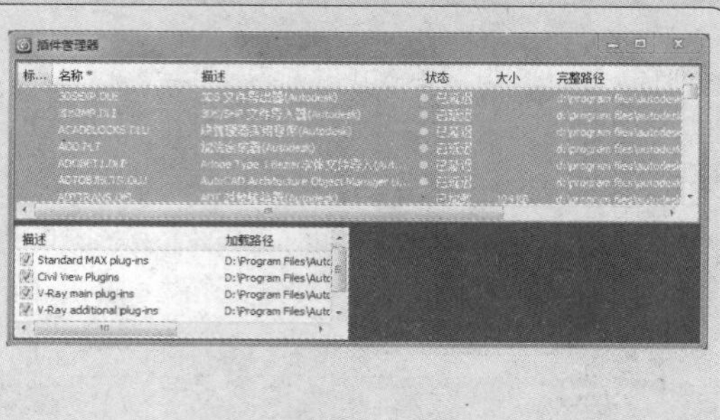

2.2 界面操作

在使用3ds Max 2013时，掌握用户界面的操作非常重要，这些操作包括工具栏的操作、四元菜单的使用以及卷展栏的控制等。

2.2.1 工具栏的操作

提 示

工具栏的操作是指添加、删除按钮和工具栏的放置。

如果需要使用主工具栏外的工具，需要执行“自定义>显示 UI >显示浮动工具栏”命令开启浮动工具栏。在不同的浮动工具栏中可以进行工具选择。浮动工具栏包括“层”、“笔刷预设”、“轴约束”、“捕捉”、“附加”、“渲染快捷方式”、“动画层”、“MassFX工具栏”以及新增的容器等，如图所示。

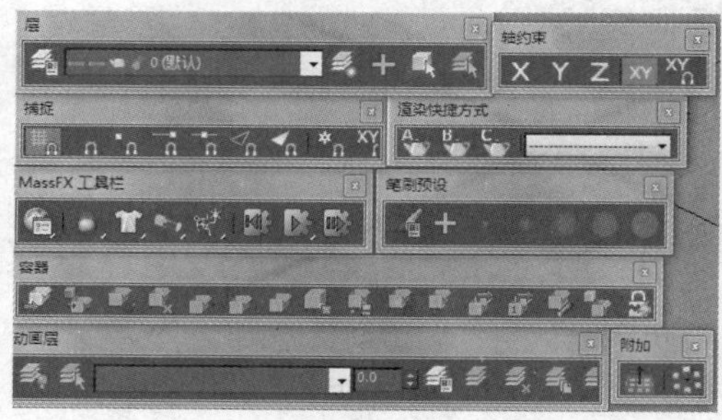

范例实录

工具栏中的操作

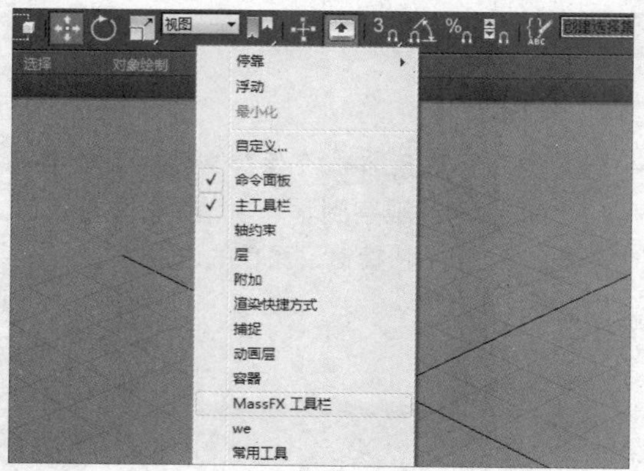

Step 01 在主工具栏上单击鼠标右键，在弹出的快捷菜单中选择“MassFX工具栏”命令，如图所示。

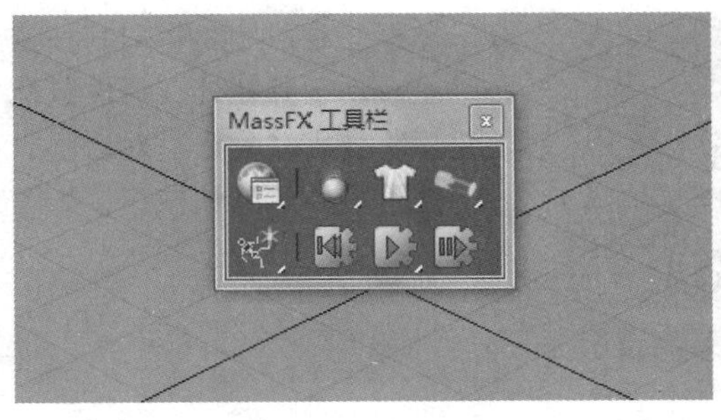

Step 02 弹出“MassFX工具栏”浮动工具栏，如图所示。

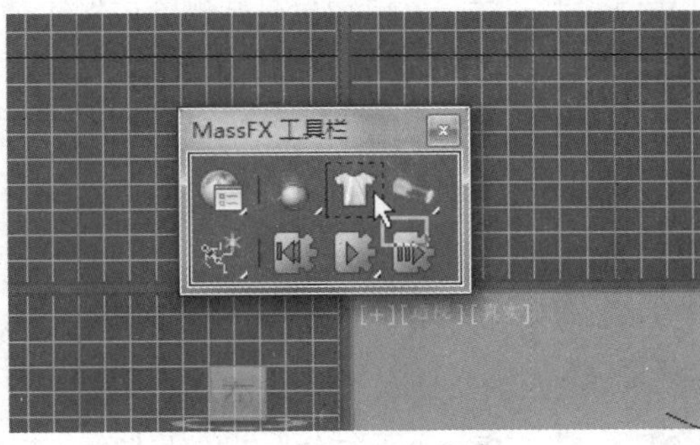

Step 03 按住Alt键的同时拖动“Mass FX工具栏”工具栏中的按钮，光标将变为如图所示的形状。

> **提 示**
>
> “Mass FX 工具栏”对象也可以在相应菜单栏或命令面板中创建。

Step 04 释放鼠标左键，可观察到被拖动的按钮将移动到光标最后停留的位置，效果如图所示。

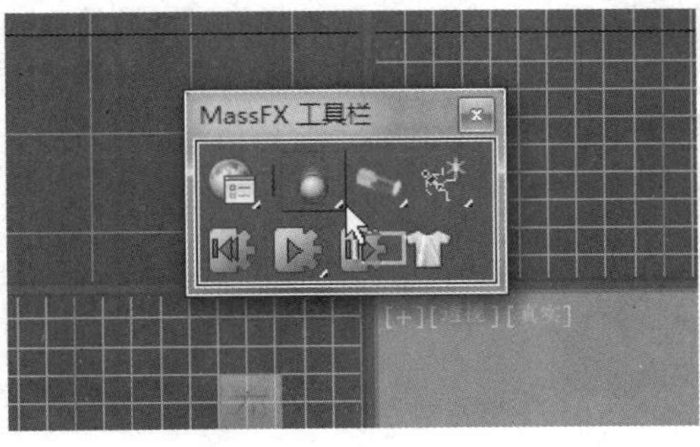

Step 05 按住Ctrl键的同时拖动“Mass FX工具栏”工具栏中的一个按钮，如图所示。

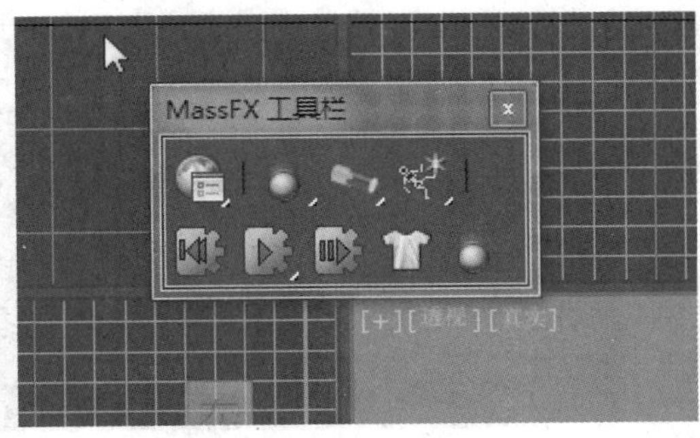

Step 06 释放鼠标左键后将复制得到一个新的按钮，效果如图所示。

> **提 示**
>
> 复制得到的按钮图标仍然对应相应的命令或工具。

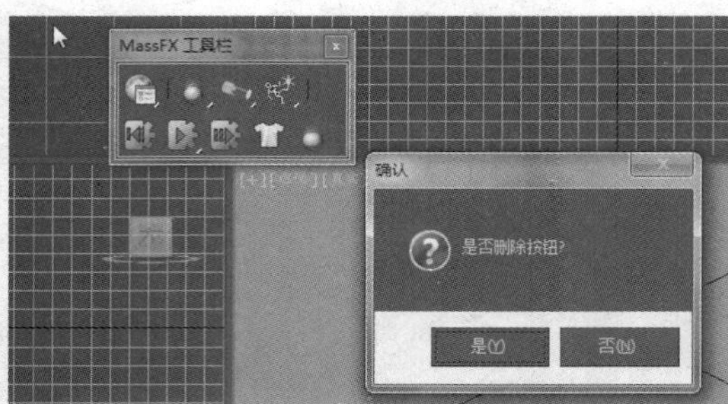

Step 07 按住Alt键的同时将按钮拖动至浮动工具栏外，释放鼠标左键后将弹出“确认”对话框，询问是否需要删除该按钮，如图所示。

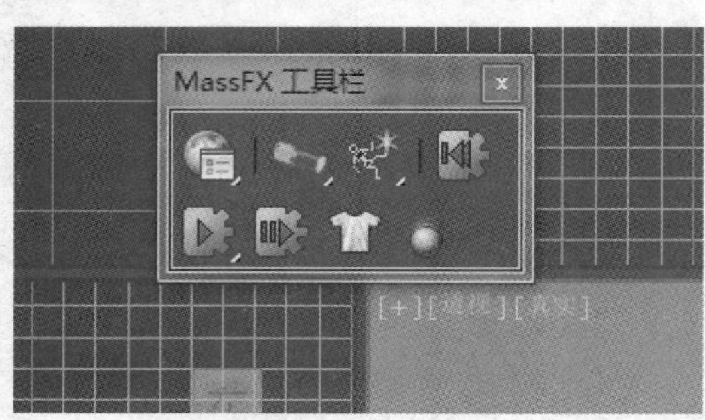

Step 08 如果确定删除该按钮，该按钮将不再出现在该工具栏中，效果如图所示。

Step 09 按住左键拖动“Mass FX工具栏”工具栏的标题栏到主工具栏下方，当光标变为如图所示形状时释放鼠标左键。

> **提 示**
>
> 停靠的工具栏也可以通过拖曳变为浮动工具栏，包括主工具栏。

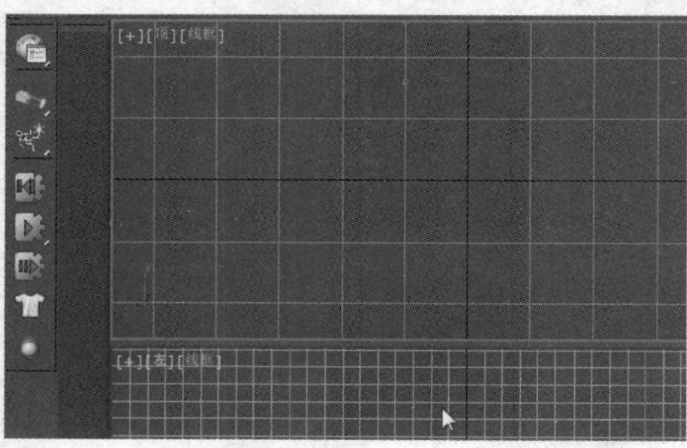

Step 10 释放鼠标后，“Mass FX工具栏”工具栏将以竖排的形式停靠在视口左侧，效果如图所示。

2.2.2 四元菜单

四元菜单是3ds Max中特有的一种菜单模式，在活动视口中单击鼠标右键时，将在光标所在位置显示四元菜单，如图所示为默认的四元菜单。

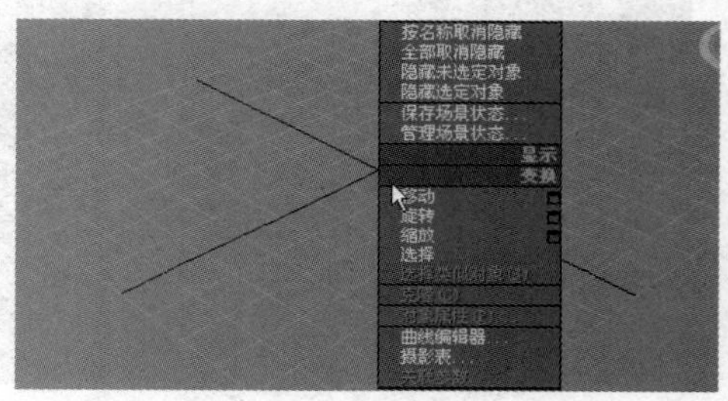

> **提 示**
>
> 四元菜单最多显示4个带有命令的四元区域。

在四元菜单中，部分命令右侧显示有一个小图标，单击此图标可打开一个对话框，可在其中设置相关命令的参数。

如果需要关闭四元菜单，右击屏幕上的任意位置，或使光标离开菜单后单击鼠标左键即可。如果需要重新选择最后选中的命令，单击最后菜单项的区域标题即可，显示区域后，选中的最后菜单项将以高亮显示。

配合Shift、Ctrl或Alt键的使用，右击任何标准视口可开启专门的四元菜单。

> **提 示**
>
> 四元菜单可在视口中任意处开启，视口中左上角的视口名称标签处除外。

1. Shift+右击

按住Shift键的同时单击鼠标右键，可以显示与捕捉选项及设置相关的命令，如图所示。

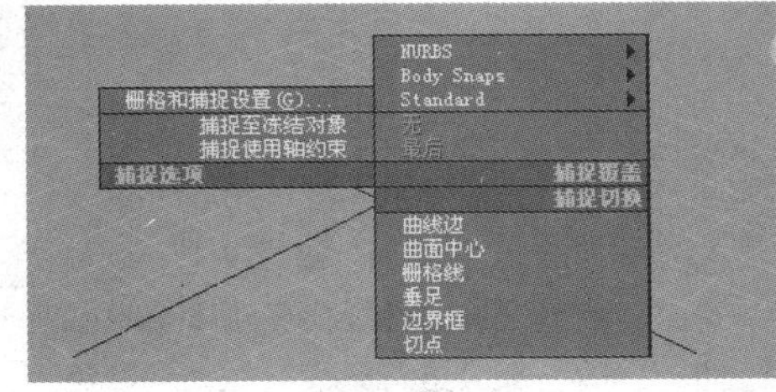

2. Alt+右击

按住Alt键的同时单击鼠标右键，可以显示部分动画工具，使用设置坐标系、设置和采用蒙皮姿势或设置关键帧，如图所示。

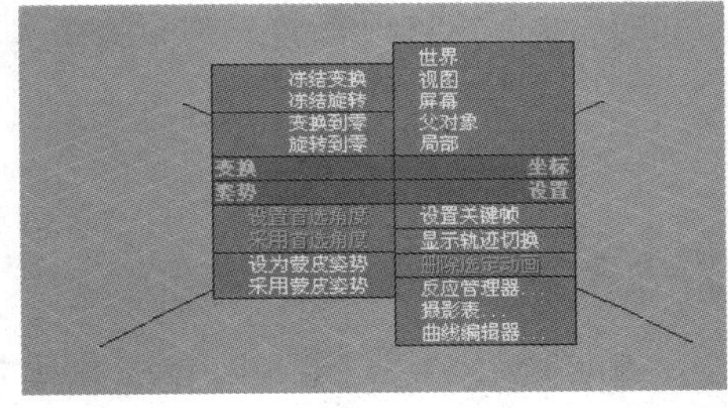

3. Ctrl+右击

按住Ctrl键的同时单击鼠标右键，开启的四元菜单可提供部分建模工具，用于创建和编辑各种几何体，包括基本几何体和可编辑几何体，如图所示。

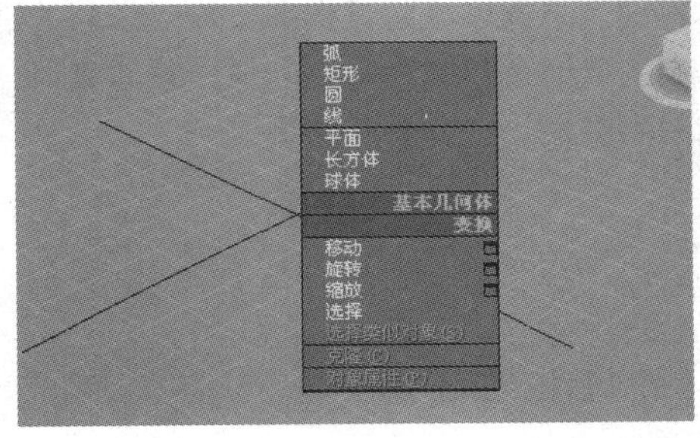

4. Shift+Alt+右击

按住Shift键和Alt键的同时单击鼠标右键，开启的四元菜单将提供常用的“Mass FX工具栏”命令，如图所示。

5. Ctrl+Alt +右击

按住Ctrl键和Alt键的同时单击鼠标右键，开启的四元菜单将提供部分照明和渲染命令，如图所示。

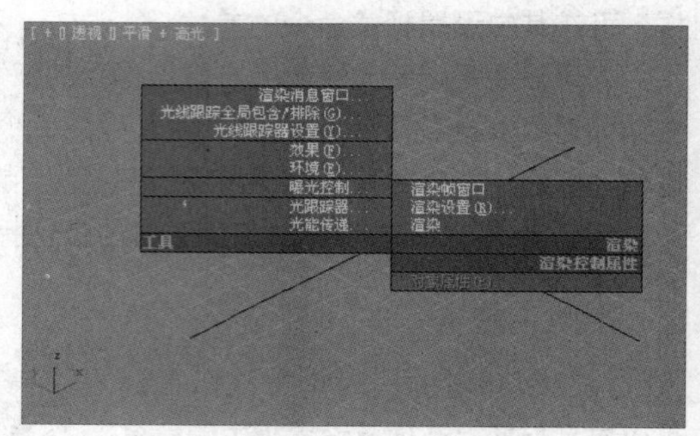

注意

可以在计算机本地plugin.ini的其他INI文件中加入路径注释，软件会将这些文件视为原始plugin.ini的一部分进行处理。这对于网络中一些使用相同插件的系统设置非常有用。网络管理员只需要维护单个远程INI文件，而不必对每台机器进行单独升级。

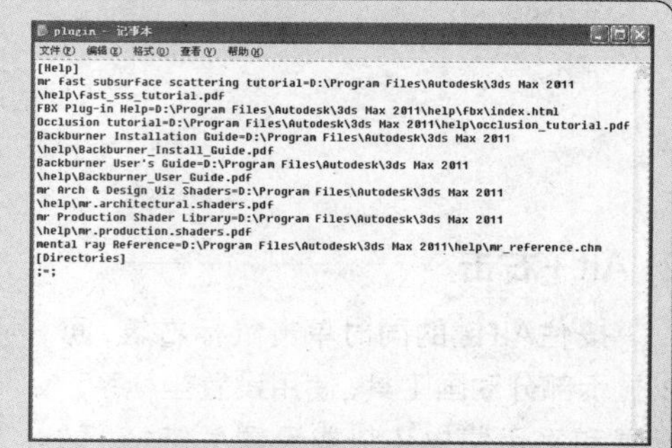

2.2.3 卷展栏控制

在3ds Max的用户界面中，大多数具体的参数都被归纳到卷展栏中，卷展栏主要集中在命令面板和各种对话框中。在特定参数环境下会有大量的参数和卷展栏，如何控制好卷展栏将是提高工作效率的关键。卷展栏的控制主要通过参数面板上的快捷菜单实现，如图所示为控制卷展栏的右键快捷菜单。

关闭卷展栏
全部关闭
全部打开

✔ 对象类型
✔ 名称和颜色

重置卷展栏顺序

提 示

3ds Max 的参数层级由上至下大致分为选项卡、卷展栏、选项组和具体参数。

范例实录

控制卷展栏

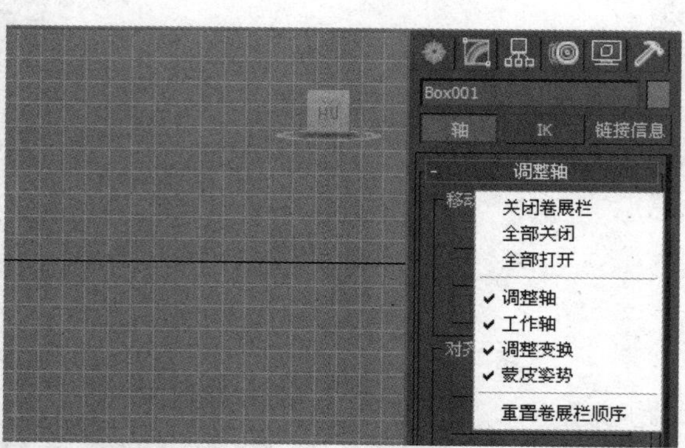

Step 01 在命令面板中单击鼠标右键，开启控制卷展栏的快捷菜单，如图所示。

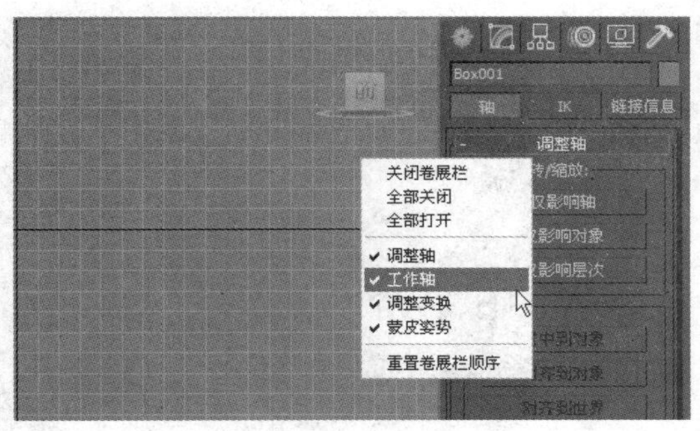

Step 02 在快捷菜单中选择中间部分命令中的一项，可快速访问相应的卷展栏，如图所示。

> **提 示**
>
> 在快捷菜单中，有✔的选项表示该卷展栏已被展开。

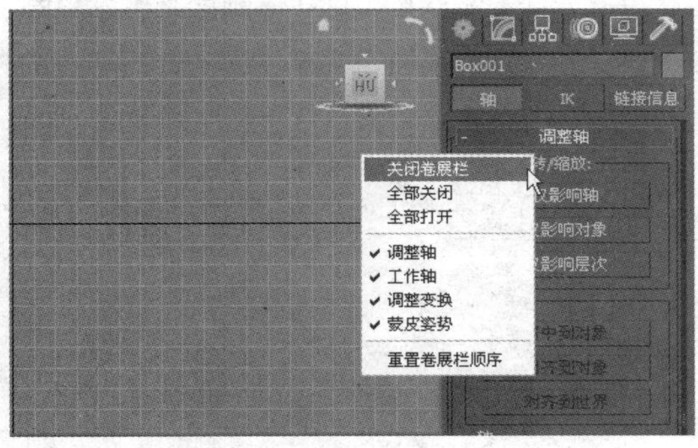

Step 03 再次打开快捷菜单，在其中选择“关闭卷展栏”命令，当前展开的卷展栏将被收起，如图所示。

> **提 示**
>
> 不同的参数面板具有不同的卷展栏，快捷菜单也有所变化。

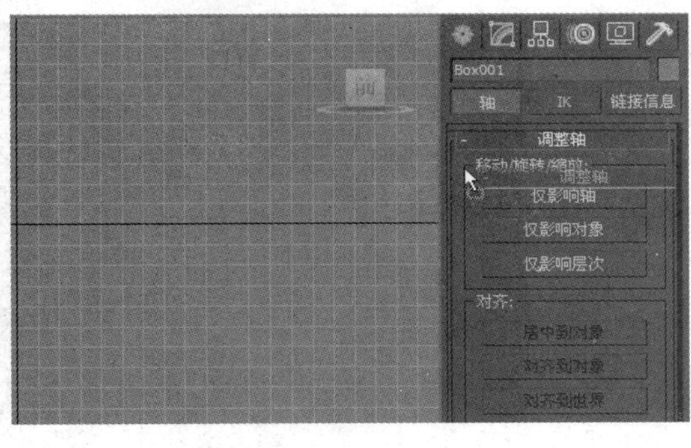

Step 04 在参数面板中可以对卷展栏的标题进行拖动操作，从而更改卷展栏的顺序，如图所示。

2.3 视口

视口占据了工作界面的大部分区域，在视口中可以查看和编辑场景，它不仅是3ds Max主要的操作区域，更是三维空间的开口。用户在创建场景时，可以通过其动态和灵活的工具来了解对象间的三维关系。

2.3.1 视口与视图的概念

视口实际上就是3ds Max程序中的一个窗口，用于观察虚拟的三维世界场景。3ds Max最多允许同时使用4个视口，在默认界面中4个视口被平均划分。

> **提 示**
>
> 可以在任一活动视口中保存视图并进行还原，视图保存类型包括上、下、左、右、前、后、正交和透视。

视图则是一种显示方式，包括三向投影视图和透视图，其中三向投影视图是指从对象的一面到三面进行显示的三维空间投影视图，如图所示。

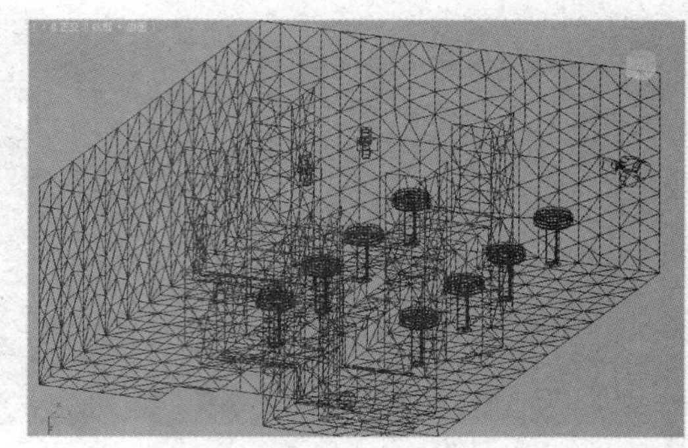

> **提 示**
>
> 带有标签“透视”的透视视口是默认视口之一。通过按下P键，可以将任何活动视口更改为类似这种视角的观察方向。

在三向投影视图中，特殊的观察角度会造成两个特例，即正交视图和等距视图。其中正交视图是平面视图，而每一个正交视图由两个世界坐标轴定义，这些轴的不同组合产生上下、左右、前后等三对正交视图组合。等距视图则是将对象的侧面与屏幕等距离倾斜，并沿着边进行相应的收缩。在3ds Max中，可以通过旋转正交视图产生等距视图，如图所示为正交视图和等距视图的区别。

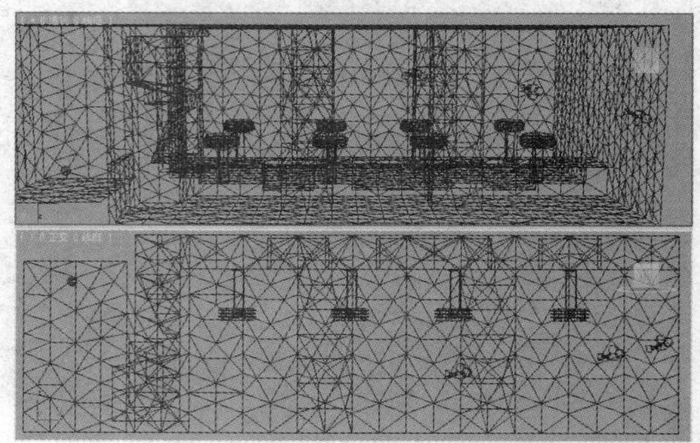

透视图则类似于人的视觉效果，使对象看上去近大远小，具有深度感和空间感，如图所示。

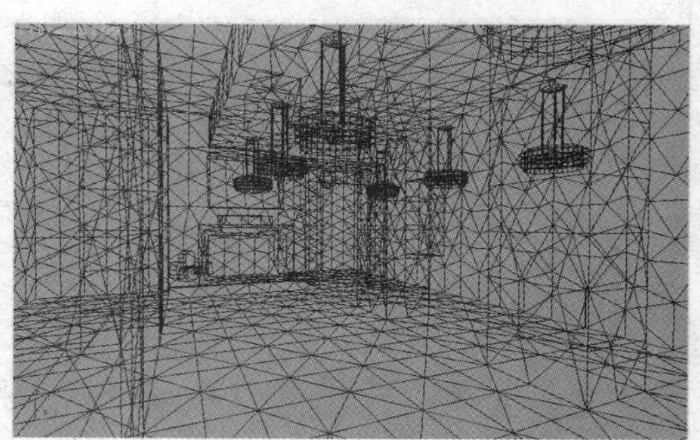

2.3.2 视口控制工具的应用

视口可以切换显示不同的视图，并可以通过视图快捷菜单和视口控制工具进行显示调整。

1. 视图快捷菜单

在视口左上角的标签处单击鼠标右键，可开启视图快捷菜单，在菜单中可进行视图切换，视图快捷菜单如图所示。

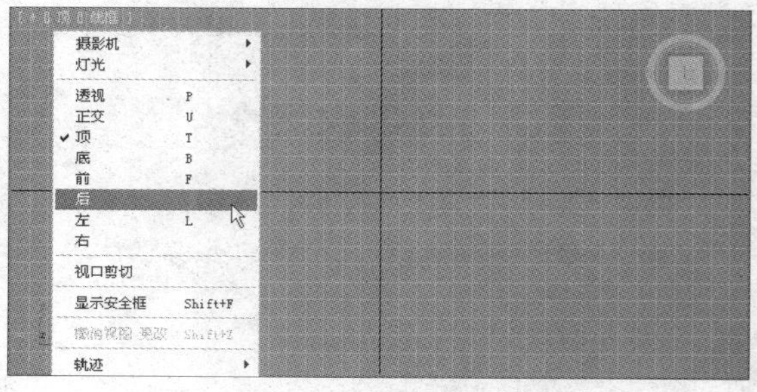

切换视图

范例实录

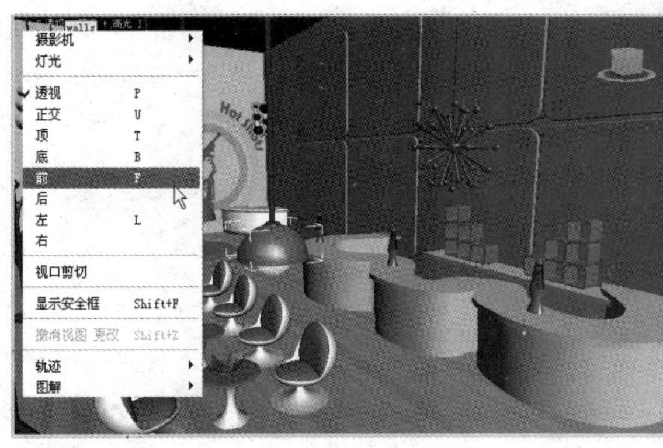

Step 01 在视口左上方的标签处单击鼠标右键，在弹出的快捷菜单中选择“前”命令，如图所示。

Step 02 选择“前”命令后，视口显示快速切换至“前”视口，效果如图所示。

> **提 示**
> 如果需要切换的视图已存于用户界面的视口中，也可以通过直接单击该视口进行切换。

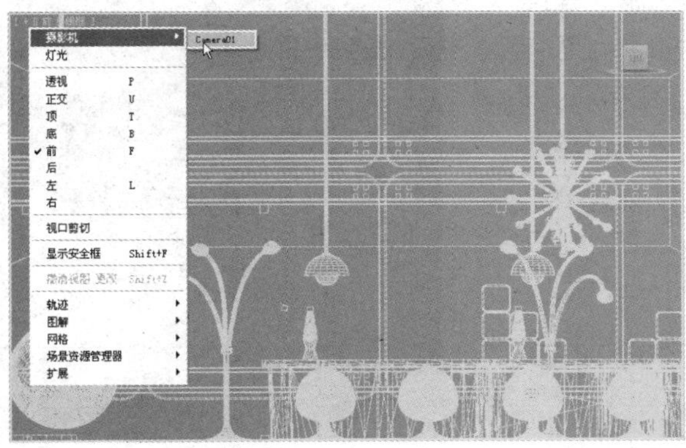

Step 03 如果场景中有摄影机对象，在快捷菜单中将出现摄影机的名称，如图所示。

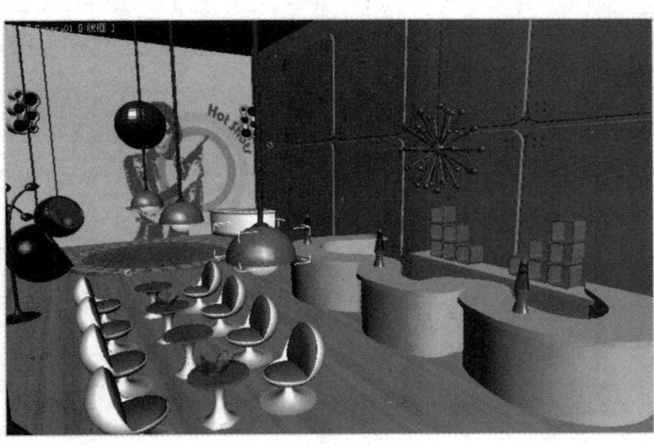

Step 04 选择摄影机名称的选项后，当前视口显示将切换至对应的摄影机视图，效果如图所示。

> **提 示**
> 可按下C键快速切换到摄影机视口。

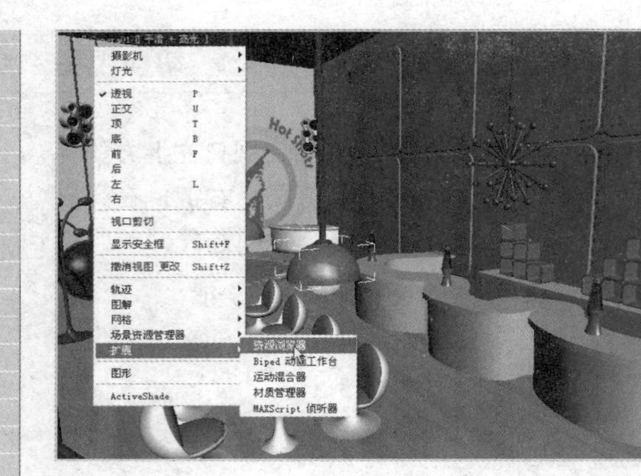

Step 05 在快捷菜单中执行“扩展 > 资源浏览器”命令，如图所示。

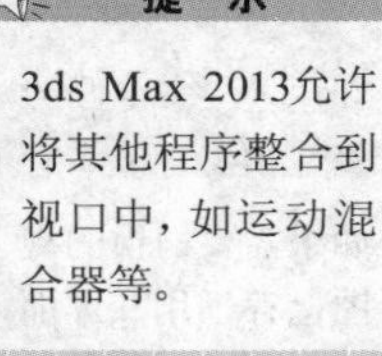

提 示

3ds Max 2013允许将其他程序整合到视口中，如运动混合器等。

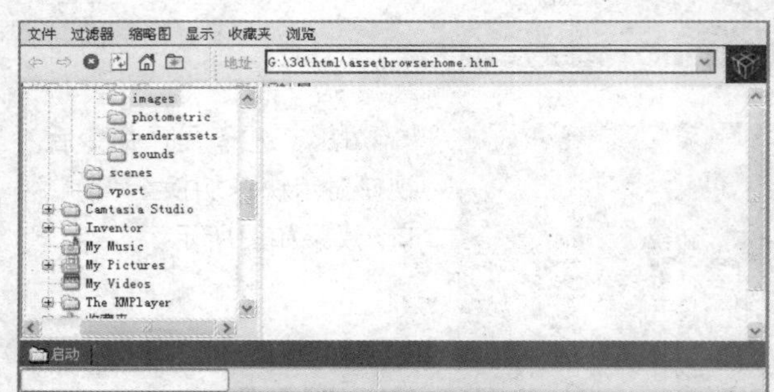

Step 06 选择“资源浏览器”命令后，视口将不显示场景，而转换为资源浏览器程序窗口，效果如图所示。

2. 视口控制工具

视口控制工具位于3ds Max用户界面的右下角，用于控制视图显示和进行视图导航。视口控制工具如图所示。

部分工具按钮是用于对摄影机和灯光视图进行操作的，只有在激活这些视图时才能使用相应的控制工具。如图所示为摄影机和灯光的视图控制工具。

范例实录

视口控制工具的使用

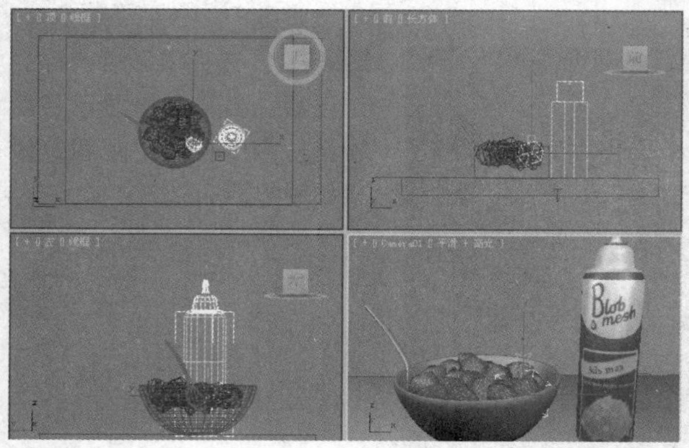

Step 01 打开3ds Max 2013，默认的视口视图如图所示。

Step 02 激活“顶”视口，单击“缩放”按钮，然后在视口中按住鼠标左键向上拖动，视图将被放大显示，效果如图所示。

提 示

按下Z键可以快速激活缩放工具。

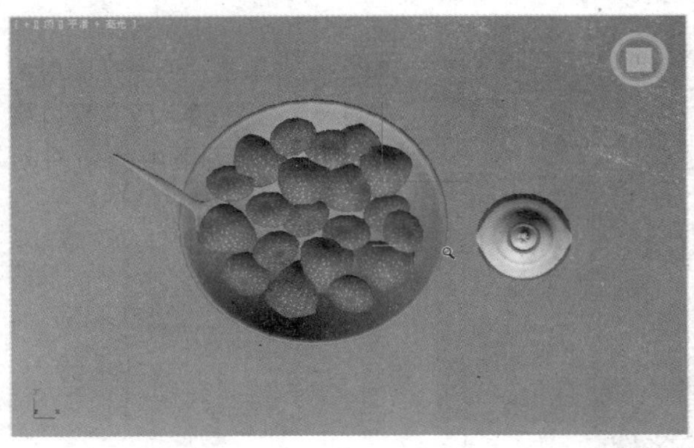

Step 03 如果按住鼠标左键向下拖动，视图将被缩小显示，效果如图所示。

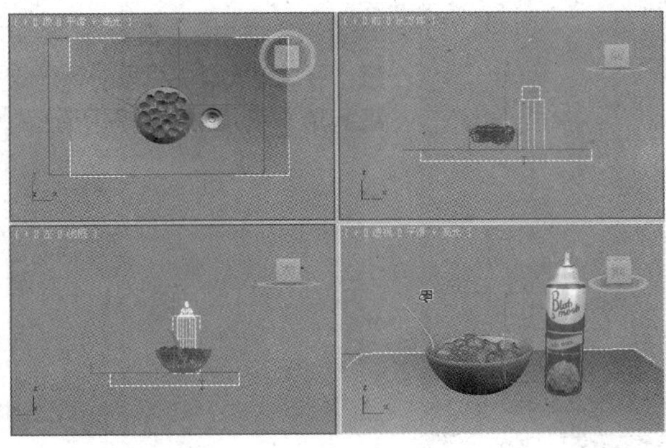

Step 04 单击“缩放所有视图”按钮，在任意视口中进行拖动操作，可同时缩放所有视口的视图显示，如图所示。

Step 05 单击“最大化显示选定对象”按钮，当前激活视口将最大化显示场景中的所有对象，效果如图所示。

提 示

按下快捷键Ctrl+Alt+Z可快速激活最大化显示工具。

提 示

按下快捷键Shift+Ctrl+Z可以快速激活最大化显示选定对象工具。

Step 06 单击“最大化显示选定对象”按钮，当前激活视口将最大化显示当前所选对象，效果如图所示。

Step 07 单击“所有视图最大化显示”按钮，所有视口将最大化显示场景中的所有对象，效果如图所示。

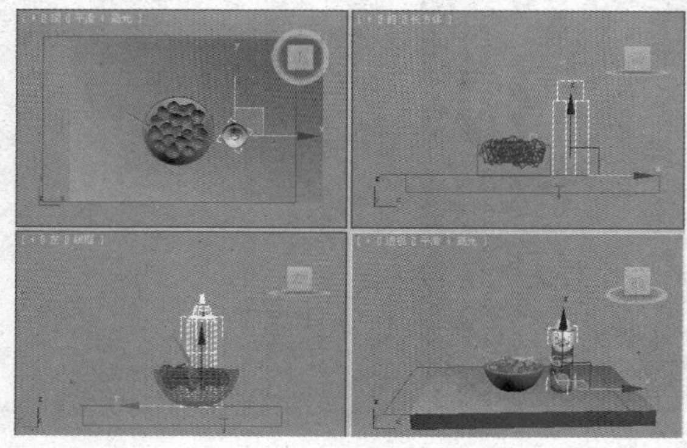

提 示

视野工具只能应用到“透视”视口中。

Step 08 单击“视野”按钮，可调整视口中可见的场景数量和透视张角量，如图所示。

Step 09 单击“缩放区域”按钮，可以在视口中创建一个区域，效果如图所示。

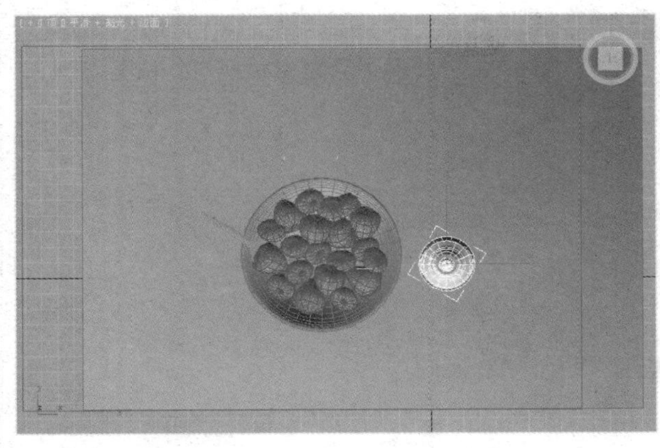

Step 10 使用缩放区域工具创建区域后，该区域将在当前视口中最大化显示，如图所示。

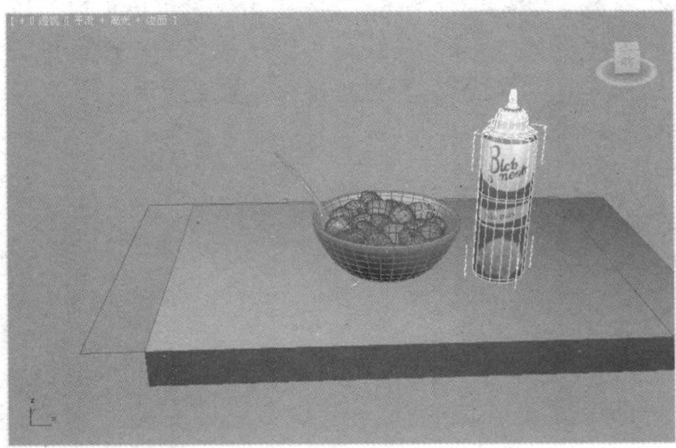

Step 11 单击“平移视图”按钮，可在单个视口中通过拖动鼠标平移显示，如图所示。

> **提 示**
> 按住鼠标中键拖动鼠标，也可以实现平移操作。

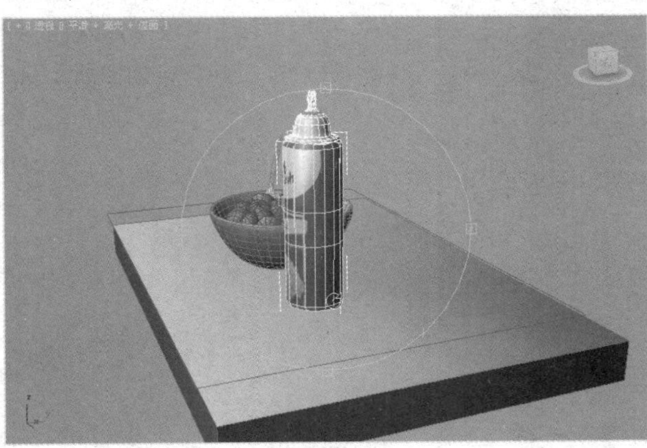

Step 12 单击“环绕”按钮，当前激活视口将显示旋转框，可以以视口为中心进行视图旋转，如图所示。

> **提 示**
> 按下快捷键Ctrl+R，也可以在视口中显示旋转框。

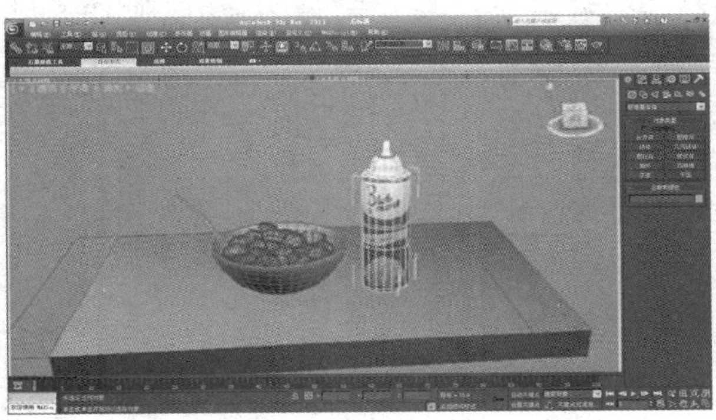

Step 13 单击“最大化视口切换”按钮，可控制视口是否最大化显示，如图所示。

> **提 示**
> 按下快捷键Alt+W可快速进行最大化视口的切换。

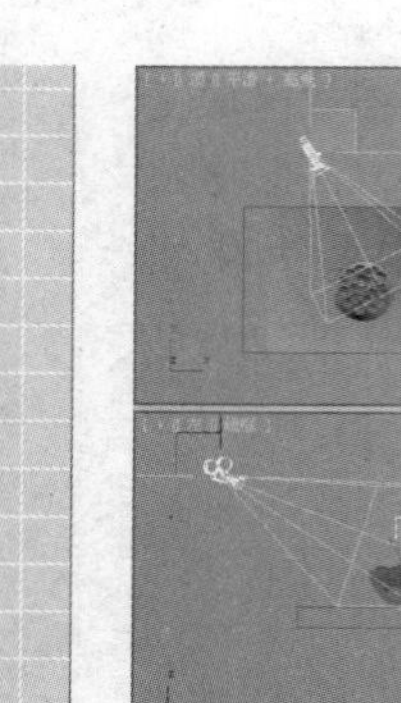

Step 14 在场景中创建摄影机，并激活摄影机视口，如图所示。

提　示

当目标摄影机视口处于活动状态时，用于推拉摄影机的3个弹出按钮都可用。当自由摄影机视口处于活动状态时，按钮虽显示为弹出按钮，但对于此类型的摄影机只有“推拉摄影机”按钮可用。如果激活目标摄影机视口，3个按钮将再次处于可用状态。

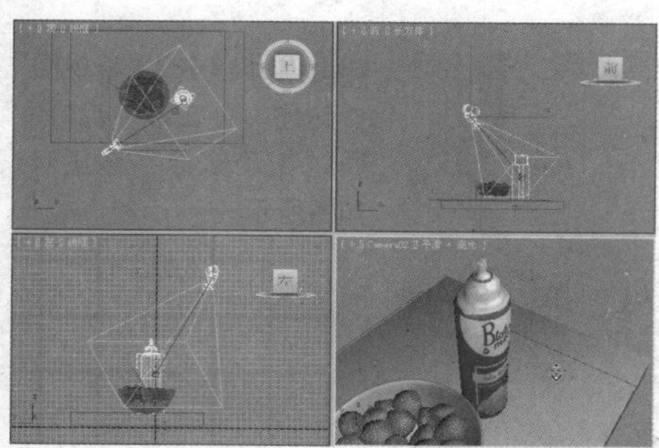

Step 15 单击“推拉摄影机”按钮，可以在视口中对摄影机进行推拉操作，如图所示。

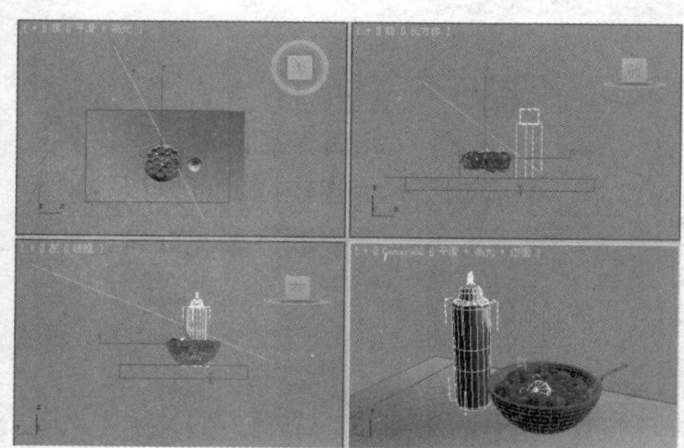

Step 16 单击“推拉目标”按钮，可以在视口中对摄影机的目标点进行推拉操作，如图所示。

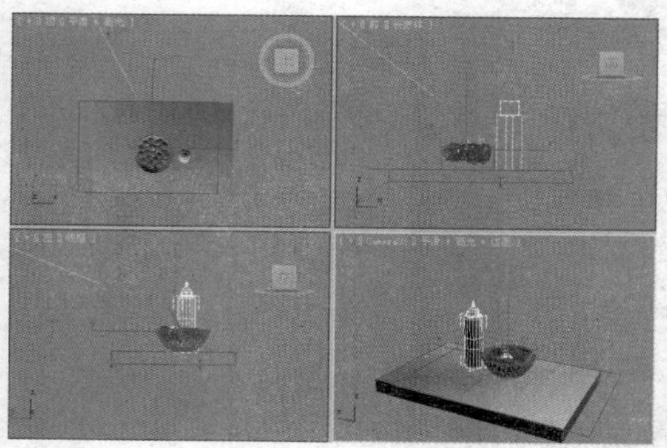

Step 17 单击“推拉摄影机+目标”按钮，可以在视口中同时将目标和摄影机移向或移离摄影机，如图所示。

Step 18 单击“透视”按钮，可保持场景构图，增加透视张角量，效果如图所示。

提 示

摄影机视口处于活动状态时，“缩放所有视图”按钮将变为“透视”按钮。

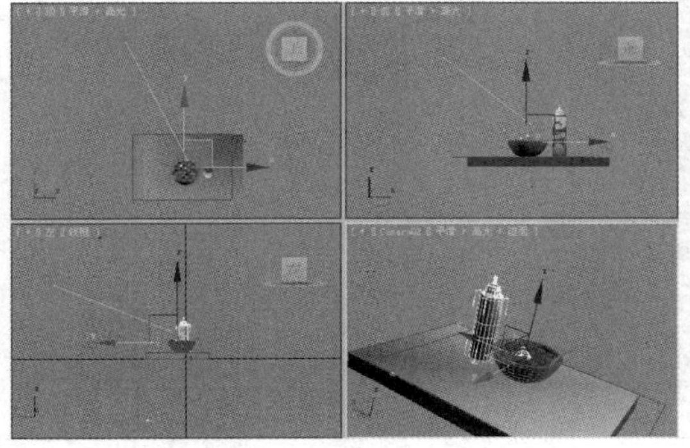

Step 19 单击“侧滚摄影机”按钮，可对摄影机进行翻转操作，如图所示。

提 示

“摄影机”视口处于活动状态时，“最大化显示”按钮将变为“侧滚摄像机”按钮。

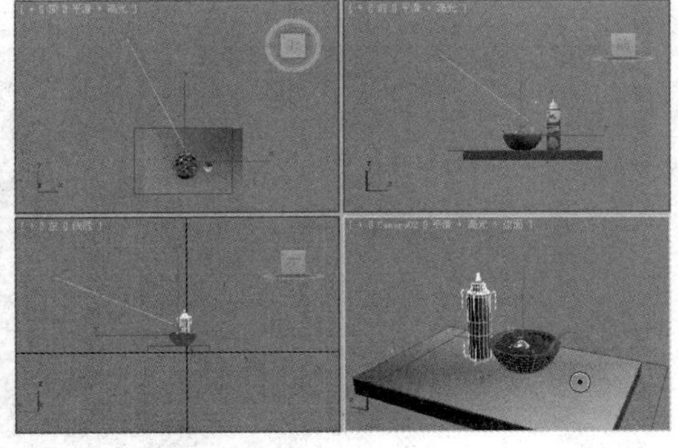

Step 20 单击“穿行”按钮，可在视口中利用方向键进行移动，如同在3D游戏中进行的导航，如图所示。

提 示

应在开始设置动画之前选择摄影机，如果没有选定摄影机，其关键点将不出现在轨迹栏上。

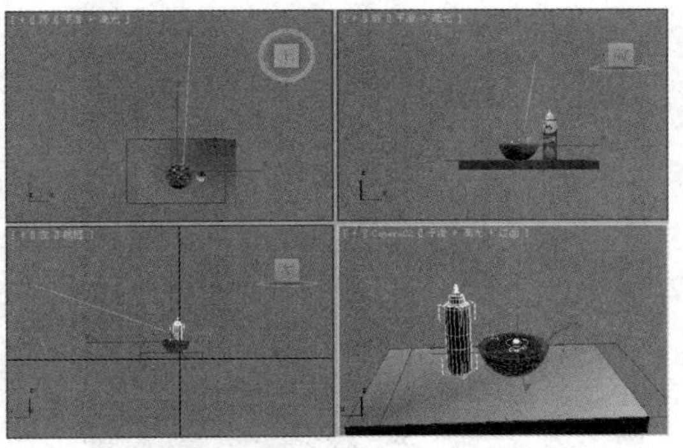

Step 21 单击“环游摄影机”按钮，可将摄影机围绕目标进行弧形旋转，如图所示。

提 示

当“摄影机”视口处于活动状态时，“环绕”按钮将变为“环游摄影机”按钮。

Step 22 单击“摇移摄影机”按钮，可使目标在视口中围绕摄影机进行旋转，如图所示。

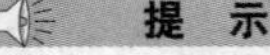

提　示

纵向拖动可进行垂直旋转，横向拖动可进行水平旋转。

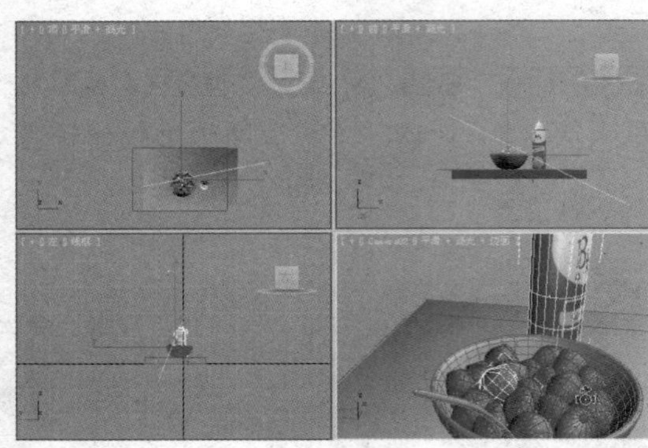

Step 23 如果按住Shift键的同时使用摇移摄影机工具，可以垂直或水平进行旋转。

2.3.3 视口渲染方法

3ds Max 2013支持不同的场景显示方式，既可将场景对象显示为线框，也可以平滑着色和纹理贴图的方式进行显示。在不同的视口中可以使用不同的渲染方法，如图所示。

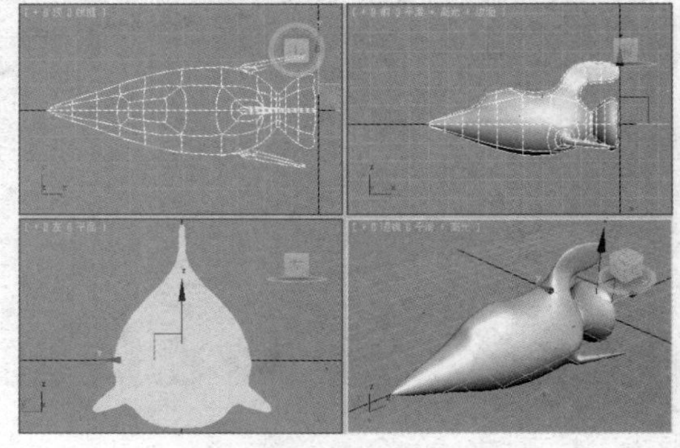

视口的渲染方法可以在“视口配置”对话框的“视觉样式和外观”选项卡下进行设置，相应的对话框如图所示，其中各选项组的含义如下。

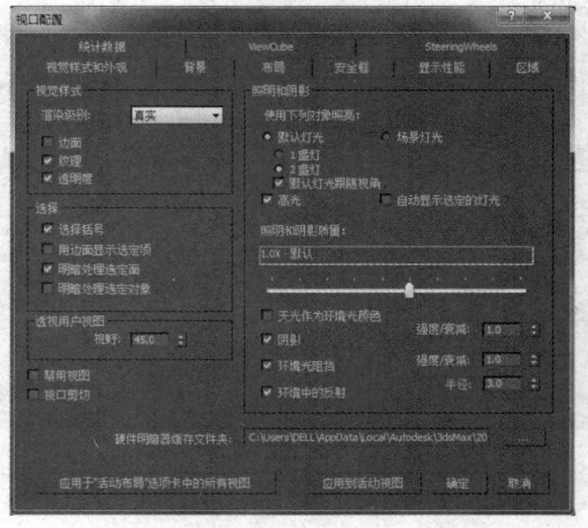

- 视觉样式：在该选项组中可以选择不同的样式，使对象以不同的方式显示在视口中。
- 选择：用于选择明暗处理时的选项。
- 透视用视图：用于调整摄像机视野的选项。
- 照明和阴影：调整数值，用于实现在场景中现实物体阴影和灯光之间的关系。

不同的视口渲染方法

范例实录

提　示

3ds Max 2013使用的默认渲染方法是平滑+高光。

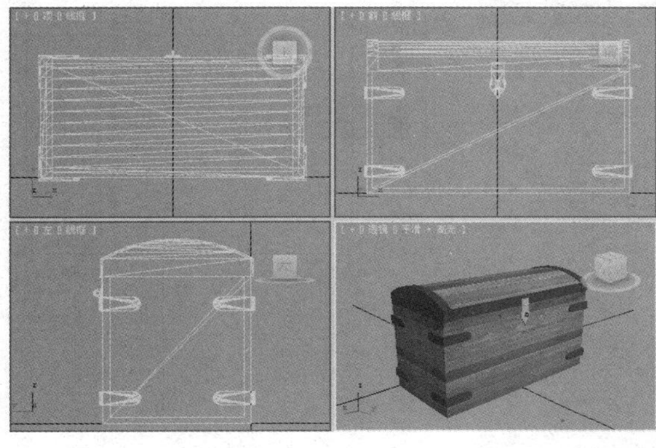

Step 01 打开3ds Max 2013，使用任意一个场景，场景默认视口显示如图所示。

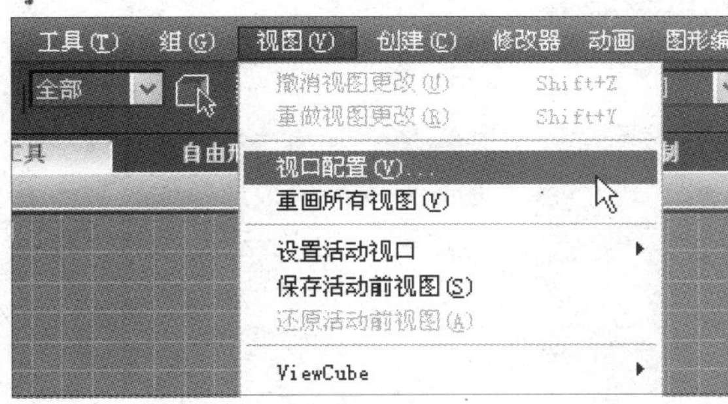

Step 02 执行“视图 > 视口配置”命令，如图所示。

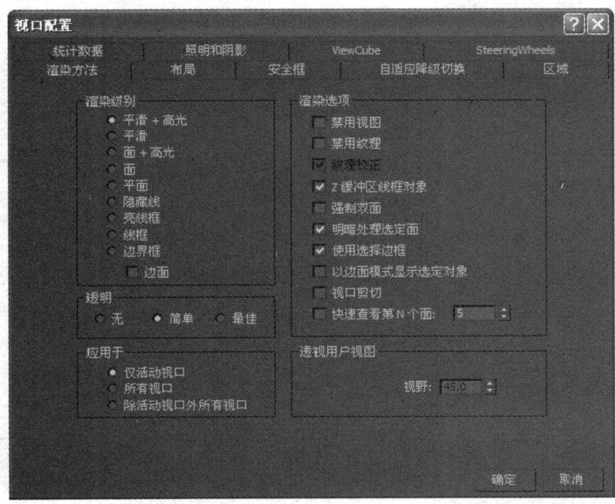

Step 03 弹出“视口配置”对话框，如图所示。

Step 04 在“视觉样式”选项组的“渲染级别”下拉列表中选择“真实”选项，场景对象将以平滑着色显示，如图所示。

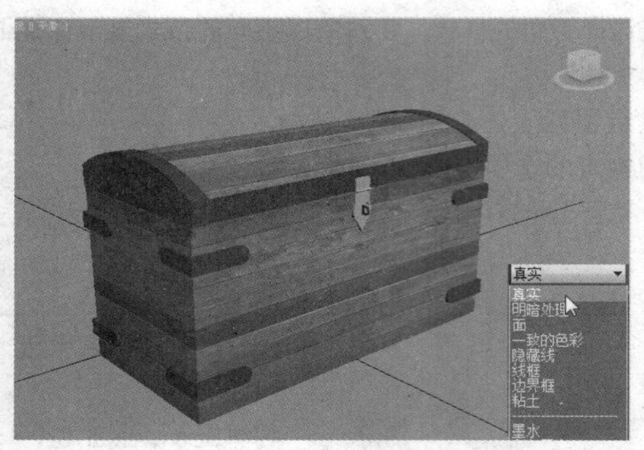

提 示

当显示每个多边形的形状比其着色情况更重要时，这种渲染方法很有效。同时，它也是检查通过渲染到纹理创建位图效果的好方法。

Step 05 如果选择“明暗处理”选项，场景对象将显示面和高光效果，如图所示。

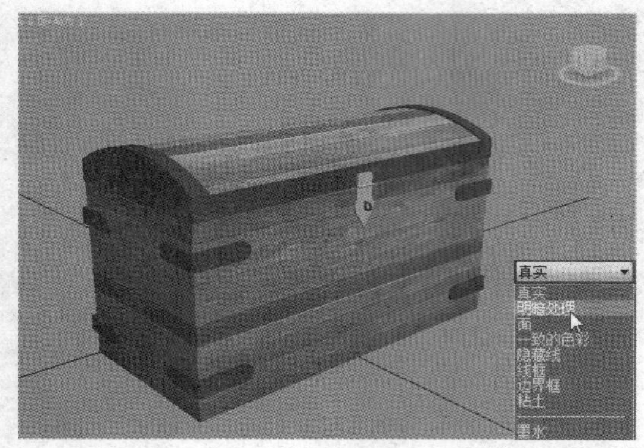

提 示

“面”选项不使用平滑或高亮显示进行着色。

Step 06 如果选择“面”选项，场景对象的多边形将作为平面进行渲染，如图所示。

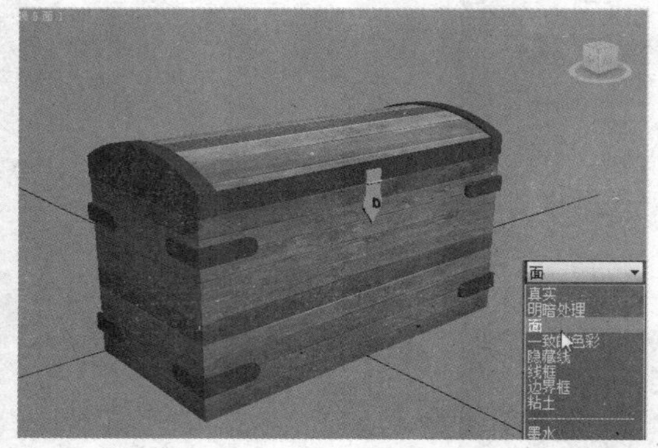

Step 07 如果选择“一致的色彩”选项，场景对象将采用原样显示，如图所示。

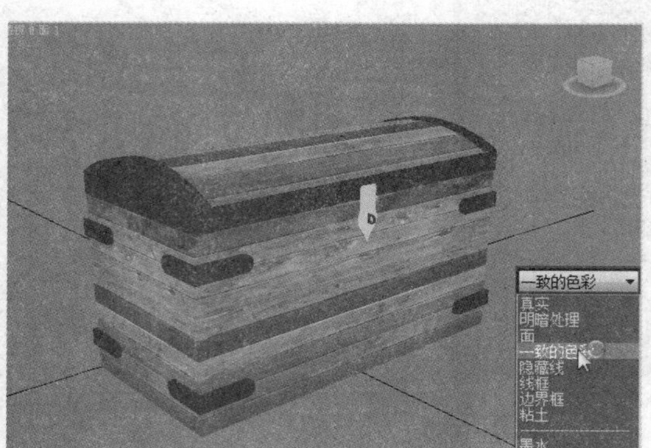

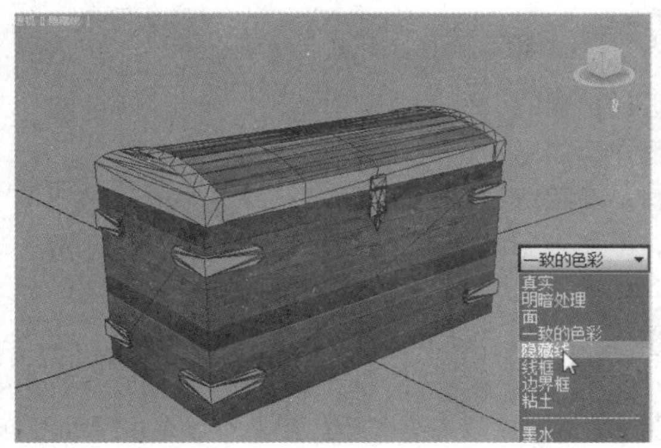

Step 08 如果选择“隐藏线”选项，对象以线框模式隐藏法线指向偏离视口的面和顶点，以及被附近对象模糊的对象的任一部分，如图所示。

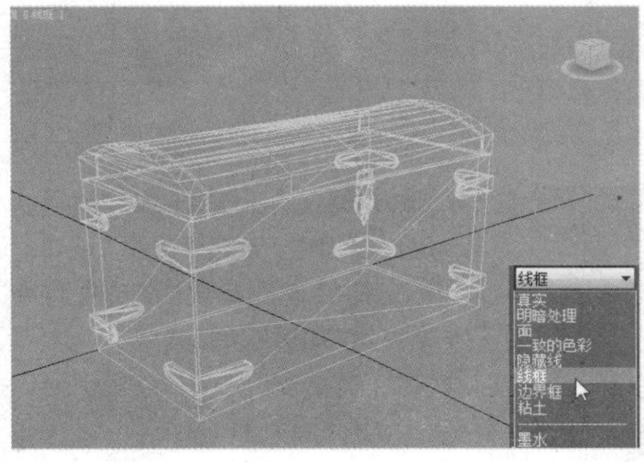

Step 09 如果选择“线框”选项，对象将以线框显示，并不应用着色，如图所示。

提 示

按下F3键可以在“线框”和“平滑+高光”模式之间进行切换。

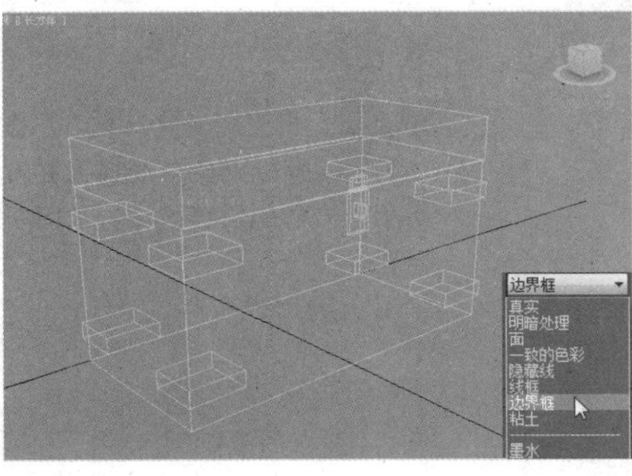

Step 10 如果选择“边界框”选项，对象将以边界框绘制对象，并不应用着色，如图所示。

提 示

边界框是封闭最大尺寸或对象范围的最小线框。用户可以在场景中将所选对象显示为边界框，以加快屏幕的重画速度。

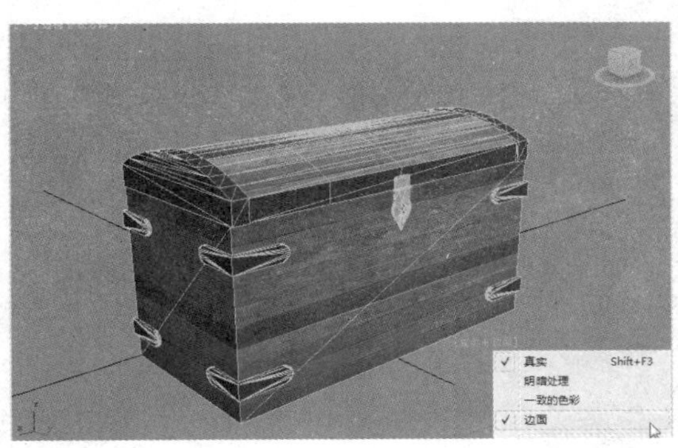

Step 11 选择“真实”模式并单击“边面”选项，对象将在显示着色和高光的同时显示多边形线框，如图所示。

2.3.4 视口盒

视口盒是3ds Max 2009版本开始出现的功能，它是一个三维导航工具，用户可以通过该工具快速切换标准和等距视口。在默认情况下，视口盒在视口的右上角，不属于场景，只能辅助控制视图的观察方向。视口盒在正交视图和透视视图中显示的图标有所区别，如图所示。

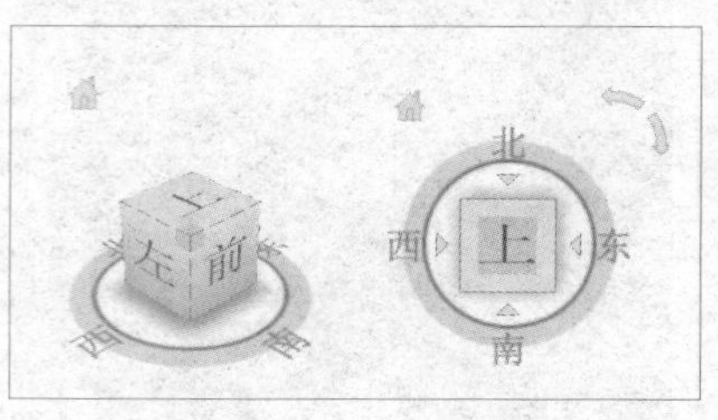

当光标靠近视口盒时视口盒会被激活，并以高亮显示。用户可以单击辅助图标切换视口，也可以通过拖动视口盒将对象旋转到需要的观察角度。

范例实录

操作视口盒

Step 01 在3ds Max 2013的默认用户界面中，激活“透视”视口，将光标靠近视口盒，视口盒将高亮显示，如图所示。

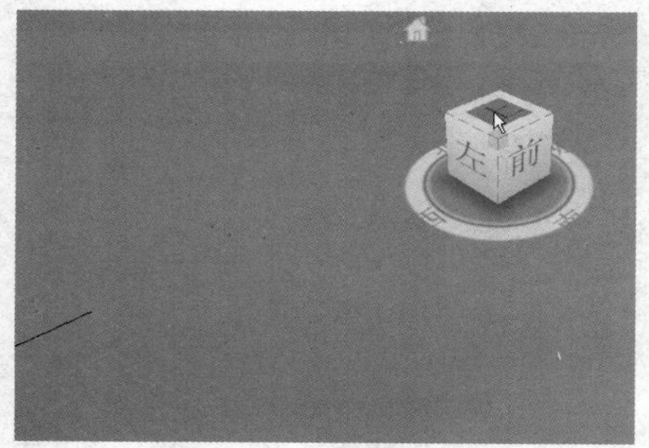

Step 02 将光标在视口盒上移动，3ds Max将会自动捕捉并激活相应方向的快捷区域，如图所示。

提 示

选择某个方向，当前激活视口就会从该方向观察场景。

Step 03 在视口盒上单击“上”区域后，将在“透视”视口中显示上视图，效果如图所示。

Step 04 在激活视口显示正交视图时，视口盒将出现箭头辅助图标，单击该图标将会按照图标所示方向以顺时针或逆时针旋转视图，如图所示。

提　示

如果在“透视”视口中选择正方向，该视口显示的视图将仍是透视视图，不会变为正交视图。

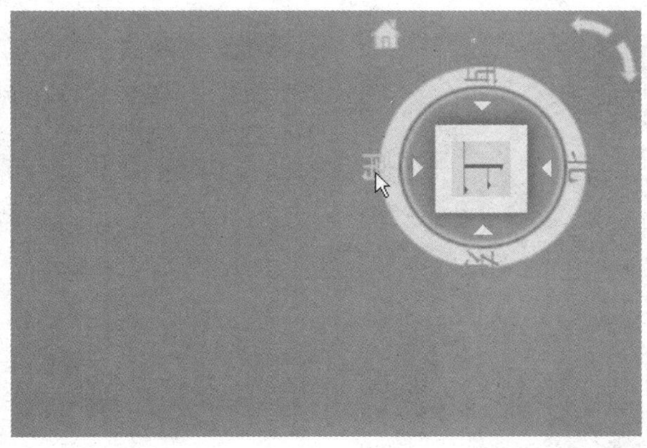

Step 05 视口盒还具有指北功能，单击“南”图标，即可使用该功能，如图所示。

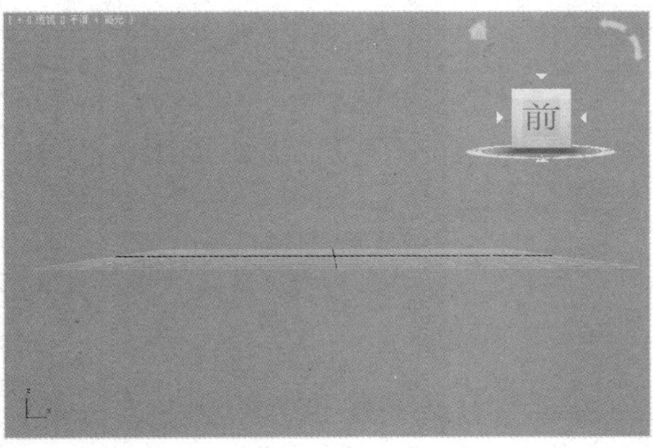

Step 06 单击“南”图标后，将正南方作为观察方向显示视图，即“前”视图，效果如图所示。

Step 07 单击视口盒上的房屋图标，将返回到透视视口的初始角度，如图所示。

Step 08 将光标靠近视口盒顶点处，将高亮显示顶点，如图所示。

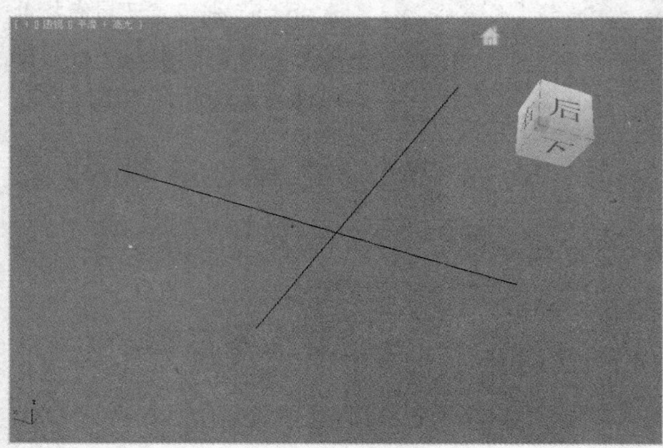

Step 09 拖动该顶点，视图会随着视口盒的旋转方向而改变视角，如图所示。

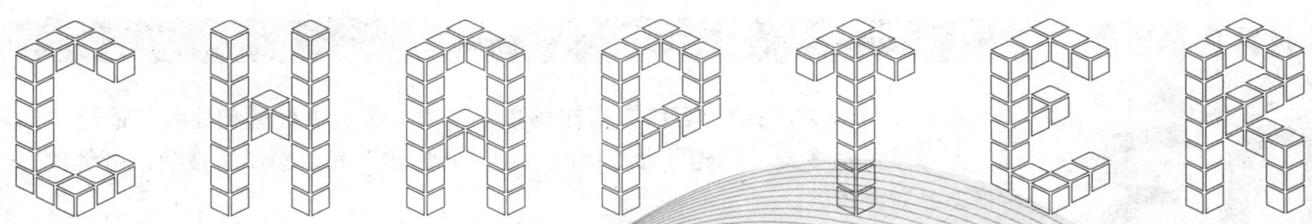

CHAPTER

03 场景对象

本章将介绍3ds Max 2013中常用的场景对象，包括几何体对象和图形对象，还将介绍对象的属性控制和选择方法，并通过一个简单的范例介绍如何通过预置场景对象堆栈出完整的模型。

重点知识链接

本章主要内容	知识点拨
几何体对象	不同的几何体类型
图形对象	标准图形和扩展图形的区别
对象的选择	对象基本信息、交互操作、显示和渲染控制、常用选择方法、过滤选择

CHAPTER

03

3.1 创建简单对象

在3ds Max 2013中，可以直接在场景中创建三维实体模型和曲线。通过“创建”菜单下的命令或“创建”命令面板中的“几何体”和“图形”按钮，可创建多种形态的对象模型。

3.1.1 创建三维模型

通常情况下，实体三维模型是组成场景主题和渲染的基本元素，3ds Max 2013中常用的三维模型主要包括标准基本体、扩展基本体、复合对象、粒子系统、面片栅格、AEC扩展、门、窗以及楼梯等。在“创建”命令面板的下拉列表中可进行选择创建，如图所示。

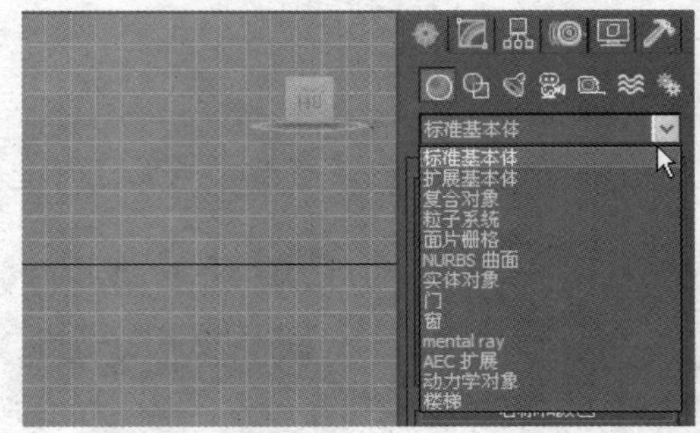

1. 标准基本体

标准基本体提供了现实世界中最常见、最基础的三维实体模型，如长方体、球体、圆柱体等。在3ds Max中，通过创建标准基本体，可以完成大型场景的拼凑，或将其结合到更复杂的对象中进一步细化。如图所示为3ds Max 2013提供的所有标准基本体模型。

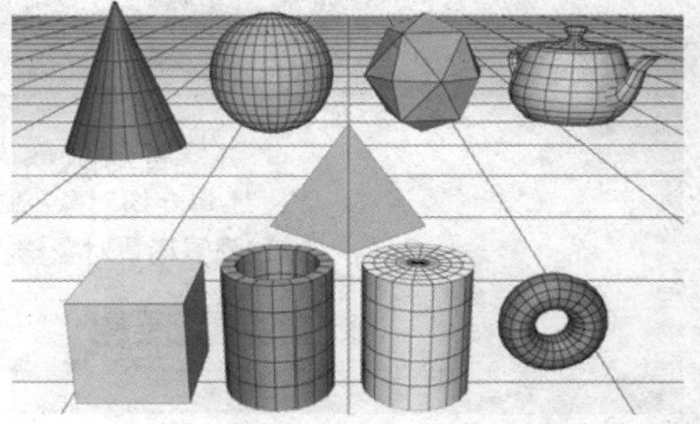

提　示

3ds Max 2013预置了多种三维实体模型和曲线，并进行了分类，如标准几何体、建筑类模型、样条线、扩展样条线等。

2. 扩展基本体

扩展基本体是由标准基本体衍变而来的复杂三维模型和属性特殊的三维模型，如长方体衍变出切角长方体、圆柱体衍变出切角圆柱体、油罐等。3ds Max 2013共提供了12种扩展基本体，如图所示。

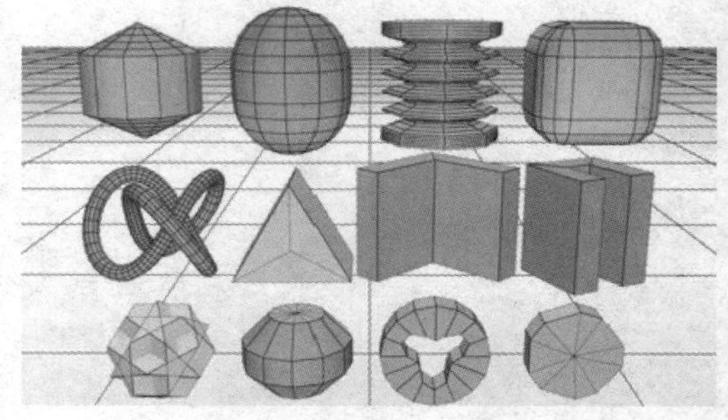

提　示

3ds Max预置的所有实体模型或几何图形都可通过鼠标或键盘进行创建。

创建切角圆柱体

范例实录

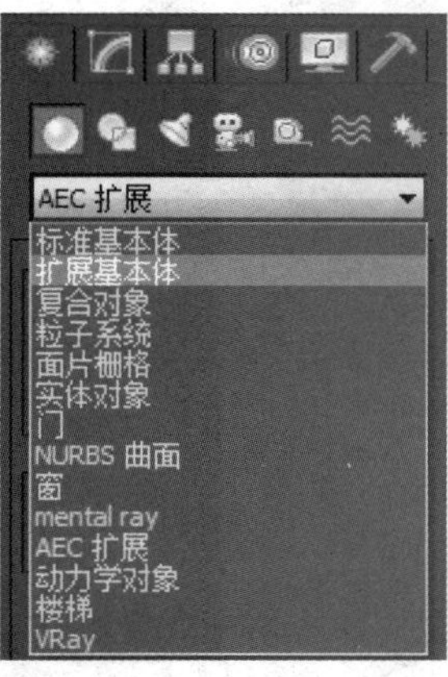

Step 01 在3ds Max 2013右侧的命令面板中单击“创建”按钮，在下拉列表中选择“扩展基本体”选项，如图所示。

DVD-ROM

最终文件:
范例文件\Chapter 3\3.1\创建切角圆柱体（最终文件）.max

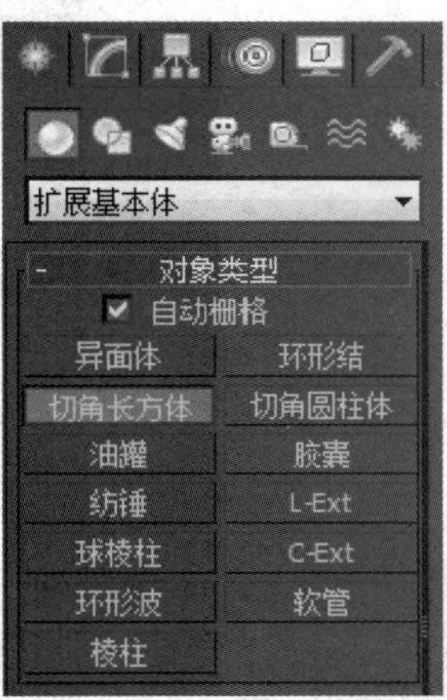

Step 02 在命令面板中单击“切角长方体”按钮切角长方体，如图所示。

提 示

如果安装了特定的插件，在相应的下拉列表中会出现与插件相关的对象，如VRay。

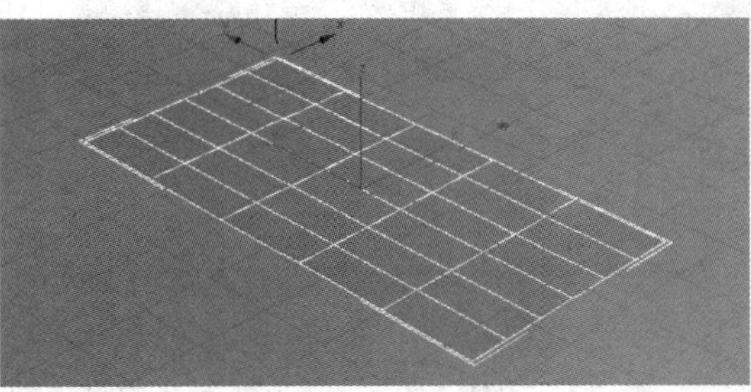

Step 03 在“透视”视口中拖动鼠标，在场景中创建长方形，如图所示。

提 示

当拖曳出理想的切角长方体底面积时，需要单击鼠标左键进行确定。

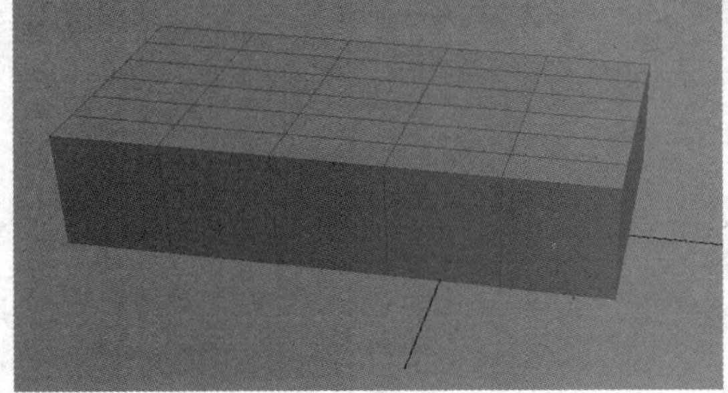

Step 04 拖动鼠标，先创建出底盘，再创建整体的高度，如图所示。

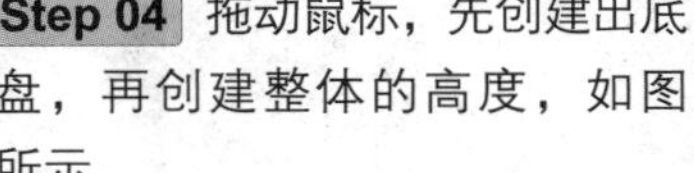

提 示

利用切角圆柱体可以省去另外制作圆角的工序，与其他三维制作软件相比，这是3ds Max中非常方便的功能。

Step 05 在创建的过程中，随着鼠标的移动，倒角的大小会发生变化，选择一个合适的倒角值，如图所示。

3. 建筑对象

AEC扩展、门、窗和楼梯等模型都具有其在真实世界中的属性，如门框的参数、窗户的打开方向等。其中AEC扩展包括了栏杆、墙和植物三种建筑物件，如图所示为植物模型。

范例实录

创建植物

DVD-ROM

最终文件:
范例文件\Chapter 3\3.1\创建植物（最终文件）.max

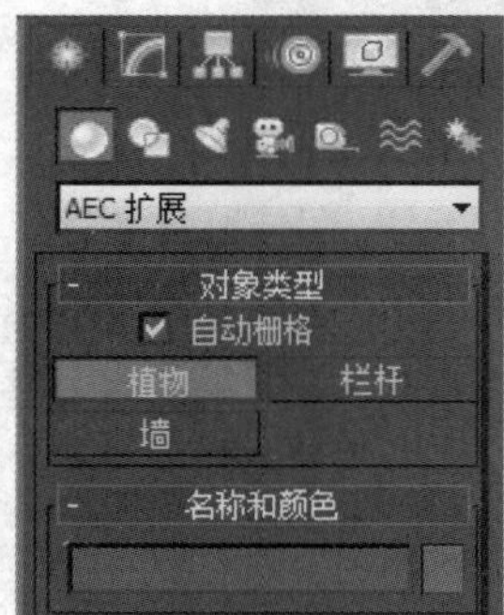

Step 01 在右侧的命令面板中单击"几何体"按钮，在下拉列表中选择"AEC扩展"选项，单击"植物"按钮 植物 ，如图所示。

提 示

3ds Max 允许用户添加其他的植物到"收藏的植物"卷展栏中。

Step 02 下方出现很多植物模型，在"收藏的植物"卷展栏中选择其中一种植物并单击，如图所示。

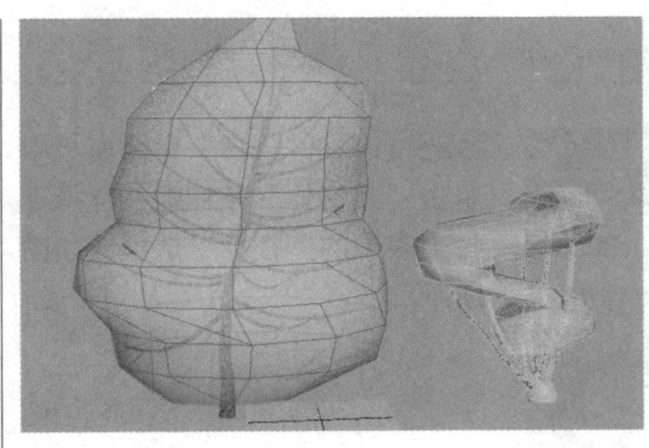

Step 03 在“透视”视图中，寻找需要创建植物的位置，单击创建所选的植物模型，效果如图所示。

Step 04 进行更进一步的尝试，单击视图上方的“渲染产品”按钮，进行渲染，渲染效果如图所示。

利用3ds Max 2013提供的门和窗模型，可以创建出各种参数化的窗和门对象，并可将其合并到墙对象的开口中，使创建建筑模型更加便捷。3ds Max 2013共提供了三种门的模型，包括枢轴门、推拉门和折叠门，如图所示为枢轴门的开（关）轨迹。

提 示

创建门或窗时，可通过捕捉提高精度。

3ds Max 2013提供了6种窗的类型，包括遮篷式窗、平开窗、固定窗、旋开窗、伸出式窗和推拉窗等。在建筑场景中创建这些可以控制外观细节的窗口，可以非常方便地设置窗口的开启或关闭动画，如图所示为旋开窗的运行轨迹。

提 示

3ds Max不会自动向窗对象分配材质。需要使用提供的材质时，打开相应的库后，向对象分配所需的材质即可。

在现实世界中，楼梯是建筑物的主要构件。使用3ds Max提供的4种楼梯模型，能满足大多数楼梯的外观要求和使用要求，这包括L形楼梯、螺旋楼梯、直线楼梯和U形楼梯。

范例实录

制作一个楼梯间

DVD-ROM

最终文件:
范例文件\Chapter 3\3.1\楼梯间.max

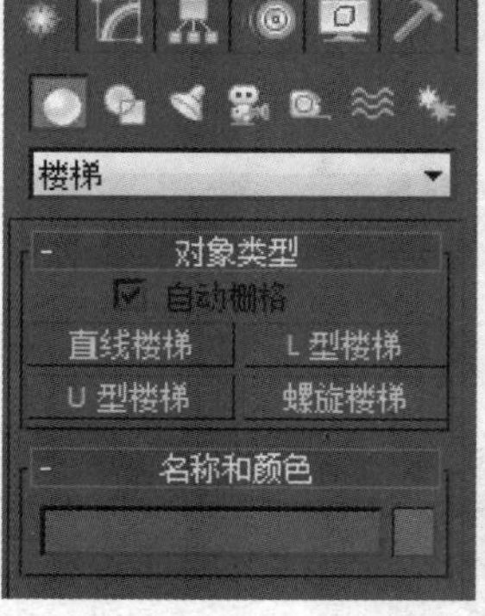

Step 01 在“创建”命令面板中单击“几何体”按钮，选择下拉列表中的“楼梯”选项，如图所示。

提 示

制作墙体时为了减少误差，应尽量在侧视图或顶视图完成。如果有足够的把握，也可以在透视图中进行制作。

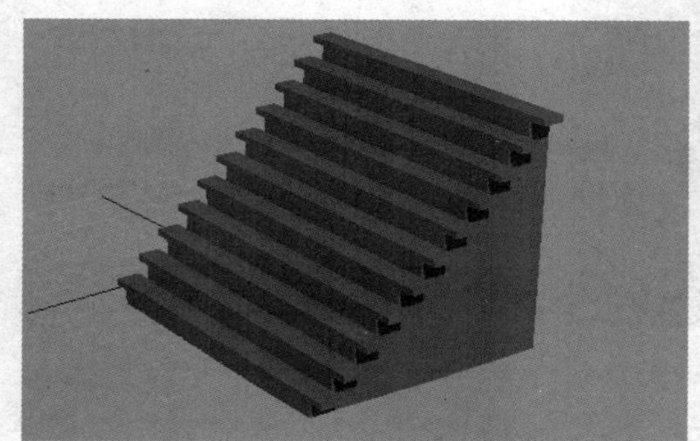

Step 02 在“对象类型”卷展栏中单击“直线楼梯”按钮，在“透视”视图中拖动鼠标，创建楼梯模型，如图所示。

Step 03 利用缩放、旋转、移动等工具对楼梯进行调整，效果如图所示。

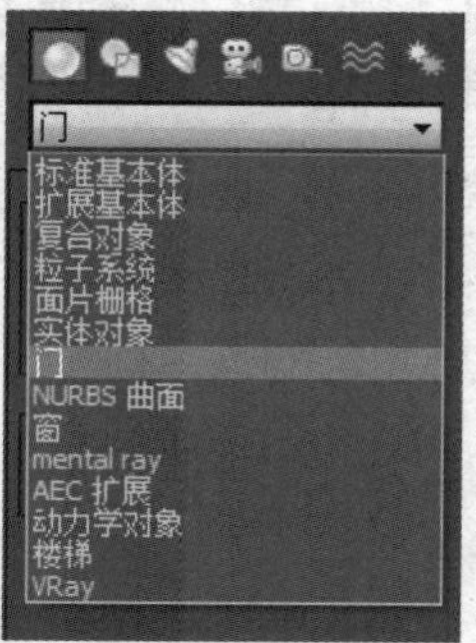

Step 04 再次单击“几何体”按钮，在下拉列表中选择“门”选项，如图所示。

Step 05 在“对象类型”卷展栏中单击“折叠门”按钮，如图所示。

Step 06 在“透视”视口中单击并拖动，创建折叠门模型。在创建时分为三个阶段，首先单击确定位置，然后单击确定厚度，最后单击确定高度。

提 示

可以通过塌陷操作来提高包含多堵墙及多扇门窗的场景的性能。首先，更改并保存所有可能需要的未来参数的未折叠版本。然后双击选中墙及其子对象。接下来，使用快捷菜单中的“转换为”命令，将场景转化为可编辑的网格。

Step 07 将门模型移动到楼梯的下方，制作楼梯间的门并进行调整，如图所示。

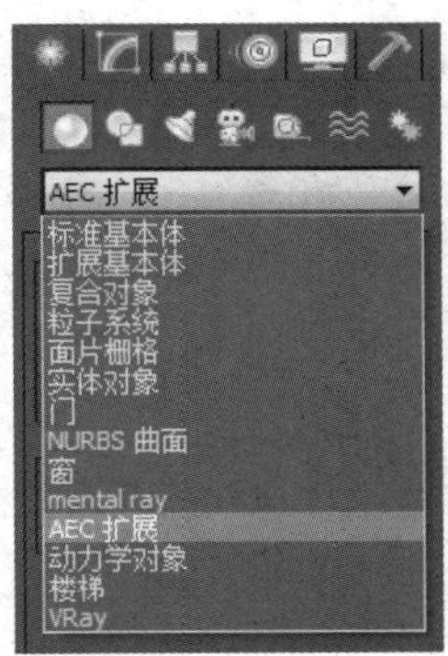

Step 08 在“创建”命令面板中单击“几何体”按钮，在下拉列表中选择“AEC扩展”选项，如图所示。

提　示

进行捕捉操作时，可以在墙对象中插入窗口，从而自动链接这两个对象，并对该窗口进行裁切。具体参见在墙上创建并放置一个窗口或门时需要执行的操作。

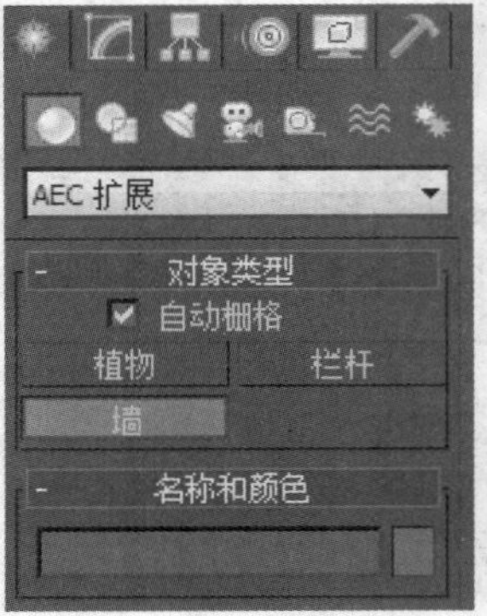

Step 09 在“对象类型”卷展栏中单击“墙”按钮，如图所示。

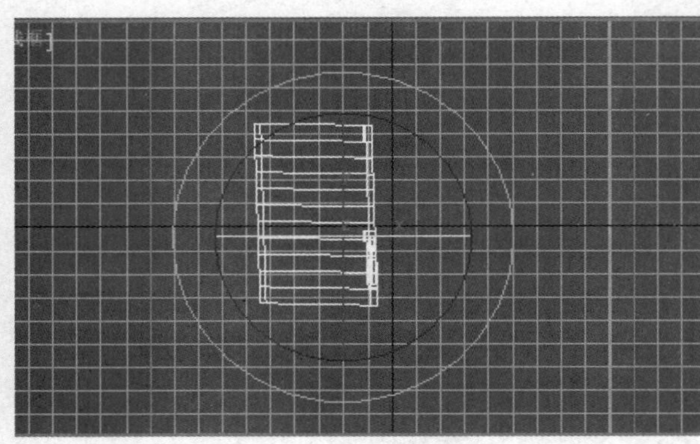

Step 10 为了能更好地定位，在“顶视图”场景中创建墙体，如图所示。

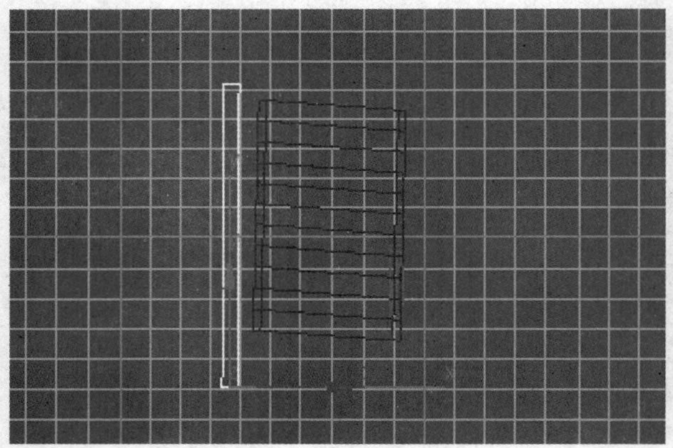

Step 11 先创建靠近楼梯一侧的墙体，如图所示。

提　示

窗的创建可以控制参数的确定顺序，有宽度、深度、高度和宽度、高度、深度这两种方式。

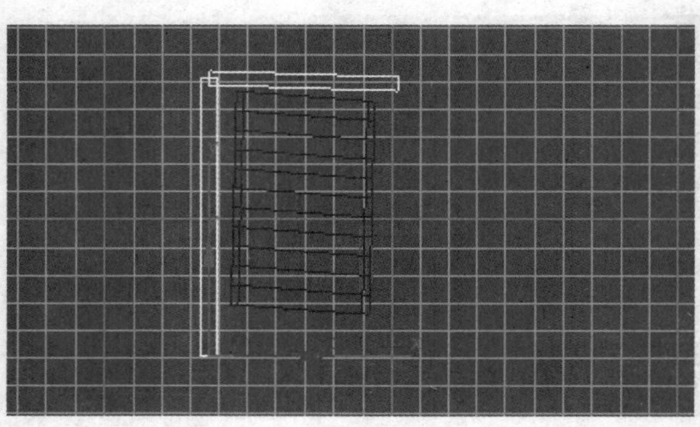

Step 12 选择位置并创建完毕后，再继续创建楼梯另一侧的墙体，如图所示。

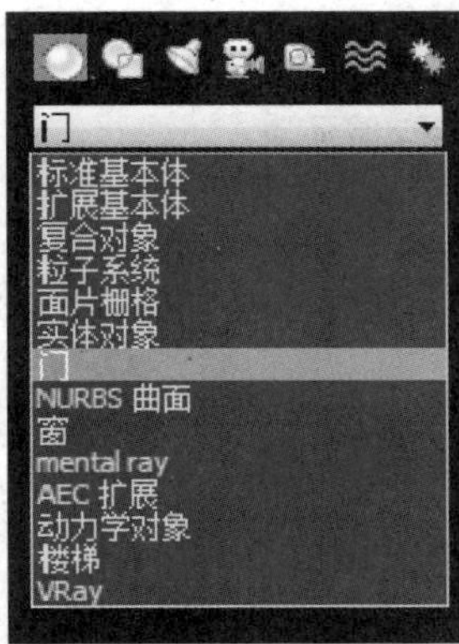

Step 13 再次单击“几何体”按钮，在下拉列表中选择“门”选项，如图所示。

Step 14 在“对象类型”卷展栏中单击“枢轴门”按钮，如图所示。

Step 15 在场景中创建枢轴门模型，并将门放在如图所示的地方，制作楼上的房门。

提 示

推拉窗可以创建为悬挂式，也可以创建为横推拉式。

Step 16 再次进行细微调整，使门、墙体和楼梯的比例看起来更真实，效果如图所示。

注 意

在创建对象时将自动生成法线。通常，使用这些默认法线可以正确渲染对象。然而，有时法线也需要调整。如图所示，钉状物表示法线，法线的方向将决定面的方向。

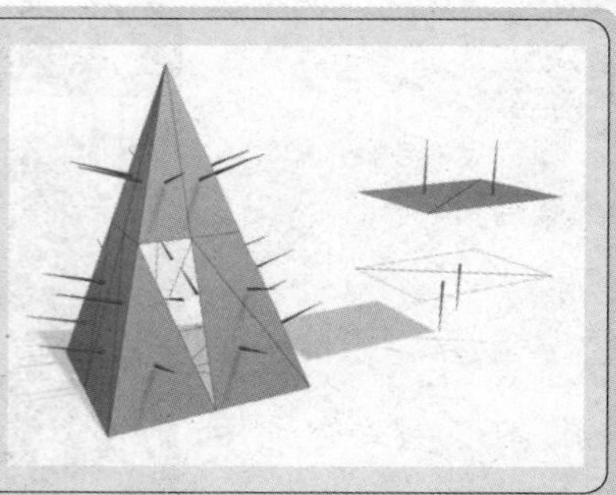

3.1.2 创建几何图形

图形是由一条（多条）曲线或直线组成的对象。通过3ds Max 2013直接创建的图形几乎都是二维对象，在“创建”命令面板下的“图形”选项面板中，可选择不同类型的几何图形预置选项，其中包括样条线、NURBS曲线和扩展样条线，如图所示。

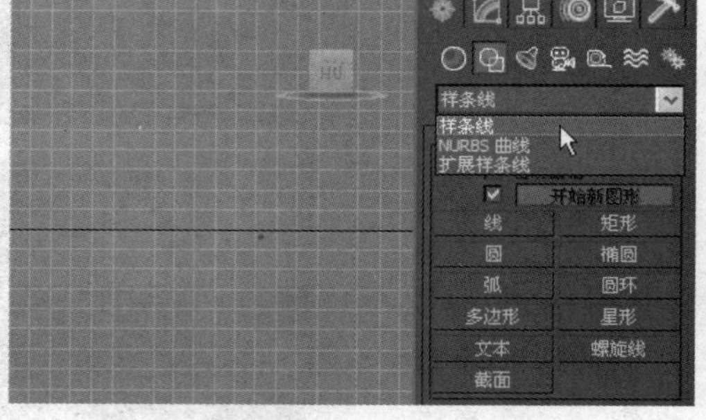

1. 样条线

样条线包括了11种基本几何图形，如线性样条线、矩形样条线、弧形样条线等，如图所示为所有11种样条线几何图形。

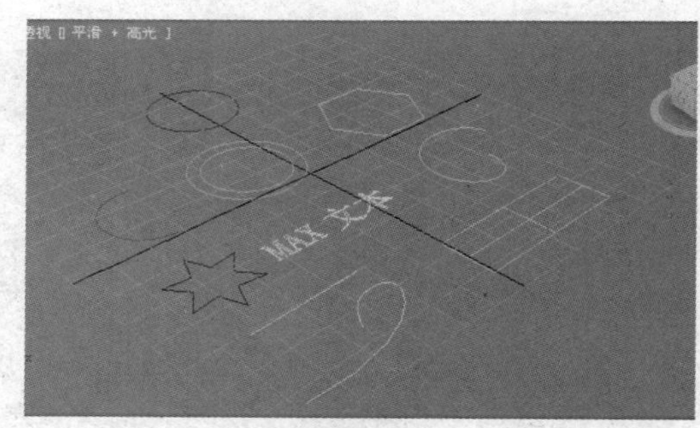

提 示

除线样条线外，其他样条线图形都可以通过几何属性来设定其外形，如矩形有长宽参数、圆形有半径参数等。

范例实录

创建简单的样条线

DVD-ROM

最终文件:
范例文件\Chapter3\3.1\创建简单的样条线（最终文件）.max

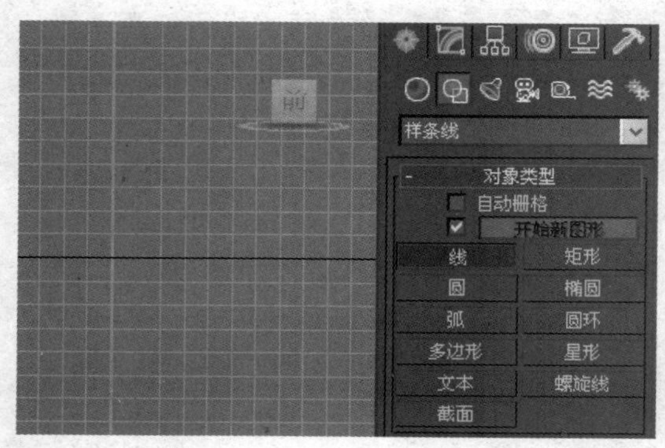

Step 01 在下拉列表中选择“样条线”选项，在“对象类型”卷展栏中单击“线”按钮 线 。

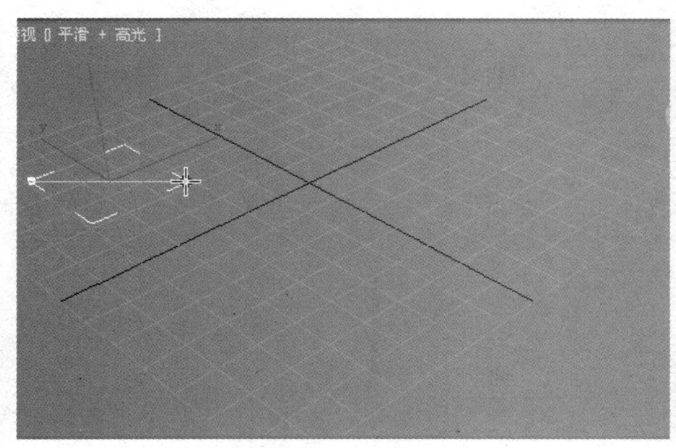

Step 02 在“透视”视图中单击，确定线的第一个顶点位置，如图所示。

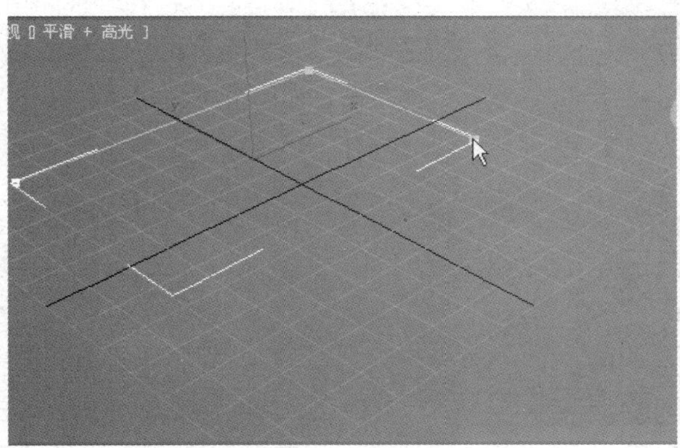

Step 03 将光标移动到其他位置后单击，确定线的第二个顶点。重复相同的操作确定第三个顶点的位置，如图所示。

> **提 示**
>
> 如果按住Shift键的同时移动鼠标，下个顶点的位置将处于正交线上。

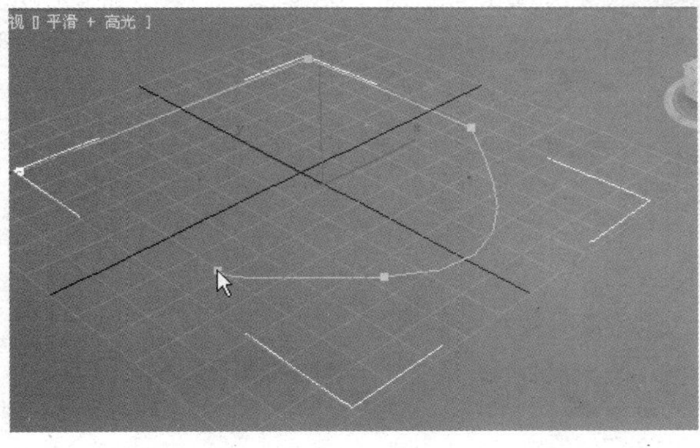

Step 04 在绘制第4个顶点时，按住左键不放进行拖动操作，绘制的顶点将具有贝塞尔属性，其连接的线段将拖动成曲线，如图所示。

> **提 示**
>
> 直接单击创建的顶点，其属性为角点。

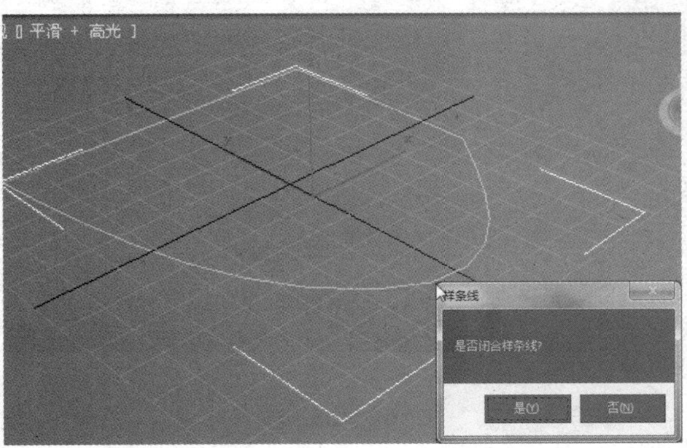

Step 05 拖动光标使其靠近第一个顶点处，单击后弹出“样条线”对话框，询问是否需要封闭样条线，单击“是”按钮，如图所示。

> **提 示**
>
> 如果不封闭曲线，该点位置实际上就会有两个顶点。

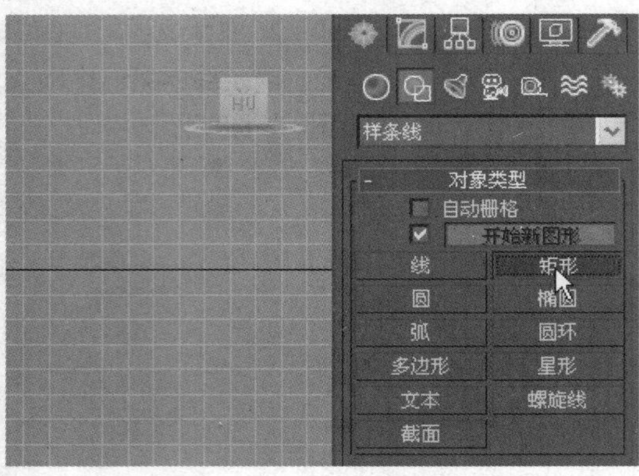

Step 06 在“对象类型”卷展栏中单击“矩形”按钮矩形。

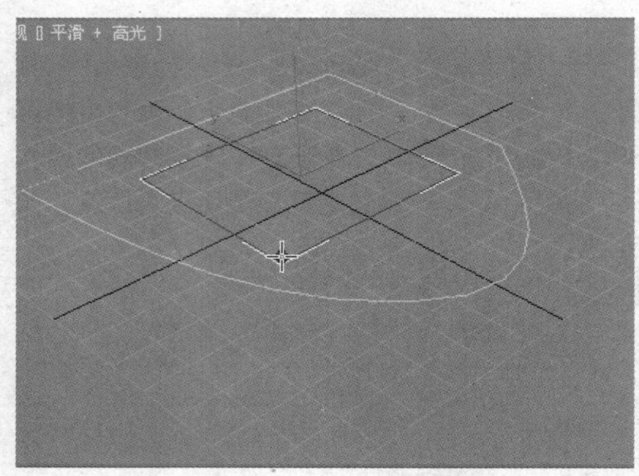

Step 07 直接在“透视”视图中拖动鼠标，即可完成矩形样条线的创建，如图所示。

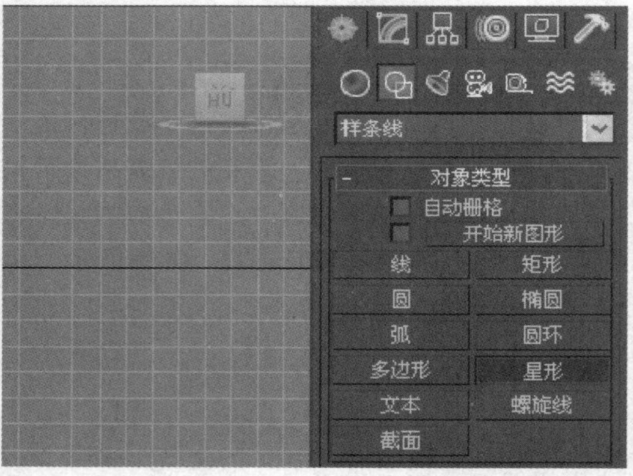

Step 08 取消勾选“开始新图形”复选框，然后单击“星形”按钮星形，如图所示。

 **提 示**

大多数几何图形只需要通过拖曳操作，即可完成创建。

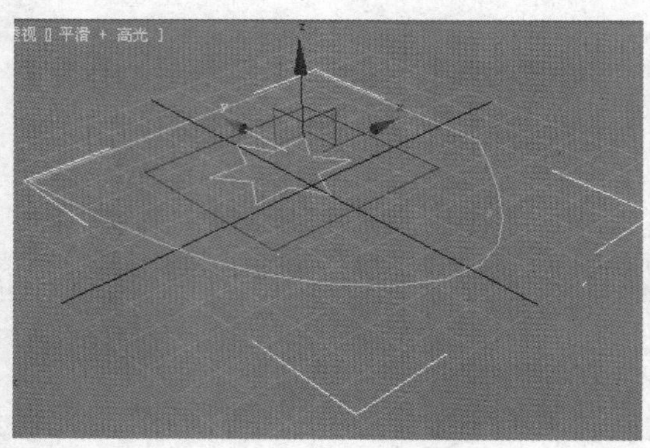

Step 09 在曲线被选中的前提下，在视口中进行拖动操作，完成星形样条线的创建，效果如图所示。

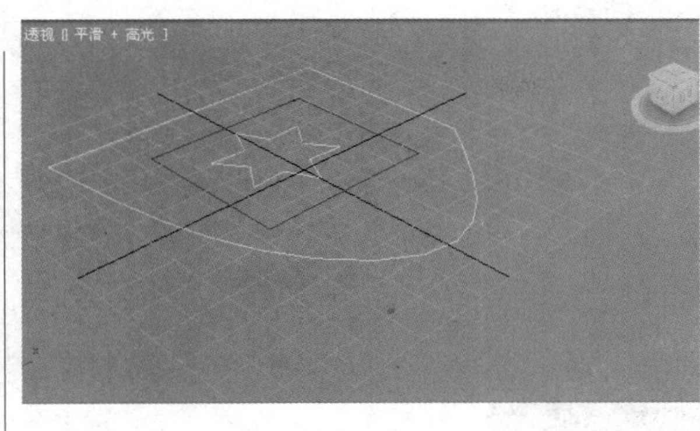

Step 10 完成星形的创建后可观察到，由于取消勾选“开始新图形”复选框，创建的星形与之前的曲线成为一个整体样条线，效果如图所示。

2. NURBS曲线

NURBS曲线是一种特殊的图形对象，其外形与样条线没有区别，但具有更为复杂的控制系统。同时，在创建过程中允许跨视口操作。NURBS曲线包括点曲线和CV曲线两种，其中点曲线上的点都被约束在曲面上，可以作为整个NURBS模型的基础，如图所示为点曲线。

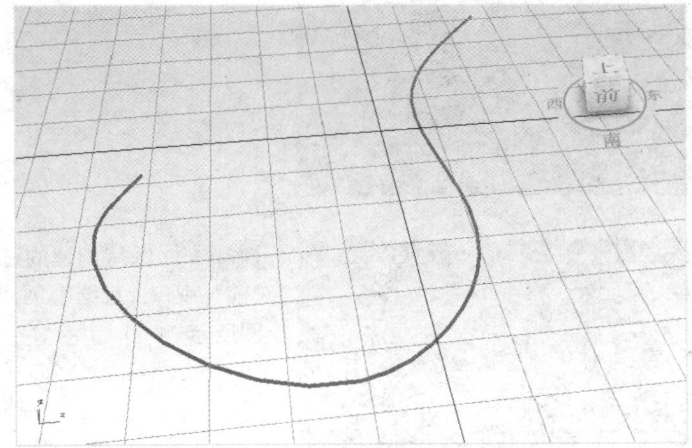

CV曲线是由控制顶点控制的NURBS曲线，控制顶点不在曲线上，用于控制曲线或者曲面的形状，以一个小小的方框来表示它的存在，如图所示为CV曲线。

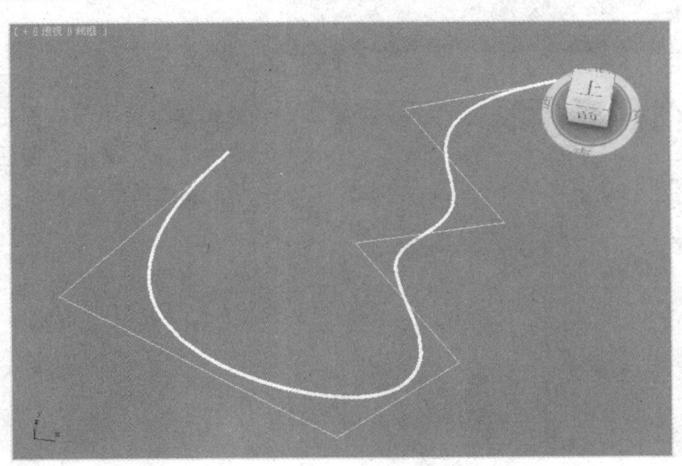

提 示

NURBS是Non-Uniform Rational B-Splines（非均匀有理数B样条线）的缩写。

提 示

3ds Max 提供 NURBS 曲面和曲线，尤其适合于使用复杂的曲线创建曲面。其特点是容易交互操纵，算法效率高，计算稳定性好，已成为设置和建模曲面的行业标准。

范例实录

创建点曲线和CV曲线

DVD-ROM

最终文件:
范例文件\Chapter 3\3.1\ 创建点曲线和CV曲线（最终文件）.max

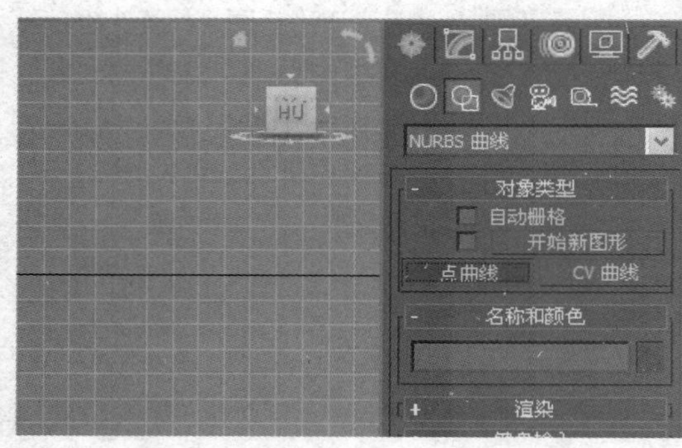

Step 01 在下拉列表中选择“NURBS 曲线”选项，在“对象类型”卷展栏中单击“点曲线”卷展示栏中按钮点曲线。

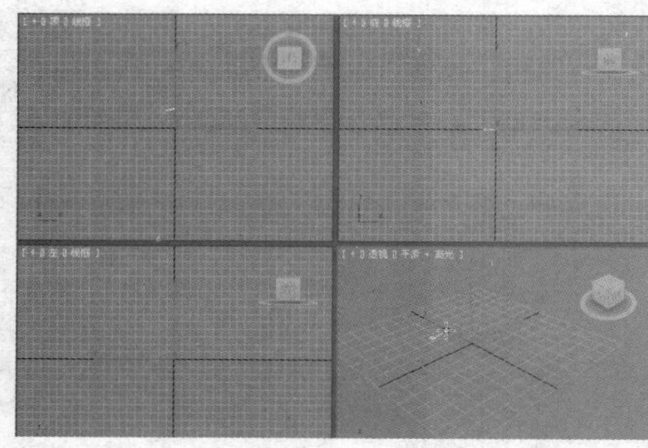

Step 02 在“透视”视图中单击，创建第一个顶点，如图所示。

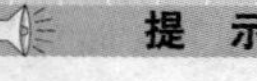

提 示

可以通过右击方式激活所需视口。

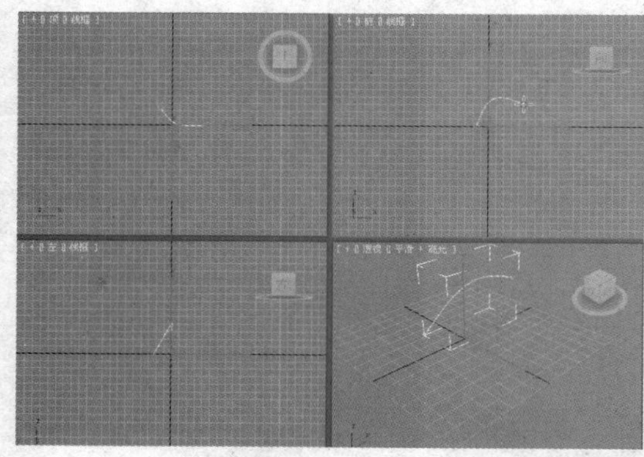

Step 03 保持创建的过程，激活“前”视口，可继续创建顶点，如图所示。

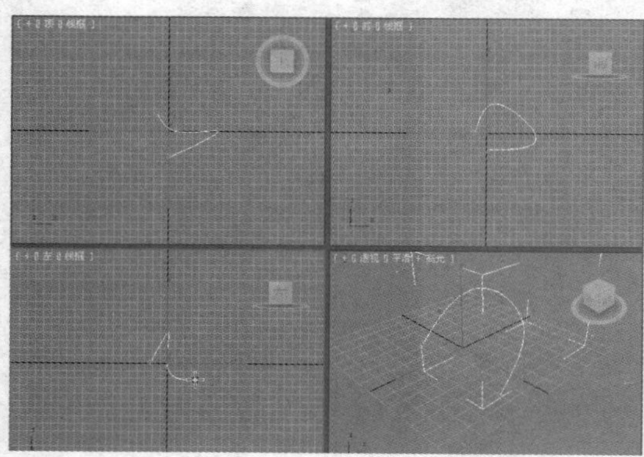

Step 04 使用与前面相同的方法激活“左”视口，创建第三个顶点，如图所示。

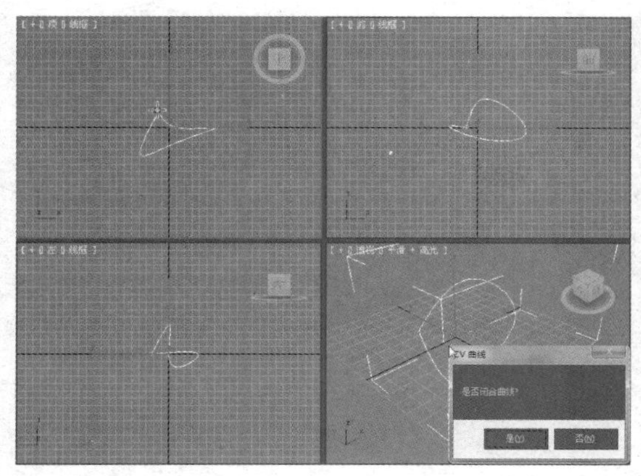

Step 05 如图所示在“顶”视口中创建一点，然后返回“透视”视口，并在第一个顶点处单击鼠标左键。此时将弹出“CV曲线”对话框，询问用户是否封闭该曲线，如图所示。

> **提 示**
>
> 在3ds Max中创建的曲线都可进行封闭处理。

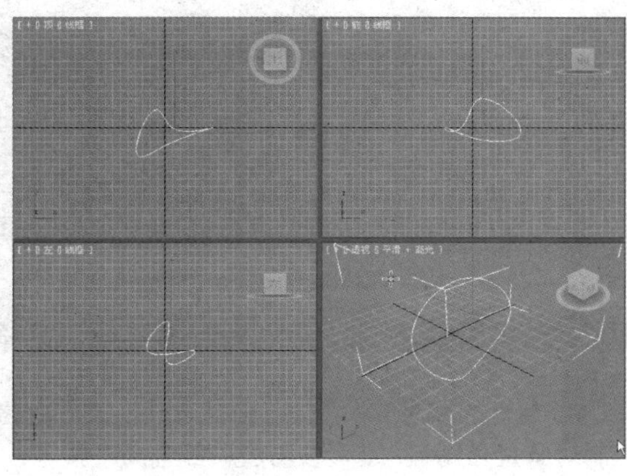

Step 06 单击“是”按钮，完成封闭“点曲线”的创建，效果如图所示。

Step 07 在“对象类型”卷展栏中单击“CV曲线”按钮 CV 曲线 ，如图所示。

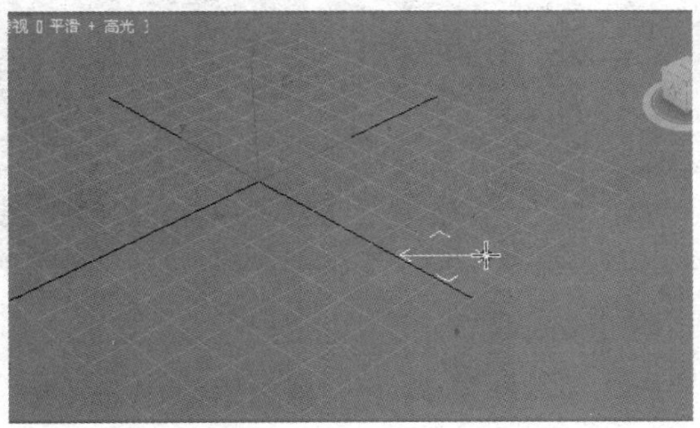

Step 08 在“透视”视口中创建第一个控制顶点，如图所示。

> **提 示**
>
> CV曲线仍然可以跨视口进行创建。

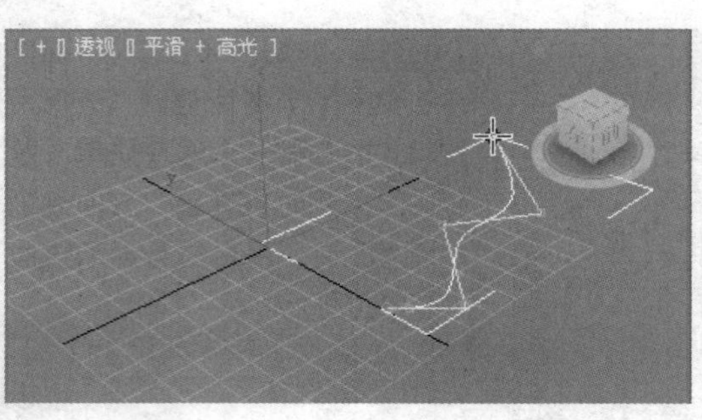

Step 09 创建其他控制顶点，可看到所有控制顶点都不在曲线上，而控制顶点的位置决定了曲线的形状，如图所示。

3. 扩展样条线

> **提 示**
>
> 扩展样条线都是封闭的曲线。

"扩展样条线"的创建方法、属性和控制方法与样条线一样，其几何外观由简单的几何图形衍生而来。如图所示为3ds Max 2013提供的5种扩展样条线。

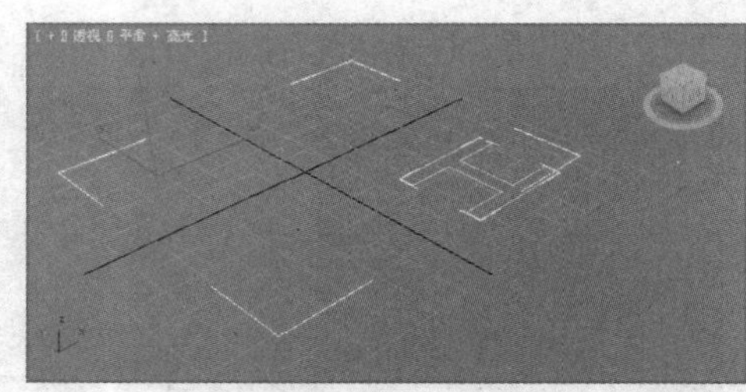

3.2 对象的属性

> **提 示**
>
> "对象属性"命令也可以在菜单栏中的"编辑"菜单下进行执行。

在3ds Max 2013中，创建的对象除了自身的固有属性外，还可以通过相关命令为其设置通用的属性，这些属性用于控制对象是否隐藏、是否参与渲染等全局设置。

3.2.1 基本信息

选择场景中的一个或多个对象，然后选择四元菜单中的"对象属性"命令，开启相关的对话框。在对话框中可以对对象的全局属性进行设置，相关四元菜单命令如图所示。

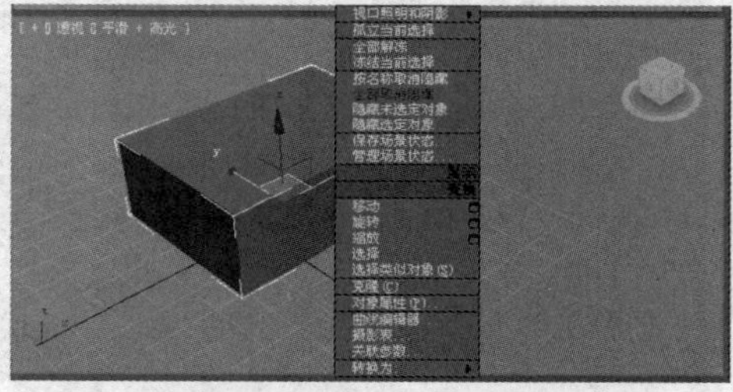

在"常规"选项卡的"对象信息"选项组中显示了对象的基本信息，并允许用户对对象的名称和颜色进行修改，相关选项组参数如图所示。

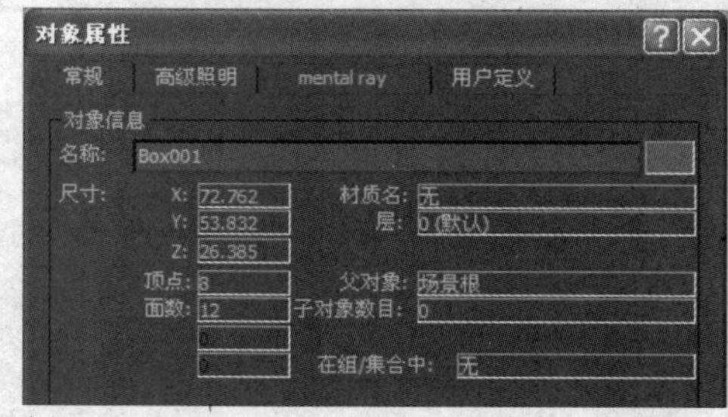

- 尺寸：显示对象范围在X、Y、Z轴上的尺寸。
- 顶点：显示对象的顶点数。
- 面数：显示对象的面数。

- 材质名：显示指定给对象材质的名称。如果没有指定对象的材质，将显示为“无”。
- 层：显示对象被指定到的层的名称。
- 父对象：显示层次中对象的父对象的名称。如果对象没有层次父对象，则显示为“场景根”。
- 子对象数目：显示按层次链接到对象的子对象的数目。
- 在组/集合中：显示对象所属的组或集合的名称。如果对象不是组或集合的一部分，则显示为“无”。

提 示

如果选择的对象是图形，顶点和面数值是当图形可渲染时所使用的值。仅当渲染时，才生成可渲染图形的面。

范例实录

在“对象属性”对话框中修改对象名称和颜色

DVD-ROM

原始文件：
范例文件\Chapter 3\3.2\ 从对象属性对话框中修改对象名称和颜色（原始文件）.max

最终文件：
范例文件\Chapter 3\3.2\ 从对象属性对话框中修改对象名称和颜色（最终文件）.max

Step 01 打开本书配套光盘中的原始文件，效果如图所示。

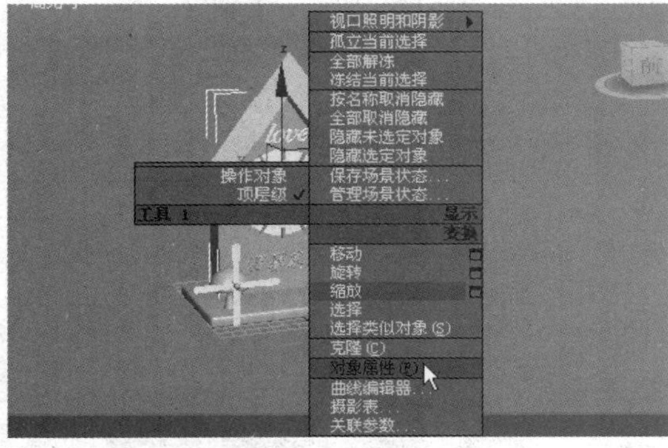

Step 02 单击钟身长方体，右击后在弹出的四元菜单中选择“对象属性”命令，如图所示。

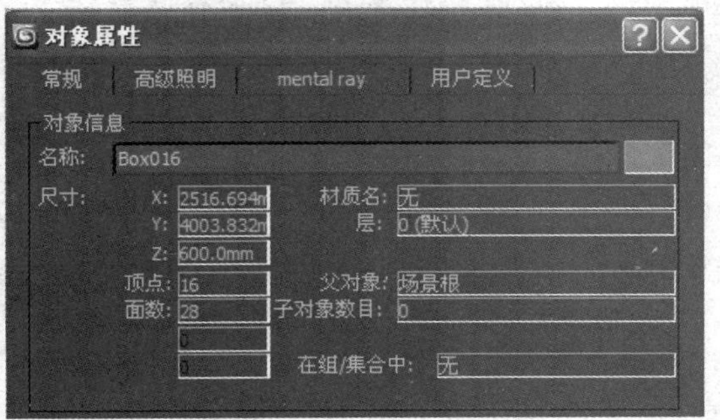

Step 03 在“对象属性”对话框的“常规”选项卡中查看该对象的基本信息，如图所示。

提 示

即使是英文版的3ds Max 2013程序，也仍然支持中文。

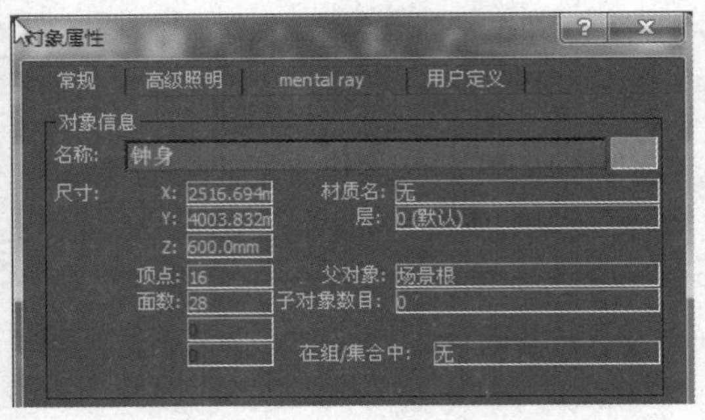

Step 04 在“名称”文本框中输入文字“钟身”，作为该对象的新名称，如图所示。

提 示

在命令面板中可以快速对对象的名称和颜色进行修改。

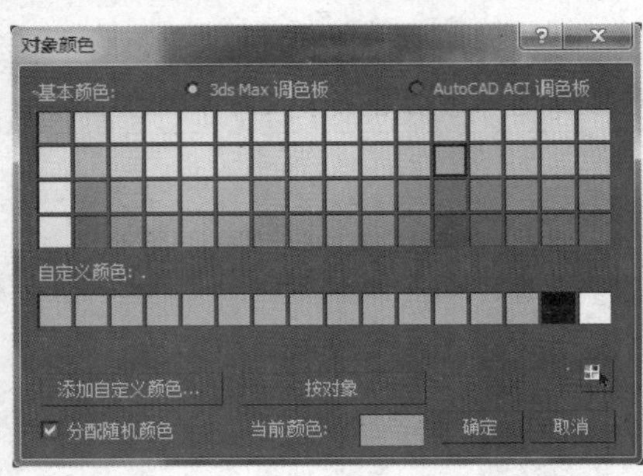

Step 05 单击文本框右侧的色块，打开“对象颜色”对话框，如图所示设置颜色。

Step 06 完成对象的属性设置后可观察该对象的新名称，在视图中也会应用新的颜色，渲染后的效果如图所示。

3.2.2 对象的交互性

提 示

使用层管理器是隐藏或冻结对象组或层最容易的方法。

提 示

位于隐藏层中的对象将自动隐藏，“隐藏”复选框将无效。位于冻结层中的对象将自动冻结，“冻结”无效。

在“对象属性”对话框中，“交互性”选项组提供了对象与用户界面的交互性控制参数，如图所示。其中各选项的含义如下。

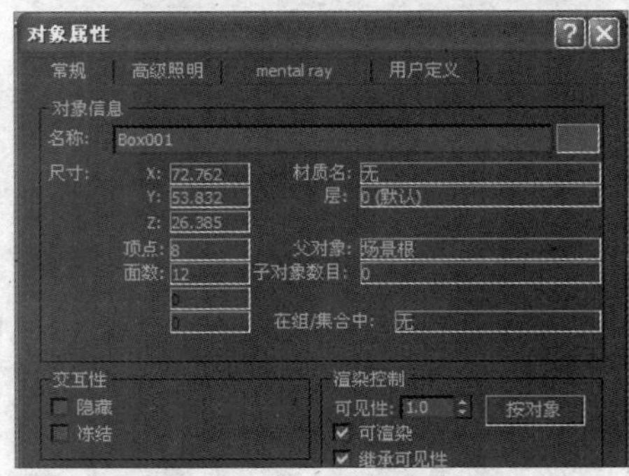

- 隐藏：勾选该复选框，将隐藏选择的一个或多个对象。隐藏的对象存在于场景中，但不在视口或渲染图像中显示。
- 冻结：勾选该复选框，将冻结选择的一个或多个对象。冻结对象在视口中显示，但不能被操作。

隐藏和冻结的应用

范例实录

DVD-ROM

最终文件:
范例文件\Chapter 3\3.2\隐藏和冻结的应用（最终文件）.max

Step 01 继续使用上一个范例的原始文件，效果如图所示。

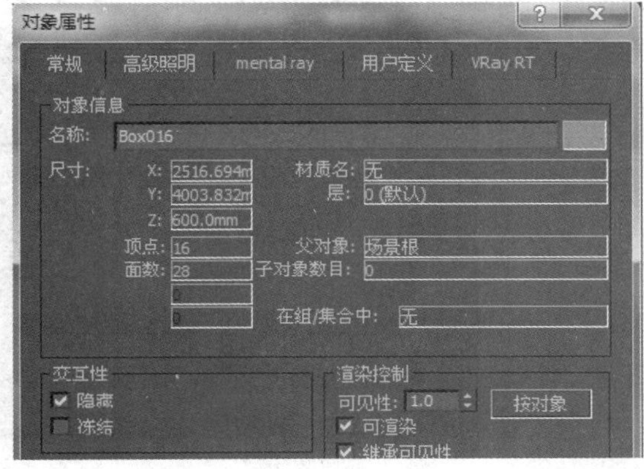

Step 02 选择钟身长方体对象，然后通过选择“对象属性”命令打开“对象属性”对话框，在“常规”选项卡中勾选“隐藏”复选框，如图所示。

Step 03 确定对象的隐藏操作后，该对象将不在视图中显示，效果如图所示。

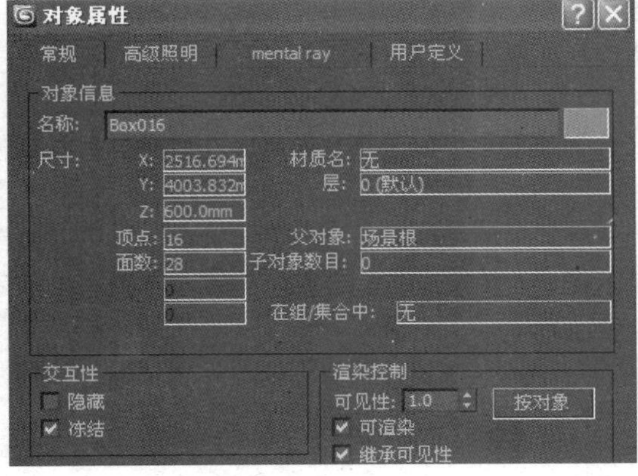

Step 04 在“对象属性”对话框中重新设置“交互性”选项组中的参数，如图所示。

提 示

隐藏和冻结参数可以同时应用。

Step 05 确定对象的冻结参数后，在视口中可观察到相关对象呈灰色显示，并且不能进行任何操作，效果如图所示。

3.2.3 显示属性

"显示属性"选项组用于设置对象在场景中的显示方式，如设置对象是否透明、是否显示顶点、是否忽略范围、是否永不降级等。相关参数如图所示。下面介绍一下各选项的含义。

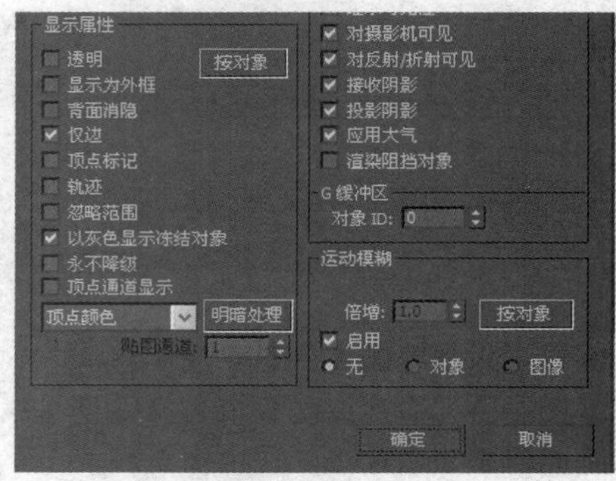

提 示

如果在"按对象/层"之间进行切换，显示属性设置将对选定对象产生影响或对与选定对象位于相同层的所有对象产生影响。

提 示

如果选择了具有不同层设置的多个对象，"按对象/层"按钮将显示为"混合"。

- 透明：勾选该复选框，选定对象将在视口中显示为半透明效果，该设置对渲染无影响，默认为取消勾选状态。
- 显示为外框：勾选该复选框，选定对象将显示自身的边界框，将场景几何复杂性降到最低，以便在视口中快速显示，默认设置为取消勾选状态。
- 背面消隐：勾选该复选框，可以透过线框看到对象背面，只适用于线框视口，默认设置为取消勾选。
- 仅边：勾选该复选框，选定对象将只显示外边。
- 顶点标记：勾选该复选框，将选定对象的顶点显示为标记。
- 轨迹：勾选该复选框，将显示对象的运动轨迹。
- 忽略范围：勾选该复选框，在使用视口控制工具"最大化显示"和"所有视图最大化显示"时，将忽略该对象。
- 以灰色显示冻结对象：勾选该复选框，视口中的对象会在冻结时呈现灰色。如果取消勾选该复选框，冻结对象仍然显示原有颜色。
- 永不降级：这是3ds Max 2010新增参数，勾选该复选框，在使用自适应降级功能时将忽略选定对象。
- 顶点通道显示：勾选该复选框后，对于可编辑网格、可编辑多边形和可编辑面片等对象，在视口中将显示指定的顶点颜色，在下拉列表中可以选择不同的方式。
- 贴图通道：由于为选定对象的顶点颜色设置贴图通道。

显示属性测试

范例实录

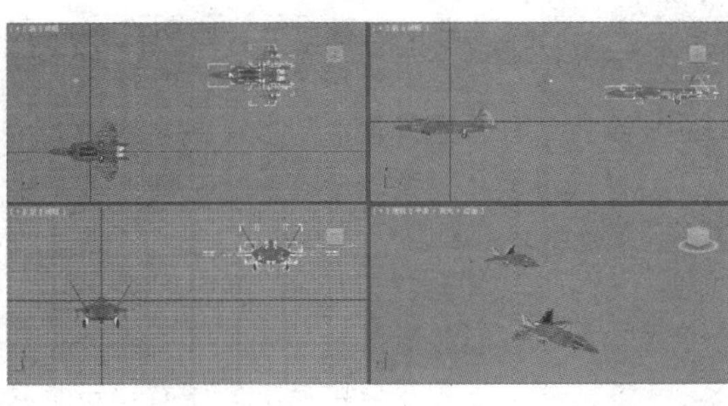

Step 01 打开本书配套光盘中的原始文件，效果如图所示。

DVD-ROM

最终文件:
范例文件\Chapter 3\3.2\ 显示属性测试（原始文件）.max

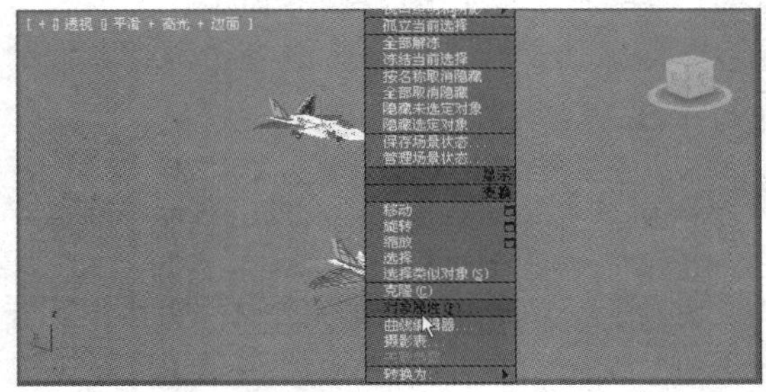

Step 02 选择两架战斗机的机身，在四元右键菜单中选择“对象属性”命令，如图所示。

提 示

按住Ctrl键的同时单击两个机身，可完成选择操作。

Step 03 在弹出的对话框中，如果勾选“透明”复选框，机身将显示为半透明，如图所示。

提 示

“透明”参数的快捷键为Alt+X。

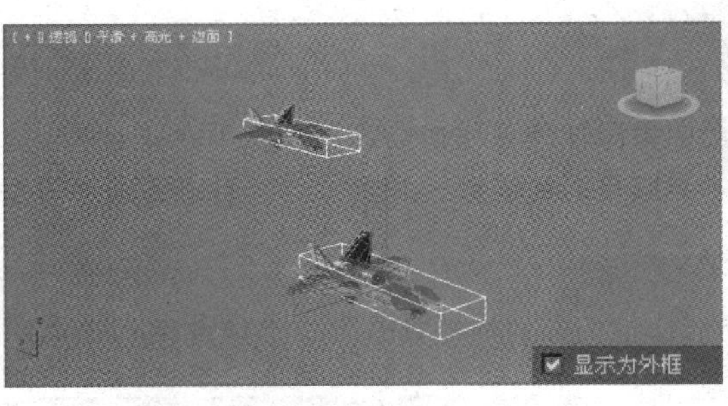

Step 04 此时若勾选“显示为外框”复选框，机身将只显示自身的边界框，如图所示。

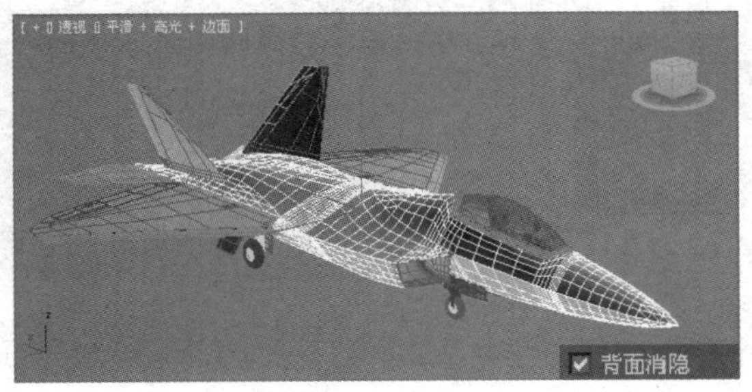

Step 05 如果勾选“背面消隐”复选框，可以看到机身背面的线框，如图所示。

提 示

“背面消隐”参数只适用于视口的线框渲染。

Step 06 如果取消勾选“仅边”复选框，机身上多边形的所有对角线也会被显示，如图所示。

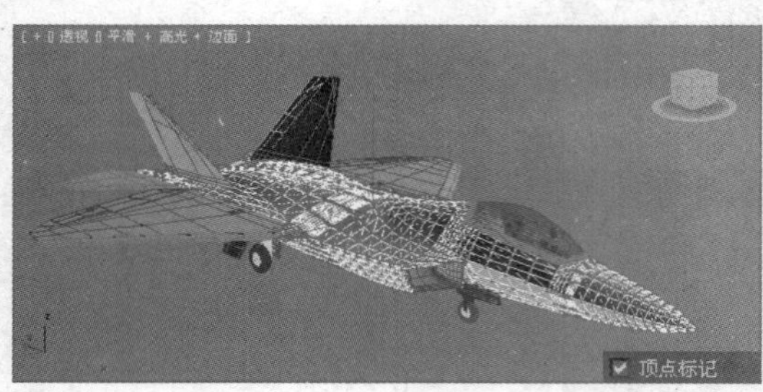

Step 07 如果勾选“顶点标记”复选框，机身上的所有顶点将被显示出来，如图所示。

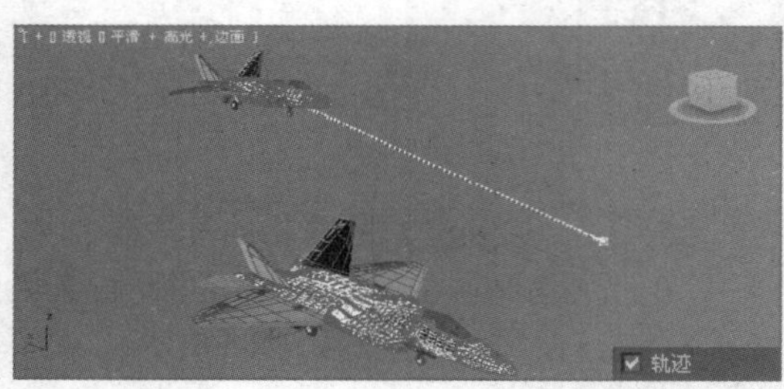

Step 08 如果勾选“轨迹”复选框，有动画的机身的运动轨迹将被显示出来，如图所示。

提 示

也可以打开“运动”命令面板显示运动轨迹。

Step 09 如果取消勾选“顶点通道显示”复选框，机身将显示为顶点颜色，如图所示。

提 示

启用“顶点通道显示”参数后，可以在下拉列表中选择不同的方式。

3.2.4 渲染控制

在“渲染控制”选项组中可以更改一个或多个对象的全局渲染设置，如阴影、反射折射等，相关参数如图所示。各选项的含义如下。

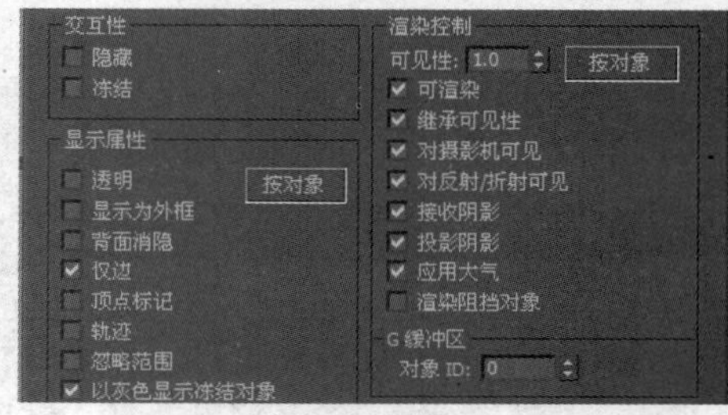

提 示

如果图形对象的可渲染参数被禁用，则图形自身的可渲染参数无效。

- 可见性：控制对象在场景中的可见程度，当值为1时完全可见，当值为0时完全不可见。
- 可渲染：勾选该复选框，选择对象将可以被渲染，如取消勾选，选定对象将不参与渲染。
- 继承可见性：勾选该复选框，选定对象继承父对象一定百分比的可见性。
- 对摄影机可见：勾选该复选框，对象将在场景中对摄影机可见。
- 对反射/折射可见：勾选该复选框，对象将可以被反射/折射。
- 接收阴影：勾选该复选框，对象可以接收阴影。
- 投影阴影：勾选该复选框，对象可以产生阴影。
- 应用大气：勾选该复选框，对象将受大气效果影响。
- 渲染阻挡对象：勾选该复选框，将允许特殊效果影响场景中被该对象阻挡的其他对象。

提 示

可以让对象的“对摄影机可见”复选框处于勾选状态，而“对反射/折射可见”复选框处于取消勾选状态，在这种情况下，对象在场景中可以被渲染，但是并不出现在反射或折射中。

注 意

平滑可以在面与面的边界混合着色，从而产生平滑曲面的外观。可以控制平滑应用于曲面的方式，这样对象就可以在适当的位置既有平滑曲面，又有尖锐面状边缘。如图所示为共享平滑组和不共享平滑组的效果。

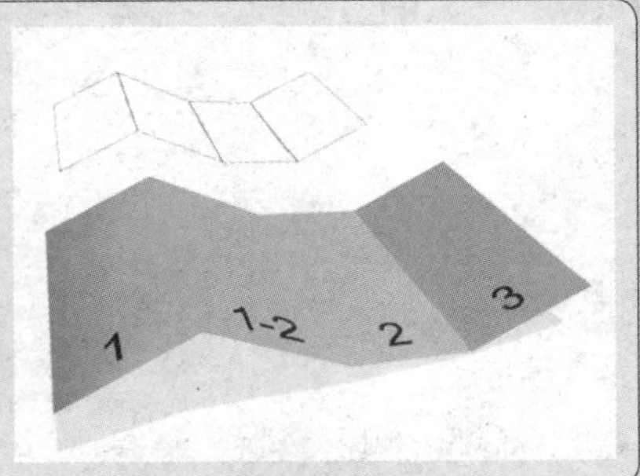

3.3 对象的选择

在学习了如何创建场景对象并了解了对象的基本属性后，下面学习对象的基本操作。其中，对象的选择操作显得尤为重要，本节将详细讲解各种选择方法。

3.3.1 基本选择

3ds Max中的大多数操作都是针对场景中的选定对象进行的，在应用这些命令之前必须要选择对象，因此，选择操作是建模和设定动画的基础。

在3ds Max中进行选择操作有很多种方法和命令。使用鼠标和键盘进行选择，再配合使用各种命令，是最常用的选择方法。如图所示为常用的选择工具。

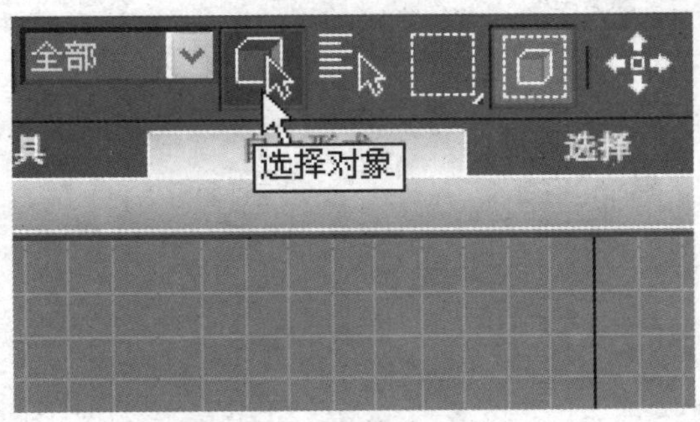

提 示

选中对象后按下空格键，选定对象将被锁定，只能对选定对象进行操作。

在使用鼠标和键盘选择对象的过程中，通常需要配合使用各种区域选择工具，这些工具包括矩形选择区域、圆形选择区域、围栏选择区域、套索选择区域和绘制选择区域等。如图所示为不同区域选择工具的应用原理示意图。

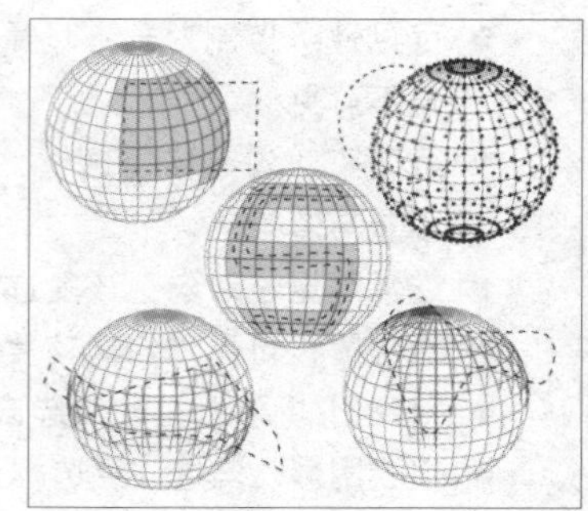

范例实录

使用鼠标和键盘进行选择

DVD-ROM

最终文件:
范例文件\Chapter 3\3.3\使用鼠标和键盘进行选择\使用鼠标和键盘进行选择（原始文件）.max

Step 01 打开本书配套光盘中的原始文件，效果如图所示。

Step 02 在主工具栏中单击“选择对象”按钮，如图所示。

提 示

在选择过程中，不用等待光标变化，直接进行移动和单击即可完成选择。

Step 03 将光标靠近最近的一个对象，当光标变为十字形时单击，相应的对象即被选中，如图所示。

Step 04 启用“边面”渲染方法，可观察到对象在选择状态下的线框显示为白色，如图所示。

Step 05 按住Ctrl键的同时单击其他对象，被单击的对象都将加入到选定状态，如图所示。

Step 06 按住Alt键的同时单击已经被选中的对象，被单击的对象会被取消选择，如图所示。

> **提 示**
>
> 按住Ctrl键的同时单击已经被选中的对象，一样可以取消选择。

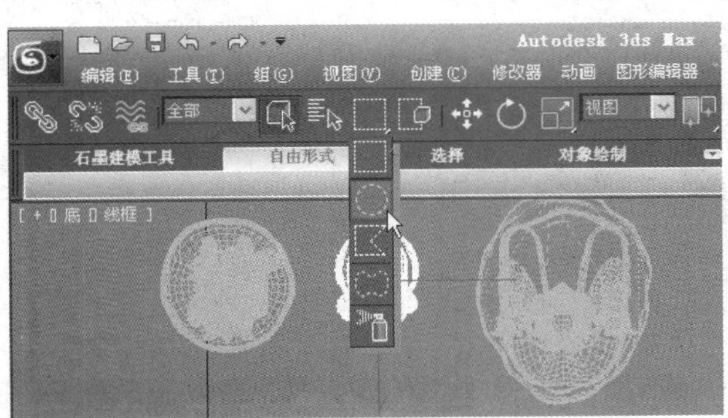

Step 07 在主工具栏中单击“圆形选择区域”按钮 ，如图所示。

提 示

如果在指定区域时按住Ctrl键，则影响的对象将被添加到当前选择中。反之，如果在指定区域时按住 Alt键，则影响的对象将从当前选择中移除。

Step 08 在视口中按住鼠标左键并进行拖动操作，绘制得到一个圆形选区，如图所示。

Step 09 释放鼠标左键后，与选区相交的对象都将被选中，如图所示。

提 示

如果进行面对象的选择，并且选择的面数超出了所需的面数，则只能使用“窗口”模式。

Step 10 在主工具栏中单击“窗口/交叉”按钮，当其变为时，在视口中绘制圆形选择区域，如图所示。

Step 11 完成圆形选择区域的绘制后，可观察到只有完全处于圆形选择区域内的对象才被选中，如图所示。

3.3.2 按名称选择

当创建和编辑大型复杂场景时，如果只通过简单的鼠标和键盘进行选择操作，很难精确选择对象。在这种情形下，可以通过按名称选择的方法来完成快速精确的选择。利用“按名称选择”工具，可以通过在相应对话框中选择对象的名称来完成选择操作，而不用在场景中直接使用鼠标进行选择。相应的对话框如图所示。

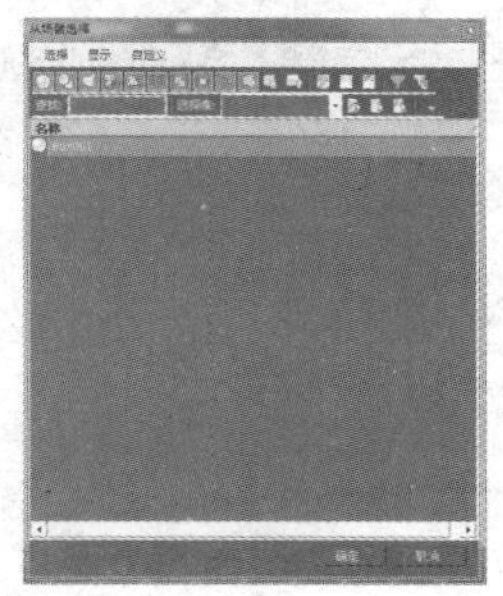

按名称选择对象的应用

范例实录

DVD-ROM

最终文件：
范例文件\Chapter 3\3.3\按名称选择的应用（原始文件）.max

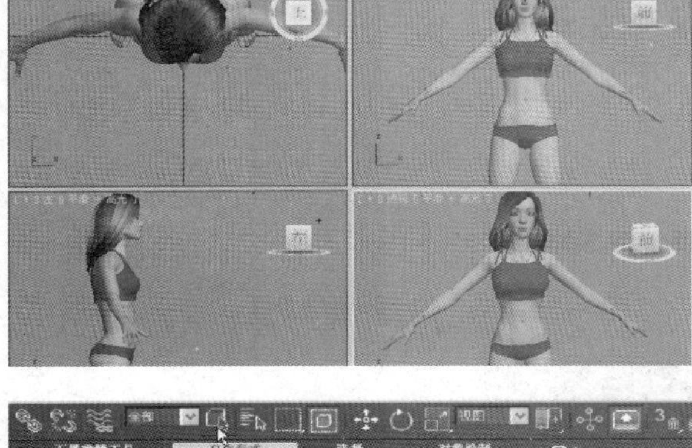

Step 01 打开本书配套光盘中的原始文件，如图所示。

Step 02 在主工具栏中单击“按名称选择”按钮，如图所示。

提 示

按下快捷键H，也可以开启按名称选择的相应对话框。

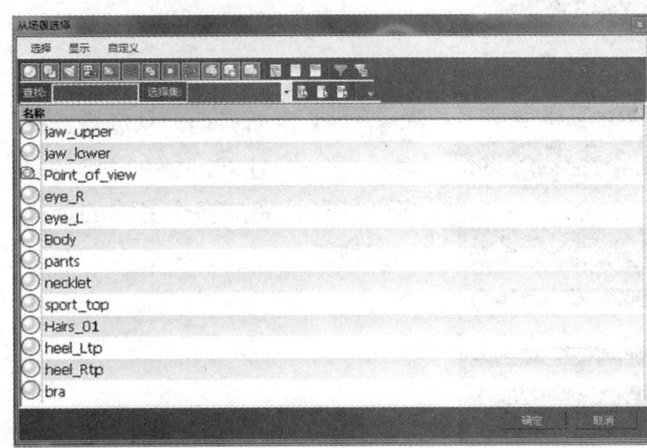

Step 03 弹出“从场景选择”对话框，如图所示。

提 示

在对话框中也可以完成全选、反选等操作。

Step 04 在对话框中单击“显示辅助对象”按钮，取消其激活状态，则列表中将不再显示辅助对象的名称，如图所示。

提 示

在“从场景选择”对话框中还可以查看对象的部分基本属性。

Step 05 在“从场景选择”对话框的列表中选择其中一项，如图所示。

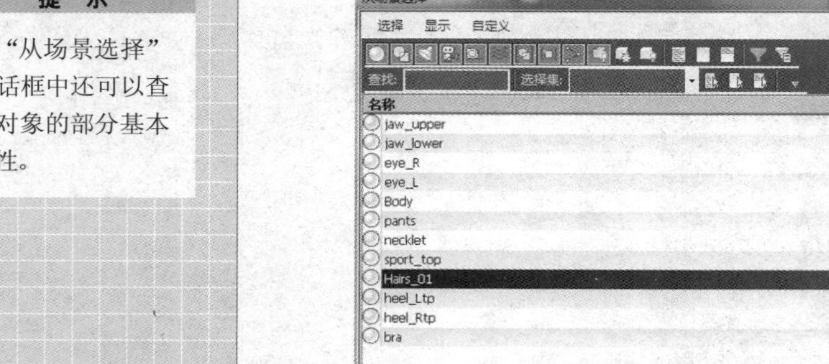

Step 06 单击“确定”按钮完成选择，在视口中可观察到对话框中列表名称对应的场景对象被选中，如图所示。

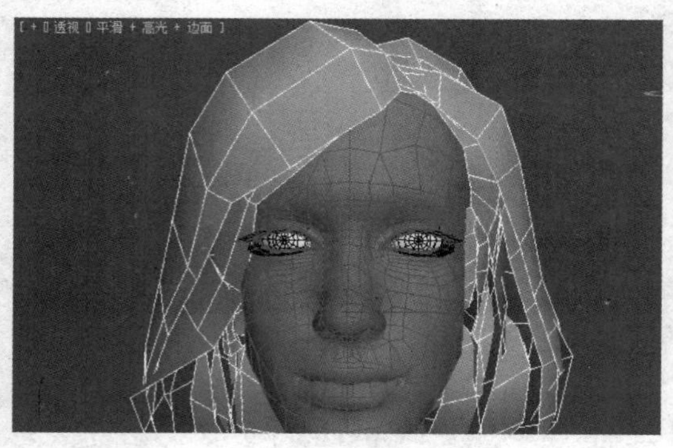

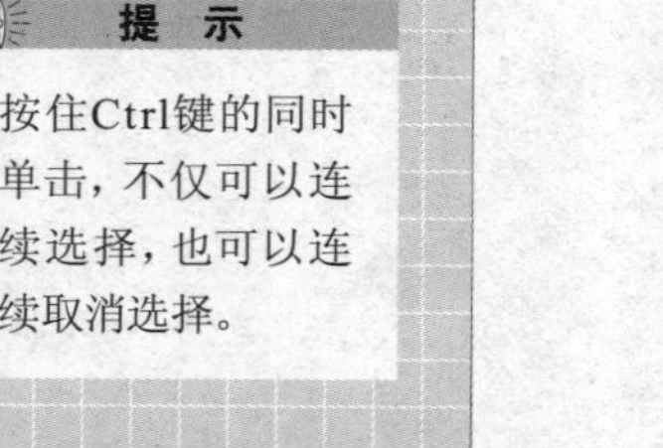

提 示

按住Ctrl键的同时单击，不仅可以连续选择，也可以连续取消选择。

Step 07 重新开启“从场景选择”对话框，按住Ctrl键的同时单击多个选项，完成多个名称的选择，如图所示。

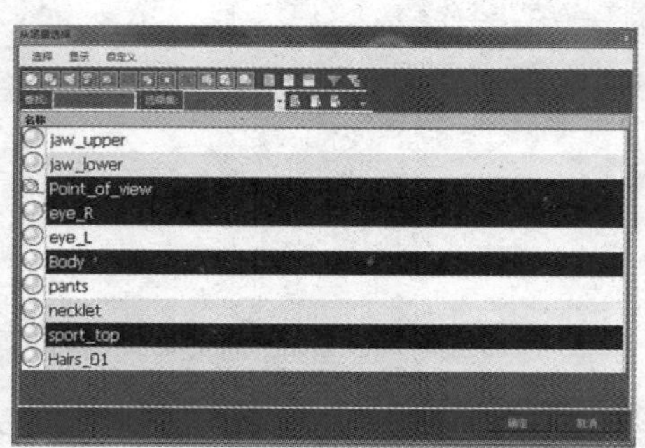

Step 08 完成选择后，可观察到人物对应的眼睛和身体都已被选中，效果如图所示。

3.3.3 过滤选择

使用过滤选择方法，可以限制由选择工具选择的对象的特定类型和组合，从而准确、简洁、方便地过滤出所要选择的对象。例如如果过滤灯光，则设置选择工具只能选择灯光对象，而其他对象将不会响应。在主工具栏的“选择过滤器”下拉列表中可以选择不同的过滤类型，如图所示。

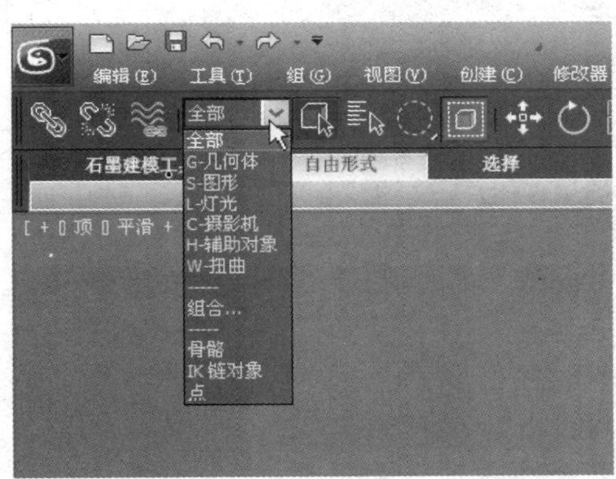

对于一个3ds Max场景文件来说，一般会包括以下过滤类型。

- 全部：默认的过滤方式，操作或命令对所有对象有效。
- 几何体：选择该选项，操作或命令只对几何体有效。
- 图形：选择该选项，操作或命令只对图形有效。
- 灯光：选择该选项，操作或命令只对灯光有效。
- 摄影机：选择该选项，操作或命令只对摄影机有效。
- 辅助对象：选择该选项，操作或命令只对辅助对象有效。
- 扭曲：选择该选项，操作或命令只对空间扭曲有效。
- 组合：选择该选项，操作或命令可以通过用户的组合设置来决定有效的对象，例如同时对几何体和灯光有效。
- 骨骼：选择该选项，操作或命令只对骨骼有效。
- IK链对象：选择该选项，操作或命令只对IK链中的对象有效。
- 点：选择该选项，操作或命令只对点有效。

提 示

当需要选择特定类型的对象时，使用过滤选择的方法可以看作是冻结所有其他对象的实用快捷方式。过滤选择通常用于包含了多种类型对象的大型复杂场景中。

范例实录

过滤选择应用

DVD-ROM

原始文件:
范例文件\Chapter 3\3.3\过滤选择应用（原始文件）.max

提　示

默认的类型与“创建”命令面板中的对象类别一致。

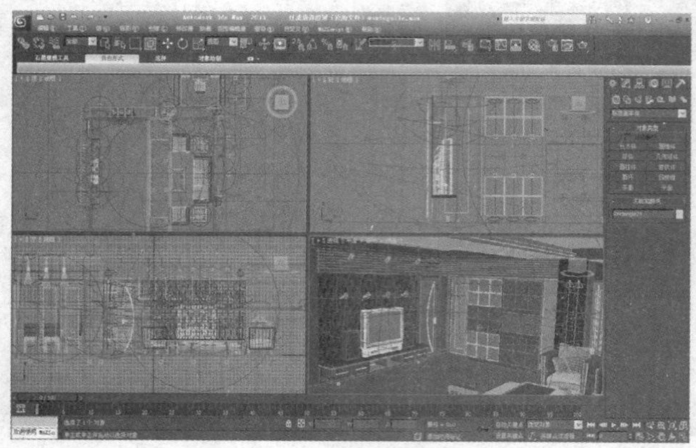

Step 01 打开本书配套光盘中的原始文件，效果如图所示。

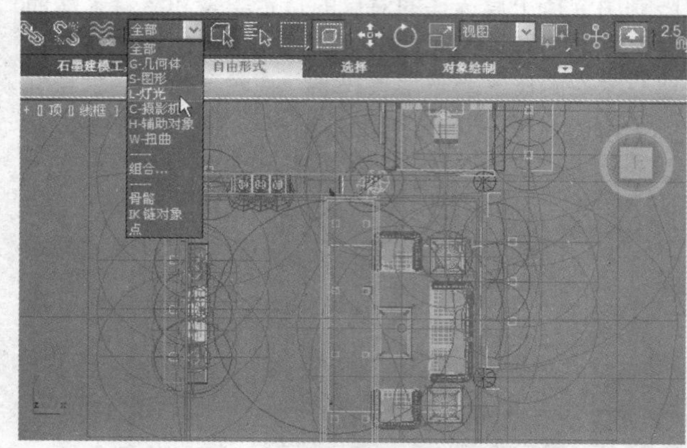

Step 02 在主工具栏的“选择过滤器”下拉列表中选择“灯光”过滤方式，如图所示。

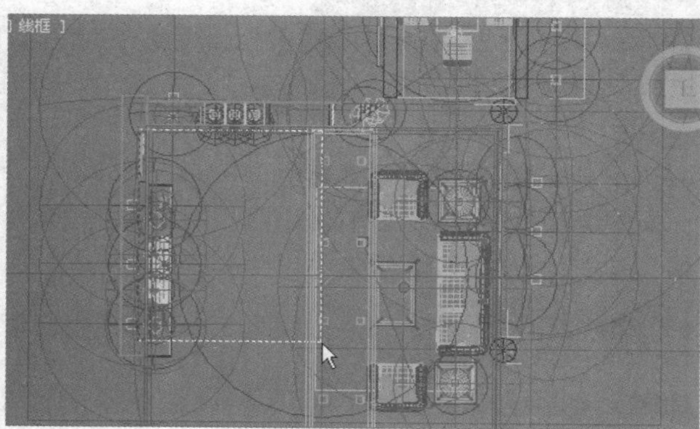

Step 03 在“顶”视口中绘制一个矩形选区，如图所示。

Step 04 在“透视”视口中可观察到与选区交叉的对象，只有灯光被选中，效果如图所示。

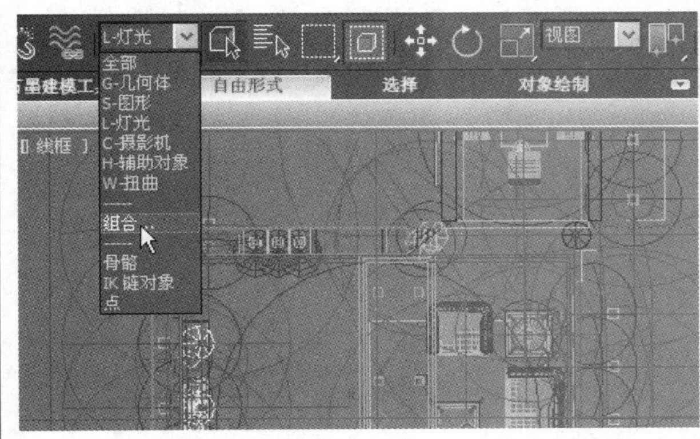

Step 05 在“选择过滤器”下拉列表中选择“组合”过滤方式，如图所示。

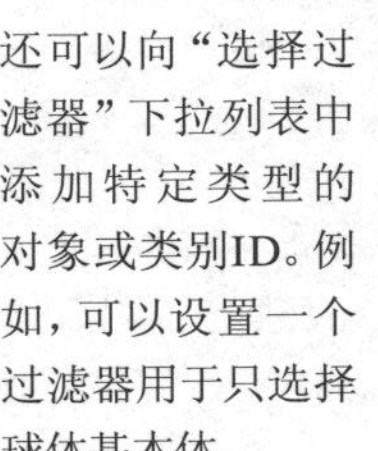

提　示

还可以向“选择过滤器”下拉列表中添加特定类型的对象或类别ID。例如，可以设置一个过滤器用于只选择球体基本体。

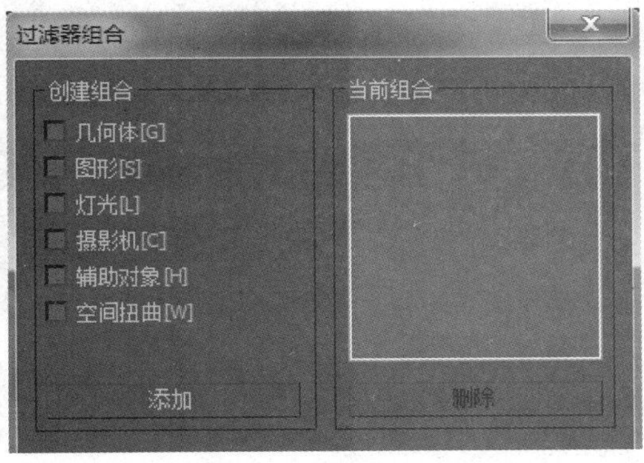

Step 06 弹出“过滤器组合”对话框，如图所示。

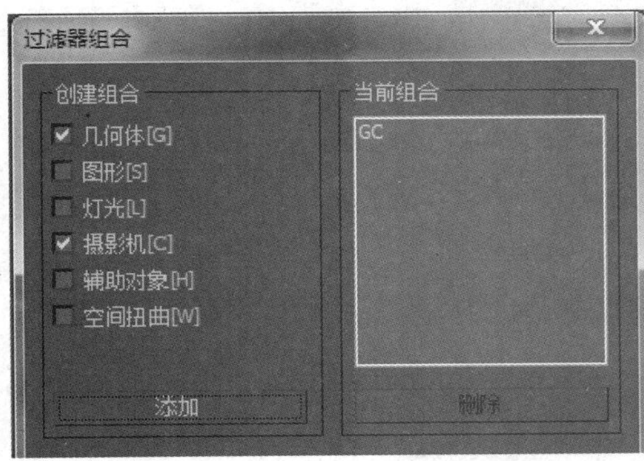

Step 07 在“创建组合”选项组中勾选“几何体”和“摄影机”复选框，然后单击“添加”按钮 添加 ，完成组合过滤方式的创建，如图所示。

提　示

在创建组合过滤时，组合名称为具体类型的首字母缩写的组合。

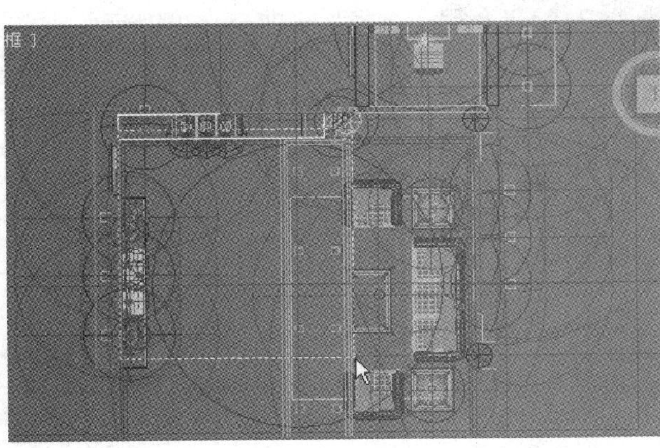

Step 08 在“顶”视口中绘制一个矩形选区，如图所示。

提　示

组合的设置参数存储于3ds max.ini文件中，通过所有会话，保持所有场景有效。

Step 09 在“透视”视口中可观察到与选区交叉的对象中，只有几何体和摄影机被选中，效果如图所示。

3.3.4 其他选择方法

除了上述常用选择方法外，用户还可以按颜色或材质进行选择，通过命名集进行选择，以及使用层或场景管理器等多种方法进行选择。如图所示为用于按颜色选择的对话框。

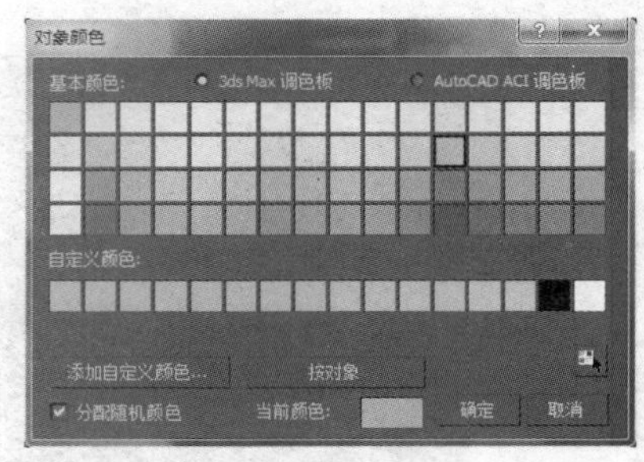

范例实录

按颜色选择的应用

DVD-ROM

原始文件:
范例文件\Chapter 3\3.3\按颜色选择的应用(原始文件).max

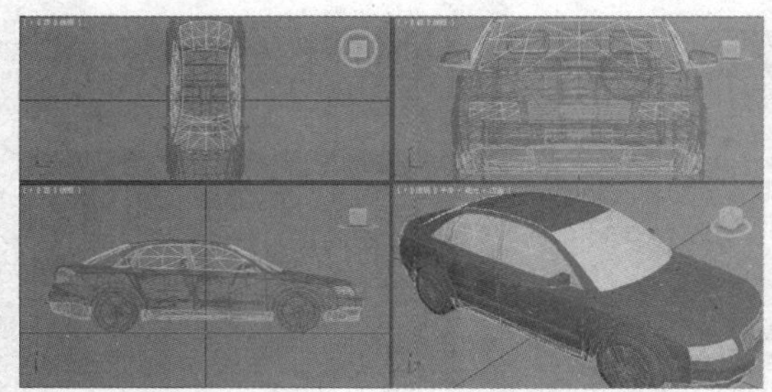

Step 01 打开本书配套光盘中的原始文件，效果如图所示。

提 示

按颜色选择操作也可通过执行“编辑>选择方式>颜色”命令来实施。

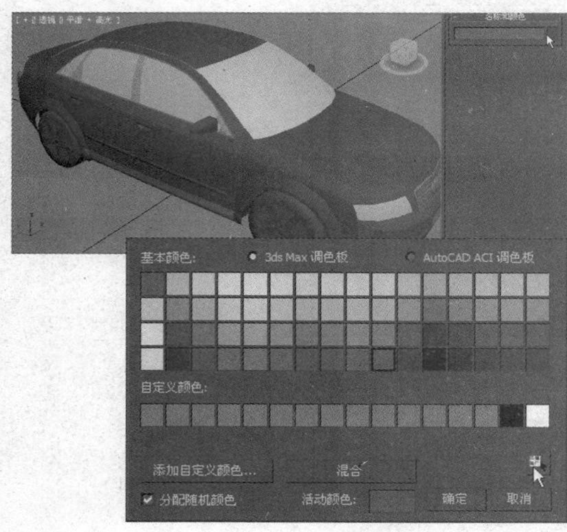

Step 02 在命令面板中单击色块，打开“对象颜色”对话框，在其中选择靛青色，并单击“按颜色选择”按钮，如图所示。

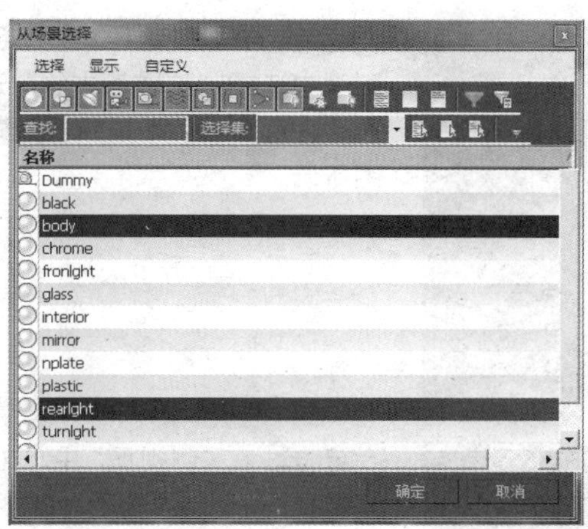

Step 03 打开“选择对象”对话框，应用了靛青色的对象将被选中，如图所示。

> **提 示**
>
> “选择对象”对话框的功能与“从场景选择”对话框的功能是一样的。

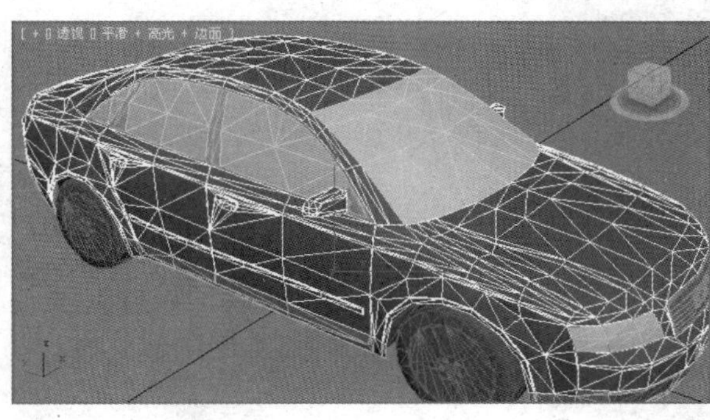

Step 04 直接在“选择对象”对话框中单击“选择”按钮 选择 ，完成选择应用靛青颜色对象的操作，效果如图所示。

3.4 使用预置对象创建滑板

本节将讲解如何利用3ds Max预置的几何体来创建具有实际意义的模型，这是3ds Max初学者最需要掌握和熟悉的场景对象创建基本技能。

> **DVD-ROM**
>
> **原始文件:**
> 范例文件\Chapter 3\3.4\滑板.max

3.4.1 制作滑板轮子

滑板是体育运动用具，轮子基本是圆柱体形态，边缘过渡光滑、圆润，可以利用切角圆柱体进行制作。

Step 01 在“创建”命令面板的下拉列表中选择“扩展基本体”选项，单击“切角圆柱体”按钮 切角圆柱体 ，如图所示。

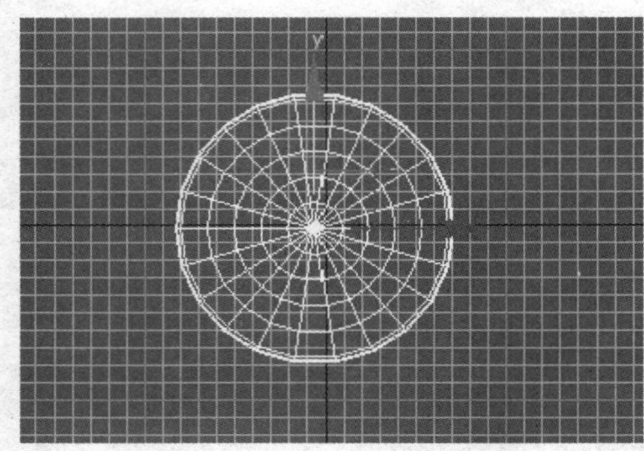

Step 02 在“侧视图”中单击场景创建圆柱，用于制作轮子，如图所示。

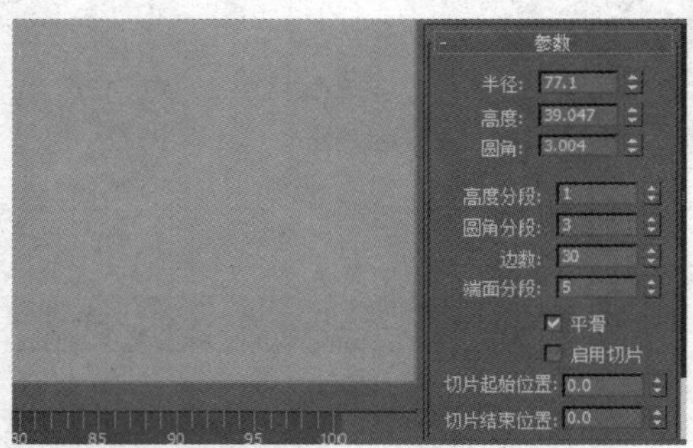

Step 03 单击“修改”按钮，更改切角圆柱体参数，如图所示。

> **提 示**
>
> 设置“圆角分段”参数值，可以使切角处更加光滑。

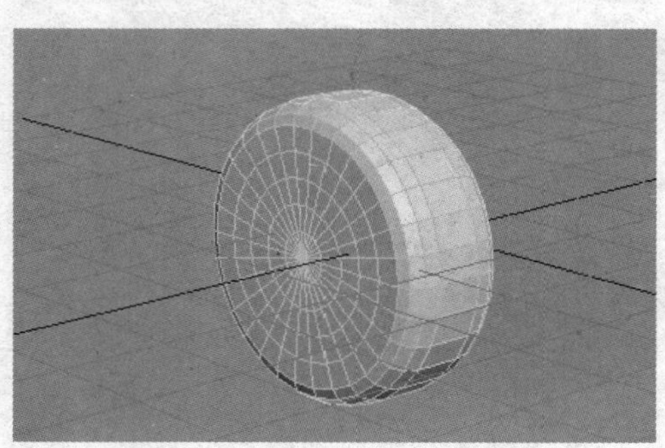

Step 04 调整轮子的大小及薄厚，如图所示。

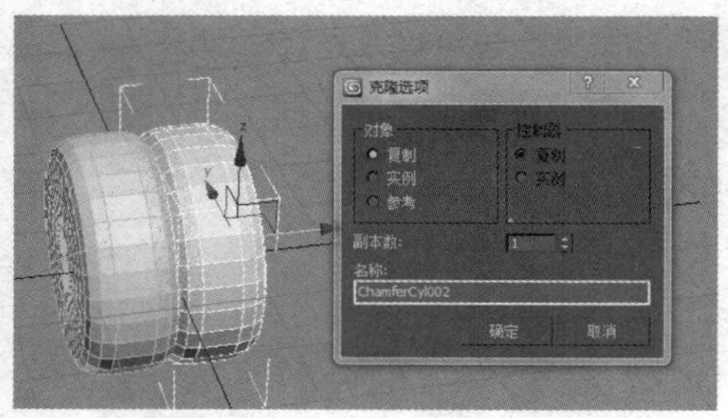

Step 05 选择轮子，按住Shift键的同时单击并拖动轮子，即可复制得到新的轮子。

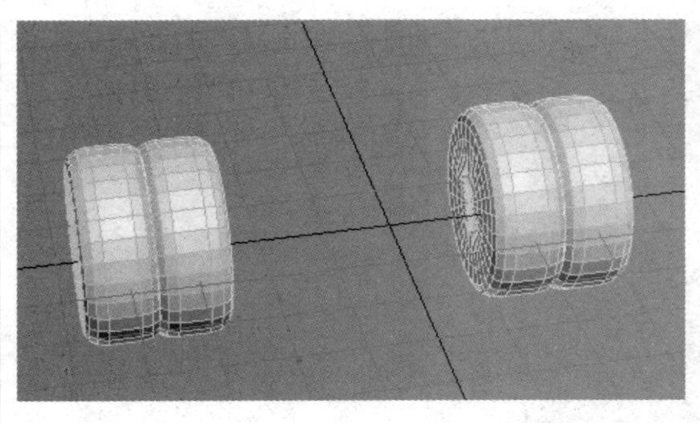

Step 06 使用相同的方法创建第3和第4个切角圆柱体，完成滑板轮子的制作，如图所示。

3.4.2 制作滑板的固定环

这一节里将继续制作固定环以及其他零部件，固定环由于要支撑整个滑板面及人的重量，因此粗细的调整要注意，这样看起来才会显得比较结实。

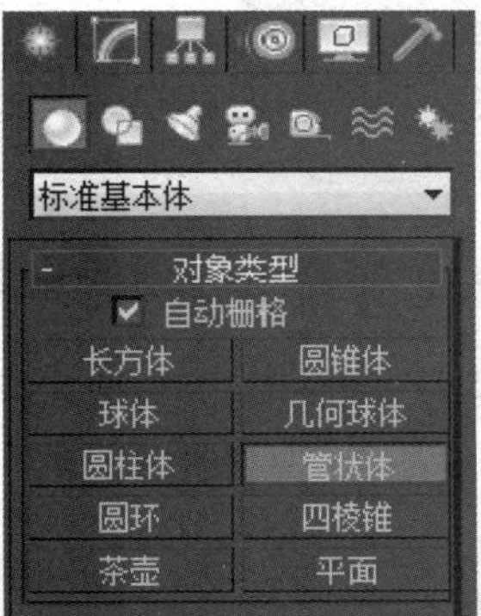

Step 01 在"创建"命令面板的下拉列表中选择"标准基本体"选项，单击"管状体"按钮 管状体 ，制作滑板的固定环。

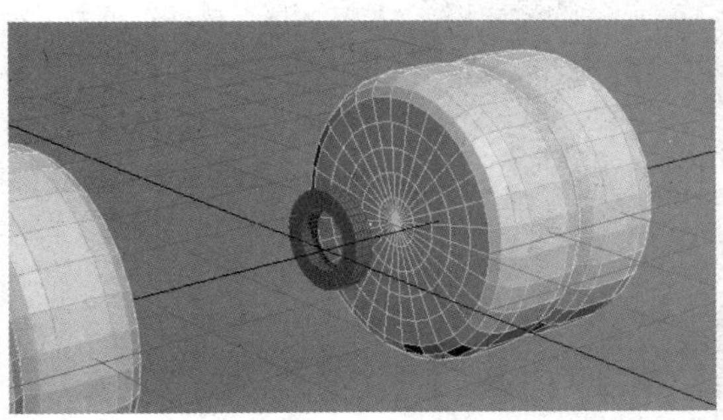

Step 02 在"透视"视口的场景中创建管状圆环，将固定环安放到适当的位置，如图所示。

> **提 示**
>
> 将管状体作为滑板的固定环时，可以通过设置"半径"参数控制其大小，使其符合真实滑板的比例。

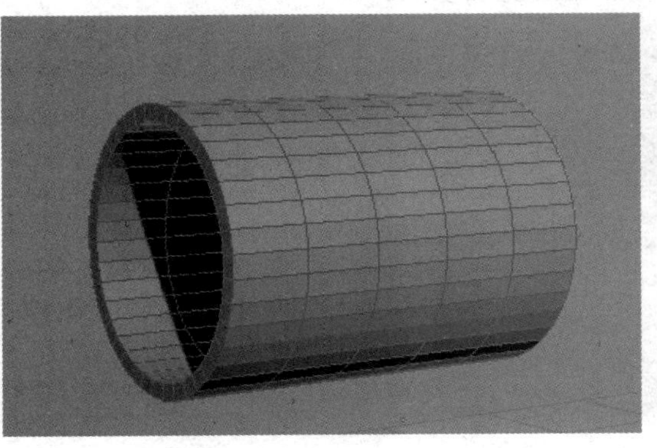

Step 03 在"创建"命令面板的下拉列表中选择"标准基本体"选项，单击"管状体"按钮 管状体 ，制作中间的连接轴，如图所示。

> **提 示**
>
> 创建第二个管状体时，将"半径1"设置为与第一个管状体"半径2"一样的大小，从而使其能够准确地"焊接"在一起。

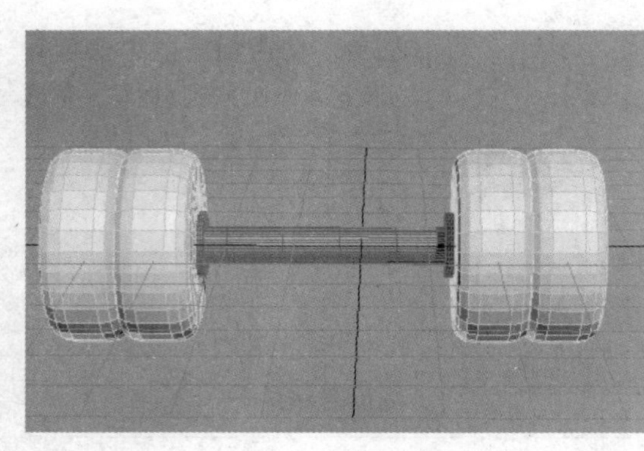

Step 04 将创建好的连接轴放置在适当的位置，如图所示。

提 示

通过“旋转”和“扭曲”参数设置组合，可以创建出复杂的圆环。

Step 05 选择制作完成的整组轮子，按住Shift键的同时拖动物体，复制得到另一组轮子，如图所示。

3.4.3 制作滑板的板面

这一节是制作滑板的最后环节，将要制作滑板面。在调整的过程中，需要注意的是整个板面圆滑的形状以及和轮子之间的比例关系。

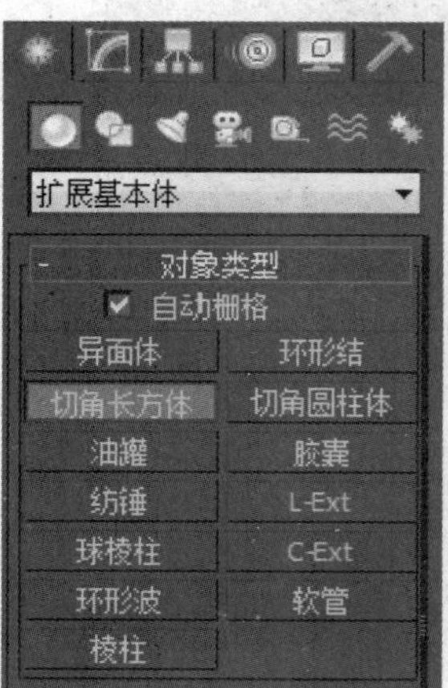

Step 01 在“创建”命令面板的下拉列表中选择“扩展基本体”选项，单击“对象类型”卷展栏中的“切角长方体”按钮切角长方体。

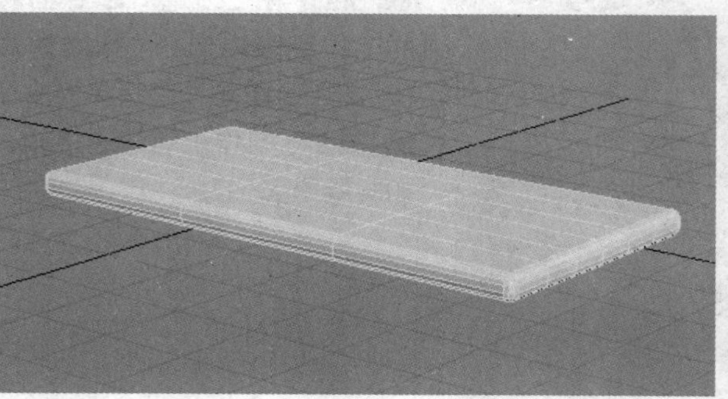

Step 02 在场景中创建切角长方体，用于制作滑板板面，如图所示。

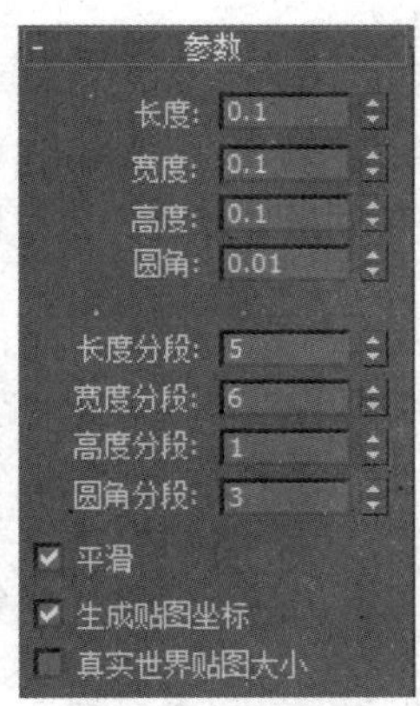

Step 03 调整切角长方体的参数值，对板面进行调整，如图所示。

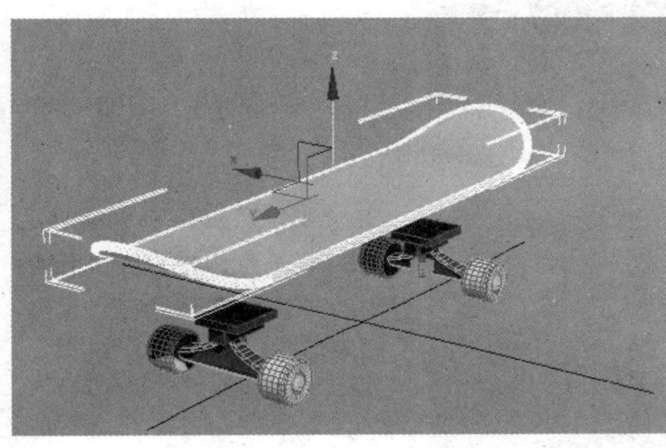

Step 04 将调整后的滑板板面放置在轮子上，如图所示。

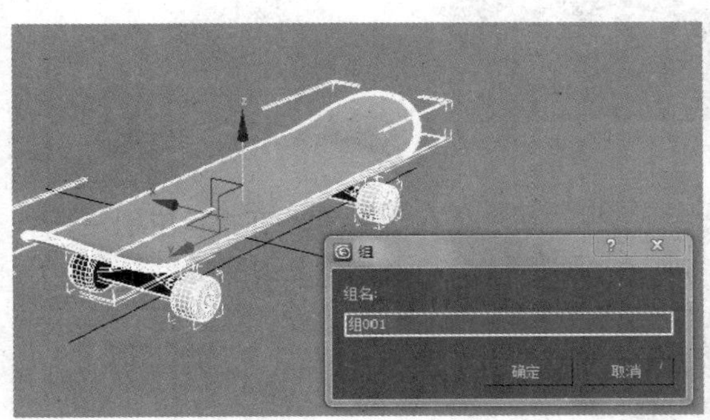

Step 05 选择滑板模型，在菜单栏中执行“组>成组”命令，将模型组成为一个整体。

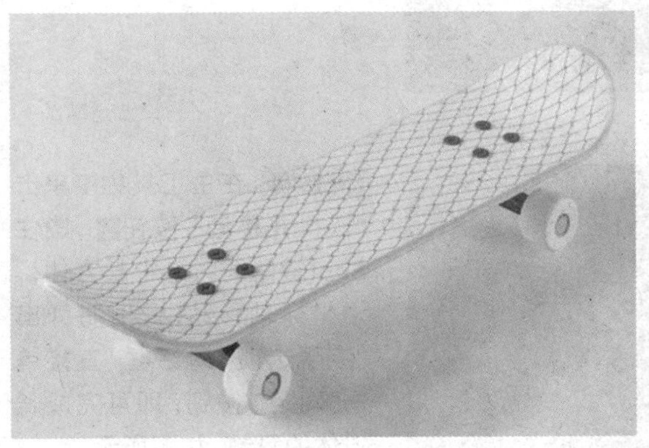

Step 06 为模型赋予材质后进行渲染，其最终效果如图所示。

知识扩充

各种软件都有其对应的快捷键，在利用3ds Max建模的过程中，配合使用快捷键（例如Shift键）可以省去一些繁琐的操作步骤，也可以创建一些使用命令完成比较困难的操作。

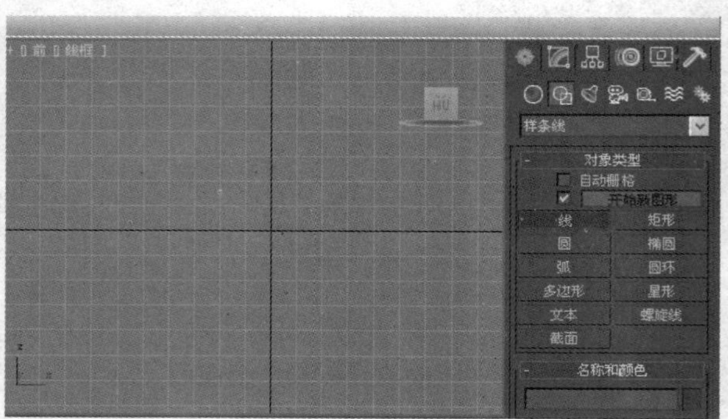

Step 01 在“图形”命令面板的下拉列表中选择“样条线”选项，然后单击“线”按钮 线 ，如图所示。

提 示

按住Shift键的同时无论怎样移动鼠标，都只能绘制水平线或垂直线。

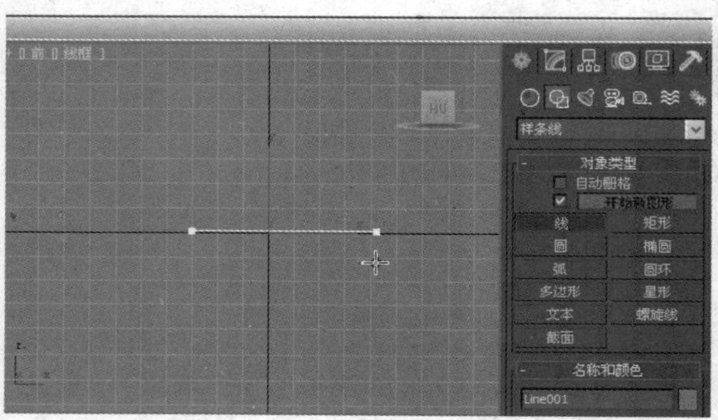

Step 02 在视口中单击确定线的第一点，按住Shift键的同时单击指定线的第二点，如图所示。

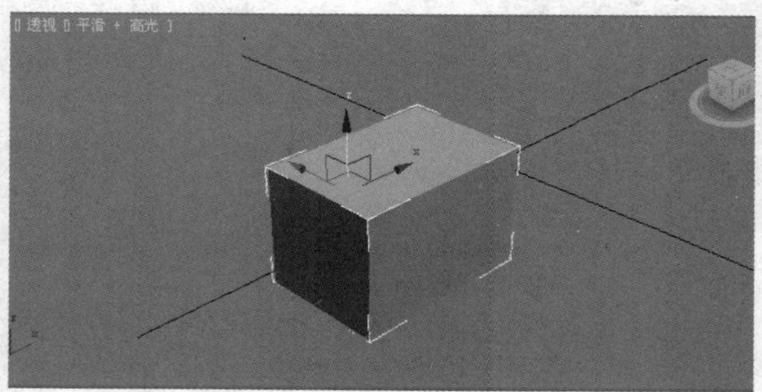

Step 03 在视口中创建一个长方体，如图所示。

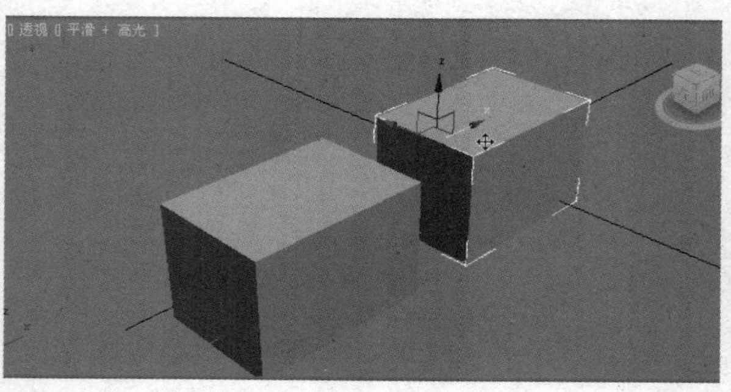

Step 04 在主工具栏中单击“选择并移动”按钮，按住Shift键的同时选中长方体，沿坐标轴移动，此时将弹出“克隆选项”对话框。直接单击“确定”按钮，即可完成长方体的复制，如图所示。

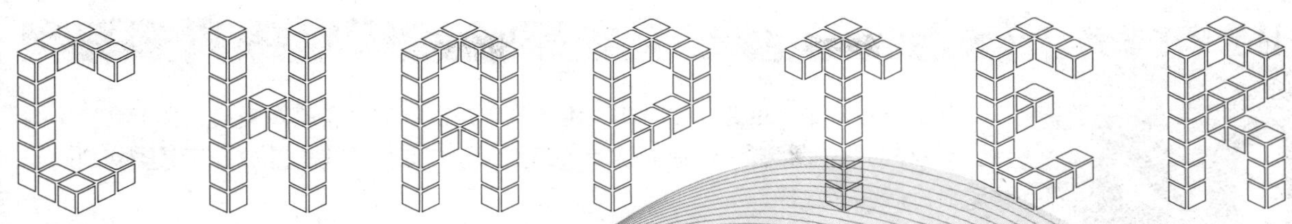

CHAPTER

04 对象的变换

本章将主要讲解在3ds Max视口中操作对象的方法，使对象产生位置、方向上的变换，同时还将介绍在三维空间中如何利用参考坐标系辅助对象变换。最后通过小型案例讲解精确模型的创建方法。

重点知识链接

本章主要内容	知识点拨
对象的基本变换	基本变换知识、变换的Gizmo、变换和克隆
常用变换工具与捕捉工具	对齐工具、镜像工具、阵列工具，维数捕捉、角度捕捉和比例捕捉
空间坐标系	各种空间坐标系、变换中心工具

4.1 对象的基本变换

在三维世界中，位置、方向和比例的改变是对象的 3 种基本变换，主工具栏中的"选择并移动"工具、"选择并旋转"工具和"选择并均匀缩放"工具分别用于移动、旋转和缩放操作。

4.1.1 认识三轴架和Gizmo

三轴架和Gizmo是3ds Max视口中的视觉辅助标记，能提供有关工作区中当前对象的方向信息。当变换工具处于非活动状态时，选择一个或多个对象视口中将显示三轴架。反之则显示变换工具Gizmo，用于辅助用户更直观地进行变换操作，如图所示为三轴架的显示效果。

1. 三轴架

三轴架表示三维世界中X、Y和Z方向的3条轴线，其中3条轴线的方向显示了当前参考坐标系的方向。3条轴线的交点表示选择对象的中心位置。高亮显示的红色轴线表示如果激活变换工具，变换操作将约束到该轴向或平面，如图所示为约束到平面后的三轴架显示效果。

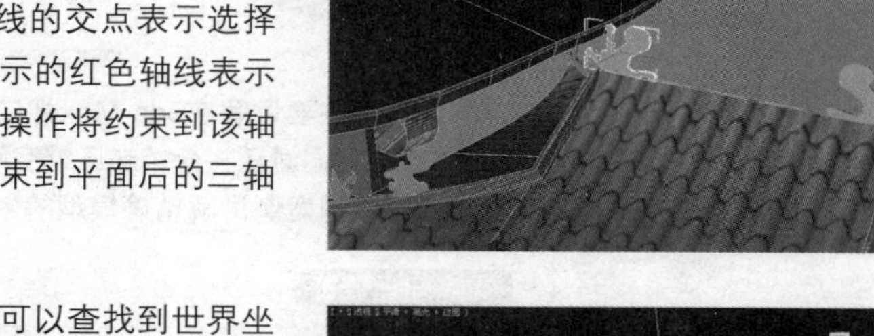

提 示

通过按下快捷键-和+可以缩小或放大三轴架。

在每个视口的左下角可以查找到世界坐标轴，该坐标轴表示与世界坐标系相对的视口的当前方向。在通常情况下，三轴架的方向始终与世界坐标轴一致，但由于视口的原因可能会使用不同的参考坐标系，轴向表示会有所变化。

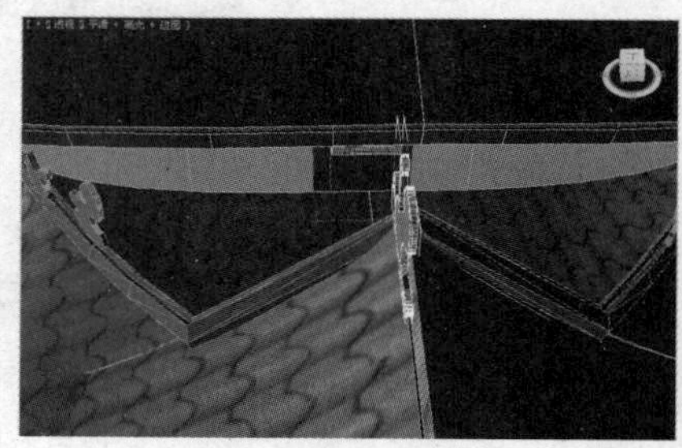

2. 变换Gizmo

当激活任意一个变换工具时，三轴架将转换为相应的Gizmo。作为视口图标，不同的变换命令对应不同的Gizmo，当光标靠近时会产生相应的高亮显示效果。可以快速选择一个或两个轴，如图所示为移动变换的Gizmo，包括平面控制柄以及使用中心框的控制柄。

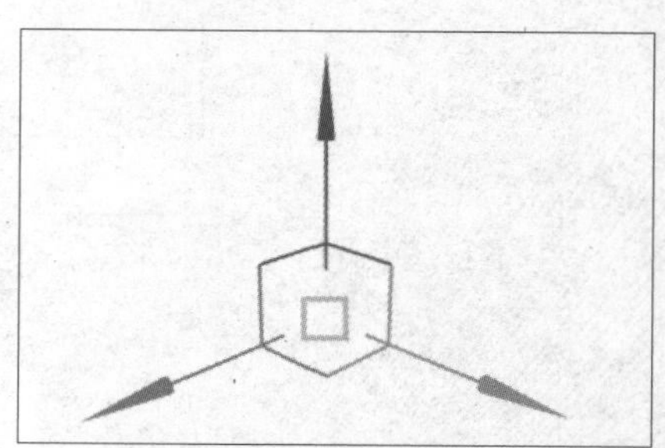

提 示

Gizmo的X轴为红色，Y轴为绿色，Z轴为蓝色。

当激活旋转变换工具时，Gizmo将发生相应变换。Gizmo是根据虚拟轨迹球的概念构建的，用户可以围绕X、Y或Z轴进行旋转操作，也可以自由旋转，如图所示为旋转变换的Gizmo。

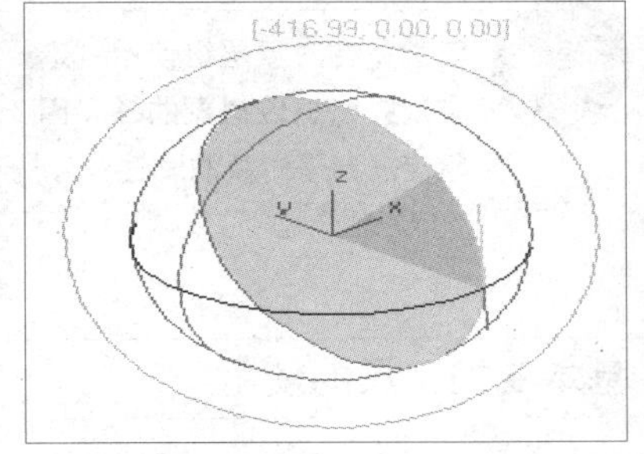

提 示

执行“自定义>首选项”命令，在打开的对话框中切换到Gizmos选项卡，可进行相关设置。

缩放变换的Gizmo包括平面控制柄以及通过Gizmo自身拉伸的缩放反馈，如图所示。

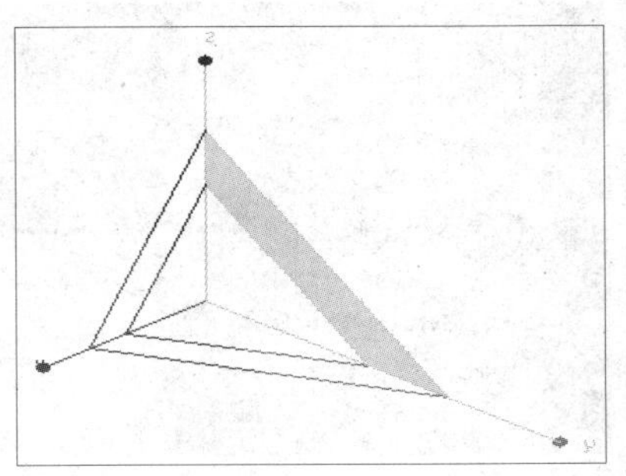

提 示

使用变换Gizmo，会将默认轴约束设置为上次使用的轴或平面。

4.1.2 使用变换工具

通过移动、旋转和缩放等命令工具，可以使模型在位置上、方向上和比例尺寸上产生变化，并将这些变化记录成动画，如图所示为3种基本变化的示意图。

在3ds Max中，这些基本变换工具位于主工具栏中，也可以通过四元菜单快速执行，如图所示为主工具栏中的所有基本变换工具。

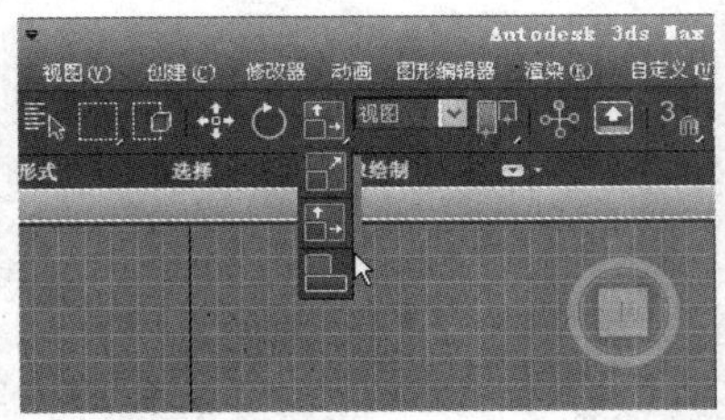

提 示

选择并均匀缩放工具下包含两个隐藏工具，分别为选择并非均匀缩放工具和选择并挤压工具。

- 选择并移动：当该按钮处于激活状态时，单击对象进行选择，拖动鼠标可移动该对象。
- 选择并旋转：当该按钮处于激活状态时，单击对象进行选择，拖动鼠标可以旋转该对象。
- 选择并均匀缩放：当该按钮处于激活状态时，单击对象进行选择，拖动鼠标可以沿所有3个轴以相同量缩放对象，同时保持对象的原始比例。
- 选择并非均匀缩放：当该按钮处于激活状态时，单击对象进行选择，拖动鼠标可以根据活动轴约束，以非均匀方式缩放对象。
- 选择并挤压：当该按钮处于激活状态时，单击对象进行选择，拖动鼠标可以根据活动轴约束来缩放对象。

提 示

挤压对象势必会导致其在一个轴上按比例缩小，同时在另外两个轴上均匀地按比例增大反之亦然。

应避免在对象层级使用“选择并挤压”工具，由于其影响的非均匀缩放将应用为变换并将更改对象的轴，因此它将影响其他对象属性。它还会改变按层次从父对象传输到子对象的属性，可能不会得到用户预期的结果。

范例实录

基本变换工具的使用

DVD-ROM

原始文件:
范例文件\Chapter 4\4.1\ 基本变换工具的使用\基本变换工具的使用（原始文件）.max

最终文件:
范例文件\Chapter 4\4.1\ 基本变换工具的使用\基本变换工具的使用（最终文件）.max

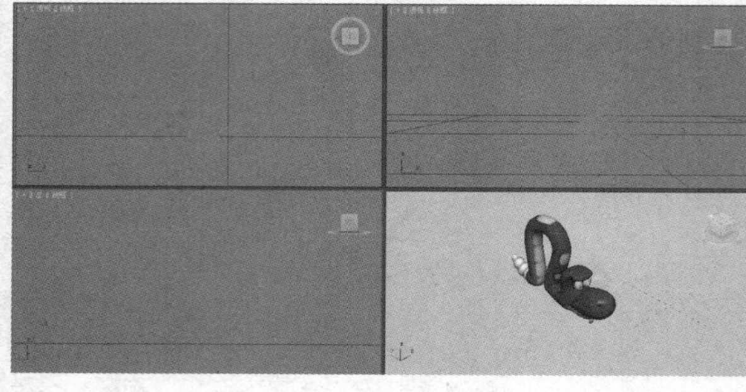

Step 01 打开本书配套光盘中的原始文件，效果如图所示。

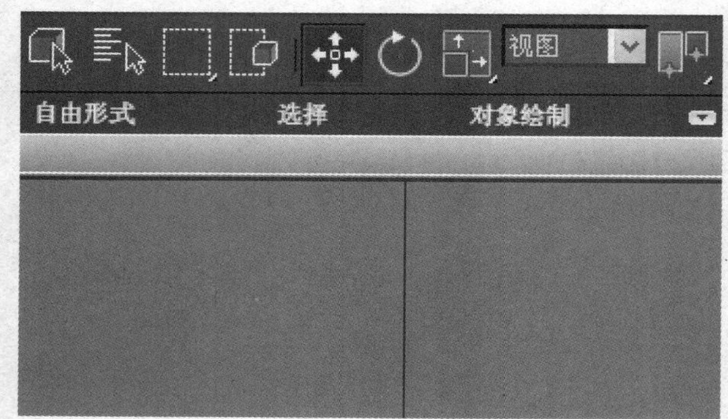

Step 02 在主工具栏中单击“选择并移动”按钮，如图所示。

提 示

这里也可以按下W键快速激活“选择并移动”按钮。

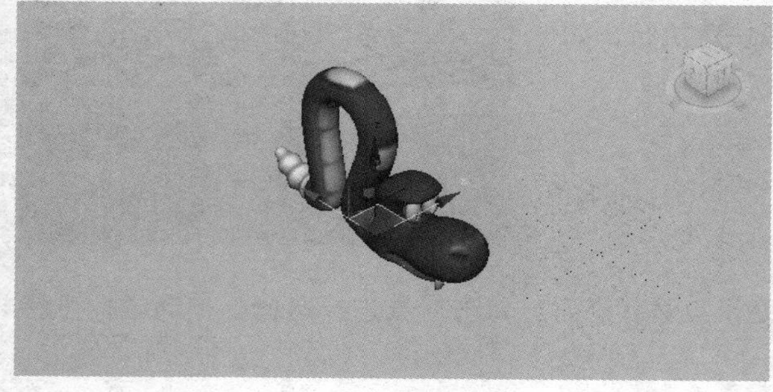

Step 03 将光标置于场景对象上，单击选中该对象，并显示移动的Gizmo，如图所示。

提 示

启用“边面”显示，可以将其他对象显示为线框，从而观察对象在X轴向上的移动。

Step 04 将光标置于X轴，进行拖动操作，可将对象锁定在X轴向上移动，如图所示。

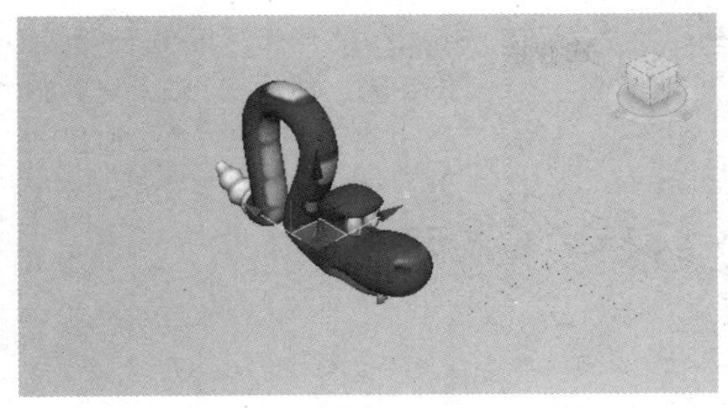

Step 05 如果将光标置于X和Y两个轴向的交界处，相应的平面将会被激活，再次进行拖动可以使对象在XY平面上进行移动，如图所示。

提 示

光标靠近的轴（平面）或被激活的轴（平面），都将以黄色高亮显示。

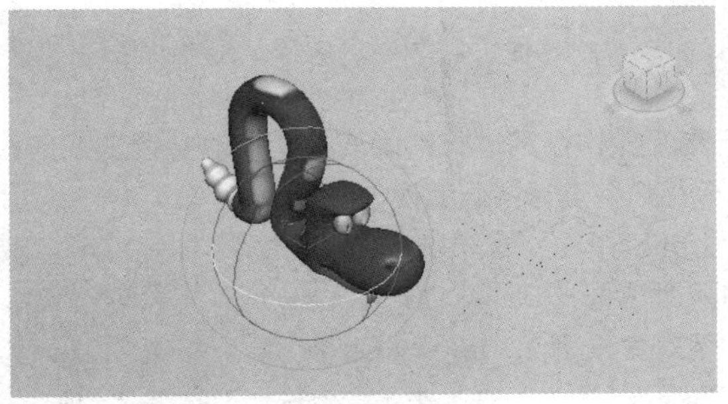

Step 06 在主工具栏中单击“选择并旋转”按钮，将出现旋转的Gizmo，如图所示。

提 示

选择并旋转工具的快捷键为E。

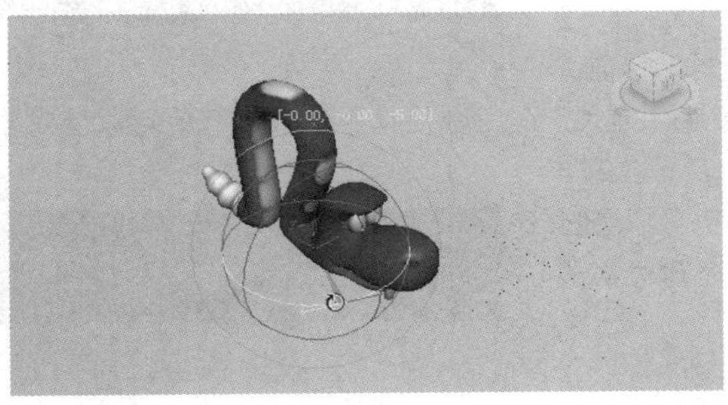

Step 07 将光标置于蓝色轴，根据Gizmo的箭头指示方向拖动鼠标，可以使对象绕Z轴进行旋转，如图所示。

提 示

在旋转的过程中，Gizmo上会出现半透明扇形区域，扇形角即为旋转角。

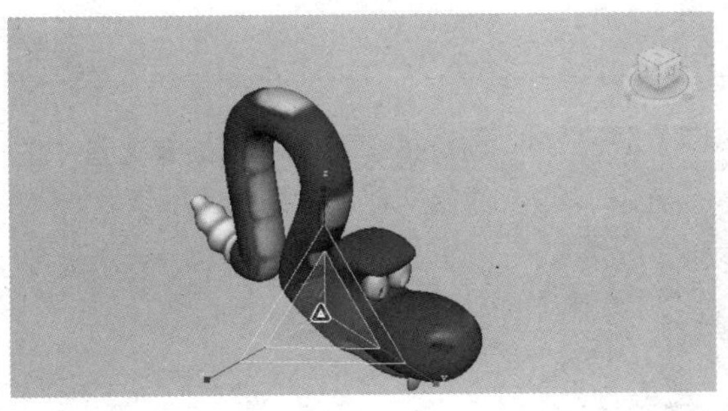

Step 08 在主工具栏中单击“选择并非均匀缩放”按钮，然后将光标置于3个轴向的中心，拖动鼠标，对象将进行均匀缩放，如图所示。

提 示

选择并均匀缩放工具的快捷键为R，连续按下R键，可以在3种缩放方式之间进行切换。

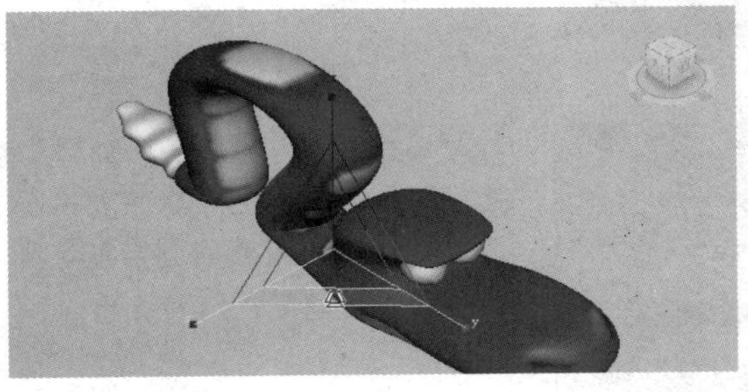

Step 09 将光标置于X和Y轴之间，该区域将高亮变黄显示，拖动鼠标，对象将在XY平面上进行缩放，如图所示。

提 示

不管使用哪种缩放工具，Gizmo的轴向锁定将决定对象是等比缩放还是非等比缩放。

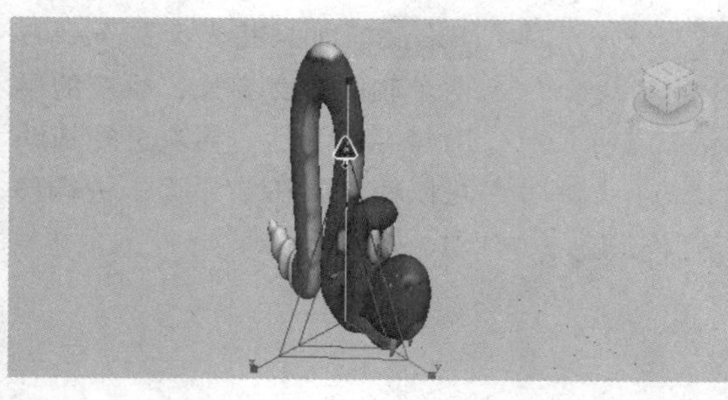

Step 10 单击“选择并挤压”按钮，然后在Z轴上进行挤压，可观察到对象Z轴量变大，X轴量和Y轴量变小，如图所示。

4.1.3 精确变换

> **提 示**
>
> 开启变换输入对话框的快捷键为F12。

在变换对象时，在视口中进行交互操作很难进行精确变换，同时参照变换的对象也较少或不够参照标准，本节将介绍如何进行精确变换。

在主工具栏中的3个变换工具上分别单击鼠标右键，均可开启对应的变换输入对话框，在对话框中可以输入准确的数字，使对象精确变化，“旋转变换输入”对话框如图所示。

> **提 示**
>
> 如果当前激活的是旋转或缩放工具，坐标值表示为角度或百分比。

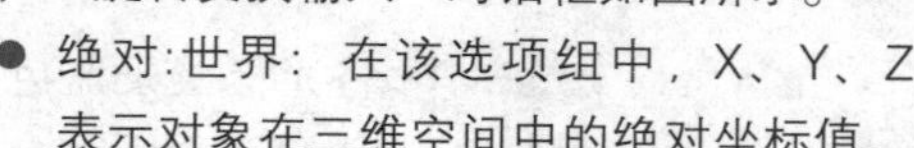

- 绝对:世界：在该选项组中，X、Y、Z表示对象在三维空间中的绝对坐标值。

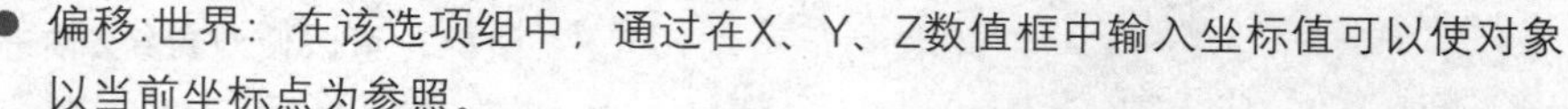

- 偏移:世界：在该选项组中，通过在X、Y、Z数值框中输入坐标值可以使对象以当前坐标点为参照。

在用户界面下方的状态栏旁，也可以通过具体的数值和绝对/偏移的方法来控制对象的精确变化，如图所示。

范例实录

精确变换对象

> **DVD-ROM**
>
> **原始文件**：
> 范例文件\Chapter 4\4.1\精确变换对象\精确变换对象（原始文件）.max
>
> **最终文件**：
> 范例文件\Chapter 4\4.1\精确变换对象\精确变换对象（最终文件）.max

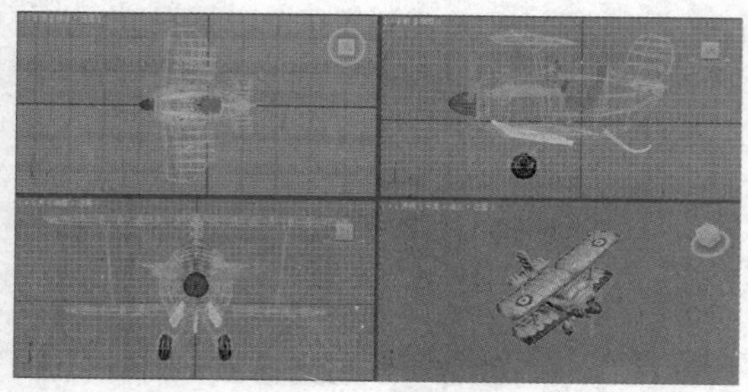

Step 01 打开本书配套光盘中的原始文件，效果如图所示。

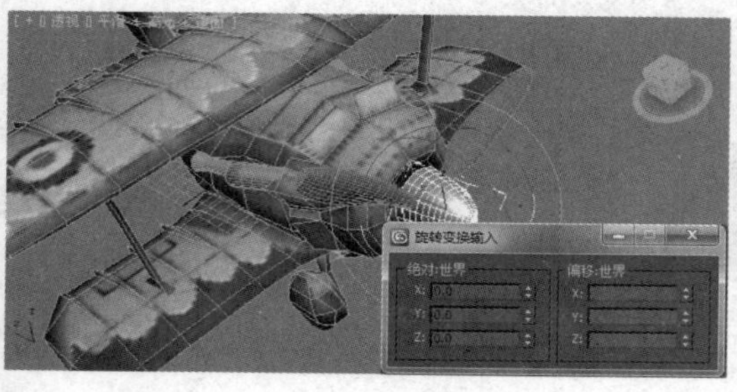

Step 02 单击“选择并旋转”按钮，在弹出的“旋转变换输入”对话框中可查看到当前选择对象的旋转角度，如图所示。

Step 03 在“绝对：世界”选项组中设置X为90，使螺旋桨旋转至90°，如图所示。

> **提 示**
>
> 此处原始值为135，设置“绝对:世界”选项组中的X为90，相当于将“偏移:世界”选项组中的X设置为45。

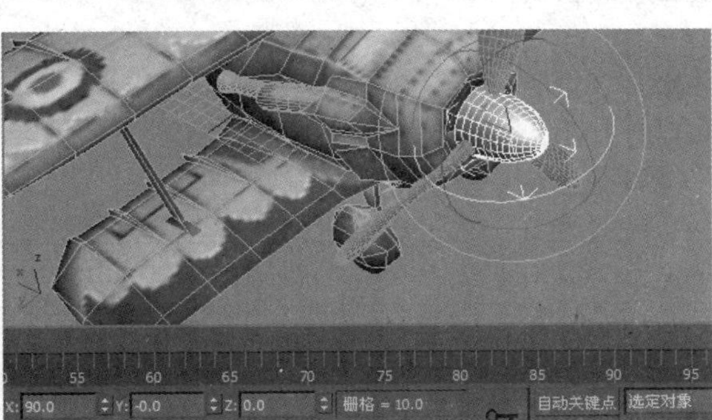

Step 04 在状态栏旁可查看到当前选定对象的世界旋转角度，该角度值与“绝对：世界”选项组的值相同，如图所示。

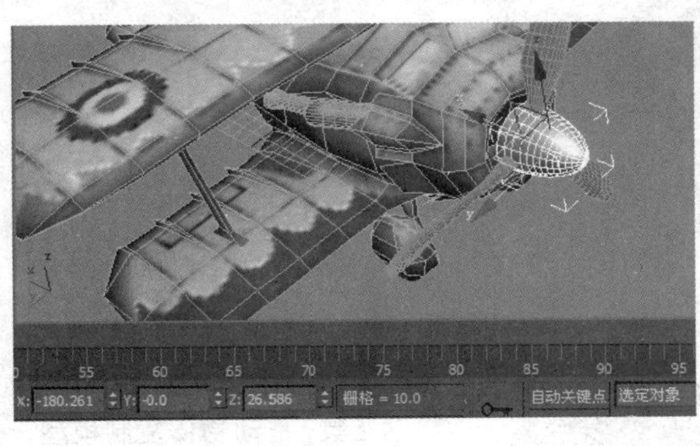

Step 05 如激活移动工具，状态栏旁将显示当前选定对象的世界位置坐标值，如图所示。

4.1.4 通过变换克隆对象

使用3ds Max在变换对象过程中，可以快速完成对一个或多个选定对象的克隆复制。要进行克隆操作，只需要在移动、旋转或缩放的同时按住Shift键，即可完成此操作，如图所示为通过移动操作完成的克隆。

> **提 示**
>
> 复制与克隆意思相同，克隆为术语。

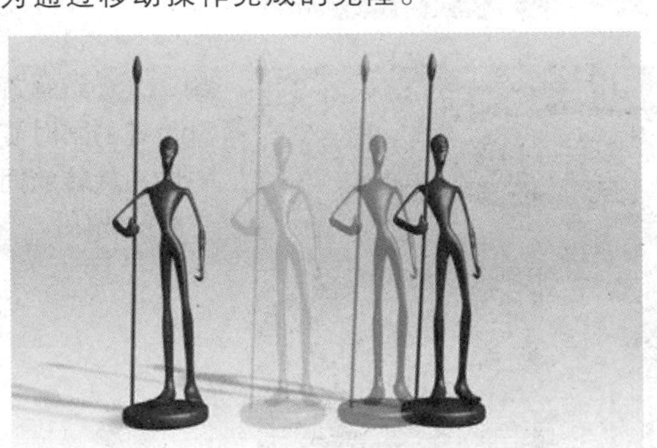

提 示

在对象被选定状态下按下快捷键Ctrl+V，同样可以实现克隆操作。

提 示

当克隆的选定对象包含两个或多个层次链接的对象时，才可以使用复制控制器。

在克隆对象时，可以通过“克隆选项”对话框选择不同类型的克隆副本，包括“复制”、“实例”和“参考”3种类型，如图所示。

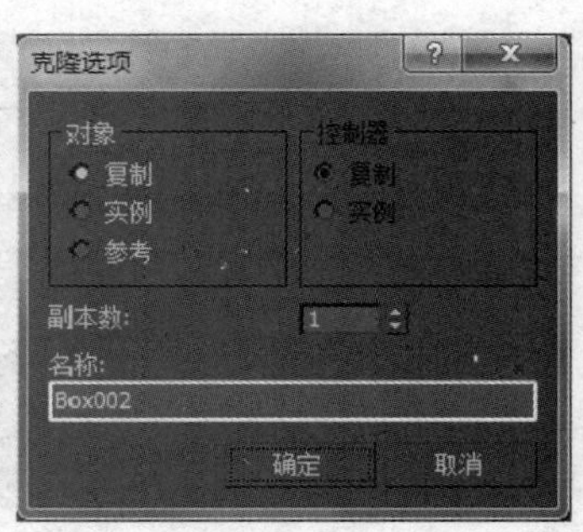

- 复制：将选定对象的副本放置到指定位置。
- 实例：将选定对象的实例放置到指定位置。
- 参考：将选定对象的参考放置到指定位置。
- 副本数：指定需要创建对象的副本数，只有按住Shift键的同时单击变换工具克隆对象时，该选项才可用。
- 名称：显示克隆对象的名称。
- 控制器：选择用于复制和实例化原始对象的子对象的变换控制器。

范例实录

克隆对象

DVD-ROM

最终文件：
范例文件\Chapter 4\4.1\克隆对象\克隆对象（最终文件）.max

Step 01 打开书中的配套光盘中的原始，如图所示。

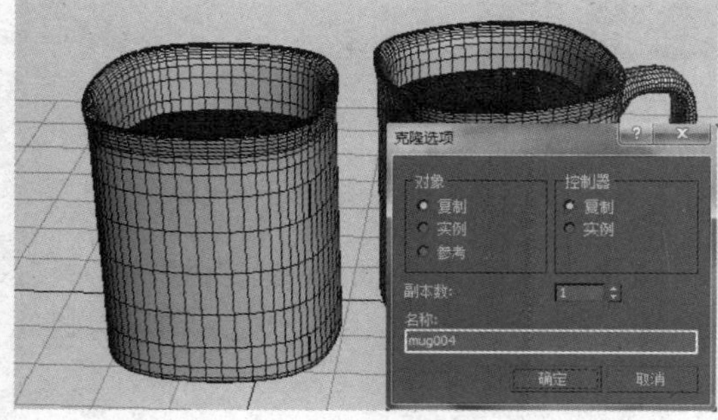

Step 02 按住Shift键的同时使用移动工具，拖动物体复制模型，弹出“克隆选项”对话框，保持默认参数不变，单击“确定”按钮，如图所示。

提 示

对克隆出的副本对象进行变换操作，不会对原始对象产生任何影响。

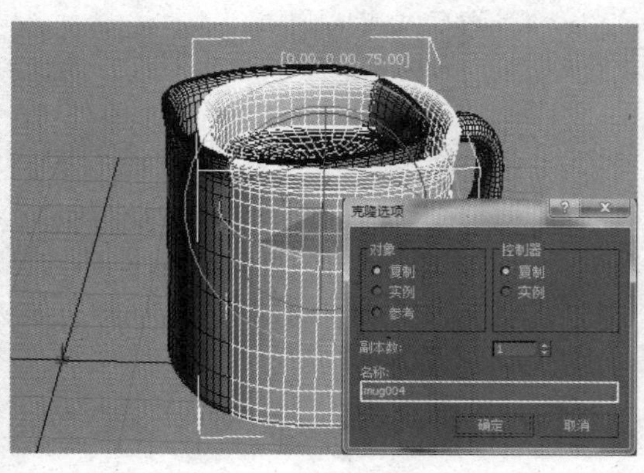

Step 03 选择旋转工具后，按住Shift键的同时旋转物体，会发现物体在旋转的同时，也复制得到了新的物体。

Step 04 将新复制的物体移动到一旁，可以看到新物体的方向发生了改变，如图所示。

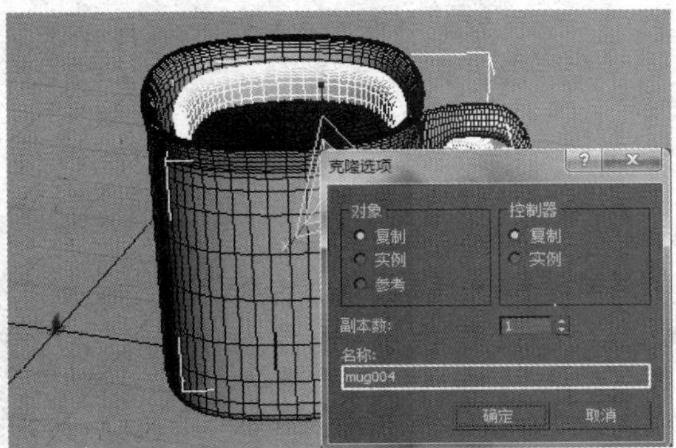

Step 05 选择缩放工具，按住Shift键的同时缩放物体，复制得到了新的物体，如图所示。

提 示

在克隆创建多个副本对象时，每一个新的副本均以上一个副本对象为参照基准。

Step 06 将复制完成的物体放置好，可以发现新复制的物体大小发生了变化，如图所示。

提 示

在进行缩放克隆操作时，等比例缩放和不等比例缩放的效果不同。

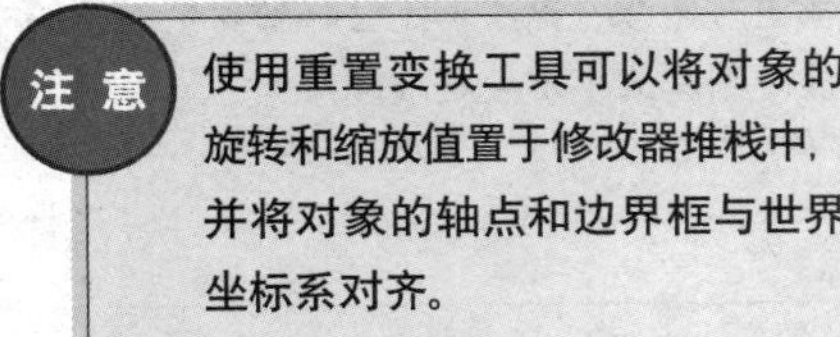

注 意 使用重置变换工具可以将对象的旋转和缩放值置于修改器堆栈中，并将对象的轴点和边界框与世界坐标系对齐。

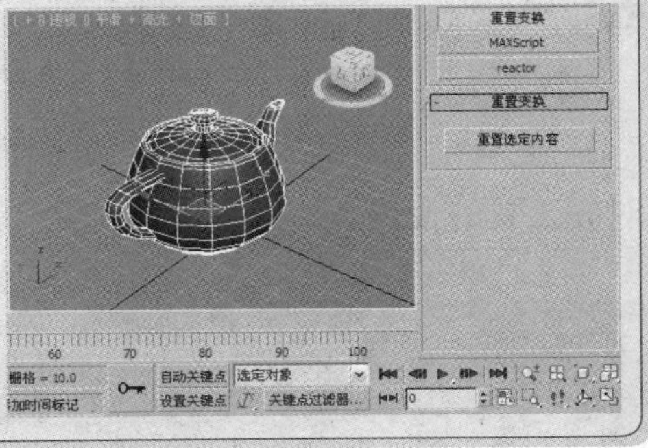

4.2 变换工具

变换工具是常用的辅助建模工具，用于使对象根据特定条件进行移动、旋转和缩放等操作，这些工具主要包括对齐工具、阵列工具、间隔工具和镜像工具等。

4.2.1 对齐工具

对齐工具位于主工具栏中，利用它可以将源对象边界框的位置和方向与目标对象的边界框对齐，如图所示。

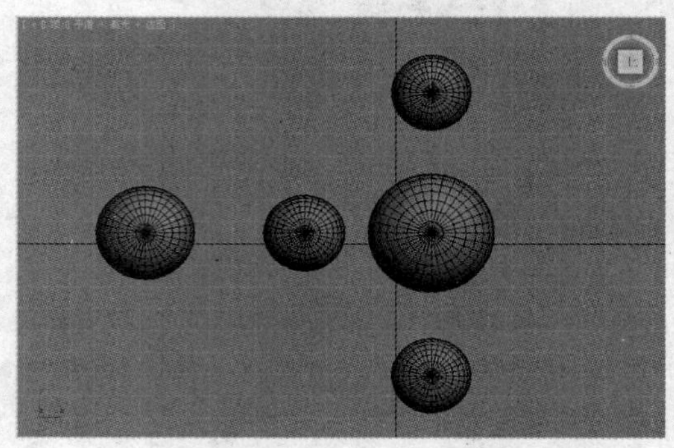

> **注意** 按住“对齐”按钮，可以展开其他对齐工具，包括快速对齐、法线对齐、放置高光、对齐摄影机和对齐到视图等。

提 示

可以对任何可变换的对象使用“对齐”工具。如果显示三轴架，则可以将该三轴架（以及其代表的几何体）与场景中任何其他对象对齐。可用此方法对齐对象的轴点。

对齐工具的使用需要有两个对象，一个作为将要变换位置的原对象，一个是作为参考物的目标对象。首先选择原对象，然后单击“对齐”按钮，再拾取目标对象。在开启的对话框中进行相关设置，完成对齐操作，相关对话框如图所示。

- 对齐位置：在该选项组中可以指定需要在其中执行对齐操作的一个或多个轴，启用所有3个选项可以将当前对象移动到目标对象位置。
- 当前对象：在该选项组中可以指定当前对象边界框上用于对齐的点。
- 目标对象：在该选项组中可以指定目标对象边界框上用于对齐的点。
- 对齐方向：在该选项组中可以控制在轴的任意组合上匹配两个对象之间的局部坐标系的方向。
- 匹配比例：在该选项组中可以设置两个选定对象之间的缩放轴。

提 示

“对齐方向”选项与位置对齐设置无关。不管“位置”如何设置，勾选“方向”复选框，旋转当前对象以匹配目标对象的方向。位置对齐使用世界坐标，而方向对齐使用局部坐标。

> **注意** 匹配比例操作仅对变换输入中显示的缩放值进行匹配，这不一定会导致两个对象的大小相同。如果两个对象之前都未进行缩放，则其大小不会更改。

范例实录

对齐工具的使用

DVD-ROM

原始文件：
范例文件\Chapter 4\4.2\对齐工具的使用\对齐工具的使用（原始文件）.max

最终文件：
范例文件\Chapter 4\4.2\对齐工具的使用\对齐工具的使用（最终文件）.max

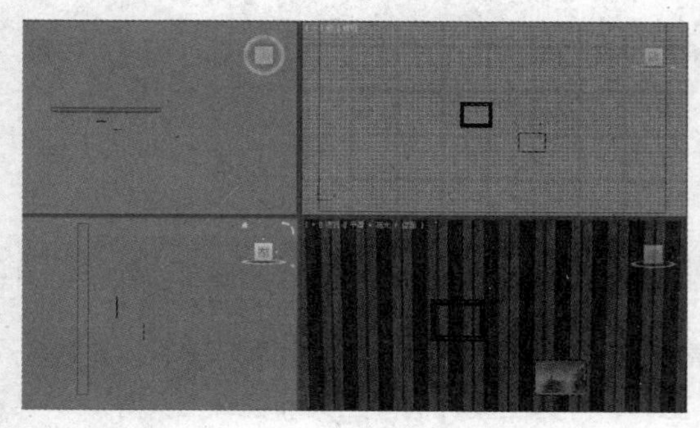

Step 01 打开本书配套光盘中的原始文件，效果如图所示。

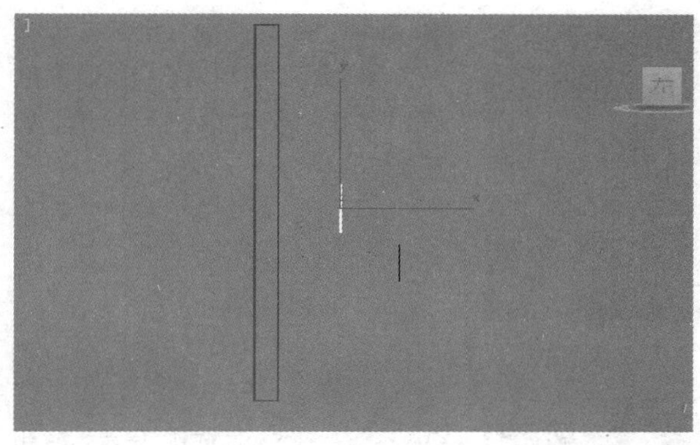

Step 02 激活“左”视口，选择画框对象，如图所示。

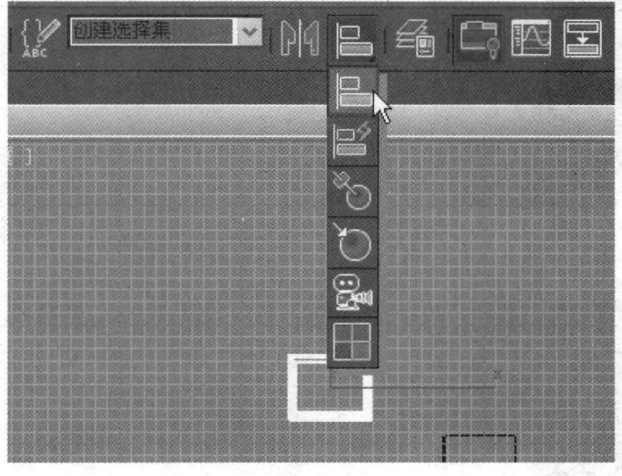

Step 03 保持画框对象的选定状态，在主工具栏中单击“对齐”按钮，如图所示。

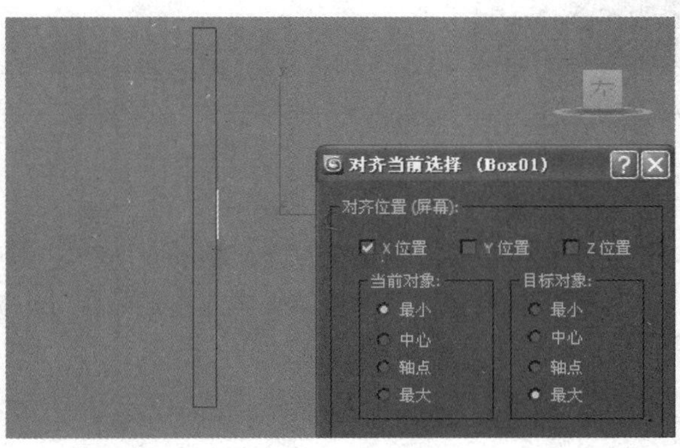

Step 04 单击“对齐”按钮后，在“左”视口中拾取墙体对象，在对话框中设置对齐的参数，在X轴上使画框最小点与墙体的最大点进行对齐，如图所示。

提　示

最小点与最大点是指边界的最小点和最大点，与对象三轴架等无关。

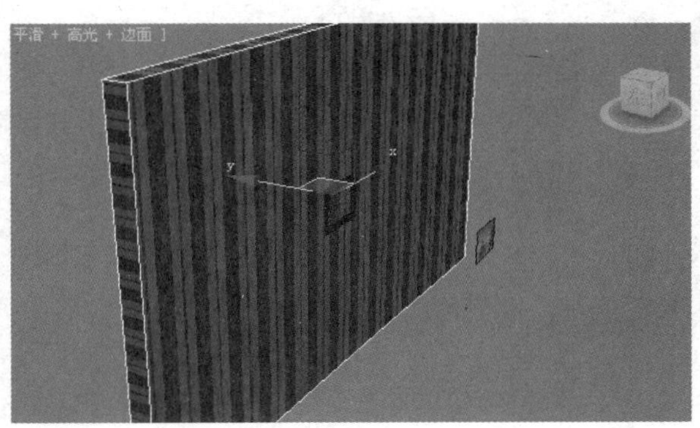

Step 05 在“透视”视口中观察，可观察到画框与墙体的对齐效果，如图所示。

提　示

“左”视口中的X轴实际是“透视”视口中的Y轴。

Step 06 在“透视”视口中选择画对象，然后使用对齐工具，并以画框作为目标对象进行拾取，如图所示。

Step 07 在对话框中设置X轴和Z轴上画与画框的中心点进行对齐，参数设置，如图所示。

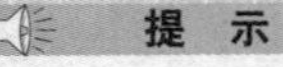

提 示

在“透视”视口中，Y轴是纵深方向，对象离屏幕越远时值越大。

Step 08 再次使用对齐工具将画与画框在Y轴上进行中心点对齐，如图所示。

4.2.2 阵列工具

提 示

阵列工具的快捷键是Alt+A。

阵列工具位于“附加”浮动工具栏中，是专门用于克隆、精确变换和定位很多组对象的一个或多个空间维度的工具。使用该工具获得的很多效果是配合Shift键使用克隆工具无法获得的，如图所示为一维阵列的效果。

阵列工具的测试应用

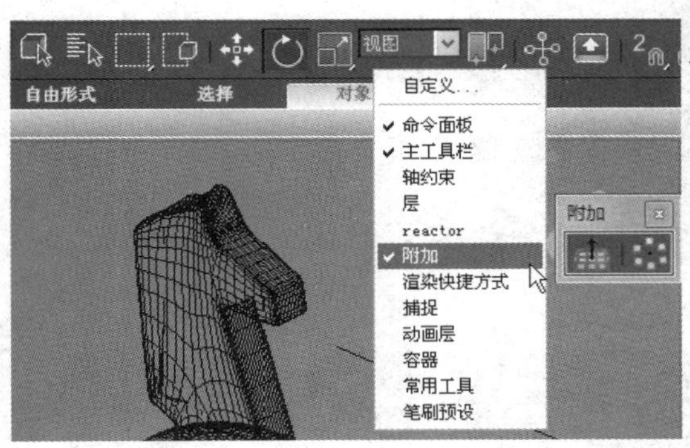

Step 01 在主工具栏中单击鼠标右键，在弹出的快捷菜单中勾选“附加”选项，弹出“附加”浮动工具栏，如图所示。

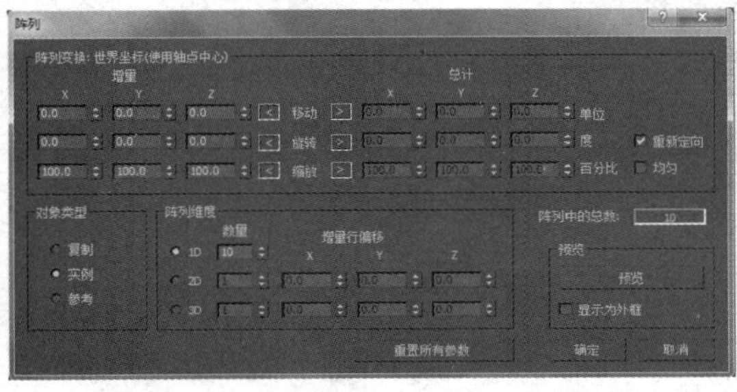

Step 02 在“透视”视口中选择场景对象，然后在“附加”浮动工具栏中单击“阵列”按钮，如图所示。

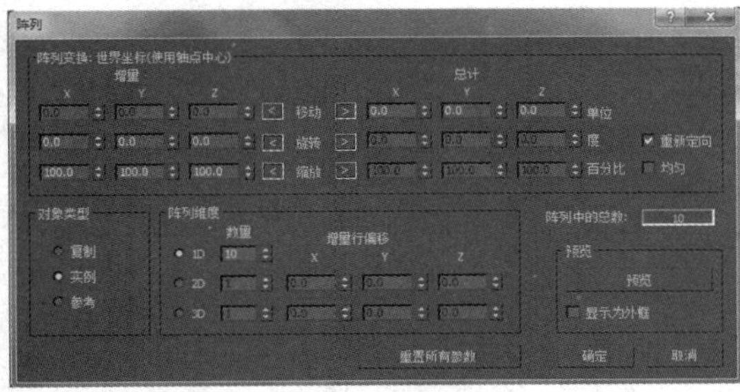

Step 03 在“阵列”对话框中设置“增量”和“阵列维数”参数，并单击“预览”按钮 预览 ，在场景中可查看到在当前设置下的一维阵列效果。

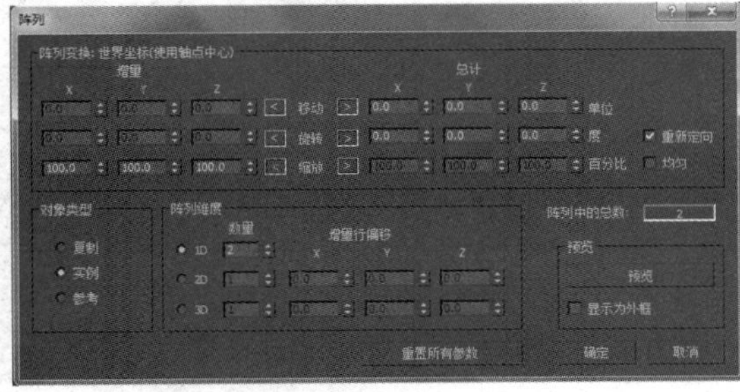

Step 04 设置“旋转”参数，可以使阵列对象产生旋转，如图所示。

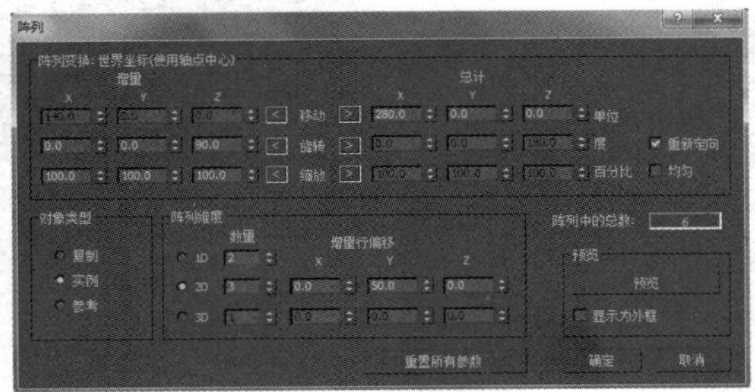

Step 05 单击2D单选按钮，并设置相应的参数，将第一次阵列克隆得到的对象作为一组再次进行克隆操作，如图所示。

DVD-ROM

原始文件:
范例文件\Chapter 4\4.2\ 阵列工具的测试应用（原始文件）.max

最终文件:
范例文件\Chapter 4\4.2\ 阵列工具的测试应用（最终文件）.max

提 示

阵列与坐标系和变换中心的当前视口设置有关。

提 示

此处不需应用轴约束，因为阵列操作可以指定沿所有轴的变换。

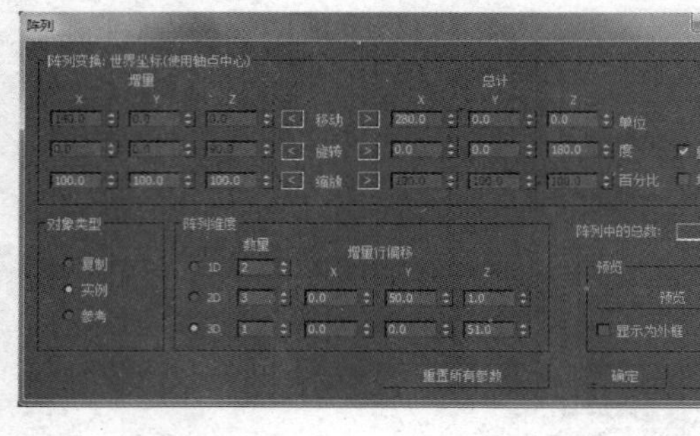

Step 06 单击3D单选按钮，设置相关参数，可以将通过2D阵列克隆的对象作为一组再次进行克隆，如图所示。

提 示

如果需要生成层次链接的对象阵列，需在单击“阵列”按钮之前选择层次中的所有对象。

Step 07 完成所有设置后，可观察到已由一个象棋棋子克隆得到多个具有其他变换效果的效果群。

4.2.3 间隔工具

提 示

可以使用包含多条样条线的复合图形作为分布对象的样条线路径。在创建图形之前，需要取消勾选“创建”命令面板中的“开始新图形”复选框，然后再创建图形。

间隔工具可以使一个或多个对象分布在一条样条线或两个点定义的路径上，分布的对象可以是当前选定对象的副本、实例或参考，如图所示为间隔工具的应用效果。

提 示

3ds Max使用这些点创建样条线作为分布对象所沿循的路径。使用间隔工具后，软件会删除此样条线。

当选定对象后使用间隔工具，并在视口中拾取作为路径的样条线，这时会开启相应的对话框。在对话框中可以设置克隆的数量和在样条线上的分布状态，相关对话框如图所示。

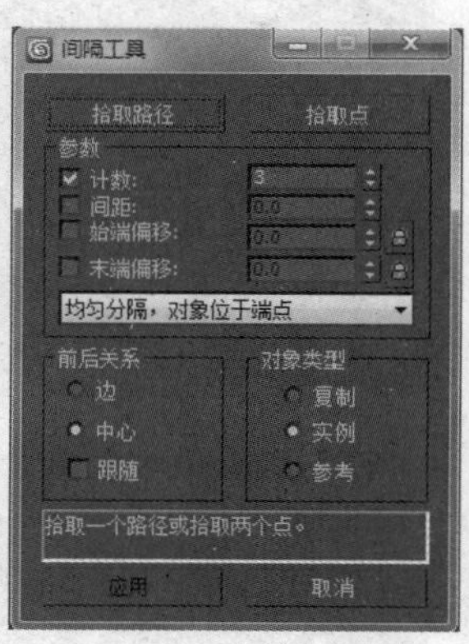

- 拾取路径：单击该按钮，然后单击视口中的样条线将其作为路径。
- 拾取点：单击该按钮，然后单击起点和终点。可在构造栅格上定义路径，也可以使用对象捕捉指定空间中的点。
- 参数：在该选项组中可以设置对象的具体分布的状态。
- 前后关系：在该选项组中可以设置对象之间的关系。
- 对象类型：在该选项组中可以确定由间隔工具创建的副本类型。

间隔工具应用

范例实录

DVD-ROM

原始文件:

范例文件\Chapter 4\4.2\ 间隔工具应用\间隔工具应用（原始文件）.max

最终文件:

范例文件\Chapter 4\4.2\间隔工具应用\间隔工具应用（最终文件）.max

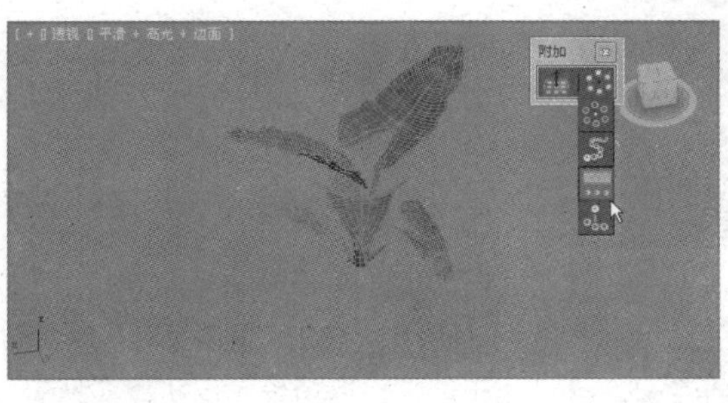

Step 01 打开本书配套光盘中的原始文件，效果如图所示。

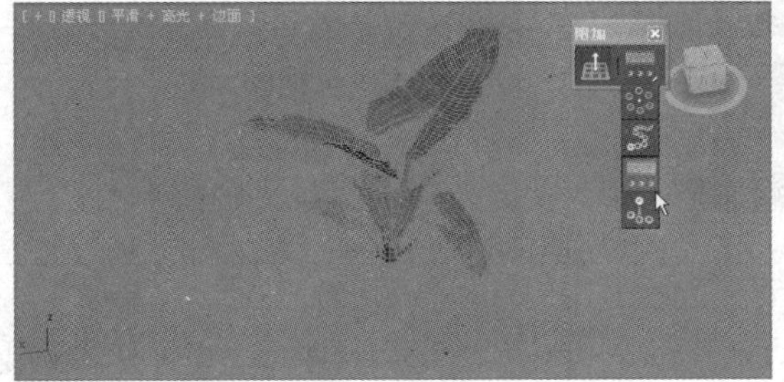

Step 02 选择场景中的植物对象，然后在“附加”浮动工具栏中单击“间隔工具”按钮，如图所示。

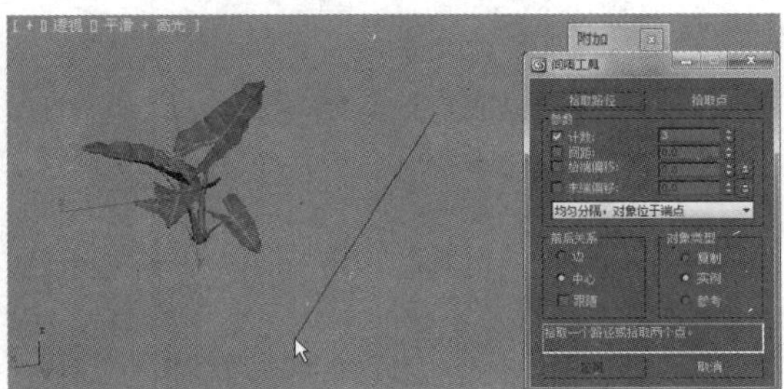

Step 03 切换到“透视”视口，然后在打开的“间隔工具”对话框中单击“拾取点”按钮 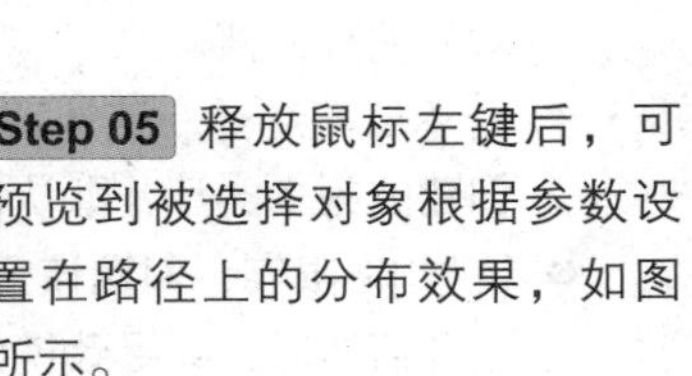，如图所示。

提 示

用户可以将外部参照场景中的样条线用作路径的参考。

Step 04 在视口中通过单击鼠标左键确定两点，绘制一条直线作为路径，如图所示。

提 示

此处只能绘制直线路径，不能绘制曲线路径。

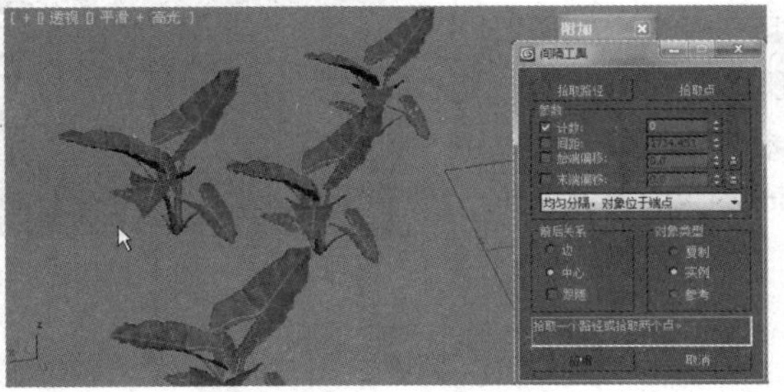

Step 05 释放鼠标左键后，可预览到被选择对象根据参数设置在路径上的分布效果，如图所示。

提 示

如果没有应用效果，视口中的预览效果将在关闭对话框时失效。

提 示

绘制的图形可以是直线或曲线。

Step 06 在“透视”视口中创建一个矩形图形，效果如图所示。

Step 07 单击“间隔工具”对话框中的“拾取路径”按钮 拾取路径 ，然后在视口中拾取矩形，选择的植物将以矩形为路径进行克隆分布，完成效果如图所示。

4.2.4 镜像工具

提 示

镜像和阵列工具可以连续使用，还可以将它们结合使用。例如，镜像整个阵列或在创建阵列之前设置镜像的对象。

镜像工具可以将当前选择对象进行镜像克隆，或在不创建克隆的情况下镜像对象的方向。在提交操作之前，可以预览设置的效果，如图所示为镜像的效果。

镜像的应用可以针对单个或多个对象，在主工具栏中单击“镜像”按钮后，在开启的对话框中可以设置对象镜像的轴向或平面，相关对话框如图所示。

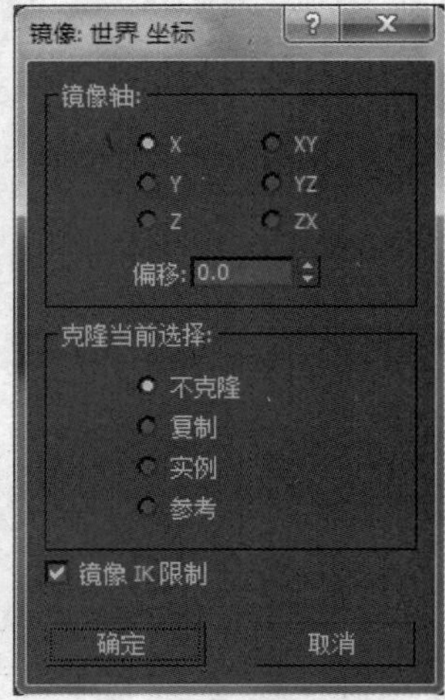

- 镜像轴：在该选项组中提供了可供选择的镜像轴或界面，分别为X、Y、Z、XY、YZ 和 ZX，选择其中一项可指定镜像的方向。
- 偏移：该参数用于控制镜像对象离原始位置相对的偏移距离。
- 克隆当前选择：该选项组用于设置由镜像功能创建的副本类型，默认设置为“不克隆”。
- 镜像 IK 限制：勾选该复选框，当围绕一个轴镜像几何体时，会导致镜像 IK 约束（与几何体一起镜像）。

镜像工具测试

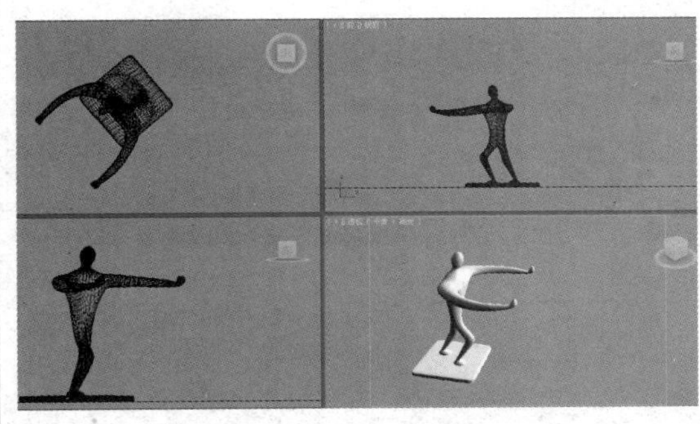

Step 01 打开本书配套光盘中的原始文件，效果如图所示。

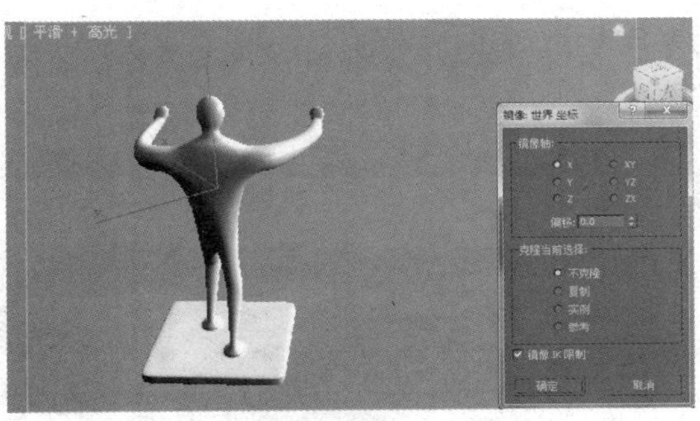

Step 02 激活“透视”视口，选择场景对象，然后使用镜像工具在X轴上进行镜像操作，参数设置及完成效果如图所示。

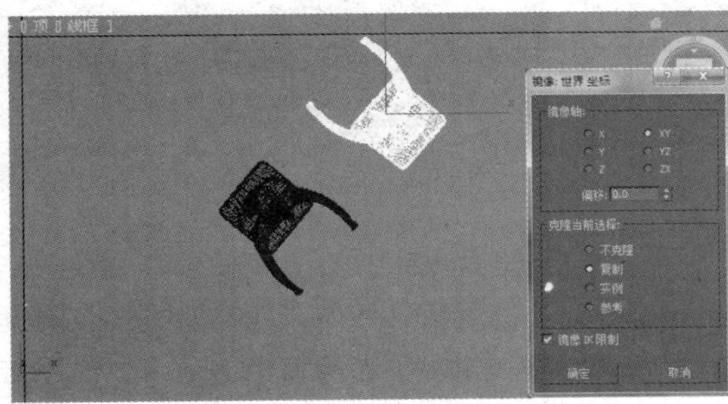

Step 03 切换到“顶”视口，再次使用镜像工具将场景对象进行克隆镜像，参数设置及完成效果如图所示。

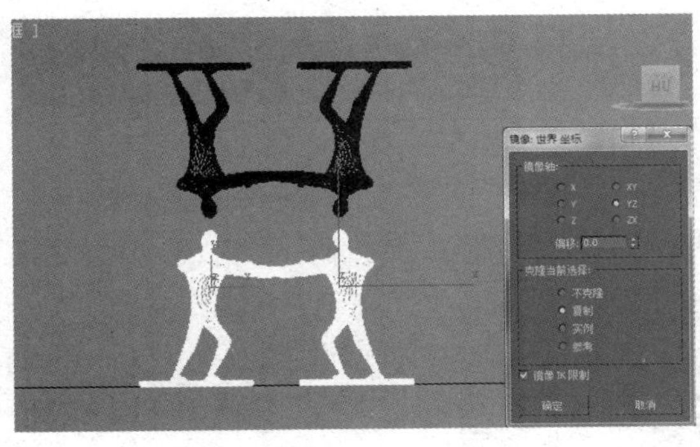

Step 04 切换到“前”视口，使用镜像工具将场景对象在YZ平面上进行偏移克隆镜像，参数设置及完成效果如图所示。

范例实录

DVD-ROM

原始文件:

范例文件\Chapter 4\4.2\镜像工具测试（原始文件）.max

最终文件:

范例文件\Chapter 4\4.2\镜像工具测试（最终文件）.max

提　示

“镜像”对话框使用当前参考坐标系，如同其名称所反映的那样。例如，如果将“参考坐标系”设置为“局部”，则该对话框就命名为“镜像：局部坐标”。但是如果将“参考坐标系”设置为“视图”，则“镜像”使用“屏幕”坐标。

提　示

用户可以将外部参照场景中的对象用作捕捉参考。

注意 如果使用放置高光变换工具，高光渲染取决于材质的高光反射属性以及所使用的渲染类型，如图所示。

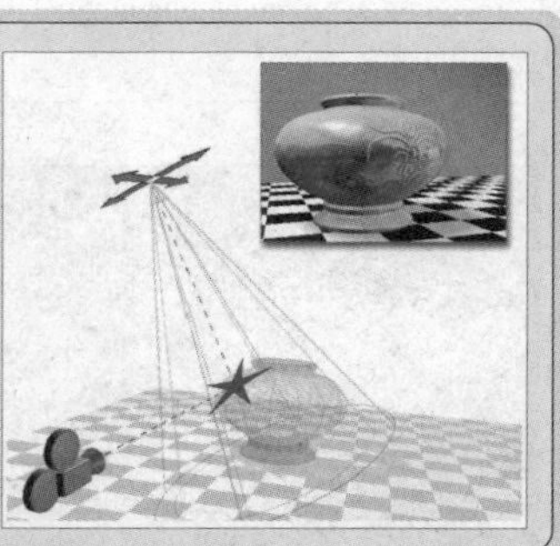

4.3 捕捉工具

捕捉工具有助于在创建或变换对象时精确控制对象的尺寸和放置，该功能也有相应的参数对话框，用于设置参数值。

4.3.1 维数捕捉

提 示

定位栅格对象后，透过栅格可看到3D空间中远处的立方体，使用2.5D捕捉模式，可以在远处立方体上从顶点到顶点捕捉一行，但该行将绘制在活动栅格上。

3ds Max提供的维数捕捉功能在创建或移动对象时能够根据相对的参照物进行精确操作，包括维数捕捉等捕捉工具都可以在主工具栏中进行选择，如图所示。

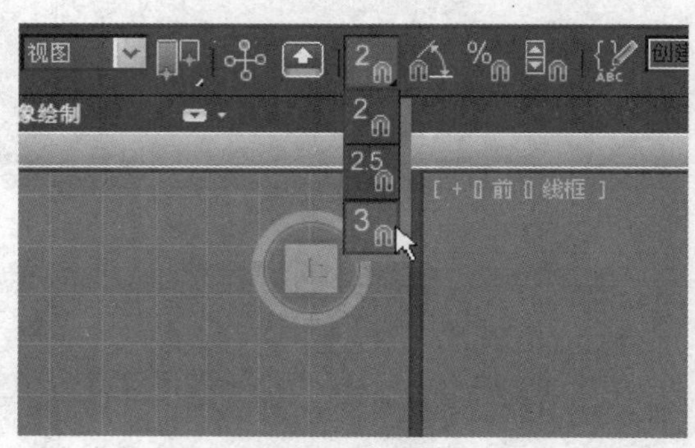

维数捕捉共有3种模式，包括2D捕捉、2.5D捕捉和3D捕捉。当使用2D捕捉时，光标仅捕捉到活动构建栅格，包括该栅格平面上的任何几何体，而将忽略 Z 轴或垂直尺寸。使用2.5D捕捉时，光标仅捕捉活动栅格上对象投影的顶点或边缘。使用3D捕捉时，光标直接捕捉到 3D 空间中的任何几何体。3D 捕捉用于创建和移动所有尺寸的几何体，而不用考虑构造平面。

范例实录

维数捕捉的应用

DVD-ROM

最终文件:
范例文件\Chapter 4\4.3\维数捕捉的应用(最终文件).max

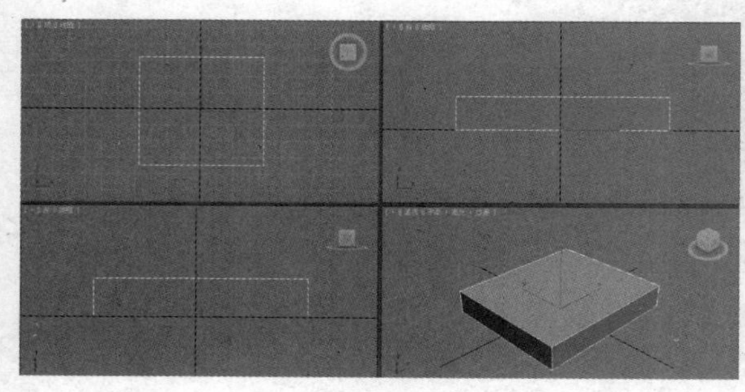

Step 01 打开3ds Max 2013，在视口中创建一个长方体，效果如图所示。

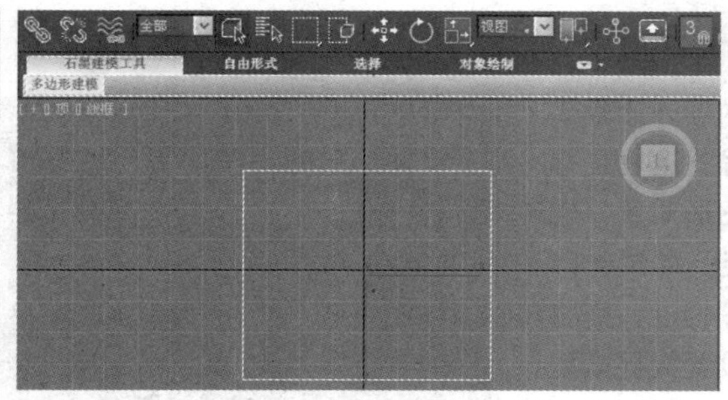

Step 02 在主工具栏中单击3D捕捉按钮，如图所示。

提 示

“捕捉开关”的快捷键为S，只能启用或禁用捕捉功能，不能在不同捕捉模式之间进行切换。

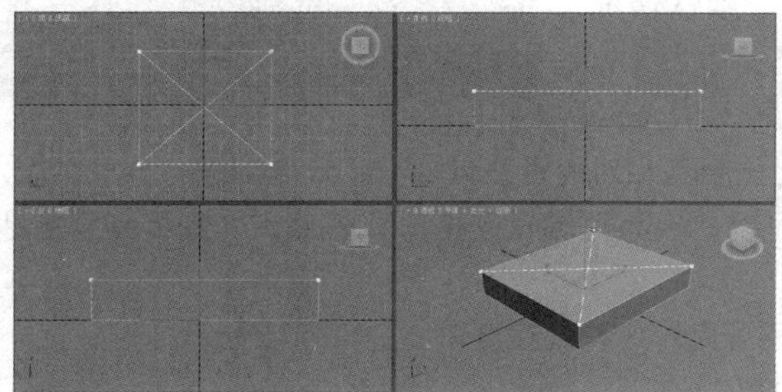

Step 03 使用默认捕捉端点功能进行捕捉，根据长方体的4个端点创建一段样条线，如图所示。

提 示

在通过捕捉创建对象时，可以随便使用快捷键开启或禁用捕捉功能。

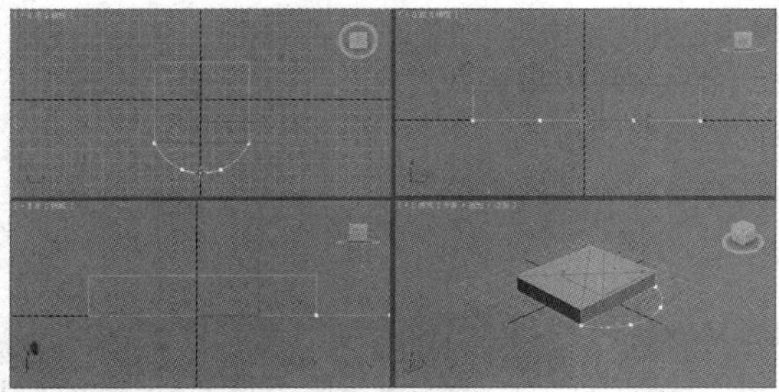

Step 04 单击2.5D捕捉工具，然后通过捕捉长方体顶部的端点，在底部原点创建一段弧形，效果如图所示。

提 示

使用2.5D捕捉工具创建对象是最常用的方法。

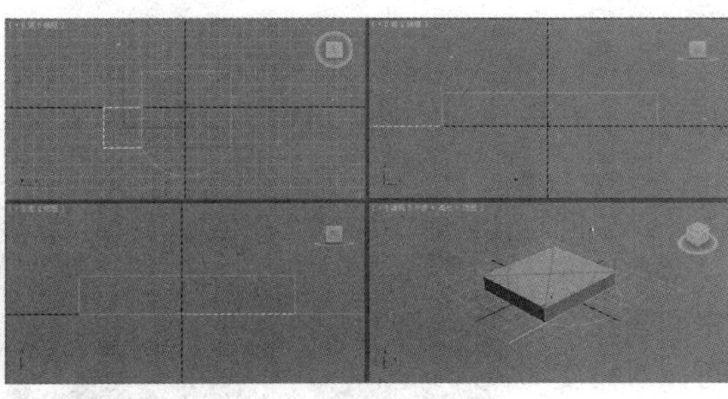

Step 05 单击 2D 捕捉工具，此时只能捕捉长方体底部的顶点，如图所示创建一个矩形。

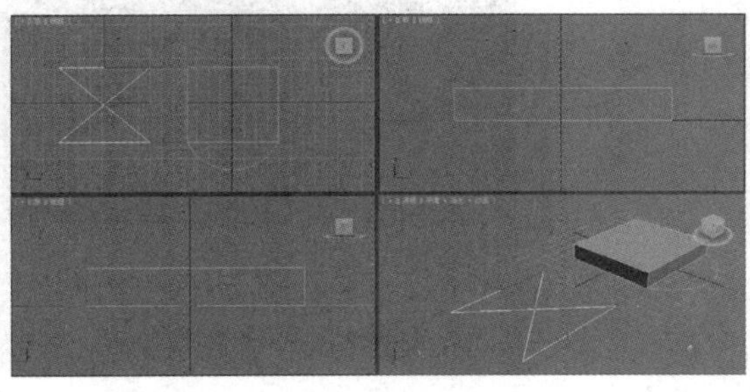

Step 06 再次单击3D捕捉工具，使用移动工具，通过捕捉端点将长方体顶的样条线移动至长方体底的矩形上，并使其顶点重合，如图所示。

4.3.2 捕捉类型

> **提 示**
>
> 捕捉类型对应了“捕捉”浮动工具栏中的部分按钮。

捕捉工具可以捕捉对象自身的具体元素或视口栅格，如对象的顶点、中心等，这些是标准捕捉类型，用于栅格、网格和图形对象，优先于“栅格点”和“栅格线”捕捉。如果光标与栅格点和某些其他捕捉类型同等相近，则将选择其他捕捉类型，如图所示为设置捕捉类型的对话框。

> **提 示**
>
> 默认情况下，捕捉冻结对象的快捷键为Alt+F2，捕捉栅格线的快捷键为Alt+F7，捕捉垂足的快捷键为Alt+F9，捕捉边界框的快捷键为Alt+F10，捕捉切点的快捷键为Alt+F11。

- 栅格点：捕捉到栅格交点，默认情况下此捕捉类型处于勾选状态。
- 轴心：捕捉到对象的轴点。
- 垂足：捕捉到样条线上与上一个点相对的垂直点。
- 顶点：捕捉到网格对象或可以转换为可编辑网格对象的顶点，捕捉到样条线上的分段。
- 边/线段：捕捉边（可见或不可见）或样条线分段上的任何位置。
- 面：捕捉到曲面上的任何位置。
- 栅格线：捕捉到栅格线上的任何点。
- 边界框：捕捉到对象边界框的8个角中的一个。
- 切点：捕捉到样条线上与上一个点相对的相切点。
- 端点：捕捉到网格边的端点或样条线的顶点。
- 中点：捕捉到网格边的中点或样条线分段的中点。
- 中心面：捕捉到三角形面的中心。

在“捕捉”浮动工具栏中，3ds Max整合了一些常用的捕捉类型，并添加了用于控制捕捉冻结对象和轴约束的工具，该浮动工具栏如图所示，各按钮的含义如下。

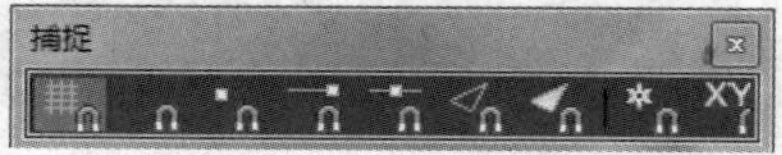

4.3.3 角度捕捉

> **提 示**
>
> 角度捕捉切换也影响摇移/环游摄影机控件、侧滚摄影机、聚光区/衰减区聚光灯角度。

角度捕捉切换工具用于确定多数功能的旋转增量，包括标准“旋转”变换。对象以设置的增量围绕指定轴旋转，在“栅格和捕捉设置”对话框的“选项”选项卡中，可以对角度捕捉的相关参数进行设置，如图所示。

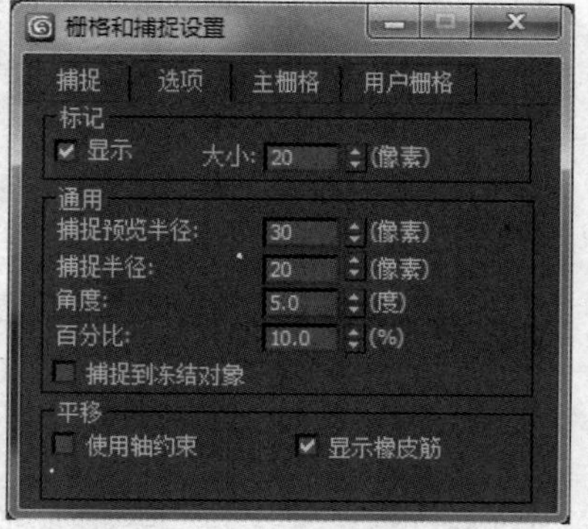

角度捕捉的应用

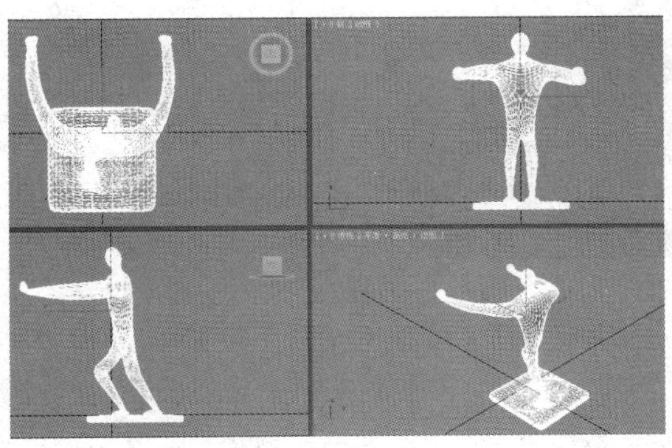

Step 01 打开本书配套光盘中的原始文件，效果如图所示。

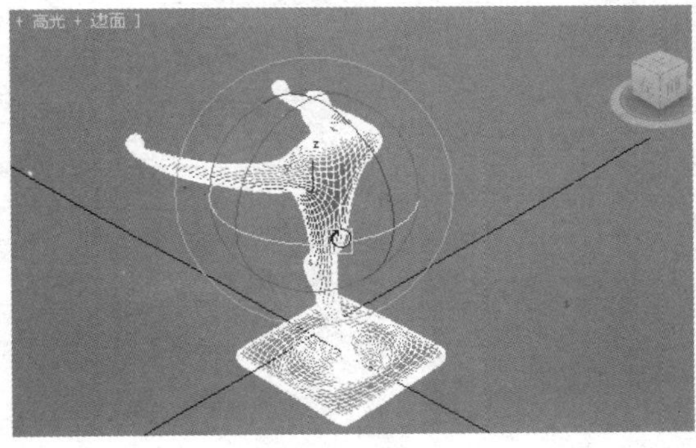

Step 02 选择场景对象，然后直接使用旋转工具进行旋转操作，使对象围绕Z轴进行旋转，如图所示。

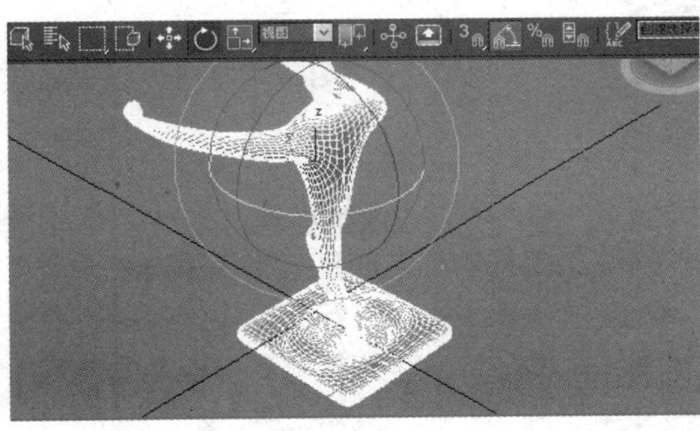

Step 03 在主工具栏中单击“角度捕捉切换”按钮，并在该按钮上单击鼠标右键，如图所示。

栅格和捕捉设置

捕捉 选项 主栅格 用户栅格

标记

显示 大小: 20 (像素)

通用

捕捉预览半径: 30 (像素)

捕捉半径: 20 (像素)

角度: 20.0 (度)

百分比: 10.0 (%)

捕捉到冻结对象

平移

使用轴约束 显示橡皮筋

Step 04 打开“栅格和捕捉设置”对话框，在“选项”选项卡中设置“角度”为20，如图所示。

范例实录

DVD-ROM

原始文件:

范例文件\Chapter 4\4.3\角度捕捉的应用(原始文件).max

最终文件:

范例文件\Chapter 4\4.3\角度捕捉的应用(最终文件).max

提　示

在默认情况下，使用旋转工具进行旋转操作时，旋转参数可精确到小数点后两位。

提　示

通常设置“角度”为5，旋转时将以5的倍数增加。

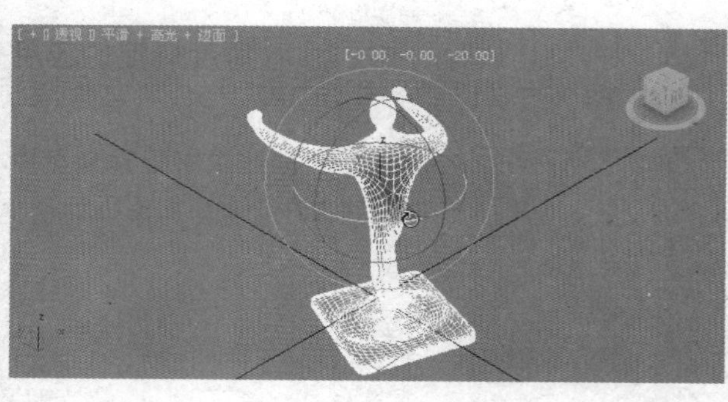

Step 05 再次旋转对象，对象每次都以20° 进行旋转，如图所示。

提 示

百分比捕捉的相关参数也在“栅格和捕捉设置”对话框中进行设置。

4.3.4 百分比捕捉

百分比捕捉切换工具以指定的百分比对对象进行缩放，该捕捉为通用捕捉系统，应用于涉及百分比的任何操作，如缩放或挤压，默认设置为10%。

范例实录

捕捉百分比应用

DVD-ROM

最终文件:
范例文件\Chapter 4\4.3\捕捉百分比应用(原始文件).max

最终文件:
范例文件\Chapter 4\4.3\捕捉百分比应用(最终文件).max

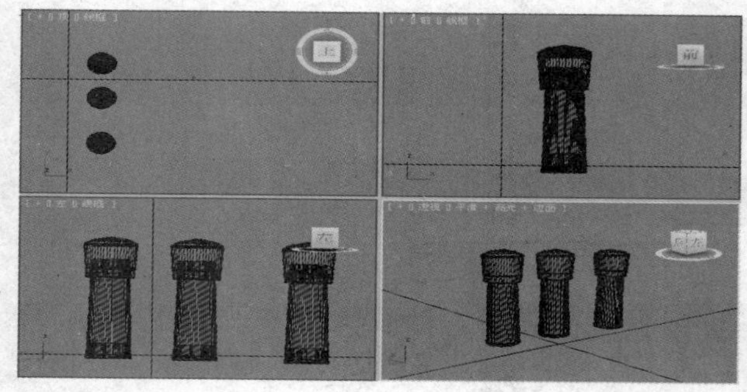

Step 01 打开本书配套光盘中的原始文件，效果如图所示。

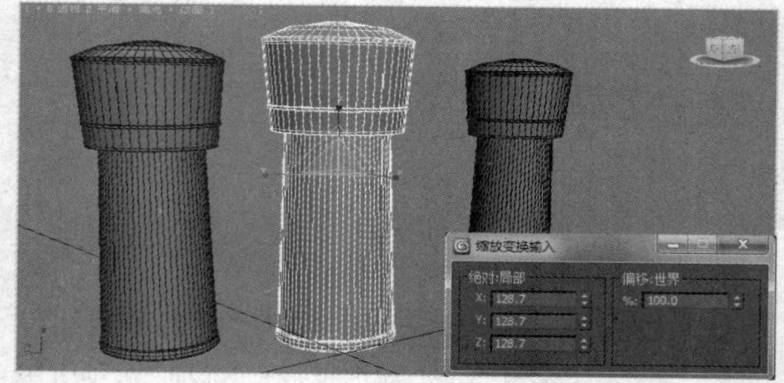

Step 02 选择中间的场景对象，使用等比缩放工具进行缩放操作，并在精确变换对话框中查看缩放的具体比例，如图所示。

提 示

因为坐标系的设置基于逐个变换，所以应先选择变换，然后再指定坐标系。如果不希望更改坐标系，可以执行“自定义>首选项”命令，在“首选项”对话框的“常规”选项卡中勾选“参考坐标系”选项组中的“恒定”复选框。

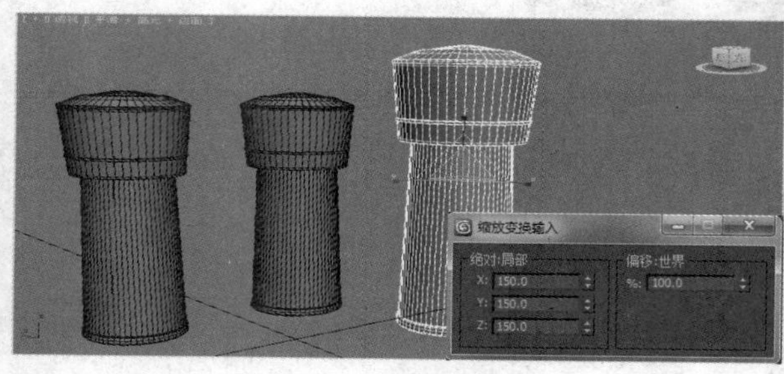

Step 03 选择最右侧的场景对象，在主工具栏中单击“百分比捕捉切换”按钮，再进行缩放，可观察到缩放操作是按10%的增量进行的，如图所示。

4.4 坐标系统与坐标中心点

3ds Max提供了多种参考坐标系和变换中心控制工具，用于设置场景对象参考坐标和活动中心，这些控件和工具位于主工具栏中，如图所示。

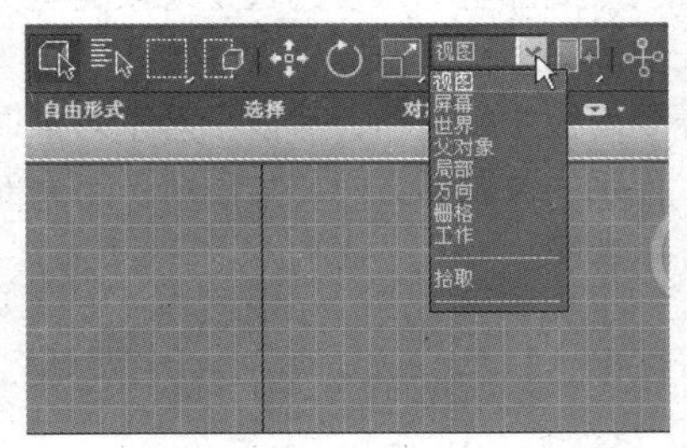

4.4.1 空间坐标系统

在主工具栏的“参考坐标系”下拉列表中，可以选择3ds Max提供的9种参考坐标系，包括视图、屏幕、世界、父对象、局部、万向、栅格、工作和拾取。

1. 视图坐标系

“视图”为默认的坐标系，在所有正交视口中的 X、Y 和 Z 轴都相同，其中X轴始终朝右，Y轴始终朝上，Z轴始终垂直屏幕。使用该坐标系移动对象时，会相对于视口空间移动对象，如图所示为视图坐标系的示意图。

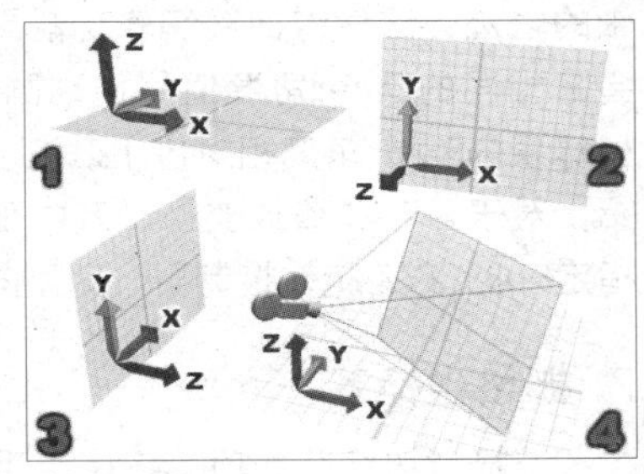

> **提 示**
>
> 无论视图如何缩放，“视图”坐标系的原点是不会发生变化的。

2. 屏幕坐标系

选择“屏幕”选项，3ds Max将活动视口屏幕用作坐标系参考。在屏幕坐标系中，坐标取决于其方向的活动视口，所以非活动视口中三轴架上的 X、Y 和 Z 标签显示当前活动视口的方向，如图所示为“屏幕”坐标系。

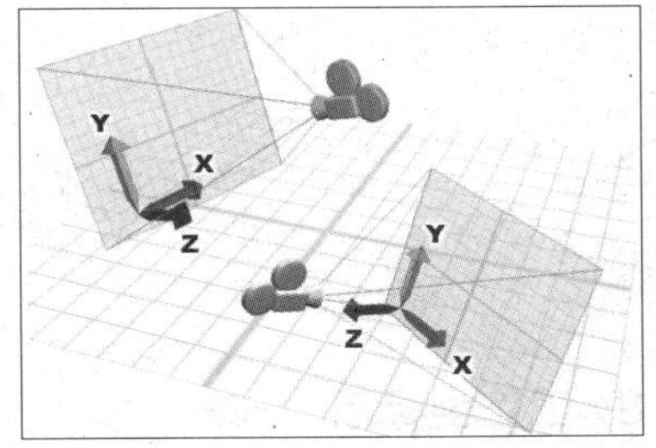

3. 世界坐标系

无论在哪个视口，使用“世界”坐标系时坐标轴都固定不变。

4. 父对象坐标系

选择父对象坐标系时，将使用选定对象父对象的坐标系，如图所示为“父对象”坐标系的示意图。

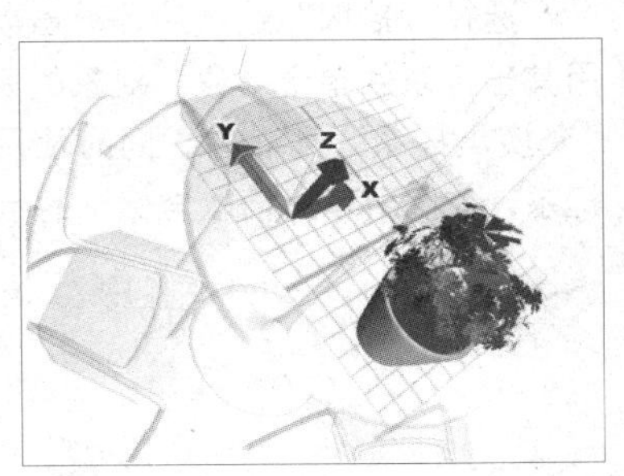

> **提 示**
>
> 如果对象未链接至特定对象，则其为世界坐标系的子对象，其父坐标系与世界坐标系相同。

> **提 示**
>
> 如果“局部”处于活动状态，则“使用变换坐标中心”按钮会处于非活动状态，并且所有变换使用局部轴作为变换中心。在若干个对象的选择集中，每个对象使用其自身中心进行变换。

> **提 示**
>
> Euler XYZ控制器也可以是“列表控制器”中的活动控制器。

5. 局部坐标系

局部坐标系使用选定对象的坐标系，对象的局部坐标系由其轴点支撑。使用“层次”命令面板中的选项，可以相对于对象调整局部坐标系的位置和方向，如图所示为局部坐标系的示意图。

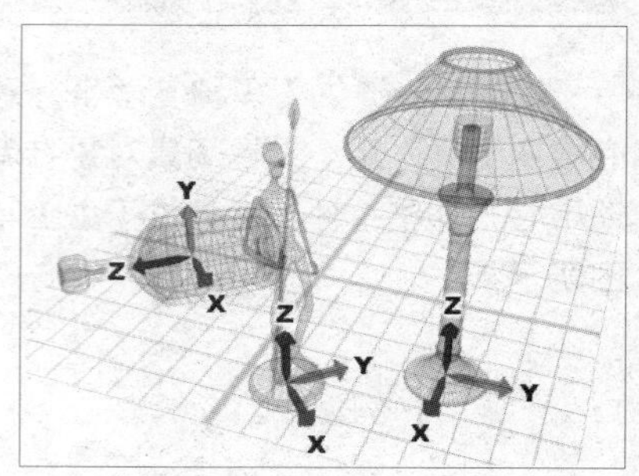

6. 万向坐标系

万向坐标系与 Euler XYZ 旋转控制器一同使用。它与局部坐标系类似，但其3个旋转轴互相之间不一定成直角。

使用局部和父对象坐标系围绕一个轴旋转时，会更改两个或3个Euler XYZ轨迹。但万向坐标系可避免这个问题，因为它是围绕一个轴的Euler XYZ旋转仅更改该轴的轨迹，这使得曲线编辑功能更为便捷。此外，利用万向坐标系的绝对变换输入会将相同的Euler角度值用作动画轨迹（按照坐标系要求，与相对于世界或父对象坐标系的Euler角度相对应）。

对于移动和缩放变换，万向坐标系与“父对象”坐标系相同。如果没有为对象指定Euler XYZ 旋转控制器，则万向旋转与父对象旋转相同。

7. 栅格坐标系

选择“栅格”选项，将使用活动栅格的坐标系，如图所示为栅格坐标系的示意图。

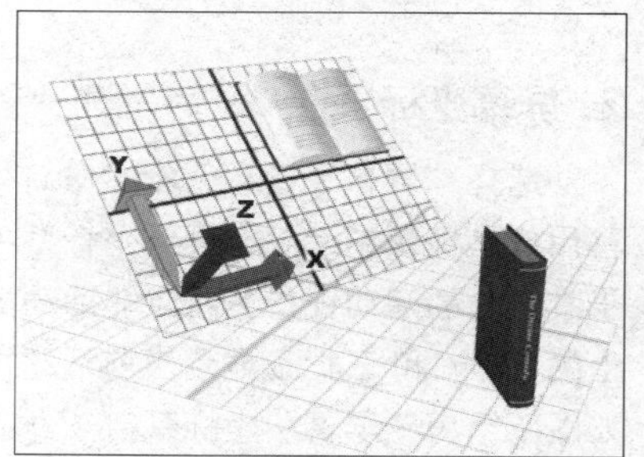

8. 工作坐标系

选择“工作”选项，在使用该坐标系统时，无论工作支点是否被激活，将以坐标系统的工作支点作为参考坐标。

9. 拾取坐标系

选择“拾取”选项后，单击以选择变换使用其坐标系的单个对象。对象的名称会显示在“变换坐标系”列表中，同时使用该对象的坐标系，如图所示为拾取坐标系的示意图。

4.4.2 变换中心

在主工具栏中可以选择3种不同的变换中心控制，用于确定缩放和旋转操作的几何中心，包括“使用轴点中心”、“使用选择中心”和“使用变换坐标中心”。如图所示。

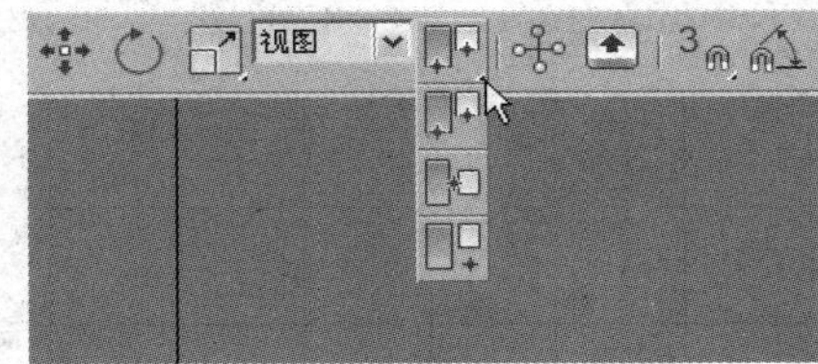

1. 使用轴心点中心

单击“使用轴点中心”按钮时，场景对象将围绕各自的轴点进行旋转或缩放，如图所示。

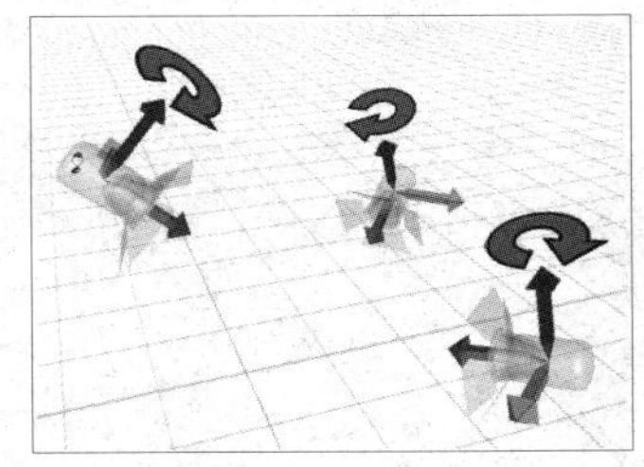

提 示

如果变换多个对象，3ds Max会计算所有对象的平均几何中心，并将此几何中心作为变换中心。

2. 使用选择中心

单击“使用选择中心”按钮时，可以围绕其共同的几何中心旋转或缩放一个或多个对象，如图所示。

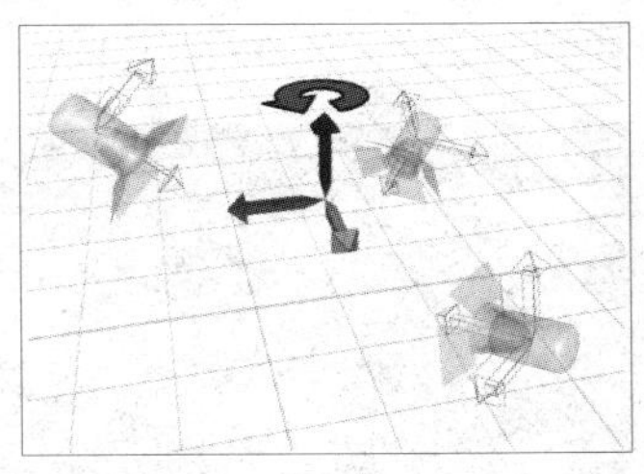

3. 使用变换坐标中心

单击“使用变换坐标中心”按钮时，可以围绕当前坐标系的中心旋转或缩放一个或多个对象。当使用“拾取”功能将其他对象指定为坐标系时，坐标中心是该对象轴的位置。

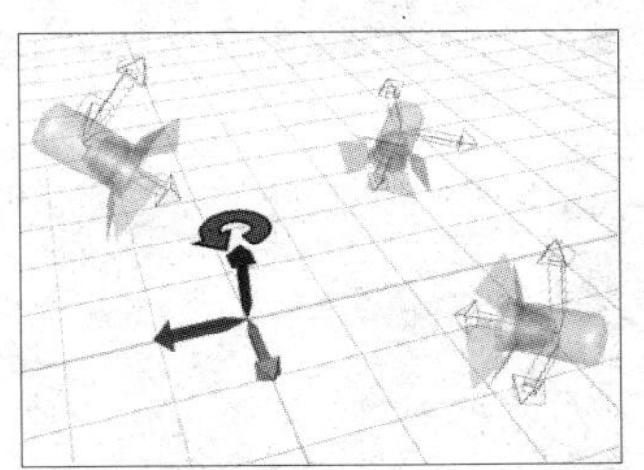

范例实录

坐标系统和坐标中心的应用

DVD-ROM

最终文件:
范例文件\Chapter 4\4.4\ 坐标系统和坐标中心的应用（最终文件）.max

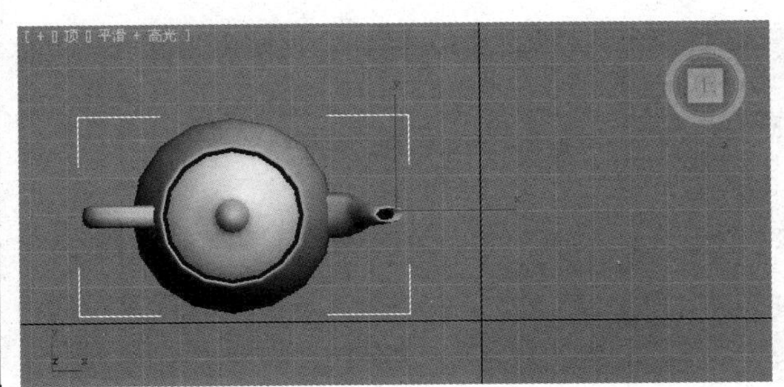

Step 01 在场景中创建一个茶壶对象，如图所示。

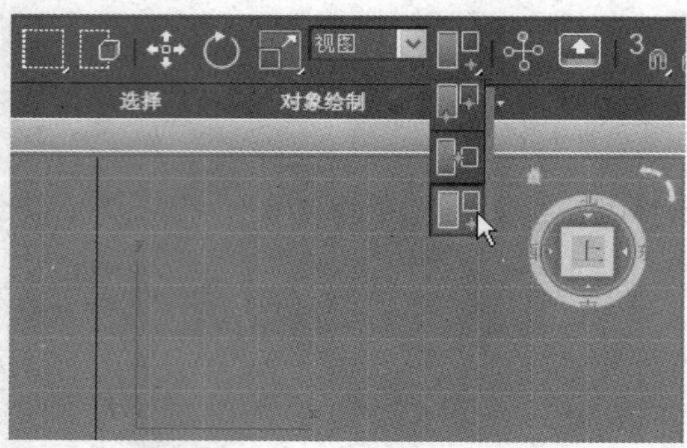

Step 02 在主工具栏中单击"使用变换坐标中心"按钮，如图所示。

提　示

先选择变换工具，再选择坐标系统和变换中心。

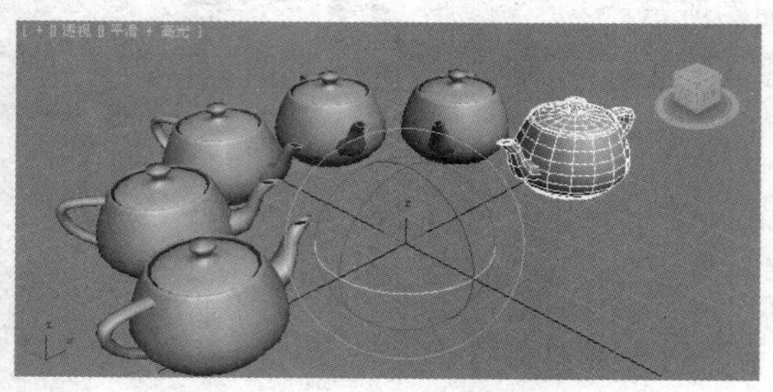

Step 03 使用旋转工具，以视图坐标中心为变换中心将茶壶进行旋转克隆操作，如图所示。

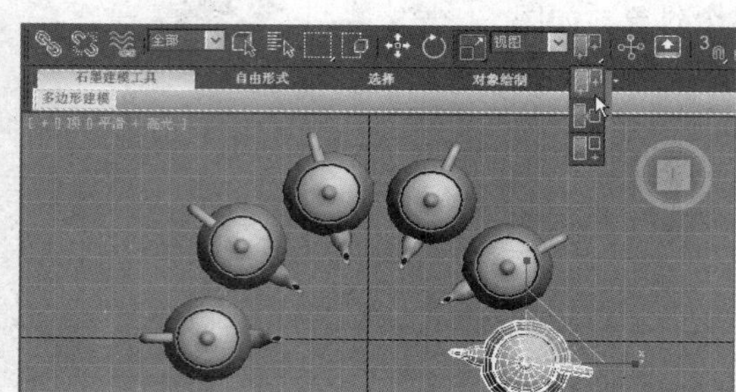

Step 04 使用缩放工具，然后选择局部坐标系，单击"使用轴点中心"按钮，如图所示。

提　示

如果进行等比缩放操作，使用任意坐标系都会得到相同的结果。

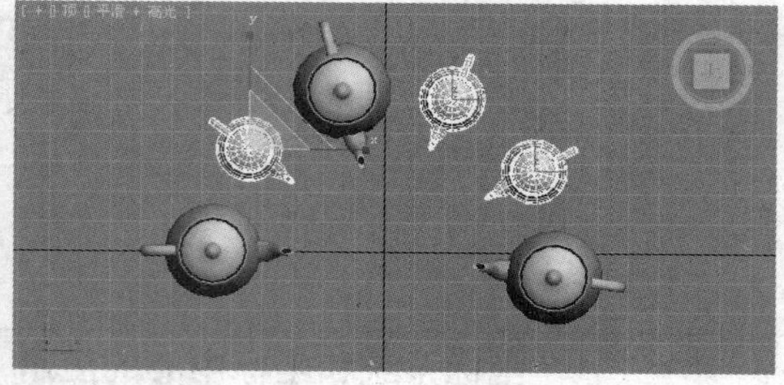

Step 05 在缩放过程中，可观察到选择的多个茶壶以自身坐标系统为中心进行缩放，如图所示。

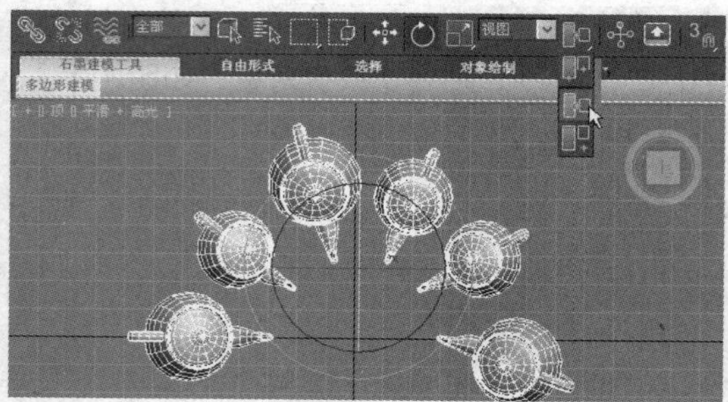

Step 06 使用旋转工具，然后单击"使用选择中心"按钮，如图所示。

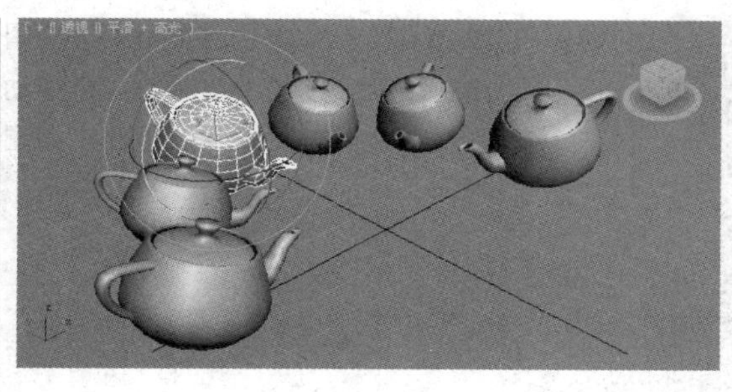

Step 07 在旋转过程中，可观察到对象实际上是围绕自身变换中心进行旋转操作的，如图所示。

> **提 示**
>
> 如果使用了局部坐标系统，使用轴心点和变换中心的效果一样。

4.5 制作儿童床模型

本节将讲解如何利用3ds Max的变换工具使创建的几何体更准确地拼凑在一起，组合成为完整精确的模型。

> **提 示**
>
> 选用儿童床模型的制作案例，可加深读者对间隔、对齐等变换工具应用的熟练程度。

4.5.1 制作儿童床框架

儿童床的构架主要由板面和棱柱组成，创建这些部件可以通过简单的长方体等进行模拟，这些床部件的组合和衔接主要通过对齐工具、间隔工具等来实现。

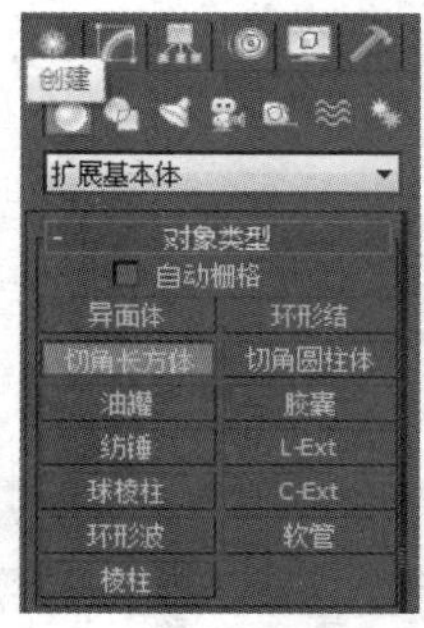

Step 01 创建基本模型。在“创建”命令面板的下拉列表中选择“扩展基本体”选项，单击“对象类型”扩展栏中的“切角长方体”按钮

，如图所示。

> **DVD-ROM**
>
> **最终文件**:
> 范例文件\Chapter 4\4.5\儿童床\儿童床.max

Step 02 创建切角长方形，对长方形边缘的圆滑度进行调整，如图所示。

提　示

对齐时使用的坐标系是屏幕坐标系。

Step 03 制作床的主体框架，应用复制命令，按住Shift键的同时拖动复制部件，需要掌握好距离，如图所示。

提　示

设置对齐参数后，可再次重新在对话框中设置。

Step 04 制作另一端的床框，在制作的时候需要注意两边的衔接，利用对齐工具制作另一端的床框，如图所示。

提　示

在设置对齐的最大或最小值时，并不根据对象的参数，而是根据视口中的绝对值进行判断。

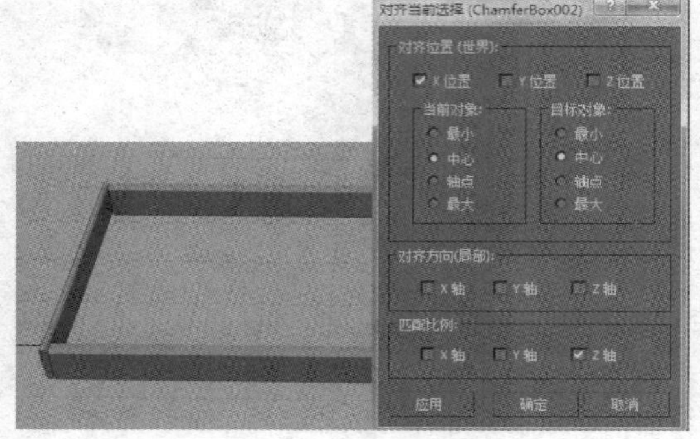

Step 05 选择对齐工具，复制并对齐床框，如图所示。

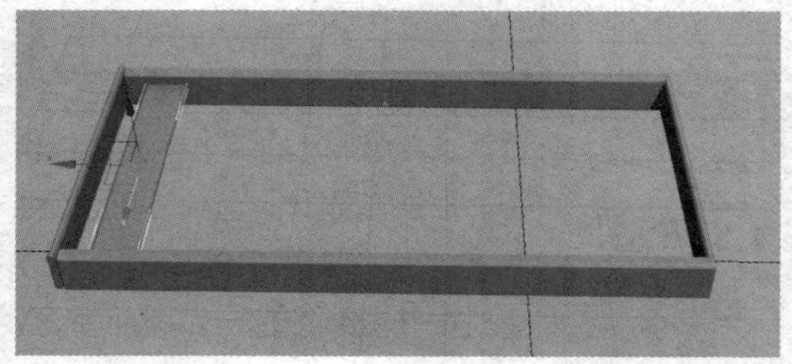

Step 06 现在开始制作床内部挡板，创建第一块挡板，利用移动工具、缩放工具调整挡板的长短，如图所示。

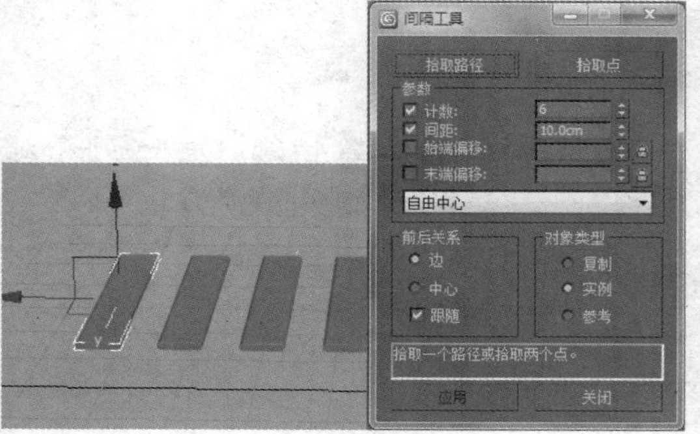

Step 07 利用间隔工具复制得到其余挡板，调整参数，如图所示。

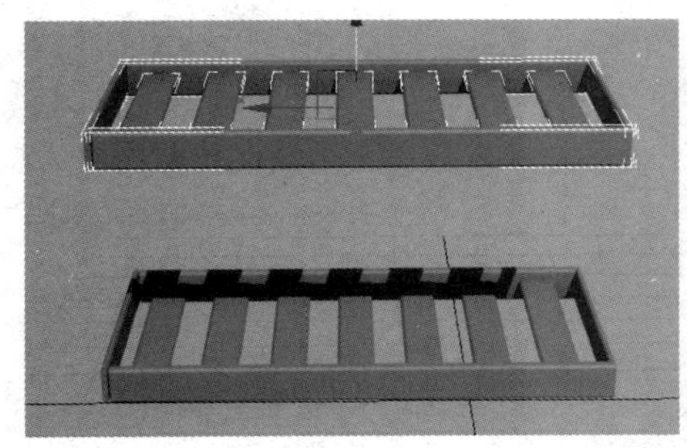

Step 08 第一层床框制作好后选择全部物体，按住Shift键的同时拖动进行复制，制作第二层的框架。在移动的过程中需要注意单击蓝色箭头，保证在上下方向上的垂直运动。

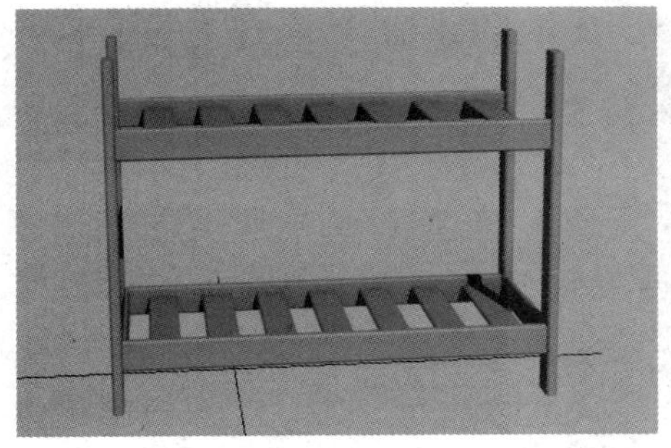

Step 09 使用对齐和复制工具制作上下床支撑的挡板。由于两侧是不一样的，所以需要分别进行调整，如图所示。

> **提 示**
>
> 3ds Max最多存储4个拾取的自定义坐标系。

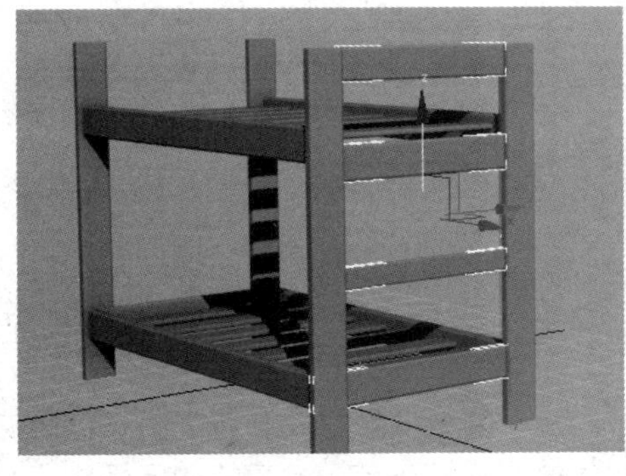

Step 10 选择第一块挡板，选择间隔工具，调整合适的参数，复制得到其余中间的挡板。

Step 11 使用间隔工具和对齐工具制作另一侧的支撑挡板，如图所示。

> **提 示**
>
> 可以启用角度捕捉进行旋转，从而达到精确变换的目的。

Step 12 制作床的扶梯。先制作扶梯上方的横梁，使用对齐工具进行制作，如图所示。

Step 13 利用“多边形建模”中的“挤压”命令来制作扶梯，在模型上右击，在弹出的快捷菜单中选择“塌陷全部”命令，开始进行编辑，如图所示。

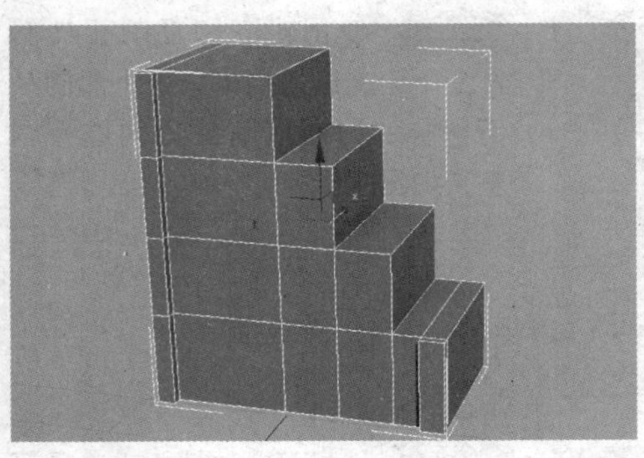

Step 14 选择面后使用挤压命令进行挤压，模拟扶梯的效果，如图所示。

Step 15 制作扶梯凳上圆滑木板的细节，如图所示。

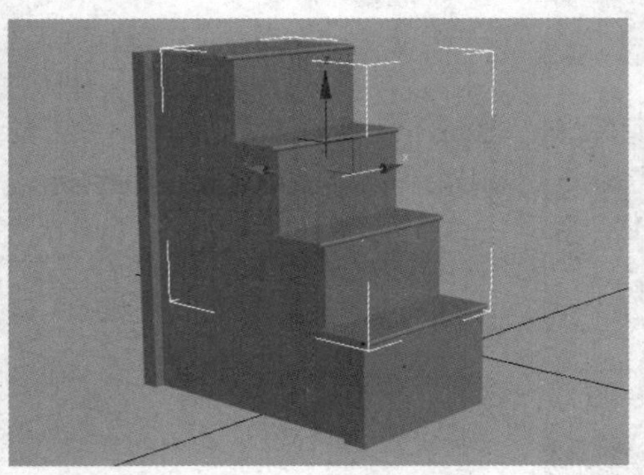

Step 16 使用对齐工具，调整扶梯表面的细节，将模拟的木板放置在合适的位置，调整距离，如图所示。

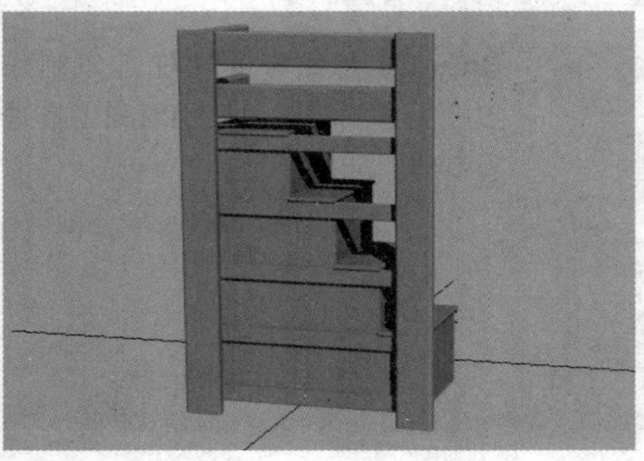

Step 17 继续制作扶梯旁边的横梁，结合复制命令和对齐工具，对扶梯进行搭建，如图所示。

4.5.2 调整儿童床细节

细节可以很好地增强模型的真实感，因此需要在细节上下功夫，这一节将制作床框上的扶手以及钉子等细节，使儿童床看起来更加真实。

Step 01 制作床框上的扶手等装饰，由于两侧不对称，因此在制作完成大致的模型后需要对细节进行修改和整理，如图所示。

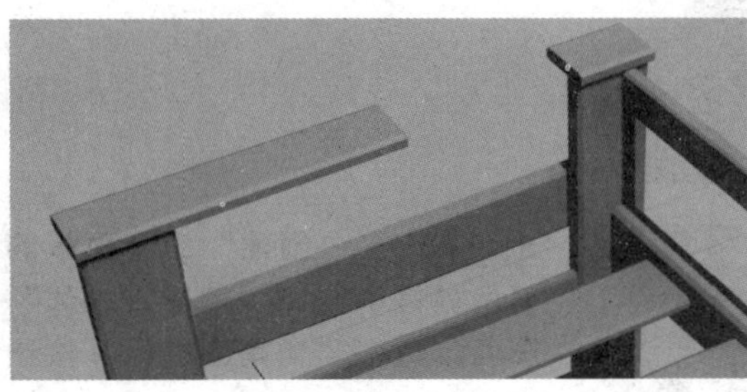

Step 02 更改床头左侧，复制床头，制作床头断开的样子。调整大小，如图所示。

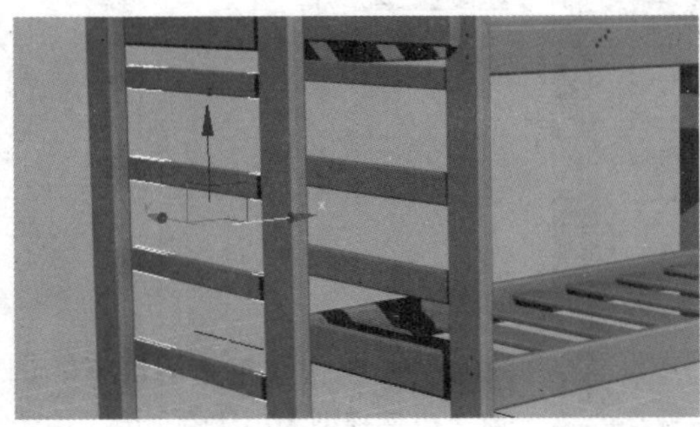

Step 03 将床头左侧的竖型挡板复制到扶梯的另一侧，并且调整其细节，如图所示。

Step 04 制作二层的扶手，需要将扶手放置在床的中间的位置。创建长方形木板，先制作出上下两层的横梁。

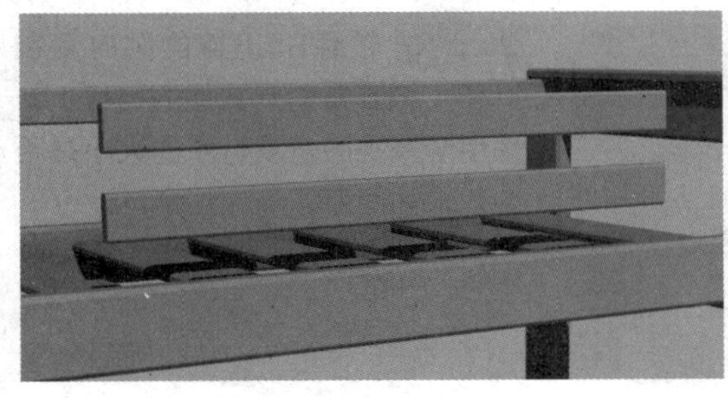

Step 05 使用对齐工具和间隔工具调整扶手横梁，如图所示。

提 示

另一侧的床栏杆可以通过镜像克隆进行创建，也可以直接进行移动克隆操作，再对齐对象。

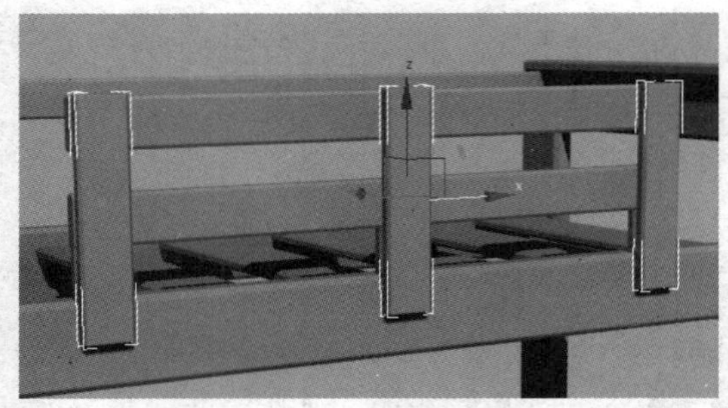

Step 06 使用间隔工具制作扶手的竖型挡板，在放置的时候需要注意横梁和挡板之间的前后关系，如图所示。

Step 07 制作扶梯另一侧的顶端的扶手，如图所示。

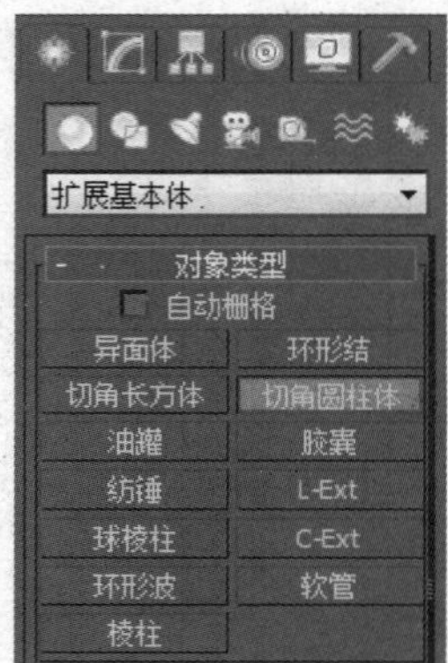

Step 08 在"创建"命令面板的下拉列表中选择"扩建基本体"选项，单击"切角圆柱体"按钮 切角圆柱体 。

Step 09 制作扶手上的钉子。调整大小使模型大小比例适合，由于比例关系是否正确直接关系到模型的真实度，调整完成后将其放置在合适的位置，如图所示。

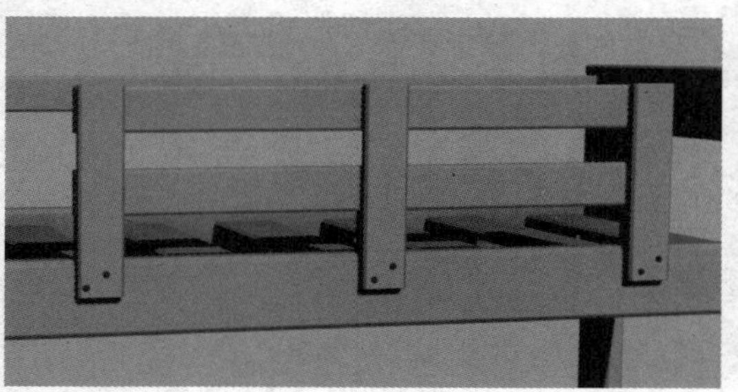

Step 10 按住Shift键的同时复制钉子，将其复制到其他的挡板上，采用全景视图查看钉子的大小是否合适，如图所示。

Step 11 调整扶梯左侧的挡板，便于制作抽屉，如图所示。

Step 12 制作扶梯旁衔接处的柱子，调整柱子的宽度，利用对齐工具，与旁边的横柱吸附，如图所示。

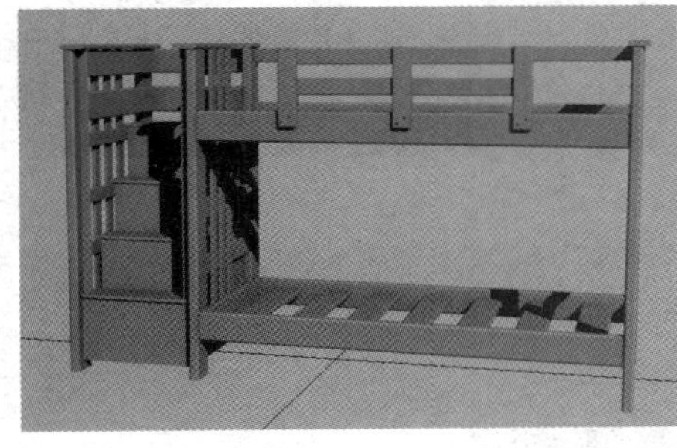

Step 13 查看模型的整体感觉，最后进行微调，使各个部位的比例合适，如图所示。

4.5.3 制作抽屉和把手

利用编辑多边形等方式来制作抽屉和把手。虽然是细节部位，但是也要去认真地制作，从而增强模型的真实感。

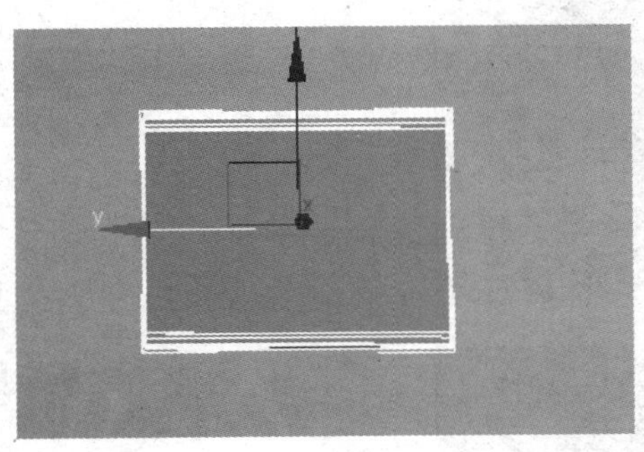

Step 01 首先制作扶梯旁边的抽屉，创建一个切角长方形，如图所示。

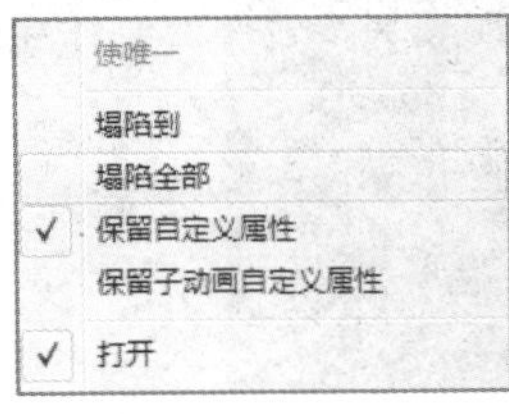

Step 02 在“修改”命令面板中右击，在弹出的快捷菜单中选择“塌陷全部”命令，对多边形模型进行编辑。

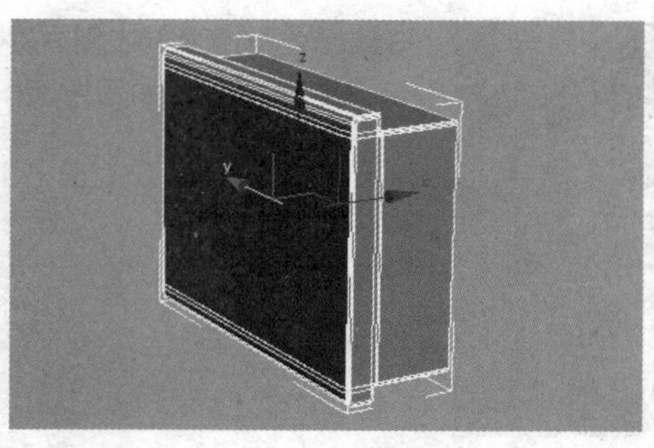

Step 03 利用"挤压"命令挤出抽屉的形状，在制作时需要注意调整圆角的比例，过大会显得粗糙，过小会显得小气，因此需要将其调整合适，如图所示。

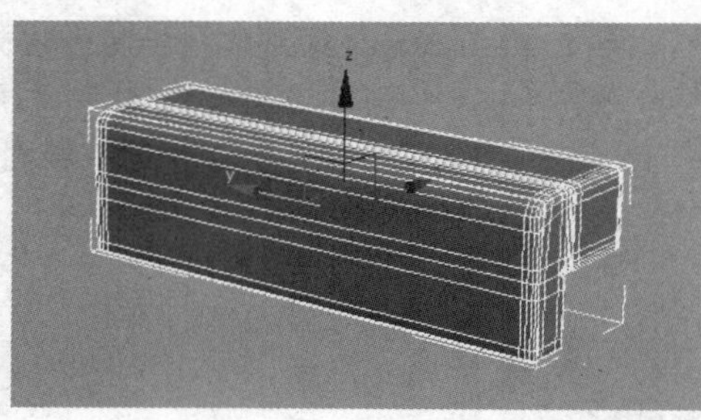

Step 04 继续创建切角长方形，用于制作把手，如图所示。

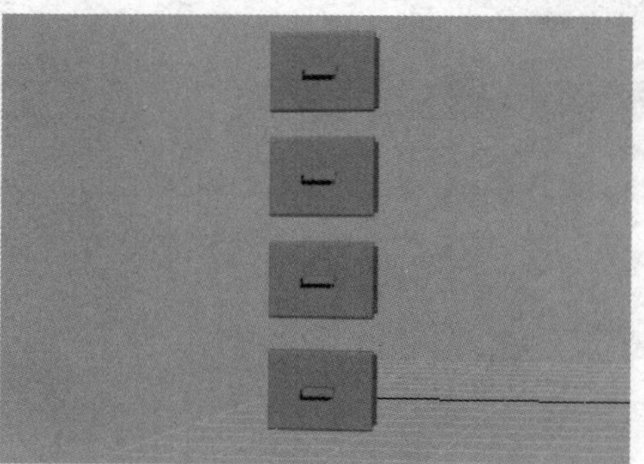

Step 05 按住Shift键的同时拖拽创建完成的抽屉模型，进行复制操作。将复制完成的抽屉放置在下面的扶梯旁。

Step 06 调整其余抽屉的大小，使其与扶梯和旁边的挡板之间的比例合适，制作床垫模型。

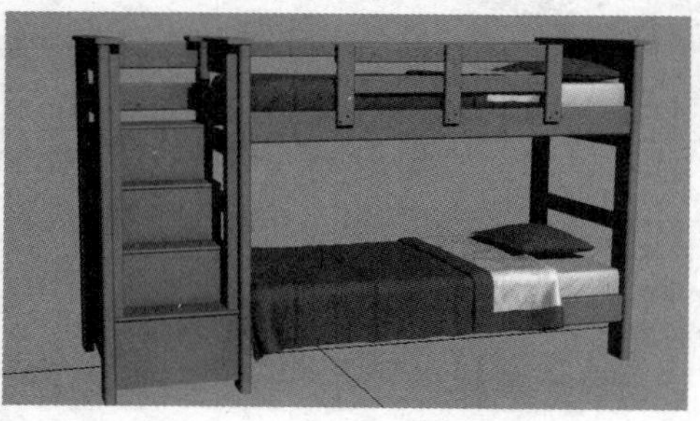

Step 07 添加一些其他的日常物品，使床的效果看起来更加真实，制作完成后效果如图所示。

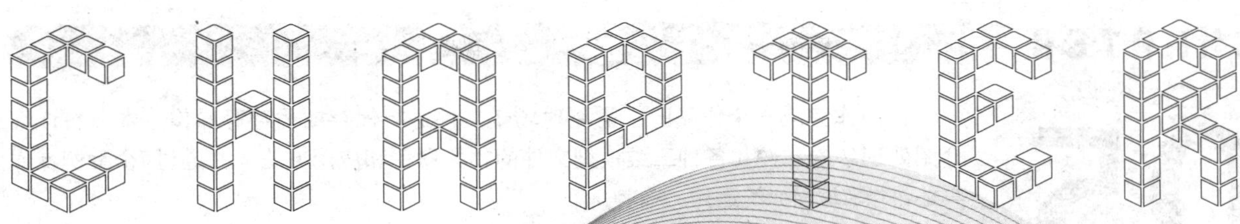

CHAPTER

05 文件与场景管理

3ds Max的场景和场景文件都需要合理的管理操作，本章将详细介绍3ds Max场景和场景文件的具体管理方法和常用管理工具，如资源浏览器、MAX文件查找工具等。

重点知识链接

本章主要内容	知识点拨
场景文件的管理	项目文件夹、管理操作命令
场景管理工具	资源浏览器、位图/光度学路径编辑工具、MAX文件查找工具
场景管理的应用	场景的状态、层、场景管理器

CHAPTER

05

5.1 场景文件处理

当制作完成一个作品时，需要对场景文件进行保存或另存等操作。本节将详细介绍处理场景文件和各种三维模型文件的相关命令和应用方法，并通过4个案例操作具体讲解3ds Max的运用。

5.1.1 项目文件夹解读

安装完成3ds Max 2013后，会在系统安装盘的Documents and Settings\用户名\My Documents\3dsmax路径下自动生成各种文件夹，这些文夹包括archives、autoback等。当在使用3ds Max 2013时，特定的操作会将文件默认应用到这些文件夹中，项目文件夹如图所示。各种文件夹的用途如下。

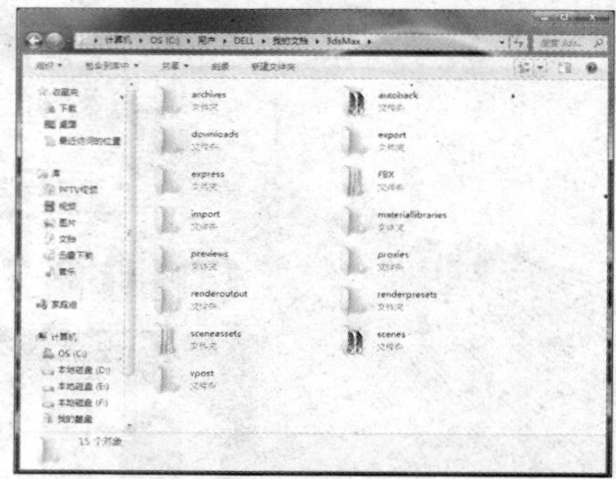

提 示

项目文件夹可以更换目录位置，项目文件夹中的子文件夹也可以单独更换位置。

- archives（存档）：存档文件的路径。
- autoback（自动备份）：为自动备份文件设置默认路径，如果使用了"自动备份"功能，则可以使用该目录。
- downloads（下载）：i-drop文件的路径。
- export（导出）：导出文件的路径。
- express（表达式）：表达式控制器使用的文本文件的路径。
- import（导入）：导入文件的路径。
- materiallibraries（材质库）：材质库（MAT）文件的路径。
- previews（预览）：预览渲染的路径。
- proxies（代理）：代理位图的路径。
- renderoutput（渲染输出）：渲染输出的路径。
- renderpresets（渲染预设）：渲染预设文件的路径。
- sceneassets（场景资源）：场景资源放置的路径。
- scenes（场景）：MAX 场景文件的路径。
- vpost（Video Post）：加载和保存 Video Post 队列的路径。

提 示

团队成员之间设置一致的项目文件夹结构，是一种组织和共享团队文件的有效方法。

在默认情况情况下，项目文件夹与文件I/O输出有关，包括了用户在其中存储文件的大多数文件目录。文件夹的I/O输出可以通过执行“自定义>配置用户路径”命令来设置，相关的对话框如图所示。

在该对话框中可以观察到I/O输出的大多数文件夹与项目文件夹一致，并且比项目文夹更多。

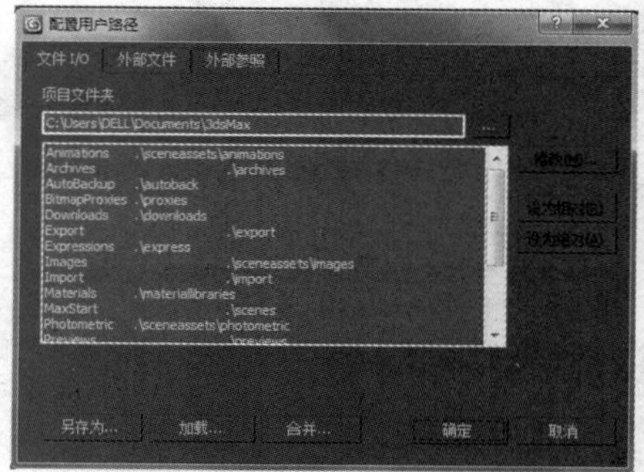

提 示

Autodesk采用了i-drop™指示器，旨在将网络作为产品信息的主要来源。从而使制造商和设计专业人士可以使用标准Web页面发布和获取设计数据。

- Animations（动画）：动画 (ANM) 文件的路径。
- BitmapProxies（位图代理）：代理位图的路径。
- Images（图像）：图像文件的路径。
- MaxStart：maxstart.max的路径，该文件提供初始 3ds Max 场景设置。
- Photometric（光度学）：光度学文件的路径，用于定义光度学灯光的各种特性。
- RenderAssets（渲染资源）：mental ray 和其他渲染资源文件的路径，包括阴影贴图、光子贴图、最终积聚贴图、MI 文件和渲染通道。
- Sounds（声音）：加载声音文件的路径。

提 示

配置了用户路径后，其设置将写入3ds max.ini文件，使其立即生效。

范例实录

项目文件夹的设置

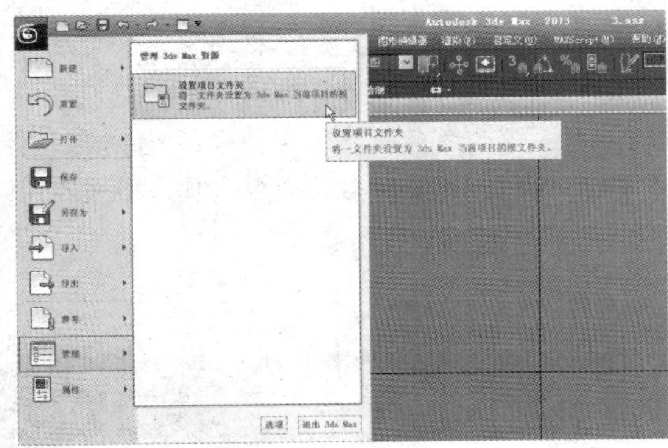

Step 01 单击左上角的按钮，在菜单中执行“管理>设置项目文件夹”命令，如图所示。

Step 02 弹出“浏览文件夹”对话框，可查看默认项目文件夹所在的位置，如图所示。

提 示

合理进行路径的配置工作，可以使内容创建团队很容易为所有要使用的团队成员设置相同的文件夹。

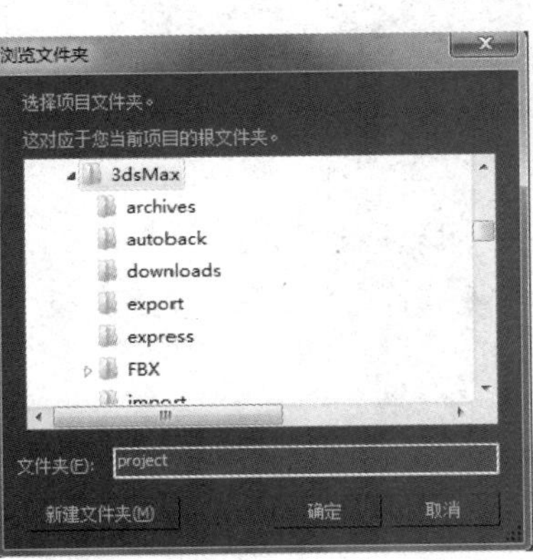

Step 03 重新选择路径，并修改项目文件夹原有的名称，如图所示。

Step 04 在计算机操作系统的资源浏览器中，可以访问新的项目文件夹设置路径，如图所示。

5.1.2 文件操作命令

> **提 示**
>
> 当打开使用旧版本软件创建的文件，并尝试将其保存在3ds Max的当前版本中时，软件将警告用户即将覆盖过时的文件。

3ds Max默认的场景文件格式为.max，通过程序直接保存得来，3ds Max的保存、合并等命令直接支持默认文件格式，也可以通过导入等命令将其他格式的几何体文件转换保存为.max格式。

1. 保存

保存场景可以使用“保存”、“另存为”、“另存复制为”和“保存选定对象”等菜单命令实现，如图所示为相应的菜单命令。

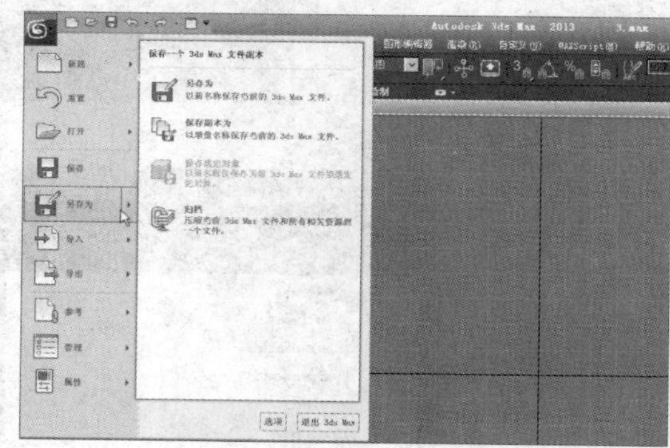

范例实录

打开和保存场景文件

> **DVD-ROM**
>
> **原始文件**：
> 范例文件\Chapter 5\5.1\餐具.max
>
> **最终文件**：
> 范例文件\Chapter 5\5.1\餐具盘.max

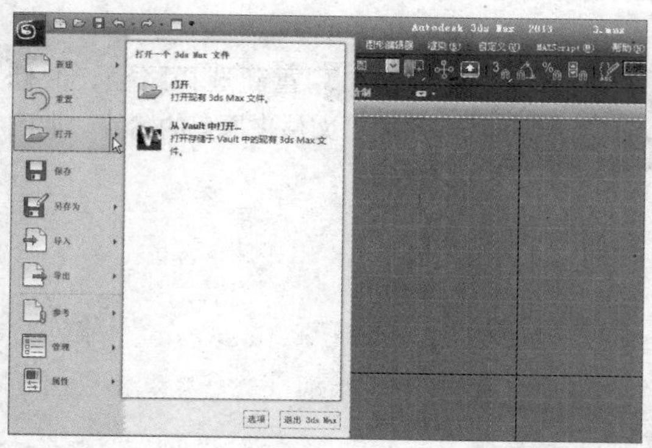

Step 01 单击左上角的按钮，在弹出菜单中执行“打开>打开”命令，如图所示。

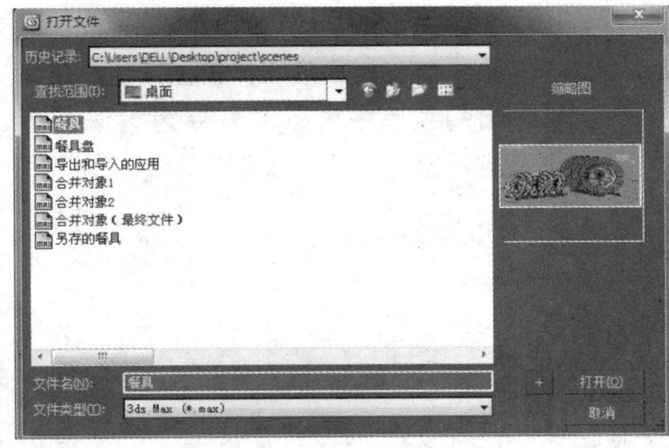

Step 02 在“打开文件”对话框中选择“餐具”场景文件，如图所示。

提 示

双击场景文件，可直接打开该文件。

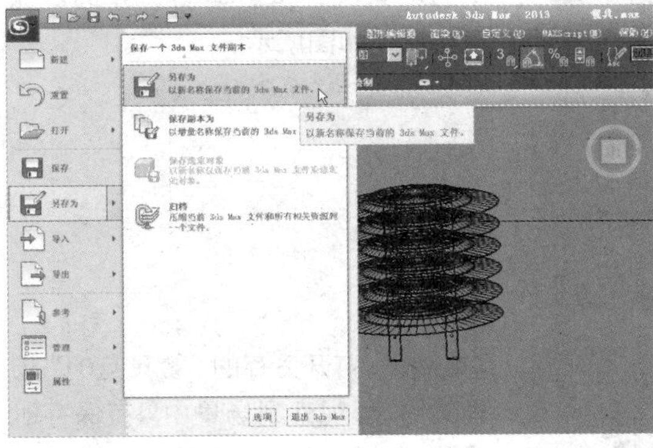

Step 03 单击“打开”按钮，打开选择的场景文件，可观察到该场景文件中包含的3ds Max对象，如图所示。

Step 04 单击左上角的按钮，在弹出的菜单中选择“另存为”命令，如图所示。

提 示

在另存时如果单击“+”按钮，3ds Max会保持场景文件当前文件名，并通过添加数字序列进行命名。

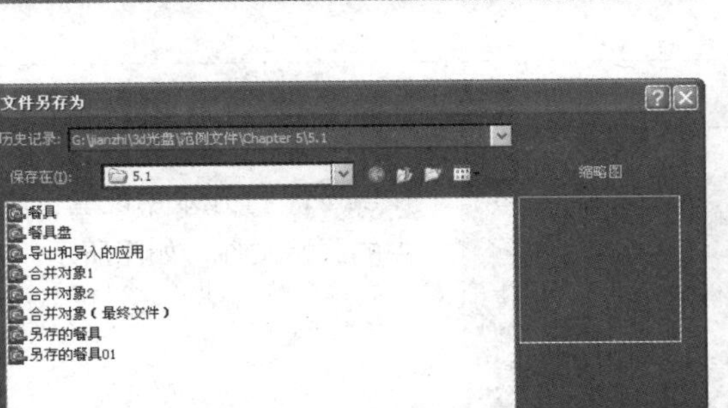

Step 05 在开启的“文件另存为”对话框中，可对当前场景文件进行重新命名并保存，如图所示。

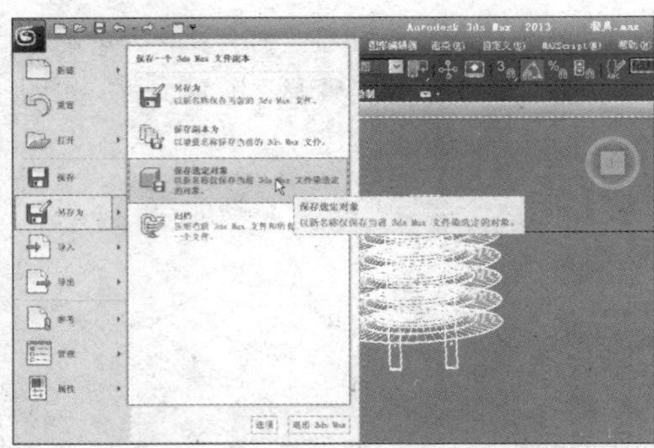

Step 06 在场景中任意选择部分对象，单击界面左上角的按钮，在弹出的菜单中执行“另存为 > 保存选定对象”命令，如图所示。

提 示

“文件另存为”对话框具有标准的Windows文件保存控件。右边的缩略图区域可显示场景预览，该场景的文件名在左边的列表中高亮显示。

Step 07 在“文件另存为”对话框中为场景文件重新命名，并进行保存操作，如图所示。

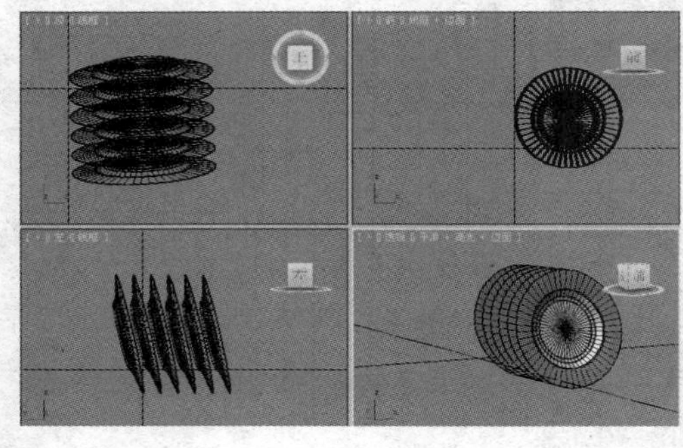

Step 08 打开另存的“餐具盘01”场景文件，可观察到场景中只有保存时选择的对象，效果如图所示。

2. 合并

使用“合并”命令可以将其他场景文件中的对象或整个场景引入到当前场景。

范例实录

合并对象

DVD-ROM

原始文件:
范例文件\Chapter 5\5.1\合并对象1.max、合并对象2.max

最终文件:
范例文件\Chapter5\5.1\合并对象（最终文件）.max

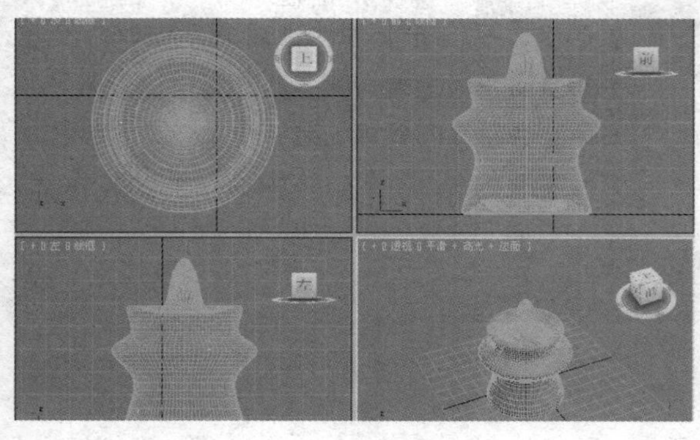

Step 01 打开本书配套光盘中的原始文件，如图所示。

Step 02 单击左上角的按钮，在弹出的菜单中执行“导入>合并”命令，如图所示。

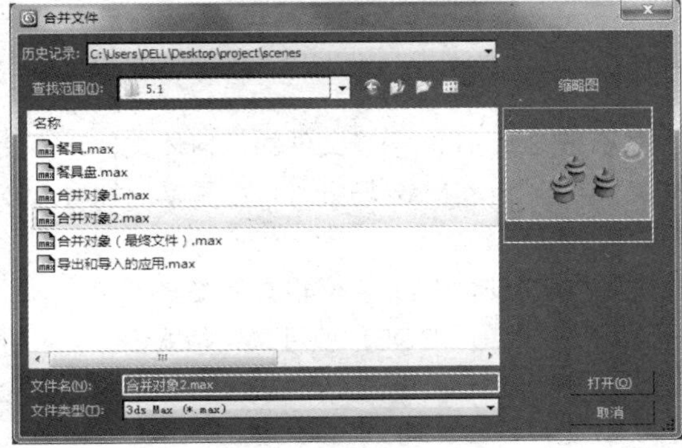

Step 03 在“合并文件”对话框中选择需要合并的场景文件“合并对象2.max”，如图所示。

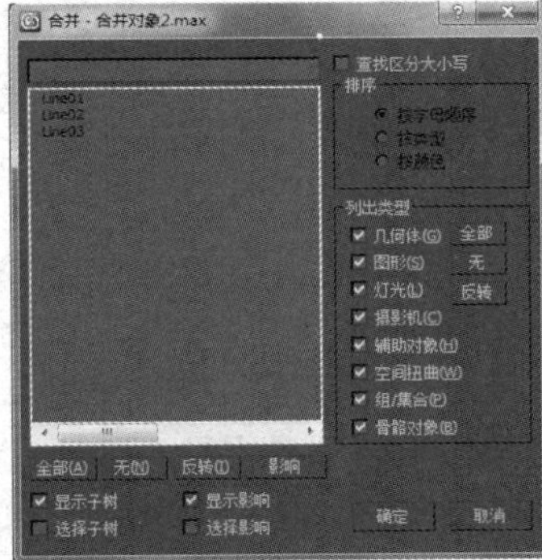

Step 04 在“合并”对话框中，可以在列表框中选择需要合并的场景对象，如图所示。

> **提 示**
>
> 单击“合并”按钮需要在文本框中进行命名，单击“跳过”按钮将不合并该对象，单击“删除原有”按钮将删除场景中的相应对象，单击“自动重命名”按钮将以数字序号的方式重新命名。

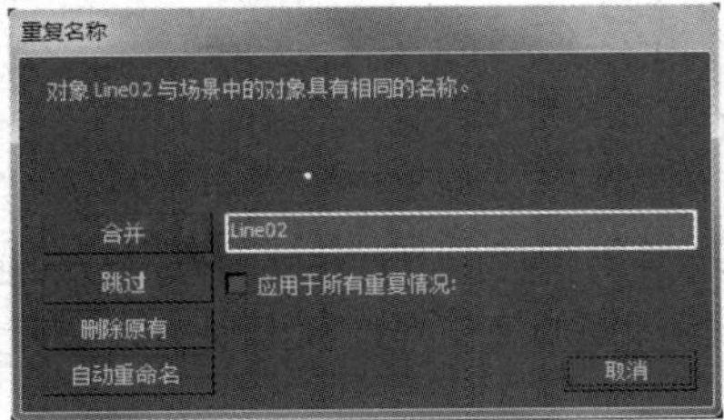

Step 05 如果需要合并的对象与当前场景中的对象发生了重名现象，将弹出“重复名称”对话框，可进行设置和操作，如图所示。

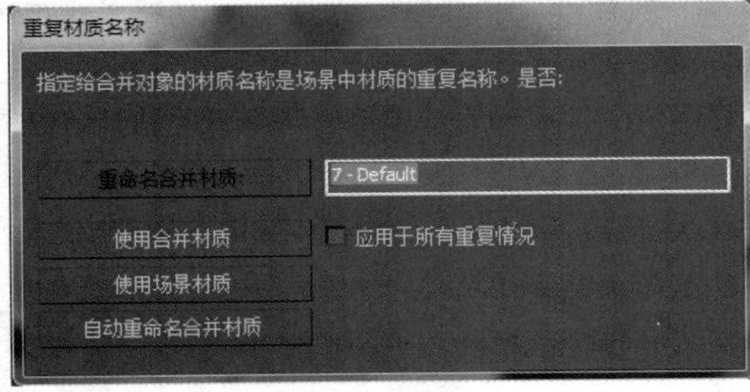

Step 06 如果材质有重名现象会弹出“重复材质名称”对话框，可对其进行操作，如图所示。

> **提 示**
>
> 出现重复材质名称时，处理方式与重复对象名称一样。

Step 07 完成所有操作后，可以查看到选择的场景对象合并到当前场景中，效果如图所示。

3. 导入和导出

提 示

通常使用文件链接管理器连接到DWG或DXF绘图文件，但也可使用“导入”命令立即绑定到绘图文件。

使用“导入”命令可以加载或合并不是 3ds Max 场景文件的几何体文件，而使用“导出”命令可以采用各种格式转换和导出 3ds Max 场景，下面是常用的导入或导出文件类型。

- 3DS（3D Studio 网格）：3DS 是3D Studio（DOS）网格文件格式。
- PRJ（3D Studio 项目）：PRJ 是3D Studio（DOS）项目文件格式。
- SHP（3D Studio 图形）：SHP 是3D Studio（DOS）图形文件格式。
- AI（Adobe Illustrator）：AI是Adobe Illustrator（AI88）文件。
- DWG，DXF（AutoCAD）：AutoCAD、Architectural Desktop 或 Revit 对象的子集转换为相应的3ds Max 对象。
- IPT，IAM（Autodesk Inventor）：IPT和IAM是用于部分（IPT）和集合（IAM）的固有Autodesk Inventor文件格式。
- IGES（初始化图形交换标准）：IGES 文件用于从3ds Max（及支持该文件格式的其他程序）导入和导出NURBS对象。
- DEM，XML，DDF（LandXML /DEM /DDF）：在“LandXML/DEM 模型生成器”中，可以决定将哪些部分的土地开发数据导入到 3ds Max中。3ds Max随后将针对每个土地特性创建单独的对象，包括地形曲面、道路对齐和包裹。
- LS, LP, VW（Lightscape解决方案，Lightscape准备，Lightscape视图）：可以导入Lightscape准备文件、Lightscape解决方案和Lightscape视图文件。
- HTR（运动分析层次平移旋转）：运动分析HTR（层次平移旋转）运动捕捉文件格式是BVH格式的另一种选择，这是因为它提供数据类型和排序方面的灵活性。它还具有完整的基础姿势规范，由表示旋转和平移的起始点组成。
- TRC（运动分析）：“运动分析TRC”运动捕捉文件格式代表跟踪输出的原始形式（ASCII）。
- STL（Stereolithography）：STL 文件以用于stereolithography 的格式保存对象数据。
- WRL，WRZ（VRML）：可以将VRML1.0、VRBL和VRML 2.0/VRML 97文件导入到3ds Max。

导出和导入的应用

DVD-ROM

最终文件:
范例文件\Chapter 5\5.1\导出和导入的应用.max

最终文件:
范例文件\Chapter 5\5.1\导出对象.3DS

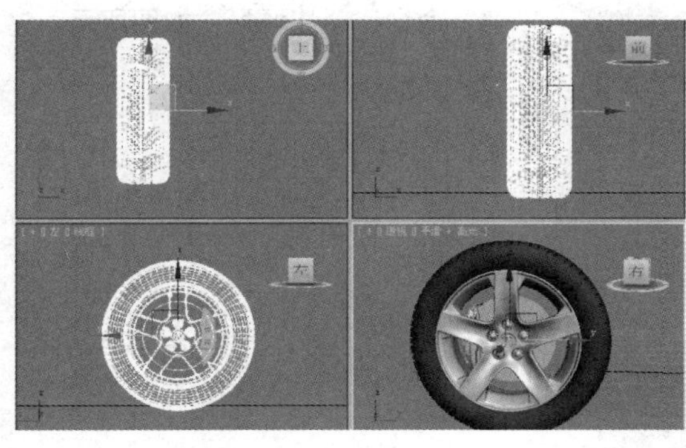

Step 01 打开本书配套光盘中的原始文件，效果如图所示。

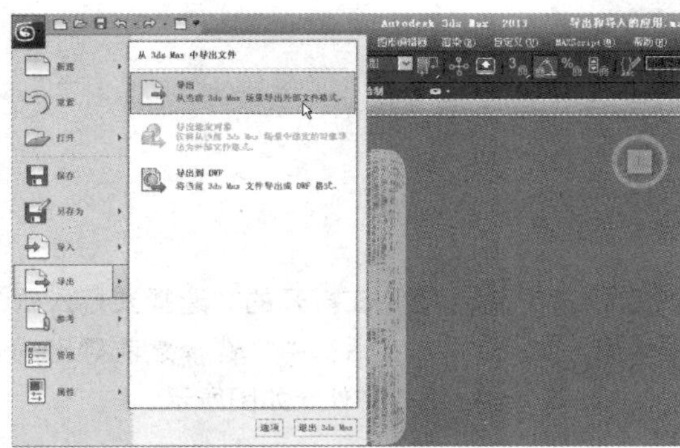

Step 02 单击左上角的按钮，在弹出菜单中执行“导出>导出”命令，如图所示。

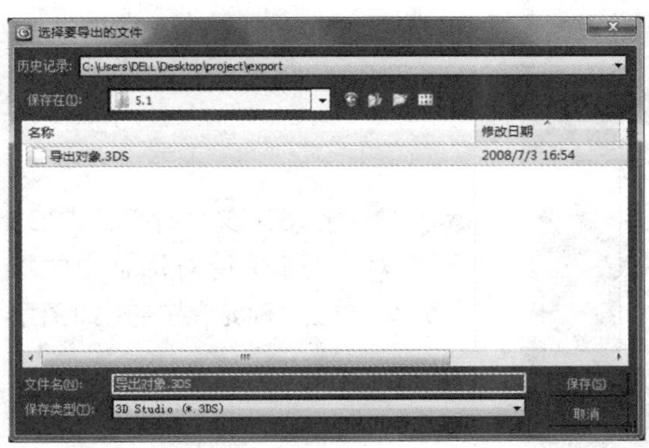

Step 03 在“选择要导出的文件”对话框中选择“导出对象.3DS”文件，单击“保存”按钮。

Step 04 确定导出后，由于选择的是3DS格式，将开启相应的对话框，保持默认参数，单击“确定”按钮完成导出，如图所示。

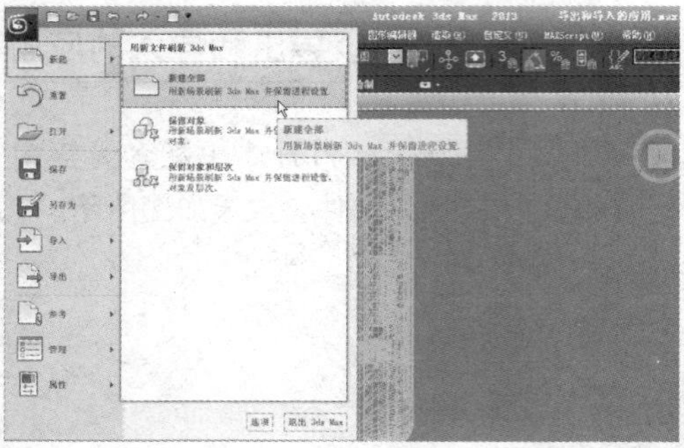

Step 05 单击左上角的按钮，在弹出的菜单中执行“新建 > 新建全部”命令，新建场景，如图所示。

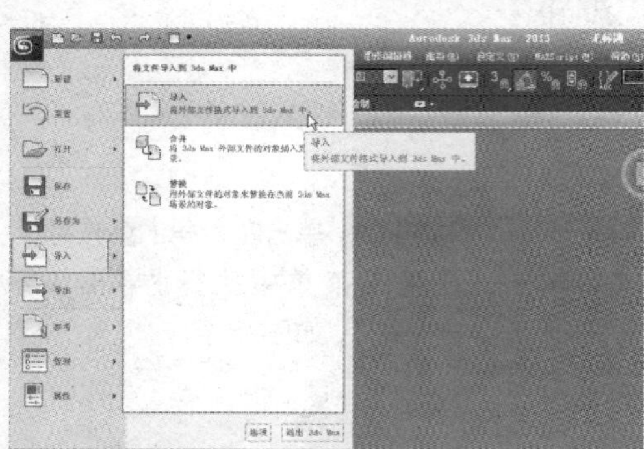

Step 06 执行“导入>导入”命令，如图所示。

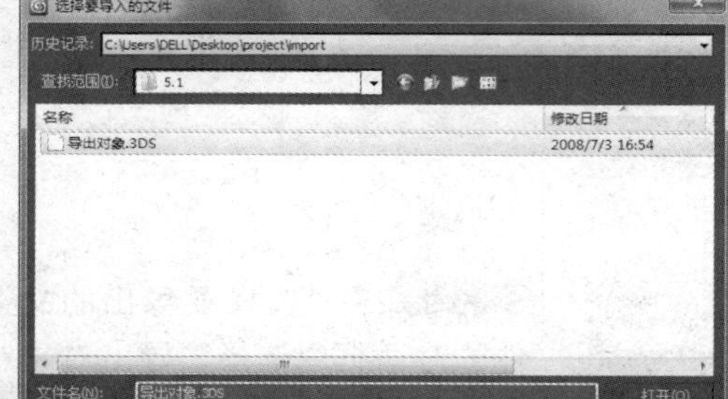

> **提 示**
>
> 在此如果选择其他格式，之前导出的3DS格式文件将不可见。

Step 07 在打开的“选择要导入的文件”对话框中，选择之前导出的3DS格式文件，如图所示。

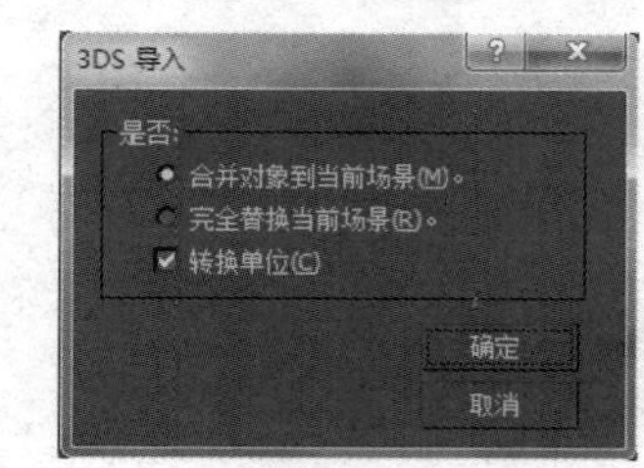

> **提 示**
>
> 导入3DS文件时，可以将导入的对象与当前场景合并，或完全替换当前场景。如果选择将对象与当前场景合并，将询问是否将场景中动画的长度重置为所导入文件的长度（如果导入的文件包含动画）。

Step 08 导入3DS文件时弹出“3DS导入”对话框，保持对话框中的默认参数，单击“确定”按钮，如图所示。

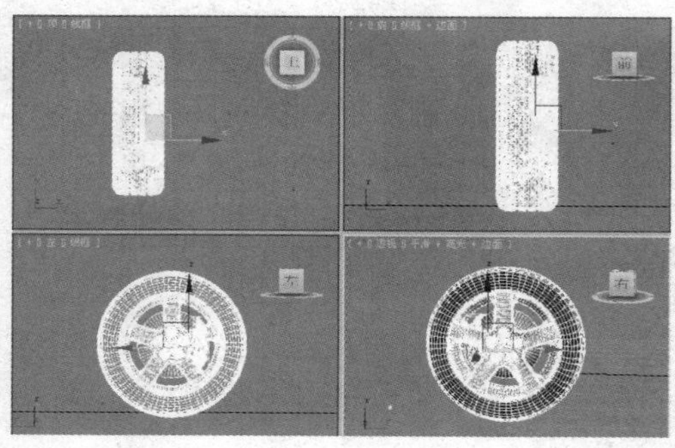

Step 09 完成导入后，可观察到之前导出的轮胎模型被引入到场景中，如图所示。

5.2 常用文件处理工具

在3ds Max中，可以通过一系列文件处理工具来操作、管理场景文件，如资源浏览器工具、位图分页程序统计等。

5.2.1 资源浏览器工具

“资源浏览器”可以从桌面或网络计算机访问路径，也可以在Internet上查找纹理示例或产品模型，资源浏览器可以对文件类型进行过滤显示，包括如BMP、JPG、MAX、DWG等格式，如图所示为资源浏览器。

在使用资源浏览器浏览网页时，用户可以将嵌入在网页中的大多数图像拖动到场景中。如果网页的图像或区域标记为超链接或其他HTML类型，则不能拖放。

提 示

几何体文件的缩略图是几何体视图的位图表示形式。因为缩略图显示不是基于向量的表示形式，所以用户不能将其旋转或缩放。

范例实录

资源浏览器的应用

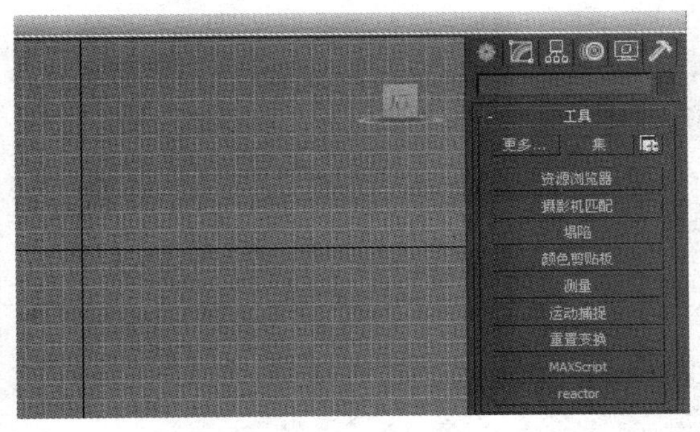

Step 01 打开3ds Max 2013，在用户界面中切换到“工具”命令面板，如图所示。

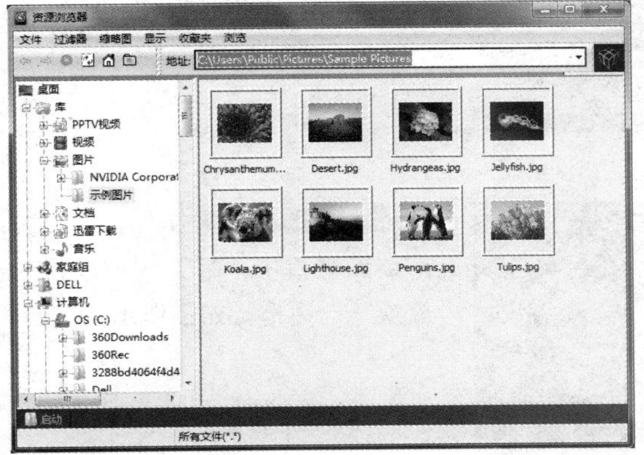

Step 02 单击“资源浏览器”按钮 资源浏览器 可开启“资源浏览器”对话框，效果如图所示。

提 示

通过在“资源浏览器”的各部分或3ds Max用户界面上拖动缩略图，可以指定由缩略图表示的文件。

提　示

如果需要刷新目录树内容，可以按下快捷键Shift+F5。

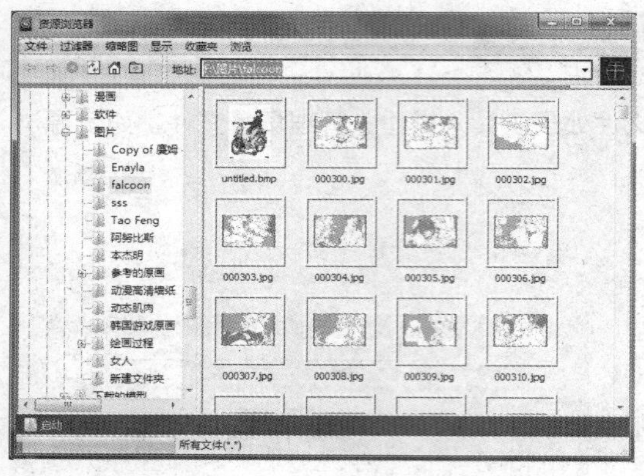

Step 03 在“资源浏览器”对话框的左侧目录中，可以选择本地或网络计算机的访问路径，如图所示。

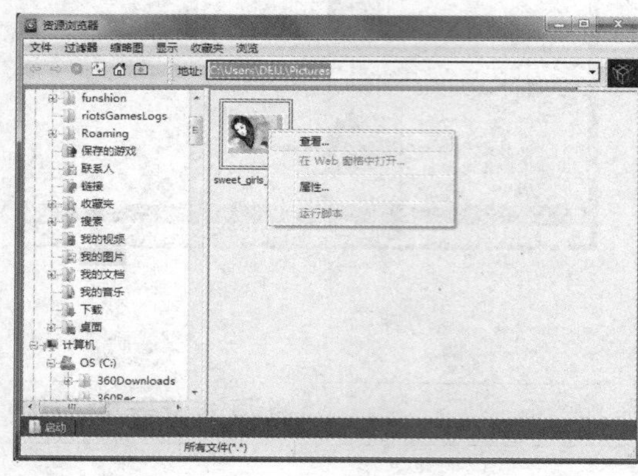

Step 04 选择“资源浏览器”中的一个图像文件，单击鼠标右键，在弹出的快捷菜单中选择“查看”命令，如图所示。

Step 05 选择快捷菜单命令后，选择的图像文件会通过帧缓存器打开，如图所示。

提　示

将场景文件拖动到当前场景中时，可以使用自动栅格在对象上定位几何体文件。

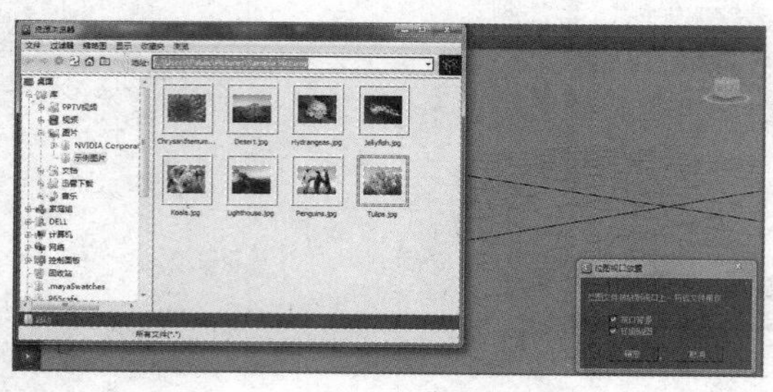

Step 06 选择图像文件，并将其拖动到视口中，打开“位图视口放置”对话框，如图所示。

Step 07 保持“位图视口放置”对话框中的默认参数，图像文件将作为环境和视口背景的贴图，在“透视”视口中显示的效果如图所示。

Step 08 在“资源浏览器”的“地址”文本框中输入网址，可通过“资源浏览器”访问Internet，如图所示。

> **提 示**
>
> 下载的内容可能受站点所有者的使用限制或许可证的约束，用户需要获得所有内容的许可权。

5.2.2 位图/光度学路径编辑器工具

使用“位图/光度学路径编辑器”可以更改或移除场景中使用的位图和光度学分布文件（IES）的路径。此命令也可用来查看哪些对象使用出现问题的资源，相关的参数卷展栏如图所示。

> **提 示**
>
> 当在不同的用户之间共享场景时，其他用户可能在相同的目录结构、不同的磁盘驱动上拥有相同的场景和资源，这将造成场景“丢失”资源。

- 编辑资源：单击该按钮可打开“位图/光度学路径编辑器”对话框。
- 包括材质编辑器：勾选该复选框，“位图/光度学路径编辑器”对话框显示“材质编辑器”中的材质以及指定给场景中对象的材质，默认设置为勾选。
- 包括材质库：勾选该复选框，“位图/光度学路径编辑器”对话框显示当前材质库中的材质以及指定场景中对象的材质。

范例实录　位图/光度学路径编辑器工具的使用

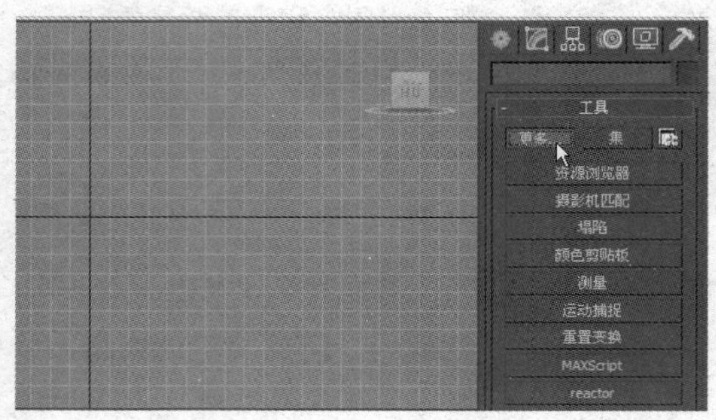

Step 01 单击“实用程序”按钮，在“实用程序”卷展栏中单击“更多”按钮 更多... ，如图所示。

提　示

3ds Max只有常用的工具被列入了“工具”卷展栏，用户可以通过对话框进行选择，也可以重新配置按钮集。

Step 02 打开“实用程序”对话框，在列表框中选择“位图/光度学路径”选项，单击“确定”按钮如图所示。

提　示

如果关闭了未在“工具”卷展栏中列出的工具的参数卷展栏，再次启用时需要重新进行访问，但不影响已有参数的设定。

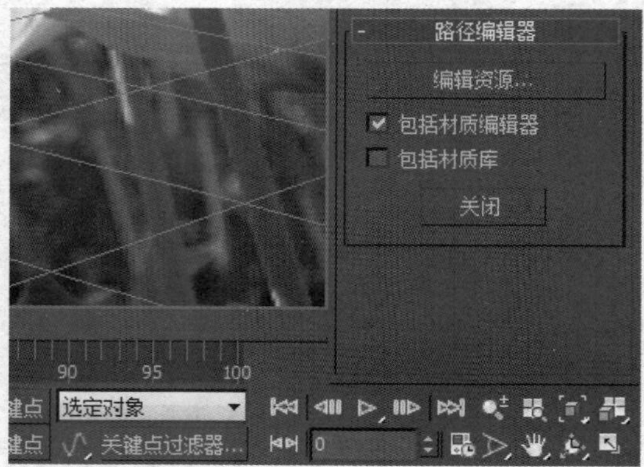

Step 03 通过选择列表框中的工具，在“命令”面板中可开启新的“路径编辑器”卷展栏，如图所示。

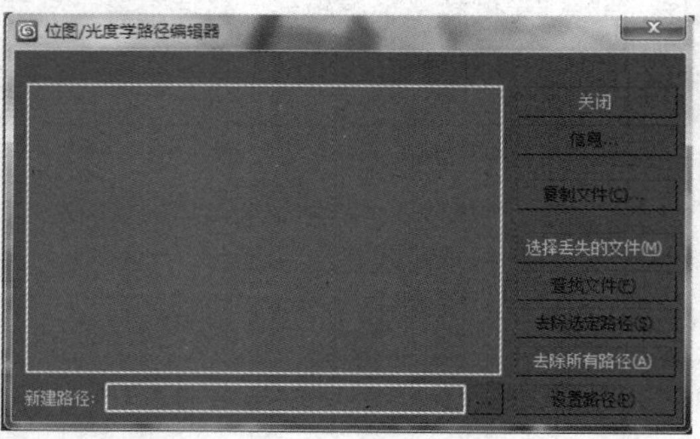

Step 04 单击“编辑资源”按钮 编辑资源... ，打开“位图/光度学路径编辑器”对话框。在该对话框中可对具体位图或光度学文件的详细信息进行查看和编辑，如图所示。

5.2.3 MAX文件查找工具

“MAX文件查找”工具可以用于搜索包括特定属性的MAX场景文件，例如在D盘中搜索包括“金属”材质的所有MAX文件，如图所示为查找程序的独立窗口，其中各选项的含义如下。

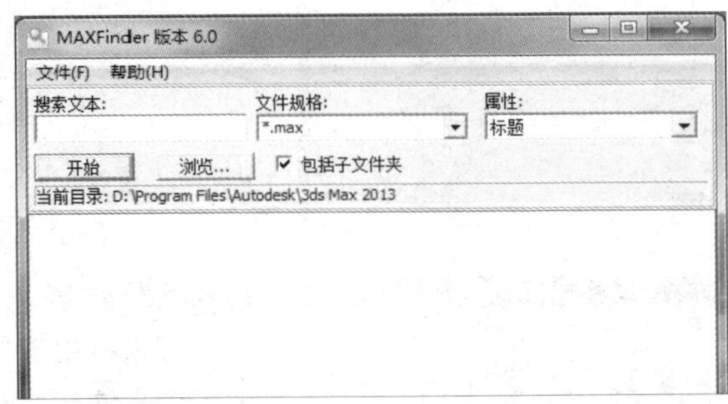

- 搜索文本：指定要搜索的文本。如果将此字段留为空白，则将查找包含指定属性的所有文件。
- 文件规格：指定要搜索的文件类型。预定义的文件类型是*.max，用户可以输入不同的文件类型，如*.jpg；要搜索所有文件，可以选择*.*。
- 属性：指定要搜索的属性，使用All（全部）可搜索任何属性。
- 开始：单击该按钮开始搜索。在搜索过程中，再次单击该按钮可停止搜索。
- 浏览：单击该按钮，弹出“浏览文件夹”对话框，在其中可以指定搜索目录。
- 包括子文件夹：勾选该复选框，查找器将搜索当前目录和所有子目录。
- 列表：列出找到的匹配当前搜索标准的所有文件。

提 示

可将此工具与“属性”对话框的功能结合使用。对象的“属性”对话框可以创建类别、关键字和注释，这些信息都可以被文件查找器查找。

使用MAX文件查找工具

范例实录

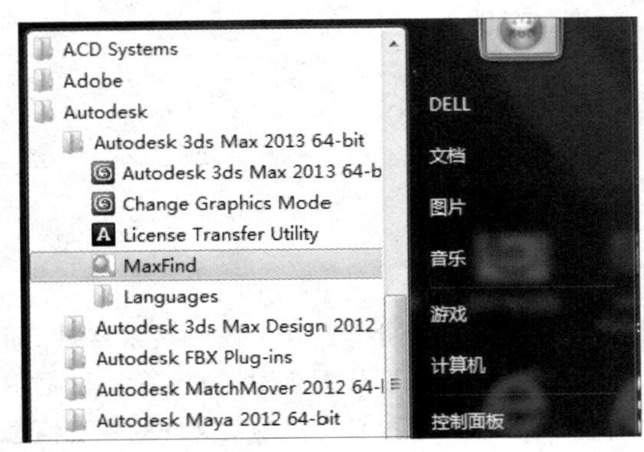

Step 01 在“开始”菜单中单击3ds Max 2013程序，在其下选择Max Find选项，如图所示。

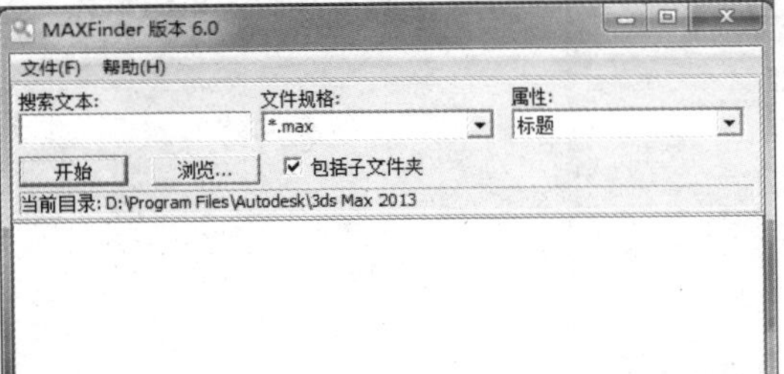

Step 02 打开Max查找程序，其程序窗口如图所示。

提 示

执行“帮助>关于”命令，可使查找器在搜索文件时显示一些有趣的播放效果。在此对话框处于活动状态时，可以继续在背景中进行搜索。

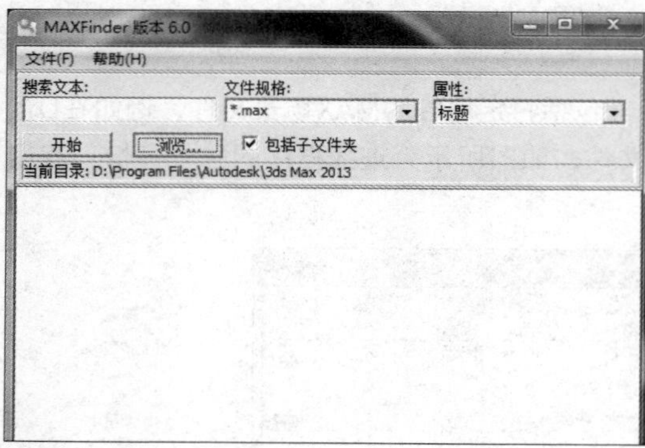

Step 03 在对话框中单击“浏览”按钮 浏览... ，如图所示。

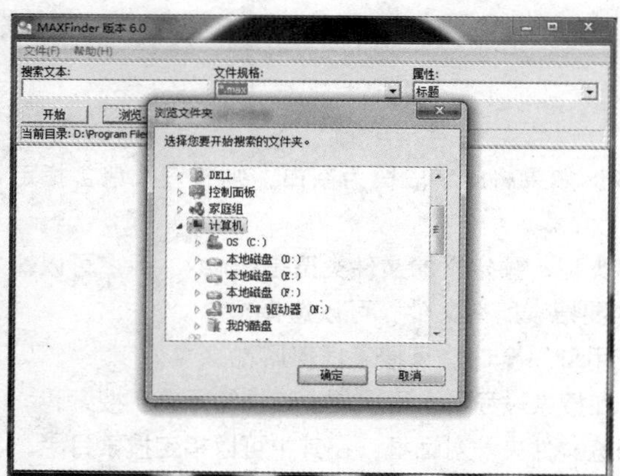

Step 04 在弹出的“浏览文件夹”对话框中选择本地计算机中的一个文件夹，如图所示。

提 示

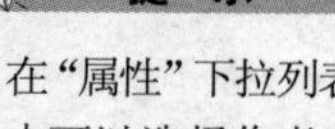

在“属性”下拉列表中可以选择作者、插件、标题、对象等选项，用于精确收缩查找的范围。

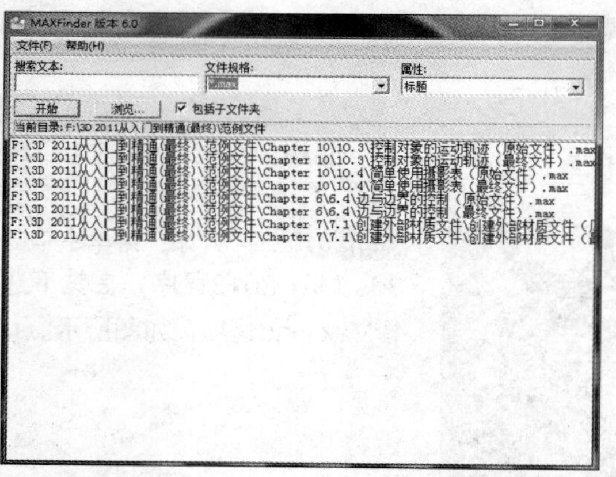

Step 05 单击“开始”按钮 开始 ，开始在选择的文件夹中查找Max场景文件，查找结果如图所示。

提 示

在搜索结果的属性对话框中，可以查看到场景文件的所有信息，包括面数、所有对象的名称等。

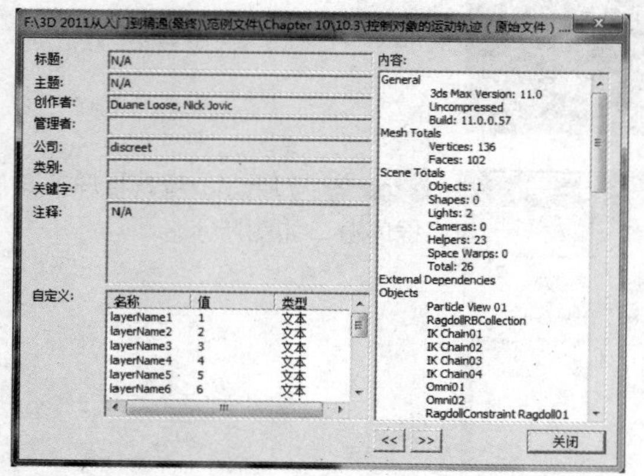

Step 06 双击任一搜索结果，即可打开相应对话框，在对话框中可查看到该场景文件的基本信息和具体信息，效果如图所示。

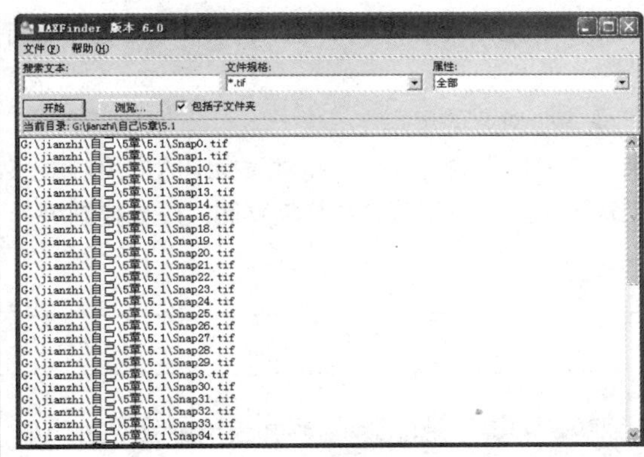

Step 07 在“文件规格”下拉列表中选择文件格式为*.tif，然后再次搜索。可查看到，搜索结果都是TIF图像格式文件，如图所示。

注意 图解视图是基于节点的场景图，也可以进行场景的管理，如访问对象属性、材质、控制器、修改器、层次和不可见场景关系，并能查看、创建并编辑对象间的关系，如图所示。

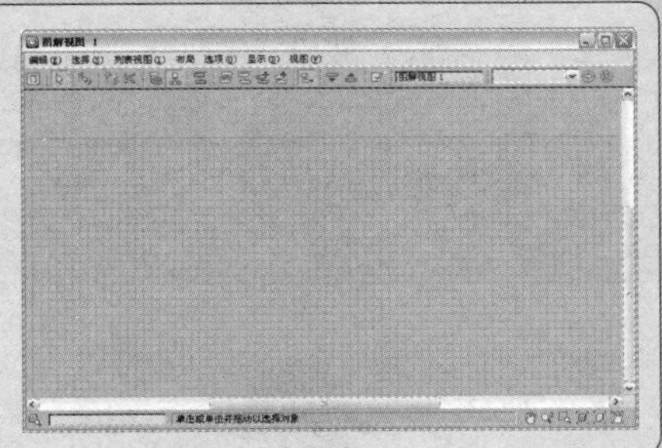

5.3 场景的管理应用

场景通常通过层来管理，3ds Max 2013又新增了场景管理器，使再复杂的场景都变得容易管理。

5.3.1 场景状态应用

场景状态是3ds Max一种快速保存场景的方法，可以将灯光、摄影机、对象属性、材质和环境等进行保存，并能随时恢复并进行渲染，从而为模型提供了多种插值，如图所示为“保存场景状态”对话框，各选项含义如下。

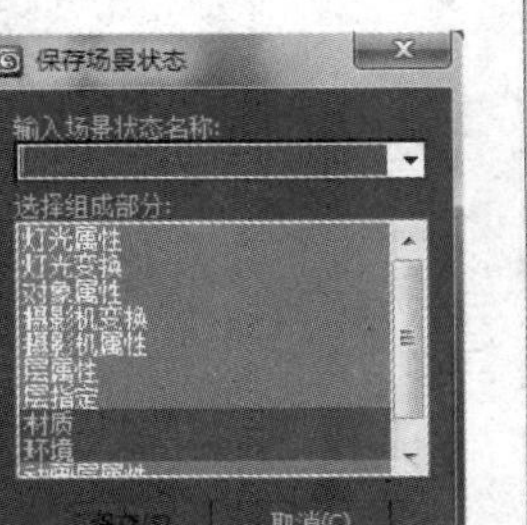

- 灯光属性：选择该选项，灯光的颜色、强度、阴影等各种参数都将被保存。
- 灯光变换：选择该选项，场景中所有灯光的变换将被记录保存。
- 对象属性：选择该选项，将为每个对象记录当前对象属性值，包括高级照明和mental ray的设置。
- 摄影机变换：选择该选项，将为每个摄影机记录摄影机变换参数。
- 摄影机属性：选择该选项，将为每个摄影机记录摄影机参数，包括摄影机校正修改器所做的任何校正。

提 示

由于场景状态与MAX文件一同保存，在同一个设计队伍中，所有成员都能进行访问。

提 示

第一次熟悉场景状态时，减小所做的更改可以更容易跟踪每个场景状态包含的内容。

- 层属性：选择该选项，将记录保存场景状态时“层属性”对话框中每个层的设置。
- 层指定：选择该选项，将记录每个对象的层指定。
- 材质：选择该选项，将记录场景中使用的所有材质和材质指定的应用对象。
- 环境：选择该选项，将记录环境设置，包括背景、环境贴图、曝光控制等。

范例实录　场景状态的保存

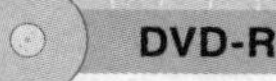

DVD-ROM

原始文件：
范例文件\Chapter 5\5.3\场景状态的保存(原始文件).max

最终文件：
范例文件\Chapter 5\5.3\场景状态的保存(最终文件).max

提　示

保存之前，最好先渲染场景，以便查看场景的设置方式是否满足要求。如果不能满足要求，则在进入下一步之前进行所需的更改，然后再次渲染。

Step 01 打开本书配套光盘中的原始文件，效果如图所示。

Step 02 激活“透视”视口，按下快捷键Shift+Q进行快速渲染，场景渲染效果如图所示。

Step 03 在场景中单击鼠标右键，开启四元菜单，选择“保存场景状态”命令，如图所示。

提　示

“保存场景状态”命令也可以通过工具菜单进行访问。

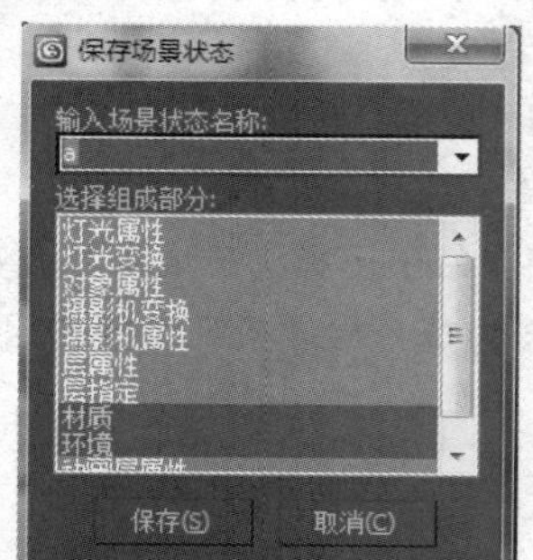

Step 04 在“保存场景状态”对话框中保持默认参数，并为当前状态保存结果命名，如图所示。

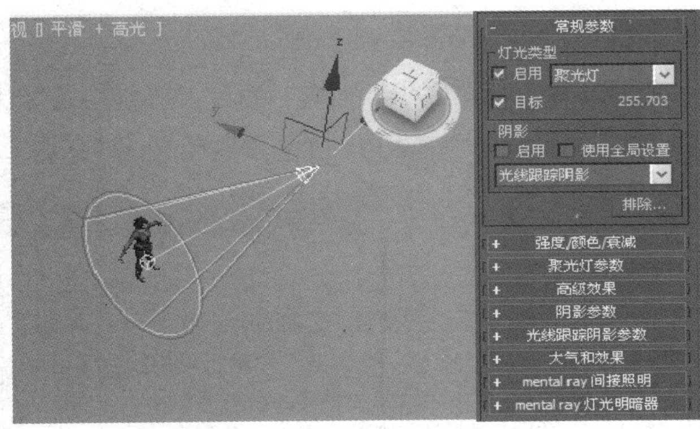

Step 05 选择场景中的灯光对象，在“常规参数”卷展栏中取消勾选“阴影”选项组中的选项，如图所示。

Step 06 再次按下快捷键Shift+Q进行快速渲染，可观察到场景的渲染效果，如图所示。

提 示

在进行快速渲染时，一定要确保需要渲染的视口处于激活状态。

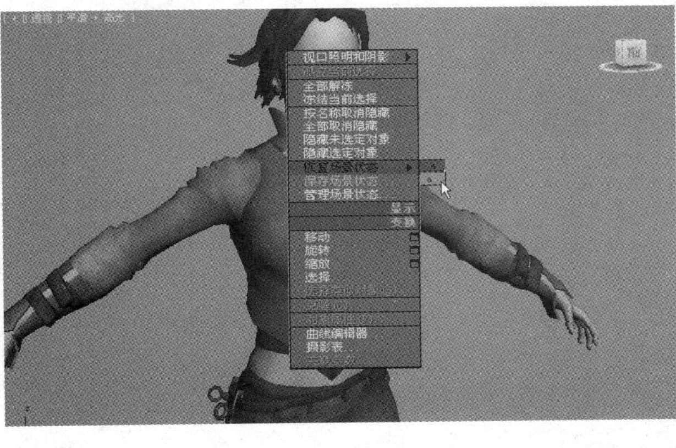

Step 07 选择四元菜单中的“恢复场景状态”命令，选择之前保存过的场景状态，如图所示。

提 示

可通过撤销操作恢复删除的场景状态。

Step 08 经过再次渲染，可观察到场景再次恢复了灯光阴影的效果，如图所示。

5.3.2 层的应用

> **提 示**
>
> 默认用户界面中并不显示“层”工具栏，要查看该工具栏，可右击任何工具栏的空白部分，在弹出的快捷菜单中选择“层”命令。

使用层可以有效地组织和管理场景，对象的常用属性包括颜色、渲染性、显示状态等都可以通过层来控制，使用层可以使管理场景中的信息变得更容易，这些功能都可以通过“层”浮动工具栏和层管理器来实现，如图所示为层浮动工具栏。

> **注 意**
>
> “层”浮动工具栏简化了3ds Max中与层系统的交互，从而使用户更易于组织场景中的层。大多数操作都可以通过层管理器进行，但“层”浮动工具栏提供了几个常见操作的快捷工具，并且具有可以在视口中直接进行操作的优点。

> **提 示**
>
> 如果选定对象包含驻留在不同层上的对象，则“设置当前层为选择的层”工具不可用。

- 层管理器：单击该按钮将开启层管理器。
- 层列表：显示存在的层。
- 新建层：单击该按钮将创建一个新层。
- 将当前选择添加到当前层：单击该按钮，将当前对象选择移动至当前层。
- 选择当前层中的对象：单击该按钮，将选择当前层中包含的所有对象。
- 设置当前层为选择的层：单击该按钮，将当前层更改为包含当前选定对象的层。

> **注 意**
>
> 使用资源跟踪，可以检入和检出文件、将文件添加至资源跟踪系统（ATS）以及获取文件的不同版本等。这些操作都可以在3ds Max中实现，而无需使用单独的客户端软件，如图所示为“资源跟踪”对话框。

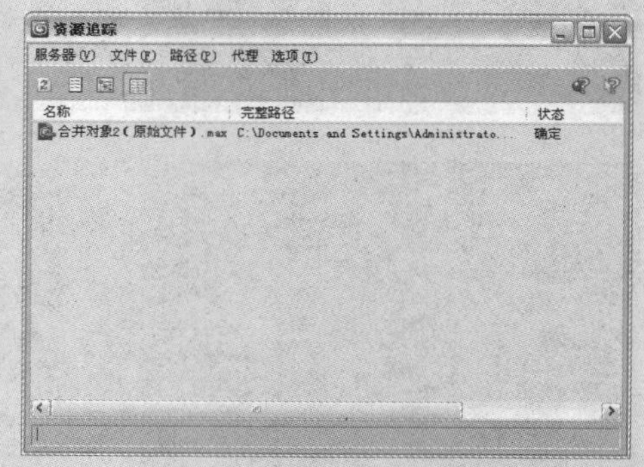

范例实录 利用层管理场景

> **DVD-ROM**
>
> **原始文件：**
> 范例文件\Chapter 5\5.3\利用层管理场景（原始文件）.max
>
> **最终文件：**
> 范例文件\Chapter 5\5.3\利用层管理场景（最终文件）.max

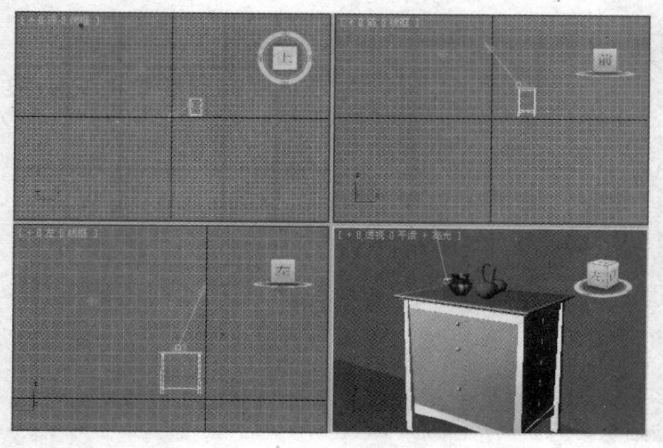

Step 01 打开本书配套光盘中的原始文件，效果如图所示。

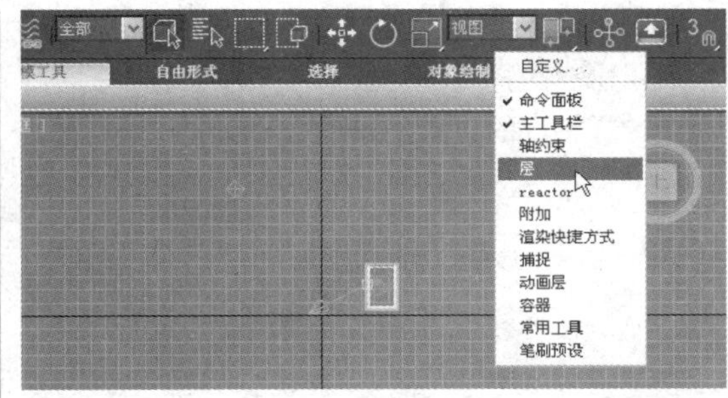

Step 02 在主工具栏上单击鼠标右键，在弹出的快捷菜单中选择“层”命令。

提　示

在新建场景时，创建名称默认为“0”。

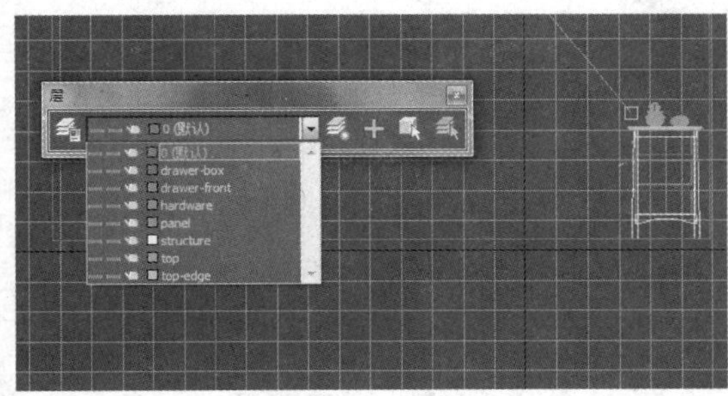

Step 03 在“层”浮动工具栏中，打开列表可观察到场景中已经有建立的层，如图所示。

Step 04 在列表中任意启用一个层的“隐藏”参数，该层所有对象将在场景中隐藏，如图所示。

Step 05 打开“层”管理器，在层级管理器中可以查看到场景中所有对象的基本属性以及各个层的状态，如图所示。

提　示

“层列表”与层工具栏上可用的其他工具结合使用时用途广泛。

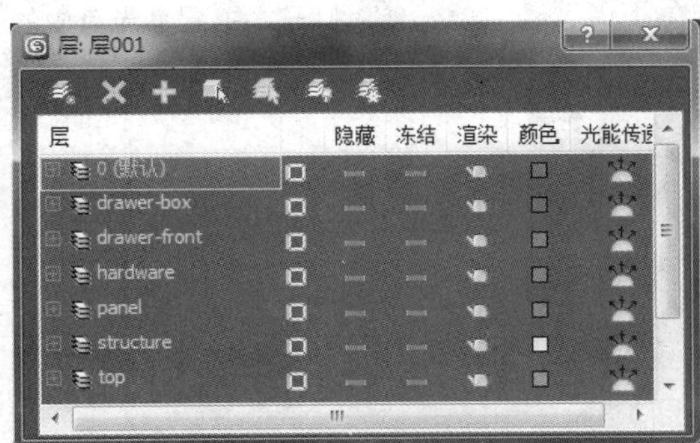

Step 06 在场景管理器中单击“创建新层”按钮，创建一个新层重命名，如图所示。

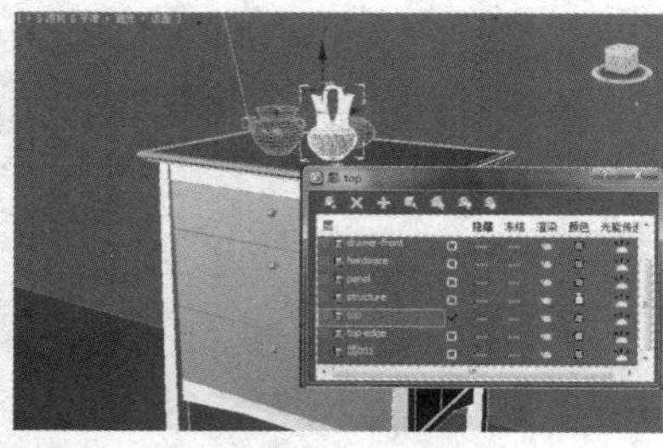

Step 07 在层管理器中选择对象的命称，然后单击“选择高亮对象和层”按钮，在场景中选择相应的对象，如图所示。

> **提 示**
>
> 如果高亮显示为“无”，则此按钮不可用。

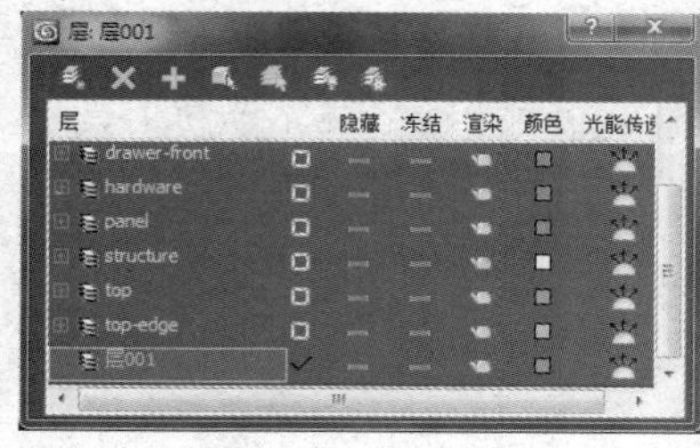

Step 08 保持场景对象的选择状态，在创建的新层中单击“添加选定对象到高亮层”按钮，将相应的对象加入到该层中，如图所示。

> **提 示**
>
> 如果需要将操作应用到对象组或层组，右击的同时必须按住Ctrl键。如果已高亮显示一组对象并右击其中一个对象，但没有按住 Ctrl键，则会清除选择组并且只高亮显示该对象。

5.3.3 场景资源管理器的应用

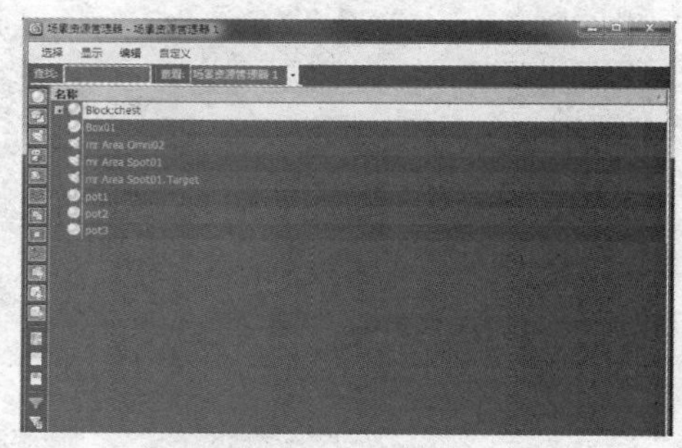

“场景资源管理器”提供场景数据的分级视图、快速的场景分析以及简化物体众多的复杂场景处理的编辑工具。通过该工具可以使用可堆迭的过滤、分类和搜索标准，根据任何物体类型或属性（包括元数据）来分类、过滤和搜索场景。这个新工具还可以保存和存储多个Explorer引用，关联、解除关联、重命名、隐藏、冻结和删除物体，而不管场景中当前选择的是什么物体。

注 意 该功能可编写脚本并具有 SDK 扩展能力，用户可以添加自定义栏定义。

范例实录

场景管理器的基本使用

DVD-ROM

原始文件：范例文件\Chapter 5\5.3\场景管理器的基本使用（原始文件）.max

最终文件：范例文件\Chapter 5\5.3\场景管理器的基本使用（原始文件）.max

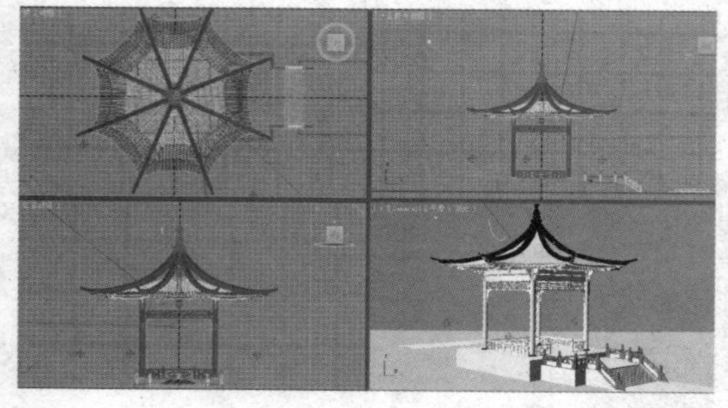

Step 01 打开本书配套光盘中的原始文件，效果如图所示。

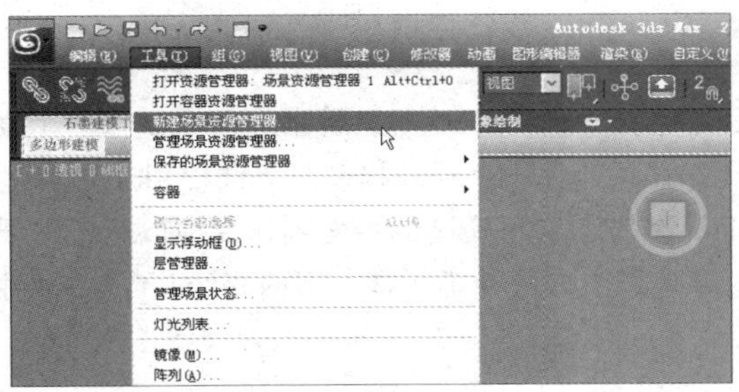

Step 02 执行“工具＞新建场景资源管理器”命令，如图所示。

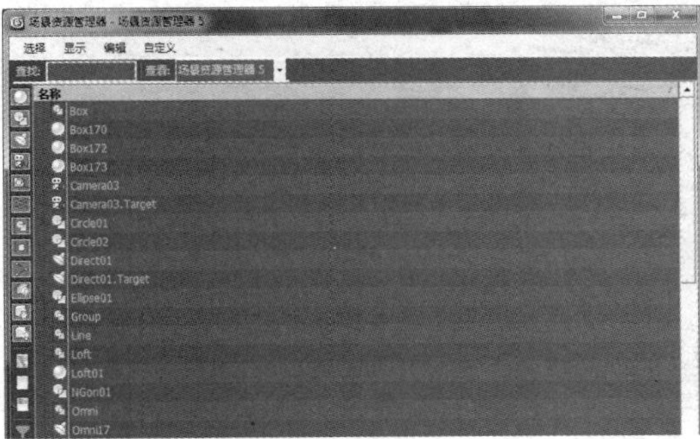

Step 03 开启“场景资源管理器”窗口，如图所示。

> **提 示**
>
> 如果已创建了场景管理器，菜单中将出现最后一次创建的管理器名称。

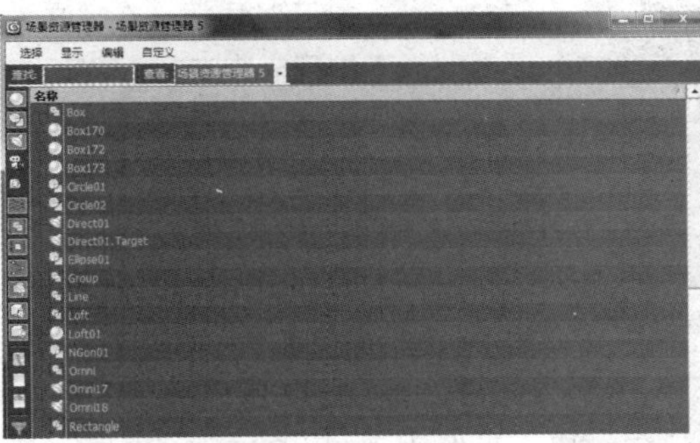

Step 04 在“场景资源管理器”窗口中取消激活“显示摄影机”按钮和“显示辅助对象”按钮，相应的对象将不被显示，如图所示。

> **提 示**
>
> 在场景管理器中，允许通过单击鼠标右键直接选择或删除场景对象。

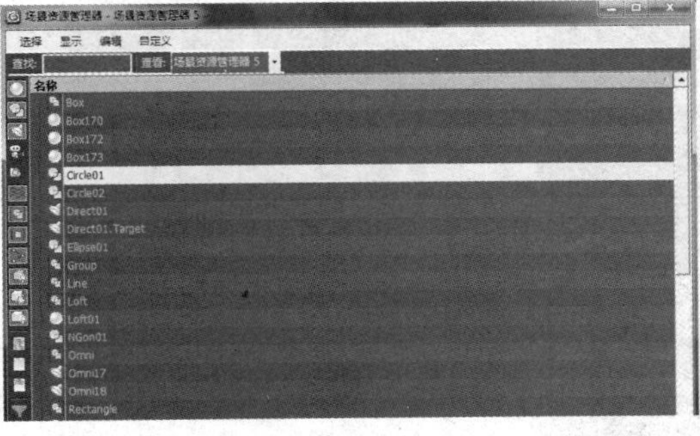

Step 05 在列表中选择对象名称后单击，可直接更改对象的名称，如图所示。

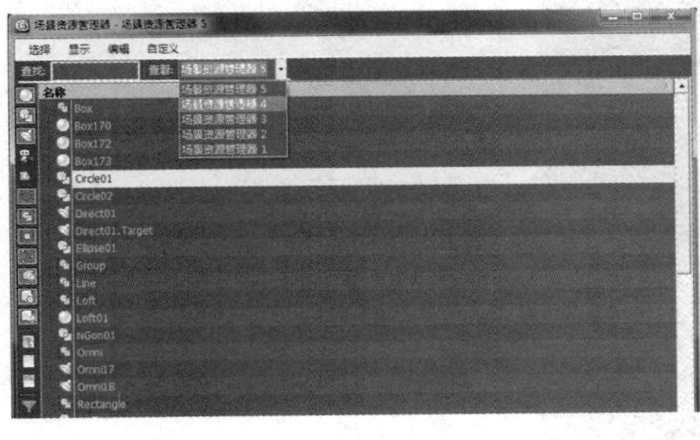

Step 06 如果创建了多个场景管理器，可以在对话框中进行切换。在场景管理器中只保持场景对象显示参数的控制，不会影响场景对象的设置，如图所示。

> **提 示**
>
> 打开最后创建场景管理器的快捷键为Ctrl+Atl+O。

知识扩充

提 示

CAD文件与3D文件之间可以互相转换，这为制图者提供了便利。

本章主要讲解了场景中的各种命令，其中包括3D的导入导出。而在制作一个模型时，往往用到的不只是3D软件，比如如果制作一个建筑模型，单纯使用3D制作的效果并不准确，这时就需要借助CAD。在CAD中将模型的平面制作完成以后，需要将其导入3ds Max方法和前面介绍的导入导出方法并不一样。下面介绍将DWG文件导入3ds Max的过程。

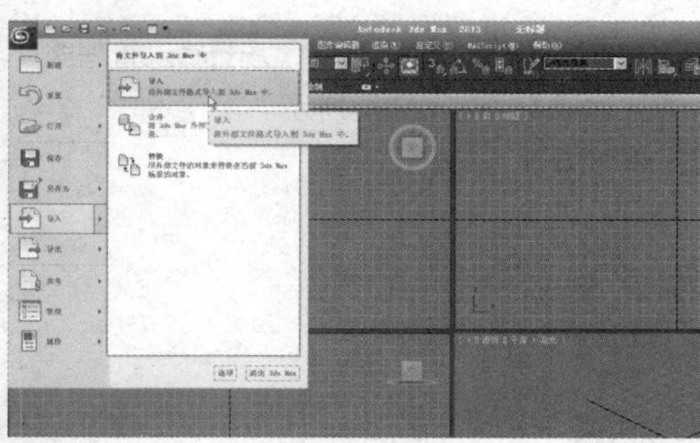

Step 01 单击左上角的按钮，在弹出的菜单中执行“导入>导入”命令，如图所示。

Step 02 打开对话框，在“文件类型”下拉列表中选择*.DWG格式，选择需要导入的文件，如图所示。

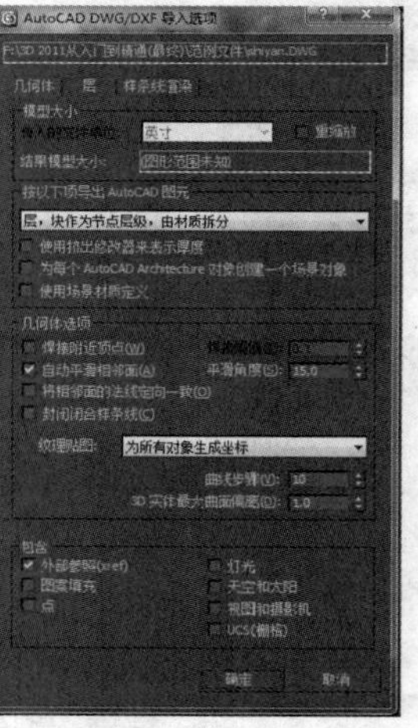

Step 03 单击“打开”按钮，在弹出的“AutoCAD DWG/DXF导入选项”对话框中设置参数，如图所示。

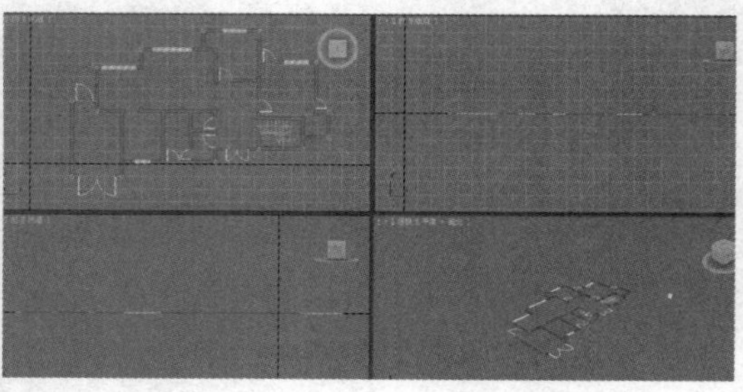

Step 04 完成CAD文件的导入，效果如图所示。

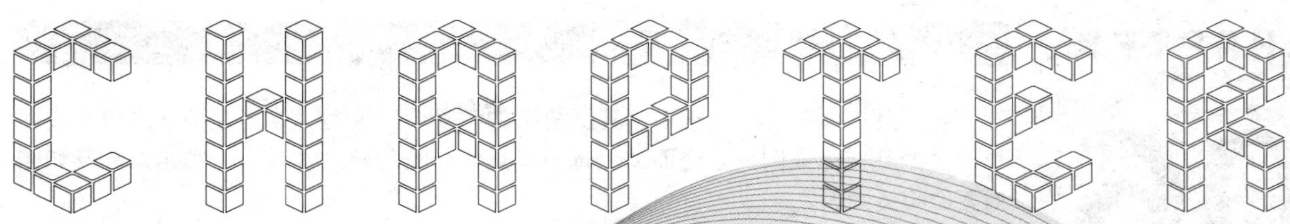

CHAPTER

06 复杂对象的创建

本章将详细介绍如何创建具有复杂外形的对象，包括复合对象的创建、如何使用修改器以及可编辑对象的操作等建模的关键方法，在章节最后添加一个小型实例综合应用本章所讲的建模知识。

重点知识链接

本章主要内容	知识点拨
复合对象的创建	布尔运算、放样
修改器的应用	世界空间修改器、对象空间修改器
可编辑对象	可编辑样条线、可编辑多边形

CHAPTER 06

6.1 创建复合模型

在“几何体”命令面板中创建更复杂的“复合”模型，这些模型是由两个或两个以上的几何体或图形组合而成。本节将具体介绍创建放样对象、布尔对象及切割对象的相关知识。

6.1.1 创建放样对象

放样是创建复杂三维模型的重要方法之一，是由两个或多个二维图形对象合成得来，主要由一个且只能由一个图形对象作为放样路径构成框架，由多个图形对象作为插入路径的横截面，如图所示为放样的原理示意图。

放样作为由二维图形转换三维图形的重要方法之一，需要在前期计算设计好模型基本雏形的二维图形，同时需要注意路径与图形的设置、多重放样的方法以及放样的变形控制。

1. 基本放样

创建放样对象，首先需要一个样条线对象作为路径，同时需要一个或多个样条线作为放样的截面。

范例实录

放样的基本操作

DVD-ROM

最终文件:
范例文件\Chapter 6\6.1\放样的基本操作(最终文件).max

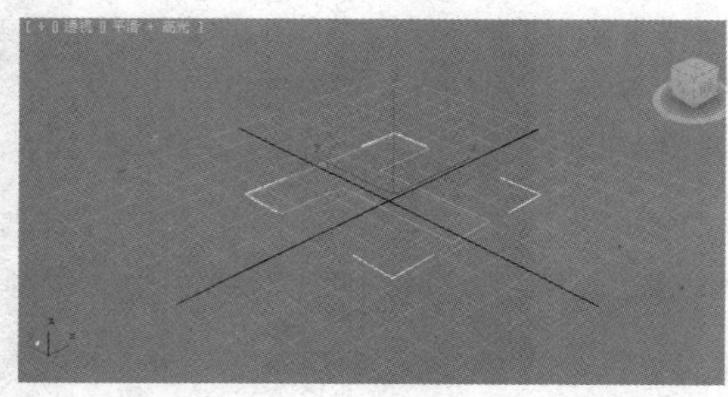

Step 01 在“图形”命令面板中创建一个T型样条线，如图所示。

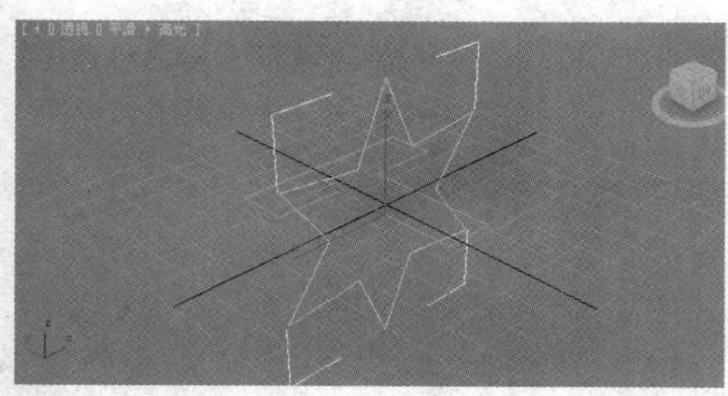

Step 02 在“透视”视口中创建一个星形图形对象，创建效果如图所示。

提 示

放样的截面可以是封闭的，也可以是未封闭的。

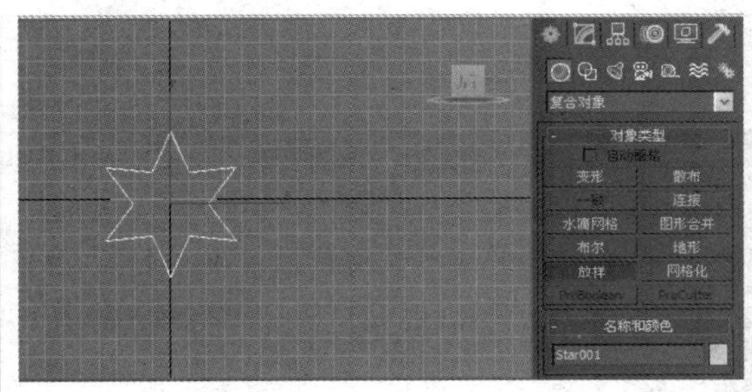

Step 03 选择星形，在下拉列表中选择“复合对象”选项，然后在“对象类型”卷展栏中单击“放样”按钮 放样 ，如图所示。

提 示

使用封闭路径时，建议截面的大小要比路径小。

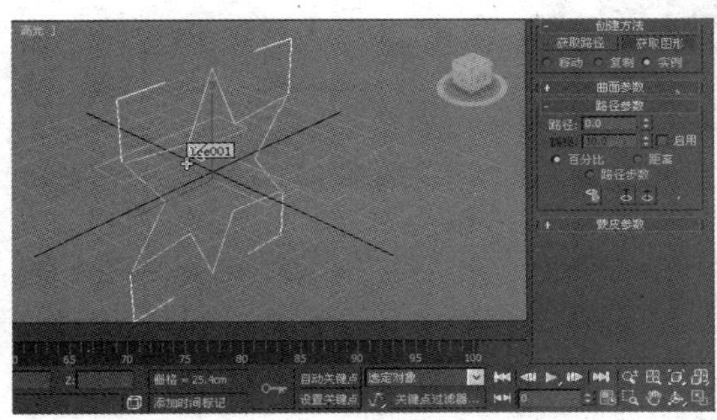

Step 04 在“创建方法”卷展栏中单击“获取图形”按钮 获取图形 ，并在视口中将光标靠近T形图形对象，如图所示。

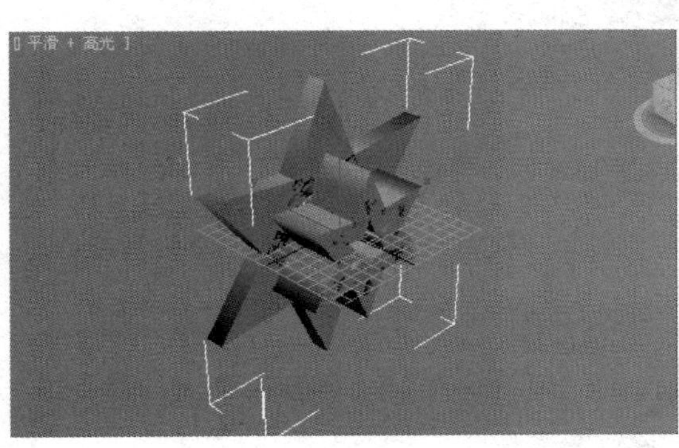

Step 05 拾取三通图形对象，新的放样对象将生成在视口中，效果如图所示。

提 示

生成的放样对象是新对象，不是由放样路径或截面图形衍变而来。

2. 放样的路径和截面

放样完成后，可以通过各种参数设置路径和截面，以控制放样对象网格的复杂性以及优化方法，相关的参数卷展栏如图所示。

- 创建方法：在图形或路径之间选择，用于使用选择创建放样对象以及放样对象操作类型。
- 曲面参数：用于控制放样曲面平滑以及指定是否沿着放样对象应用纹理贴图。
- 路径参数：用于控制沿放样对象路径在各个间隔期间的图形位置。
- 蒙皮参数：用于调整放样对象网格的复杂性，还可通过控制面数优化网格。
- 变形：变形控件用于沿着路径缩放、扭曲、倾斜、倒角或拟合形状。

提 示

放样变形是特殊的交互式控制参数，后面将详细讲解该功能的应用方法。

范例实录

DVD-ROM

最终文件:
范例文件\Chapter 6\6.1\蒙皮参数的调整(最终文件).max

蒙皮参数调整

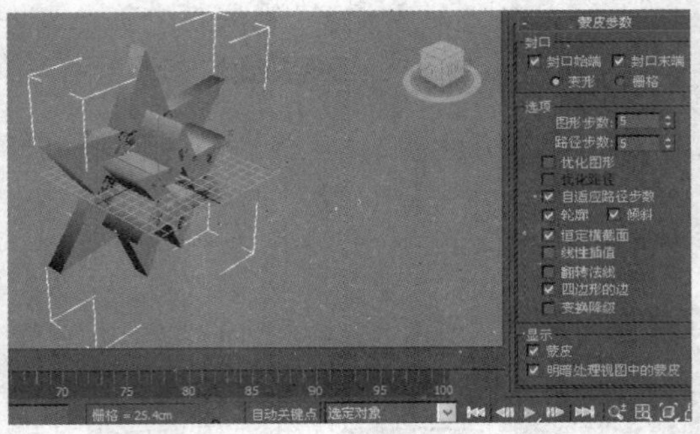

Step 01 使用范例“放样的基本操作”创建的放样对象，并在参数面板中展开“蒙皮参数”卷展栏，如图所示。

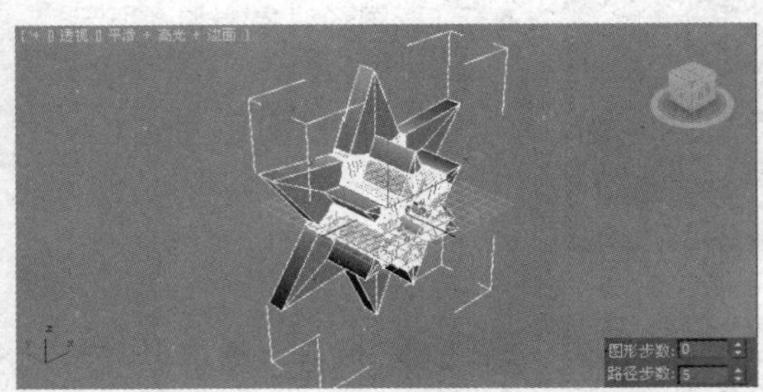

Step 02 在“设置”选项组中设置“图形步数”参数值为0，观察到放样对象在截面上没有分段数，如图所示。

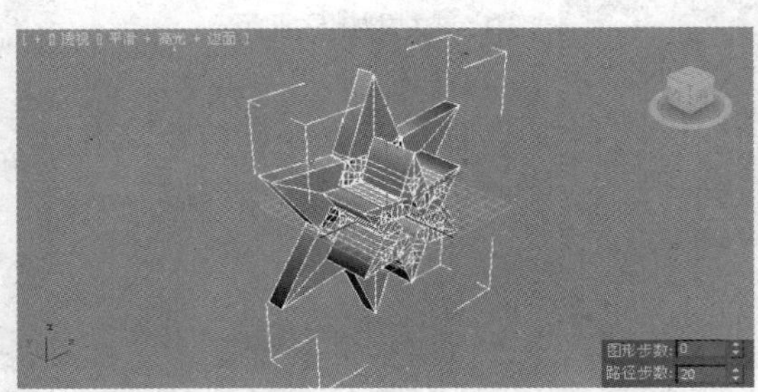

Step 03 设置“路径步数”参数值为20，可观察到放样对象的路径上增加了分段数，使放样对象更加圆滑，如图所示。

提 示

如果路径上有多个图形，只优化在所有图形上都匹配的直分段。

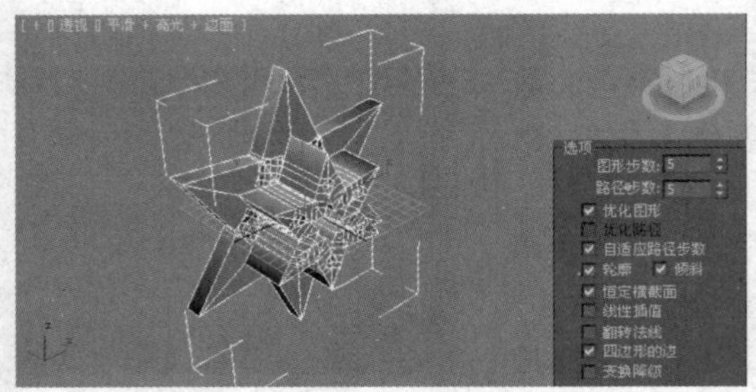

Step 04 勾选“优化图形”复选框，观察到截面上的分段数被自动优化，如图所示。

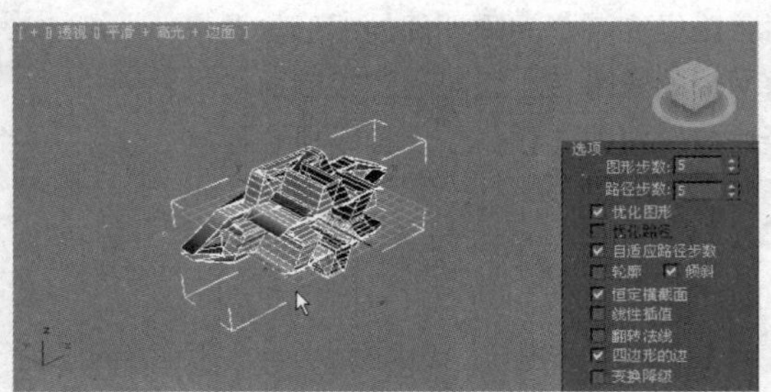

Step 05 取消勾选“轮廓”复选框，放样对象的外轮廓将消失，如图所示。

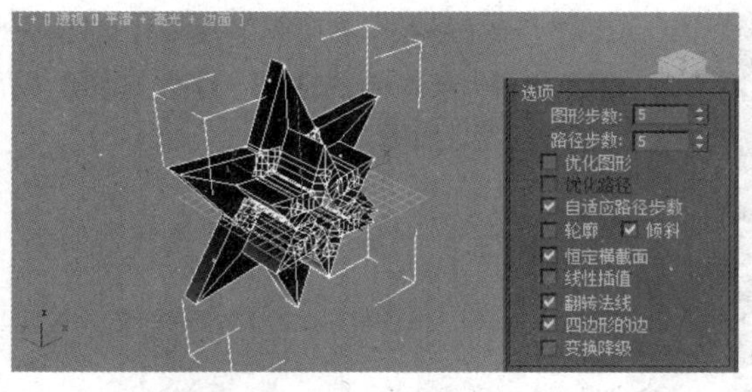

Step 06 勾选“翻转法线”复选框，放样对象的法线将被翻转，如图所示。

提 示

法线是定义面或顶点指向方向的向量。法线的方向指示了面或顶点的前方或外曲面。

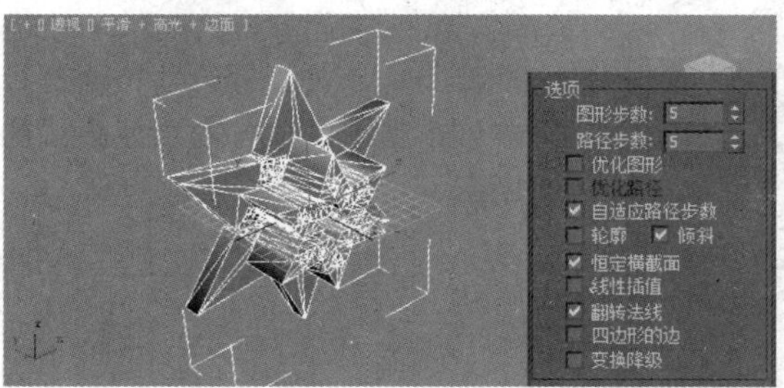

Step 07 取消勾选“四边形的边”复选框，放样对象的两部分具有相同数目的边，将两部分缝合到一起的面将显示为四方形，如图所示。

提 示

具有不同边数的两部分之间的边将不受影响，仍与三角形连接。默认设置为禁用状态。

3. 多截面放样

多截面放样即放样对象由多条形状不一的样条线作为截面，再由一条路径生成，如图所示为由多个截面生成的放样对象。

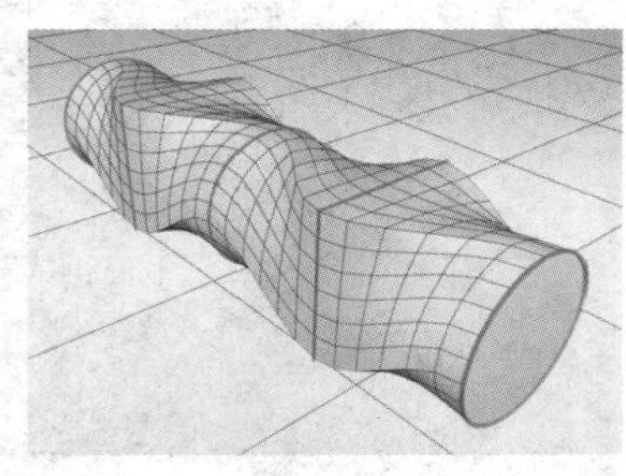

创建多截面放样对象

范例实录

DVD-ROM

最终文件:
范例文件\Chapter 6\6.1\创建多截面放样对象（最终文件）.max

Step 01 在“透视”视口中创建一个矩形，作为放样截面，创建效果如图所示。

Step 02 在“透视”视口中再创建一个圆形，作为放样的另一个截面，效果如图所示。

提 示

创建多截面放样对象时，3ds Max允许同时使用封闭曲线和未封闭曲线作为放样截面。

提 示

将光标移动到有效的路径图形上时，光标会变为“获取路径”的光标。如果光标在图形上未改变，那么该图形是无效路径图形并且不能选中。

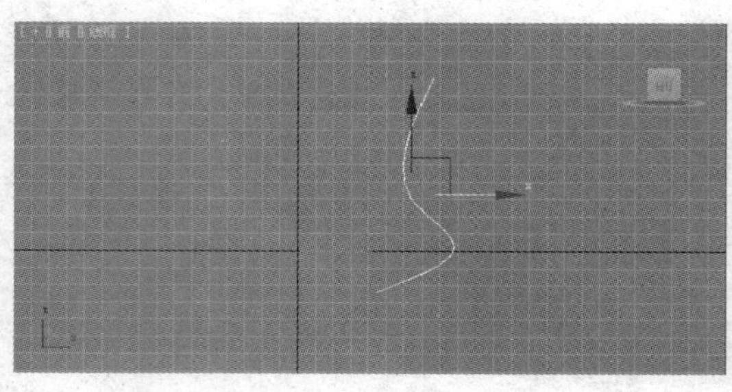

Step 03 在“前”视口中创建一段未封闭的曲线，作为放样的路径，如图所示。

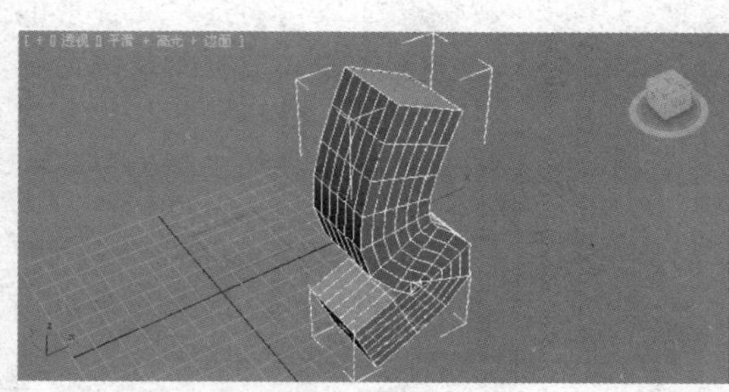

Step 04 首先以矩形为截面进行放样，生成的放样对象效果如图所示。

提 示

当使用获取图形功能时，可以按住Ctrl键的同时沿着路径翻转图形。

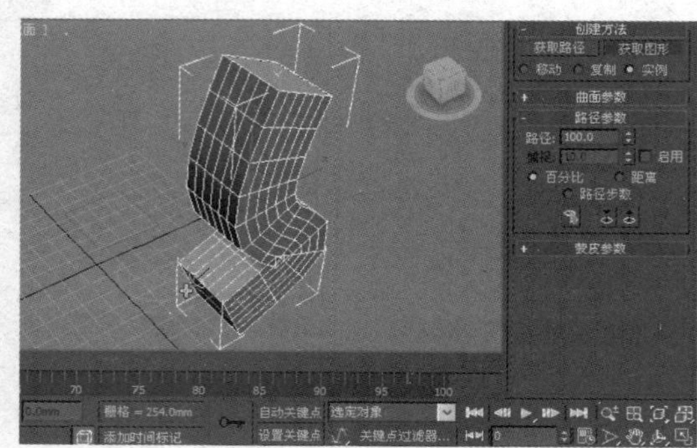

Step 05 在放样对象的参数面板中展开“路径参数”卷展栏，设置“路径”值为100，然后准备拾取圆形对象，如图所示。

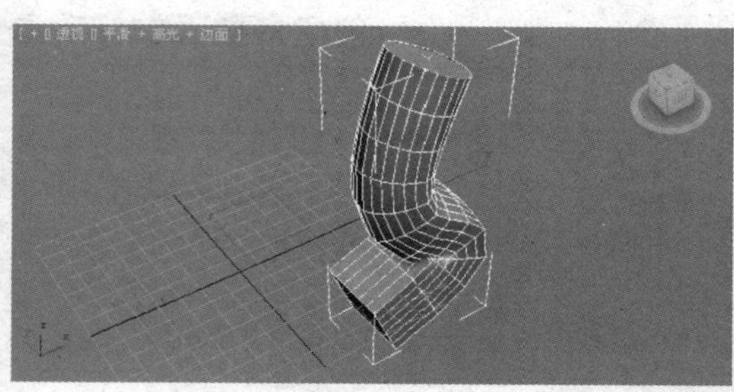

Step 06 拾取圆形对象，曲线的终点处将为圆形，起点与终点之间将是矩形与圆形的过渡，如图所示。

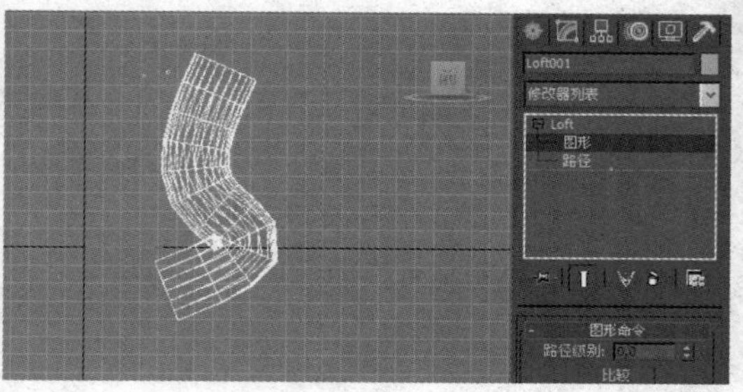

Step 07 选择放样对象，在修改器堆栈中选择“图形”层级，如图所示。

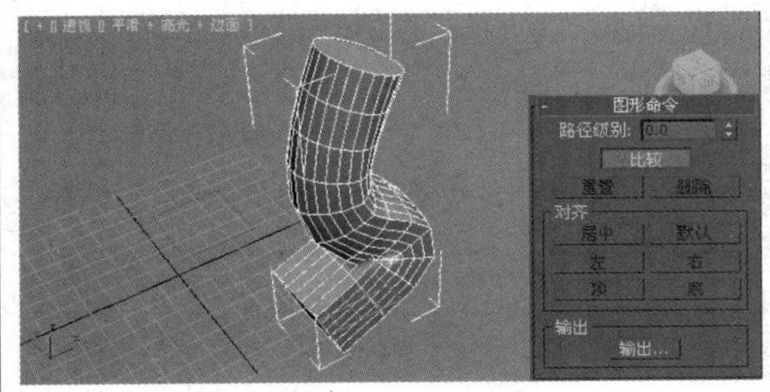

Step 08 在参数面板中单击“比较”按钮 比较 ，如图所示。

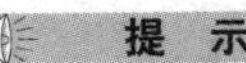

通过单击“比较”按钮打开的对话框，可以拾取所有放样的截面。

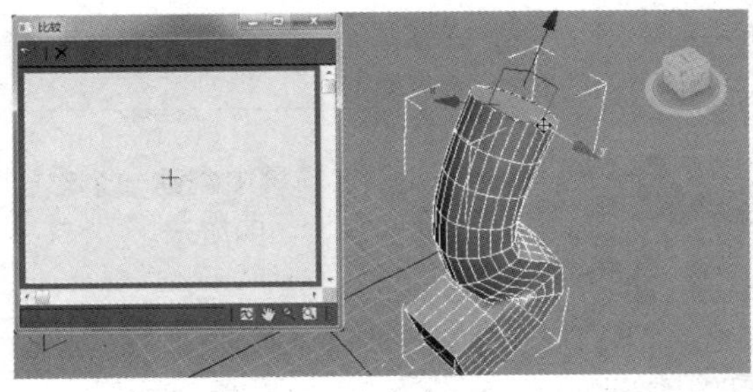

Step 09 打开相应的对话框，然后在视口中拾取放样对象上的矩形截面，如图所示。

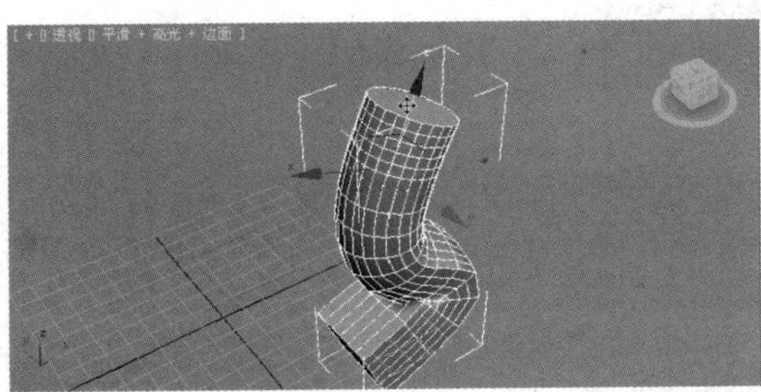

Step 10 拾取矩形截面后，可以使用移动工具在路径上对截面进行移动，如图所示。

在放样对象上移动截面时，不能切换空间坐标系统和变换中心。

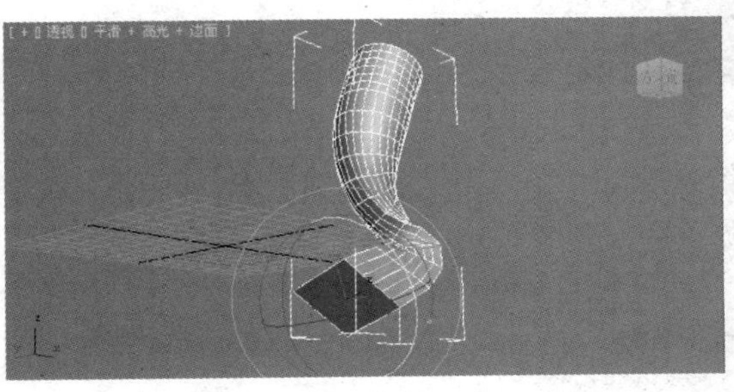

Step 11 使用旋转工具对矩形截面进行旋转，旋转后“比较”对话框中的矩形也会产生相应的旋转，如图所示。

提 示

“比较”对话框中截面上的点表示截面的起点。

4. 放样变形

放样变形可以使放样对象沿着路径缩放、扭曲、倾斜或倒角，也可以拟合更复杂的形状，变形的控制为交互式的图形界面，图形上的点表示沿路径上的控制顶点，如图所示为拟合放样的原理示意图。

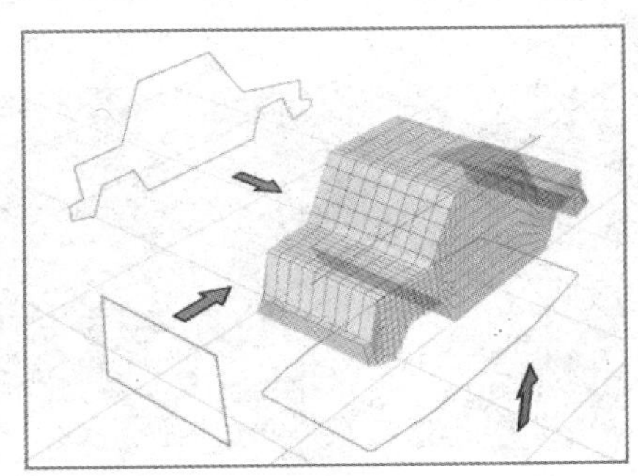

提 示

每个变形按钮都会开启自己的变形对话框，用户可以同时显示任何或所有变形对话框。

提 示

当放样输出设置为"面片"时，Bevel（倒角）不可用。

其卷展栏中各选项的含义如下。

- 缩放：使用缩放变形可以从单个图形中放样对象，该图形在沿着路径移动时只进行缩放。
- 扭曲：使用变形扭曲可以沿着对象的长度创建盘旋或扭曲的对象。
- 倾斜：使用倾斜变形可以围绕局部 X 轴和 Y 轴旋转图形。
- 倒角：使用倒角变形可以模拟切角化、倒角或减缓的边等效果。
- 拟合：使用拟合变形可以使用两条"拟合"曲线来定义对象的顶部和侧剖面。

范例实录

将放样对象进行变形

DVD-ROM

最终文件：

范例文件\Chapter 6\6.1\将放样对象进行变形（最终文件）.max

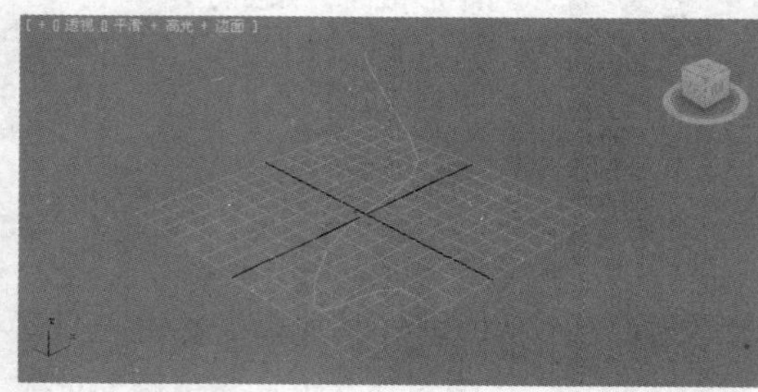

Step 01 在场景中创建一个螺旋线二维图形，如图所示。

提 示

单击相关的变形按钮可设置参数，单击参数旁的灯泡按钮，将提示该变形参数是否有效。

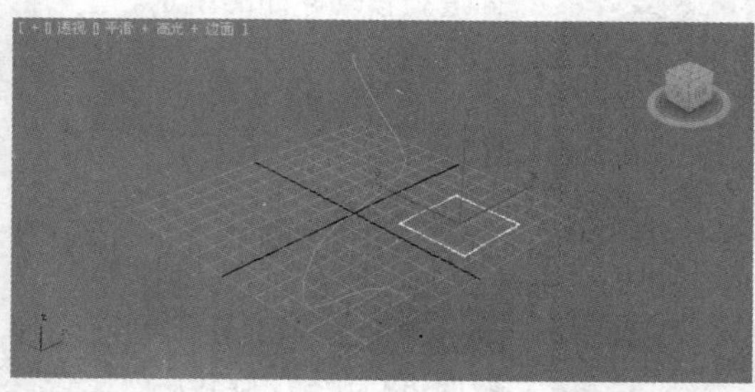

Step 02 在场景中创建一个矩形对象作为放样的截面图形，如图所示。

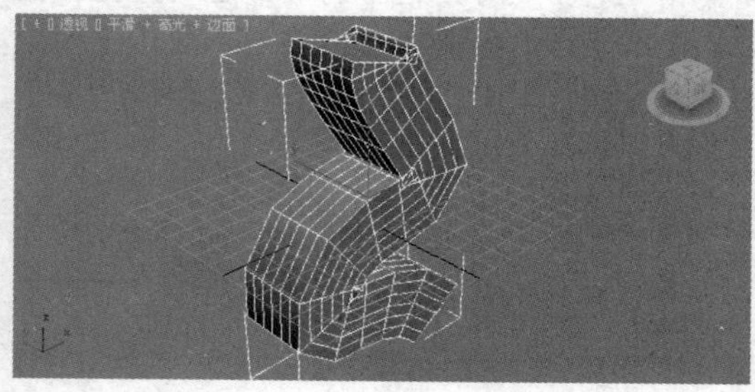

Step 03 通过螺旋线和矩形创建放样对象，如图所示。

提 示

通过设置缩放的动画，放样对象可以沿着路径移动。采用此技术，可以创建动画，并将字母或线写到屏幕上。

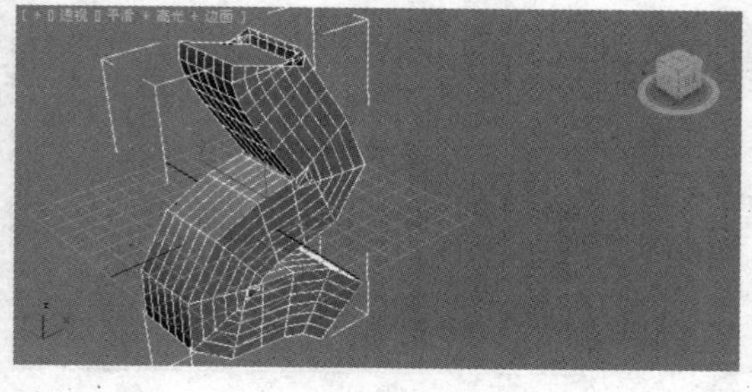

Step 04 在放样对象的参数面板中展开"变形"卷展栏，单击"缩放"按钮 缩放 ，如图所示。

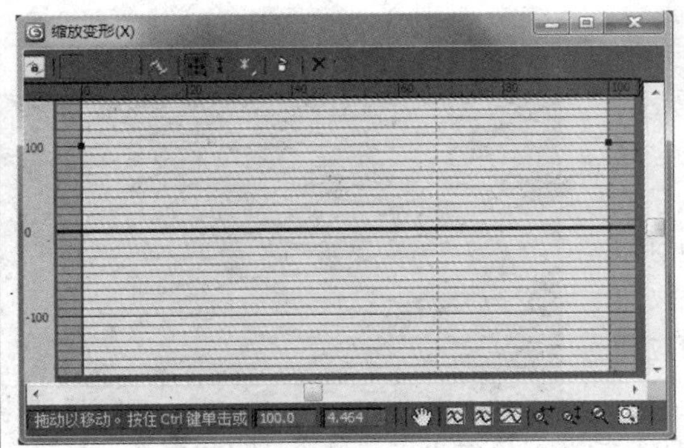

Step 05 在“缩放变形”对话框中可观察到表示路径的曲线和各种控制工具，如图所示。

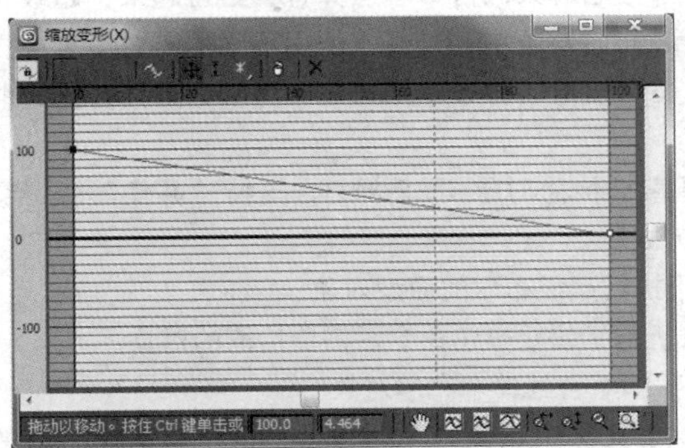

Step 06 使用对话框中的“移动控制顶提示点”工具，根据示意图移动控制顶点，如图所示。

提　示

使用变形曲线上的控制顶点可以生成曲线或锐角转角（这取决于控制顶点的类型）。

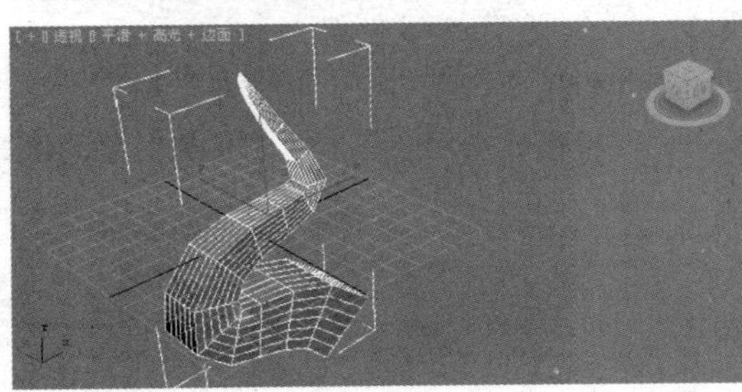

Step 07 将其中一个控制顶点移动至接近0的位置后，放样对象的一端也被缩放至接近最小，如图所示。

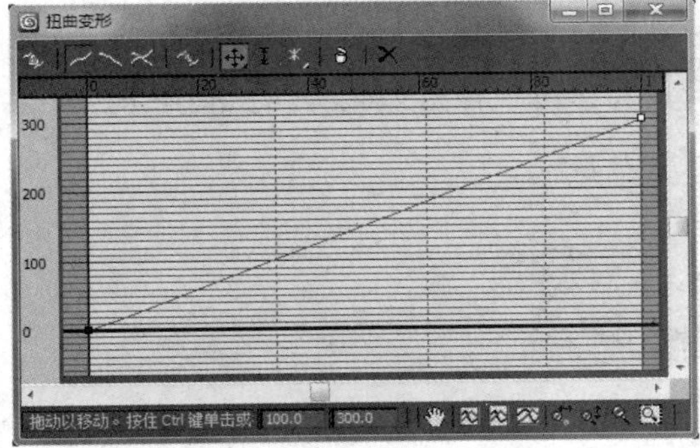

Step 08 使用相同的方法打开“扭曲变形”对话框，调整曲线，如图所示。

提　示

从路径开始处查看时，正值将生成逆时针旋转，负值将生成顺时针旋转。

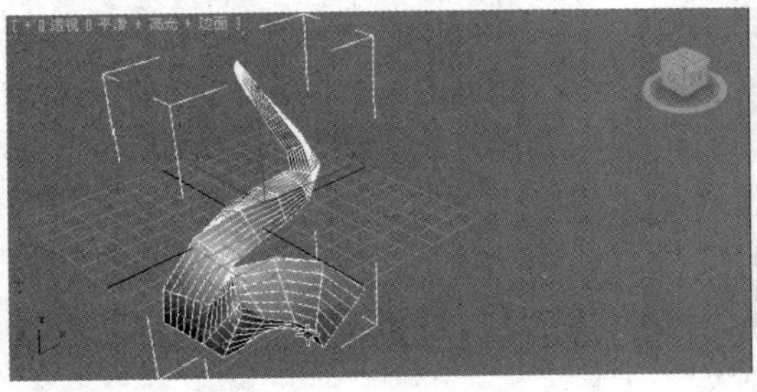

Step 09 调整扭曲的曲线后，放样对象产生扭曲效果，如图所示。

提 示

与传统3ds Max 布尔对象相比，ProBoolean的优势包括更好质量的网格、较小的网格、使用更容易更快捷、看上去更清晰的网格以及整合的百分数和四边形网格等。

6.1.2 创建超级布尔

3ds Max中增加了超级布尔工具后，原有的布尔工具已经很少再使用了。超级布尔采用了3ds Max网格并增加了额外的智能，使运算可靠性提高，也可以产生更少的小边和三角形，输出效果也更清晰，如图所示为超级布尔的应用效果。

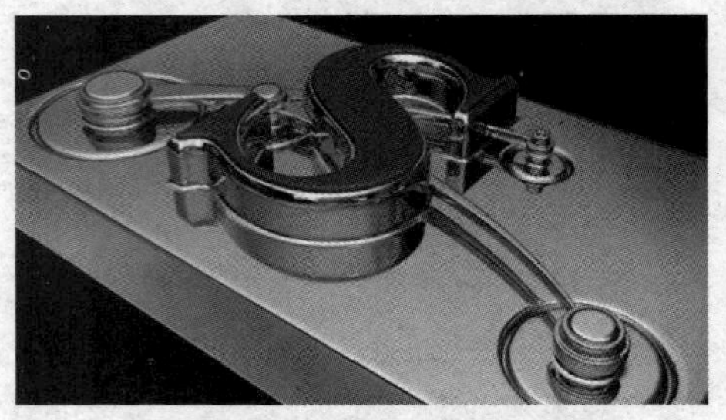

超级布尔对象通过对两个或多个其他对象执行布尔运算将其组合起来，超级布尔将大量功能添加到传统的3ds Max 布尔对象中，如每次使用不同的布尔运算，立刻组合多个对象的能力。超级布尔还可以自动将布尔结果细分为四边形面，这有助于得到网格平滑和涡轮平滑效果。

创建超级布尔对象的几何体通常被称为对象A和对象B，支持“并集”、“交集”、“差集”、“合集”等运算方式。

- 对象A：选择的源对象，用于执行超级布尔的原型对象。
- 对象B：目标对象，对A对象执行了超级布尔命令后需要拾取的对象。
- 并集：将两个或多个单独的实体组合到单个布尔对象中。
- 交集：从原始对象之间的物理交集中创建一个〝新〞对象，移除未相交的体积。
- 差集：从原始对象中移除选定对象的体积。
- 合集：将对象组合到单个对象中，而不移除任何几何体，在相交对象的位置创建新边。

范例实录

布尔运算的基本应用

DVD-ROM

原始文件：
范例文件\Chapter 6\6.1\布尔运算的基本应用（原始文件）.max

最终文件：
范例文件\Chapter 6\6.1\布尔运算的基本应用（最终文件）.max

Step 01 打开本书配套光盘中的原始文件，效果如图所示。

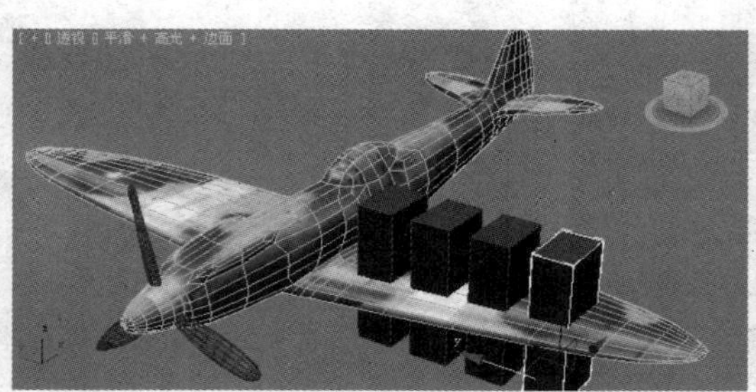

Step 02 在视口中创建4个参数相同的长方体，作为布尔运算辅助对象，创建位置如图所示。

提 示

如果需要创建布尔对象，一定要使两个对象具有交叉的部分。

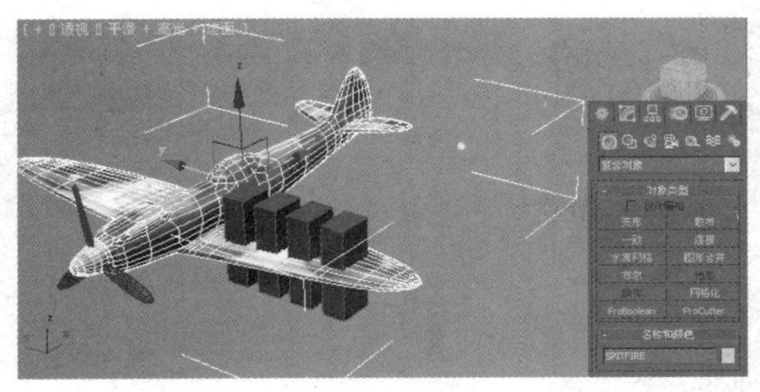

Step 03 选择机身模型作为布尔运算的A对象，然后在“对象类型”卷展栏中单击“超级布尔”按钮 ProBoolean ，如图所示。

Step 04 在“超级布尔”的“参数”卷展栏中单击“开始拾取”按钮 开始拾取 ，然后准备在视图中拾取第一个长方体，如图所示。

Step 05 拾取长方体后，通过默认的“差集”运算，使用机身模型减去长方体模型，如图所示。

提 示

每次拾取一个对象，计算结果可能降低该过程的速度。

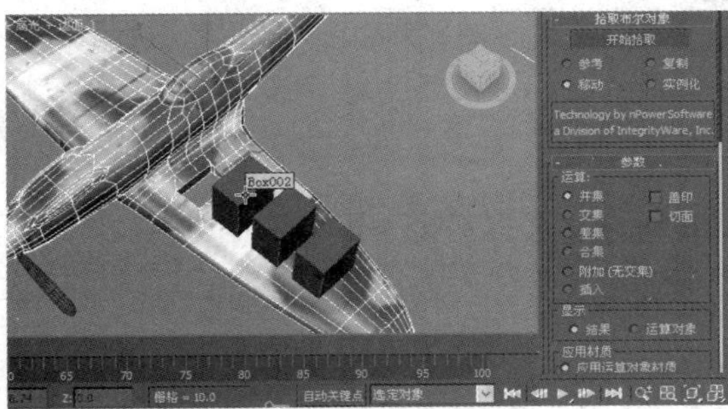

Step 06 单击“并集”单选按钮，再次单击“开始拾取”按钮， 开始拾取 准备拾取第二个长方体，如图所示。

Step 07 拾取第二个长方体后，长方体将与机身模型合并成一个整体对象，并应用机身模型的材质贴图，效果如图所示。

提 示

由并集产生的布尔运算对象，材质贴图的坐标会应用独立的贴图坐标。

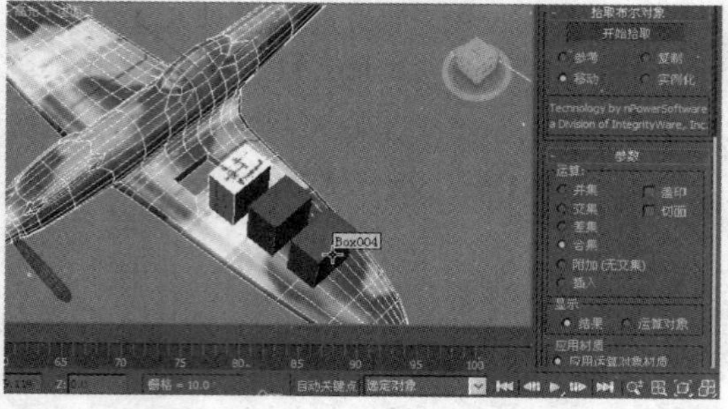

Step 08 单击“合集”单选按钮，再单击“开始拾取”按钮开始拾取，如图所示。

Step 09 在场景中拾取最后一个长方体，该长方体将与将机身对象组合到单个对象中，而不移除任何几何体，如图所示。

提 示

在运算差集时，如果勾选“盖印”复选框，会将图形轮廓（或相交边）印到原始网格对象上。

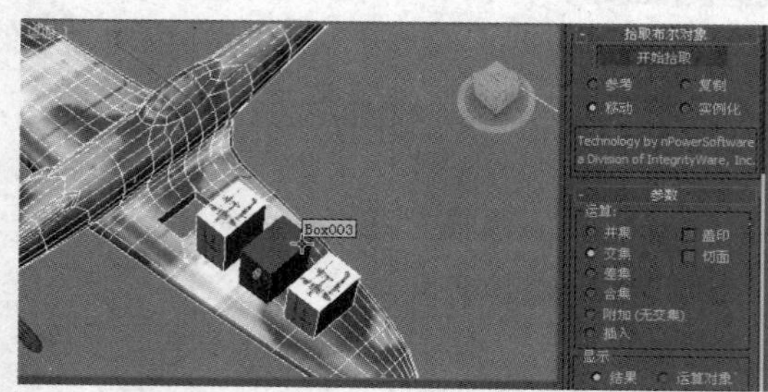

Step 10 单击“交集”单选按钮，再次拾取第3个长方体，如图所示。

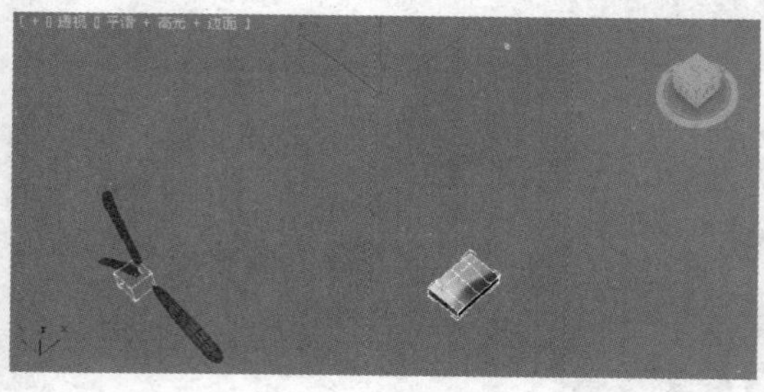

Step 11 完成交集运算后，可观察到只有长方体与机身模型相交的部分存在，效果如图所示。

6.1.3 创建超级切割对象

提 示

可以使用单面的几何体作为剪切器或原料。

超级切割器是一个用于爆炸、断开、装配、建立截面或将对象（如3D拼图）拟合在一起的工具。该工具是一种特殊的布尔运算工具，可以分裂或细分体积，适合在动态模拟中使用，如图所示为超级切割器的应用效果。

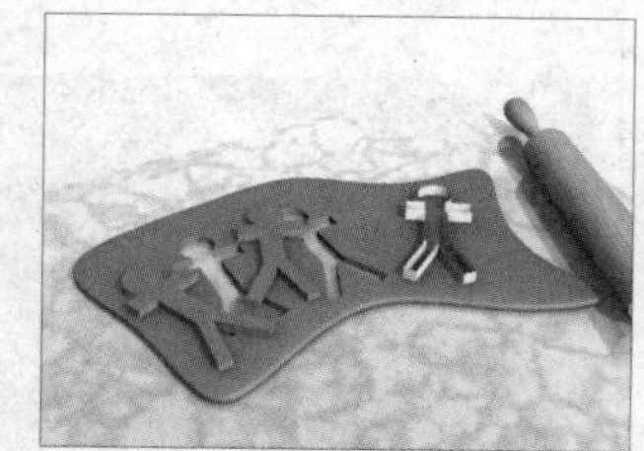

使用超级切割器时，可以将对象断开为可编辑网格的元素或单独对象，也可以同时使用一个或多个剪切器。当多次使用一个剪切器时，不需要保持历史。

切割器的应用

范例实录

DVD-ROM

最终文件:
范例文件\Chapter 6\6.1\光盘（最终文件）.max

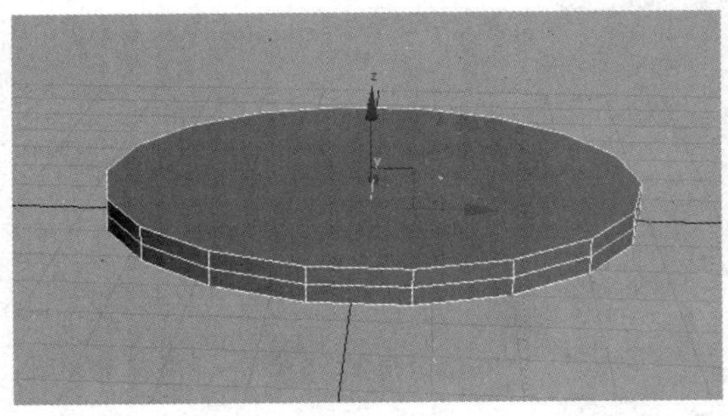

Step 01 在“创建”命令面板的下拉列表中选择“标准基本体”选项，单击“圆柱体”按钮，创建圆柱体，用于制作光盘模型，如图所示。

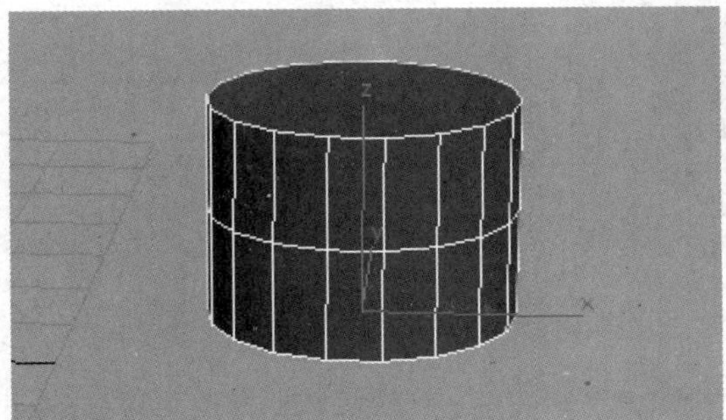

Step 02 继续创建另一个圆柱体，用于制作切割对象的切割器，如图所示。

提 示

可以使用多个几何体来组成切割器，但切割器一定要和原料对象交叉，才会对原料对象产生影响。

Step 03 将充当切割器的圆柱体放置到相应的位置后，单击“复合对象”卷展栏中的超级切割器按钮 ProCutter ，如图所示。

Step 04 在“切割器拾取参数”卷展栏中单击“拾取切割器对象”按钮 拾取切割器对象 ，在“透视”视图中拾取充当切割器的圆柱体，如图所示。

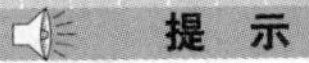

提 示

如果选择不同克隆方式拾取切割器，则拾取对象将不受影响。

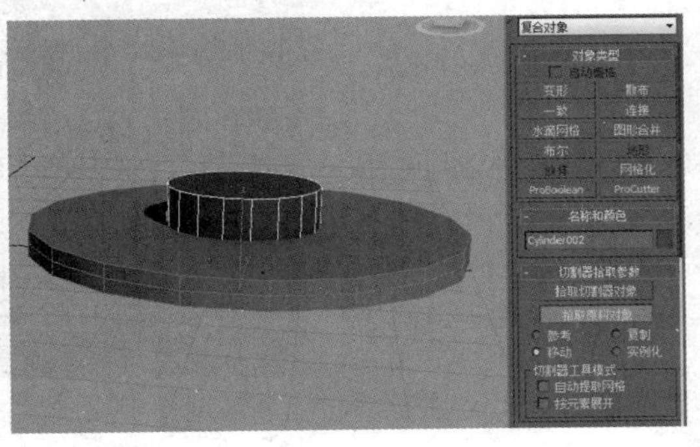

Step 05 单击“切割器拾取参数”卷展栏中的“拾取原料对象”按钮 拾取原料对象 ，在“透视”视图中单击需要制作为光盘的对象，如图所示。

提 示

在辅助物体没有被选中的情况下，可单击“拾取切割器对象”按钮。如果辅助物体已被选中，即可直接单击下方的“拾取原料对象”按钮进行制作。

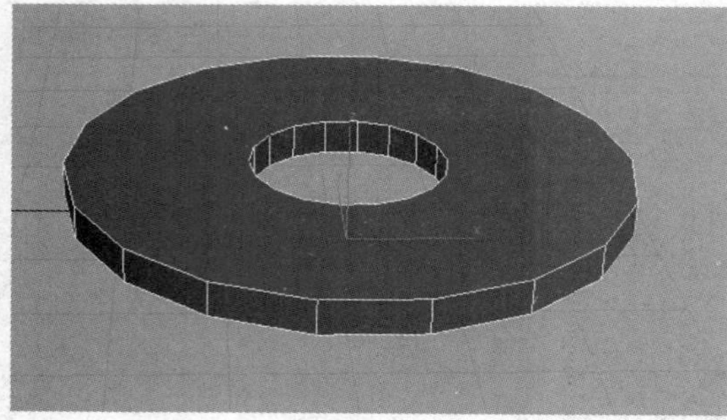

Step 06 完成切割后会发现充当切割器的圆柱消失不见了，留下切割后的洞。

提 示

重做操作的快捷键为Ctrl+Z，默认情况下允许重做20步。

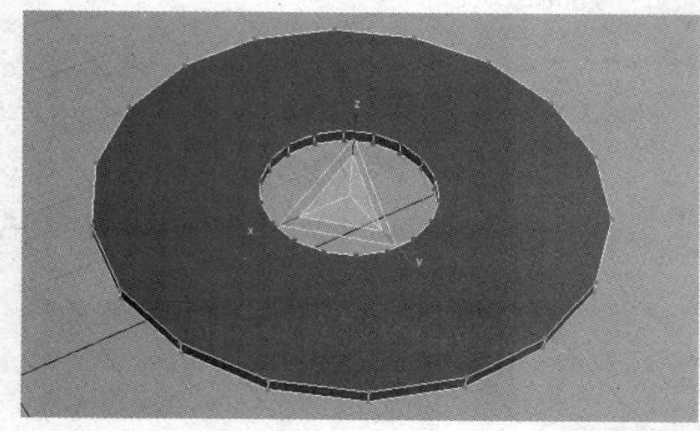

Step 07 对模型进行进一步的调整，如图所示。

Step 08 制作完成后的效果如图所示。

6.2 修改器基本知识

在“创建”命令面板中将对象添加到场景中后，通常会切换到“修改”命令面板，用于更改原始创建参数并应用修改器，修改器是调整的基础工具。

6.2.1 认识修改器堆栈

提 示

可以浮动或消除命令面板，方法是使用自定义显示快捷菜单。默认设置为将命令面板停靠在屏幕右侧。

应用于对象的修改器存储在修改器堆栈中，而且所有修改器都根据应用顺序从下至上排列。通过在堆栈中上下导航，可以更改修改器的效果，或者将其从对象中移除，如图所示为修改器堆栈。

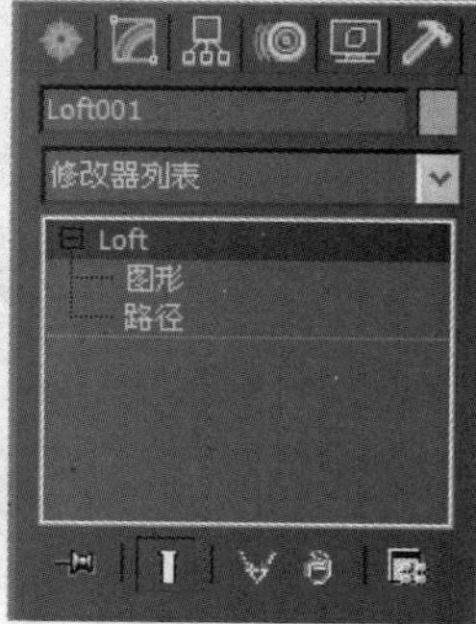

修改器堆栈上方是选择修改器的下拉列表，修改器堆栈列表框中则列出了应用的修改器名称，下方是修改器堆栈的应用工具按钮，各选项的含义如下。

- 修改器列表：在该下拉列表中有可以应用于当前选定对象的所有修改器。

- 堆栈：其中包含有累积历史记录，上面有选定的对象以及应用于它的所有修改器。
- 锁定堆栈：将堆栈和所有“修改”命令面板控件锁定到选定对象的堆栈。即使选择了视口中的另一个对象，也可以继续对锁定堆栈的对象进行编辑。
- 显示最终结果开/关切换：激活后会在选定的对象上显示整个堆栈的效果。
- 使惟一：使实例化对象成为惟一的，或者使实例化修改器对于选定对象是惟一的。
- 从堆栈中移除修改器：在堆栈中删除当前的修改器，消除该修改器的所有更改效果。
- 配置修改器集：单击可弹出菜单，用于配置在“修改”面板中怎样显示和选择修改器。

修改器堆栈及其编辑对话框是管理所有修改器的关键，使用这些工具可以执行以下操作。

- 找到特定修改器并调整其参数。
- 查看和操纵修改器的顺序。
- 在对象或对象集合之间对修改器进行复制、剪切和粘贴。
- 在堆栈、视口显示或取消激活修改器的效果。
- 选择修改器的组件，例如gizmo或中心。
- 删除修改器。

提 示

显示最终结果在来激活时，仅会显示到当前高亮修改器时堆栈的效果。

配置修改器堆栈

范例实录

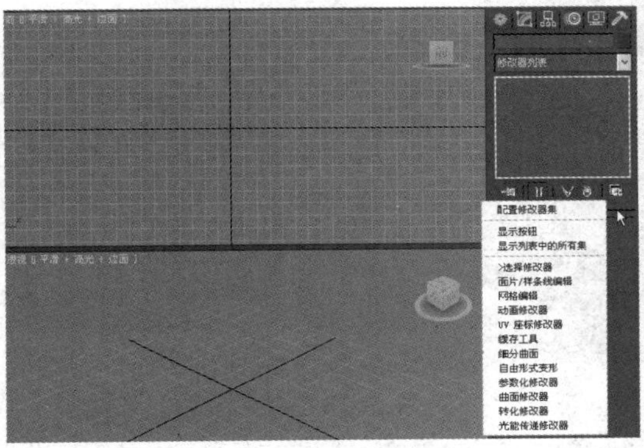

Step 01 在“修改”命令面板的修改器堆栈上单击“配置修改器集”按钮，开启修改器集的快捷菜单，如图所示。

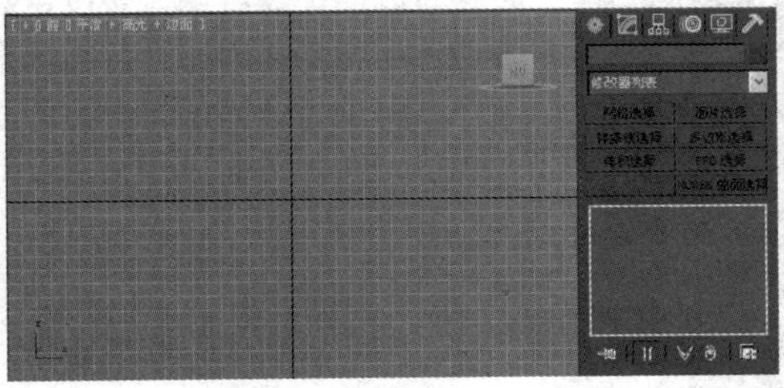

Step 02 在菜单中选择“显示按钮”命令，当前修改器集中的修改器将以按钮形式显示在命令面板中，如图所示。

提 示

将常用的修改器集显示为按钮，可有效提高工作效率。

提 示

3ds Max 系统预置的各种修改器集，都是根据不同操作环境而设定的，用户可以针对各个制作阶段使用不同的修改器集。

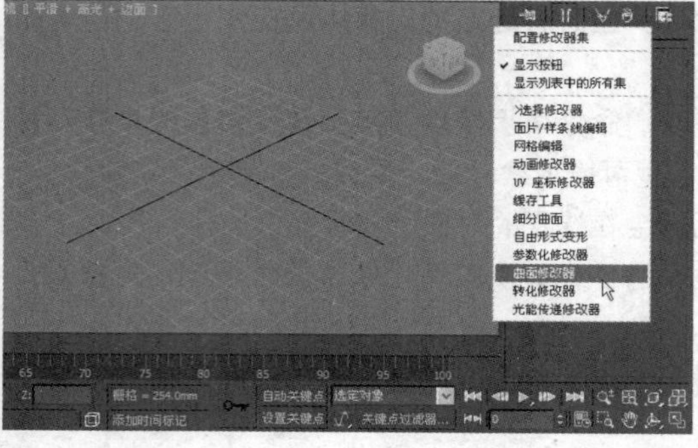

Step 03 再次打开选择修改器集的菜单，并选择“曲面修改器”命令，如图所示。

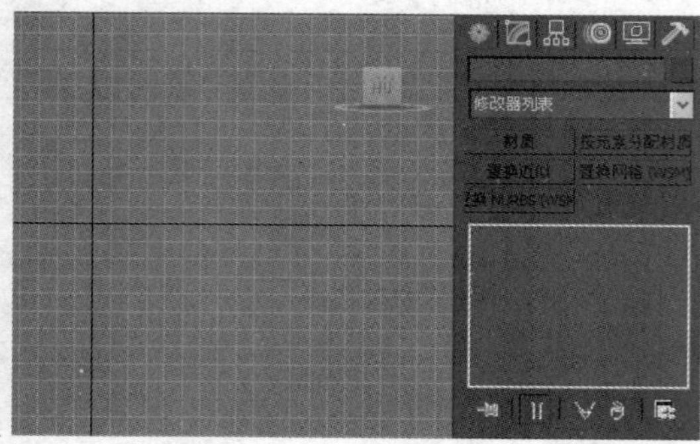

Step 04 可以观察到该修改器集中的所有修改器都以按钮形式出现在命令面板中，如图所示。

提 示

系统预置的各个修改器集可以被删除、修改和保存。

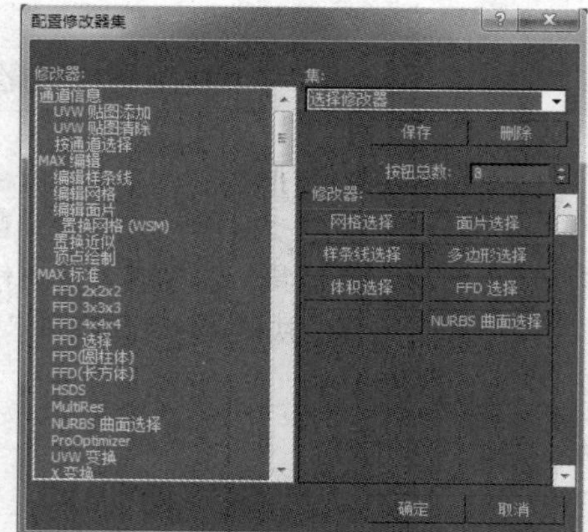

Step 05 如果选择“配置修改器集”命令，打开“配置修改器集”对话框，在对话框中可以修改或创建修改器集，如图所示。

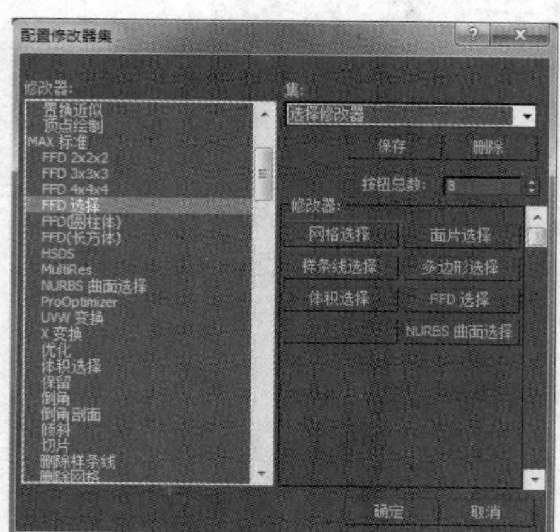

Step 06 在对话框的右侧可选择各种修改器，在右侧调整按钮数最后使用鼠标拖动即可将选择修改器指定到右侧的按钮中，如图所示。

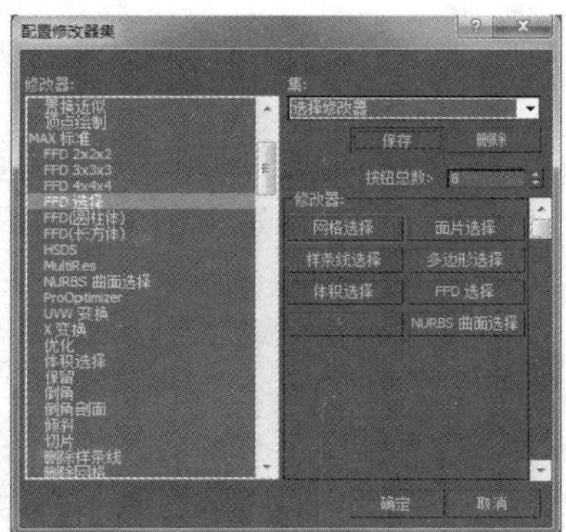

Step 07 完成对按钮的设置并为该修改器集命名后，单击“保存”按钮 保存 保存该按钮集，如图所示。

> **提 示**
>
> “修改”每次只能显示16个按钮，拖动右侧的滚动条可以看到其余按钮。

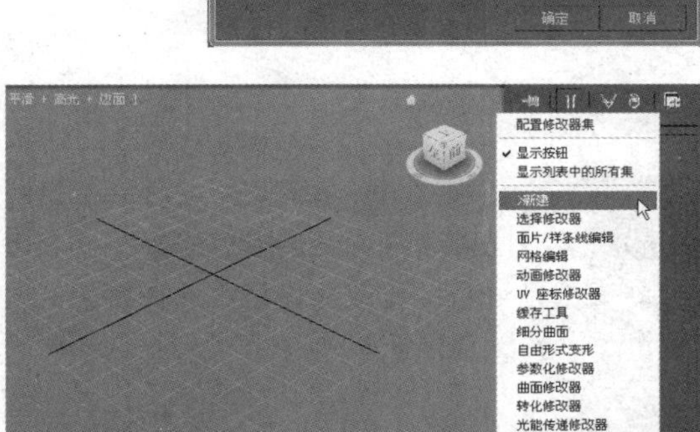

Step 08 在“修改”命令面板中重新打开配置修改器集的菜单，可观察到新创建的修改器集已被添加到其中，如图所示。

6.2.2 修改器堆栈的应用

堆栈的好处是它不进行永久修改的，单击堆栈中的项目，就可以返回到进行修改的那个点，然后决定暂时禁用修改器、删除修改器或完全丢弃它。同时，也可以在堆栈中的该点插入新的修改器，此时所进行的更改会沿着堆栈向上摆动，更改对象的当前状态。

> **提 示**
>
> 在堆栈的底部，第一个条目始终列出对象的类型，单击此条目即可显示原始对象创建参数。

1. 添加多个修改器

可以对对象应用任意数目的修改器，包括重复应用同一个修改器。当开始时对象应用对象修改器时，修改器会以应用它们时的顺序“入栈”。第一个修改器会出现在堆栈底部，紧挨着对象类型出现在它上方。

添加新的修改器时，3ds Max 会将新的修改器插入到堆栈中当前选择的修改器上面，紧挨着当前修改器，但是总是会在合适的位置。

当在堆栈中选择了对象类型并应用了新对象空间修改器之后，修改器会紧挨着对象类型的上面，成为第一个要计算的修改器。

2. 堆栈顺序的效果

系统会以修改器的堆栈顺序应用（从底部开始向上执行，变化一直积累），所以修改器在堆栈中的位置是很关键的。

堆栈中两个修改器的执行顺序如果颠倒过来，那么最终产生的效果也会不一样，如图所示为两个长方体应用“锥化”修改器和“弯曲”修改器，顺序不一样时产生的效果。

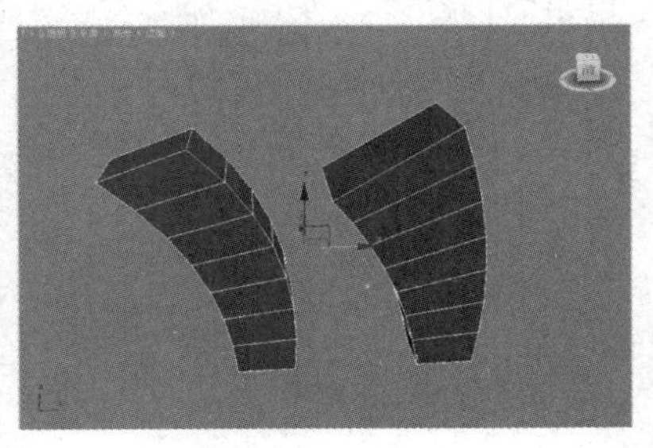

> **提 示**
>
> 如果对象和修改器都是实例，可在单击“使惟一”按钮前在堆栈中选中其中之一。

范例实录

DVD-ROM

原始文件:
范例文件\Chapter 6\6.2\修改器堆栈的应用(原始文件).max

最终文件:
范例文件\Chapter 6\6.2\修改器堆栈的应用(最终文件).max

修改器堆栈的应用

Step 01 打开本书配套光盘中的原始文件，效果如图所示。

Step 02 在场景中选择一个螺旋桨对象，然后在“修改”命令面板的修改器堆栈中选择横条，如图所示。

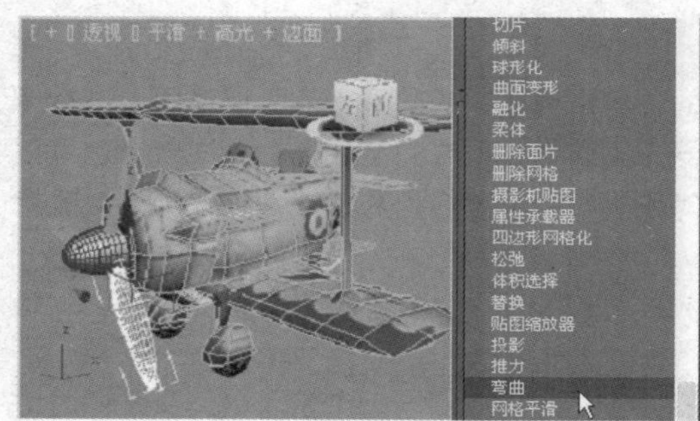

Step 03 打开“修改器列表”下拉列表中选择“弯曲”修改器，如图所示。

提 示

在添加修改器时，可以通过修改器的开头字母作为快捷键来快速选择。

Step 04 在“弯曲”修改器的参数面板中设置参数，使对象产生弯曲效果，如图所示。

提 示

分别选择世界空间和对象空间，如果同时选中这两种类型，则禁用“剪切”、“复制”与“粘贴”。可以将世界空间粘贴到对象空间类型段中，粘贴将发生在世界空间段的顶部。

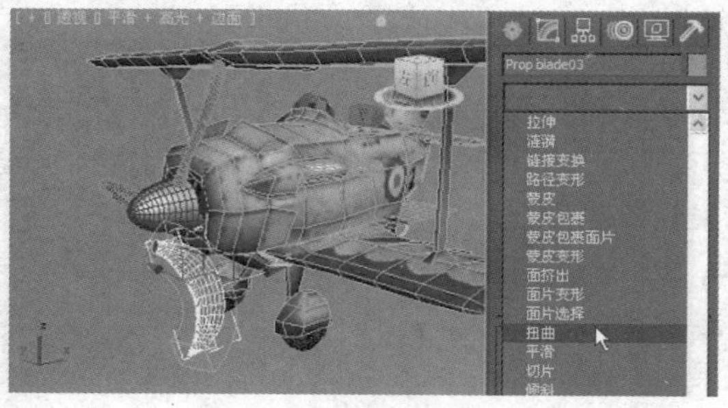

Step 05 完成弯曲修改器的设置后，继续为对象添加“扭曲”修改器，如图所示。

Step 06 在“扭曲”修改器的参数面板中设置参数，使对象产生扭曲形变，如图所示。

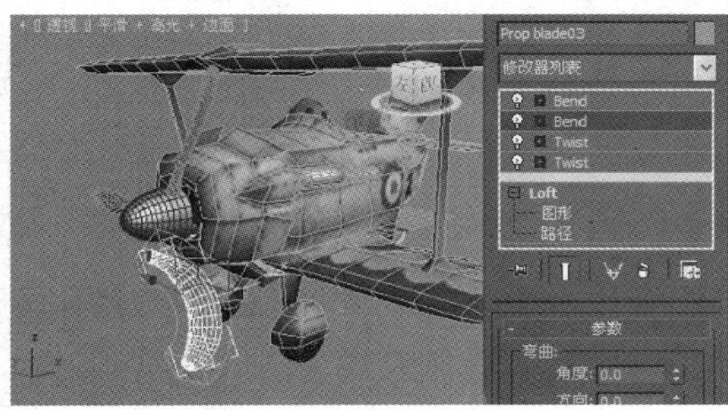

Step 07 在修改器堆栈中通过拖动的方法将“弯曲”修改器拖动到堆栈的最顶部，对象的最终效果产生了新的变化，如图所示。

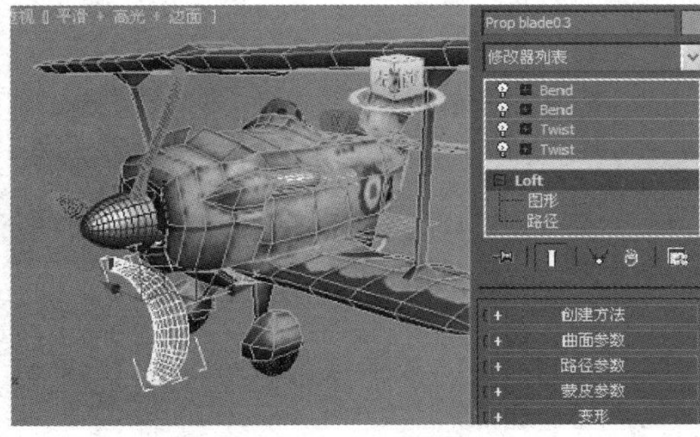

Step 08 在修改器的堆栈中选择最底层的“放样”修改器，如图所示。

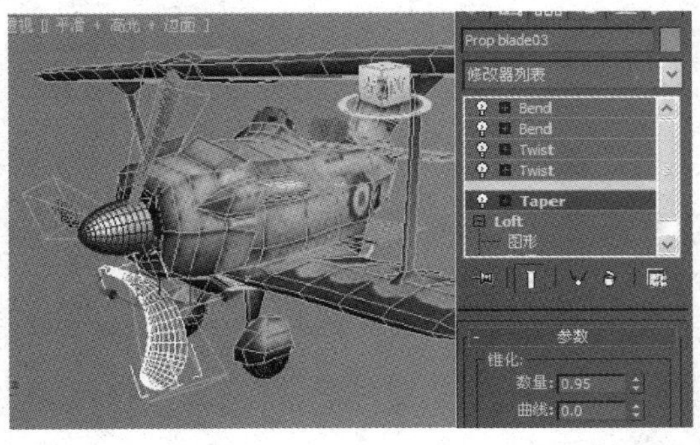

Step 09 添加“锥化”修改器并适当设置参数，可观察到作为实例对象的其他螺旋桨也产生了相应的变化，如图所示。

提 示

在内部，该软件会从堆栈底部开始计算对象，然后顺序移动到堆栈顶部，对对象应用更改。因此，应该从下往上“读取”堆栈，沿着该软件使用的序列来显示或渲染最终对象。

提 示

可以将一个对象堆栈中的修改器复制、剪切或粘贴到其他对象的堆栈中。在这些特征中，可以为修改器命名明确的名称来帮助用户记住预期效果。

注 意

一旦定义了对象，3ds Max会对改变基础对象的影响进行计算并将结果显示于场景。这些改变和计算它们的顺序被称为对象数据流，如图所示为数据流图表。

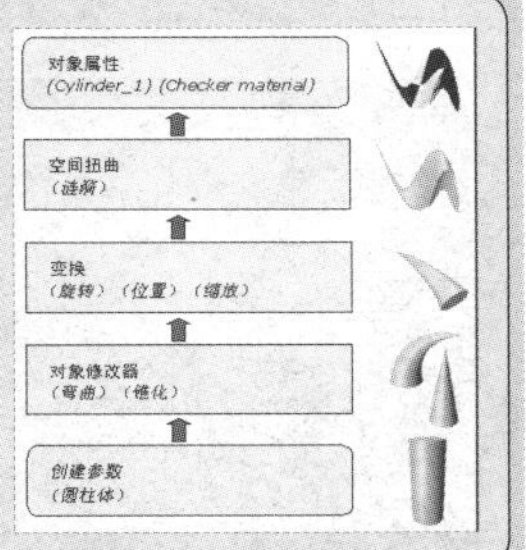

6.3 常用的修改器

提 示

"世界空间"类修改器都在名称后附加了缩写字母WSM。

修改器与变换的差别在于它们影响对象的方式，使用修改器不能变换对象的当前状态，但可以塑形和编辑对象，并能更改对象的几何形状及属性。

6.3.1 常用世界空间修改器

"世界空间"修改器的行为与特定对象空间扭曲一样，将世界空间修改器指定给对象之后，该修改器显示在修改器堆栈的顶部，当空间扭曲绑定时相同区域作为绑定列出。常用世界空间修改器主要包括"摄影机贴图"、"Hair和Fur"、"路径变形"等。

1. 摄影机贴图修改器

"摄影机贴图"修改器基于指定摄影机将 UVW 贴图坐标应用于对象，如果在应用于对象时将相同贴图指定为背景的屏幕环境，则在渲染的场景中该对象将不可见。

2. Hair和Fur修改器

"Hair 和Fur"修改器可用于生长毛发的任意对象，也可以应用于几何体对象和图形对象。当选择"Hair 和Fur"修改器修改的对象时，会在视口中显示头发。

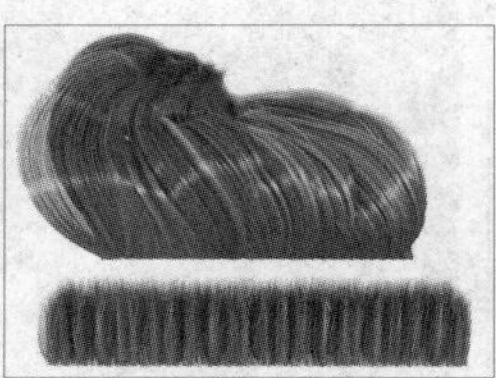

注 意

"Hair和Fur"修改器仅可在"透视"和"摄影机"视图中渲染，如果尝试渲染正交视图，则 Max 会显示警告，说明不会出现头发。

范例实录

Hair和Fur的基本应用

DVD-ROM

原始文件:
范例文件\Chapter 6\6.3\Hair 和Fur 的基本应用(原始文件).max

最终文件:
范例文件\Chapter 6\6.3\Hair 和Fur 的基本应用(最终文件).max

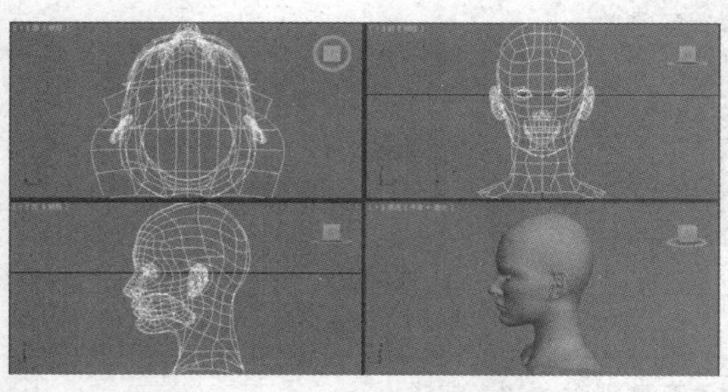

Step 01 打开本书配套光盘中的原始文件，效果如图所示。

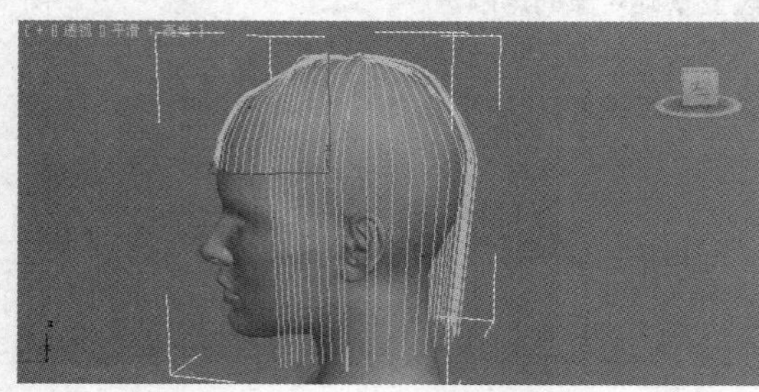

Step 02 在"创建"命令面板中单击"图形"按钮，然后单击"线"按钮，围绕人物头部一圈创建几条样条线，将其附加为一个整体，用作头发生成的曲线，如图所示。

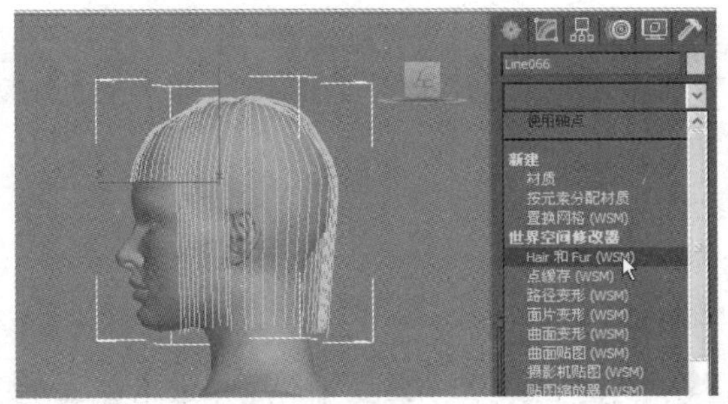

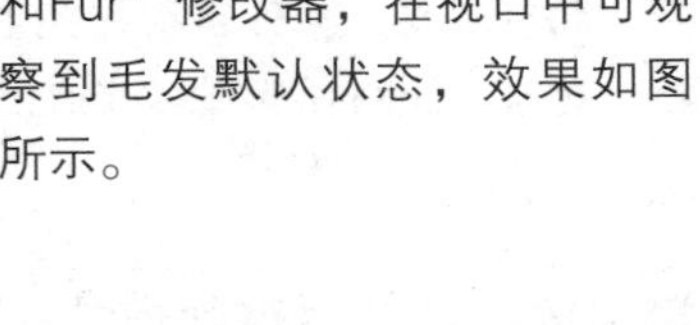

Step 03 为选择对象添加“Hair和Fur”修改器，在视口中可观察到毛发默认状态，效果如图所示。

> **提 示**
>
> 添加“Hair和Fur”修改器后，同时应用了相应环境和特效效果。

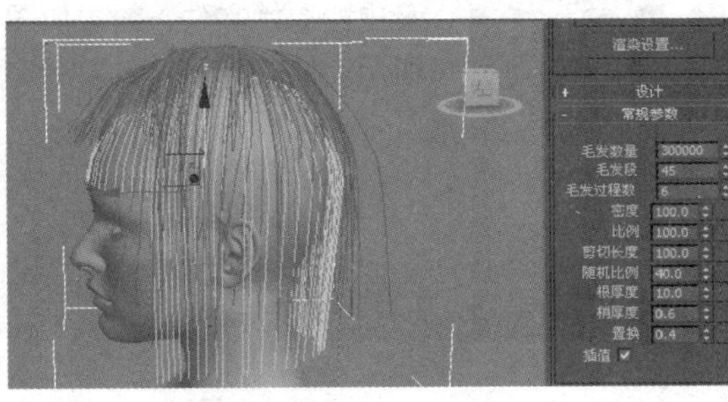

Step 04 渲染场景，可观察到对象在应用了“Hair和Fur”修改器后的效果。在“常规参数”卷展栏中将“比例”设置为100，使头发显得完整些，如图所示。

> **提 示**
>
> 这是系统默认的参数，可根据具体需要进行调整，渲染后可以进行观察和调整。

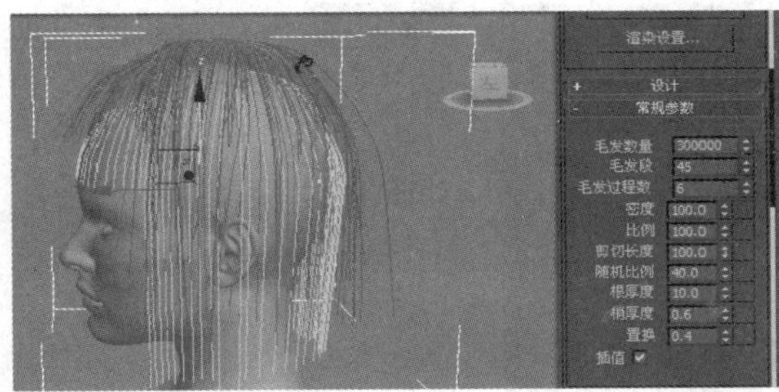

Step 05 在“Hair和Fur”修改器的常规参数中设置其他参数，如图所示。

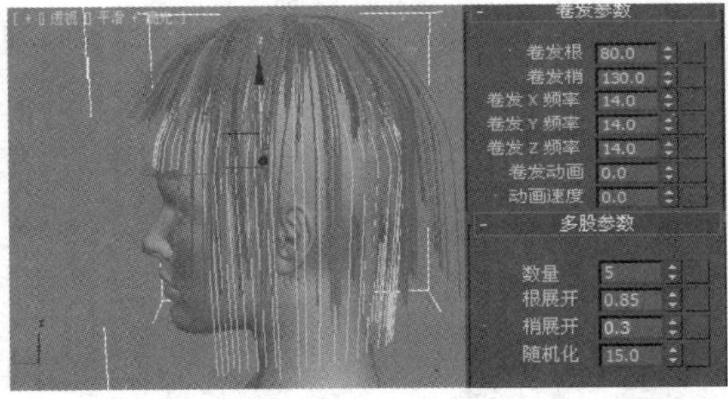

Step 06 在“卷发参数”和“多股参数”卷展栏中设置相关参数，如图所示。

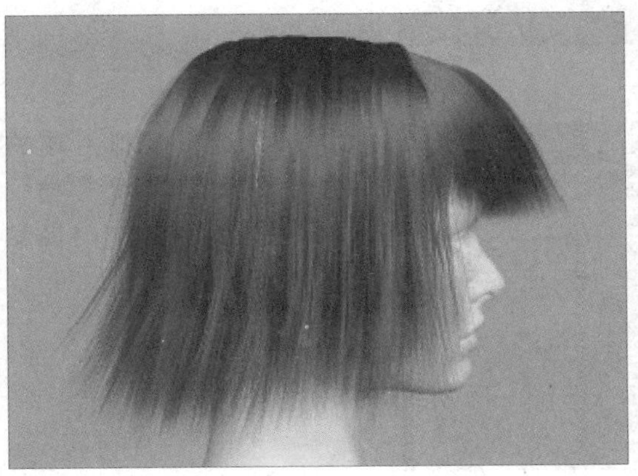

Step 07 应用新的预置毛发后再次渲染，可观察到预置毛发的应用效果，如图所示。

3. 路径变形

“路径变形”修改器根据图形、样条线或NURBS曲线路径变形对象，世界空间修改器与对象空间路径变形修改器工作方式完全相同。

范例实录

模拟绕地球的月球轨道

DVD-ROM

原始文件:
范例文件\Chapter 6\6.3\模拟绕地球的月球轨道\模拟绕地球的月球轨道（原始文件）.max

最终文件:
范例文件\Chapter 6\6.3\模拟绕地球的月球轨道\模拟绕地球的月球轨道（最终文件）.max

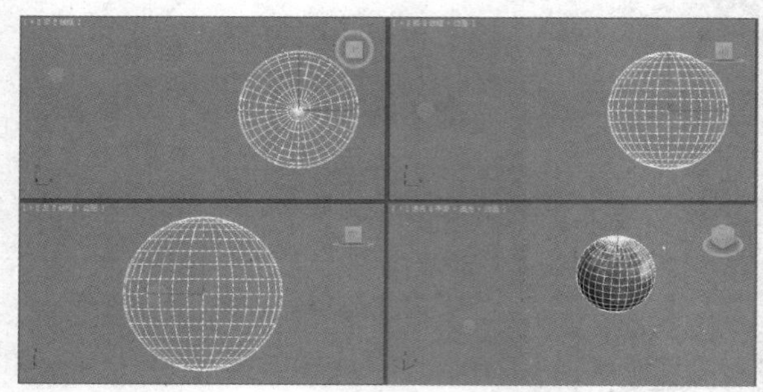

Step 01 打开本书配套光盘中的原始文件，效果如图所示。

Step 02 在“创建”命令面板中单击“图形”按钮，再单击“椭圆”按钮 椭圆 ，如图所示。

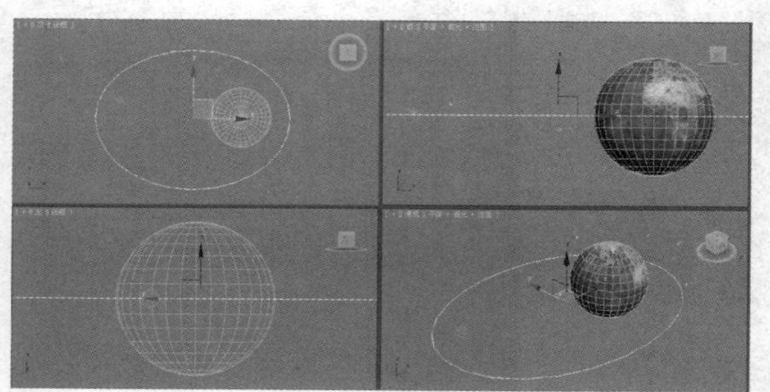

Step 03 在“上”视图中创建一个椭圆图形对象，如图所示。

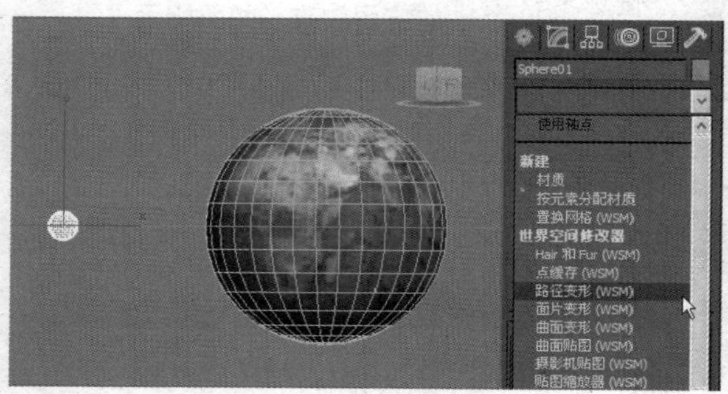

Step 04 选择模拟月球的对象，然后在“修改”命令面板中为其添加“路径变形”修改器，如图所示。

提 示

“路径变形”修改器的各个参数都可以被记录成动画。

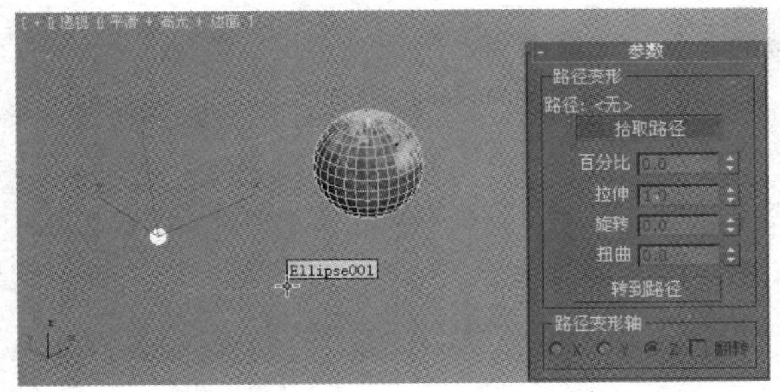

Step 05 在修改器的参数面板中单击“拾取路径”按钮拾取路径，准备在视口中进行拾取操作，如图所示。

提　示

只能以二维图形对象作为变形路径。

Step 06 拾取作为路径的椭圆形对象后，月球将产生位置变换，效果如图所示。

Step 07 在修改器的参数面板中单击“转到路径”按钮转到路径，月球将移动至椭圆对象上，如图所示。

提　示

使用“转到路径”按钮会将变换应用到对象上。如果后面将“转到路径”绑定从对象上移除，该变形效果也不会删除。

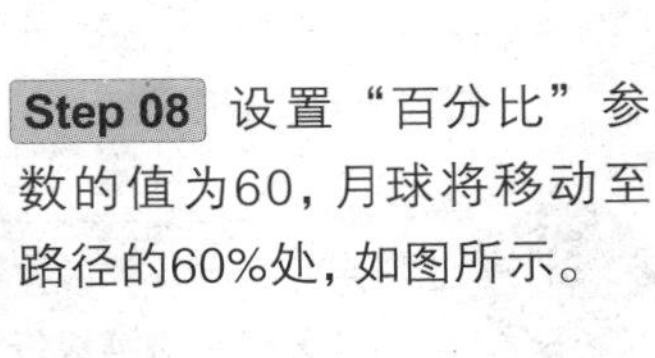

Step 08 设置“百分比”参数的值为60，月球将移动至路径的60%处，如图所示。

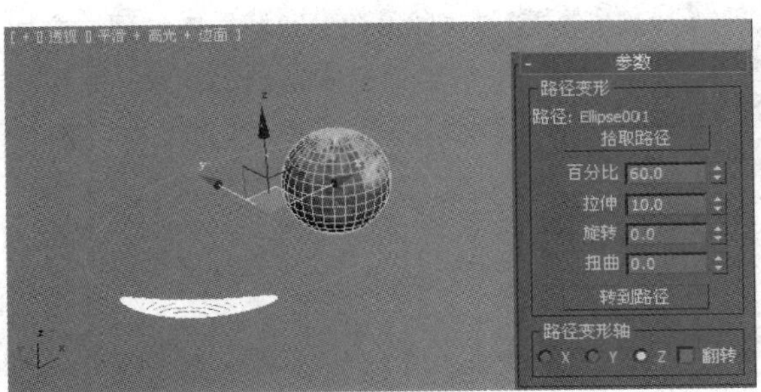

Step 09 设置“拉伸”参数的值为10，月球将沿着Gizmo路径进行缩放，如图所示。

6.3.2 常用对象空间修改器

提 示

大多数修改器可以在此子对象层级上与其他对象一样对Gizmo进行变换并设置动画，也可以改变弯曲修改器的效果。转换Gizmo将以相等的距离转换它的中心，根据中心转动和缩放Gizmo。

对象空间修改器直接影响局部空间中对象的几何体，在应用对象空间修改器时，对象空间修改器直接显示在对象的上方，堆栈中的修改器顺序也会影响几何体效果。在常用的对象空间修改器中，有些能使二维图形转化为几何体，有些能同时应用于几何体和图形，使其产生变化。

1. 常用修改器

在场景中选定几何体对象时，打开修改器的列表，其中列出了能应用于该几何体对象的所有修改器，如常用的"弯曲"、"扭曲"、"锥化"、"倾斜"、"自由变形"、"晶格化"和"噪波"等修改器，各修改器的含义如下。

- 弯曲：允许将当前选中对象围绕单独轴弯曲 360°，在对象几何体中产生均匀弯曲。可以在任意3个轴上控制弯曲的角度和方向，也可以对几何体的一段限制弯曲。
- 扭曲：在对象几何体中产生旋转效果，可以控制任意3个轴上扭曲的角度，并通过设置偏移来压缩扭曲对象相对于轴点的效果，也可以对几何体的一段限制扭曲。
- 锥化：通过缩放对象几何体的两端产生锥化轮廓，一端放大而另一端缩小，可以在两组轴上控制锥化的量和曲线，也可以对几何体的一段限制锥化。
- 倾斜：可以在对象几何体中产生均匀的偏移，控制在3个轴中任何一个轴上的倾斜量和方向，还可以限制几何体部分的倾斜。
- 自由变形：使用晶格框包围选中的几何体，通过调整晶格的控制顶点，可以改变封闭几何体的形状。
- FFD（圆柱体）：将图形的线段或边转化为圆柱形结构，并在顶点上产生可选的关节多面体，使用它可基于网格拓扑创建可渲染的几何体结构，或作为获得线框渲染效果的另一种方法。
- 噪波：沿着3个轴的任意组合调整对象顶点的位置，是模拟对象形状随机变化的重要动画工具。

注 意

当应用"扭曲"修改器时，会将扭曲Gizmo的中心放置于对象的轴点，并且Gizmo与对象局部轴排列成行。

范例实录

通过修改器制作软垫

DVD-ROM

最终文件：
范例文件\Chapter 6\6.3\通过修改器制作软垫（最终文件）.max

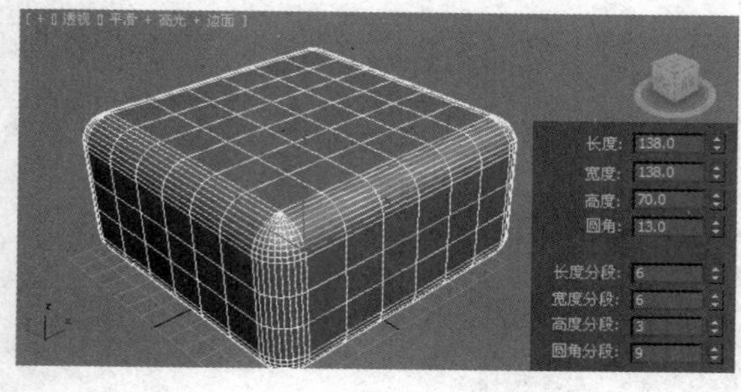

Step 01 在场景中创建一个切角长方体，创建参数和效果如图所示。

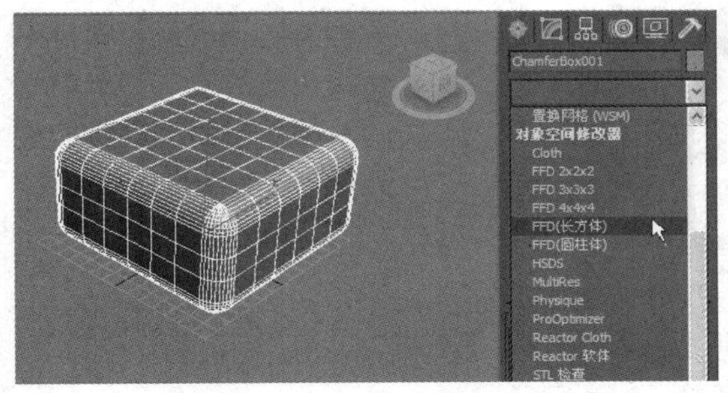

Step 02 选择切角长方体，并为其添加“FFD（长方体）”修改器，如图所示。

提 示

FFD 修改器有多种预置模型，主要可分为自由变形盒和自由变形柱。

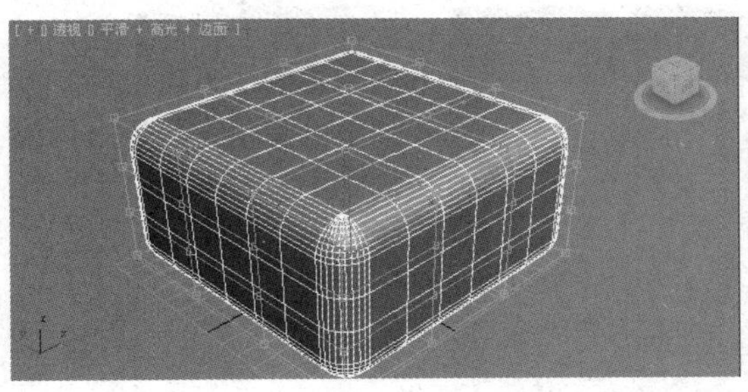

Step 03 添加“FFD(长方体)”修改器后，对象上会出现修改器的控制晶格，如图所示。

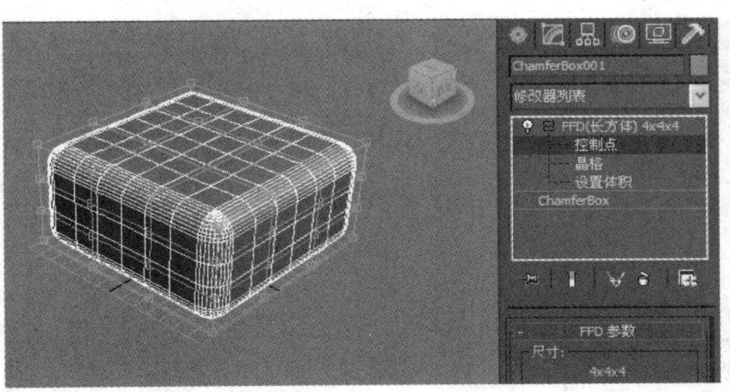

Step 04 在修改器堆栈中展开修改器，选择“控制点”层级，如图所示。

提 示

在FFD修改器层级中，还可以通过设置体积来控制晶格的大小及位置。

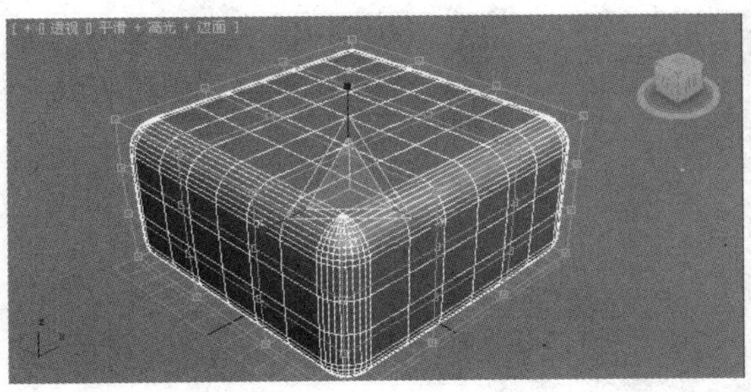

Step 05 在“透视”视口中使用缩放工具，选择对象四边的晶格控制顶点，如图所示。

提 示

默认的晶格体积是包围选中几何体的长方体。可以摆放、旋转、缩放晶格框，这仅会修改位于体积内的顶点子集合。选择晶格子对象，可使用任一变形工具相对几何体调整晶格体积。

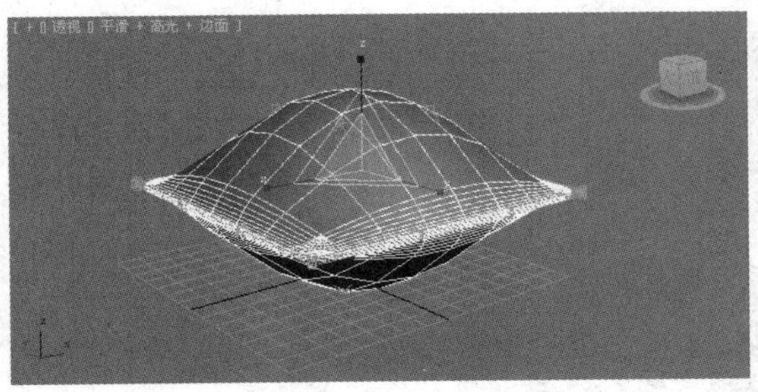

Step 06 在“透视”视口中锁定Z轴进行缩放，使晶格之间的距离变短，从而使对象产生挤压效果，效果如图所示。

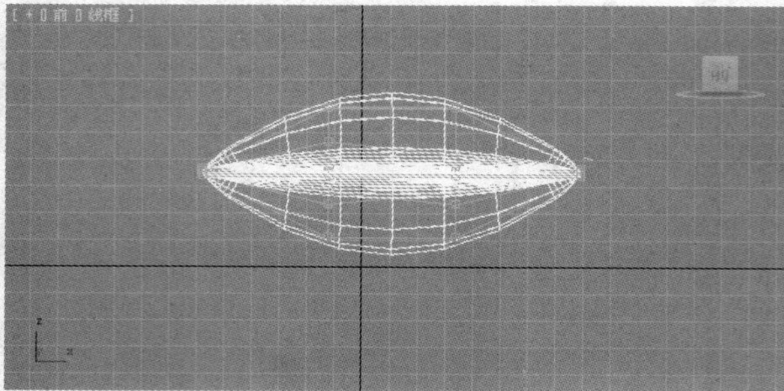

Step 07 在“前”视口中使用相同的方法，对中间的晶格控制顶点进行缩放处理，如图所示。

提　示

如果需要查看位于源体积（可能会变形）中的点，通过单击堆栈中显示的关闭灯泡图标来暂时取消激活修改器。

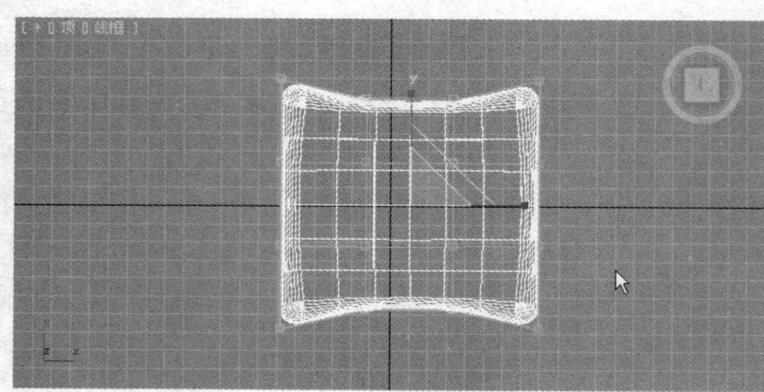

Step 08 在“顶”视口中使用相同的方法对垂直方向上的晶格进行适当的缩放，如图所示。

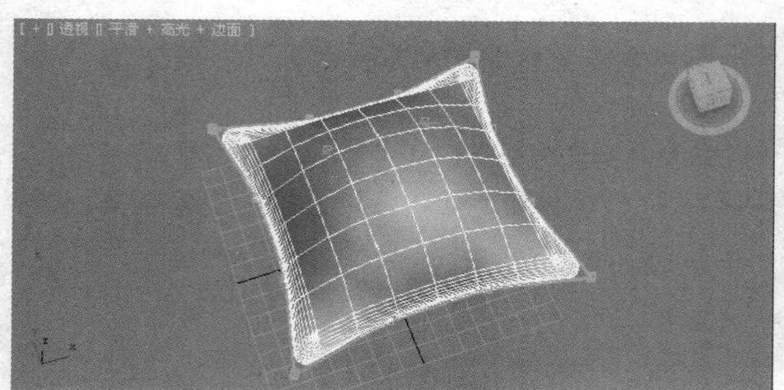

Step 09 在“透视”视口中，对另一个方向上的晶格点同样进行缩放操作，完成软垫的基本外型，如图所示。

提　示

可以通过使用“限制”参数来设定“倾斜”修改器产生的倾斜范围。

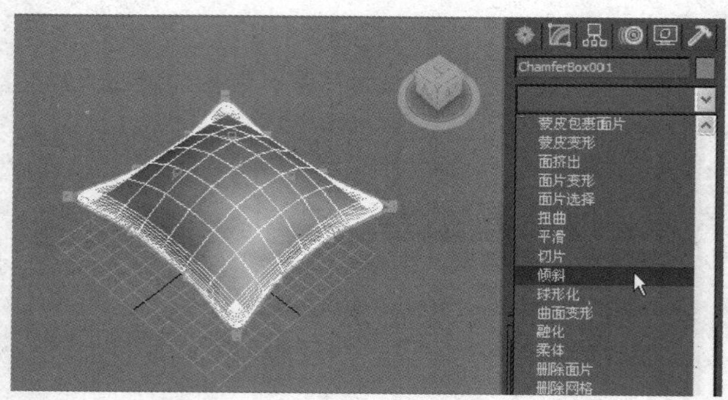

Step 10 为软垫添加“倾斜”修改器，如图所示。

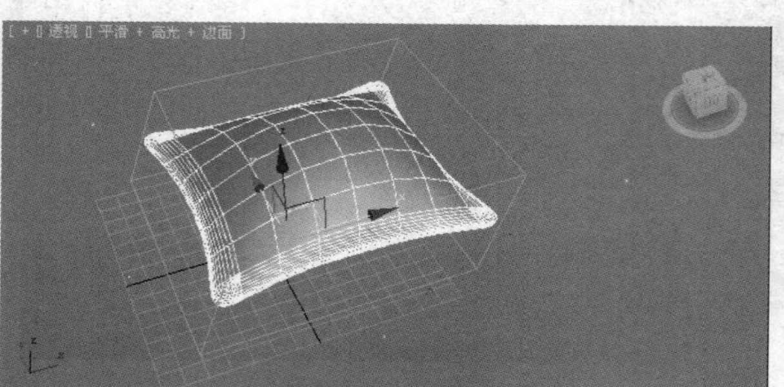

Step 11 通过“倾斜”修改器使软垫在Z轴上产生一定程度的倾斜效果，如图所示。

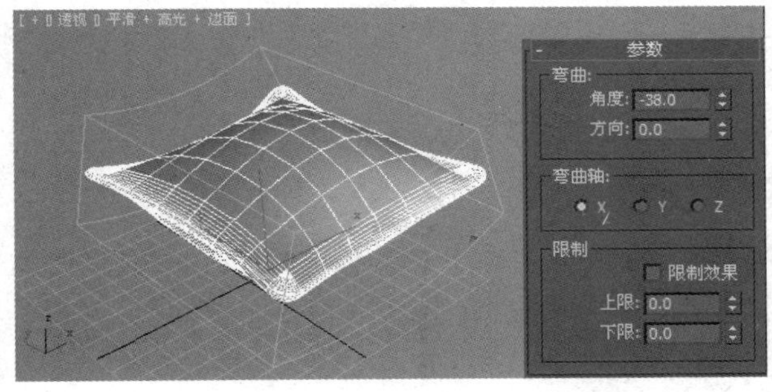

Step 12 为软垫添加“弯曲”修改器并设置参数，使其产生弯曲效果，如图所示。

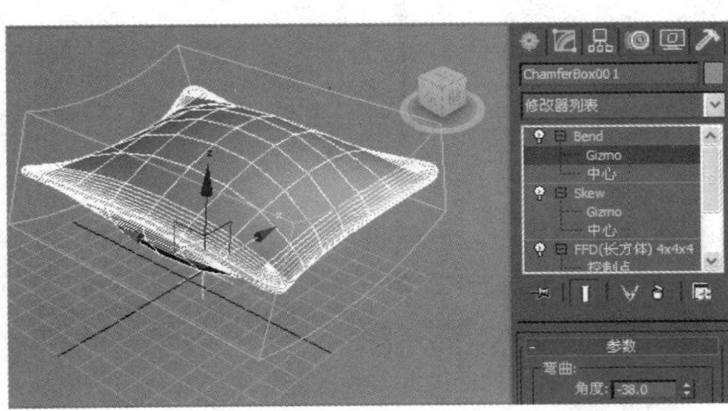

Step 13 在修改器堆栈中展开“弯曲”修改器，选择Gizmo层级，如图所示。

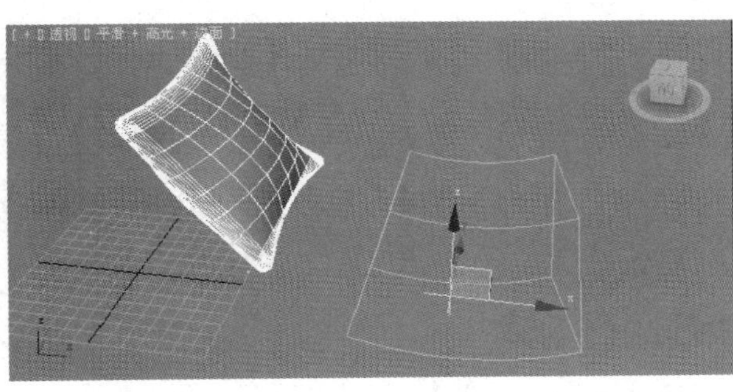

Step 14 移动Gizmo，可观察到对象也将产生相应的变化，如图所示。

提 示

对于修改器来说，Gizmo作为一种容器，用来转换对其附加对象所做的修改，Gizmo的变换也可以被记录。

2. 将二维图形转化为几何体的修改器

在场景中创建一个二维图形时，要将该二维图形作为几何体的截面进行转化，可以使用如“挤出”、“倒角”、“倒角剖面”、“壳”和“车削”等修改器，各修改器的含义如下。

- 挤出：该修改器将深度添加到图形中，并使其成为一个参数对象。
- 倒角：该修改器将图形挤出为3D对象并在边缘应用平或圆倒角。
- 倒角剖面：该修改器使用另一个图形路径作为倒角截剖面来挤出图形。
- 壳：该修改器通过添加一组朝向现有面相反方向的额外面，“凝固”对象或者为对象赋予厚度，无论曲面在原始对象中的任何地方消失，产生的边将连接内部和外部曲面。可以为内部和外部曲面、边的特性、材质 ID 以及边的贴图类型指定偏移距离。
- 车削：该修改器通过绕轴旋转一个图形或NURBS曲线来创建几何体对象。

提 示

使用分段微调器可以创建多达10000条线段。注意不要使用它创建几何体，因为几何体太复杂。通常可以使用平滑组或“平滑”修改器来获得满意的结果，而不用增加分段。

范例实录

通过二维图形创建桌面和坛子

DVD-ROM

最终文件:
范例文件\Chapter 6\6.3\通过二维图形创建桌面和坛子（最终文件).max

提 示

通常使用弧形或其他光滑的曲线作为剖面来进行倒角。

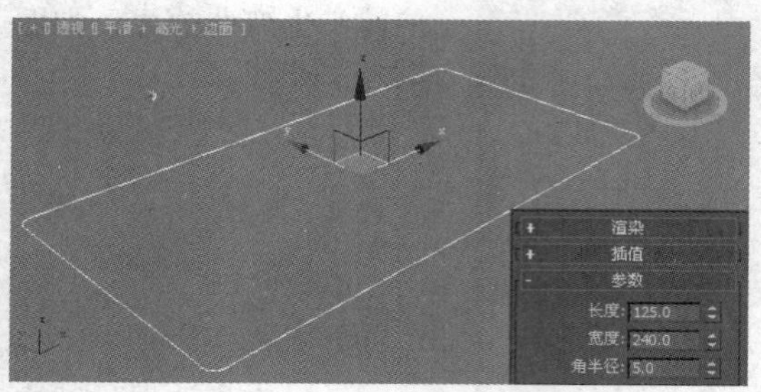

Step 01 在场景中创建一个矩形对象，并设置“角半径”参数，如图所示。

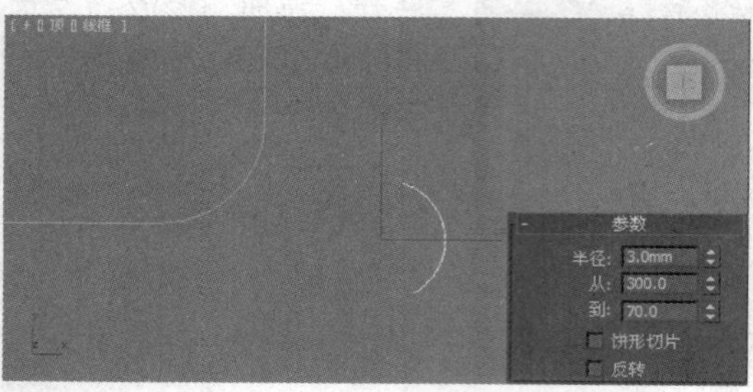

Step 02 在场景中创建一个弧形对象，如图所示。

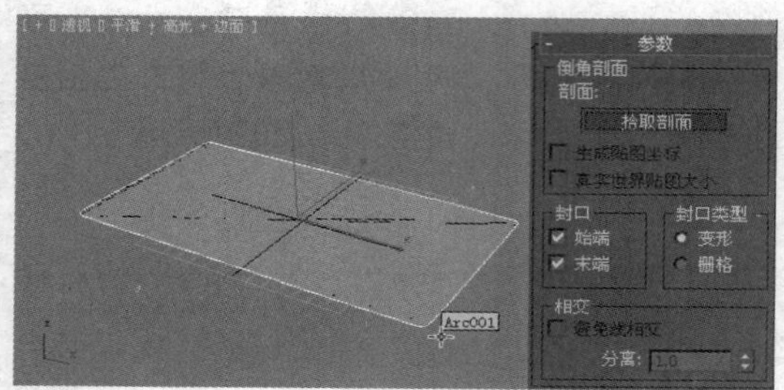

Step 03 选择矩形对象，为其添加“倒角剖面”修改器。在“倒角剖面”修改器的参数面板中单击“拾取剖面”按钮 拾取剖面 ，在视口中拾取弧形，如图所示。

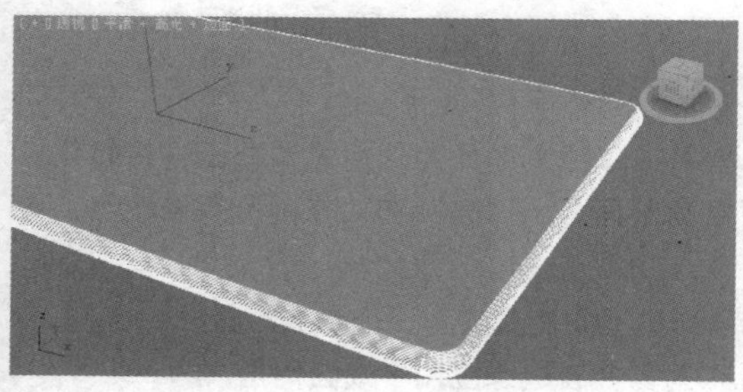

Step 04 拾取弧形后，矩形将以弧形为剖面转化为几何体，如图所示。

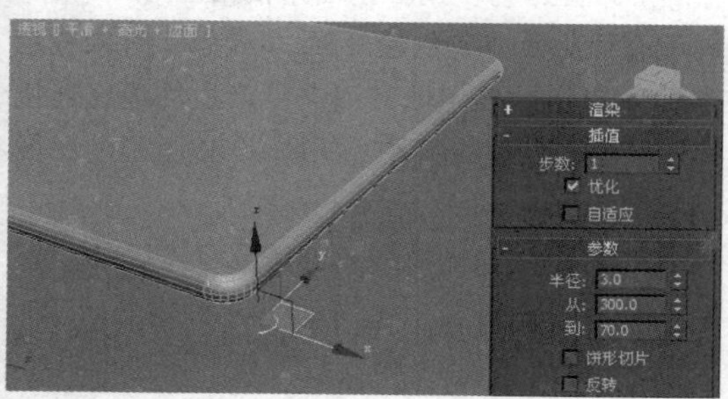

Step 05 选择之前创建的弧形对象，在“插值”卷展栏中设置“步数”参数值为1，减小倒角剖面对象剖面的分段数，如图所示。

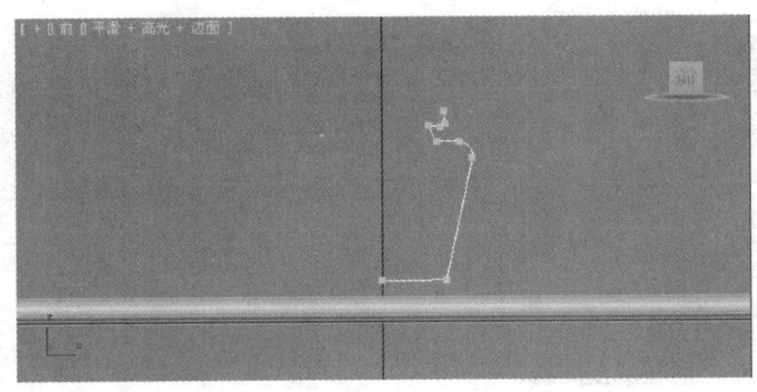

Step 06 在“前”视图中创建一段未封闭的曲线，如图所示。

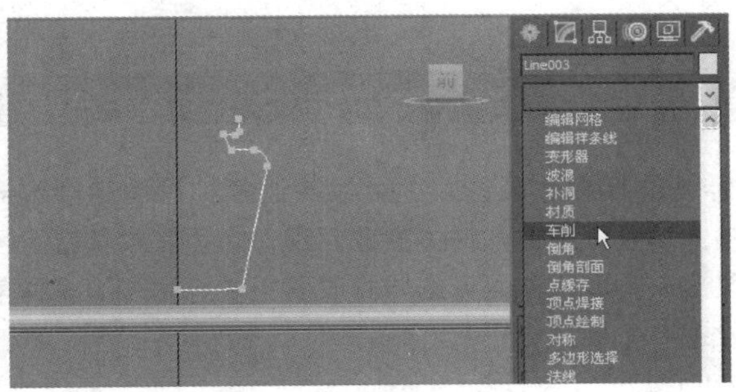

Step 07 在“修改”命令面板中为曲线添加“车削”修改器，如图所示。

> **提 示**
>
> 如果删除剖面的原始对象，倒角剖面将无法创建。

Step 08 添加“车削”修改器后，对曲线进行车削旋转，将其转化为几何体，如图所示。

> **提 示**
>
> 作为车削的原始对象，可以是封闭或未封闭的图形对象。

Step 09 在“车削”修改器的参数面板中单击“最小”按钮 最小 ，可将图形沿Z轴进行车削，如图所示。

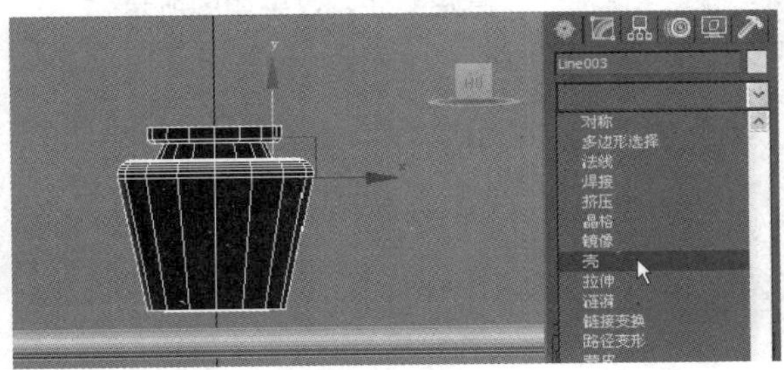

Step 10 为坛子对象添加“壳”修改器，如图所示。

> **提 示**
>
> “车削”修改器可以沿不同的轴向或对齐对象的不同位置进行几何转换，同时允许用户通过Gizmo调整车削的中心位置。

提 示

如果要获得最佳的结果，原始多边形的面应该朝外。

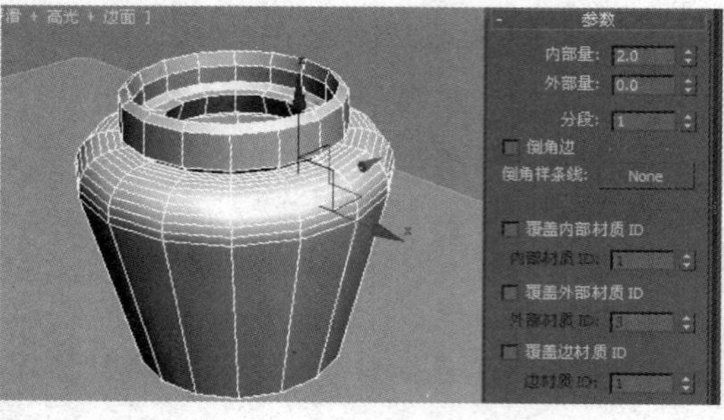

Step 11 设置“内部量”的值为2，使单面几何体具有厚度，参数设置及完成效果如图示。

6.4 可编辑对象

提 示

“可编辑样条线”中的功能与“编辑样条线”修改器的功能相同。不同的是，将现有的样条线形状转化为可编辑的样条线时，将不能再访问创建参数或设置它们的动画。但是样条线的插值设置（步长设置）仍可以在可编辑样条线中使用。

如果需要对对象进行更为详细的模型效果修改，可以通过各种可编辑修改器对模型的各种组成元素进行调整。调整图形或几何体组成元素，除了其本身就是可编辑的对象外，还可以通过修改器来实现，常用可编辑修改器主要包括“编辑样条线”、“编辑多边形”和“编辑网格”等。

6.4.1 可编辑样条线

“编辑样条线”修改器通过顶点、线段和样条线3个子对象操纵图形，可以对图形的细分程度、组成曲线的基本元素和可渲染特性进行控制，使图形的外形编辑更加精确和自由。

1. 样条线的可渲染性

所有二维图形都是由样条线组成的，通过创建预置的几何图形，在没有添加“编辑样条线”修改器或转换为可编辑样条线对象时，仍然可以控制曲线的可渲染性，如图所示为利用曲线可渲染性模拟的椅子支架。

范例实录

图形的可渲染性应用

DVD-ROM

原始文件:
范例文件\Chapter 6\6.4\图形的可渲染性应用（原始文件).max

最终文件:
范例文件\Chapter 6\6.4\图形的可渲染性应用（最终文件).max

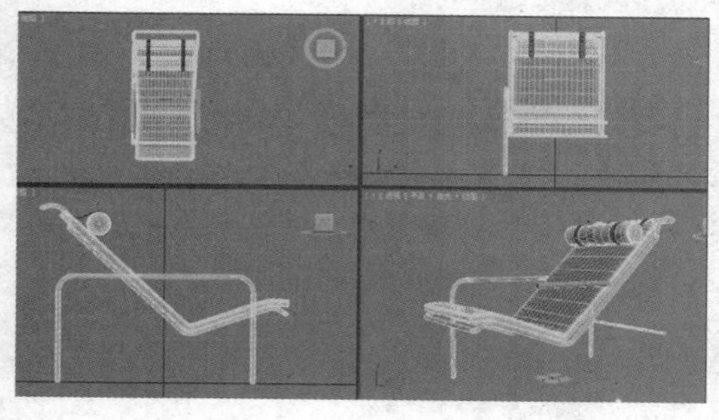

Step 01 打开本书配套光盘中的原始文件，效果如图所示。

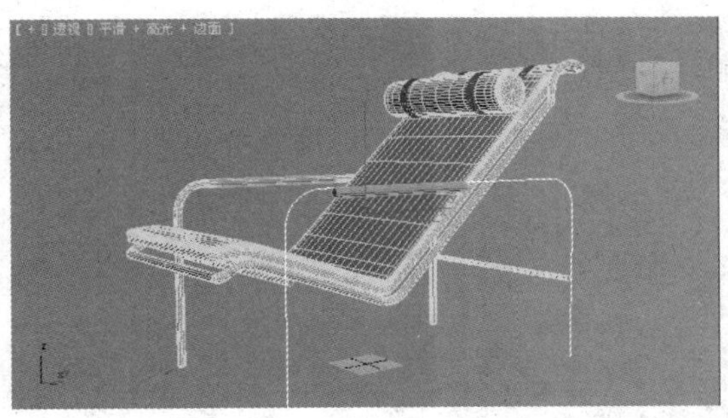

Step 02 根据一侧的支脚创建一段未封闭曲线，如图所示。

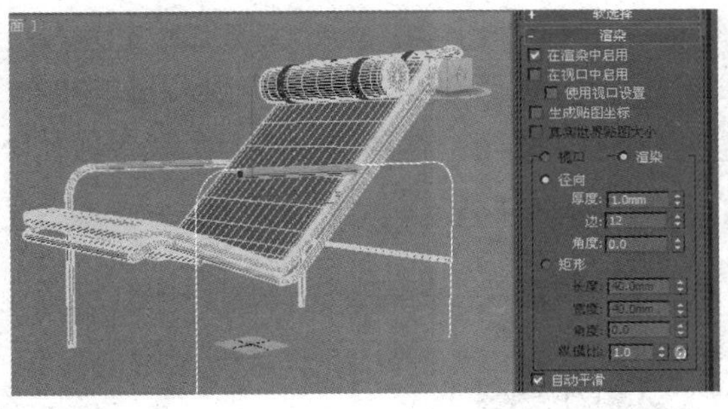

Step 03 在曲线的参数面板中展开“渲染”卷展栏，在其中勾选“在渲染中启用”复选框，如图所示。

> **提 示**
>
> 在渲染中启用样条线的可渲染性，只能在渲染时观察到样条线的几何体形态，在视口中仍然显示样条线。

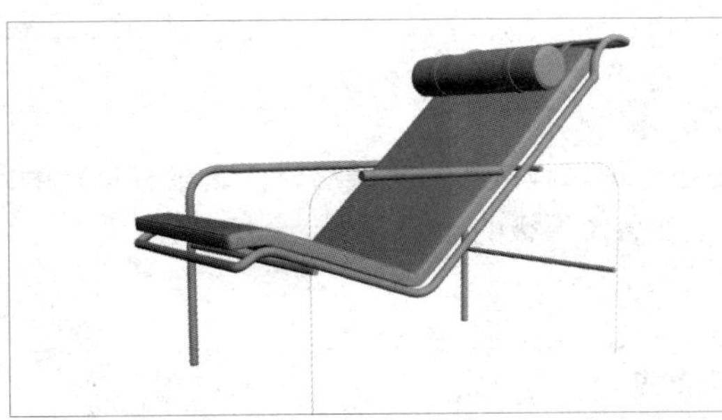

Step 04 快速渲染“透视”视口，可观察到只有1mm半径大小的样条线几何体形态，如图所示。

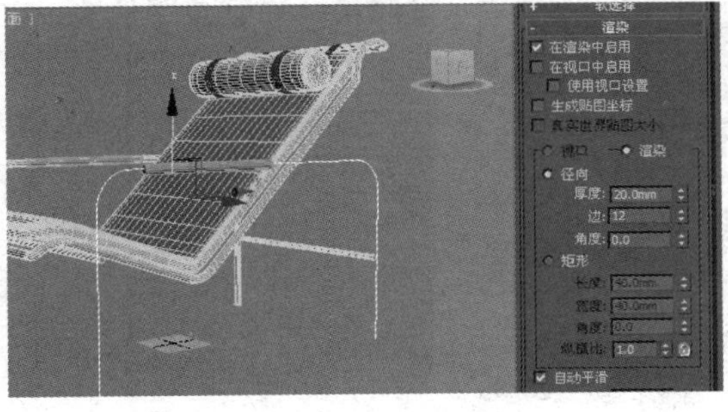

Step 05 设置“径向”的“厚度”值为20mm，如图所示。

> **提 示**
>
> 设置厚度时可指定视口或渲染样条线网格的直径。默认设置为1.0，范围为0.0mm~100,000,000.0mm。

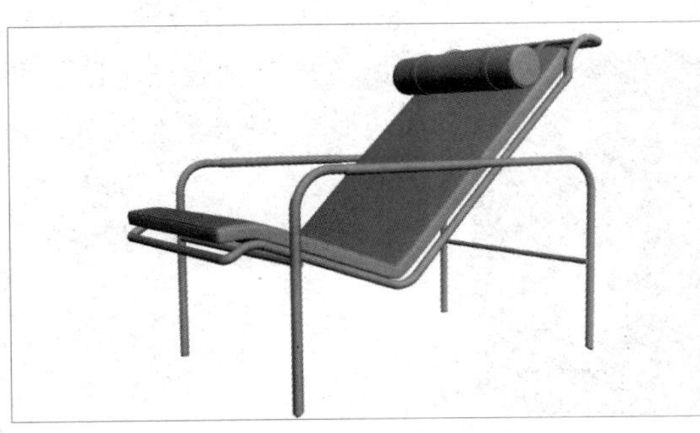

Step 06 渲染场景，可观察到样条线的半径变粗，效果如图所示。

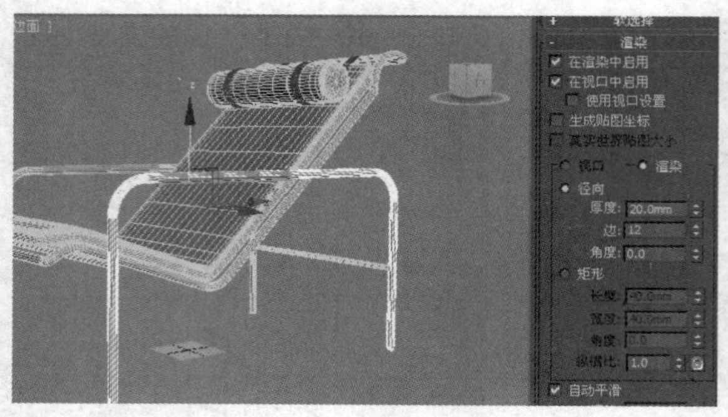

Step 07 勾选“在视口中启用”复选框，将可以通过视图观察样条线的几何体形态，如图所示。

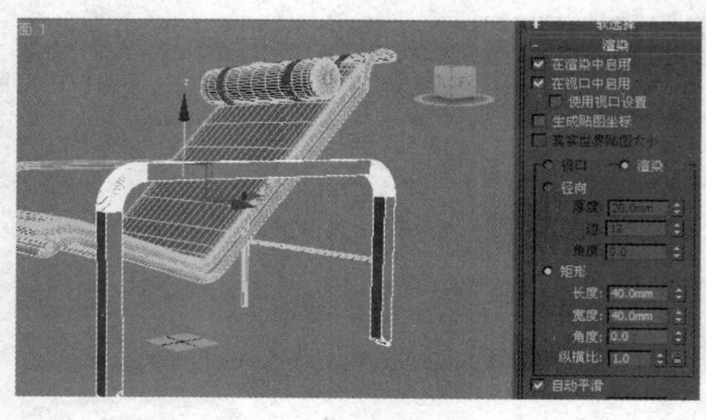

Step 08 选择“矩形”方式并设置相关参数，可观察到样条线几何体形态的截面为矩形，如图所示。

提 示

在第一次选择可编辑样条线后访问“修改”命令面板时，用户处于“对象”层级，在可编辑样条线对象层级可用的功能也可以在所有子对象层级使用。通过单击“选择”卷展栏顶部的子菜单按钮，可以切换子对象模式并访问相关功能。

2. 可编辑样条线对象的编辑

在没有选择子对象层级时，即处在可编辑样条线对象层级时，大部分可用的功能也可以在所有子对象层级使用，并且在各个层级的作用方式完全相同。

范例实录

使多个图形对象附加为可编辑样条线

DVD-ROM

最终文件:
范例文件\Chapter 6\6.4\使多个图形对象附加为可编辑样条线(最终文件).max

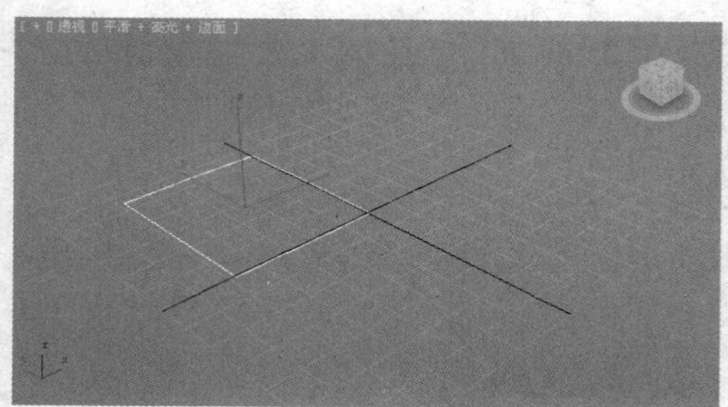

Step 01 在场景中创建一个矩形图形对象，如图所示。

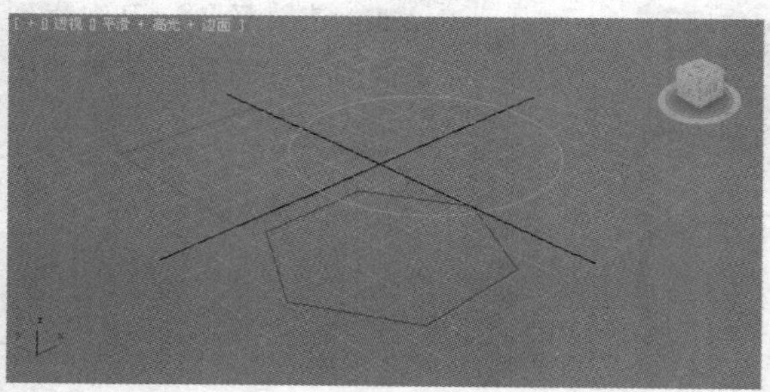

Step 02 各创建一个圆形和多边形图形对象，如图所示。

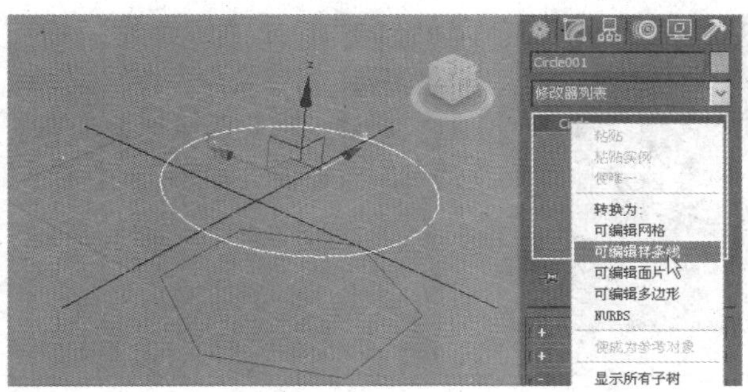

Step 03 选择其中的圆图形对象，在修改器堆栈中单击鼠标右键，在快捷菜单中如果选择“转换为：可编辑样条线”命令，可转化圆形，如图所示。

> **提 示**
>
> 将图形转化或塌陷为可编辑样条，将不能返回到图形的基本层级进行参数设置。

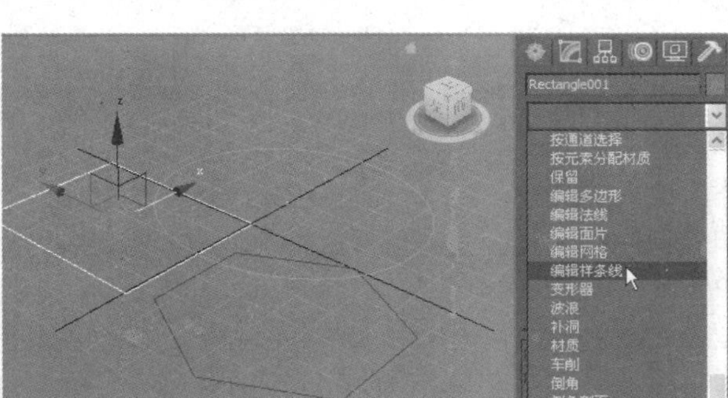

Step 04 选择矩形，在“修改”命令面板中为其添加“编辑样条线”修改器，如图所示。

> **提 示**
>
> 如果通过“编辑样条线”修改器编辑图形，仍然保持图形最原始的参数，对通过修改器调整的结果还可以删除或隐藏显示。

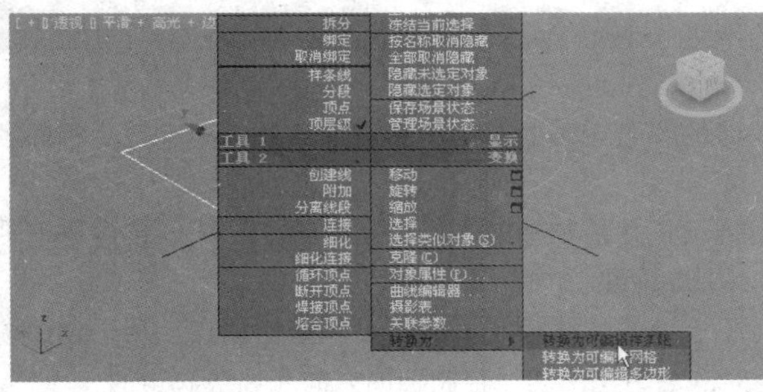

Step 05 选择矩形，在视口中开启四元菜单，选择“转换为可编辑样条线”命令，如图所示。

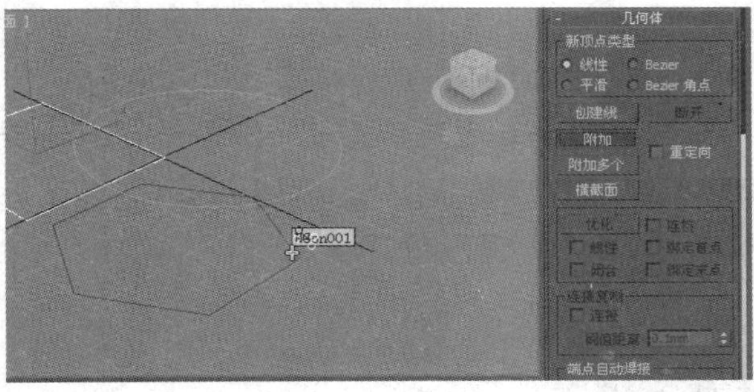

Step 06 使用前面任意一种方法将矩形转化为可编辑器样条线后，在参数面板中单击“附加”按钮 附加 ，并在视口中靠近其他图形，当光标变为如图所示形状时，可以附加图形到当前可编辑样条线。

> **提 示**
>
> 如果单击“附加多个”按钮，会打开选择对象对话框，可以在对话框中选择多个图形对象进行附加。

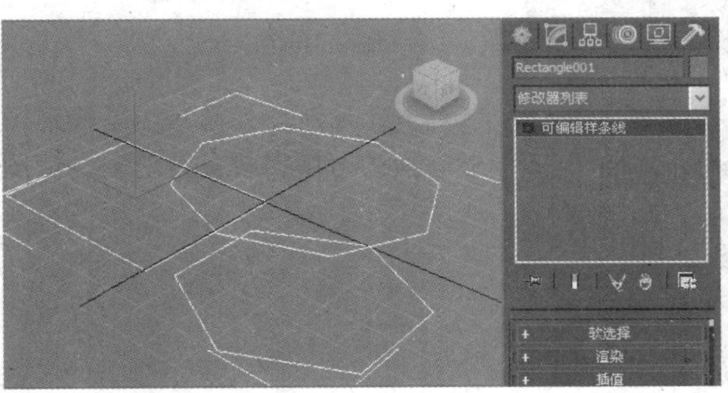

Step 07 完成附加后，在修改器堆栈中可观察到只有“可编辑样条线”层级，如图所示。

提 示

在附加对象后，最终的可编辑样条线名称将应用附加前第一个图形的名称。

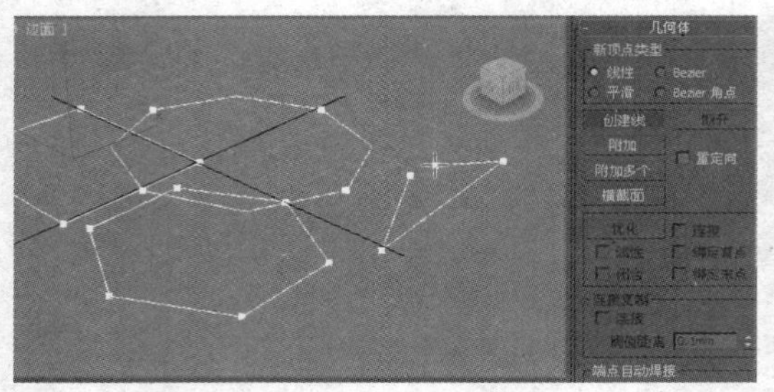

Step 08 单击“创建线”按钮 创建线 ，可在场景中绘制新的曲线，但该曲线仍属于可编辑样条线的同一层级，如图所示。

3. 顶点层级的编辑

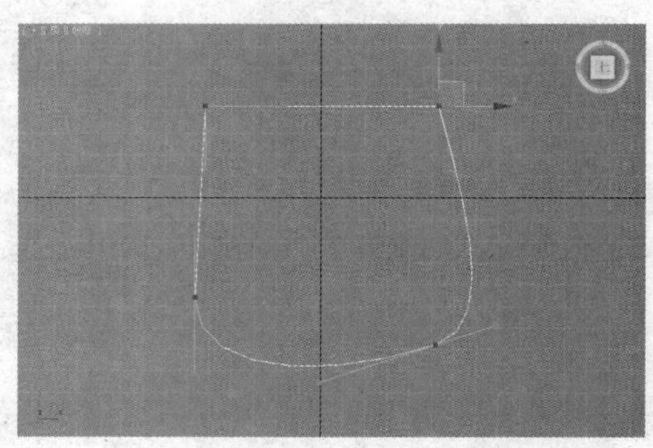

在可编辑样条线的“顶点”层级下，可以使用标准方法选择一个或多个顶点，并允许变换操作。顶点包括角线、光滑、贝塞尔和贝塞尔角点4 种属性，可以通过四元菜单重置控制柄或切换顶点类型，如图所示为4 个不同属性的顶点，4种顶点的含义如下。

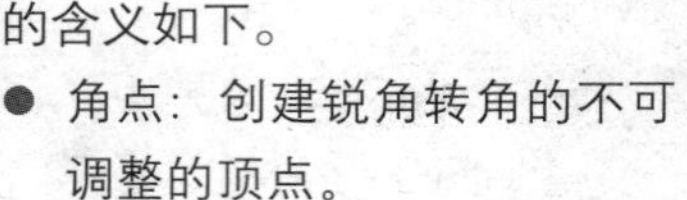

- 角点：创建锐角转角的不可调整的顶点。
- 平滑：创建平滑连续曲线的不可调整的顶点，平滑顶点处的曲率是由相邻顶点的间距决定的。
- 贝塞尔：创建带有锁定连续切线控制柄的不可调解的顶点，用于创建平滑曲线。顶点处的曲率由切线控制柄的方向和量级确定。
- 贝塞尔角点：创建带有不连续的切线控制柄的不可调整的顶点，用于创建锐角转角。线段离开转角时的曲率是由切线控制柄的方向和量级决定的。

范例实录

顶点的测试与应用

DVD-ROM

最终文件：
范例文件\Chapter 6\6.4\顶点的测试与应用(最终文件).max

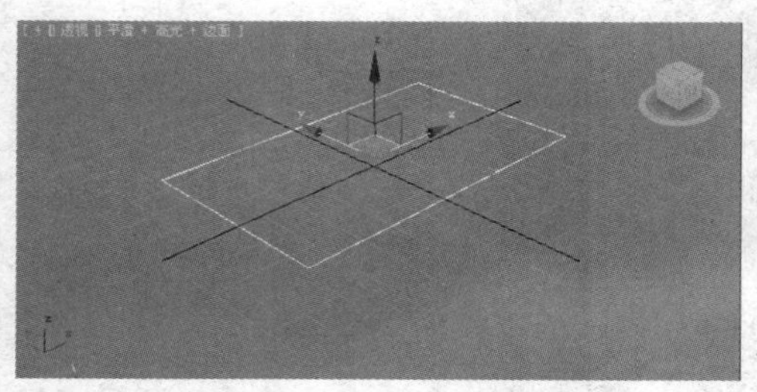

Step 01 在场景中创建一个矩形图形，如图所示。

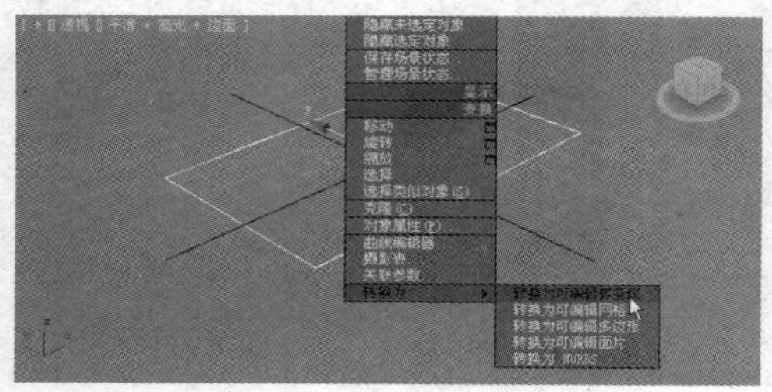

Step 02 通过四元菜单可将矩形图形转换为可编辑样条线对象，如图所示。

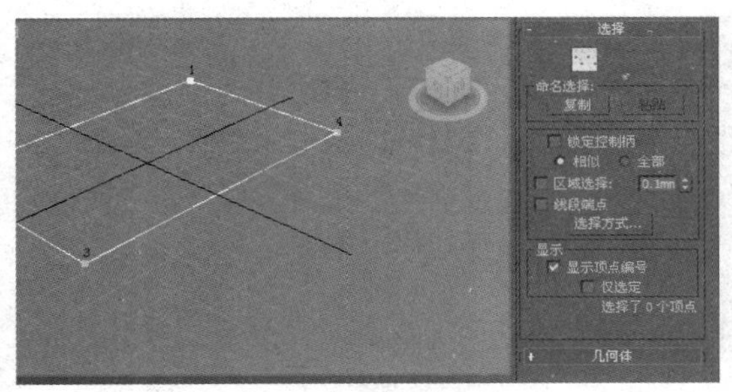

Step 03 在“选择”卷展栏中单击“顶点”按钮，并勾选“显示顶点编号”复选框，在视图中显示顶点以及面点的序号，如图所示。

> **提 示**
>
> 选择顶点层级的操作，也可以通过修改器堆栈来实现。

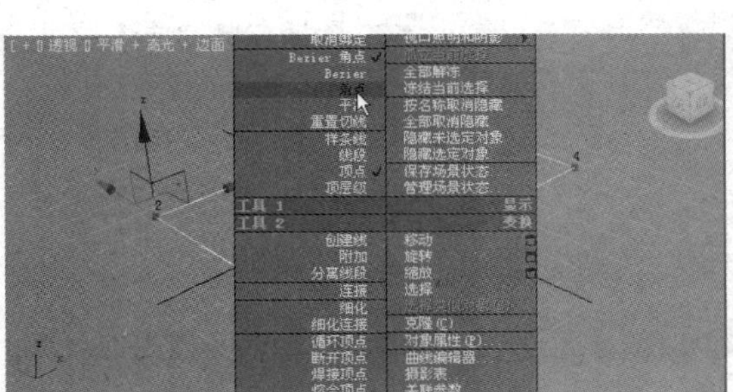

Step 04 选择所有顶点，然后开启四元菜单，选择“角点”命令，如图所示。

> **提 示**
>
> 全选顶点时，可以在该层级处于激活状态时，按下快捷键Ctrl+A。

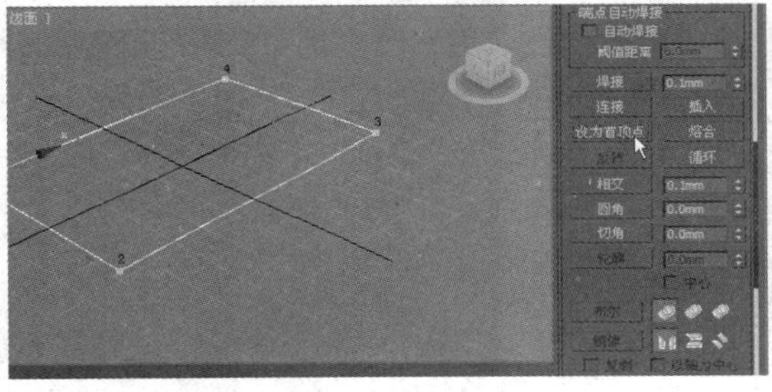

Step 05 选择左上角的顶点，然后在“几何体”卷展栏中单击“设为首顶点”按钮设为首顶点，该顶点将成为图形的起点，如图所示。

> **提 示**
>
> 首顶点为黄色，在复杂的可编辑样条线中，一条封闭样条线上只允许有一个首顶点。

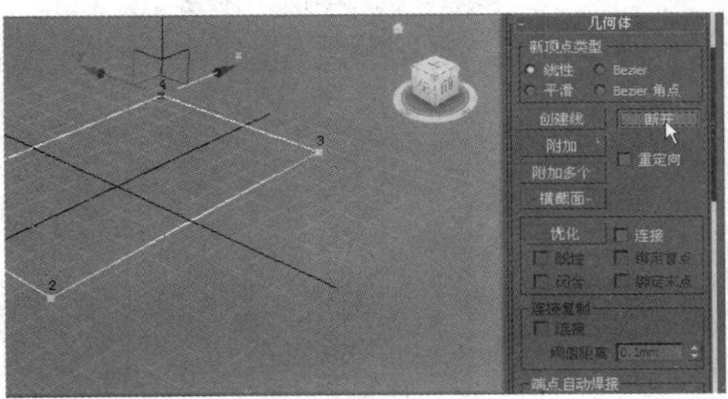

Step 06 选择右上角的顶点，单击“断开”按钮断开，该顶点将断开为两个顶点，如图所示。

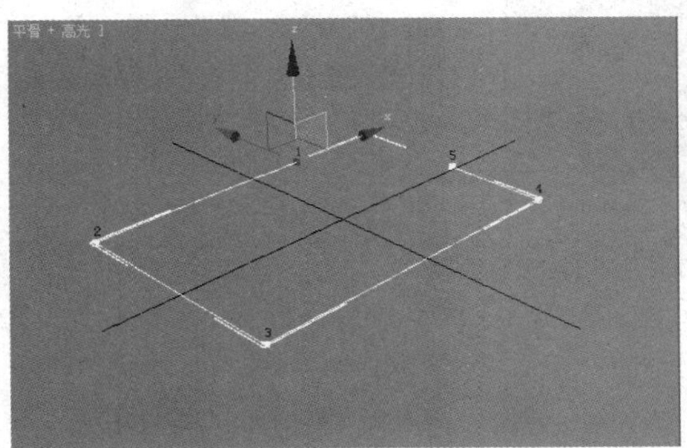

Step 07 使用移动工具对断开的顶点进行适当移动，完成效果如图所示。

> **提 示**
>
> 断开的顶点只是位置重合，是两个独立的顶点，从断开处封闭曲线将变为未封闭曲线，未封闭曲线将变为两条线段。

提 示

连接操作只应用于两个开放的顶点处。

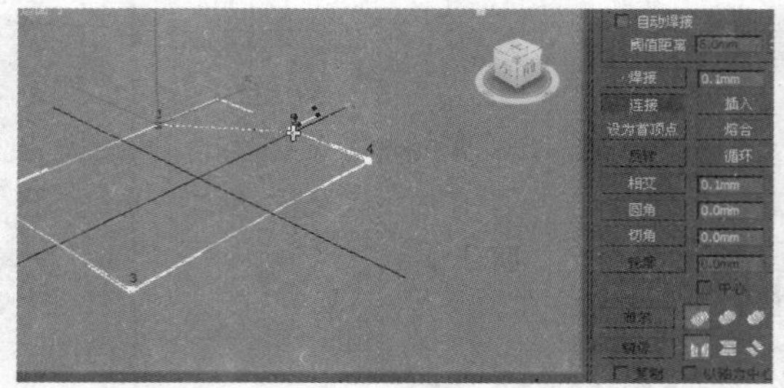

Step 08 在参数面板中单击"连接"按钮 连接 ，拖动鼠标在开放端的顶点处绘制一点虚线，释放鼠标后两个顶点将被线段连接，如图所示。

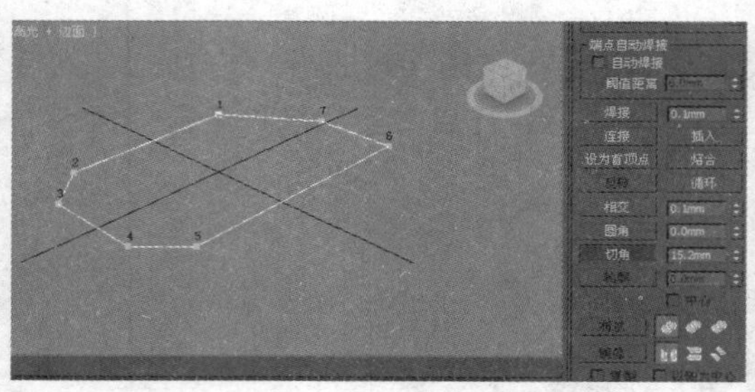

Step 09 选择左侧的两个顶点，单击"切角"按钮 切角 并在视口中进行拖动操作，选择的顶点将进行切角处理，如图所示。

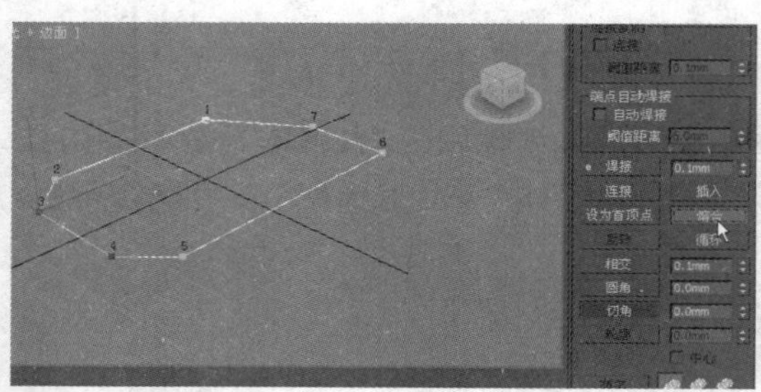

Step 10 选择最左侧的两个顶点，然后单击"熔合"按钮 熔合 ，如图所示。

提 示

在使用"熔合"功能时，最终的顶点位置将以两个选择顶点的平均中心位置值来计算。

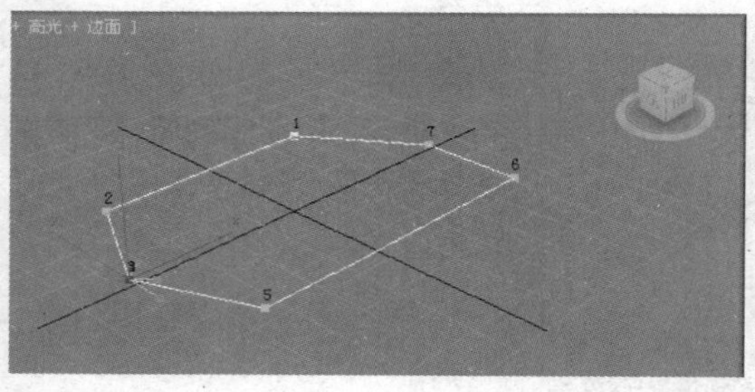

Step 11 单击"熔合"按钮后，选择的两个顶点将移动到同一个坐标位置上，如图所示。

提 示

在焊接顶点时，可以通过后面的参数值来控制焊接时允许的最大距离。

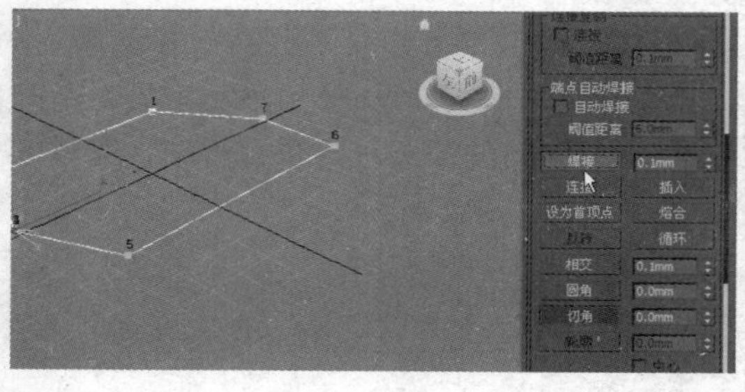

Step 12 保持熔合后两个重合顶点的选定状态，然后单击"焊接"按钮 焊接 ，两个顶点将焊接为一个顶点，如图所示。

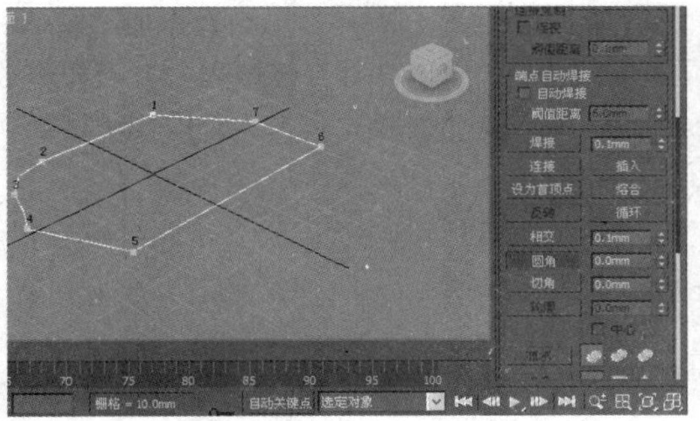

Step 13 选中焊接前的2号和4号顶点，单击“圆角”按钮 圆角 ，并且上下拖动鼠标使顶点圆角化，如图所示。

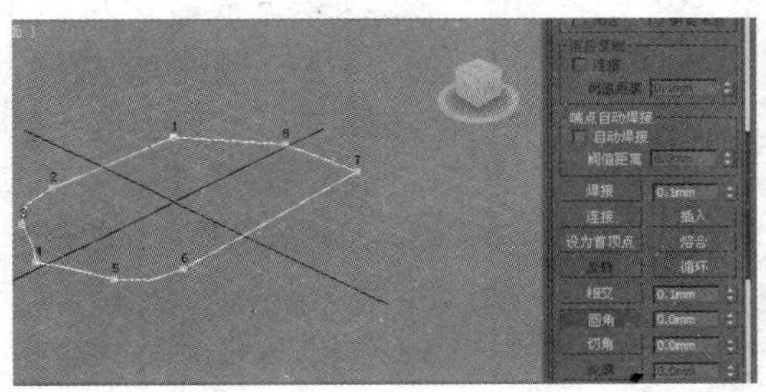

Step 14 单击“优化”按钮 优化 ，将光标靠近样条线，当光标变为如图所示的形状时进行单击操作，可在线段上添加新的顶点。

提 示

“优化”功能允许添加顶点而不更改样条线的曲率值，每次添加顶点时可以连续添加，单击鼠标右键即可完成。

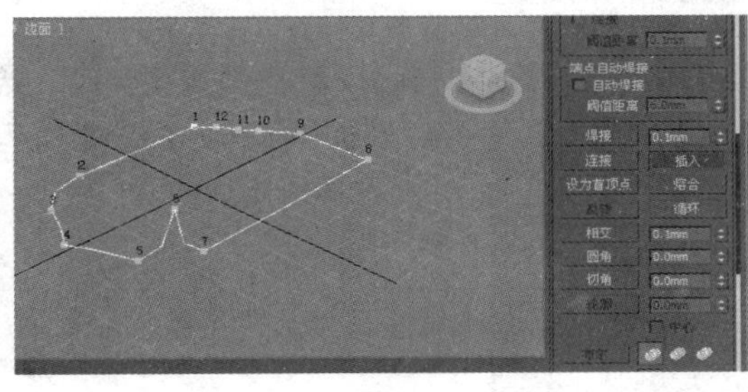

Step 15 在卷展栏中单击“插入”按钮 插入 ，可以插入一个或多个顶点，创建其他线段，如图所示。

4. 线段层级的编辑

线段是样条线的一部分，两个顶点确定一条线段。在可编辑样条线的线段层级中，可以选择一条或多条线段，并使用变换工具进行移动、旋转或缩放操作。

线段的控制

范例实录

DVD-ROM

原始文件:

范例文件\Chapter 6\6.4\线段的控制（最终文件).max

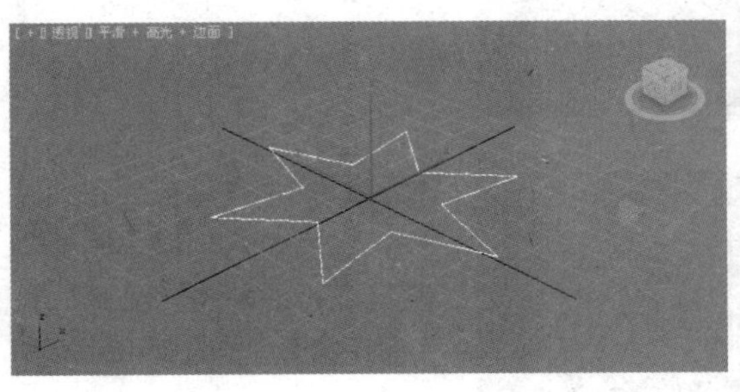

Step 01 在场景中创建一个星形图形，如图所示。

提 示

在选定可编辑样条线对象时，当选择线“分段”子层级时，可以使用快捷键2。

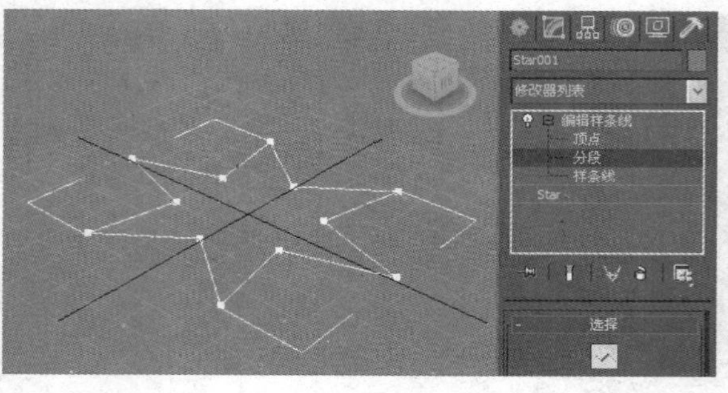

Step 02 为其添加“编辑样条线”修改器，并展开修改器，选择“分段”子层级，如图所示。

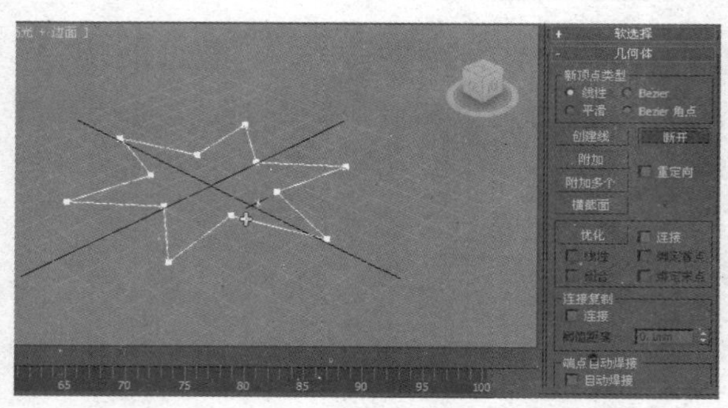

Step 03 在参数面板中单击“断开”按钮 断开 ，当光标变为如图所示的形状时，在线段上单击添加顶点，且线段从顶点处断开。

提 示

“拆分”功能可以通过添加由微调器指定的顶点数来细分所选线段。

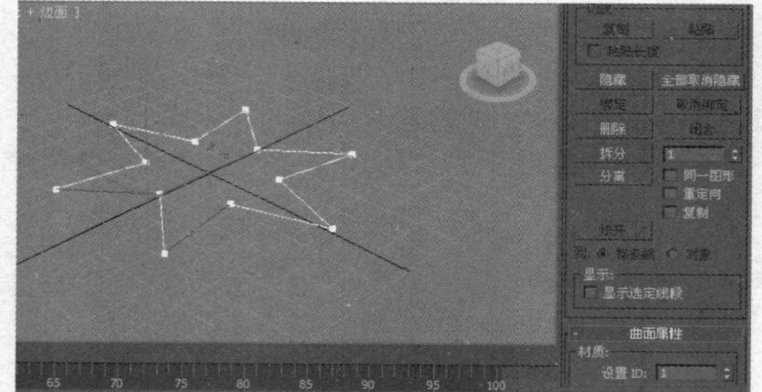

Step 04 选择两条线段，然后设置“拆分”的参数值为1，如图所示。

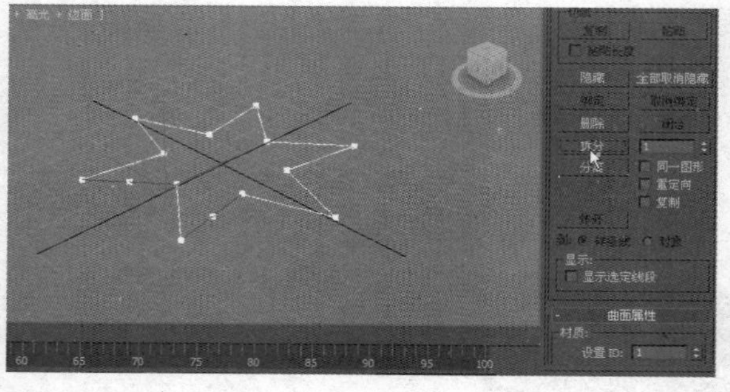

Step 05 单击“拆分”按钮 拆分 ，所选线段将被一个顶点平均拆分，如图所示。

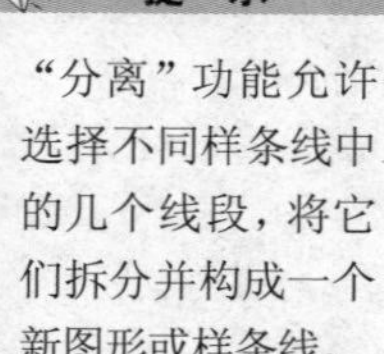

提 示

“分离”功能允许选择不同样条线中的几个线段，将它们拆分并构成一个新图形或样条线。

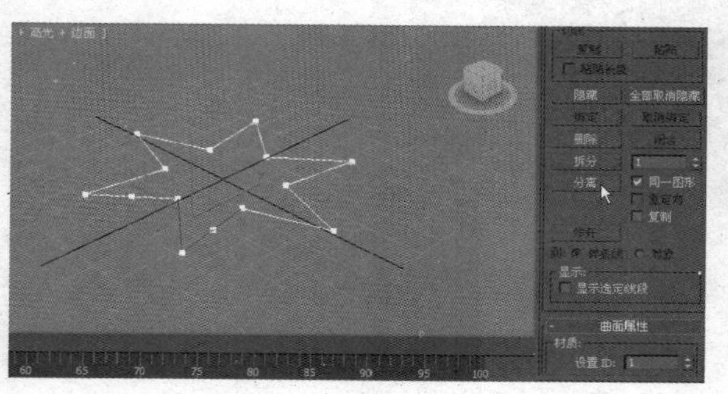

Step 06 选择星形一角的线段，然后勾选“同一图形”复选框，并单击“分离”按钮 分离 ，如图所示。

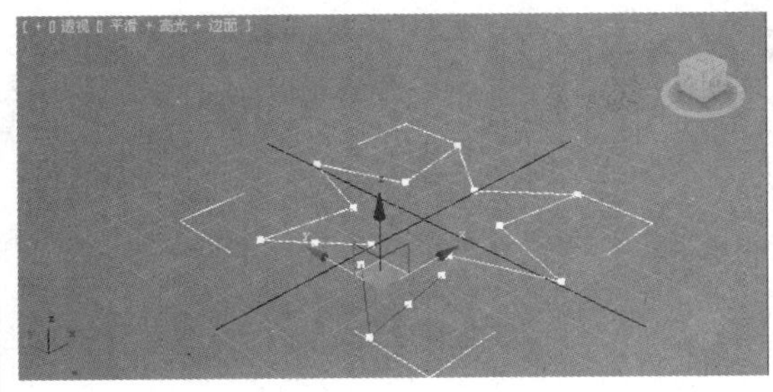

Step 07 选择的线段将被分离，但仍属于星形可编辑样条线的子层级，效果如图所示。

> **提 示**
>
> 启用“重定向”功能，分离的线段复制源对象创建局部坐标系的位置和方向。此时，将会移动和旋转新的分离对象，以便对局部坐标系进行定位，并使其与当前活动栅格的原点对齐。

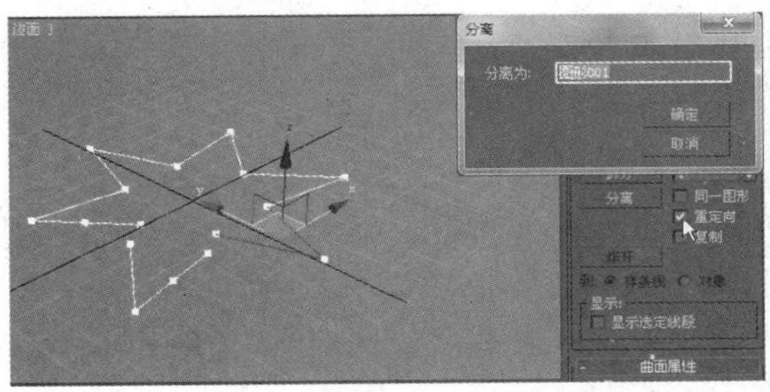

Step 08 重新选择线段，勾选“重定向”复选框，然后单击“分离”按钮 分离 ，会打开相应的对话框，在该对话框中可为分离的新对象命名，如图所示。

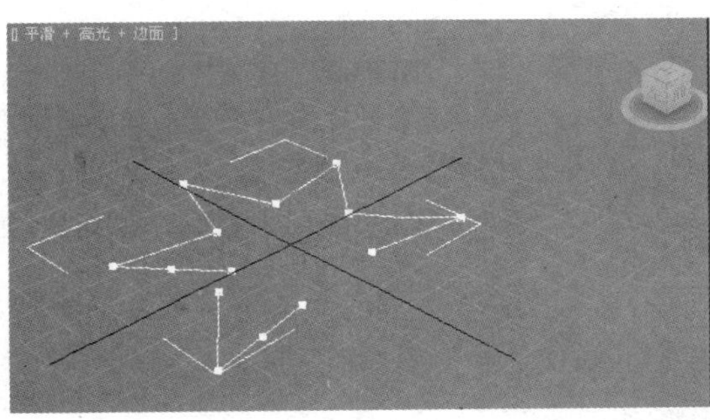

Step 09 由于勾选了“重定向”复选框，分离出的新对象将产生位置上的变化，如图所示。

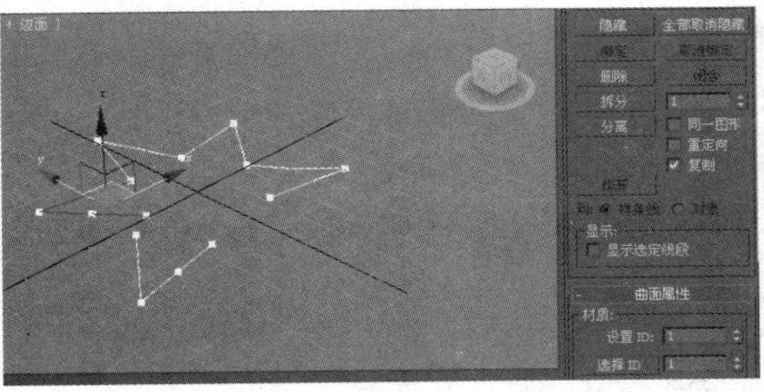

Step 10 重新选择线段，勾选“复制”复选框，再次单击“分离”按钮 分离 ，如图所示。

> **提 示**
>
> 启用“复制”功能后将复制分离线段，而不产生移动变换。

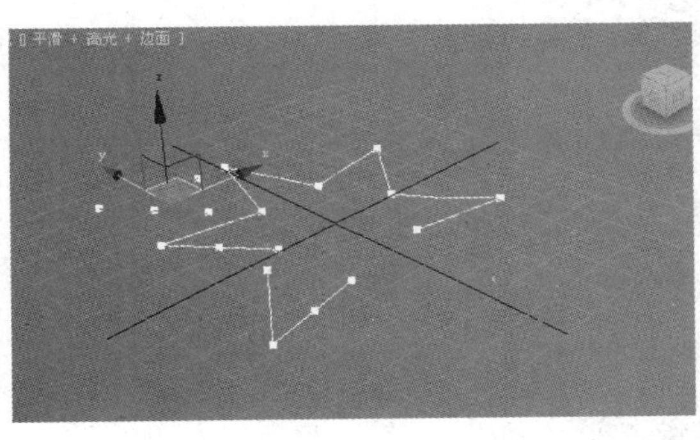

Step 11 通过复制方式进行分离后，分离的新对象将与原始对象位置重合，可通过变换工具选择并变换查看复制的对象，如图所示。

5. 样条线层级的编辑

在可编辑样条线对象的“样条线”层级中，可以选择一个样条线对象中的一个或多个样条线，并使用标准方法进行移动、旋转和缩放操作。

范例实录

常用样条线的编辑工具

DVD-ROM

最终文件：
范例文件\Chapter 6\6.4\常用样条线的编辑工具（最终文件）.max

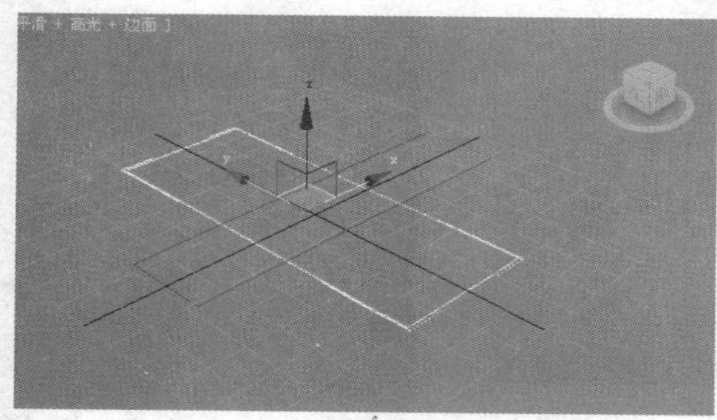

Step 01 在场景中创建两个大小不一的矩形图形，如图所示。

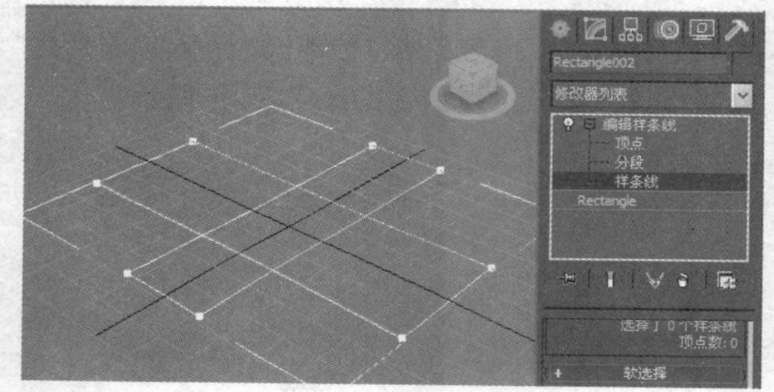

Step 02 将其中一个矩形转化为可编辑样条线，并附加另一个矩形，然后选择“样条线”子层级，如图所示。

提　示

在样条线层级中，可以通过四元菜单中的命令将其更改为直线或是曲线。

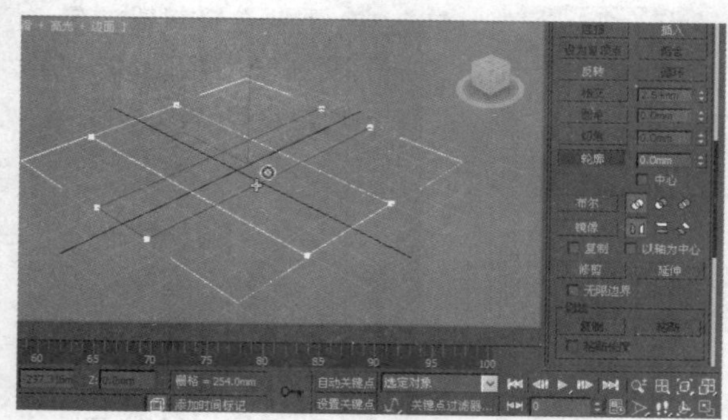

Step 03 选择其中一条样条线，然后单击“轮廓”按钮 轮廓 ，将光标靠近选择的样条线，光标将变为如图所示的形状。

提　示

样条线的附加不考虑样条线是否有交叉，每一个样条线都是独立可编辑的，并允许封闭和未封闭并存。

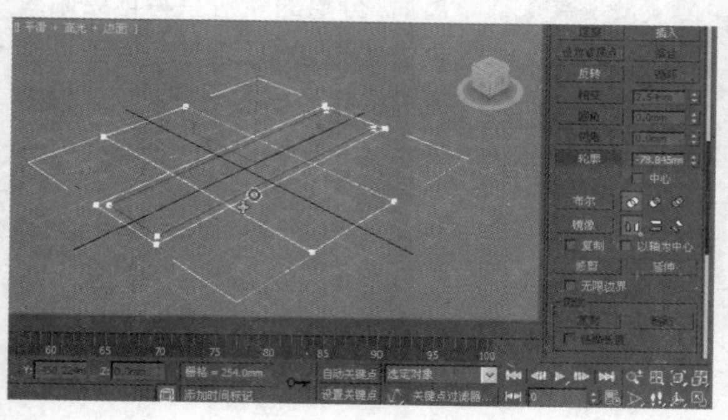

Step 04 在视口中拖动鼠标，可以为选择的样条线添加轮廓，如图所示。

提　示

轮廓可以制作样条线的副本，所有侧边上的距离偏移量由“轮廓宽度”微调器指定。如果使用微调器，则必须在单击“轮廓”按钮之前选择样条线。

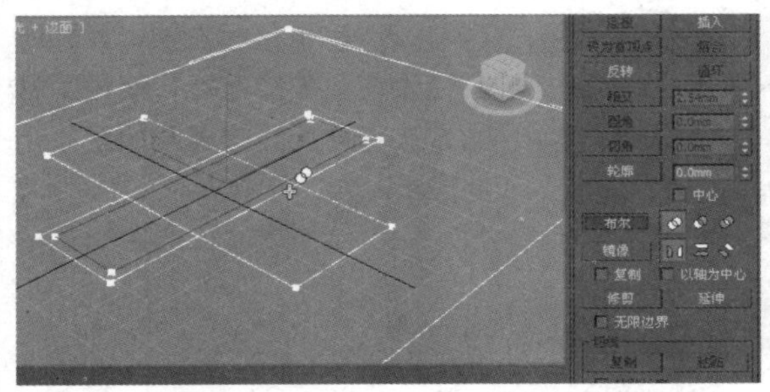

Step 05 重新选择样条线，单击“并集”按钮并单击“布尔”按钮布尔，如图所示。

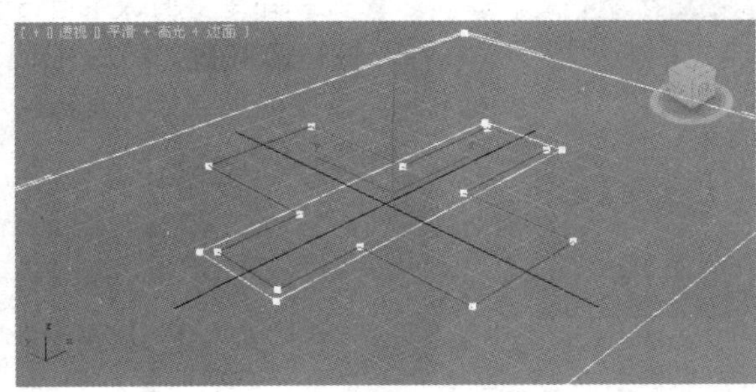

Step 06 在视口中拾取样条线，该样条线将与选定的样条线合并，如图所示。

> **提 示**
>
> “布尔”功能通过执行更改选择的第一条样条线，并删除第二条样条线的2D布尔操作，可以将两个闭合多边形组合在一起。

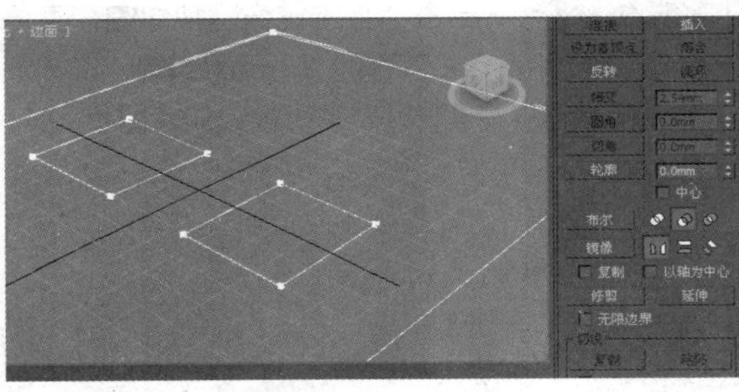

Step 07 单击“差集”按钮，并对另一个矩形样条线进行布尔运算，完成效果如图所示。

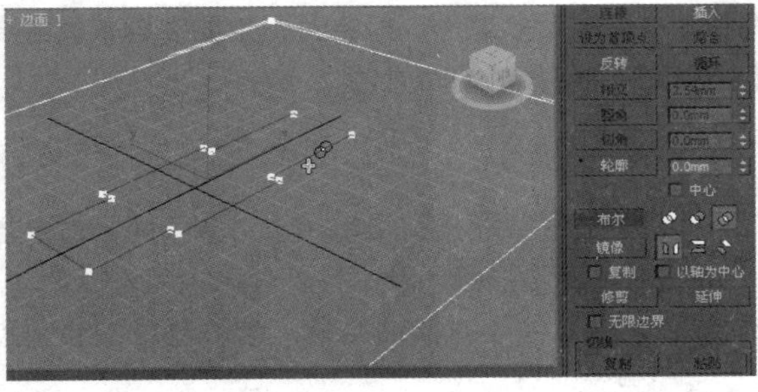

Step 08 如果单击“交集”按钮进行布尔运算，将得到如图所示的结果。

> **提 示**
>
> 2D布尔只能在同一平面中的2D样条线上使用，包括合集、差集和交集3种运算方式。

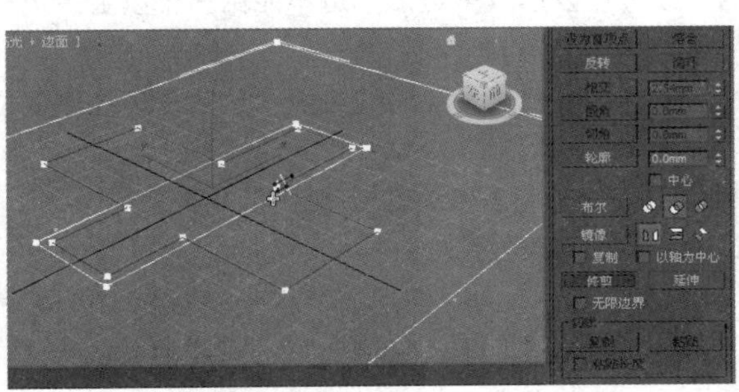

Step 09 撤消到执行差集运算的操作，单击“修剪”按钮修剪，并将光标靠近样条线，光标变为如图所示的形状。

提 示

进行修剪时，需要将样条线相交。单击需要移除的样条线部分，即可完成修剪。

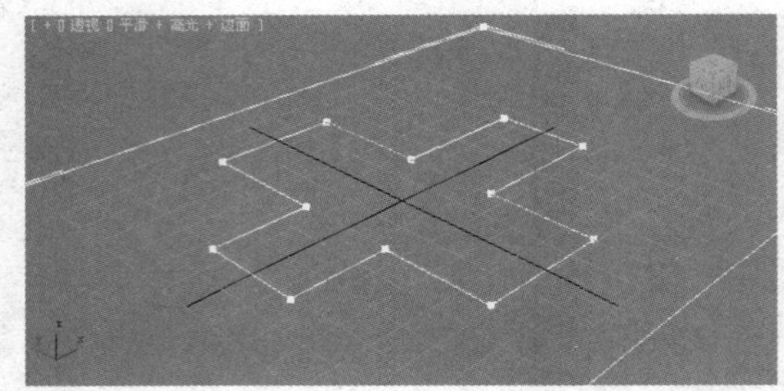

Step 10 单击鼠标左键，光标所在线段将会被修剪掉，使用同样的方法将样条线修剪至如图所示的形状。

提 示

进行延伸操作时，需要一条开口样条线。样条线最接近拾取点的末端会延伸直到它到达另一条相交的样条线。如果没有相交样条线，则不进行任何处理。

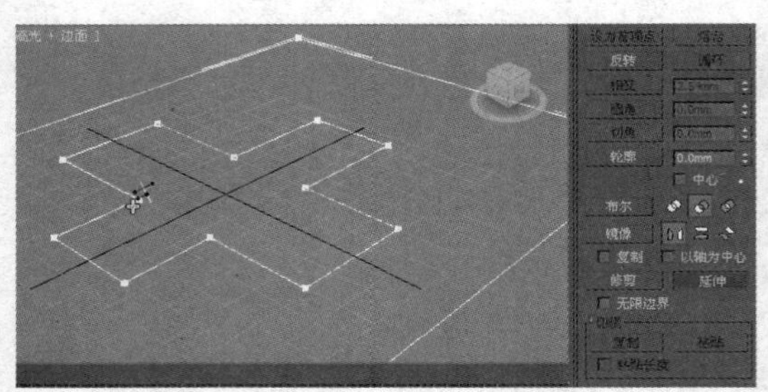

Step 11 在“命令”面板中单击“延伸”按钮 延伸 ，然后将光标靠近样条线的顶点处，光标将变为如图所示的形状。

Step 12 选择最下方的样条线，单击“垂直镜像”按钮，再单击“镜像”按钮 镜像 ，该样条将进行垂直镜像，如图所示。

6.4.2 可编辑多边形

提 示

可编辑多边形是一种可变形对象，使用超过3面的多边形。

在操作“编辑多边形”修改器或“可编辑多边形”对象时，主要需要掌握选择的技巧和各个子层级对象的应用命令以及几何体的编辑方法。

1. 不同的子对象

“编辑多边形”修改器与“可编辑多边形”对象都提供用于对象不同子对象层级的显示编辑工具，包括顶点、边、边界、多边形和元素，各子对象的含义如下。

- 顶点：用于定义组成多边形对象的其他子对象的结构。当移动或编辑顶点时，它们形成的几何体也会受影响。
- 边：边是连接两个顶点的直线，可以形成多边形，边不能由两个以上多边形共享。
- 边界：边界是网格的线性部分，可以描述为孔洞的边缘，通常是多边形仅位于一面时的边序列。
- 多边形：多边形是通过曲面连接的3条或多条边的封闭序列。
- 元素：元素与多边形类似，是一组连续的多边形。

提 示

两个多边形的法线应相邻。如果不相邻，应卷起共享顶点的两条边。

可编辑多边形对象的简单操作

范例实录

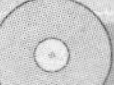

DVD-ROM

原始文件:
范例文件\Chapter 6\6.4\可编辑多边形对象的简单操作（原始文件).max

Step 01 打开本书配套光盘中的原始文件，效果如图所示。

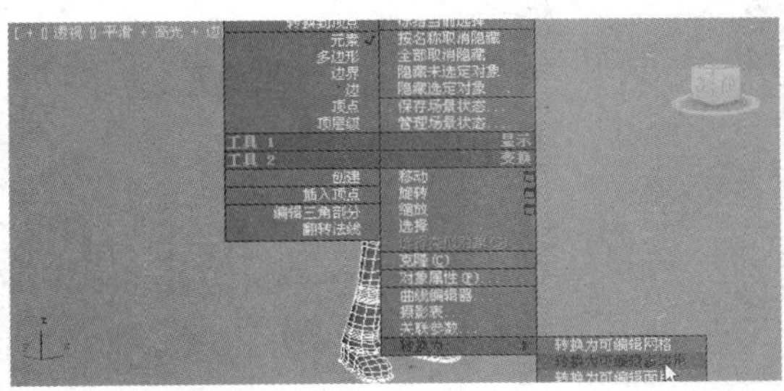

Step 02 选择身体对象，在四元菜单中单击“转化为可编辑多边形”命令，如图所示。

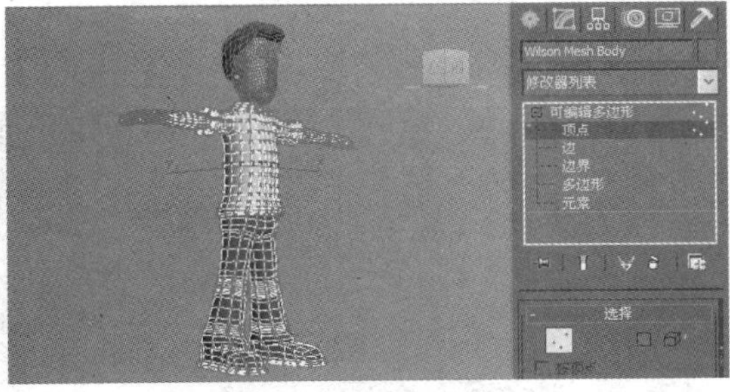

Step 03 在修改器堆栈中展开“可编辑多边形”，选择“顶点”层级，然后可以在视口中选择顶点，如图所示。

提 示

通过按下快捷键1～5可以快速进入可编辑多边形对象的5个子层级。

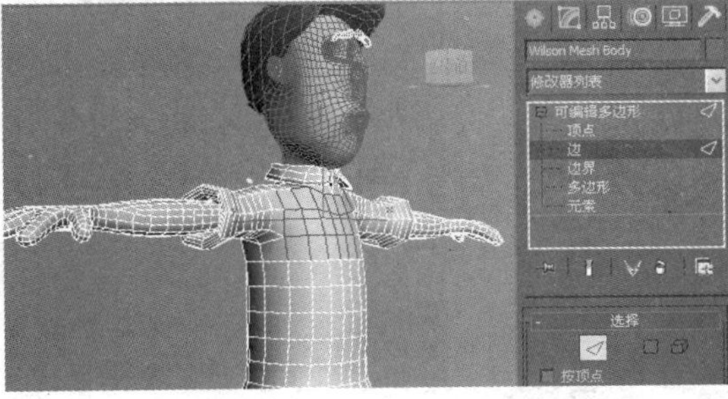

Step 04 选择“边”层级，可以在视口中选择边，如图所示。

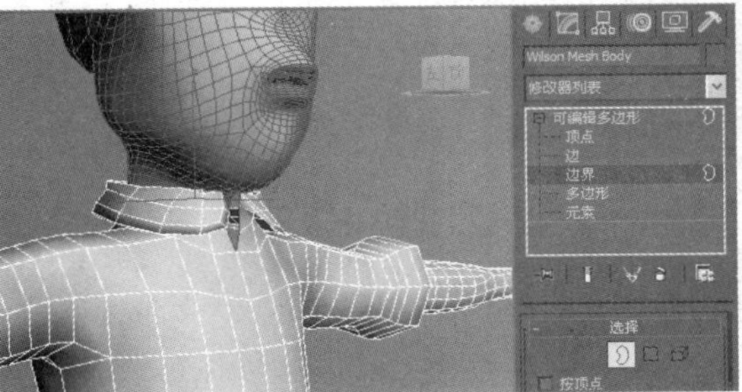

Step 05 当选择“边界”层级时，在视口中只能选择开启的边，如图所示。

提 示

3ds Max允许多边形不具有“边界”层级，如果场景对象没有边界，将无法进行边界选择。

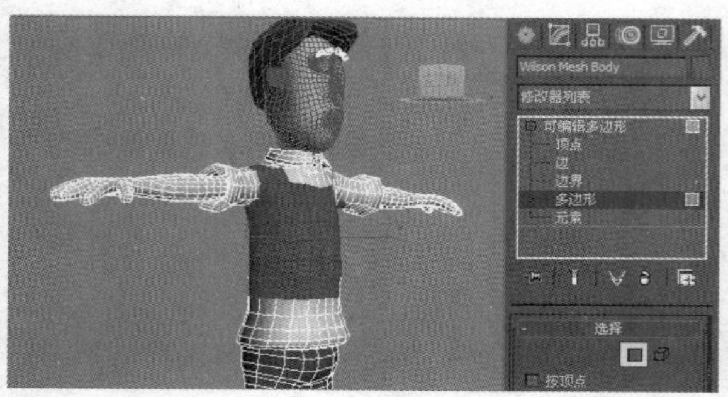

Step 06 选择“多边形”层级后，可以选择对象表面具体的面，如图所示。

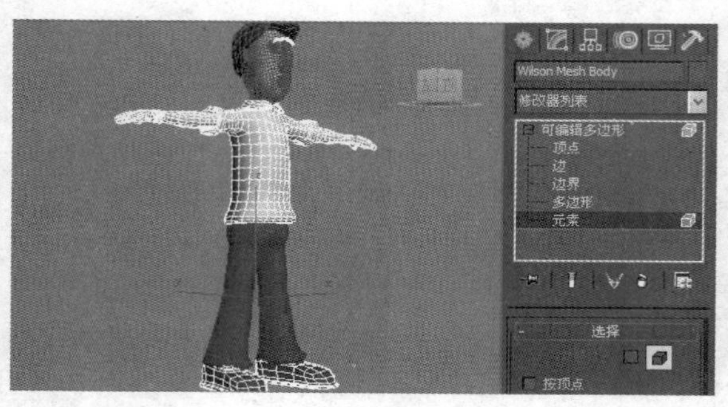

Step 07 选择“元素”层级后，可以在视口中选择一个整体层级，如图所示。

2. 选择与软选择

在“选择”卷展栏中提供了访问不同子层级的显示工具和各种选择控制工具。而在“软选择”卷展栏中，允许部分选择显示选择邻接处的子对象，相关参数卷展栏如图所示。

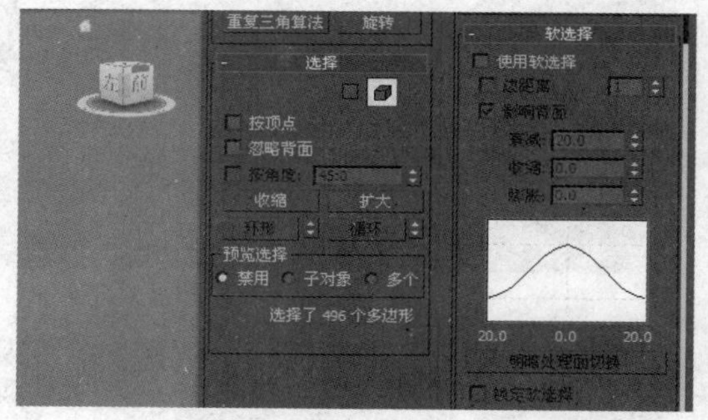

范例实录

选择卷展栏应用

DVD-ROM

最终文件:
范例文件\Chapter 6\6.4\选择卷展栏应用(原始文件).max

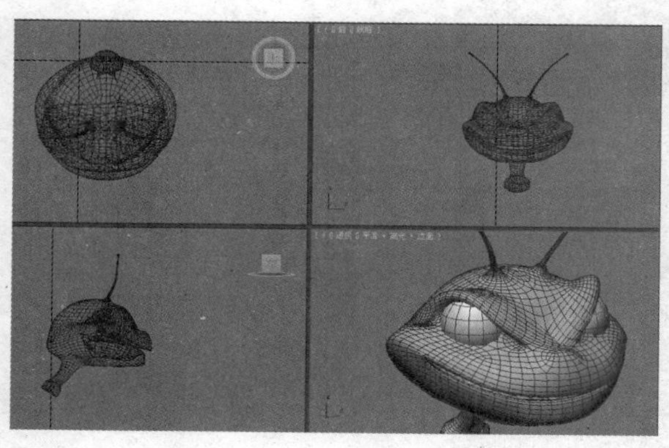

Step 01 打开本书配套光盘中的原始文件，如图所示。

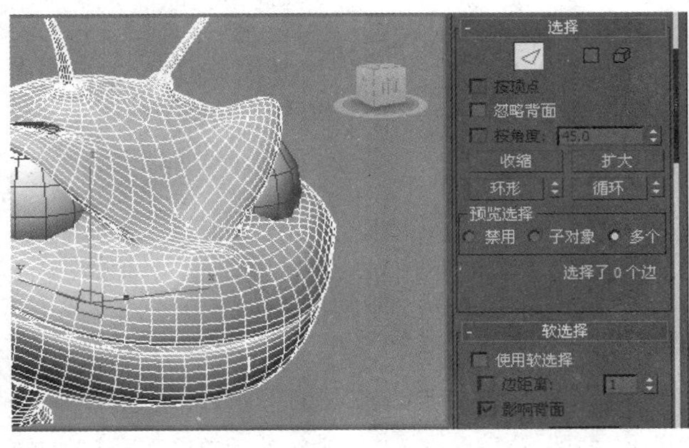

Step 02 选择可编辑多边形对象的“边”层级，然后在视口中选择两条边，如图所示。

提 示

子层级的选择与对象选择的控制一样，通过Ctrl键或Alt键可以添加或减少选择。

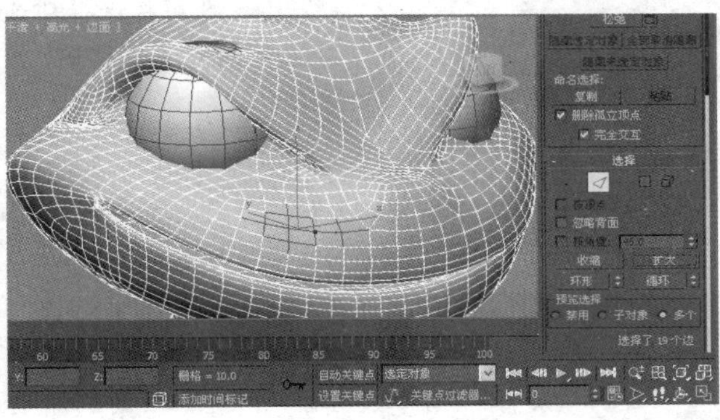

Step 03 单击“扩大”按钮 扩大 ，可以将选择的边放射性扩大并添加到当前选择，如图所示。

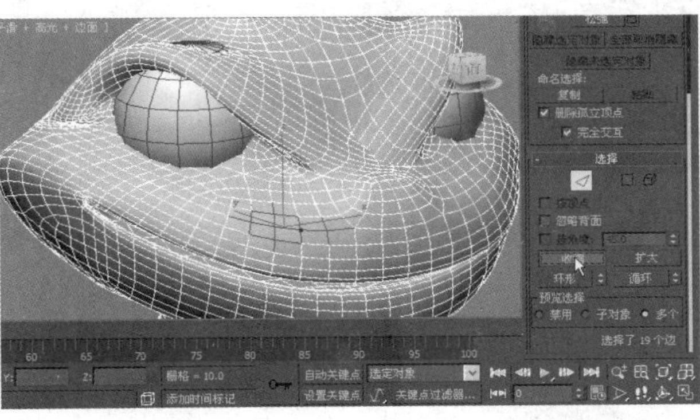

Step 04 如果单击“收缩”按钮 收缩 ，将以选择的边为中心收缩减少选中的边，如图所示。

提 示

按Ctrl键的同时在“选择”卷展栏中单击子对象按钮，可将当前选择转化到新层级中，在新层级中选择所有与前一选择相接触的子对象。

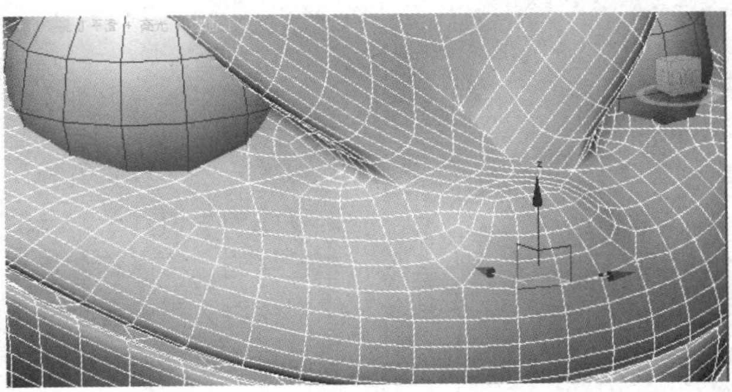

Step 05 在对象表面选择任一边，如图所示。

提 示

如果需要将选择转化为其所有源组件都是最初选中的子对象，在更改层级的同时按下Ctrl 键和Shift键即可。

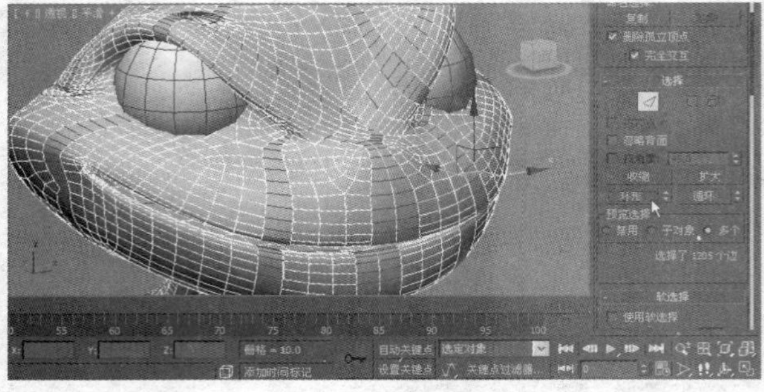

Step 06 单击"环形"按钮 环形，即可将选择所有平行于选中边的边来扩展边的选择，如图所示。

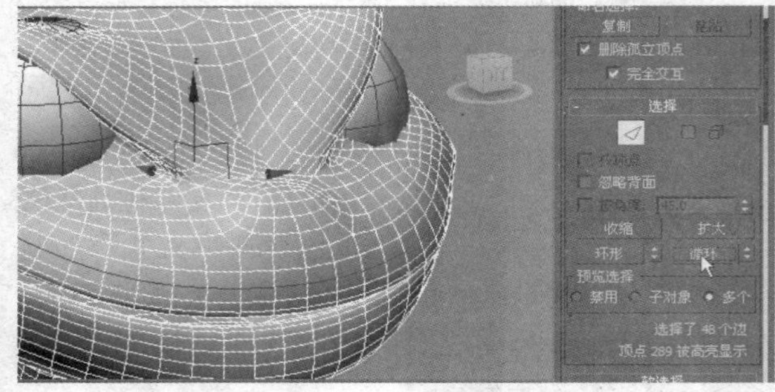

Step 07 重新选择一条边，然后单击"循环"按钮 循环，即可将选择与选中边相对齐的扩展边，如图所示。

提 示

如果需要将选择转换为只与选择相邻的子对象，按住Shift键的同时更改层级即可。该选择转换包含边界在内，也就是说转换面时，得到的边或顶点的选择都属于与未选定面相邻的选定的面。只能选择与未选定面相邻的边或顶点。

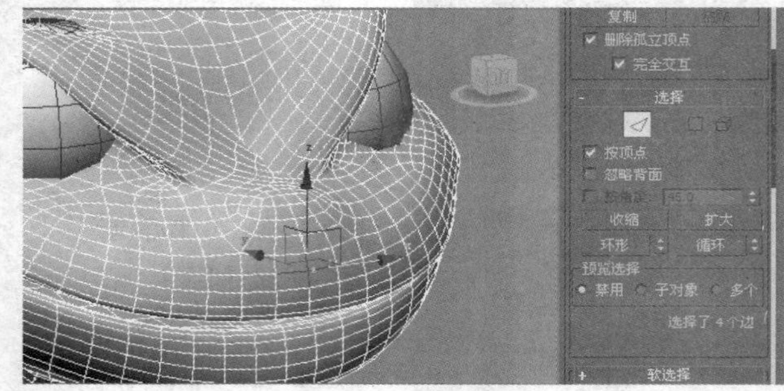

Step 08 勾选"按顶点"复选框，在选择边时将选择一个顶点相连的所有边，如图所示。

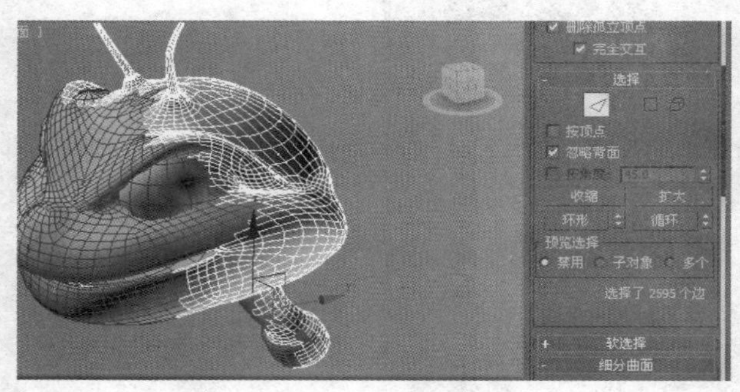

Step 09 在场景中创建两个大小不一的矩形图形，如图所示。

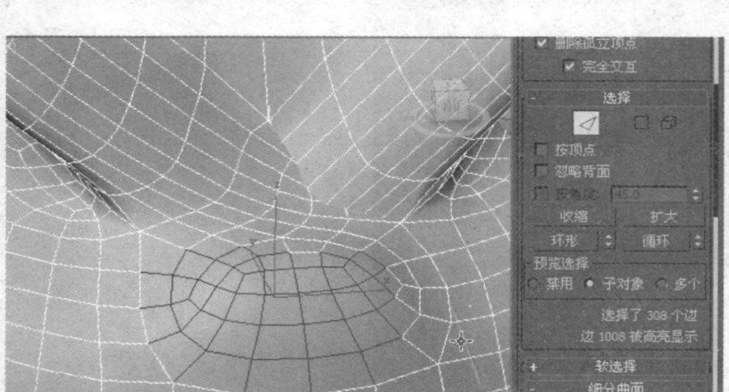

Step 10 在"预览选择"选项组中单击"子对象"单选按钮，将光标靠近场景对象时会高亮显示预选择的边，如图所示。

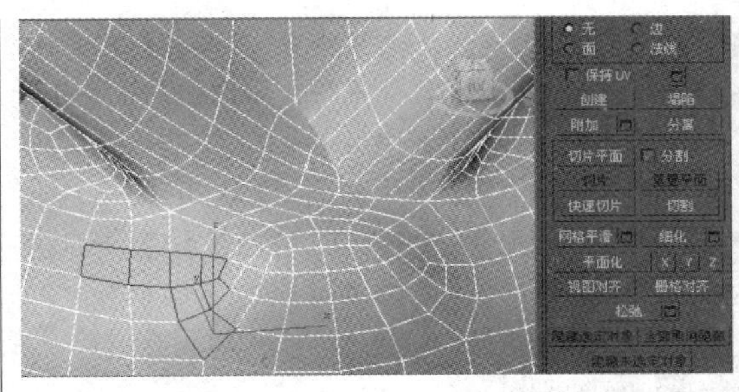

Step 11 如果选择“多个”项，然后切换到“多边形”层级，在选择多边形的操作下，可以预览到之前选择的边，如图所示。

> **提 示**
>
> 在“子对象”模式下，可以预览添加或减少选择对象。

在“软选择”卷展栏中启用相应的参数，选择“多边形”子层级时，部分子对象就会平滑地进行绘制。这种效果随着距离或部分选择的“强度”而衰减，并通过颜色在视口中表现，其中红色选择值最强，蓝色选择值最弱，如图所示。

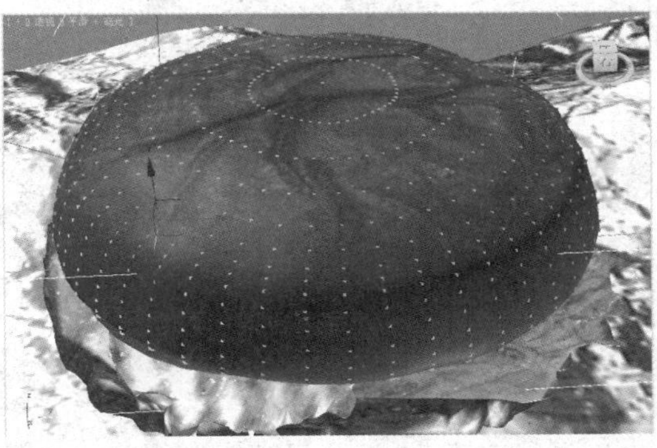

> **提 示**
>
> 软选择的衰减颜色与标准彩色光谱第一部分一致，为红、橙、黄、绿、蓝（ROYGB）。

软选择的简单应用

范例实录

> **DVD-ROM**
>
> **原始文件**:
> 范例文件\Chapter 6\6.4\软选择的简单应用（原始文件）.max
>
> **最终文件**:
> 范例文件\Chapter 6\6.4\软选择的简单应用（最终文件）.max

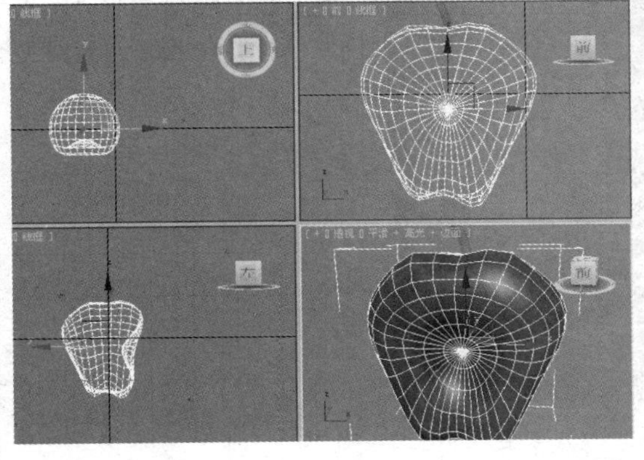

Step 01 打开本书配套光盘中的原始文件，效果如图所示。

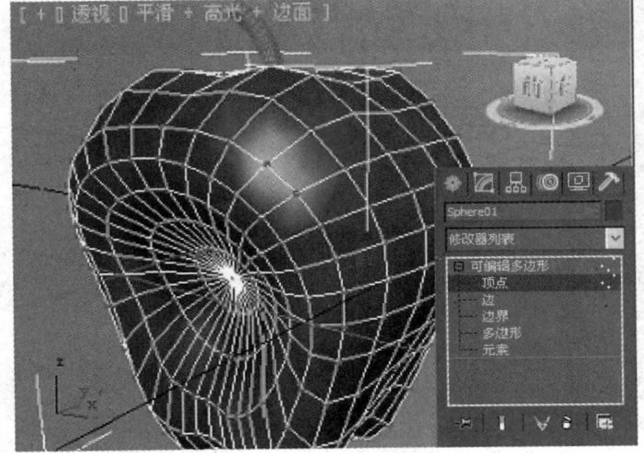

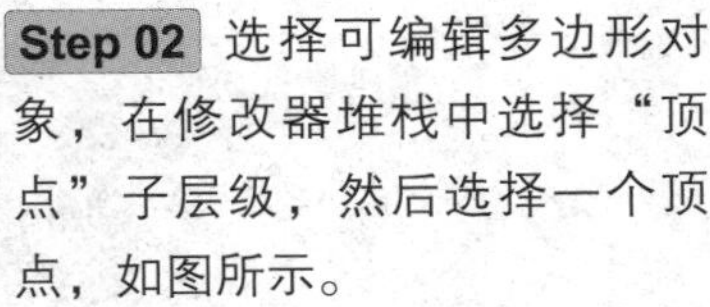

Step 02 选择可编辑多边形对象，在修改器堆栈中选择“顶点”子层级，然后选择一个顶点，如图所示。

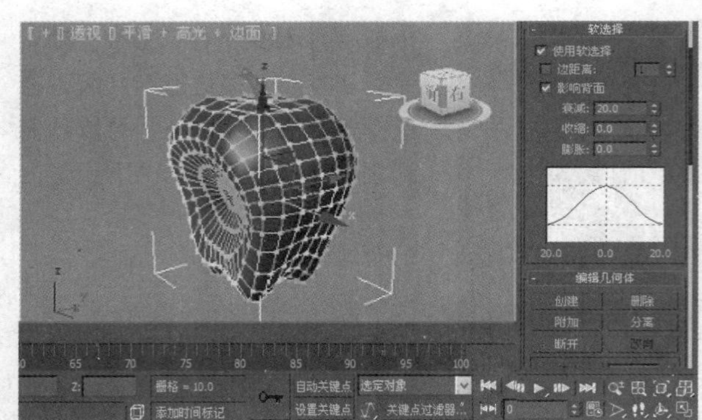

Step 03 在可编辑多边形对象的参数面板中展开“软选择”卷展栏，并勾选“使用软选择”复选框，当前选择顶点将产生如图所示的效果。

提 示

边距离影响区域根据空间沿着曲面进行测量，而不是真实空间。

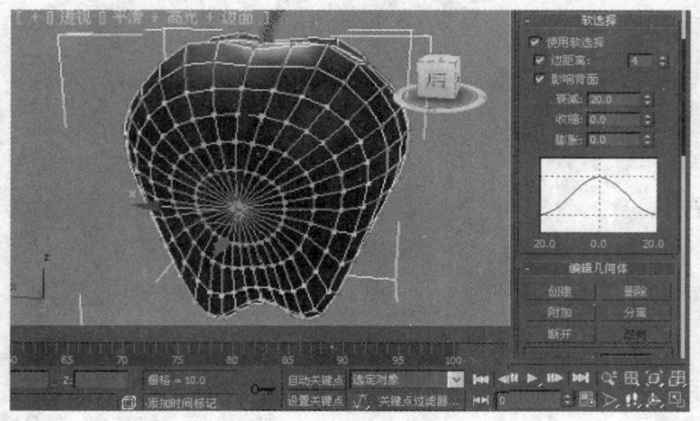

Step 04 勾选“边距离”复选框，可观察到新的软选择范围，如图所示。

提 示

使用越高的衰减设置，可以实现更平缓的斜坡，具体情况取决于几何体的单位比例。

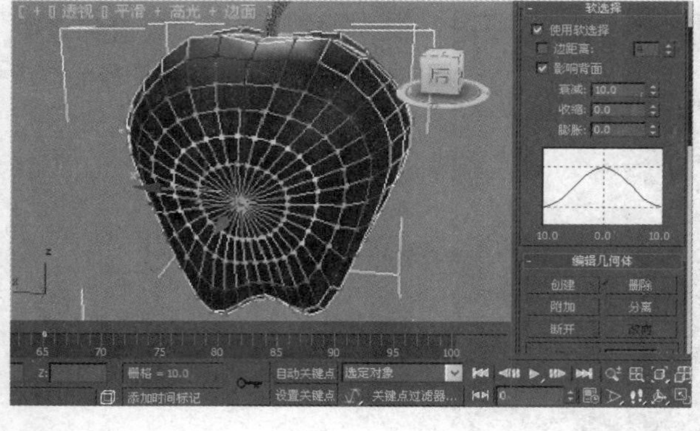

Step 05 取消勾选“边距离”复选框，然后设置“衰减”为10，可观察到软选择的影响更小了，如图所示。

提 示

如果勾选了“边距离”复选框，“边距离”设置就限制了最大的衰减量。

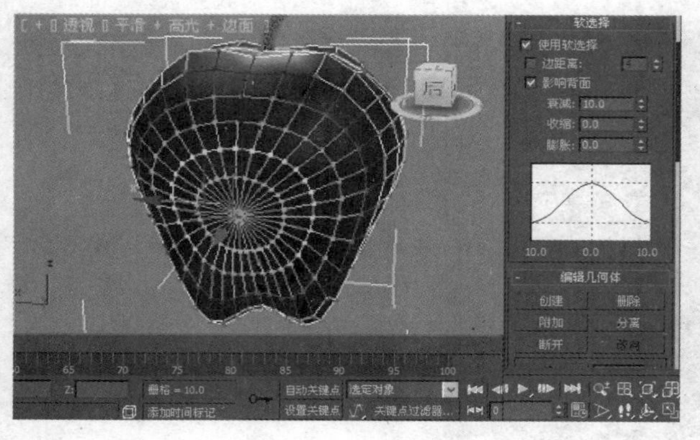

Step 06 使用移动工具适当移动选择的顶点，可观察到软选择所影响区域都会产生一定的变换效果，如图所示。

3. 编辑顶点

在可编辑多边形对象的“顶点”子对象层级上，可以选择单个或多个顶点，并允许使用变换工具进行变换。

顶点的编辑

范例实录

DVD-ROM

原始文件:
范例文件\Chapter 6\6.4\顶点的编辑（原始文件).max

最终文件:
范例文件\Chapter 6\6.4\顶点的编辑（最终文件).max

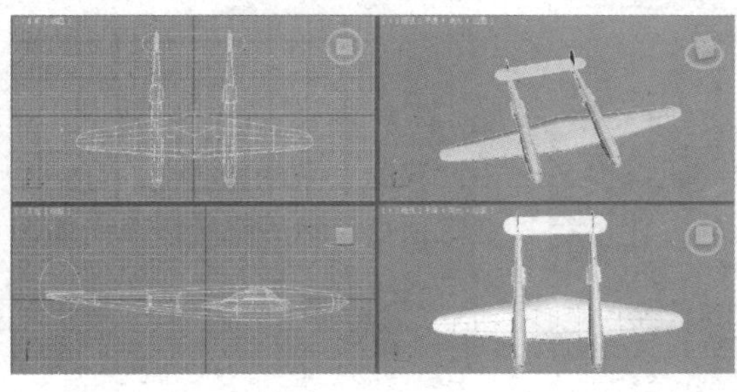

Step 01 打开本书配套光盘中的原始文件，效果如图所示。

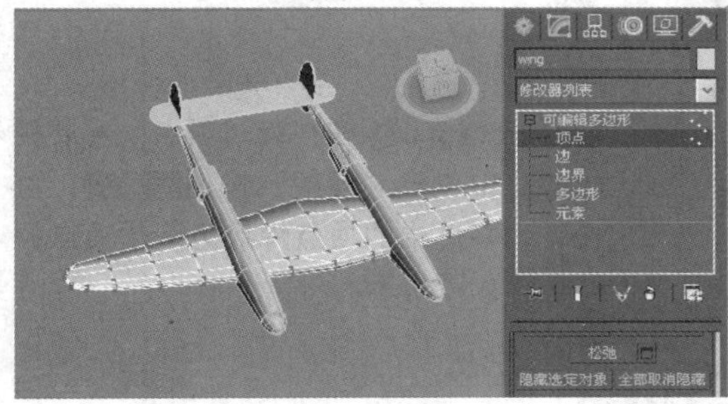

Step 02 进入多边形的“顶点”子层级并选择顶点，如图所示。

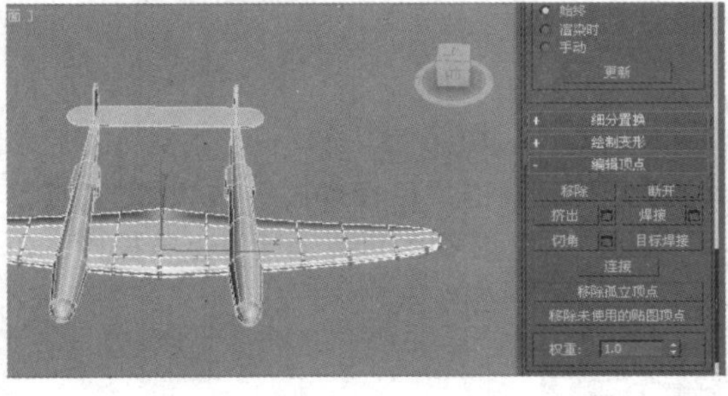

Step 03 保持顶点被选定状态，然后在参数面板中单击“断开”按钮 断开 ，使顶点断开，如图所示。

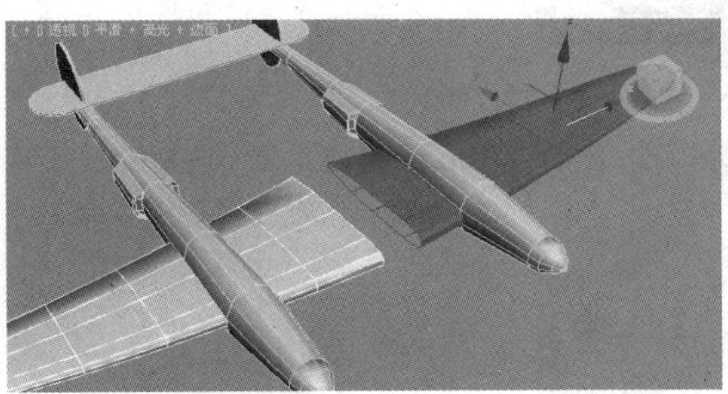

Step 04 进入“多边形”层级，并选择如图所示的面，然后进行移动，可观察到由于点的断开，机翼拆为两个。

提 示

使用断开可以在与选定顶点相连的每个多边形上都创建一个新顶点，这样可以使多边形的转角相互分开，使它们不再相连于原来的顶点上。如果顶点是孤立的或者只有一个多边形使用，则顶点将不受影响。

Step 05 返回到“顶点”子层级，然后在断开处选择点，可观察到原来的一个顶点断开拆分为4个，效果如图所示。

提　示

删除顶点时需要使用“移除”命令，不能使用删除快捷键进行删除。

Step 06 选择其中一个顶点，单击“移除”按钮 移除 ，可删除选定顶点，然后框选顶点，如图所示。

提　示

“焊接”功能与可编辑样条线的“焊接”命令一样，可以将多个点焊接为一个点，并允许设置焊接的最大允许距离。

Step 07 在“编辑顶点”卷展栏中单击“焊接”按钮 焊接 ，可将选中的顶点焊接为一个顶点，如图所示。

Step 08 选择一个顶点，然后单击“目标焊接”按钮 目标焊接 ，在视图口拖动鼠标进行操作，如图所示。

Step 09 释放鼠标左键后，可观察到第一点将焊接到第二点上，如图所示。

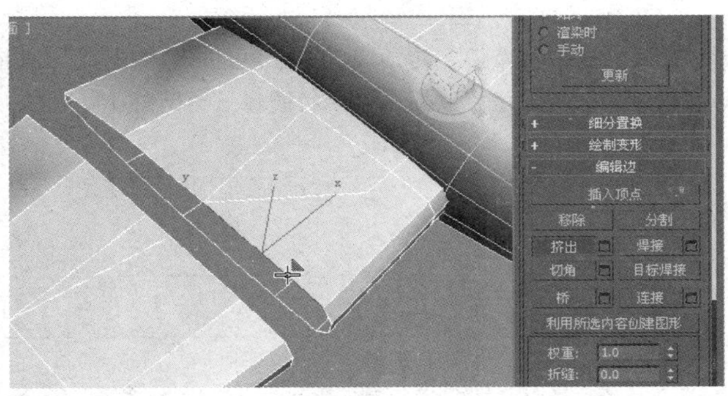

Step 10 选择一个顶点，然后单击“挤出”按钮 挤出 ，将光标靠近顶点，出现如图所示的形状时进行拖动操作，可完成顶点的挤出。

提 示

如果通过手动挤出后，当前选定对象和预览对象上执行的挤出效果相同。

Step 11 选择不在同一条线段上的两个顶点，如图所示。

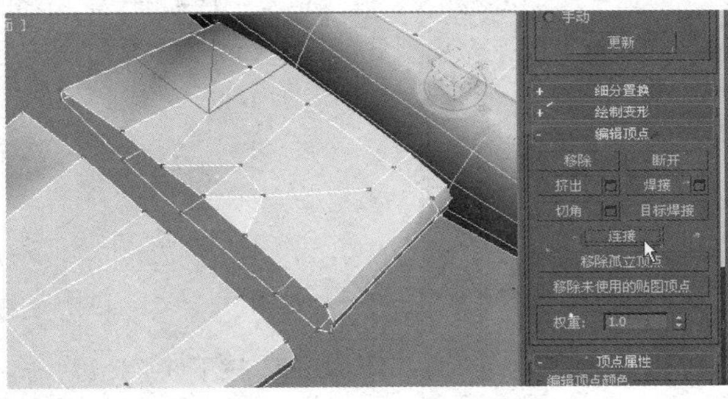

Step 12 在“编辑顶点”卷展栏中单击“连接”按钮 连接 ，再创建一条边连接两点，如图所示。

提 示

连接不会让新产生连接点的边交叉。

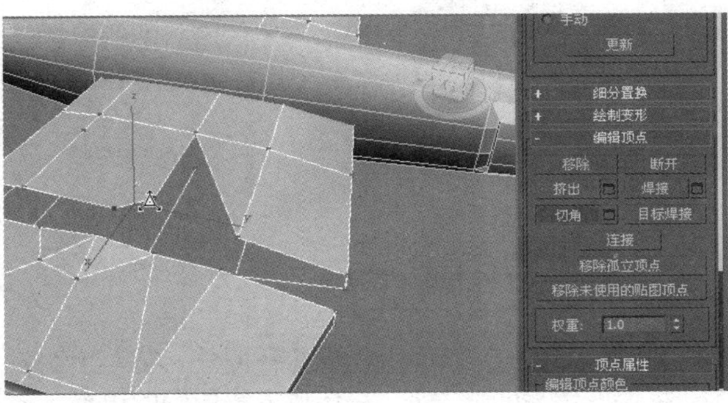

Step 13 选择另一侧的一个顶点，然后单击“切角”按钮 切角 ，并将光标靠近顶点进行拖动操作，使顶点产生切角效果，如图所示。

4. 编辑边和边界

“边”和“边界”可以被选择并进行基本变换操作，3ds Max 2013同时提供了多种命令用于边的连接或对边界进行封口处理。

注 意　除边之外，每个多边形都拥有一条或多条内部对角线，用于确定该多边形的三角化处理方式。对角线不能直接操作，但是可以使用旋转和编辑三角剖分功能更改位置。

范例实录

边与边界的控制

DVD-ROM

原始文件:
范例文件\Chapter 6\6.4\边与边界的控制(原始文件).max

最终文件:
范侧文件\Chapter 6\6.4\边与边界的控制(最终文件).max

提　示

在选择边时最好勾选“忽略背面”复选框并设置参数，这样可避免误操作。

提　示

除边之外，每个多边形都拥有一条或多条内部对角线，用于确定该软件对多边形的三角化处理方式。对角线不能直接操纵，但是，可以使用旋转和编辑三角功能进行位置更改。

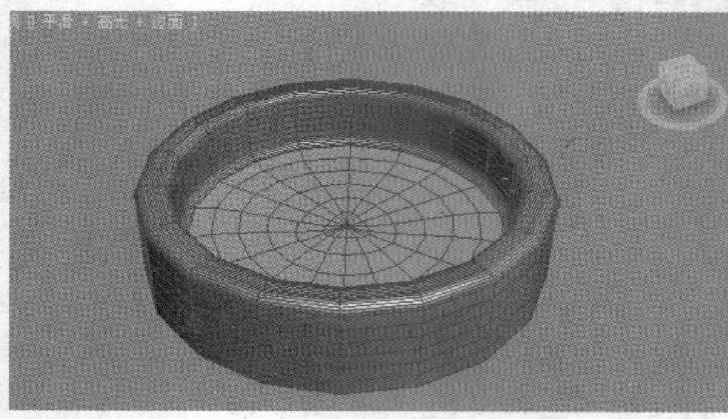

Step 01 打开本书配套光盘中的原始文件，效果如图所示。

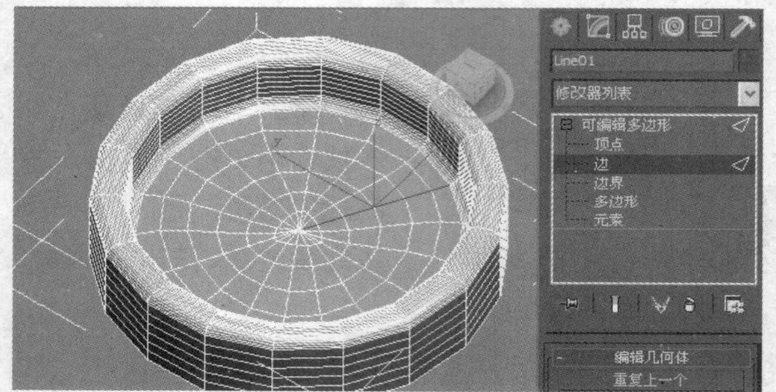

Step 02 选择“边”层级，并选择多条连续的边，如图所示。

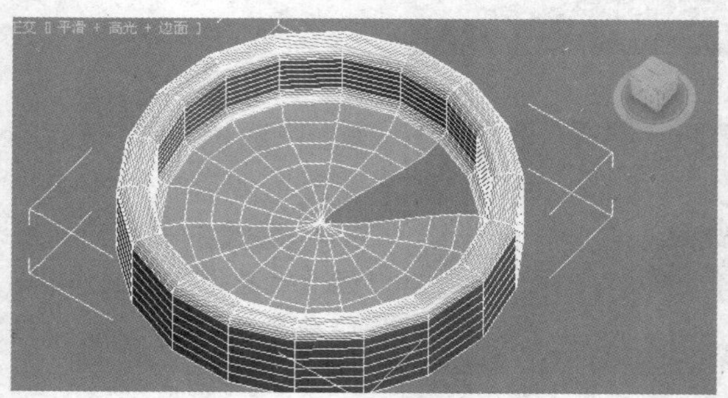

Step 03 按下Delete键，将选择的边删除，与边相连的面也将被删除，如图所示。

Step 04 选择“边界”层级，并选择如图所示的边界。

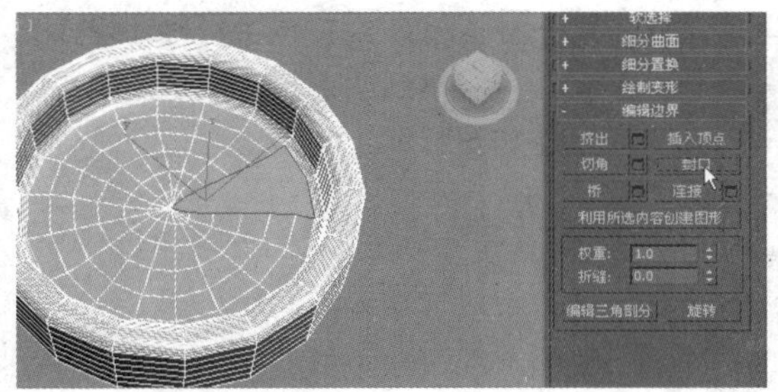

Step 05 单击“封口”按钮封口，边界将创建封口的面，如图所示。

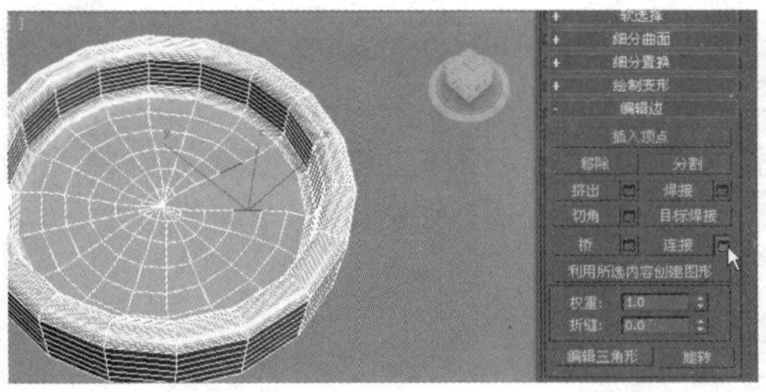

Step 06 回到“边”层级，选择两条边后单击“连接”按钮右侧的方形按钮，如图所示。

> **提　示**
>
> 单击命令旁相应的方形按钮，会打开设置该命令的参数对话框。

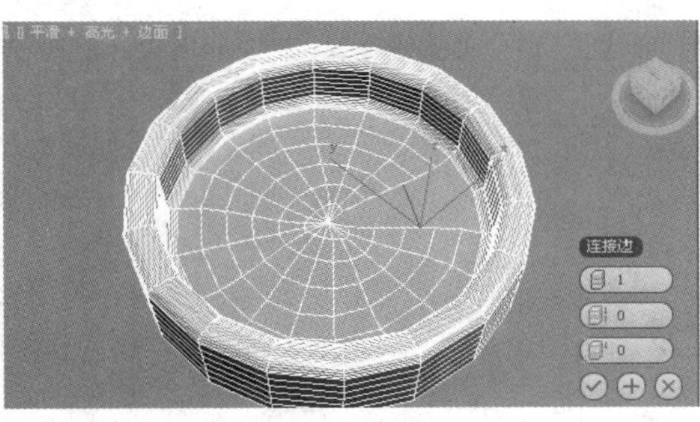

Step 07 在“连接边”对话框中保持默认参数，可创建一条新边来连接之前选择的两条边，如图所示。

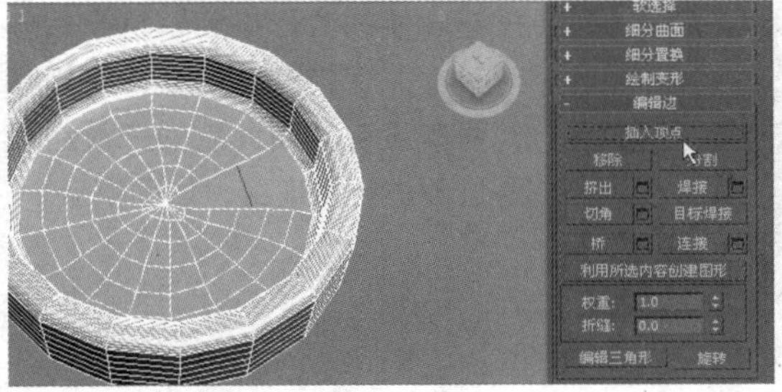

Step 08 选择新创建的新边，然后在“编辑边”卷展栏中单击“插入顶点”按钮插入顶点，如图所示。

> **提　示**
>
> “插入顶点”功能可用于手动细分可视的边，在早期的3ds Max 版本中该功能称为“拆分”。

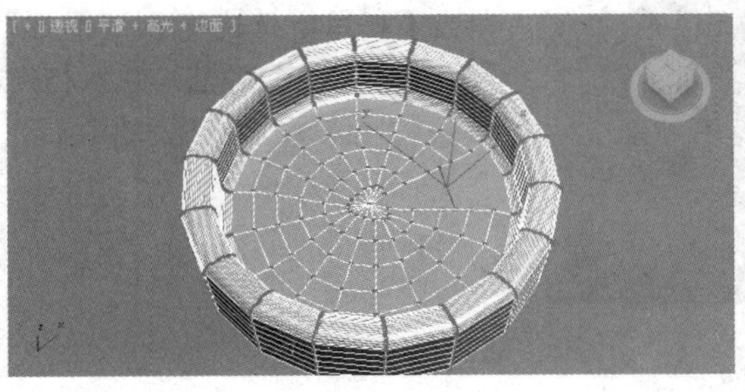

Step 09 将光标靠近边，然后单击鼠标左键，可在边上创建一个顶点，如图所示。

> **提　示**
>
> 移除一条边即使其不可见，只有删除所有边或与其中一个顶点有关的边时才会影响该网格。此时将会删除顶点本身，还会对曲面重复执行三角算法。

Step 10 对顶点进行移动操作，可观察到顶点的移动将影响边，如图所示。

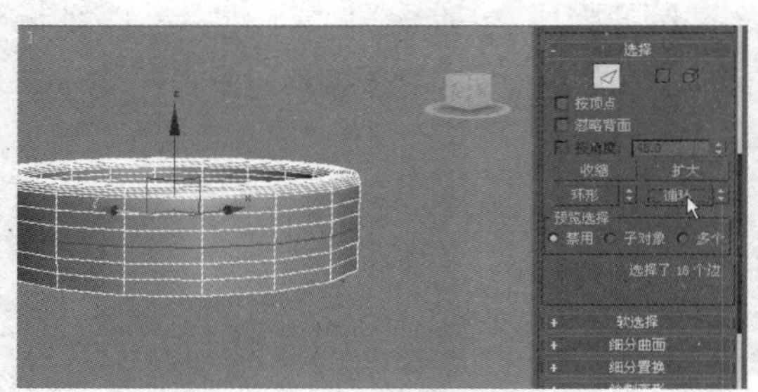

Step 11 在对象的侧面选择一条边，在“选择”卷展栏中单击“循环”按钮 循环 ，选择一圈边，如图所示。

提　示

使用“移除”功能可能导致网格形状变化并生成非平面的多边形。

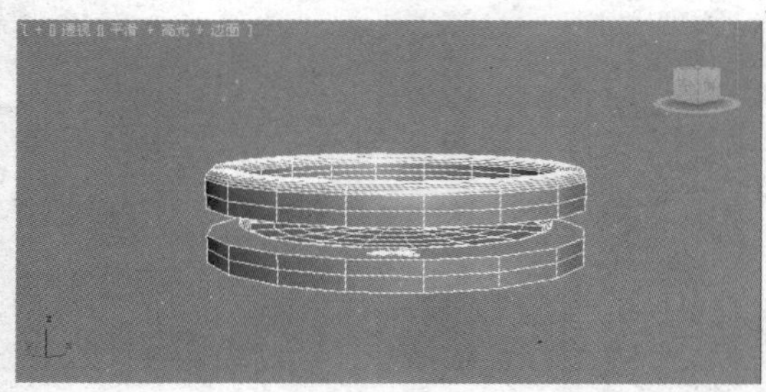

Step 12 按下Delete键，删除选择的边和其影响的面，效果如图所示。

提　示

使用“桥”功能时，始终可以在边之间建立直线连接。要沿着某种轮廓建立桥连接，在创建桥后可根据需要应用建模工具。

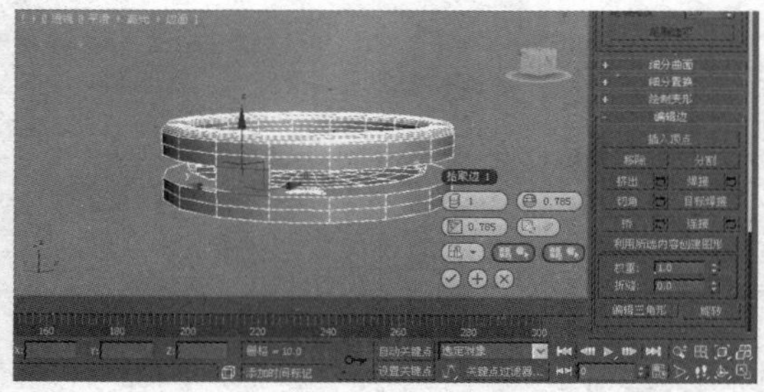

Step 13 选择两条边，单击“桥”按钮右侧的方形按钮，打开相应对话框。保持默认参数，可观察到两条没有共面共点的开放线段通过面进行了连接，如图所示。

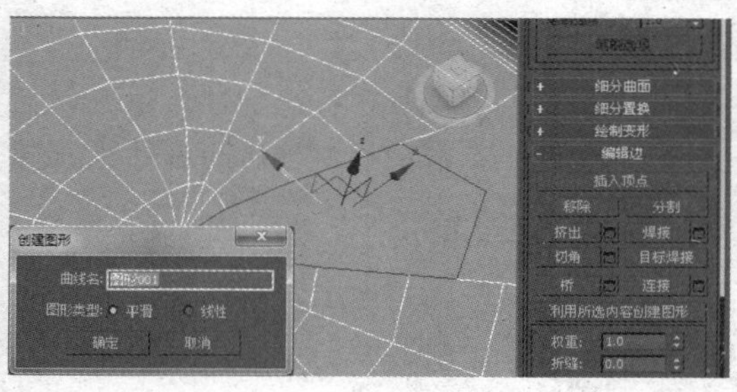

Step 14 在对象表面选择一些边，单击“利用所选内容创建图形”按钮 利用所选内容创建图形 ，并保持对话框中的默认设置不变，如图所示。

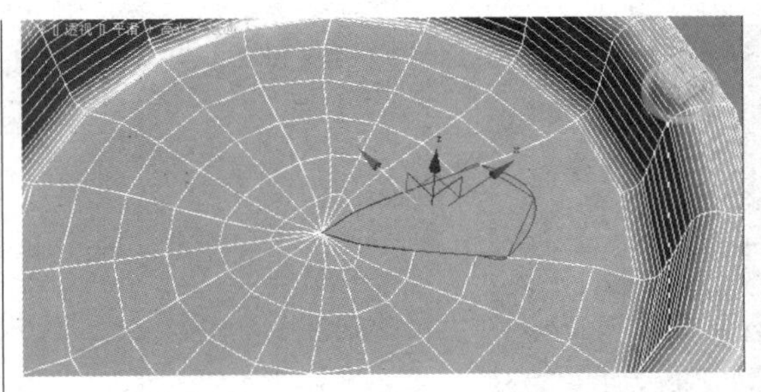

Step 15 确定参数后，可观察到利用选择的边创建的新图形对象，如图所示。

> **提 示**
>
> 创建新图形时，通过对话框可命名图形，并设置“平滑”或“线性”参数。新形状的枢轴位于多边形对象的中心。

5. 编辑多边形和元素

在编辑多边形和元素时，可以对多边形进行挤出、倒角等多种操作，这是修改对象外形的重要方法之一。

注 意 如果需要删除多边形或元素，选中后按下Delete键。此时，将显示对话框，询问是否需要删除孤立的顶点，这些孤立的顶点是需要删除的多边形或元素使用的顶点。单击“是”按钮可以将其删除，单击“否”按钮可以将其保留。

多边形与元素的编辑

范例实录

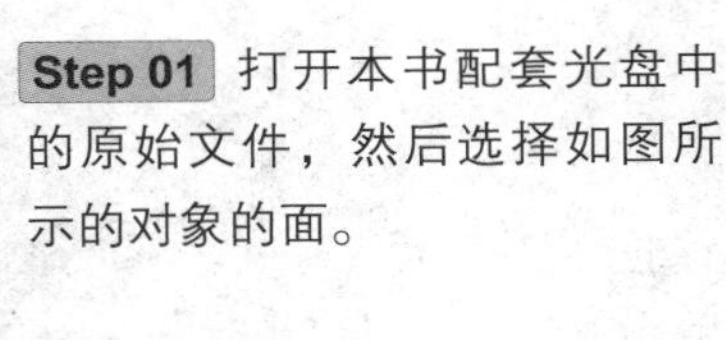

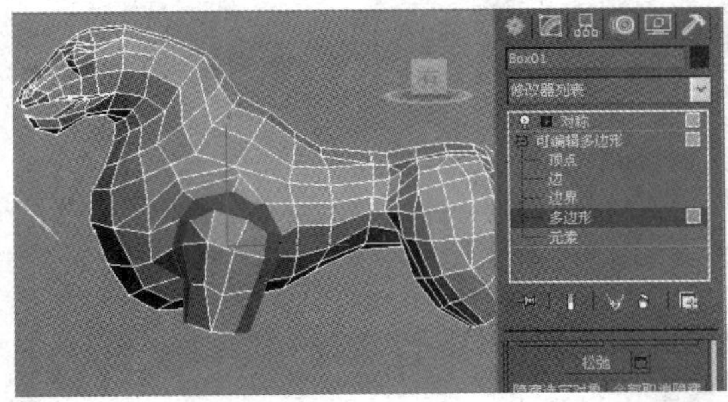

Step 01 打开本书配套光盘中的原始文件，然后选择如图所示的对象的面。

> **DVD-ROM**
>
> **原始文件**:
> 范例文件\Chapter 6\6.4\多边形与元素的编辑（原始文件).max
>
> **最终文件**:
> 范例文件\Chapter 6\6.4\多边形与元素的编辑（最终文件).max

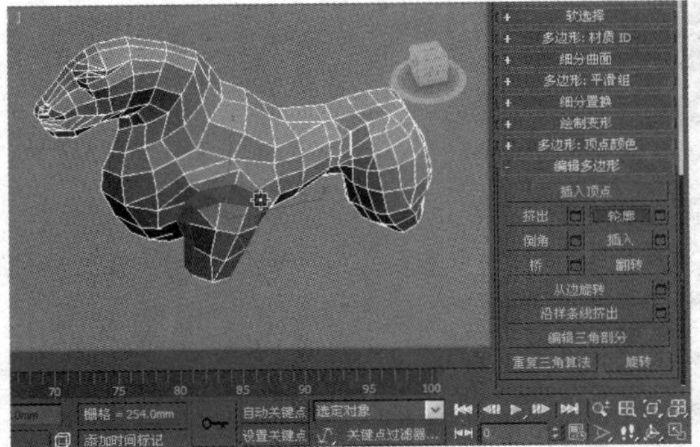

Step 02 在“插入顶点”卷展栏中单击“轮廓”按钮 轮廓 ，然后将光标靠近选中的面进行拖动操作，可以增加或减小每组连续的选定的多边形外边，如图所示。

> **提 示**
>
> 执行“挤出”或“倒角”操作后，通常可以使用“轮廓”功能调整挤出面的大小。

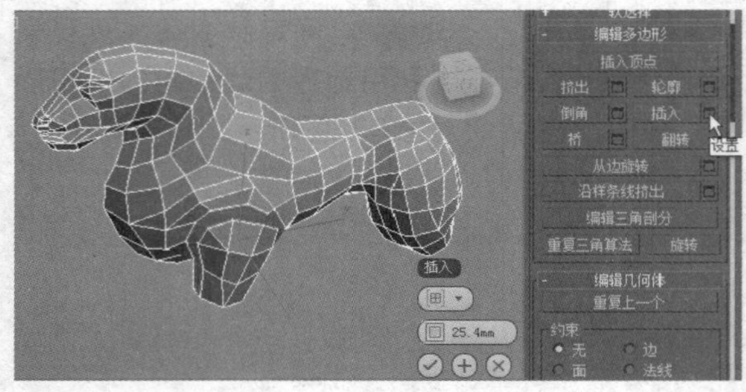

Step 03 单击“插入”按钮右侧的方形按钮，打开相应的对话框，产生如图所示的效果。

提　示

创建没有高度的倒角，即在选定多边形的平面内执行该操作。

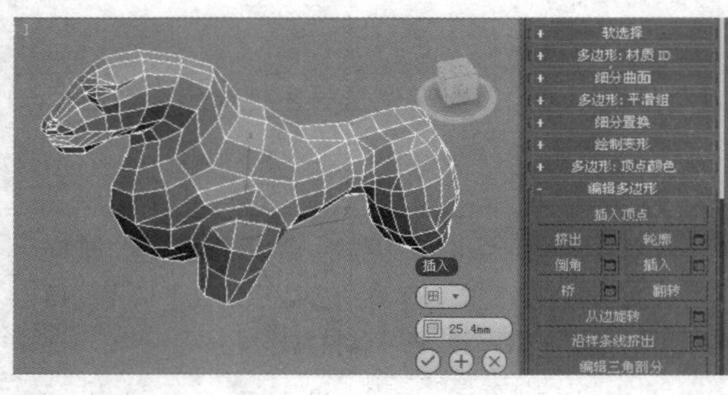

Step 04 在“插入多边形”对话框中设置参数，更改插入的效果，效果如图所示。

Step 05 在视口中重新选择两个面，如图所示。

提　示

如果在执行倒角操作后单击此按钮，对当前选定内容和预览执行的倒角操作相同。此时，将会打开该对话框，其中显示有以前倒角使用的相同设置。

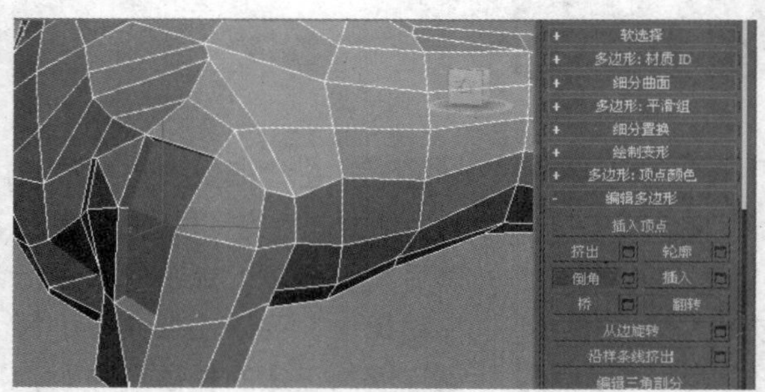

Step 06 单击“倒角”按钮右侧的方形按钮，然后设置倒角参数，使选择的面产生倒角效果，如图所示。

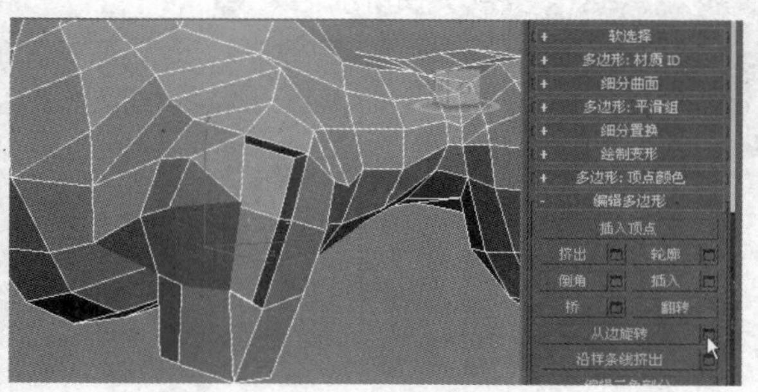

Step 07 重新选择一个面，单击“从边旋转”按钮右侧的方形按钮，如图所示。

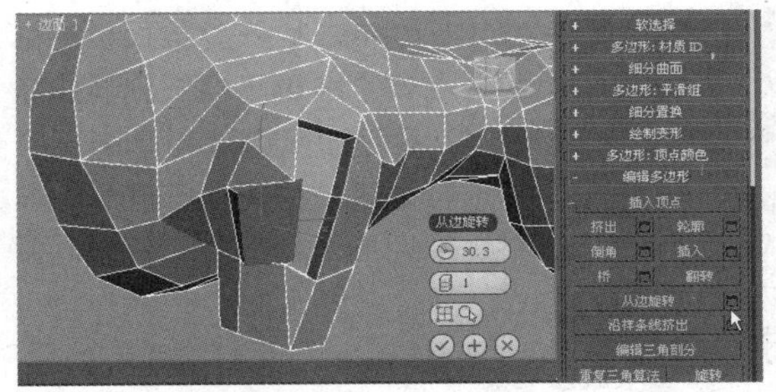

Step 08 在“从边旋转多边形”对话框中单击“拾取转枢”按钮（按钮图标）并设置参数，然后在视口中将光标靠近边，如图所示。

提　示

此时需勾选“忽略背面”复选框，以免无意中绕着背面边旋转。

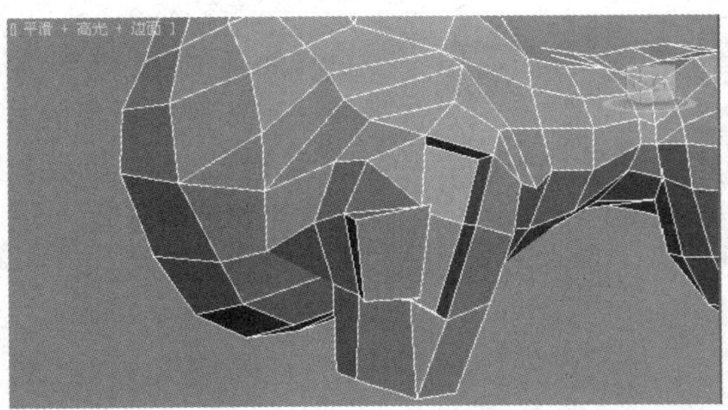

Step 09 拾取边后可观察到，选择的面将绕转枢旋转生成，完成效果如图所示。

提　示

旋转多边形时，这些多边形将会绕着某条边旋转，然后创建形成旋转边的新多边形，从而将选择与对象相连，这是基本的挤出加旋转效果。

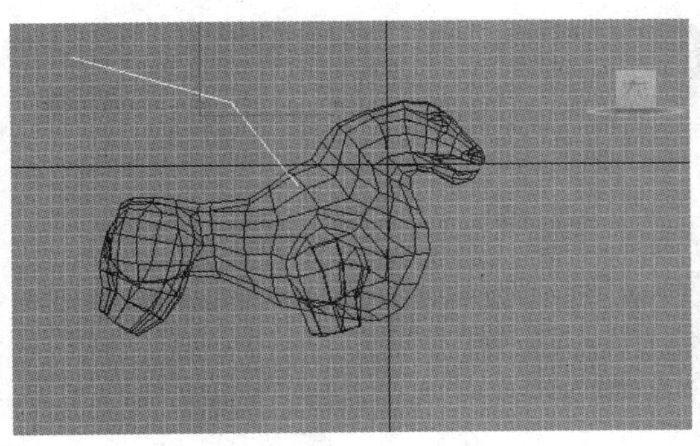

Step 10 在“左”视口中创建一条未封闭的样条线，效果如图所示。

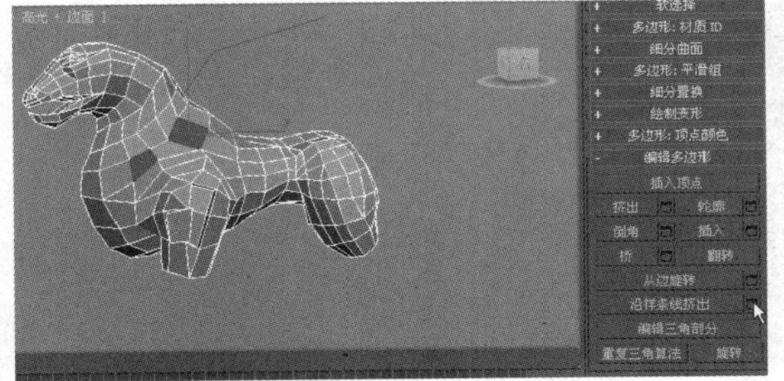

Step 11 如图所示选择一个面，然后单击“沿样条线挤出”按钮右侧的方形按钮。

提　示

沿样条线挤出是指，将当前选定的内容根据样条线的形状进行挤出。

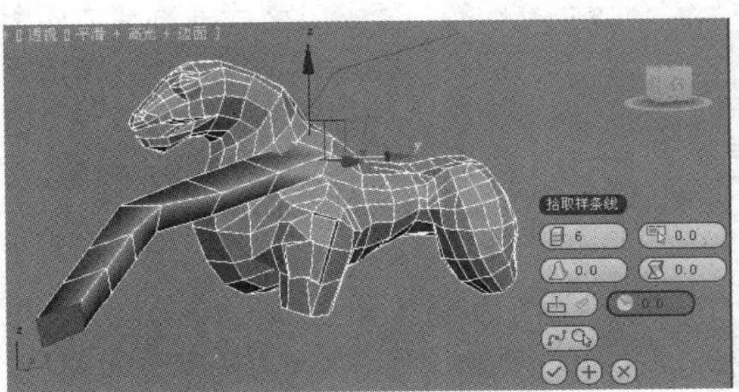

Step 12 在相应的对话框中设置参数，并单击“拾取样条线”按钮（按钮图标），然后在视口拾取样条线，使该面以样条线的形状挤出，如图所示。

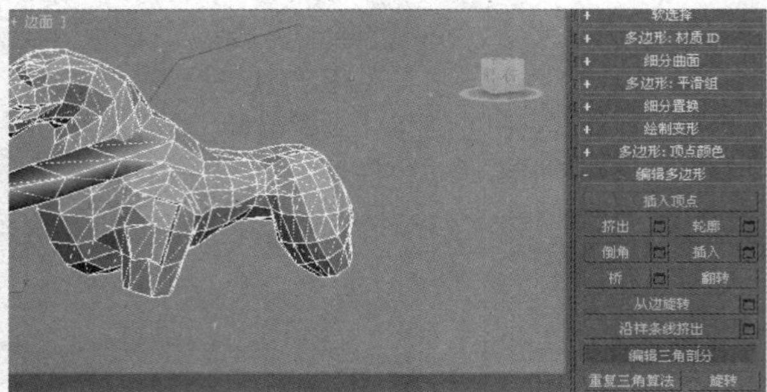

Step 13 在参数面板中单击“编辑三角剖分”按钮 编辑三角剖分，对象表面将通过虚线显示三角面，如图所示。

提　示

在“编辑三角剖分”模式下，可以查看视口中的当前三角剖分，还可以通过单击相同多边形中的两个顶点对其进行更改。

Step 14 通过鼠标绘制的方法可以改变虚线的方向，从而改变三角面排列，效果如图所示。

提　示

“切割”和“转变”可以配合使用，以提高工作效率。

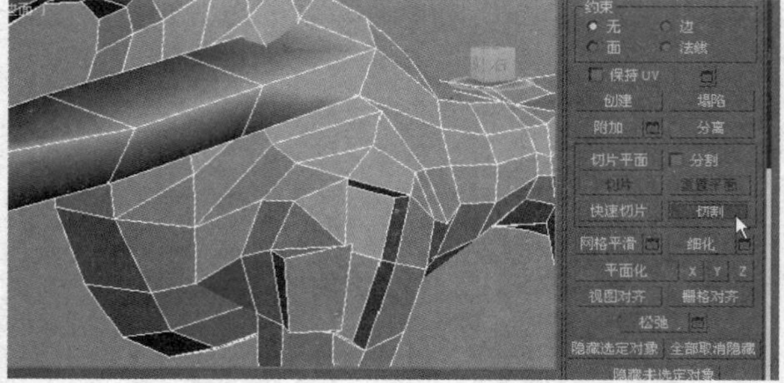

Step 15 在参数面板中单击“切割”按钮 切割，如图所示。

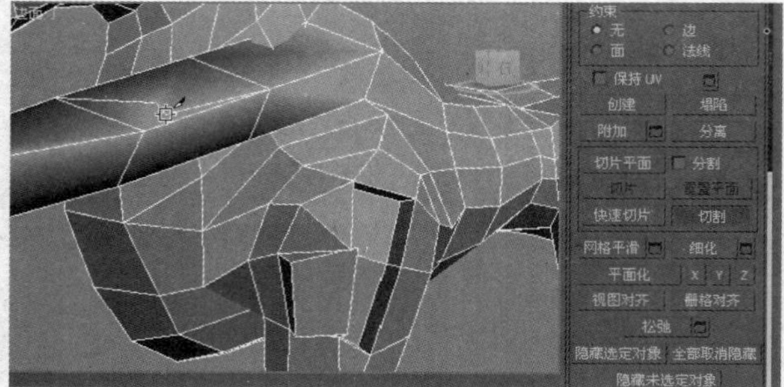

Step 16 当光标变为如图所示形状时，可以在任意的多边形面上绘制边。

提　示

“切割”功能用于创建一个多边形到另一个多边形的边，或是在多边形内创建边。

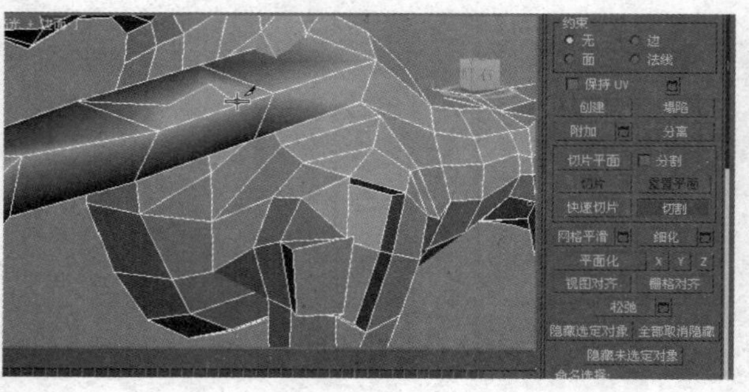

Step 17 当光标变为如图所示形状时，可以在任意的边上添加顶点，并使之前绘制的边与该顶点相连。

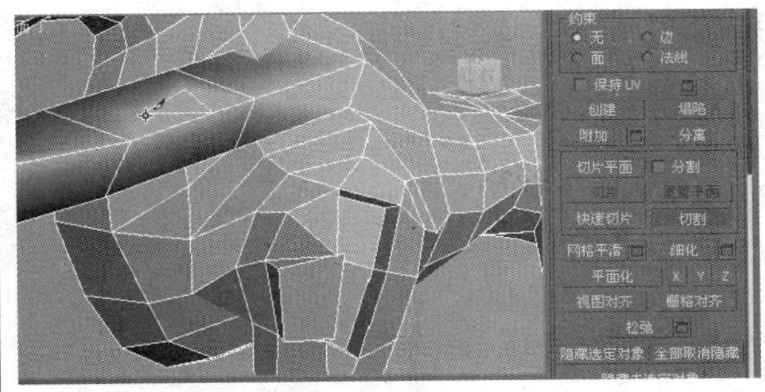

Step 18 当光标变为如图所示的形状时，绘制的边将可以刚好与顶点相连。

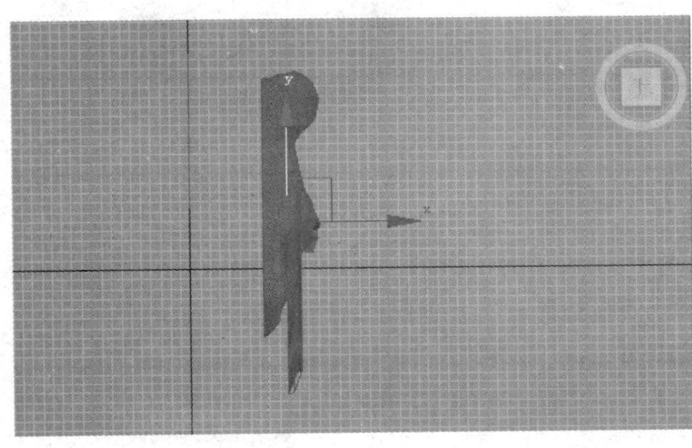

Step 19 在“多边形”层级下切换到“上”视图，然后选择左侧的所有面，如图所示。

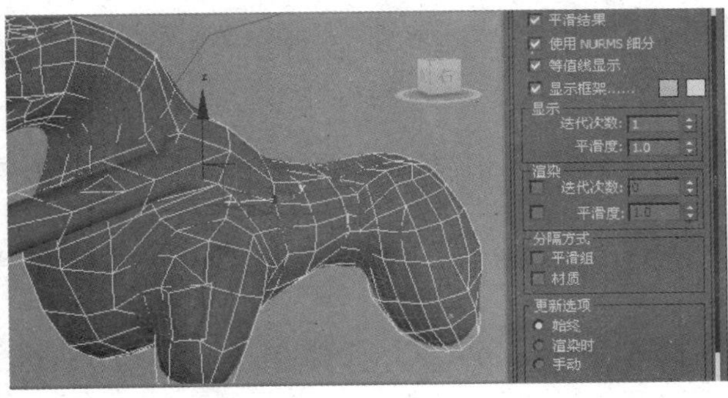

Step 20 选择“元素”并在“细分曲面”卷展栏中勾选“使用NURMS细分”复选框，如图所示。

提 示

NURMS是“减少非均匀有理数网格平滑对象”的英文缩写。

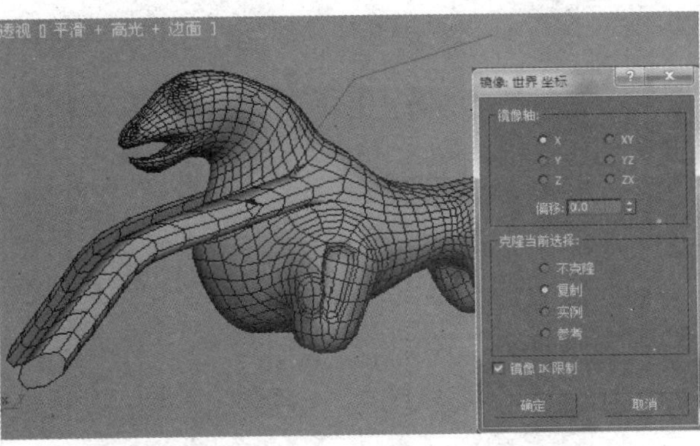

Step 21 使用镜像工具对多边形对象进行镜像克隆，完成效果如图所示。

提 示

“细分曲面”卷展栏既可以在所有子对象层级使用，也可以在对象层级使用，因此，会影响整个对象。

6.4.3 可编辑网格和面片

> **提 示**
>
> "编辑网格"修改器或"可编辑网络"对象与编辑多边形的操作或控制层级类似。不同的是，网络只能控制三角形面，而多边形则是控制任意顶点的多边形。

"编辑网格"修改器或"可编辑网格"对象提供由三角面组成的网络对象进行操纵控制的方法，包括顶点、边、面、多边形和元素。

"编辑面片"修改器或"可编辑面片"对象可以将对象作为面片对象进行操纵，且可以在下面5个子对象层级进行操纵，即顶点、边、面片、元素和控制柄，如图所示为可编辑面片对象。

1. 可编辑网络的特点

在可编辑网格对象上主用是对顶点、边和面进行操纵，其特点如下。

- 大部分功能命令都和可编辑多边形一样，操纵方法也类似。
- 在活动视口中单击右键就可以退出大多数可编辑网格命令模式。
- 可编辑网格对象使用三角面多边形，称为Trimesh。
- 可编辑网格适用于创建简单、少边的对象或用于MeshSmooth和 HSDS建模的控制网格。
- 可编辑网格占用内存很少，是使用多边形对象进行建模的首选方法。

2. 可编辑面片的特点

3ds Max 可以将几何体转化为单个Bezier（贝塞尔）面片的集合，每个面片由顶点和边的框架和曲面组成，其操作特点如下。

- 控制顶点的框架和连接切线可以定义曲面，变换该框架的组件是重要的面片建模方法。
- 曲面是Bezier（贝塞尔）曲面，形状由顶点和边共同控制。

6.5 制作小酒坛场景

> **DVD-ROM**
>
> **最终文件**:
> 范例文件\Chapter 6\6.5\小酒坛场景.max

本节将通过制作简单的小酒坛场景模型来熟悉各种模型的高级修改方法，主要包括复合模型和修改器的使用，如图所示为本节制作的案例效果。

6.5.1 制作木桶

在创建木桶时，应熟练掌握利用各种修改器修改二维和三维对象的技巧。

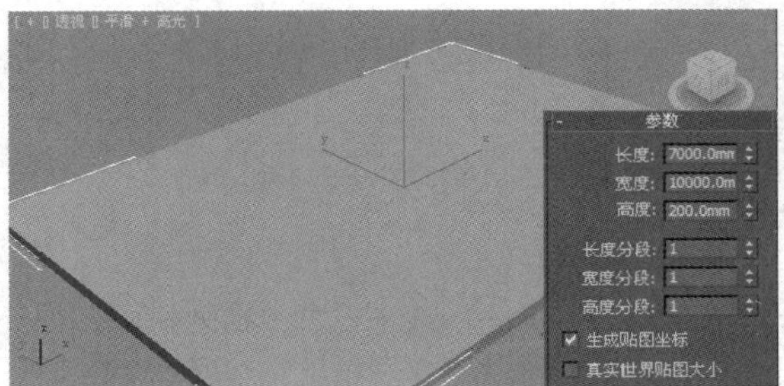

Step 01 在“透视”视口中创建一个长方体作为地面，参数及效果如图所示。

> **提 示**
> 作为背景的地面存在，参数需要设置得大一点，方便后期观察。

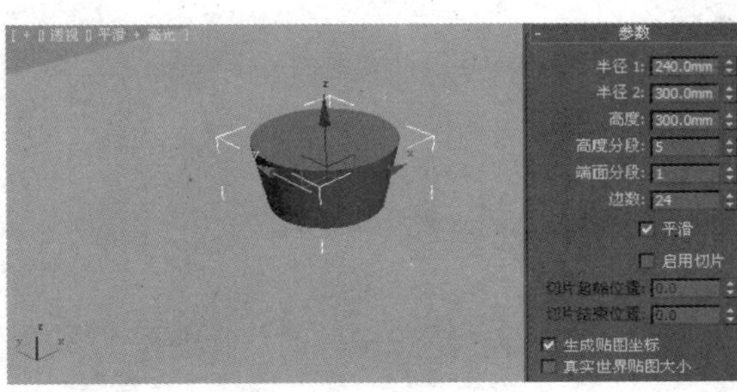

Step 02 在“透视”视口中创建圆锥体，参数及效果如图所示。

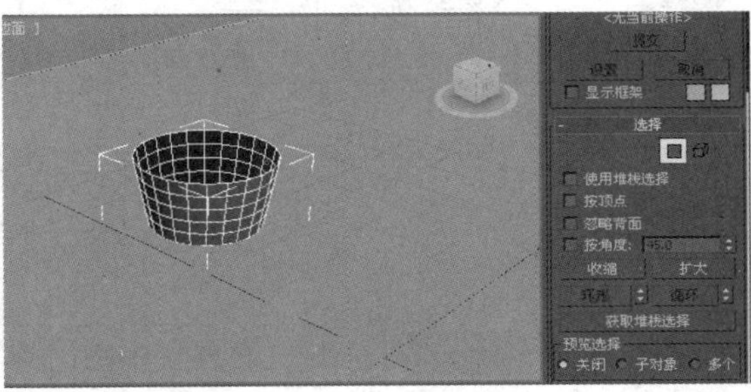

Step 03 将圆锥体转换为可编辑多边形，进入编辑模式，删除顶面和底面，如图所示。

> **提 示**
> 转化为“可编辑多边形”时，可以单击鼠标右键，在四元菜单中选择，也可以在“修改”面板中进行设置。

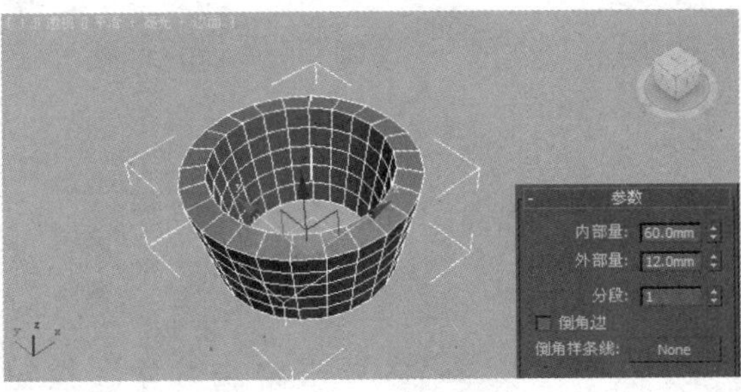

Step 04 在“修改器列表”下拉列表中选择“壳”修改器，在卷展栏中设置参数，如图所示。

> **提 示**
> “壳”修改器“凝固”对象或者为对象赋予厚度时，无论曲面在原始对象中的任何地方消失，边都将连接内部和外部曲面。可以为内部和外部曲面、边的特性、材质ID 以及贴图类型制定偏移距离。

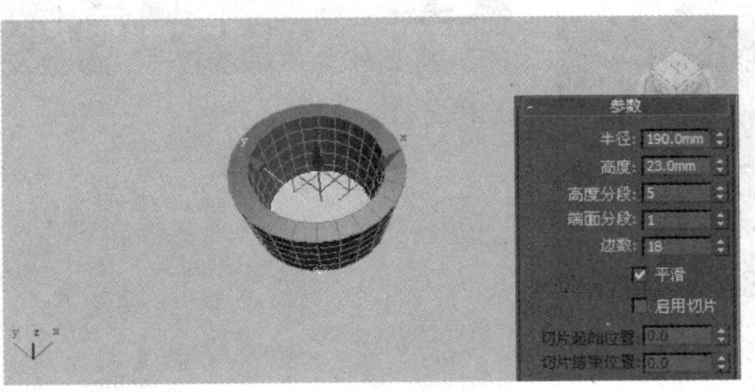

Step 05 在“创建”命令面板中单击“圆柱体”按钮，在视口中创建一个圆柱体，作为木桶的底面，参数及效果如图所示。

提 示

在创建圆弧时，可以打开2.5倍捕捉开关。

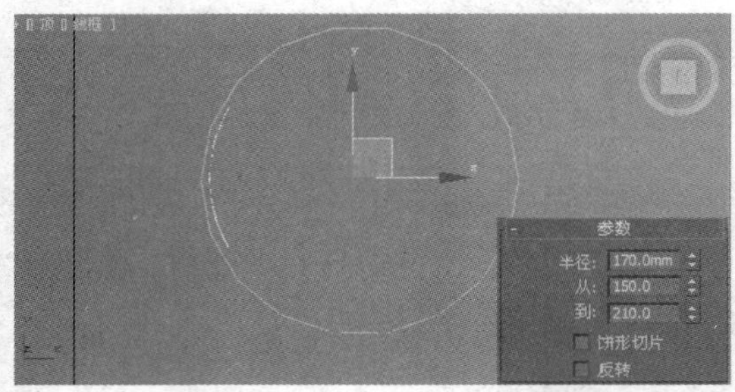

Step 06 单击“圆弧”按钮，在“上”视图中创建一段圆弧作为木桶的桶沿，参数及效果如图所示。

提 示

在使用“挤出”功能时，必须确保所要挤出图形的线条没有交叉。

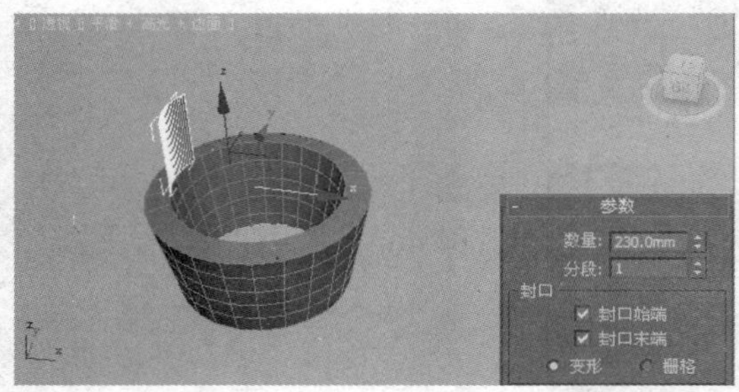

Step 07 在“修改器列表”下拉列表中选择“挤出”选项，参数及效果如图所示。

Step 08 在“修改器列表”下拉列表中选择“壳”选项，在卷展栏中设置参数，如图所示。

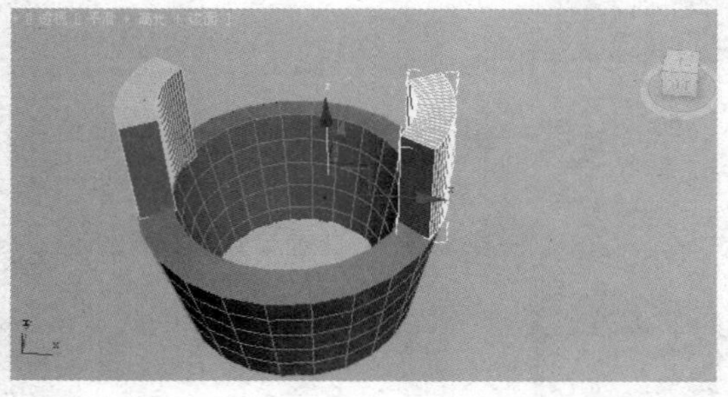

Step 09 单击主工具栏中的“镜像”按钮，将圆弧部分复制一个到桶的另一侧，如图所示。

提 示

注意长方体的长度、宽度、高度分段要与后面的FFD控制顶点相同。

Step 10 单击“长方体”按钮 长方体 ，在视口中创建一个长方体，将其作为木桶的提手，参数及效果如图所示。

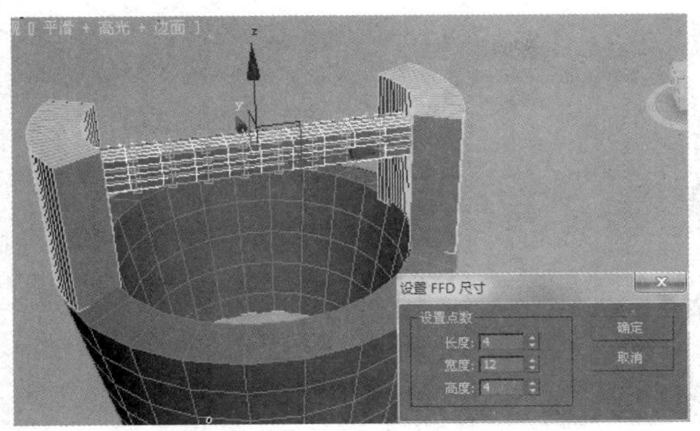

Step 11 在“修改”命令面板中选择FFD修改器，在相关卷展栏中设置控制顶点的数量，如图所示。

Step 12 进入控制顶点编辑模提示式将对象进行调整，完成效果如图所示。

提 示

选择控制顶点时，可以在“前”视图或“左”视图中进行框选。

注意 还可以进入晶格编辑模式编辑对象，在晶格子对象层级中，可以在几何体中单独摆放、旋转或缩放晶格框。如果启用了“自动关键点”按钮，此晶格将变为动画。添加FFD修改器时，默认晶格是一个包围几何体的边框，移动或缩放晶格时，仅有位于体积内的顶点子集合可应用局部变形。

6.5.2 制作酒坛

在创建酒坛时，可以默认酒坛为左右对称的物体，通过创建曲线来模拟右侧的截面。

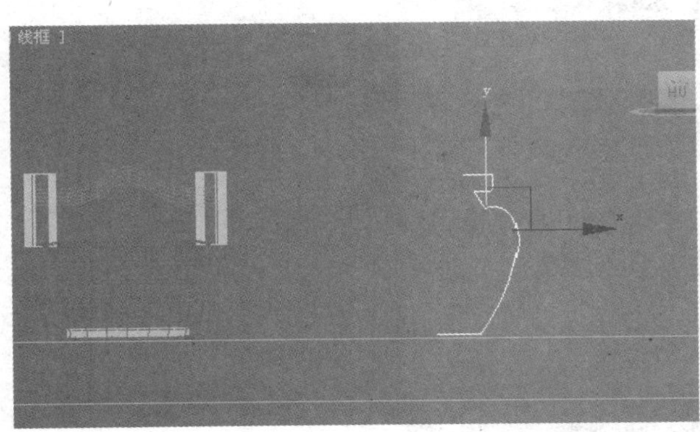

Step 01 单击“线”按钮，在“前”视口中创建酒坛轮廓的样条线，如图所示。

提 示

在创建酒坛时，可以依据左右对称的原理，创建曲线来模拟右侧截面。

提 示

重置变换工具可以将对象的旋转和缩放值置于修改器堆栈中，并将对象的轴点和边界框与“世界”坐标系对齐。

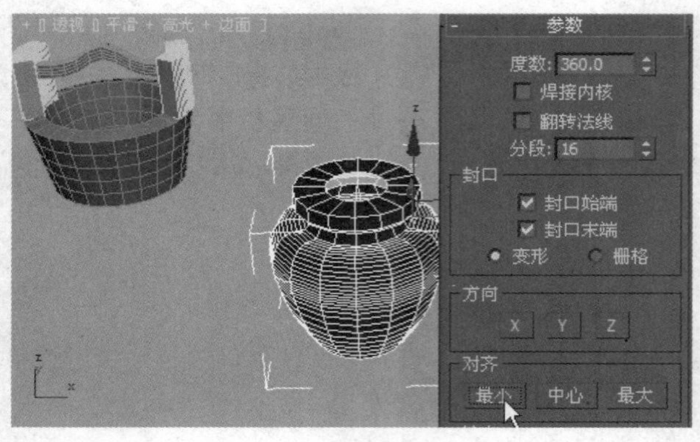

Step 02 在“修改”命令面板的修改器下拉列表中选择“车削”选项，参数及创建效果如图所示。

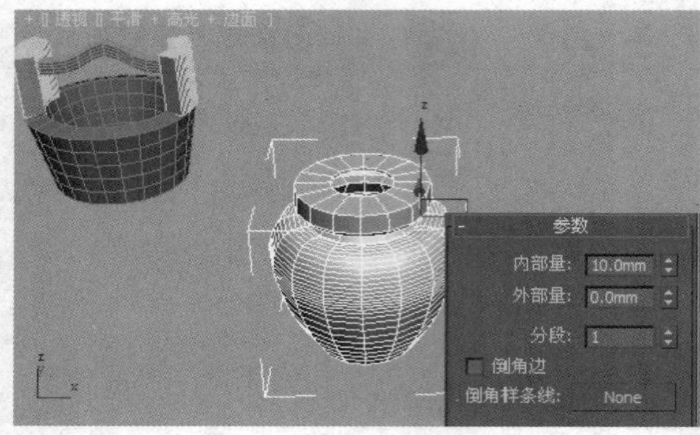

Step 03 在修改器下拉列表中选择“壳”选项，参数及创建效果如图所示。

提 示

在创建酒坛盖时，起点和终点处于垂直线上，可以使用“车削”修改器，避免产生不必要的模型错误。

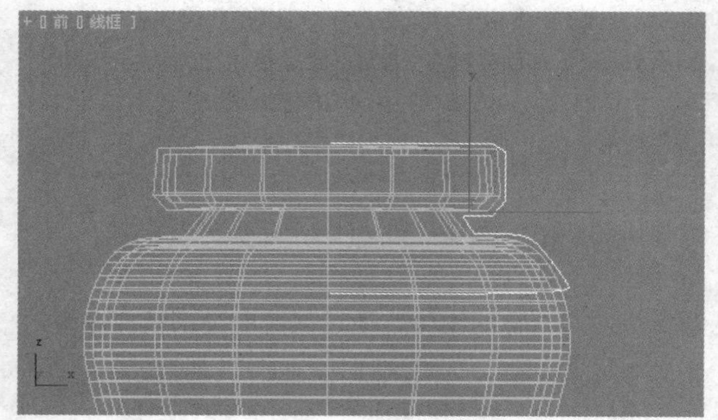

Step 04 进入“创建”命令面板，单击“线”按钮 线 ，在“前”视口中创建一个样条线，创建位置如图所示。

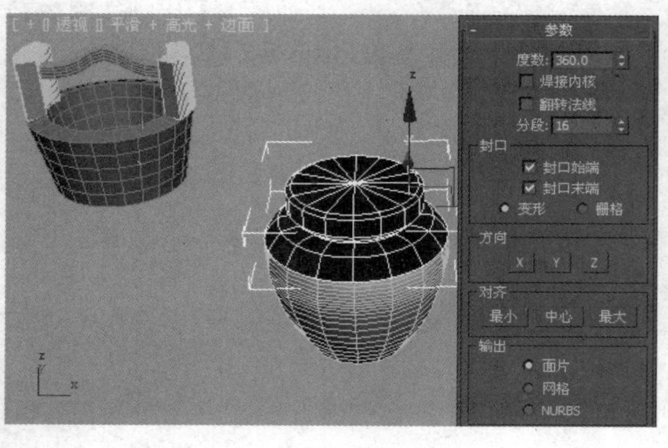

Step 05 在修改器下拉列表中选择“车削”选项，参数及创建效果如图所示。

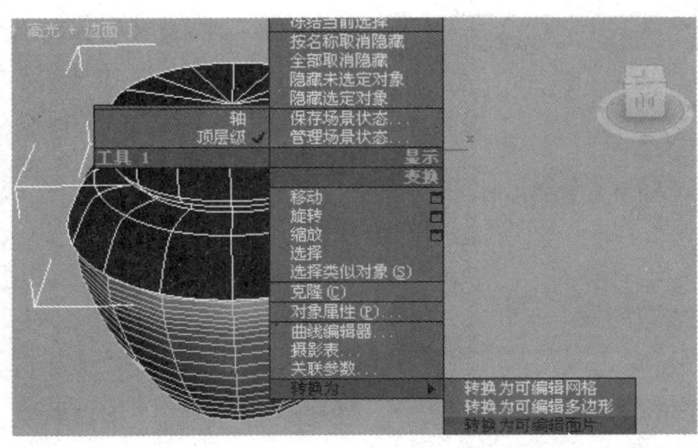

Step 06 在视口中单击鼠标右键，在弹出的四元菜单中选择“转换为可编辑面片”命令，如图所示。

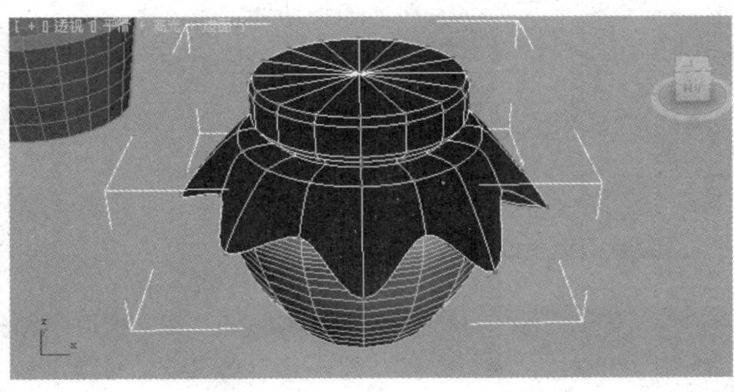

Step 07 选择顶点编辑模式，调整下面的点，制作酒坛盖子的形状，效果如图所示。

> **提　示**
>
> 在“可编辑面片”层级下可选择一个或多个顶点对其进行移动。也可移动向量控制柄，从而影响与顶点连接的所有面片的形状。

6.5.3 制作小火车

在创建小火车模型的时候，主要使用修改器堆栈为对象添加不同的修改器，创建出实物的形状。

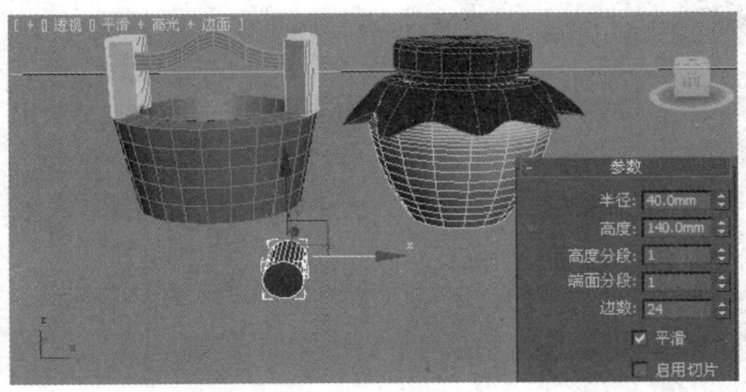

Step 01 在视口中创建一个圆柱体，参数及完成效果如图所示。

Step 02 在视口中创建一个半球体，参数及完成效果如图所示。

> **提　示**
>
> 这里创建的是半球，注意参数的设置。

Step 03 在“修改器列表”下拉列表中选择“拉伸”选项，在参数卷展栏中进行参数设置，完成对象的拉伸效果如图所示。

提 示

在创建“矩形”时，注意“角半径”参数的设置。

Step 04 在“前”视口中创建一个矩形，参数及效果如图所示。

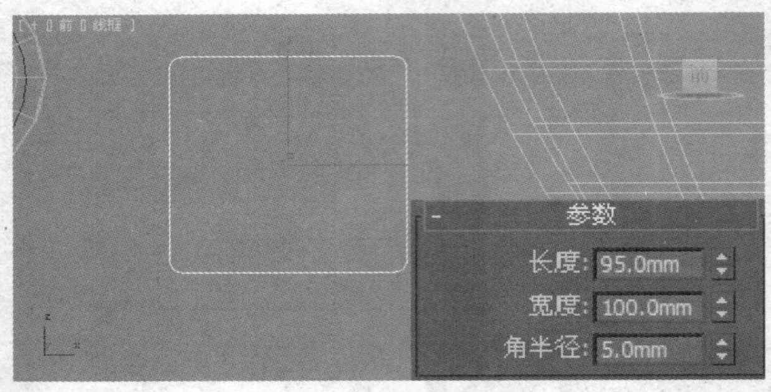

Step 05 在“前”视口中创建一个二维矩形，位置、参数及完成效果如图所示。

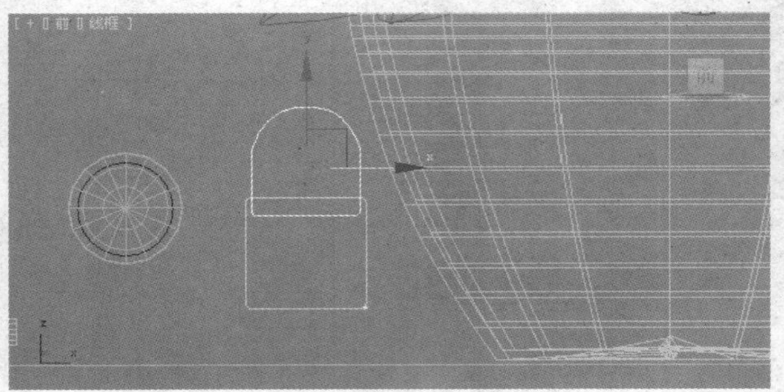

Step 06 在“前”视口中用“线”命令创建一个位置、大小如图所示的图形。

Step 07 分别为3个二维图形添加“挤出”修改器，设置的数量分别为72、72、100，对象的挤出效果如图所示。

Step 08 选择最上面的挤出对象，添加“锥化”修改器，在其参数卷展栏中设置参数，效果如图所示。

> **提 示**
>
> 曲线参数是控制对锥化的侧面应用曲率，因此影响锥化对象的效果。参数为正值时，会沿着锥化侧面产生向外的曲线。参数为负值时，会产生向内的曲线。参数为0时，侧面不变，默认值为0。

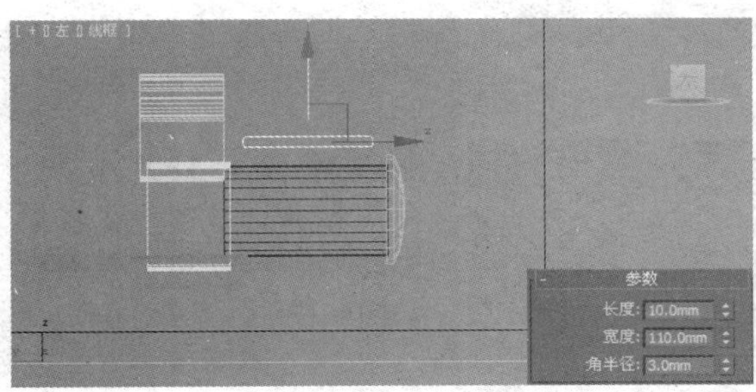

Step 09 在“左”视图中创建一个矩形，效果如图所示。

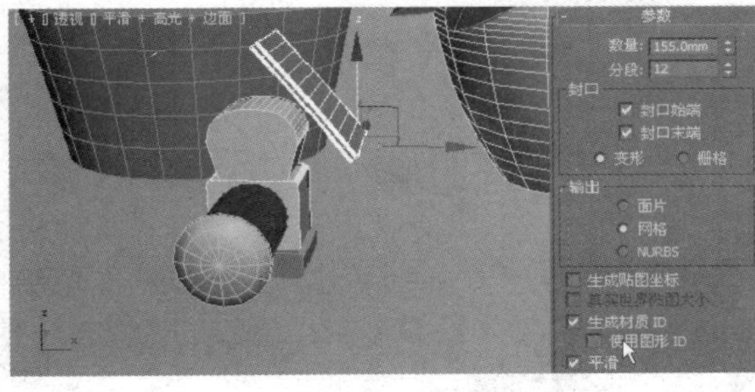

Step 10 在“修改”命令面板中添加“挤出”修改器，并使用旋转工具经对象的位置旋转调整为如图所示。

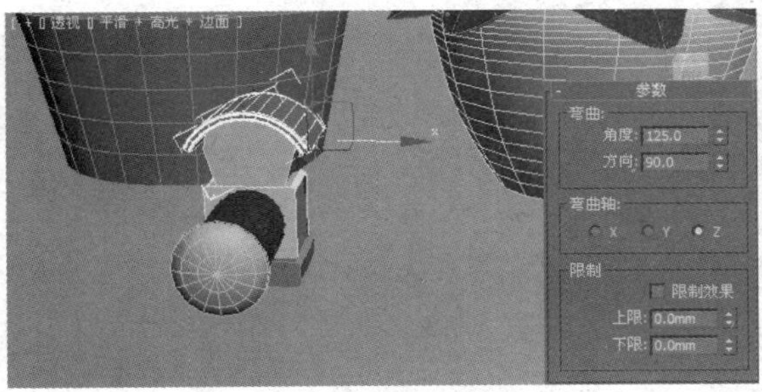

Step 11 继续为该对象添“弯曲”修改器，在参数卷展栏中设置参数，位置参数及完成效果如图所示。

> **提 示**
>
> 弯曲轴和方向的选择同时影响弯曲的效果。

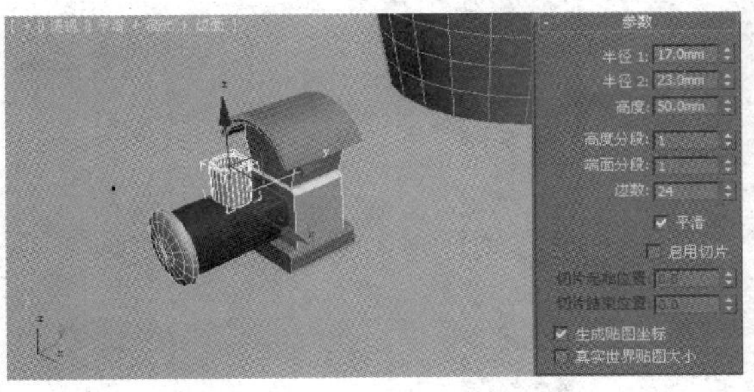

Step 12 在“透视”视口中创建一个管状体，位置、参数及效果如图所示。

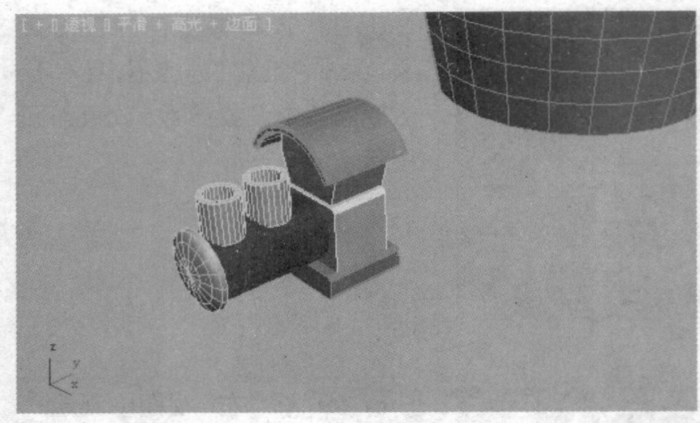

Step 13 在视口中复制管状体，位置如图所示。

Step 14 在视口中创建一个圆柱体，作为小车模型的轮胎，创建位置及参数如图所示。

提　示

此处也可以使用镜像工具来复制轮胎模型。

Step 15 在视口中将轮胎复制3次，位置如图所示。

提　示

在创建物体时，可以根据物体的形状特征来选择合适的视图进行创建，提高效率和准确度。

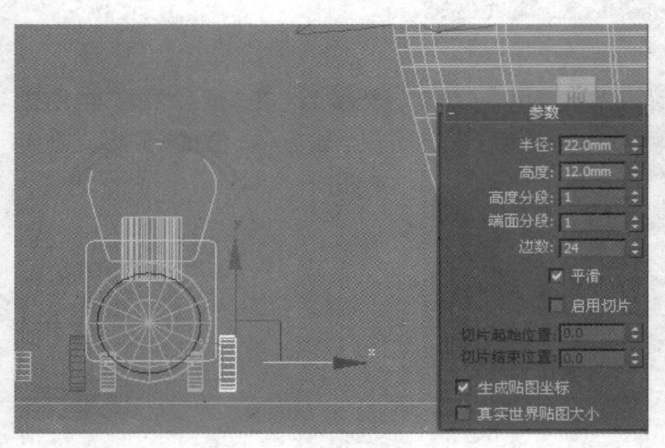

Step 16 在视口中再次创建一个圆柱体作为后面的轮胎，并复制一个，位置及参数如图所示。

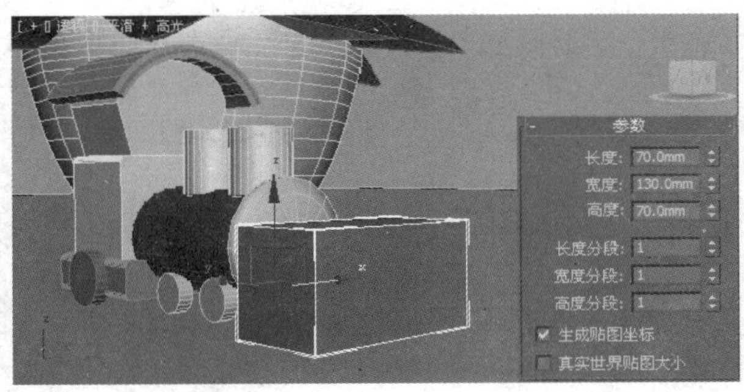

Step 17 在场景中创建一个长方体，位置及参数如图所示。

Step 18 将长方体转化为可编辑多边形，进入顶点编辑模式，将长方体的形状进行调整，最终完成效果如图所示。

6.5.4 制作斧子

斧子的制作非常简单，包括斧头和斧把。斧头的制作是通过FFD修改器来调节变形，而斧把的制作主要是对放样的练习。

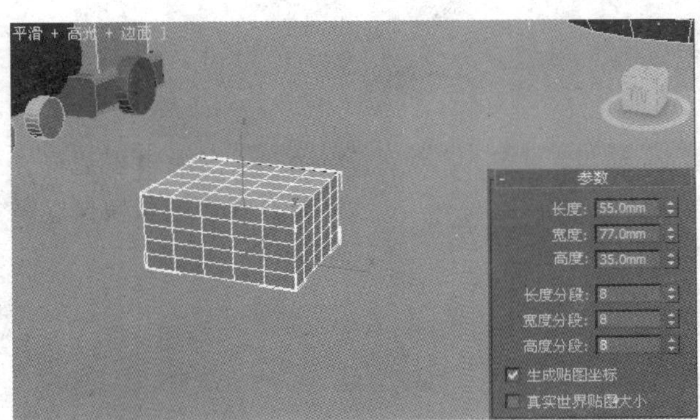

Step 01 在场景中创建一个长方体作为斧头的雏形，位置及参数如图所示。

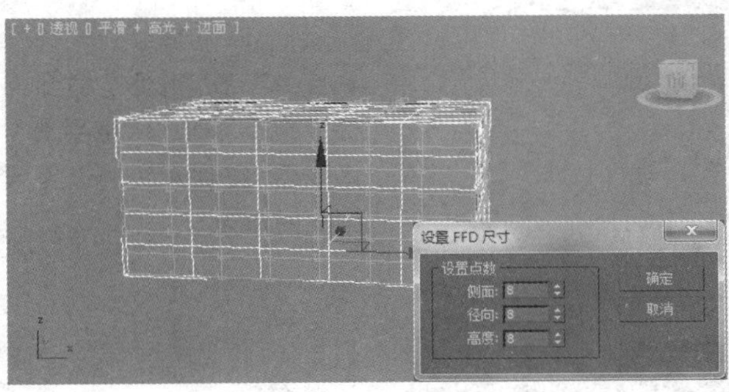

Step 02 隐藏其他对象，在修改列表下拉列表中选FFD修改器选项，设置控制顶点数为8×8×8，如图所示。

提 示

FFD修改器的控制顶点数和长方体的分段的值可以不相同，而且移动控制顶点时的效果也不相同。

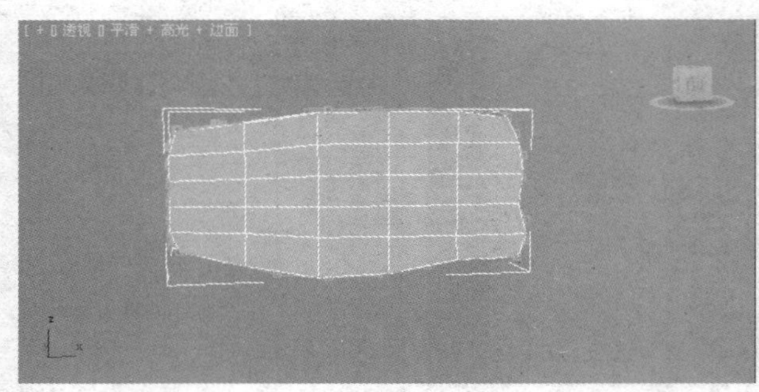

Step 03 进入控制顶点编辑模式，选择点将对象的形状调整为如图所示。

提 示

框选时会将虚线框内的所有面都选择了，而点选只是选中所看到的面。

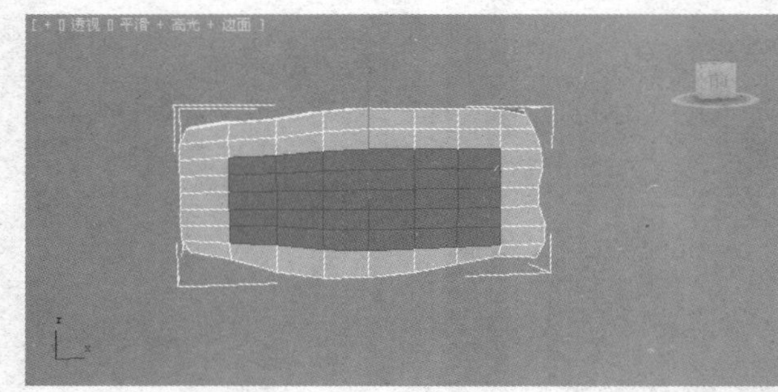

Step 04 将对象转换为可编辑多边形，进入多边形编辑模式，选择侧面中间部分的面，如图所示。

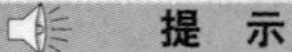

提 示

注意此处的“挤出”按钮是“编辑多边形”卷展栏中，与修改器下拉列表中的“挤出”选项适用的范围不一样。

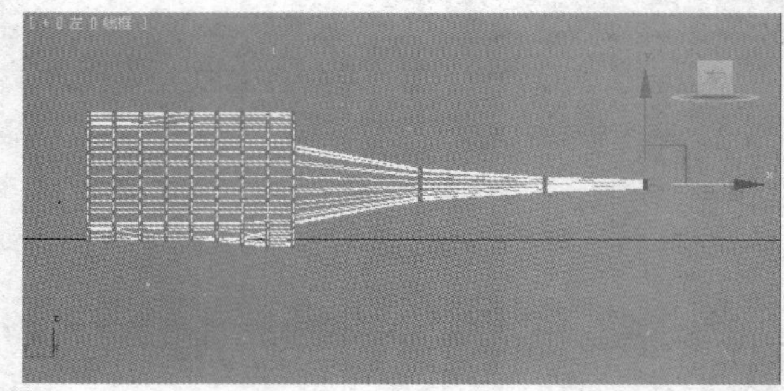

Step 05 在“编辑多边形”卷展栏中单击“挤出”按钮，将选择的面挤出3次。使用缩放工具缩放调整模型，制作从厚到薄的效果，如图所示。

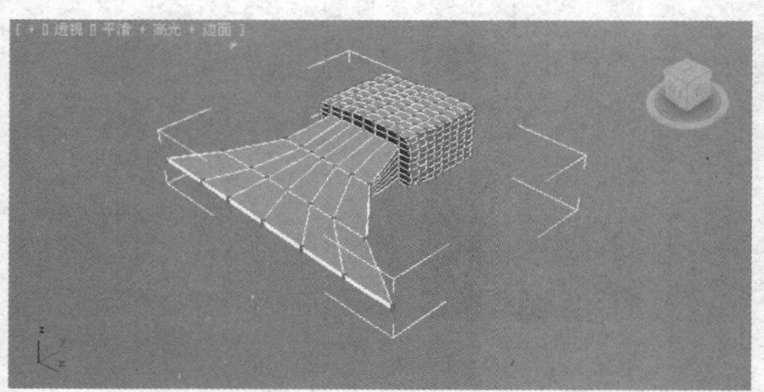

Step 06 在编辑多边形中选择顶点并调整模型，效果如图所示。

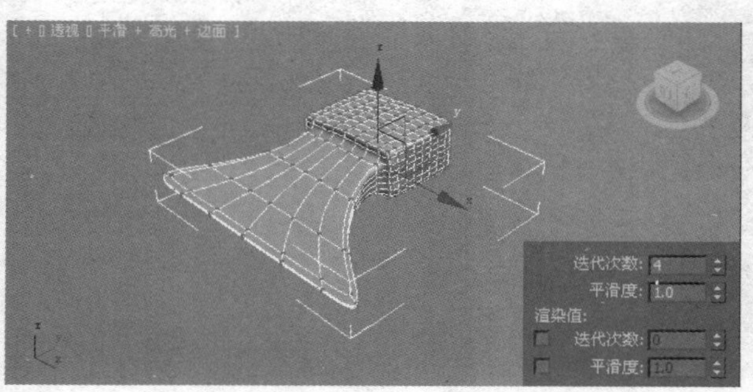

Step 07 在“修改”命令面板中选择添加“网格平滑”修改器，得到斧头的最终效果如图所示。

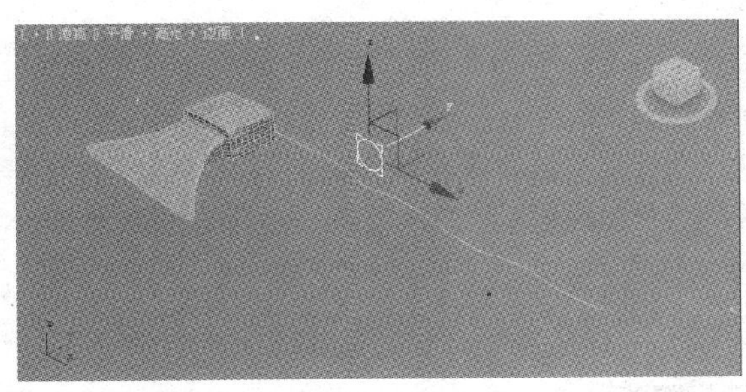

Step 08 在视口中创建一条线和一个圆，用来做斧头的把手，如图所示。

Step 09 选择线，在“创建”命令面板的下拉列表中选择“复合对象”选择，单击“放样”按钮，在“创建方法”卷展栏中单击“获取图形”按钮，单击圆，效果如图所示。

Step 10 为各个物体赋予材质，打上灯光，渲染得到最终的完成效果如图所示。

注意 不同的对象类型及其各自子对象的对应关系如下表所示。

对象类型	子对象几何体
网格	顶点、边、面、多边形、元素
多边形	顶点、边、边界、多边形、元素
样条线	顶点、线段、样条线
面片曲面	顶点、边、面片、元素、手柄
NURBS 曲线	曲线 CV 或点、曲线
NURBS 曲面	曲面 CV 或点、曲面

知识扩充

本章的知识点比较多，但是内容比较集中，主要讲解将二维图形转化为三维图，并对三维图上进行修改的方法，主要用到的命令有点、线、面以及综合。与前面的内容相结合会发现，做一个模型可以使用的方法有很多，然而模型有大有小（所谓的大小主要指的是最终模型所占的内存），而在众多的方法中哪一种更方便、更实用呢？下面以一个做墙体的例子来讲解一下。

方法一：在“创建”命令面板中选择“AEC扩展”选项，单击“墙”按钮墙，在场景中创建墙体，如图所示。

方法二：在场景中创建一大一小两个长方体，然后对大的长方体进行布尔命令，效果如图所示。

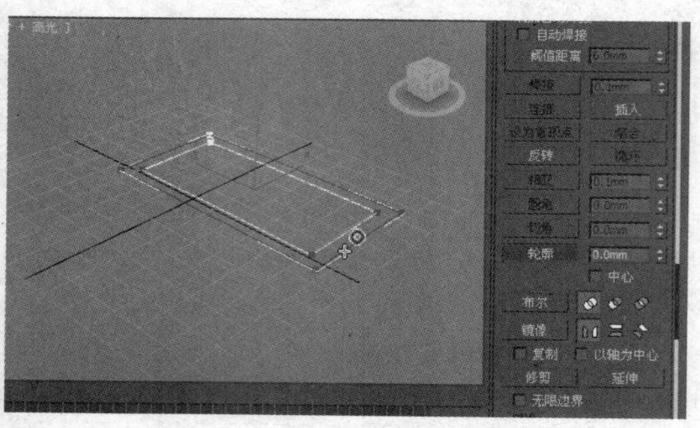

方法三：在场景中创建一个矩形，将其转化为可编辑样条线，然后单击“轮廓”按钮将其挤出，完成效果如图所示。

做这个墙体用了3种方法，这3种方法里第一种最简单，可由于每一面墙都是一个个体，因此占用内存较多。第二种方法采用了“布尔”命令，一个模型里布尔次数较多，占用内存也就相对增多。第3种方法使用样条线的挤出，挤出的墙体是一个整体，而且占有的内存较第二种方法要少。综上所述，第3种方法最实际、最适用。在模型的制作过程中会有很多类似情况，可以根据需要选择合适的方法非常重要。

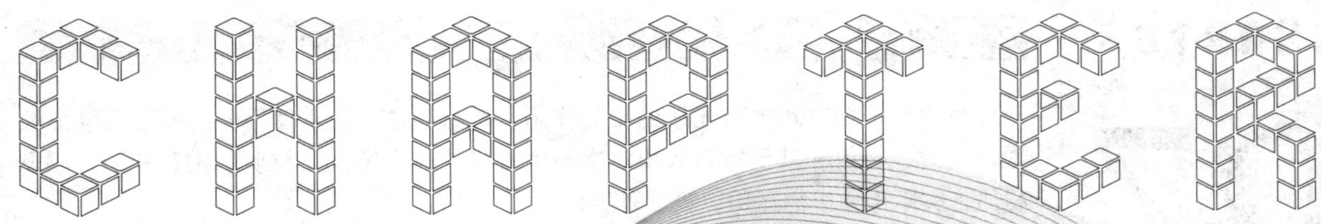

CHAPTER

07 材质与贴图

本章将介绍3ds Max 2013的材质，包括材质编辑器、材质/贴图浏览器等控件，重点讲解材质的基本意义、材质类型和材质贴图的应用方法。在章节末尾以小型实例讲解如何在场景中为对象制作最合适的材质。

重点知识链接

本章主要内容	知识点拨
材质与材质编辑器	了解材质的设计、明暗器、贴图通道、材质编辑器的工具
材质的类型	各种常用材质、复合材质
材质的贴图	各种2D贴图、3D贴图、混合贴图、颜色贴图

CHAPTER 07

> 提 示
>
> 制作材质时，除了要应用符合真实世界的原理，还要通过灯光、环境等各种因素来使材质达到真实效果。

7.1 材质的基础知识

材质用于描述对象与光线的相互作用，在材质中，通常使用各种贴图来模拟纹理、反射、折射和其他特殊效果。本节中就将具体介绍有关材质的相关知识，以及材质在实际操作中的运用、管理等。

7.1.1 设计材质

在3ds Max 2013中，材质的具体特性都可以进行手动控制，如漫反射、高光、不透明度、反射/折射以及自发光等，并允许用户使用预置的程序贴图或外部的位图贴图来模拟材质表面纹理或制作特殊效果，如图所示为赋予材质后的对象效果。

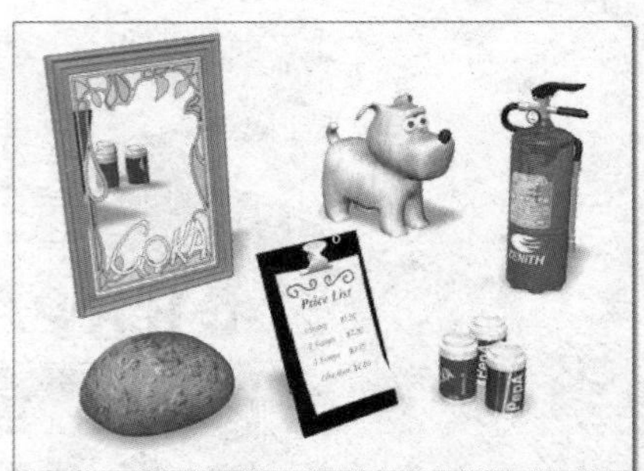

在3ds Max 2013 中，材质的设计制作是通过“材质编辑器”来完成的，在材质编辑器中，可以为对象选择不同的着色类型和不同的材质组件，还能使用贴图来增强材质，并通过灯光和环境使材质产生更逼真自然的效果。

1. 材质的基本知识

> 提 示
>
> 材质的各种属性在3ds Max中表现为颜色或贴图通道，可以通过颜色或贴图来设计各种属性，如漫反射颜色对应了“漫反射”贴图通道。

材质详细描述对象如何反射或透射灯光，其属性也与灯光属性相辅相成，最主要的属性为漫反射颜色、高光颜色、不透明度和反射/ 折射，各属性的含义如下。

- 漫反射：颜色是对象表面反映出来的颜色，就是通常提及到的对象颜色，受灯光和环境因素的影响会产生偏差。
- 高光：是指物体表面高亮显示的颜色，反映了照亮表面灯光的颜色。在3ds Max中可以对高光颜色进行设置，使其与漫反射颜色相符，从而产生一种无光效果，降低材质的光泽性。
- 不透明度：可以使3ds Max中的场景对象产生透明效果，并能够使用贴图产生局部透明效果。
- 反射/折射：反射是光线投射到物体表面，根据入射的角度将光线反射出去，使对象表面反映反射角度方向的场景，如平面镜。折射是光线透过对象，改变了原有的光线的投射角度，使光线产生偏差，如透过水面看水底，如图所示为折射的原理示意图。

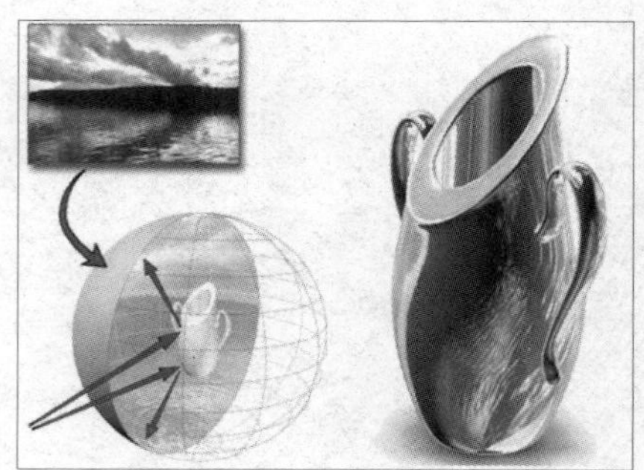

2. 材质编辑器

“材质编辑器”提供创建和编辑材质、贴图的所有功能，通过材质编辑器可以将材质应用到3ds Max的场景对象，如图所示。

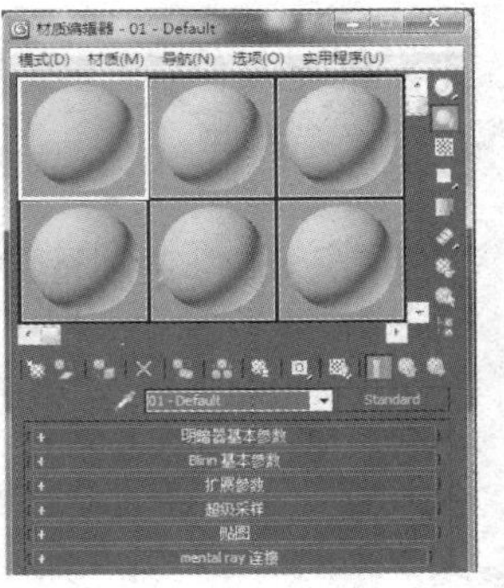

> **提 示**
> 一个场景可以包含许多不同的材质。

3. 材质的着色类型

材质的着色类型是指对象曲面响应灯光的方式，只有特定的材质类型才可以选择不同的着色类型。

4. 材质类型组件

每种材质都属于一种类型，默认类型为“标准”，其他的材质类型都有特殊的用途。

5. 贴图

使用贴图可以将图像、图案、颜色调整等其他特殊效果应用到材质的漫反射或高光等任意位置。

6. 灯光对材质的影响

灯光和材质组合在一起使用，才能使对象表面产生真实的效果，灯光对材质的影响因素主要包括灯光强度、入射角度和距离，各因素的影响如下。

- 灯光强度：灯光在发射点的原始强度。
- 入射角度：物体表面与入射光线所成的角度。入射角度越大，物体接收的灯光越少，材质表面表现越暗。
- 距离：在真实世界中，光线随着距离会减弱，而在3ds Max中可以手动控制衰减的程度。

7. 环境颜色

在制作材质时，只有当选择的颜色和其他属性看起来如同真实世界中的对象时，材质才能给场景增加更大的真实感，特别是在不同的灯光环境下。

> **提 示**
> 由于直射太阳光为黄色，因此出现在日光中的对象材质应该具有淡色、非饱和的黄色高光效果。

- 室内和室外灯光：室内场景或室外场景，不仅影响选择材质颜色，还影响设置灯光的方式。
- 自然材质：大部分自然材质都具有无光表面，表面有很少或几乎没有高光颜色，如图所示。

- 人造材质：人造材质通常具有合成颜色，例如塑料和瓷器釉料均具有很强的光泽。
- 金属材质：金属具有特殊的高光效果，可以使用不同的着色器来模拟金属高光效果。

提 示

预览金属表面时，勾选“背光”复选地可以显示金属的掠射高光效果。

7.1.2 材质编辑器

“材质编辑器”是一个独立的窗口，通过“材质编辑器”可以将材质赋予3ds Max 的场景对象。“材质编辑器”可以通过单击主工具栏中的按钮或“渲染”菜单中的命令打开，如图所示为材质编辑器。

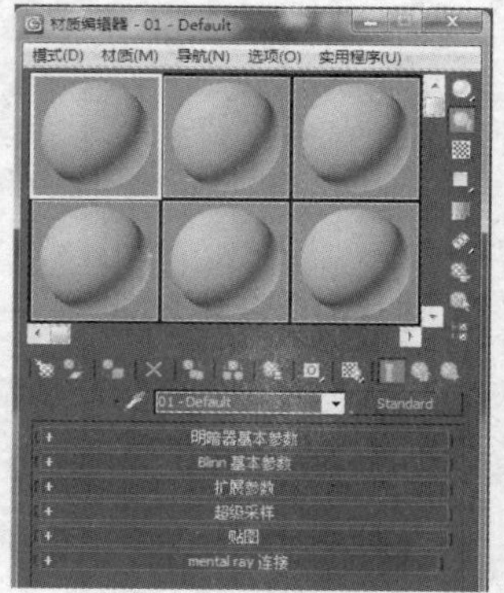

1. 示例窗

提 示

示例窗有高亮显示表示其为当前选择的样本材质。

使用示例窗可以预览材质和贴图，每个窗口可以预览单个材质或贴图。将材质从示例窗拖动到视口中的对象，可以将材质赋予场景对象。

示例窗中样本材质的状态主要有3种，其中实心三角形表示已应用于场景对象且该对象被选中，空心三角形则表示应用于场景对象但对象未被选中，无三角形表示未被应用的材质，如图所示。

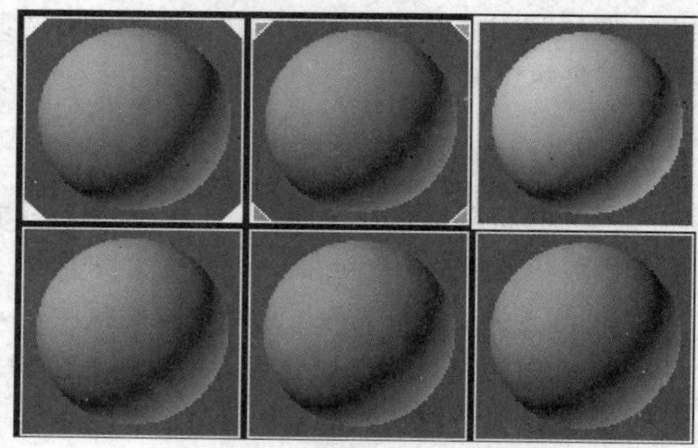

范例实录 放样的基本操作

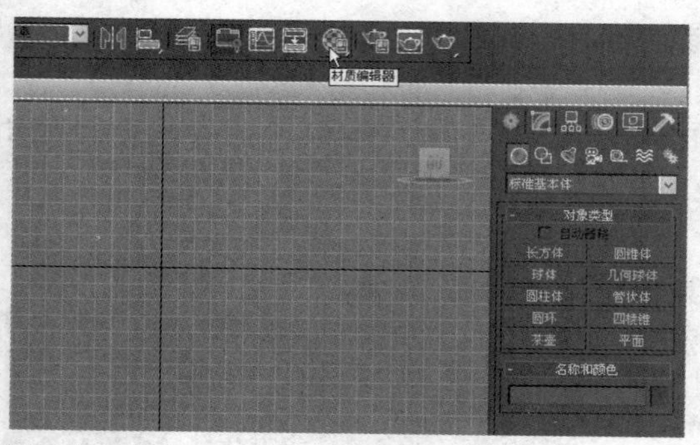

Step 01 打开3ds Max 2013，然后单击主工具栏中的“材质编辑器”按钮，如图所示。

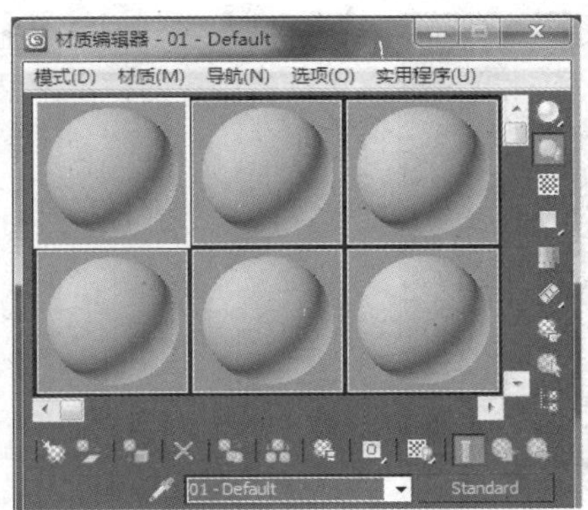

Step 02 打开“材质编辑器”，在该编辑器中可以设置场景中的所有材质，如图所示。

> **提　示**
>
> “材质编辑器”一次不能编辑超过24种材质，但是场景可以包含不限数量的材质。

Step 03 选择第一个样本材质球，单击“漫反射”选项旁的方形按钮，打开“材质/贴图浏览器”对话框，然后选择“旋涡”程序贴图，如图所示。

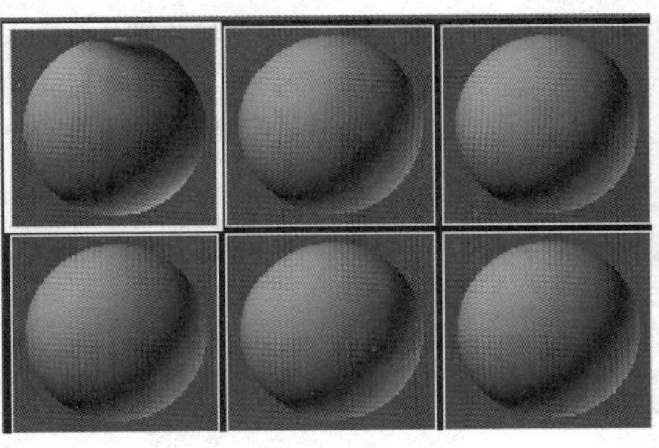

Step 04 为“漫反射”选项指定“旋涡”程序贴图后，样本材质球将显示该贴图效果，如图所示。

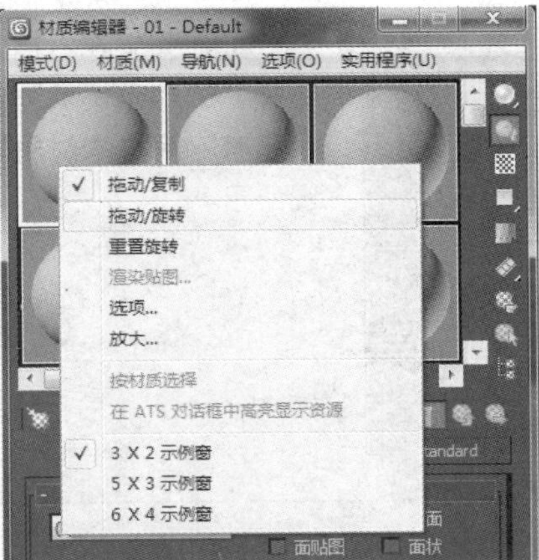

Step 05 在样本材质球上单击鼠标右键，在弹出的快捷菜单中选择“拖动/旋转”命令，如图所示。

> **提　示**
>
> 如果先按住Shift键，然后在中间拖动，那么旋转就限制在水平或垂直轴上，方向取决于初始拖动的方向。

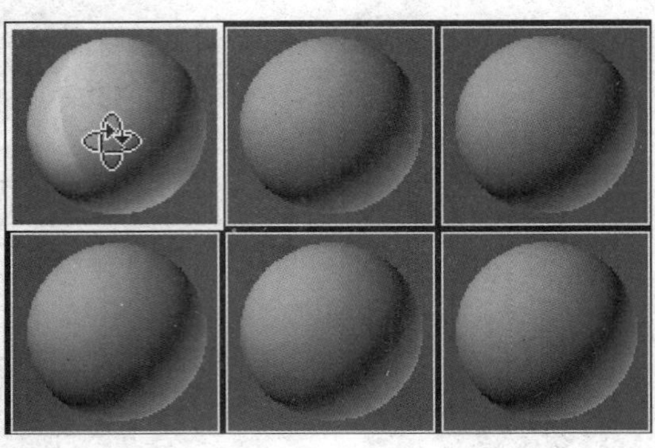

Step 06 在示例窗中拖动鼠标，可旋转相应的样本材质球，如图所示。

提 示

将拖动示例窗设置为复制模式，拖动示例窗时，材质会从一个示例窗复制到另一个，从示例窗复制到场景中的对象，或复制到材质按钮。

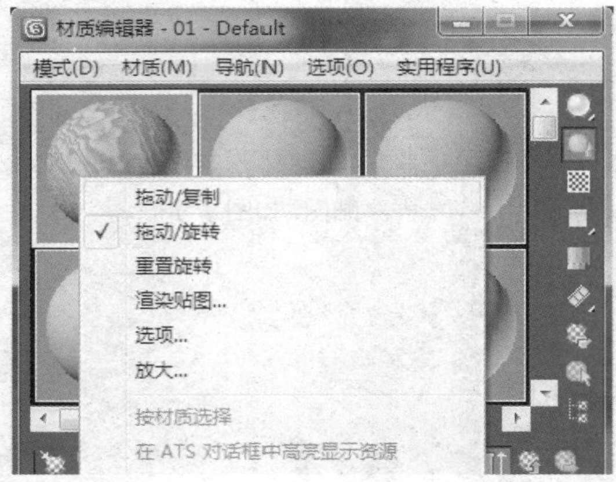

Step 07 再次在示例窗中的样本材质球上单击鼠标右键，在弹出的快捷菜单中选择“拖动/复制”命令，如图所示。

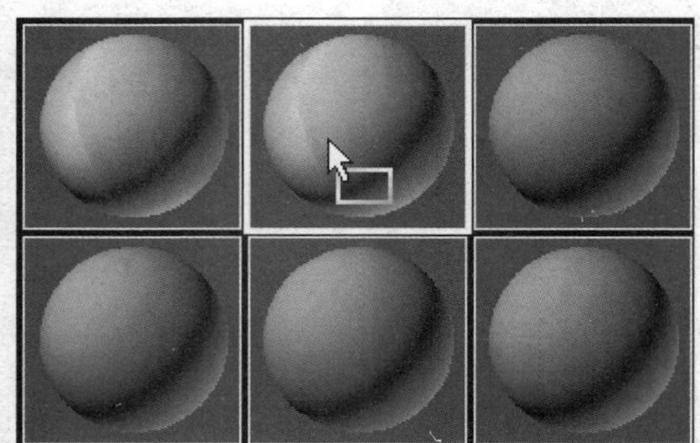

Step 08 使用鼠标将第一个样本材质球拖动到第二个样本材质球上，材质将进行复制，如图所示。

提 示

样本材质的显示包括3×2、5×3和6×4这3种方式。

Step 09 如果在右键快捷菜单中选择“6×4示例窗”选项，将显示所有24个样本材质球，效果如图所示。

2. 工具

位于“材质编辑器”示例窗右侧和下方的是，用于管理和更改贴图及材质的按钮和其他控件。其中位于右侧的工具栏主要用于对示例窗中的样本材质球进行控制，如显示背景或检查颜色等。位于下方的工具主要用于材质与场景对象的交互操作，如将材质指定给对象、显示贴图应用等。

范例实录

右侧工具的应用

Step 01 在“材质编辑器”中选择一个样本材质球，然后为“漫反射”选项指定“平铺”程序贴图，如图所示。

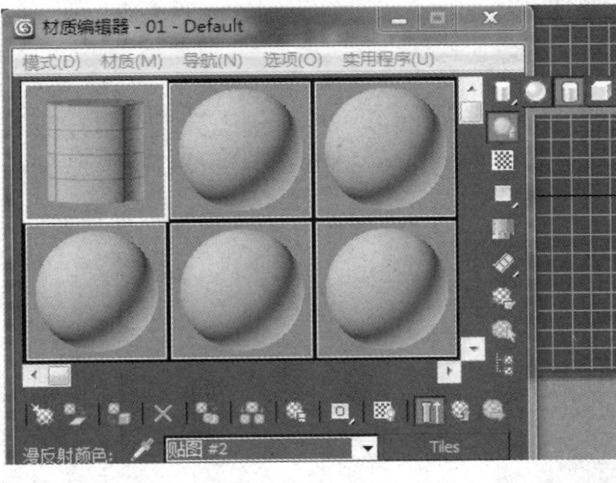

Step 02 按住“采样类型”按钮不放，在弹出的面板中单击柱体按钮，示例窗中的样本材质球将显示为柱体，如图所示。

> **提 示**
>
> 使用“材质编辑器”指定示例窗的自定义对象时，会显示自定义对象上的材质按钮。

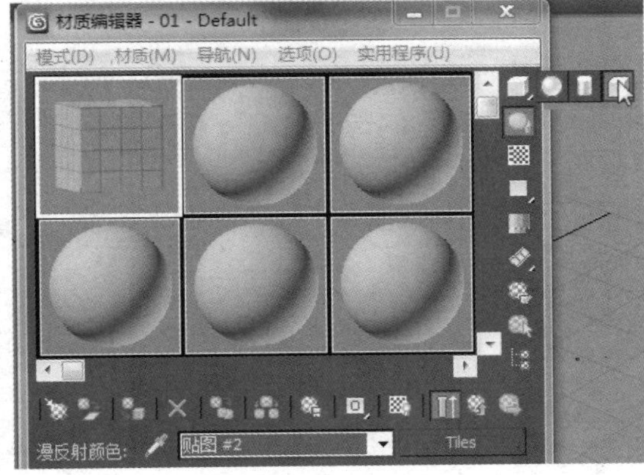

Step 03 如果选择方形的“采样类型”按钮，样本材质球也会相应变为方形，如图所示。

> **提 示**
>
> 通过示例球体更容易看到效果，其中背光高亮显示球的右下方边缘。

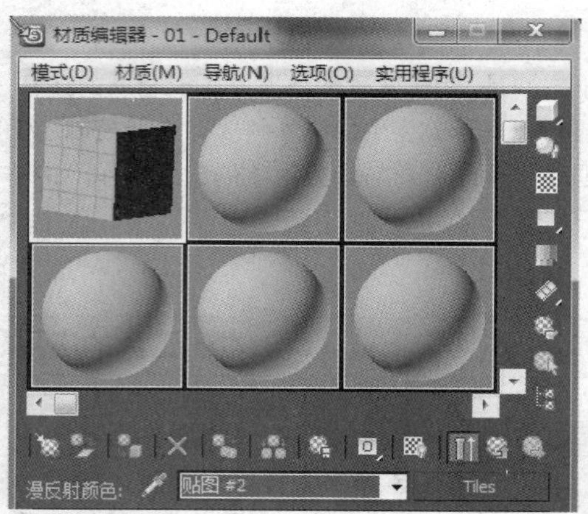

Step 04 单击“背光”按钮激活状态，示例窗中的样本材质将不显示背光效果，如图所示。

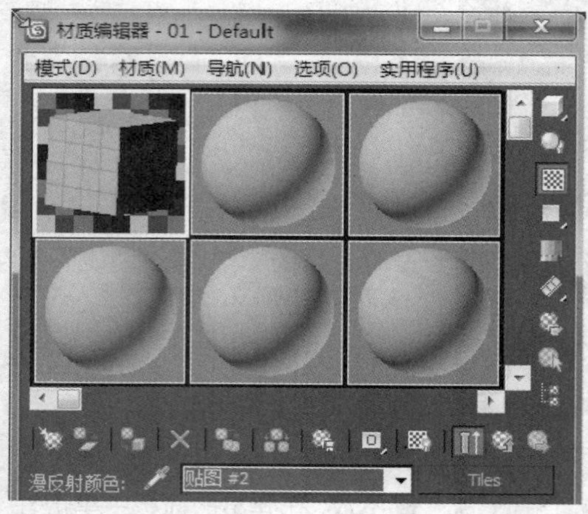

Step 05 如果材质的“不透明度”参数值小于100，单击“背景”按钮，可透过样本材质查看到示例窗中的背景，如图所示。

提 示

使用此选项设置的平铺图案只影响示例窗，对场景中几何体上的平铺没有影响，效果由贴图自身坐标卷展栏中的参数进行控制。

Step 06 在右侧工具栏中单击“采样UV平铺”的2×2按钮，贴图将平铺两次，如图所示。

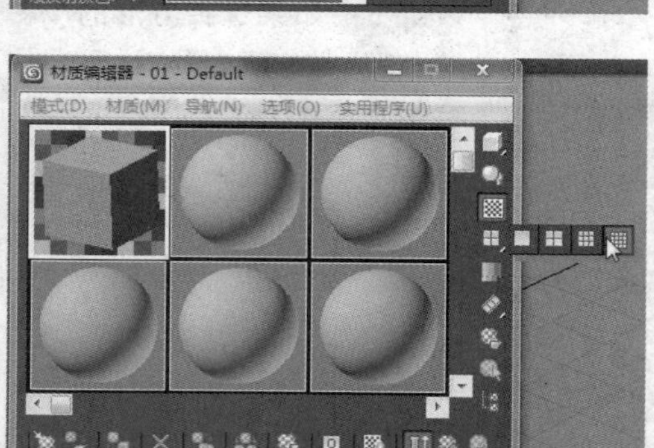

Step 07 如果单击“采样UV平铺”的4×4按钮，贴图将平铺4次，如图所示。

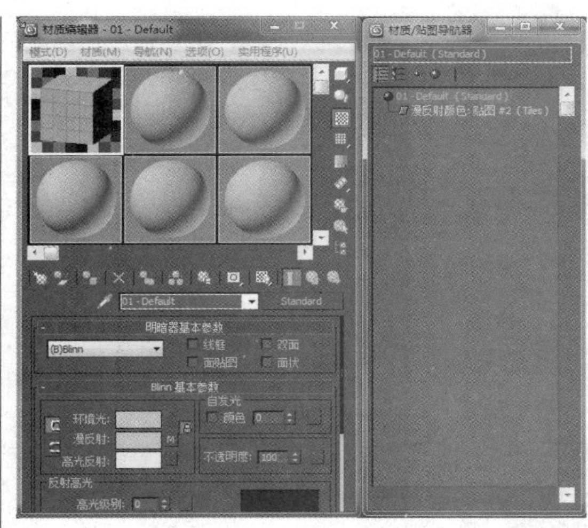

Step 08 在右侧工具栏中单击“材质/贴图导航器”按钮，可打开相应的对话框，显示当前选择样本材质的层级，效果如图所示。

范例实录

下方工具的应用

DVD-ROM

原始文件:
范例文件\Chapter 7\7.1\下方工具的应用（原始文件).max

最终文件:
范例文件\Chapter 7\7.1\下方工具的应用（最终文件).max

Step 01 打开本书配套光盘中的原始文件，效果如图所示。

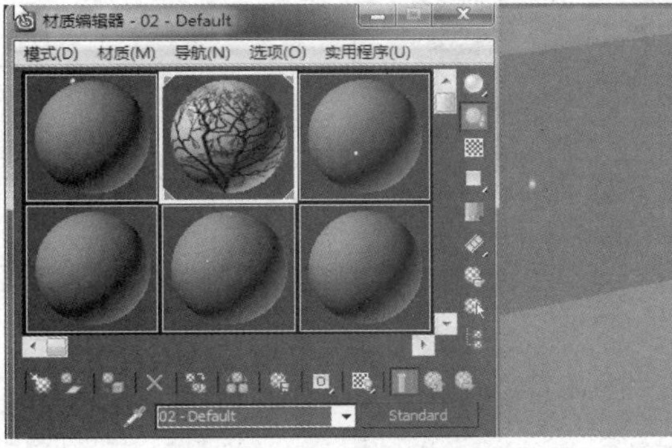

Step 02 打开“材质编辑器”，然后选择第一个样本材质球，如图所示。

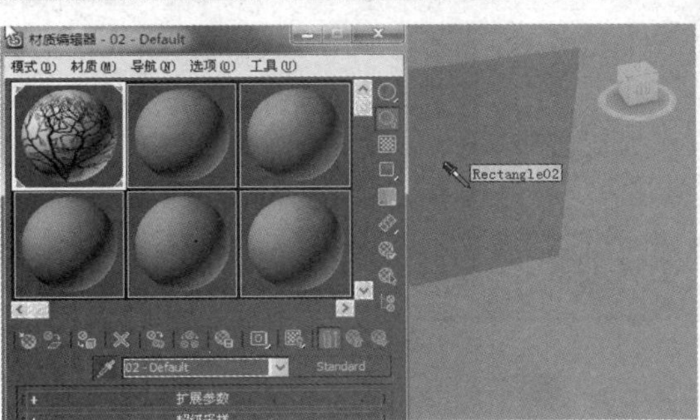

Step 03 单击“从对象拾取材质”按钮，然后在视口中进行拾取操作，对象材质将被拾取到样本材质球上，如图所示。

提　示

“材质编辑器”只能进行长度的拉伸，宽度是固定不变的。

提 示

如果为材质的不同通道使用了贴图，在相应的贴图层级下激活在视口中显示贴图按钮，即可显示当前层级的贴图。

Step 04 单击“在视口中显示标准贴图”按钮，对象表面将显示“漫反射”的贴图，如图所示。

提 示

可以将示例窗中的样本材质直接拖曳到视口中的场景对象上，完成材质的指定操作。

Step 05 在场景中选择另一个对象，然后单击“将材质指定给选定对象”按钮，为其赋予材质，效果如图所示。

提 示

“显示最终结果”按钮处于未激活状态时，示例窗中只显示材质的当前级别。

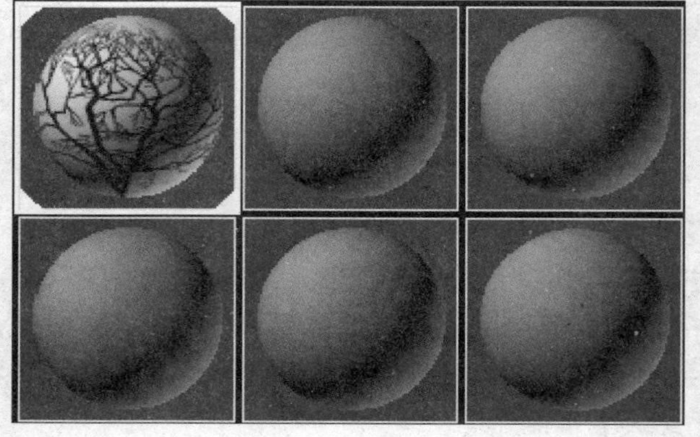

Step 06 在“材质编辑器”窗口中单击“显示最终结果”按钮，可以在示例窗中显示样本材质的最终结果或当前贴图效果，如图所示。

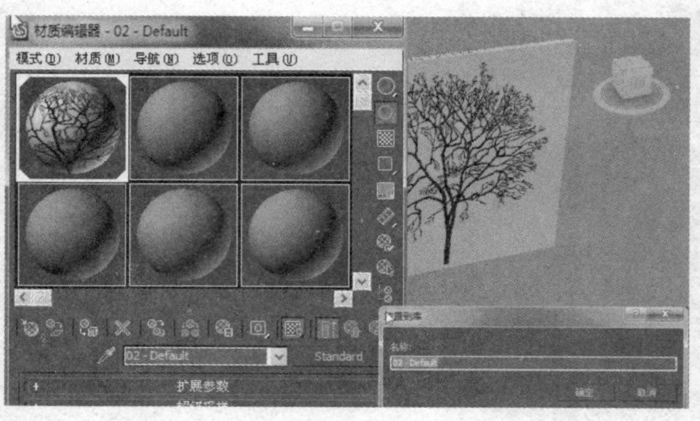

Step 07 单击“放入库”按钮，将选择的样本材质放入材质库，并可以在相应的对话框中为材质重新命名，如图所示。

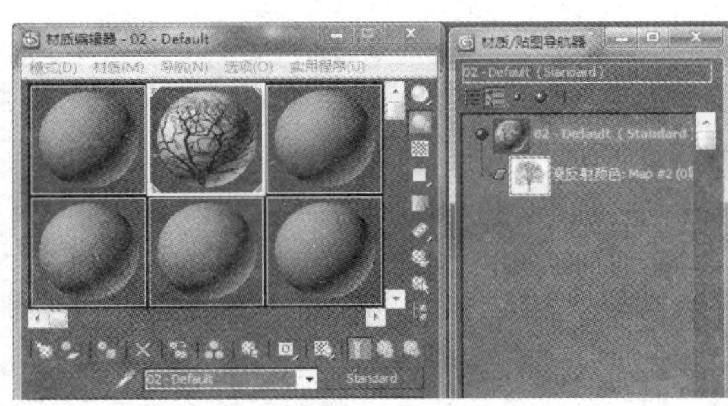

Step 08 单击“获取材质”按钮，可打开“材质/贴图导航”对话框，在对话框中选择“材质库”项，可在右侧列表框中查看到之前存入的材质，如图所示。

> **提 示**
> 从场景获取材质时，最初将获取热材质。

Step 09 选择第一个材质球，然后单击“重置贴图/材质为默认设置”按钮，在弹出的对话框中单击“场景和材质编辑器中同时删除”单选按钮，再单击“确定”按钮，如图所示。

> **提 示**
> 移除材质颜色并设置灰色阴影，将光泽度、不透明度等重置为其默认值。移除指定材质的贴图，如果处于贴图级别，该按钮重置贴图为默认值。

Step 10 单击“确定”按钮后，材质编辑器中当前选择的样本材质将被删除，同时应用了该材质的相应对象也将失去材质，效果如图所示。

3. 参数卷展栏

在示例窗的下方是材质参数卷展栏，不同的材质类型具有不同的参数卷展栏。在各种贴图层级中，也会出现相应的卷展栏，这些卷展栏可以调整顺序，如图所示为标准材质类型的卷展栏。

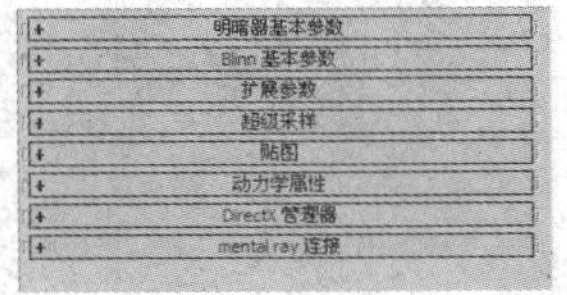

7.1.3 材质的管理

材质的管理主要通过“材质/贴图浏览器”窗口实现，可执行制作副本、存入库、按类别浏览等操作，如图所示为“材质/贴图浏览器”，各选项的含义如下。

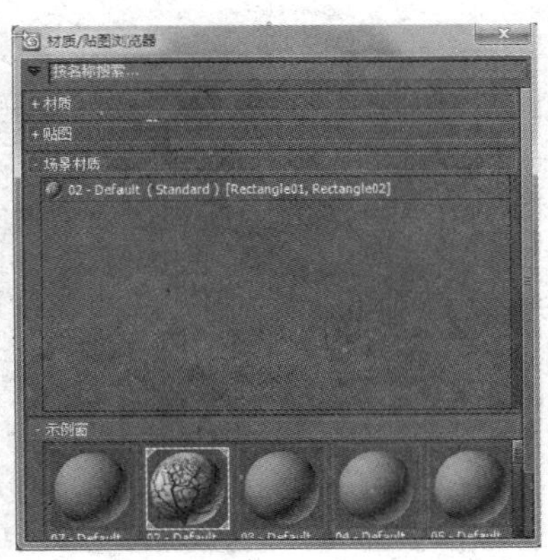

提 示

"材质/贴图浏览器"的示例窗无法显示"光线跟踪"或"位图"之类等需要环境或外部文件才有效果的材质或贴图。

- 文本框：在文本框中可输入文本，便于快速查找材质或贴图。
- 示例窗：当选择一个材质类型或贴图时，示例窗中将显示该材质或贴图的原始效果。
- 浏览自：该选项组提供的选项用于选择材质/贴图列表中显示的材质来源。
- 显示：可以过滤列表中的显示内容，如不显示材质或不显示贴图。
- 工具栏：第一部分按钮用于控制查看列表的方式，第二部分按钮用于控制材质库。
- 列表：在列表中将显示3ds Max预置的场景或库中的所有材质或贴图，并允许显示材质层级关系。

范例实录

创建外部的材质文件

DVD-ROM

原始文件：

范例文件\Chapter 7\7.1\创建外部材质文件\创建外部材质文件(原始文件).max

最终文件：

范例文件\Chapter 7\7.1\创建外部材质文件\创建外部材质文件(最终文件).max

提 示

贴图和材质不一定具有层级关系，当贴图赋予环境或灯光时仍显示在"材质/贴图浏览器"中。

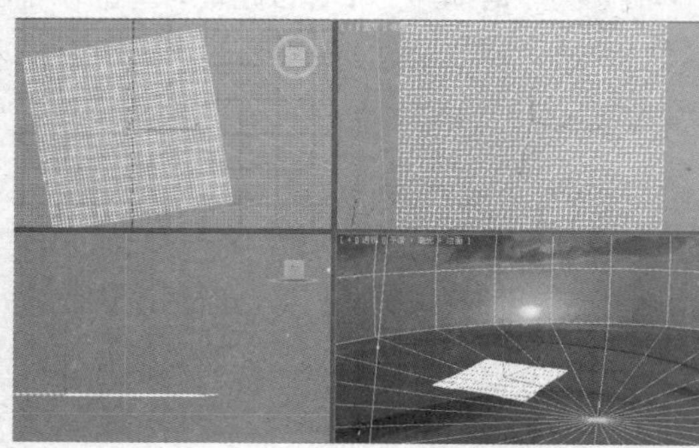

Step 01 打开本书配套光盘中的原始文件，效果如图所示。

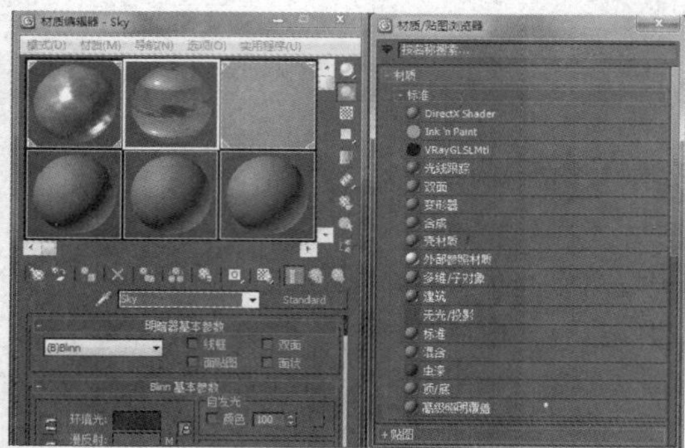

Step 02 按下M键，打开"材质编辑器"，并单击"获取材质"按钮，打开"材质/贴图浏览器"对话框，如图所示。

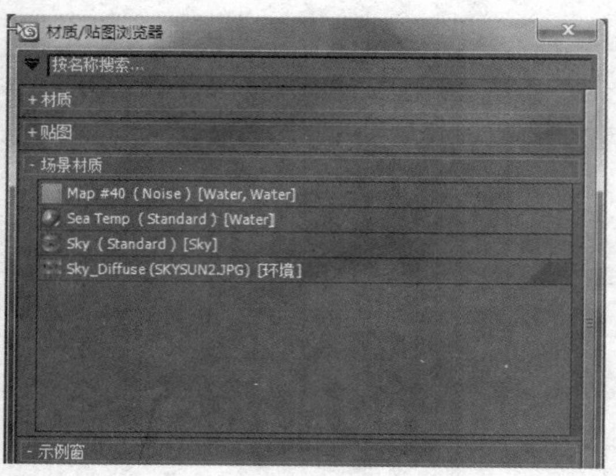

Step 03 选择"场景材质"选项，列表中将显示当前场景中所应用到的材质和贴图，如图所示。

Step 04 单击鼠标右键，在弹出的快捷菜单中选择“显示子树”命令，列表中将显示材质与贴图之间的层级关系，如图所示。

> **提 示**
>
> 适用在视口中显示贴图的材质和贴图的图标处于启用状态，并变为红色。

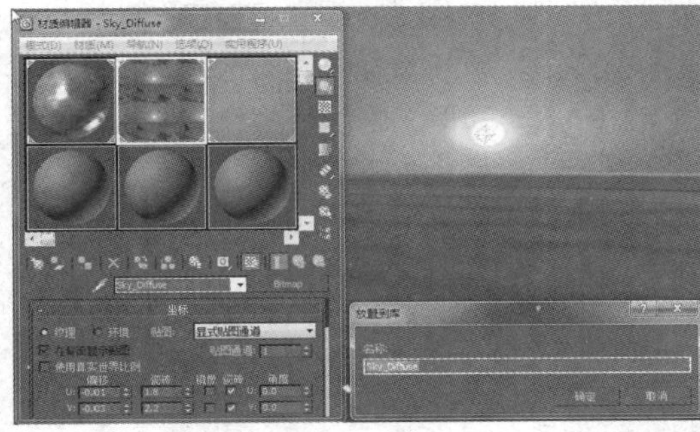

Step 05 在“材质编辑器”中单击“放入库”按钮，将选择的样本材质放入库中，并保持原始的材质名，如图所示。

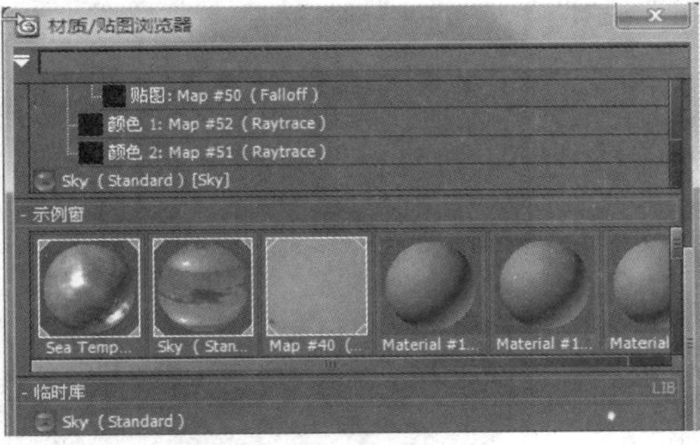

Step 06 重新打开“材质/贴图浏览器”对话框，最底端出现“临时库”卷展栏，如图所示。

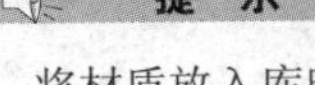

> **提 示**
>
> 将材质放入库时，材质保存在当前打开的库中，如果没有打开的库，将创建一个新库。

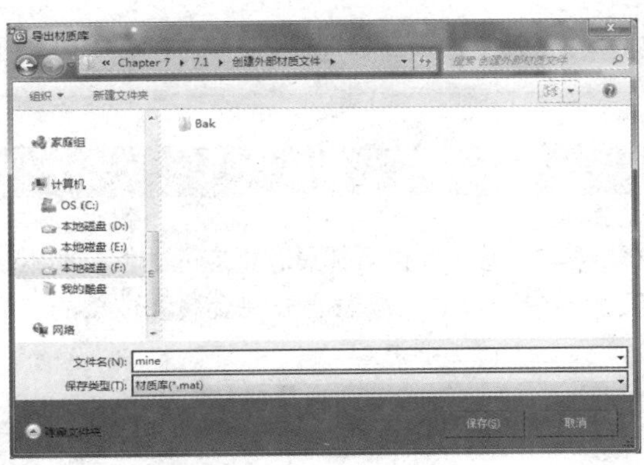

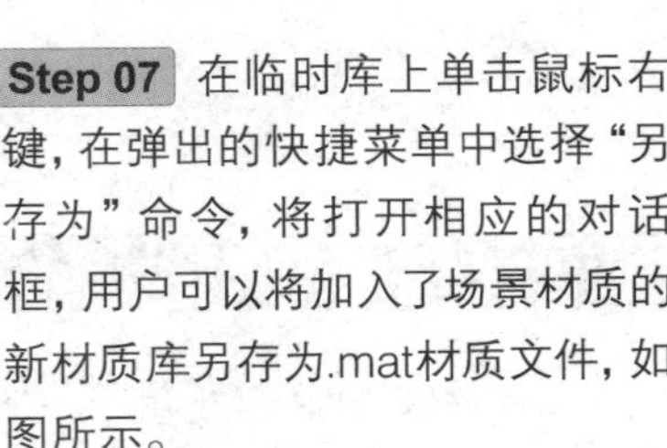

Step 07 在临时库上单击鼠标右键，在弹出的快捷菜单中选择“另存为”命令，将打开相应的对话框，用户可以将加入了场景材质的新材质库另存为.mat材质文件，如图所示。

提 示

可以从.mat文件中打开材质文件，也可以从.max文件中加载材质文件。

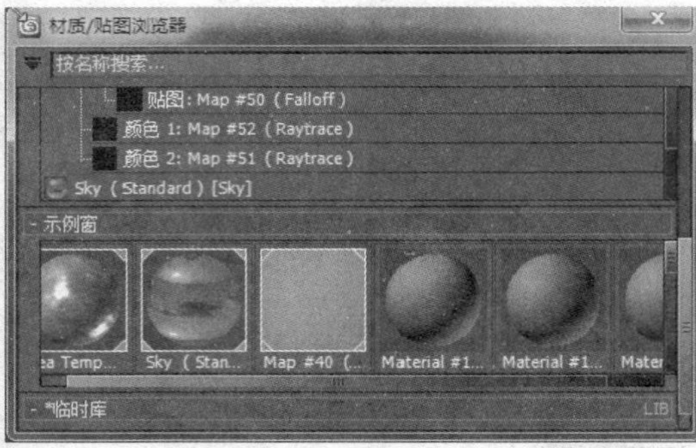

Step 08 在“材质/贴图浏览器”的“示例窗”卷展栏中的材质球，和材质编辑下的材质球是相对应的。

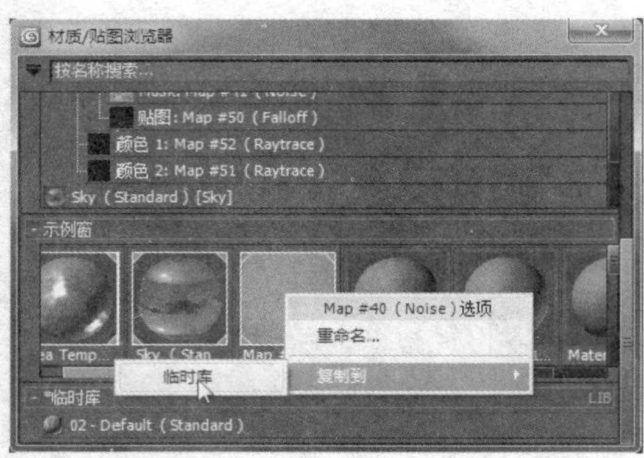

Step 09 在“示例窗”卷展栏中单击鼠标右键，选择“复制到”命令，也可以将材质复制到临时库中，如图所示。

注 意

已指定2D贴图材质（或包含 2D 贴图的材质）的对象必须具有贴图坐标。这些坐标指定如何将贴图投射到材质，以及是将其投射为“图案”、平铺或镜像。贴图坐标也称为 UV 或 UVW 坐标。这些字母是指对象自己空间中的坐标，相对于将场景作为整体描述的XYZ坐标。

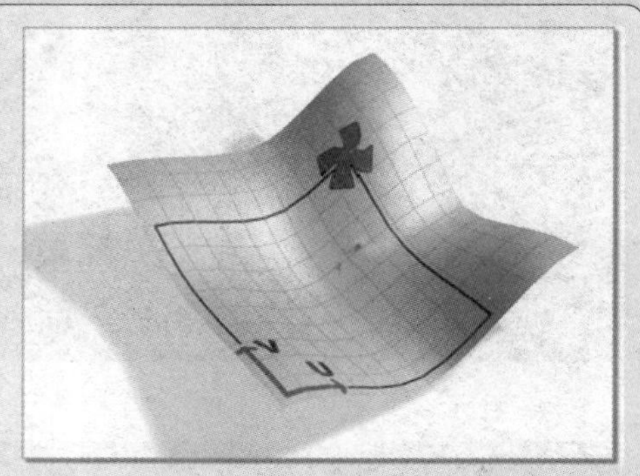

7.2 材质类型

提 示

3ds Max提供了特殊效果的材质，也提供了不同材质进行混合的材质。

3ds Max 2011 共提供了16 种材质类型，每一种材质都具有相应的功能，如默认的“标准”材质可以表现大多数真实世界中的材质，或适合表现金属和玻璃的“光线跟踪”材质等，本节将对具体的材质类型进行详细讲解。

7.2.1 “标准”材质

“标准”材质是最常用的材质类型，可以模拟表面单一的颜色，为表面建模提供非常直观的方式。使用“标准”材质时可以选择各种明暗器，为各种反射表面设置颜色以及使用贴图通道等，这些设置都可以在参数面板的卷展栏中进行，如图所示。

明暗器基本参数
Blinn 基本参数
扩展参数
超级采样
贴图
动力学属性
DirectX 管理器
mental ray 连接

1. 明暗器

明暗器的主要用于标准材质，可以选择不同的着色类型，以影响材质的显示方式，在“明暗器基本参数”卷展栏中可进行相关设置，如图所示为标准材质不同着色的采样。

1 2 3
4 5 6
7 8

- 各向异性：可以产生带有非圆、具有方向的高光曲面，适用于制作头发、玻璃或金属等材质。
- Blinn：与Phong明暗器具有相同的功能，但它在数学上更精确，是标准材质的默认明暗器。
- 金属：有光泽的金属效果。
- 多层：通过层级两个各向异性高光，创建比各向异性更复杂的高光效果。
- Oren-Nayar-Blinn：类似Blinn，会产生平滑的无光曲面，如模拟织物或陶瓦。
- Phong：与Blinn类似，能产生带有发光效果的平滑曲面，但不处理高光。
- Strauss：主要用于模拟非金属和金属曲面。
- 半透明：类似于Blinn明暗器，但是其还可用于指定半透明度，光线将在穿过材质时散射，可以使用半透明来模拟被霜覆盖的和被侵蚀的玻璃。

提 示

“光线跟踪”材质也可以选择明暗器，与标准材质一样，默认明暗器为Blinn。

提 示

光线跟踪材质类型没有Strauss 明暗器和“半透明”明暗器。

注 意

更改材质的着色类型时，会丢失新明暗器不支持任何参数设置（包括指定贴图）。如果要使用相同的常规参数对材质的不同明暗器进行试验，则需要在更改材质的着色类型之前将其复制到不同的示例窗。采用这种方式时，如果新明暗器不能提供所需的效果，则仍然可以使用原始材质。

明暗器的对比效果

范例实录

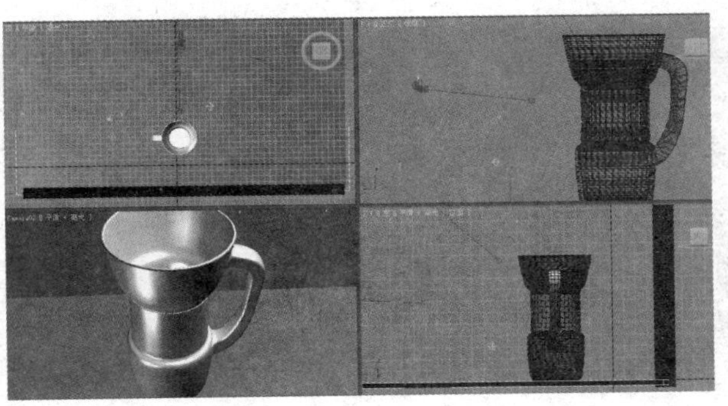

Step 01 打开本书配套光盘中的原始文件，效果如图所示。

原始文件：
范例文件\Chapter 7\7.2\明暗器的对比效果\明暗器的对比效果(原始文件).max

DVD-ROM

最终文件:
范例文件\Chapter 7\7.2\明暗器的对比效果\明暗器的对比效果(最终文件).max

Step 02 打开“材质编辑器”窗口，可观察到场景中使用到的材质应用Oren-Nayar-Blinn明暗器，如图所示。

提 示

除了3ds Max预置列出的明暗器之外，如果安装了特定的插件，还支持插件明暗器类型。

Step 03 激活“透视”视图，然后按下快捷键Shift+Q进行快速渲染，可观察到材质及明暗器的应用效果，如图所示。

提 示

某些明暗器是按其执行的功能命名的，如金属明暗器。某些明暗器则是以开发人员的名字命名的，如Blinn明暗器和Strauss明暗器。

Step 04 在“材质编辑器”窗口中选择“各向异性”明暗器进行渲染，可观察到该明暗器的应用效果，如图所示。

Step 05 重新选择明暗器为Blinn，然后再次进行渲染，可观察到该明暗器应用效果，如图所示。

Step 06 重新选择明暗器为“金属”，然后再次渲染，可观察到该明暗器的应用效果，如图所示。

Step 07 重新选择明暗器为“多层”，再次渲染，可观察到该明暗器应用效果，如图所示。

Step 08 重新选择明暗器为Phong，再次进行渲染，可观察到该明暗器应用效果，如图所示。

> **提 示**
> Phong 是一种经典的明暗方式，是第一种实现反射高光的方式，适用于塑胶表面。

Step 09 重新选择明暗器为Strauss，进行再次渲染，可观察到该明暗器应用效果，如图所示。

Step 10 重新选择明暗器为“半透明”，然后再次进行渲染，可观察到该明暗器的应用效果，如图所示。

> **提 示**
> 半透明对象允许光线穿过，并在对象内部使光线散射，可以使用半透明明暗器模拟被霜覆盖的物体或被侵蚀的玻璃。

2. 颜色

在真实世界中，对象的表面通常反射许多颜色，标准材质也使用4色模型来模拟这种现象，主要包括环境色、漫反射、高光颜色和过滤颜色。

- 环境光：环境光颜色是对象在阴影中的颜色。
- 漫反射：漫反射是对象在直接光照条件下的颜色。
- 高光：高光是发亮部分的颜色。
- 过滤：过滤是光线透过对象所透射的颜色。

> **提 示**
>
> 如果使用半透明明暗器，这些控件不会出现，它们被“基本参数”卷展栏上的“半透明度”控件所代替。

3. 扩展参数

在“扩展参数”卷展栏中提供了透明度和反射相关的参数，通过该卷展栏可以制作更具有真实效果的透明材质，如图所示为该卷展栏的相关参数。

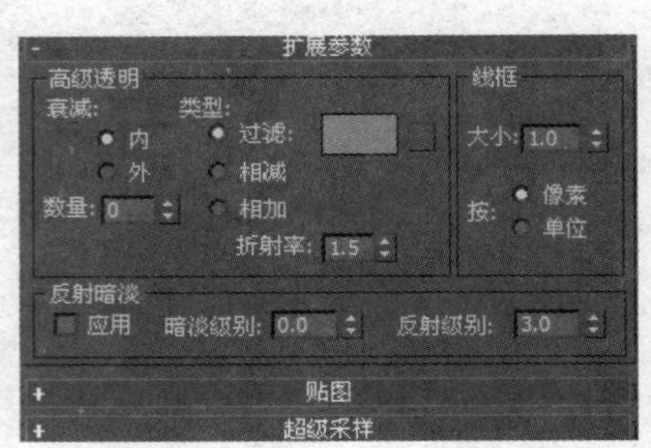

- 高级透明：该选项组中提供的控件影响透明材质的不透明度衰减等效果。
- 反射暗淡：该选项组提供的参数可使阴影中的反射贴图显得暗淡。
- 线框：该选项组中的参数用于控制线框的单位和大小。

4. 贴图通道

在“贴图”卷展栏中，可以访问材质的各个组件，部分组件还能使用贴图代替原有的颜色，如图所示。

贴图

	数量	贴图类型
环境光颜色	100	None
漫反射颜色	100	None
高光颜色	100	None
高光级别	100	None
光泽度	100	None
自发光	100	None
不透明度	100	None
过滤色	100	None
凹凸	30	None
反射	100	None

5. 其他

“标准”材质还可以通过高光控件组控制表面接受高光的强度和范围，也可以通过其他选项组制作特殊的效果，如线框等。

范例实录

“标准”材质的应用

> **DVD-ROM**
>
> **原始文件**：
> 范例文件\Chapter 7\7.2\标准材质的应用（原始文件）.max
>
> **最终文件**：
> 范例文件\Chapter 7\7.2\标准材质的应用（最终文件）.max

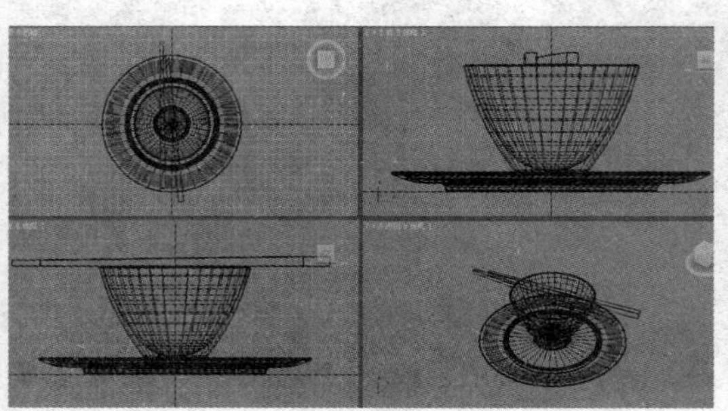

Step 01 打开本书配套光盘中的原始文件，效果如图所示。

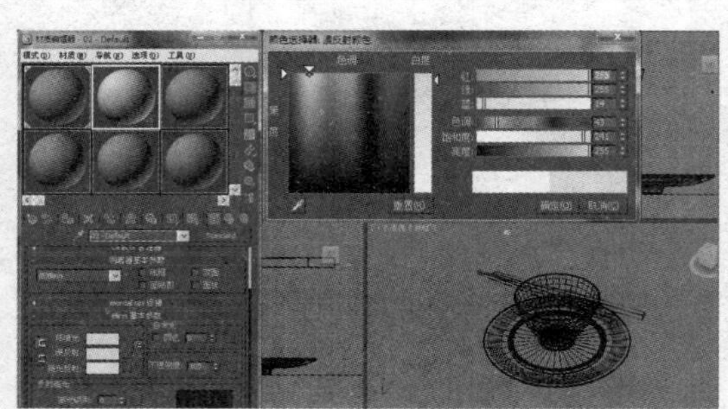

Step 02 打开“材质编辑器”窗口，选择一个样本材质，单击“漫反射”选项对应的色块，然后根据示意图设置颜色，并将其指定给场景中的碗对象。

> **提 示**
>
> “环境光”只能在最终渲染时显示，漫反射和高光颜色则可以直接在视口中预览。

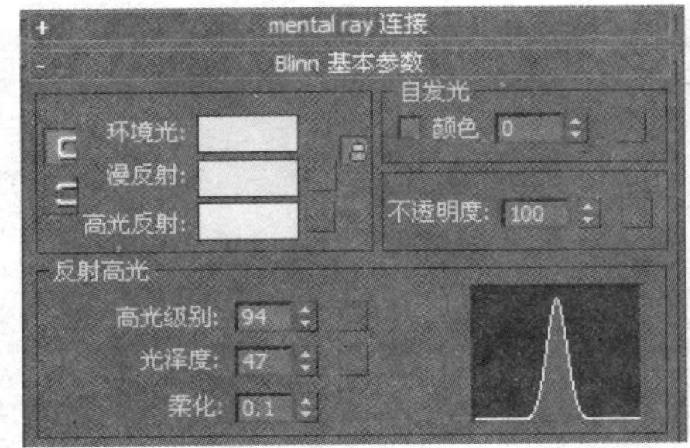

Step 03 在“反射高光”选项组中设置相关参数，使材质产生高光效果，如图所示。

对象表面的高光效果不仅是由材质决定，同时还受到灯光强度、入射角度和摄影机观察角度等因素的影响。

Step 04 设置高光后，在场景中可直接观察到材质表面产生的高光效果，如图所示。

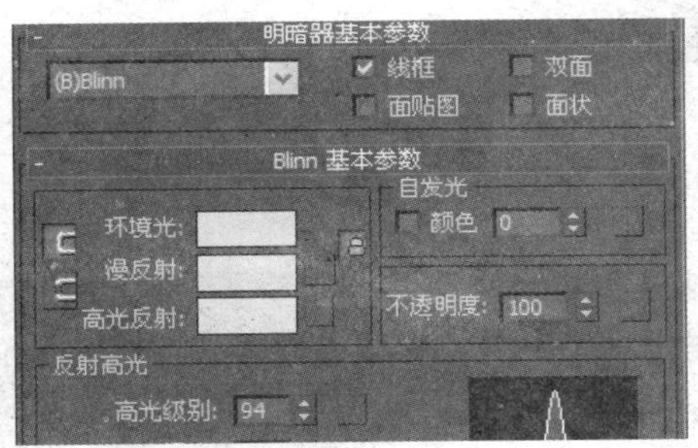

Step 05 在“材质编辑器”窗口的“明暗器基本参数”卷展栏中勾选“线框”复选框，如图所示。

使用线框，材质着色为线框形式的网格，几何体的线框部分不会更改，颜色组件、反光度等仍相同。

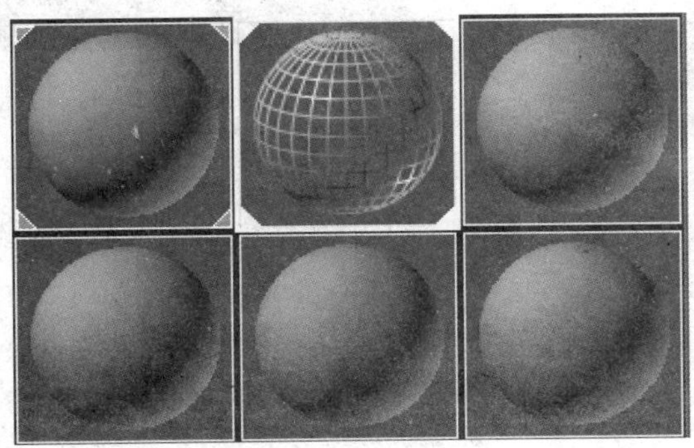

Step 06 在示例窗中可观察到，由于勾选了“线框”复选框，样本材质变为线框状，如图所示。

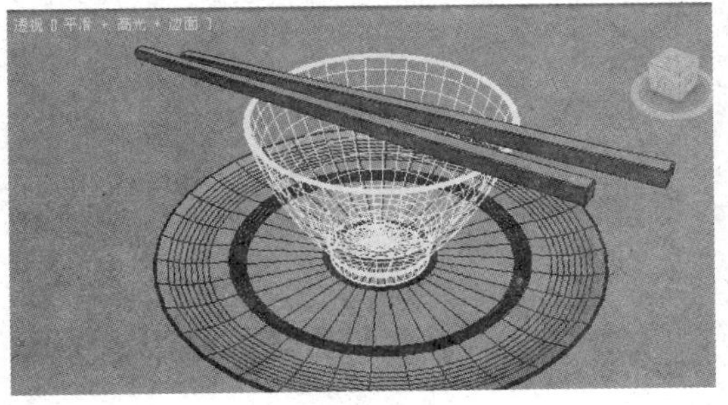

Step 07 在“透视”视口中观察场景，可查看到应用了该材质的对象，其自身的线框也被实体化，如图所示。

提 示

渲染线框形式的材质有两种选择，在“扩展参数”卷展栏中使用调整线框形式着色的控件。

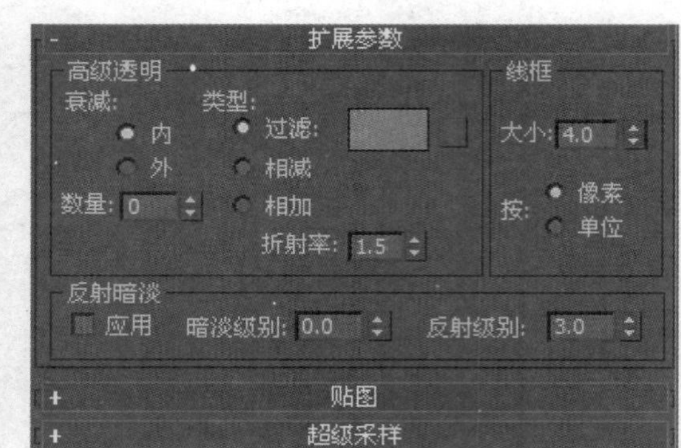

Step 08 展开“扩展参数”卷展栏，设置“线框”选项组中的参数，如图所示。

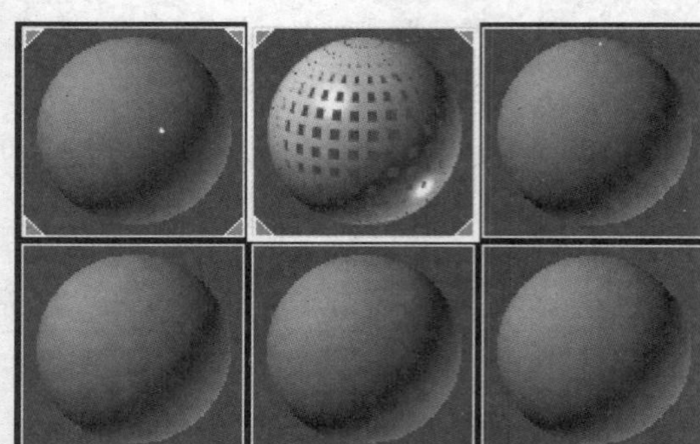

Step 09 完成参数设置后，可观察到示例窗中样本材质线框变粗，效果如图所示。

提　示

3ds Max允许将整个场景全部渲染成线框。

7.2.2 “建筑”材质

提　示

如果不需要“建筑”材质提供很逼真的效果，则可以使用标准材质或其他材质类型。在场景中不建议同时使用“建筑”材质和标准灯光或光线跟踪器。

“建筑”材质是通过物理属性来调整控制的，与光度学灯光和光能传递配合使用能得到更逼真的效果。3ds Max提供了大量的模板，如玻璃、金属等，如图所示为建筑材质的相关参数卷展栏。

- 模板：该卷展栏提供了可从中选择材质类型的列表，包含纸、石头等选项。
- 物理性质：在“模板”卷展栏中选择不同的模板后，该卷展栏提供了不同的参数，可以对相应的模板进行设置。
- 特殊效果：通过该卷展栏可以设置指定生成凹凸或位移的贴图，调整光线强度或控制透明度。
- 高级照明覆盖：通过该卷展栏可以调整材质在光能传递解决方案中的行为方式。

注 意

3ds Max 附带一些材质模板，由于大多数模板的用途都很明确，因此列表中未提供关于它们的注释。

模　板	注　释
陶瓷平铺 - 玻璃	
玻璃 - 清晰	
玻璃 - 半透明	
理想漫反射	中间白色材质

（续表）

模　板	注　释
砖瓦	用于漫反射贴图的良好基础
金属	发光和反射
金属 - 磨沙	低发光度
金属 - 平面	非常低的发光度
金属 - 磨光	高发光度
镜像	完全发光
颜料平面	另一种中间白色材质
颜料光泽度	也是白色，但是发光
颜料半光泽度	也是白色，略微发光
纸	
纸 - 半透明	
塑料	
石头	用于漫反射贴图的良好基础
磨光的石头	具有一点发光度，同样也是用于漫反射贴图的良好基础
用户定义	中间，是用于漫反射贴图的良好基础
用户定义的金属	有些发光，也是用于漫反射贴图的良好基础
水	完全清晰且发光
未加工的木材	中间，是用于贴图的良好基础

“建筑”材质的简单应用

范例实录

Step 01 打开本书配套光盘中的原始文件，如图所示。

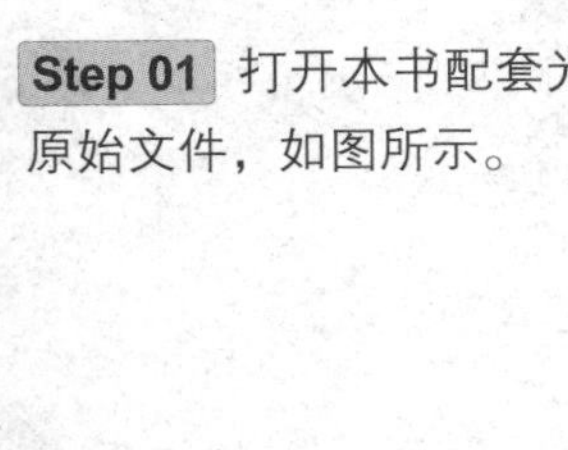

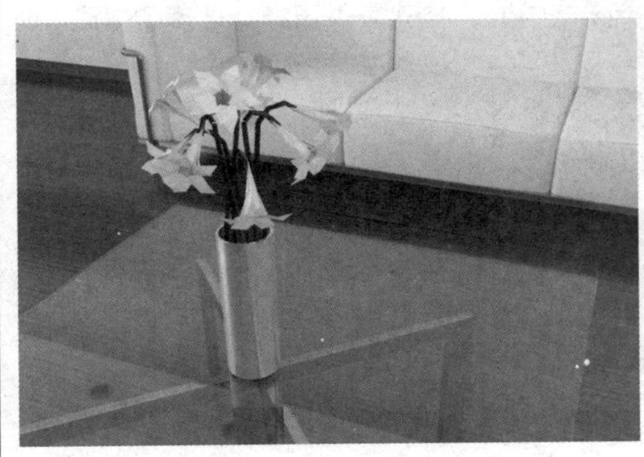

Step 02 直接渲染场景，可观察到当前场景中各种对象材质的应用效果，如图所示。

DVD-ROM

原始文件：
范例文件\Chapter 7\7.2\建筑材质的简单应用（原始文件）.max
最终文件：
范例文件\Chapter 7\7.2\建筑材质的简单应用（最终文件）.max

提　示

模板并不影响物理性质卷展栏上的漫反射颜色，只影响数字设置。

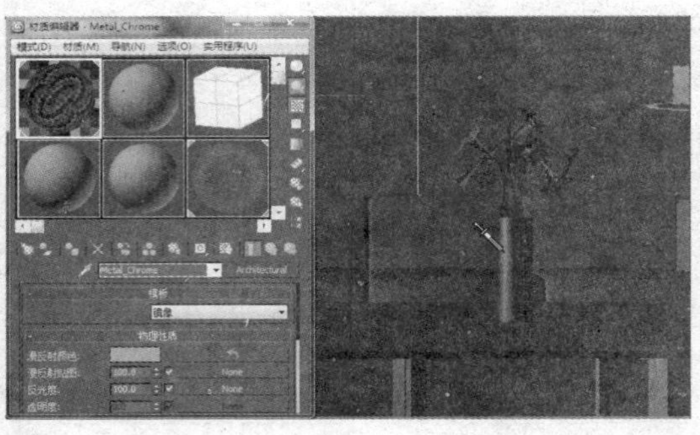

Step 03 打开“材质编辑器”窗口，单击“从对象拾取材质”按钮，拾取花瓶的材质到示例窗，如图所示。

提　示

为应用在场景中的材质更换类型时，会丢失原有材质类型的所有参数设置。

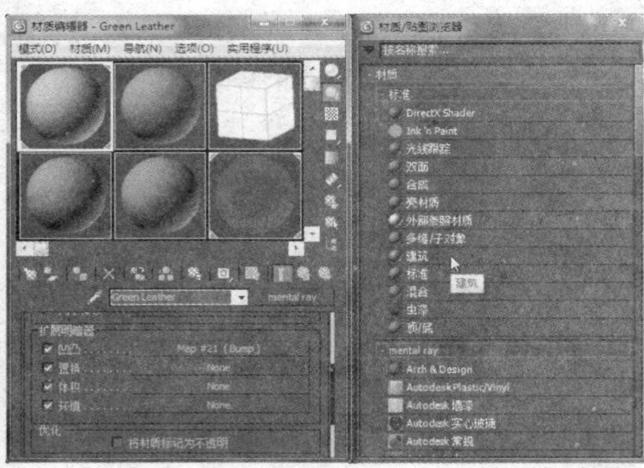

Step 04 根据示意图将花瓶原来使用的标准材质换为“建筑”材质，如图所示。

提　示

如果使用光能传递解决方案，则需要确保所有亮度大于零的材质的“发射能量”（基于亮度）处于打开状态，此控制器位于高级照明覆盖材质卷展栏中。

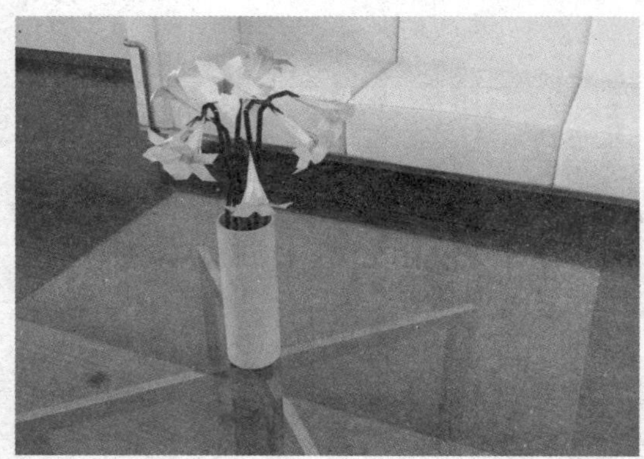

Step 05 进行渲染后，可观察到建筑材质的默认参数应用到花瓶对象，如图所示。

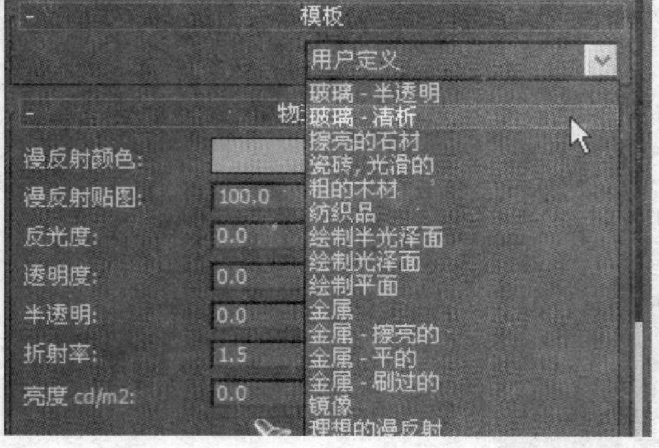

Step 06 在“模板”卷展栏的下拉列表中选择“玻璃-清晰” 选项，如图所示。

Step 07 渲染场景，可观察到预置的清晰玻璃效果，如图所示。

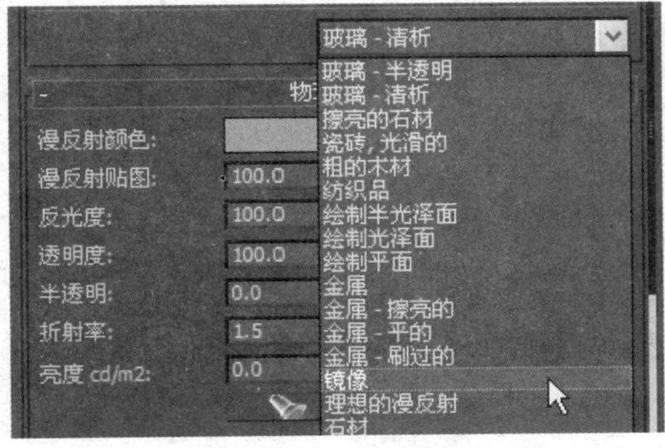

Step 08 重新在“模板”卷展栏的下拉列表中选择“镜像”选项，如图所示。

Step 09 再次进行渲染，可观察到玻璃瓶将完全发光反射，效果如图所示。

> **提 示**
>
> 透明效果在图案背景下预览效果最佳，如果材质预览没有显示彩色的图案记号，右击该材质预览或贴图预览，在弹出的快捷菜单中选择“背景”命令即可。

7.2.3 “混合”材质

“混合”材质可以在曲面的单个面上将两种材质进行混合，并可以用来绘制材质的变形效果，以控制随时间混合两个材质的方式，如图所示为“混合”材质组合的砖和灰泥效果。

“混合”材质主要包括两个子材质和一个遮罩，子材质可以是任何类型的材质，并且可以使用各种程序贴图或位图制作为遮罩，“混合”材质的主要参数面板如图所示。

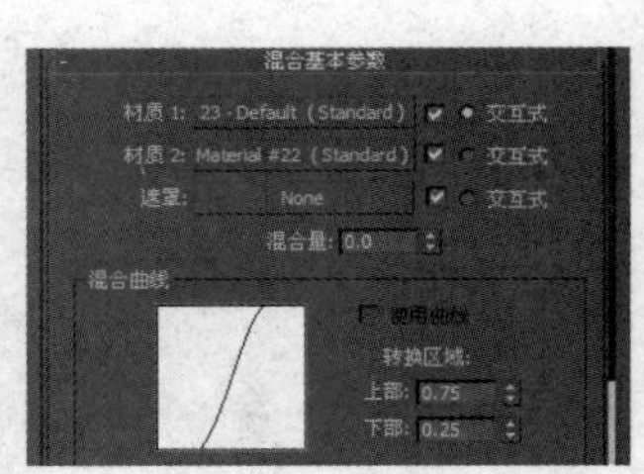

范例实录 “混合”材质的应用

DVD-ROM

原始文件:
范例文件\Chapter 7\7.2\混合材质的应用\混合材质的应用（原始文件).max

最终文件:
范例文件\Chapter 7\7.2\混合材质的应用\混合材质的应用（最终文件).max

提　示

“混合”材质属于复合材质，可将两个子材质组合在一起。将“混合”材质应用于对象，可生成经常使用贴图的复合效果。

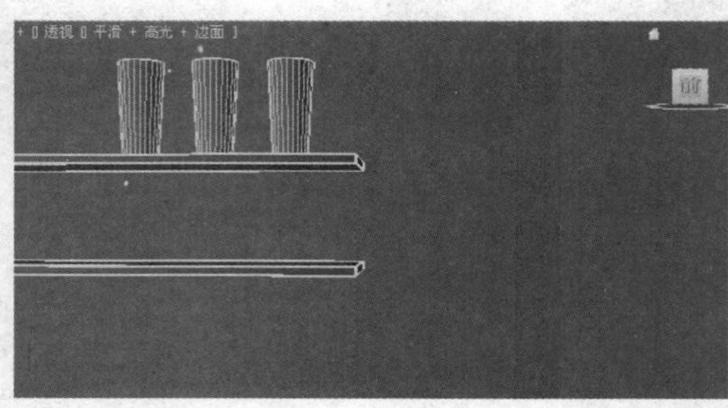

Step 01 打开本书配套光盘中的原始文件，如图所示。

Step 02 直接渲染场景，可观察到场景中墙对象材质的应用效果，如图所示。

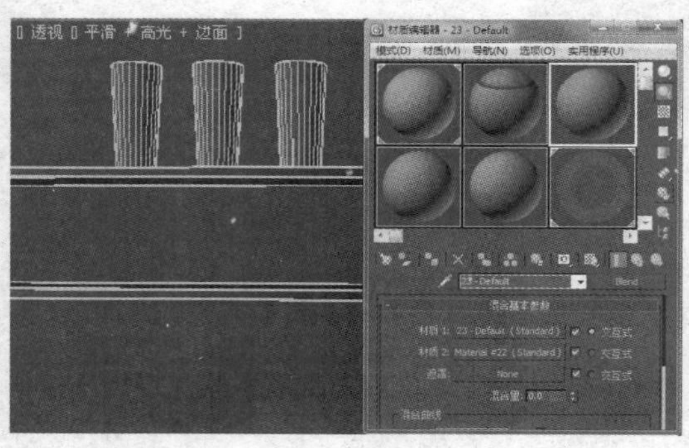

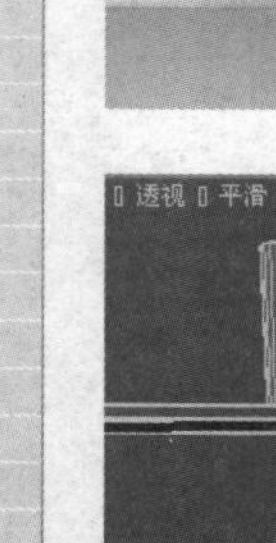

Step 03 打开“材质编辑器”窗口，将第二个样本材质指定给场景中的墙体对象，如图所示。

Step 04 然后再次渲染场景，可观察到新材质的应用效果，如图所示。

提　示

如果使用了其他渲染器，“材质/贴图浏览器”将列出该渲染器支持的其他材质类型。

Step 05 在“材质编辑器”窗口中选择第3个样本材质，然后使用“混合”材质替换原有的标准材质，如图所示。

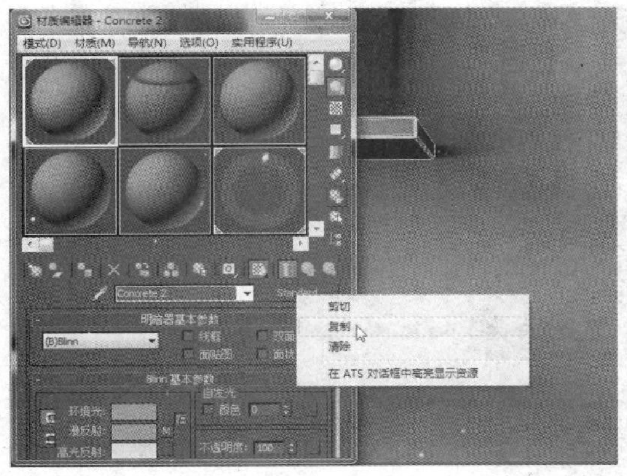

Step 06 选择第一个样本材质，然后在“标准”按钮上右击，并在弹出的快捷菜单中选择“复制”命令，如图所示。

提 示

材质的复制也支持实例方式。

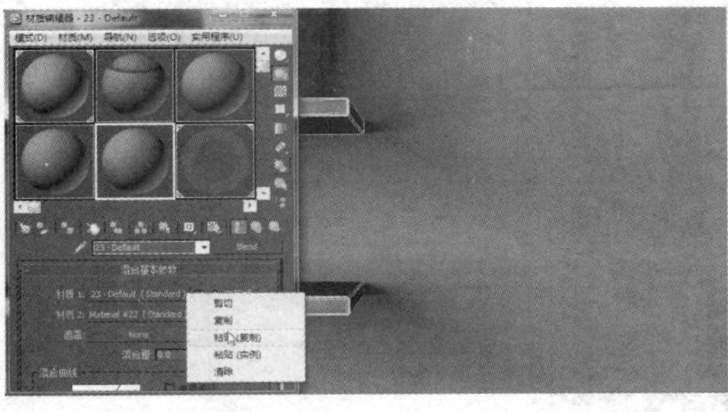

Step 07 选择“混合”材质，在第一个子材质上右击，在弹出的快捷菜单中选择“粘贴”命令，进行材质的复制，如图所示。

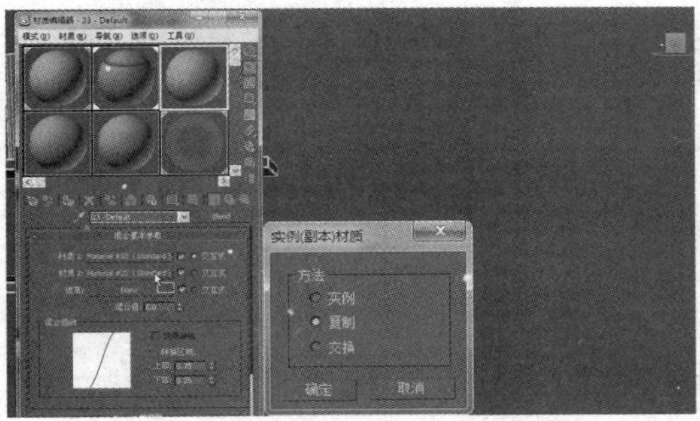

Step 08 选择第二个样本材质，通过鼠标拖动的方式将其拖动到第二个子材质层级上，并在弹出的对话框中单击“复制”单击按钮，如图所示。

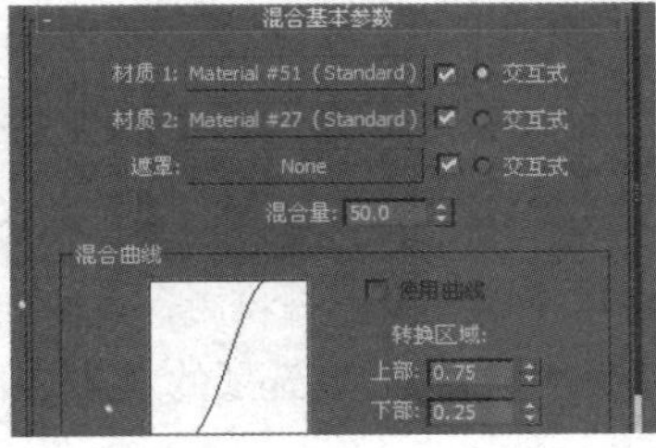

Step 09 在“混合基本参数”卷展栏中设置“混合量”参数值为50，如图所示。

提 示

“混合量”用于确定混合比例，0表示只有第一个子材质可见，100表示只有第二个子材质可见。

Step 10 进行渲染，可观察到两个材质混合度50%的效果，如图所示。

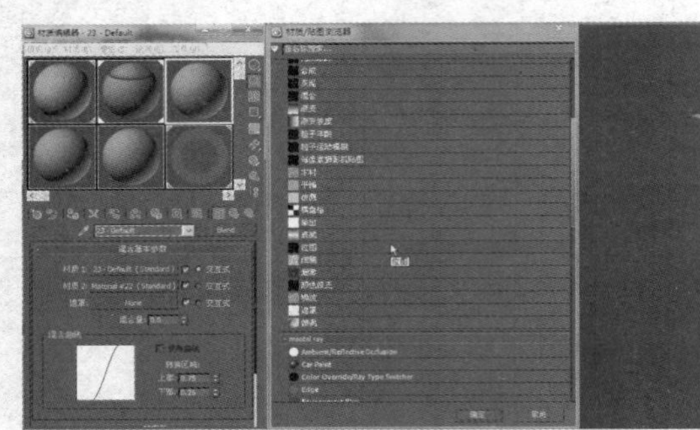

Step 11 单击“遮罩”旁的条形按钮，在打开的对话框中选择“位图”程序贴图，如图所示。

提　示

无论是材质还是贴图，都可以进行复制粘贴并且允许关联操作。

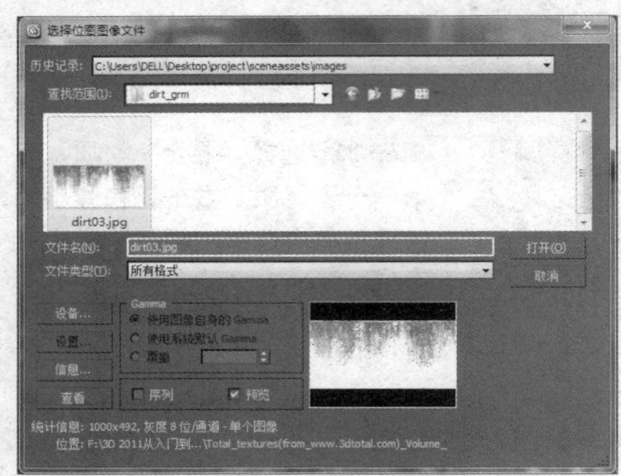

Step 12 选择“位图”程序贴图后，在“选择位图图像文件”对话框中选择需要的图像文件，如图所示。

提　示

为遮罩应用贴图，两个材质之间的混合度取决于遮罩贴图的强度。遮罩较明亮（较白）区域显示更多的第一个子材质，较暗（较黑）区域则显示第二个子材质。

Step 13 再次进行渲染，可观察到由于应用了遮罩，墙体的混合将根据遮罩图像的黑白度产生不同程度的混合效果，如图所示。

7.2.4 “合成”材质

“合成”材质最多可以合成10种材质，按照在卷展栏中列出的顺序从上到下叠加材质。它可通过增加不透明度、相减不透明度来组合材质，或使用“数量”值来混合材质，如图所示为“合成”材质的参数卷展栏，各选项的含义如下。

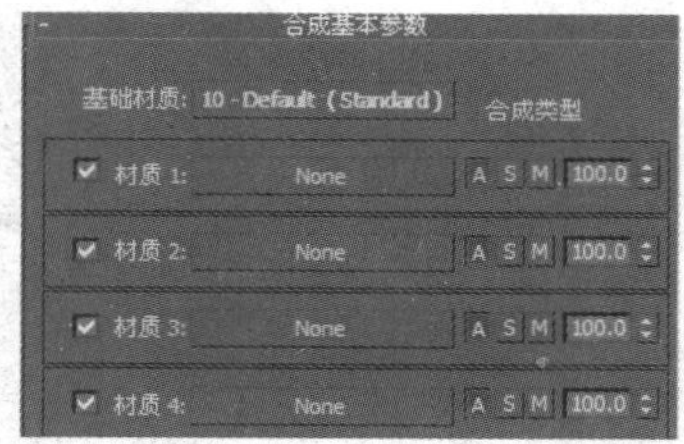

- 基础材质：指定基础材质，其他材质将按照从上到下的顺序，通过叠加在此材质上合成的效果。
- 材质1～材质9：包含用于合成材质的控件。
- A：激活该按钮，该材质使用增加的不透明度，材质中的颜色基于其不透明度进行汇总。
- S：激活该按钮，该材质使用相减不透明度，材质中的颜色基于其不透明度进行相减。
- M：激活该按钮，该材质基于数量混合材质，颜色和不透明度将按照使用无遮罩混合材质时的样式进行混合。
- 数量微调器：用于控制混合的数量，默认设置为100.0。

提 示

在增加透明度的过程中，可以将两个值添加在一起。如两种颜色，在3ds Max中添加颜色后，得到的效果比两种原始颜色都要亮。

范例实录

“合成”材质应用

DVD-ROM

原始文件：
范例文件\Chapter 7\7.2\合成材质应用\合成材质应用（原始文件).max

最终文件：
范例文件\Chapter 7\7.2\合成材质应用\合成材质应用（最终文件).max

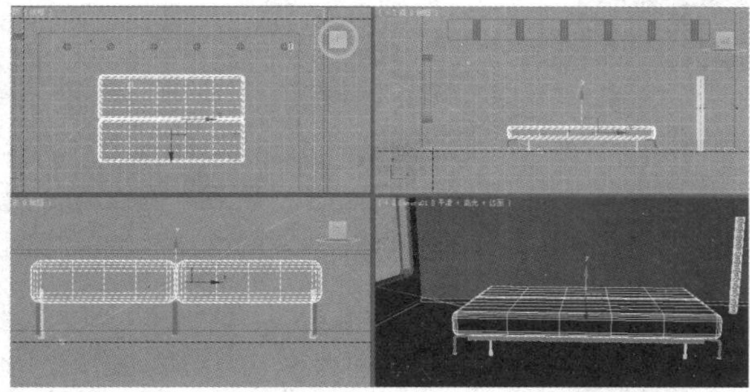

Step 01 打开本书配套光盘中的原始文件，效果如图所示。

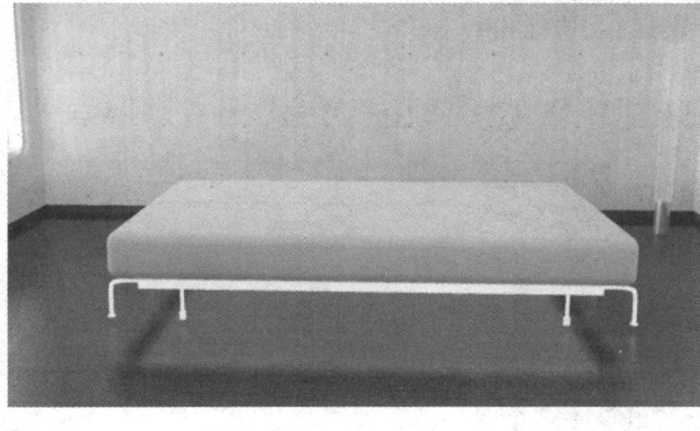

Step 02 直接进行渲染，可以观察到沙发材质的应用效果，如图所示。

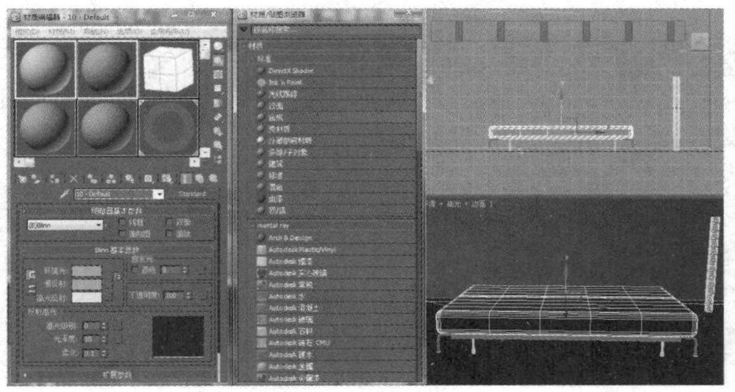

Step 03 打开“材质编辑器”窗口，然后使用“合成”材质来替换沙发默认使用的标准材质，如图所示。

提 示

将旧材质作为子材质时，可以保存原有材质的参数和贴图设置。

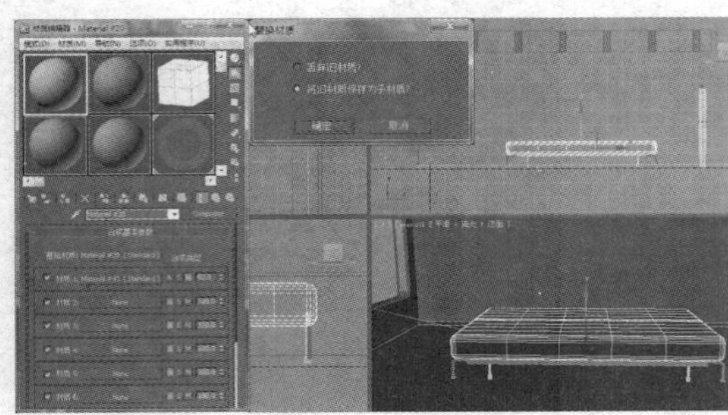

Step 04 在替换过程中会弹出“替换材质”对话框，单击“将旧材质保存为子材质”单击按钮，如图所示。

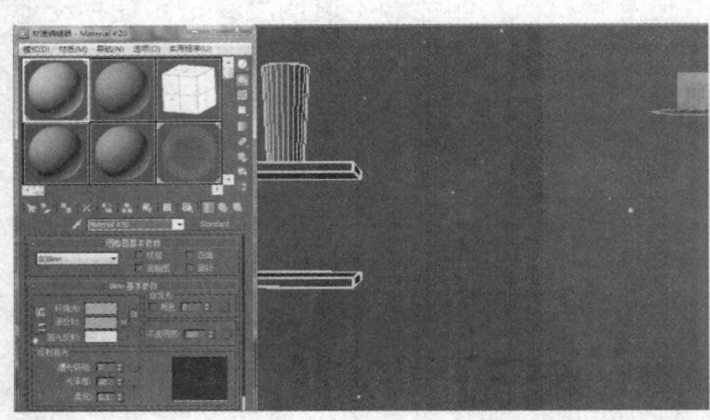

Step 05 应用“合成”材质后，可观察到原有材质作为“基础材质”级，如图所示。

提 示

“合成”材质如果没有使用合成子材质，其效果与基础材质一样。

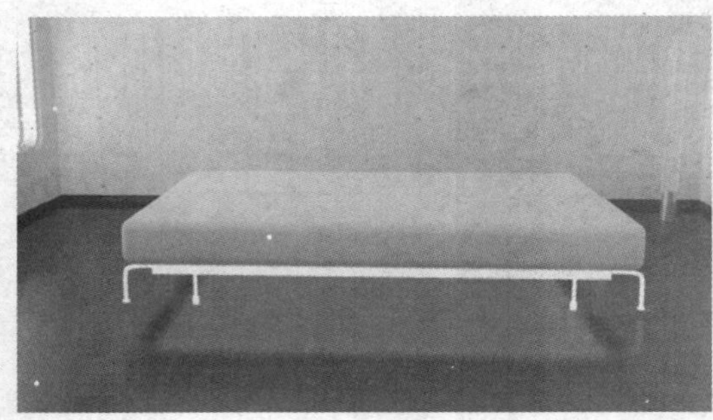

Step 06 再次渲染场景，可观察到应用合成材质后，在没有使用合成材质情况的渲染效果，如图所示。

Step 07 为“材质1”使用“标准”材质类型，如图所示。

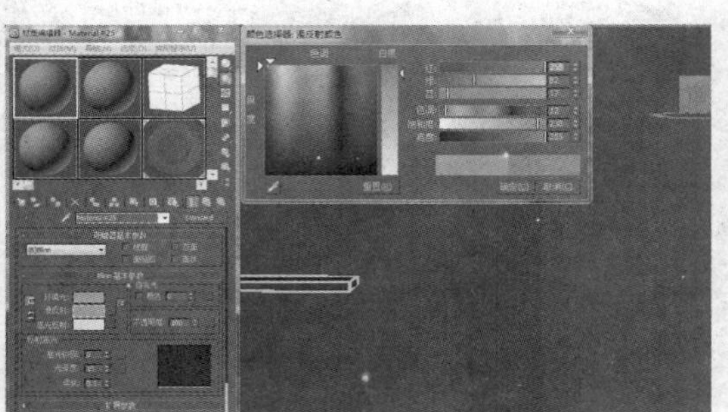

Step 08 进入标准材质层级，然后单击“漫反射”旁的色块，如图所示设置颜色。

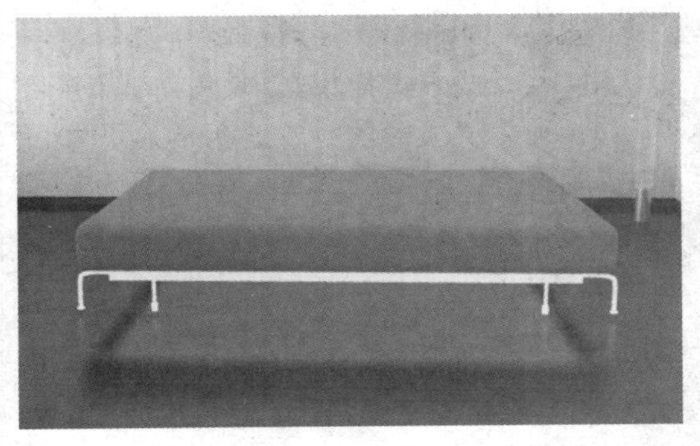

Step 09 再次渲染场景，可观察到通过增加不透明进行合成的效果，如图所示。

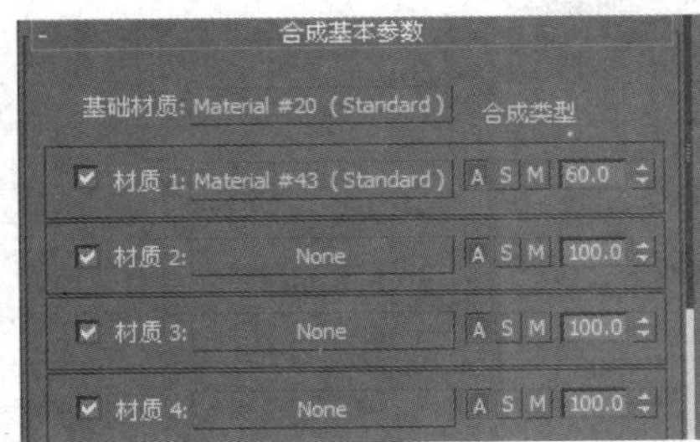

Step 10 在“合成基本参数”卷展栏中设置合成参数值为60，如图所示。

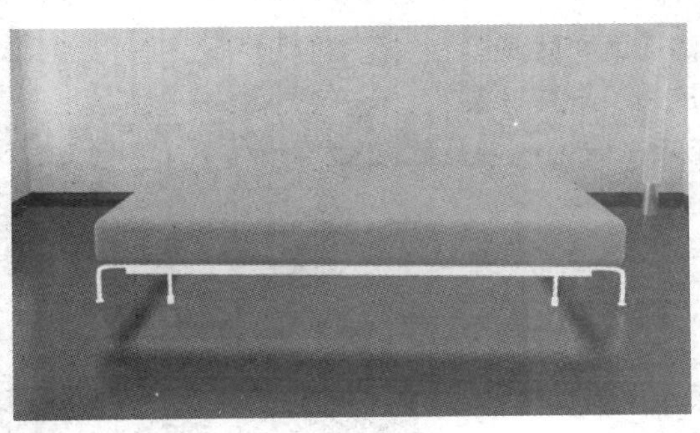

Step 11 再次渲染场景，可观察到沙发表面颜色分别应用了基础材质和合成子材质一半颜色，如图所示。

提 示

合成方式A是Additive（增加）的缩写、S是Subtractive（相减）的缩写、M则是Mixes（混合）的缩写。

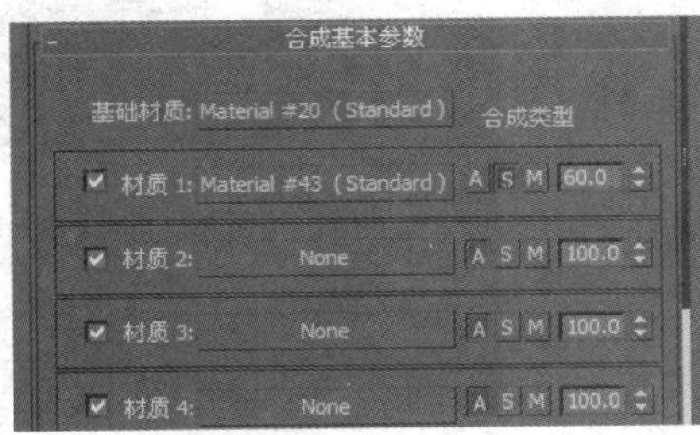

Step 12 单击S按钮S，使合成方式变为减少透明度，如图所示。

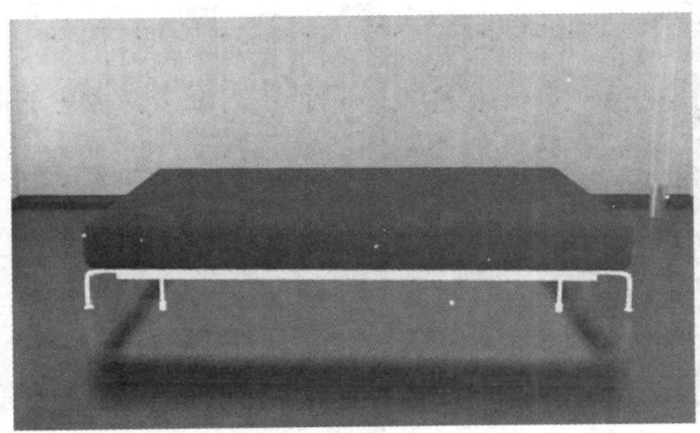

Step 13 渲染场景，可观察到基础材质将与合成子材质的颜色基于不透明度进行相减，如图所示。

提　示

对于混合（M）合成的数量范围为0~100。当数量为0时不进行合成，下面的材质将不可见；当数量为100时将完全合成，并且只有下面的材质可见。

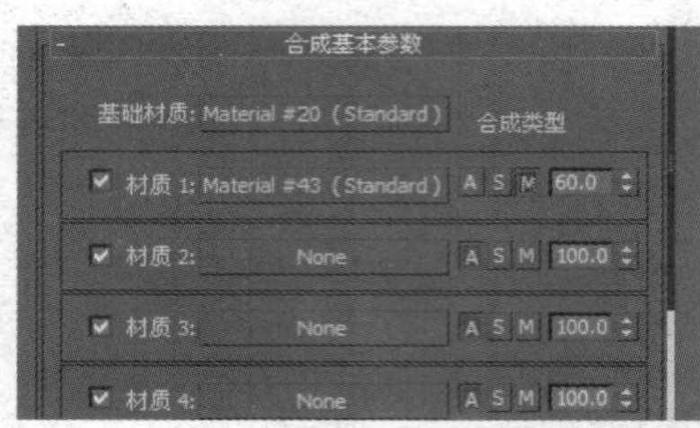

Step 14 激活M按钮，使合成方式变为按照使用无遮罩混合材质时的样式进行混合，如图所示。

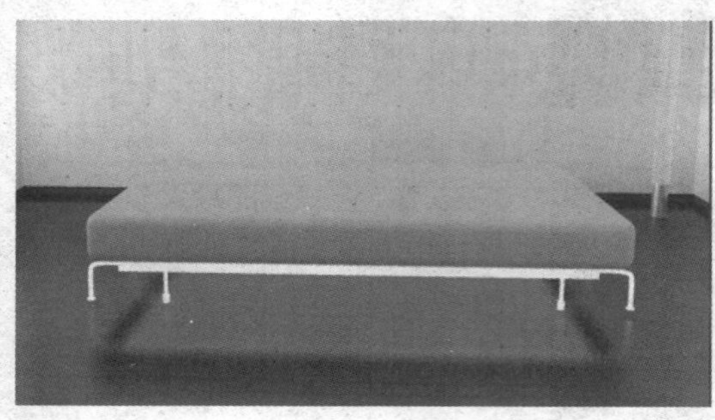

Step 15 渲染场景，可观察到基于数量混合时，沙发表面颜色的应用效果，如图所示。

7.2.5 “双面”材质

使用“双面”材质可以为对象的前面和后面指定两个不同的材质，如图所示为只应用了一种材质的垃圾桶以及内外应用了不同材质的垃圾桶。

在“双面”材质的相关参数卷展栏中，只包括半透明、正面材质和背面材质3个选项，如图所示，各选项含义如下。

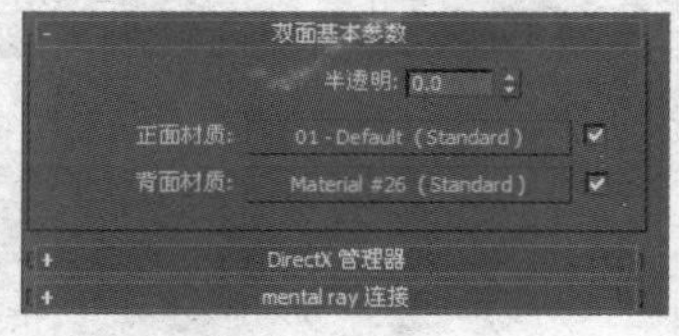

- 半透明：用于一个材质通过其他材质显示的数量，范围为0%~100%。
- 正面材质：用于设置正面的材质。
- 背面材质：用于设置背面的材质。

范例实录

“双面”材质的使用

DVD-ROM

原始文件：范例文件\Chapter 7\7.2\双面材质的使用\双面材质的使用（原始文件).max

Step 01 打开本书配套光盘中的原始文件，如图所示。

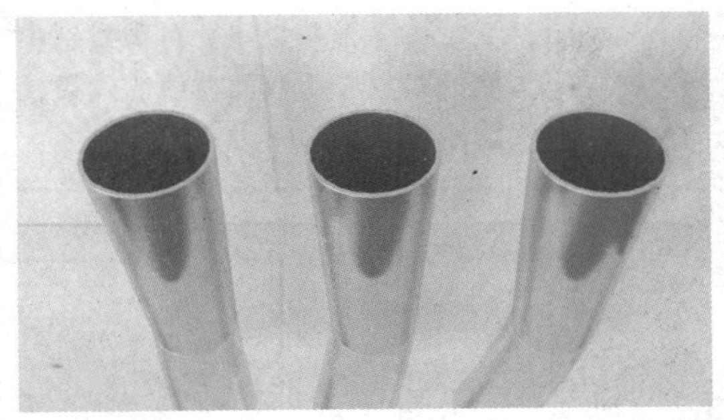

Step 02 渲染场景，可观察到场景对象金属材质的应用效果，如图所示。

DVD-ROM

最终文件:
范例文件\Chapter 7\7.2\双面材质的使用\双面材质的使用（最终文件).max

Step 03 打开“材质编辑器”窗口，将第二个样本材质指定给场景中间的对象，如图所示。

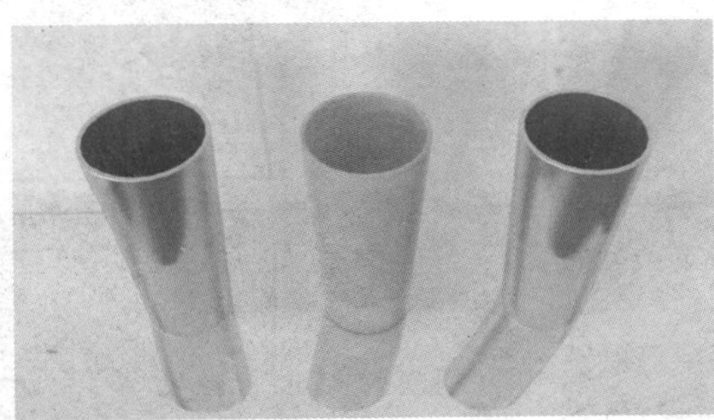

Step 04 再次渲染场景，可观察到第二个样本材质的应用效果，如图所示。

提 示

半透明用于设置一个材质通过其他材质显示的数量，范围为 0~100的百分比。设置为100%时可以在内部面上显示外部材质，并在外部面上显示内部材质。设置为中间值时内部材质指定的百分比将下降，并显示在外部面上。

Step 05 在材质编辑器中，选择第3个样本材质球，使用“双面”材质，如图所示。

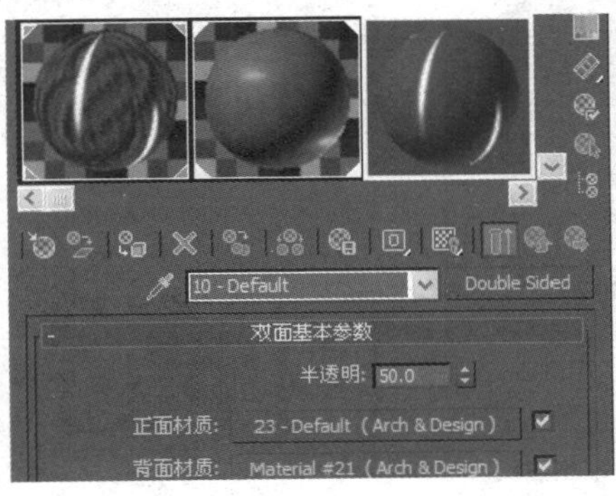

Step 06 将示例窗中已应用到场景的两个材质分别复制给“正面材质”和“背面材质”，并设置半透明参数，如图所示。

提 示

由于设置了半透明度，所以前面材质和后面材质产生了融合效果。

Step 07 渲染场景，可观察到中间的对象应用双面材质的效果，如图所示。

7.2.6 "卡通"材质

提 示

卡通材质使用光线跟踪器设置，因此调整光线跟踪加速可能对卡通材质的速度有影响。另外，在使用"卡通"时禁用抗锯齿可以加速材质，直到创建最终渲染。

"卡通"材质可以创建卡通效果，与其他大多数材质提供的三维真实效果不同，该材质提供带有墨水边界的平面着色，如图所示为"卡通"材质类型的应用效果。

"卡通"材质提供的参数主要用于控制绘制效果和墨水效果，如图所示为该材质类型的参数卷展栏，各卷展栏含义如下。

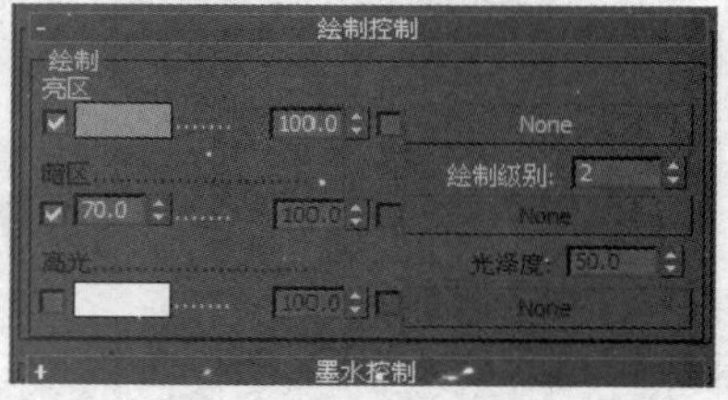

- 基础材质扩展：在该卷展栏中可以设置材质是否启用双面、凹凸等特殊效果的参数。
- 绘制控制：在该卷展栏中可以设置绘制不同的光照区域，包括亮区、暗区和高光区等。
- 墨水控制：在该卷展栏中可以设置材质的轮廓和划线效果。

范例实录

"卡通"材质的应用

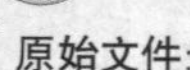

DVD-ROM

原始文件：

范例文件\Chapter 7\7.2\卡通材质的应用(原始件).max

最终文件：

范例文件\Chapter 7\7.2\卡通材质的应用(最终文件).max

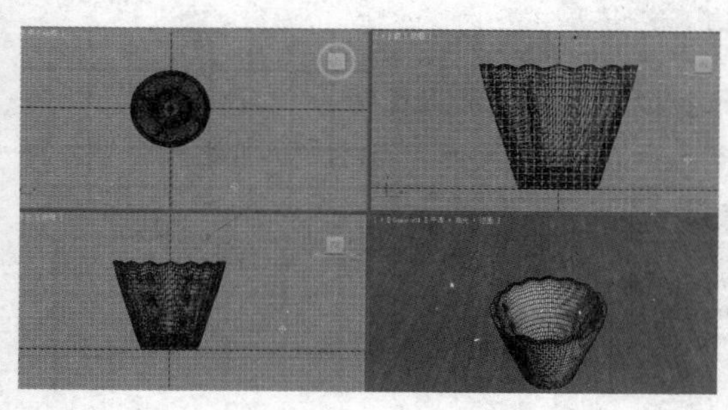

Step 01 打开本书配套光盘中的原始文件，如图所示。

Step 02 以默认方式进行渲染，可观察到场景中模型的材质应用效果，如图所示。

> **提 示**
> 动态着色适用于卡通材质，是预览材质效果的好方法。

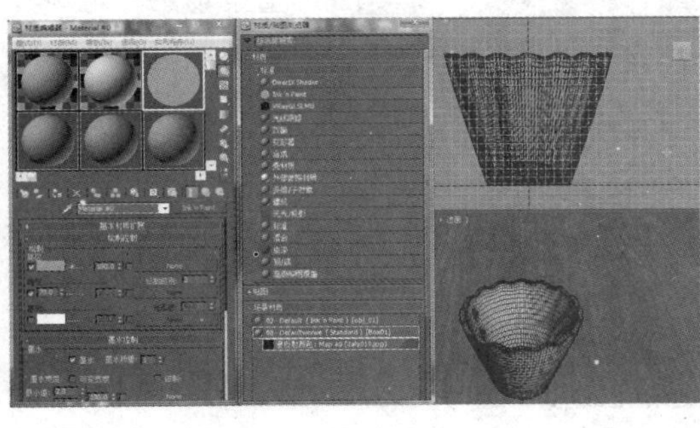

Step 03 打开“材质编辑器”窗口，在其中选择使用样本材质，并使用卡通材质替换标准材质，如图所示。

> **提 示**
> 卡通材质通常用于CG场景中或特定的动画场景。

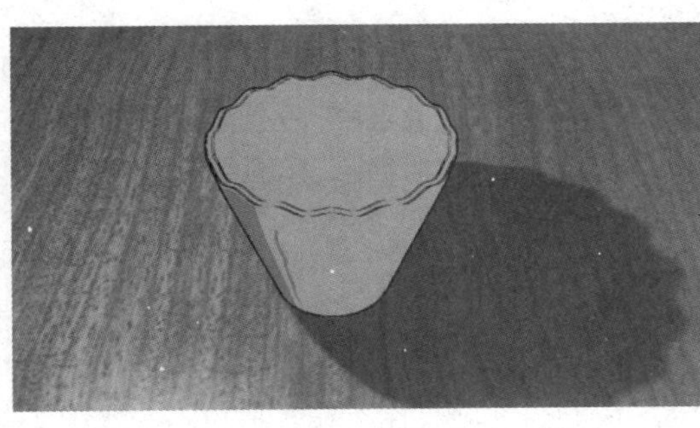

Step 04 直接进行渲染，可以观察卡通材质的默认应用效果，如图所示。

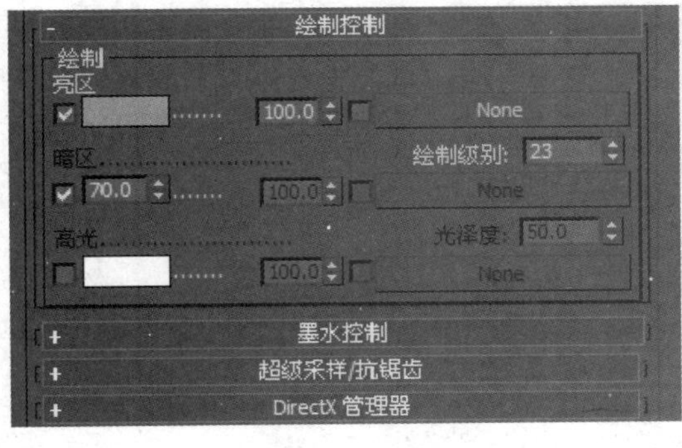

Step 05 “绘制控制”卷展栏的“绘制”选项组中设置“绘制级别”的值为5，如图所示。

> **提 示**
> “绘制级别”是指渲染颜色的着色数，从淡到深。值越小，对象看起来越平坦，值范围为1~255。

Step 06 渲染场景，可以观察到“绘制级别”的值为5时材质的应用效果，如图所示。

提 示

“暗区”选项用于控制对象非亮面的亮色百分比。

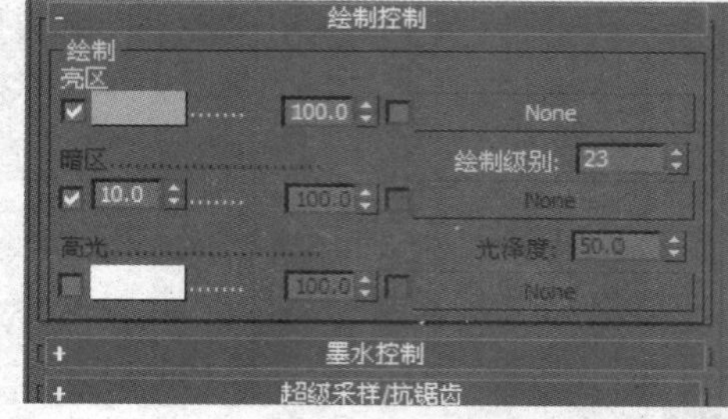

Step 07 在“绘制”选项组中设置“暗区”为10，如图所示。

Step 08 渲染场景，可观察到由于“暗区”值变低，对象较暗的区域变得更暗，如图所示。

提 示

“轮廓”选项是指对象外边缘处（相对于背景）或其他对象前面的墨水。

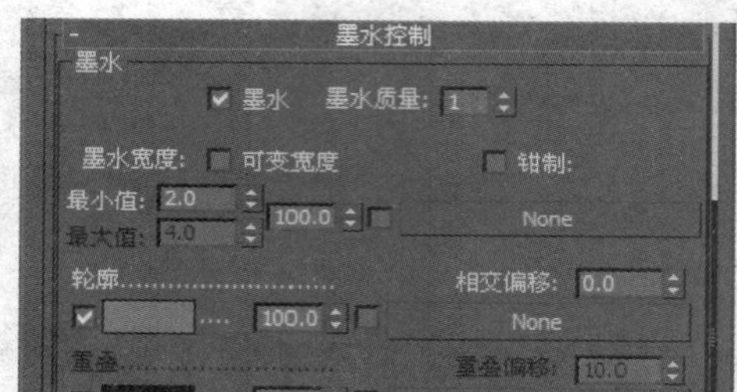

Step 09 展开“墨水控制”卷展栏，设置“轮廓”的颜色为红色，如图所示。

Step 10 再次渲染场景，可观察到对象表面轮廓颜色变为相应的红色，如图所示。

提 示

为了找出引发问题的墨水组件，可试着为每个组件指定易于区分的颜色，然后渲染图像。

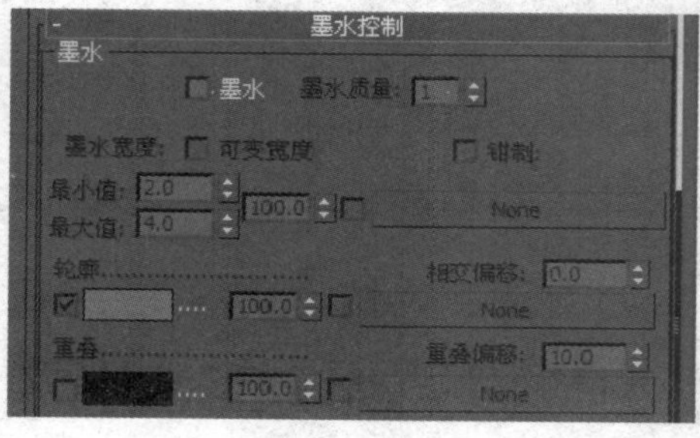

Step 11 取消勾选“墨水”复选框，该卷展栏中的所有参数将不可用，如图所示。

Step 12 再次渲染场景，可观察到场景对象表面将没有墨水效果，如图所示。

7.2.7 “无光/投影”材质

“无光/投影”材质允许将整个对象（或面的任何一个子集）构建为显示当前环境贴图的隐藏对象，如图所示为通过“无光/投影”材质在画框中显示的背景贴图。

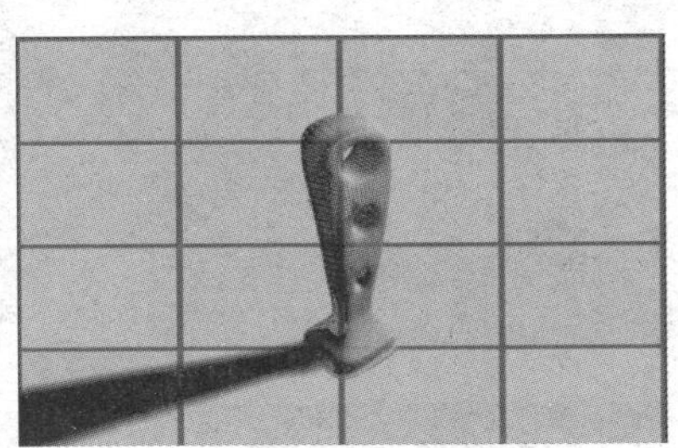

> **提 示**
>
> 无光/投影效果仅在渲染场景之后才可见，在视口中不可见。

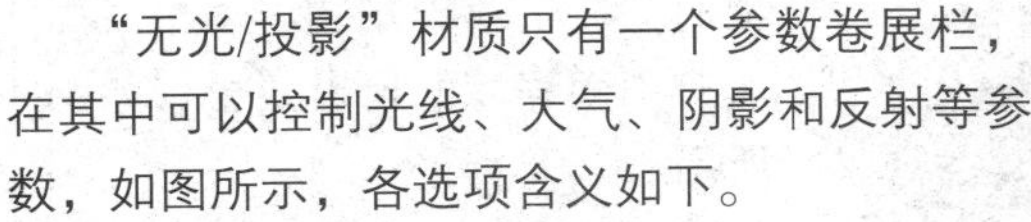

“无光/投影”材质只有一个参数卷展栏，在其中可以控制光线、大气、阴影和反射等参数，如图所示，各选项含义如下。

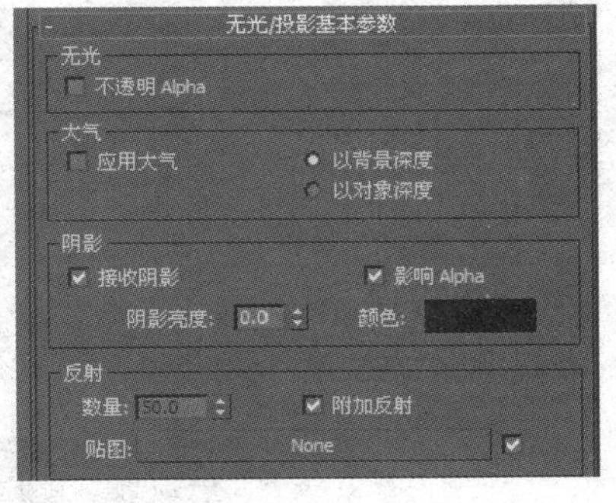

- 无光：用于确定无光材质是否显示在Alpha通道中。
- 大气：用于确定雾效果是否应用于无光曲面和应用方式。
- 阴影：用于确定无光曲面是否接收投射于其上的阴影和接收方式。
- 反射：用于确定无光曲面是否具有反射，是否使用阴影贴图创建无光反射。

> **提 示**
>
> 应用反射时，除非将对象染色于黑色的背景之下，否则无光反射不会创建一个Alpha通道。

范例实录 “无光/投影”材质的应用

> **DVD-ROM**
>
> **原始文件**：
> 范例文件\Chapter 7\7.2无光投影材质的应用\无光投影材质的应用（原始文件）.max
>
> **最终文件**：
> 范例文件\Chapter 7\7.2\无光投影材质的应用\无光投影材质的应用（最终文件）.max

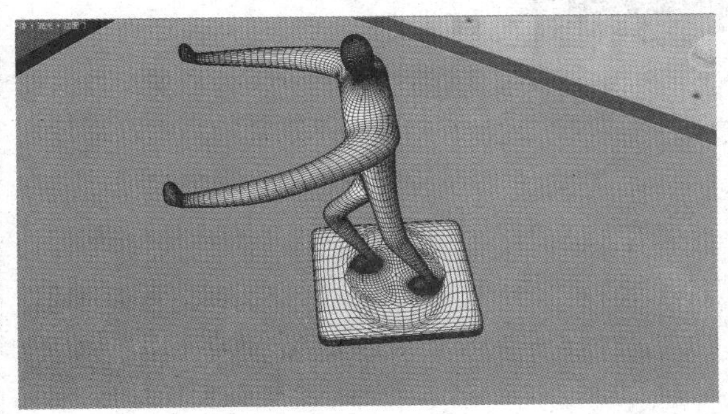

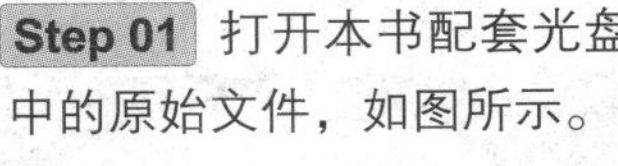

Step 01 打开本书配套光盘中的原始文件，如图所示。

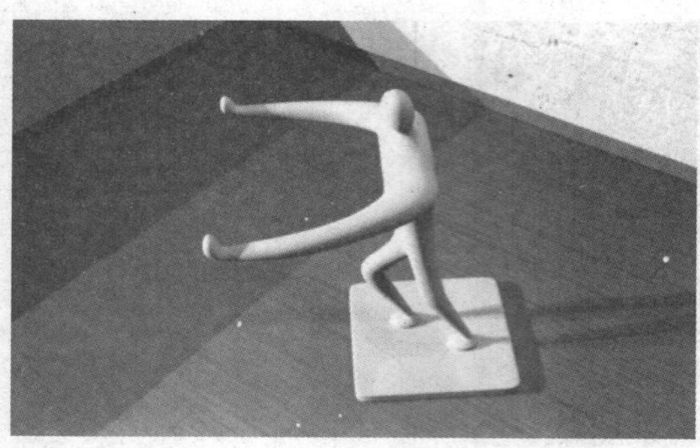

Step 02 直接渲染场景，可观察到场景对象在地面上产生了投影效果，如图所示。

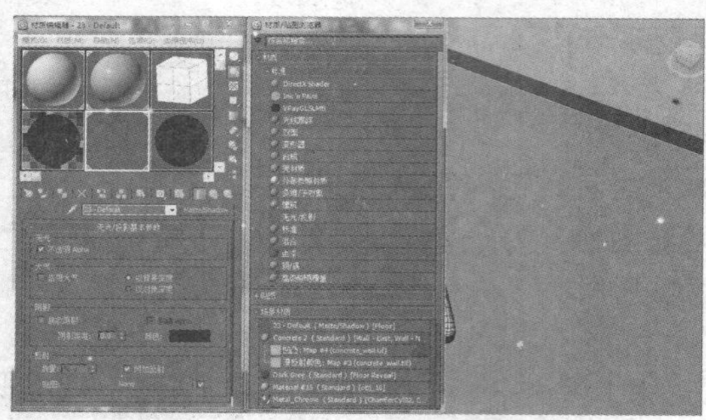

Step 03 打开“材质编辑器”窗口，选择应用给地板的样本材质，并使用“无光/投影”材质替换原有材质，如图所示。

Step 04 渲染场景，可以观察到地面失去了纹理贴图，整个表面具有不同程度的投影效果，如图所示。

提　示

使用“无光/阴影”材质将阴影合成于背景之下的图像时，设置阴影颜色非常有效。此操作允许对阴影染色，使之与图像中已经存在的阴影相匹配。

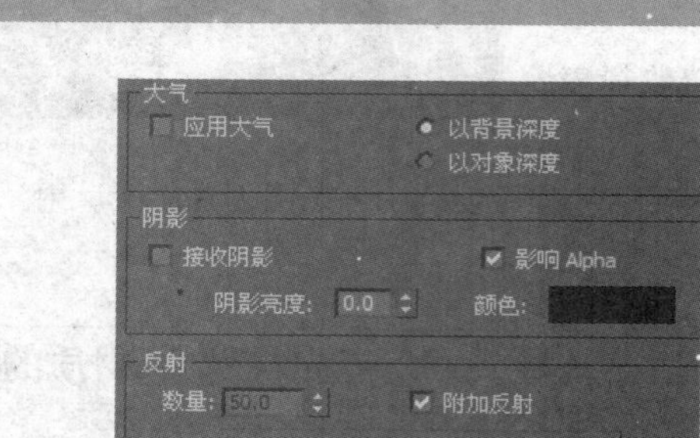

Step 05 在“无光/投影”材质的参数卷展栏中取消勾选“接收阴影”复选框，如图所示。

Step 06 再次渲染场景，可以观察到地面不接受阴影的效果与隐藏地面对象渲染效果一样，如图所示。

提　示

使用“无光/阴影”材质也可以从场景中的非隐藏对象中接收投射在照片上的阴影，还可通过在背景中建立隐藏代理对象并将其放置于简单形状对象前面，可以在背景上投射阴影。

7.2.8 “壳”材质

“壳”材质主要用于纹理烘焙渲染技术，其将创建包含两种材质，包括在渲染中使用的原始材质和烘焙材质，通过“渲染到纹理”保存到磁盘的位图，再附加到场景中的对象上。

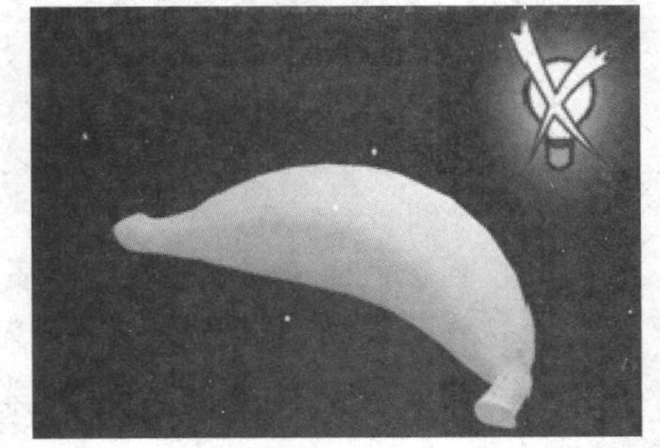

在“壳”材质的参数卷展栏中，可以对原始材质和烘焙材质进行设置，并允许在视口或渲染时显示，如图所示为相关卷展栏，各选项含义如下。

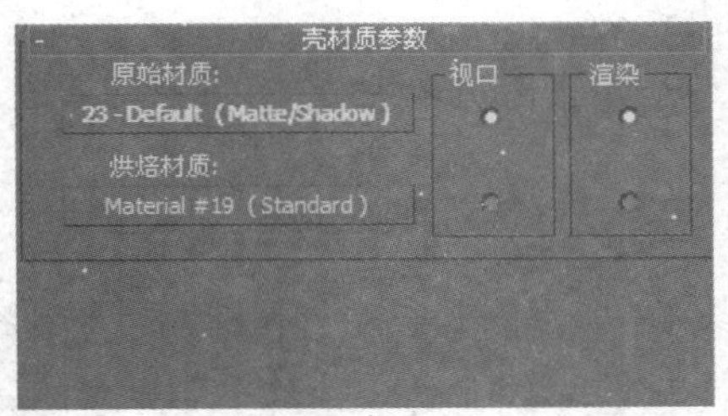

- 原始材质：显示原始材质名称。
- 烘焙材质：显示烘焙材质的名称。
- 视口：选择在着色视口中出现的材质。
- 渲染：选择在渲染中出现的材质。

通常情况下，“壳”材质出现在渲染到纹理技术的使用过程中，可以创建光贴图，从而存储场景中投射到对象上的光线级别，可以用于游戏引擎或加速渲染，如图所示为在被灯光照射后制作的香蕉拓扑贴图。

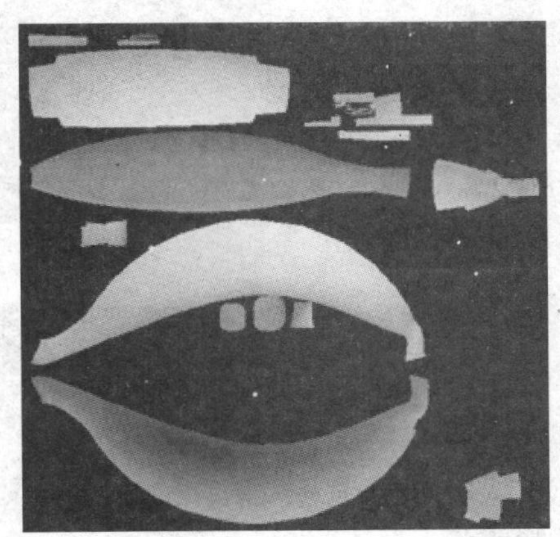

7.2.9 “光线跟踪”材质

“光线跟踪”材质是较为复杂的高级表面着色材质类型，不仅支持各种类型的着色，还可以创建完全光线跟踪的反射和折射，甚至支持雾、荧光等特殊效果，如图所示“光线跟踪”材质的应用效果。

提 示

如果在标准材质中需要精确的光线跟踪反射和折射，可以使用光线跟踪贴图，它使用同一个光线跟踪器。“光线跟踪”贴图和材质共用全局参数设置。

> **提 示**
>
> 光线跟踪贴图和“光线跟踪”材质使用表面法线，决定光束是进入还是离开表面。如果翻转对象的法线，可能会得到意想不到的结果。

“光线跟踪”材质包括了3个主要参数卷展栏，用于控制光线跟踪各种属性和参数，如图所示，各卷展栏作用如下。

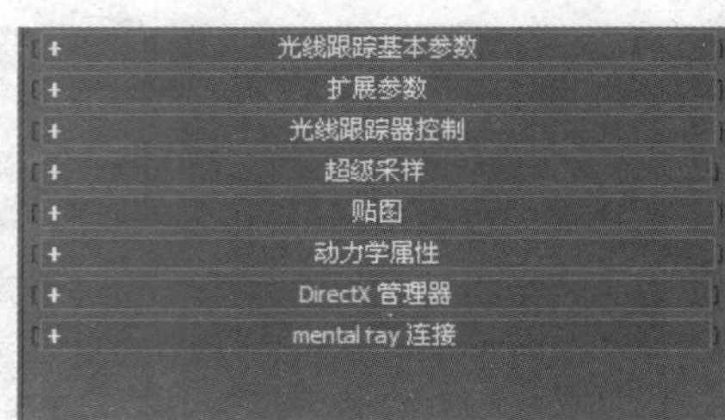

- 光线跟踪基本参数：该卷展栏控制该材质的着色、颜色组件、反射或折射以及凹凸。
- 扩展参数：该卷展栏控制材质的特殊效果透明度属性以及高级反射率。
- 光线跟踪控制：该卷展栏影响光线跟踪器自身的操作，可以提高渲染性能。

范例实录

“光线跟踪”材质的使用

> **DVD-ROM**
>
> **原始文件**：
> 范例文件\Chapter 7\7.2\光线跟踪材质的使用\光线跟踪材质的使用（原始文件).max
>
> **最终文件**：
> 范例文件\Chapter 7\7.2\光线跟踪材质的使用\光线跟踪材质的使用（最终文件).max

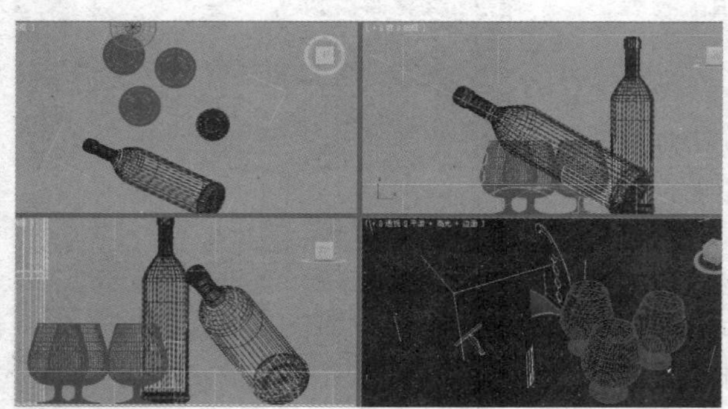

Step 01 打开本书配套光盘中的原始文件，效果如图所示。

> **提 示**
>
> “光线跟踪”对于渲染3ds Max场景非常有用，通过将特定的对象排除在光线跟踪之外，可以在场景中进一步优化对象。

Step 02 保持场景默认设置进行渲染，可观察到各种对象的材质应用效果，如图所示。

> **提 示**
>
> 设置镜面反射颜色，此颜色使反射环境（即场景的其余部分）被过滤，该颜色的值控制反射数量。

Step 03 打开“材质编辑器”窗口，使用“光线跟踪”材质替换原有的标准材质，如图所示。

Step 04 将该材质赋予场景中第一个酒杯对象，然后进行渲染，可观察到“光线跟踪”材质的默认应用效果，如图所示。

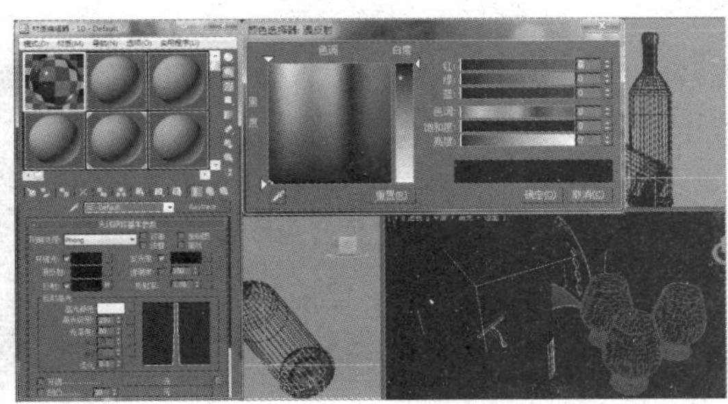

Step 05 在“光线跟踪基本参数”卷展栏中设置参数和颜色，如图所示。

Step 06 再次渲染场景，可观察到酒杯产生了透明、反射和折射效果，如图所示。

> **提 示**
>
> 为任何材质的反射指定衰减，能模拟反射的衰减过程，使反射更加真实，这是模拟反射的常用方法。

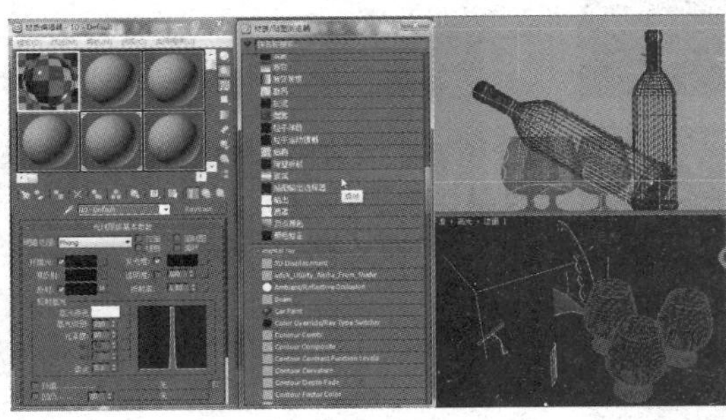

Step 07 为“反射”指定“衰减”程序贴图，如图所示。

Step 08 再次渲染场景，可观察到玻璃酒杯产生的真实反射效果，如图所示。

> **提 示**
>
> 最多允许使用1000个子材质作为多维子对象材质。

7.2.10 “多维/子对象”材质

提 示

如果该对象是可编辑网格，可以拖放材质到面的不同的选中部分，并随时构建一个“多维/子对象”材质。

使用“多维/子对象”材质可以根据几何体的子对象级别分配不同的材质，如图所示为该材质的应用效果。

“多维/子对象”材质的参数非常简单，只提供了预览子材质的快捷方式和设置子材质数量的参数，如图所示为相关卷展栏。

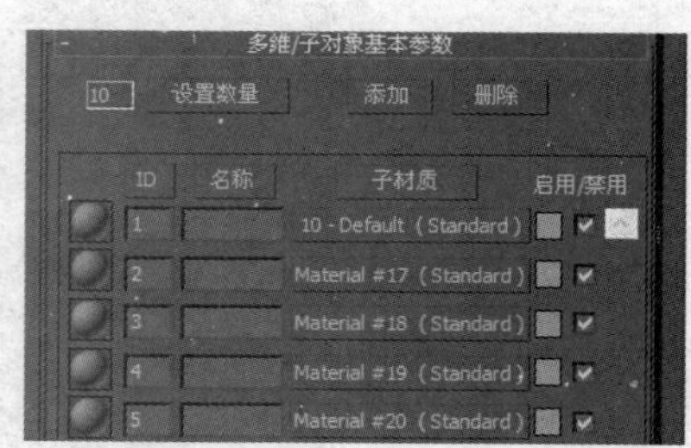

范例实录

“多维/子对象”的应用

DVD-ROM

原始文件:
范例文件\Chapter 7\7.2\多维子对象的应用\多维子对象的应用(原始文件).max

最终文件:
范例文件\Chapter 7\7.2\多维子对象的应用\多维子对象的应用(最终文件).max

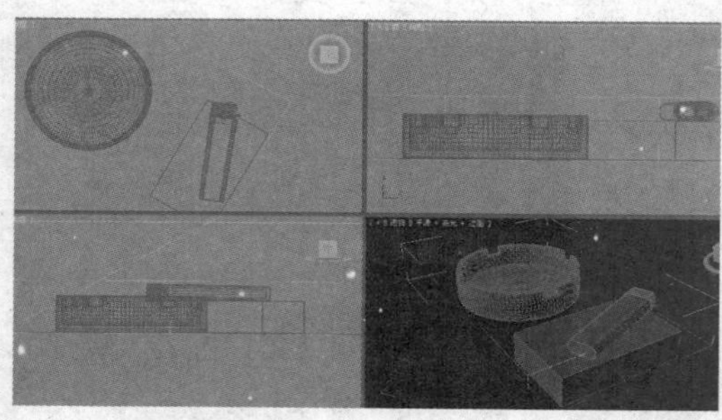

Step 01 打开本书配套光盘中的原始文件，如图所示。

Step 02 直接渲染场景，完成后的效果如图所示。

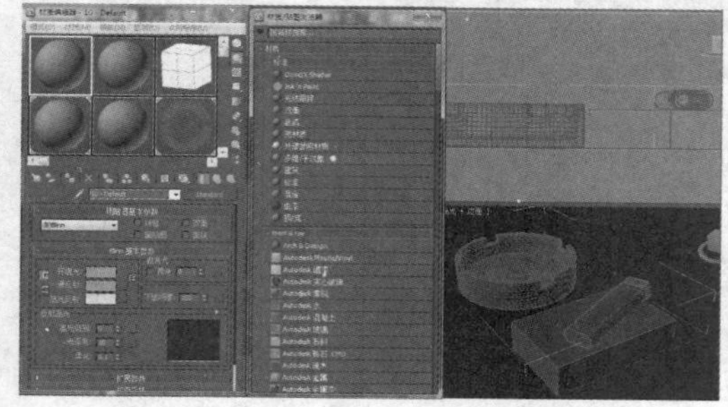

Step 03 打开“材质编辑器”窗口，使用“多维/子对象”材质替换默认的标准材质，如图所示。

提 示

在“多维 / 子对象”材质级别上，示例窗的示例对象显示子材质的拼凑方式。在编辑子材质时，示例窗的显示取决于在“材质编辑器选项”对话框中“在顶级下仅显示次级效果”的切换。

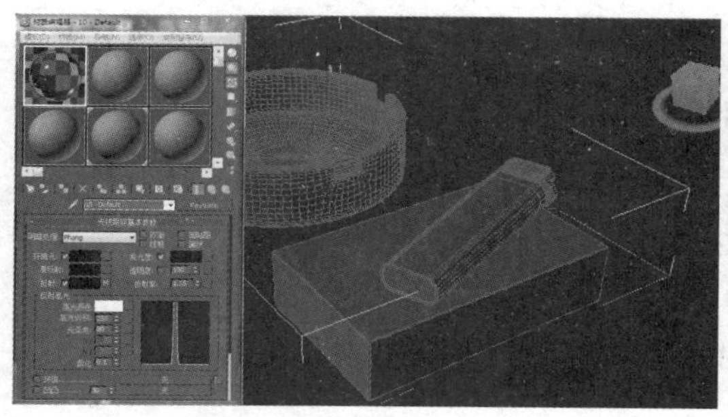

Step 04 单击“设置数量”按钮 设置数量 ，在打开的对话框中设置子材质数量，如图所示。

Step 05 进入第一个子材质层级，为“漫反射”指定“位图”贴图，如图所示。

Step 06 在“选择位图图像文件”对话框中选择用于贴图的文件，如图所示。

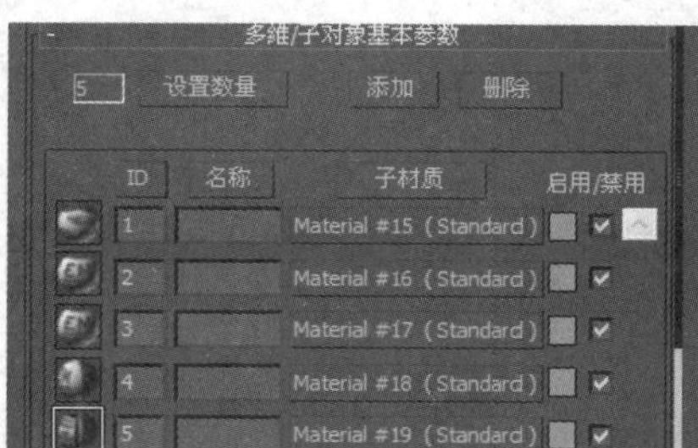

Step 07 使用相同方法为其他4个子材质的“漫反射”分别指定相应贴图，完成后可以在“多维/子对象”材质面板中预览，如图所示。

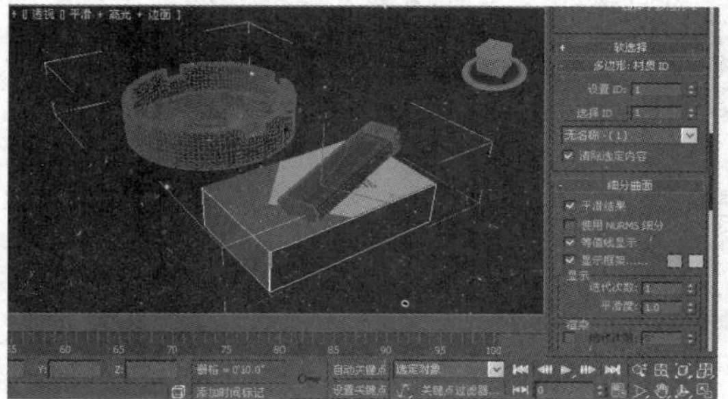

Step 08 选择烟盒对象，并进入其“多边形”子层级，然后选择面并设置ID号为1，如图所示。

提 示

没有指定给对象或对象曲面的子材质可以通过使用清理多维材质工具来从多维子对象材质中清理出去。

提 示

一些基本几何体不使用1作为默认材质 ID，而另一些例如异面体或长方体，默认设置中包含多个材质 ID。

提 示

也可以使用编辑网格修改器来对选定的面指定所包含的材质。将“编辑网格”应用给对象，转至子对象级别的面，然后选中需要指定的面。在“编辑曲面”卷展栏中，将材质ID值设为子材质的ID。

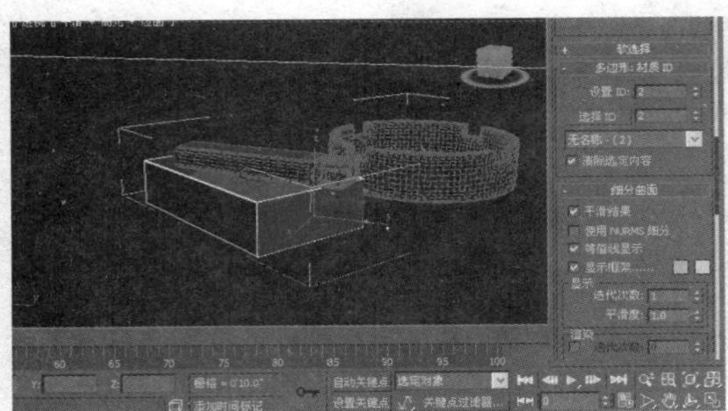

Step 09 重新选择一个面，然后设置材质ID号为2，如图所示。

> **提 示**
>
> 烟盒顶部或底部的材质ID号需要和表面贴图的坐标方向相符。

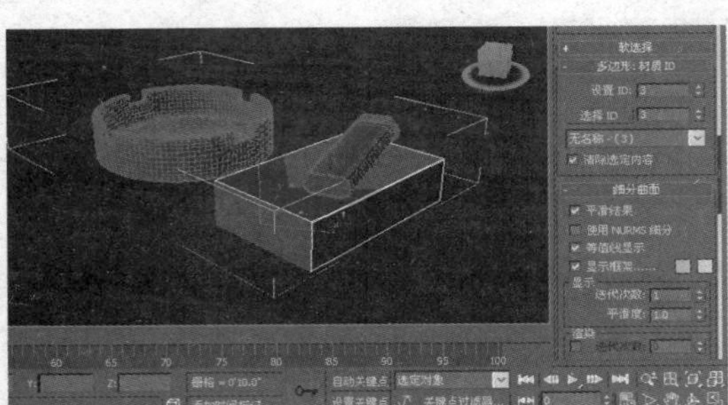

Step 10 重新选择一个面，然后设置材质ID号为3，如图所示。

> **提 示**
>
> 侧面通常指定一样的贴图，但要注意贴图坐标是否正确。

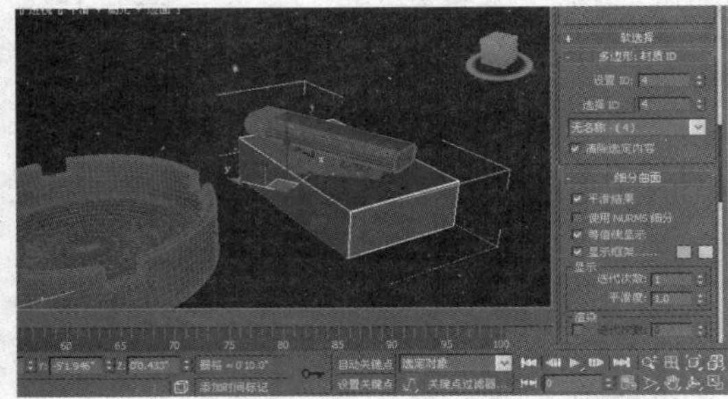

Step 11 选择侧面的边，然后设置ID号为4，如图所示。

> **提 示**
>
> 通过材质ID号可以快速、准确实现多边形的选择操作。

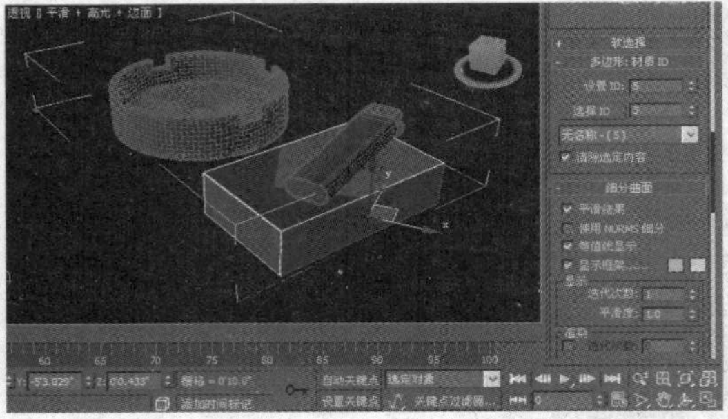

Step 12 选择另一侧的面，然后设置材质ID号为5，如图所示。

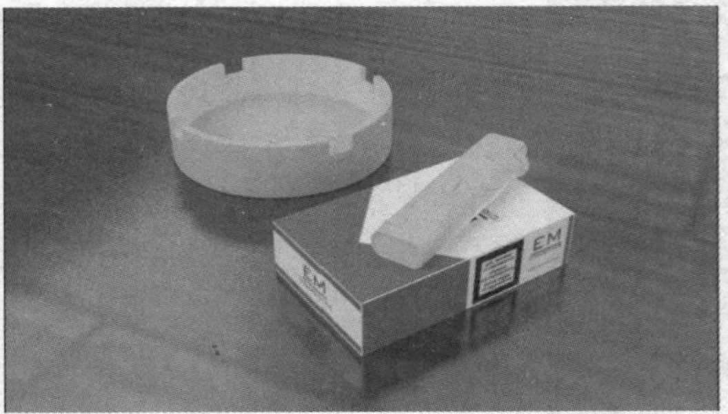

Step 13 再次渲染场景，可观察到烟盒对象不同的面应用了不同的贴图，效果如图所示。

7.2.11 “虫漆”材质

“虫漆”材质通过叠加将两种材质进行混合，叠加材质中的颜色称为“虫漆”材质，被添加到基础材质的颜色中，如图所示为“虫漆”材质制作的车漆。

“虫漆”材质的应用

范例实录

DVD-ROM

原始文件:
范例文件\Chapter 7\7.2\虫漆材质的应用\虫漆材质的应用（原始文件).max

最终文件:
范例文件\Chapter 7\7.2\虫漆材质的应用\虫漆材质的应用（最终文件).max

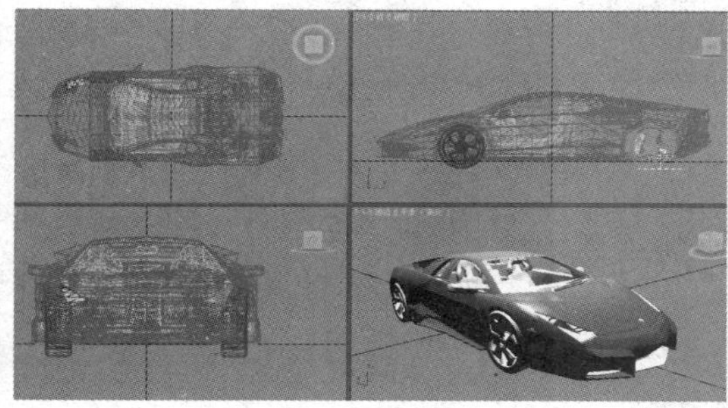

Step 01 打开本书配套光盘中的原始文件，如图所示。

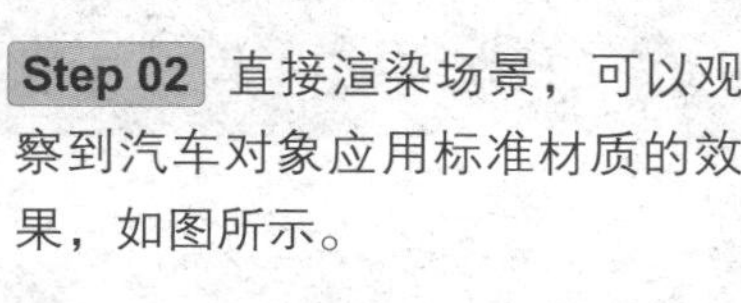

Step 02 直接渲染场景，可以观察到汽车对象应用标准材质的效果，如图所示。

Step 03 打开“材质编辑器”窗口，使用一个新的“虫漆”材质，如图所示。

Step 04 在“虫漆”材质参数面板中为“基础材质”应用标准材质，为“虫漆材质”应用“光线跟踪”材质，如图所示。

提　示

应用“衰减”程序贴图可以使对象表面的颜色层次更加丰富。

Step 05 在“基础材质”层级中为标准材质“漫反射”指定“衰减”程序贴图，如图所示。

Step 06 在“衰减”程序贴图层级中为“颜色1”指定“衰减”程序贴图，并设置“颜色2”，如图所示。

提　示

“衰减”程序贴图类型的不同，可以在相同观察角度产生不同衰减效果。

Step 07 在“颜色1”的“衰减”程序贴图层级中，根据示意图设置第一个颜色，如图所示。

Step 08 设置第二个颜色，并设置其他参数，如图所示。

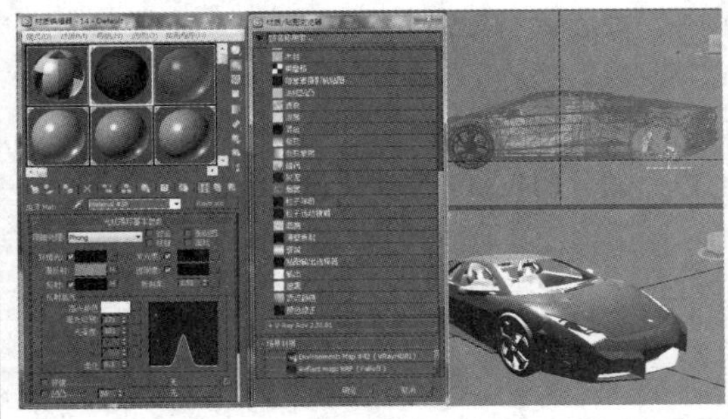

Step 09 进入“虫漆材质”层级，为“漫反射”和“反射”指定“衰减”程序贴图，如图所示。

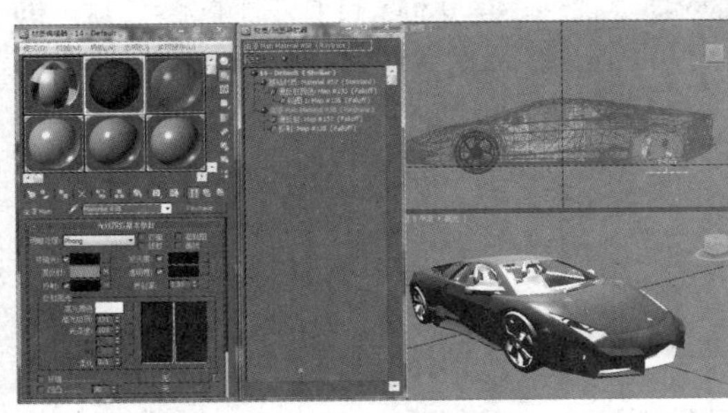

Step 10 打开“材质/贴图导航器”窗口，根据材质层级为其他贴图通道指定贴图，如图所示。

Step 11 将该材质赋予场景中的车身对象，可观察到简单的车漆材质应用效果，如图所示。

7.2.12 “顶/底”材质

使用“顶/底”材质可以为对象的顶部和底部指定两个不同的材质，并允许将两种材质混合在一起，得到类似“双面”材质的效果，如图所示为“顶/底”材质的应用效果。

“顶/底”材质参数比较简单，提供了访问子材质、混合、坐标等参数，相关的参数卷展栏如图所示，各选项含义如下。

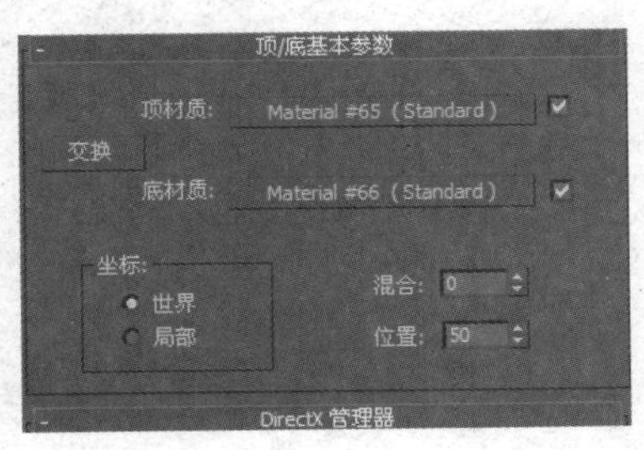

- 顶材质：可单击顶材质后的按钮，显示顶材质的命令和类型。

提 示

如果禁用光线跟踪反射，可以将反射颜色设置为黑色以外的颜色，并为本地环境使用反射/折射贴图，这样可以实现与标准材质中的反射贴图相同的效果，但会增加渲染时间。

提 示

对象的顶面是法线向上的面，底面是法线向下的面。可以选择“上”或“下”来引用场景的世界坐标或引用对象的本地坐标。

提 示

世界坐标按照场景的世界坐标让各个面朝上或朝下；局部坐标按照场景的局部坐标让各个面朝上或朝下。

- 底材质：可单击底材质后的按钮，显示底材质的命令和类型。
- 坐标：用于控制对象如何确定顶和底的边界。
- 混合：用于混合顶子材质和底子材质之间的边缘。
- 位置：用于确定两种材质在对象上划分的位置。

范例实录

“顶/底”材质的应用

DVD-ROM

原始文件：
范例文件\Chapter 7\7.2\顶底材质的应用\顶底材质的应用（原始文件).max

最终文件：
范例文件\Chapter 7\7.2\顶底材质的应用\顶底材质的应用（最终文件).max

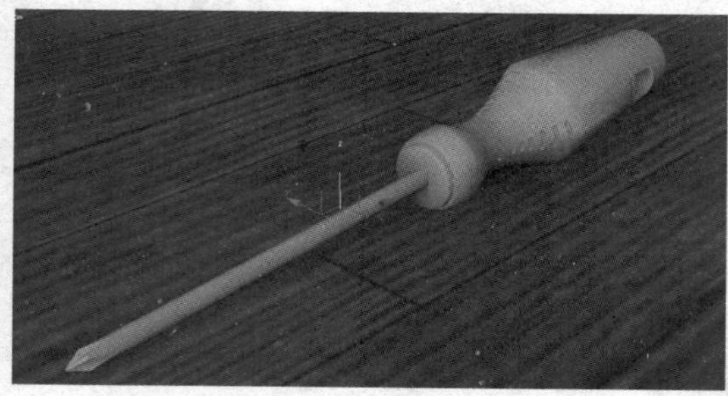

Step 01 打开本书配套光盘中的原始文件，如图所示。

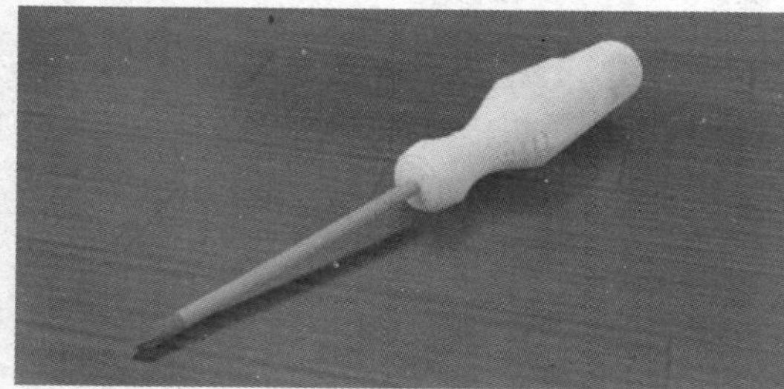

Step 02 渲染场景，观察场景原有的材质渲染出的效果。

Step 03 打开“材质编辑器”，单击“获取材质”按钮，打开“材质/贴图浏览器”，选择“顶/底”材质，如图所示。

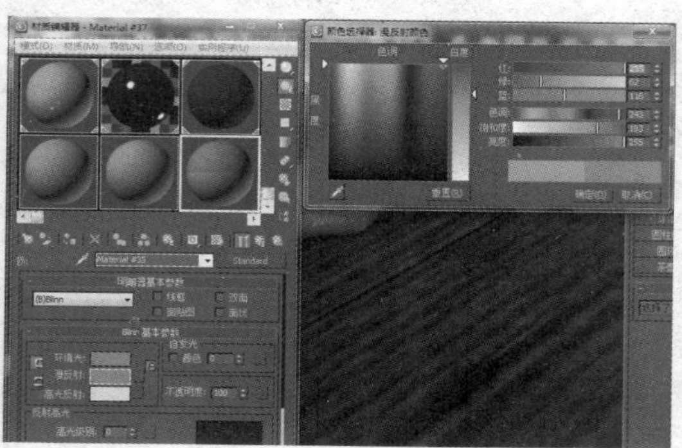

Step 04 单击顶材质后的按钮，进入顶材质层级，设置“漫反射”颜色为粉色，如图所示。

Step 05 切换到底材质层级，设置“漫反射”的颜色为黄色，如图所示。

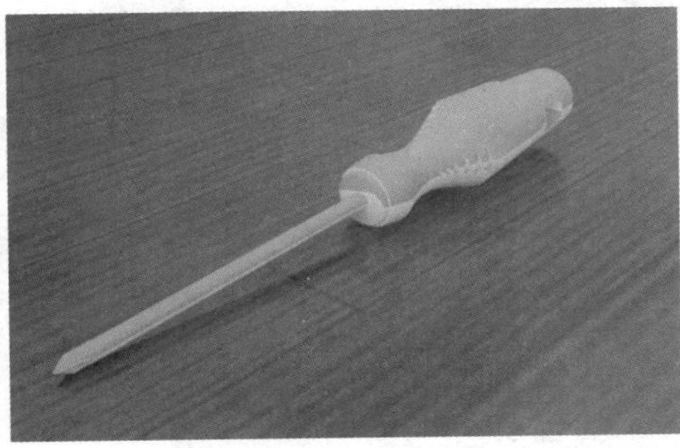

Step 06 将调整好的材质球指定给场景中的物体。进行渲染，查看效果，如图所示。

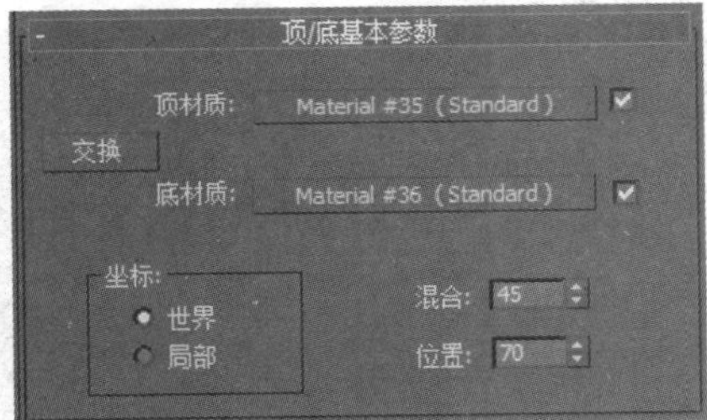

Step 07 在“顶/底基本参数”卷展栏中设置“混合”和“位置”参数值，如图所示。

提 示

“混合”和“位置”参数都可以被记录成动画。

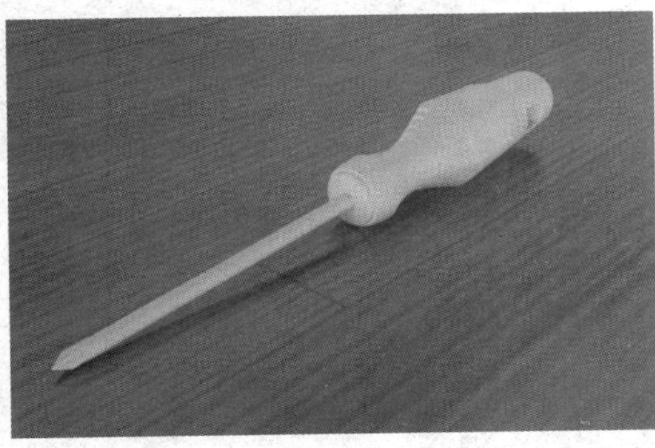

Step 08 重新渲染，可以看到，两个颜色的边界处发生了变化，如图所示。

7.3 贴图

贴图可以模拟纹理、反射、折射及其他特殊效果，可以在不增加材质复杂度的前提下，为材质添加细节，有效改善材质的外观和真实感。

7.3.1 2D贴图

> **提 示**
>
> 当默认扫描线渲染器为激活状态时，可以在“材质/贴图浏览器”列表中查看mentalray明暗器，并且勾选“显示”选项组中的“不兼容”复选框，以指定需要的明暗器。在列表中，不兼容的明暗器将显示为灰色。

3ds Max 的贴图可分为2D 贴图、3D 贴图、合成贴图等多种类型，不同的贴图类型产生不同的效果并且有其特定的行为方式，其中2D 贴图是二维图像，一般将其粘贴在几何体对象的表面，或者和环境贴图一样用于创建场景的背景。

3ds Max 2013提供的2D贴图主要包括“位图”、“棋盘格”、“渐变”等7种贴图类型，如图所示。

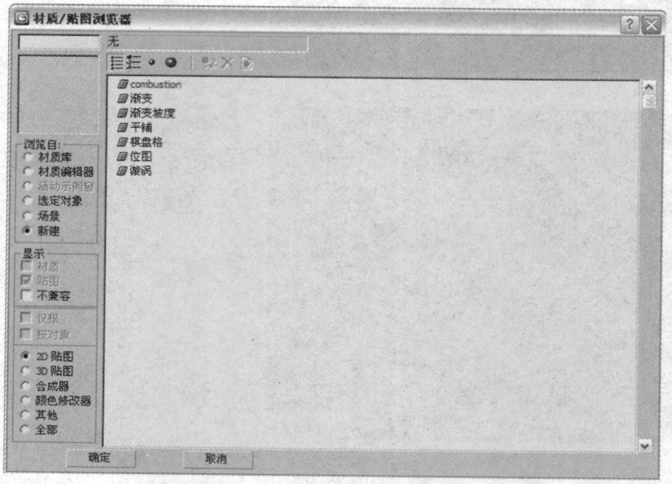

1. 位图

> **提 示**
>
> 为了缩短加载时间，如果同名贴图位于两个不同位置（在两个不同路径中），则只加载一次。

“位图”贴图是指将图像以很多静止图像文件格式之一保存为像素阵列，如.tif等格式。3ds Max 支持的任何位图（或动画）文件类型可以用作材质中的位图，如图所示为“位图”贴图的主要参数卷展栏。

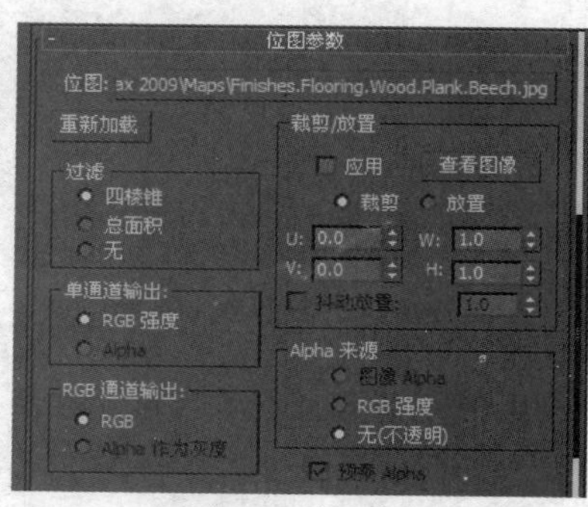

- 过滤：过滤选项组用于选择抗锯齿位图中平均使用的像素方法。
- 裁剪/放置：该选项组中的控件可以裁剪位图或减小其尺寸，用于自定义放置。
- 单通道输出：该选项组中的控件用于根据输入的位图确定输出单色通道的源。
- Alpha来源：该选项组中的控件根据输入的位图确定输出 Alpha通道的来源。

> **提 示**
>
> “裁剪/放置”设置仅当其用于此贴图或此贴图的任意实例时才影响位图，对贴图文件本身并无效果。

注 意

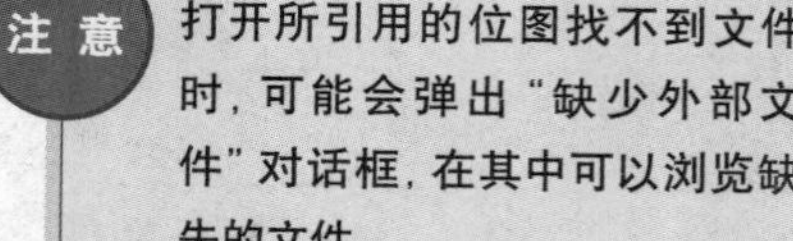

打开所引用的位图找不到文件时，可能会弹出“缺少外部文件”对话框，在其中可以浏览缺失的文件。

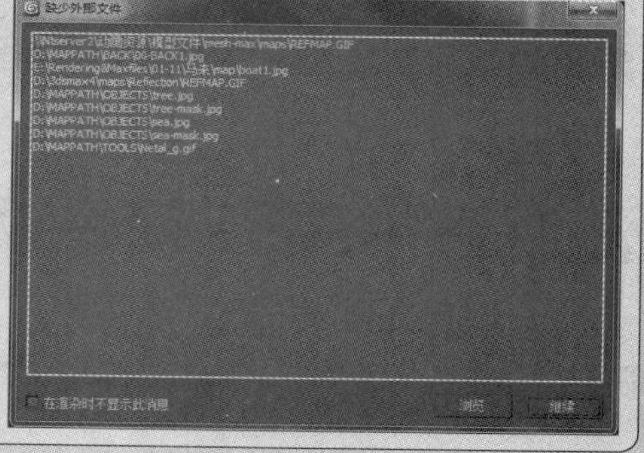

“位图”贴图的应用

Step 01 打开本书配套光盘中的文件，观察对象，如图所示。

Step 02 渲染场景，查看渲染的效果，如图所示。

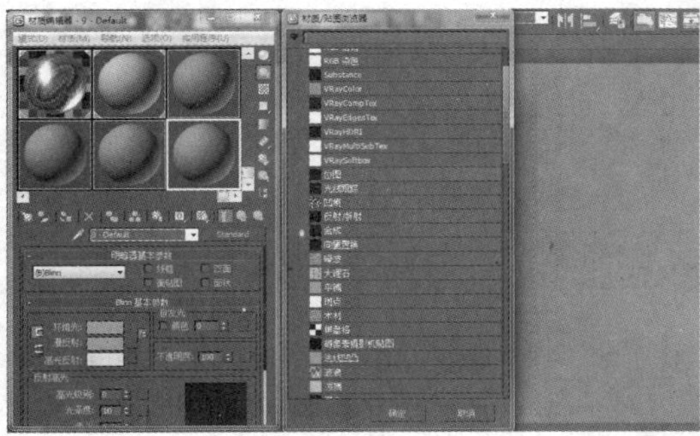

Step 03 选择材质球，在基本参数卷展栏中将“漫反射”设置“位图”，如图所示。

Step 04 在打开的“选择位图图像文件”对话框中选择相应的图片，如图所示。

范例实录

DVD-ROM

最终文件:
范例文件\Chapter 7\7.3\位图贴图的应用\位图贴图的应用（最终文件).max

提 示

如果将Alpha图应用为漫反射贴图，并且没有正确显示图形，那么此位图文件可能包含非预设Alpha，RGB值会通过Alpha值来分别保持。

Step 05 渲染后查看效果，如图所示。

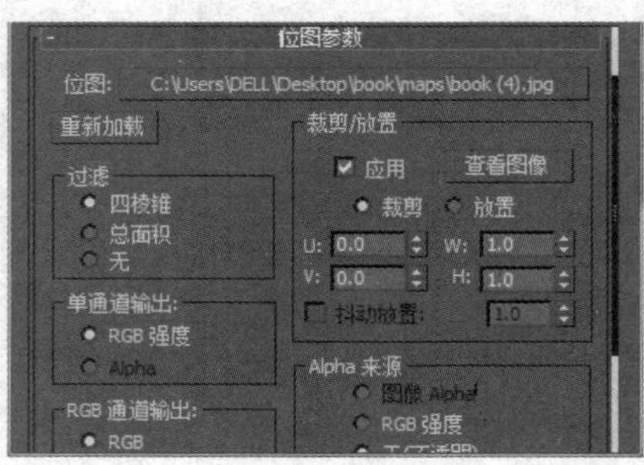

Step 06 在“位图参数”卷展栏中调整参数，如图所示。

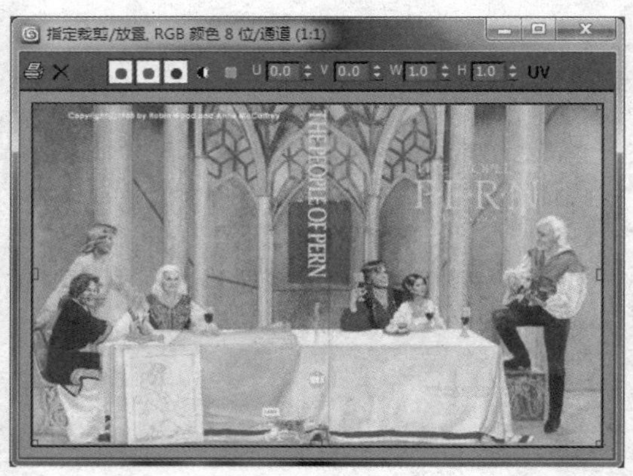

Step 07 单击“裁剪/放置”选项组中的“查看对象”按钮，在“指定裁剪/放置”对话框中调整位图的位置和大小，如图所示。

Step 08 再一次渲染，查看最终的效果，如图所示。

2. 棋盘格

“棋盘格”贴图可以产生类似棋盘似的，由两种颜色组成的方格图案，并允许贴图替换颜色。该贴图的卷展栏如图所示，各选项含义如下。

- 柔化：模糊方格之间的边缘，很小的柔化值就能生成很明显的模糊效果。
- 交换：单击该按钮可交换方格的颜色。
- 颜色：用于设置方格的颜色，允许使用贴图代替颜色。

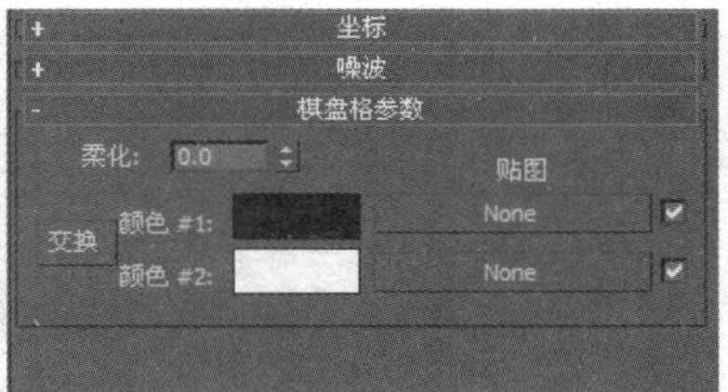

提 示

为棋盘格贴图启用"噪波"是使用自然外形创建不规则图案的有效方式。

"棋盘格"贴图的应用

范例实录

DVD-ROM

原始文件：

范例文件\Chapter 7\7.3\棋盘格贴图的应用\棋盘格贴图的应用(原始文件).max

最终文件：

范例文件\Chapter 7\7.3\棋盘格贴图的应用\棋盘格贴图的应用(最终文件).max

Step 01 打开本书配套光盘中的原始文件，如图所示。

Step 02 直接渲染场景，可观察到场景中国际象棋模型的材质应用效果，如图所示。

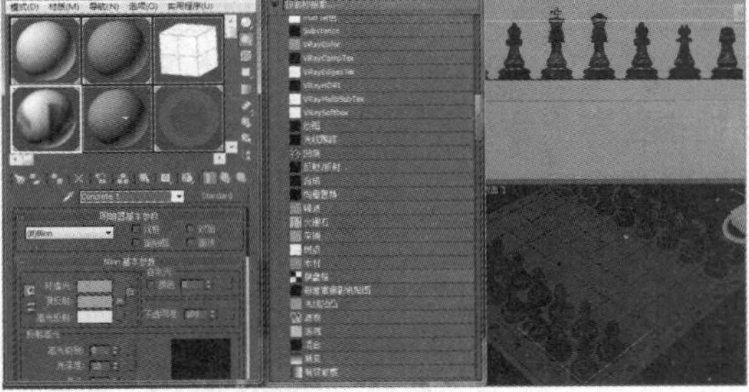

Step 03 打开"材质编辑器"窗口，选择一个样本材质，然后为"漫反射"指定"棋盘格"程序贴图，如图所示。

提 示

"柔化"值等于0 时方格颜色之间存在清晰的边缘。较小的正数值将柔化或模拟方格的边界。较大的柔化值可以模糊整个材质。

Step 04 将该材质指定给场景中的棋盘对象，渲染场景，可观察到"棋盘格"程序贴图的默认应用效果，如图所示。

> **提 示**
>
> 默认情况下，棋盘格为2×2 的贴图，平铺次数的结果为8×8。

Step 05 在“坐标”卷展栏中设置“平铺”参数为4，如图所示。

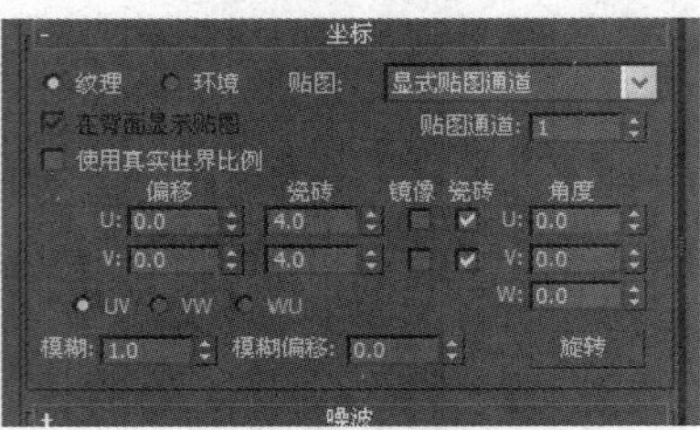

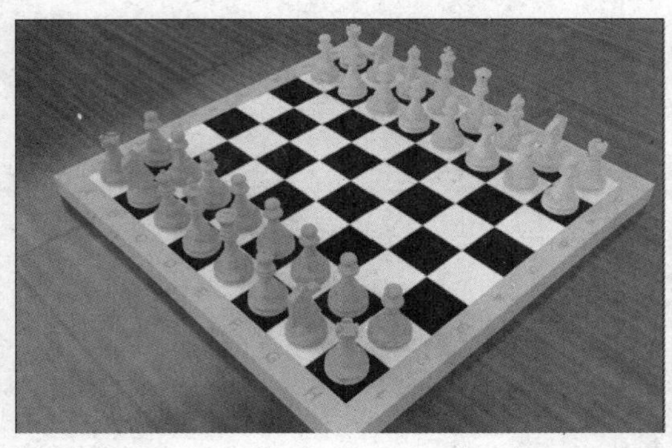

Step 06 再次渲染场景，可观察到“棋盘格”贴图刚好与棋盘适配，效果如图所示。

3. Combustion

Combustion 程序贴图与Autodesk Combustion产品配合使用，如果计算机未安装Autodesk Combustion程序，其参数卷展栏中将有提示，如图所示。

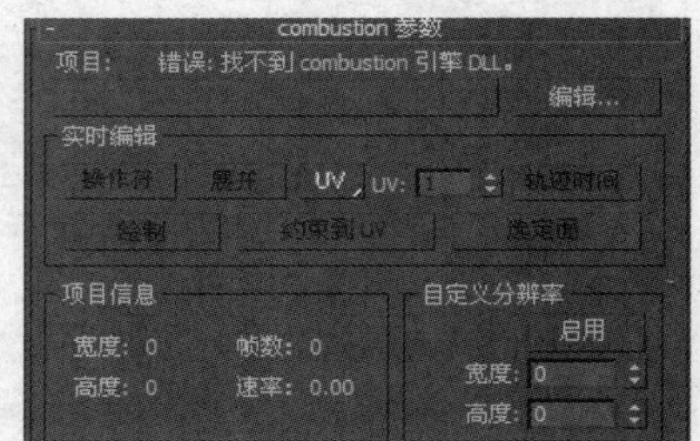

4. 渐变

> **提 示**
>
> 通过将一个色样拖动到另一个色样上可以交换颜色，单击“复制或交换颜色”对话框中的“交换”按钮完成操作。如果需要反转渐变的总体方向，可以交换第一种和第3种颜色。

“渐变”贴图是指从一种颜色到另一种颜色进行着色，可以创建3种颜色的线性或径向渐变效果，如图所示为该贴图的应用效果。

5. 渐变坡度

“渐变坡度”贴图可以使用多种颜色、贴图和混合来创建多种渐变效果，如图所示为使用该贴图的应用效果。

6. 旋涡

“旋涡”贴图可以创建两种颜色或贴图的旋涡图案，如图所示为该贴图的应用效果。

> **提 示**
>
> 旋涡贴图生成的图案类似于两种冰淇淋的外观。如同其他双色贴图一样，任何一种颜色都可用其他贴图替换，因此大理石与木材也可以生成旋涡。

7. 平铺

“平铺”贴图使用颜色或材质贴图创建砖或其他平铺材质。通常包括已定义的建筑砖图案，也可以自定义图案，如图所示为使用该贴图的应用效果。

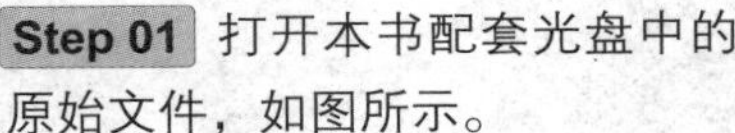

“平铺”贴图应用

范例实录

Step 01 打开本书配套光盘中的原始文件，如图所示。

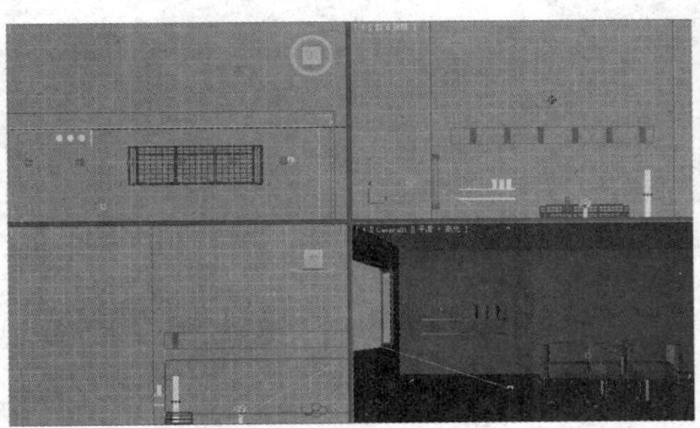

Step 02 渲染场景，可观察到场景中墙体材质的应用效果，如图所示。

> **DVD-ROM**
>
> **原始文件**:
> 范例文件\Chapter 7\7.3\平铺贴图应用\平铺贴图应用（原始文件).max
>
> **最终文件**:
> 范例文件\Chapter 7\7.3\平铺贴图应用\平铺贴图应用（最终文件).max

> **提 示**
>
> 使用“平铺”贴图可以加载纹理并在图案中使用颜色。

Step 03 打开“材质编辑器”窗口，选择一个样本材质，然后为“漫反射”指定“平铺”程序贴图，如图所示。

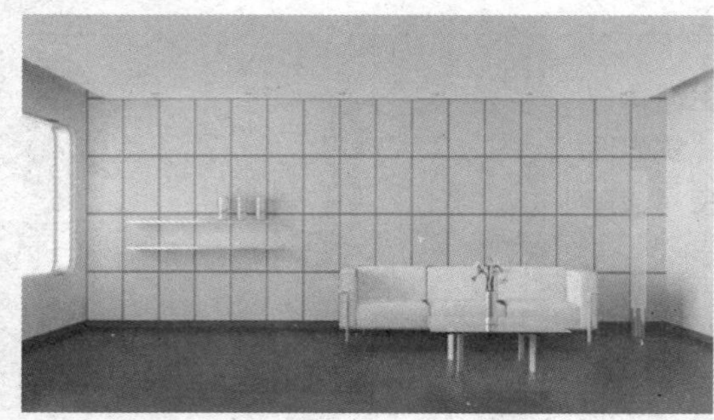

Step 04 将材质指定给正面的墙体，然后渲染场景，可观察到“平铺”程序贴图的默认应用效果，如图所示。

提 示

预设类型列出定义的建筑平铺砌合、图案、自定义图案，可以通过选择“高级控制”和“堆垛布局”卷展栏中的选项来设计自定义的图案。

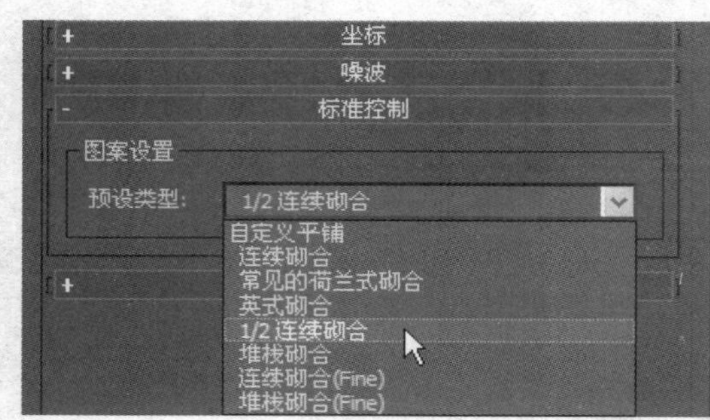

Step 05 在“平铺”程序贴图参数面板中展开“标准控制”卷展栏，选择预置类型，如图所示。

Step 06 再次渲染场景，可观察到新的预置类型应用效果，如图所示。

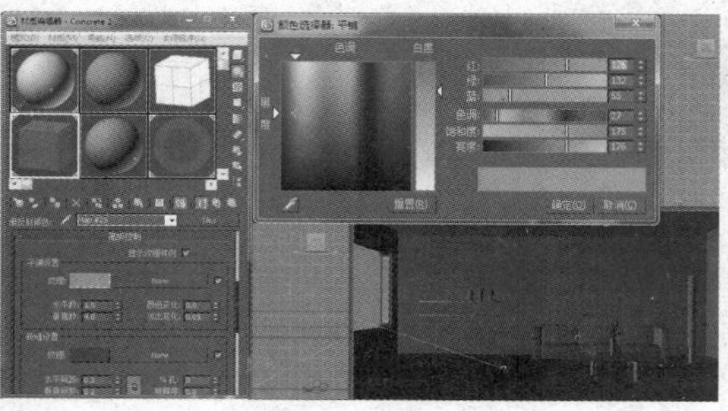

Step 07 在“材质编辑器”窗口中展开“高级控制”卷展栏，并设置颜色，如图所示。

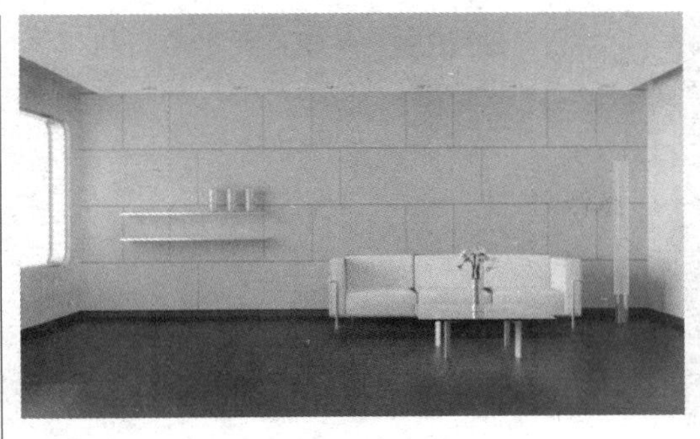

Step 08 再次渲染场景，可观察到改变了砖纹颜色的应用效果，如图所示。

> **提 示**
> 每个预置的类型都可以分别控制行和列的平铺数。

8. 坐标

2D贴图都有“坐标”卷展栏，用于调坐标参数，可以相对于对其应用贴图的对象表面移动贴图，实现其他效果，各选项含义如下。

- 纹理：用于将该贴图作为纹理贴图应用于表面。
- 环境：用于使用贴图作为环境贴图。
- 在背面显示贴图：勾选该复选框，平面贴图（对象XYZ平面，或使用“UVW贴图”修改器）穿透投影，渲染在对象背面上。
- 使用真实世界比例：勾选该复选框，使用真实“宽度”和“高度”值而不是UV值将贴图应用于对象。
- 偏移：在UV坐标中更改贴图的位置，移动贴图以符合它的大小。
- 瓷砖：决定贴图沿每根轴瓷砖（重复）的次数。
- 镜像：从左至右（U轴）或从上至下（V轴）进行镜像。
- （镜像）瓷砖：在U轴或V轴中启用或禁用瓷砖。
- 角度：用于设置绕U、V或W轴旋转贴图。
- 模糊：以贴图离视图的距离决定贴图的锐度或模糊度，贴图距离越远，则越模糊。
- 模糊偏移：设置贴图的锐度或模糊度，与贴图离视图的距离无关。

> **提 示**
> 只有在两个维度中都禁用“平铺”时，才能使在背景显示贴图功能，只有在渲染场景时才能看到产生的效果。

贴图坐标的应用

范例实录

Step 01 打开本书配套光盘中的原始文件，效果如图所示。

> **DVD-ROM**
> **原始文件**：
> 范例文件\Chapter 7\7.3\贴图坐标的应用\贴图坐标的应用（原始文件).max
> **最终文件**：
> 范例文件\Chapter 7\7.3\贴图坐标的应用\贴图坐标的应用（最终文件).max

提 示

在视口中，无论是否勾选了“在背面显示贴图”复选框，平面贴图都将投影到对象的背面。为了将其覆盖，必须取消勾选“瓷砖”。

Step 02 直接渲染场景，可观察到场景中茶几对象应用标准材质的效果，如图所示。

Step 03 为茶几所应用的标准材质的“漫反射”指定“位图”贴图，并选择贴图文件，如图所示。

提 示

由于在默认情况下，镜像是贴图的两个反映图像，所以在设置了“镜像”时，“瓷砖”值的含义不同。

Step 04 渲染场景，可以观察到茶几表面的贴图应用效果，如图所示。

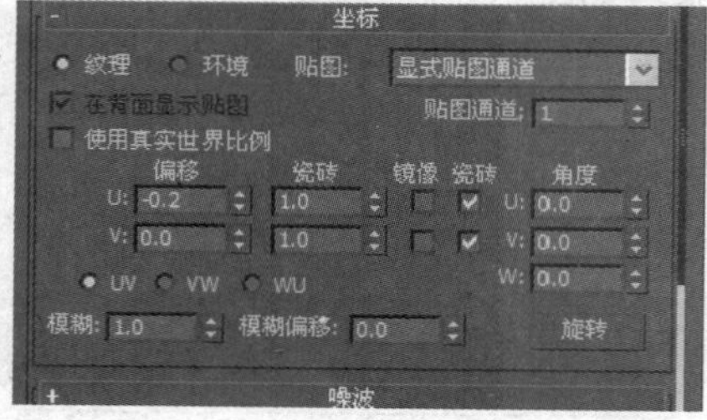

Step 05 在“位图”贴图的“坐标”卷展栏中设置U向的“偏移”值为-0.2，如图所示。

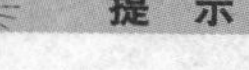

提 示

贴图类型的“显式贴图通道”可以使用1～99的任意贴图通道。

Step 06 再次渲染场景，可观察到茶几表面的贴图产生了偏移，如图所示。

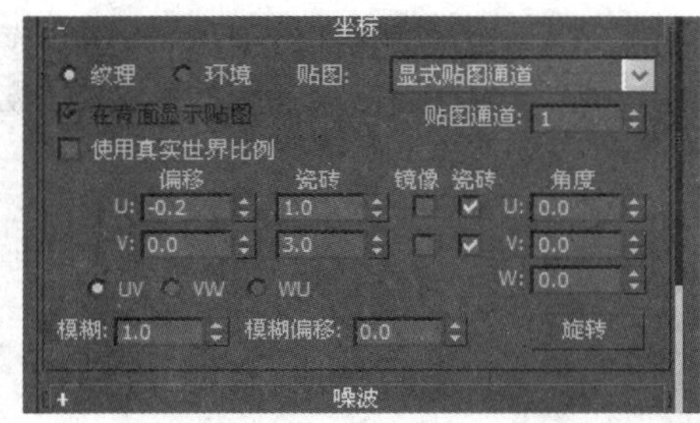

Step 07 在“坐标”卷展栏中设置V向“瓷砖”参数值为3，如图所示。

提　示

在设置瓷砖时，应保持图片中心点不变添加瓷砖的次数，不均匀的平铺会使图像产生挤压效果。

Step 08 渲染场景，可观察到茶几表面的贴图在V向上重复了3次，如图所示。

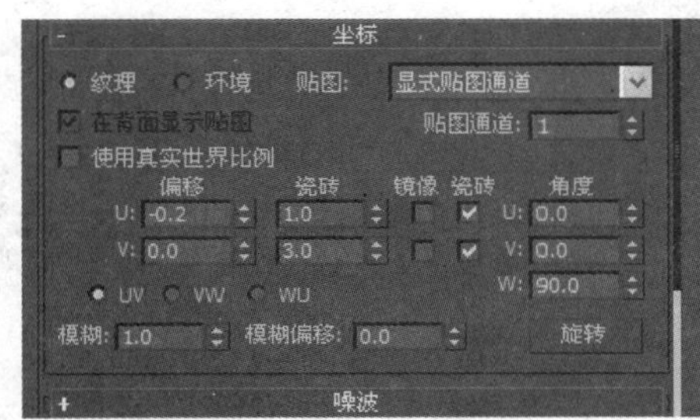

Step 09 在“坐标”卷展栏中设置W向的“角度”参数值为90，如图所示。

Step 10 渲染场景，可观察到茶几表面的贴图顺时针旋转了90°，如图所示。

提　示

旋转贴图时，正值为顺时针旋转，负值为逆时针旋转。

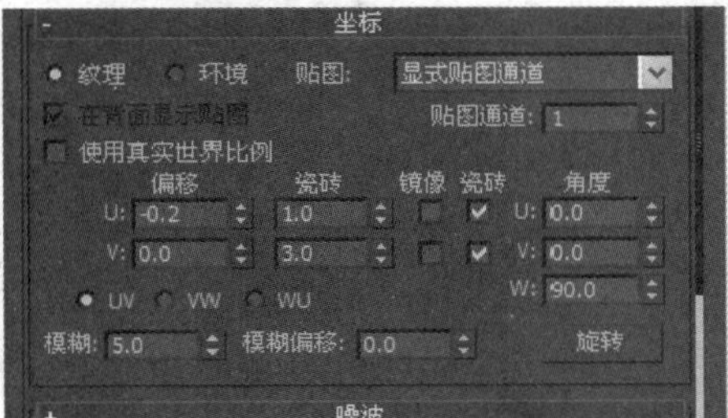

Step 11 在“坐标”卷展栏中设置“模糊”参数为5，如图所示。

提　示

“模糊”选项指模糊世界空间中的贴图，主要是用于消除锯齿。

Step 12 渲染场景，可观察到茶几表面的贴图产生了模糊效果，如图所示。

7.3.2 3D贴图

3D 贴图是根据程序以三维方式生成的图案，拥有通过指定几何体生成的纹理。如果将指定纹理的对象切除一部分，那么切除部分的纹理与对象其他部分的纹理相一致。

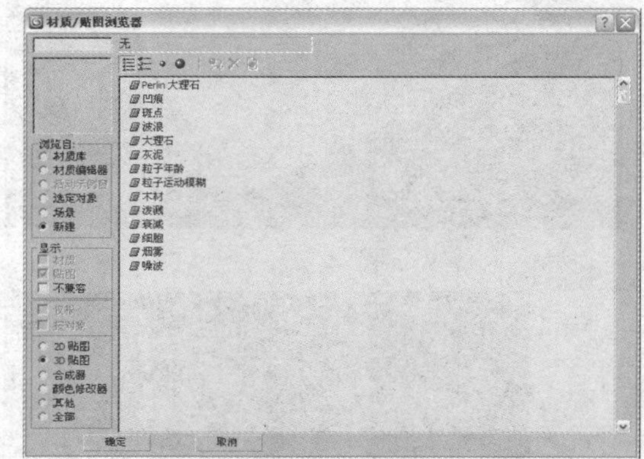

3ds Max 2011一共提供15种预置的3D程序贴图，如“凹痕”、“衰减”等，如图所示。3ds Max支持安装插件提供的更多贴图。

1. 细胞

“细胞”贴图可生成用于各种视觉效果的细胞图案，包括马赛克瓷砖、鹅卵石表面甚至海洋表面，如图所示为该贴图的应用效果。

> **提 示**
>
> “材质编辑器”示例窗不能很清楚地展现细胞效果，将贴图指定给几何体并渲染场景会得到想要的效果。

2. 凹痕

“凹痕”贴图根据分形噪波产生随机图案，在曲面上生成三维凹凸效果，图案的效果取决于贴图类型，如图所示为该贴图的应用效果。

> **提 示**
>
> “凹痕”贴图主要设计为用作“凹凸”贴图，其默认参数就是对这个用途的优化。用作凹凸贴图时，“凹痕”贴图在对象表面提供了三维的凹痕效果，可编辑参数控制大小、深度和凹痕效果的复杂程度。

“凹痕”贴图的应用

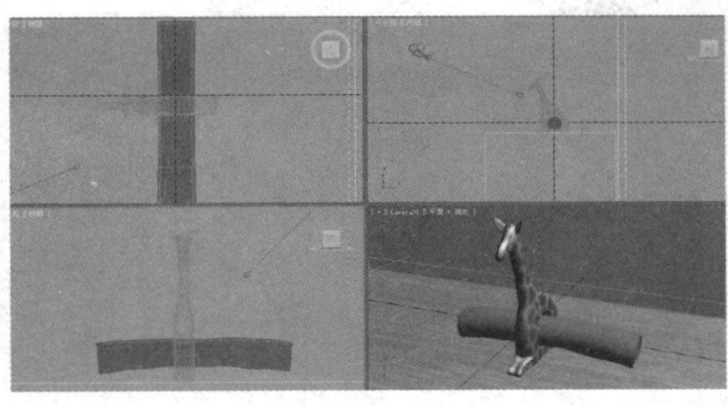

Step 01 打开本书配套光盘中的原始文件，如图所示。

Step 02 直接渲染场景，可观察到场景中标准材质默认参数应用效果，如图所示。

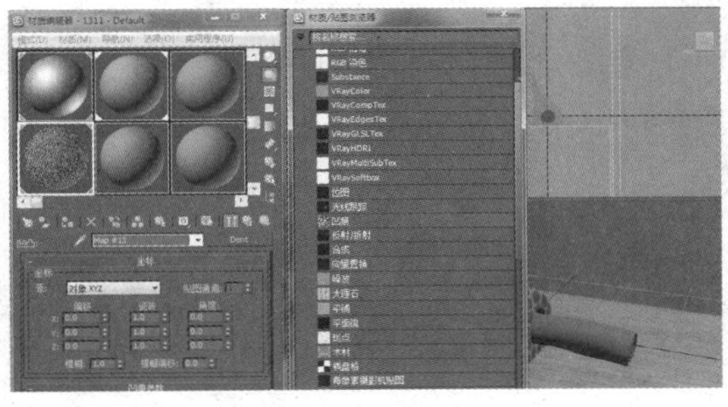

Step 03 使用新样本材质，展开“贴图”卷展栏，为“凹凸”指定“凹痕”程序贴图，如图所示。

Step 04 再次渲染场景，可观察到场景对象的表面产生了凹凸效果，如图所示。

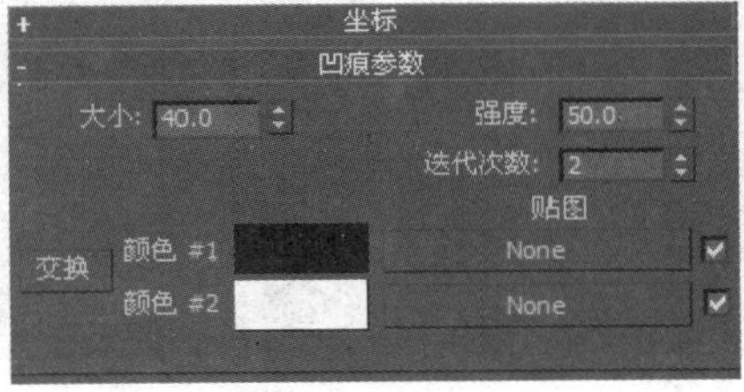

Step 05 在“凹痕”程序贴图的参数卷展栏中设置相关参数，如图所示。

范例实录

DVD-ROM

原始文件:
范例文件\Chapter 7\7.3\凹痕贴图的应用\凹痕贴图的应用（原始文件).max

最终文件:
范例文件\Chapter 7\7.3\凹痕贴图的应用\凹痕贴图的应用（最终文件).max

提　示

“大小”可以设置凹痕的相对大小。随着大小的增大，其他设置不变时凹痕的数量将减少。默认设置为200。

提　示

减小“大小”将创建间距相当均匀的微小凹痕。效果与“沙覆盖”的表面相似。增加“大小”在表面上创建明显的凹坑和沟壑。效果有些时候呈现“坚硬的火山岩”容貌。

> 提　示
>
> 强度较高的值增加凹痕的数量，较低的值减少凹痕数量，默认设置为20。

Step 06 渲染场景，可观察到由于凹痕变小，对象表面的凹凸效果更加真实，如图所示。

☐	高光颜色	100	None
☐	高光级别	100	None
☐	光泽度	100	None
☐	自发光	100	None
☐	不透明度	100	None
☐	过滤色	100	None
☑	凹凸	50	Map #13 (Dent)
☐	反射	100	None
☐	折射	100	None
☐	置换	100	None

Step 07 在材质的“贴图”卷展栏中设置“凹凸”参数的值为50，如图所示。

Step 08 再次渲染场景，由于凹凸参数值变大，对象的凹凸效果更明显，如图所示。

3. 衰减

“衰减”程序贴图是基于几何曲面上面法线的角度衰减生成从白色到黑色的值。在创建不透明的衰减效果时，衰减贴图提供了更大的灵活性，如图所示为该贴图的应用效果。

> 提　示
>
> 当使用“衰减”贴图的旧文件在3ds Max中使用时，就会显示旧的“衰减”界面，而取代新的“衰减”界面。

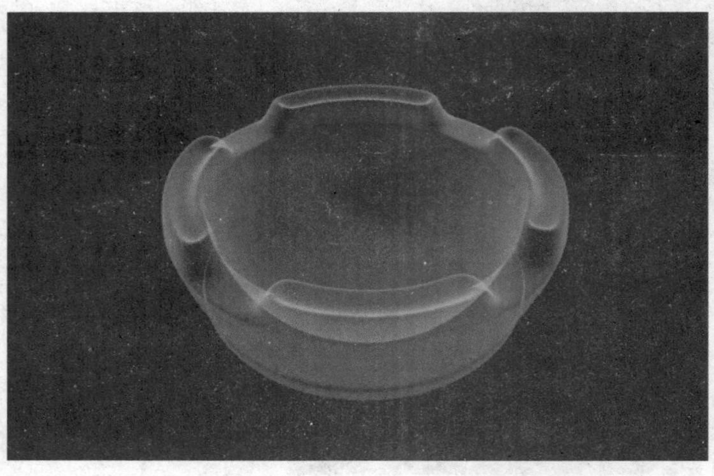

"衰减"贴图的应用

范例实录

Step 01 打开本书配套光盘中的原始文件，如图所示。

Step 02 直接渲染场景，可观察到场景中沙发原有材质的应用效果，如图所示。

Step 03 使用一个新的样本材质，选择明暗器，设置颜色等，如图所示。

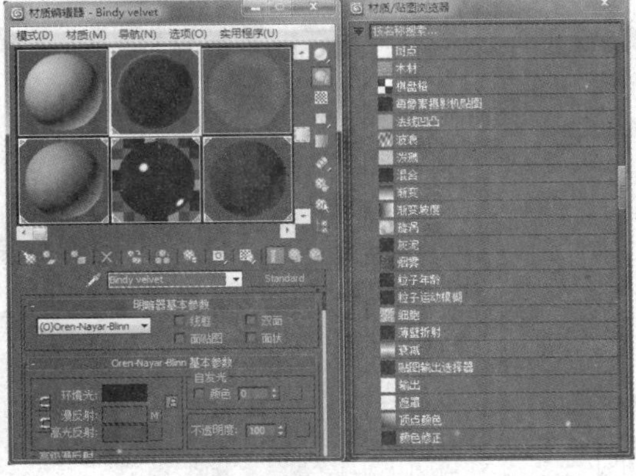

Step 04 在材质参数面板中为"漫反射"和"漫反射级别"都指定衰减程序贴图，如图所示。

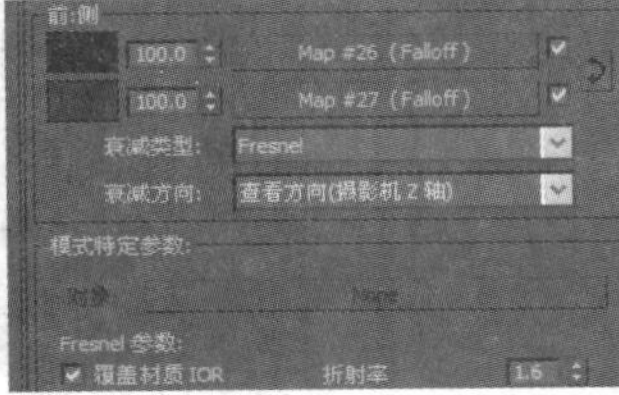

Step 05 在"漫反射"的"衰减"程序贴图层级中再次添加贴图和设置参数，如图所示。

DVD-ROM

原始文件：
范例文件\Chapter 7\7.3\衰减贴图的应用\衰减贴图的应用（原始文件).max

最终文件：
范例文件\Chapter 7\7.3\衰减贴图的应用\衰减贴图的应用（最终文件).max

提 示

Fresnel衰减类型是基于折射率（IOR）的调整。在面向视图的曲面上产生暗淡反射，在有角的面上产生较明亮的反射，创建玻璃面一样的高光。

提 示

"朝向/背离"衰减方式在面向（相平行）衰减方向的面法线和背离衰减方向的法线之间设置角度衰减范围。衰减范围为基于面法线方向改变180°。

提 示

"阴影/灯光"衰减方式基于落在对象上的灯光在两个子纹理之间进行调节。

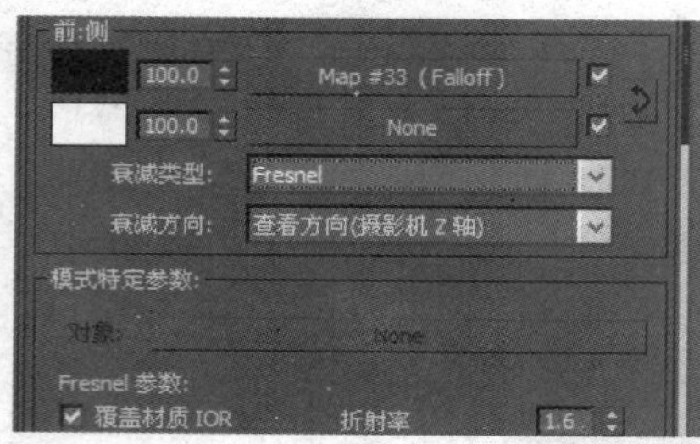

Step 06 在“漫反射级别”的“衰减”程序贴图层级中添加贴图和设置参数，如图所示。

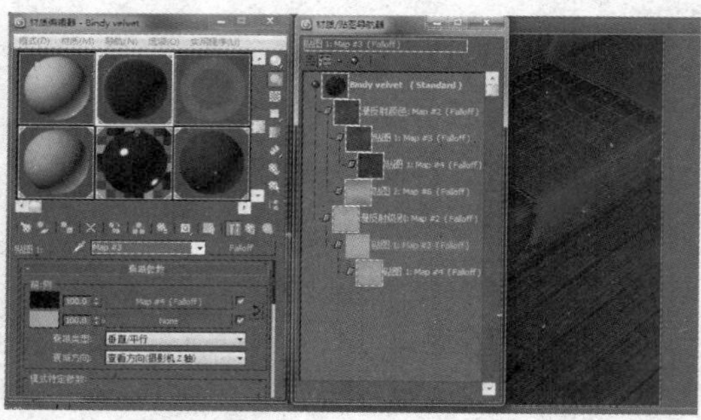

Step 07 打开材质导航器，为其他贴图通道指定贴图，并设置适当的颜色，如图所示。

提 示

“距离混合”衰减方式在“近端距离”和“远端距离”之间进行调节，用途包括减少大地形对象上的抗锯齿和控制非照片真实级环境中的着色。

Step 08 渲染场景，可以观察到沙发对象的布绒材质效果，如图所示。

4. 大理石

3ds Max提供了“大理石”和“Perlin 大理石”两种类似大理石纹理的程序贴图，可以通过不同的算法生成不同类型的大理石图案，如图所示为“Perlin 大理石”程序贴图应用效果。

5. 噪波

“噪波”贴图基于两种颜色或材质的交互创建曲面的随机扰动，是三维形式的湍流图案，如图所示为该贴图的应用效果。

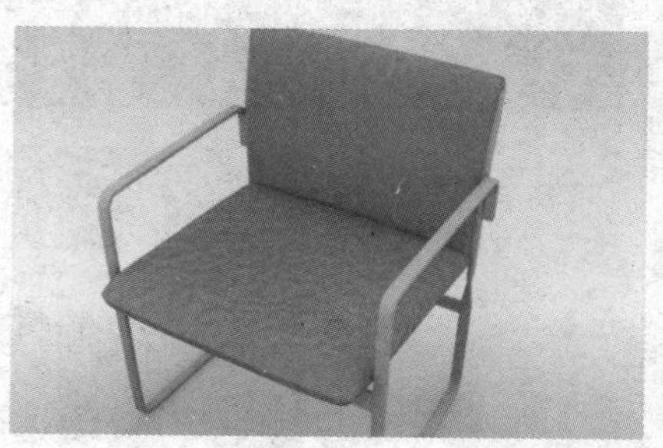

“噪波”程序贴图的应用

Step 01 打开本书配套光盘中的原始文件，效果如图所示。

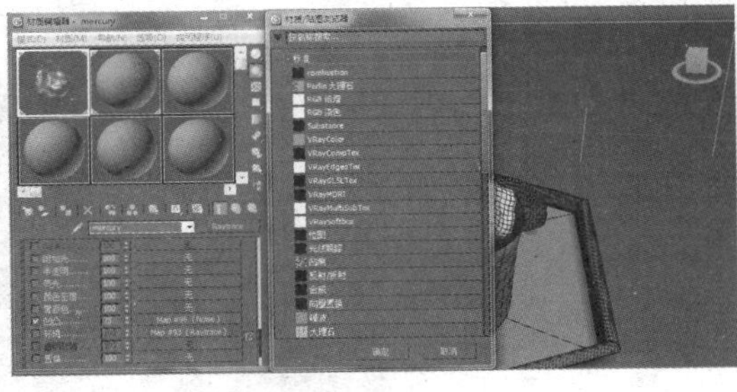

Step 02 渲染场景，可观察到场景中冰块当前的材质的应用效果，如图所示。

Step 03 打开“材质编辑器”窗口，选择冰块应用的材质，展开“贴图”卷展栏，为“凹凸”贴图通道指定“噪波”程序贴图，如图所示。

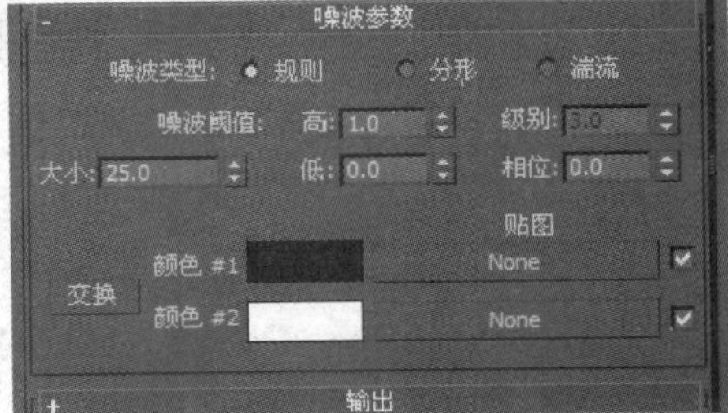

Step 04 在“噪波”程序贴图层级中设置相关参数，如图所示。

Step 05 再次渲染场景，可观察到冰块表面产生了凹凸效果，如图所示。

范例实录

DVD-ROM

原始文件:
范例文件\Chapter 7\7.3\噪波贴图的应用(原始文件).max

最终文件:
范例文件\Chapter 7\7.3\噪波贴图的应用(最终文件).max

提 示

“规则”类型用于生成普通噪波，基本上与层级设置为1的分形噪波相同。

提 示

“湍流”类型用于生成应用绝对值函数来制作故障线条的分形噪波。

6. 粒子系列

> 提 示
>
> “粒子年龄”通常和“粒子运动模糊”贴图一起使用，例如将“粒子年龄”指定给漫反射贴图，而将“粒子运动模糊”指定为不透明贴图。

3ds Max 提供了用于粒子的“粒子年龄”和“粒子模糊”两种程序贴图，可以控制粒子的漫反射效果和运动模糊效果，如图所示为该贴图的应用效果。

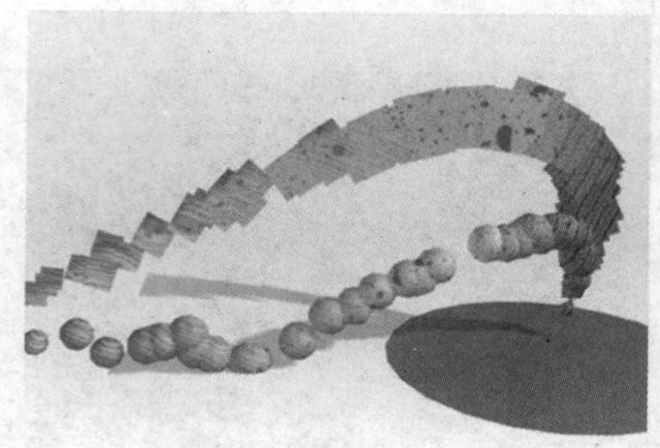

7. 行星

“行星”程序贴图可以模拟空间角度的行星轮廓，使用分形算法可模拟卫星表面颜色的3D贴图，如图所示为该贴图的应用效果。

8. 烟雾

“烟雾”程序贴图是生成无序、基于分形的湍流图案的3D贴图，其主要用于设置动画的不透明贴图，以模拟一束光线中的烟雾效果或其他云状流动贴图效果，如图所示为该贴图的应用效果。

范例实录

“烟雾”贴图的应用

> DVD-ROM
>
> **原始文件**:
> 范例文件\Chapter 7\7.3\烟雾贴图的应用\烟雾贴图的应用（原始文件).max
>
> **最终文件**:
> 范例文件\Chapter 7\7.3\烟雾贴图的应用\烟雾贴图的应用（最终文件).max

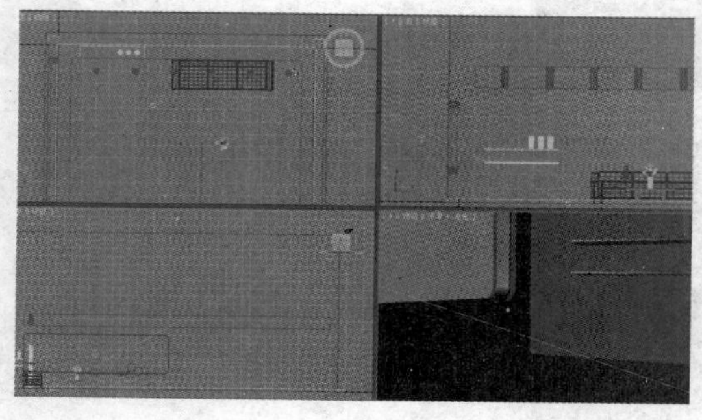

Step 01 打开本书配套光盘中的原始文件，效果如图所示。

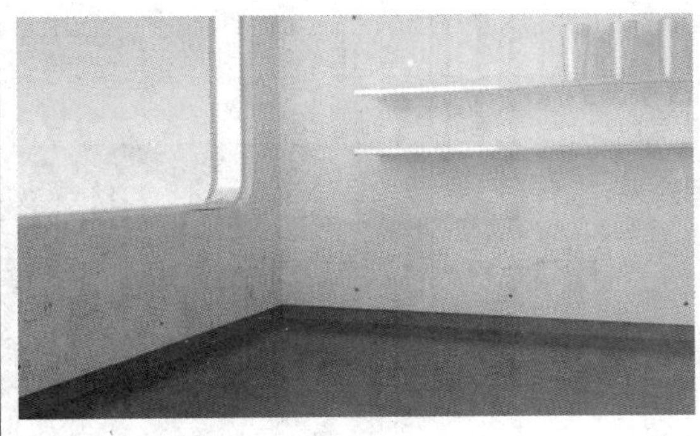

Step 02 渲染场景，可观察到从场景中观察室外环境效果，如图所示。

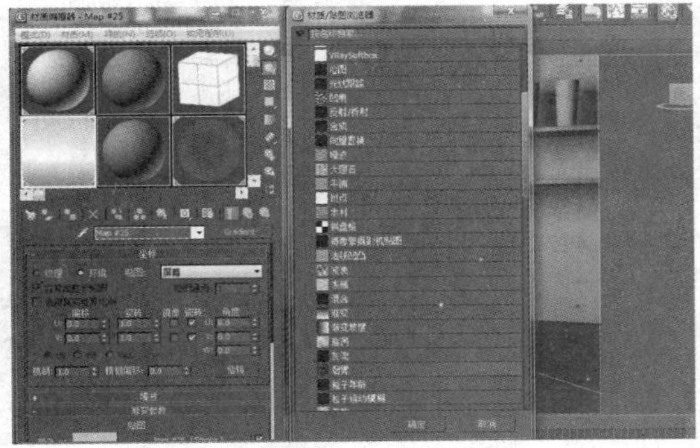

Step 03 打开“材质编辑器”，在应用于环境的贴图参数面板中，为“颜色1”指定“烟雾”程序贴图，如图所示。

> **提　示**
>
> “迭代次数”用于设置应用分形功能的次数。该值越大，烟雾越详细，但计算时间会更长，默认设置为5。

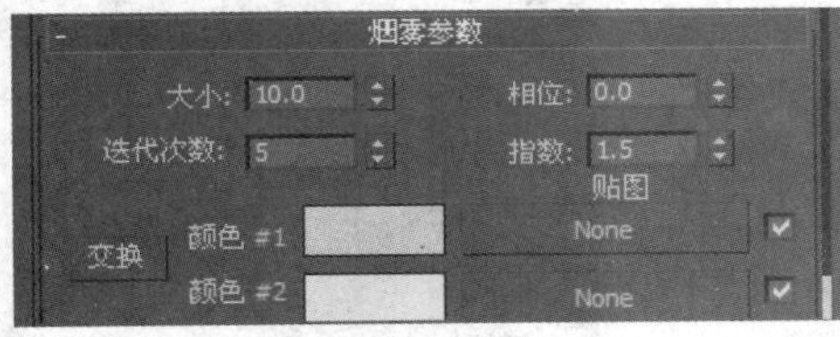

Step 04 在“烟雾”程序贴图层级中设置烟雾的参数和颜色，如图所示。

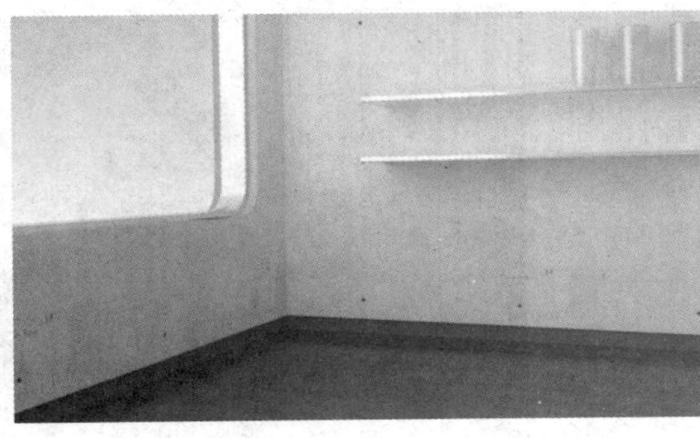

Step 05 再次渲染场景，可观察到使用“烟雾”程序贴图产生的云，效果如图所示。

> **提　示**
>
> “相位”用于转移烟雾图案中的湍流，设置此参数的动画即可设置烟雾移动的动画，默认设置是0.0。

9. 斑点

“斑点”程序贴图用于生成斑点的表面图案该图，案用于“漫反射”贴图和“凹凸”贴图，以创建类似花岗岩的表面和其他图案表面的效果，如图所示为该贴图的应用效果。

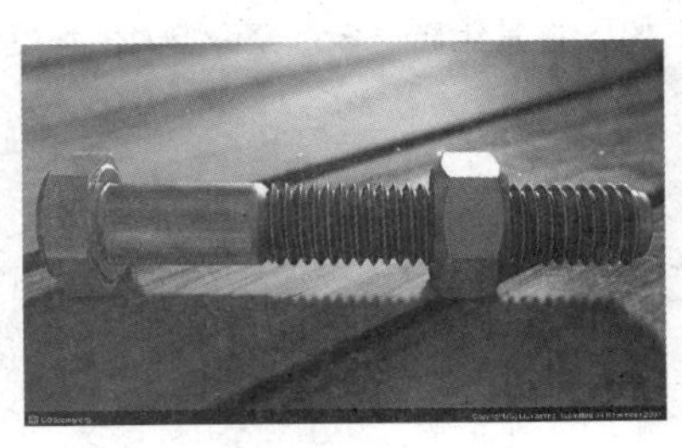

10. 泼溅

"泼溅"程序贴图可生成类似于泼墨画的分形图案，对于漫反射贴图创建类似泼溅的图案效果，如图所示为该贴图的应用效果。

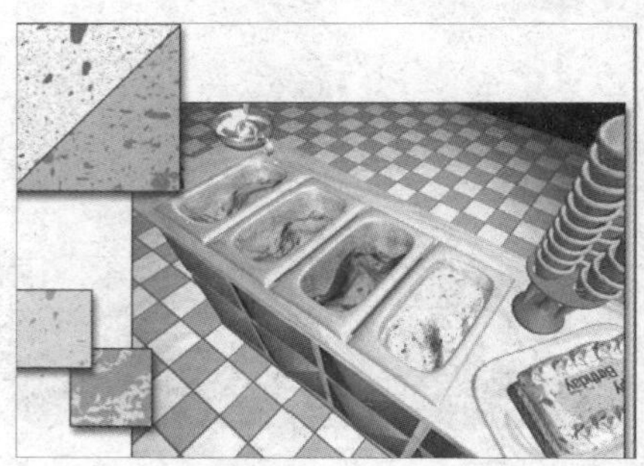

> **提 示**
>
> 由于要将"灰泥"贴图用作凹凸贴图，通常没有必要调整默认的颜色。

11. 灰泥

"灰泥"程序贴图可生成类似于灰泥的分形图案，该图案对于凹凸贴图创建灰泥表面的效果非常有用，如图所示为该贴图的应用效果。

12. 波浪

"波浪"程序贴图能够生成水花或波纹效果，生成一定数量的球形波浪中心并将它们随机分布在球体上，可以控制波浪组数量、振幅和波浪速度，如图所示为该贴图的应用效果。

> **提 示**
>
> 波浪的"波半径"参数以3ds Max单位指定假想的球体（3D分布）或圆圈（2D分布）的半径。

13. 木材

"木材"程序贴图可将整个对象体积渲染成波浪纹图案，可以控制纹理的方向、粗细和复杂度，如图所示为贴图的应用效果。

> **提 示**
>
> 该贴图主要把木材用作漫反射颜色贴图，将指定给"木材"的两种颜色进行混合，可以使其形成纹理图案。可以使用其他贴图来代替其中任意一种颜色。

7.3.3 "合成器"贴图

"合成器"程序贴图类型专用于合成其他颜色或贴图，是指将两个或多个图像叠加以将其组合，3ds Max 2013 共提供了4 种该类型的3D 程序贴图。

1. 合成

合成程序贴图可以合成多个贴图，这些贴图使用Alpha通道彼此覆盖。与混合程序贴图不同，对于混合的量合成没有明显的控制，如图所示为该程序贴图的应用效果。

2. 遮罩

使用“遮罩”程序贴图，可以在曲面上通过一种材质查看另一种材质，将遮罩控制应用到曲面的第二个贴图的位置，如图所示为该贴图的应用原理示意图。

提 示

视口可以在合成贴图中显示多个贴图。对于多个贴图显示，显示驱动程序必须是OpenGL或者Direct3D。软件显示驱动程序不支持多个贴图显示。

范例实录

“遮罩”贴图的应用

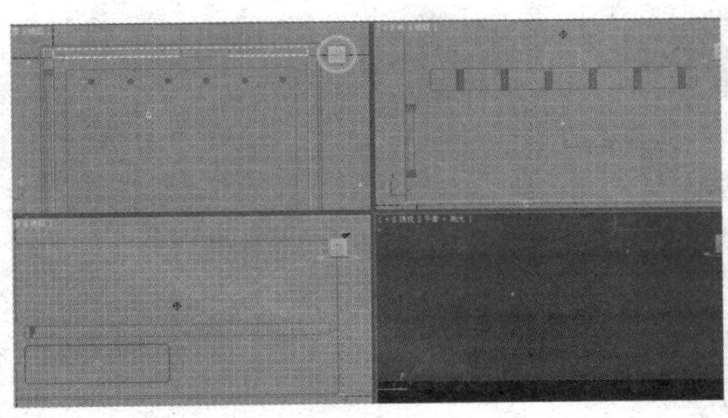

Step 01 打开本书配套光盘中的原始文件，如图所示。

Step 02 渲染场景，可观察到场景中墙体已应用材质，效果如图所示。

Step 03 打开“材质编辑器”窗口，选择一个样本材质，为“漫反射”指定遮罩程序贴图，如图所示。

DVD-ROM

原始文件:
范例文件\Chapter 7\7.3\遮罩贴图的应用\遮罩贴图的应用（原始文件）.max

最终文件:
范例文件\Chapter7\7.3\遮罩贴图的应用\遮罩贴图的应用（最终文件）.max

提 示

默认情况下，浅色（白色）的遮罩区域为不明，显示贴图。深色（黑色）的遮罩区域为透明，显示基本材质。可以使用“反转遮罩”反转遮罩效果。

提　示

遮罩贴图的参数非常简单，只包括了贴图、遮罩和反转遮罩3个参数。

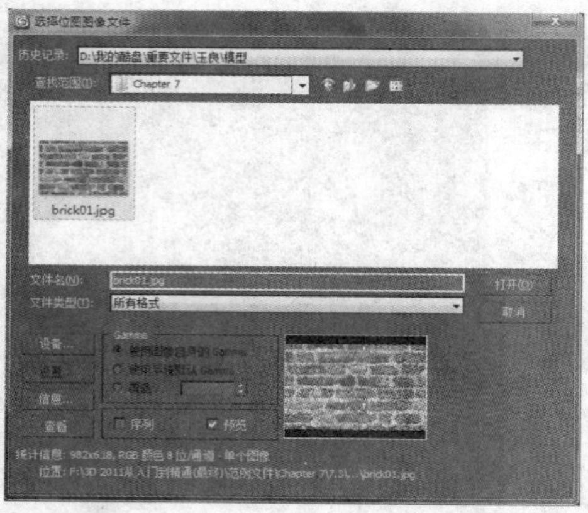

Step 04 在“遮罩”程序贴图层级为“贴图”指定“位图”程序贴图，并选择贴图文件，如图所示。

提　示

未遮罩部分将显示材质漫反射的效果。

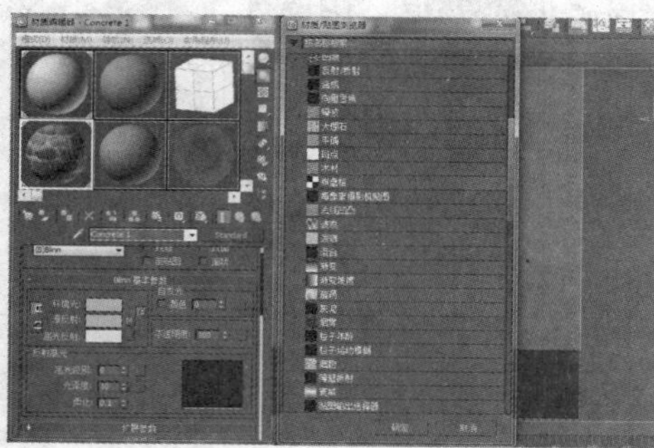

Step 05 为“遮罩”指定“棋盘格”程序贴图，如图所示。

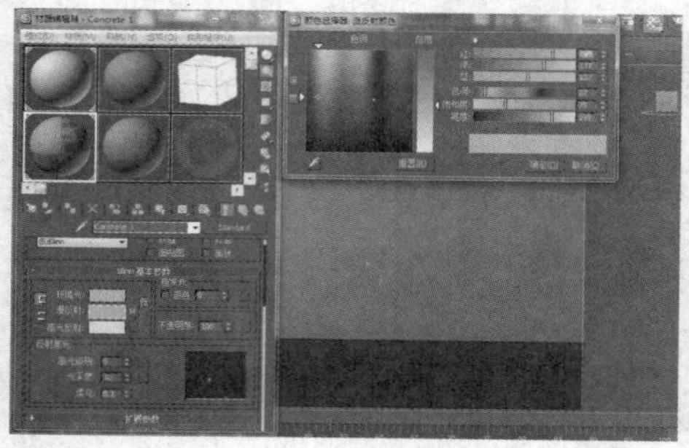

Step 06 返回到材质层级，设置“漫反射”颜色，如图所示。

Step 07 渲染场景，可以观察到棋盘格白色的格子将显示贴图，黑色的格子将显示“漫反射”颜色，效果如图所示。

3. 混合

“混合”程序贴图可混合两种颜色或两种贴图，将两种颜色或材质合成在曲面的一侧，可以使用指定混合级别调整混合的量，如图所示为该贴图的应用效果。

“混合”贴图的应用

范例实录

DVD-ROM

原始文件:

范例文件\Chapter 7\7.3\混合贴图的应用\混合贴图的应用（原始文件）.max

最终文件:

范例文件\Chapter 7\7.3\混合贴图的应用\混合贴图的应用（最终文件）.max

Step 01 打开本书配套光盘中的原始文件，效果如图所示。

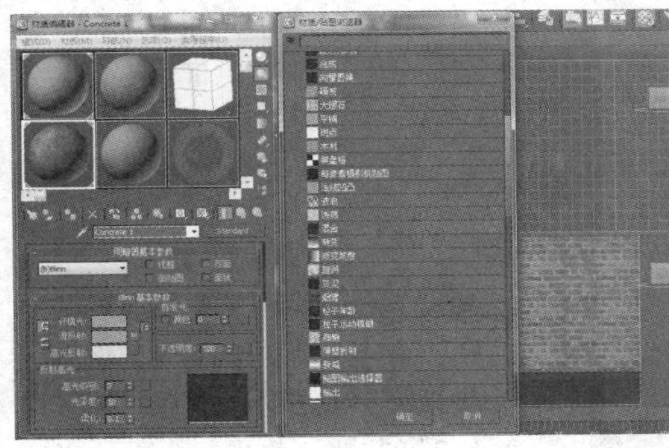

Step 02 “材质编辑器”窗口，选择一个样本材质，为“漫反射”指定“混合”程序贴图，如图所示。

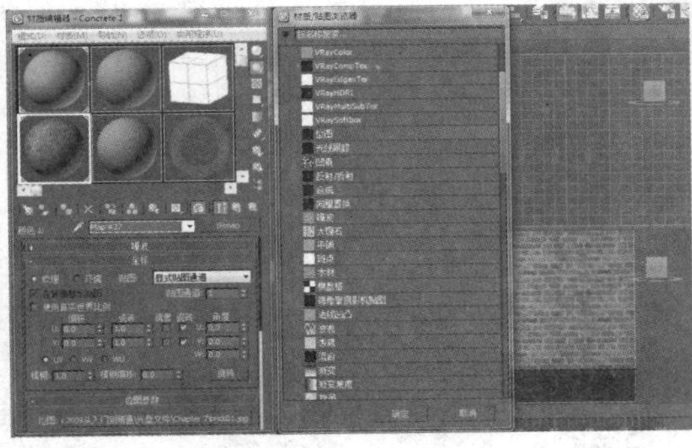

Step 03 在“混合”程序贴图层级为所有贴图通道都指定位图程序贴图，如图所示。

提 示

混合数量值为0时意味着只有颜色1在曲面上可见，其值为1时意味着只有颜色2为可见。也可以使用贴图而不是混合值，两种颜色会根据贴图的强度以大一些或小一些的程度混合。

Step 04 为“颜色1”选择砖纹贴图，并确定混合的比例，效果如图所示。

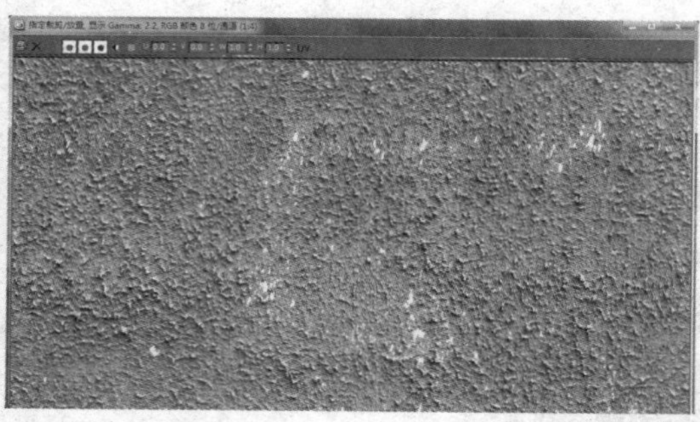

Step 05 为“颜色2”选择凹凸不平的墙面贴图，效果如图所示。

提　示

尝试将两个使用“噪波”贴图的标准材质混合为一个遮罩，可以使之呈现有趣的杂色效果。

Step 06 为“混合数量”选择灰度纹理贴图，效果如图所示。

Step 07 渲染场景，可观察到不同灰度贴图应用的位置，根据灰度强度分别显示“颜色1”和“颜色2”的贴图，效果如图所示。

4. RGB倍增

使用“RGB 倍增”程序贴图可以通过RGB和Alpha 值组合两个贴图，通常用于凹凸贴图，如图所示为该贴图的应用效果。

提　示

如果贴图拥有Alpha通道，则“RGB倍增”既可以输出贴图的Alpha通道，也可以输出通过将两个贴图的Alpha通道值相乘创建的新Alpha通道。

7.3.4 “颜色修改器”贴图

使用“颜色修改器”程序贴图可以改变材质中像素的颜色，3ds Max 2013 共提供了4种该类型程序贴图。

1. 色彩校正

“色彩校正”贴图是3ds Max 2013中新增的贴图类型，提供了一组工具可基于堆栈的方法修改校正颜色，具有对比度、亮度等色彩基本信息的调整功能。

“色彩校正”贴图的应用

范例实录

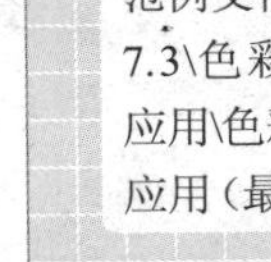

原始文件：
范例文件\Chapter 7\7.3\色彩校正贴图的应用\色彩校正贴图的应用（原始文件）.max

最终文件：
范例文件\Chapter 7\7.3\色彩校正贴图的应用\色彩校正贴图的应用（最终文件）.max

Step 01 打开本书配套光盘中的原始文件，效果如图所示。

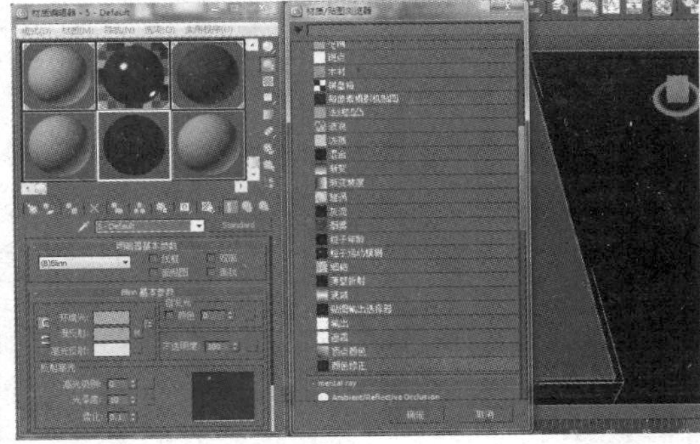

Step 02 打开“材质编辑器”窗口，为茶面使用的材质的“漫反射”指定“色彩校正”程序贴图，如图所示。

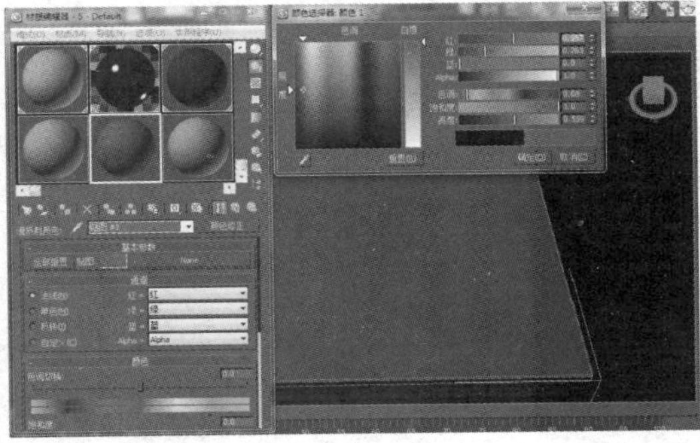

Step 03 在“色彩校正”程序贴图层级设置颜色，如图所示。

提 示

色彩校正通常是指对颜色的亮度、色相、饱和度、对比度等基本信息进行调整。

Step 04 渲染场景，可以观察到对象表面的颜色应用效果，如图所示。

提 示

颜色的最基本控制就是设置颜色不同模式，包括反相、单色等应用。

Step 05 为“色彩校正”程序贴图层级的贴图通道指定位图，选择如图所示的贴图文件。

Step 06 再次渲染场景，可观察到对象表面应用贴图的效果，如图所示。

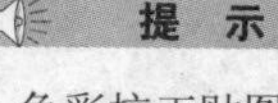

提 示

色彩校正贴图支持RGB颜色通道的设置，允许将不同的通道进行不同的模式调整，如将红色通道进行反相。

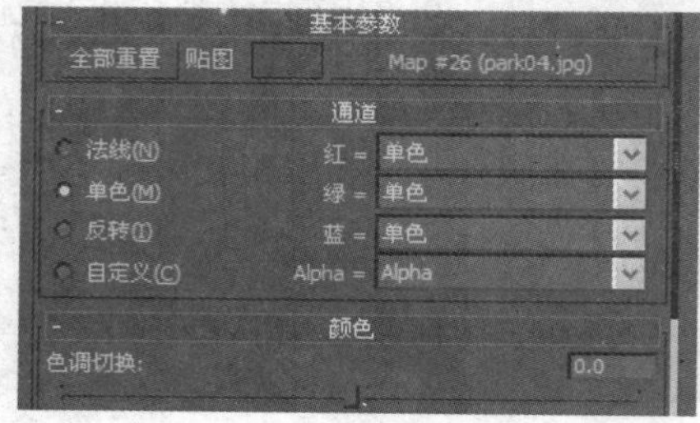

Step 07 在“基本参数”卷展栏中单击“单色”单击按钮，如图所示。

Step 08 再次渲染场景，可以观察到贴图的颜色变为单色，如图所示。

提 示

“色彩校正”贴图的亮度设置提供了基本和高级两种模式，在高级模式下可以对每个通道进行亮度调整。

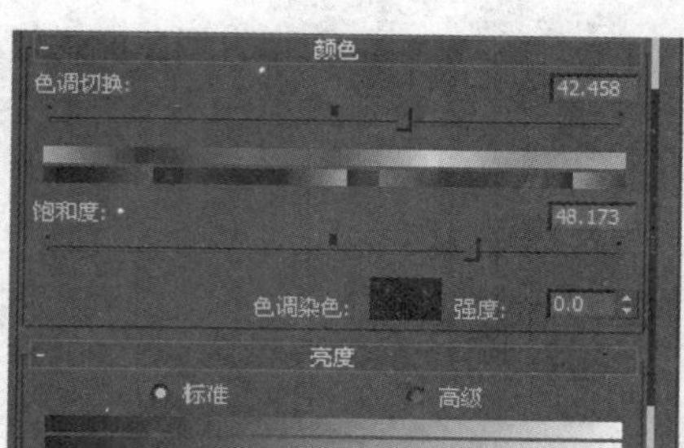

Step 09 展开“颜色”卷展栏，设置“色相”和“饱和度”参数，如图所示。

Step 10 渲染场景，可观察到贴图被更改色相和饱和度的应用效果，如图所示。

2. 输出

“输出”程序贴图可将位图输出功能应用到没有这些设置的参数贴图中。

3. RGB染色

“RGB染色”程序贴图可调整图像中3种颜色通道的值，3种色样代表3种通道，更改色样可以调整其相关颜色通道的值。

4. 顶点颜色

“顶点颜色”程序贴图贴图可渲染对象的顶点颜色，可以使用顶点绘制修改器、指定顶点颜色工具指定顶点颜色，也可以使用可编辑网格顶点控件、可编辑多边形顶点控件或者可编辑多边形顶点控件指定顶点颜色。

提 示

如果将“顶点颜色”贴图的材质指定给不同名称的“贴图通道”（一个通道名将显示在另一个通道名前），此时将会产生冲突。

7.3.5 其他贴图

其他类型贴图包括常用的多种反射、折射类贴图和摄影机每像素、法线凹凸等程序贴图。

1. 平面镜

“平面镜”程序贴图可应用于共面集合时生成反射环境对象的材质，通常应用于材质的反射贴图通道。

“平面镜”贴图的应用

范例实录

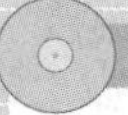

DVD-ROM

原始文件:
范例文件\Chapter 7\7.3\平面镜贴图的应用\平面镜贴图的应用（原始文件）.max

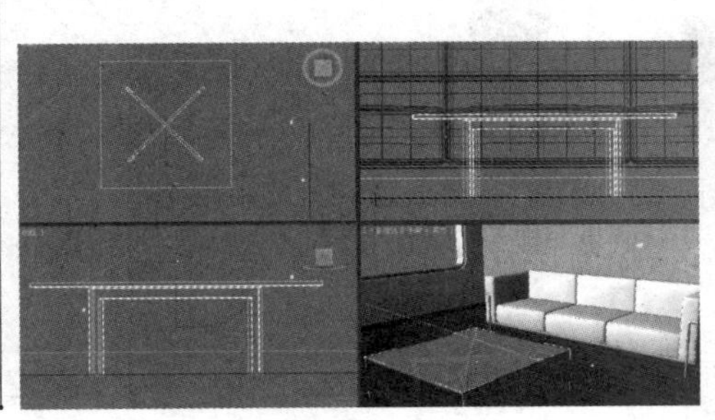

Step 01 打开本书配套光盘中的原始文件，效果如图所示。

DVD-ROM

原始文件:

范例文件\Chapter 7\7.3\平面镜贴图的应用\平面镜贴图的应用(原始文件).max

最终文件:

范例文件\Chapter 7\7.3\平面镜贴图的应用\平面镜贴图的应用(最终文件).max

提　示

使用"多维/子对象"材质可将"平面镜"贴图应用于没有共面对象的不同面上。然而，没有共面的面必须使用不同的子材质窗，否则不能正确生成平面镜反射。

Step 02 场景按照默认设置进行渲染操作，可观察到地板材质的应用效果，如图所示。

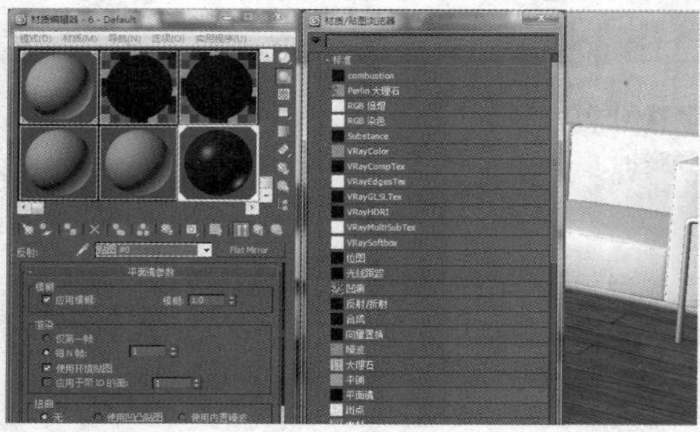

Step 03 打开"材质编辑器"窗口，为地板使用的材质"反射"贴图通道指定"平面镜"程序贴图，如图所示。

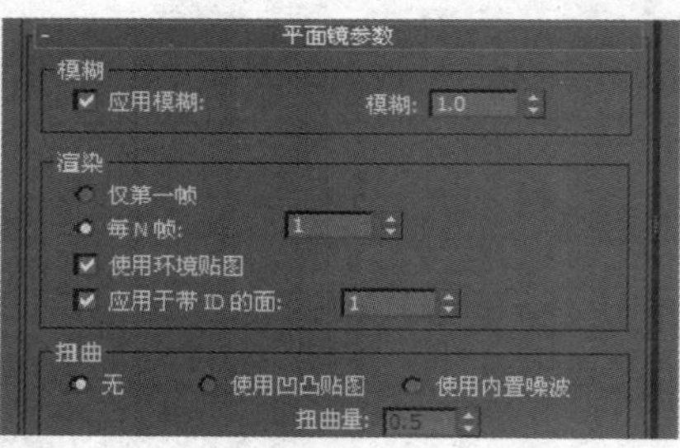

Step 04 在"平面镜"程序贴图层级中勾选"应用于带ID的面"复选框，如图所示。

提　示

如果使用"应用于带ID的面"来指定"平面镜"贴图，则不带ID的面会显示材质（带有平面镜反射贴图）的非反射组件（漫反射颜色等等）。

Step 05 渲染场景，可以观察到"平面镜"程序贴图的应用效果，如图所示。

Step 06 在材质的“贴图”卷展栏中设置“反射”强度为10，如图所示。

Step 07 再次渲染场景，可观察到地板产生的真实的反射效果，如图所示。

2. 光线跟踪

“光线跟踪”程序贴图可以提供全部光线跟踪反射和折射效果，光线跟踪对渲染3ds Max场景进行优化，并且通过将特定对象或效果排除于光线跟踪之外可以进一步优化场景。

> **提 示**
>
> “光线跟踪”贴图并不总是在正交视口（左、前等等）正常运行，它也可以在“透视”视口和“摄影机”视口中正常运行。

3. 反射/折射

“反射/折射”程序贴图可生成反射或折射表面。要创建反射效果，将该贴图指定到反射通道。要创建折射效果，将该贴图指定到折射通道。

> **提 示**
>
> 反射对象可反射另一个反射对象。在现实生活中，这会生成几乎无限多次的相互反射。在3ds Max中，相互反射的次数设置为1～10。在“渲染场景”对话框中设置“渲染迭代次数”参数。

4. 薄壁折射

“薄壁折射”程序贴图可模拟缓进或偏移效果，得到如同透过玻璃看到的图像。该贴图的速度更快，占用内存更少，并且提供的视觉效果要优于“反射/折射”贴图。

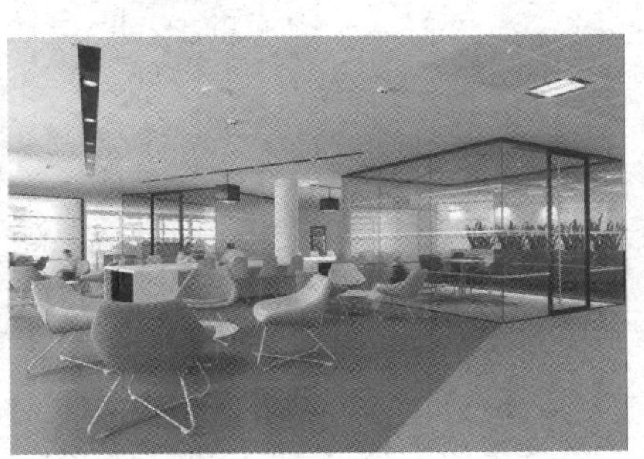

5. 摄影机每像素

"摄影机每像素"贴图可以从特定的摄影机方向投射贴图，通常使用图像编辑应用程序调整渲染效果，然后将这个调整过的图像用作投射回3D几何体的虚拟对象。

6. 法线凹凸

"法线凹凸"贴图可以指定给材质的凹凸组件、位移组件或两者，使用位移的贴图可以更正看上去平滑失真的边缘，并会增加几何体的面。

提 示

如果在"渲染到纹理"对话框"输出"卷展栏的"选定元素唯一设置"组中勾选"输出到法线凹凸"复选框，则将自动生成所指出材质组件的法线图。

7.4 制作生锈的茶具

DVD-ROM

原始文件:
范例文件\Chapter 7\7.4\制作生锈铁茶具(原始文件).max

最终文件:
范例文件\Chapter 7\7.4\制作生锈铁茶具(最终文件).max

本案例将制作一个生锈的铁质杯子，利用模型库中的杯子模型制作主体，然后更改材质效果，使表面呈生锈效果。在制作过程中，还需要调整"漫反射"、"凹凸"、"反射"等属性，让锈迹更加真实、生动。

7.4.1 制作带漆铁锈材质

本小节将制作带漆铁锈的材质，主要通过带漆铁锈的贴图来模拟表面基本纹理效果，再通过为"凹凸"和"反射"贴图通道指定相应的灰度贴图，使带漆铁锈材质更具真实感。

提 示

制作复杂的纹理贴图时，如果有相应的贴图文件可以直接使用，从而提高工作效率。

Step 01 打开本书配套光盘中的原始文件，如图所示。

Step 02 直接渲染场景，观察场景在没有赋予生锈材质时的效果，如图所示。

提 示

将贴图指定给外形复杂且不规则的对象时，通常会使用相应的修改器来调整贴图坐标。

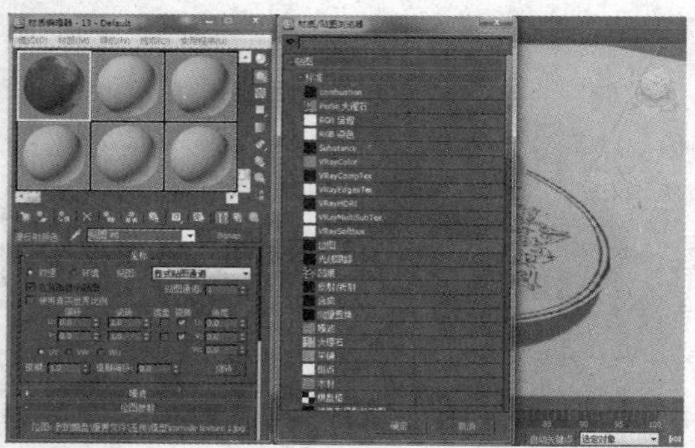

Step 03 打开材质编辑器，选择一个材质球，为漫反射添加贴图，如图所示。

Step 04 选择“位图”贴图，选择如图所示的贴图图片。

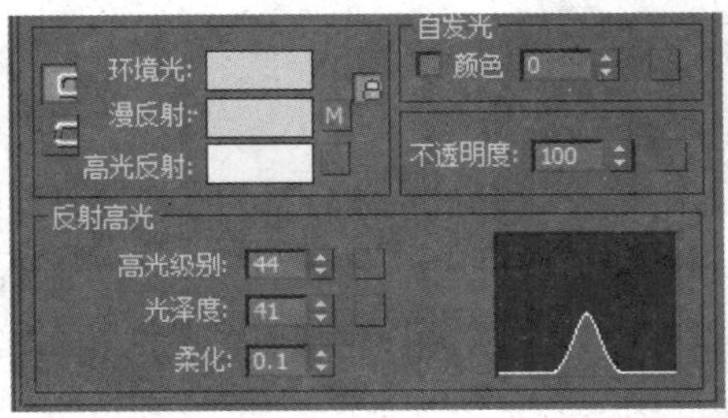

Step 05 选择“位图”贴图，选择如图所示的贴图图片。

> **提 示**
>
> 金属对象表面通常都能产生较强的高光，特别在漆未剥落的部分，生锈的部分表面凹凸的顶部也会产生一定的高光。

Step 06 将调整好的材质赋予给茶杯，得到如图所示的效果。

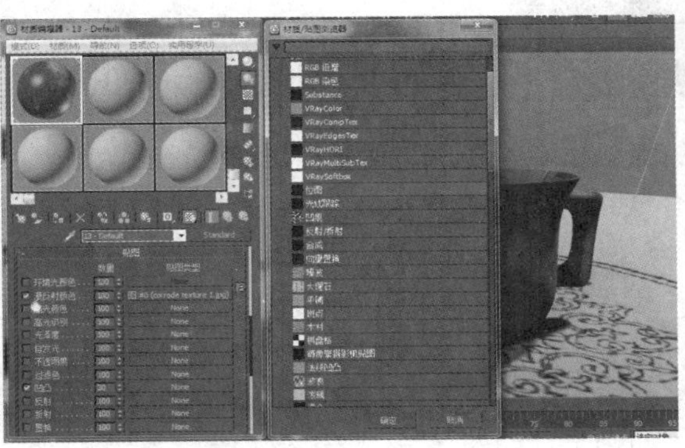

Step 07 继续为材质添加凹凸贴图，在“贴图”卷展栏中选择“凹凸”，指定位图，如图所示。

> **提 示**
>
> 使用对比度越强的灰度贴图，产生的凹凸越明显。

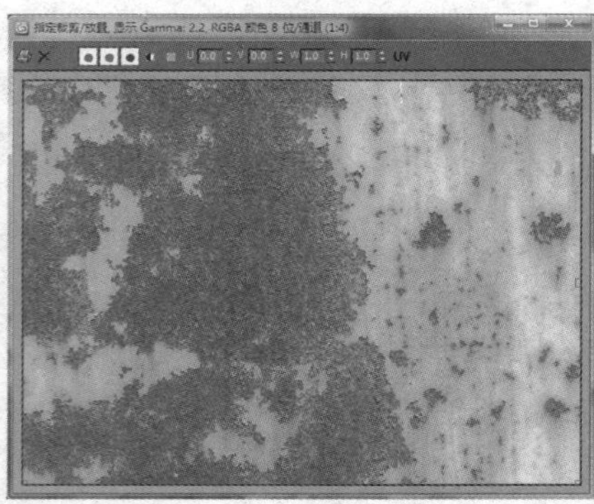

Step 08 在“位图”中选择黑白图片用作凹凸贴图，如图所示。

提 示

凹凸效果与摄影机观察角度和灯光照明有关，不同环境下观察到的凹凸强度有所差别。

Step 09 调整凹凸贴图的参数，如图所示。

Step 10 渲染场景，观察凹凸贴图对物体的影响，如图所示。

提 示

对比度较低的灰度贴图通常用于控制高光反射效果。

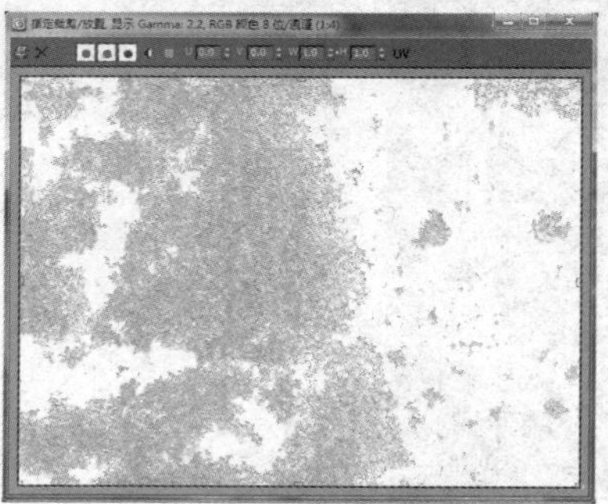

Step 11 勾选“反射”复选框，为其添加位图贴图，如图所示。

Step 12 添加如图所示的图片。

Step 13 渲染场景，可以观察添加反射贴图后对物体的影响，如图所示。

7.4.2 制作锈迹斑斑的材质

本小节讲解锈迹斑驳的材质的制作方法，同样，重点在于位图贴图的选择和贴图通道的应用，设置适当的高光，使材质与环境融合得更加自然。

Step 01 在材质编辑器中选择材质球，赋予"漫反射"、"凹凸"和"反射"材质，如图所示。

> **提 示**
>
> 需要注意，锈迹斑驳的金属通常不会产生面积比较大的高光反射效果。

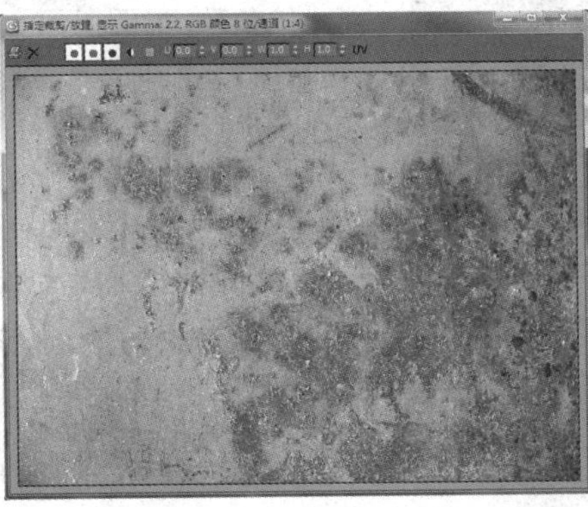

Step 02 为"漫反射"赋予如图所示的贴图。

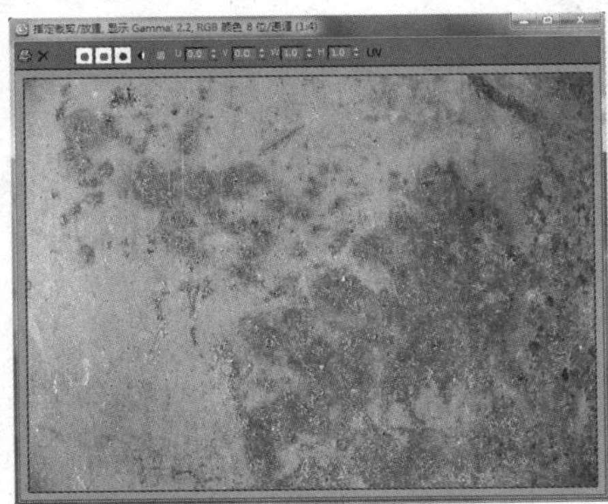

Step 03 为"凹凸"赋予如图所示的贴图。

> **提　示**
>
> 如果铁锈材质在场景中表现过暗，可通过增大自发光值来提高自身亮度。

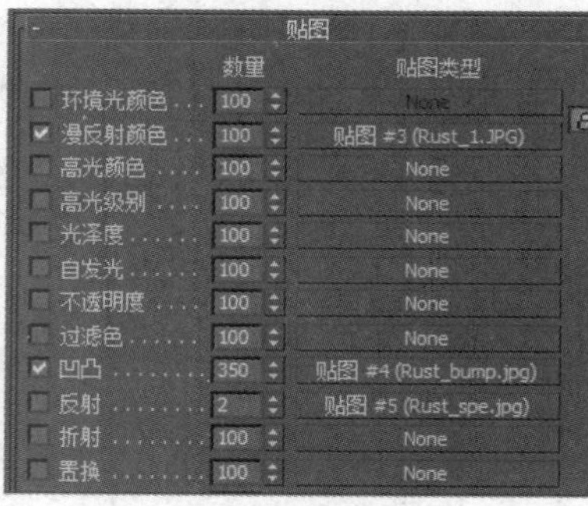

Step 04 调整“凹凸”和“反射”的参数，如图所示。

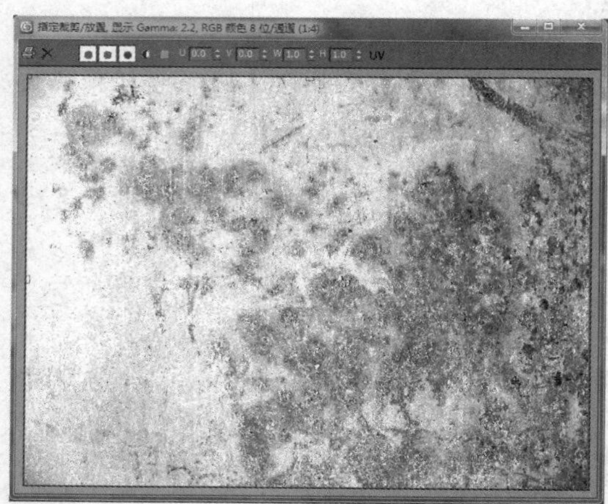

Step 05 为“反射”赋予如图所示的贴图。

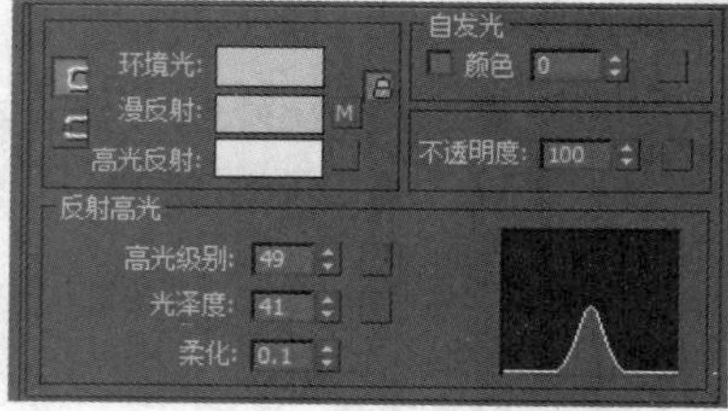

Step 06 调整“反射高光”选项组中的参数，如图所示。

Step 07 渲染场景，观察最终的效果，如图所示。

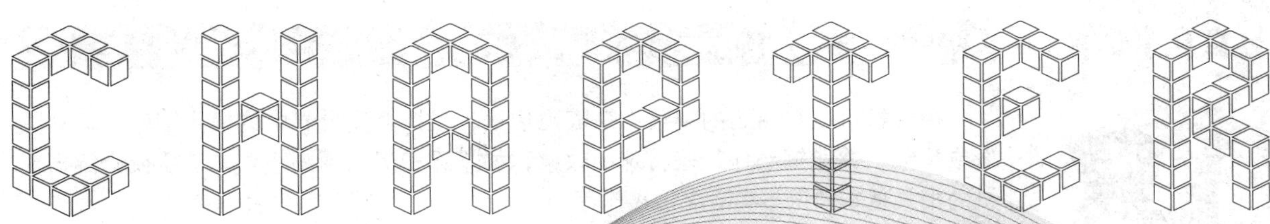

CHAPTER

08

摄影机和灯光

本章将对3ds Max 2013的摄影机和各种预置灯光进行详解讲解，包括摄影机的原理和各种灯光的技法。其中重点讲解标准灯光的使用和光度学灯光的分布方式，并配合小型实例讲解灯光在场景中的具体使用技巧和方法。

重点知识链接

本章主要内容	知识点拨
了解、认识并应用摄影机	摄影机的基本知识和原理
标准灯光的使用	泛光灯、聚光灯、平行光和天光等灯光的基本参数设置和灯光原理
光度学灯光的使用	光度学灯光的物理强度、分布方式和形状

CHAPTER 08

8.1 摄影机

摄影机可以从特定的观察点来表现场景，模拟真实世界中的静止图像、运动图像或视频，并能够制作某些特殊的效果，如景深和运动模糊等。本节主要介绍摄影机的相关基本知识与实际应用操作等。

8.1.1 摄影机的基本知识

提 示

3ds Max的摄影机可以与真实世界中摄影机产生的镜头效果相同。

如图所示，真实世界中的摄影机是使用镜头将环境反射的灯光聚焦到具有灯光敏感性曲面的焦点平面，与3dsMax 2013 中摄影机相关的参数主要包括焦距和视野。

1. 焦距

焦距是指镜头和灯光敏感性曲面的焦点平面间的距离。焦距影响成像对象在图片上的清晰度。焦距越小，图片中包含的场景越多。焦距越大，图片中包含的场景越少，但会显示远距离成像对象的更多细节。

2. 视野

视野控制摄影机可见场景的数量，以水平线度数进行测量。视野与镜头的焦距直接相关，例如35mm的镜头显示水平线约为54°，焦距越大则视野越窄，焦距越小则视野越宽。

8.1.2 摄影机的类型

3ds Max 2013共提供了两种摄影机类型，包括目标摄影机和自由摄影机，前者适用于表现静帧或单一镜头的动画，后者适用于表现摄影机路径动画。

1. 目标摄影机

提 示

3ds Max的摄影机同样具有焦距和视野等属性参数。

目标摄影机沿着放置的目标图标"查看"区域，使用该摄影机更容易定向。为目标摄影机及其目标制作动画，可以创建有趣的效果，如图所示为目标摄影机移动和定向的示意。

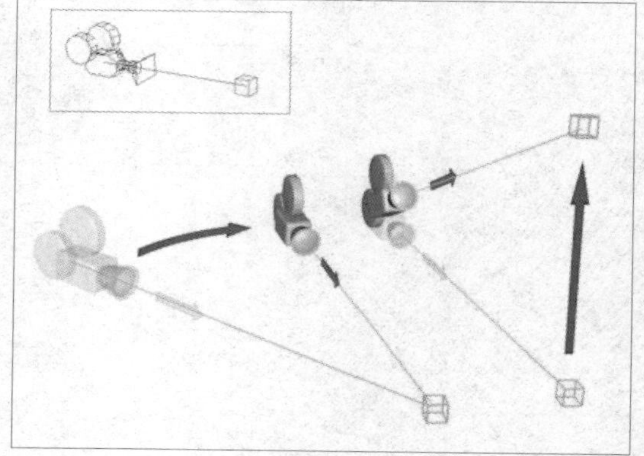

2. 自由摄影机

自由摄影机在摄影机指向的方向查看区域，与目标摄影机不同，自由摄影机由单个图标表示，可以更轻松地设置摄影机动画，如图所示为自由摄影机移动和定向的示意。

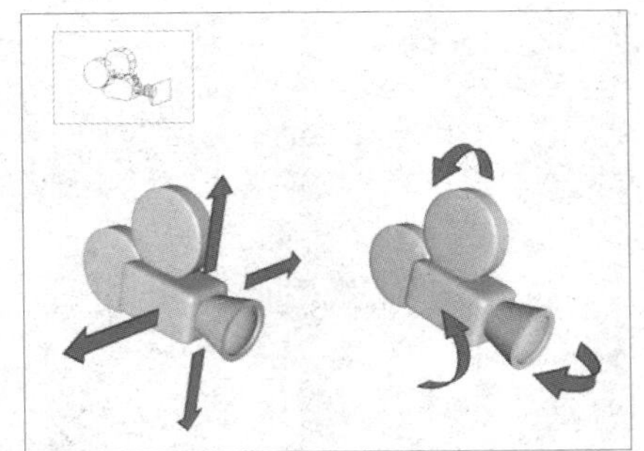

提 示

目标摄影机和自由摄影机的参数设置几乎完全一样，只是目标摄影机可以通过目标点来控制摄影机方向。

8.1.3 摄影机的操作

在3ds Max 2013中，可以通过多种方法快速创建摄影机，并能够使用移动和旋转工具对摄影机进行移动和定向操作，同时应用预置的各种镜头参数来控制摄影机的观察范围和效果。

提 示

摄影机在场景中会显示摄影机图标和摄影范围框。它和其他对象一样，可以进行隐藏和冻结操作。

1. 摄影机的创建与变换

对摄影机进行移动操作时，通常针对目标摄影机，可以对摄影机与摄影机目标点分别进行移动操作。由于目标摄影机被约束指向其目标，无法沿着其自身的 X 和 Y 轴进行旋转，所以旋转操作主要针对自由摄影机。

创建与调整摄影机

DVD-ROM

最终文件:
范例文件\Chapter 8\8.1\创建与调整摄影机\创建与调整摄影机(最终文件).max

Step 01 打开光盘中的原始文件如图所示。

Step 02 在场景的左上角选择要观察场景的角度，选择“前视”图进行观察，如图所示。

提 示

在激活摄影机视口时，导航工具会发生变化，可以配合Shift键限定移动方向为垂直或水平方向。

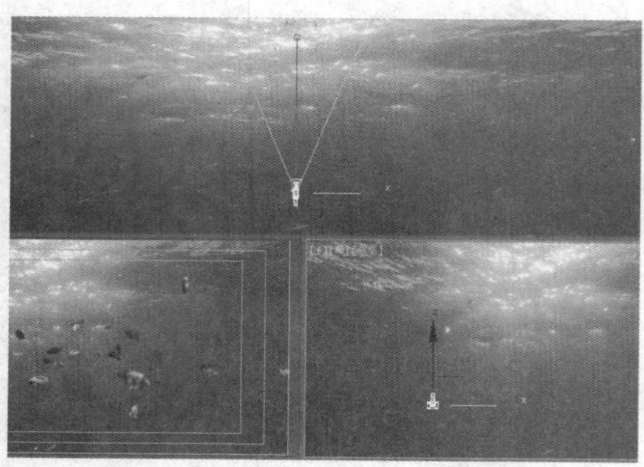

Step 03 在“透视”视图中快速创建摄像机，按下快捷键Ctrl+C键在场景中根据“透视”视口的观察角度快速创建目标摄影机，如图所示。

提 示

“摄影机”视口通常和安全框一起配合使用，视频安全框提供一种指导，用于对字幕的控制。

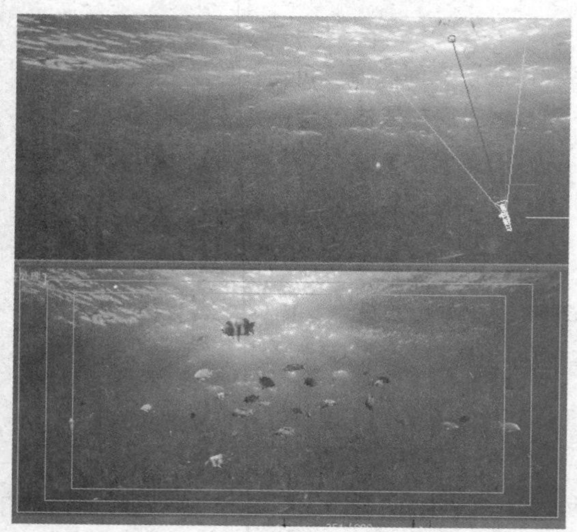

Step 04 使用移动工具对摄像机进行移动，观察场景的变化，如图所示。

Step 05 单击摄像机前方的目标点，并在Camera001的视图中观察角度的变化。随着目标点的变化，观察的角度也发生了变化，如图所示。

提 示

在“透视”、“用户”、“灯光”或“摄影机”视口中创建自由摄影机，将使自由摄影机沿着世界坐标系的负Z轴方向指向下方。

Step 06 将摄像机和目标点一同选中，如图所示。

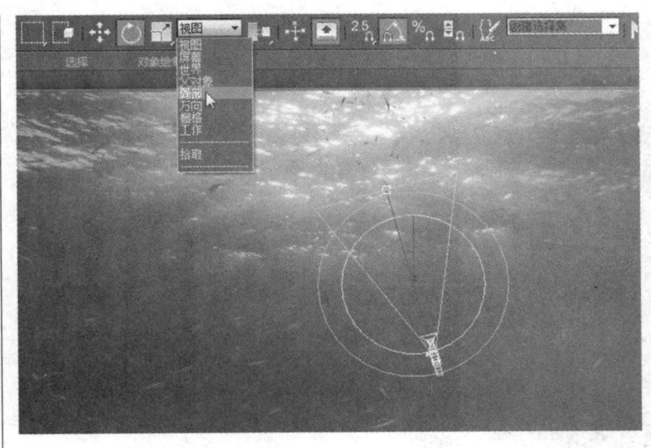

Step 07 使用旋转工具旋转摄像机和目标点，并在工具栏中“视图”下拉列表中选择“局部”选项，观察摄像机的新的变化，如图所示。

Step 08 观察调整完后的视图变化，如图所示。

2. 摄影机常用参数

摄影机的常用参数主要包括镜头的选择、视野的设置、大气范围和裁剪范围的控制等多个参数，如图所示为摄影机对象与相应的参数面板。

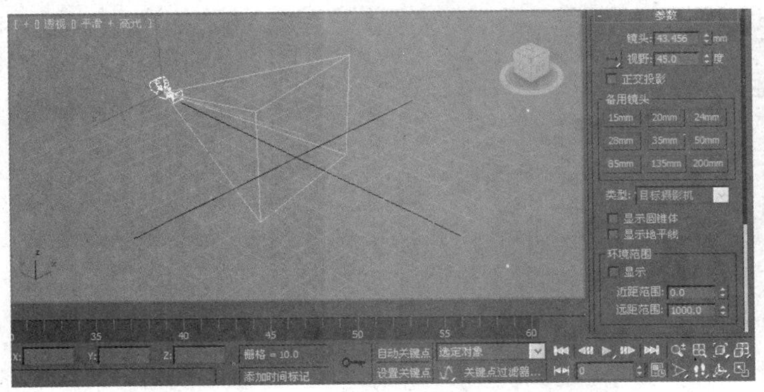

参数面板中各个参数的含义如下 。

- 镜头：以毫米为单位设置摄影机的焦距。
- 视野：用于决定摄影机查看区域的宽度，可以通过水平、垂直或对角线这3种方式测量应用。
- 备用镜头：该选项组用于选择各种常用预置镜头。
- 环境范围：该选项组用于设置大气效果的近距范围和远距范围限制参数。
- 剪切平面：该选项组用于设置摄影机的观察范围。

提 示

摄影机自身带有注视控制器，使摄影机始终注视摄影机目标点。

提 示

当重命名目标摄影机时，目标点将自动重命名并与之相匹配。例如，将Camera 01重命名并为abc，则Camera 01.Target就自动更名为abc.Target。

范例实录

摄影机的参数应用

DVD-ROM

原始文件:
范例文件\Chapter 8\8.1\摄影机的参数应用\摄影机的参数应用(原始文件).max

最终文件:
范例文件\Chapter 8\8.1\摄影机的参数应用\摄影机的参数应用(最终文件).max

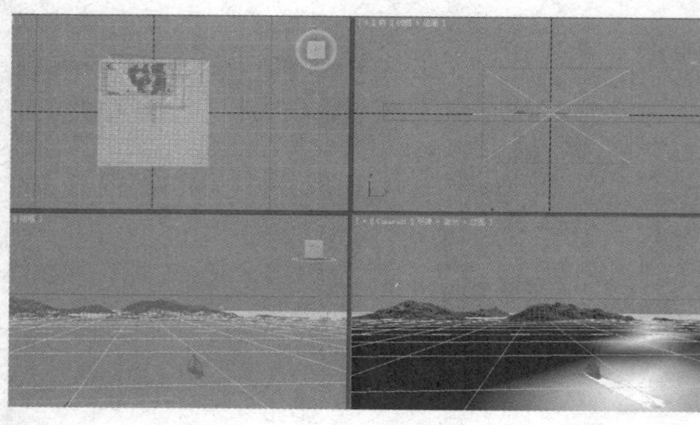

Step 01 打开本书配套光盘中的原始文件，如图所示。

Step 02 渲染场景，可观察到场景的渲染效果，效果如图所示。

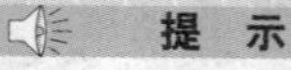

提 示

单击摄影机和其目标连接的直线可以同时选择这两个对象。但是，执行区域选择操作不能识别摄影机和其目标的连接直线。

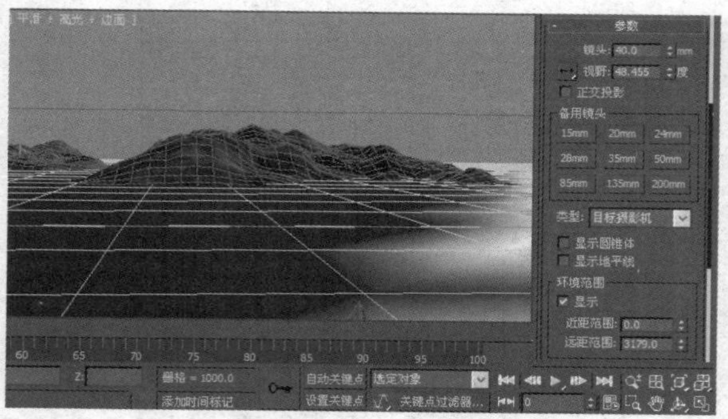

Step 03 选择场景中的摄影机对象，设置镜头焦距参数值为40mm，如图所示。

Step 04 再次渲染场景，可以观察到改变镜头焦距后场景范围有所变化，如图所示。

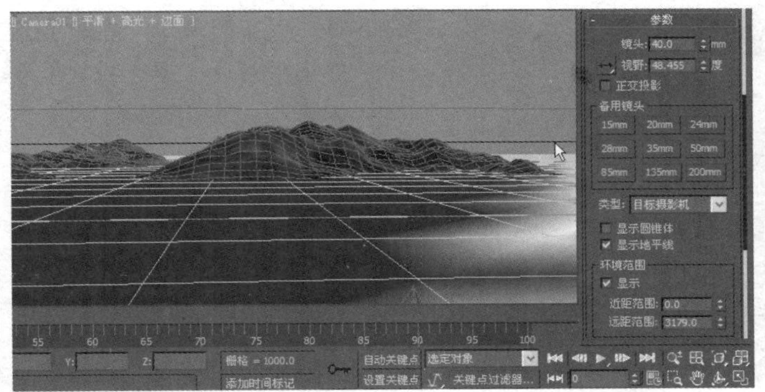

Step 05 勾选“显示地平线”复选框，可以观察到场景中出现了一条黑色的地平线，如图所示。

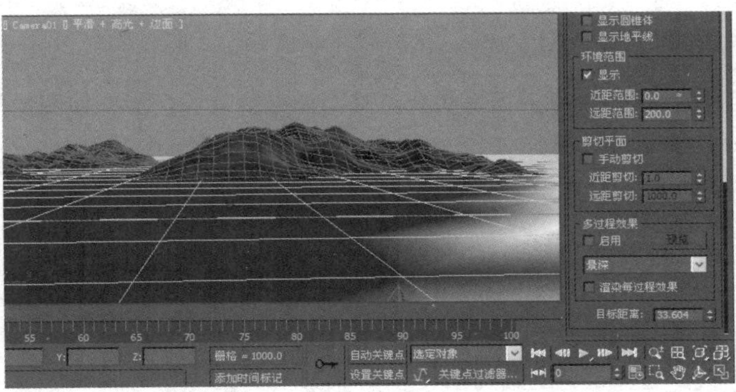

Step 06 勾选“环境范围”选项组中的“显示”复选框，并设置相关参数，如图所示。

提 示

如果需要保持视口的镜头观察效果，就要避免移动摄影机或使用相应的透视导航工具。

Step 07 渲染场景，可观察到设置了环境范围的应用后，场景渲染效果如图所示。

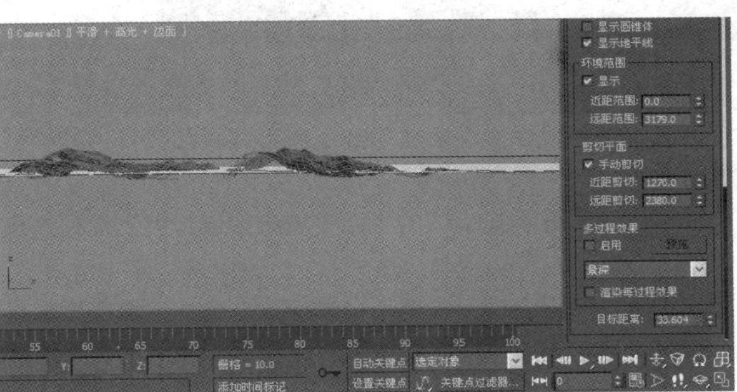

Step 08 勾选“剪切平面”选项组中的“手动剪切”复选框，并设置相关参数，如图所示。

提 示

如果更改了渲染的输出大小比例，相应地会更改摄影机的镜头参数。

Step 09 渲染场景，可观察到应用了剪切平面后，摄影机只能观察特定的范围，如图所示。

8.1.4 景深

> **提 示**
>
> 摄影机的景深效果是一种模拟效果，应用景深会使渲染时间成倍增长。

景深是多重过滤效果，通过模糊到摄影机焦点某距离处的帧的区域，使图像焦点之外的区域产生模糊效果，如图所示。

> **提 示**
>
> 3ds Max 2013支持在mental ray场景中应用摄影机的景深效果。

景深的启用和控制，主要在摄影机参数面板的“多过程效果”选项组和“景深参数”卷展栏中进行设置，如图所示，各个参数的含义如下。

- 目标距离：用于设置摄影机和其目标之间的距离。
- 过程总数：用于设置生成效果的过程数，增加此值可以增加效果的精确性，但渲染时间也随之增加。
- 采样半径：用于控制移动场景生成模糊的半径，该参数值越大，模糊效果越明显，默认值为1.0。
- 采样偏移：用于设置模糊靠近或远离采样半径的权重。增加该值将增加景深模糊的数量级，表现更均匀的效果。减小该值将减小景深模糊的数量级，表现更随机的效果，“采样偏移”值的范围是0.0～1.0。

景深效果测试应用

范例实录

DVD-ROM

原始文件:

范例文件\Chapter 8\8.1\景深效果测试应用\景深效果测试应用(原始文件).max

最终文件:

范例文件\Chapter 8\8.1\景深效果测试应用\景深效果测试应用(最终文件).max

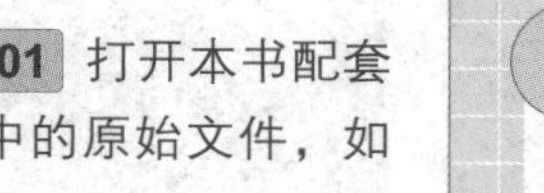

Step 01 打开本书配套光盘中的原始文件，如图所示。

Step 02 在“透视”视口中调整一个适当的观察角度，并创建摄影机，如图所示。

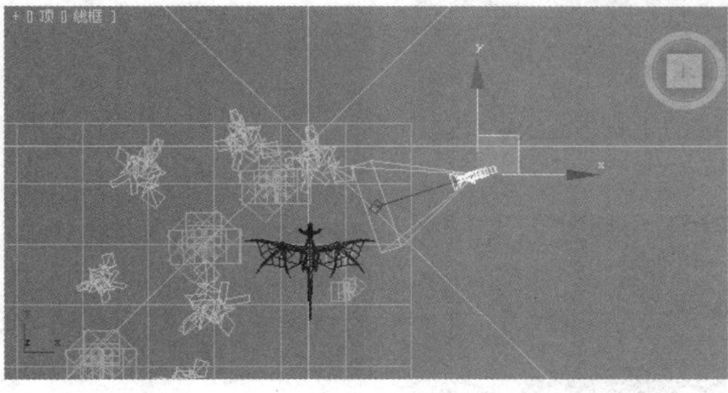

Step 03 选择摄影机目标点，然后在视口中将其移动至怪兽对象附近，如图所示。

提 示

“过程总数”参数值对最终渲染的时间影响最为明显，过程总数值越大，计算次数越多，渲染时间也就越长。

Step 04 选择摄影机，在其参数面板中勾选“启用”复选框，在下拉列表中选择“景深”选项，如图所示。

提 示

景深和运动模糊都基于多个渲染通道，如果将两种效果同时应用于同一个摄影机会使渲染速度变得非常缓慢。

Step 05 在参数面板中单击“预览”按钮预览，视口将进行景深模拟，如图所示。

Step 06 设置“过程总数”参数值为24，使多重过滤的次数增多，如图所示。

Step 07 在视口中进行预览时，可观察到由于过程总数值增大，模拟过程时间变长，景深效果也更明显，如图所示。

提 示

采样半径的取值没有固定的最佳值。通常需要根据场景的大小和摄影机的镜头等因素实际调试，才能产生正确的景深模糊。

Step 08 设置“采样半径”参数值为5，再次预览，可观察到模糊效果更加明显，如图所示。

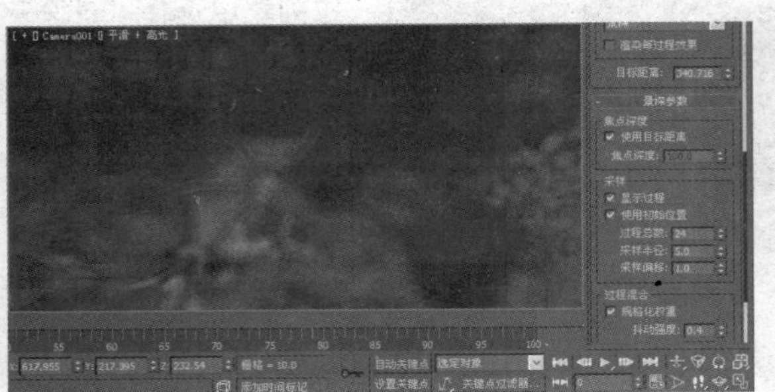

Step 09 设置“采样偏移”参数值为1后进行预览，可观察到模糊的景深效果，如图所示。

Step 10 更改“目标距离”参数后再次预览，可观察到预览效果变得更加模糊不清，如图所示。

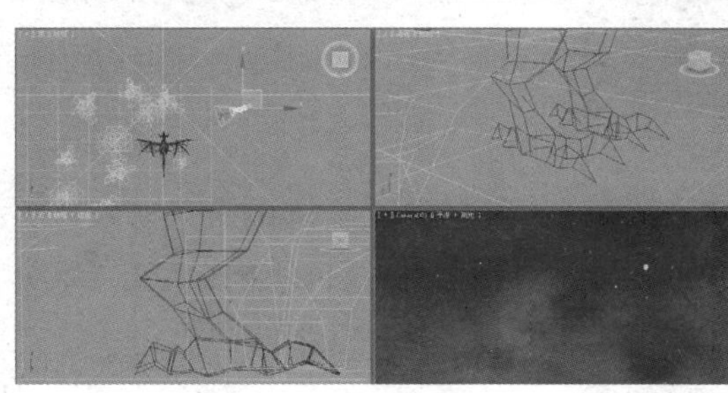

Step 11 在其他视口中查看摄影机的位置，可观察到由于更改了“目标距离”参数值，使摄影机的目标点位置发生了变化，如图所示。

8.1.5 运动模糊

运动模糊可以通过模拟实际摄影机的工作方式，增强渲染动画的真实感。摄影机有快门速度，如果在打开快门时物体出现明显的移动情况，胶片上的图像将变模糊，如图所示为运动模糊效果。

在摄影机的参数面板中选择“运动模糊”选项时，会打开相应的参数卷展栏，用于控制运动模糊效果，如图所示，各个选项的含义如下。

多过程效果
启用 预览
运动模糊
渲染每过程效果
目标距离：125.113
运动模糊参数
采样
显示过程
过程总数：12
持续时间(帧)：1.0
偏移：0.5

- 过程总数：用于生成效果的过程数。增加此值可以增加效果的精确性，但渲染时间会更长。
- 持续时间：用于设置在动画中将应用运动模糊效果的帧数。
- 偏移：更改模糊，以便其显示出在当前帧的前后帧中更多的内容。
- 抖动强度：用于控制应用于渲染通道的抖动程度，增加此值会增加抖动量，并且生成颗粒状效果，尤其在对象的边缘上。
- 平铺大小：用于设置抖动时图案的大小，此参数是百分比值，0是最小的平铺，100是最大的平铺，默认设置为32。

提 示

“平铺大小”参数也可以用于控制摄影机景深效果的模糊程度，值越大模糊效果越明显，默认参数值为32。

提 示

运动模糊效果仅适用于默认的扫描线渲染器，mental ray提供另一套方法来完成运动模糊效果的制作。

提 示

运动模糊产生的前提是摄影机或出现在摄影机视口的对象有运动现象。

范例实录

运动模糊测试

DVD-ROM

原始文件:
范例文件\Chapter 8\8.1\运动模糊测试\运动模糊测试（原始文件).max

最终文件:
范例文件\Chapter 8\8.1\运动模糊测试\运动模糊测试（最终文件).max

提 示

默认情况下，运动模糊对当前帧的前后都进行均匀处理，即模糊对象出现在模糊区域的中心。

Step 01 打开本书配套光盘中的原始文件，如图所示。

Step 02 选择摄影机，并在其参数面板的下拉列表中选择“运动模糊”选项，如图所示。

Step 03 渲染场景，可观察到场景中运动对象产生的运动模糊效果，如图所示。

提 示

使用偏移值可以将模糊中心进行提前或移后。

Step 04 在参数面板中设置“过程总数”参数值为100，进行预览，效果如图所示。

Step 05 设置“持续时间”参数值为10，再次预览会发现强烈的运动模糊效果，如图所示。

Step 06 设"偏移"值为最大值，运动模糊效果如图所示。

Step 07 设置"抖动强度"的参数值为100，如图所示。

> **提 示**
> 如果对象通过移动产生运动模糊，建议设置偏移范围为0.25～0.75，这样可以得到最佳效果。

Step 08 渲染场景，可观察到由于"抖动强度"参数过大，渲染图像出现了颗粒，如图所示。

8.2 灯光的种类

3ds Max 中的灯光可以模拟真实世界中的发光效果，如各种人工照明设备或太阳，也为场景中的几何体提供照明。3ds Max 2013 提供了多种灯光对象，用于模拟真实世界不同种类的光源。

> **提 示**
> 在默认场景中，用户可以选择利用一盏或两盏默认灯光对场景进行照明。

8.2.1 标准灯光

标准灯光是基于计算机的模拟灯光对象，该类型灯光主要包括泛光灯、聚光灯、平行光、天光以及mental ray常用区域灯光等多种类型。

> **提 示**
>
> 当泛光灯应用光线跟踪阴影时，渲染速度比聚光灯要慢，但渲染效果一致，在场景中应尽量避免这种情况。

1. 泛光灯

泛光灯从单个光源向四周投射光线，其照明原理与室内白炽灯泡等一样，因此通常用于模拟场景中的点光源，如图所示为泛光灯的基本照射效果。

2. 聚光灯

聚光灯包括目标聚光灯和自由聚光灯两种，但照明原理都类似闪光灯，即投射聚集的光束，其中自由聚光灯没有目标对象。

> **提 示**
>
> 目标聚光灯或目标平行光的目标点与灯光的距离对灯光的强度或衰减之间没有影响。

3. 平行光

平行光包括目标平行灯和自由平行灯两种，主要用于模拟太阳在地球表面投射的光线，即以一个方向投射的平行光，如图所示为平行光照射效果。

4. 天光

天光是比较特别的标准灯光类型，可以建立日光的模型，配合光跟踪器使用，如图所示为天光的应用效果。

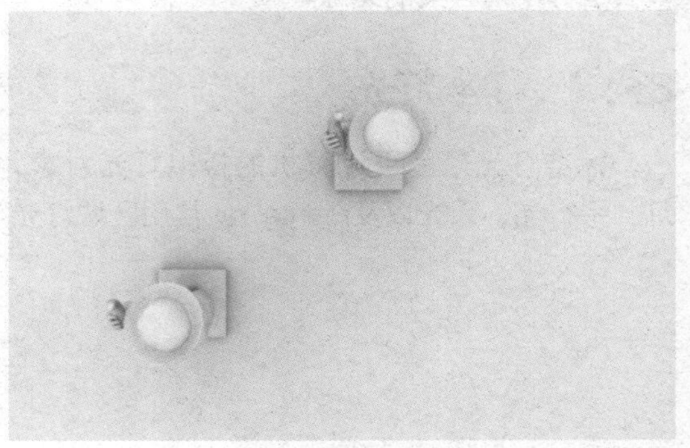

标准灯光的使用

Step 01 打开本书配套光盘中的原始文件，效果如图所示。

Step 02 渲染场景，可观察到场景的默认照明效果，如图所示。

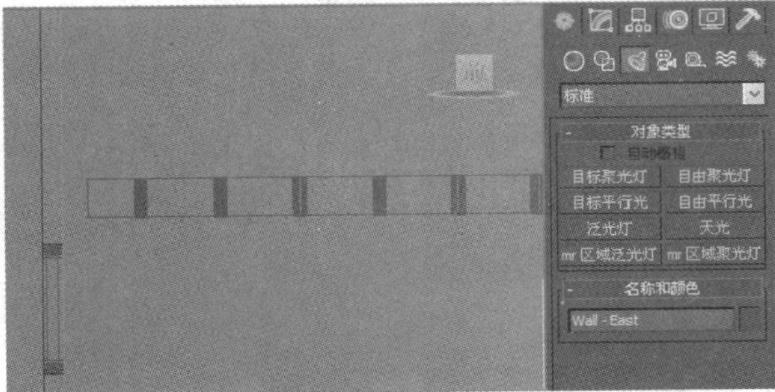

Step 03 在“灯光”对象类别下单击“目标聚光灯”按钮，如图所示。

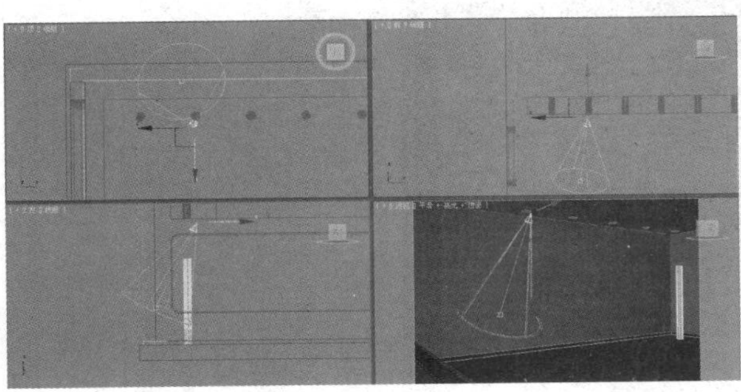

Step 04 在“左”视口中创建一盏目标聚光灯，并对目标点进行适当调整，如图所示。

范例实录

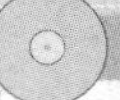

DVD-ROM

原始文件:
范例文件\Chapter 8\8.2\标准灯光的使用\标准灯光的使用（原始文件).max

最终文件:
范例文件\Chapter 8\8.2\标准灯光的使用\标准灯光的使用（最终文件).max

提 示

当重命名目标聚光灯时，目标点将自动重命名以与之相匹配。

提 示

自由灯光和目标灯光的区别仅在于，自由灯光更适合用在需要灯光动画的场景中。

提 示

平行光灯和聚光灯的区别在于前者发射的光线为圆柱体，后者发射的光线为圆锥体。

Step 05 选择灯光本身时，在“修改”命令面板中可以对灯光的参数进行设置，如图所示设置灯光颜色。

Step 06 渲染场景，可观察到目标聚光灯在场景中模拟出筒灯的照明效果，如图所示。

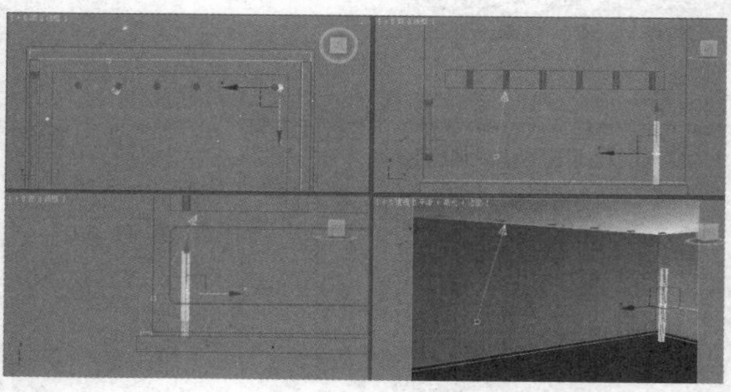

Step 07 在场景中创建一盏泛光灯，创建的位置及效果如图所示。

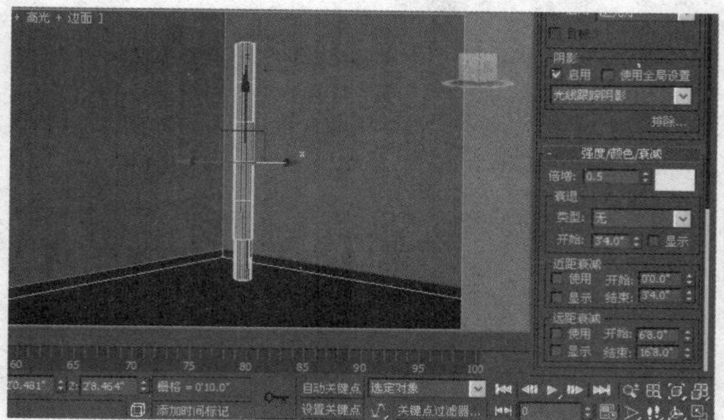

Step 08 在泛光灯的参数面板中设置基本参数，如图所示。

Step 09 更换一个角度渲染场景，可观察到泛光灯模拟地灯的照明效果，如图所示。

> **提 示**
>
> 在场景中创建灯光对象时，建议基于真实世界中光源的发射原理来创建。

8.2.2 光度学灯光

光度学灯光使用光度学（光能）值，通过这些值可以更精确地定义和控制灯光，用户可以通过光度学灯光创建具有真实世界中灯光规格的照明对象，而且可以导入照明制造商提供的特定光度学文件。

1. 目标灯光

3ds Max 2013 将光度学灯光进行整合，将所有的目标光度学灯光合为一个对象，可以在该对象的参数面板中选择不同的模板和类型，如40W 强度的灯或线性灯光类型，如图所示为所有类型的目标灯光。

> **提 示**
>
> 光度学灯光使用平方反比衰减持续衰减，且与场景的实际单位有关。

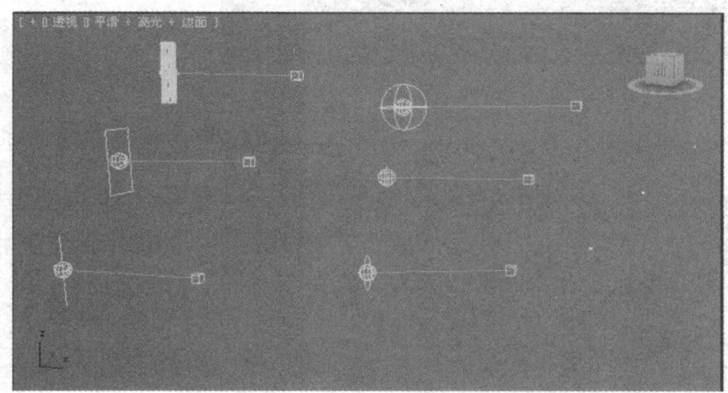

2. 自由灯光

自由灯光与目标灯光参数完全相同，只是没有目标点，如图所示为参数面板。

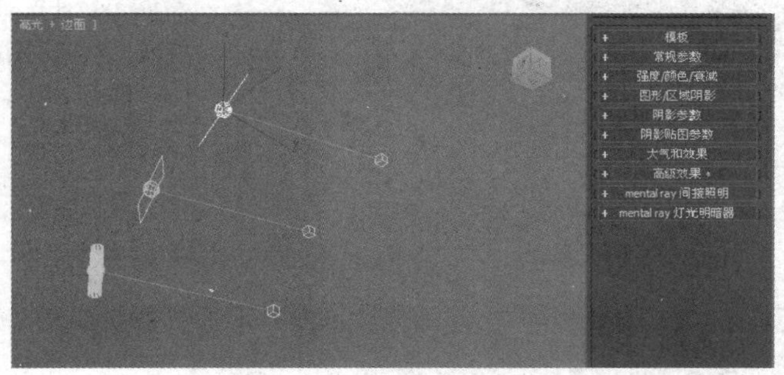

范例实录

光度学灯光的使用

DVD-ROM

最终文件:
范例文件\Chapter 8\8.2\光度学灯光的使用\光度学灯光的使用(最终文件).max

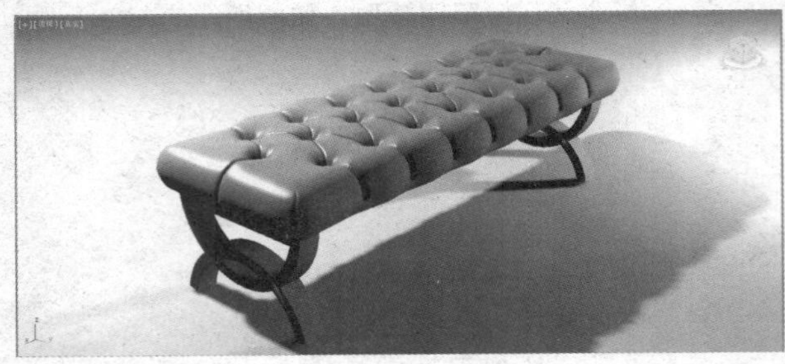

Step 01 打开光盘中的原始文件，如图所示。

Step 02 在没有灯光的状态下渲染场景，查看目前的效果，如图所示。

提 示

只有选择聚光灯和平行光灯时才可以激活灯光视口。

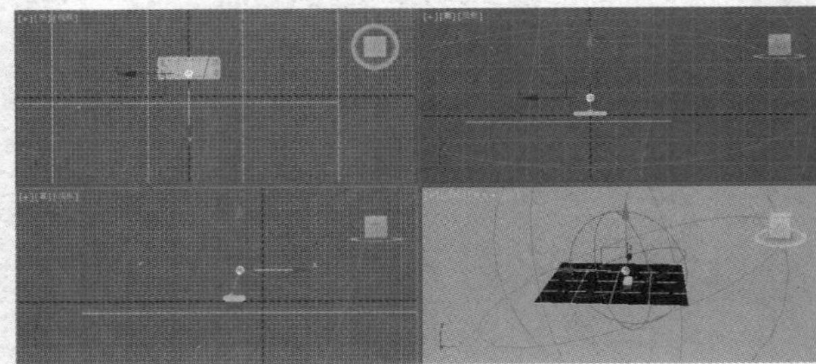

Step 03 在“侧视”视口中创建光度学目标灯光，如图所示进行摆放。

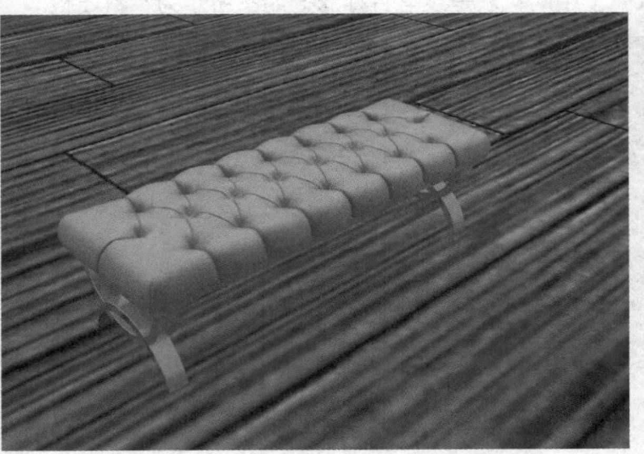

Step 04 再次渲染场景，观察打上灯光后的效果，如图所示。

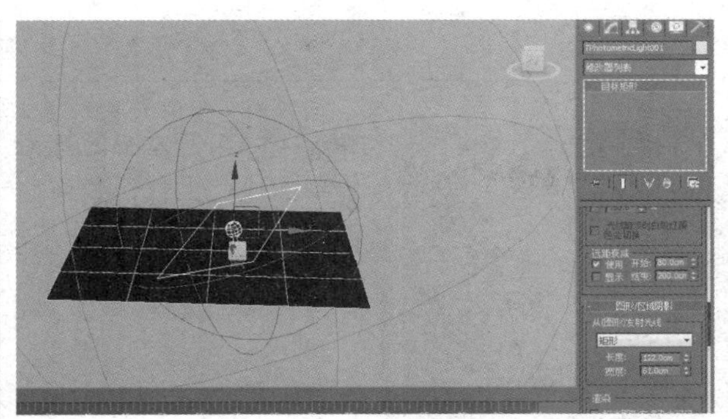

Step 05 为了展现更加真实的光照效果，在右侧的命令面板中继续调整参数，在“图形状/区域阴影”卷展栏中设置为从“矩形”图形发射光线，如图所示

> **提 示**
>
> 光度学灯光共提供了6种灯光形状。

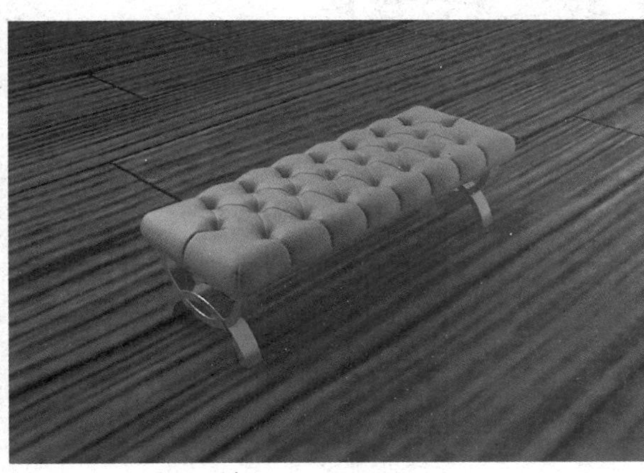

Step 06 渲染场景，查看最终效果，如图所示。

8.3 标准灯光的基本参数

当光线到达对象的表面时，对象表面将反射这些光线，这就是对象可见的基本原理。对象的外观取决于到达它的光线以及对象材质的属性，灯光的强度、颜色、色温等属性，这些因素都会对对象的表面产生影响。

> **提 示**
>
> 光线与对象表面越垂直，对象的表面越亮。

8.3.1 灯光的强度、颜色和衰减

在标准灯光的“强度/颜色/衰减”卷展栏中，可以对灯光最基本的属性进行设置，如图所示为参数卷展栏，各选项的含义如下。

- 倍增：该参数可以将灯光功率放大一个正或负的量。
- 颜色：单击色块，可以设置灯光发射光线的颜色。
- 衰退：该选项组提供了使远处灯光强度减小的方法，包括倒数和平方反比两种方法。
- 近距衰减：该选择项组中提供了控制灯光强度淡入的参数。
- 远距衰减：该选择项组中提供了控制灯光强度淡出的参数。

> **提 示**
>
> 灯光衰减时，距离灯光较近的对象可能过亮，距离灯光较远的对象表面可能过暗。这种情况可通过不同的曝光方式解决。

范例实录

灯光基本参数应用

DVD-ROM

原始文件:
范例文件\Chapter 8\8.3\灯光基本参数应用\灯光基本参数应用(原始文件).max

最终文件:
范例文件\Chapter 8\8.3\灯光基本参数应用\灯光基本参数应用(最终文件).max

提 示

聚光灯的参数将影响照明区域和非照明区域之间的过渡是否平滑。

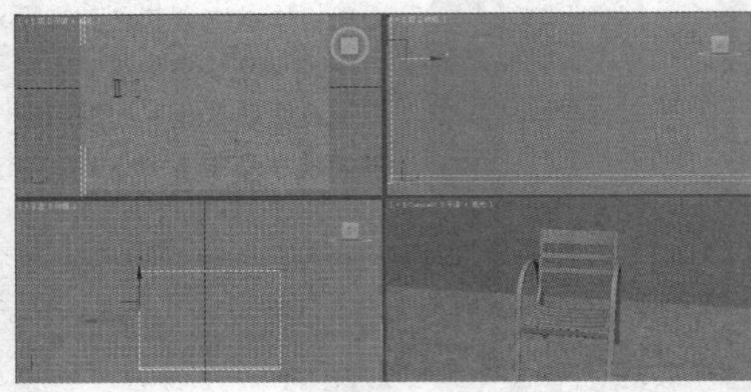

Step 01 打开本书配套光盘中的原始文件，效果如图所示。

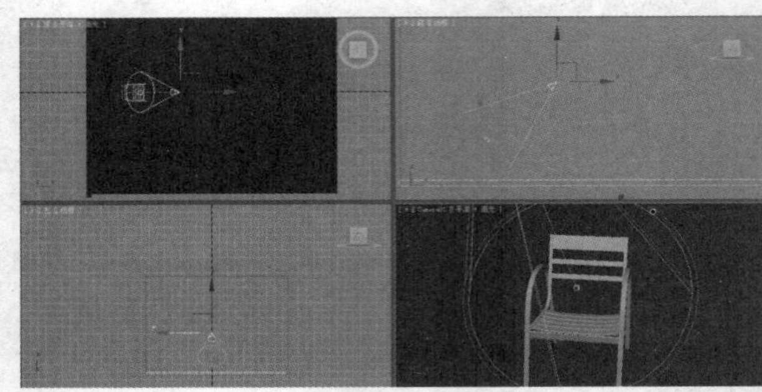

Step 02 在场景中创建一盏目标聚光灯，创建位置如图所示。

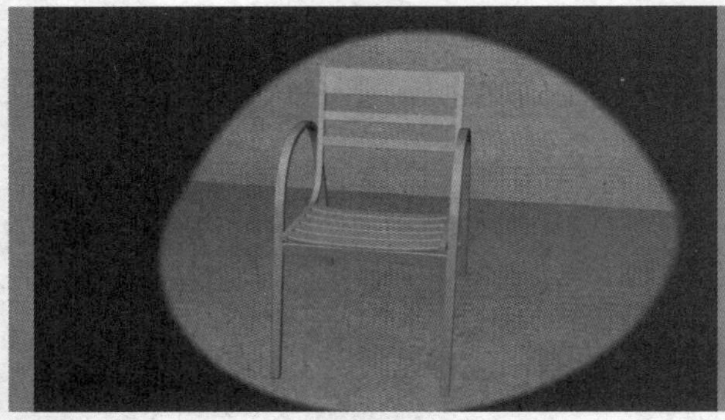

Step 03 渲染场景，可观察到该聚光灯的照明效果，如图所示。

提 示

选择泛光灯灯光类型，可以使聚光灯或平行光灯在所有方向投射光线，但只在光锥区域内投射阴影。

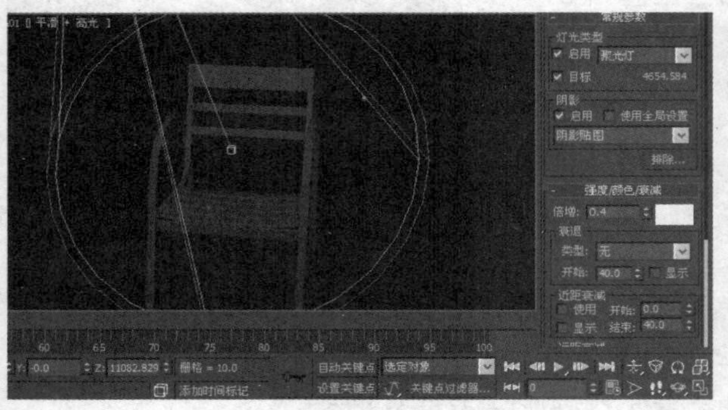

Step 04 选择聚光灯，在其参数面板中设置基本参数，如图所示。

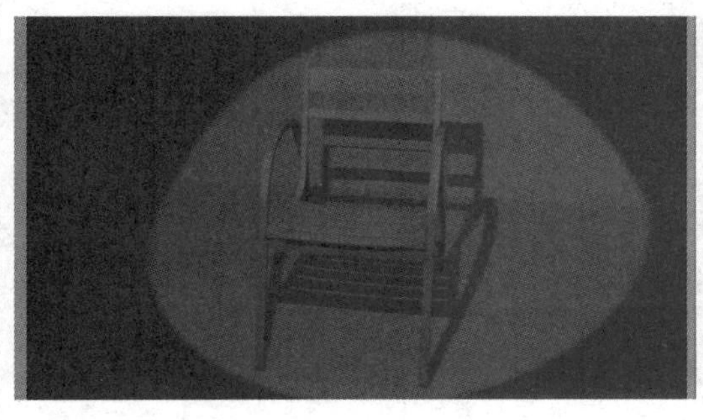

Step 05 渲染场景，可以观察到灯光强度变低的照明效果，如图所示。

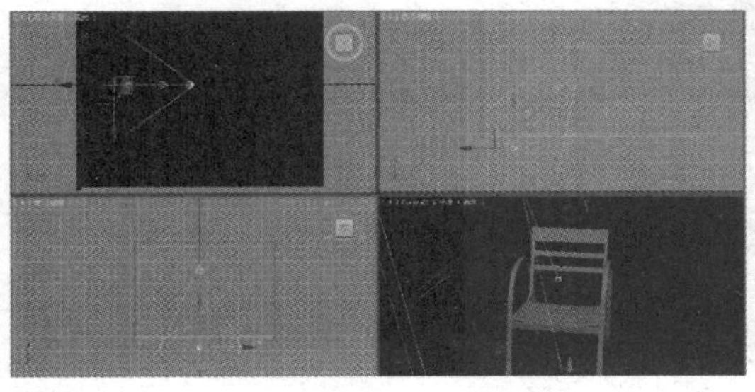

Step 06 在“顶”视口中再创建一盏目标聚光灯，创建位置如图所示。

提 示

如果勾选“使用全局设置”复选框，可以使场景中其他灯光也应用该灯光的投射阴影参数。

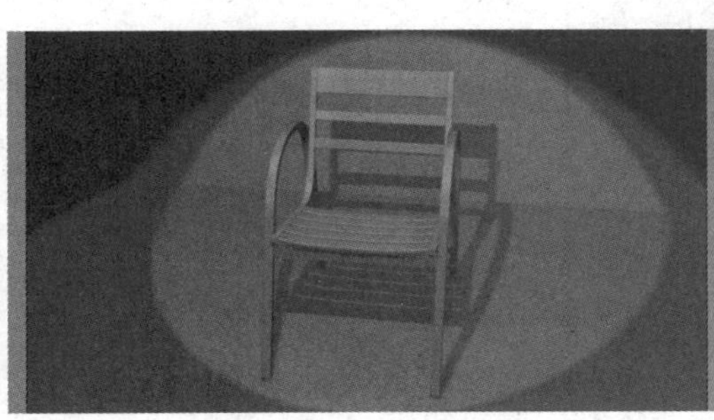

Step 07 渲染场景，可观察到该聚光灯的照射效果使场景中产生了高光，如图所示。

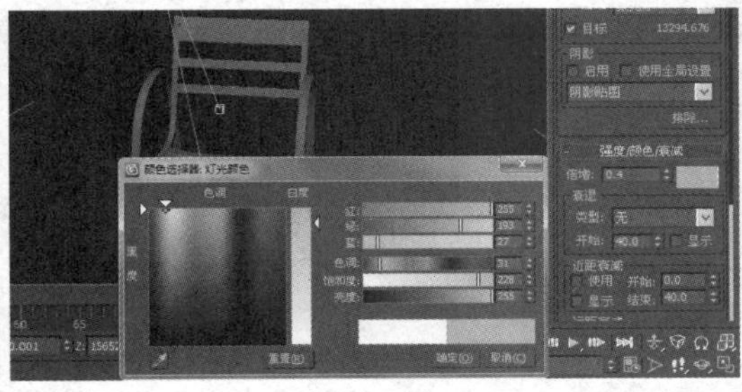

Step 08 在该聚光灯的参数面板中单击色块，设置灯光颜色，如图所示。

提 示

如果要使透明对象投射阴影，可以使用光线跟踪或高级光线跟踪阴影。

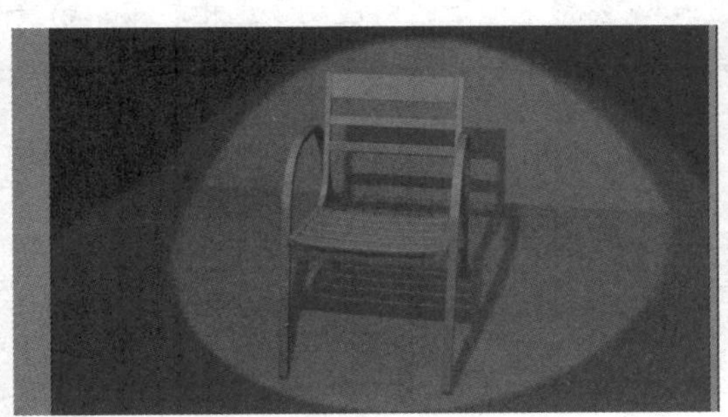

Step 09 渲染场景，可观察到红色灯光产生的高光照明效果，如图所示。

提　示

在3ds Max 场景中创建标准灯光，大多数情况下会根据场景效果的需要确定灯光创建的位置，这与真实世界中灯光的位置确定不同。

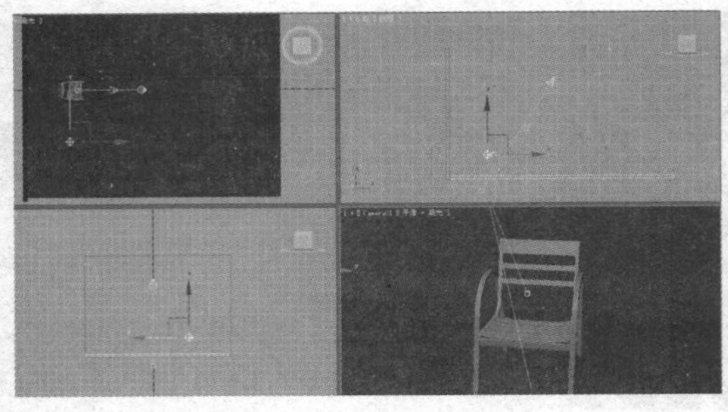

Step 10 在场景中再创建一盏泛光灯，创建位置如图所示。

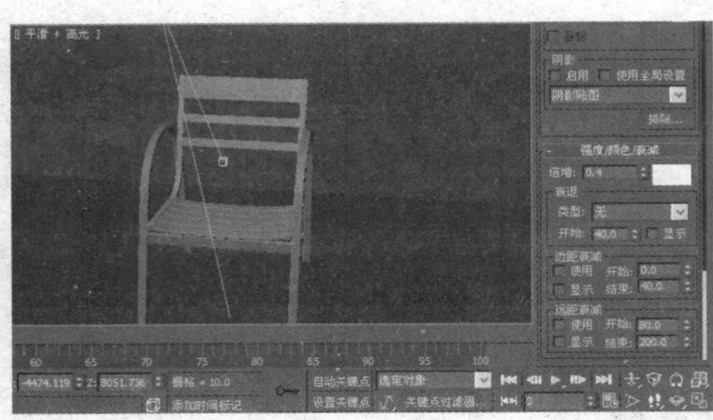

Step 11 在灯光参数面板中设置泛光灯的基本参数，如图所示。

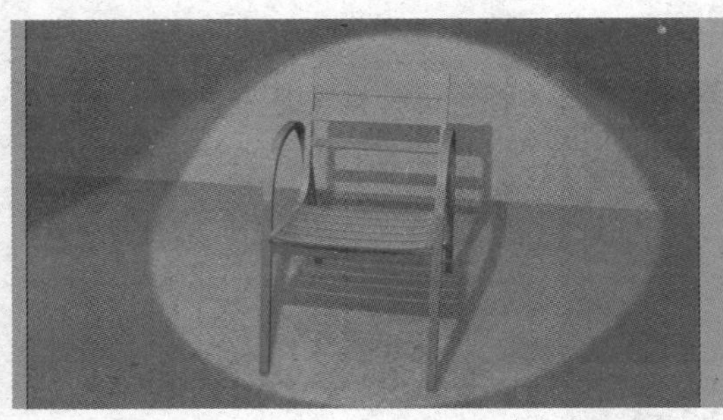

Step 12 再次渲染场景，可观察到由于创建了一盏泛光灯，整个场景变得更加明亮，如图所示。

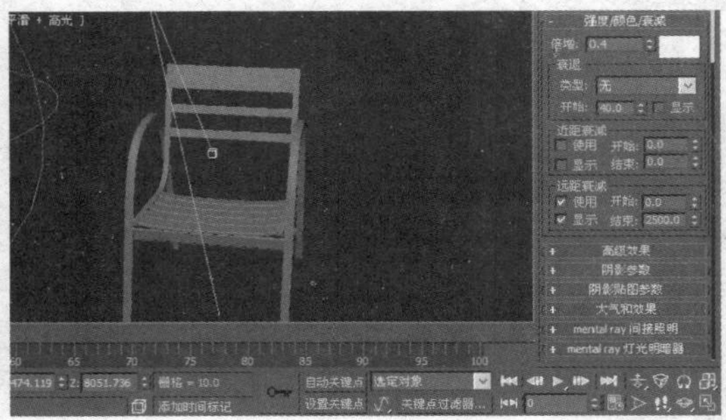

Step 13 在泛光灯参数面板的“远距衰减”选项组中设置相关参数，如图所示。

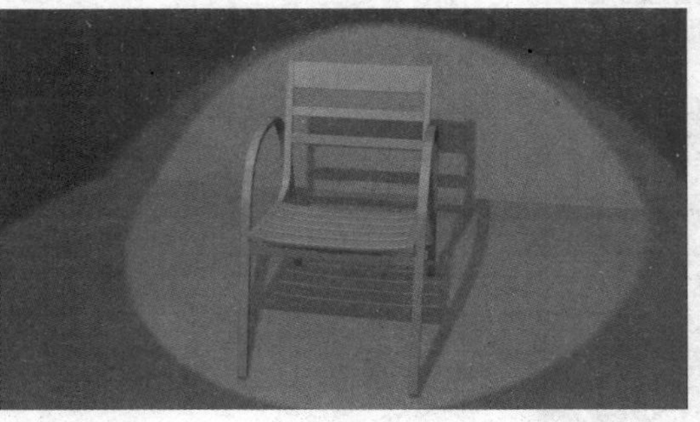

Step 14 渲染场景，可观察到由于泛光灯应用了远距衰减，场景较远处变得较暗，如图所示。

8.3.2 排除和包含

“排除/包含”功能用于控制对象是否被灯光照明或不被照明，同时还可以将灯光照明和阴影进行分离处理，如图所示场景中有未被灯光照明的对象。

> **提 示**
>
> 排除的对象仍在着色视口中被照亮，只有当渲染场景时“排除”功能才起作用。

“排除/包含”功能主要通过相应的对话框对对象进行设置，同时也可以选择具体的照明信息参数，如图所示为“排除/包含”对话框，其中各选项的含义如下。

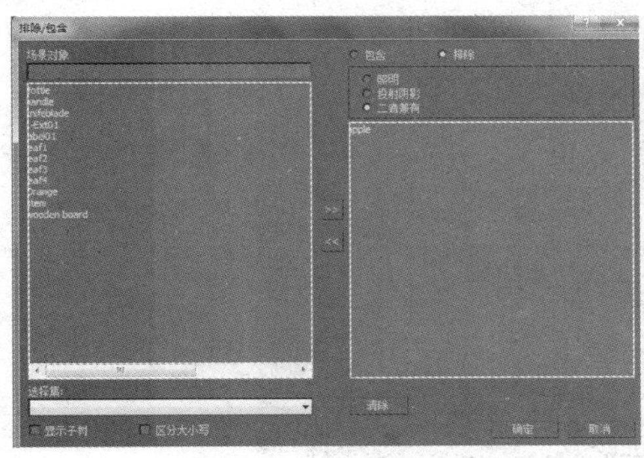

> **提 示**
>
> “照明”、“投射阴影”和“二者兼有”这3个选项对无光渲染元素没有影响。

- 场景对象：选中左侧场景对象列表框中的对象，然后单击箭头按钮将其添加到右侧的扩展列表中，此时“排除/包含”功能有效。
- 包含：用于决定灯光是否包含右侧列表中已命名的对象。
- 排除：用于决定灯光是否排除右侧列表中已命名的对象。
- 照明：用于排除或包含对象表面的照明。
- 投射阴影：用于排除或包含对象阴影的创建。
- 二者兼有：用于排除或包含照明效果和阴影效果。

> **提 示**
>
> “场景对象”列表框下方的编辑框用于按名称搜索对象。可以输入通配符名称来搜索场景对象。

“包含与排除”功能的应用

范例实录

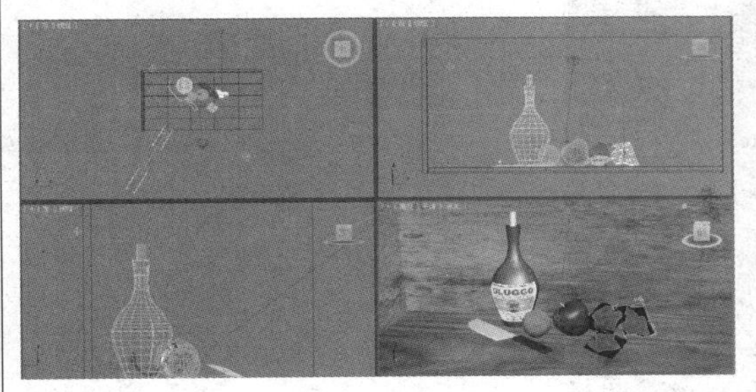

Step 01 打开本书配套光盘中的原始文件，如图所示。

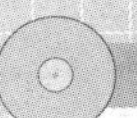

DVD-ROM

原始文件：
范例文件\Chapter 8\8.3\包含与排除的应用\包含与排除的应用(原始文件).max

DVD-ROM

最终文件:
范例文件\Chapter 8\8.3\包含与排除的应用\包含与排除的应用(最终文件).max

提 示

"排除/包含"功能只能将一个组合整体排除或包含,而不能排除或包含一个组合中的某一个对象。

Step 02 渲染场景,可观察到场景中所有对象的照明效果,如图所示。

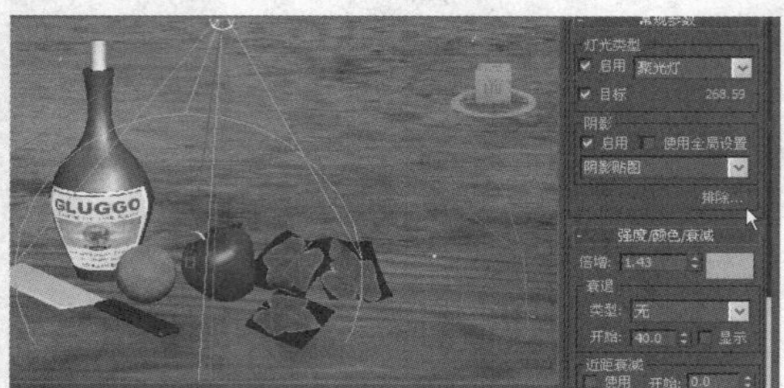

Step 03 选择场景中的聚光灯,在参数面板中单击"排除"按钮 排除... ,如图所示。

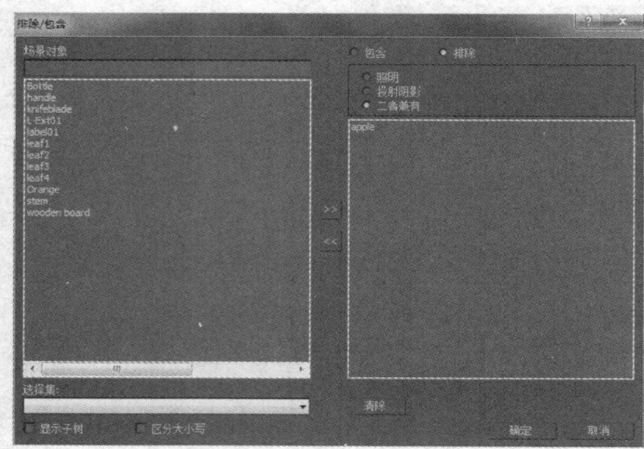

Step 04 在"排除/包含"对话框中进行设置,设置苹果模型受到照明但无投射阴影,如图所示。

Step 05 渲染场景,可观察到场景中的苹果虽然受到了照明,但未产生阴影,如图所示。

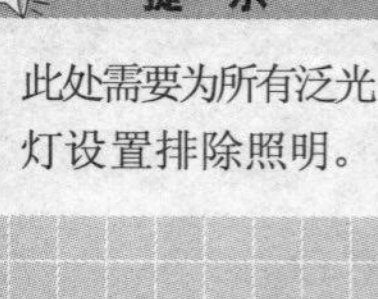

提 示

此处需要为所有泛光灯设置排除照明。

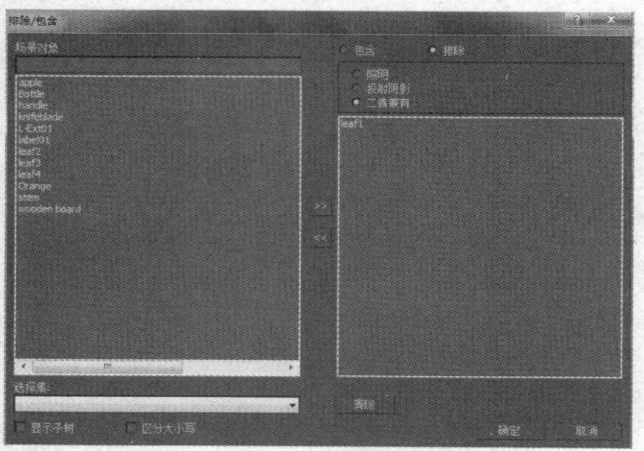

Step 06 选择泛光灯,打开"排除/包含"对话框,设置排除只对照明有效,如图所示。

Step 07 渲染场景，可观察到被排除的叶子没有被照明，但是却产生了阴影，如图所示。

8.3.3 阴影参数

所有的标准灯光类型都具有相同的阴影参数设置，通过设置阴影参数，可以使对象投影产生密度不同或颜色不同的阴影效果，如图所示为相同环境下产生的不同投影效果。

阴影参数直接在“阴影参数”卷展栏中进行设置，如图所示。

- 颜色：单击色块，可以设置灯光投射的阴影颜色，默认为黑色。
- 密度：用于控制阴影的密度，值越小阴影越淡。
- 贴图：使用贴图可以应用各种程序贴图与阴影颜色进行混合，产生更复杂的阴影效果。
- 大气阴影：应用该选项组中的参数，可以使场景中的大气效果也产生投影，并能控制投影的不透明度和颜色数量。

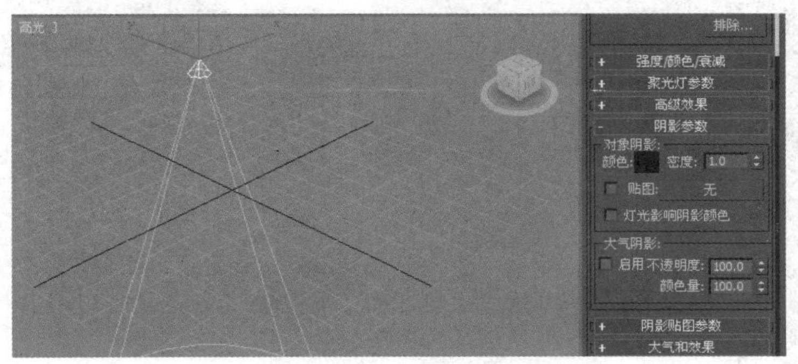

提 示

如果将阴影强度设置为负值，可以帮助模拟反射灯光的效果。

提 示

标准灯光中天光和mentalray的相关灯光没有阴影参数。

范例实录

阴影参数的应用

DVD-ROM

原始文件:
范例文件\Chapter 8\8.3\阴影参数的应用\阴影参数的应用（原始文件).max

最终文件:
范例文件\Chapter 8\8.3\阴影参数的应用\阴影参数的应用（最终文件).max

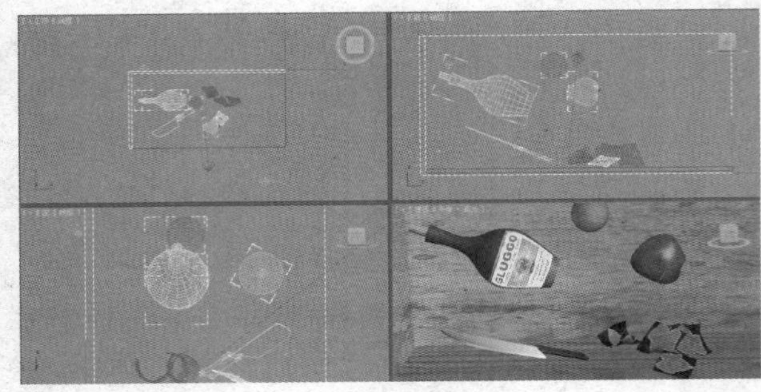

Step 01 打开本书配套光盘中的原始文件，效果如图所示。

提　示

影像的投影与灯光的照射角有关，入射角越小，阴影投射距离越长。

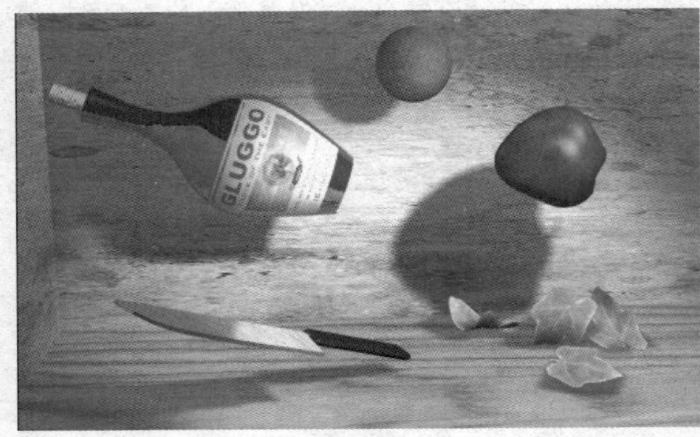

Step 02 渲染场景，可观察到灯光产生的默认投影效果，如图所示。

提　示

阴影颜色如果为非灰度颜色，将投射出真正的彩色阴影。

Step 03 选择场景中的聚光灯，在参数面板中展开“阴影参数”卷展栏，设置阴影的颜色，如图所示。

Step 04 渲染场景，可观察到场景对象产生的棕色阴影效果，如图所示。

Step 05 在“阴影参数”卷展栏中设置“密度”参数值为50，如图所示。

提 示

颜色密度可以调整大气颜色与阴影颜色混合的量。

Step 06 渲染场景，可观察到场景中的阴影由于密度过大而产生过度饱和的效果，如图所示。

Step 07 在“阴影参数”卷展栏中勾选“贴图”复选框，并单击右侧的贴图按钮，在打开的“材质/贴图浏览器”对话框中选择“凹痕”程序贴图，如图所示。

提 示

灯光可以投射大气阴影，但不能投射法线阴影。

Step 08 渲染场景，可观察到应用了贴图之后，场景中的灯光投影效果与贴图纹理一致，完成效果如图所示。

注 意

在现实世界中，灯光的强度将随着距离的加长而减弱。远离光源的对象看起来暗，距离光源较近的对象看起来更亮，这种效果称为衰减。实际上，灯光以平方反比速率衰减，即其强度的减小与到光源距离的平方成比例。当光线由大气驱散时，通常衰减幅度更大，特别是当大气中有灰尘粒子，如雾或云时，如图所示为衰减曲线图形。

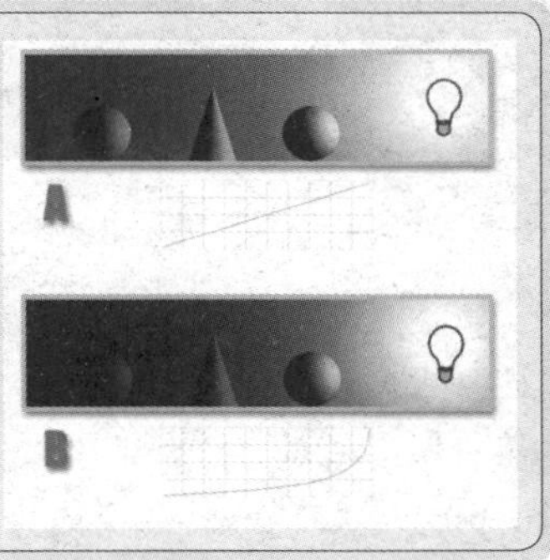

8.4 光度学灯光的基本参数

光度学灯光与标准灯光一样，强度、颜色等是最基本的属性，但光度学灯光还具有物理方面的参数，如灯光的分布、形状以及色温等。

8.4.1 灯光的强度和颜色

在光度学灯光的“强度/颜色/衰减”卷展栏中，可以设置灯光的强度和颜色等基本参数，如图所示，各选项的含义如下。

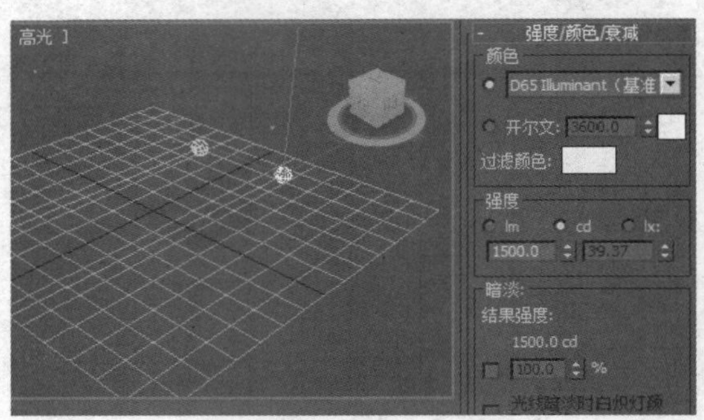

- 颜色：在该选项组中提供了用于确定灯光的不同方式，可以使用过滤颜色，选择下拉列表中提供的灯具规格，或通过色温控制灯光颜色。
- 强度：在该选项组中提供了3个选项来控制灯光的强度。
- 暗淡：在保持强度的前提下，以百分比的方式控制灯光的强度。

范例实录

光度学灯光强度和颜色的设置

DVD-ROM

原始文件：
范例文件\Chapter 8\8.4\光度学灯光强度和颜色的设置\光度学灯光强度和颜色的设置（原始文件).max

最终文件：
范例文件\Chapter 8\8.4\光度学灯光强度和颜色的设置\光度学灯光强度和颜色的设置（最终文件).max

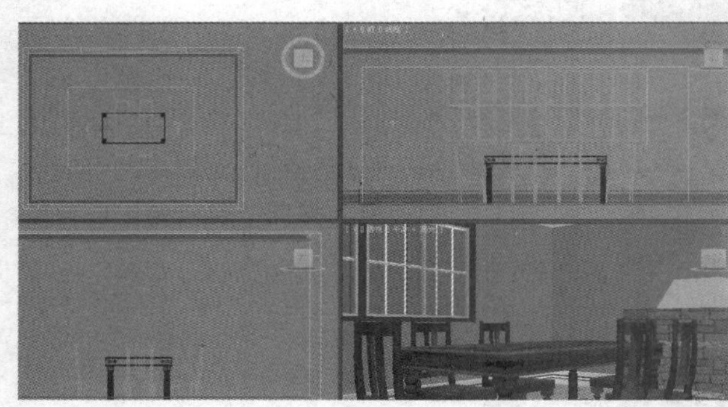

Step 01 打开本书配套光盘中的原始文件，如图所示。

Step 02 渲染场景，可观察到没有灯光照明的渲染效果，如图所示。

提　示

可以从照明制造商处直接获得不同的照明值。光学度灯光中只提供了一些普通的类型表。

Step 03 在“前”视口中创建一盏目标灯光，创建位置如图所示。

Step 04 渲染场景，可观察光度学目标灯光默认的渲染效果，如图所示。

Step 05 在灯光的参数面板中，选择“颜色”选项组中的预置灯光规格，如图所示。

提 示

可以使用颜色过滤器模拟置于光源上的过滤色效果。例如，红色过滤器置于白色光源上就会投射红色灯光。

Step 06 渲染场景，可观察到卤元素灯规格灯光的应用效果，如图所示。

Step 07 单击“开尔文”单选按钮并设置参数，可观察到右侧色块产生了相应变化，如图所示。

提 示

通过调整色温微调器来设置灯光的颜色。色温以绝对温标度数显示，相应颜色在温度微调器旁边的色块中可见。

Step 08 渲染场景，可观察到“开尔文”参数设置后，光照范围变得过红，如图所示。

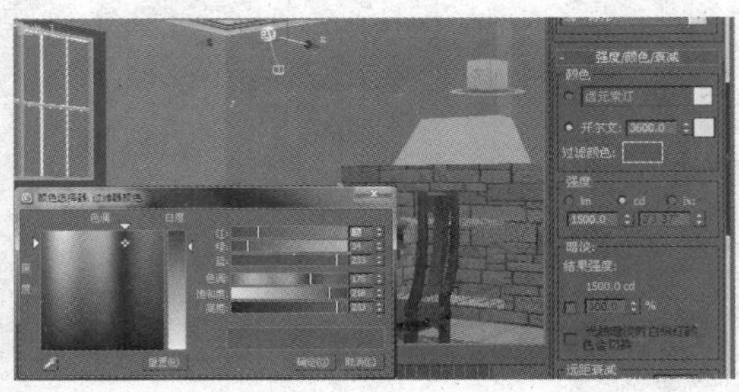

Step 09 单击“过滤颜色”旁的色块并设置颜色，如图所示。

Step 10 再次渲染场景，可观察到，应用了过滤颜色之后红色范围变小变淡，如图所示。

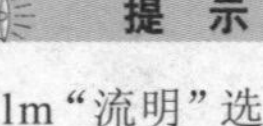

提 示

lm“流明”选项测量整个灯光（光通量）的输出功率，100瓦通用灯炮约有1750lm的光通量。

Step 11 在“强度”选项组中选择不同的选项，参数值会发生相应变化，但不影响灯光的真实强度效果，如图所示。

提 示

cd“坎迪拉”选项测量灯光的最大发光强度，通常是沿着目标方向进行测量，100瓦的通用灯泡约有139cd的光通量。

Step 12 在“强度”选项组中单击lm单选按钮并设置参数值为1000，然后渲染场景。可观察到该选项大小的灯光强度应用效果，如图所示。

Step 13 在“暗淡”选项组中设置“结果强度”参数，如图所示。

Step 14 再次渲染场景，可观察到由于增加了“结果强度”的百分比值，灯光的强度再次变大，如图所示。

提 示

lx“勒克斯”测量由灯光引起的照度，该灯光以一定距离照射在曲面上，并面向光源的方向。

8.4.2 光度学灯光的分布方式

光度学灯光提供了4 种不同的分布方式，用于描述光源发射光线方向。在“常规参数”卷展栏中可以选择不同的分布方式，如图所示。

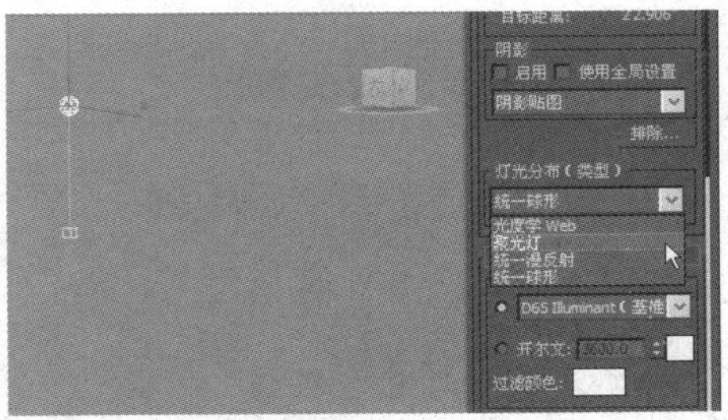

提 示

目标点和自由点灯光有等向、聚光灯或光域网分布方式，所有其他光度学灯光使用光域网或漫反射分布方式。

1. 等向分布

等向分布可以在各个方向上均等地分布光线，如图所示为等向分布的原理。

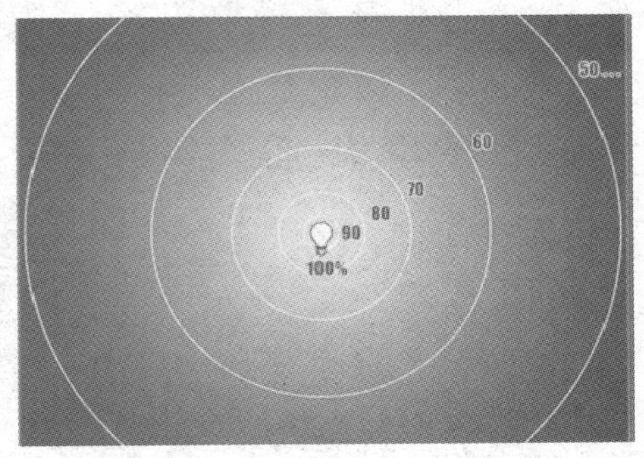

2. 漫反射分布

漫反射分布从曲面发射光线，以正确的角度保持曲面上的灯光强度最大。倾斜角越大，发射灯光的强度越弱。

3. 聚光灯分布

聚光灯分布像闪光灯一样投影聚焦的光束，就像在剧院舞台或桅灯下的聚光区。灯光的光束角度控制光束的主强度，区域角度控制光在主光束之外的“散落”，如图所示为聚光灯分布的原理图。

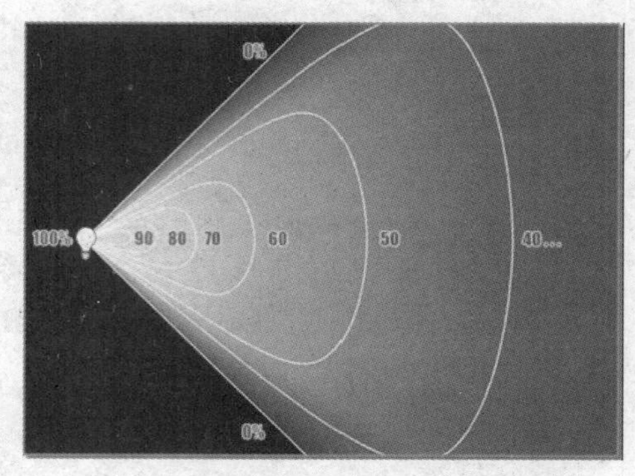

3ds Max 2013 为“聚光灯”分布提供了相应的参数控制，可以使聚光区域产生衰减，如图所示为相关的参数卷展栏。

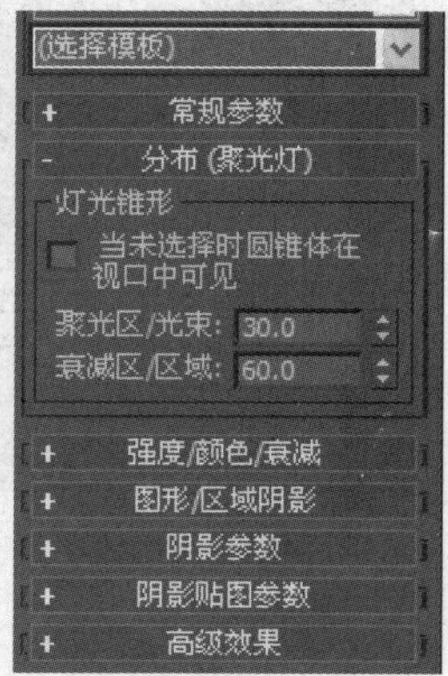

- 聚光区/光束：用于调整灯光圆锥体的角度，聚光区值以度为单位进行测量。
- 衰减区/区域：用于调整灯光衰减区的角度，衰减区值以度为单位进行测量。

范例实录

不同分布方式的应用效果

DVD-ROM

原始文件：
范例文件\Chapter 8\8.4\不同分布方式的应用效果\不同分布方式的应用效果（原始文件).max

最终文件：
范例文件\Chapter 8\8.4\不同分布方式的应用效果\不同分布方式的应用效果（最终文件).max

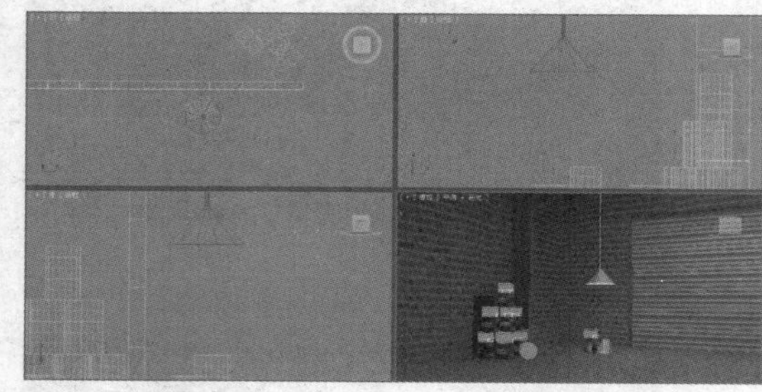

Step 01 打开本书配套光盘中的原始文件，如图所示。

Step 02 渲染场景，可观察到场景在没有灯光照明下的渲染效果，如图所示。

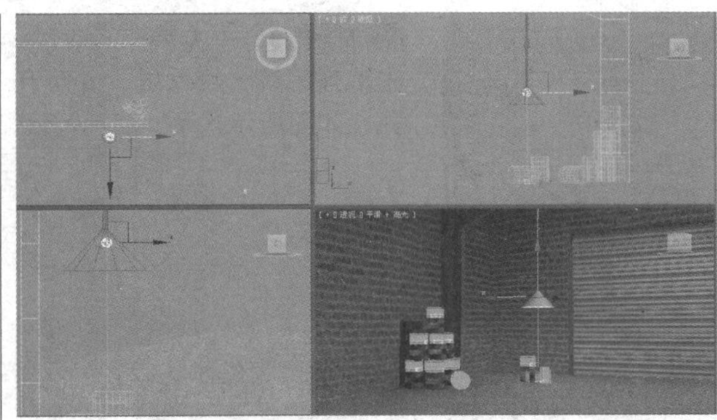

Step 03 在场景中创建一盏目标灯光，创建位置如图所示。

在模拟有罩吊灯的照明时，通常使用点状目标灯光或球状目标灯光。

Step 04 渲染场景，可观察到在默认参数情况下，目标灯光的应用效果，如图所示。

Step 05 在目标灯光的参数面板中选择聚光灯分布方式，并设置相关参数，如图所示。

目标灯光的分布方式影响灯光的照明范围，特别是聚光灯分布方式，照明范围只在区域内。

Step 06 渲染场景，可观察到聚光灯分布方式的照明效果，如图所示。

提 示

使用统一漫反射分布方式在模拟台灯、有罩吊灯的照明时很有效。

Step 07 在灯光的参数面板中选择“统一漫反射”分布方式，如图所示。

Step 08 渲染场景，可以观察到选择了“统一漫反射”分布方式之后，照明效果更加真实，如图所示。

4. 光度学Web分布

提 示

光域网是灯光分布的三维表示。它将测角图表延伸至三维，以便同时检查垂直和水平角度上发光强的依赖性。光域网的中心表示灯光对象的中心。

是以3D的形式表示灯光的强度，通过该方式可以调用光域网文件，产生异形的灯光强度分布效果，如图所示为该模式原理。

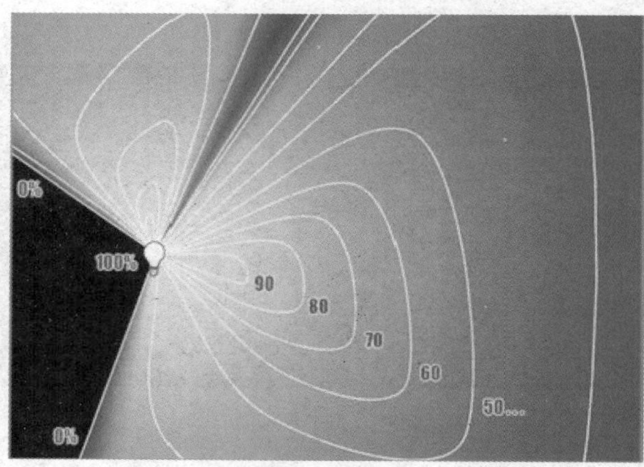

提 示

光域网以原点为中心的球体是等向分布的表示方式。图表中的所有点与中心是等距的，因此灯光在所有方向上都可均等地发光。

当选择“光度学Web”分布方式时，在相应的卷展栏中可以选择光域网文件并预览灯光的强度分布图，如图所示。

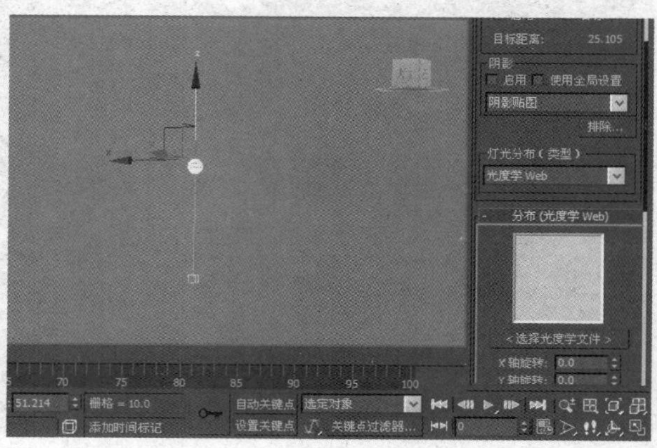

光域网应用

Step 01 打开本书配套光盘中的原始文件，效果如图所示。

Step 02 渲染场景，可以观察到当前场景中已有灯光的照明效果，如图所示。

Step 03 在场景中创建一盏目标灯光，如图所示。

Step 04 保持目标灯光的默认参数，渲染场景，效果如图所示。

范例实录

DVD-ROM

原始文件:

范例文件\Chapter 8\8.4\光域网应用\光域网应用（原始文件）.max

最终文件:

范例文件\Chapter 8\8.4\光域网应用\光域网应用（最终文件）.max

提 示

可以使用光度学数据的IESLM-63-1991标准文件格式，创建IES（IES为照明工程协会的英文缩写）格式的光度学数据文件。

提 示

将光度学数据存储为ASCII文件时，文件中每一行的长度不得多于132个字符，并且必须以回车符或换行符序列终止。通过插入回车符或换行符序列，可以继续较长的行。

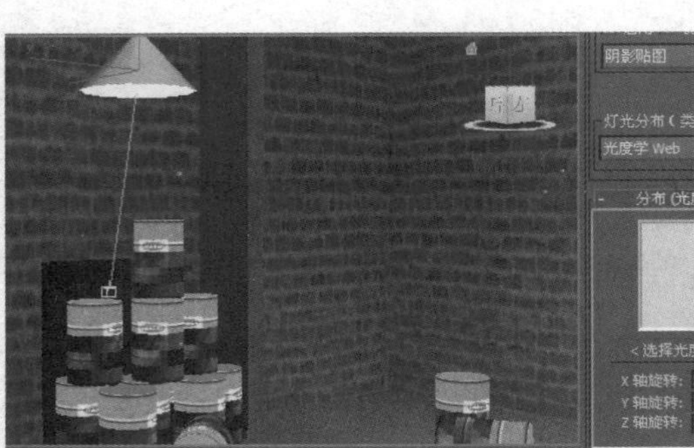

Step 05 选择目标灯光，在参数面板中选择“光度学Web”分布方式，在卷展栏中单击“选择光度学文件”按钮，如图所示。

> **提　示**
>
> 光域Web文件通常为IES、LTL或CIBSE 格式。

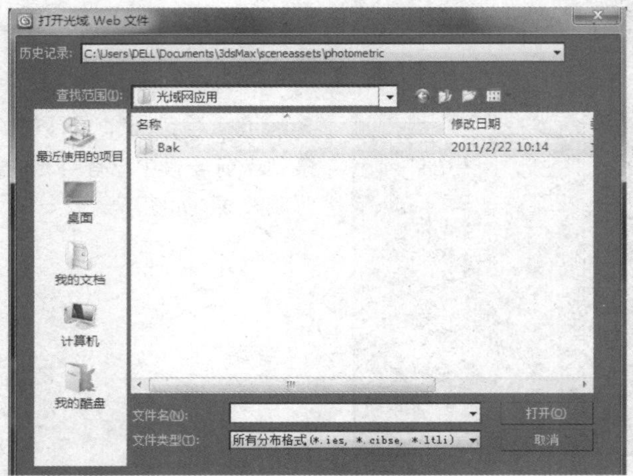

Step 06 在“打开光域Web文件”对话框中选择一个光域网文件，单击“打开”按钮，如图所示。

> **提　示**
>
> 每个光域网文件都会根据照明厂商提供的原始数据，加载不同灯光强度的参数。

Step 07 渲染场景，可观察到加载光域网文件后，目标灯光的照明效果，如图所示。

Step 08 在目标灯光的参数面板中适当降低灯光强度，如图所示。

Step 09 再次渲染场景，可观察到该光域网的照明效果更加自然，投射在墙上的照明分布更加明显，如图所示。

> **提 示**
>
> 在模拟台灯、筒灯等灯具的照明效果时，通过调整光域网文件的坐标参数，可以准确控制光照位置。

Step 10 在“分布”卷展栏中设置光域网的Y轴旋转参数，如图所示。

Step 11 渲染场景，可观察到由于更改了Y轴参数，照明效果发生了偏移，如图所示。

8.4.3 光度学灯光的形状

由于3ds Max 将光度学灯光整合为目标灯光和自由灯光两种类型，光度学灯光的开关可以在任何目标灯光或自由灯光中进行自由切换，如图所示为光度学灯光形状切换的卷展栏，各选项的含义如下。

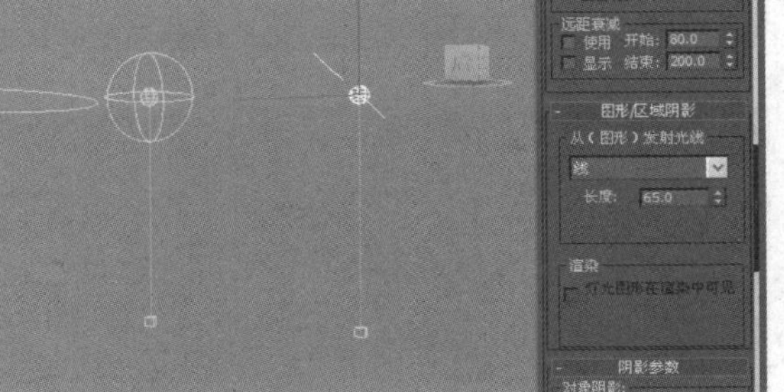

- 点光源：选择该形状，灯光像标准的泛光灯一样从几何体点发射光线。
- 线：选择该形状，灯光从直线发射光线，像荧光灯管一样。
- 矩形：选择该形状，灯光像天光一样从矩形区域发射光线。

> **提 示**
>
> 球体和圆柱体这两种光度学灯光形状只能应用等向分布方式。

- 圆形：选择该形状，灯光从类似圆盘状的对象表面发射光线。
- 圆球体：选择该形状，灯光从具体半径大小的球体表面发射光线。
- 圆柱体：选择该形状，灯光从柱体形状的表面发射光线。

范例实录

不同形状的光度学灯光照明效果

DVD-ROM

原始文件：
范例文件\Chapter 8\8.4\不同形状的光度学灯光照明效果\不同形状的光度学灯光照明效果（原始文件）.max

最终文件：
范例文件\Chapter 8\8.4\不同形状的光度学灯光照明效果\不同形状的光度学灯光照明效果（最终文件）.max

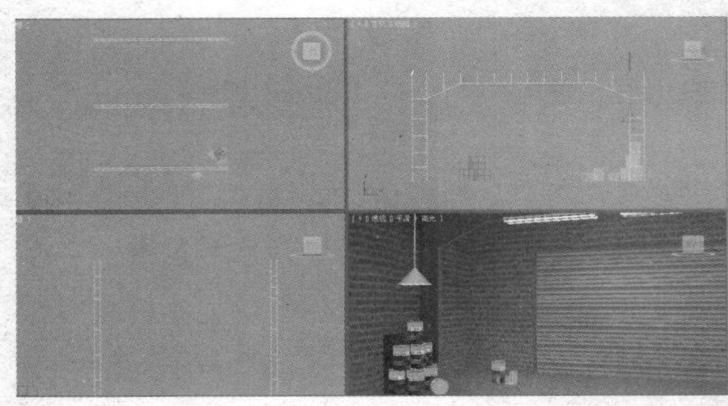

Step 01 打开本书配套光盘中的原始文件，如图所示。

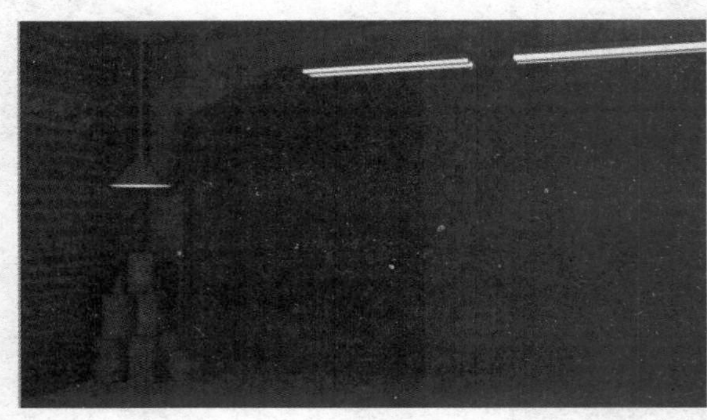

Step 02 渲染场景，可观察到场景中已有灯光的照明效果，如图所示。

提　示

由于灯光始终指向其目标，不能沿着其局部X轴或Y轴进行旋转。但是，可以选择并移动目标对象以及灯光本身。当移动灯光或目标时，灯光的方向会改变。

Step 03 在场景中创建一盏目标灯光，创建的位置如图所示。

Step 04 渲染场景，可观察到该灯光以默认的“点光源”形状存在，照明效果如图所示。

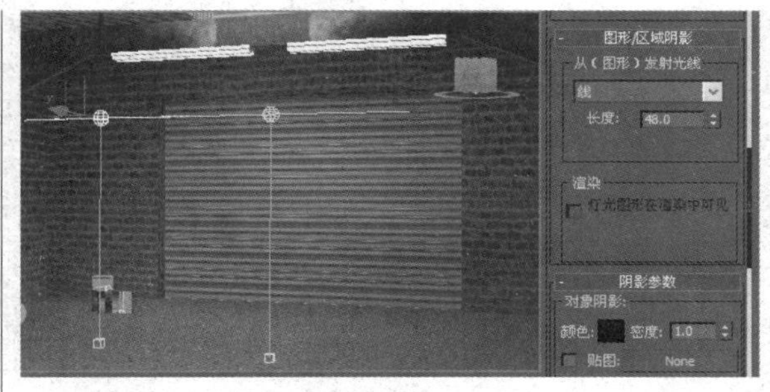

Step 05 再创建一盏目标灯光，选择光源形状为“线”形状，如图所示。

提 示

不同形状的光度学灯光会出现与其相对应的参数卷展栏，用于控制形状的大小。

Step 06 渲染场景，可观察到该灯光准确地模拟日光灯的照明效果，如图所示。

8.5 灯光的阴影

对于标准灯光和光度学灯光中的所有类型的灯光，在“常规参数”卷展栏中，除了可以对灯光进行开关设置外，还可以选择不同形式的阴影方式。

8.5.1 阴影贴图

阴影贴图是最常用的阴影生成方式，它能产生柔和的阴影，并且渲染速度快。不足之处是会占用大量的内存，并且不支持使用透明度或不透明度贴图的对象，如图所示是使用阴影贴图渲染出的效果。

使用阴影贴图，灯光参数面板中会出现“阴影贴图参数”卷展栏，如图所示。卷展栏中各选项的含义如下。

- 偏移：位图偏移面向或背离阴影投射对象移动阴影。
- 大小：设置用于计算灯光的阴影贴图大小。

提 示

偏移的大小以像素的平方为单位。

提 示

如果要还原为渲染阴影贴图的阴影默认值，可以在3dsmax.ini文件中，将R25Shadows的值改回为0，然后重新启动3ds Max。

- 采样范围：采样范围决定阴影内平均有多少区域，影响柔和阴影边缘的程度。范围为0.01 ~ 50.0。
- 绝对贴图偏移：勾选该复选框，阴影贴图的偏移未标准化，以绝对方式计算阴影贴图偏移量。

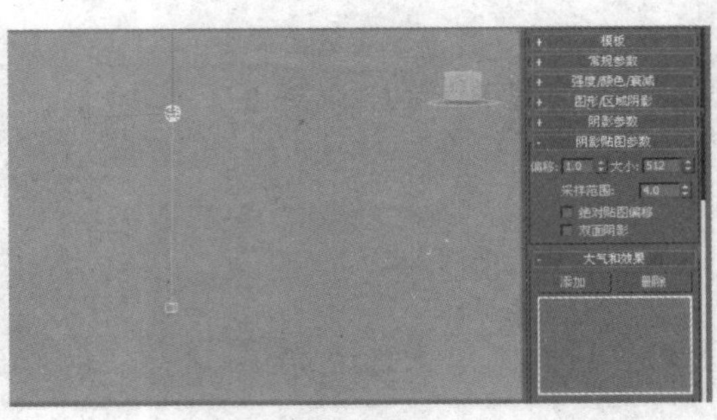

- 双面阴影：勾选该复选框，计算阴影时背面将不被忽略。

范例实录

阴影贴图应用

DVD-ROM

原始文件：
范例文件\Chapter 8\8.5\阴影贴图的应用\阴影贴图的应用（原始文件).max

最终文件：
范例文件\Chapter 8\8.5\阴影贴图的应用\阴影贴图的应用（最终文件).max

Step 01 打开配套光盘中的原始文件，如图所示。

Step 02 渲染场景，可观察到场景中没有阴影效果，如图所示。

Step 03 在场景中创建一盏泛光灯，在右侧“修改”命令面板中调整相关参数，渲染并查看效果，如图所示。

Step 04 再次渲染场景，观察并对比打开“阴影贴图”和没有打开“阴影贴图”时的效果变化，如图所示。

Step 05 在右侧“修改”命令面板的“阴影贴图参数”卷展栏中设置“偏移”参数值为30，如图所示。

> **提 示**
>
> 如果“偏移”值太低，阴影可能在无法到达的地方“泄露”，生成叠纹图案或在网格上生成不合适的黑色区域。如果“偏移”值太高，阴影可能从对象中“分离”。

Step 06 渲染场景，可以观察到阴影位置和角度发生的变化，如图所示。

Step 07 继续设置“大小”参数为200，并渲染查看效果，如图所示。

> **提 示**
>
> 当禁用“绝对贴图偏移”参数时，计算与场景其余部分相关的偏移，然后将其标准化为1.0。

Step 08 继续设置“采样范围”为0.01，如图所示。

提 示

在“绝对贴图偏移”参数被禁用时，偏移与场景大小保持内部平衡，往往会获得较好的效果。

Step 09 渲染场景，观察“采样范围”值较低时的阴影变化效果，如图所示。

Step 10 继续进行调整，使阴影看起来自然真实，得到如图所示的最终效果。

8.5.2 区域阴影

提 示

使用区域灯光时，应尽量使灯光的属性与“区域阴影”卷展栏中“区域灯光尺寸”选项组的属性相匹配。

所有类型的灯光都可以使用“区域阴影”参数。创建区域阴影，需要设置“虚设”区域阴影的虚拟灯光的尺寸，如图所示为区域阴影的应用。

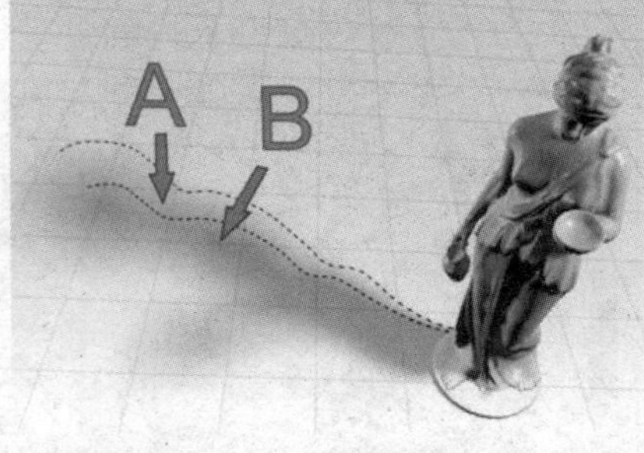

使用“区域阴影”后，会出现相应的参数卷展栏，在卷展栏中可以选择产生阴影的灯光类型并设置阴影参数，如图所示，其中各选项含义如下。

- 基本选项：在该选项组中可以选择生成区域阴影的方式，包括简单、矩形灯、圆形灯、长方体形灯、球形灯等多种方式。

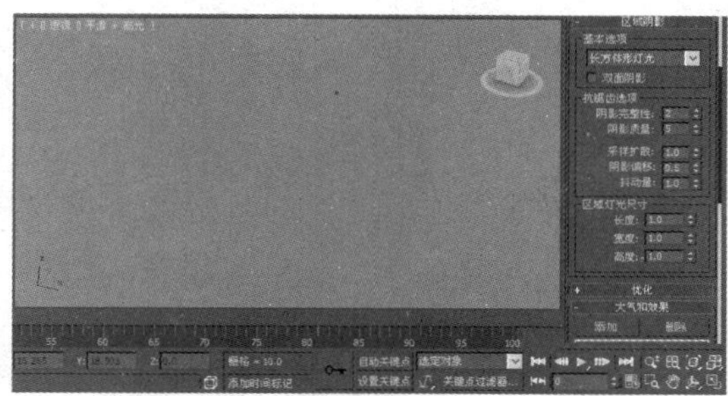

- 阴影完整性：用于设置在初始光束投射中的光线数。
- 阴影质量：用于设置在半影（柔化区域）区域中投射的光线总数。
- 采样扩散：用于设置模糊抗锯齿边缘的半径。
- 阴影偏移：用于控制阴影和物体之间的偏移距离。
- 抖动量：用于向光线位置添加随机性。
- 区域灯光尺寸：该选项组提供尺寸参数来计算区域阴影，该组参数并不影响实际的灯光对象。

提 示

区域阴影比阴影购图方式要耗费更多的渲染时间。

区域阴影的应用

范例实录

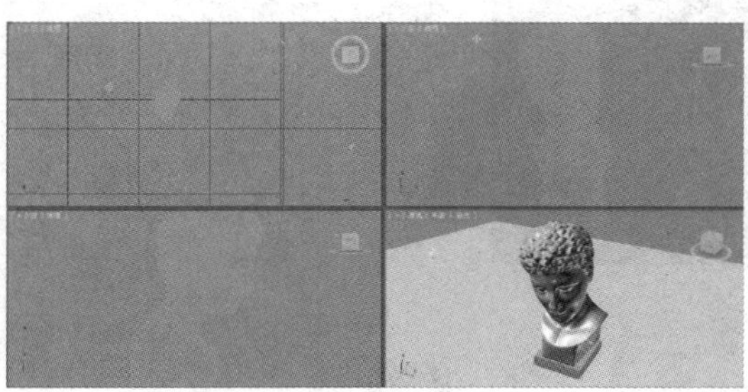

Step 01 打开本书配套光盘中的原始文件，如图所示。

Step 02 渲染场景，可观察到场景中没有灯光投影的效果，如图所示。

Step 03 选择场景中的一盏灯光，启用并选择阴影类型，如图所示。

DVD-ROM

原始文件：
范例文件\Chapter 8\8.5\区域阴影的应用(原始文件).max

最终文件：
范例文件\Chapter 8\8.5\区域阴影的应用(最终文件).max

提 示

阴影质量参数为1时表示4束光线，为2时表示5束光线，值大于3表示N×N束光线。例如值为6时表示可生成36束光线。

提　示

阴影质量所控制的光线从半影中的每个点，或阴影的抗锯齿边缘进行投射，可以对其进行平滑。

Step 04 渲染场景，可观察到“区域阴影”的默认应用效果，如图所示。

Step 05 在灯光的参数面板中，展开“区域阴影”卷展栏，在“基本选项”选项组中选择“简单”选项，如图所示。

提　示

采样扩展参数值越大，阴影模糊的质量越高，同时丢失小对象的可能性也越大。

Step 06 渲染场景，可观察到“简单”选项产生的阴影边缘清晰但有锯齿，效果如图所示。

Step 07 选择“长方体形灯光”选项后再次渲染场景，可以观察到该方式产生的投影效果，如图所示。

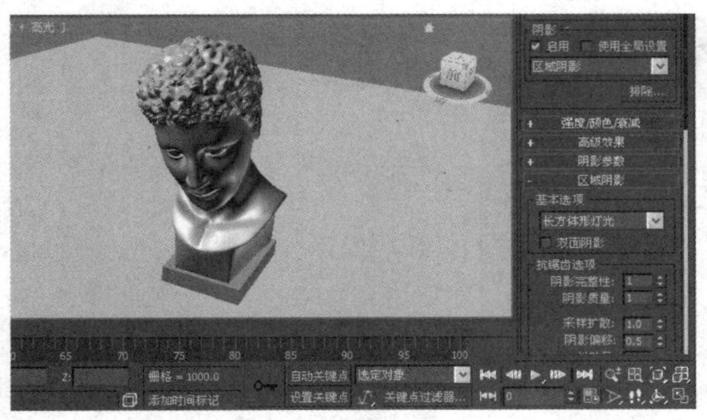

Step 08 设置“阴影完整性”和“阴影质量”参数值都为1，如图所示。

提 示

增加采样扩展参数值，也应该增加偏移的参数值。

Step 09 渲染场景，可观察到阴影产生了大量颗粒，如图所示。

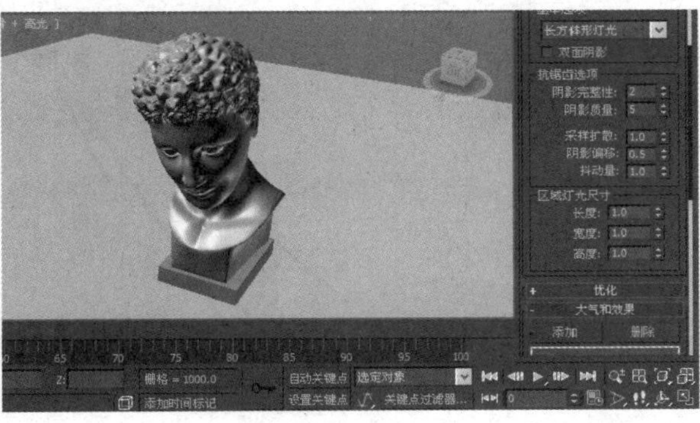

Step 10 在“区域灯光尺寸”选项组中设置相关参数，如图所示。

提 示

由于一级光线顶部会覆盖上二级光线，所以“阴影质量”值始终比“阴影完整性”值大。

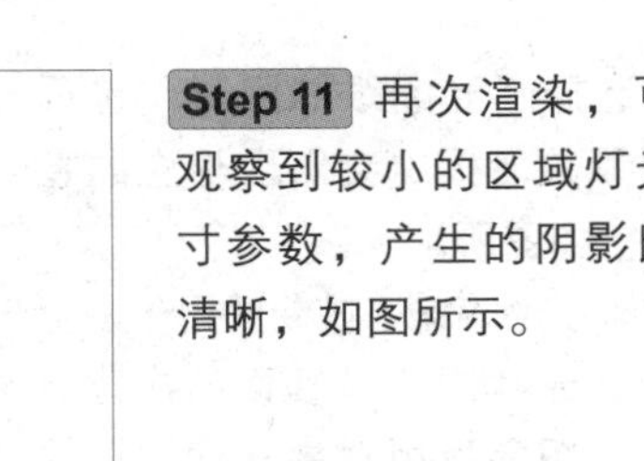

Step 11 再次渲染，可以观察到较小的区域灯光尺寸参数，产生的阴影比较清晰，如图所示。

> **提 示**
>
> 只有在产生非常模糊的阴影效果时，才需要设置“抖动量”参数。推荐值为0.25～1.0之间。

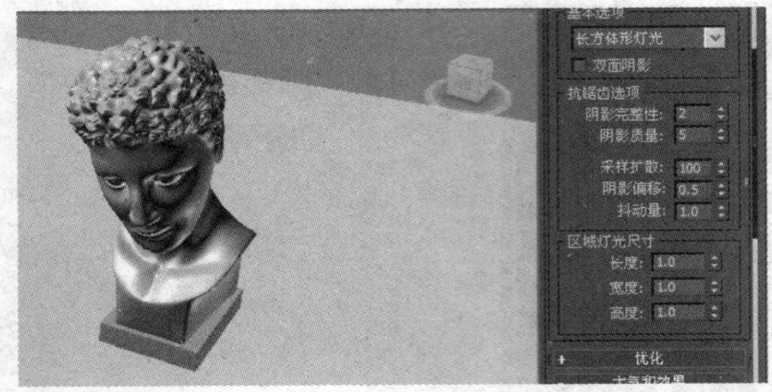

Step 12 设置“采样扩散”参数值为100，如图所示。

Step 13 渲染场景，可观察到由于“采样扩散”参数值过大，产生了多重投影效果，如图所示。

8.5.3 光线跟踪阴影

使用“光线跟踪阴影”功能可以支持透明度和不透明度贴图，产生清晰的阴影，但该阴影类型渲染计算速度较慢，不支持柔和的阴影效果，如图所示为光线跟踪阴影的原理。

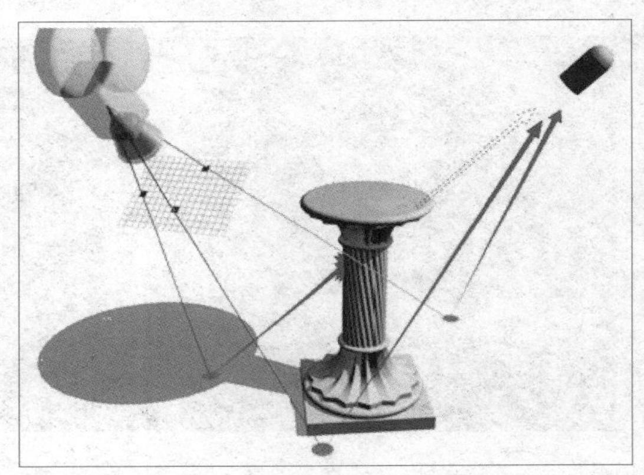

> **提 示**
>
> “光线跟踪阴影”类型非常适用于模拟室外场景受到强烈太阳光照射而产生的阴影效果。

选择“光线跟踪阴影”选项后，参数面板中会出现相应的卷展栏，如图所示。

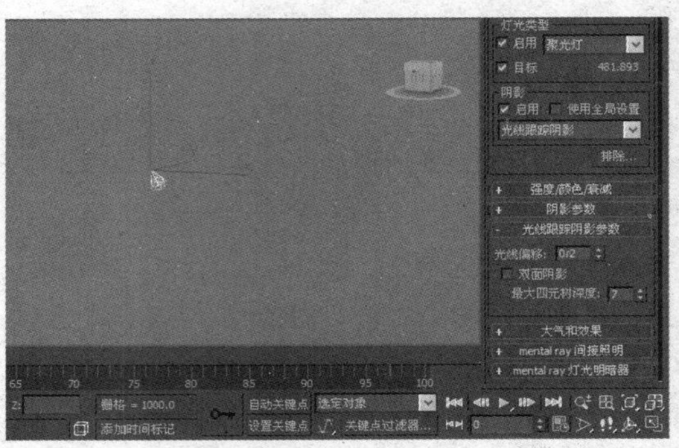

- 光线偏移：该参数用于设置光线跟踪偏移面向或背离阴影投射对象移动阴影的多少。
- 双面阴影：勾选该复选框，计算阴影时其背面将不被忽略。

- 最大四元树深度：该参数可调整四元树的深度。增大四元树深度值可以缩短光线跟踪时间，但却要占用大量的内存空间。四元树是一种用于计算光线跟踪阴影的数据结构。

光线跟踪阴影测试

范例实录

DVD-ROM

原始文件：
范例文件\Chapter 8\8.5\光线跟踪阴影测试（原始文件）.max

最终文件：
范例文件\Chapter 8\8.5\光线跟踪阴影测试（最终文件）.max

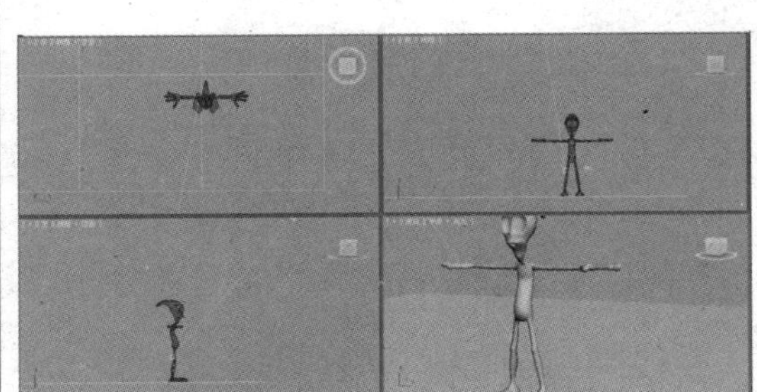

Step 01 打开本书配套光盘中的原始文件，如图所示。

Step 02 渲染场景，可观察到场景中只有灯光照明效果，没有投影的效果，如图所示。

Step 03 选择灯光，在灯光的参数面板中勾选“启用”复选框，并在下拉列表中选择“光线跟踪阴影”选项，如图所示。

Step 04 渲染场景，可观察到场景中光线跟踪阴影的默认效果，如图所示。

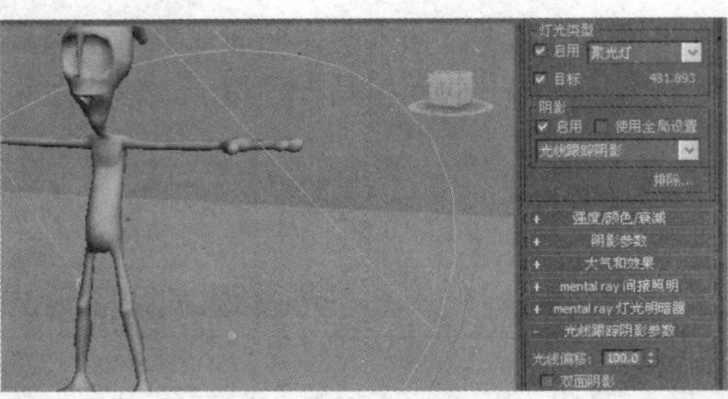

Step 05 在光线跟踪阴影的参数卷展栏中设置“光线偏移”值为100，如图所示。

Step 06 渲染场景，可观察到产生的阴影发生了偏移，如图所示。

8.5.4 高级光线跟踪阴影

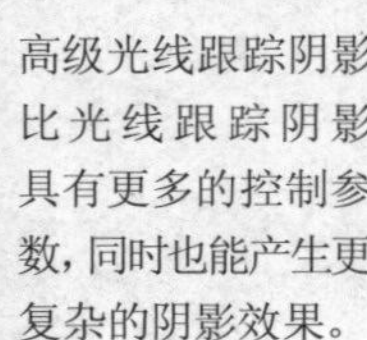

提 示

高级光线跟踪阴影比光线跟踪阴影具有更多的控制参数，同时也能产生更复杂的阴影效果。

“高级光线跟踪阴影”有着与“光线跟踪阴影”类似的特点，但该阴影具有更强的控制能力。

选择“高级光线跟踪阴影”选项后会出现相应的参数卷展栏，用于控制该阴影的具体效果，如图所示。

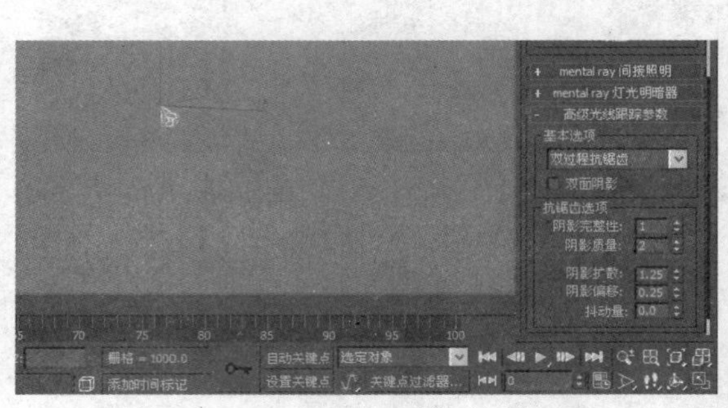

- 单过程抗锯齿：从每一个照亮曲面中投射的光线数量都相同。
- 双过程抗锯齿：第一批光线要确定是否完全照亮出现问题的点，是否向其投射阴影或其是否位于阴影的半影（柔化区域）中。如果点在半影中，则第二批光线束将被投射，以进一步细化边缘。

高级光线跟踪阴影测试

范例实录

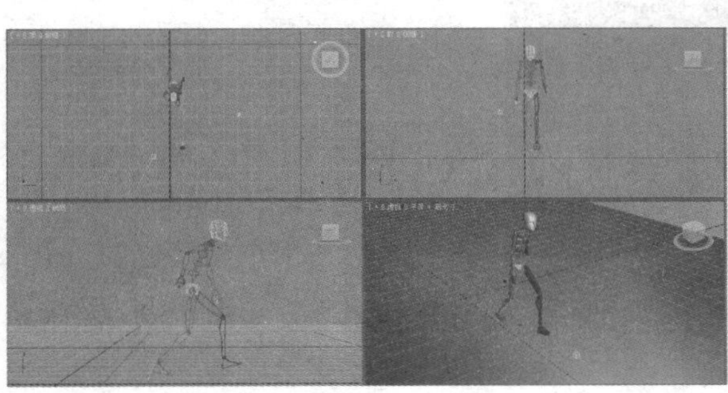

Step 01 打开本书配套光盘中的原始文件，如图所示。

DVD-ROM

原始文件:

范例文件\Chapter 8\8.5\高级光线跟踪阴影测试（原始文件）.max

最终文件:

范例文件\Chapter 8\8.5\高级光线跟踪阴影测试（最终文件）.max

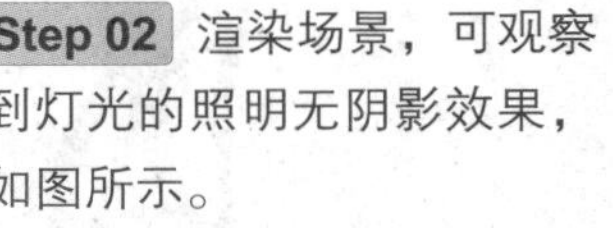

Step 02 渲染场景，可观察到灯光的照明无阴影效果，如图所示。

提 示

调整锯齿参数，可以使阴影通过不同的方式计算得到不同的抗锯齿效果。

Step 03 选择灯光，在灯光参数面板的下拉列表中选择“高级光线跟踪阴影”选项，如图所示。

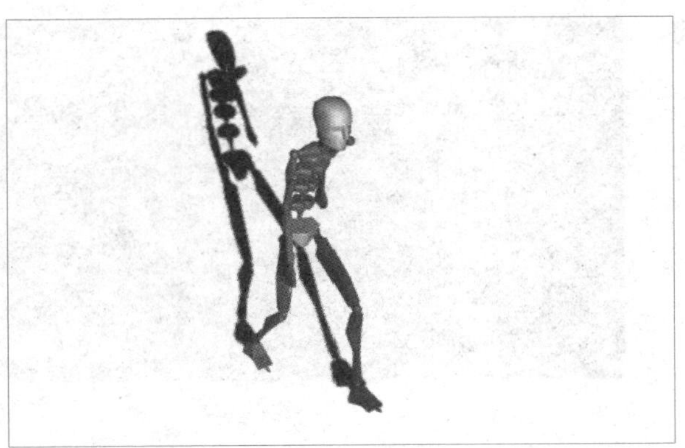

Step 04 渲染场景，可观察到高级光线跟踪阴影的默认效果，如图所示。

提 示

随着阴影扩散值的增加，有可能丢失小对象，这时可增加第1周期质量值。

> **提　示**
>
> 使用单过程抗锯齿时，从每一个照亮的曲面中投射的光线数量都相同。

Step 05 在参数卷展栏的下拉列表中选择“单过程抗锯齿”选项，如图所示。

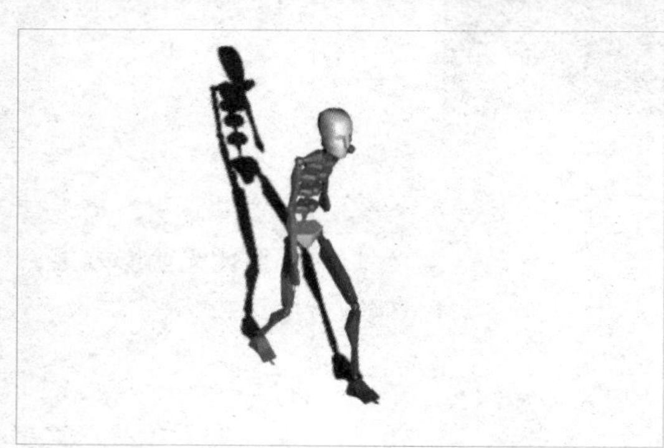

Step 06 渲染场景，可观察到阴影边缘略有锯齿现象，如图所示。

8.6 模拟白天光照效果

本节将通过创建各种3ds Max 的预置灯光来完成对场景白昼的照明模拟，如图所示为本节案例完成效果。

8.6.1 模拟天光

> **提　示**
>
> 天光是一种环境光源，可以通过大气反射太阳光线对整个场景进行照明。

本小节将通过创建泛光灯来模拟天光的环境照明效果，如图所示，场景中仅有被天光照明的效果。

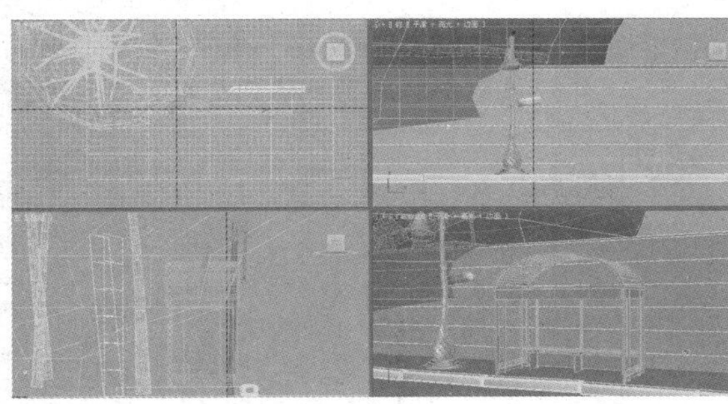

Step 01 打开本书配套光盘中的原始文件，如图所示。

DVD-ROM

原始文件:

范例文件\Chapter8\8.6\场景\场景（原始文件).max

最终文件:

范例文件\Chapter 8\8.6\场景\场景（最终文件）.max

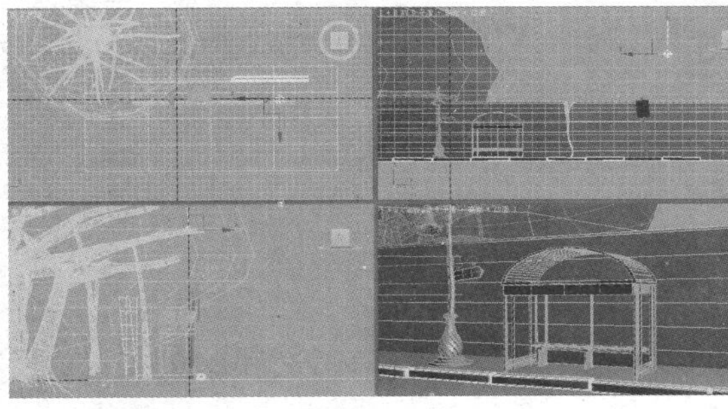

Step 02 在场景中创建一盏泛光灯，创建位置如图所示。

Step 03 渲染场景，可以观察到该灯光的默认照明效果，如图所示。

提 示

在白昼时，天光的颜色与天空颜色接近，根据天气晴朗的程度呈不同饱和度的浅蓝色。

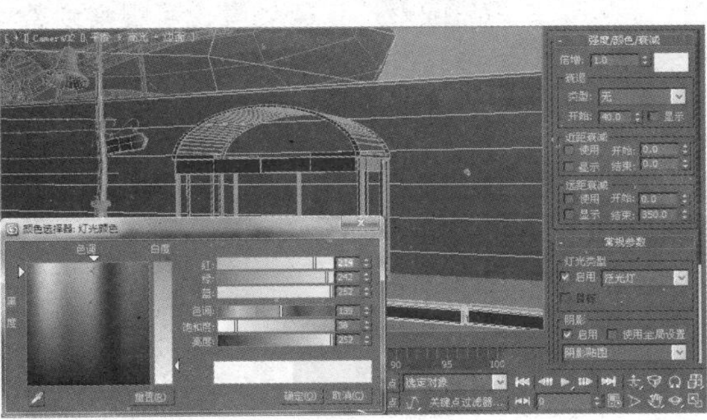

Step 04 在泛光灯的参数面板中，设置灯光的颜色和衰减参数，如图所示。

Step 05 渲染场景，可以观察到该泛光灯在启用阴影、修改颜色和应用衰减后的照明效果，如图所示。

提 示

以实例的方式克隆灯光，是将所克隆的灯光作为一个整体光源，使场景受光更为均匀。

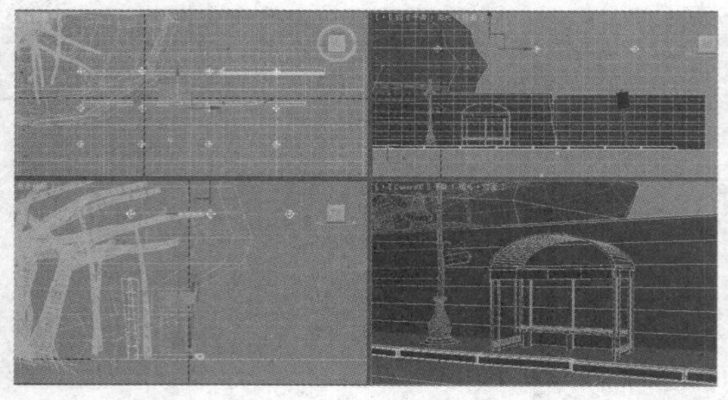

Step 06 将泛光灯在场景中以“实例”的方式进行克隆，如图所示。

提 示

以实例方式克隆的灯光，修改其中一盏灯光的参数，其灯光的参数也将同步更新。

Step 07 再次渲染场景，可观察到由于灯光过多，场景有过度曝光的现象，如图所示。

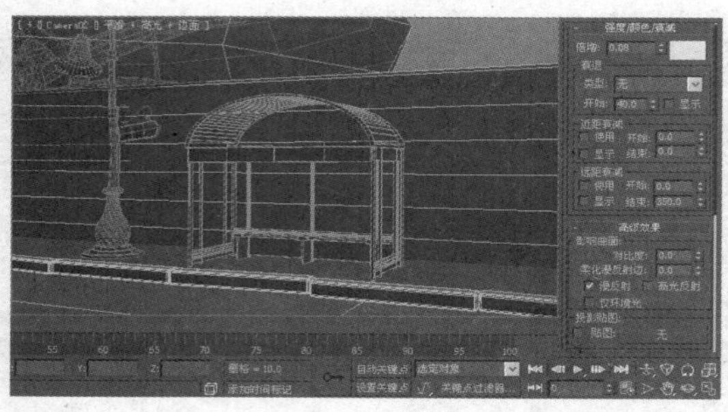

Step 08 在灯光参数面板中设置“倍增”值为0.1，并且取消勾选“高光”复选框，如图所示。

Step 09 渲染场景，可观察到整个场景被受到均匀的光线照明，并具有柔和的阴影，如图所示。

地平面上的阳光是来自一个方向的平行光线，方向和角度因时间、纬度和季节变化而异。在晴朗的天气里，阳光的颜色为淡黄色，多云的天气里阳光为蓝色，暴风雨的天气里阳光为深灰色。空气中的粒子可以将阳光染为橙色或褐色。在日出和日落时，颜色可能比黄色更红，如图所示为拥有阳光的室外场景。

8.6.2 补光的应用

本小节将模拟场景中的地面反射阳光，创建使场景变亮的补光，如图所示为没有补光的照明效果。

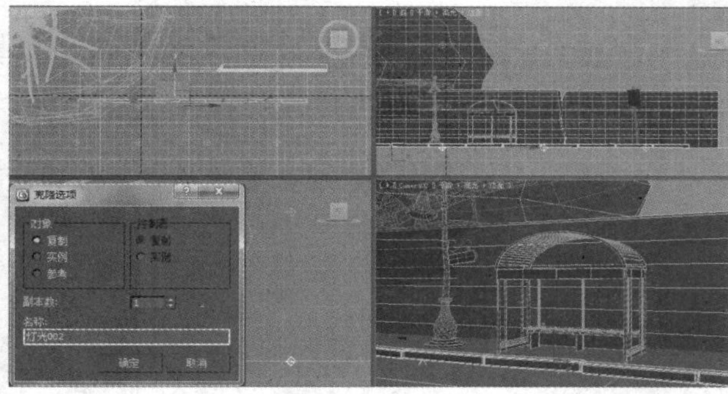

Step 01 对模拟天光的灯光进行组合，以“复制”方式进行克隆，将其放置在合适位置，如图所示。

> **提 示**
>
> 将模拟天光的灯光进行组合，可以方便对灯光进行选择操作。

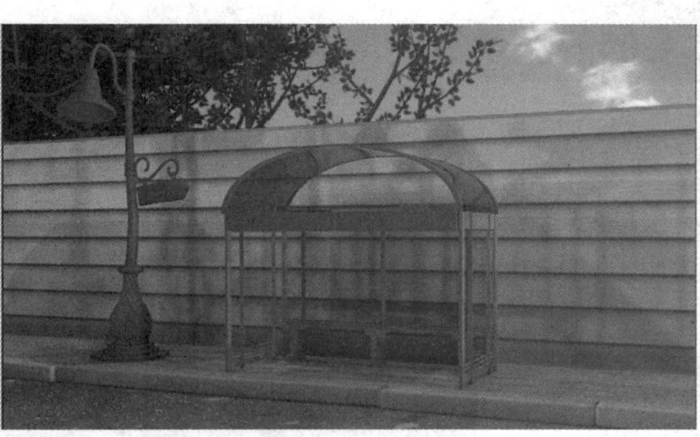

Step 02 渲染场景，可以观察到增加了一组补光灯光的场景照明效果，如图所示。

> **提 示**
>
> 在本场景中创建补光，需要参考地面和墙面的颜色，以及场景的当前时段，以此来决定补光的强度和颜色等参数。

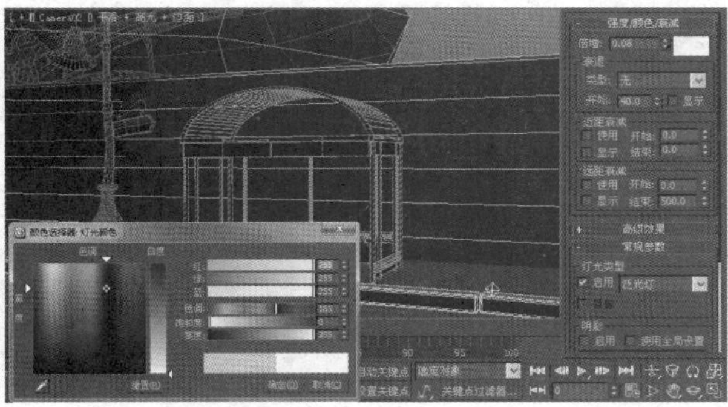

Step 03 选择模拟补光的灯光组合，在参数面板中设置灯光基本参数，如图所示。

> **提 示**
>
> 场景中地面占了较大的面积，补光通常根据地面反射阳光的原理来放置。

Step 04 渲染场景，可观察到取消阴影投射并降低了灯光的倍增等参数后，场景变得更有层次，如图所示。

> **提 示**
>
> 远距衰减的值越大，衰减过程越长。在场景同一位置处，衰减值较大的情况下场景会显得更为明亮。

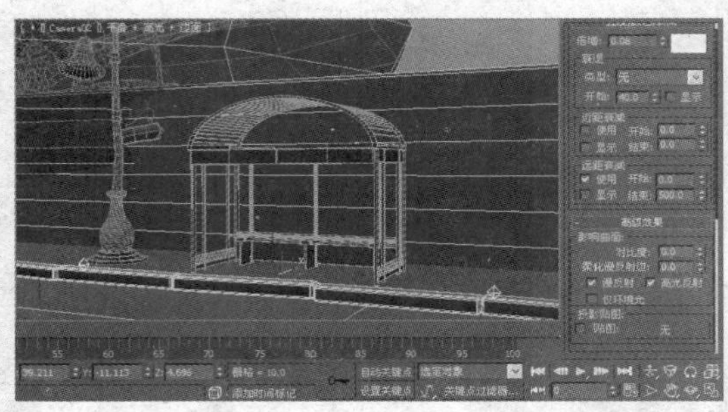

Step 05 在补光的参数面板中，设置衰减和高级效果等参数，如图所示。

Step 06 再次渲染场景，可观察到由于远处衰减值变大，场景亮度有所提高，如图所示。

8.6.3 太阳光照明

> **提 示**
>
> 如果需要模拟晴朗的夜间，建议使用泛光灯来模拟月光的照明。

本小节将通过目标平行光来模拟太阳光直射的效果，如图所示为仅有太阳光照明的效果。

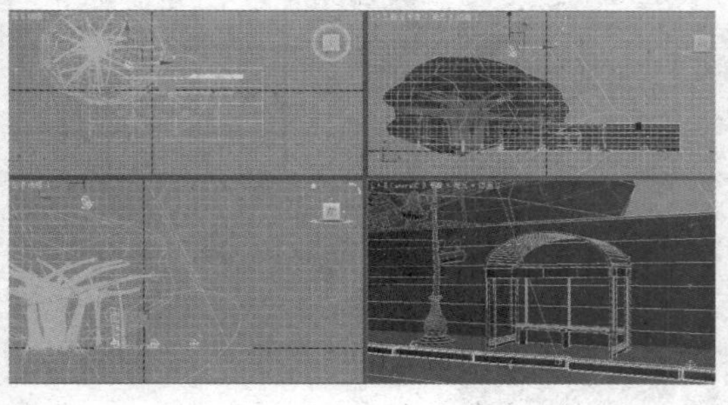

Step 01 在场景中创建一盏“目标平行光”，用于模拟阳光，创建位置，如图所示。

Step 02 渲染场景，可观察到目标平行光的默认照射效果，如图所示。

> **提 示**
>
> 使用目标平行光模拟太阳光时，建议设置足够大的照射范围，这样才能使整个场景都受到相同强度的光线照明，也更接近真实太阳的照明原理。

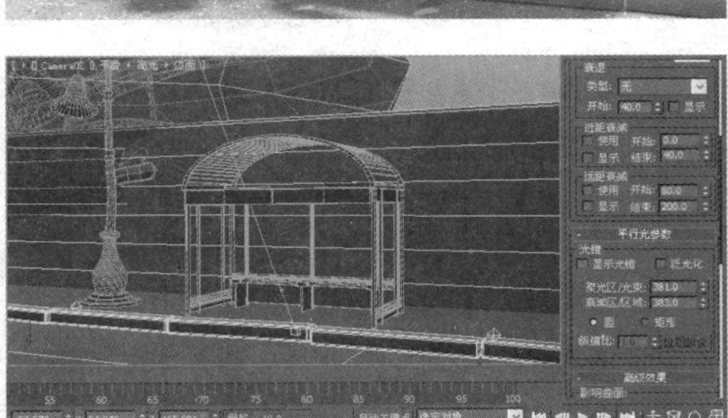

Step 03 在目标平行光的参数面板中，设置平行光影响范围的参数值，如图所示。

Step 04 渲染场景，可观察到整个场景都受到了相同强度光照的效果，如图所示。

> **提 示**
>
> 在模拟太阳光时，通常会设置灯光的颜色略为偏黄。

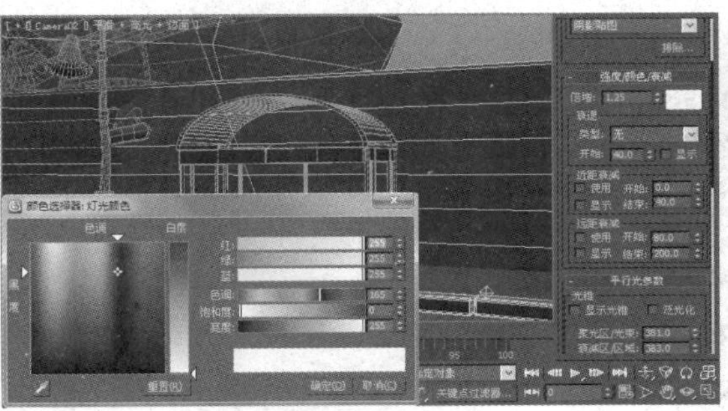

Step 05 设置目标平行光的倍增、颜色等参数，如图所示。

Step 06 渲染场景，可以观察到场景受到模拟太阳的目标平行光照射，生成了清晰的阴影，场景也变得足够明亮，如图所示。

> **提 示**
>
> 越是晴朗的天气，太阳光照射的强度越大，产生的阴影也越清晰。如果是阴天，场景中可以不创建模拟太阳光的灯光。

8.6.4 人工照明

本小节将模拟路灯的人工照明效果，通过光度学灯光，可以有效地控制灯光的强度、颜色和照明范围等，如图所示为场景中仅有路灯的照明效果。

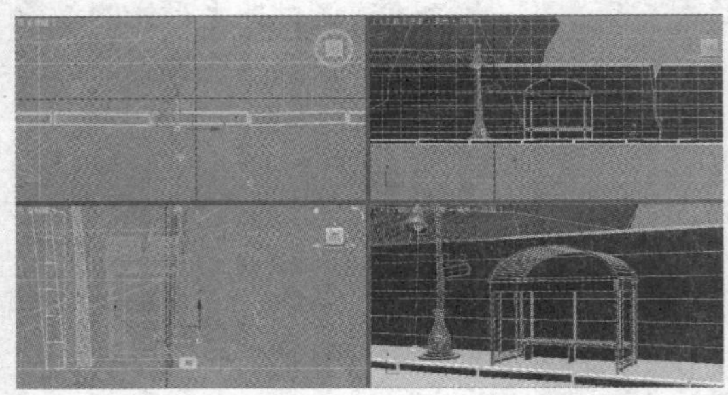

Step 01 在场景中创建一盏光度学"目标灯光"，创建位置如图所示。

提 示

在创建光度学灯光时，灯光与作为参考的路灯照明方向一致。

Step 02 渲染场景，可观察到该灯光默认照明效果，如图所示。

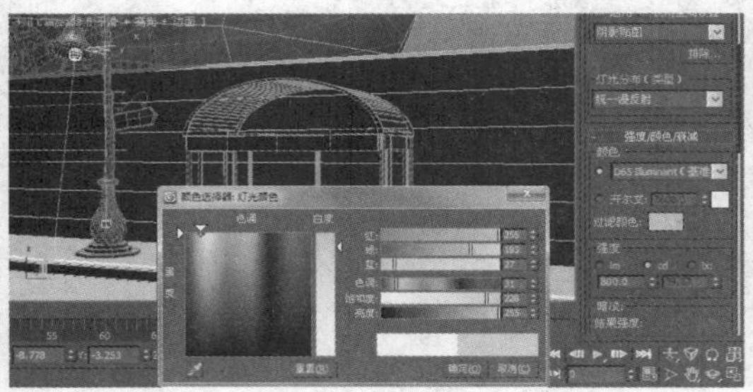

Step 03 在灯光参数面板中设置灯光的各种参数，如图所示。

提 示

在白昼表现路灯等人工照明光源时，可以适当提高灯光强度，避免灯光倍增过低，在场景中不明显。

Step 04 渲染场景，可以观察到该灯光的照明效果和范围，如图所示。

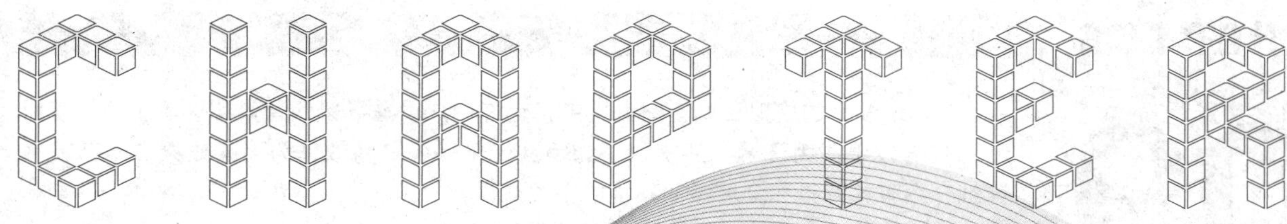

CHAPTER

09 环境与效果

本章将主要介绍“环境和效果”对话框中提供的各种控件，重点讲解背景环境的应用、大气效果的使用以及镜头特效、模糊和类似于图像后期处理的各种效果，最终配以实例讲解如何将环境效果添加到场景中，使场景更具有气氛。

重点知识链接

本章主要内容	知识点拨
大气效果	了解雾、体积雾、体积光以及火等大气效果
特效	掌握各种特效对渲染图像的处理方式和应用方法
曝光控制	熟悉各种曝光方式的原理和应用法则

CHAPTER 09

9.1 背景与环境

在3ds Max的虚拟三维空间世界中，允许用户设置场景的背景和环境，例如使用贴图或雾效果作为环境，还提供了如镜头光晕等各种特效作为渲染效果。本节就将详细介绍有关背景和全局照明环境的相关知识。

9.1.1 背景

“背景”是指场景中的背景颜色或背景动画，在3ds Max的“环境和效果”对话框中，可以更改背景颜色或使用贴图代替颜色，如图所示。

- 颜色：单击色块，可设置场景背景的颜色，并允许其被记录为动画。
- 环境贴图：只有勾选“使用贴图”复选框，所应用的贴图才能生效。

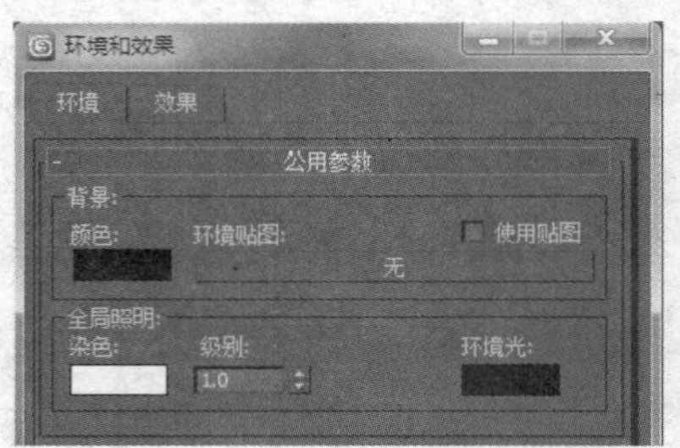

提 示

在视口和渲染场景的背景（屏幕环境）中，可以使用图像或使用纹理贴图作为球形环境、柱形环境或收缩包裹环境。

范例实录

环境的应用

DVD-ROM

原始文件：范例文件\Chapter 9\9.1\环境的应用\环境的应用（原始文件）.max

最终文件：范例文件\Chapter 9\9.1\环境的应用\环境的应用（最终文件）.max

提 示

为环境指定的贴图可以是程序贴图、外部的图像文件或动画视频文件。

提 示

默认的背景环境为黑色。背景环境使用的贴图可以显示在视口背景中。

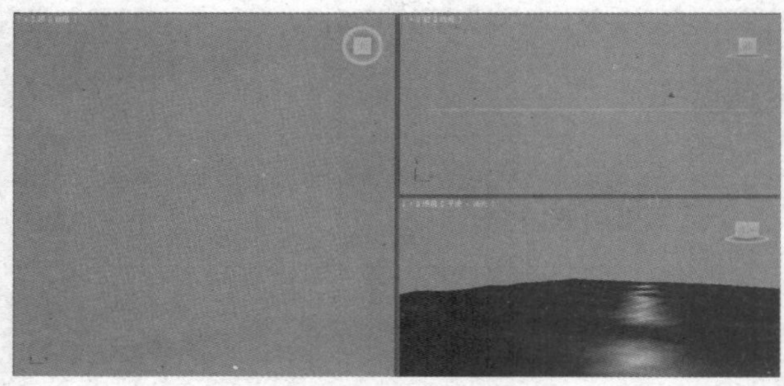

Step 01 打开本书配套光盘中的原始文件，效果如图所示。

Step 02 渲染场景，可观察到场景中黑色背景的应用效果，如图所示。

Step 03 按下8，打开“环境和效果”对话框，单击“背景”选项组中的色块，设置颜色，如图所示。

Step 04 渲染场景，可以观察到设置的黄色背景在场景中的渲染效果，如图所示。

提 示

用户可以通过执行自定义菜单中的相关命令，来控制背景图像是否受渲染器的抗锯齿过滤器的影响。

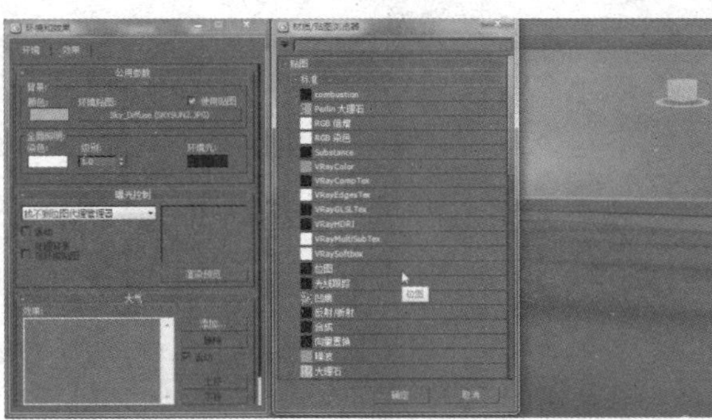

Step 05 单击“背景”选项组中的“无”按钮，在打开的“材质/贴图浏览器”面板中选择“位图”贴图选项，如图所示。

Step 06 在弹出的“选择位图图像文件”对话框中，选择贴图文件，如图所示。

提 示

如果场景中包含动画位图，则每帧将一次重新加载一个动画文件。如果场景使用多个动画，或动画文件本身就很大，那么渲染性能将降低。

Step 07 渲染场景，可观察到贴图的默认设置参数并不符合场景背景的应用效果，如图所示。

提 示

从“环境”面板中拖曳复制贴图不提供实例等方式，如果需要在“材质编辑器”中设置贴图，需要从材质编辑器复制到环境背景中去。

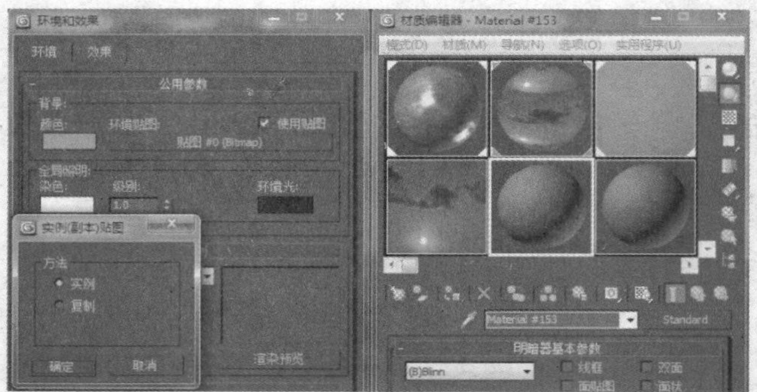

Step 08 将环境贴图复制到“材质编辑器”中，然后再从“材质编辑器”中以“实例”的方式复制到环境贴图，如图所示。

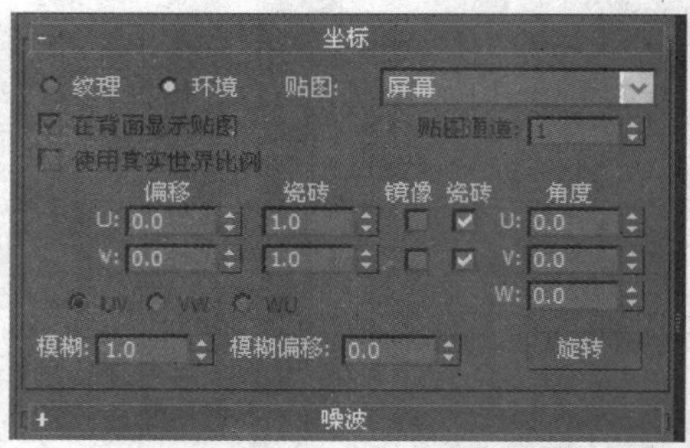

Step 09 在“材质编辑器”中设置贴图的方式为“环境”选项，如图所示。

提 示

使用半球来模拟背景环境是常用的环境应用方法之一，半球对象通常被称为球天。

Step 10 渲染场景，可观察到场景中的背景正确应用了贴图，如图所示。

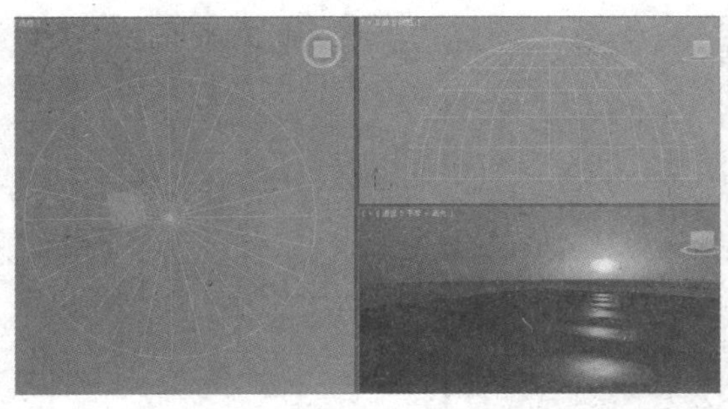

Step 11 在场景中创建一个足够大的半球对象。使用一个新材质，以背景使用的贴图作为漫反射贴图，然后将其赋予该对象，如图所示。

Step 12 渲染场景，可观察到由于创建的半球模拟了背景的环境空间，再加上贴图的应用，使环境贴图与场景接合得更加自然，效果如图所示。

9.1.2 全局照明

在“全局照明”选项组中，可以通过设置颜色参数使整个场景染色或更改整个场景的环境颜色，相关的参数如图所示。各选项的含义如下。

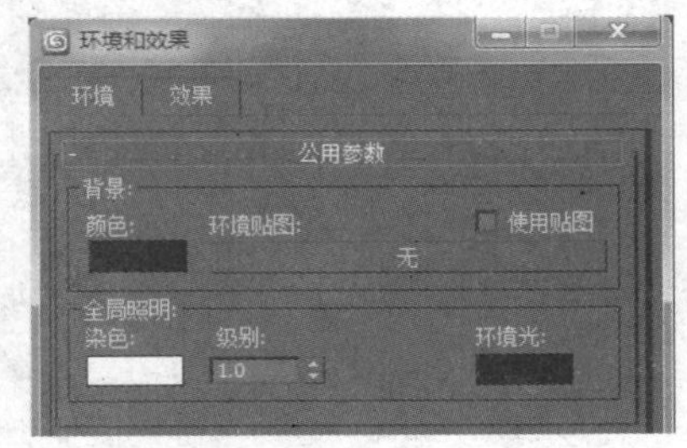

- 染色：设置该参数，可以为场景中的灯光（环境光除外）染色。
- 级别：该参数可以增强或减弱场景中的所有灯光。
- 环境光：设置该参数可以改变场景的环境光颜色。

> **提 示**
>
> “全局照明”选项组中的参数设置并非现在常用的全局照明渲染引擎技术，3ds Max的全局照明参数只能对场景设置简单的颜色和强度。

全局照明应用

范例实录

Step 01 打开本书配套光盘中的原始文件，如图所示。

> **DVD-ROM**
>
> **原始文件**：范例文件\Chapter 9\9.1\全局照明应用\全局照明应用（原始文件).max
>
> **最终文件**：范例文件\Chapter 9\9.1\全局照明应用\全局照明应用（最终文件).max

Step 02 对场景进行渲染，观察渲染后的效果，如图所示。

提 示

当染色颜色不是白色时，才会为场景中的所有灯光染色。

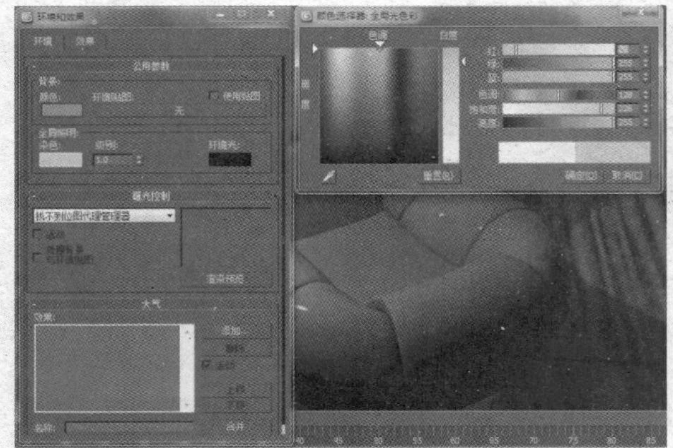

Step 03 按下键盘快捷键8，打开“环境和效果”对话框，单击“全局照明”选项组中的色块，设“染色”的颜色，如图所示。

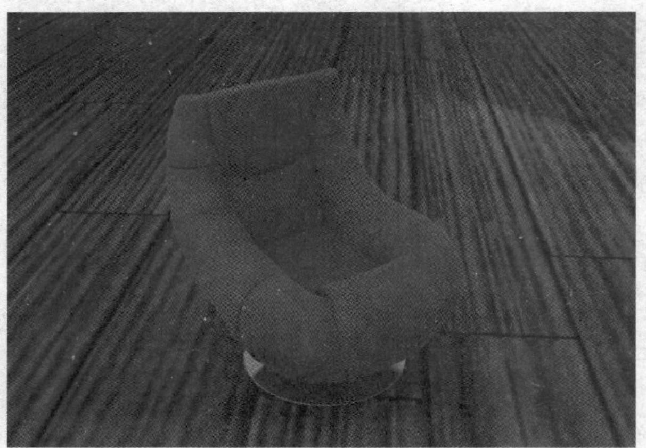

Step 04 再次渲染场景，可观察到场景中物体的颜色发生了变化，如图所示。

提 示

如果将“级别”参数的值设置为1.0，则保留各个灯光的原始设置。增大级别将增强总体的场景照明效果，减小级别将减弱总体的场景照明效果。

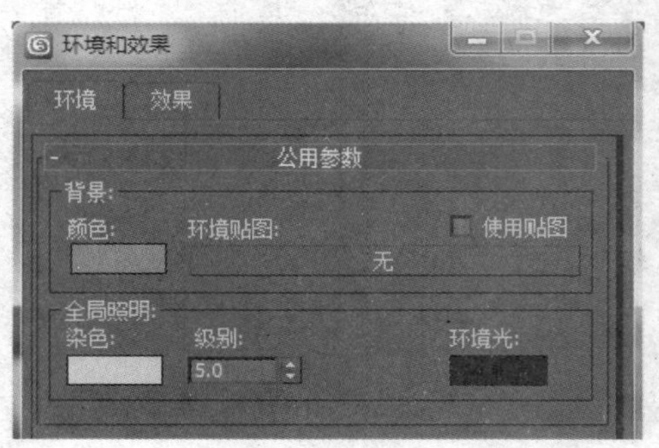

Step 05 在“环境和效果”对话框中设置“全局照明”选项组的“级别”为5.0，如图所示。

Step 06 渲染场景，可观察到由于“级别”参数的增加，颜色整体变得更加明亮，如图所示。

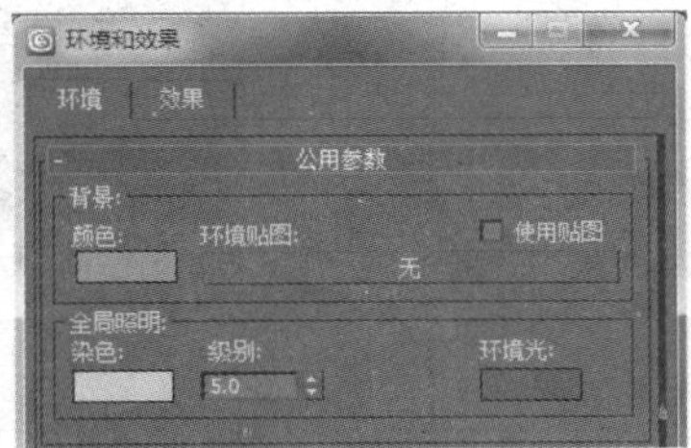

Step 07 继续设置“环境和效果”对话框中的参数，调整“环境光”的颜色，如图所示。

> **提 示**
>
> 3ds Max 中的环境光模拟从灯光反射远离曲面的常规照明，用于确定阴影曲面的照明级别，或决定不接收光源直接照明曲面的照明级别。

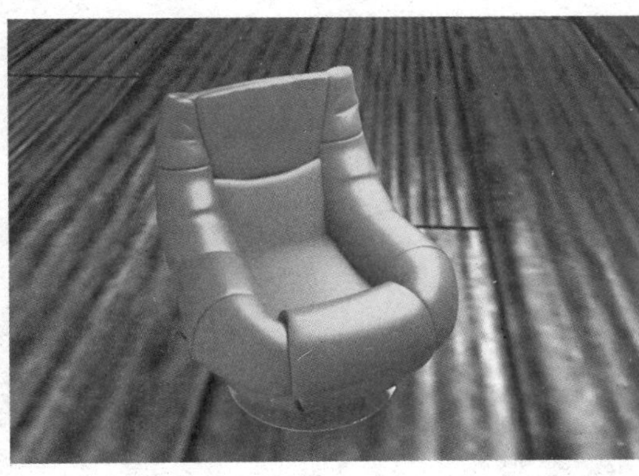

Step 08 渲染场景，在调整了“环境光”的颜色之后，物体的颜色也发生了变化，如图所示。

9.2 大气效果

在“大气”卷展栏中，提供了各种创建照明效果的插件组件，包括雾、体积雾、体积光和火效果等。

9.2.1 雾

“雾”组件可以模拟真实世界中的雾或烟等效果，可以使对象随着与摄影机距离的增加而逐渐褪光（标准雾），也可以提供分层雾效果，使所有对象或部分对象被雾笼罩。如图所示为添加到场景的雾效果。

“雾”选项组中的各选项含义如下。

> **提 示**
>
> 雾效果只能通过“摄影机”视口或“透视”视口进行渲染，在“正交”视口或“用户”视口中不能渲染雾效果。

- 颜色：设置雾的颜色，可以使用贴图。
- 环境颜色贴图：可以通过贴图导出雾的颜色。
- 环境不透明度贴图：可以通过贴图改变雾的浓度。
- 雾化背景：勾选该复选框，可以将雾功能应用于场景的背景。
- 类型：可以选择雾的类型，共有标准雾和分层雾两种类型。

下面将分别对雾的两种类型进行详细介绍。

1. 标准雾

“标准雾”可以控制距离摄影机近处和远处雾的浓度，使雾在摄影的观察距离上产生变化。如图所示为雾和标准雾的参数设置面板。各选项的含义如下。

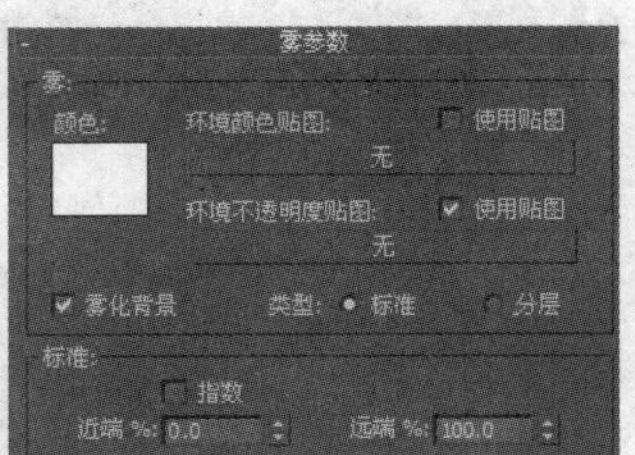

- 指数：雾的密度随距离按指数增大。不勾选时，雾的密度随距离线性增大。
- 近端：设置雾在近距范围内的密度。
- 远端：设置雾在远距范围内的密度。

范例实录

创建标准雾效果

DVD-ROM

原始文件：范例文件\Chapter 9\9.2\创建标准雾效果\创建标准雾效果（原始文件).max

最终文件：范例文件\Chapter 9\9.2\创建标准雾效果\创建标准雾效果（最终文件).max

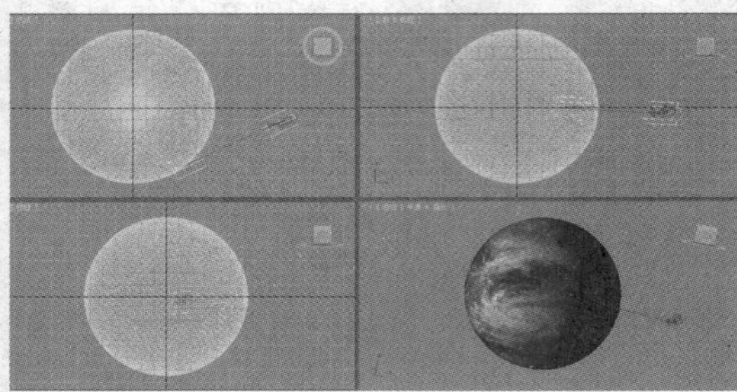

Step 01 打开本书配套光盘中的原始文件，如图所示。

Step 02 渲染场景，可观察到场景中没有应用大气环境时的效果，如图所示。

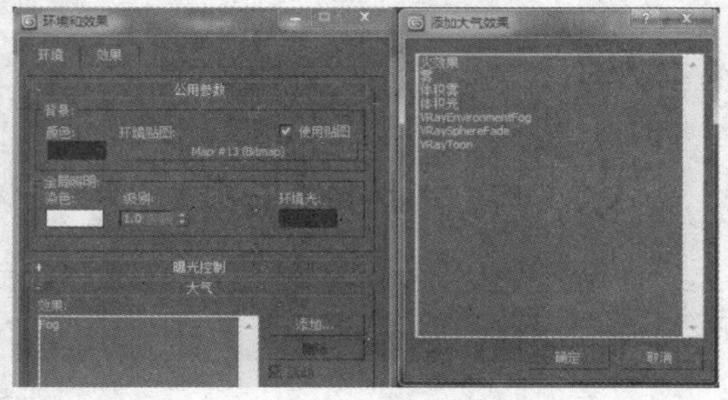

Step 03 按下8，打开“环境和效果”对话框，在“大气”卷展栏中单击“添加”按钮 添加... ，在开启的对话框中选择“雾”选项，如图所示。

提 示

要设置近端或远端的雾浓度，需要设置摄影机的大气范围参数。

Step 04 渲染场景，可观察到由于没有对雾效果进行设置，整个场景出现了浓度最大的白色雾，如图所示。

提 示

在“大气”卷展栏中选择具体大气效果后，才会出现相应的参数卷展栏。

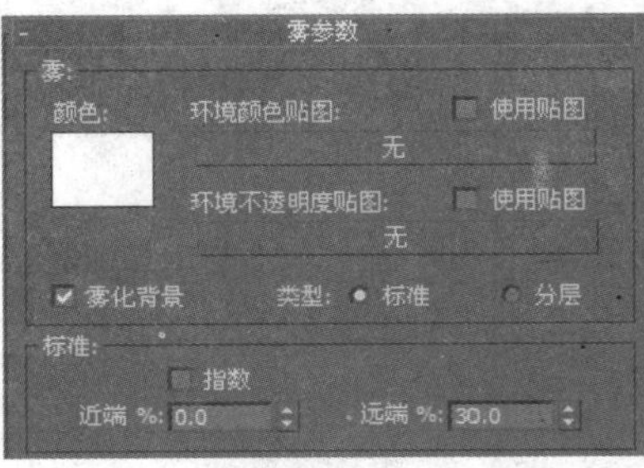

Step 05 在“雾参数”卷展栏中，设置“远端”的参数值为30%，如图所示。

提 示

当没有应用大气范围时，只有远端参数有效，整个场景的雾浓度与该参数保持一致。

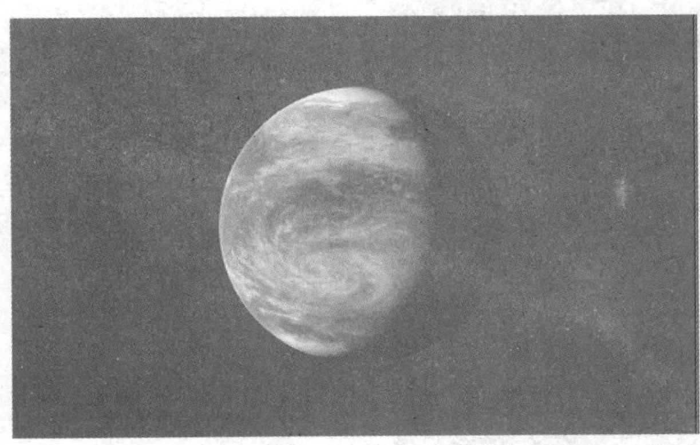

Step 06 渲染场景，可观察到场景被笼罩在一层薄雾之中，效果如图所示。

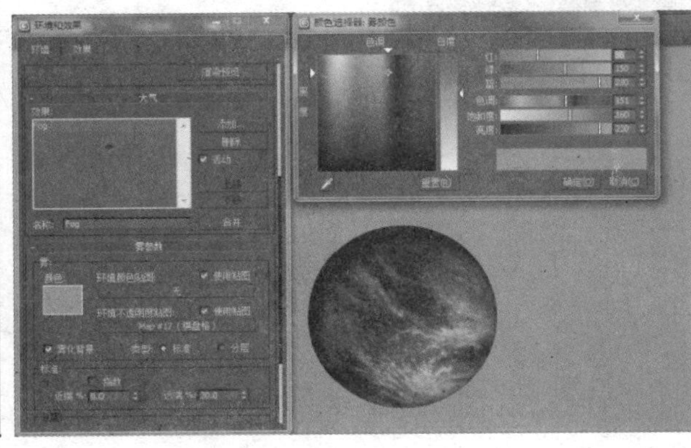

Step 07 在“雾”选项组中，设置“颜色”为蓝色，如图所示。

提 示

雾的颜色饱和度越大，雾就越不透明，反之则越透明。

Step 08 在渲染场景后，可观察到场景中的雾变成了蓝色，效果如图所示。

提 示

使用棋盘格贴图作为环境颜色，黑色区域将完全没有雾，白色区域将和颜色混合。

Step 09 单击“环境颜色贴图”按钮，在打开的对话框中选择“棋盘格”程序贴图，如图所示。

Step 10 渲染场景，可观察到场景中雾的效果因受到棋盘格贴图的影响，而出现了棋盘格效果，如图所示。

提 示

在为环境不透明度使用贴图时，雾的透明度将根据颜色的灰度来决定，黑色为完全透明，白色为不透明。

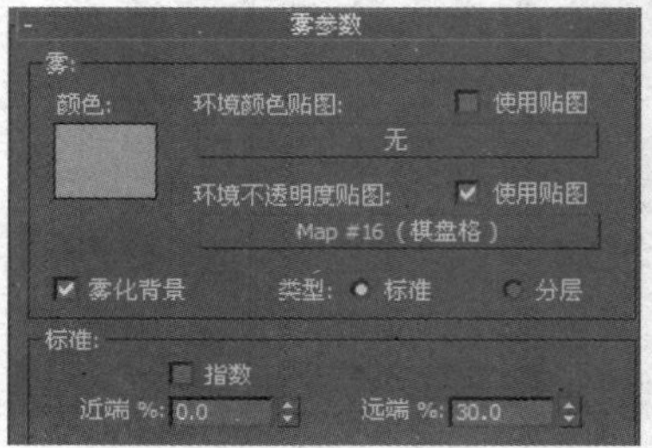

Step 11 在“雾参数”卷展栏中为“环境不透明度贴图”指定“棋盘格”程序贴图，如图所示。

Step 12 渲染场景，可观察到由于棋盘格贴图的应用，棋盘格黑色区域在场景中显示雾的效果，白色区域则显示原有的场景，效果如图所示。

2. 分层雾

分层雾可以使雾在上限和下限之间变薄或变厚，可以在场景中添加多个雾项目，也可以设置雾上升和下降、更改密度和颜色，并添加地平线噪波。如图所示为分层雾的相关参数，各选项含义如下。

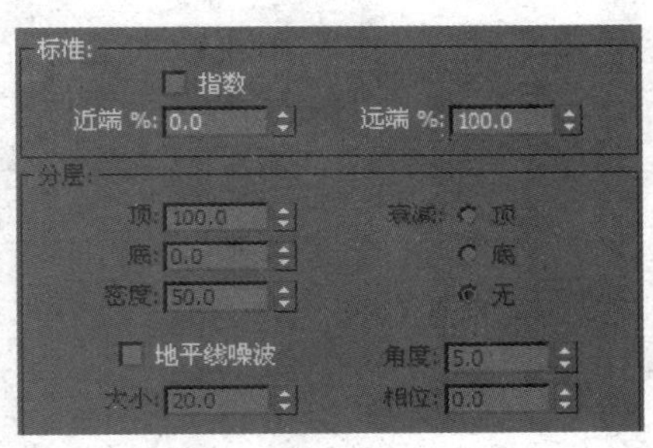

- 顶：设置雾层的上限。
- 底：设置雾层的下限。
- 密度：设置雾的总体密度。
- 衰减：添加指数衰减效果，使密度在雾范围的“顶”或“底”减小到0。
- 地平线噪波：勾选该复选框，可以启用地平线噪波系统。
- 角度：确定受影响的画面与地平线的角度。
- 大小：应用于噪波的缩放系数。缩放系数值越大，则雾卷就越大。默认设置为20。
- 相位：此参数可用于设置噪波的动画。

提 示

“顶”和“底”的参数值使用的都是世界单位。

范例实录

为场景添加层雾

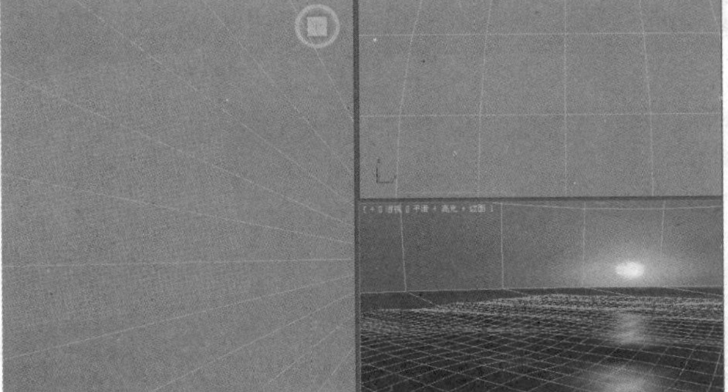

Step 01 打开本书配套光盘中的原始文件，效果如图所示。

DVD-ROM

原始文件：范例文件\Chapter 9\9.2\为场景添加层雾\为场景添加层雾（原始文件).max

最终文件：范例文件\Chapter 9\9.2\为场景添加层雾\为场景添加层雾（最终文件).max

Step 02 渲染场景，可观察到当前场景在没有添加雾时的效果，如图所示。

> **提 示**
>
> 如果希望雾的效果非常突出，可尝试使“密度”大于100。

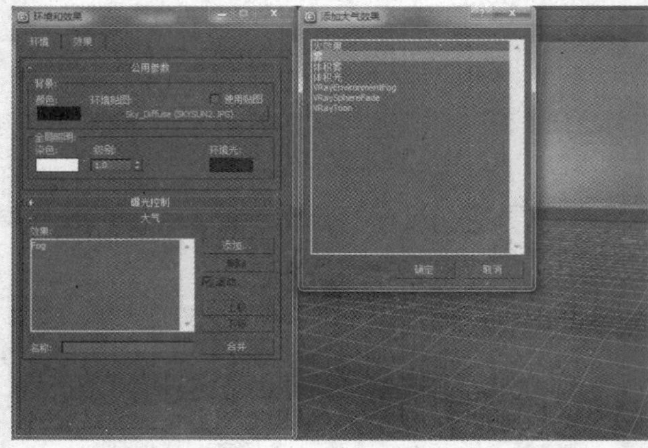

Step 03 在“环境和效果”对话框中，添加“雾”大气效果，并选择“分层”类型，如图所示。

> **提 示**
>
> 大气效果参数允许用户添加多个相同的大气效果。如添加一个“雾”大气效果制作标准雾，再添加一个“雾”大气效果制作层雾。

Step 04 渲染场景，可观察到在场景中添加了分层雾后的默认渲染效果，如图所示。

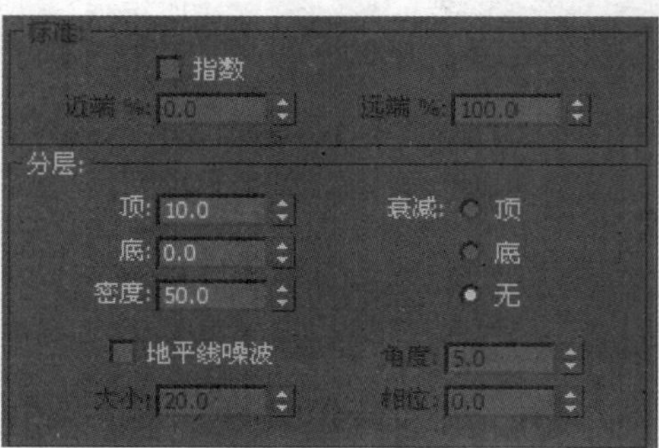

Step 05 在“分层”选项组中，设置相关参数，如图所示。

Step 06 渲染场景后，可观察到“顶”和“底”参数限制了雾产生的范围，如图所示。

提 示

如果相位沿着正向移动，那么雾层将向上漂移。如果雾高于地平线，可能就需要沿着负向设置相位的移动，使雾层下落。

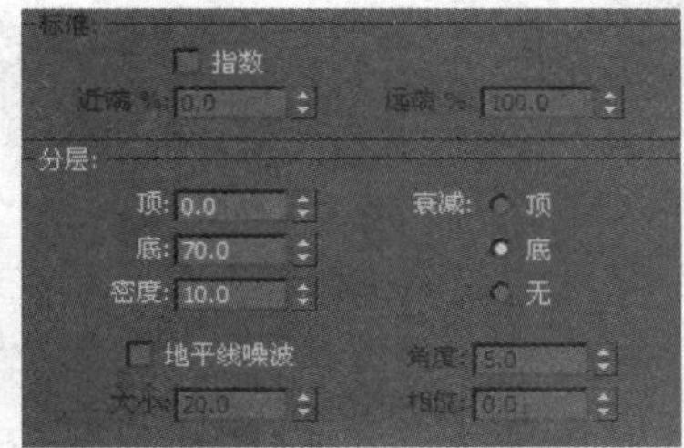

Step 07 在“分层”选项组中，重新设置雾的限制范围以及“密度”参数和“衰减”方式，如图所示。

提 示

地平线效果会在地平线以上和地平线以下产生镜像，如果雾层高度穿越地平线，则可能会产生异常结果。

Step 08 渲染场景，可观察到密度较低和具有衰减效果的分层雾效果，如图所示。

提 示

角度默认值为5，该预置参数的设置是比较合理的，表示从地平线下5° 开始，雾开始散开。

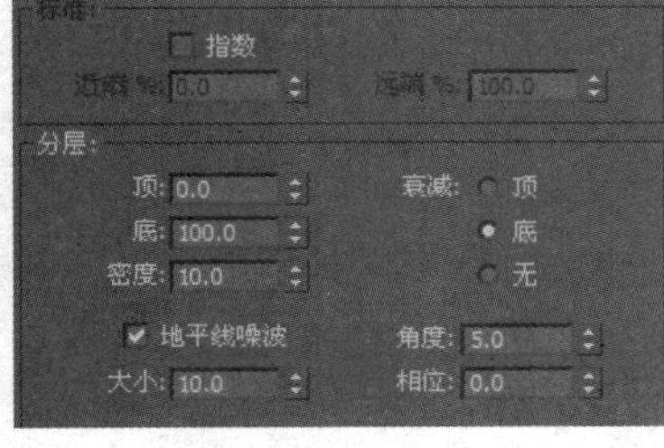

Step 09 在“分层”选项组中勾选“地平线噪波”复选框，并设置相关参数，如图所示。

Step 10 渲染场景，可观察到应用了地平线噪波的分层雾效果，如图所示。

9.2.2 体积雾效果

> **提 示**
>
> 只有在“摄影机”视口或“透视”视口中能够渲染体积雾效果。在“正交”视口或“用户”视口中不能渲染体积雾效果。

“体积雾”的创建需要大气装置辅助对象来限制雾的范围，并可以利用噪波使雾的密度在场景中非恒定，如图所示为体积雾的应用效果。

> **提 示**
>
> 如果场景中没有对象，渲染将仅显示单一的雾颜色。此外，如果场景中没有对象，并且启用了“雾背景”选项，那么体积雾效果会使背景变模糊。

体积雾的创建主要通过大气装置、体积和噪波等参数来设置完成，如图所示为体积雾的参数设置面板。

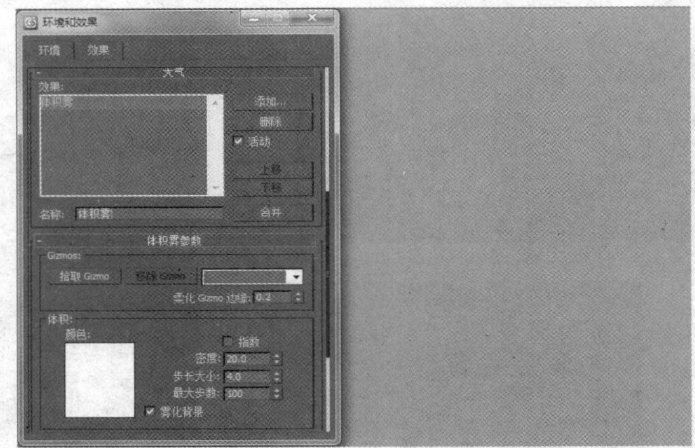

1. 大气装置

“大气装置”是一种辅助对象，用于限制特定大气效果的应用范围，3ds Max 2013提供了长方体Gizmo、球体Gizmo和圆柱体Gizmo这3种大气装置。

2. 体积

在“体积”选项组中，可对体积雾的颜色、密度、步长等属性进行参数设置，这些参数直接影响着雾的基本外观。

- 密度：用于设置雾的密度。
- 步长大小：该参数用于确定雾采样的密度。
- 最大步数：该参数可以限制采样量。
- 雾化背景：勾选该复选框，可以将雾功能应用于场景的背景。

3. 噪波

在“噪波”选项组中提供了使体积雾产生各种噪波形状的参数，并可以模拟风力方向，使体积雾产生方向。

- 类型：体积雾提供了规则、分形和湍流3种噪波方式。
- 噪波阈值：设置噪波的基本外形，如大小范围等。
- 风力来源：可以选择不同方向的风力并设置风力强度。

提 示

如果更改线框的尺寸，会同时更改雾影响的区域，但是不会更改雾和其噪波的比例。例如，如果减小球体线框的半径，将裁剪雾，如果移动线框，将更改雾的外观。

体积雾的应用

范例实录

DVD-ROM

原始文件：

范例文件\Chapter 9\9.2\体积雾的应用\体积雾的应用（原始文件）.max

最终文件：

范例文件\Chapter 9\9.2\体积雾的应用\体积雾的应用（最终文件）.max

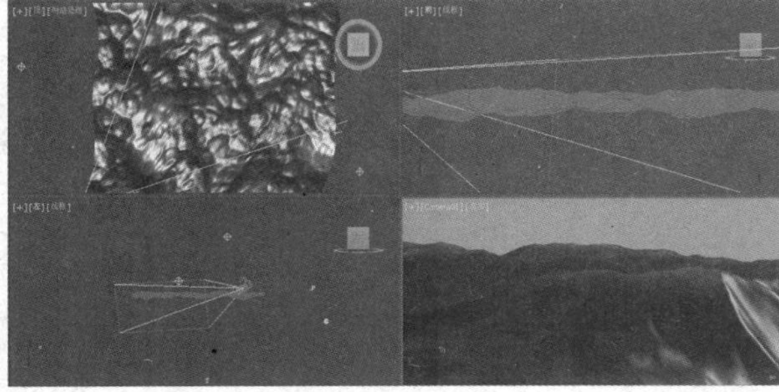

Step 01 打开本书配套光盘中的原始文件，观察场景，如图所示。

Step 02 渲染场景，可以观察到场景中未应用任何大气装置时的效果，如图所示。

Step 03 在“创建”命令面板的下拉列表中，选择“大气装置”类别，并在“对象类型”卷展栏中单击“长方体Gizmon”按钮 长方体 Gizmo，如图所示。

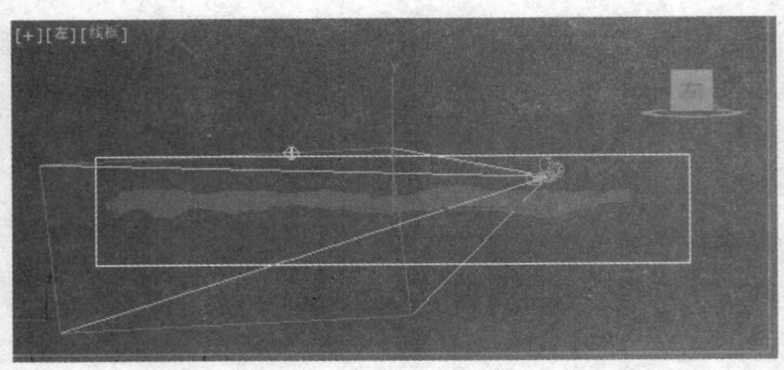

Step 04 在视图中创建长方体大气装置控制器，创建位置如图所示。

提 示

如果在复制线框时按住Shift键，新的线框将不会与体积雾绑定。

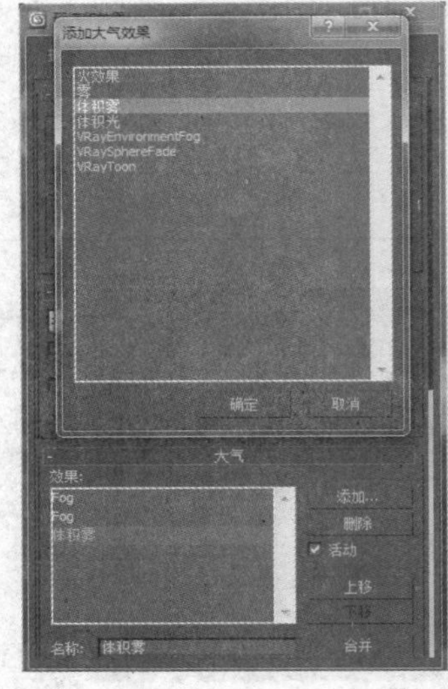

Step 05 打开“环境和效果”对话框，将“体积雾”添加到“添加大气效果”对话框的下拉列表框中，如图所示。

提 示

建议不要将“柔化Gizomon边缘”设置为0，如果设置为0，柔化线框边缘可能会造成边缘上出现锯齿。

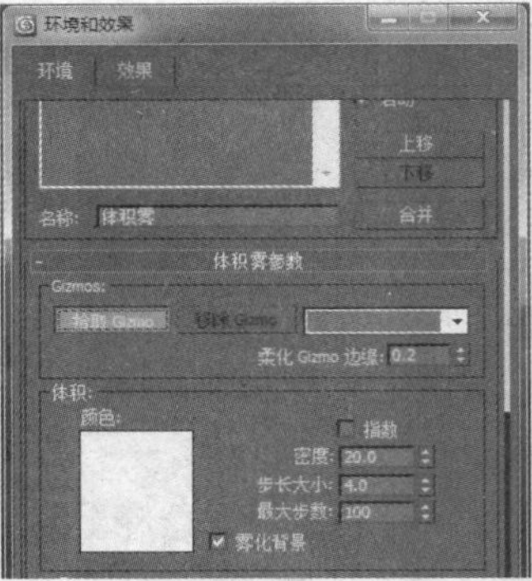

Step 06 在“体积雾参数”卷展栏中，单击“拾取Gizmon”按钮 拾取 Gizmo ，然后在场景中拾取大气装置，如图所示。

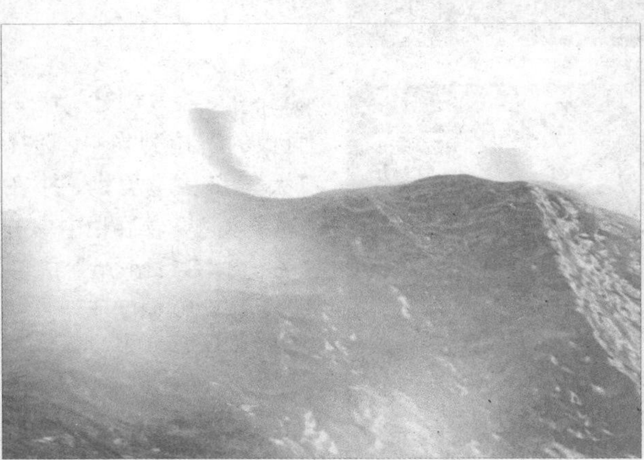

Step 07 渲染场景，可观察到体积雾的默认设置应用效果，如图所示。

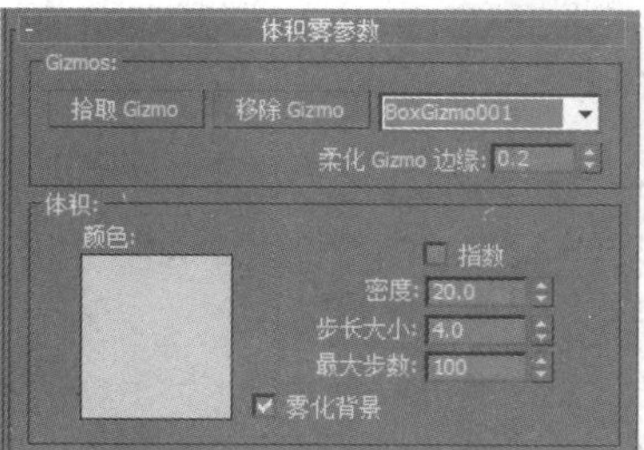

Step 08 在“体积”选项组中，设置颜色和参数，如图所示。

提 示

如果“步数大小”参数较大，会使雾变得粗糙，如果达到一定大的数值，雾的效果就会出现锯齿。

Step 09 渲染场景，可观察到体积雾的颜色和密度都发生变化，如图所示。

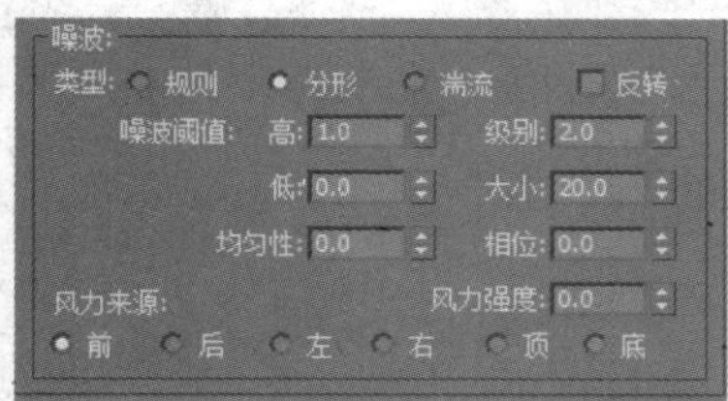

Step 10 在“噪波”选项组中，设置噪波的基本参数，如图所示。

Step 11 在“雾”选项组中，设置雾的颜色为蓝色，效果如图所示。

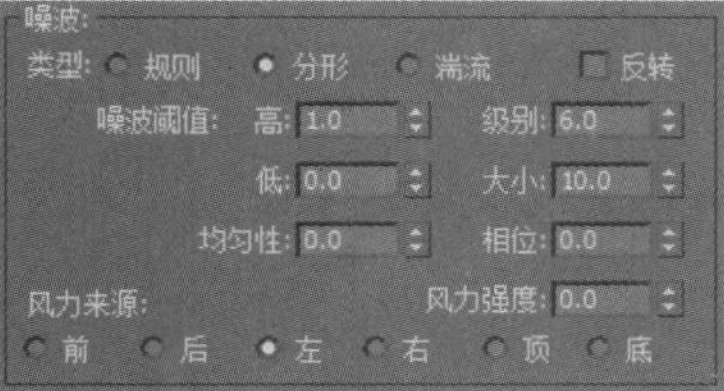

Step 12 在“噪波”选项组中，将“风力来源”设置为“左”，如图所示。

提 示

风可以在指定时间内使体积雾沿着指定方向移动。风与相位参数绑定，所以，在相位改变时，风就会移动。如果相位参数没有设置动画，则不会有风。

Step 13 渲染场景，可观察到更改了风力来源之后的体积雾效果，如图所示。

9.2.3 体积光效果

“体积光”根据灯光与大气的相互作用提供灯光效果。该效果可以使泛光灯产生径向光晕、聚光灯产生锥形光晕，以及使平行光产生平行雾光束等效果。如图所示为体积光应用效果。

体积光虽然属于大气效果类型，但只能依附灯光对象来表现，在相关的参数面板中可以拾取灯光，设置体积光参数、衰减参数和噪波参数。其参数设置面板如图所示。

提 示

与其他雾效果不同，体积光效果的雾颜色与灯光的颜色组合使用。最佳的效果是使用白色雾，然后使用彩色灯光着色。

提 示

衰减颜色与雾颜色相互作用。如果雾颜色是红色，衰减颜色是绿色，在渲染时，雾将衰减为紫色。

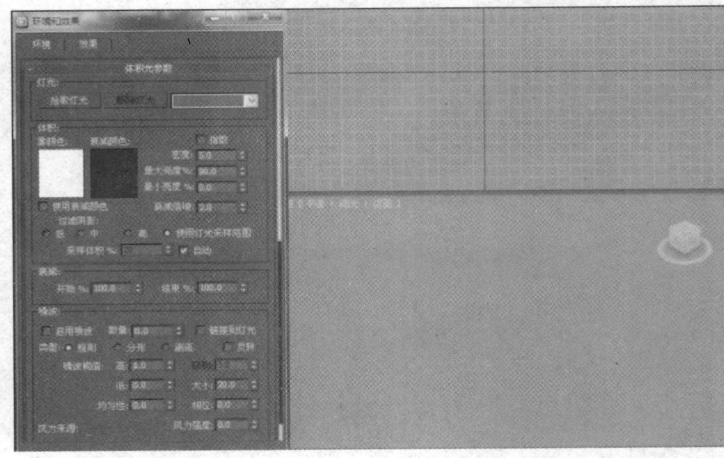

- 灯光：通过选项组中提供的参数控件，可在任意视口中选择要为体积光启用的灯光。
- 雾颜色：用于设置组成体积光的雾的颜色。
- 衰减颜色：用于设置衰减颜色。体积光经过灯光的近距衰减距离和远距衰减距离，从“雾颜色”渐变到“衰减颜色”。
- 最大亮度/最小亮度：用于设置可以达到的最大/最小的光晕效果。
- 衰减倍增：调整衰减颜色的效果。
- 过滤阴影：可以用于通过提高采样率来获得更高质量的体积光渲染效果。
- 采样体积：可用于控制体积的采样率。
- 衰减：该选项组可用于控制单个灯光的“开始”范围和“结束”范围的衰减参数。
- 噪波：通过设置“噪波”选项组中提供的参数，可以使体积光中产生细小的灰尘效果。

体积光的应用

范例实录

Step 01 打开本书配套光盘中的原始文件，效果如图所示。

Step 02 渲染场景，可观察到场景中灯光的默认渲染效果，如图所示。

DVD-ROM

原始文件：
范例文件\Chapter 9\9.2\体积光的应用\体积光的应用（原始文件）.max

最终文件：
范例文件\Chapter 9\9.2\体积光的应用\体积光的应用（最终文件）.max

提 示

如果场景的体积光内包含有透明对象，请将“最大亮度”参数值设置为100%。

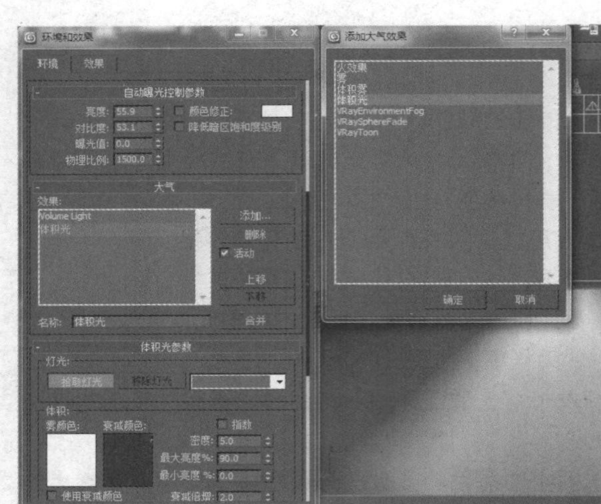

Step 03 在“环境和效果”窗口中，添加“体积光”大气特效，并在“灯光”选项组中拾取一盏聚光灯，如图所示。

提 示

如果雾后面没有对象，且“最小亮度”参数值大于0，那么无论实际值是多大，场景效果将总是像雾的颜色一样明亮。

Step 04 渲染场景，可观察到默认的体积光大气效果，如图所示。

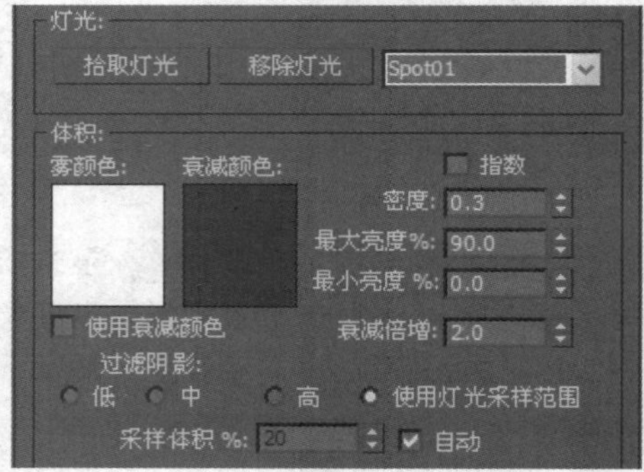

Step 05 设置“体积”选项组中的参数，如图所示。

提 示

在使用灯光采样范围选项中，灯光的采样范围值设置得越大，渲染速度就越慢。通常较低的参数值设置可以缩短渲染的时间。

Step 06 渲染场景，可观察到更改了体积光密度后的应用效果，如图所示。

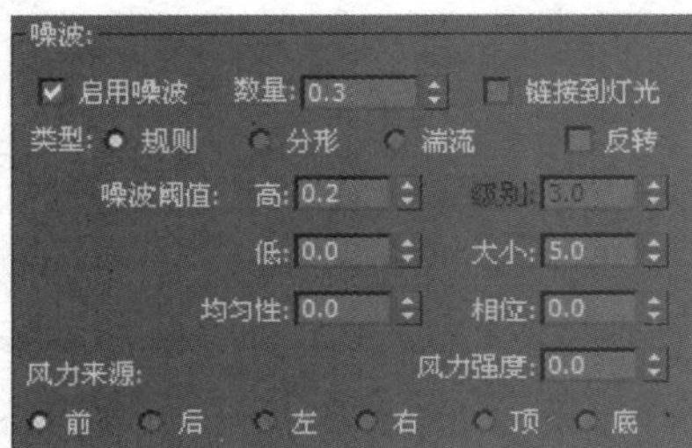

Step 07 在“噪波”选项组中，勾选“启用噪波”复选框，并设置其他参数，如图所示。

Step 08 渲染场景，可观察到体积光中添加了噪波后的应用效果，如图所示。

> **提 示**
>
> 以某些角度渲染体积光时，可能会出现锯齿。要消除锯齿问题，需在应用体积光的灯光对象中激活“近距衰减”选项和“远距衰减”选项。

9.2.4 火效果

“火效果”特效可以在场景中生成动态的火焰、烟雾和爆炸等效果，如图所示为火焰效果。

“火效果”需要大气装置的支持，在其参数设置面板中还提供了颜色、图形、特性、动态和爆炸等控件参数，参数设置面板如图所示。各选项的含义如下。

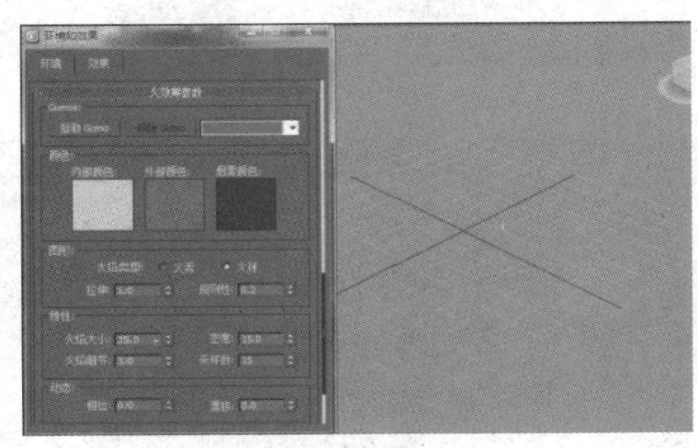

- 颜色：该选项组可以设置火焰的内部、外部和烟雾的颜色。
- 图形：该选项组可以控制火焰的形状、缩放和图案。
- 特性：该选项组用于控制火焰的大小和外观。
- 动态：该选项组可以设置火焰的涡流和上升的动画。
- 爆炸：该选项组主要用于自动设置爆炸动画。

> **提 示**
>
> 在3ds Max较早的版本中，火效果被称为“燃烧效果”。

> **提 示**
>
> 火效果不支持完全透明的对象，需要设置火焰对象的透明度。若需要使火焰对象消失，应该使用可见性选项，而不要使用透明度参数。

范例实录

火效果的应用

DVD-ROM

原始文件:
范例文件\Chapter 9\9.2\火效果的应用\火效果的应用（原始文件).max

最终文件:
范例文件\Chapter 9\9.2\火效果的应用\火效果的应用（最终文件).max

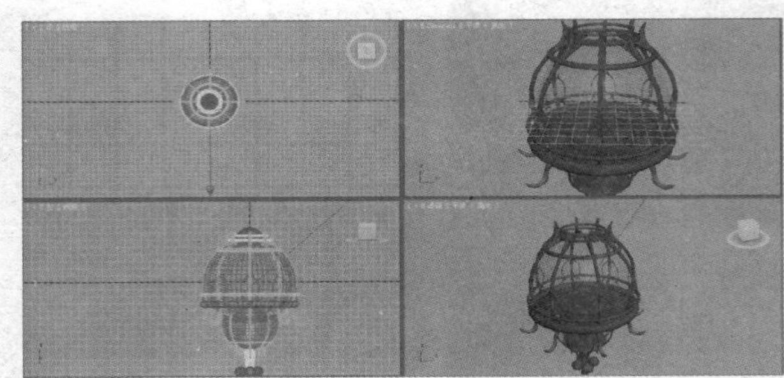

Step 01 打开本书配套光盘中的原始文件，效果如图所示。

Step 02 渲染场景，可以观察到没有任何火效果的应用效果，如图所示。

提 示

火效果在场景中不能发光也不能投射阴影。如果要模拟火焰的发光效果，必须同时创建灯光；若要投射阴影，则需要转到灯光的阴影参数卷展栏，启用“大气阴影”选项。

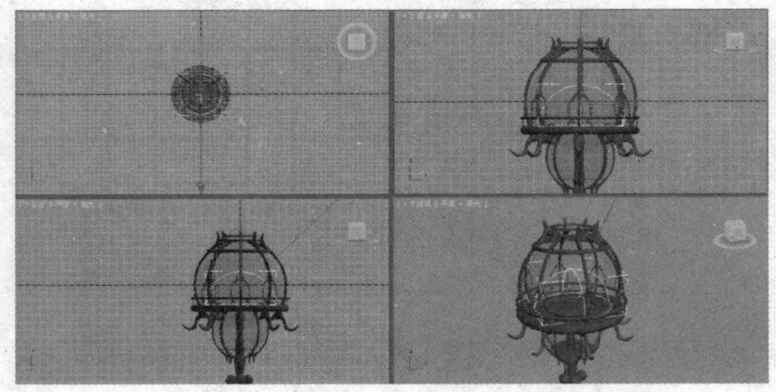

Step 03 在场景中创建“球体线框”，并将其创建成半球状，创建位置如图所示。

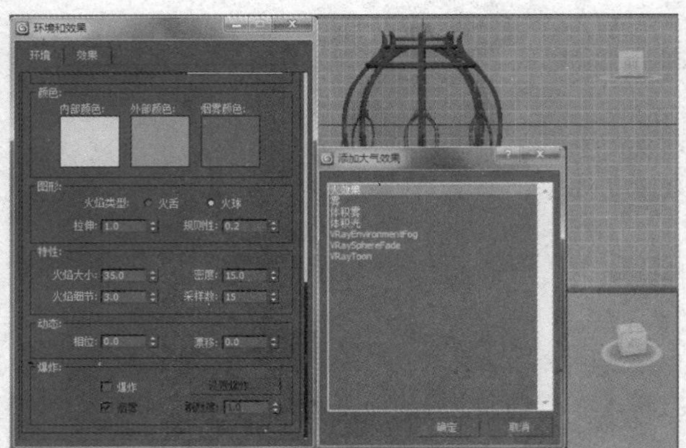

Step 04 打开“环境和效果”窗口，添加“火效果”，并拾取球体线框作为依附，如图所示。

Step 05 渲染场景，可观察到默认的火焰参数设置效果在场景中的应用，如图所示。

提 示

可以向场景中添加任意数目的火焰效果。效果的顺序很重要，因为列表底部的效果置于列表顶部的效果之前。

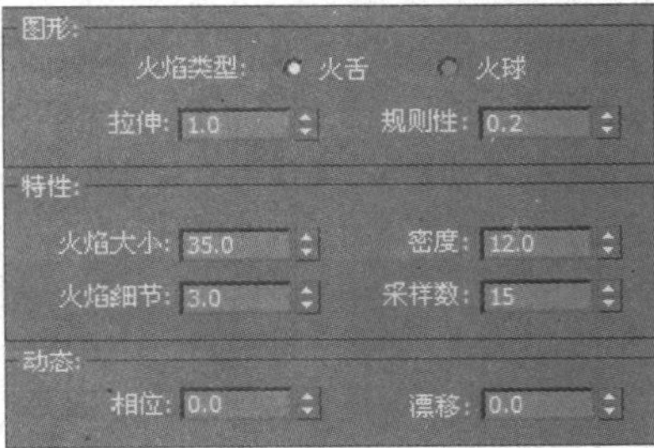

Step 06 在“火效果参数”卷展栏中，设置相关参数，具体参数值设置如图所示。

Step 07 渲染场景，可观察到增加了“密度”参数后，火焰效果变得更明显，如图所示。

提 示

只有在“摄影机”视口或“透视”视口中能够渲染火焰效果。而在“正交”视口或“用户”视口中不能渲染火焰效果。

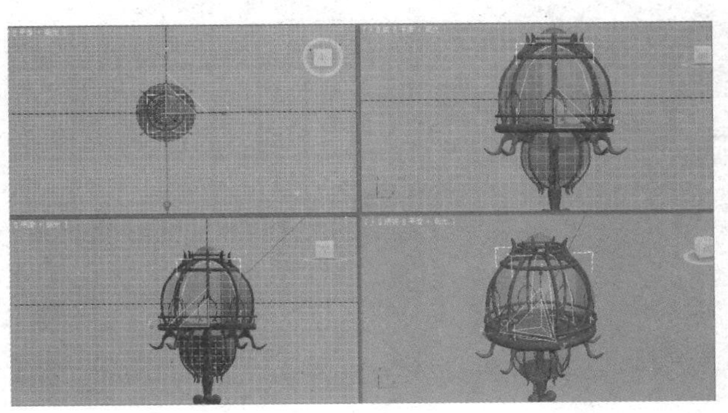

Step 08 使用缩放工具，对半球线框进行缩放和拉伸操作，效果如图所示。

提 示

使用非均匀缩放可以更改装置形状，是增强火焰效果的好方法。

Step 09 再次渲染场景，可观察到由于大气装置的外形发生了变化，火焰的外形也产生了相应的变化，如图所示。

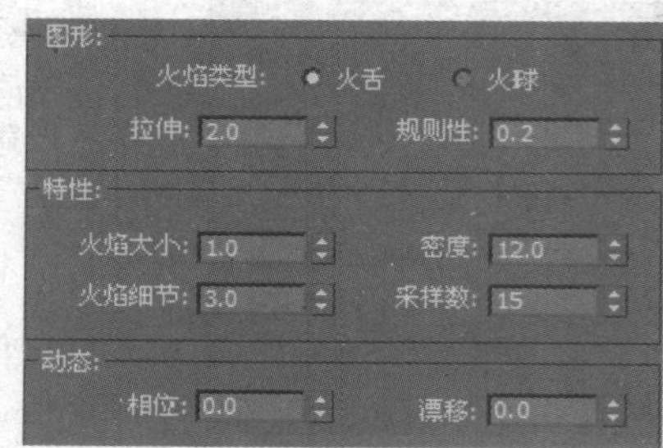

Step 10 在火效果的参数面板中，设置其他参数，如图所示。

提 示

火效果使用内部颜色和外部颜色之间的渐变进行着色。效果的密集部分使用内部颜色，效果的边缘逐渐混合为外部颜色。

Step 11 渲染场景，可观察到火焰的细节变得更多，拉伸效果也更加真实，如图所示。

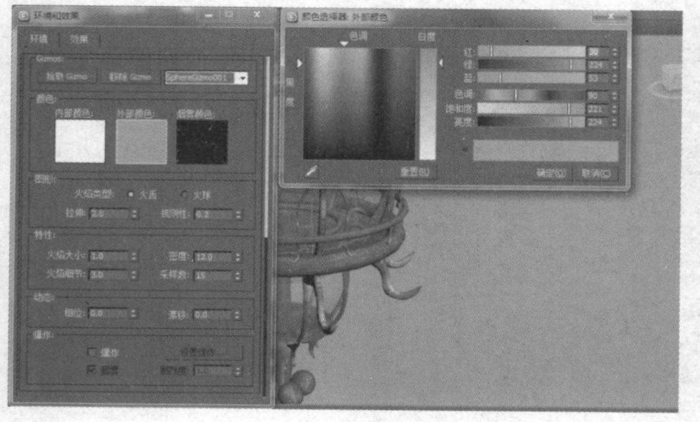

Step 12 在“颜色”选项组中，将“内部颜色”设置为白色，然后单击“外部颜色”的色块，设置颜色，如图所示。

Step 13 渲染场景，可观察到改变了火焰的内焰和外焰颜色后，火焰也产生了相应的变化，如图所示。

> **提示**
> 较低的密度会降低效果的不透明度，效果会更多地使用外部颜色；较高的密度值会提高效果的不透明度，并逐渐使用白色替换内部颜色，加亮效果。

注意 相位值通过以下方式控制爆炸的计时：

值	爆炸效果
0 ~ 100	爆炸开始并到达峰值密度 100
100 ~ 200	爆炸开始燃烧。如果启用了"烟雾"，效果变为烟雾
200 ~ 300	爆炸在 300 结束，完全消失
> 300 无效果	无效果

9.3 特效

在“环境和效果”对话框中切换至“效果”选项卡，在该选项卡中可以添加各种特效，如“镜头效果”、“模糊”等9种预置效果。

9.3.1 镜头特效

“镜头效果”可以模拟真实光源产生的特殊效果，并提供了相应的具体效果设置，如光晕、光环等7 种特效。如图所示为“镜头效果”的应用效果。

> **提示**
> 需要注意的是，镜头特效是不支持mentalray渲染器的。

“镜头效果”除了单独的效果参数设置外，还可以在“镜头效果全局”卷展栏中进行全局控制，如图所示。

提 示

“大小”的参数值影响着总体镜头效果的大小，此参数值是渲染帧大小的百分比。

- 参数：在该选项卡中，可以设置镜头特效的全局强度、大小以及灯光的拾取等。
- 场景：在该选项卡中可以设置镜头特效对Alpha通道的影响方式和阻光。

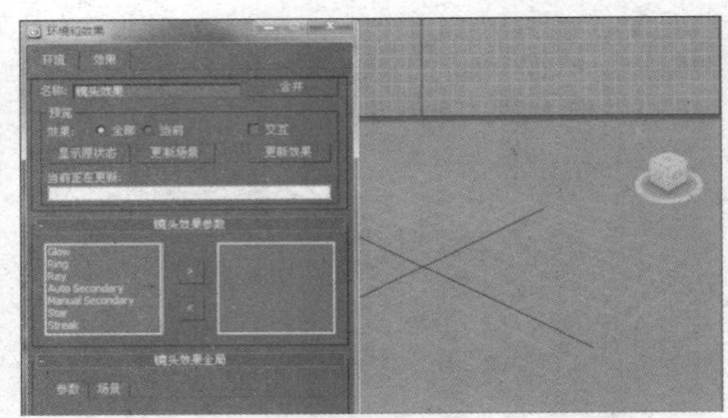

范例实录 为场景添加镜头光晕

DVD-ROM

原始文件：
范例文件\Chapter 9\9.3\为场景添加镜头光晕\为场景添加镜头光晕（原始文件）.max

最终文件：
范例文件\Chapter 9\9.3\为场景添加镜头光晕\为场景添加镜头光晕（最终文件）.max

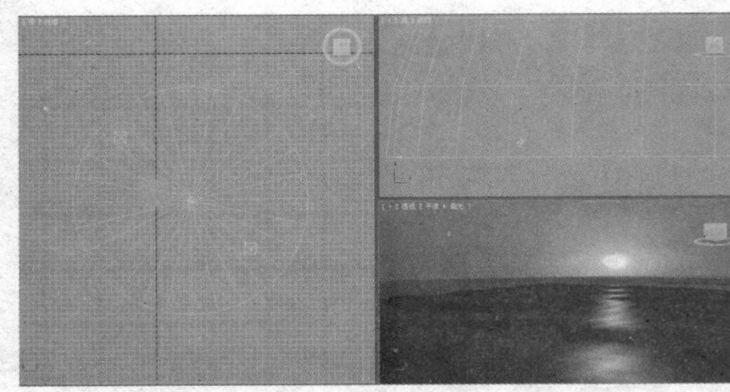

Step 01 打开本书配套光盘中的原始文件，效果如图所示。

Step 02 渲染场景，可观察到场景中没有应用任何特效的效果，如图所示。

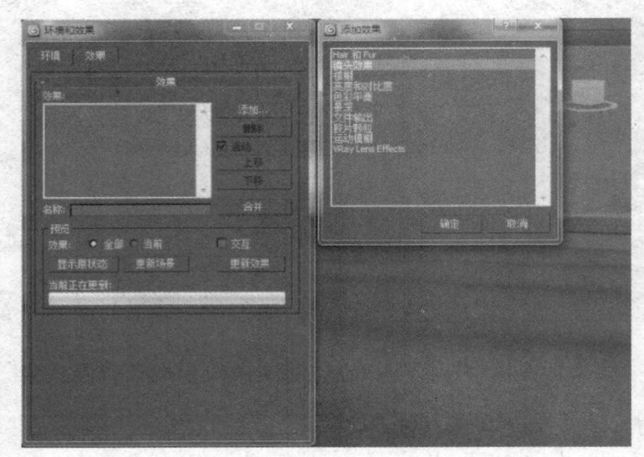

Step 03 打开“环境和效果”对话框，切换到“效果”选项卡，添加“镜头效果”，如图所示。

提 示

在设置镜头光晕效果的总体亮度和不透明度参数时，值越大，效果越亮，越不透明；值越小，效果越暗越透明。

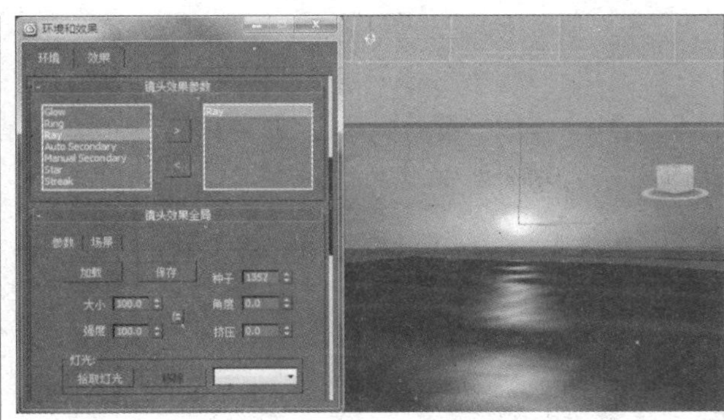

Step 04 在“镜头效果参数”卷展栏中，添加Ray（线），在场景中拾取选择的灯光，如图所示。

> **提　示**
>
> 在水平方向或垂直方向挤压总体镜头光晕效果的大小，可以补偿不同的帧纵横比。正值是在水平方向拉伸效果，而负值则是在垂直方向拉伸效果。此值是光斑的大小百分比，参数值范围为-100~100。

Step 05 渲染场景，可观察到模拟太阳照亮场景的灯光产生了射线，效果如图所示。

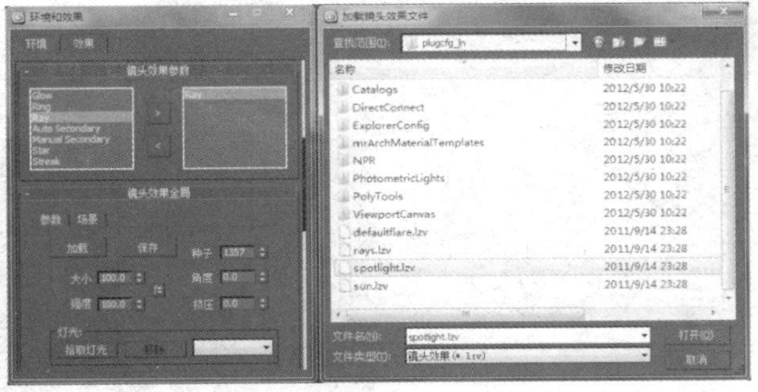

Step 06 单击“加载”按钮 加载 ，在开启的对话框中选择文件，如图所示。

> **提　示**
>
> 如果将效果保存为LZV文件，只会保存在保存效果时帧上的属性，因为LZV文件格式不会保存动画参数的动画关键帧。

Step 07 渲染场景，可观察到加载预置文件后，灯光产生了新的镜头光晕效果，如图所示。

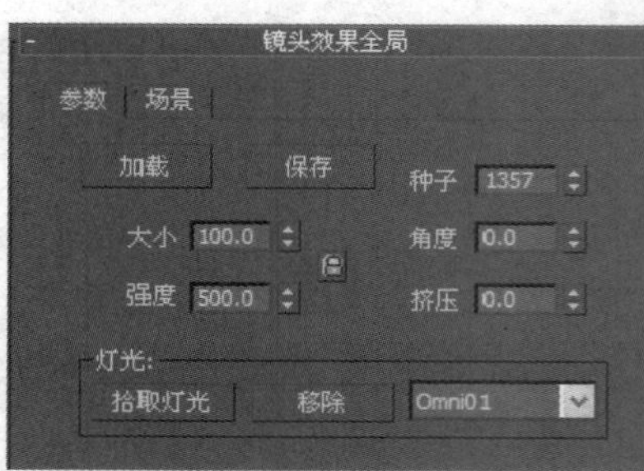

Step 08 在“镜头效果全局”卷展栏中，设置“强度”的参数值为500，如图所示。

Step 09 渲染场景，可观察到镜头光晕的强度被增强，效果如图所示。

1. 光晕

提 示

阻光度用于确定镜头场景阻光度参数对特定效果的影响程度。

“光晕”可以在指定对象的周围添加光环。例如，对于爆炸粒子系统，给粒子添加光晕可以使它们看起来更明亮而且给人更热的感觉。

添加“光晕”特效后，会出现相应的参数卷展栏，用于设置光晕的具体属性以及应用范围。如图所示为相关参数卷展栏。

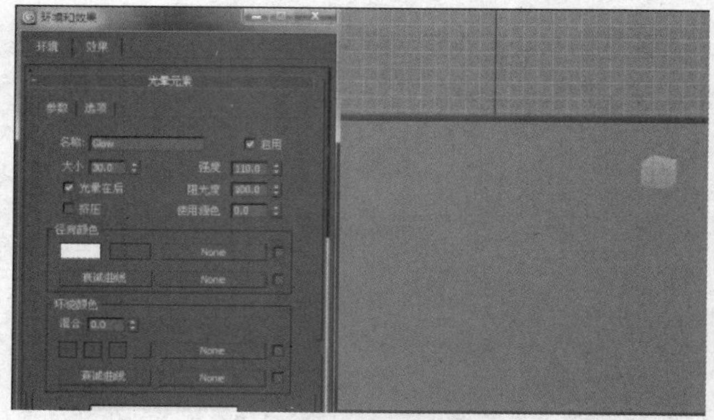

2. 光环

“光环”可创建环绕源对象中心的环形彩色条带。添加该特效后，会出现相应的“光环元素”卷展栏，如图所示。

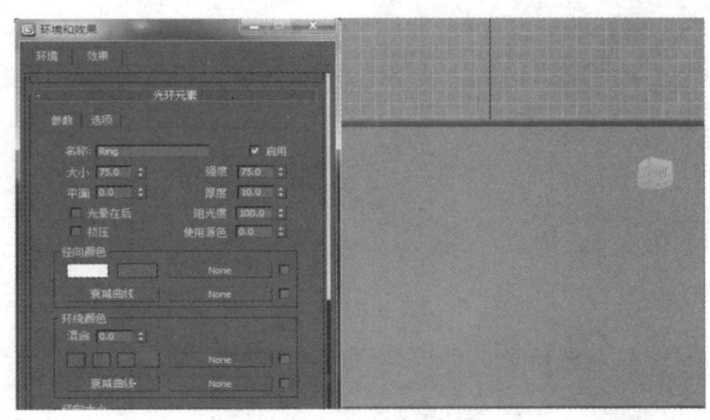

“光环元素”卷展栏上“参数”选项组中各选项含义如下。

- 平面：沿效果轴设置效果位置，该轴从效果中心延伸到屏幕中心。
- 厚度：以像素为单位确定效果的厚度。
- 径向颜色：在该选项组中，可以设置影响效果的内部颜色和外部颜色。
- 环绕颜色：在该选项组中，通过使用4种与效果的4个四分之一圆匹配的不同色样来确定效果的颜色。
- 径向大小：在该选项组中，可确定围绕特定镜头效果的径向大小。

提 示

可以通过设置色样参数，来设置镜头效果的内部颜色和外部颜色，也可以通过使用渐变位图或细胞位图等来确定径向颜色。

为场景添加光环

范例实录

DVD-ROM

原始文件：
范例文件\Chapter 9\9.3\为场景添加光环\为场景添加光环（原始文件）.max

最终文件：
范例文件\Chapter 9\9.3\为场景添加光环\为场景添加光环（最终文件）.max

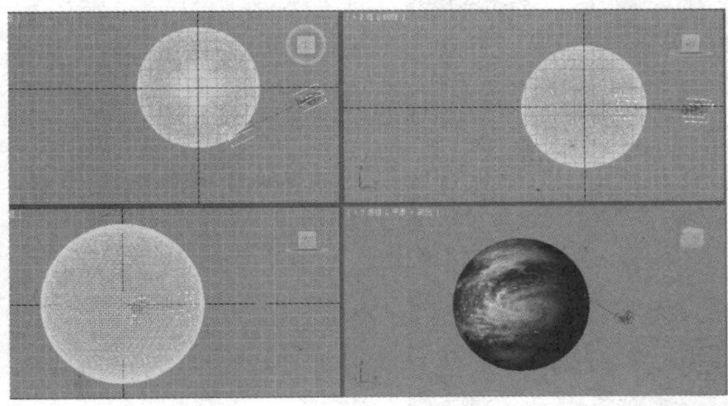

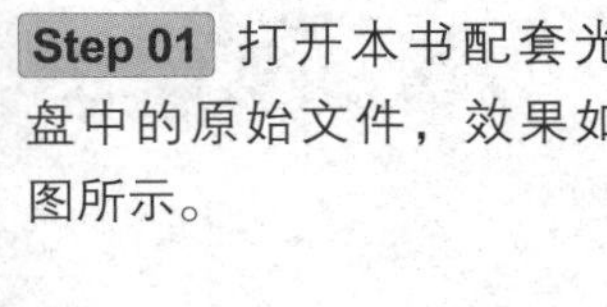

Step 01 打开本书配套光盘中的原始文件，效果如图所示。

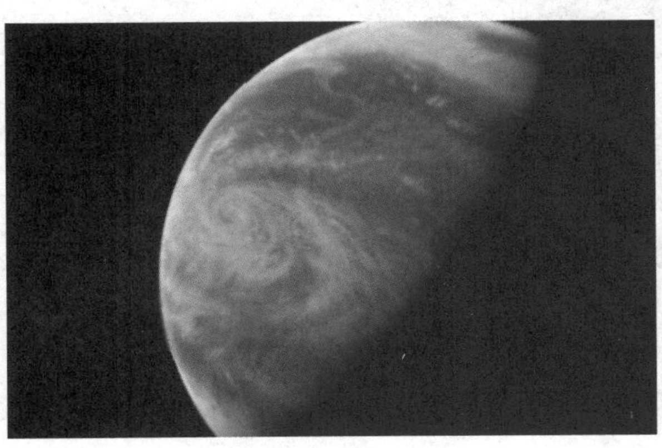

Step 02 渲染场景，可观察到场景中未添加任何镜头特效的渲染效果，如图所示。

提　示

一个镜头效果实例下可以包含许多不同的效果。为了使这些效果组织有序，通常需要为其命名，确保在更改参数时，可以将参数更改在正确的效果上。

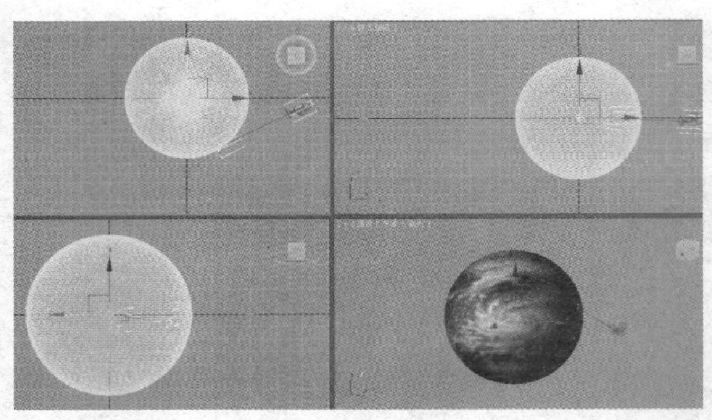

Step 03 在模拟地球的球体中心位置创建一盏泛光灯，创建位置如图所示。

提　示

如果源色值为0，则只能使用“径向颜色”或“环绕颜色”参数中设置的值；而如果源色值为100，则可以使用灯光或对象的源色。

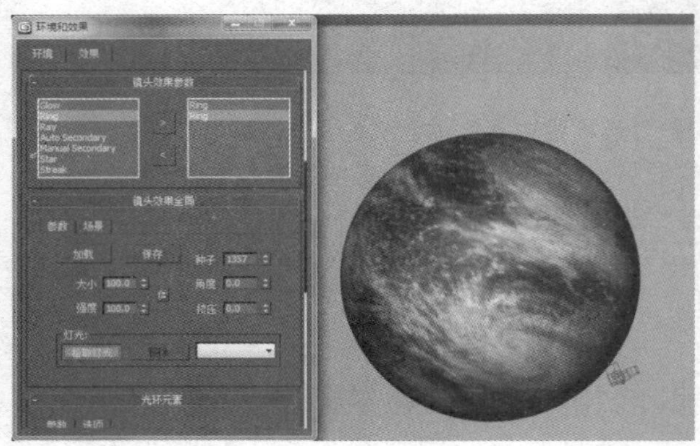

Step 04 打开“环境和效果”窗口，添加“镜头效果”，选择Ring（光环），同时拾取地球内部的泛光灯作为效果的依附对象，如图所示。

提　示

如果将微调器参数值设置为0，将只使用“径向颜色”参数中设置的值；如果将微调器参数值设置为100，将只使用“环绕颜色”参数中设置的值。

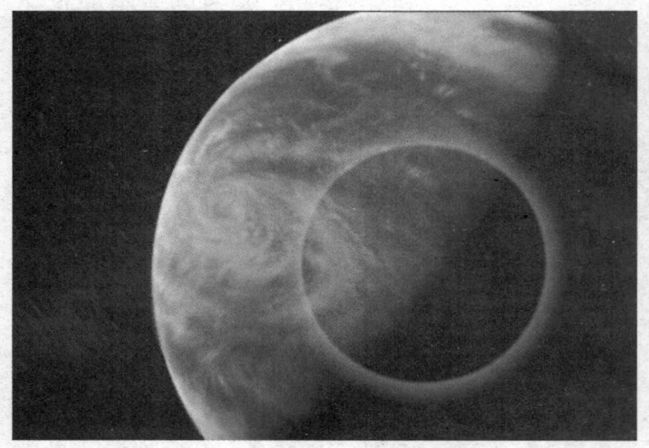

Step 05 渲染场景，可以观察到在默认的参数设置下光环的应用效果，如图所示。

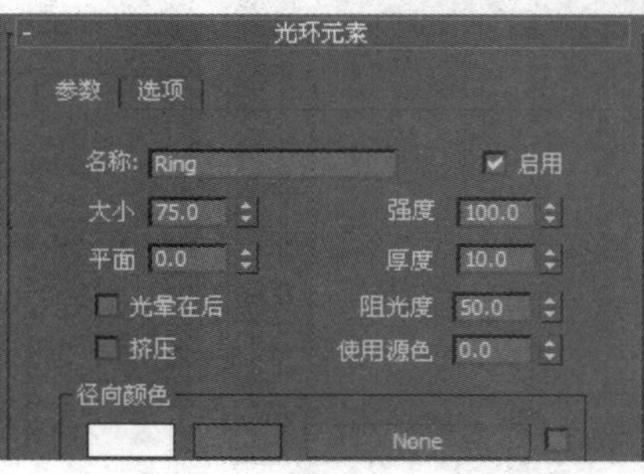

Step 06 在光环的参数设置面板中，设置参数，如图所示。

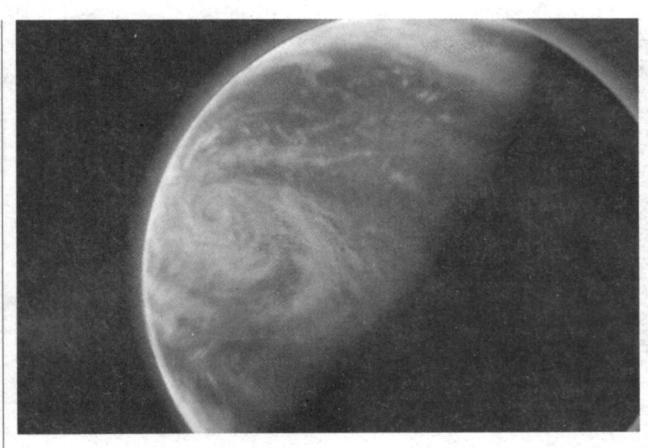

Step 07 渲染场景，可观察到光环的大小与地球的大小相适配，如图所示。

> **提 示**
>
> 在一些特殊的情况下，需要将不同的镜头效果设置应用于几何体或ID的不同部分。

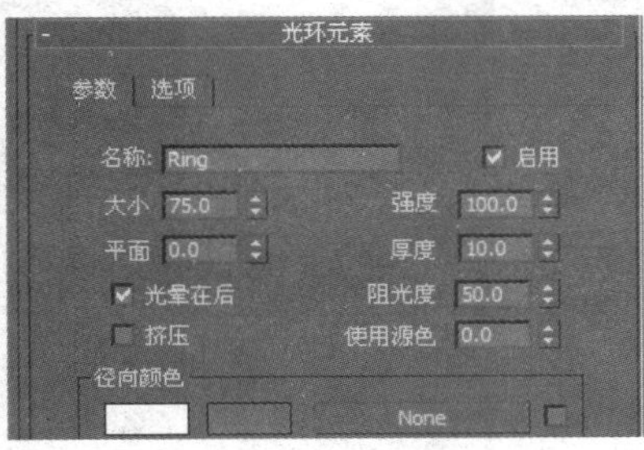

Step 08 在光环的参数设置面板中，勾选“光晕在后”复选框，如图所示。

Step 09 渲染场景，可观察到光晕从地球背面产生，如图所示。

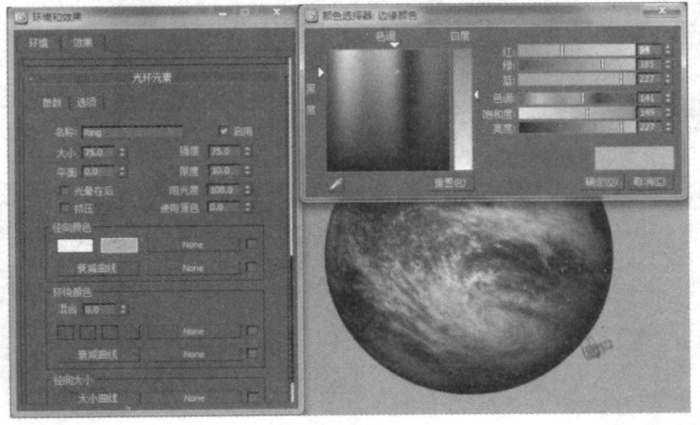

Step 10 在“径向颜色”选项组中，单击第二个色块设置颜色，如图所示。

Step 11 渲染场景，可观察到改变了颜色后，地球背后产生的光晕变成了偏蓝色，如图所示。

3. 射线

> **提 示**
> 射线的边缘可以选择在边界上的所有源像素并应用镜头效果。沿着对象边缘应用镜头效果，将在对象的内边和外边上生成柔化的光晕。

“射线”是从源对象中心发出的明亮的线条，为对象提供亮度很高的发光效果。

> **提 示**
> 使用射线可以模拟摄影机镜头元件的划痕效果。

添加“射线”后，会出现相应的“射线元素”卷展栏。射线所提供的参数与光晕和光环类似，如图所示为射线的相应卷展栏参数。

4. 自动二级光斑

> **提 示**
> 如果要添加不希望重复使用的惟一光斑，应使用手动二级光斑。

“自动二级光斑”是指可以正常看到的一些小圆光斑，沿着与摄影机位置相对的轴从镜头光斑源中发出。如图所示为自动二级光斑的应用效果。

在“自动二级光斑元素”卷展栏中，可以设置光斑的大小、轴等参数，如图所示。

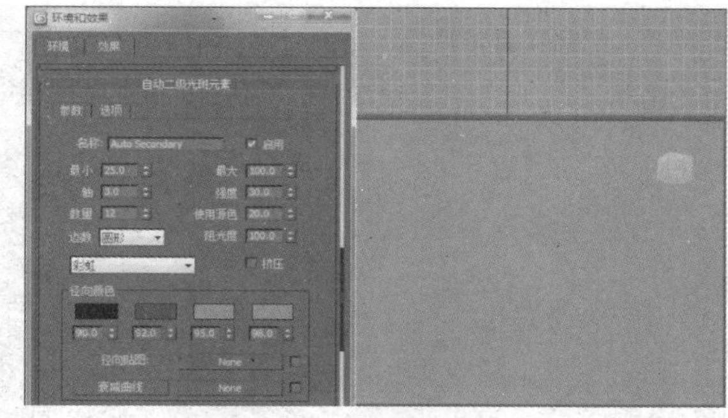

5. 手动二级光斑

“手动二级光斑”是单独添加到镜头光斑中的附加二级光斑，其应用效果和自动光斑一样，卷展栏中的参数也类似，如图所示。

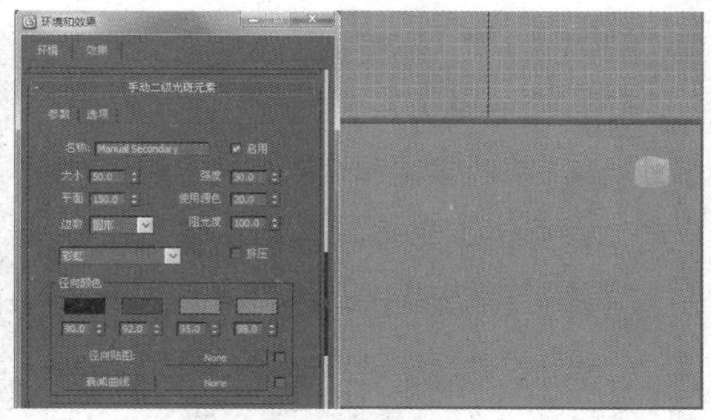

> **提 示**
>
> 如果轴的参数值增大，光斑之间的空间就会增大；反之，如果减小该参数，光斑之间的空间就会减小。轴的参数值可以设置为0°～10°。

- 最小/最大：控制当前二级光斑的最小或最大，该参数为整个图像的百分比进行定义。只有自动二级光斑具有该参数。
- 轴：定义自动二级光斑沿其进行分布的轴的总长度。只有自动二级光斑有该参数。
- 数量：控制自动二级光斑中集中出现的二级光斑数。只有自动二级光斑有该参数。
- 边：控制当前二级光斑的形状。

为场景添加光斑

范例实录

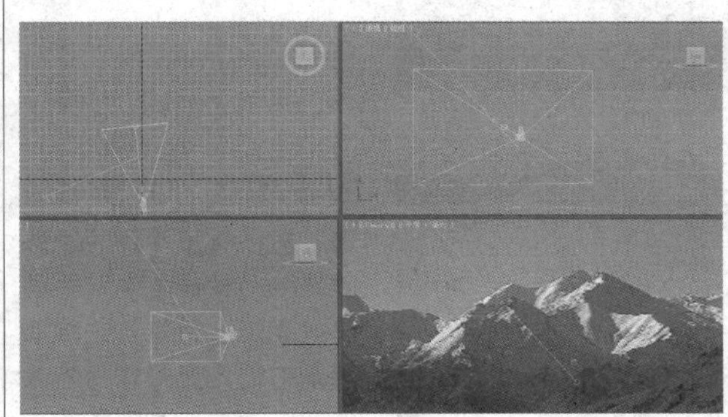

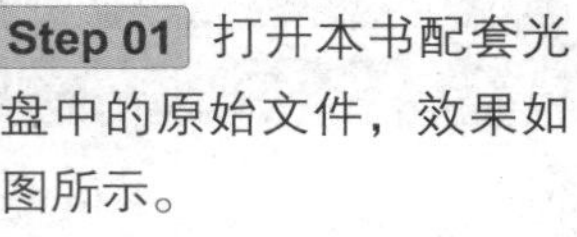

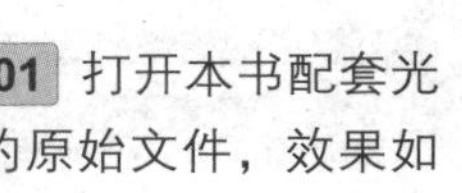

Step 01 打开本书配套光盘中的原始文件，效果如图所示。

> **DVD-ROM**
>
> **原始文件**：
> 范例文件\Chapter 9\9.3\为场景添加光斑\为场景添加光斑（原始文件).max
>
> **最终文件**：
> 范例文件\Chapter 9\9.3\为场景添加光斑\为场景添加光斑（最终文件).max

Step 02 渲染场景，可以观察到场景中未添加任何镜头光晕特效时的渲染效果，如图所示。

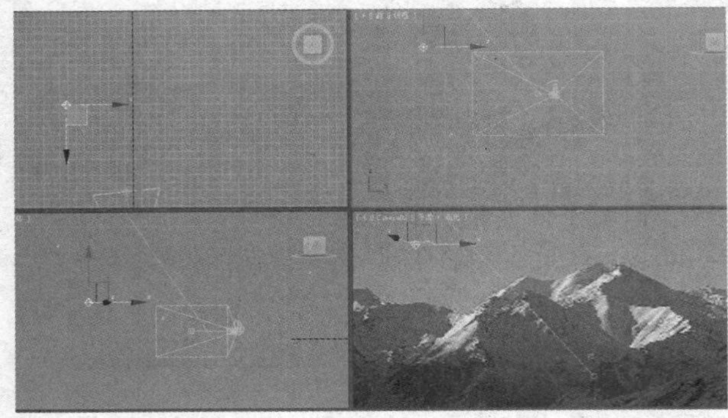

Step 03 在场景中创建一盏泛光灯，创建位置如图所示。

> **提　示**
>
> 光斑的形状可以从3~8面二级光斑之间进行选择，默认值为圆形。

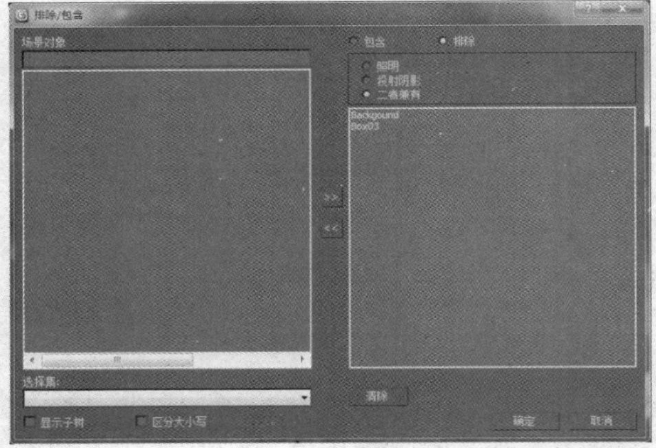

Step 04 打开该泛光灯的“排除 / 包含”对话框，将所有对象设置为被灯光排除照明，如图所示。

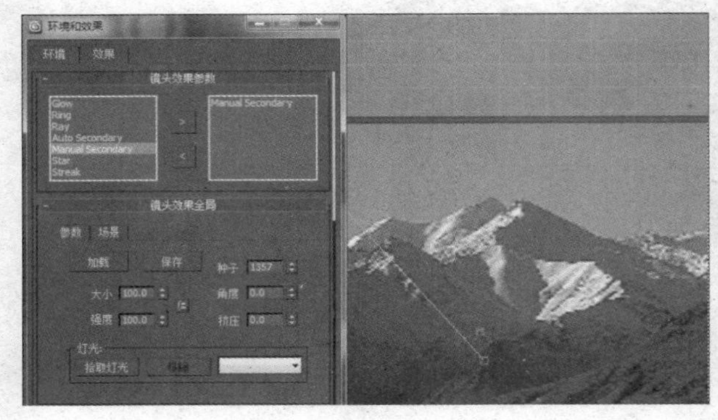

Step 05 在“环境和效果”对话框中添加“镜头效果”，然后选择“手动二级光斑”特效，并拾取场景中的泛光灯作为特效的产生对象，如图所示。

> **提　示**
>
> 自动二级光斑和手动二级光斑预置了7种参数设置，这些预置参数都接近真实世界中摄影机产生的各种光斑效果。

Step 06 渲染场景，可观察到默认的“手动二级光斑”特效产生的效果，如图所示。

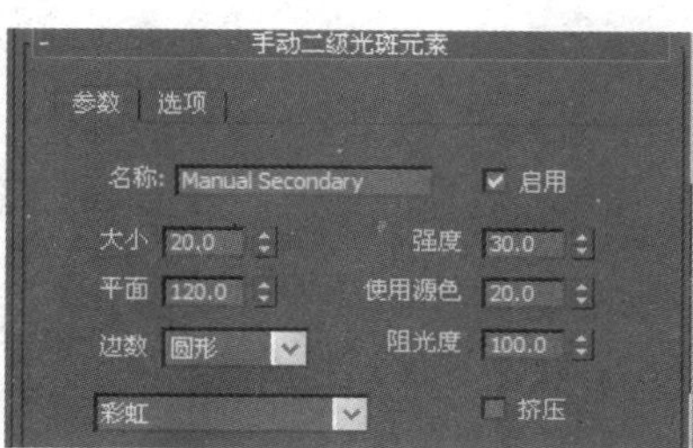

Step 07 在手动二级光斑的参数设置面板中，选择预置的“彩虹”选项，如图所示。

Step 08 渲染场景，可观察到重新生成的光斑效果，如图所示。

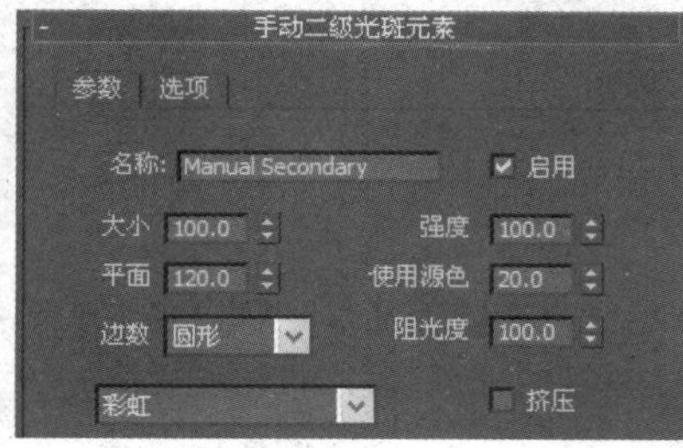

Step 09 再次在参数设置面板中设置光斑的大小、强度等参数，如图所示。

提 示

曲面法线是根据摄影机曲面法线的角度，将镜头效果应用于对象的一部分。如果参数值为0，则代表二者共面，即对象与摄影机屏幕平行。

Step 10 渲染场景，可观察到场景中光斑变大、变亮的效果，如图所示。

6. 星形

“星形”比“射线”效果要明显，它由0～30个辐射线组成。如图所示为星形的应用效果。

在“星形元素”参数卷展栏中，可以设置产生的星形的锥化程度、数量、角度等参数，其参数设置面板如图所示。

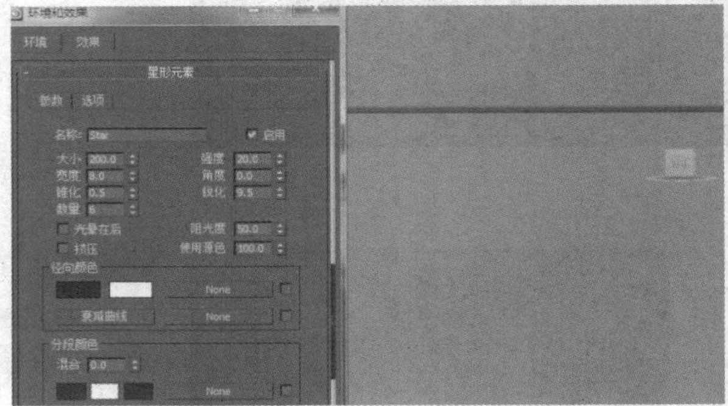

> **提 示**
>
> “锥化”参数的设置可以使各星形点的末端变宽或变窄。该参数值越小末端越尖，而参数值越大则末端越平。

- 宽度：该参数用于指定单个辐射线的宽度，以占整个帧的百分比表示。
- 锥化：该参数用于控制星形的各辐射线的锥化程度。
- 角度：该参数用于设置星形辐射线点的开始角度。
- 锐化：该参数用于控制星形的总体锐度。

7. 条纹

“条纹”是穿过源对象中心的条带。在实际使用摄影机时，使用失真镜头拍摄的场景会产生条纹。如图所示为“条纹”的应用效果。

“条纹”和“星形”类似，可以看成是星形的一个角，因此其参数也和星形一致，可以设置锥化、宽度等参数。如图所示为条纹的参数设置面板。

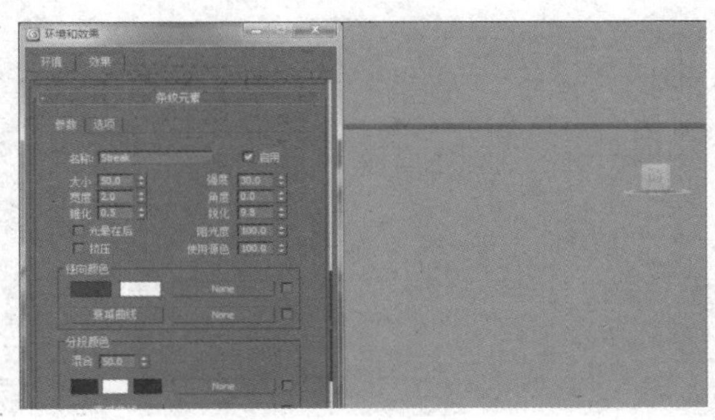

提 示

星形的锐化参数越大，生成的星形越鲜明和清晰。锐化值越小，产生的二级光晕就越多，参数值范围为0～10。

为场景添加条纹效果

范例实录

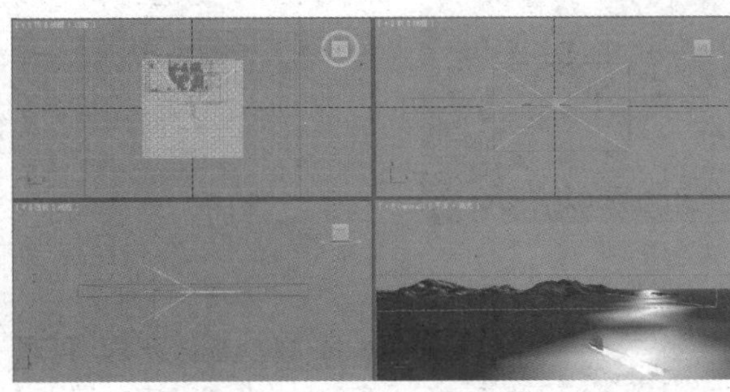

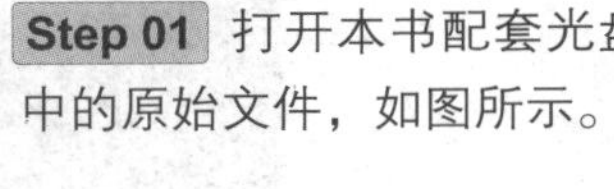

Step 01 打开本书配套光盘中的原始文件，如图所示。

Step 02 渲染场景，可观察到场景中没有添加任何镜头效果时的渲染效果，效果如图所示。

DVD-ROM

原始文件:
范例文件\Chapter 9\9.3\为场景添加条纹效果\为场景添加条纹效果（原始文件）.max

最终文件:
范例文件\Chapter 9\9.3\为场景添加条纹效果\为场景添加条纹效果（最终文件）.max

提 示

条纹效果的角度值可以输入正值也可以输入负值，这样在设置动画时，条纹可以绕顺时针或逆时针方向旋转。

提 示

截面颜色通过使用三种与效果的三个截面匹配的不同色样来确定。

Step 03 拾取场景中的泛光灯作为效果光源，并添加“条纹”镜头效果，如图所示。

Step 04 渲染场景，可观察到条纹特效的默认应用效果，如图所示。

提 示

周边 Alpha 是根据对象的Alpha通道，将镜头效果仅应用于对象周边。

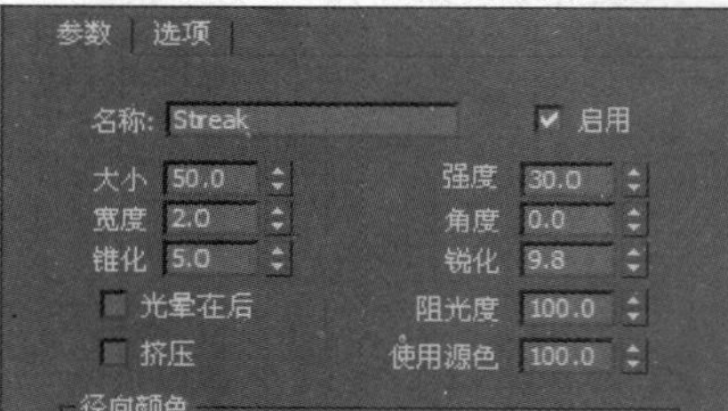

Step 05 在条纹特效的参数面板中，设置锥化等参数，如图所示。

Step 06 渲染场景，可观察到当锥化参数值过大时，条纹特效会产生中心小两端大的效果，如图所示。

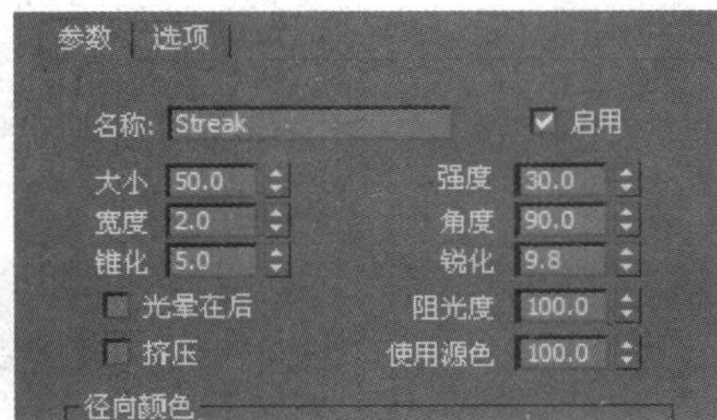

Step 07 在参数设置面板中，再次设置角度等参数，如图所示。

提 示

在“图像过滤器”选项组中，选择过滤图像源，可以控制镜头效果的应用方式。

Step 08 渲染场景，可观察到由于角度参数值设置为90，因此条纹特效被旋转了90°，如图所示。

Step 09 设置“使用源色”的参数为0，然后根据示意图设置“径向颜色”和“分段颜色”的部分颜色为红色，如图所示。

提 示

在“附加效果”选项组中，可以将噪波等贴图选项应用于镜头效果。

Step 10 渲染场景，可观察到条纹的颜色变成了红色和白色的过渡效果，如图所示。

9.3.2 模糊特效

“模糊”效果可以通过三种不同的方法对渲染图像进行模糊处理，包括均匀、方向和径向三种类型。如图所示为应用模糊效果的前后对比效果图。

> **提 示**
>
> 模糊效果是渲染对象或摄影机移动产生的幻影，可以提高动画的真实感。

“模糊”效果的所有参数被整合在“模糊类型”和“像素选择”选项卡中，相关参数面板如图所示。

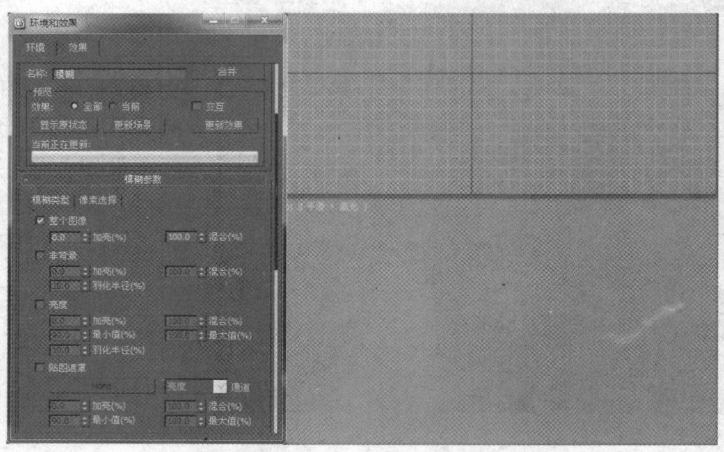

1. 模糊类型

在“模糊类型”选项卡中，选择“均匀型”，可以将模糊效果均匀应用于整个渲染图像；选择“方向型”，可以生成具有方向的模糊效果；选择“径向型”，则可以生成径向模糊效果。

- 像素半径：该参数用于确定模糊效果的强度。
- 影响Alpha：勾选该复选框，将均匀地把模糊效果应用于Alpha通道。
- 旋转：将通过“像素半径”应用模糊效果的U向像素或V向像素的轴旋转。
- 拖痕：为U/V轴的某一侧分配更大的模糊权重。
- 原点：以像素为单位设置渲染输出尺寸，指定模糊的中心。
- 使用对象中心：勾选该复选框，可以在场景中拾取对象，并使用该对象的中心作为对象中心。

不同的模糊类型

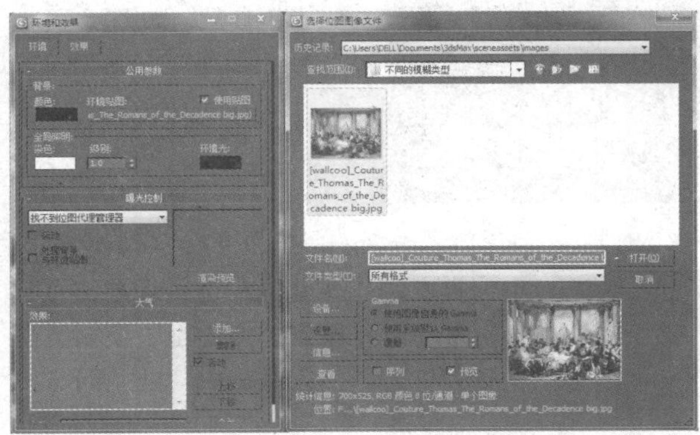

Step 01 打开3ds Max 2013，并打开“环境和效果”对话框，为背景指定一张位图贴图，如图所示。

Step 02 渲染场景，可观察到渲染后的图像没有任何模糊效果，如图所示。

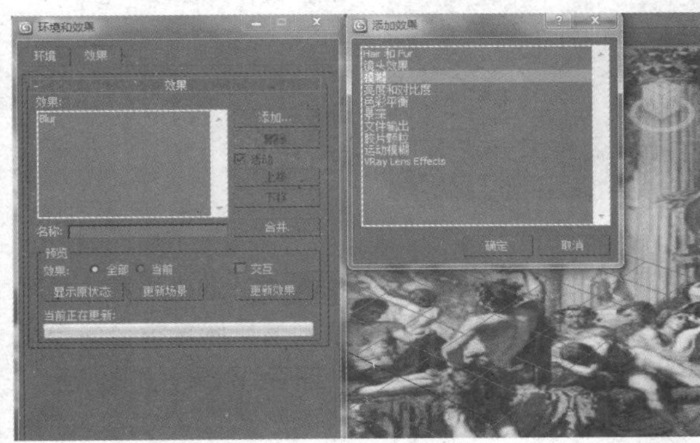

Step 03 在“环境和效果”对话框中添加“模糊”特效，如图所示。

Step 04 渲染场景，可观察到“均匀型”模糊类型的默认参数应用效果，如图所示。

范例实录

DVD-ROM

原始文件：

范例文件\Chapter 9\9.3\不同的模糊类型\不同的模糊类型（最终文件).max

提 示

如果增大像素半径值，将增大每个像素计算模糊效果时使用的周围像素数。像素越多，图像越模糊。

提　示

拖痕可在图像中添加条纹效果，创建对象或摄影机正在沿着特定方向快速移动的幻影。

Step 05 选择“方向型”模糊类型，并设置该选项组中的参数，如图所示。

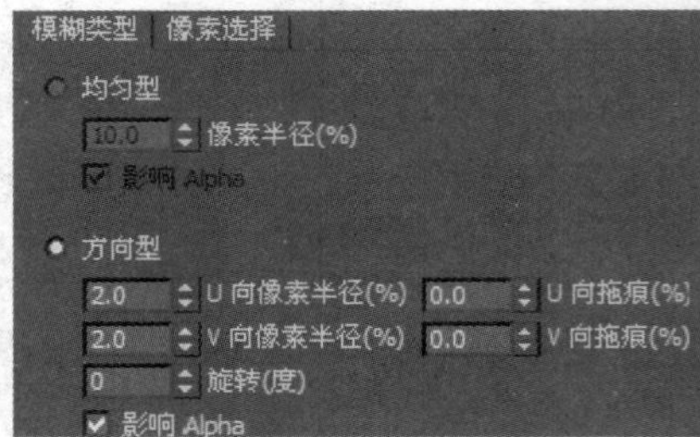

Step 06 渲染场景，可观察到“方向型”模糊类型的应用效果，如图所示。

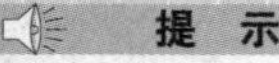

提　示

径向模糊类型将对效果中心原点应用最弱的模糊效果，像素距离中心越远，应用的模糊效果越强。此设置可以用于模拟摄影机变焦产生的运动模糊效果。

Step 07 选择“径向型”模糊类型，并设置该选项组参数，如图所示。

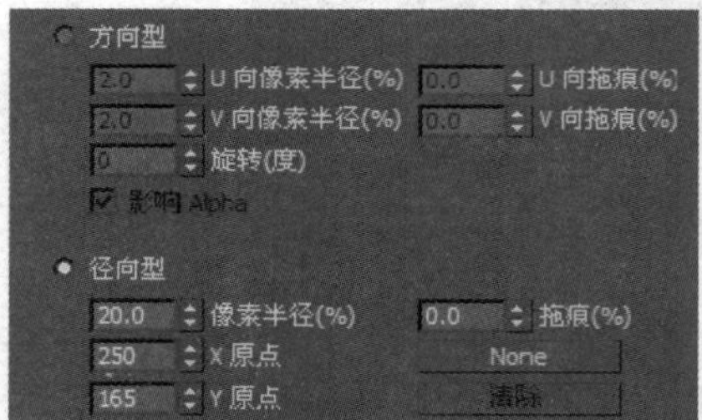

Step 08 渲染场景，可观察到渲染图像被径向模糊处理后的效果，如图所示。

2. 像素选择

在“像素选择”选项卡中，可以设置各个像素的具体应用方式。例如使非背景场景变模糊，按亮度值使图像模糊或使用贴图遮罩使图像变模糊等。

- 整个图像：勾选该复选框，模糊效果将影响整个渲染图像。
- 非背景：勾选该复选框，将影响除背景图像或动画以外的所有元素。
- 亮度：勾选该复选框，将通过一定范围的亮度来产生模糊。
- 贴图遮罩：勾选该复选框，根据通过“材质/贴图浏览器”选择的通道和应用的遮罩产生模糊效果。
- 对象ID：勾选该复选框，将模糊效果应用于对象或对象中具有特定对象ID的部分。
- 材质ID：勾选该复选框，将模糊效果应用于该材质，或材质中具有特定材质效果通道的部分。

提 示

如果使用亮度像素选择，模糊效果可能会产生清晰的边界；使用羽化模糊效果，可消除清晰的边界。

模糊效果的像素选择应用

范例实录

DVD-ROM

原始文件：
范例文件\Chapter 9\9.3\模糊效果的像素选择应用\模糊效果的像素选择应用（原始文件）.max

最终文件：
范例文件\Chapter 9\9.3\模糊效果的像素选择应用\模糊效果的像素选择应用（最终文件）.max

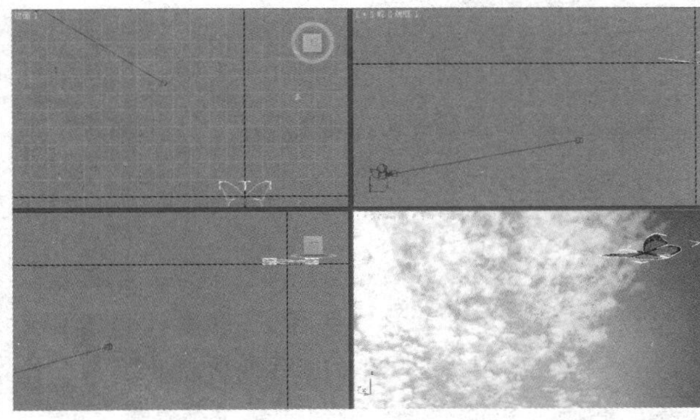

Step 01 打开本书配套光盘中的原始文件，效果如图所示。

Step 02 渲染场景，可观察到场景中未应用任何特效的渲染效果，如图所示。

Step 03 为场景添加“模糊”效果，选择“径向”类型，勾选“使用对象中心”复选框，然后在视口中拾取蝴蝶对象，如图所示。

提 示

使用羽化衰减曲线可以确定基于图形的羽化衰减模糊效果。可以向图形中添加点，创建衰减曲线，然后调整这些点的插值。

Step 04 再次渲染场景，可观察到渲染图像以蝴蝶为中心产生了径向模糊效果，如图所示。

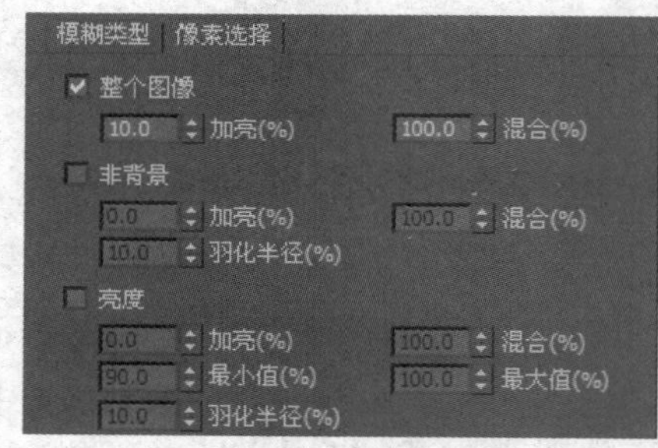

Step 05 在“模糊参数”卷展栏中切换到“像素选择”选项卡，勾选“整个图像”复选框并设置“加亮”参数为10，如图所示。

提 示

“加亮”参数可使图像中应用模糊效果的部分亮度增加。

Step 06 渲染场景，可观察到渲染图像的亮度增加了，如图所示。

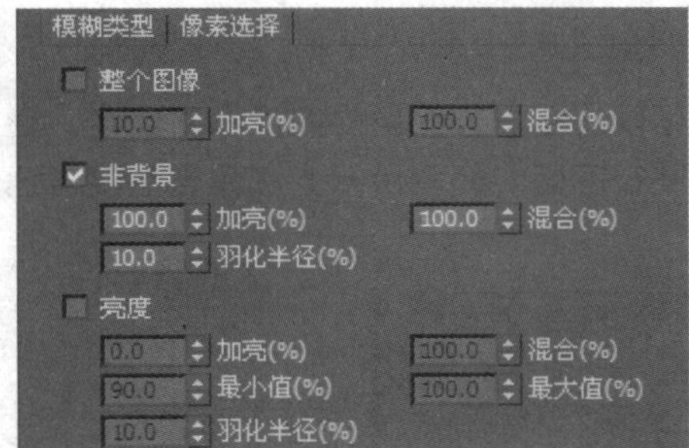

Step 07 仅勾选“非背景”复选框，并设置其他参数，如图所示。

Step 08 再次渲染场景，可观察到渲染图像中场景对象亮度增加，并羽化影响了一定范围内的背景图像，如图所示。

> **提　示**
>
> 如果使用模糊效果只想使场景对象变模糊，而不想使背景变模糊的话，可以通过勾选“非背景”复选框来实现。

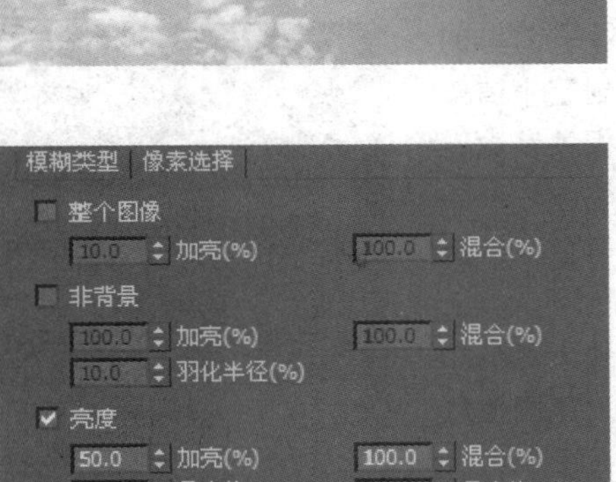

Step 09 仅勾选“亮度”复选框，设置该选项组参数，如图所示。

Step 10 渲染场景，可观察到设置亮度参数范围内的图像亮度有所增加，如图所示。

> **提　示**
>
> 如果使用模糊效果想使整个渲染图像都变模糊，可以勾选整个图像复选框，使用加亮和混合选项可以保持场景的原始颜色。

9.3.3 亮度和对比度

使用“亮度和对比度”可以调整渲染图像的亮度和对比度。通常用于将渲染场景对象与背景图像或动画进行匹配。如图所示为应用该亮度对比度前后的对比效果图。

> **提 示**
>
> 大多数图像软件，都支持图像的亮度和对比度调节，如Adobe Photoshop等软件。

“亮度和对比度”只提供了简单的参数，参数的更改都将应用到整个渲染图像。如图所示为该效果的相关参数卷展栏。

- 亮度：增加或减少所有色元，范围值从0 ~ 1.0。
- 对比度：压缩或扩展最大黑色和最大白色之间的范围，范围值从0 ~ 1.0。
- 忽略背景：勾选该复选框，效果将应用于3ds Max场景中除背景以外的所有元素。

范例实录

亮度和对比度的应用

> **DVD-ROM**
>
> **原始文件**：
> 范例文件\Chapter 9\9.3\亮度对比度的应用\亮度对比度的应用(原始文件).max
>
> **最终文件**：
> 范例文件\Chapter 9\9.3\亮度对比度的应用\亮度对比度的应用(最终文件).max

Step 01 打开 3ds Max 2013，为背景环境指定一张位图贴图，如图所示。

Step 02 渲染场景，可观察到渲染图像中只有环境贴图的效果，如图所示。

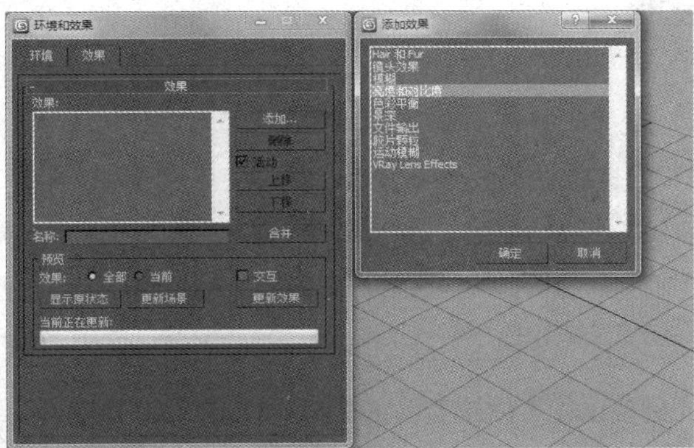

Step 03 打开“环境和效果”对话框，在下拉列表框中添加“亮度和对比度”特效，如图所示。

> **提　示**
>
> 亮度和对比度支持mental ray渲染器。

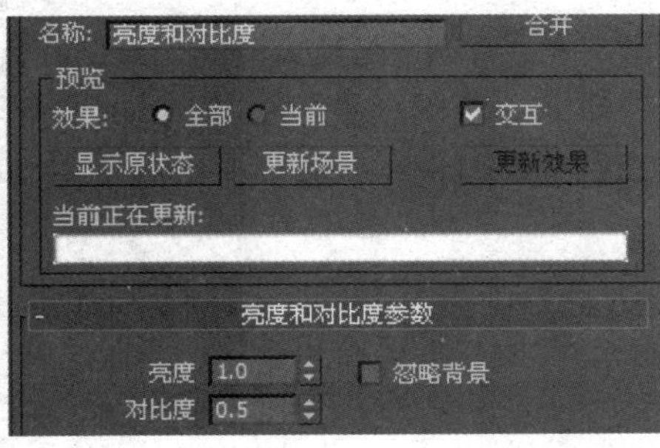

Step 04 设置“亮度”参数值为1，勾选“交互”复选框，如图所示。

> **提　示**
>
> 勾选“交互”复选框，在调整效果的参数时，在“渲染帧窗口”中将同步更改效果。

Step 05 勾选了“交互”复选框后，软件将自动渲染场景，并应用特效，如图所示。

> **提　示**
>
> 在更新效果时，“渲染帧窗口”中只显示在渲染效果中所作的更改，对场景本身所作的更改不会被渲染。

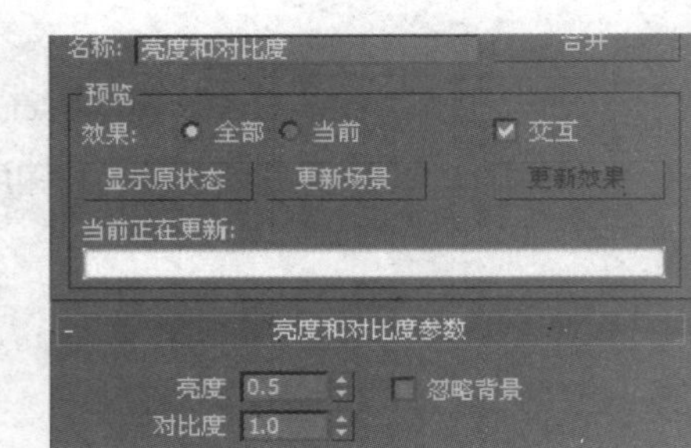

Step 06 恢复“亮度”参数值为0.5，然后设置“对比度”参数值为1，如图所示。

提　示

3ds Max的特效可以进行合并，合并的时候选择的文件为MAX 格式。

Step 07 渲染图像的面板中将不再进行渲染，而是直接应用新的效果，如图所示为对比度为1时的效果。

9.3.4 色彩平衡

提　示

色彩平衡滑块两端的颜色是色相环上相对的颜色。

使用“色彩平衡”可以通过独立控制RGB通道进行颜色的相加或相减操作。该效果只提供了简单的颜色参数设置，如图所示。

- 青色/红色：可以通过滑块或数值来调整红色通道。
- 洋红色/绿色：可以通过滑块或数值来调整绿色通道。
- 黄色/蓝色：可以通过滑块或数值来调整蓝色通道。
- 保持发光度：勾选该复选框，可以在修正颜色的同时，保留图像的发光度。

范例实录

色彩平衡的调整

DVD-ROM

原始文件：

范例文件\Chapter 9\9.3\色彩平衡的调整\色彩平衡的调整（原始文件).max

最终文件：

范例文件\Chapter 9\9.3\色彩平衡的调整\色彩平衡的调整（最终文件).max

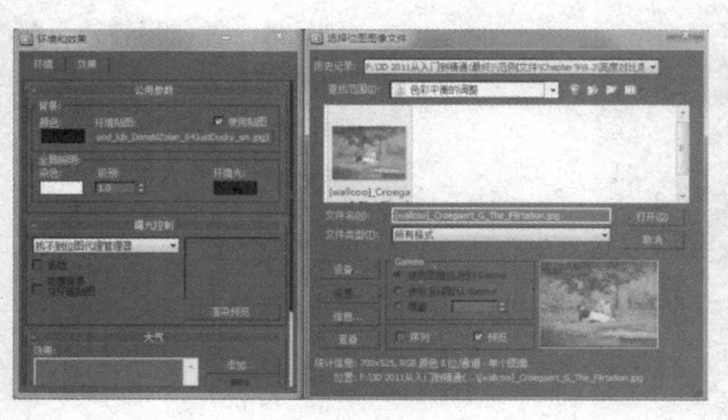

Step 01 打开3ds Max 2013，为背景环境指定一张位图贴图，如图所示。

Step 02 渲染场景，可观察到渲染图像中只有环境贴图的效果，如图所示。

> **提 示**
>
> 可以添加多个“色彩平衡”特效来调整图像颜色，还可以和“亮度和对比度”特效配合使用。

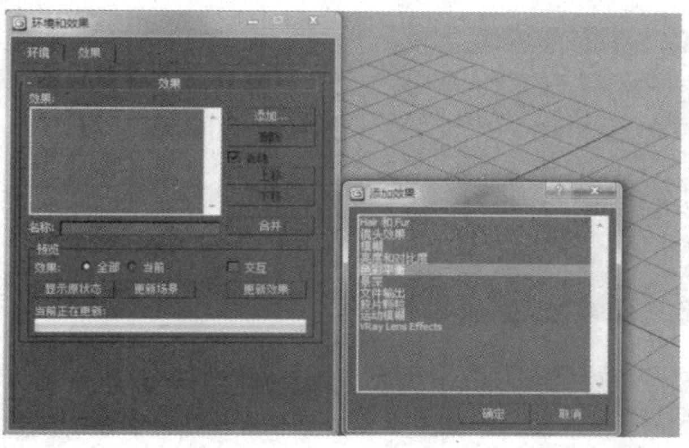

Step 03 打开“环境和效果”对话框，添加“色彩平衡”特效，如图所示。

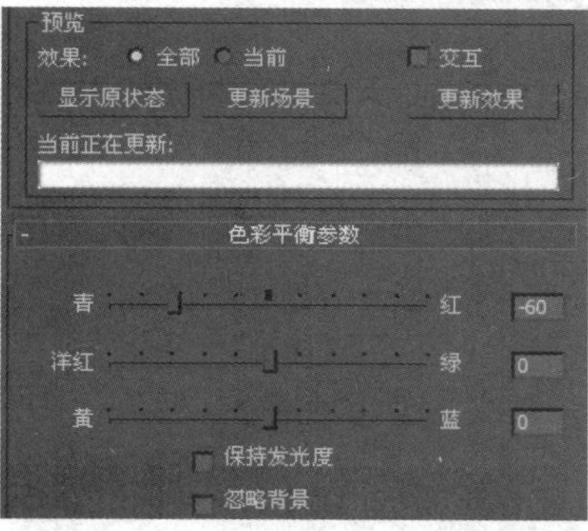

Step 04 在“色彩平衡参数”卷展栏中，移动色彩滑块，如图所示。

> **提 示**
>
> 在图形学中，色彩平衡是表示图像中颜色的动态范围的术语。

Step 05 渲染场景，可以观察到由于色彩滑块偏向“青色”，因此渲染图像效果将偏向青色色调，如图所示。

提 示

“色彩平衡”只支持RGB模式，若要降低“洋红”的饱和度，可以增加“绿色”，或是降低“红色”和“蓝色”。

Step 06 重新设置第二行的滑块偏向“洋红”，如图所示。渲染场景，可观察到由于色彩滑块偏向“洋红”，因此渲染图像效果呈洋红色色调，如图所示。

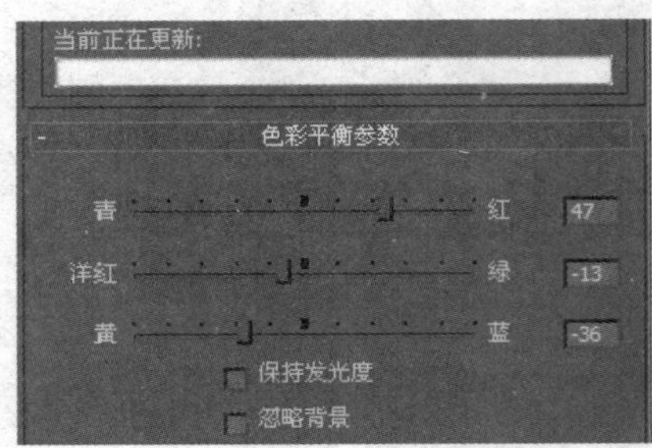

Step 07 在“色彩平衡参数”卷展栏中调整所有色彩滑块，如图所示。

 **提 示**

在图像处理领域，色彩平衡通常表示通过改变图像的颜色值，从而能够在特定的显示或打印设备上得到正确的颜色。

Step 08 渲染场景，可以观察到由于色彩滑块的位置变动，图像效果产生了新的色调，如图所示。

 **提 示**

3ds Max的“色彩平衡”特效不能分别对图像的高光、中间调或阴影进行色彩校正。

Step 09 如果勾选“保持发光度”复选框，渲染图像只有色调会发生改变，而亮度则保持不变，如图所示。

9.3.5 其他

3ds Max 2013 还提供了景深、运动模糊、文件输出及胶片颗粒等其他特效，并且这些特效的参数设置和应用都比较简单。

1. 景深

“景深”特效不同于摄影的多重过滤景深，该原理是将场景沿 Z 轴次序分为前景、背景和焦点图像，然后根据在景深效果参数中设置的值，使前景和背景图像模糊，最终的图像由经过处理的原始图像合成。

在“景深”效果的相应参数面板中，可以对摄影机进行拾取、定位焦点及焦点参数的设置，如图所示为参数设置卷展栏。

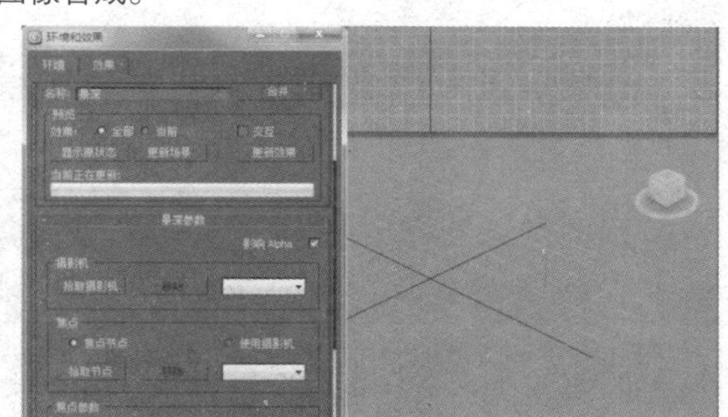

- 摄影机：在该选项组中，可以拾取场景中的摄影机对象。
- 焦点：在该选项组中，可以设置焦点为摄影机的目标点或是场景中的对象。
- 焦点参数：在该选项组中，可以选择焦点和设置焦点的损失、范围等参数。

> 提 示
>
> 景深效果可模拟当通过摄影机镜头观看时，前景和背景的场景元素的自然模糊效果。

范例实录

图像景深效果应用

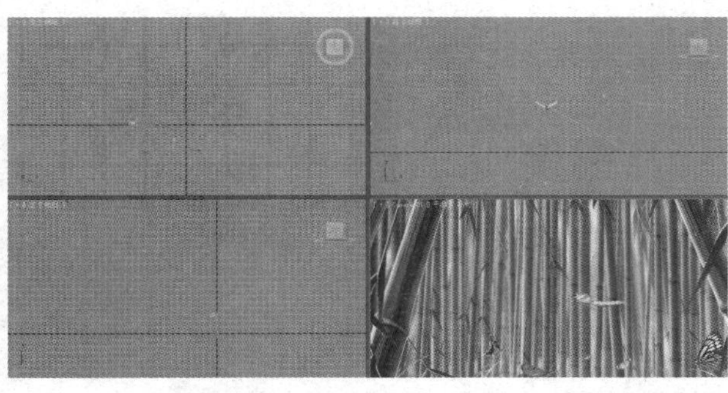

Step 01 打开本书配套光盘中的原始文件，效果如图所示。

Step 02 渲染场景，可观察到场景未应用特效的默认渲染效果，如图所示。

> DVD-ROM
>
> **原始文件**：
> 范例文件\Chapter 9\9.3\图像景深效果应用\图像景深效果应用(原始文件).max
>
> **最终文件**：
> 范例文件\Chapter 9\9.3\图像景深效果应用\图像景深效果应用(最终文件).max

> 提 示
>
> 如果对图像或动画应用其他渲染效果，景深效果应为最后一个要渲染的效果。

提 示

如果要通过默认的扫描线渲染器尽可能地减少聚焦区外的采样缺陷，可以使用混合抗锯齿过滤器。

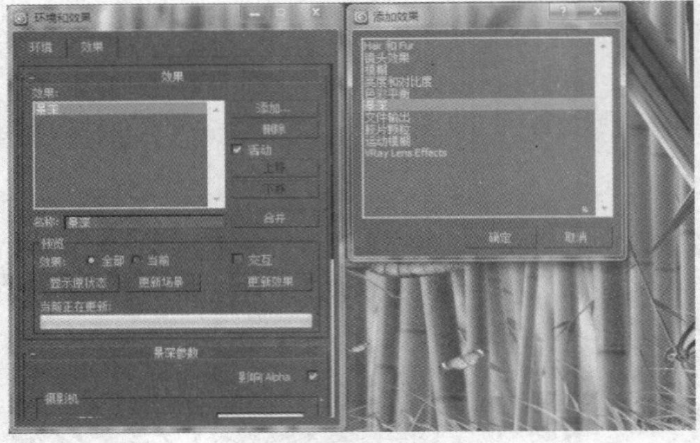

Step 03 在“环境和效果”窗口中添加“景深”效果，如图所示。

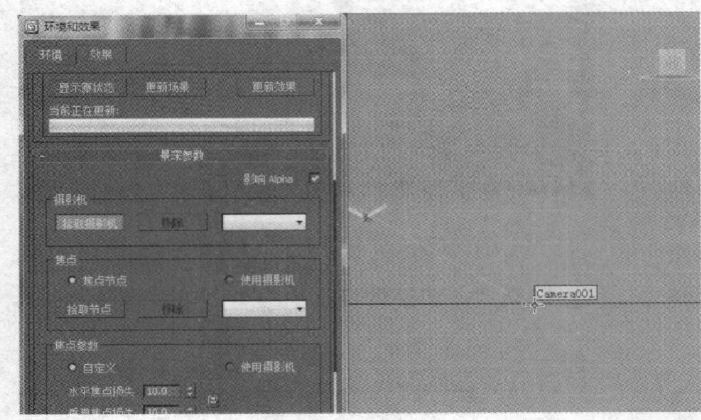

Step 04 在“景深参数”卷展栏中，单击“拾取摄影机”按钮，在视口中拾取摄影机，如图所示。

提 示

3ds Max 中可以允许多个摄影机使用相同的景深参数设置。当拾取这些摄影机后，列表中出现所有要在效果中应用的摄影机。

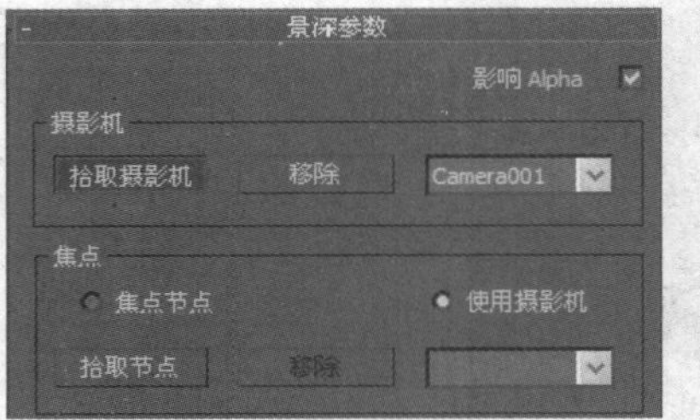

Step 05 在“景深参数”卷展栏中勾选“影响Alpha”复选框，单击“使用摄影机”单选按钮，如图所示。

Step 06 渲染场景，可观察到图像以摄影机目标点为焦点中心，进行景深模糊处理，如图所示。

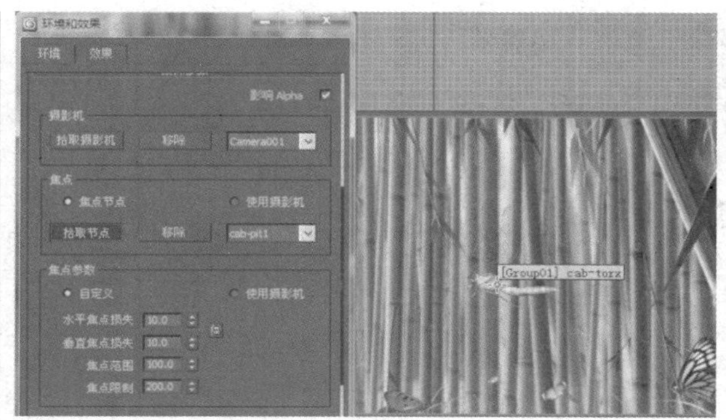

Step 07 选择“焦点节点”选项，单击“拾取节点”按钮，在视口中拾取路灯，如图所示。

> **提 示**
>
> 使用摄影机的焦点选项，能够指定在摄影机选择列表中的摄影机焦距，确定焦点。

Step 08 渲染帧窗口更新景深效果后，可观察到景深以路灯为焦点进行模糊处理，其效果如图所示。

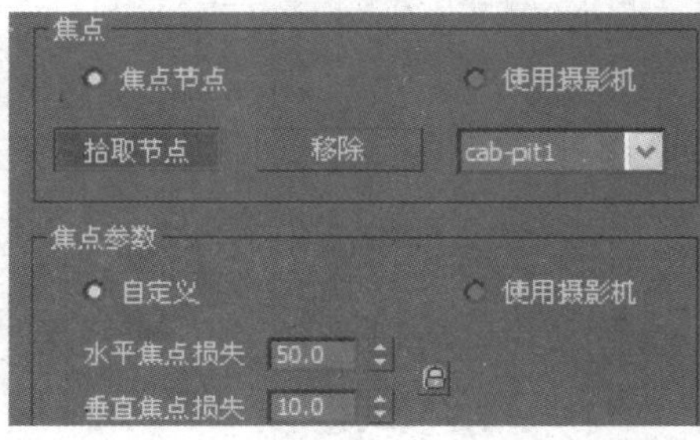

Step 09 以摄影机目标点为焦点，设置“水平焦点损失”参数值为50，如图所示。

> **提 示**
>
> 水平焦点损失参数确定沿着水平轴的模糊程度。

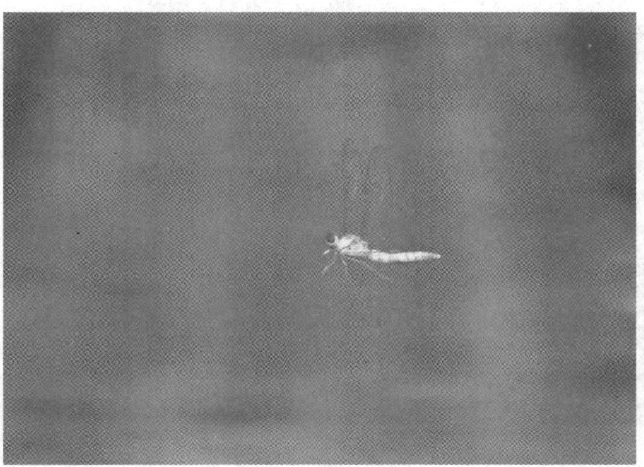

Step 10 由于“水平焦点损失”的参数增大，因此水平方向上的模糊效果更为明显，如图所示。

提 示

焦点范围用于设置到焦点任意一侧的Z轴向的距离，在该距离内图像将仍然保持聚焦效果。

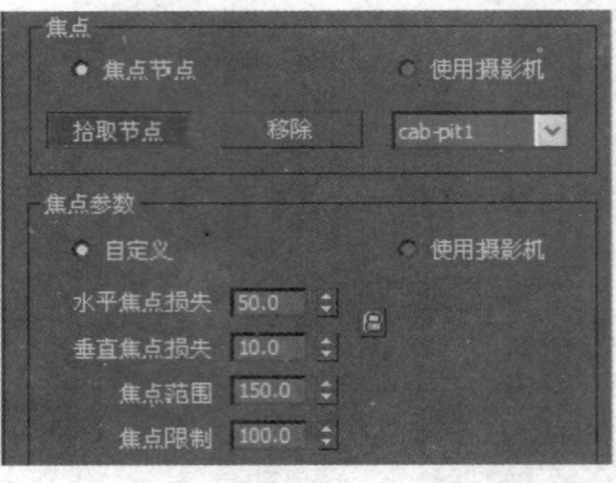

Step 11 在“焦点参数”选项组中设置“焦点范围”和“焦点限制”等参数，如图所示。

Step 12 渲染帧窗口更新效果后，可明显观察到景深效果的限制范围发生了很大变化，如图所示。

**提 示**

使用摄影机的焦点参数，可在选择列表中用高亮显示摄影机，来确定焦点范围、限制和模糊效果。

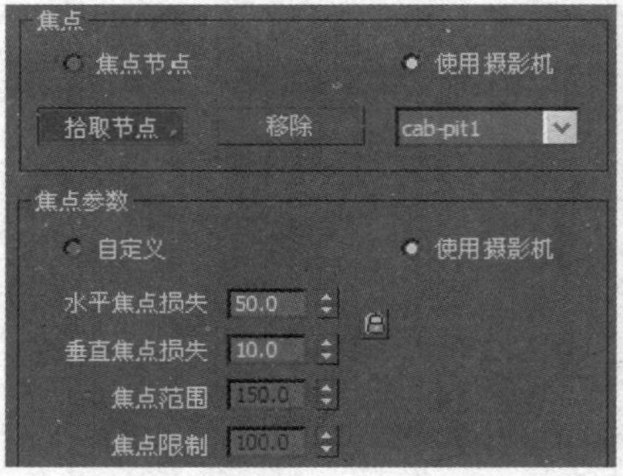

Step 13 选择“使用摄影机”选项，使焦点范围等参数应用到摄影机参数上，如图所示。

Step 14 再次渲染，可观察到摄影机本身对焦点范围的应用和限制效果，如图所示。

2. 运动模糊

“运动模糊”通过使移动的对象或整个场景变模糊，将图像运动模糊应用于渲染场景。该效果参数非常简单，通常用“持续时间”来控制模糊程度，如图所示为相关参数面板。

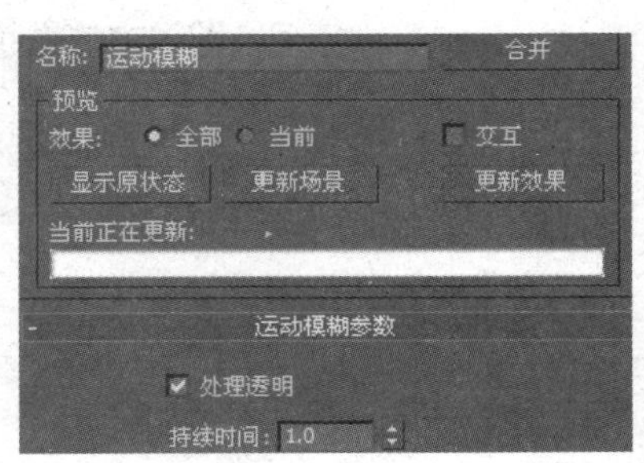

- 处理透明：勾选该复选框，运动模糊效果会应用于透明对象后面的对象。
- 持续时间：该参数用于设置虚拟摄影机镜头快门打开的时间。

提　示

使用运动模糊特效，必须通过“对象属性”对话框，为要模糊的对象设置运动模糊属性。

3. 文件输出

“文件输出”可以根据效果堆栈的应用位置，在应用部分或所有其他渲染效果之前，获取渲染的“快照”。如图所示为该效果的参数卷展栏。

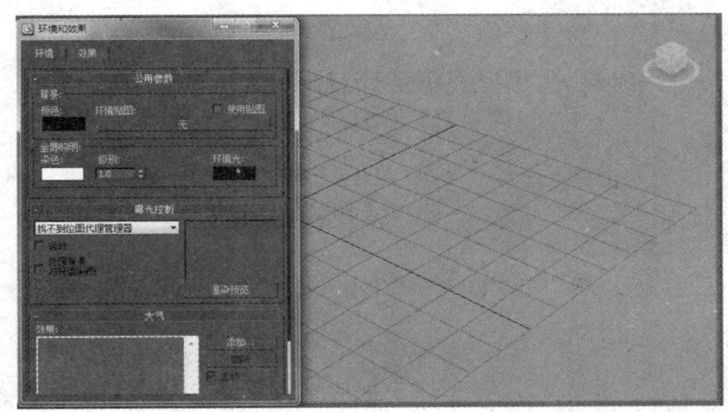

- 目标位置：在该选项组中，可以设置渲染图像或动画保存在计算机中的路径。
- 驱动程序：当选择的设备用作图像源时，在该选项组中，可以设置设备的驱动。
- 参数：在该选项组中，可以选择保存或发送回渲染效果堆栈的通道。

提　示

可以使用文件输出将RGB图像转换为不同的通道，并将该图像通道发送回渲染效果堆栈，然后再将其他效果应用于该通道。

4. 胶片颗粒

“胶片颗粒”用于在渲染场景中重新创建胶片颗粒的效果，通常将作为背景使用的源材质中的胶片颗粒与在创建的渲染场景匹配。如图所示为胶片颗粒的应用效果。

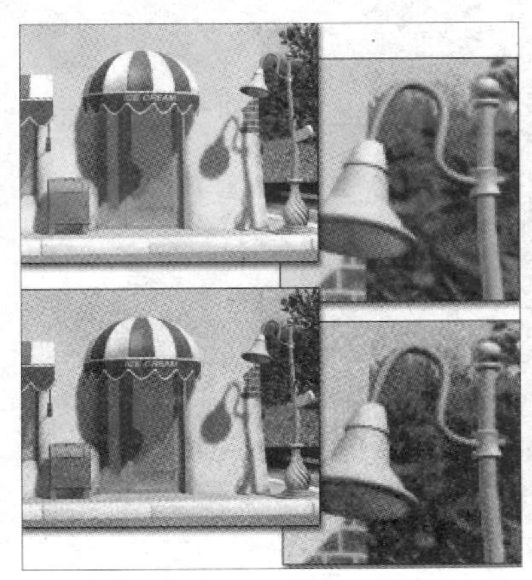

提　示

选择深度作为通道时，可以提供特定参数，用于确定场景中的哪些部分可以渲染为深度通道图像。

“胶片颗粒”的参数也非常简单，主要通过“颗粒”值来控制图像中的颗粒效果。参数面板如图所示。

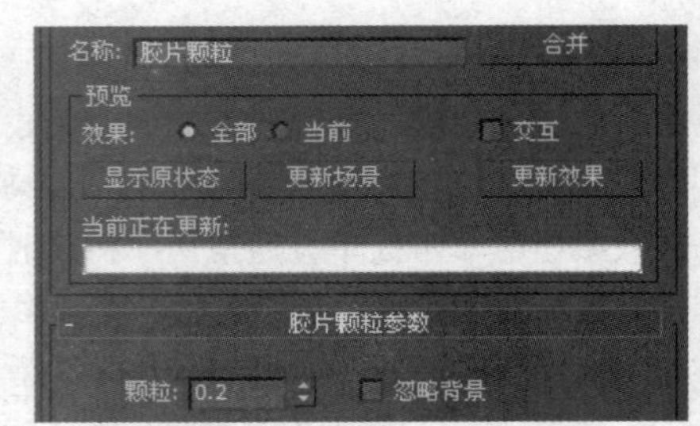

范例实录

使用胶片颗粒效果

DVD-ROM

原始文件:
范例文件\Chapter 9\9.3\使用胶片颗粒效果\使用胶片颗粒效果(原始文件).max

最终文件:
范例文件\Chapter 9\9.3\使用胶片颗粒效果\使用胶片颗粒效果(最终文件).max

Step 01 打开3ds Max 2013，为背景环境指定一张位图贴图，如图所示。

Step 02 渲染场景，可观察到渲染图像中只有环境贴图的效果，如图所示。

提 示

在模拟电视机屏幕效果时，可以选择使用胶片颗粒特效。

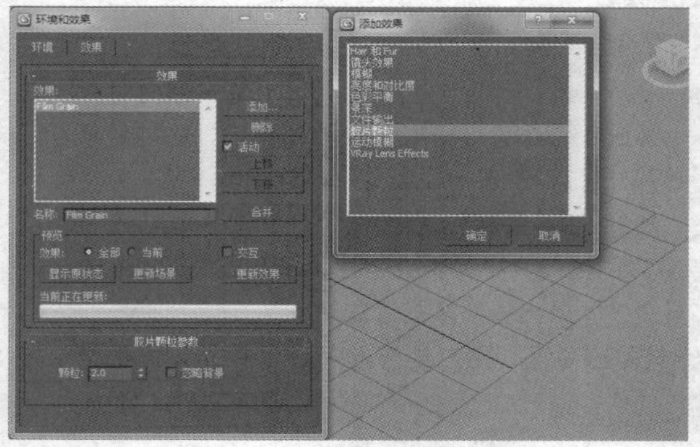

Step 03 打开“环境和效果”窗口，添加“胶片颗粒”特效，如图所示。

Step 04 渲染场景，可观察到由于默认的颗粒数量只有0.2，因此，在渲染图像中效果并不明显，如图所示。

> **提 示**
> 胶片颗粒的数量越多，渲染图像上的噪点就越明显。

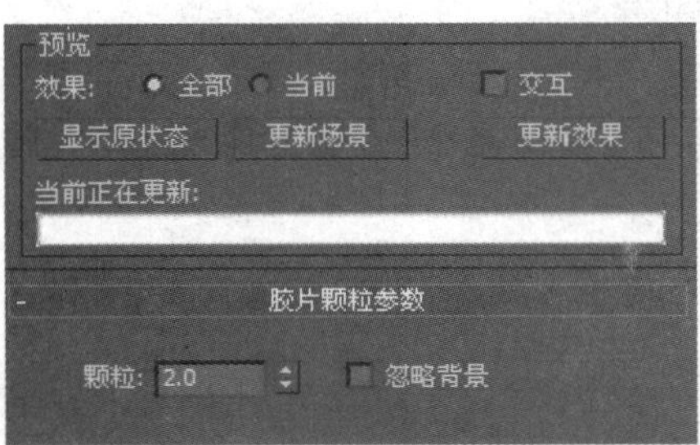

Step 05 在“胶片颗粒参数”卷展栏中，设置“颗粒”参数值为2，如图所示。

Step 06 重新渲染，可观察到胶片颗粒应用效果，如图所示。

> **提 示**
> 使用光能传递高级照明进行渲染，对曝光控制尤其有效。

9.4 曝光控制

“曝光控制”是用于调整渲染的输出级别和颜色范围的插件组件，类似调整胶片曝光效果。

> **提 示**
> 曝光控制可以补偿显示器有限的动态范围。显示器的动态范围约有两个数量级，显示器上显示的最亮的颜色比最暗的颜色亮大约100倍。与人眼比较而言，眼睛可以感知约16个数量级的动态范围。

9.4.1 自动曝光

“自动曝光控制”从渲染图像中采样，并且生成一个直方图，以便在渲染的整个动态范围提供良好的颜色分离，从而增强某些照明效果。如图所示为使用自动曝光前后的对比效果。

提 示

渲染静止图像时，应使用“自动曝光控制”。自动曝光控制也适用于初始草稿级渲染。

自动曝光可以通过亮度、对比度、曝光量等参数来控制曝光效果。如图所示为相应的参数卷展栏。

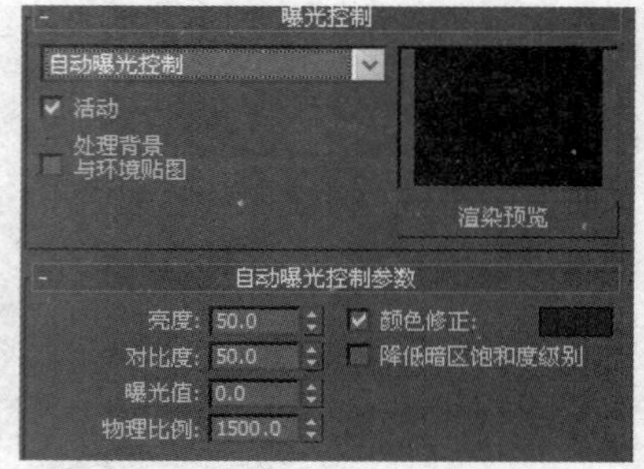

- 亮度：用于调整转换颜色的亮度。
- 对比度：用于调整转换颜色的对比度。
- 曝光值：用于调整渲染的总体亮度，参数为负值使图像更暗，参数为正值使图像更亮。
- 物理比例：设置曝光控制的物理比例，用于非物理灯光。可以调整渲染，使其与眼睛对场景的反应相同。
- 颜色修正：勾选该复选框，颜色修正会改变所有的颜色。
- 降低暗区饱和度级别：勾选该复选框，渲染器会使颜色变暗淡。

范例实录

自动曝光测试

DVD-ROM

原始文件：

范例文件\Chapter 9\9.4\自动曝光测试\自动曝光测试（原始文件）.max

最终文件：

范例文件\Chapter 9\9.4\自动曝光测试\自动曝光测试（最终文件）.max

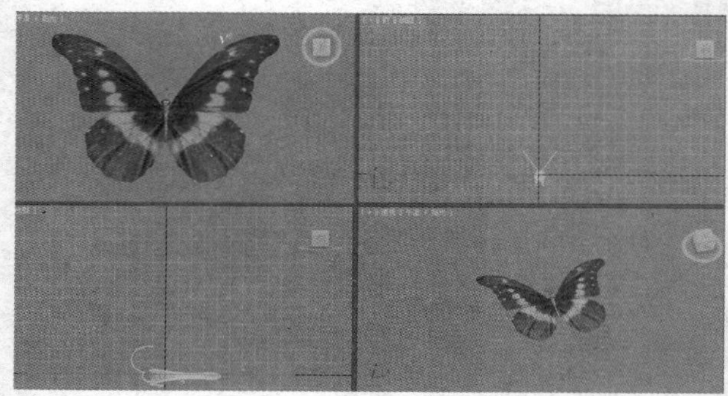

Step 01 打开本书配套光盘中的原始文件，效果如图所示。

Step 02 渲染场景，可以观察到场景中未应用任何曝光控制的渲染效果，如图所示。

提 示

在动画中不应使用“自动曝光控制”选项，因为每个帧将使用不同的柱状图，可能会使动画出现闪烁现象。

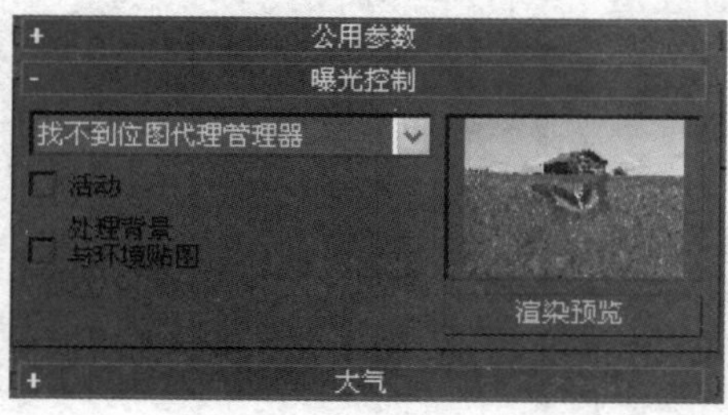

Step 03 打开“环境和效果”窗口，在“曝光控制”卷展栏中，单击“渲染预览”按钮，可在渲染预览窗口中预览曝光应用效果，如图所示。

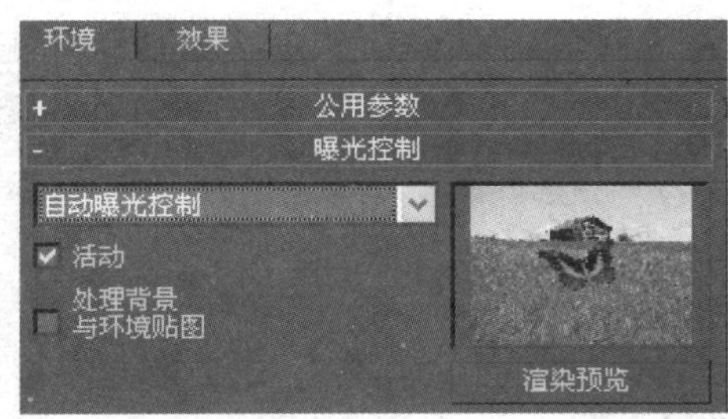

Step 04 在列表中选择“自动曝光控制”选项，可在渲染预览窗口中简单预览曝光效果是否有效，如图所示。

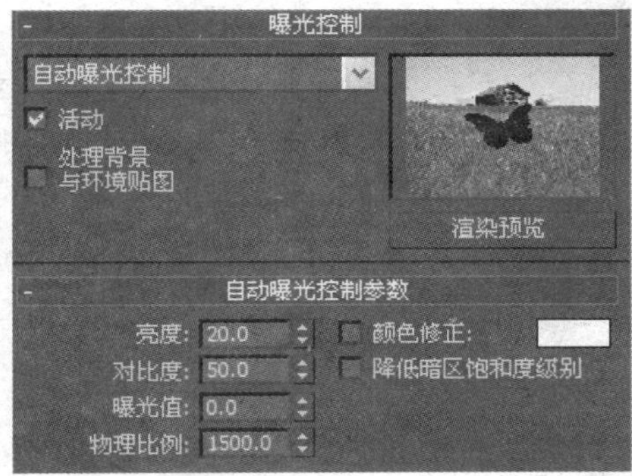

Step 05 在自动曝光控制的参数卷展栏中，设置“亮度”参数值为20，如图所示。

Step 06 渲染场景，可观察到渲染图像的整体亮度被降低，如图所示。

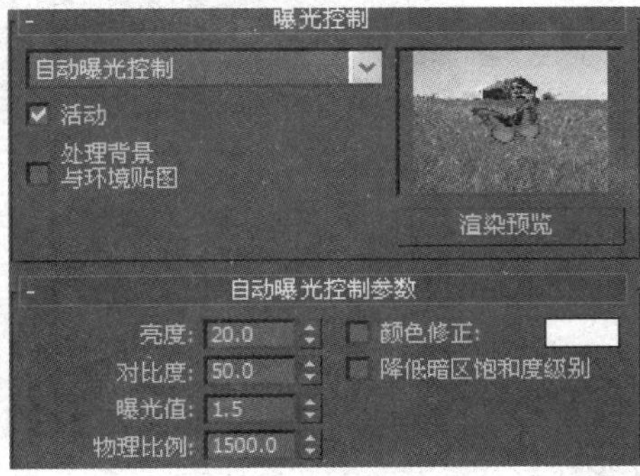

Step 07 恢复自动曝光的默认设置，设置“曝光值”参数值为1.5，如图所示。

Step 08 渲染场景，可观察到由于曝光量的增加，场景曝光过度，效果如图所示。

提 示

对自发光对象使用光线跟踪选项，需要设置其物理比例，将此值设置为等同于场景中最亮的光源，设置适合反射、自发光以及材质提供的所有其他非物理元素的转换比例。

提 示

一根蜡烛大约1坎迪拉，该单位也称为烛光，100瓦的白炽灯泡大约为139坎迪拉。

提 示

为了获得最佳的图像效果，可以使用很淡的颜色来作为修正色，如淡蓝色或淡黄色。

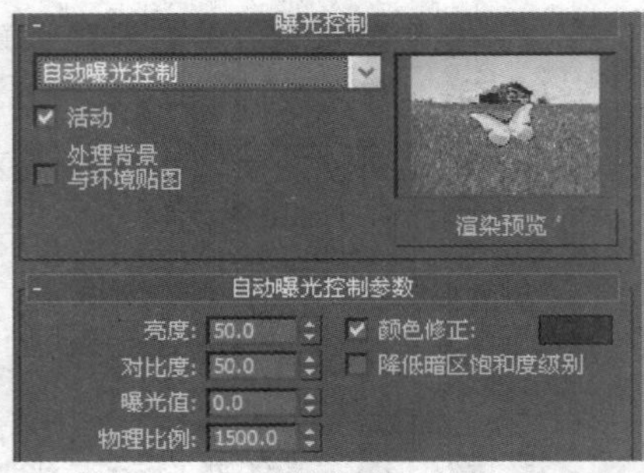

Step 09 勾选"颜色修正"复选框，设置修正颜色为偏蓝的颜色，如图所示。

Step 10 渲染场景，可观察到渲染图像的色调加上蓝色后略为偏黄，如图所示。

9.4.2 线性曝光

提 示

"降低暗区饱和度级别"能够模拟眼睛对暗淡照明的反应。在暗淡的照明下，眼睛不能感知颜色，只能看到灰色色调。

"线性曝光控制"从渲染中采样，并且使用场景的平均亮度将物理值映射为RGB值。线性曝光控制最适合动态范围很低的场景，其参数与自动曝光一样。如图所示为该方式的参数面板。

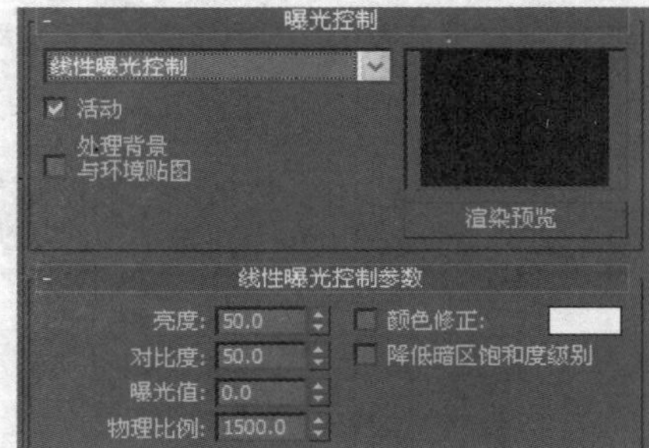

范例实录

线性曝光和自动曝光的对比

DVD-ROM

原始文件:
范例文件\Chapter 9\9.4\线性曝光和自动曝光的对比（原始文件).max

Step 01 打开本书配套光盘中的原始文件，如图所示。

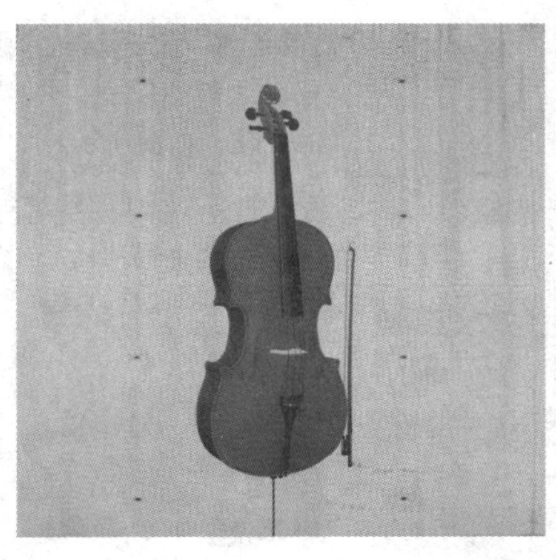

Step 02 渲染场景，可以观察场景的默认渲染的效果，如图所示。

> **提 示**
>
> 眼睛对不同的照明颜色有不同的调节方式。如房间内的灯光包含白炽灯泡所发出的黄色光，我们仍会将已知的白色对象看作白色。

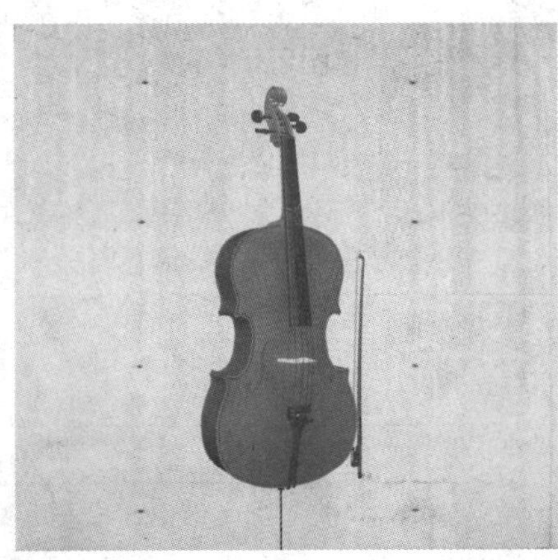

Step 03 打开“环境和效果”对话框，选择“自动曝光控制”方式，渲染场景并观察效果，如图所示。

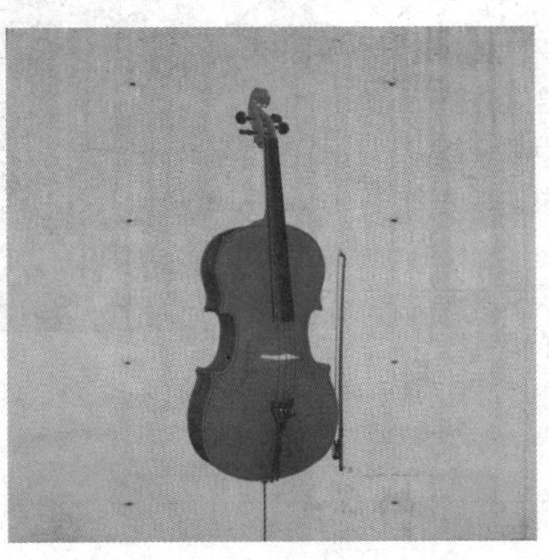

Step 04 调整曝光方式为“线性曝光控制”，再次渲染场景，观察与之前渲染出的效果发生的变化，如图所示。

> **提 示**
>
> 除非灯光照度非常低，例如低于5.62尺烛光，否则，降低暗区饱和度级别参数值效果将不明显。如果照度低于0.00562尺烛光，人眼看场景将完全成为灰色。

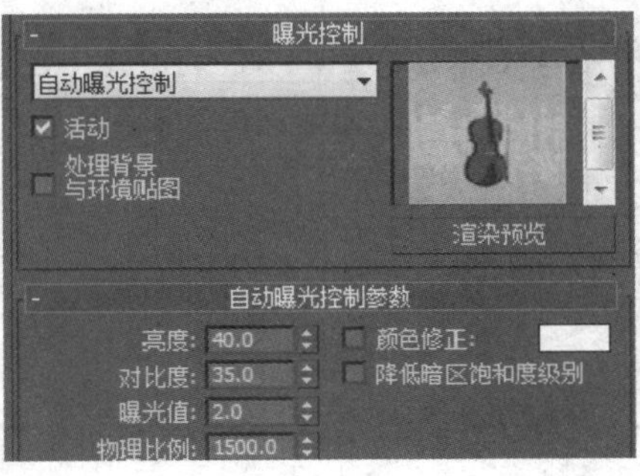

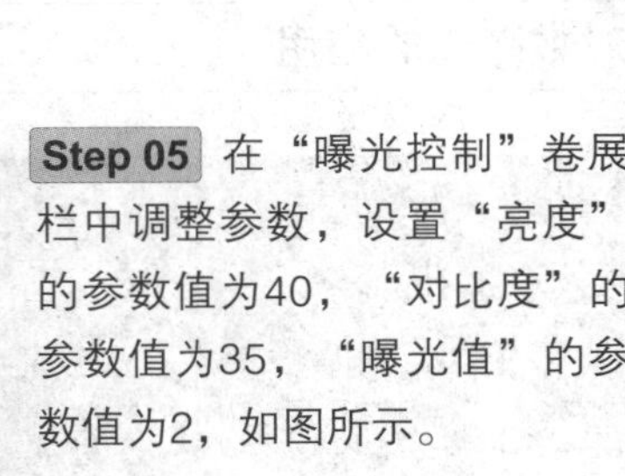

Step 05 在“曝光控制”卷展栏中调整参数，设置“亮度”的参数值为40，“对比度”的参数值为35，“曝光值”的参数值为2，如图所示。

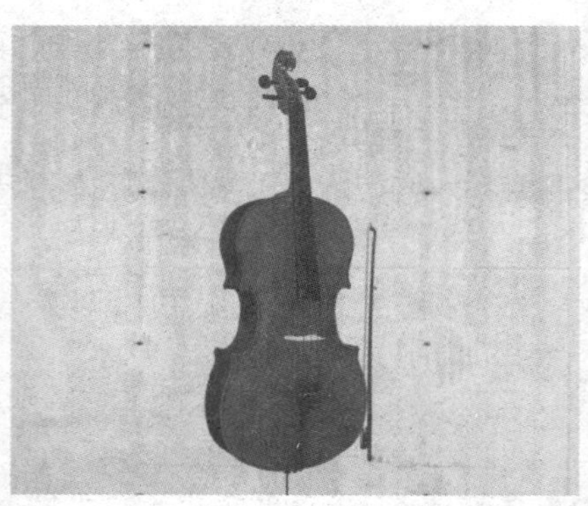

Step 06 渲染场景，观察当前效果与之前的差别，特别是颜色上的变化，如图所示。

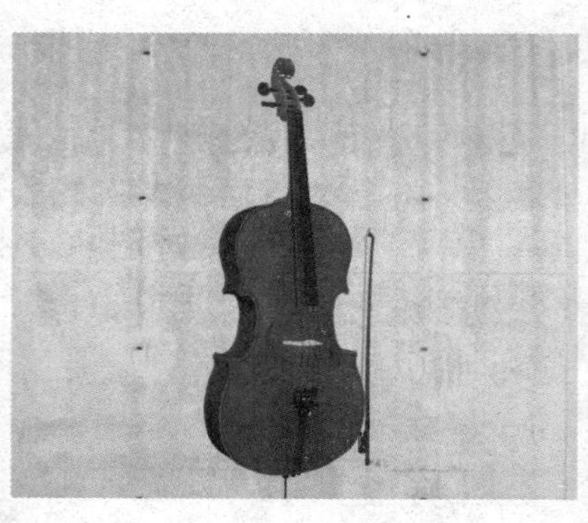

Step 07 继续调整参数，并进行渲染，直到调整出最佳效果，如图所示。

9.4.3 对数曝光

提 示

对于使用“日光”系统的室外场景，启用“室外”选项切换可以避免曝光过度。

“对数曝光控制”使用亮度、对比度以及场景是否是日光中的室外，将物理值映射为RGB值。对数曝光控制比较适合动态范围很高的场景。如图所示为该方式的参数面板。

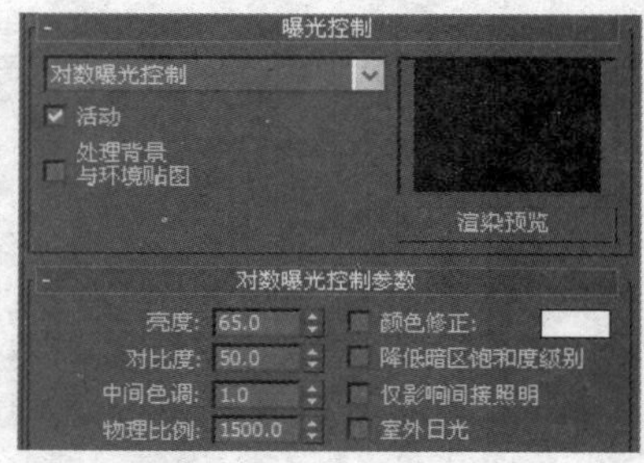

- 中间色调：用于调整转换的颜色的中间色调值。
- 仅影响间接照明：勾选该复选框，曝光控制仅应用于间接照明的区域。
- 室外日光：勾选该复选框，可转换适合室外场景的颜色。

范例实录

对数曝光的应用

DVD-ROM

原始文件：
范例文件\Chapter 9\9.4\对数曝光的应用\对数曝光的应用（原始文件).max

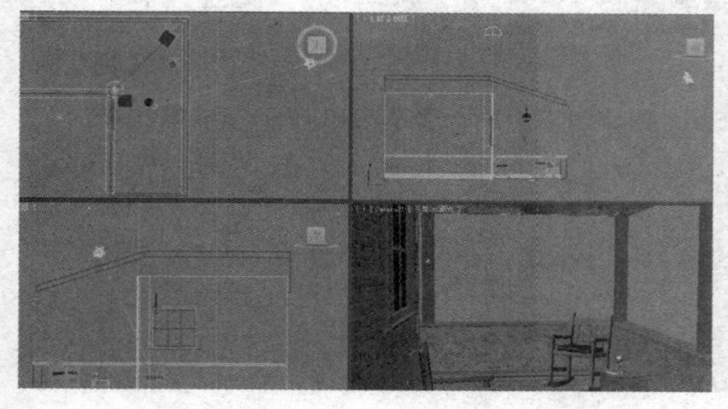

Step 01 打开本书配套光盘中的原始文件，如图所示。

Step 02 渲染场景，可观察到由于场景中灯光强度较大，并且未应用任何曝光控制，场景的渲染效果并不理想，如图所示。

DVD-ROM

最终文件:
范例文件\Chapter 9\9.4\对数曝光的应用\对数曝光的应用（最终件).max

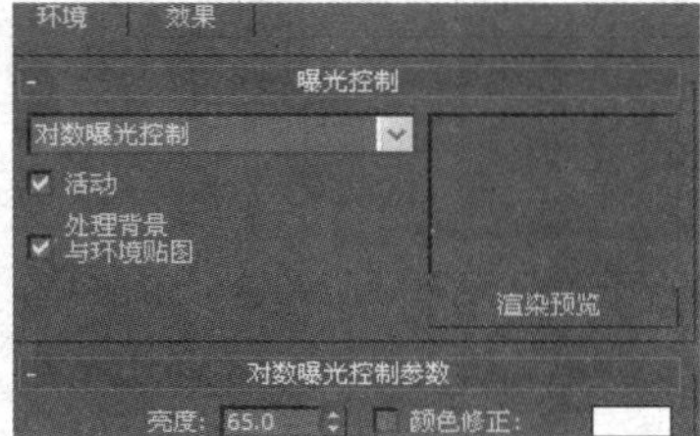

Step 03 在“环境和效果”窗口中，选择“对数曝光控制”选项，如图所示。

提 示

使用未衰减的标准灯光时，渲染的动态范围通常较低，因为整个场景的灯光强度不会发生剧烈变化，只需要调整灯光值即可获得良好的渲染效果。

Step 04 渲染场景，可以观察到由于对数曝光方式的应用，使得场景的光照效果趋于真实，如图所示。

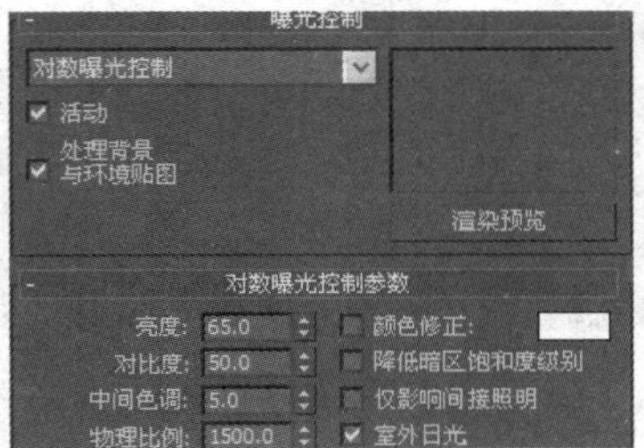

Step 05 在对数曝光控制的参数卷展栏中，设置“中间色调”的参数值为5，如图所示。

提 示

灯光衰减时，近距曲面上的灯光可能过亮，远距曲面上的灯光可能过暗。

Step 06 渲染场景，可观察到当“中间色调”值增大，渲染图像中颜色的中间色调值变亮，如图所示。

> **提 示**
>
> 渲染从最暗到最亮将依次显示蓝色、青色、绿色、黄色、橙色和红色。

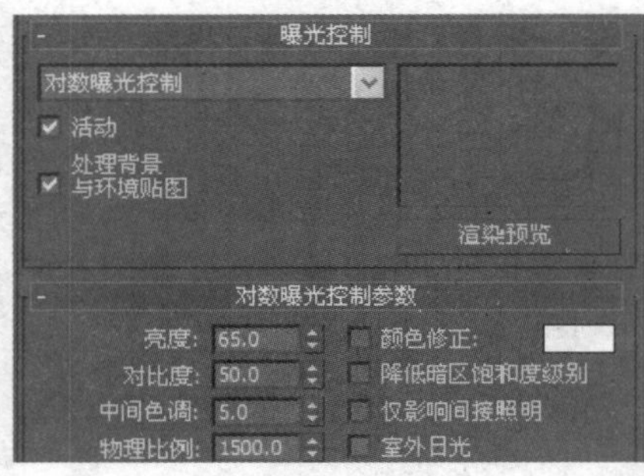

Step 07 在对数曝光控制的参数卷展栏中，取消勾选“室外日光”复选框，如图所示。

Step 08 渲染场景，可观察到禁用“室外日光”后，整个场景受到了均匀的光照，如图所示。

9.4.4 伪彩色曝光

> **提 示**
>
> 如果在尝试渲染伪彩色图像时出现文件写入错误，就需要检查照度元素的路径和文件名，或用于保存照度数据的PNG文件的权限。

“伪彩色曝光控制”实际上是一个照明分析工具，可以将亮度映射为显示转换值的亮度的伪彩色，如图所示。

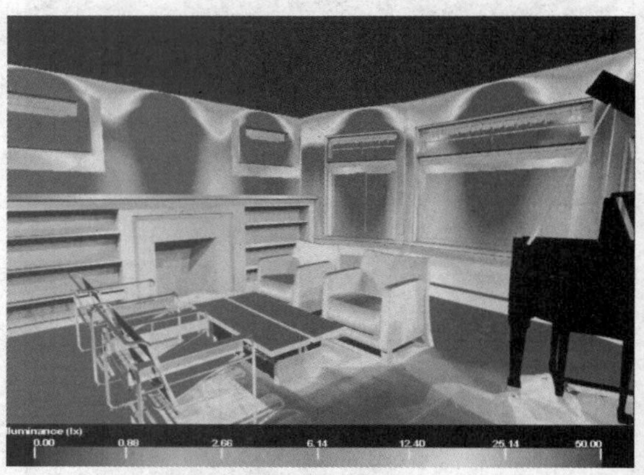

> **提 示**
>
> 物理比例值为1500，渲染器和光能传递将标准的泛光灯当作1500坎迪拉的光度学等向灯光。

在伪彩色曝光控制的参数卷展栏中，可以设置曝光的显示类型和显示范围。如图所示为该曝光方式的参数卷展栏。

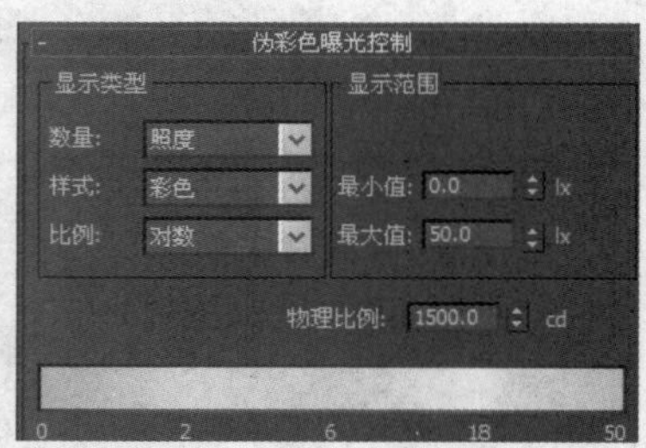

- 数量：可以选择所测量的值，包括照度和亮度两种方式。
- 样式：可以选择显示值的方式，包括彩色和灰度两种方式。
- 比例：可以选择用于映射值的方法，包括线性和对数两种方式。
- 显示范围：在该选项组中，可以设置在渲染中要测量和表示的最低值和最高值。

使用伪彩色曝光控制

Step 01 打开本书配套光盘中的原始文件，如图所示。

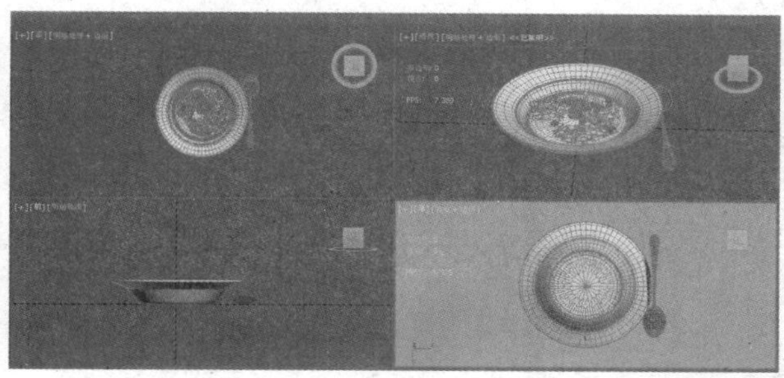

Step 02 渲染场景，可观察到场景没有应用曝光控制的渲染效果，如图所示。

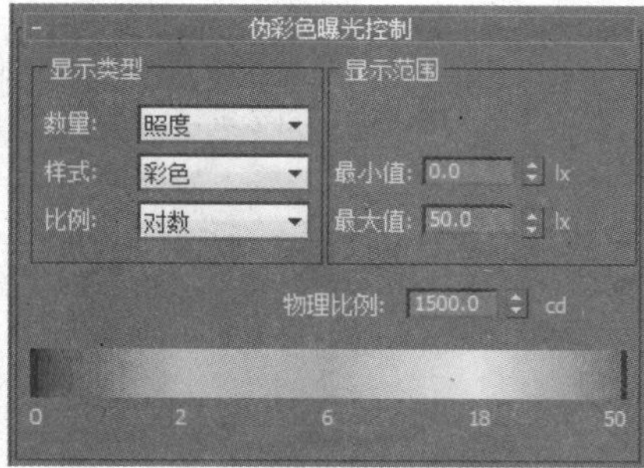

Step 03 选择伪彩色曝光方式，在“伪彩色曝光控制”卷展栏中，设置相关参数，如图所示。

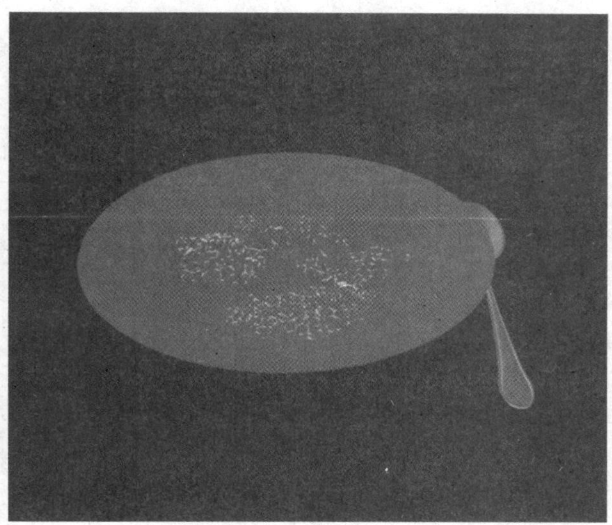

Step 04 渲染场景，观察效果。在完成渲染后，将看到效果图下方会出现“照度”对话框，以显示当前的曝光效果，如图所示。

范例实录

DVD-ROM

原始文件:
范例文件\Chapter 9\9.4\使用伪彩色曝光控制\使用伪彩色曝光控制（原始文件）.max

提 示

物理比例设置影响反射、自发光以及材质提供的所有其他非物理元素的转换比例。

提 示

mental ray 渲染器仅支持对数曝光控制和伪彩色曝光控制的渲染。

提 示

如果使用标准灯光，“物理比例”值将充当光能传递引擎计算能量时所使用的转换比例。

Step 05 调整“亮度”值，观察效果，如图所示。

提 示

使用伪彩色渲染时光谱条会显示在伪彩色图像下方，标记为“亮度”或“照度”。

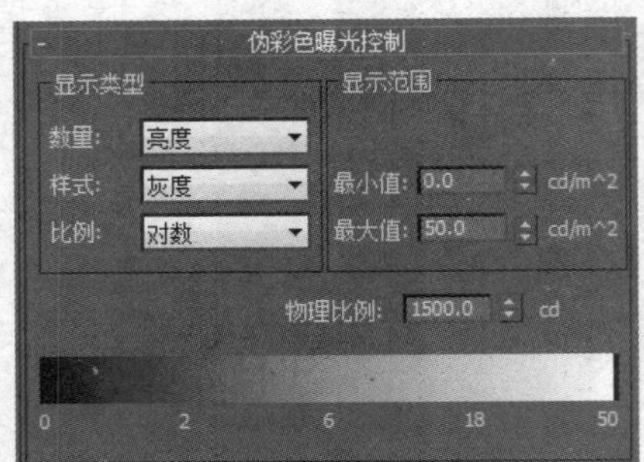

Step 06 在伪色彩曝光的参数卷展栏中，重新选择不同的显示方式，如图所示。

Step 07 渲染场景后，可观察到以灰色比例显示的伪彩色曝光效果，如图所示。

提 示

如果在对数曝光控制中使用“仅影响间接照明”标记，则不需要担心物理比例的参数设置。

注 意

除了伪彩色曝光方式外，3ds Max还为用户提供了照明数据导出器，可以更好地分析照明的亮度和照度数据。只有将曝光控制应用于场景，照明数据导出器才会渲染文件。如图所示为该工具的参数面板。

如果导出为TIFF格式的文件，该工具将渲染一个图像文件，亮度和照度使用独立的通道。如果导出为PIC格式的文件，该工具将渲染两个图像：一个包含亮度数据，另一个则包含照度数据。

2D 照明数据导出器
文件名：
图像大小
宽度：640
高度：480
导出

9.5 浓雾中的建筑

本节将通过“环境和效果”窗口中提供的各种环境和特效控制，模拟建筑在浓雾中的气氛效果。如图所示为本节案例的最终完成效果。

提 示

本节案例中的场景使用了灯光阵列的方法进行照明，使场景中的阴影更加自然，受光也更加均匀。

9.5.1 制作环境背景

本小节首先将通过贴图来适配场景与背景的效果，如图所示为场景所应用的天空环境。

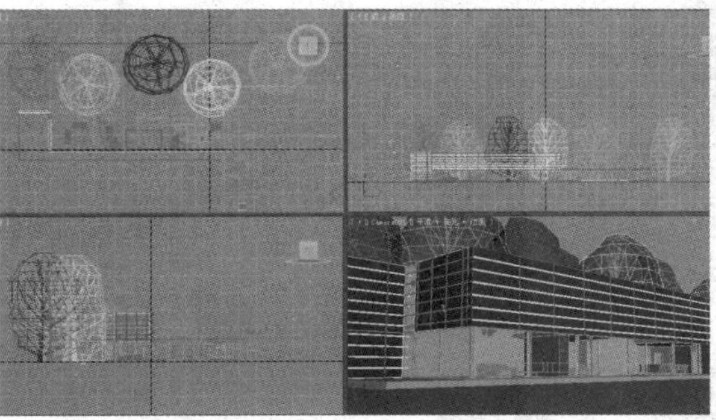

Step 01 打开本书配套光盘中的原始文件，如图所示。

DVD-ROM

原始文件：

范例文件\Chapter 9\9.5\浓雾中的欧式建筑\浓雾中的欧式建筑(原始文件).max

最终文件：

范例文件\Chapter 9\9.5\浓雾中的欧式建筑\浓雾中的欧式建筑(最终文件).max

Step 02 保持场景中灯光、材质等各种参数不变来渲染场景，场景的默认渲染效果如图所示。

提 示

天空贴图的选择通常需要参考场景的观察角度。

Step 03 打开“环境和效果”窗口，为背景环境指定一张天空位图贴图，如图所示。

提 示

因为球体更接近于人眼观察天穹的效果，所以在背景环境适配不理想的情况下，使用球天是最好的选择方式。

Step 04 渲染场景，可观察到背景应用了贴图的效果，但背景与场景适配并不理想，如图所示。

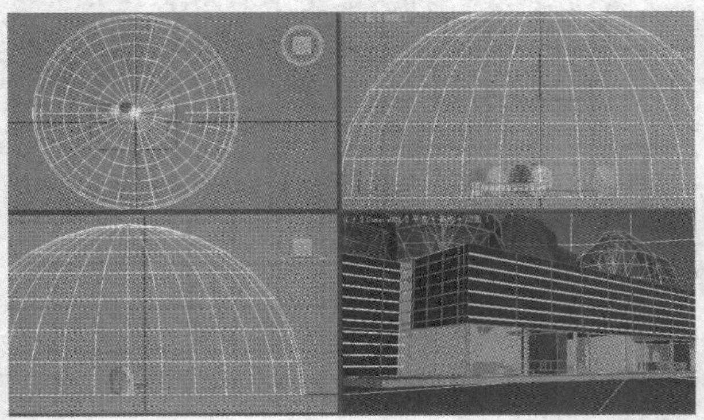

Step 05 在场景中创建一个模拟球天的半球对象，创建位置如图所示。

提 示

贴图坐标可以更好地调整贴图在“摄影机”视口中显示的位置。

Step 06 打开“材质编辑器”窗口，将背景环境贴图复制到样本材质的漫反射贴图通道，如图所示。

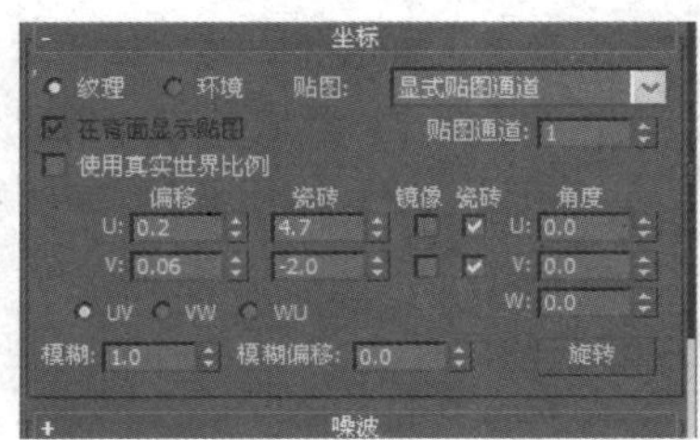

Step 07 在贴图的“坐标”卷展栏中，设置贴图坐标参数，如图所示。

Step 08 将材质赋予模拟球天的对象，渲染场景，可观察到更自然的背景效果，如图所示。

> **提 示**
>
> 如果体积雾相位快速变化，而风力强度相对较小时，雾将快速涡流，慢速漂移。

9.5.2 添加体积雾

本小节将为场景模拟浓雾效果，主要通过体积雾和大气装置来完成。

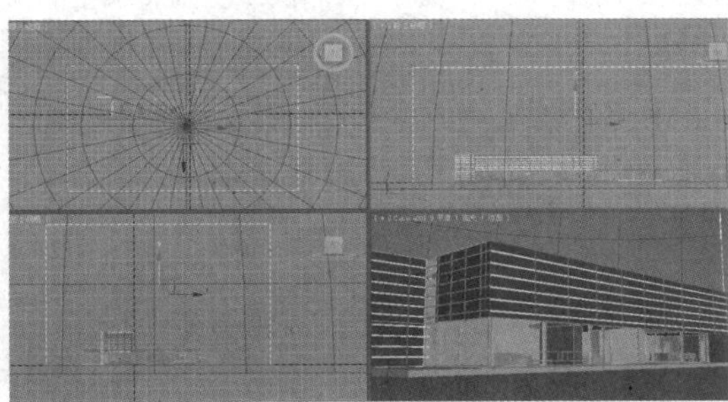

Step 01 在场景中创建长方体线框大气装置对象，创建位置如图所示。

> **提 示**
>
> 种子参数用于生成大气效果的基值，场景中的每个装置都具有不同的种子。如果多个场景使用相同的种子和相同的大气效果，将产生几乎相同的结果。

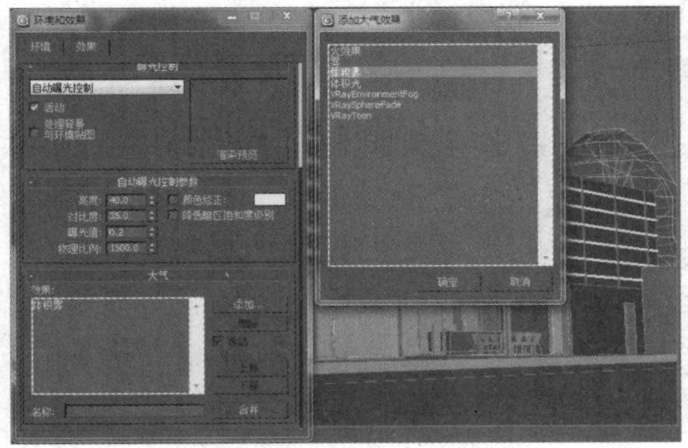

Step 02 打开“环境和效果”窗口，并添加“体积雾”大气效果，如图所示。

提 示

在本案例场景中，设置较低密度的体积雾，以便后期添加太阳光的效果。

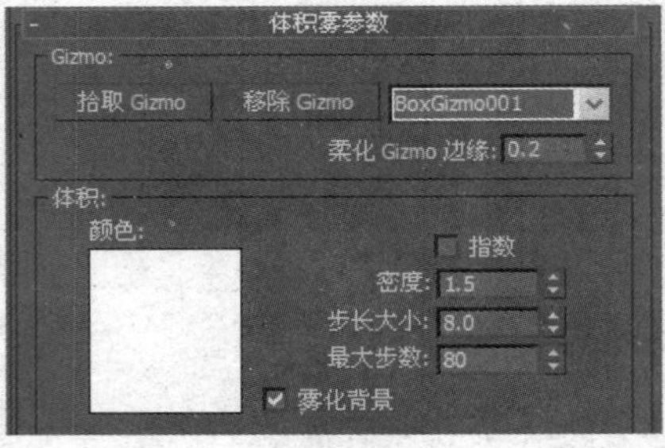

Step 03 在“体积雾参数”卷展栏中，添加长方体线框大气装置，并设置体积参数，如图所示。

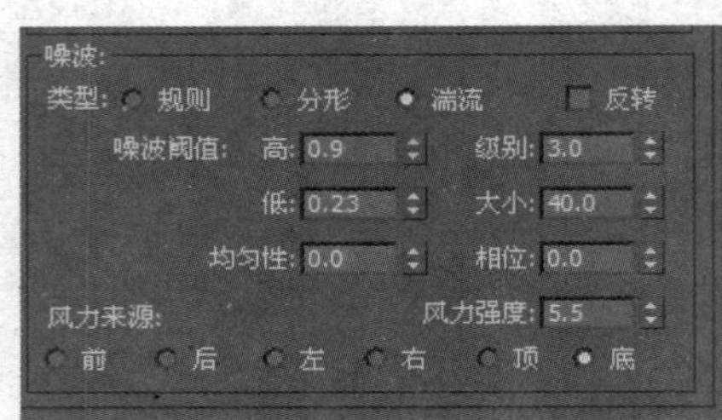

Step 04 在“噪波”选项组中选择“湍流”类型，并设置该选项组中的参数，如图所示。

提 示

太阳光的模拟可以使用球体对象来模拟，在本例中直接使用灯光，但产生的光晕一定要足够大才行。

Step 05 渲染场景，即可观察到体积雾的最终完成效果，如图所示。

9.5.3 添加太阳光

本小节将通过镜头特效来模拟天空中的太阳效果。如图所示为太阳光应用效果。

提 示

灯光最好创建在接近“摄影机”视口的观察边缘，这样能使太阳光效果更加真实，同时要注意场景中平行光的照射方向。

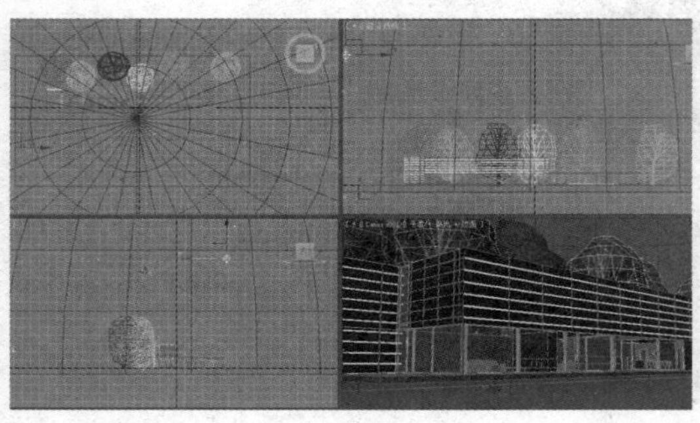

Step 01 在场景中创建一盏泛光灯，创建位置如图所示。

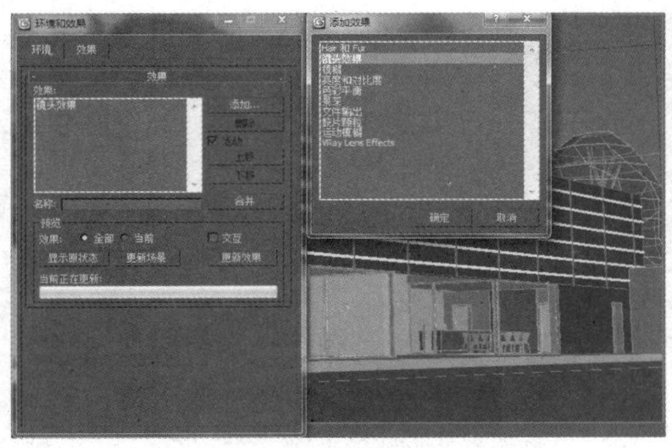

Step 02 在“效果”选项卡中，添加“镜头效果”，如图所示。

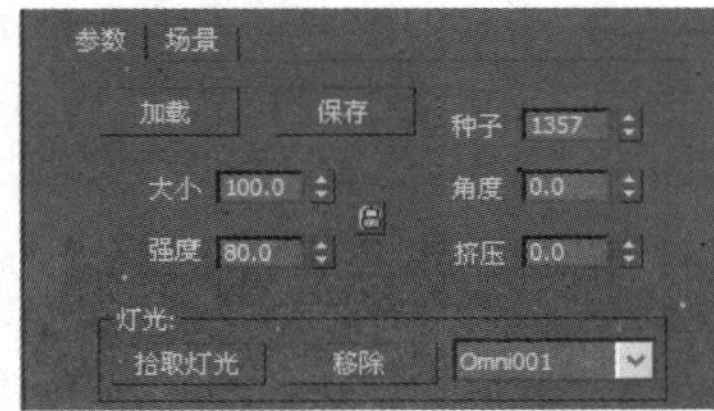

Step 03 在“镜头效果”的参数面板中，设置相应的参数，如图所示。

> **提 示**
>
> 使用聚光灯预置镜头特效，可以设置足够大的参数值，使其模拟整个太阳，而不是只有太阳产生的光晕。

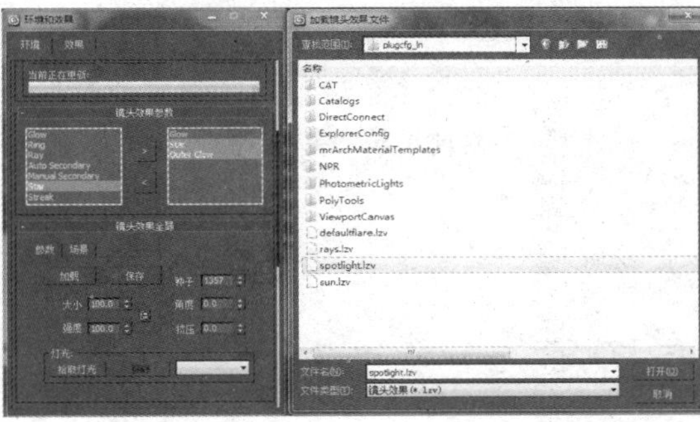

Step 04 加载3ds Max预置的Spotlight镜头特效文件，效果如图所示。

Step 05 渲染场景，即可观察到场景中增加了太阳的效果，如图所示。

> **提 示**
>
> 虽然本例是室外场景，但浓雾效果使其并不适用于对数曝光方式，所以在此处选择了自动曝光方式。

9.5.4 调整曝光方式

本小节将通过曝光方式来调整修正场景应有的气氛。如图所示为曝光后的效果。

提　示

默认的自动曝光参数值并不能达到理想中的曝光要求，通常需要手动调整参数值。

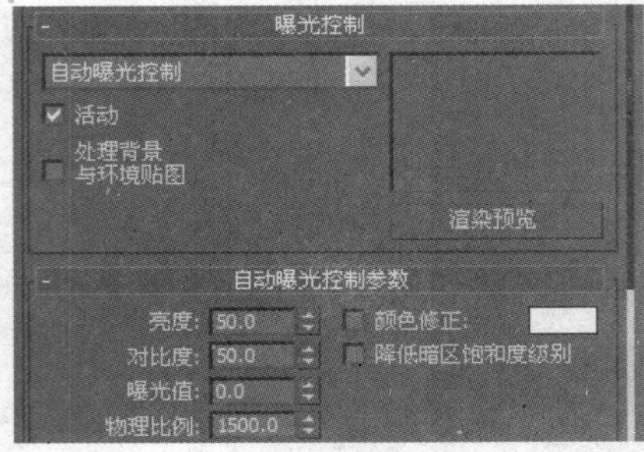

Step 01 在“环境和效果”窗口中的“曝光控制”卷展栏中，选择“自动曝光控制”选项，如图所示。

Step 02 渲染场景，可观察到自动曝光控制的默认应用效果，如图所示。

提　示

降低亮度可有效地降低图像高光区域的强度。

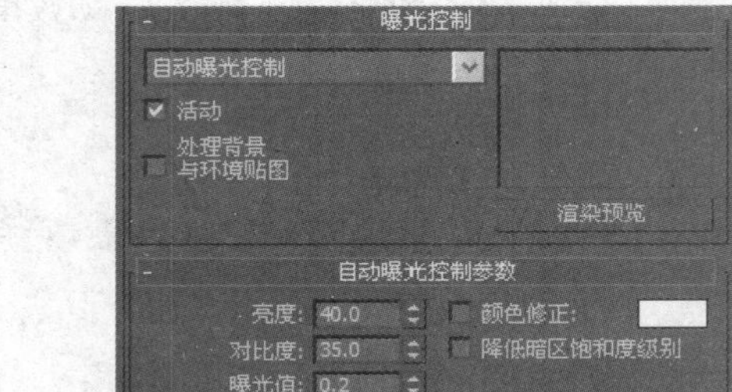

Step 03 设置自动曝光的亮度、对比度等参数，如图所示。

Step 04 渲染场景，可观察到新的曝光应用效果，如图所示。

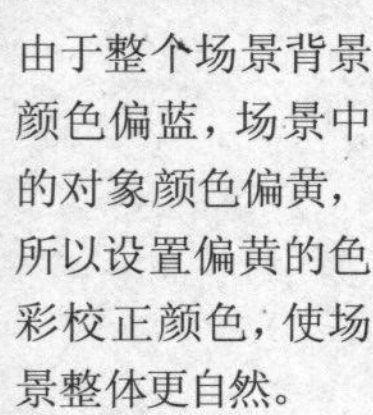

提　示

由于整个场景背景颜色偏蓝，场景中的对象颜色偏黄，所以设置偏黄的色彩校正颜色，使场景整体更自然。

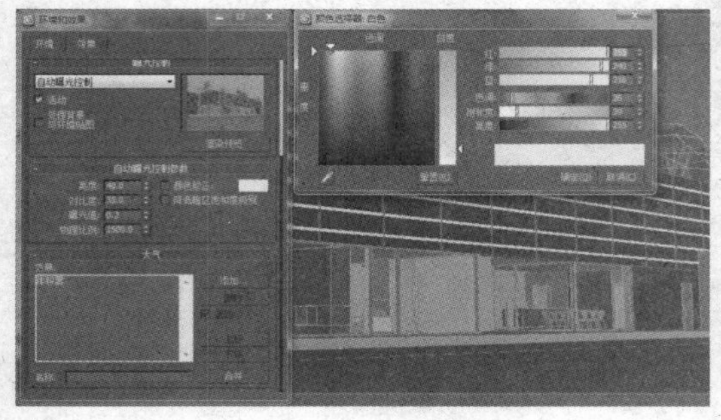

Step 05 启用颜色校正参数，设置颜色，如图所示。

Step 06 渲染场景，即可观察到颜色修正后的曝光效果，如图所示。

9.5.5 后期处理

在后期处理过程中，主要应用模糊和亮度对比度的调整等特效。如图所示为本小节后期调整后的效果。

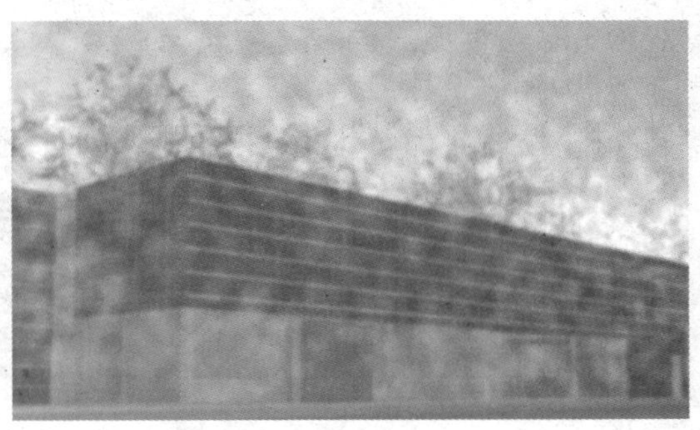

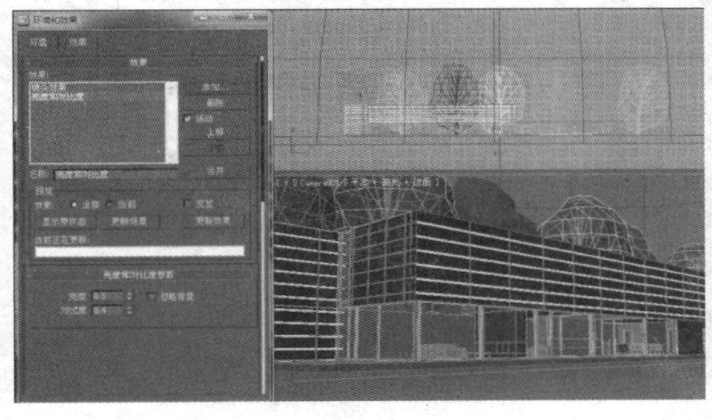

Step 01 在“效果”选项卡中，添加亮度和对比度效果，并设置对比度的值为0.4，如图所示。

提 示

通过降低对比度，可以使用场景更符合在浓雾中的效果。

Step 02 渲染场景，可观察到对比度适当降低后的效果，如图所示。

提 示

添加模糊效果可以使渲染图像看起来不那么清晰，也更符合浓雾中神秘的气氛。

Step 03 根据示意图继续为“效果”添加一个“模糊”特效。在“模糊参数”卷展栏中，设置均匀模糊参数，如图所示。

提　示

如果场景中已添加了体积雾，再使用景深效果时，体积雾容易显示错误或不显示。

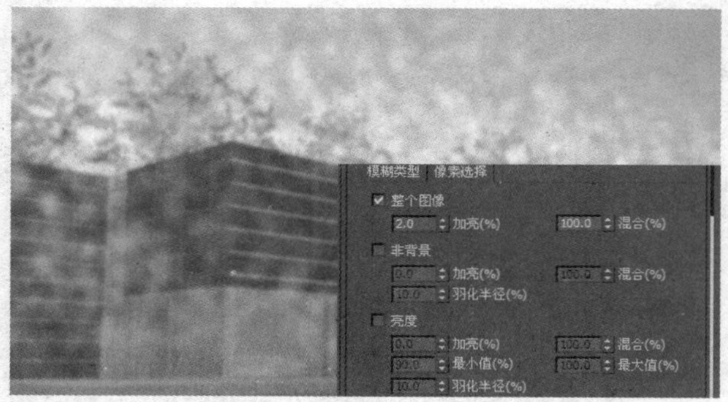

Step 04 渲染场景，可以观察到渲染图像产生了轻微的模糊效果，如图所示。切换至“像素选择”选项卡设置相关参数，如图所示。

提　示

应用全部图像并设置亮度参数，可以使渲染图像的最亮处显得更亮。本例增加了太阳的亮度，使其更具有穿透性。

Step 05 渲染场景，可观察到欧式建筑在浓雾中的最终效果，如图所示。

注　意　在应用体积雾时，为了配合环境和阳光，使场景看起来更加真实，可以适当调整体积雾的颜色以及噪波参数，反复试验得到最佳的效果。

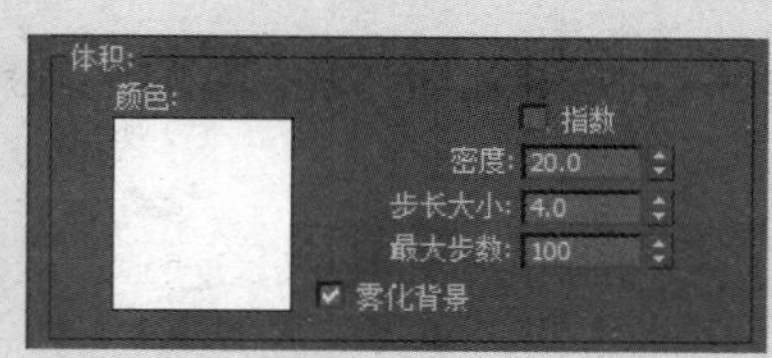

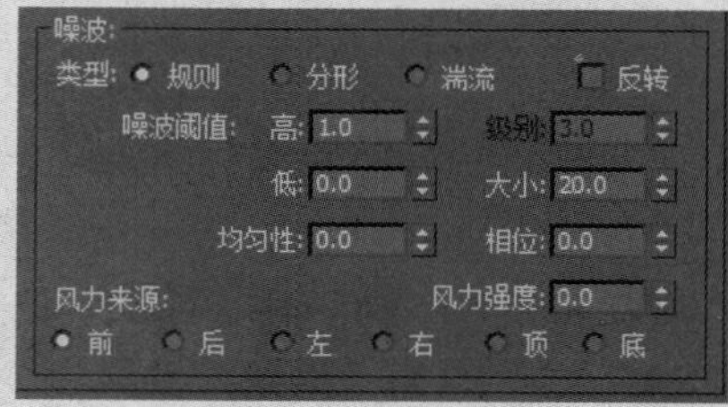

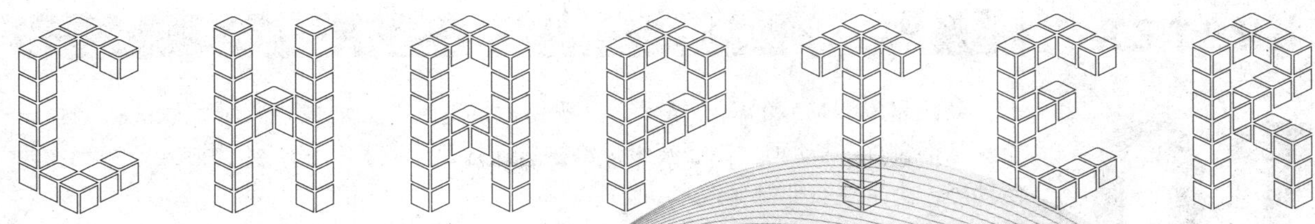

CHAPTER

10 动画

本章将介绍基本的关键帧动画技术、正向运动和反向运动。重点讲解动画控制器和动画约束的使用方法，同时还介绍使用轨迹视图等工具对动画进行控制。本章末尾配以实例引导读者创建一个简单的动画场景。

重点知识链接

本章主要内容	知识点拨
动画基本知识与关键帧动画的创建	传统动画和三维动画的区别，自动关键帧和手动关键帧
层次，正向运动和反向运动	对象轴的应用，正向运动和反向运动的概念、反向运动解算器
动画控制器和约束，轨迹视图工具	熟悉动画控制器和动画约束，认识曲线编辑器和摄影表

CHAPTER

10

10.1 动画基础知识

动画是3ds Max的核心技术，几乎所有的3ds Max场景对象都可以进行动画设置，从而创建CG动画。该项技术最终被广泛应用于各种行业，如为游戏行业制作角色动画、为工业行业制作汽车动画等。

10.1.1 动画概念

动画是利用人类视觉滞留的原理，当快速查看一组连续相关的静态图像时，通过视觉接受到的信息使大脑感受到一个连续的动画。如图所示为动画产生的原理。

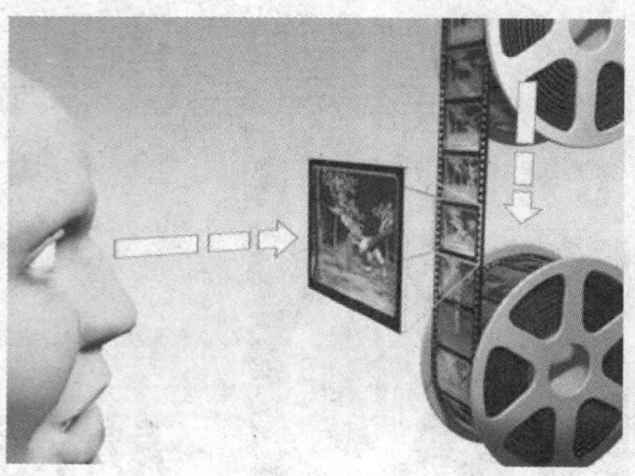

提 示

构成连续动画的每一个静态图像被称为帧。在3ds Max中可通过设置时间和帧速率来决定帧的数量。

1. 传统动画方法

制作传统动画时，通常由原画师绘制关键帧，再由动画师绘制大量的中间帧，最后链接产生最终的动画。如图所示为关键帧和中间帧图画的效果。

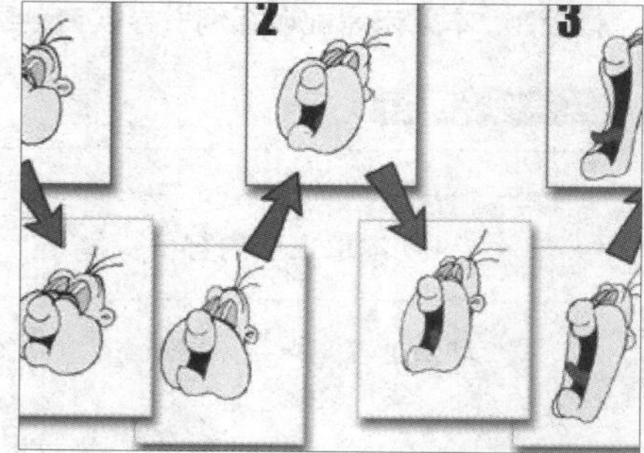

提 示

根据动画最后输出质量的不同，一分钟动画大概需要720帧～1800帧。

2. 3ds Max动画

使用3ds Max制作动画时，用户担任了原画师的角色，为场景对象设置关键帧的状态，3ds Max将自动计算关键帧之间的插补值，从而生成完整的动画。如图所示为3ds Max生成动画的示意图。

10.1.2 3ds Max制作动画的方法

3ds Max的动画方法主要包括自动关键点和设置关键点两种基本方法来创建动画，同时可以使用正向和反向运动学链接层次动画的对象，并且可以在轨迹视图中编辑动画。

1. 自动关键帧

使用自动关键帧模式，激活“自动关键点”按钮自动关键点，设置当前时间，然后更改场景中对象的位置、旋转或缩放，或者可以更改几乎任何设置或参数。

提 示

在自动关键点模式下，无论何时变换对象或者更改可设置动画的参数，都会创建关键帧。

范例实录

创建自动关键帧动画

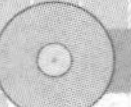

DVD-ROM

原始文件:
范例文件\Chapter 10\10.1\创建自动关键帧动画\创建自动关键帧动画（原始文件）.max

最终文件:
范例文件\Chapter 10\10.1\创建自动关键帧动画\创建自动关键帧动画（最终文件）.max

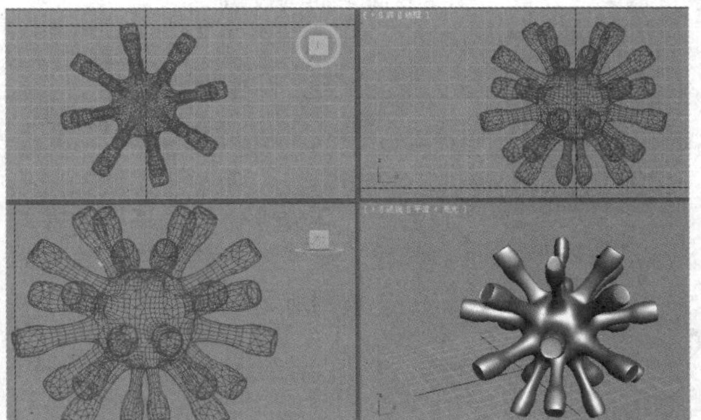

Step 01 打开本书配套光盘中的原始文件，效果如图所示。

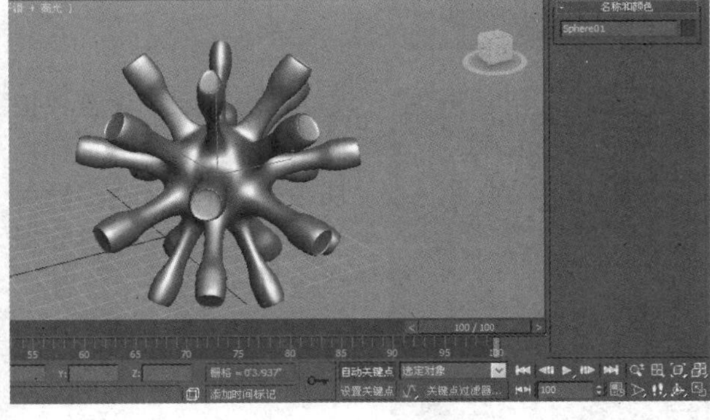

Step 02 选择场景中的对象，激活“自动关键点”按钮自动关键点，移动时间滑块到第100帧，如图所示。

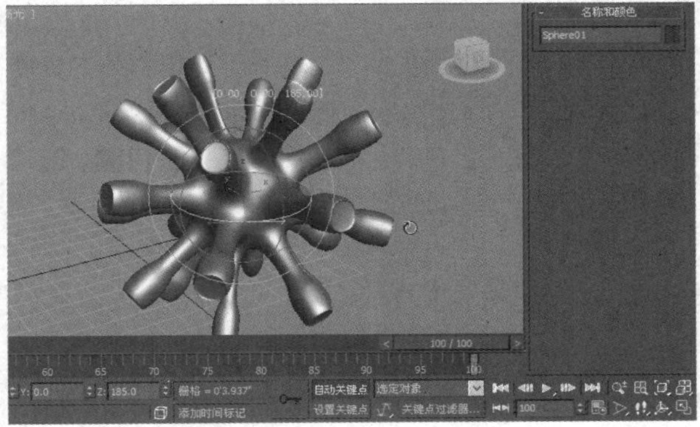

Step 03 使用移动和旋转工具将对象在“透视”视口中进行简单的移动和旋转操作，如图所示。

提 示

自动记录动画时，当前激活视口会显示红色边框。

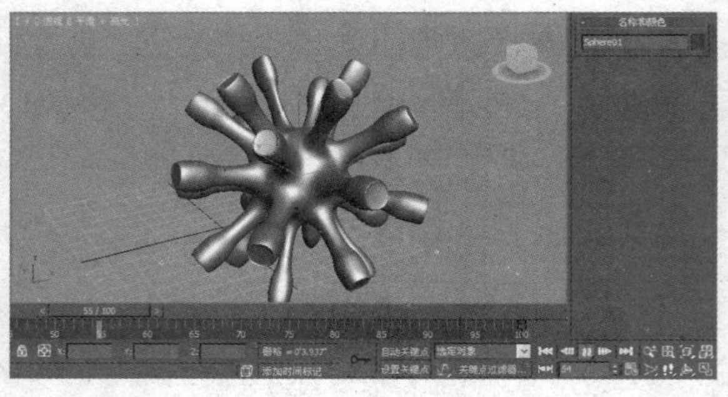

Step 04 取消“自动关键点”按钮的激活状态，使用播放工具在视口中播放动画，可观察到场景动画的运动效果，如图所示。

提　示

手动设置关键帧主要是应用角色设置动画的例子，但也适用于给复杂机械集合设置动画。

2. 手动设置关键帧

手动设置关键帧模式更多的是针对专业角色动画制作，特别适合角色姿势的动画。该模式同时也适用于复杂机械集合设置和其他的简单动画设置。

范例实录

工具栏中的操作

DVD-ROM

原始文件:
范例文件\Chapter 10\10.1\创建手动关键帧动画\创建手动关键帧动画（原始文件).max

最终文件:
范例文件\Chapter 10\10.1\创建手动关键帧动画\创建手动关键帧动画（最终文件).max

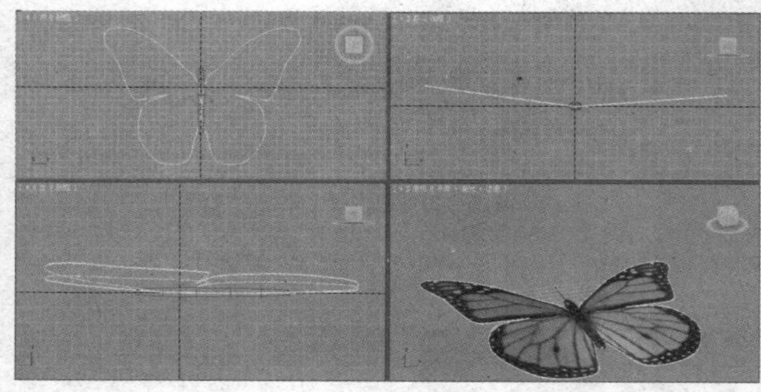

Step 01 打开本书配套光盘中的原始文件，效果如图所示。

Step 02 激活“设置关键点”按钮，当时间滑块在原点时单击“创建关键点”按钮，将时间滑块拖动到如图所示位置。

提　示

一旦关键帧的角色动态设置好了，在编辑时间轴上其他帧的角色动画时，关键帧的动画不会受到影响。

Step 03 使用旋转工具旋转蝴蝶翅膀，再次单击“创建关键点”按钮，创建新的关键帧，如图所示。

提　示

如果在可设置动画的轨迹始末位置上设置了关键帧，中间帧的设置不会破坏任何姿势。

Step 04 再次使用旋转工具旋转蝴蝶翅膀，再次单击“创建关键点”按钮创建新的关键帧，如图所示。

10.1.3 动画的常用工具控件

根据场景中创建的动画类型的不同，会使用到各种动画的工具控件，主要包括轨迹视图、轨迹栏、层次命令面板、运动命令面板以及时间控件等。

1. 轨迹视图

“轨迹视图”在几个浮动或可停靠窗口中，提供了动画细节编辑功能。

2. 轨迹栏

“轨迹栏”用于快速访问关键帧和插值控件，可以展开用于函数曲线编辑。

提 示

轨迹栏提供了显示帧数（或相应的显示单位）的时间线，不可改变关键帧的颜色，如修改器参数是灰色的，则表示为锁定状态。

3. 层次命令面板

“层次”命令面板用于调整控制两个或多个对象链接的所有参数，包括反向运动学参数和轴点调整。

4. 运动命令面板

“运动”命令面板可调整影响所有位置、旋转和缩放动画的变换。

5. 时间控件

使用“时间控件”可在时间栏中移动并在视口中显示出来。可以移动到时间上的任意点，并在视口中播放动画。

范例实录

访问各种动画工具

DVD-ROM

原始文件：范例文件\Chapter 10\10.1\访问各种动画工具.max

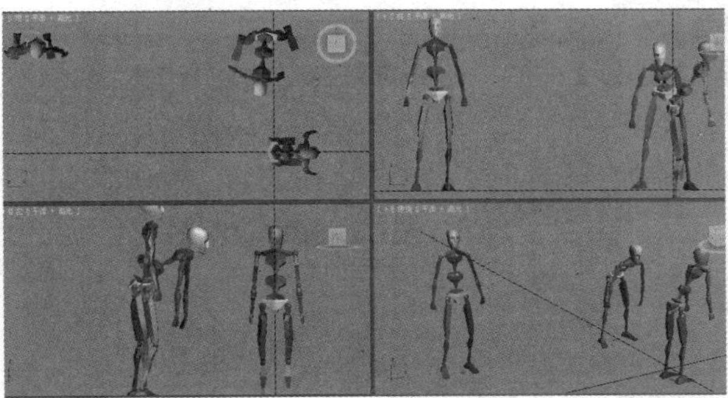

Step 01 打开本书配套光盘中的原始文件，如图所示。

提 示

通过“层次”面板可以访问用来调整对象间层次链接的工具。

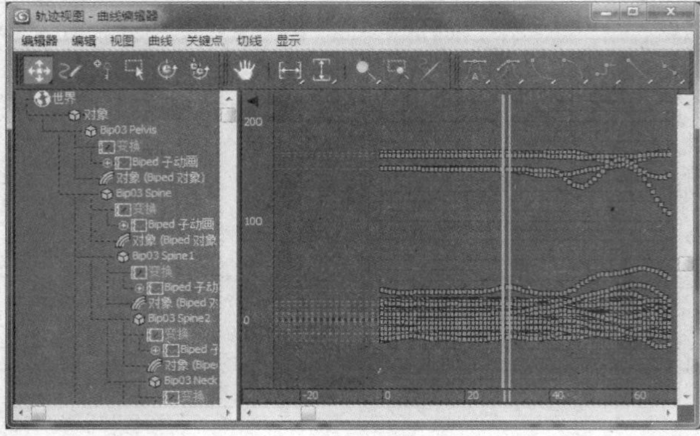

Step 02 在主工具栏中单击“曲线编辑器”按钮，如图所示。

提 示

轨迹视图使用两种不同的编辑模式，包括曲线编辑器和摄影表。曲线编辑器是默认的显示模式，可以将动画显示为功能曲线。

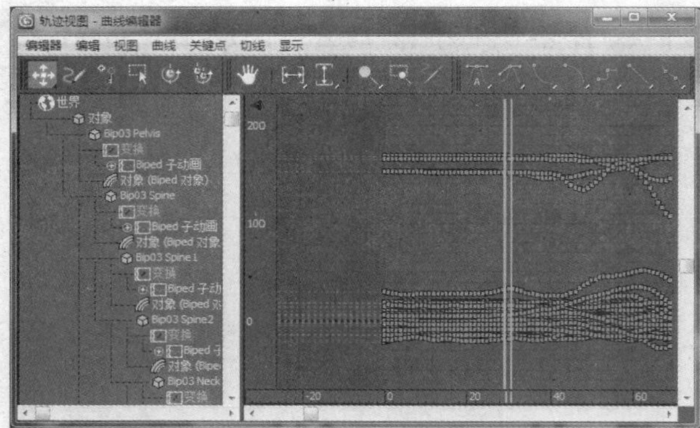

Step 03 单击“曲线编辑器”按钮，开启“轨迹视图”对话框，如图所示。

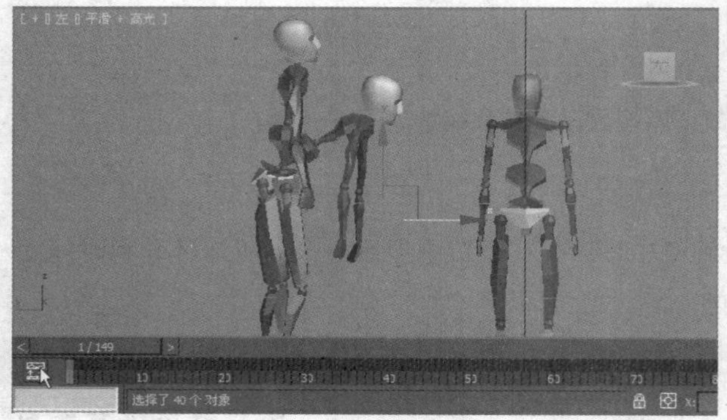

Step 04 关闭“轨迹视图”对话框，单击“打开迷你曲线编辑器”按钮，如图所示。

提 示

使用时间控件在时间栏中移动，并在视口中显示出来，可以移动到时间栏上的任意点，并在视口中播放动画。

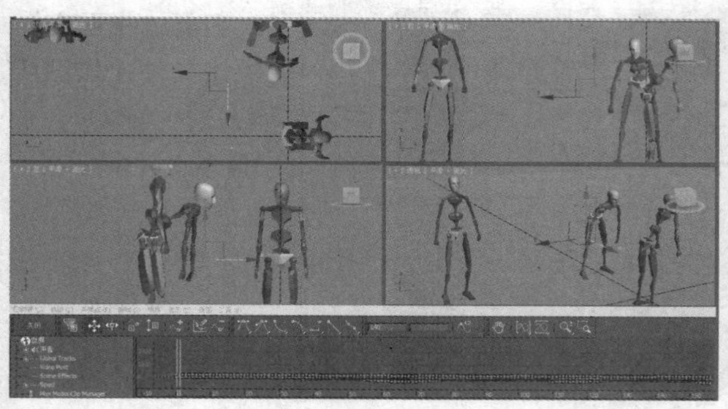

Step 05 执行上步操作后，在视口下方将出现一个小型的轨迹视图控件面板，如图所示。

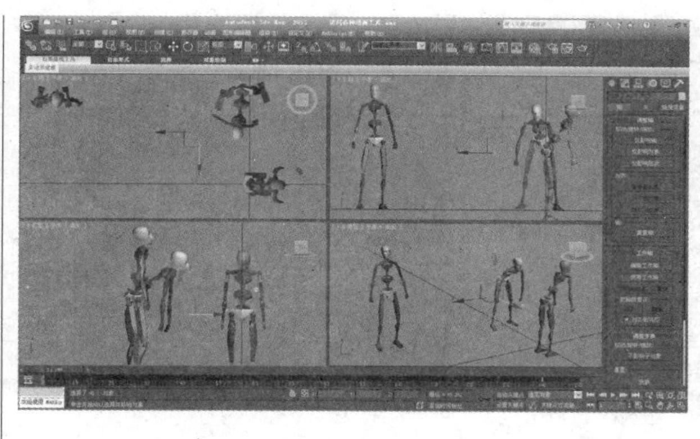

Step 06 打开“层次”命令面板和“运动”命令面板，可设置相应的层次参数和运动参数，如图所示。

10.1.4 动画的时间与帧速率

动画的时间和帧速率决定了动画的质量，通过随时间更改场景来创建动画，可以更精确地控制时间，包括测量和显示时间、控制活动时间段的长度、控制动画中渲染的每个帧的时间长度。设置动画时间和帧速率的对话框如图所示。

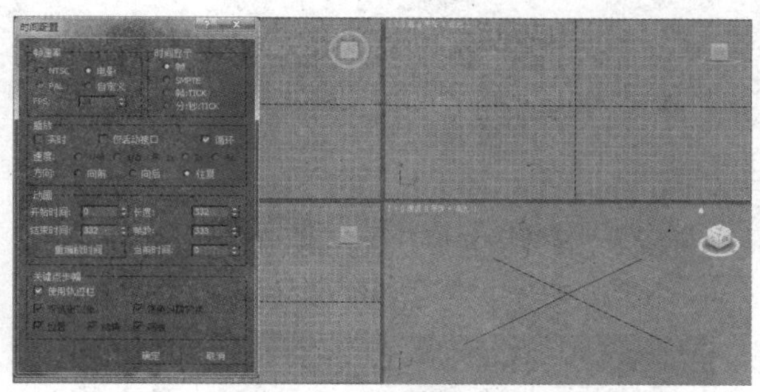

- 帧速率：在该选项组中，提供了电影、PAL 和自定义3种帧速率选项。
- 时间显示：在该选项组中，可以指定时间滑块及整个程序中显示时间的方法，包括帧数、分钟数、秒数和刻度数等。
- 播放：在该选项组中，提示了设置实时播放的控制参数。
- 动画：该选项组主要用于设置动画的时间长度。
- 关键点步幅：该选项组可用来设置启用 关键帧模式时的方法。

提 示

由于 3ds Max 使用实时时间（内部精度为 1/4800 秒）来存储动画关键帧，因此可以随时更改动画的帧速率，而不会影响动画计时。

简单的进行动画时间设置

范例实录

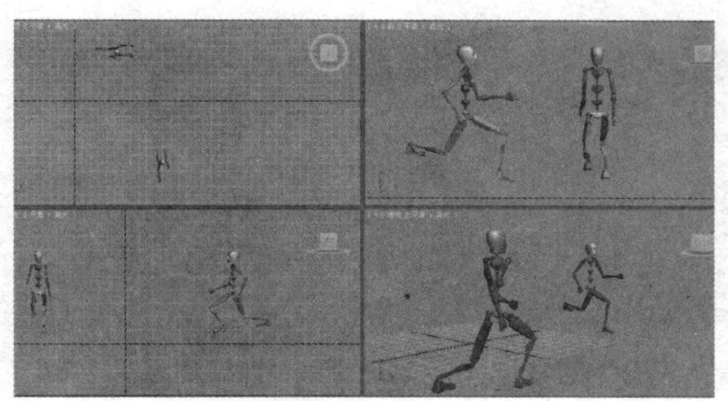

Step 01 打开本书配套光盘中的原始文件，如图所示。

DVD-ROM

原始文件：
范例文件\Chapter 10\10.1\简单的进行动画时间设置（原始文件）.max

最终文件：
范例文件\Chapter 10\10.1\简单的进行动画时间设置（最终文件）.max

提 示

NTSC为美国和日本视频标准，约每秒30帧，PAL为欧洲视频标准，每秒25帧，File（电影）为电影标准，每秒24帧。

Step 02 在“时间配置”对话框中，选择“电影”帧速率选项，如图所示。

提 示

程序以指定速率播放动画的能力取决于许多因素，包括场景的复杂程度、场景中移动对象的数量、几何体的显示模式等。

Step 03 选择“电影”帧速率，可观察到原有的400多帧的动画变为了300多帧，如图所示。

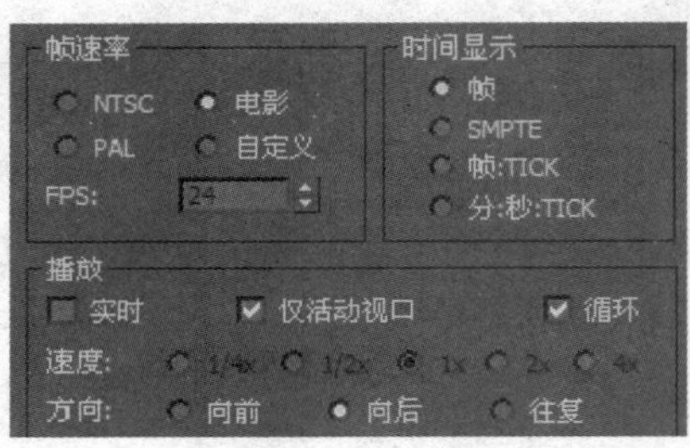

Step 04 在“时间配置”对话框中，设置参数，如图所示。

提 示

通常，在4个视口中显示动画时，程序需要更多的计算时间，并且播放的平滑度会降低。

Step 05 播放动画，可在视口中观察到动画的倒放效果，如图所示。

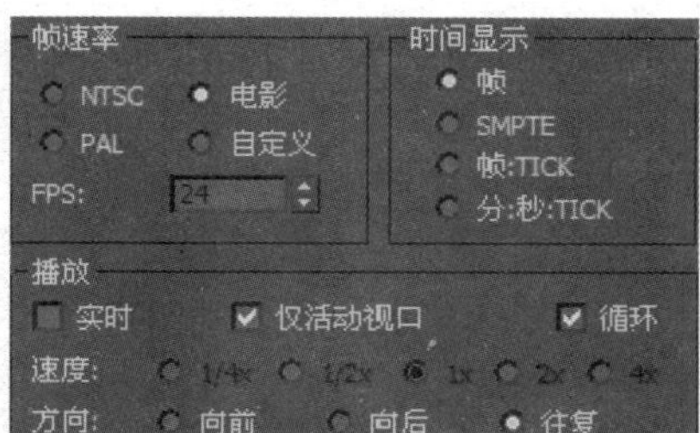

Step 06 在“时间配置”对话框中，再次设置参数，如图所示。

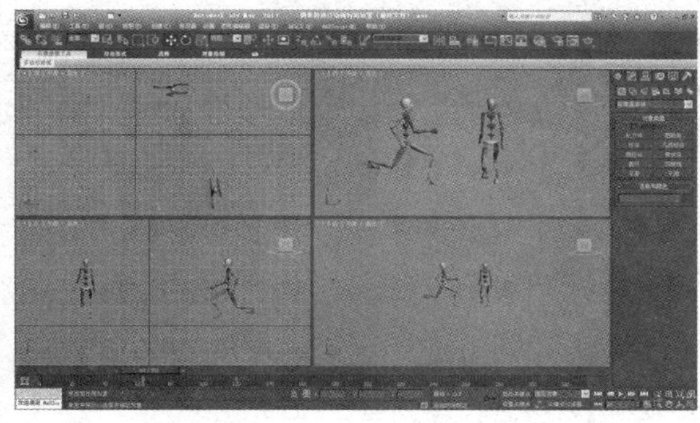

Step 07 再次播放动画，可观察到所有视口均同时播放动画，如图所示。

提 示

如果使用30FPS的NTSC视频帧速率来创建三秒钟的动画，将具有90帧的动画。如果需要输出为每秒25帧的PAL视频，动画时长则会变为3.6秒。

10.2 层次和运动学

在创建诸如角色、机械等复杂运动的动画时，通常将对象链接在一起以形成层次或链来简单设置过程，处于链中的某个对象的动画可能会影响链中其他对象或整个链的运动。这些运动可以是正向运动也可以是反向运动，大部分设置都在“层次”运动命令面板中来完成。

10.2.1 层次动画

将对象链接在一起以形成链的功能，是指通过将一个对象与另一个对象相链接，来创建父子关系，应用于父对象的变换同时将传递给子对象。链也称为层次，如图所示为层次的应用。

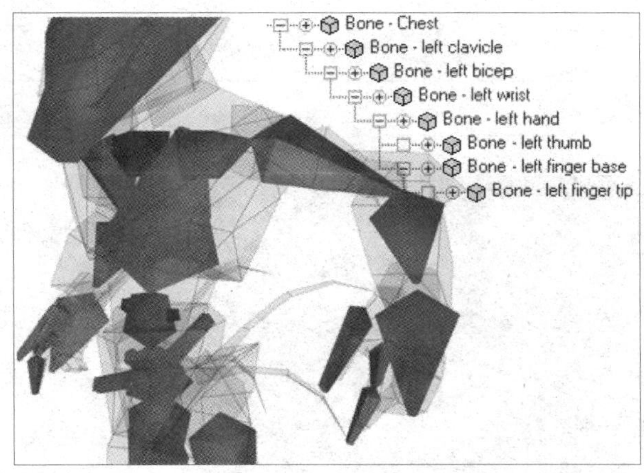

> **提　示**
> 使用层次技术，不仅可以调整链接对象之间的偏移关系，而且还可以调整骨骼，使之能与几何体相匹配。

如果在场景中应用了链接或骨骼系统，可以在“层次”命令面板中进行管理，该面板共包含了3个子选项卡，如图所示。

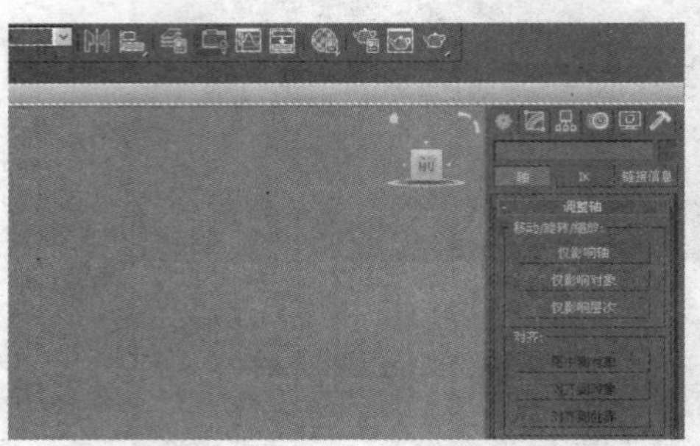

1. 轴

在“轴”选项卡中，可以设置对象的轴心点位置，可以将轴点看成是对象局部中心和局部坐标系。如图所示为轴的变换应用。

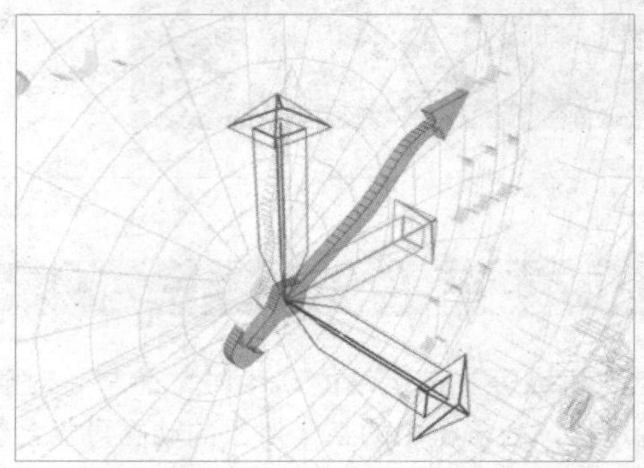

> **提　示**
> 使用对齐组框上的按钮，可以基于仅影响对象和仅影响轴的状态下更改名称，当仅影响层次处于活动状态时，将禁用对齐功能。

“轴”选项卡中共提供了4个参数卷展栏，用于调整对象轴点的位置和方向。调整对象的轴点不会影响到该对象的任何子对象。

- 调整轴：在该卷展栏中，可以随时调整一个对象的轴心位置，调整后，将永久生效。
- 工作轴：在该卷展栏中，可以设置一个临时的轴心，来变换对象。
- 调整变换：在该卷展栏中，可以变换对象及其轴，而不会影响其子对象。
- 蒙皮姿势：在该卷展栏中，主要可以通过复制粘贴来控制角色动画蒙皮。

范例实录

轴的意义和调整

> **DVD-ROM**
> **原始文件**：
> 范例文件\Chapter 10\10.2\轴的意义和调整\轴的意义和调整（原始文件).max

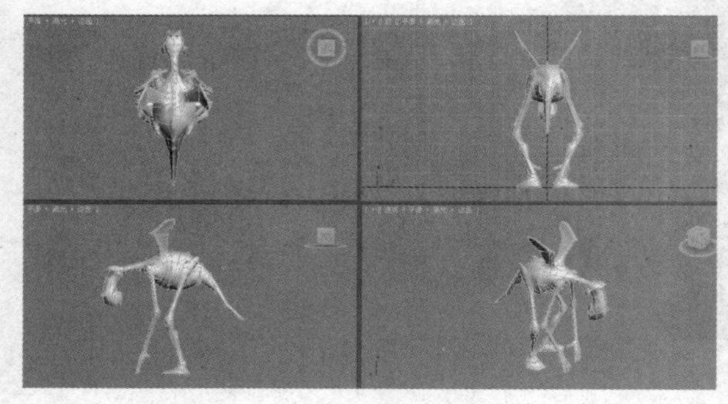

Step 01 打开本书配套光盘中的原始文件，如图所示。

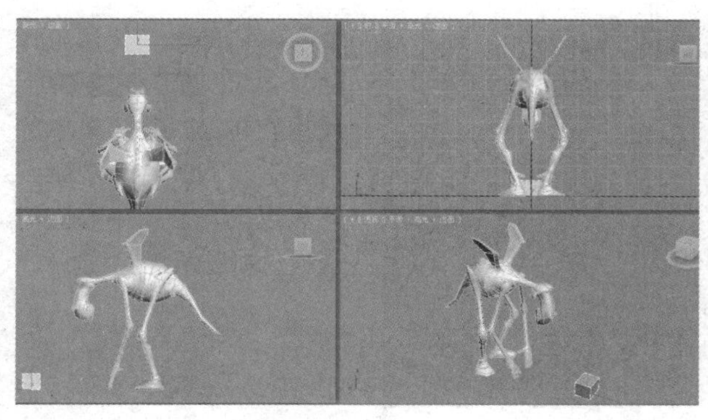

Step 02 在场景中创建一个长方体，作为辅助对象。创建位置如图所示。

DVD-ROM

最终文件:
范例文件\Chapter 10\10.2\轴的意义和调整\轴的意义和调整（最终文件）.max

Step 03 在“层次”命令面板中展开“工作轴”卷展栏，单击“编辑工作轴”按钮编辑工作轴，再单击“曲面”按钮曲面，如图所示。

提 示

缩放或旋转对象或其派生对象的链接偏移，不会影响对象或其派生对象的几何体。但缩放或旋转链接，就会使派生对象发生位移。

Step 04 将光标移动到长方体的表面，单击鼠标，将工作轴定义到长方体的表面，如图所示。

提 示

链接对象的方法是非常多样的，只要对使用层次进行计划并记住链接的用途，那么在实际操作中就很少会遇到问题。

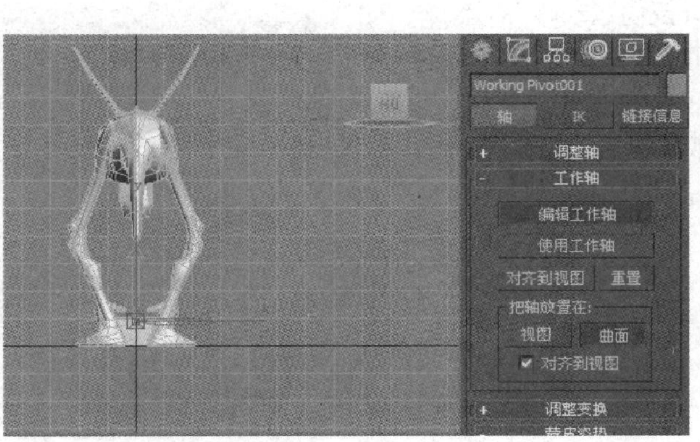

Step 05 将视口切换成“前”视口，再次单击鼠标，可观察到工作轴以正向方向定位到长方体表面，如图所示。

提 示

如果使用“仅影响轴”选项，移动和旋转变换则只适用于选定对象的轴，并不影响对象或其子级对象。

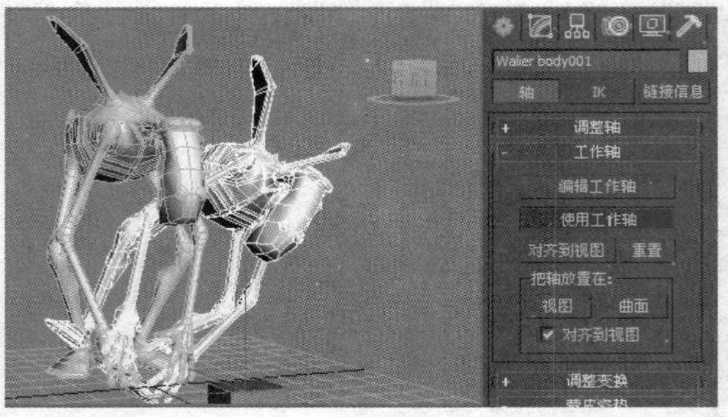

Step 06 单击“使用工作轴”按钮 使用工作轴 ，使用旋转工具将场景中的对象进行旋转，可观察到对象以工具轴为中心进行变换，如图所示。

提 示

如果使用“仅影响轴”选项，缩放轴会使对象从轴中心开始缩放，但是其子级对象不会受到影响。

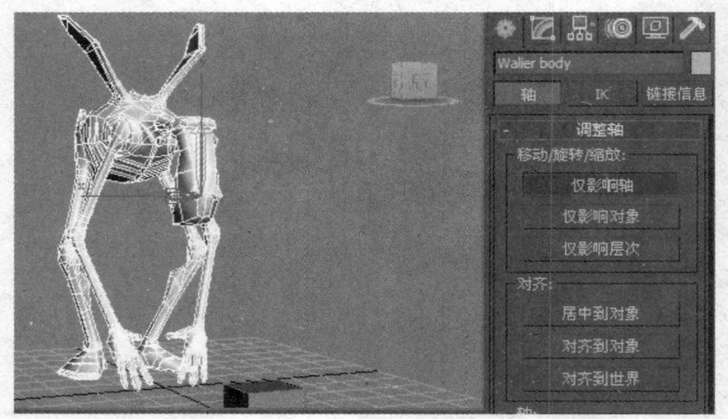

Step 07 在“调整轴”卷展栏中，视口中将显示出对象自身的坐标轴，如图所示。

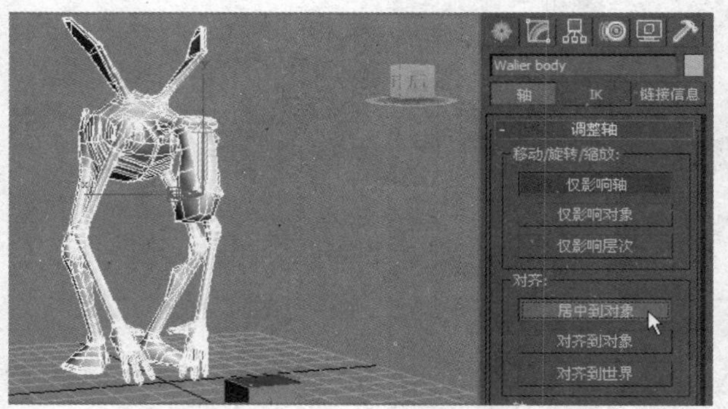

Step 08 单击“居中到对象”按钮 居中到对象 ，可观察到坐标轴与对象的中心进行了对齐，如图所示。

2. IK

提 示

使用反向运动学要设置许多IK组件的参数，然后简要地定义这些组件。

IK是Inverse Kinematics（反向运动学）的缩写，是一种设置动画的方法，可以通过翻转链来操纵对象的方向，例如移动角色的手臂，其肩部和手都会随之产生运动。

3. 链接信息

“链接信息”只提供了两个卷展栏，包括锁定和继承。“锁定”卷展栏用于限制对象在特定轴中的移动；“继承”卷展栏用于限制子对象继承父对象的变换。

创建链接对象

Step 01 打开本书配套光盘中的原始文件，效果如图所示。

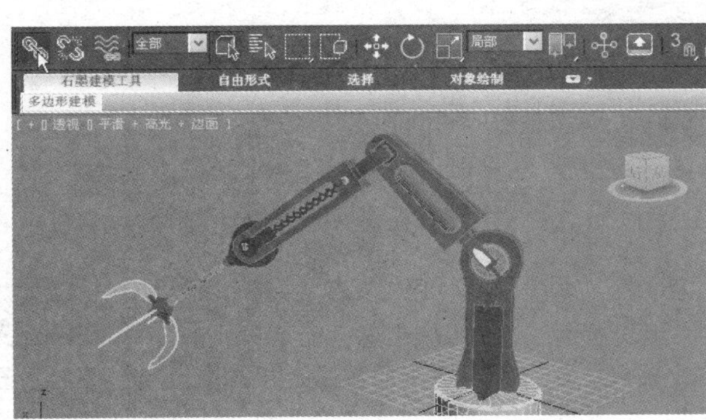

Step 02 在工具栏中单击“选择并链接”按钮，如图所示。

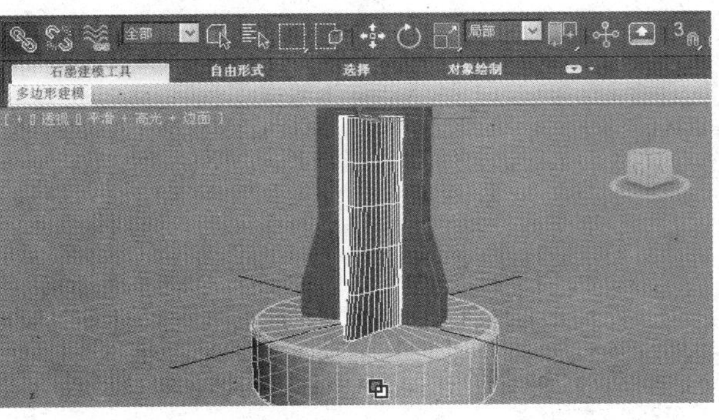

Step 03 选择垂直的支架对象，按住鼠标左键不放，将光标拖曳到底座对象上，然后释放鼠标，完成链接操作，如图所示。

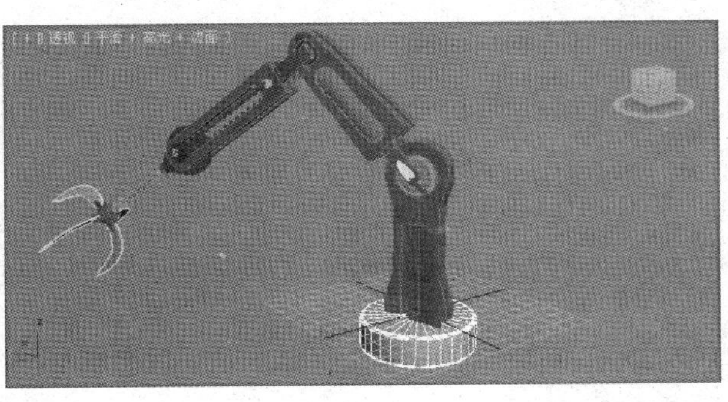

Step 04 使用旋转工具旋转底座，可观察到其链接对象也产生了相应的旋转变换，如图所示。

范例实录

DVD-ROM

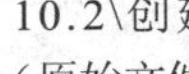

原始文件：
范例文件\Chapter 10\10.2\创建链接对象(原始文件).max

原始文件：
范例文件\Chapter 10\10.2\创建链接对象(最终文件).max

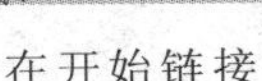

提 示

在开始链接一些较为复杂的层次之前，应该需要几分钟时间计划一下链接策略。对层次根部和树干成长为叶对象的选择方法，将对模型的可用性产生重要影响。

提 示

用户可以将对象链接到关闭的组。执行此操作时，对象将成为组父级的子级，而不是该组的任何成员。链接后整个组会闪烁，表示已链接至该组。

提 示

链接对象后，应用于父对象的所有变换都将同样应用于其子对象。例如，如果将父对象旋转90°，则其子对象以及子对象的子对象都将旋转90°。

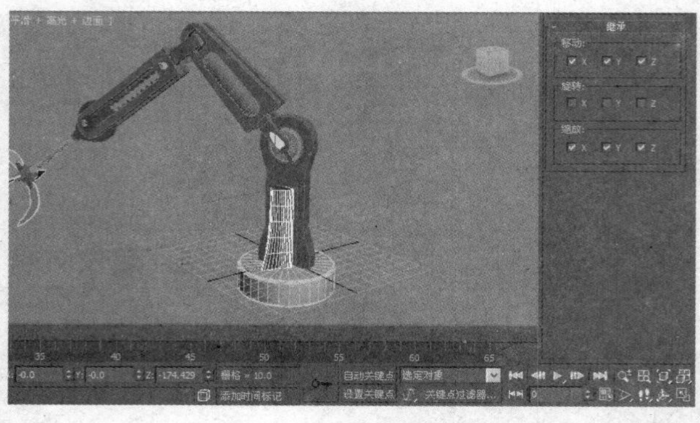

Step 05 选择作为子对象的支架，在“层次”命令面板中展开“继承”卷展栏并设置参数，如图所示。

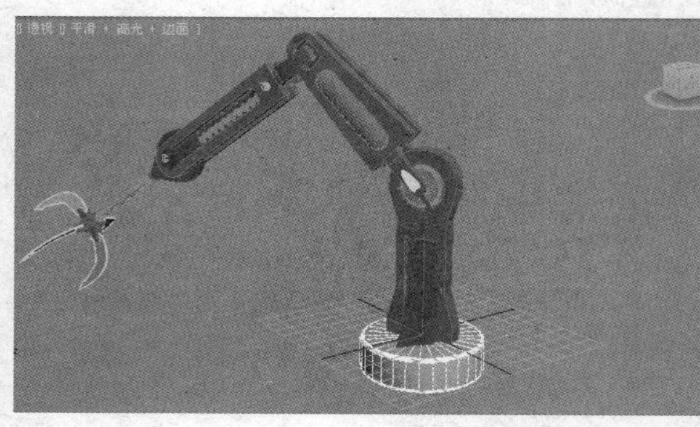

Step 06 再次旋转底座，即可观察到子对象并未继承到旋转的属性，只是略微产生了位移，如图所示。

10.2.2 正向运动

提 示

一般情况下，会将复杂运动划分为简单组件，能使返回和编辑动画变得更加容易。

正向运动也是层次链接运动的一种，实际就是按默认的父层次到子层次的链接顺序处理层次之间的关系，并且轴点位置定义了链接对象的连接关节。如图所示为正向运动某部分的运动示意。

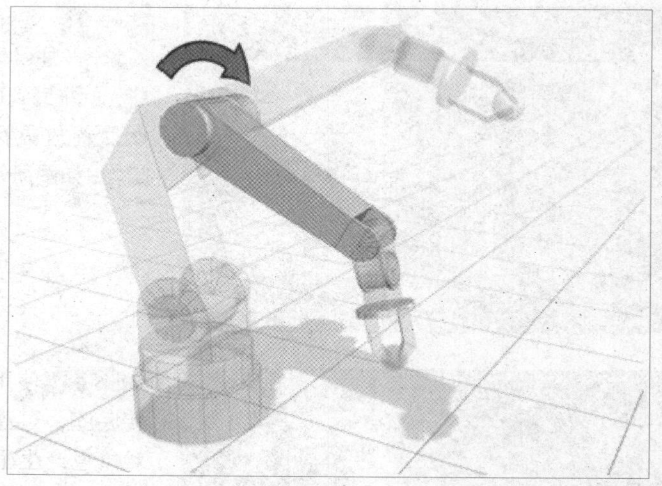

1. 设置父对象动画

当设置一个层次链接中父对象的动画时，也设置了附加到父对象上的子对象动画。

2. 设置子对象动画

正向运动中，子对象到父对象的链接不约束子对象，可以独立于父对象单独移动、旋转和缩放。

3. 设置层次动画

在为整个层次设置动画时，子对象将继承父对象的变换，父对象则沿着层次向上继承其更高层次对象的变换，直到根节点。所以只需要设置根对象的动画，整个层次都会产生变换。

制作一个简单的正向运动

范例实录

DVD-ROM

原始文件：
范例文件\Chapter 10\10.2\制作一个简单的正向运动\制作一个简单的正向运动（原始文件）.max

最终文件：
范例文件\Chapter 10\10.2\制作一个简单的正向运动\制作一个简单的正向运动（最终文件）.max

Step 01 打开本书配套光盘中的原始文件，效果如图所示。

Step 02 删除蝴蝶一侧的翅膀，并设置简单的旋转动画，如图所示。

提 示

也可以将一个对象链接到世界中，在不使用虚拟对象的情况下使对象保持不动。

Step 03 配合Shift键将蝴蝶翅膀进行旋转克隆操作，如图所示。

提 示

与只考虑对象变换的分层链接不同，使用附着约束的对象遵从另一个对象基于该对象的修改器和空间扭曲绑定进行的变形。

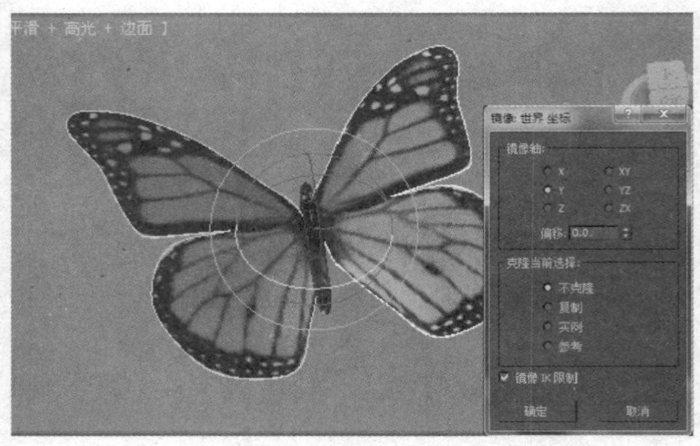

Step 04 使用镜像工具将克隆的蝴蝶翅膀进行镜像操作，参数设置和完成效果如图所示。

Step 05 使用"选择并链接"按钮，将蝴蝶翅膀作为子对象链接给蝴蝶身体，如图所示。

> **提 示**
>
> 使用正向运动学时，子对象到父对象的链接不约束子对象。子对象可以独立于父对象单独进行移动、旋转和缩放。

Step 06 使用相同的方法，将另一个蝴蝶翅膀也链接到蝴蝶身体，如图所示。

Step 07 选择蝴蝶身体，使用自动记录关键帧的方式创建一段简单的位移动画，可观察到蝴蝶翅膀也产生了相应的位移，如图所示。

> **提 示**
>
> 使用正向运动学可以很好地控制层次中每个对象的确切位置。但是，在调整庞大而复杂的层次时，需要使用反向运动学。

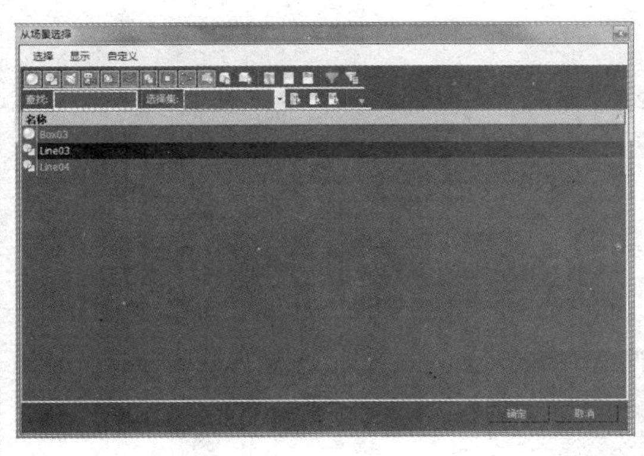

Step 08 在“场景资源管理器”对话框中，可观察到两个蝴蝶翅膀作为子对象存在于子级树形结构中，如图所示。

注意 骨骼系统是骨骼对象的一个有关节的层次链接，可用于设置其他对象或层次的动画。在设置具有连续皮肤网格的角色模型的动画方面，骨骼尤为有用。可采用正向运动学或反向运动学为骨骼设置动画。对于反向运动学，骨骼可使用任何可用的IK解算器，交互式IK或应用式IK。

10.2.3 反向运动

反向运动也是建立在层次链接的概念上，与正向运动相反，它使用目标导向的方法来定位目标对象，并且以特定的方式来计算链末端位置和方向，在所有计算都完成后，层次的最终位置就被称为IK解决方案。3ds Max提供了4种类型的IK解算器用于创建IK解决方案。

1. 历史独立型

历史独立IK解算器是在时间上不依赖于上一个关键帧计算得到的IK解决方案。使用该解算器主要利用目标来设置链动画，如图所示为该解算器的应用效果。

提 示

历史独立IK解算器只能用于基于当前状态下的目标和其他附带参数。

2. 历史依赖型

历史依赖IK解算器可以将滑动关节与反向运动结合使用，除了独有对弹回、阻尼和优先级属性的控制外，还具有用于查看IK链初始状态的快捷工具，通常用于冗长的场景。

提 示

历史依赖IK解算器最适合在短动画序列中使用。

3. IK分支型

IK分支解算器主要用于设置两足角色的肢体动画。要使用该解算器，骨骼链中至少需有3个骨骼，目标放置在距离第一个所选骨骼两倍距离远的骨骼的轴点处。

4. 样条线IK型

样条线IK解算器，是使用样条线来确定一组骨骼或其他链接对象的曲率，可以通过移动和设置样条线顶点动画来更改样条线的曲率。

范例实录

制作简单的反向运动动画

DVD-ROM

原始文件:
范例文件\Chapter 10\10.2\制作简单的反向运动动画\制作简单的反向运动动画（原始文件).max

最终文件:
范例文件\Chapter 10\10.2\制作简单的反向运动动画\制作简单的反向运动动画（最终文件).max

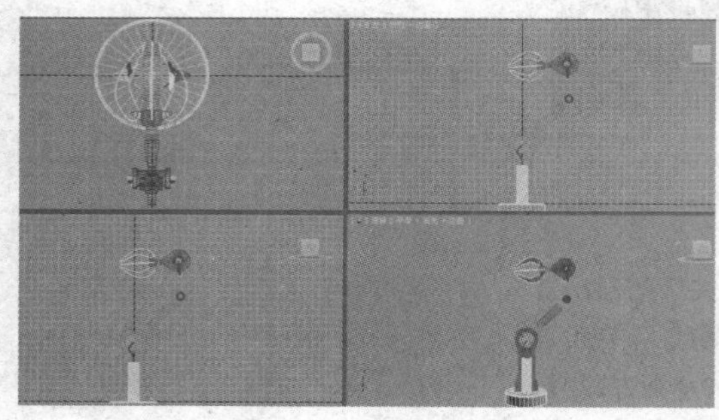

Step 01 打开本书配套光盘中的原始文件，如图所示。

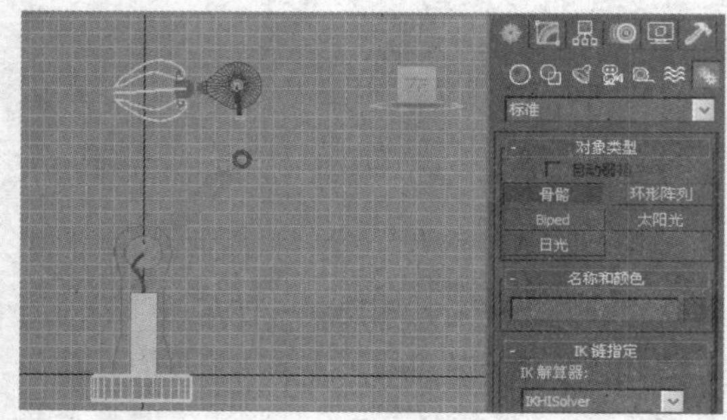

Step 02 在“创建”命令面板的“对象类型”卷展栏中，单击“骨骼”按钮，如图所示。

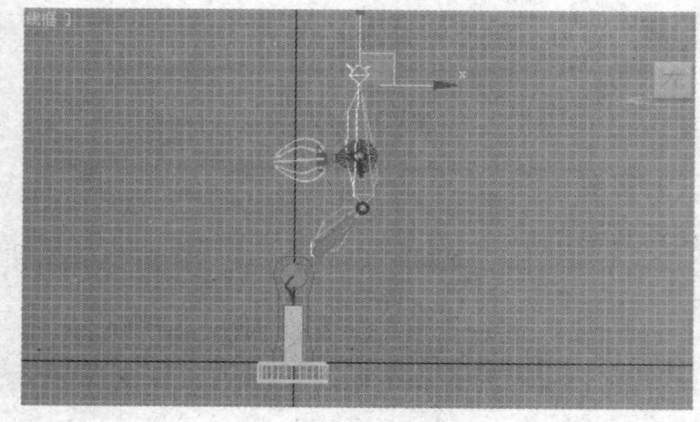

Step 03 根据机械手臂对象，在“左”视口中创建连续的骨骼对象，如图所示。

提　示

骨骼系统是一种通过关节连接的骨骼对象层次链接，骨骼可以用作链接对象的支架。

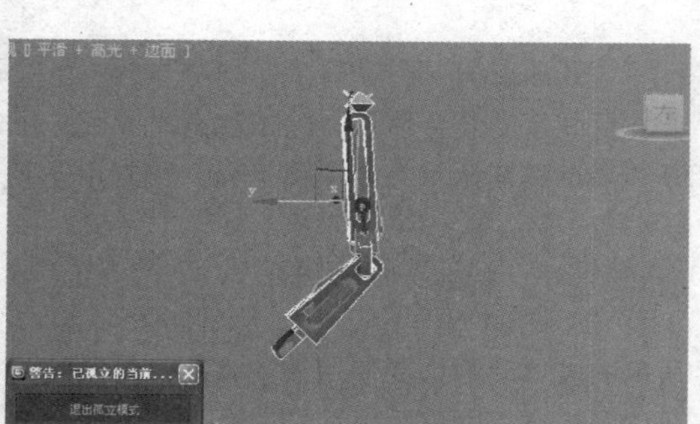

Step 04 选择机械手臂和相应的骨骼对象，并将其在视口中进行对齐，如图所示。

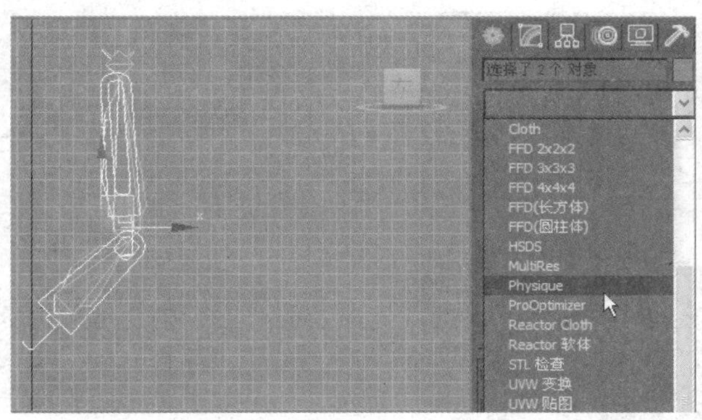

Step 05 选择机械手臂对象，然后添加Physique（体格）修改器，如图所示。

提 示

使用体格修改器，可将蒙皮附加到骨骼结构上。

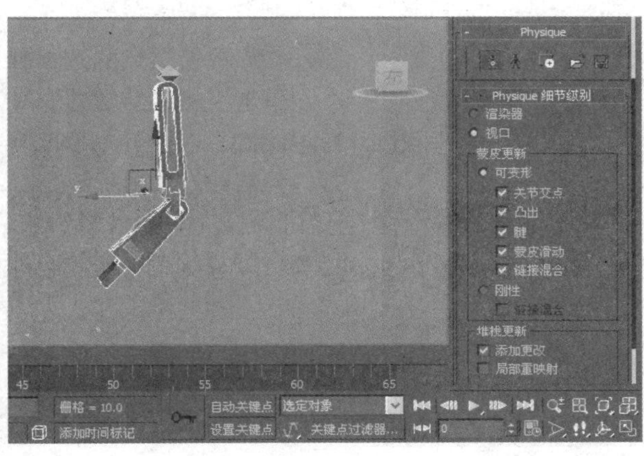

Step 06 选择下方的机械手臂对象，在参数面板中单击“附加到节点”按钮▪，然后在视口中拾取相应的骨骼，如图所示。

Step 07 拾取相应的骨骼后，会弹出“Physique初始化”对话框，单击“初始化”按钮▪，应用默认参数设置，如图所示。

提 示

体格修改器采用两足动物插件，及3ds Max层次来创建两足动物，包括骨骼系统。体格修改器还可以使用不在一个层次和样条线中的骨骼。

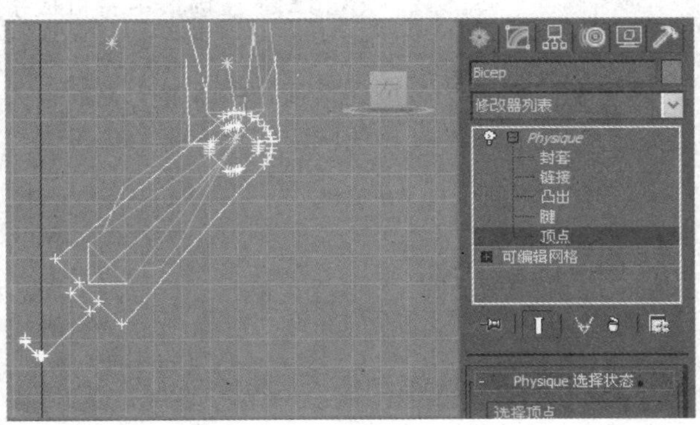

Step 08 展开“体格”修改器，选择“顶点”子层级，并全选机械手臂对象的所有顶点，如图所示。

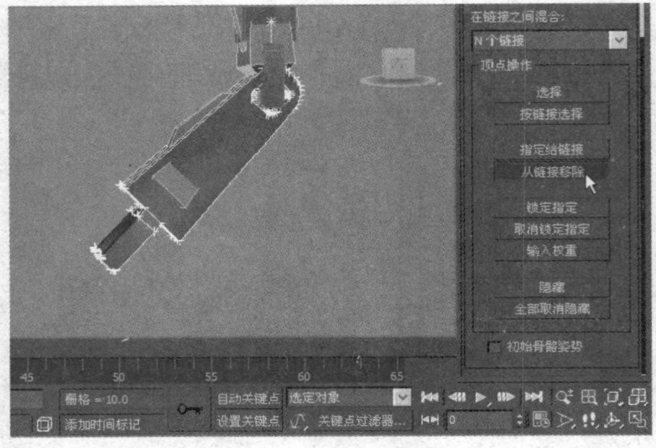

Step 09 在“体格”修改器参数面板中，单击“从链接移除”按钮 从链接移除 ，并拾取上端的线，使机械手臂只与下方的骨骼链接，如图所示。

 **提 示**

样条线IK提供的动画系统比其他IK解算器的灵活性高，其节点可以在3D空间中随意移动，链接的结构也可以进行更复杂地变形。

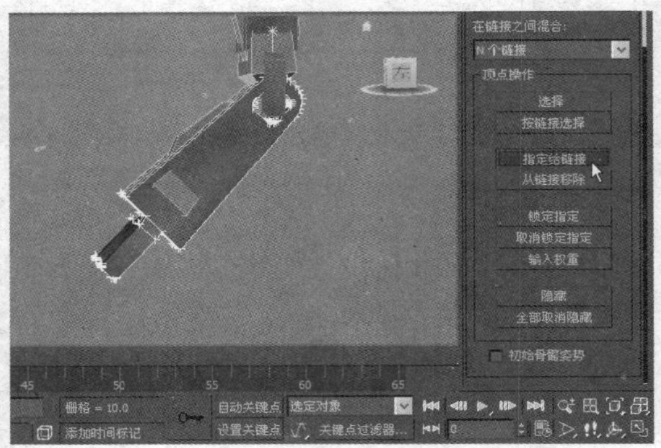

Step 10 保持顶点的选中状态，单击“指定给链接”按钮 指定给链接 ，在视口中拾取下方的骨骼线，如图所示。

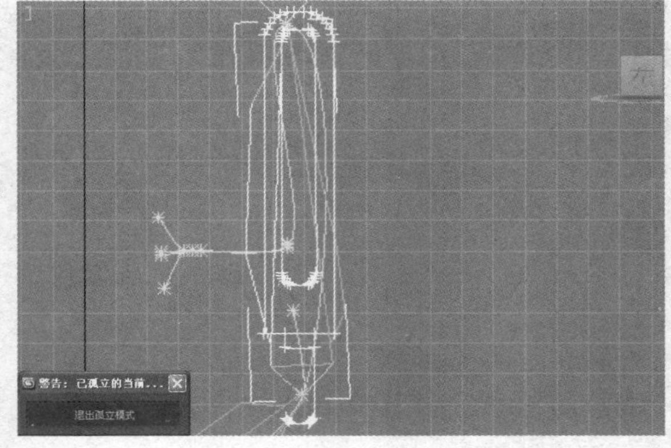

Step 11 使用相同的方法，将上端的机械手臂对象与上方的骨骼进行链接，效果如图所示。

 **提 示**

应用式IK是3ds Max早期版本就具有的一项功能，通常情况下，当IK解算器不能满足需要时才使用应用式IK。

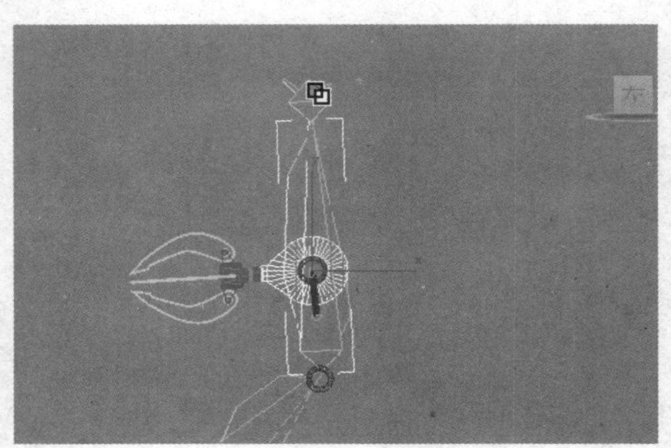

Step 12 在场景中将机械手臂的底座作为子对象，链接到最顶端的骨骼上，效果如图所示。

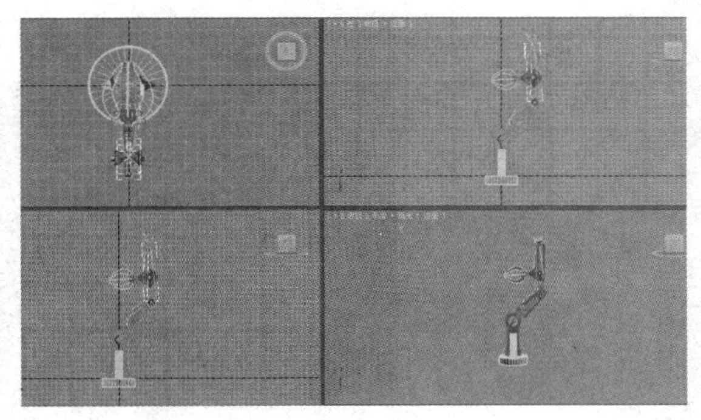

Step 13 为最顶端的骨骼创建简单的关键帧动画。当骨骼变换时，机械手臂也产生相应地运动，如图所示。

10.3 动画控制器和约束

3ds Max中设置动画的所有内容都通过控制器来处理，它是处理所有动画值的存储和插值的插件。动画约束可以使动画过程自动化，用于通过与其他对象的绑定关系，来控制对象的位置、旋转或缩放。

10.3.1 了解运动命令面板

“运动”命令面板提供了用于调整选定对象运动的工具，主要包括调整关键帧的时间及其缓入和缓出方式、动画控制器和约束的添加以及对象运动轨迹的调整等。

1. 参数

在“参数”选项下，可以对关键点进行控制，以及查看、编辑动画控制器和约束，如图所示。

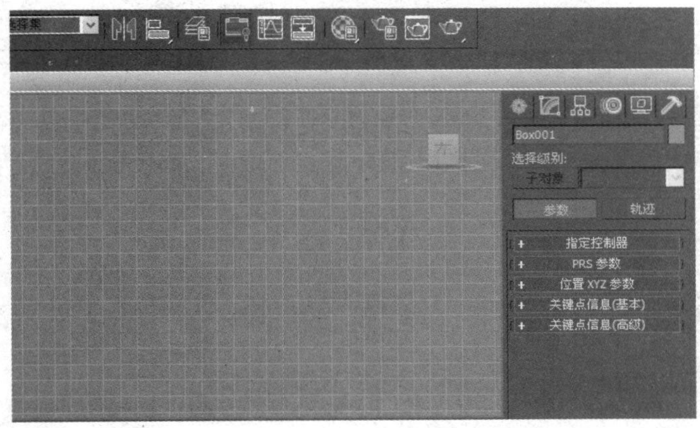

- 指定控制器：在该卷展栏中，可向单个对象指定并追加不同的变换控制器。
- PRS参数（位置旋转缩放参数）：在该卷展栏中，提供了用于创建和删除关键帧的工具。
- 关键点信息（基本）：在该卷展栏中，可更改一个或多个选定关键帧的动画值、时间和插值方法。
- 关键点信息（高级）：在该卷展栏中，可通过不同的方法来控制对象的运动速度。

提 示

在“运动”命令面板中，更多的是对于运动轨迹的设置，控制器的添加通常都在轨迹视图中完成。

提 示

“转化为”和“转化自”的功能是可以在不使用路径约束的情况下，沿着路径移动对象。

2. 轨迹

在“轨迹”区中，可以显示对象的动画轨迹，并进行调整，如图所示为对象运动轨迹的显示效果。

“轨迹”参数面板中提供了相应的参数卷展栏及设置对象运动轨迹的各种参数，参数面板如图所示。

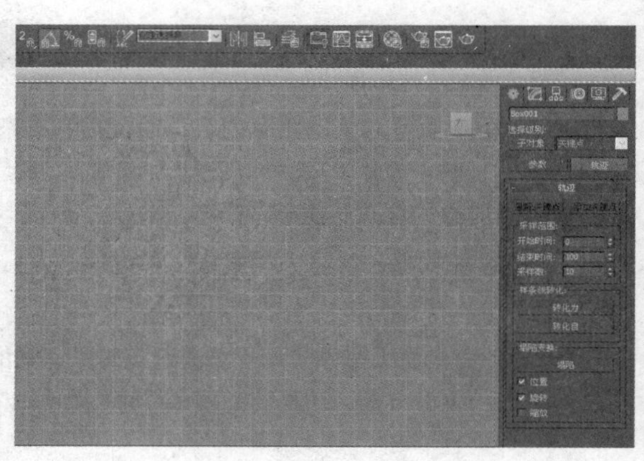

- 采样范围：在该选项组中，可以设置轨迹的开启时间和结束时间。
- 样条线转化：在该选项组中，可以将轨迹转换为样条线，或拾取样条线作为运动轨迹。
- 塌陷变换：在该选项组中，可以生成基于当前选中对象变换的关键帧。

提　示

在“对象属性”对话框中，“显示”选项组下方的轨迹复选框的勾选状态控制着轨迹是否为对象可见。

范例实录

控制对象的运动轨迹

DVD-ROM

原始文件：
范例文件\Chapter 10\10.3\控制对象的运动轨迹\控制对象的运动轨迹（原始文件）.max

最终文件：
范例文件\Chapter 10\10.3\控制对象的运动轨迹\控制对象的运动轨迹（最终文件）.max

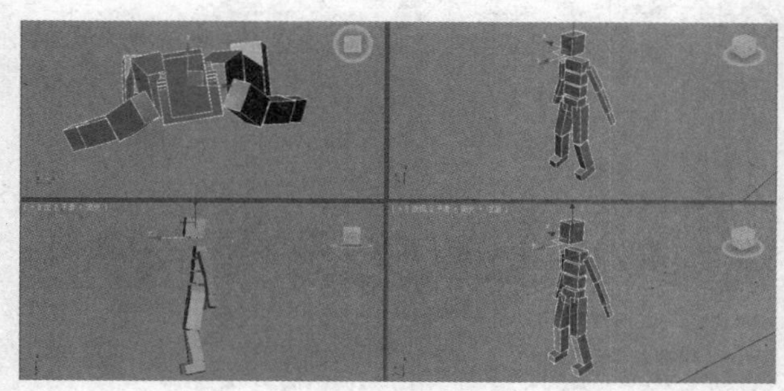

Step 01 打开本书配套光盘中的原始文件，效果如图所示。

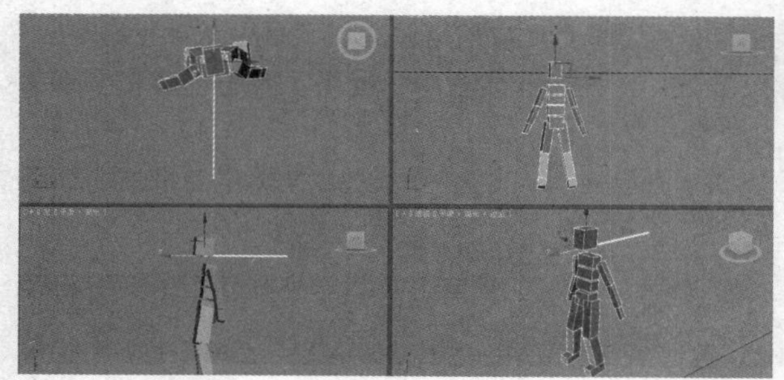

Step 02 在场景中为小人设置简单的运动动画，如图所示为小人的运动轨迹。

Step 03 设置“采样范围”选项组中的参数，单击“塌陷”按钮塌陷，如图所示。

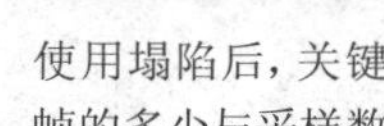

提 示

使用塌陷后，关键帧的多少与采样数值有关。

Step 04 此时，可观察到在设定的采样范围内，出现了新的运动轨迹，如图所示。

提 示

在样条线转换完成后，位置与轨迹位置重合。

Step 05 单击“转化为”按钮 转化为 ，可将运动轨迹转换为样条线，如图所示。

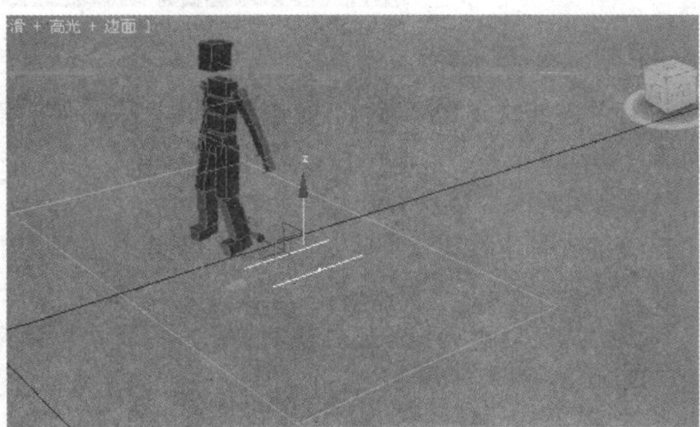

Step 06 在场景中创建一个矩形对象，如图所示。

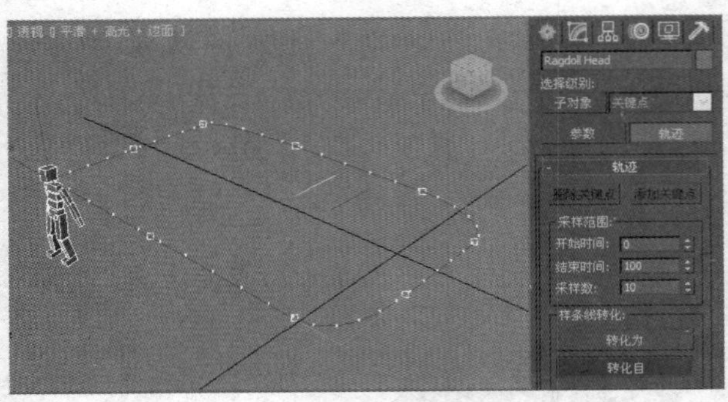

Step 07 单击“转化自”按钮 转化自 ，在视口中拾取矩形，如图所示。

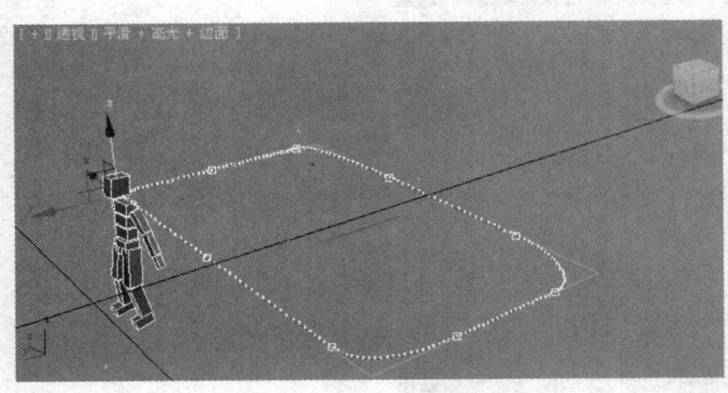

Step 08 此时，可观察到场景中的小人将以矩形为运动轨迹进行运动，如图所示。

10.3.2 常用动画控制

3ds Max提供了十多种动画控制，本节将主要介绍常用的动画控制器，包括音频控制器、列表控制器、噪波控制器和波形控制器等。

1. 音频控制器

提 示

使用音频控制器，可以完全控制声音通道的选择、基础阈值、重复采样和参数范围。

“音频控制器”几乎可以为所有参数设置动画，可以将指定的声音文件振幅或实时声波转换为可以设置动画的参数值。如图所示为该控制器的参数面板。

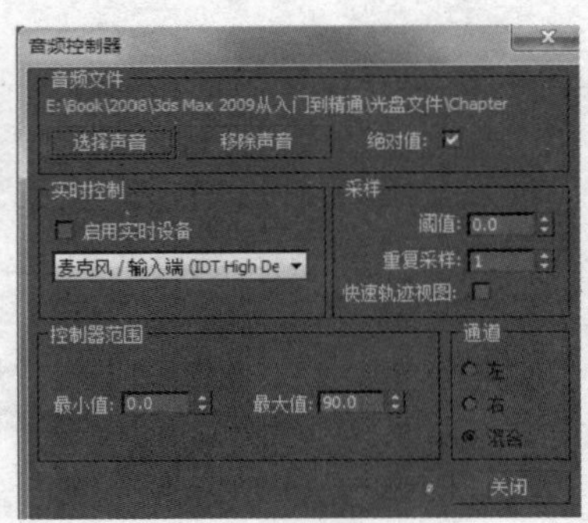

- 音频文件：在该选项组中，可以添加或删除声音文件，并调整振幅。
- 实时控制：在该选项组中，可以创建交互式动画，这些动画由捕获自外部音频源（例如麦克风）的声音驱动。
- 控制器范围：可以输入由控制器返回的浮点的最大和最小参数值。
- 采样：在该选项组中，提供了含有滤除背景噪波、平滑波形及在轨迹视图中控制显示的控件。
- 通道：在该选项组中，可以选择驱动控制器输出值的通道。只有选择立体声音文件时，这些选项才可用。

音频控制器的应用

范例实录

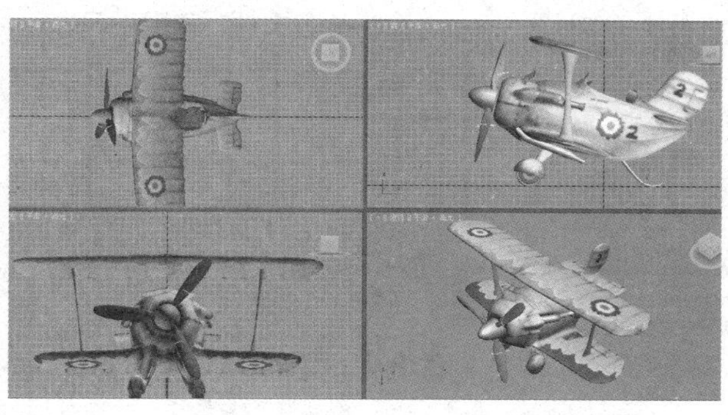

Step 01 打开本书配套光盘中的原始文件，效果如图所示。

Step 02 为场景中的飞机对象制作简单的直线位移动画，如图所示。

Step 03 进入“运动”命令面板，添加“音频浮点”动画控制器，效果如图所示。

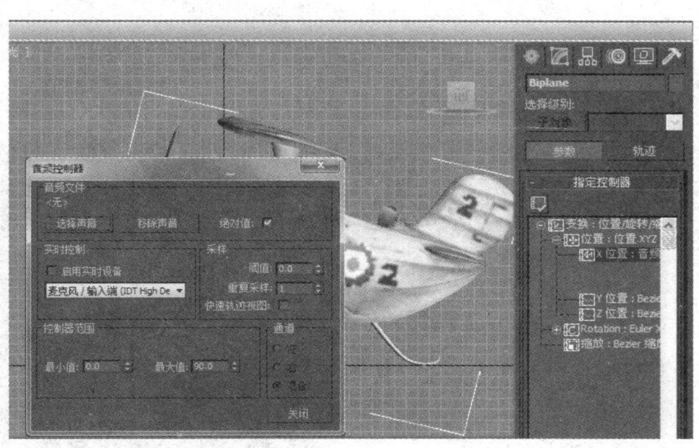

Step 04 添加音频浮点动画控制器后，会打开相应的“音频控制器”对话框，如图所示。

DVD-ROM

原始文件:
范例文件\Chapter 10\10.3\音频控制器的应用\音频控制器的应用(原始文件). max

最终文件:
范例文件\Chapter 10\10.3\音频控制器的应用\音频控制器的应用(最终文件). max

提 示

如果想在播放动画时听到声音，需要在声音轨迹中包含相同的音频文件。

提 示

如果启用实时设备，需要设置声音是否捕获外部音频源。如果系统上没有安装声音捕获设备，那么该选项则处于非活动状态。

提 示

选择声音文件时，只能选择3ds Max所支持的AVI格式的文件和WAV格式的文件。

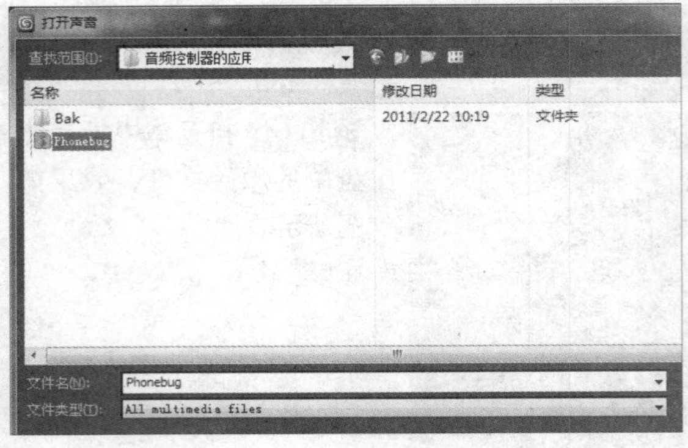

Step 05 单击“选择声音”按钮，在开启的对话框中选择声音文件，如图所示。

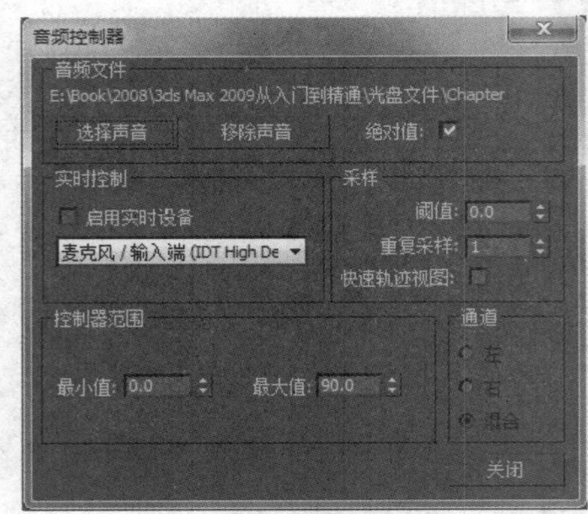

Step 06 完成声音文件的选择后，在“音频控制器”对话框中设置相关参数，如图所示。

提 示

默认情况下，列出的每个控制器的权重参数值为100，可以增加或减小此设置来改变控制器对对象的影响效果。

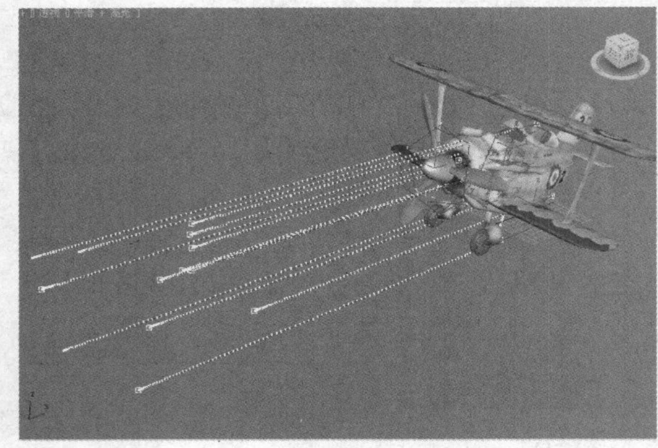

Step 07 在“运动”命令面板中，可观察到由于应用了音频浮点动画控制器，运动轨迹产生了如声波状的变化，效果如图所示。

提 示

可以对列表控制器的权重参数值设置动画来获得相当于非线性动画系统的效果。每个列表控制器轨迹都可以设置帧与帧之间不同的值。

2. 列表控制器

“列表”控制器是一个复合控制器，可以将多个控制器按从上到下的顺序计算结果，从而合成一个单独的效果。如图所示为该控制器的参数面板。

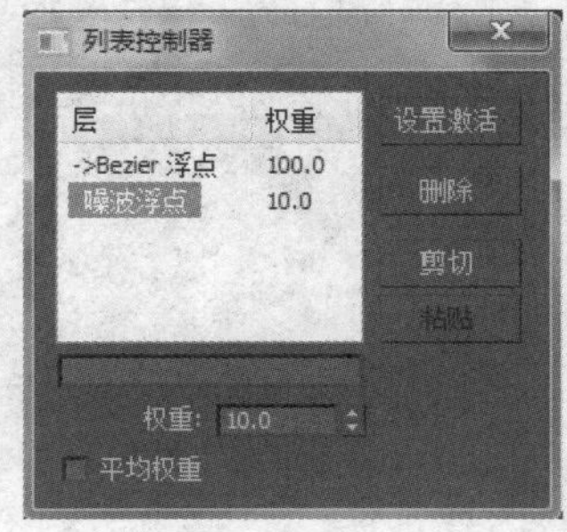

- 层：在列表中，可以通过控制器应用的先后顺序来排列应用的控制器。
- 权重：在列表中，可以通过权重值的大小来排列应用的控制器。
- 平均权重：勾选该复选框，列表中所有控制器的权重值将被平均化。

列表控制器的应用

范例实录

Step 01 打开本书配套光盘中的原始文件，效果如图所示。

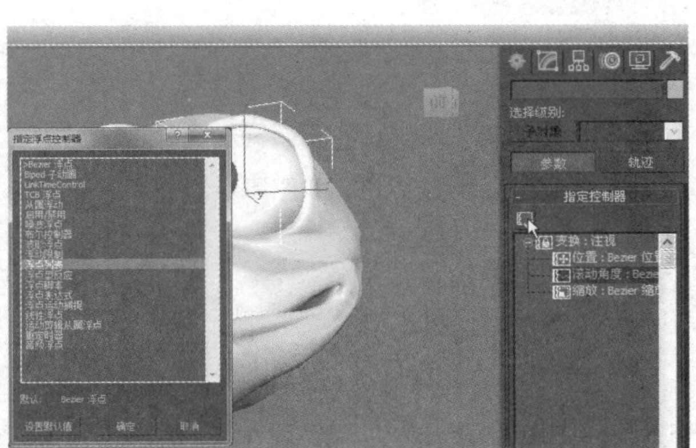

Step 02 选择一只眼球，在“运动”命令面板中添加“浮点列表”动画控制器，如图所示。

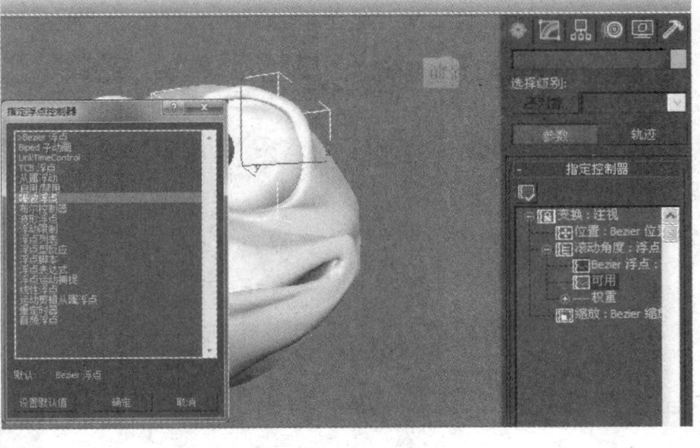

Step 03 在列表动画控制器的层级中选择“可用”，再添加“噪波浮点”动画控制器，如图所示。

DVD-ROM

原始文件：
范例文件\Chapter 10\10.3\列表控制器的应用\列表控制器的应用(原始文件).max

最终文件：
范例文件\Chapter 10\10.3\列表控制器的应用\列表控制器的应用(最终文件).max

提 示

当指定了使用“动画”菜单的控制器时，默认设置将自动指定一个列表控制器，列表中的第一项会放置选择的控制器。

> **提 示**
>
> 当对一个参数指定列表控制器时，当前控制器在列表控制器中将向下移动一级。

Step 04 在视口中播放动画，可观察到眼球在应用了动画控制器后，会产生非匀速的旋转，如图所示。

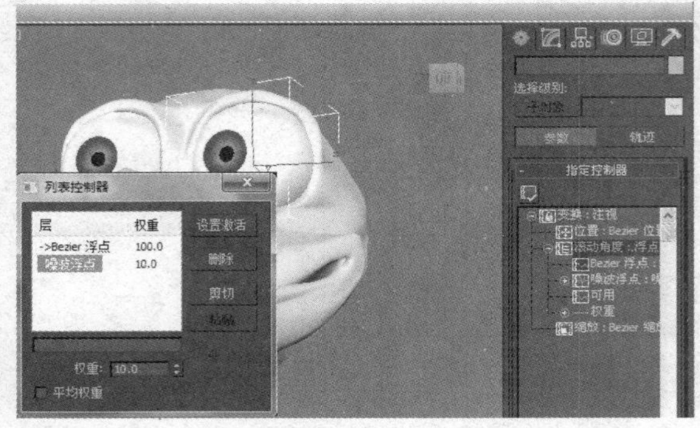

Step 05 双击“滚动角度”，可开启“列表控制器”的参数对话框，在对话框中设置“噪波浮点”的“权重”值为10，如图所示。

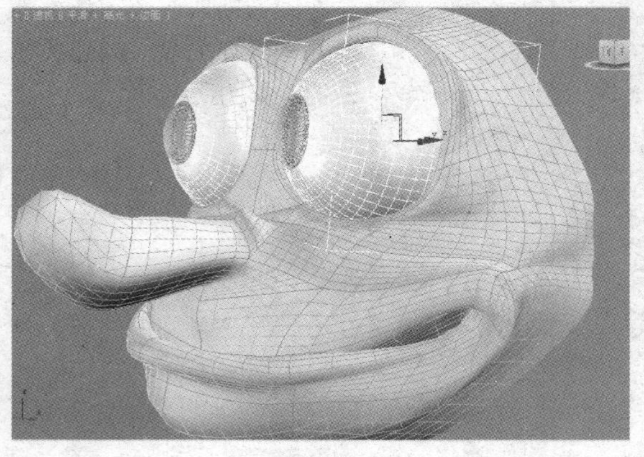

Step 06 再次播放动画，可观察到眼球的旋转速度明显变慢，如图所示。

3. 噪波控制器

> **提 示**
>
> 频率有用的范围是0.01～1.0，较大的值会创建锯齿状的重震荡噪波曲线，而较小的值会创建柔和的噪波曲线。

“噪波”控制器会在一系列帧上产生随机的、基于分形的动画。噪波控制器可设置参数，作用于一系列帧上，但不使用关键帧。

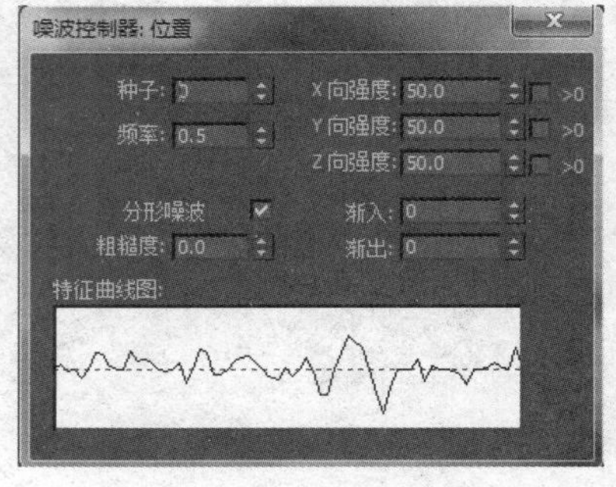

- 种子：开始噪波计算，改变种子来创建一个新的曲线。
- 强度：设置噪波输出值的范围。
- 频率：控制噪波曲线的波峰和波谷。
- 分形噪波：勾选该复选框，使用分形布朗运动生成噪波。
- 粗糙度：改变噪波曲线的粗糙度。
- 渐入/渐出：设置噪波用于构建为全部强度或下落至0时的时间量。

噪波动画控制器的应用

范例实录

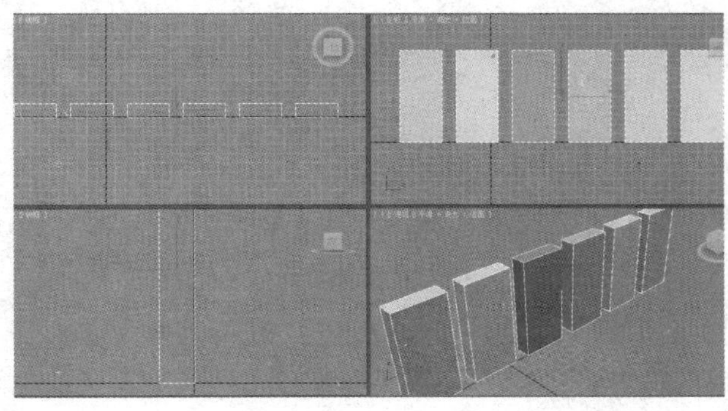

Step 01 在场景中创建多个大小相同的长方体对象，如图所示。

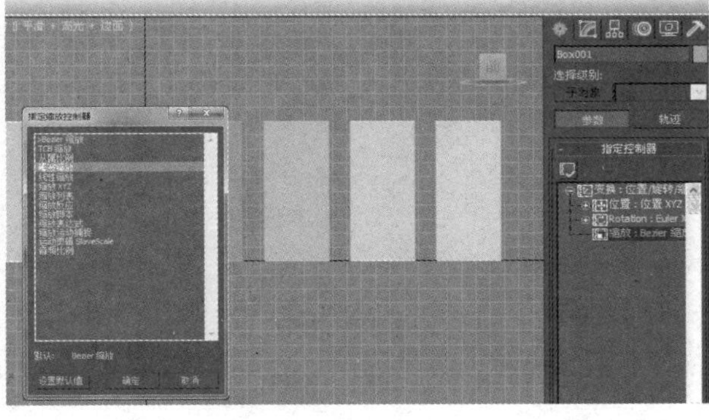

Step 02 选择一个长方体，在“运动”命令面板中，选择“缩放”选项，指定“噪波缩放”控制器，如图所示。

提 示

使用噪波作为复合列表控制器的一部分，以便对其他控制器结果应用噪波变化。

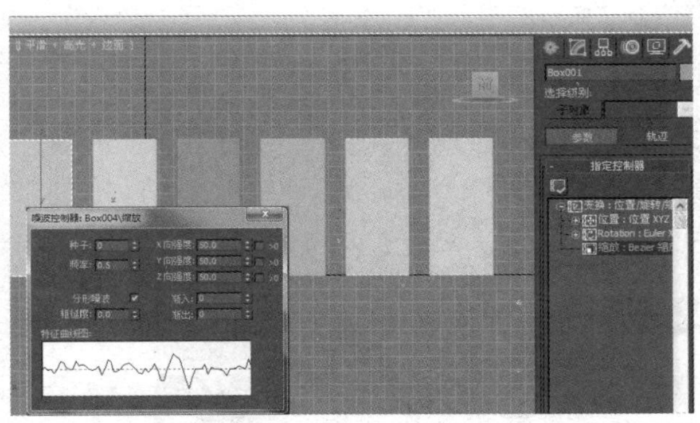

Step 03 添加“噪波缩放”控制器后，会自动弹出“噪波控制器：BOX001\缩放”对话框，如图所示。

提 示

需要为某个参数值设置完整的随机增减动画时，只需使用噪波即可，例如，在想要使对象上下摇动时，使用噪波旋转控制器即可实现。

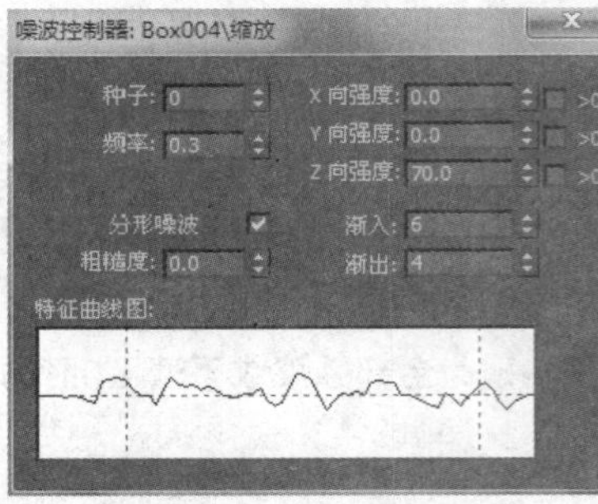

Step 04 在“噪波控制器”对话框中，设置Z轴向上的强度等参数，如图所示。

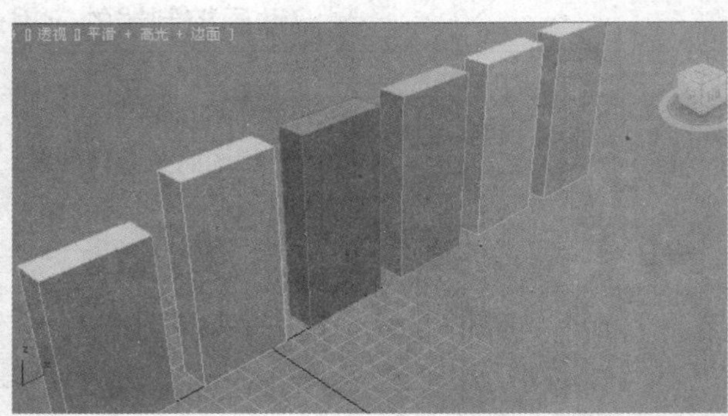

Step 05 在视口中播放动画，可观察到长方体只有在Z轴方向上，跟随时间的变化并依据噪波波形产生缩放变化，如图所示。

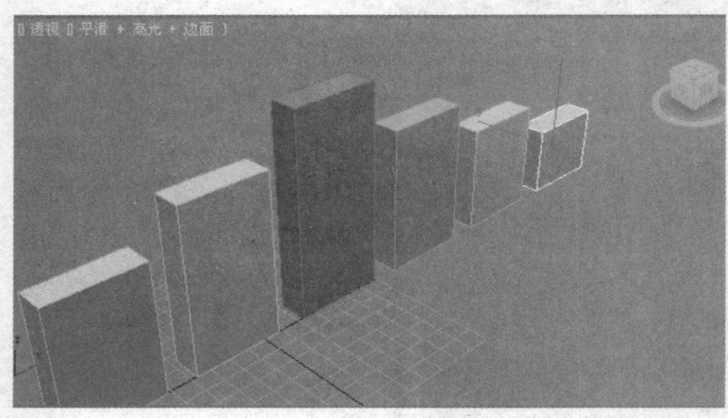

Step 06 为其他长方体都添加“噪波”控制器，并设置不同的“种子”参数值，使它们产生不一样的缩放值。设置完后预览动画，可观察到长方体的缩放动画类似音乐的节奏，如图所示。

4. 波形控制器

提 示

3ds Max提供了5种波形类型，其中包括正弦波、方波、三角波、锯齿波和半正弦波。

“波形”控制器是浮动的控制器，提供规则和周期波形，适用于控制闪烁的灯光等效果。如图所示为该控制器的参数面板。

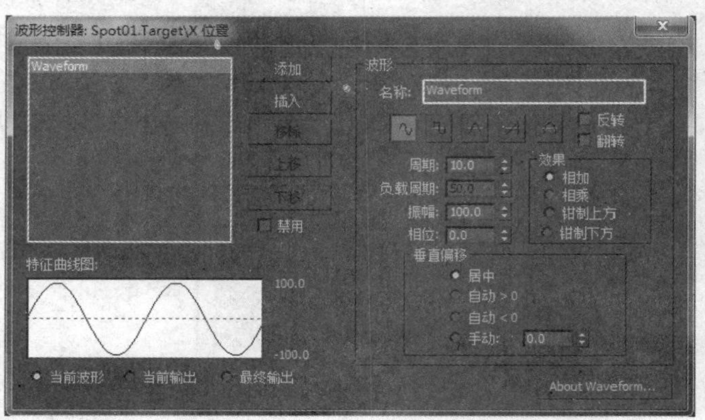

- 列表窗口：在列表中显示波形。
- 特征曲线图：在特征曲线图中，可显示不同的波形。
- 周期：设置完成一个波形图案需要的帧数。
- 负载周期：波形处于启用状态时指定时间的百分比。
- 振幅：设置波的高度。
- 相位：设置波的偏移。
- 效果：在该选项组中，可以为不同的波形选择不同的应用效果。
- 垂直偏移：在该选项组中，可以更改波形的输出值。

使用波形控制器

范例实录

Step 01 打开本书配套光盘中的原始文件，效果效果如图所示。

DVD-ROM

原始文件：
范例文件\Chapter 10\10.3\使用波形控制器\使用波形控制器（原始文件).max

最终文件：
范例文件\Chapter 10\10.3\使用波形控制器\使用波形控制器（最终文件).max

Step 02 渲染场景，可观察到场景中默认的灯光照明效果，如图所示。

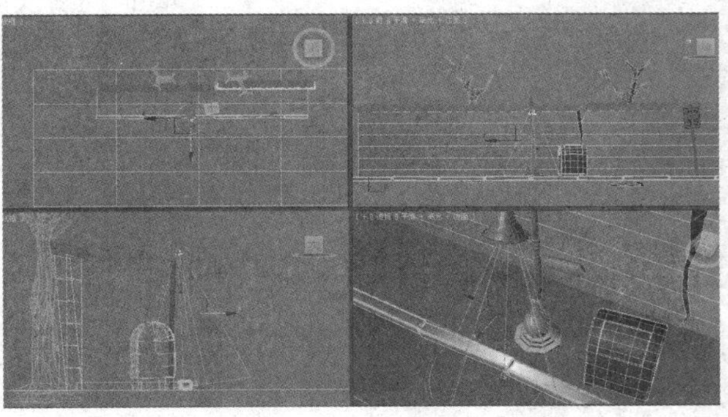

Step 03 根据路灯的位置在场景中创建一盏目标聚光灯，适当调整其位置，如图所示。

提 示

显示用实心的黑线表示控制器波形的输出图形，其中0直线是灰色续弦。

Step 04 渲染场景，可观察到聚光灯产生的照明效果，如图所示。

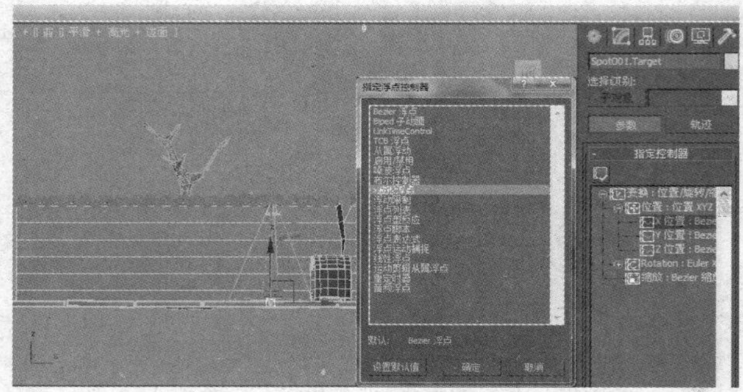

Step 05 选择目标聚光灯的目标点，在“运动”命令面板中选择“X位置”，并添加“波形浮点”控制器，如图所示。

提　示

波形的相乘是指用该波形值乘以先前波形的输出值。

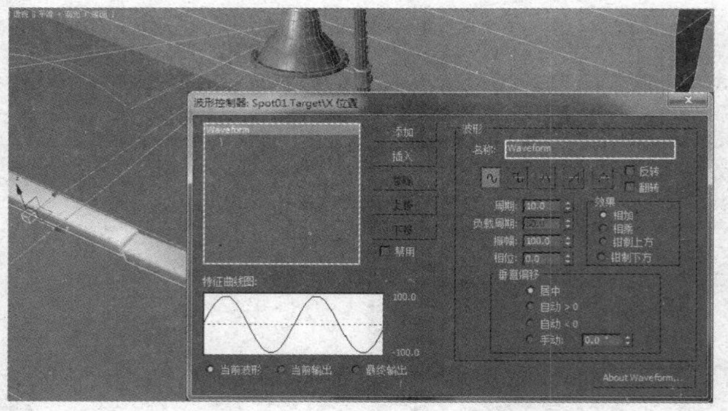

Step 06 添加“波形浮点”控制器后，将弹出相应的参数设置面板，如图所示。

Step 07 保持控制器的参数不变，移动时间滑块调整当前时间，然后进行渲染。可观察到目标聚光灯的照明方向在X轴上产生了偏移，如图所示。

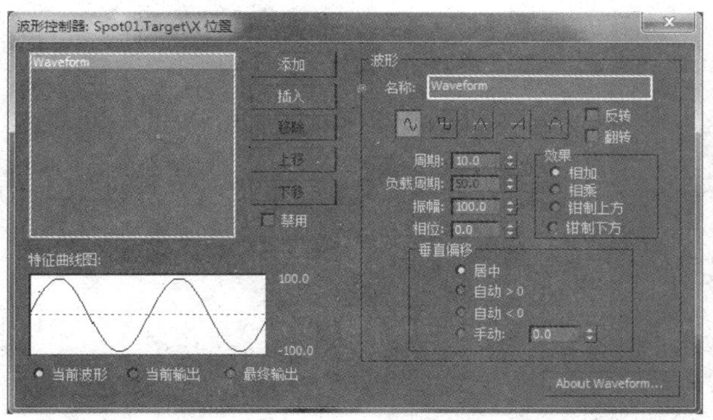

Step 08 在“波形控制器”对话框中，进行参数设置，如图所示。

提 示

对有指定波形控制器的轨迹，启用轨迹视图的曲线编辑器显示，也可看到最终输出。

Step 09 将时间滑块移动至较前帧，然后渲染场景。可以观察到聚光灯的照明方向在路灯左侧，如图所示。

Step 10 将时间滑块移动至较后帧，然后渲染场景。可以观察到聚光灯的照明方向在路灯右侧，如图所示。

10.3.3 常用动画约束

动画约束与动画控制器类似，用于帮助动画过程自动化，可以与其他对象建立绑定关系，以此来控制对象的各种变换。3ds Max共提供了7种约束类型，这些约束类型的使用方法和控制器的使用方法基本相同。

提 示

要完成约束，需要一个受约束对象和至少一个目标对象，目标对象将对受约束对象施加特定的限制。

1. 附着约束

“附着约束”是将一个对象的位置附着到另一个对象的表面上，通过随着时间设置不同的附着关键点，来在另一对象的不规则曲面上设置对象位置的动画。

范例实录

附着点约束的应用

DVD-ROM

原始文件:
范例文件\Chapter 10\10.3\附着点约束的应用\附着点约束的应用(原始文件).max

最终文件:
范例文件\Chapter 10\10.3\附着点约束的应用\附着点约束的应用(最终文件).max

提 示

可以使用图解视图来查看场景中的所有约束关系。

Step 01 打开本书配套光盘中的原始文件，效果如图所示。

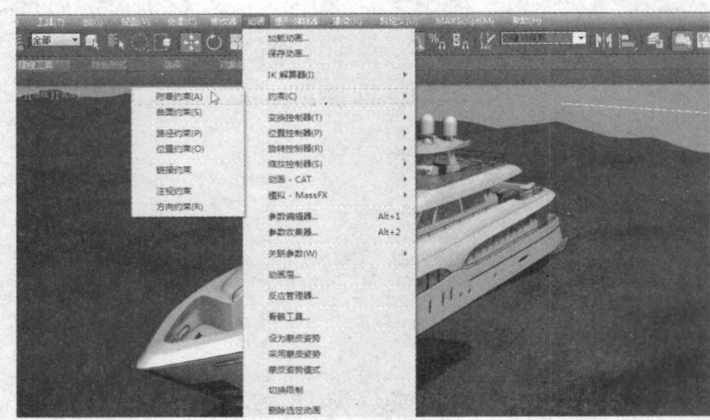

Step 02 选择游艇模型，执行“动画>约束>附着约束”命令，如图所示。

提 示

只要IK控制器不控制骨骼，约束就可以应用于骨骼。如果骨骼拥有指定IK控制器，只能约束层次或链接的根。

Step 03 执行命令后对象与光标之间将会出现一条虚线，用于引导选择约束的目标对象，如图所示。

Step 04 选择海面并将其作为目标体，可观察到游艇被定位到海面的端点处，如图所示。

Step 05 在"运动"命令面板中，单击"附着参数"卷展栏中的"设置位置"按钮 设置位置 ，并调整参数，可以将游艇移动到海面的各个位置，如图所示。

提 示

A点位置和B点位置含有附着对象指定面上的重心坐标。取值范围为-999999～999999。

Step 06 进一步调整参数和细节，查看游艇在海面上的效果，如图所示。

2. 曲面约束

"曲面约束"可以在选定对象的表面定位目标对象，但作为曲面的对象类型应用有限，只有球体、圆锥体、圆柱体、圆环、四边形面片、放样对象和NURBS对象才能应用该约束。

范例实录

曲面约束的应用

DVD-ROM

原始文件：

范例文件\Chapter 10\10.3\曲面约束的应用\曲面约束的应用（原始文件）.max

最终文件：

范例文件\Chapter 10\10.3\曲面约束的应用\曲面约束的应用（最终文件）.max

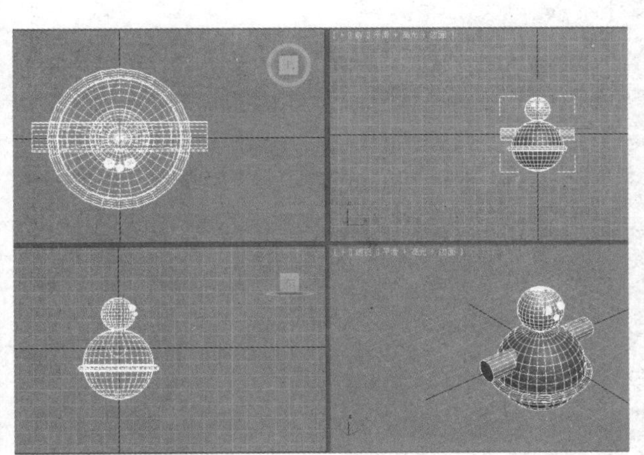

Step 01 打开本书配套光盘中的原始文件，如图所示。

提 示

网络表面所使用的表面是“虚拟”参数表面，而不是实际网格表面。只有少数几段的对象，它的网格表面可能会与参数表面截然不同。

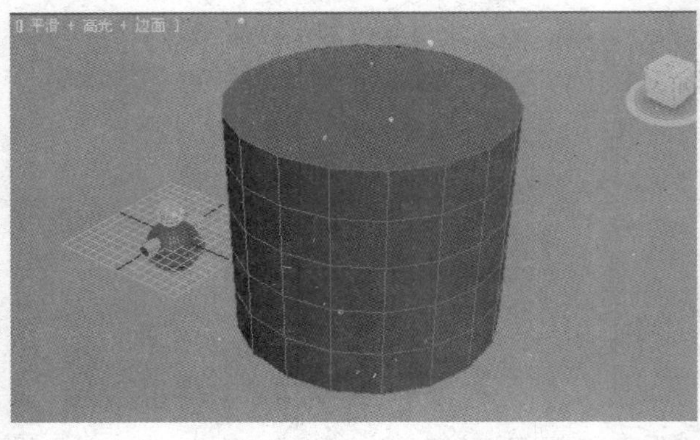

Step 02 在场景中创建一个圆柱体对象，创建位置如图所示。

提 示

参数表面会忽略切片和半球选项。

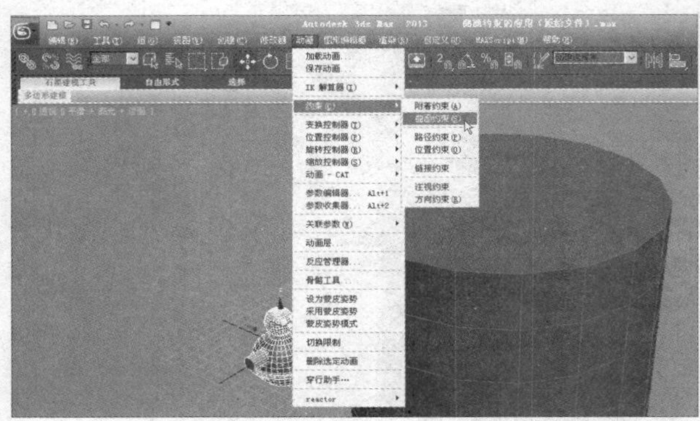

Step 03 选择小人，执行“动画>约束>曲面约束”命令，如图所示。

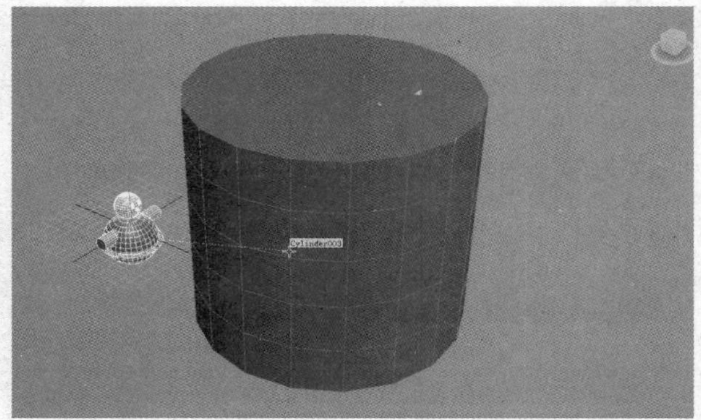

Step 04 拾取圆柱体作为曲面约束的目标对象，如图所示。

提 示

曲面约束只对参数表面起作用，如果应用修改器，把对象转化为网格，约束将不再起作用。

Step 05 拾取圆柱体后，小人附着到了圆柱体的曲面上，如图所示。

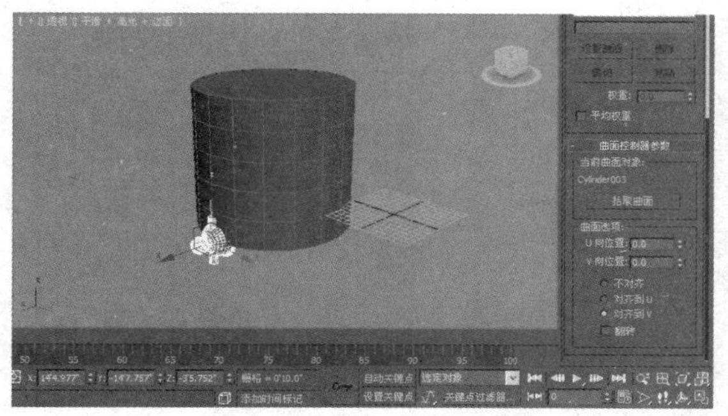

Step 06 在曲面约束参数面板中，选择“对齐到V”选项，如图所示。

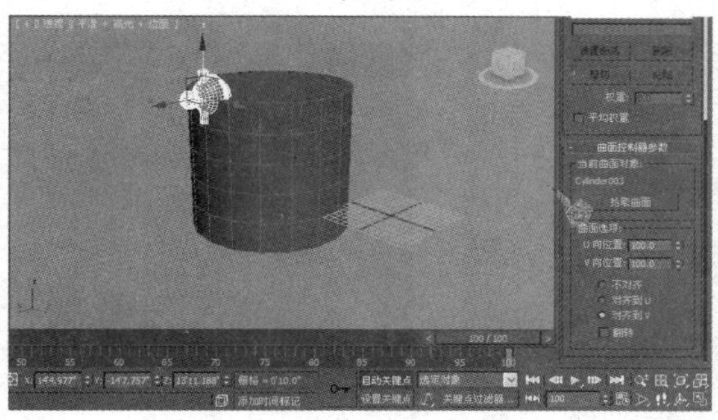

Step 07 使用自动记录关键帧的方法，在100帧处，设置“U向位置”和“V向位置”的参数值均为100，效果如图所示。

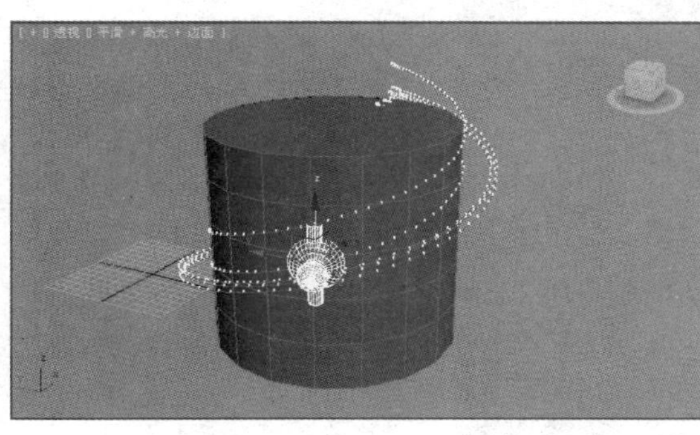

Step 08 播放动画，可观察到小人将在圆柱体表面环绕向上运动，如图所示。

提 示

路径约束的目标可以使用任意变换、旋转、缩放工具并设置为动画。

3. 路径约束

“路径约束”可以将一个对象沿着指定的样条线，或在多个样条线之间的平均距离间进行移动约束。

路径约束的简单应用

范例实录

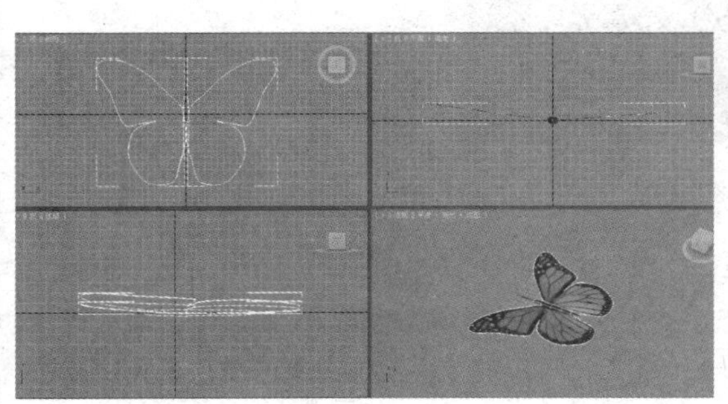

Step 01 打开本书配套光盘中的原始文件，如图所示。

DVD-ROM

原始文件:

范例文件\Chapter 10\10.3\路径约束的简单应用\路径约束的简单应用（原始文件）.max

DVD-ROM

最终文件:
范例文件\Chapter 10\10.3\路径约束的简单应用\路径约束的简单应用（最终文件）.max

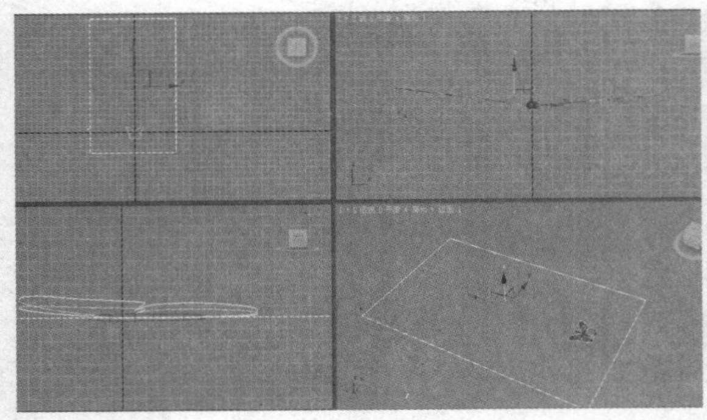

Step 02 在场景中创建一个矩形图形，作为“路径约束”将使用的路径，如图所示。

提 示

几个目标对象都可以影响受约束的对象。当使用多个目标时，每个目标都有一个权重值，该值定义它相对于其他目标影响受约束对象的程度。

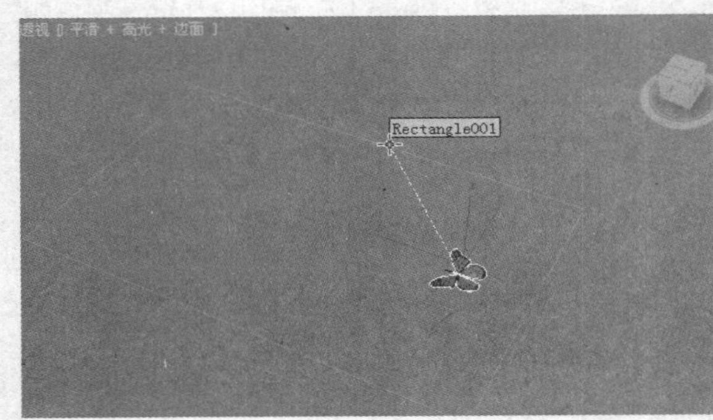

Step 03 执行“动画 > 约束 > 路径约束”命令，将矩形作为路径进行约束，如图所示。

提 示

对多个目标使用权重是有意义的，参数值为0时，意味着目标没有影响。

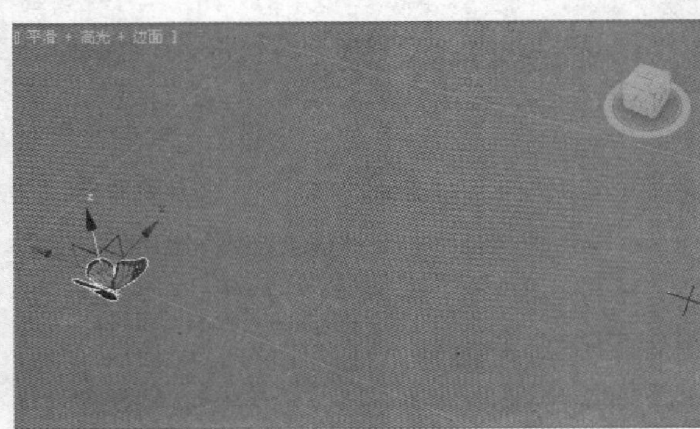

Step 04 拾取矩形后，蝴蝶的位置将被约束到矩形上，并自动创建关键帧动画，效果如图所示。

提 示

当通过“动画”菜单指定路径约束时，软件会自动将一个位置列表控制器指定到对象上。

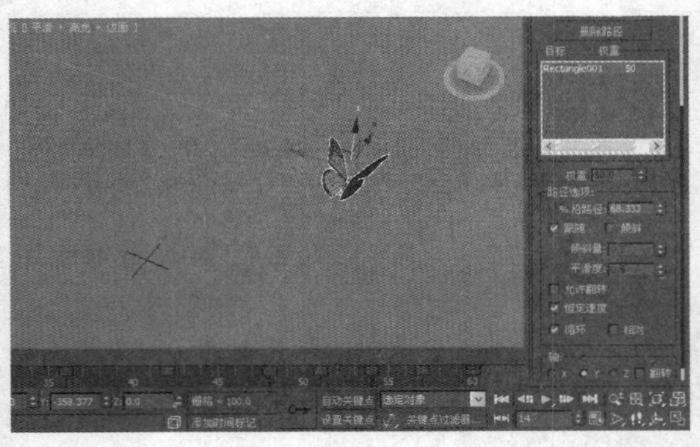

Step 05 在“路径约束”的参数面板中，设置相应的参数，使蝴蝶具有正确的运动朝向，如图所示。

4. 位置约束

“位置约束”可以使对象跟随一个对象或多个对象位置的权重平均位置进行移动约束。

位置约束的应用

范例实录

DVD-ROM

原始文件:

范例文件\Chapter 10\10.3\位置约束的应用\位置约束的应用（原始文件).max

最终文件:

范例文件\Chapter 10\10.3\位置约束的应用\位置约束的应用（最终文件).max

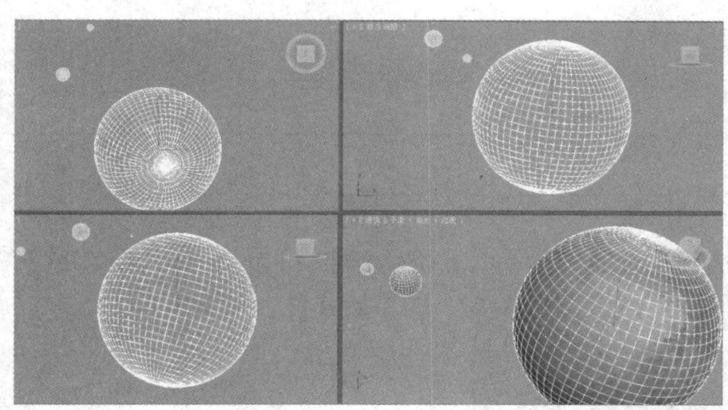

Step 01 打开本书配套光盘中的原始文件，效果如图所示。

Step 02 执行“动画 > 约束 > 位置约束”命令，拾取较小的球体对象，如图所示。

Step 03 在“运动”命令面板中，单击“添加位置目标”按钮 添加位置目标 ，然后在视口中拾取较大的球体，如图所示。

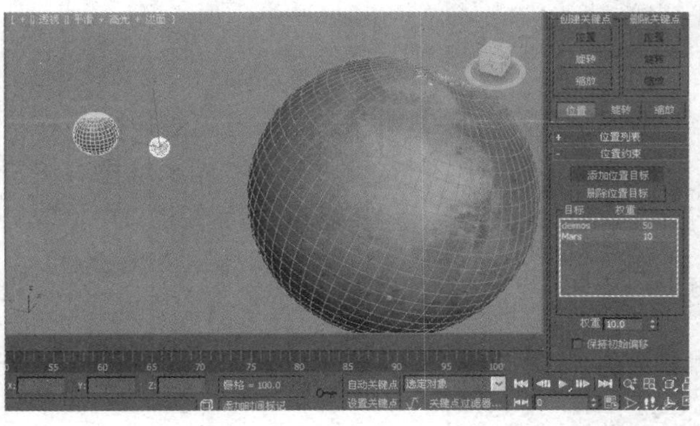

Step 04 设置“权重”参数值为10，较小球体的最小值受较大球体的影响将降低，对象位置将靠向较小的球体，如图所示。

5. 链接约束

“链接约束”通常用于创建对象之间彼此链接的动画，类似对象层次动画，但没有层次关系。

范例实录

链接约束的应用

DVD-ROM

原始文件：
范例文件\Chapter 10\10.3\链接约束的应用（原始文件）.max

最终文件：
范例文件\Chapter 10\10.3\链接约束的应用（最终文件）.max

提 示

链接约束可以使受约束对象继承目标对象的位置、旋转度以及比例。

Step 01 打开本书配套光盘中的原始文件，如图所示。

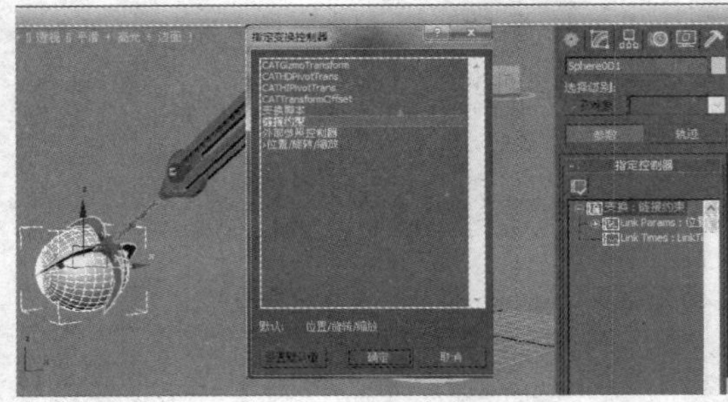

Step 02 在场景中创建球体，然后在“运动”命令面板中为球体添加“链接约束”，如图所示。

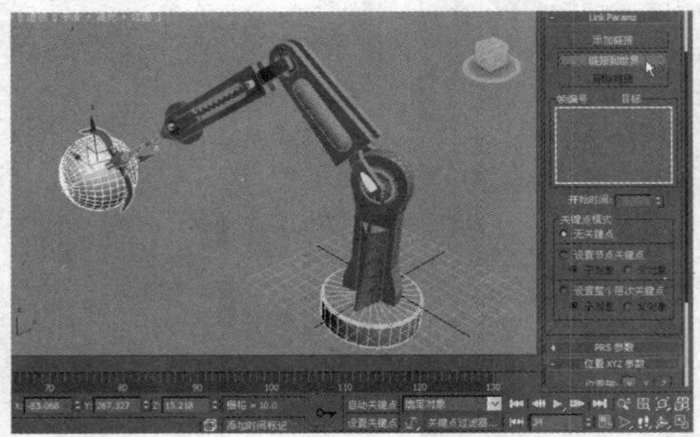

Step 03 单击“链接到世界”按钮 链接到世界 ，球体在第0帧开始将跟随世界坐标的变换而变换，如图所示。

提 示

只有所约束的对象已经成为层次中的一部分，关键点节点和关键点整个层次才会起作用。

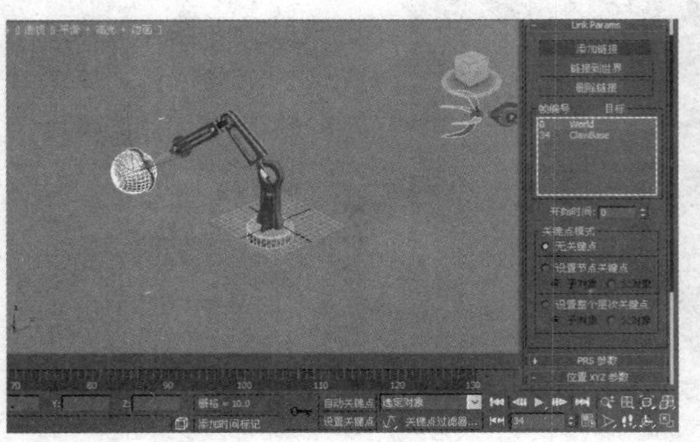

Step 04 将时间滑块移动到第34帧，单击“添加链接”按钮 添加链接 ，然后在视口中拾取机械手臂的抓取器，如图所示。

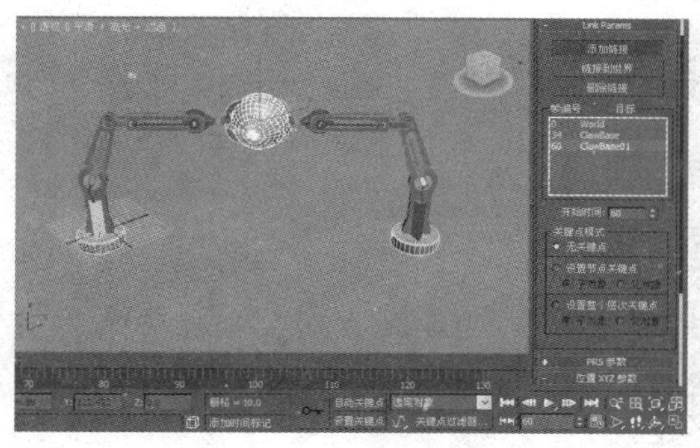

Step 05 移动时间滑块到第60帧，使用同样的方法拾取另一个机械手臂的抓取器，如图所示。

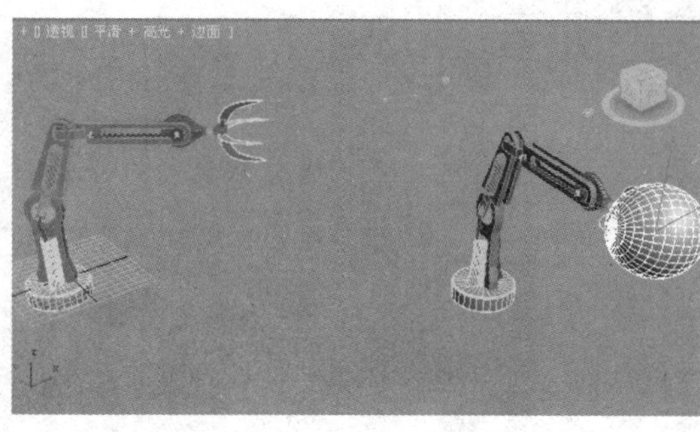

Step 06 在视口中预览动画，可观察利用“链接约束”完成的小球的传送动画，如图所示。

6. 注视约束

“注视约束”可以使对象的方向一直注视目标对象，同时会锁定对象的旋转度，使对象的一个轴朝向目标对象。该约束通常用于制作眼睛的注视动画。

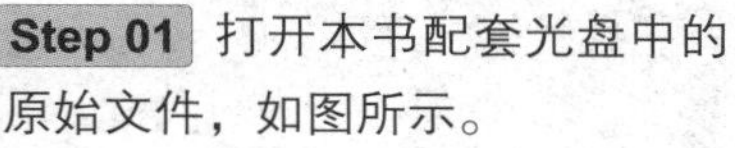

注视约束的应用

范例实录

DVD-ROM

原始文件:
范例文件\Chapter 10\10.3\注视约束的应用\注视约束的应用（原始文件).max

最终文件:
范例文件\Chapter 10\10.3\注视约束的应用\注视约束的应用（最终文件).max

Step 01 打开本书配套光盘中的原始文件，如图所示。

Step 02 在场景中选择一只眼球，执行“动画 > 约束 > 注视约束”命令，然后拾取苹果物体为目标对象，如图所示。

Step 03 拾取苹果后，眼球的方向和位置都产生了一定的变化，如图所示。

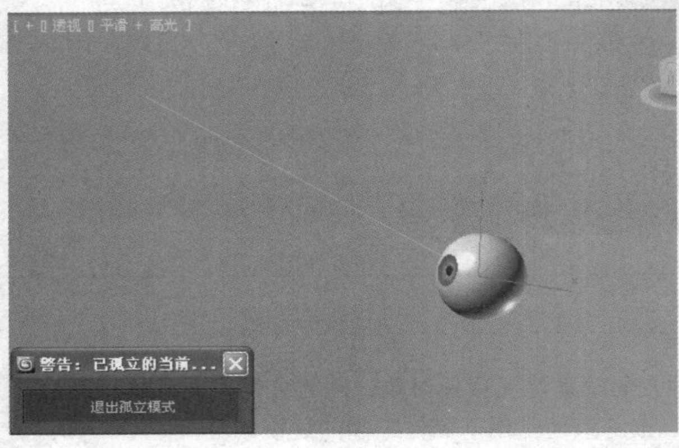

Step 04 将眼球在场景中隔离出来，如图所示。

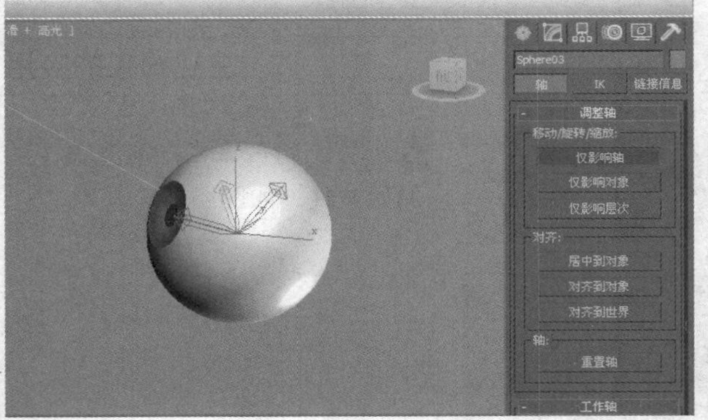

Step 05 隔离眼球后，在“命令”面板中，单击“仅影响轴” 仅影响轴 按钮，如图所示。

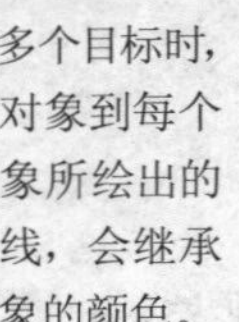

提　示

当指定多个目标时，从约束对象到每个目标对象所绘出的附加视线，会继承目标对象的颜色。

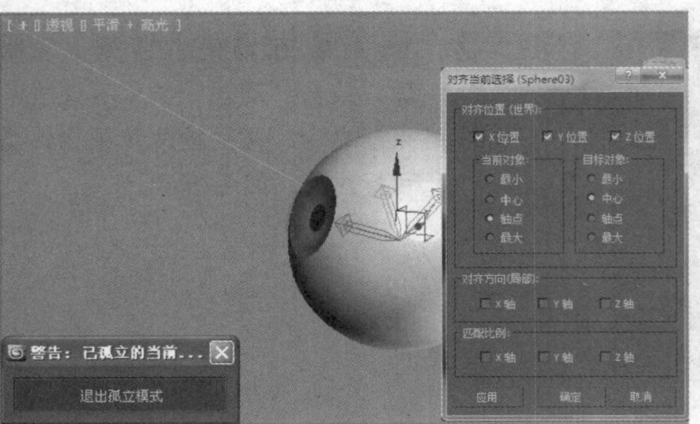

Step 06 使用对齐工具将眼球的坐标轴与自身几何体进行对齐，参数设置及完成效果如图所示。

Step 07 在“注视约束”的参数面板中，勾选“保持初始偏移”复选框，如图所示。

在通过“动画”菜单指定注视约束时，3ds Max会将一个旋转列表控制器指定到对象上。

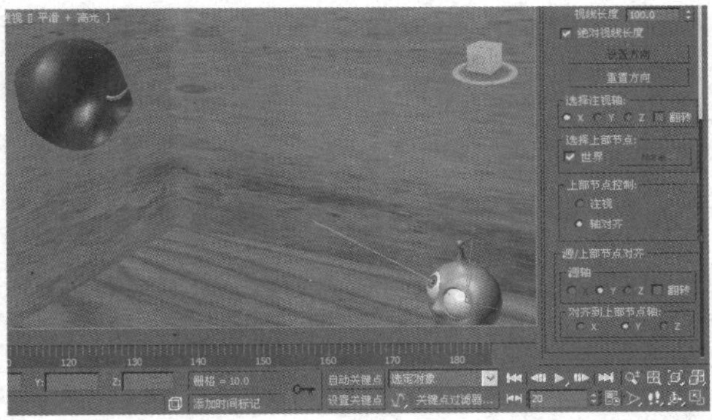

Step 08 在“注视约束”的其他参数选项组中，进行对齐的参数设置，如图所示。

Step 09 使用相同的方法为另一个眼球也应用“注视约束”，完成效果如图所示。

如果启用绝对视线长度，那么每个针对目标对象的线的长度取决于其目标对象的权重设置和视线长度值。如果禁用绝对视线长度，那么每条线的长度取决于约束对象与每个独立目标对象间的距离和视线长度的值。

Step 10 当眼球无法准确定向注视时，可以降低“注视约束”的“权重”值，然后使用旋转工具把眼球旋转，使眼球注视更加准确，如图所示。

提 示

方向受约束的对象可以是任何可旋转的对象。受约束的对象将从目标对象继承其旋转属性。

Step 11 为苹果设置简单的路径运动动画。播放动画，可观察到眼睛一直注视着苹果的运动，如图所示。

7. 方向约束

“方向约束”可以使指定对象的方向与另一个对象的方向，或多个对象的平均方向保持一致。该约束通常用于约束对象的旋转变换。

范例实录

使用方向约束

DVD-ROM

原始文件:
范例文件\Chapter 10\10.3\使用方向约束\使用方向约束（原始文件).max

最终文件:
范例文件\Chapter 10\10.3\使用方向约束\使用方向约束（最终文件).max

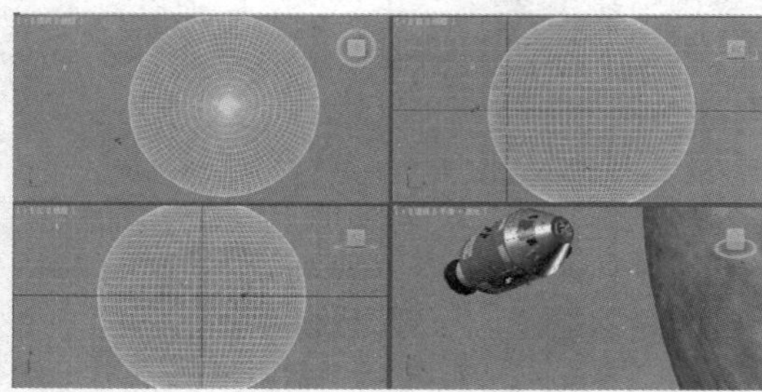

Step 01 打开本书配套光盘中的原始文件，如图所示。

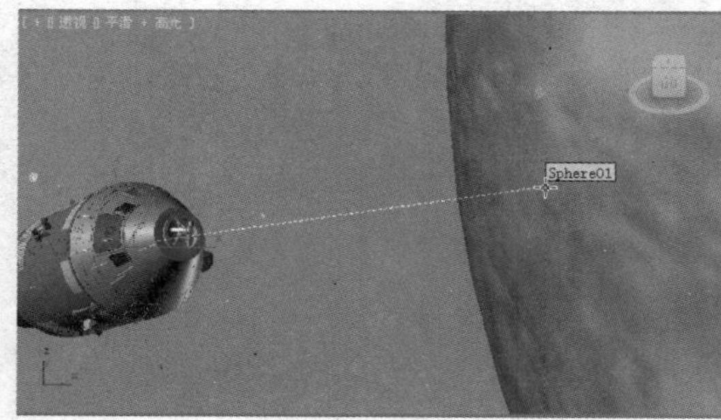

Step 02 执行“动画 > 约束 > 方向约束”命令，并拾取地球作为目标对象，如图所示。

提 示

目标对象可以是任意类型的对象。目标对象的旋转会驱动受约束的对象。使用任何平移、旋转和缩放工具就可设置目标的动画。

Step 03 拾取地球后，可观察到飞行器的方向已经发生了改变，如图所示。

Step 04 在场景中旋转地球，可观察到飞行器也产生了相应地旋转，如图所示。

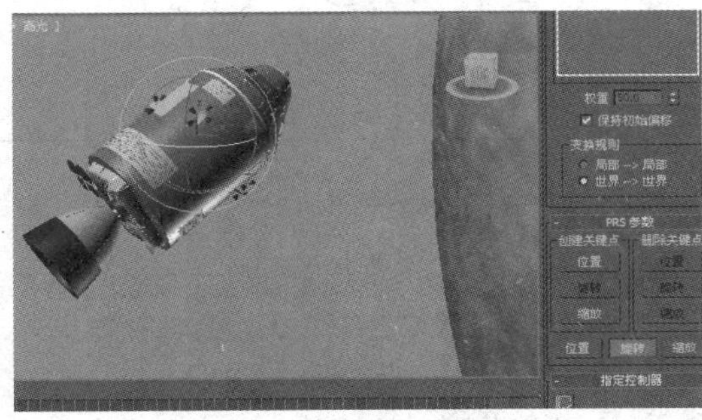

Step 05 选择飞行器，在“运动”命令面板中，勾选“保持初始偏移”复选框，如图所示。

Step 06 启用“保持初始偏移”参数后，可观察到飞行器保持了原有的朝向，只有当地球旋转时，才会产生新的方向。如图所示为保持初始偏移的渲染效果。

提 示

通过“动画”菜单指定对象的方向约束时，该软件会将旋转列表控制器指定给对象。

10.4 轨迹视图

在“轨迹视图”中可以查看场景中所有对象创建的关键帧，并允许操作编辑，同时也可以为对象的各种属性添加动画控制器，以便插补或控制场景中对象的所有关键帧和参数。

10.4.1 认识轨迹视图

“轨迹视图”面板可显示在标准视图中看到的几何体运动的值和时间。“轨迹视图”包括“曲线编辑器”和“摄影表”，如图所示为默认的曲线编辑器模式。

提 示

轨迹视图中的一些功能，例如移动和删除关键点，也可以在时间滑块附近的轨迹栏上实现，还可以展开轨迹栏来显示曲线。

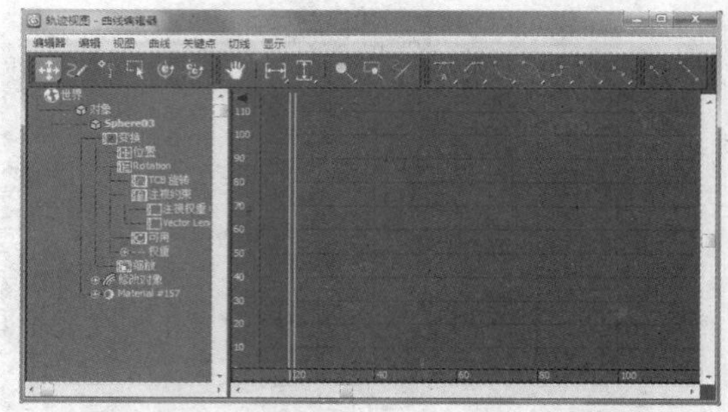

● 菜单栏：菜单栏显示在"轨迹视图"对话框的顶部，可以访问大多数轨迹视图中的工具命令。

● 工具栏：工具栏中提供了设置关键帧和切线等工具，工具栏可以浮动、位于右侧或根据需要重新排列。

● 控制器窗口：控制器窗口位于对话框左侧，能显示对象名称和控制器轨迹，还能确定哪些曲线和轨迹可以用来进行显示和编辑。

● 关键帧窗口：关键帧窗口位于对话框右侧。

范例实录

操作轨迹视图

DVD-ROM

原始文件：
范例文件\Chapter 10\10.4\操作轨迹视图\操作轨迹视图.max

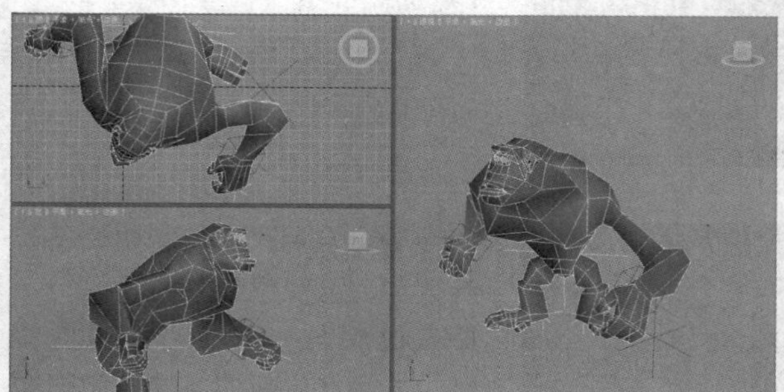

Step 01 打开本书配套光盘中的原始文件，效果如图所示。

提　示

轨迹视图可以执行多种场景管理和动画控制任务，如编辑时间点、向场景中加入声音等。

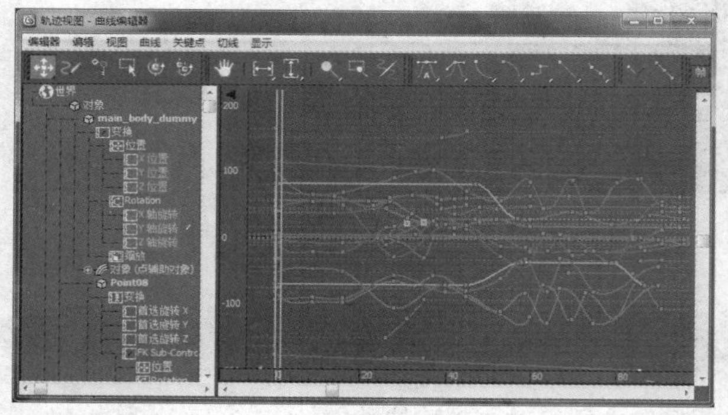

Step 02 在场景中选中所有对象，然后在主工具栏中单击"曲线编辑器"按钮，可开启"轨迹视图"对话框，如图所示。

提　示

在轨迹视图中，创建轨迹的目的主要是用于控制动画顶点，Bezier Point3控制器是默认的顶点插值控制器。

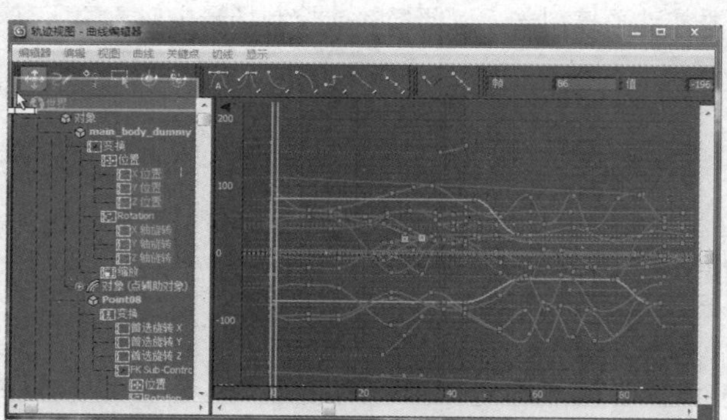

Step 03 在"轨迹视图"对话框中，可以使用鼠标拖曳工具栏，如图所示。

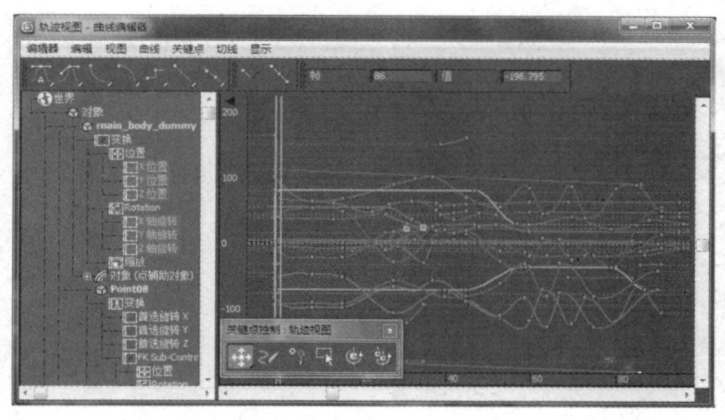

Step 04 释放鼠标后，可观察到被拖曳的工具栏变为了浮动工具栏面板，如图所示。

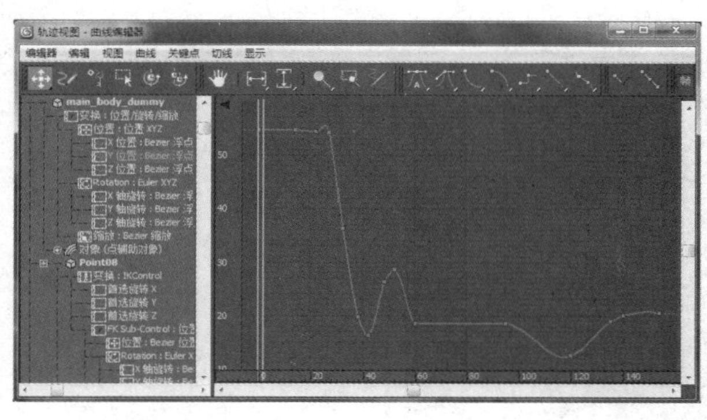

Step 05 在左侧的控制器窗口中，选择任意一项参数，右侧的关键帧窗口中将出现相应的关键帧曲线示意图，如图所示。

提 示

在关键点的周围拖动选择矩形区域，就可以选中多个关键点。

10.4.2 曲线编辑器

“曲线编辑器”作为“轨迹视图”面板的默认模式，用图表的功能曲线来表示运动，同时查看运动的插值、关键帧之间创建的对象变换。在曲线上找到关键帧的切线控制柄，可以轻松查看和控制场景中各个对象的运动和动画效果。

1. 使用曲线编辑器的工具

在“曲线编辑器”模式下，使用工具栏中的工具除了可以添加、删除关键点外，还可以更改曲线的切线模式。

使用切线工具 范例实录

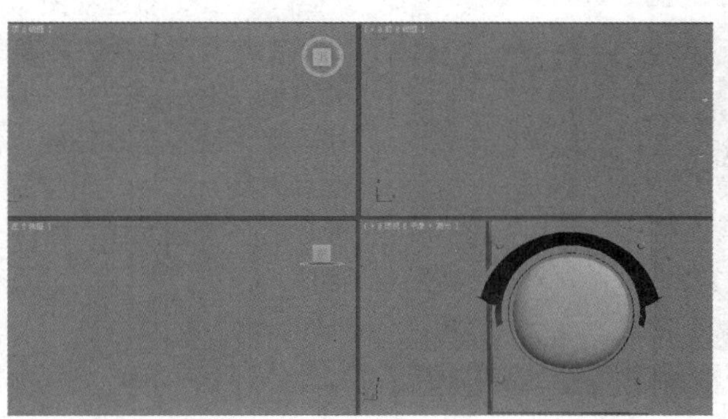

Step 01 打开本书配套光盘中的原始文件，效果如图所示。

DVD-ROM

原始文件:
范例文件\Chapter 10\10.4\ 使用切线工具使用切线工具（原始文件）. max

最终文件:
范例文件\Chapter 10\10.4\使用切线工具使用切线工具（最终文件）. max

提 示

如果正处于摄影表模式，那么可以通过选择时间，来选中多个关键点。

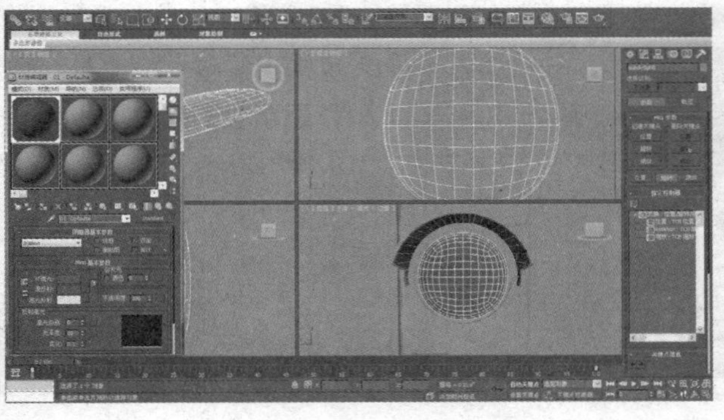

Step 02 打开“材质编辑器”窗口，将“漫反射”设置为由绿色变为红色的简单关键帧动画，效果如图所示。

提 示

右键单击视口标签，在打开的菜单中执行“轨迹>新建”命令，可以在视口中打开轨迹视图。

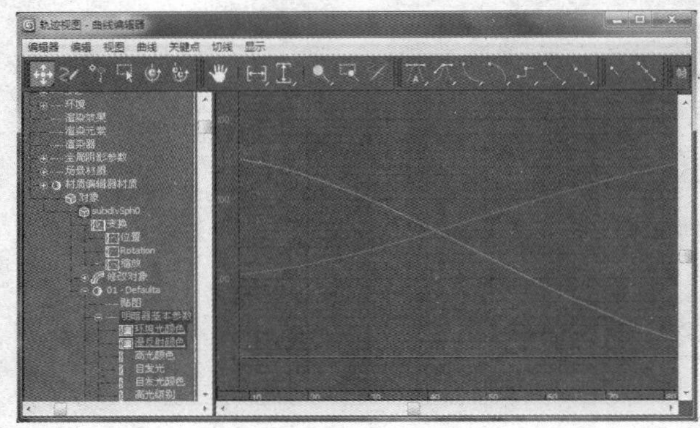

Step 03 打开“轨迹视图”面板，在左侧的控制器窗口中选择漫反射选项，右侧关键帧窗口中将出现颜色变化曲线，如图所示。

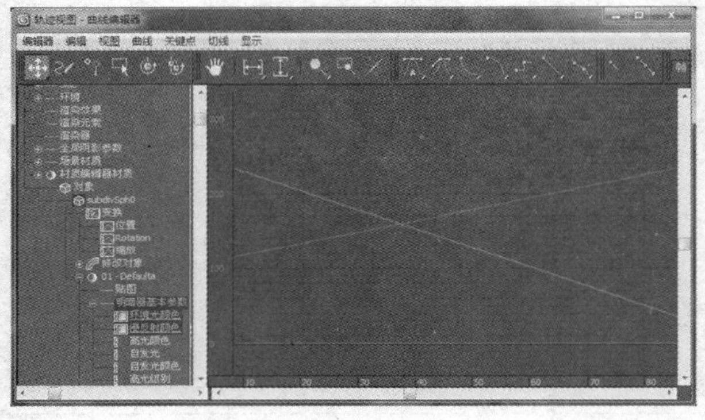

Step 04 调整时间滑块的位置，可观察到对象由绿色到红色的渐变过程，如图所示。

提 示

关键帧窗口的组件包括时间滑块、时间标尺和缩放原点滑块。

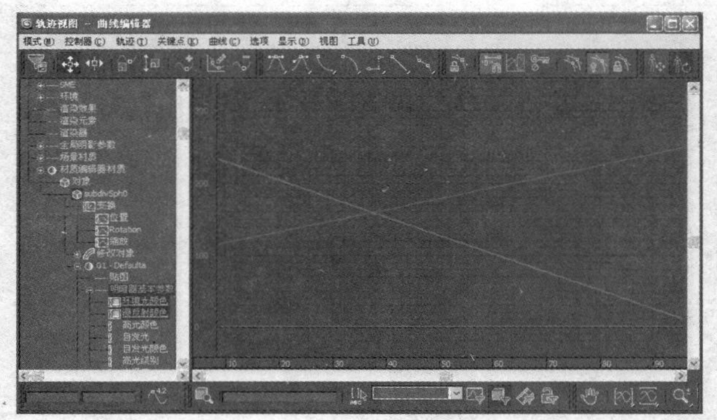

Step 05 在“轨迹视图”面板中选择漫反射的所有关键帧，然后单击“将切线设置为线性”按钮，曲线将变为直线，颜色的变化将是匀速变化，如图所示。

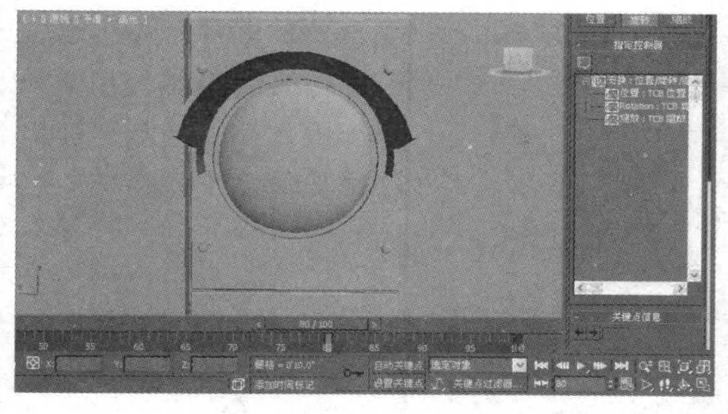

Step 06 移动时间滑块，可观察到对象漫反射颜色的变化速度有所改变，与之前的颜色也有所区别，如图所示。

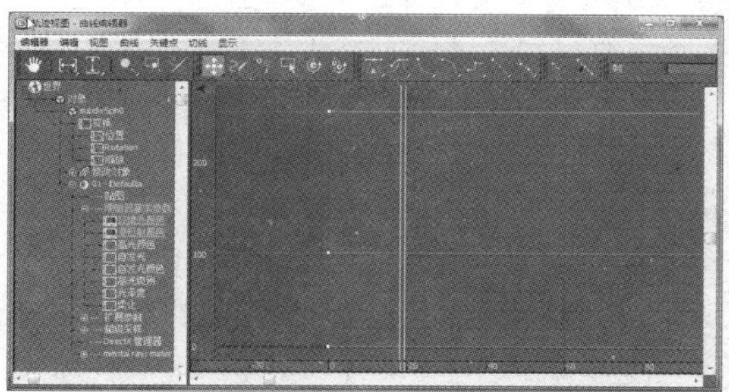

Step 07 单击“将切线设置为阶跃”按钮，颜色的曲线发生了新的变化，如图所示。

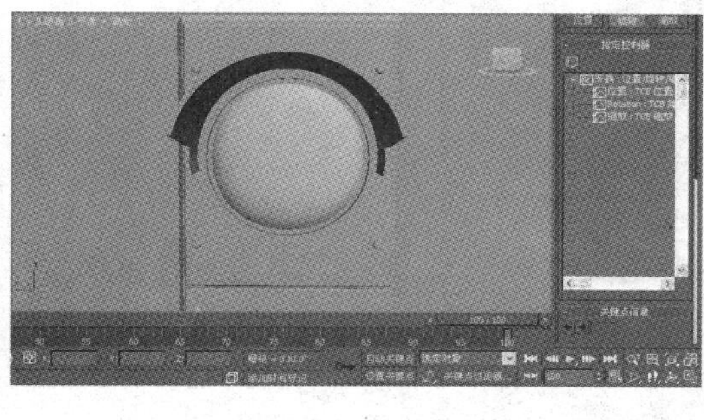

Step 08 由于曲线切线为阶跃模式，对象的颜色将在第1帧到最后一帧前保持原有颜色，在最后一帧时突然变为红色，如图所示。

提 示

时间标尺的作用是衡量时间。标尺上的标记反映的是“时间配置”对话框中的设置。将时间标尺移动到关键点之上，可以更精确地设置关键点。

2. 在曲线编辑器中添加动画控制器

在曲线编辑器中，如果要设置超过动画范围的循环动画，可通过添加参数曲线超范围类型以及通过加强控制增大或减少曲线的参数到动画轨迹中来实现，也可以快速在左侧的控制器窗口中添加动画控制器。

提 示

通过单击轨迹栏中的显示曲线按钮，可显示功能曲线。

在曲线编辑器中应用控制器

范例实录

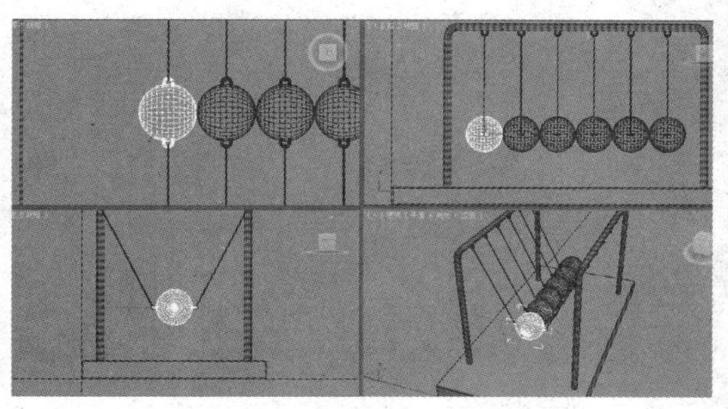

Step 01 打开本书配套光盘中的原始文件，如图所示。

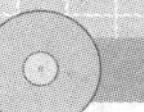

DVD-ROM

原始文件:

范例文件\Chapter 10\10.4\在曲线编辑器中应用控制器（原始文件).max

DVD-ROM

最终文件:

范例文件\Chapter 10\10.4\在曲线编辑器中应用控制器（最终文件).max

提 示

可以将关键点添加到尚未设置动画轨迹的功能曲线上，曲线将显示为直线。向功能曲线添加关键点时，会为该轨迹创建一个控制器。

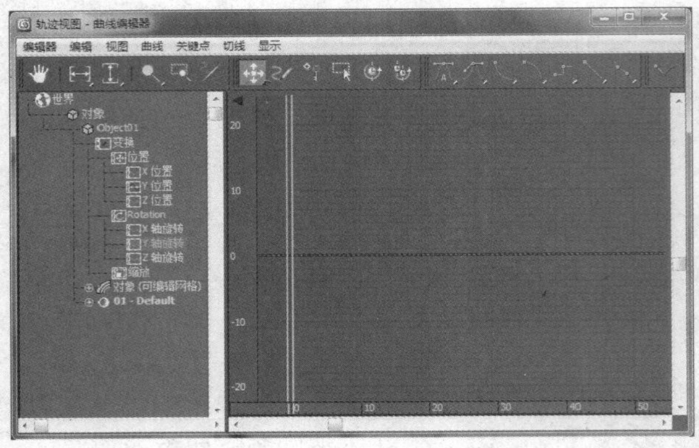

Step 02 选择一个小球，打开曲线编辑器，在编辑器面板左侧的控制器窗口中选择参数，如图所示。

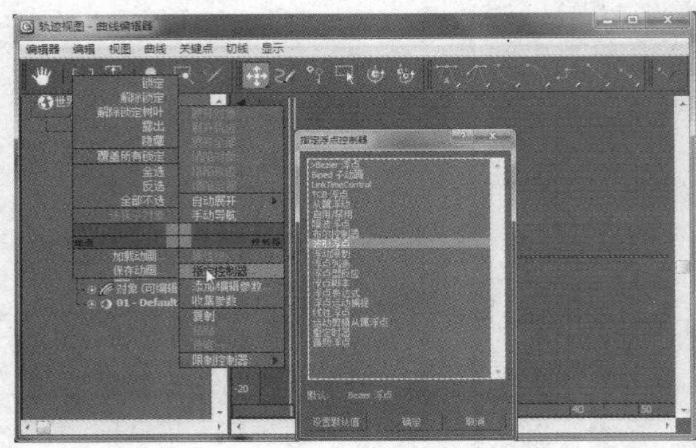

Step 03 在选择的参数上单击鼠标右键，开启四元菜单，选择“指定控制器”命令。在开启的对话框中选择控制器，如图所示。

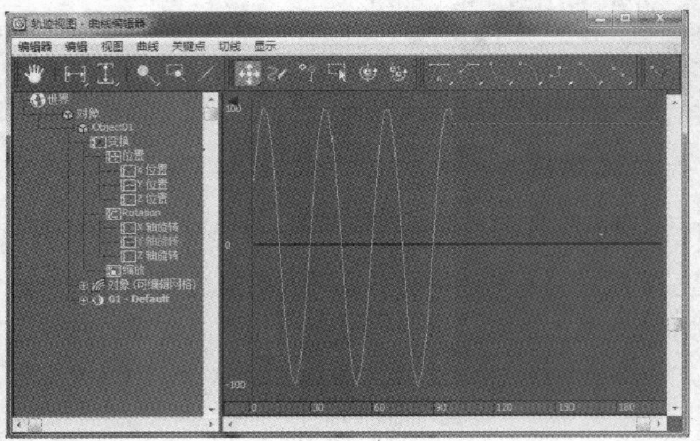

Step 04 添加控制器后，在右侧的关键帧窗口中可观察到该控制器的运动曲线，如图所示。

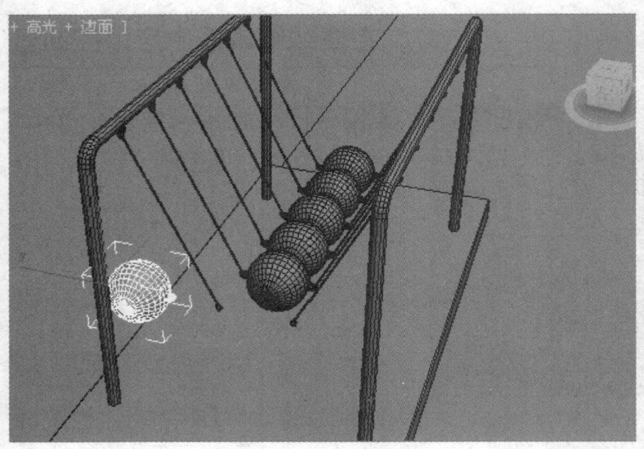

Step 05 在视口中预览动画，可观察到小球应用控制器后的运动效果，如图所示。

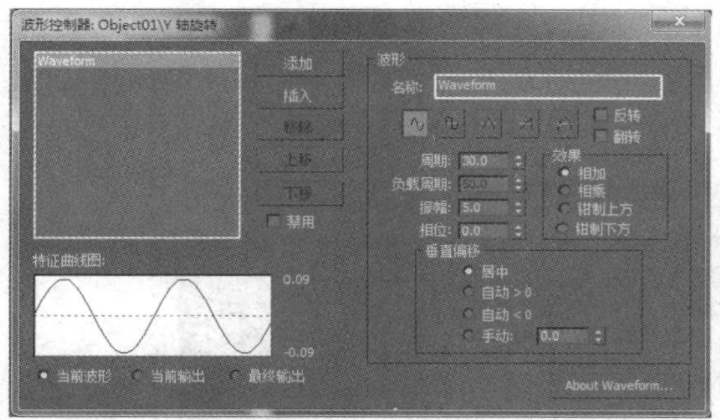

Step 06 修改“波形控制器”对话框中的参数，如图所示。

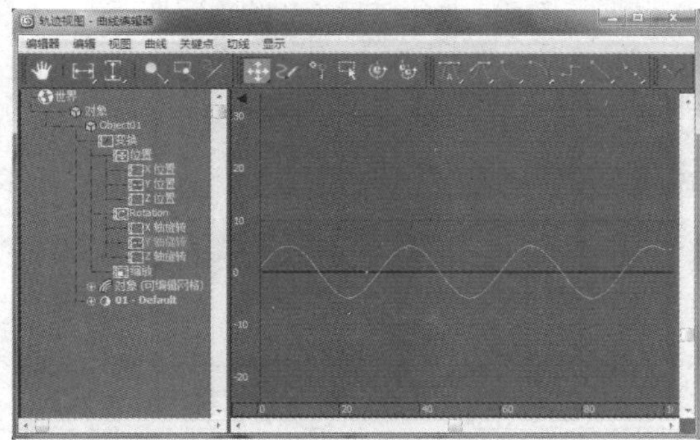

Step 07 修改控制器参数后，运动曲线同样会产生相应的变化，如图所示。

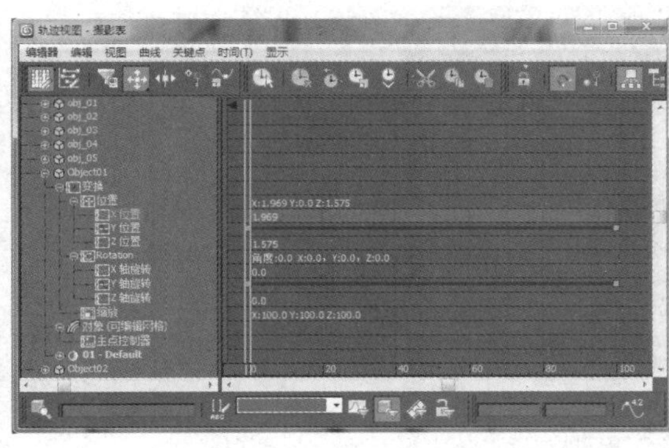

Step 08 再次预览动画，可观察到小球的运动轨迹和控制器的参数变化一致，如图所示。

> **提 示**
>
> 如果在高亮显示关键点之后使用锁定当前选择，则可以在关键点窗口中的任意位置拖动，来执行创建缩放操作。

10.4.3 摄影表

“摄影表”模式可以显示在水平曲线图上超时的关键帧，它以图形的方式显示调整动画计时的简化操作。如图所示为“轨迹视图”的摄影表模式。

> **提 示**
>
> 可以使用轨迹视图工具创建超出范围的关键点。

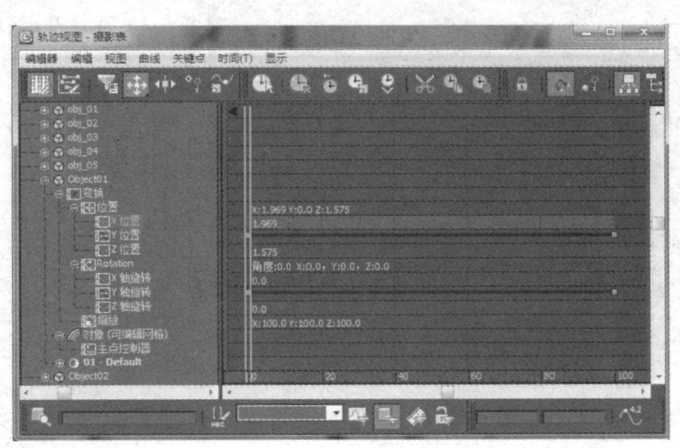

“摄影表”提供“编辑关键帧”和“编辑范围”两种模式，可以对单个关键帧进行编辑，也可以编辑动画的长度和起始结束点。如图所示为编辑范围模式的摄影表。

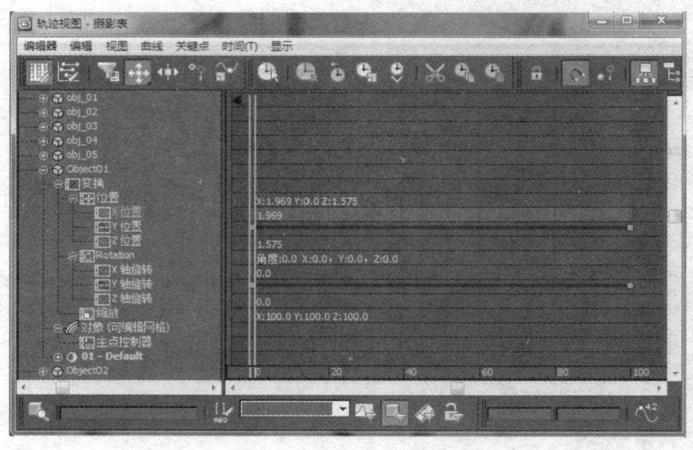

范例实录

简单使用摄影表

DVD-ROM

原始文件:
范例文件\Chapter 10\10.4\简单使用摄影表\简单使用摄影表（原始文件).max

最终文件:
范例文件\Chapter 10\10.4\简单使用摄影表\简单使用摄影表（最终文件).max

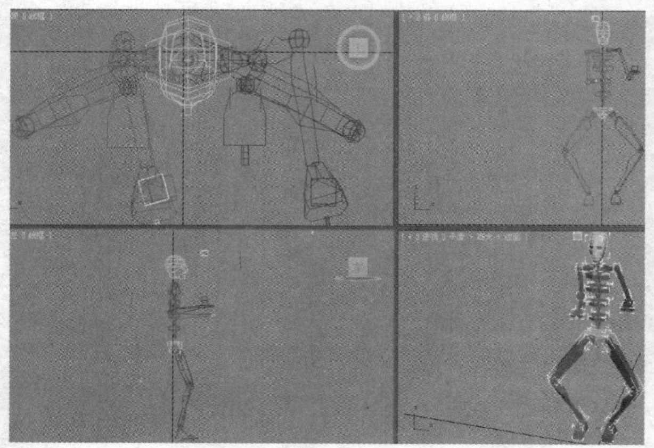

Step 01 打开本书配套光盘中的原始文件，效果如图所示。

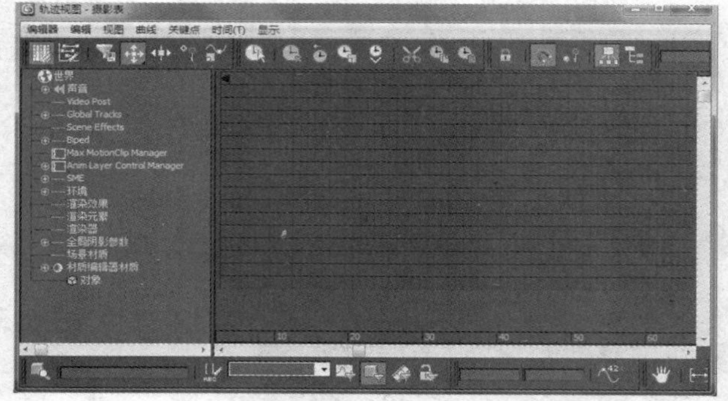

Step 02 打开“轨迹视图”面板，切换到“摄影表”模式，如图所示。

提 示

恒定是指在所有帧范围内保留末端关键点的值，恒定是默认的超出范围类型。

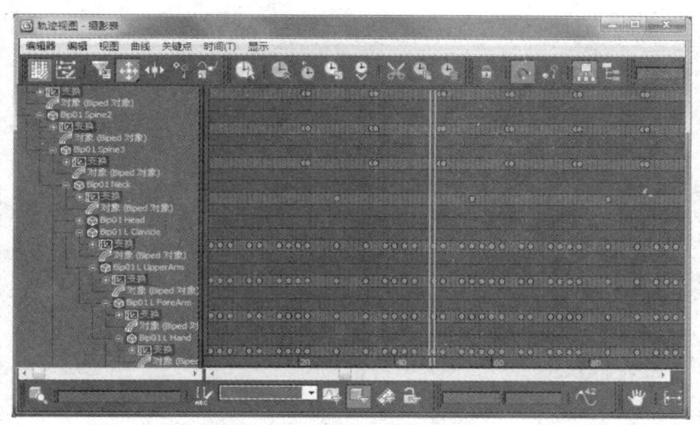

Step 03 在控制器窗口中选择参数，可观察到每当选择一个参数后，面板右侧的关键帧窗口中将以表格的形式列出关键帧，如图所示。

提 示

往复可以在动画重复范围内切换向前或是向后。

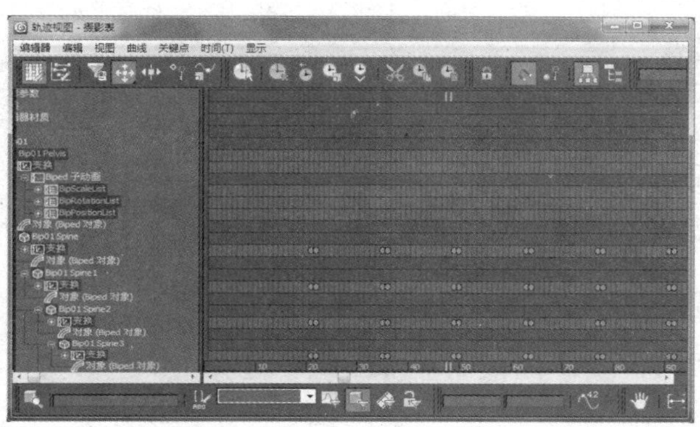

Step 04 滑动左侧列表，可观察到右侧的表格始终与左侧的参数相对应，如图所示。

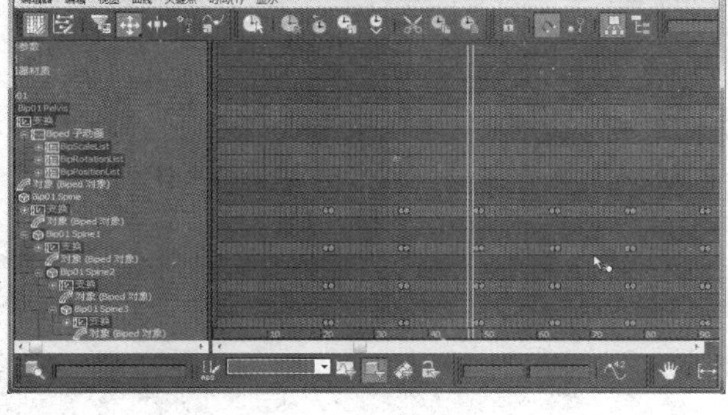

Step 05 在“轨迹视图”面板中单击“添加关键点”按钮，如图所示。

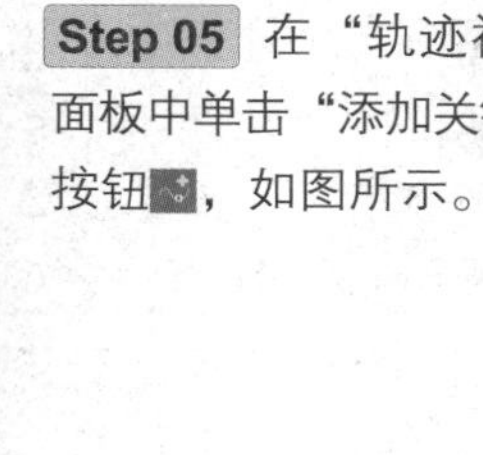

提 示

轨迹视图控制器窗口能以分层的方式显示场景中的所有对象。

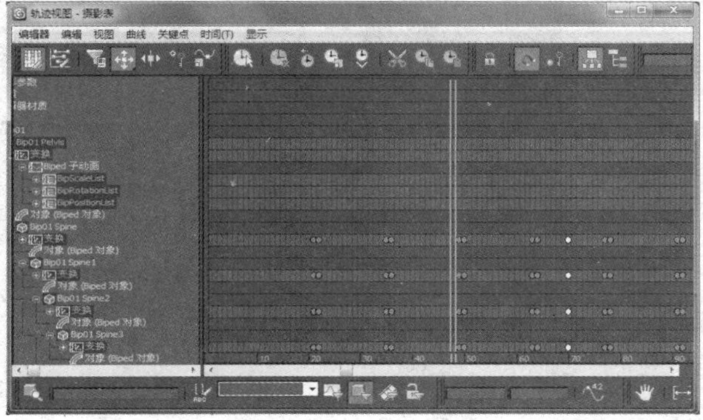

Step 06 在右侧的表格中单击鼠标右键，可在相应的地方添加关键帧，如图所示。

提 示

通过控制器或者约束子菜单的方式应用于对象上的控制器，能够自动指定列表中的控制器。

注 意 "轨迹视图"功能的默认键盘快捷键如下表所示。

轨迹视图功能	默认键盘快捷键
添加关键点	A
应用减缓曲线	Ctrl+E
应用增强曲线	Ctrl+M
指定控制器	C
复制控制器	Ctrl+C
展开对象切换	O
展开轨迹切换	ENTER，T
过滤器	Q
锁定当前选择	空格键
锁定切线切换	L
使控制器惟一	U
高光下移	向下键
高光上移	向上键
移动关键点	M
向左轻移关键点	向左键
向右轻移关键点	向右键
平移	P
粘贴控制器	Ctrl+V
下滚	Ctrl+ 向下键
上滚	Ctrl+ 向上键
捕捉帧	S
缩放	Z
水平方向最大化显示	Alt+X

10.5 制作室内场景动画

本节将通过关键帧动画、动画约束以及使用轨迹视图来创建简单的夏日场景动画，如图所示为本节案例的最终完成效果。

10.5.1 制作苹果的滚动动画

本小节首先制作苹果掉落滚动到桌子上的运动效果。在制作时，将苹果的掉落看作是匀速运动，可以通过简单的关键帧动画来完成。

Step 01 打开本书配套光盘中的原始文件，效果如图所示。

DVD-ROM

原始文件:
范例文件\Chapter 10\10.5\场景动画的制作\场景动画的制作（原始文件）.max

最终文件:
范例文件\Chapter 10\10.5\场景动画的制作\场景动画的制作（最终文件）.max

Step 02 首先制作苹果掉落筐中，之后又掉到桌子上的动画。先确定第0帧时，苹果的位置，如图所示。

Step 03 单击“自动关键点”按钮，开始制作动画，如图所示。

提 示

配合Alt键右击四元菜单的工具，可以分别执行展开和折叠选定轨迹。

Step 04 将时间滑块滑动到第25帧的位置，然后利用移动、旋转工具将苹果放入筐中，如图所示。

提 示

使用创建超出范围关键点工具，可以将参数超出关键点动画设为可编辑的关键帧。

Step 05 在第35帧的时候，制作苹果在筐中与其他苹果碰撞受到阻逆感觉的效果，如图所示。

Step 06 将时间滑块滑动到第40帧的位置，使苹果继续向前运动，同时伴有旋转效果，设置关键帧，如图所示。

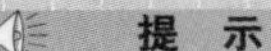

提 示

如果在启用子对象选项后使用自动展开，则所有对象分支将自动展开。

Step 07 将时间滑块滑动到第45帧的位置，苹果从筐中掉落到桌子上，利用移动工具，调整苹果掉落的角度，如图所示。

Step 08 利用旋转工具，将苹果旋转180° 左右，制作出苹果滚落的效果，如图所示。

Step 09 将时间滑块滑动到第50帧的位置，制作出苹果滚到桌边，并伴有转动的效果，如图所示。

> 提 示
>
> 在创建样条线时，建议在“顶”视口中创建，在其他视口中进行顶点位置的调整。

Step 10 使用旋转工具将苹果旋转520° 左右，制作出苹果滚动的效果，如图所示。

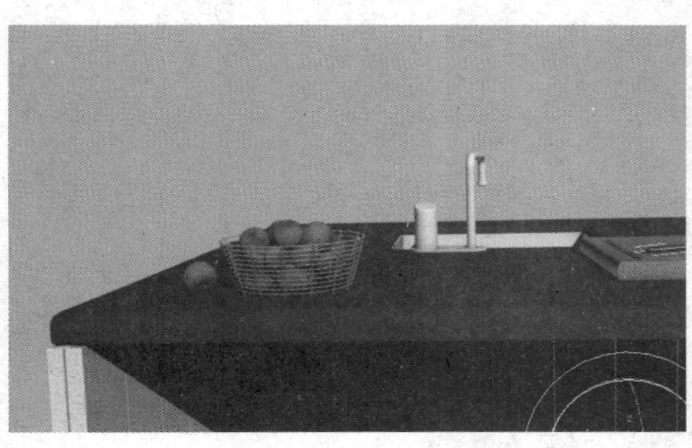

Step 11 再次单击“自动关键点”按钮，播放动画，查看制作的动画效果，如图所示。

10.5.2 了解运动曲线与动画之间的关系

本节将对比各个轴上的曲线与动画之间的关系，让读者更好地理解曲线在3D动画中的作用。

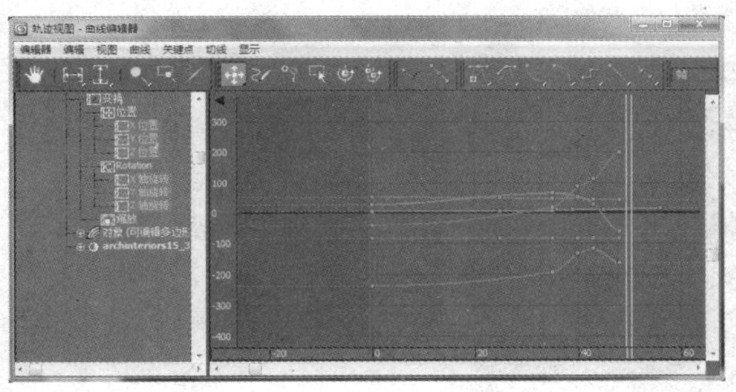

Step 01 单击主工具栏中的“曲线编辑器”按钮，打开“轨迹视图”面板，查看并调整运动曲线，如图所示。

> 提 示
>
> 在默认情况下，轨迹视图中并不显示摄影表工具栏。

Step 02 单击左侧控制器窗口中的“X位置”选项，观察X轴上曲线的变化，如图所示。

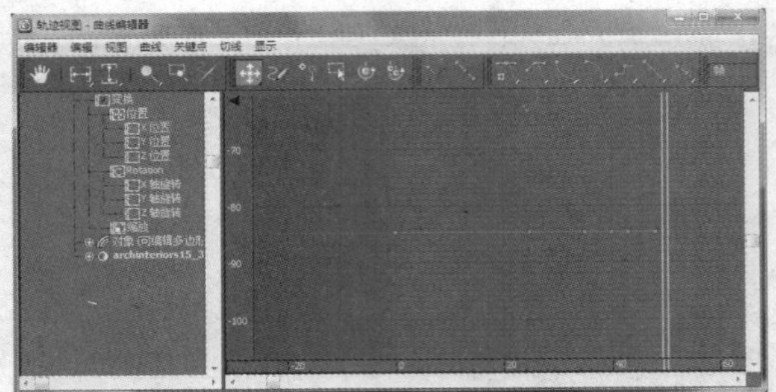

提　示

由于“X位置”没有任何动画，若将其关键帧点删除，可以加快软件的运行速度。

Step 03 单击左侧控制器窗口中的“Y位置”选项，观察Y轴上曲线的运动变化，并进行微调，在场景中可以观察曲线的改变对动画效果的影响。

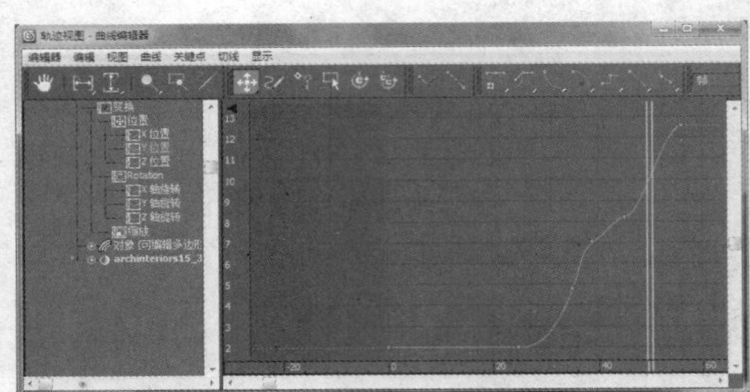

提　示

此时是系统默认的，物体的运动为匀速运动。

Step 04 单击左侧控制器窗口中的“Z位置”选项，查看Z轴上的动画曲线，如图所示。

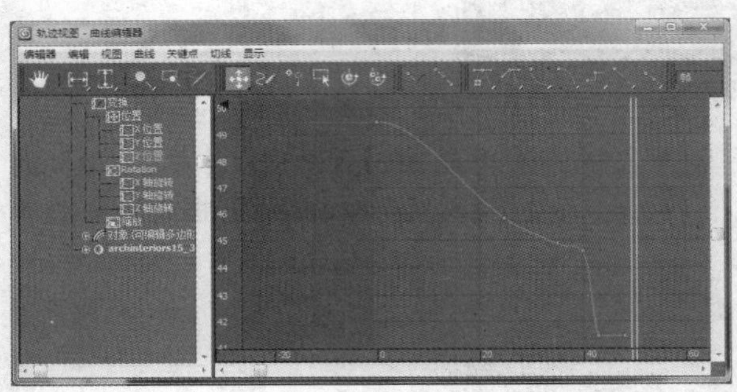

提　示

该曲线用来模拟苹果下落和上升的加速和减速运动，使其更加接近真实。

Step 05 观察旋转轴上的运动曲线。单击左侧控制器窗口中的“X轴旋转”选项，查看X轴的旋转效果，如图所示。

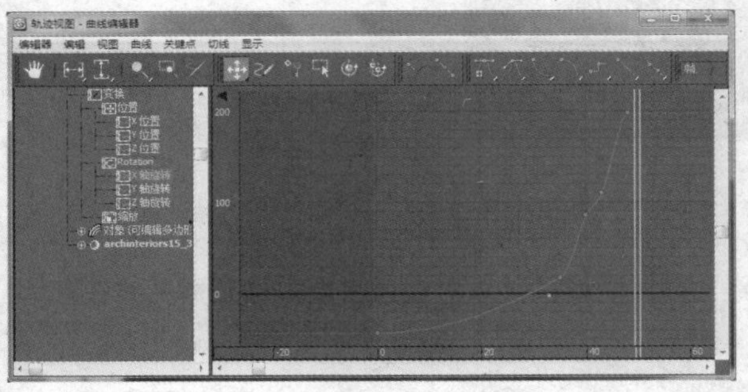

提　示

可以使用曲线编辑器中的Bezier控制柄来更改某个关键点的轨迹形状。

Step 06 单击左侧控制器窗口中的“Y轴旋转”选项，查看旋转曲线数值，如图所示进行细微调整。

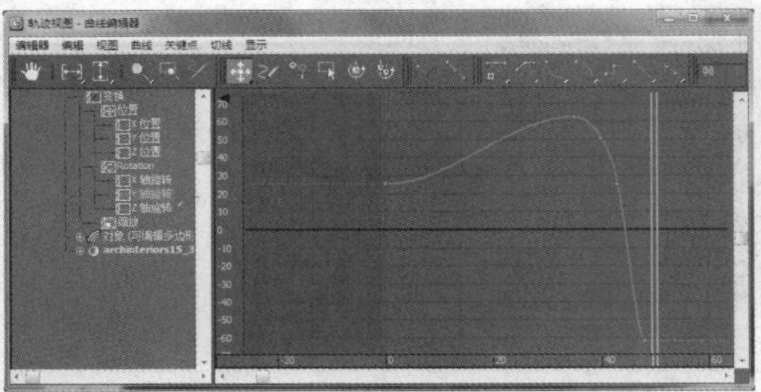

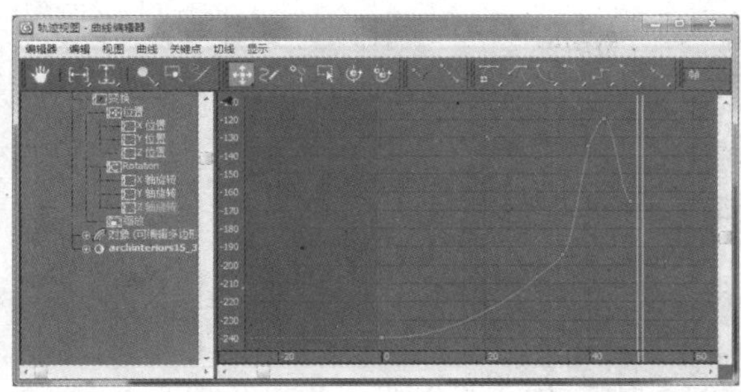

Step 07 单击左侧控制器窗口中的“Z轴旋转”选项，查看曲线，如图所示进行调整。

> **提 示**
> 拖动时间滑块，根据重影可以观察到物体的运动情况。

10.5.3 使用摄影机

本节将介绍如何在场景动画中使用摄影机，使整个场景效果更加真实。

Step 01 在“透视”视图中选择好角度，按下快捷键Ctrl+C创建摄影机，如图所示。

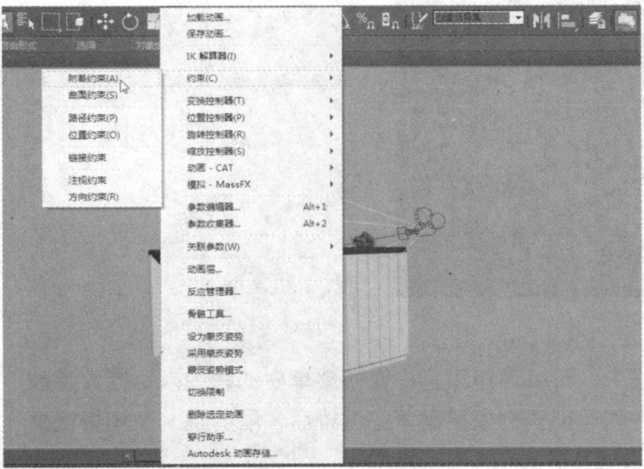

Step 02 选择摄影机的目标点，在菜单栏中执行“动画>约束>附着约束”命令，然后单击苹果，如图所示。

> **提 示**
> 附着约束使摄影机追随着苹果的运动而运动。

Step 03 在Camera001中，观察苹果掉落动画效果和摄影机位置的关系，如图所示。

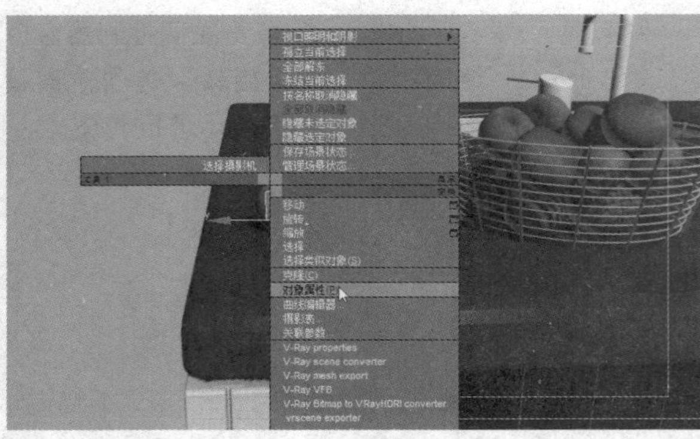

Step 04 选择苹果，在场景中右击，在弹出的快捷菜单中执行“对象属性”命令，如图所示。

提 示

3ds Max中的场景最多可以拥有13个轨迹视图窗口。

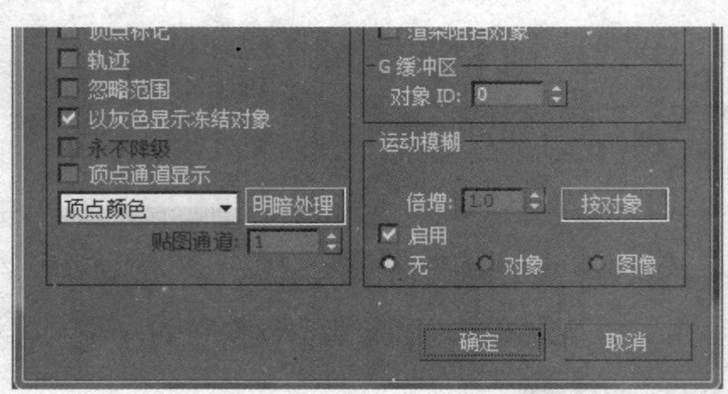

Step 05 在弹出的对话框中设置相应的参数，如图所示。

提 示

通过工具栏快捷菜单上的命令，可执行大多数轨迹视图的自定义任务。

Step 06 播放动画，查看最终的动画效果，如图所示。

注 意

在制作动画调整曲线的过程中，可以通过工具栏快捷菜单中的命令来执行大多数轨迹视图的定义任务。最终的运动模糊效果需要在渲染后才能看到，在场景视窗中播放动画是看不到效果的。

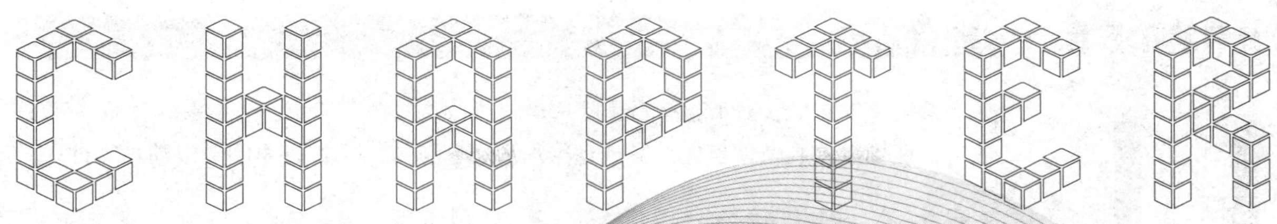

CHAPTER

11 渲染

本章将全面讲解有关渲染的相关知识，如渲染命令、渲染类型以及各种渲染的关键设置，同时还将介绍作为高级照明技术的光跟踪器和光能传递以及mental ray插件渲染器，最后重点讲解当今的主流插件渲染器之一——VRay。

重点知识链接

本章主要内容	知识点拨
渲染基本知识	渲染命令、渲染类型、渲染输出的设置
抗锯齿过滤器与高级照明技术	图像质量的控制，光跟踪器、光能传递
mental ray渲染器与VRay渲染器	mental ray渲染设置及灯光和材质，VRay的灯光和材质

CHAPTER

11

11.1 渲染基础知识

渲染是3ds Max工作流程的最后一步，可以将颜色、阴影、大气等效果加入到场景中，使场景的几何体着色。完成渲染后可以将渲染结果保存为图像或动画文件。

11.1.1 渲染帧窗口

在3ds Max中进行渲染，都是通过“渲染帧窗口”来查看和编辑渲染结果的。3ds Max 2013的渲染帧窗口整合了相关的渲染设置，功能比以前的版本更加强大。如图所示为新的渲染帧窗口。

提 示

在渲染帧窗口中可以直接创建该窗口的克隆，当再次渲染时会开启新窗口，以便于对比。

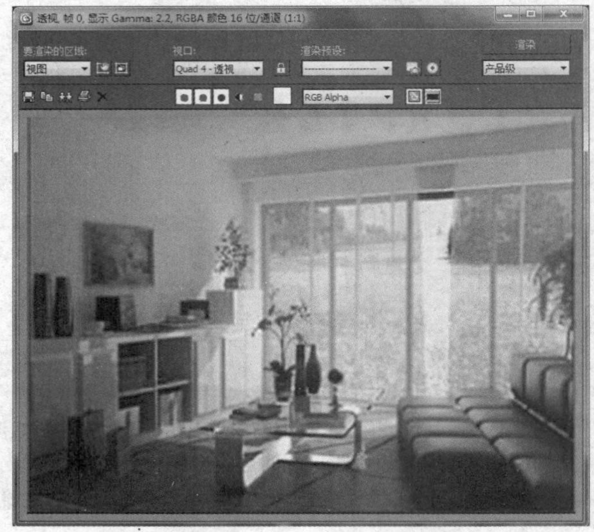

- 保存图像：单击该按钮，可保存在渲染帧窗口中显示的渲染图像。
- 复制图像：单击该按钮，可将渲染图像复制到系统后台的剪切板中。
- 克隆渲染帧窗口：单击该按钮，将创建另一个包含显示图像的渲染帧窗口。
- 打印图像：单击该按钮，可调用系统打印机打印当前渲染图像。
- 清除：单击该按钮，可将渲染图像从渲染帧窗口中删除。
- 颜色通道：可控制红、绿、蓝以及单色和灰色等颜色通道的显示。
- 切换UI叠加：激活该按钮后，当使用渲染范围类型时，可以在渲染帧窗口中渲染范围框。
- 切换UI：激活该按钮后，将显示渲染的类型、视口的选择等功能面板。

注 意 右键单击渲染帧窗口时，会显示渲染和光标位置的像素信息，如图所示。

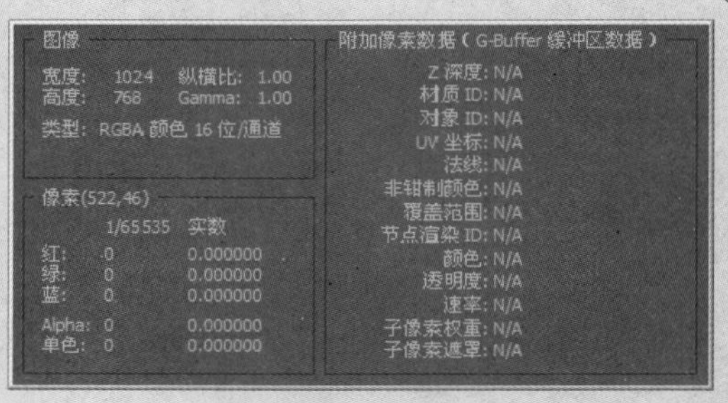

使用渲染帧窗口

范例实录

DVD-ROM

原始文件:
范例文件\Chapter 11\11.1\使用渲染帧窗口\使用渲染帧窗口.max

Step 01 打开本书配套光盘中的原始文件，效果如图所示。

Step 02 渲染场景，可观察到默认渲染帧窗口和渲染效果，如图所示。

提 示

在从文件菜单中执行查看图像文件命令时，3ds Max也会在渲染帧窗口中显示静态图像和图像序列。

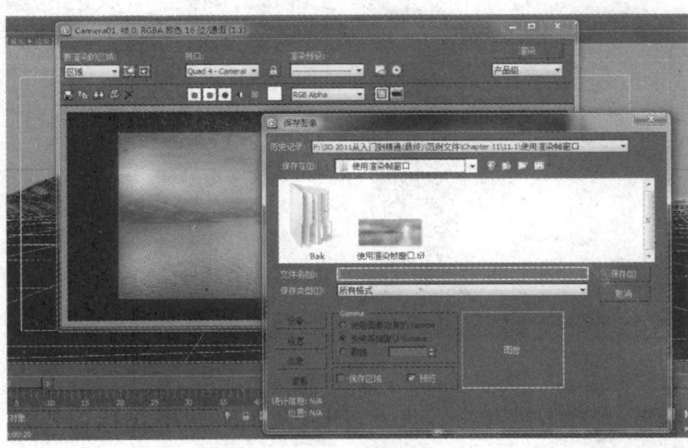

Step 03 在渲染帧窗口中单击“保存图像”按钮，将开启相应的对话框，提示用户保存渲染图像，如图所示。

提 示

查看文件夹中按顺序编号的图像文件时，渲染帧窗口将显示可以逐幅查看图像的导航箭头。

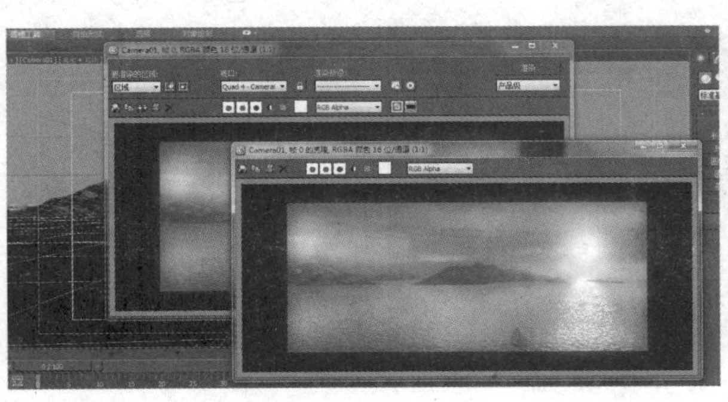

Step 04 单击“克隆渲染帧窗口”按钮，将开启一个新的渲染帧窗口，但该窗口仅有简单的操作工具，如图所示。

提 示

按住Ctrl键的同时，单击渲染图像可以放大图像，右键单击渲染图像可以缩小图像。

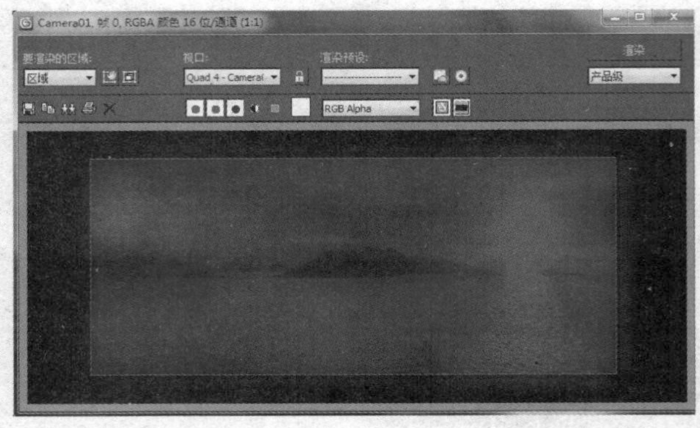

Step 05 仅激活“红色通道”，可观察到渲染图像只显示红色，如图所示。

Step 06 若同时激活两个颜色通道，可以合成得到新的颜色，如图所示为同时激活绿色和蓝色通道时的效果。

提 示

按住Shift键，然后拖动鼠标可以在渲染帧窗口中执行平移操作。

Step 07 如果激活“单色”按钮■，将显示灰色的渲染图像，如图所示。

Step 08 在渲染帧窗口中选择“区域”选项，然后单击“切换UI叠加”按钮▣，则会在窗口中出现范围框，如图所示。

Step 09 取消“切换UI”按钮的激活状态，渲染帧窗口中将不显示其他功能面板，如图所示。

> **提 示**
> 渲染帧窗口可以使用随机指定给不同值的颜色来显示非视觉通道。

11.1.2 渲染输出设置

在“渲染设置”对话框中，不仅可以设定场景的输出时间范围、输出大小，也可以选择输出文件的格式。如图所示为相关的参数面板。

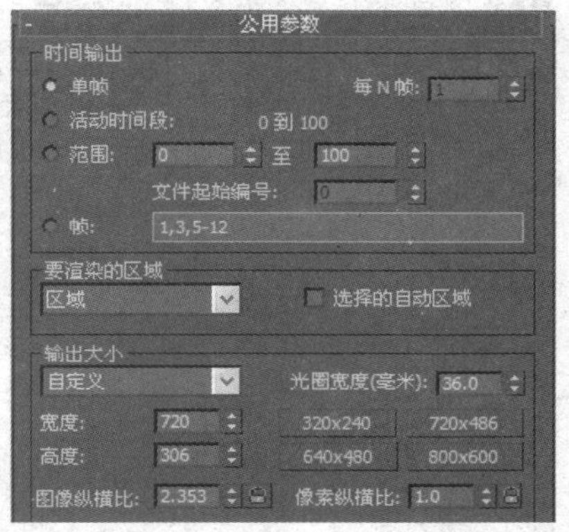

> **提 示**
> 对于大多数文件来说，只有 RGB 通道和 Alpha 通道可用。

- 时间输出：在该选项组中可以选择要渲染的具体帧。
- 输出大小：在该选项组中，可选择一个预定义的输出大小或自定义大小来影响图像的纵横比。

范例实录

场景的不同输出效果

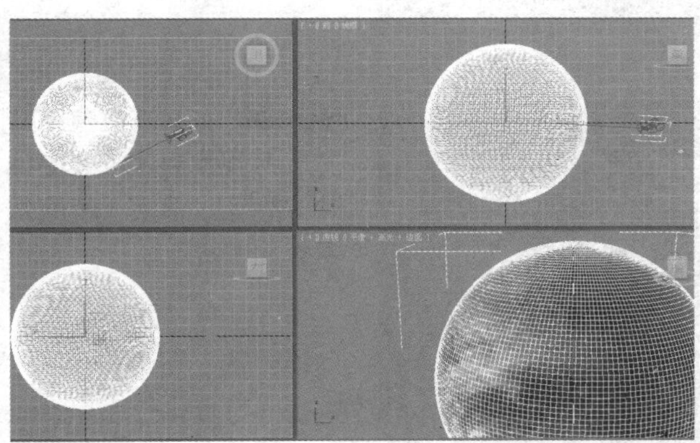

Step 01 打开本书配套光盘中的原始文件，效果如图所示。

DVD-ROM

原始文件：范例文件\Chapter 11\11.1\场景的不同输出效果\场景的不同输出效果（原始文件).max

最终文件：范例文件\Chapter 11\11.1\场景的不同输出效果\场景的不同输出效果（最终文件).max

提 示

在渲染时，3ds Max会显示一个进度对话框来显示渲染的进度和渲染参数设置。若要停止渲染，可以在该对话框中单击“取消”按钮或按Esc键。

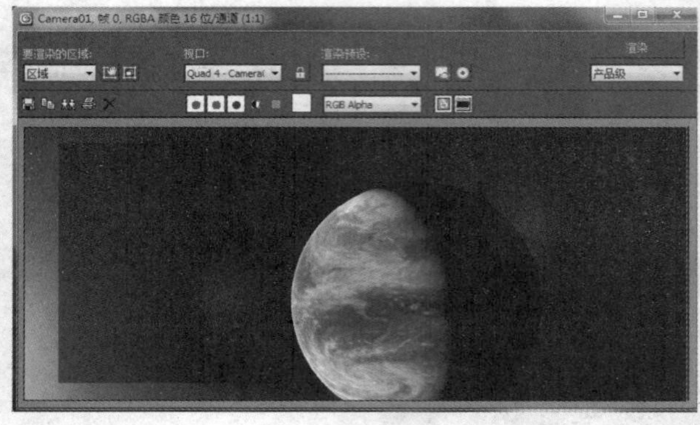

Step 02 保持场景的默认设置，渲染“透视”视口，渲染帧窗口效果如图所示。

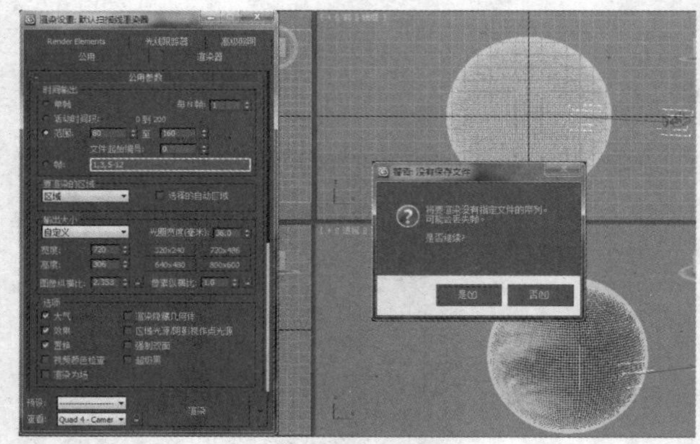

Step 03 在“时间输出”选项组中，选择“活动时间段”选项进行渲染。此时会开启对话框，提供当渲染一段时间时如果未进行保存，帧窗口中只会保留最后一帧的渲染效果。单击“是”按钮，直接开始渲染，如图所示。

提 示

图像越小，渲染完成的速度越快。

Step 04 如果要避免上述情况，可以先在“渲染输出”选项组中，设置渲染输出的保存位置及文件格式，如图所示。

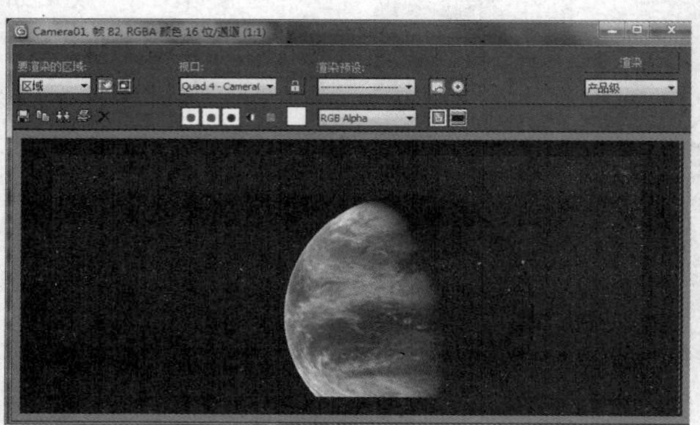

Step 05 如果直接渲染完成，可观察到渲染帧窗口中只保留了最后一帧的效果，如图所示。

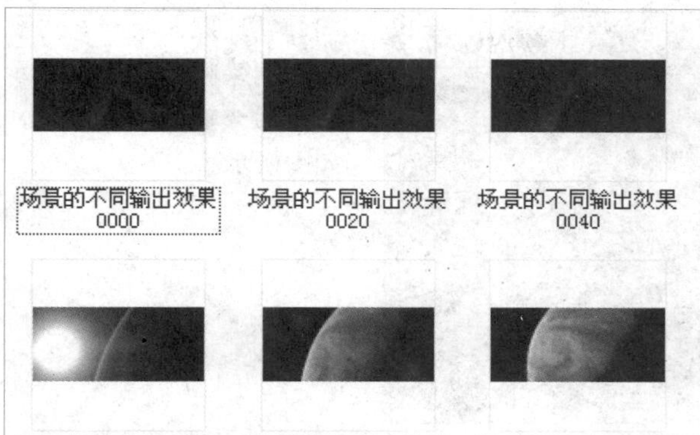

Step 06 从计算机中访问渲染输出的保存文件夹，可观察到渲染的帧都被以指定的文件格式保存于当前文件夹中，如图所示。

提 示

文件对话框具有一个设置按钮，可以显示一个子对话框，为要保存的文件选择特定的类型选项。

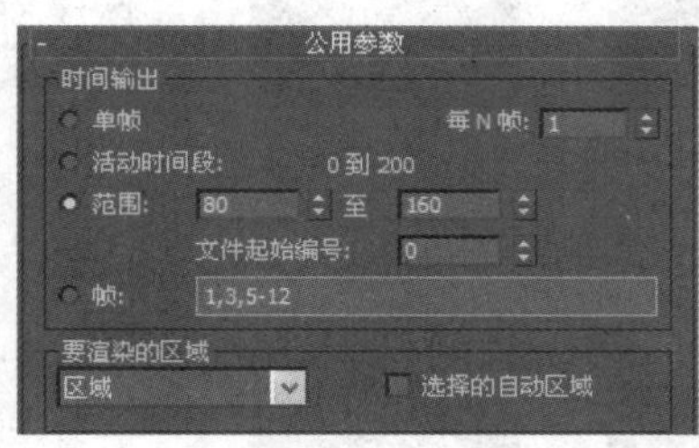

Step 07 选择“范围”选项，设置参数为第80帧到第160帧，如图所示。

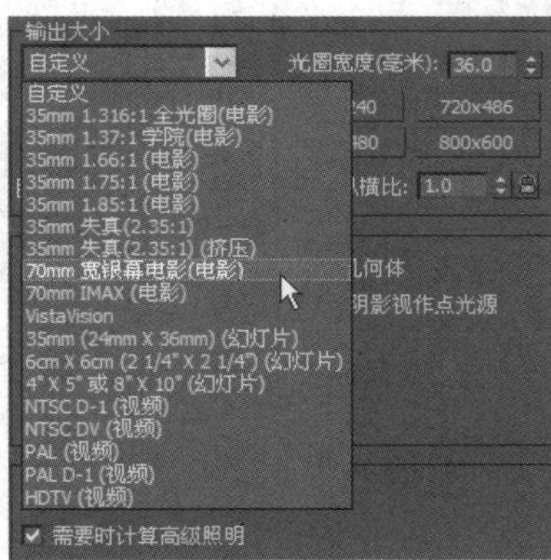

Step 08 在“输出大小”选项组中，选择预置的大小设定，如图所示。

提 示

在开始渲染范围帧时，如果没有指定保存动画的文件夹路径，就会出现一个警告对话框提示该问题。

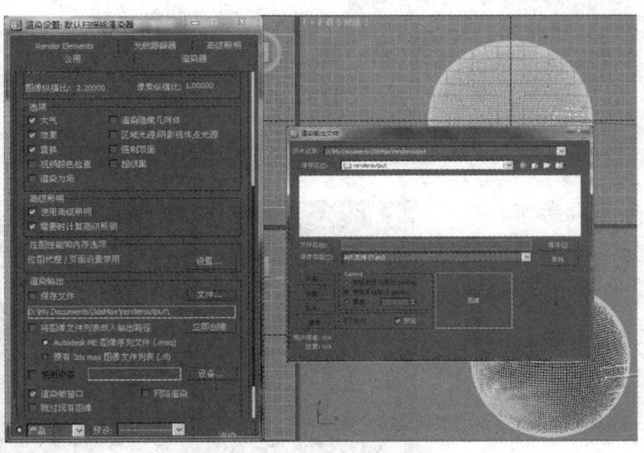

Step 09 在“渲染输出”选项组中，设定输出文件格式为AVI视频格式，如图所示。

提 示

根据列表中选择的输出格式，图像纵横比及宽度和高度按钮的值将产生相应的变化。

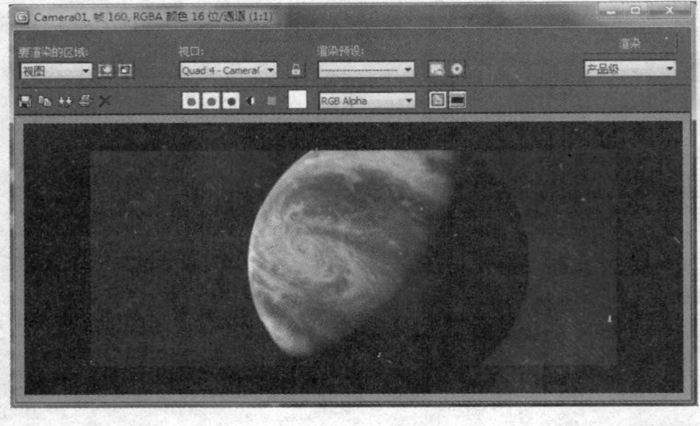

Step 10 渲染场景，可观察到渲染帧窗口中只显示了最后一帧的渲染效果，如图所示。

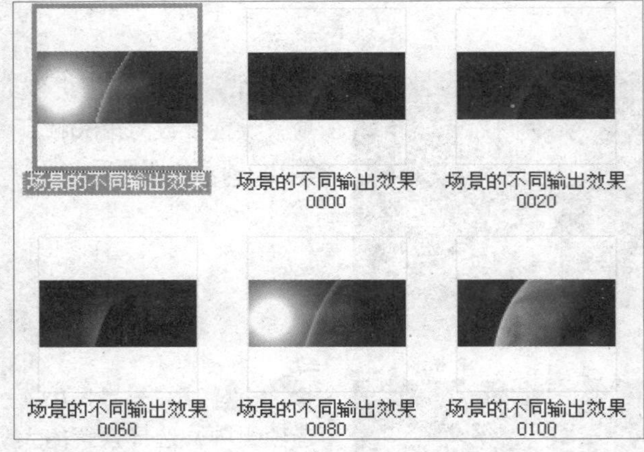

Step 11 访问渲染输出的保存文件夹，可观察到输出的视频文件，如图所示。

提 示

如果输出图像的纵横比有改变，视口中摄影机的圆锥体Fov区域也会发生相应的更改。

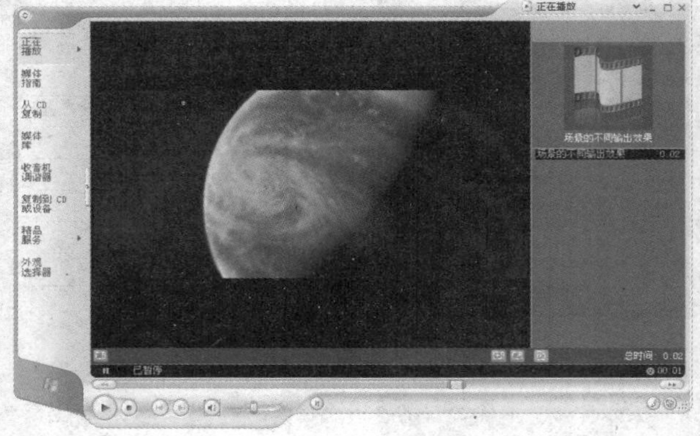

Step 12 使用Windows系统播放器播放该视频文件，查看渲染效果，如图所示。

11.1.3 渲染类型

在默认情况下，直接执行渲染操作，可渲染当前激活视口，如果需要渲染场景中的某一部分，可以使用3ds Max提供的各种渲染类型来实现。3ds Max 2013将渲染类型整合到了渲染场景对话框中，如图所示。

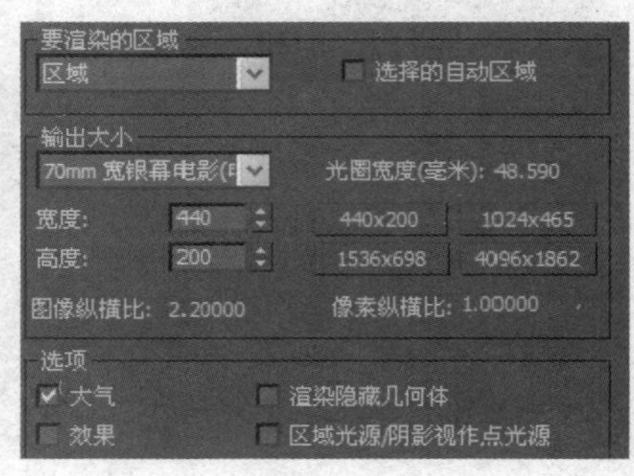

1. 视图

“视图”为默认的渲染类型，执行“渲染 > 渲染”命令，或单击工具栏上的“渲染产品”按钮，即可渲染当前激活视口。

2. 选择对象

在“要渲染的区域”选项组中，选择“选定对象”选项，进行渲染，将仅渲染场景中被选择的几何体，渲染帧窗口的其他对象将保持完好。

3. 范围

选择“区域”选项，在渲染时，会在视口中或渲染帧窗口上出现范围框，此时会仅渲染范围框内的场景对象。

4. 裁剪

选择“裁剪”选项，可通过调整范围框，将范围框内的场景对象渲染输出为指定的图像大小。

5. 放大

选择“放大”选项，可渲染活动视口内的区域并将其放大以填充渲染输出窗口。

提 示

在标准的NTSC制式中，像素纵横比为0.9。如果为NTSC创建16:9的失真图像，像素纵横比应为1.184。

范例实录

应用不同的渲染类型

DVD-ROM

原始文件:
范例文件\Chapter 11\11.1\应用不同的渲染类型\应用不同的渲染类型（原始文件).max

最终文件:
范例文件\Chapter 11\11.1\应用不同的渲染类型\应用不同的渲染类型（最终文件).max

Step 01 打开本书配套光盘中的原始文件，效果如图所示。

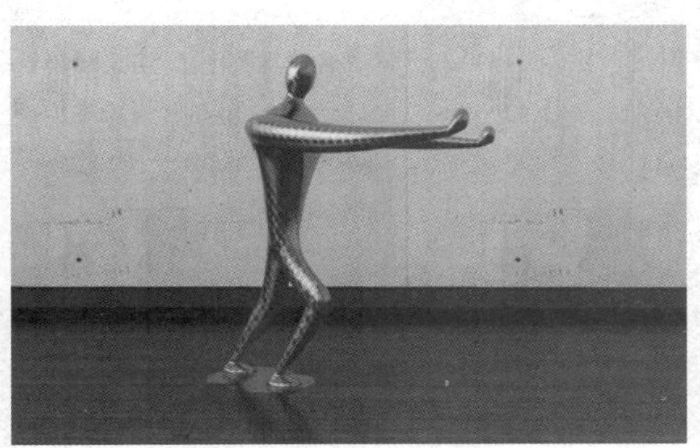

Step 02 渲染场景，可观察到渲染图像效果为当前激活的“透视”视口效果，如图所示。

提 示

渲染区域是指在创建视图选定区域进行草图渲染。

> 提　示
>
> 软件还自带了VUE文件渲染器，它是一种特殊用途的渲染器，主要用于生成场景的ASCII文本说明。

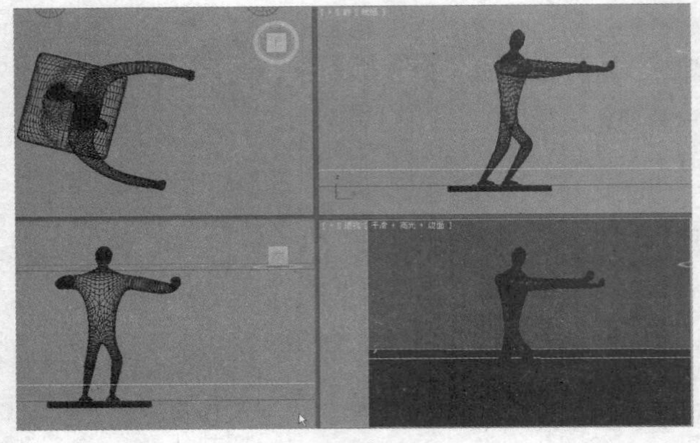

Step 03 在用户界面中激活“左”视口，效果如图所示。

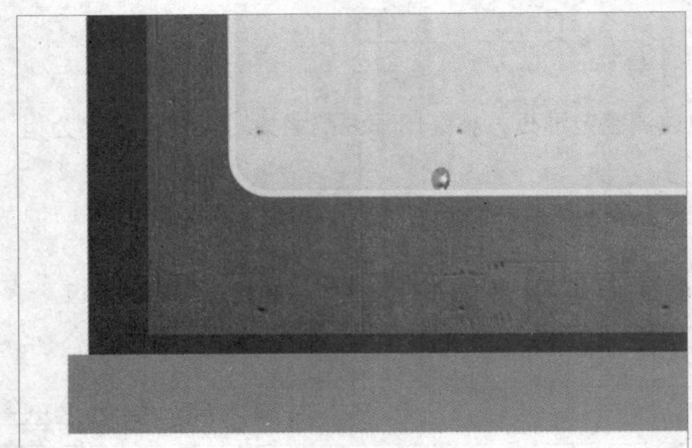

Step 04 再次渲染场景，可观察到“左”视口被渲染，渲染效果如图所示。

> 提　示
>
> 某些插件渲染器不支持渲染选定对象类型。

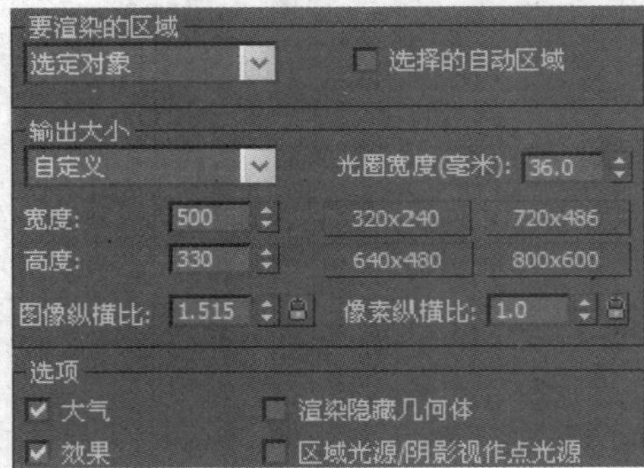

Step 05 进行渲染之后，在“要渲染的区域”选项组中选择“选定对象”选项，如图所示。

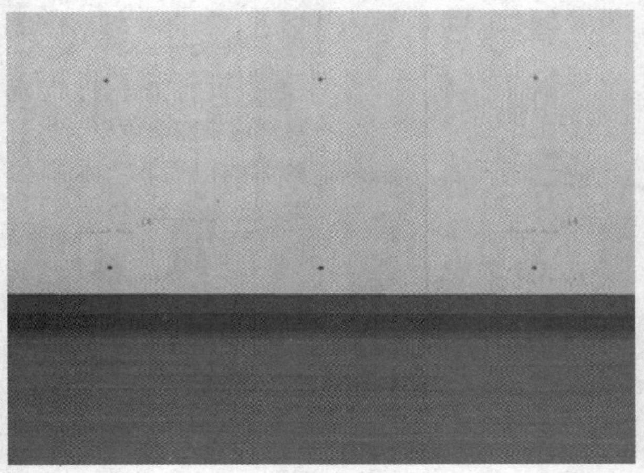

Step 06 在场景中选择除了人像物体外的所有对象，然后执行渲染操作，可观察到人像物体未被渲染出来，如图所示。

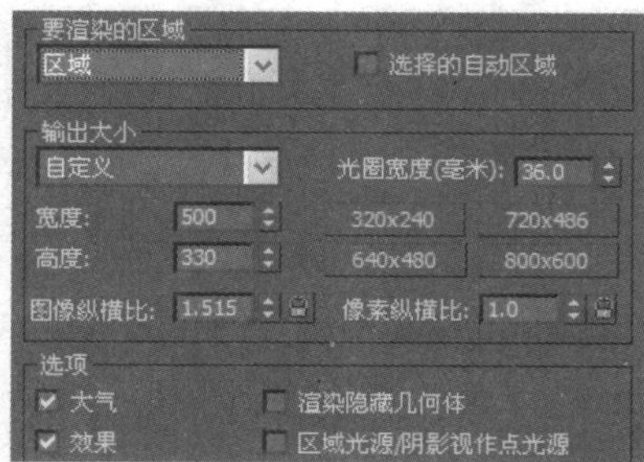

Step 07 在“要渲染的区域”选项组中，选择“区域”选项，如图所示。

> **提 示**
>
> 如果渲染图像尺寸过大，会弹出对话框，提示创建位图时发生错误或内存不足，此时可以启用位图分页程序来解决该问题。

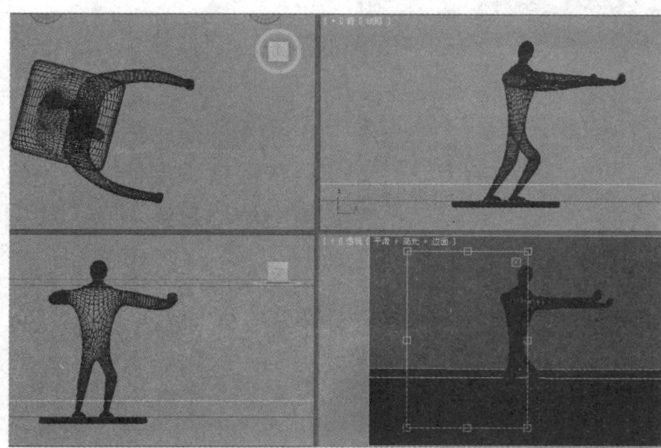

Step 08 执行“渲染>渲染”命令，在激活视口上将出现一个范围框，此时需要对范围框进行大小调整，如图所示。

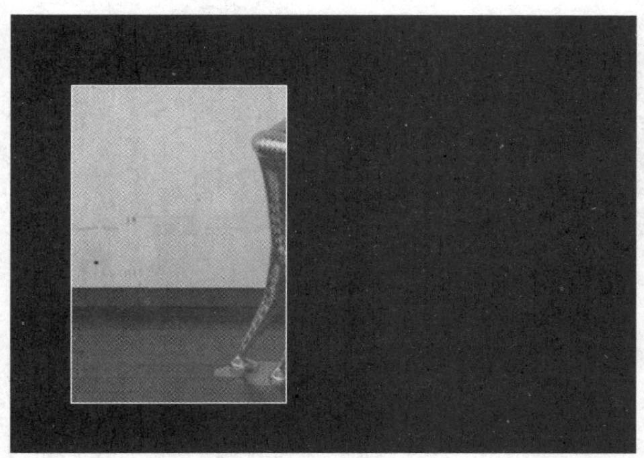

Step 09 渲染场景后，可观察到渲染图像中只有范围框内的场景被渲染，其余部分则保留成黑色，如图所示。

> **提 示**
>
> 如果已设置一个时间范围，但未指定保存路径，则只能将动画渲染到该窗口，同时，会弹出警告提示用户是否继续的对话框。

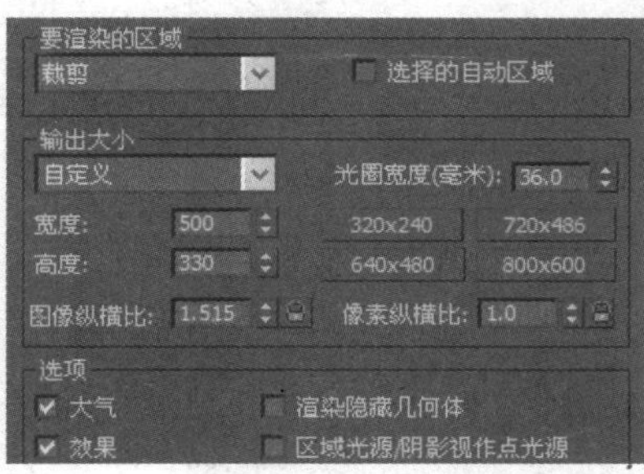

Step 10 在“要渲染的区域”选项组中，选择“裁剪”选项，如图所示。

提　示

如果想直接按上次设置的渲染命令进行渲染，可使用快捷键F9。

Step 11 在主菜单栏中执行“渲染>渲染”命令，可以在视口中调整范围框，如图所示。

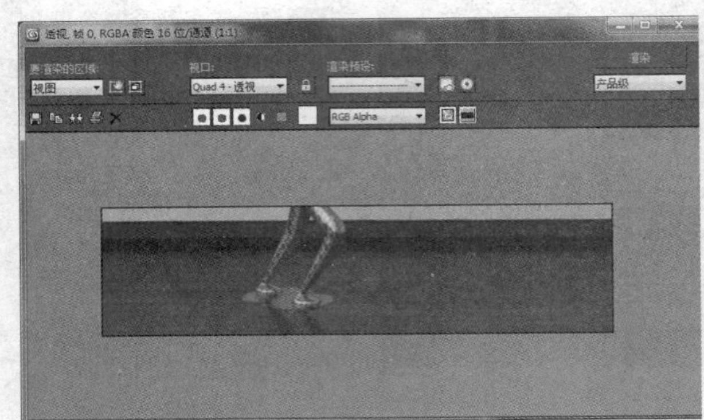

Step 12 渲染后，可观察到范围框设定的大小为渲染图像的最终大小，如图所示。

提　示

在保存输出的文件时，选择决定所保存的文件类型后，就不需要再在文件名字段中输入文件扩展名。

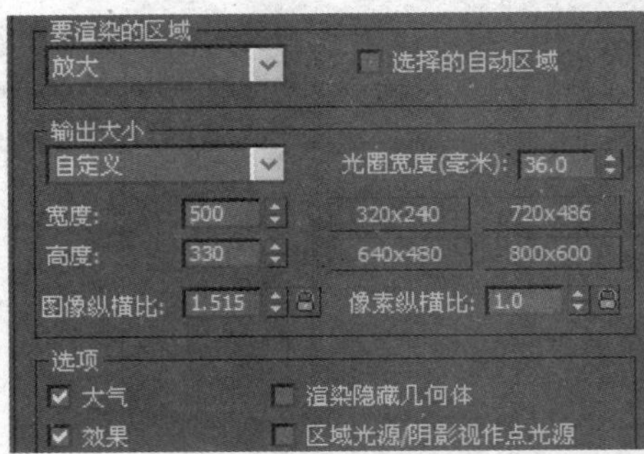

Step 13 在“要渲染的区域”选项组中，选择“放大”选项，如图所示。

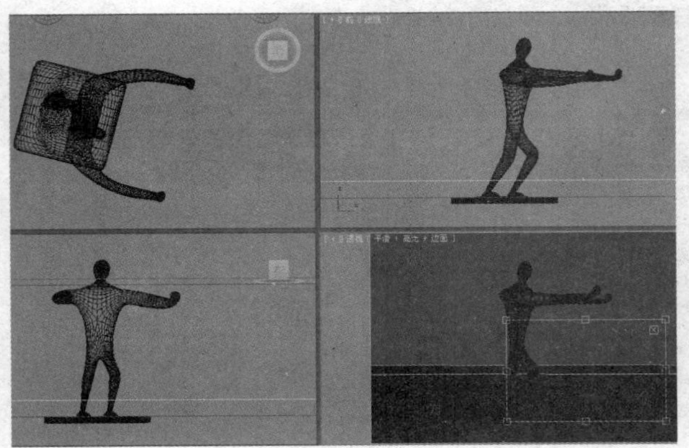

Step 14 进行渲染后可以对范围框进行调整，如图所示。

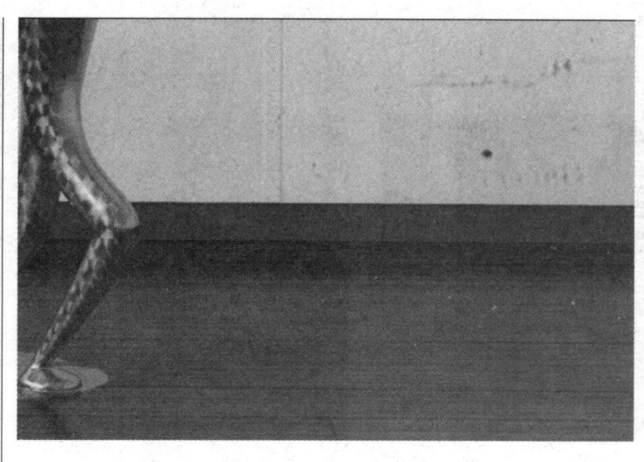

Step 15 渲染完成后，可观察到设定的范围框大小被放大至渲染输出大小，范围框内的场景显示比例也会产生相应的变化，如图所示。

11.2 默认渲染器常用设置

在“渲染设置”对话框中，除了提供输出的相关设置外，还可以对渲染工作流程进行全局控制，如更换渲染器、控制渲染内容等，同时还可以对默认的扫描线渲染器进行相关设置。

11.2.1 渲染选项

在“选项”选项组中，可以控制场景中的具体元素是否参与渲染，如大气效果或是渲染隐藏几何体对象等。如图所示为相关的参数面板。

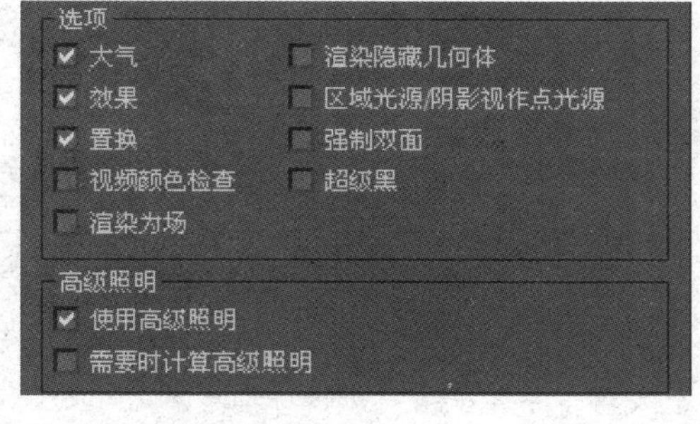

提 示

在完成渲染后保存文件时，只能将其保存为各种位图格式，如果保存为视频格式，将只有一帧的图画。

- 大气：勾选该复选框，将渲染所有应用的大气效果。
- 效果：勾选该复选框，将渲染所有应用的渲染效果。
- 置换：勾选该复选框，将渲染所有应用的置换贴图。
- 视频颜色检查：勾选该复选框，可检查超出NTSC或PAL安全阈值的像素颜色，标记这些像素颜色并将其改为可接受的值。
- 渲染为场：勾选该复选框，为视频创建动画时，将视频渲染为场。
- 渲染隐藏几何体：勾选该复选框，将渲染包括场景中隐藏几何体在内的所有对象。
- 区域光源/阴影视作点光源：勾选该复选框，将所有的区域光源或阴影当作是从点对象所发出的进行渲染。
- 强制双面：勾选该复选框，可渲染所有曲面的两个面。
- 超级黑：勾选该复选框，可以限制用于视频组合的渲染几何体的暗度。

范例实录

渲染选项应用

DVD-ROM

原始文件:
范例文件\Chapter 11\11.2\渲染选项应用\渲染选项应用.max

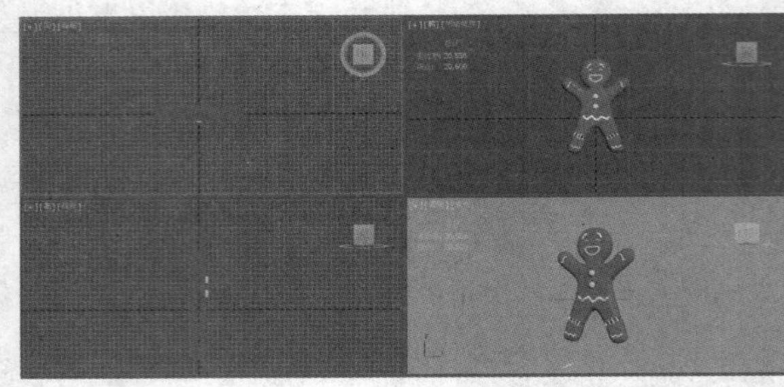

Step 01 打开本书配套光盘中的原始文件，如图所示。

Step 02 渲染场景，可观察到场景的默认渲染效果，如图所示。

提 示

在默认情况下，不安全颜色会被渲染为黑色像素，可以在“首选项设置”对话框的“渲染”面板中更改颜色检查的显示。

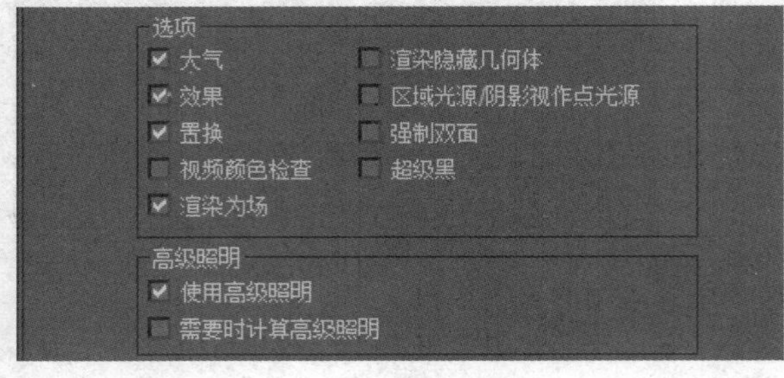

Step 03 打开“渲染设置”窗口，在“选项”选项组中，勾选“渲染为场”复选框，如图所示。

提 示

区域光源/阴影视作点光源参数通常应用于对草图渲染中，这样可以节约大量的渲染时间。

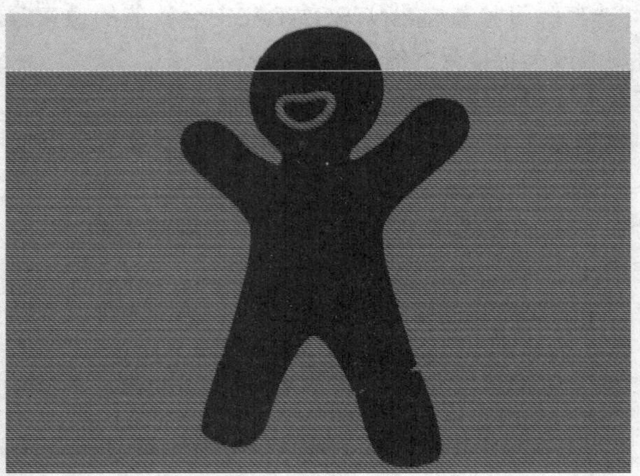

Step 04 继续渲染场景，可观察到将图像渲染为场的效果，如图所示。

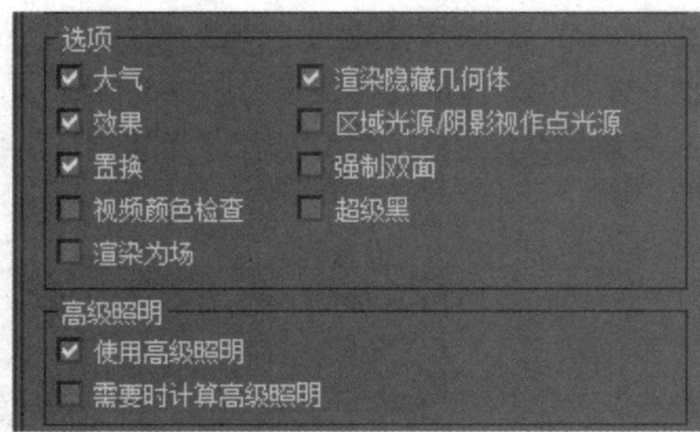

Step 05 在“选项”选项组中，勾选“渲染隐藏几何体”复选框，并取消勾选“渲染为场”复选框，如图所示。

> **提 示**
>
> 区域光源/阴影视作点光源参数的禁用或启用，不会对有光能传递的场景产生影响。

Step 06 渲染场景，可观察到更改参数后的渲染效果，如图所示。

11.2.2 抗锯齿过滤器

抗锯齿过滤器可以平滑渲染时产生的对角线或弯曲线条的锯齿状边缘。在最终渲染和需要保证图像质量的样图渲染时，都需要启用该选项。3ds Max 2013共提供了12种抗锯齿过滤器，如图所示。

> **提 示**
>
> 禁用抗锯齿后，强制线框设置将无效，几何体将根据自身指定材质进行渲染。

- 区域：使用可变大小的区域过滤器来计算抗锯齿。
- Blackman：清晰但没有边缘增强效果的25像素过滤器。
- 混合：在清晰区域和高斯柔化过滤器之间混合。
- Catmull-Rom：具有轻微边缘增强效果的25像素重组过滤器。
- Cook变量：一种通用过滤器。参数值在1~2.5之间可以使图像清晰；更高的值将使图像模糊。
- 立方体：基于立方体样条线的25像素模糊过滤器。
- Mitchell-Netravali：两个参数的过滤器：在模糊、圆环化和各向异性之间交替使用。
- 图版匹配/MAX R2：使用3ds Max R2.x的方法（无贴图过滤），将摄影机和场景或无光/投影元素与未过滤的背景图像相匹配。
- 四方形：基于四方形样条线的9像素模糊过滤器。

- 清晰四方形：来自 Nelson Max 的清晰9像素重组过滤器。
- 柔化：可调整高斯柔化过滤器，用于适度模糊。
- 视频：针对NTSC和PAL视频应用程序进行了优化的25像素模糊过滤器。

范例实录

抗锯齿过滤器测试

DVD-ROM

原始文件：
范例文件\Chapter 11\11.2\抗锯齿过滤器测试.max

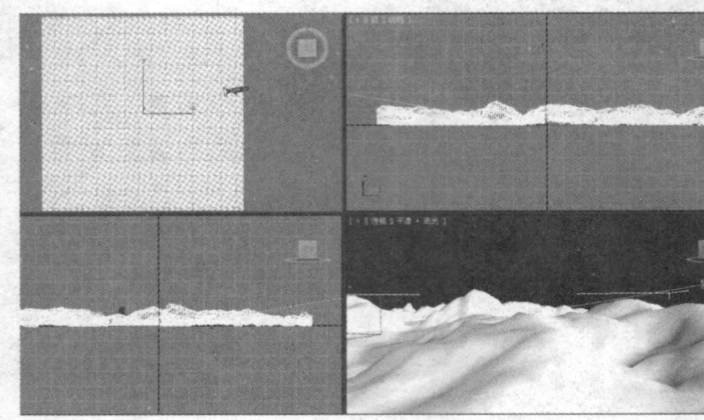

Step 01 打开本书配套光盘中的原始文件，效果如图所示。

提 示

在禁用抗锯齿参数时同时也会禁用渲染元素，如果需要渲染元素，则必须使抗锯齿处于启用状态。

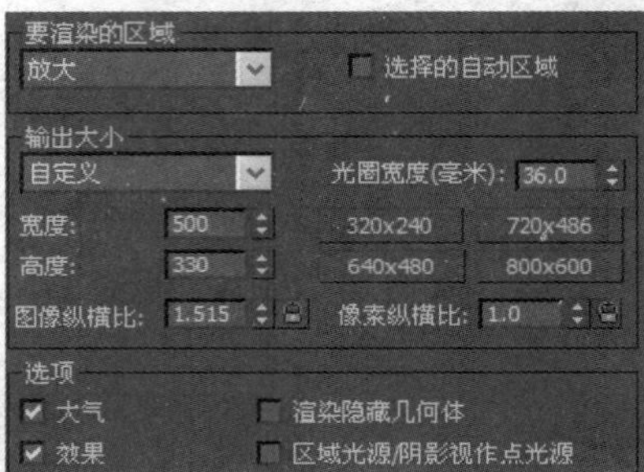

Step 02 在“要渲染的区域”选项组中，选择“放大”选项，如图所示。

提 示

区域渲染的范围框也可在视口中进行调整。

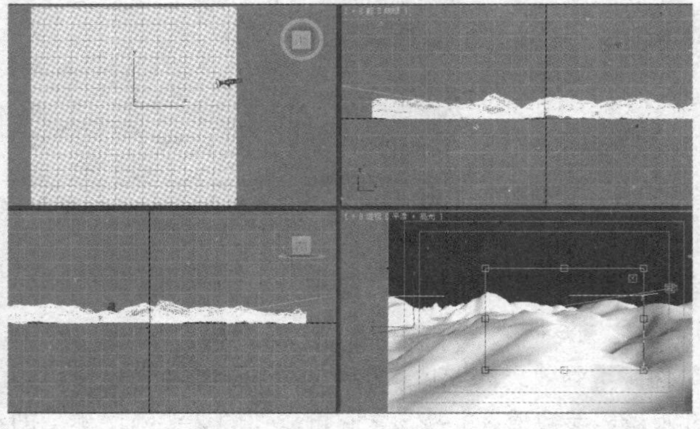

Step 03 在“透视”视口中设置范围框的位置，如图所示。

提 示

只有在进行测试渲染，并需要提高渲染速度和节省内存时，才会禁用过滤贴图。

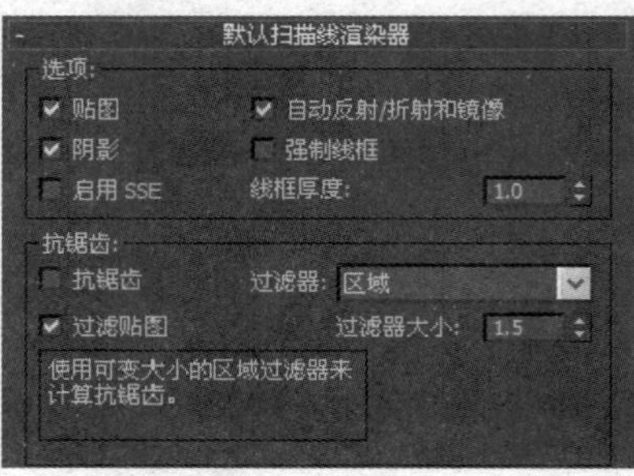

Step 04 打开“默认扫描线渲染器”展卷栏，取消勾选“抗锯齿”复选框，如图所示。

Step 05 渲染场景，可观察到场景中对象边缘处产生了明显的锯齿形状，如图所示。

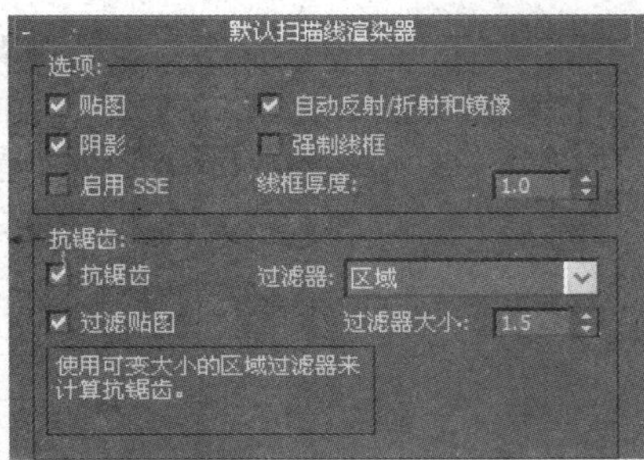

Step 06 勾选“抗锯齿”复选框，同时选择默认的“区域”过滤器选项，如图所示。

提 示

某些过滤器会在过滤器大小控件的下方显示其他过滤器指定的参数。

Step 07 渲染场景，并将渲染图像放大，可观察到场景对象边缘被模糊处理，锯齿状效果得到有效改善，如图所示。

Step 08 选择“混合”过滤器选项，再渲染场景，可观察到场景对象的边缘产生了一定程度的模糊效果，如图所示。

提 示

当渲染单独元素时，可为单个的元素启用或禁用活动的过滤器。

Step 09 选择Catmull-Rom过滤器选项，再次渲染场景，可观察到渲染图像变得非常清晰，如图所示。

> **提 示**
>
> 过滤器大小的参数设置可以增加或减小应用到图像中的模糊量。

Step 10 选择Mitchell-Netravali过滤器选项，渲染场景，可观察到场景对象的边缘有效消除了锯齿，渲染图像也适度清晰，如图所示。

11.3 高级照明

默认的扫描线渲染器支持高级照明选项，包括光跟踪和光能传递。在“渲染设置”的“高级照明”选项卡中，可进行高级照明的应用和选择。

> **提 示**
>
> 室内场景更适合光能传递，而室外场景则更适合使用光跟踪器。

11.3.1 光跟踪器

“光跟踪器”为明亮场景提供柔和边缘的阴影和映色，通常和天光配合使用。如图所示为光跟踪器的应用效果。

在“渲染设置”窗口中，选择“光跟踪器”选项后，会出现相应的卷展栏参数，如图所示。

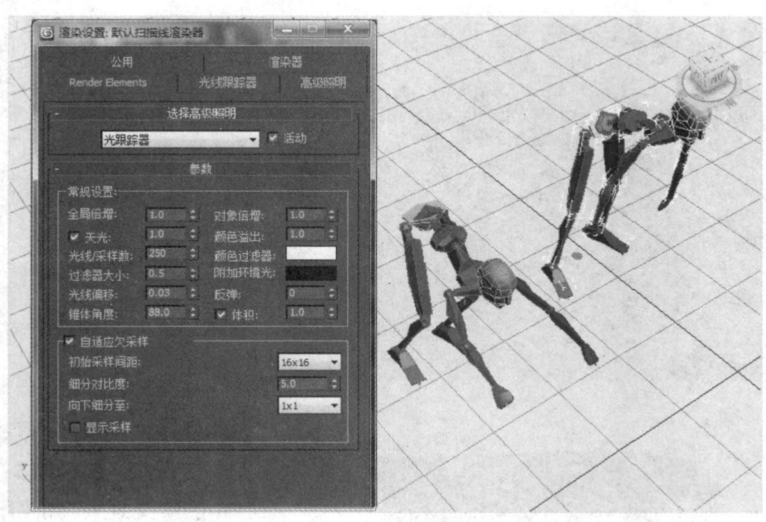

- 全局倍增：用于控制总体照明级别。
- 天光：勾选该复选框，启用从场景中天光的重聚集，并可以控制强度值。
- 光线/采样数：设置每个采样（或像素）投射的光线数目。
- 过滤器大小：用于减少效果中噪波的过滤器大小。
- 光线偏移：像对阴影光线跟踪偏移一样，可以调整反射光效果的位置。
- 对象倍增：控制由场景中的对象反射的照明级别。
- 颜色溢出：控制颜色溢出的强度。
- 颜色过滤器：过滤投射在对象上的所有灯光。
- 反弹：被跟踪的光线反弹数。
- 初始采样间距：图像初始采样的栅格间距，以像素为单位进行衡量。
- 细分对比度：确定区域是否应进一步细分的对比度阈值。
- 向下细分至：用于设置细分的最小间距。
- 显示采样：勾选该复选框，可将采样位置渲染为红色圆点。

提 示

要快速预览光跟踪器产生的效果，可降低光线/采样数参数值和过滤器大小的值来实现。

注意

要了解灯光级别、分析数据并生成报告，需要使用“照明分析”工具，该工具提供有关材质反射比、透射比和亮度比的渲染数据。

范例实录

光跟踪器的使用

DVD-ROM

原始文件:
范例文件\Chapter 11\11.3\光跟踪器的使用\光跟踪器的使用(原始文件).max

最终文件:
范例文件\Chapter 11\11.3\光跟踪器的使用\光跟踪器的使用(最终文件).max

Step 01 打开本书配套光盘中的原始文件，效果如图所示。

Step 02 渲染场景，观察未使用灯光时，物体在场景中的渲染效果，如图所示。

提 示

如果使用天光并采用纹理贴图，则应在使用贴图之前用图像处理程序把贴图模糊。

Step 03 渲染完成后，在场景中创建“天光”灯光效果，如图所示。

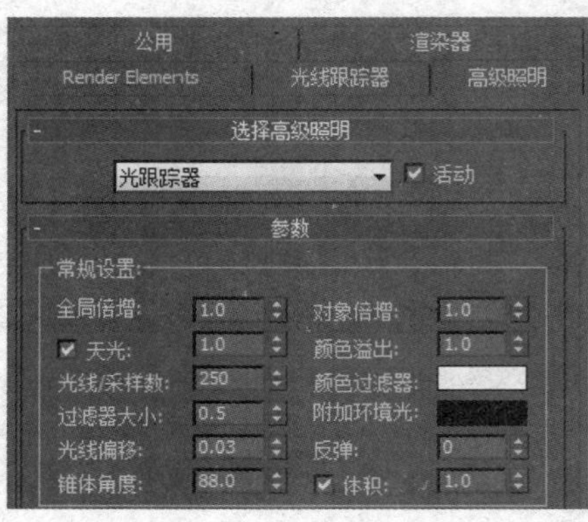

Step 04 在“渲染设置”窗口中的“选择高级照明”卷展栏中，选择“光跟踪器”选项，如图所示。

Step 05 渲染场景，可观察到添加天光和光跟踪器的默认应用效果，如图所示。

提 示

增大反弹值可以增加映色量。反弹值越小，效果越不精确，并且会产生较暗的图像效果。

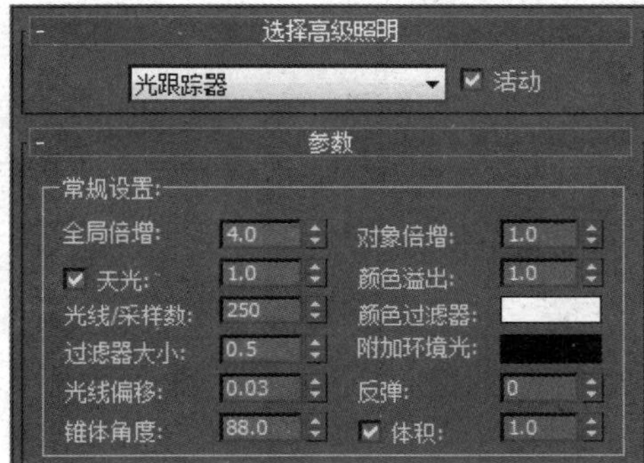

Step 06 在“参数”卷展栏中，设置“全局倍增”的参数值为4，如图所示。

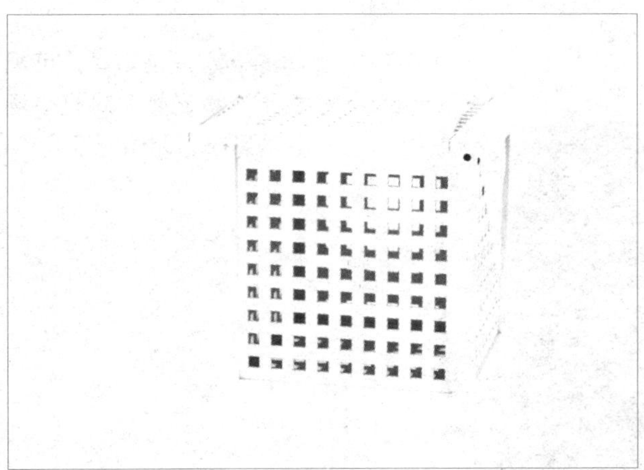

Step 07 渲染场景，可观察到“全局倍增”参数值增大后，场景中对象的受光范围增强，如图所示。

提 示

如果场景中有透明对象，如玻璃等，反弹值的设置应该大于零。

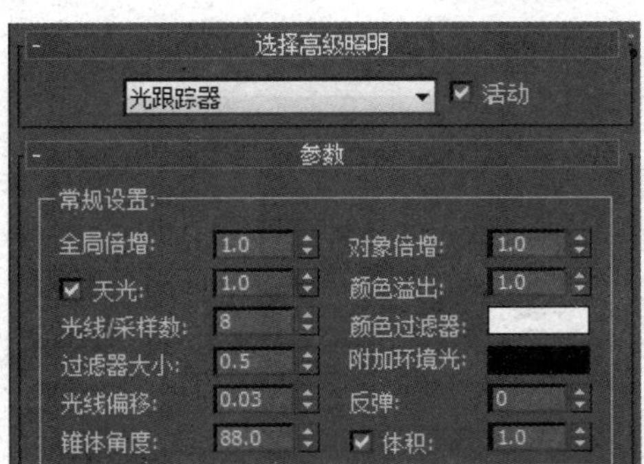

Step 08 在默认数值的情况下，继续调整“光线/采样数”的参数值为8，如图所示。

Step 09 渲染场景，观察效果，随着“光线/采样数”的增强，图像中的噪点增大、增多，如图所示。

提 示

当对象被设置为除黑色外的其他颜色时，可以在对象上添加该颜色作为附加环境光。

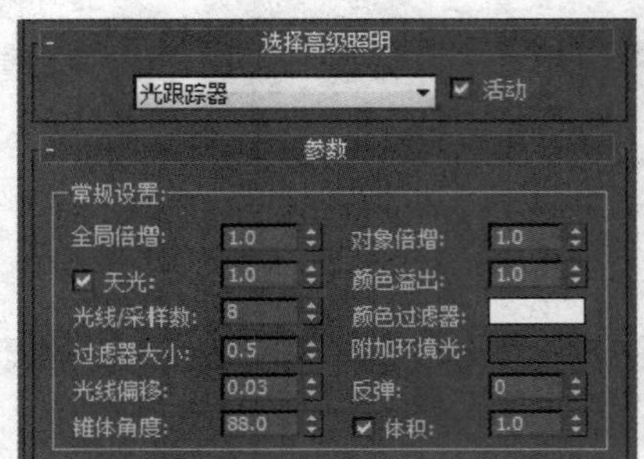

Step 10 设置“参数”卷展栏中的“附加环境光”的颜色，如图所示。

Step 11 渲染场景，可观察到环境光颜色对整个场景的影响，如图所示。

提 示

只有反弹值大于或等于2时，对象倍增等参数的设置才会起作用。

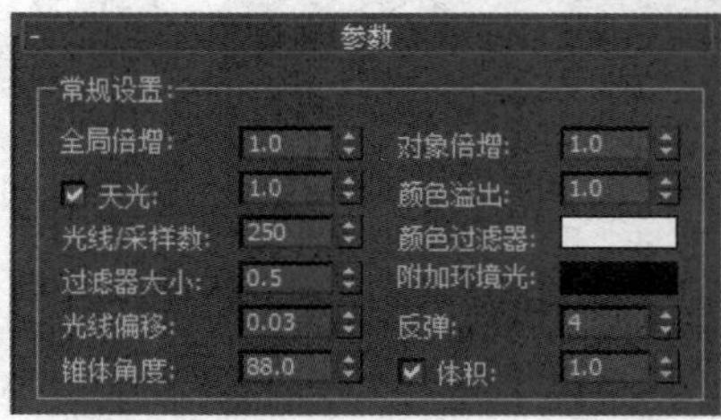

Step 12 在默认数值的情况下，设置“参数”卷展栏中“反弹”的参数值为4，如图所示。

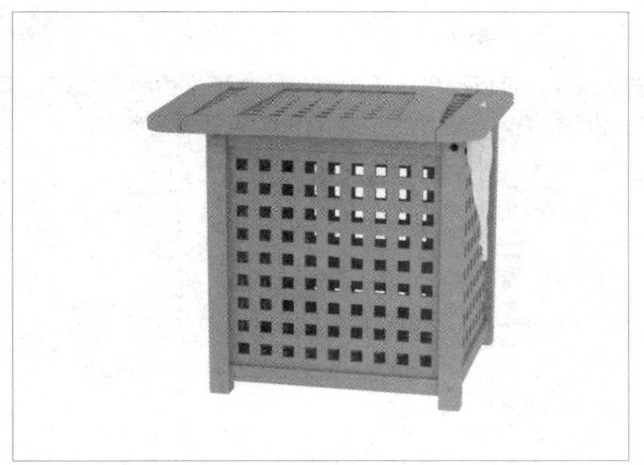

Step 13 渲染场景，观察“反弹”数值的增加，对场景的影响，如图所示。

提 示

使用自适应欠采样时，可以通过微调“细分对比度”的参数值来获得最佳效果，同时该参数的效果取决于光线/采样数的值。

Step 14 在参数面板中勾选“显示采样”复选框，如图所示。

Step 15 渲染场景，观察采样点的分布范围，如图所示。

提 示

细分对比度用于确定区域进一步细分的对比度阈值。

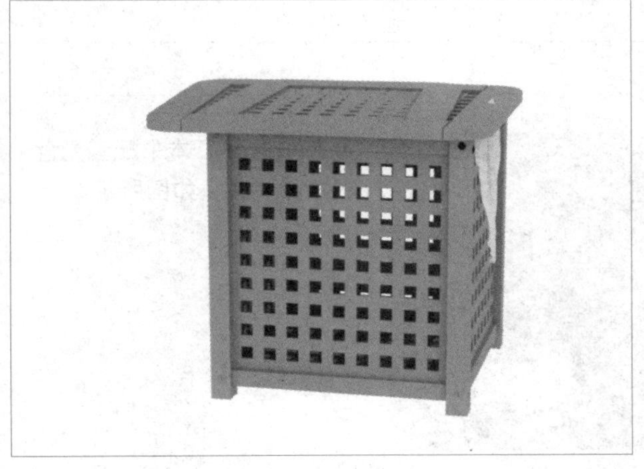

Step 16 渲染场景，观察使用光线跟踪后的最终效果，如图所示。

提 示

欠采样是以叠加在场景中像素上的栅格采样为基础，如果采样值间有足够的对比度，则可以继续细分该区域并进一步采样，直到获得由向下细分至所指定的最小区域为止。

11.3.2 光能传递

> 提 示
> 标准扫描线渲染无法得到像间接照明、柔和阴影和曲面间的映色等自然逼真的效果。

“光能传递”作为一种渲染技术，可以提供场景中灯光的物理性质精确模型，真实的模拟灯光在环境中相互作用的效果。如图所示为光能传递的原理示意图。

光能传递的应用主要包括三个阶段：初始质量设定、细化迭代控制和重聚集设置。在计算求解的处理过程中使用的是前两个阶段，而在最终渲染过程中则是使用的第三个阶段。

1. 初始质量

在设置初始质量时，将通过本质上模拟真正的光子行为，来计算场景中漫反射照明的分布。使用的光线数量越多，解决方案的精确性就越高，同时会建立场景照明级别的整个外观。

2. 细化迭代

> 提 示
> 模型中曲面间传输灯光方式的渲染算法称作全局照明。

初始质量阶段的采样具有随机性，往往会造成场景中较小的曲面或网络没有得到足够多的照明，而使场景产生黑斑，通过细化迭代参数设置，可以在每个曲面元素上重新聚集灯光。

3. 重聚集

重聚集可以弥补由于原始模型的拓扑造成的不真实视觉效果。例如阴影的偏移，使用重聚集会明显增加最终图像的渲染时间，但会得到非常高的渲染质量。

范例实录

使用光能传递渲染场景

> DVD-ROM
> **原始文件**:
> 范例文件\Chapter 11\11.3\使用光能传递渲染场景（原始文件).max
> **最终文件**:
> 范例文件\Chapter 11\11.3\使用光能传递渲染场景（最终文件).max

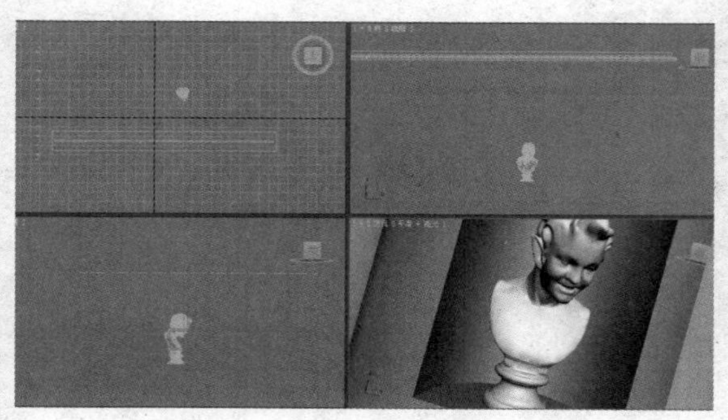

Step 01 打开本书配套光盘中的原始文件，如图所示。

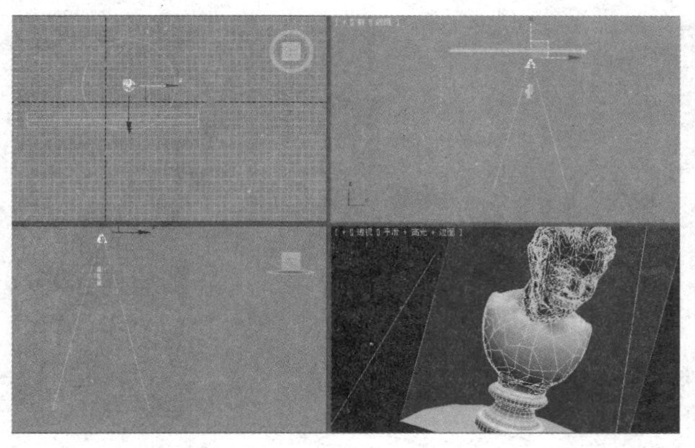

Step 02 在“前”视口中创建一盏光度学“自由灯光”，创建位置如图所示。

> **提 示**
>
> 灯光的一种理论是将灯光看作称为光子的离散粒子，光子从光源发出直到遇到场景中的某一曲面，根据曲面的材质，一些光子被吸收而另一些光子则被散射回环境中。

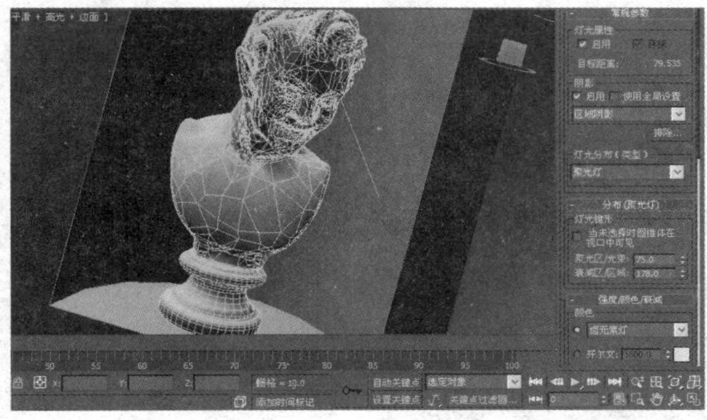

Step 03 在灯光的参数面板中设置相关参数，如图所示。

Step 04 渲染场景，可观察到未应用任何高级照明的渲染效果，如图所示。

> **提 示**
>
> 光子在曲面上反射的方式主要取决于曲面的光滑度。粗糙的曲面会向所有方向反射光子。

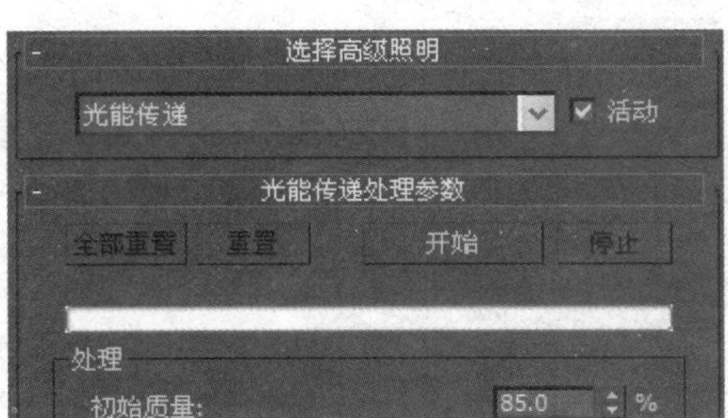

Step 05 在“渲染设置”窗口中选择“光能传递”选项，单击“开始”按钮进行计算求解，如图所示。

提 示

在光能传递算法的早期版本中，必须完全计算网格元素中灯光的分布才能在屏幕上显示有用的结果，即使结果是独立的视图，预处理过程也会花费很多时间。

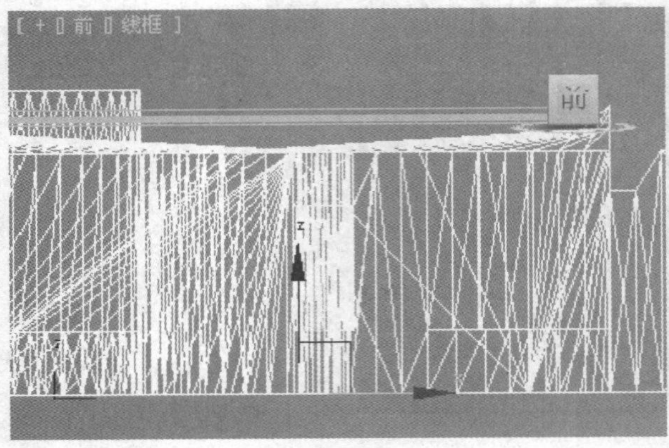

Step 06 计算求解完成之后，可观察到场景中的对象都被网格细分了，如图所示。

Step 07 渲染场景，可观察到默认的光能传递求解计算效果，如图所示。

提 示

在1999年，出现了一种称作stochastic relaxation光能传递（SRR）的技术。SRR算法组成了由Autodesk提供的商业光能传递系统的基础。

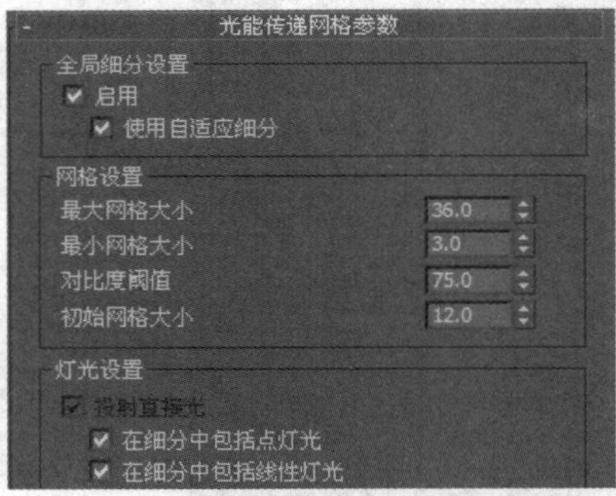

Step 08 在“高级照明”卷展栏中，展开“光能传递网络参数”卷展栏，设置相关参数，如图所示。

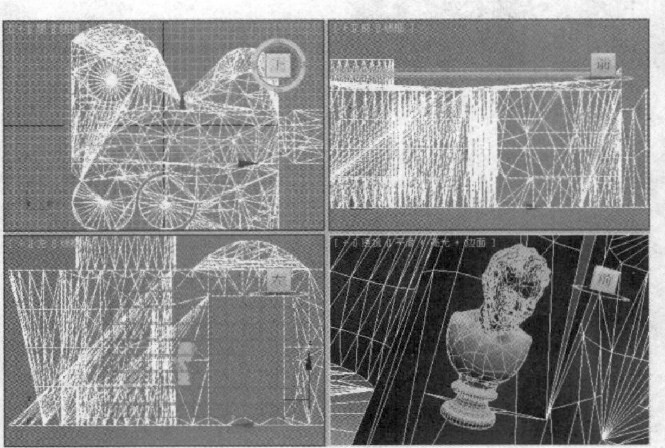

Step 09 重新进行求解计算，可观察到启用网格细分后场景对象的细分程度变得更大，如图所示。

Step 10 渲染场景，可观察到场景对象受光更加均匀，如图所示。

> **提　示**
>
> 无论光能传递还是光线跟踪，两者都不能为模拟所有的全局照明效果提供完整的解决方案。光能传递在渲染从漫反射到漫反射的相互反射时更有优势，而光线跟踪则在渲染镜面反射方面更有优势。

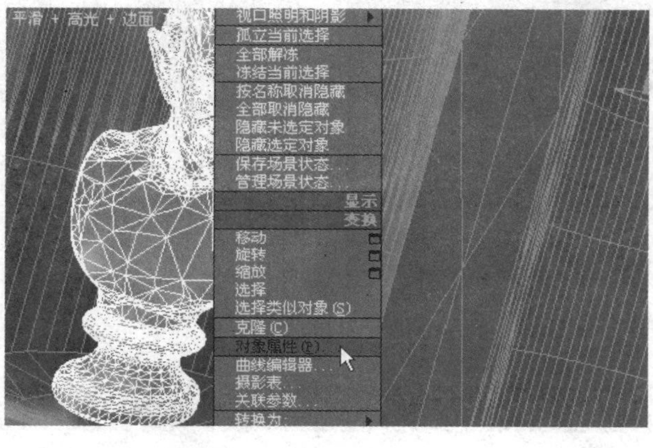

Step 11 在场景中选择塑像物体，然后通过四元菜单，执行“对象属性”命令，如图所示。

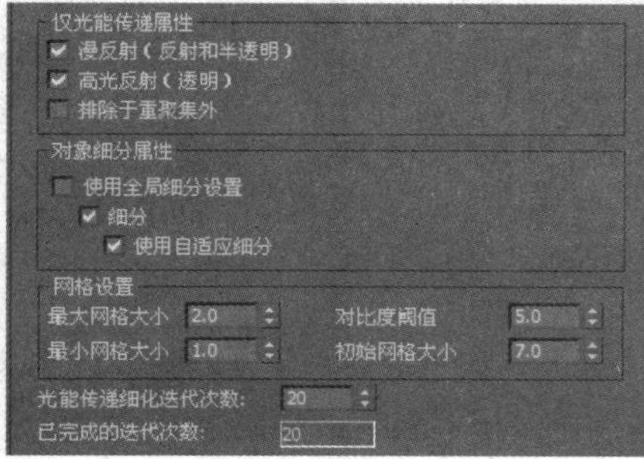

Step 12 在“对象属性”对话框的“高级照明”选项卡中，设置相关的网格细分参数，如图所示。

> **提　示**
>
> 生成光能传递解决方案之后，可以使用照明分析工具来分析场景中的照明级别。

Step 13 重新进行求解计算，完成计算后可观察到塑像物体的细分程度变大，而其他对象则保持上一次的细分程度不变，如图所示。

Step 14 渲染场景，可观察细分程度加大后塑像的渲染效果，如图所示。

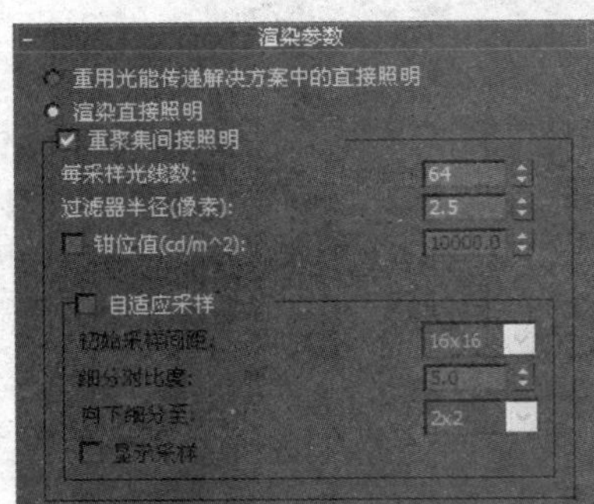

Step 15 如果要使用重聚集，可在“渲染设置”窗口中，设置“渲染参数”卷展栏中的参数，如图所示。

提 示

如果要在渲染时使用重聚集，通常不需要执行优化阶段即可获得高质量的最终渲染。

11.4 插件渲染器

在实际应用中，3ds Max自身的功能有时候还不能完全满足用户的各种需要，特别是渲染工作，默认的扫描线渲染器渲染的结果往往不能满足CG动画的高品质画面要求，这时就需要用到已经被整合到3ds Max中的mental ray渲染器或安装其他渲染器。

11.4.1 mental ray

mental ray是一款通用渲染器，可以生成灯光效果的物理校正模拟，包括光线跟踪反射和折射，同时还可以应用全局照明和生成焦散效果。如图所示为该渲染器渲染的图像。

提 示

3ds Max中的mental ray渲染器支持mental ray版本2（mi2）和版本3（mi3）格式不支持mental ray版本1（mi1）格式。

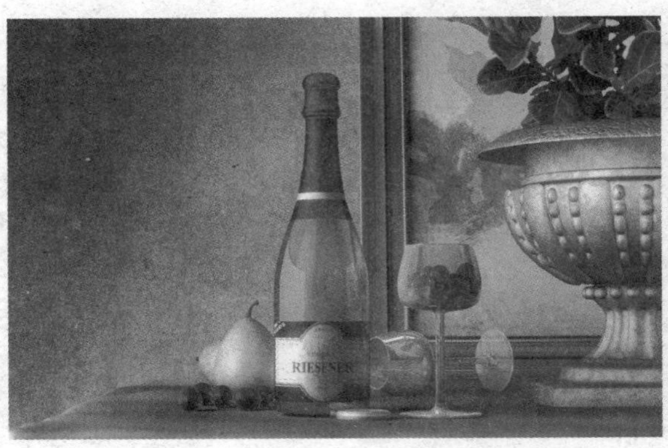

1. 简单的渲染设置

使用mental ray渲染器时，应确保渲染设置的全局光照和最终聚集处于启用状态，这样可以使渲染效果得到较高的质量。

- 全局光照：通过在场景中模拟光能传递来回反射灯光。
- 最终聚集：是用于计算全局照明的可选附加步骤，使用光子贴图计算全局照明可能会引起渲染的人工效果，用它则可以增加用于计算全局照明的光线数目。

使用mental ray渲染场景

范例实录

DVD-ROM

原始文件：
范例文件\Chapter 11\11.4\使用mental ray渲染场景\使用mental ray渲染场景（原始文件）.max

最终文件：
范例文件\Chapter 11\11.4\使用mental ray渲染场景\使用mental ray渲染场景（最终文件）.max

Step 01 打开本书配套光盘中的原始文件，效果如图所示。

Step 02 渲染场景，可观察到使用默认扫描线渲染器渲染场景的效果，如图所示。

提 示

与默认的3ds Max扫描线渲染器相比，mental ray渲染器可以不需要动手调试光能传递的生成就可模拟出复杂的照明效果。

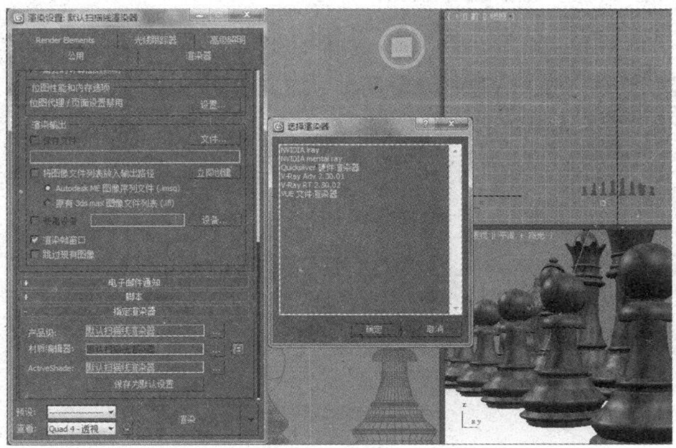

Step 03 打开“渲染设置”窗口，在“渲染器”卷展栏中更换渲染器，如图所示。

提 示

使用基于mi2或mi3场景描述格式的命令行界面，可以使mental ray渲染器在独立方式下运行。

提　示

将mental ray渲染器作为当前的渲染器，可以保存最终设置为默认设置，以使得mental ray渲染器作为所有新场景的默认渲染器。

Step 04 更换渲染器后直接进行渲染，可以观察到场景mental ray渲染器的默认渲染效果，如图所示。

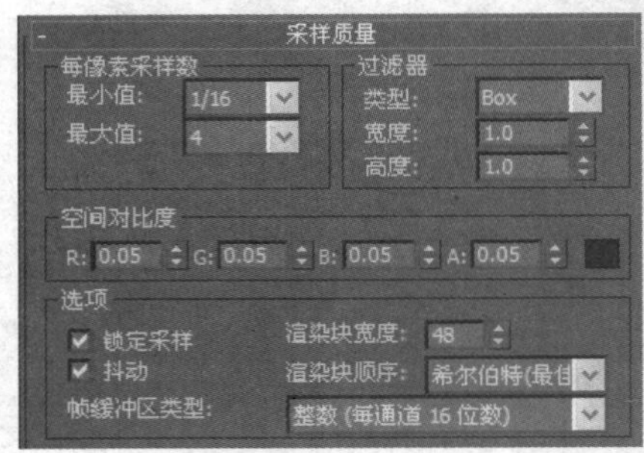

Step 05 在"采样质量"卷展栏中设置"每像素采样数"选项组中的参数，如图所示。

提　示

如果将位图用作环境（即作为背景），mental ray渲染器将对其进行采样和过滤，这样可能导致场景产生不可预计的模糊效果。

Step 06 渲染场景，可观察到渲染出的图像产生了非常多的锯齿，画面质量非常低，如图所示。

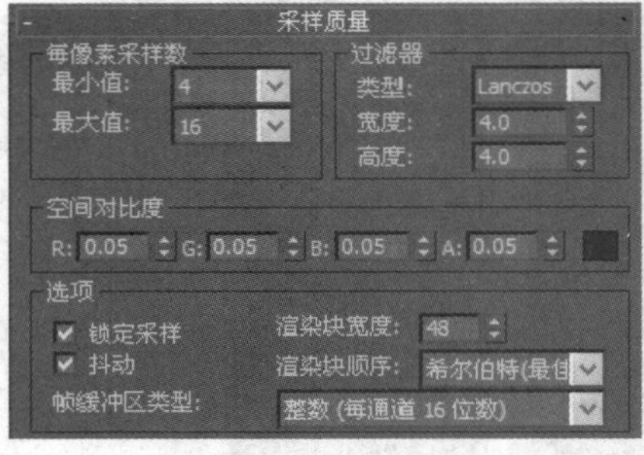

Step 07 重新设置"每像素采样数"选项组中的参数，并设置"过滤器"选项组中的相应参数，如图所示。

Step 08 执行渲染，可观察到渲染的场景对象边缘非常清晰，但渲染时间明显增加了。如图所示为较高质量的渲染效果。

> **提 示**
>
> 使用 mental ray 渲染器渲染阴影贴图时，灯光的“泛光化”参数不起作用。要使用“泛光化”参数，需要使用光线跟踪阴影。

Step 09 切换到“间接照明”选项卡中，启用“全局照明”，然后设置倍增大小的参数值和颜色，如图所示。

Step 10 渲染场景，可观察到场景中由于全局照明的强度较大，颜色设定为红色，整个场景都被较强的红颜色染色，效果如图所示。

> **提 示**
>
> 使用 mental ray 渲染器渲染阴影贴图时，无法将单个对象排除在阴影投射之外。

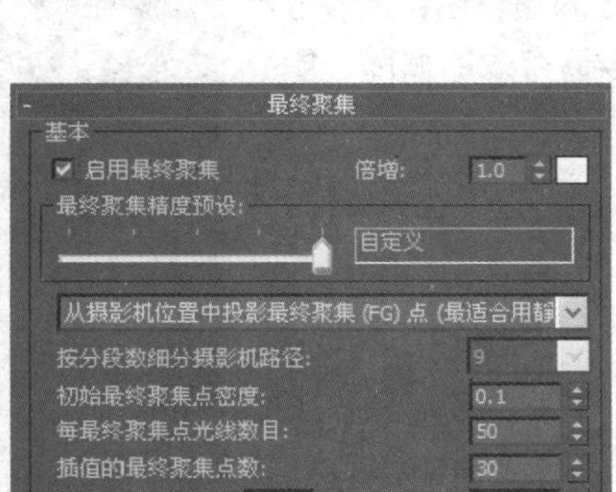

Step 11 在“最终聚集”卷展栏中进行相应的参数设置，如图所示。

提 示

因为mental ray渲染器假定所有的平行光都来自于无穷远，所以3ds Max场景中，在平行光对象后面的对象也会被照明。

Step 12 渲染场景，可观察到最终聚集的计算结果有效改善了全局照明的效果，如图所示。

2. mental ray材质

要使用mental ray渲染器，不仅需要掌握应用方法和渲染参数，还需要了解相关的灯光和材质的使用，如图所示为mental ray材质的应用效果。

提 示

当mental ray渲染器忽略光线跟踪器的全局包含或排除设置时，可以在“光线跟踪”材质或贴图层级启用或禁用光线跟踪。

mental ray不仅支持大多数3ds Max扫描线渲染器的材质，还提供了20余种专用材质类型。在“材质/贴图浏览器”对话框中，mental ray的材质类型显示为黄色标签，如图所示。

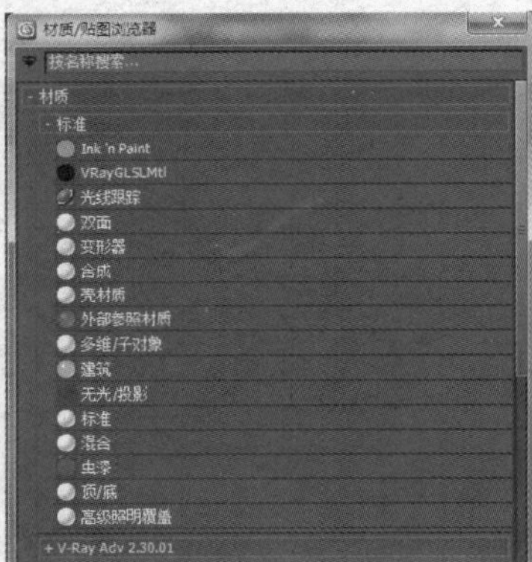

使用mental ray渲染器，同样有大量的程序贴图，在“材质/贴图浏览器”对话框中，带黄色标签的是仅对mental ray渲染器有效的贴图，如图所示。

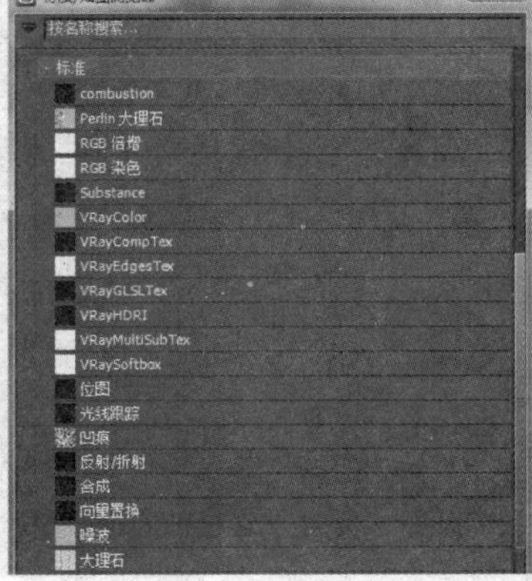

使用mental ray的材质

范例实录

DVD-ROM

原始文件:
范例文件\Chapter 11\11.4\使用mental ray的材质\使用mental ray的材质（原始文件）.max

最终文件:
范例文件\Chapter 11\11.4\使用mental ray的材质\使用mental ray的材质（最终文件）.max

Step 01 打开本书配套光盘中的原始文件，如图所示。

Step 02 直接渲染场景，可观察到场景中装饰品使用默认材质的渲染效果，如图所示。

提 示

当遇到重合面时，mental ray渲染器会因为无法确定哪一个面离摄影机更近而产生非真实的效果。

Step 03 打开“材质编辑器”窗口，使用Car Paint的材质类型替代原始材质，如图所示。

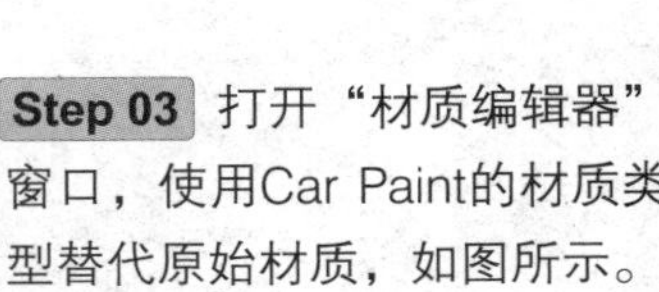

提 示

mental ray渲染器不支持第三方厂商插件提供的贴图或材质，只有当厂商确定使用mental ray SDK来添加对mental ray格式的支持时，它才支持第三方的贴图和材质。

Step 04 渲染场景后，可观察到使用mental ray车漆材质类型的默认设置渲染效果，如图所示。

提　示

如果使用mental ray渲染器进行渲染不能获得最佳的模糊效果，可以将渲染采样参数值设置为最大数量。

Step 05 再次使用新的metal材质类型替换原有的材质，效果如图所示。

Step 06 渲染场景，可观察到mental ray预置金属材质类型的渲染效果，如图所示。

提　示

mental ray渲染器不能完全支持反射/折射贴图的立方体贴图。

Step 07 克隆出一些装饰品对象，为它们赋予不同mental ray材质类型，然后进行渲染，可观察到各种材质的渲染效果，如图所示。

3. mental ray灯光

mental ray不仅支持3ds Max的大多数灯光照明，还提供了专用的区域泛光灯、区域聚光及天光入口灯光等，这些灯光的使用也仅对mental ray渲染器有效，使用方法与其他灯光相似。

- mr区域泛光灯：模拟球体或体积发射光线，类似标准的泛光灯。
- mr区域聚光灯：模拟从矩形或碟形区域发射光线。
- mr Sky门户：该灯光可以创建在例如室内场景的窗口处的场景位置，用于模拟天光对室内的影响。
- 太阳光：和mr天光组合使用，为专门启用物理模拟日光和精确渲染日光场景而设计。
- mr天光：和mr太阳光组合使用。
- mr物理天光：模拟物理天光，大多数参数对所有太阳和天空组件是通用的。

使用mental ray的灯光

范例实录

DVD-ROM

原始文件:
范例文件\Chapter 11\11.4\使用mental ray的灯光\使用mental ray的灯光（原始文件）.max

最终文件:
范例文件\Chapter 11\11.4\使用mental ray的灯光\使用mental ray的灯光（最终文件）.max

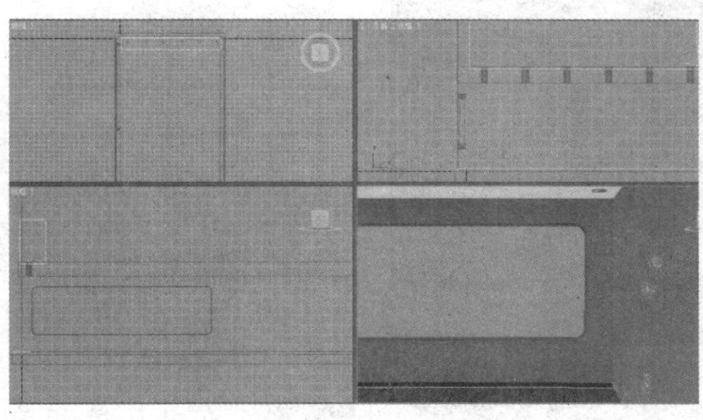

Step 01 打开本书配套光盘中的原始文件，如图所示。

Step 02 直接渲染场景，可观察到场景的默认渲染效果，如图所示。

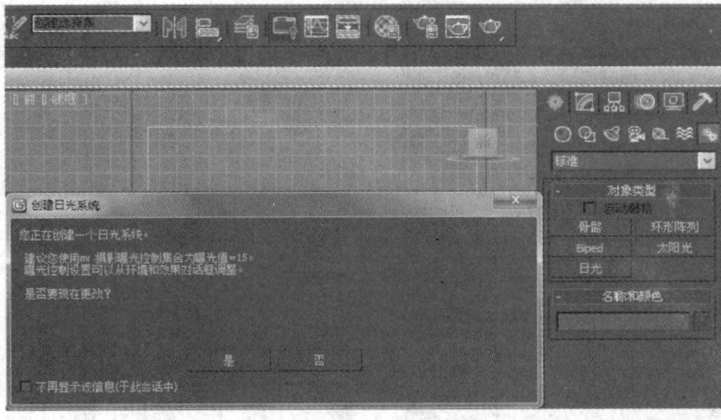

Step 03 单击“对象类型”卷展栏中的“日光”按钮 日光 ，并在开启的对话框中单击“是”按钮，以应用mental ray的曝光方式，如图所示。

提 示

在使用mental ray渲染器时，反射或折射的光线并不总是相对于摄影机的剪切平面的。而且，剪切平面参数值过大，可能造成阴影贴图的渲染质量不佳。

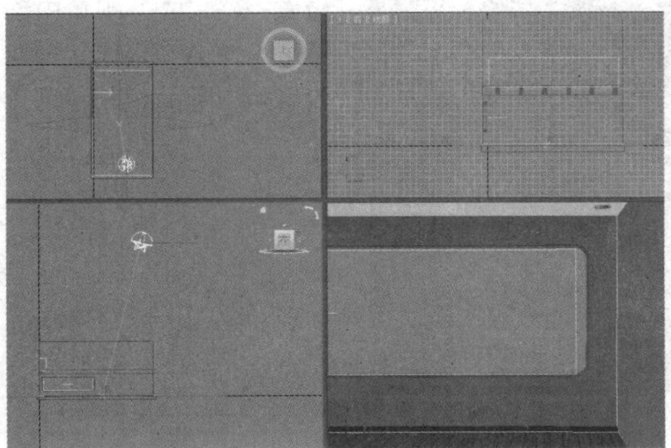

Step 04 在“顶”视口中进行日光创建，如图所示。

提 示

日光的创建只能在场景的固定位置，不能进行变换操作。

提 示

在mental ray中使用全局照明，光子必须能够在两个或多个曲面中反弹。

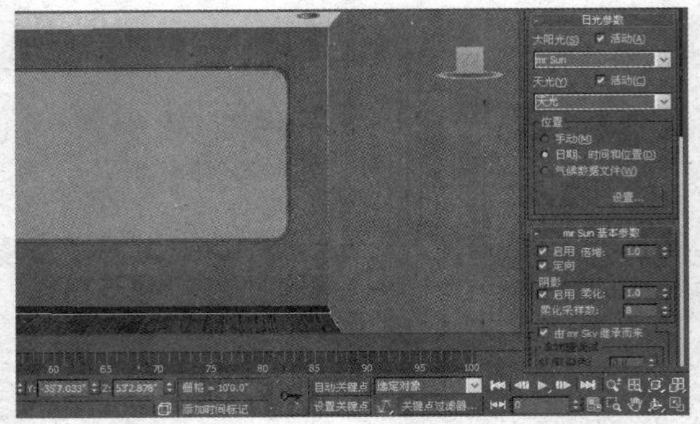

Step 05 在日光的参数面板中，设置“太阳光”为mr Sun，如图所示。

提 示

若要渲染具有柔和边缘的阴影，阴影则必须是光线跟踪类型。

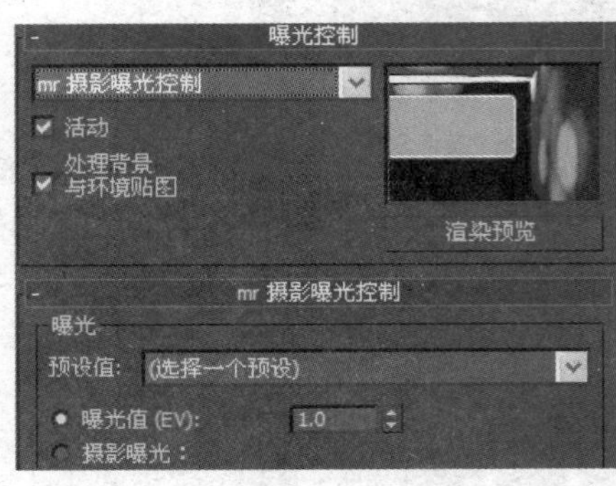

Step 06 在“环境和效果”窗口的曝光方式面板中，设置相关参数，如图所示。

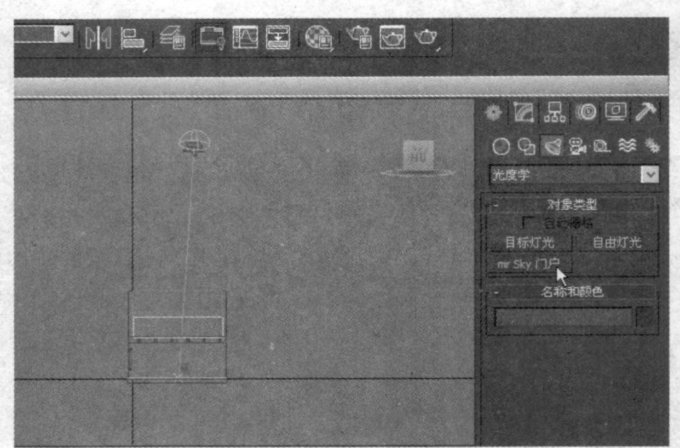

Step 07 在“创建”命令面板中单击“mr Sky门户”按钮 mr Sky 门户 ，如图所示。

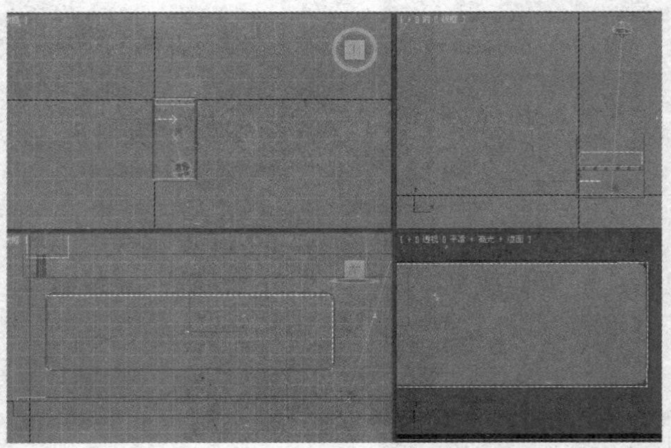

Step 08 根据建筑窗口的位置，在“左”视口中创建mr天光入口灯光，创建位置如图所示。

Step 09 选择mr的天光入口灯光，设置灯光颜色为蓝色，并设置其他参数，如图所示。

Step 10 渲染场景，可观察到天光入口灯光所产生的天光效果，如图所示。

Step 11 将天光入口灯光的"倍增"参数设置为5，颜色设置为红色，如图所示。

Step 12 再次渲染场景，可观察到天光变强、颜色变红后对建筑内部的影响效果，如图所示。

提 示

可以使用MAX-Script工具将标准3ds Max灯光对象转化为区域灯光。

11.4.2 VRay

VRay是最常用的外挂渲染器之一，支持的软件偏向于建筑和表现行业，如3ds Max、SketchUp、Rhino等软件。其渲染速度快、渲染质量高的特点已被大多数行业设计师所认同。如图所示为VRay渲染的效果图。

作为独立的渲染器插件，VRay在支持3ds Max的同时，也提供了自身的灯光材质和渲染算法，可以得到更好的画面计算质量。

1. VRay渲染器

提 示

发光贴图全局照明引擎只能用于光线一次反弹。

VRay使用全局照明的算法对场景进行多次光线照明传播，使用不同的全局光照引擎，计算不同类型的场景，使渲染质量和渲染速度的控制上能达到理想的平衡。

- Irradiance map（发光图）：该全局光照引擎基于发光缓存技术，计算场景中某些特定点的间接照明，然后对其他点进行差值计算。
- Brute force（直接照明）：直接对每个着色点进行独立计算，虽然很慢，但这种引擎非常准确，特别适用于有许多细节的场景。
- Photon map（光子贴图）：是基于追踪从光源发射出来，并能在场景中来回反弹的光子，特别适用于存在大量灯光和较少窗户的室内或半封闭场景。
- Light cache（灯光缓存）：建立在追踪摄影机可见的光线路径基础上，每次光线反弹都会储存照明信息，与Photon map（光子贴图）类似，但具有更多的优点。

范例实录

使用VRay渲染器渲染场景

DVD-ROM

原始文件：
范例文件\Chapter 11\11.4\使用VRay渲染器渲染场景（原始文件).max

最终文件：
范例文件\Chapter 11\11.4\使用VRay渲染器渲染场景（最终文件).max

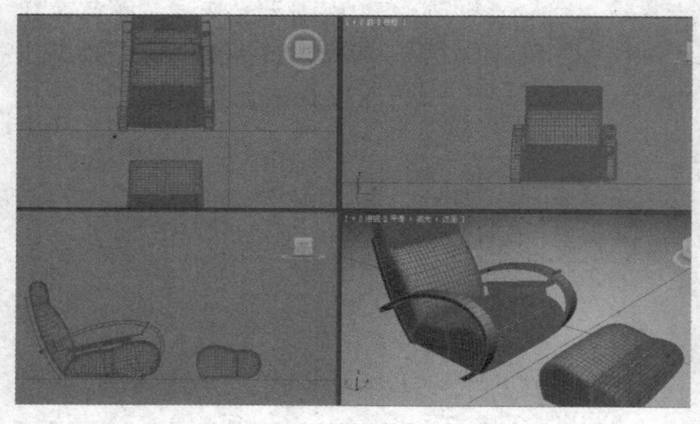

Step 01 打开本书配套光盘中的原始文件，效果如图所示。

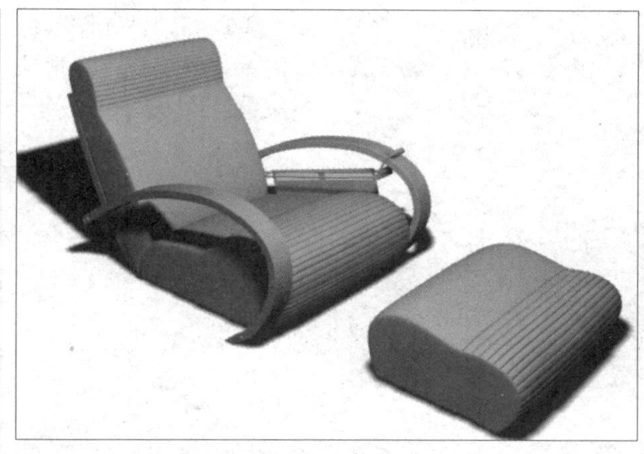

Step 02 渲染场景，可观察到默认渲染器的渲染效果，如图所示。

提 示

VRay针对3ds Max有不同版本的接口，最新的版本接口为Version 2.0。

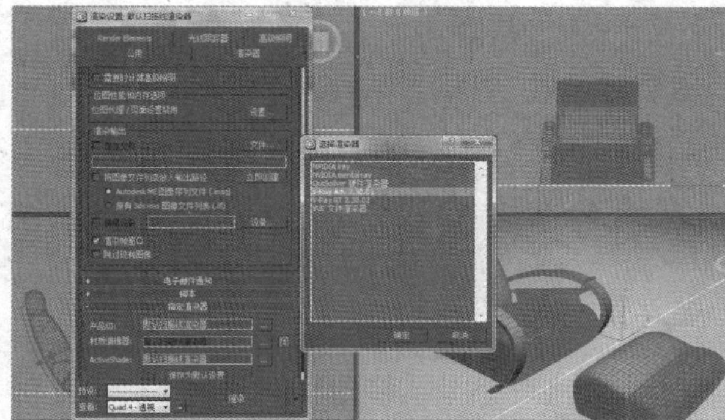

Step 03 在“渲染设置”窗口中，更换渲染器为VRay渲染器，如图所示。

提 示

使用VRay渲染器可以加载3ds Max场景中的大多数参数设置。

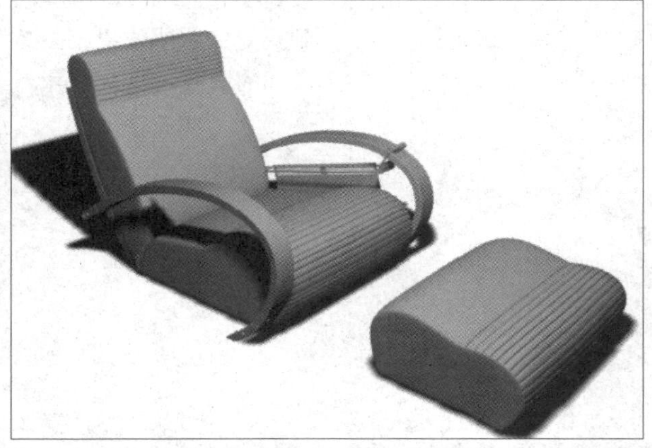

Step 04 在“顶”视口中进行日光的创建，创建效果如图所示。

提 示

全局光照引擎可以模拟光线一次反弹和二次反弹形态。

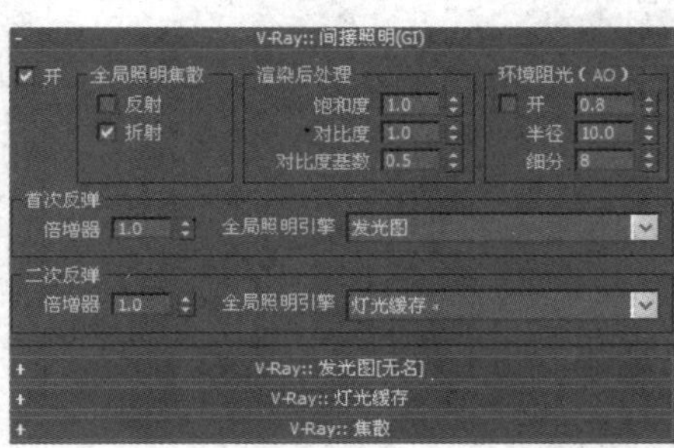

Step 05 切换到“间接照明”选项卡中，选择全局光照引擎，如图所示。

提 示

发光贴图引擎预置了非常低、低、中、高和非常高等预设质量参数，也允许用户自定义参数。

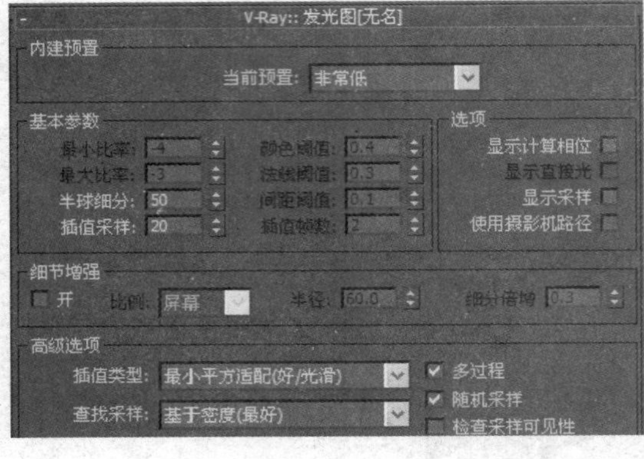

Step 06 在“发光图”引擎的参数卷展栏中选择预置质量参数，如图所示。

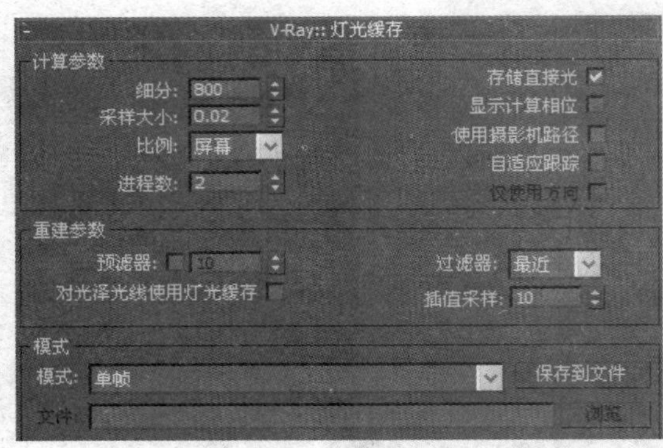

Step 07 展开“灯光缓存”卷展栏，在其中设置该全局光照引擎的参数，如图所示。

提 示

VRay的曝光方式包括线性曝光、指数曝光等多种曝光方式。

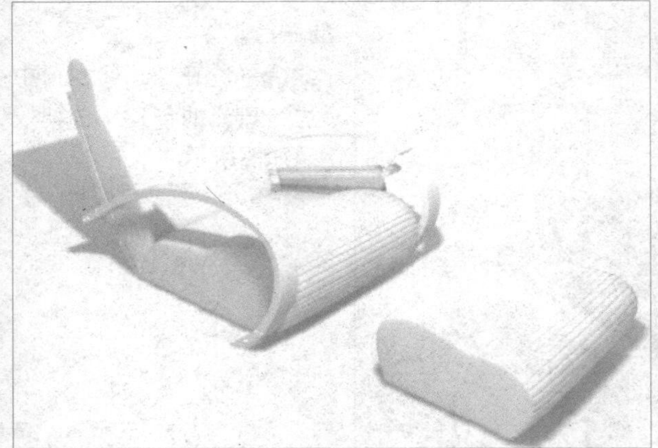

Step 08 渲染场景，可观察到应用全局光照后场景得到更好的照明效果，生成柔和的阴影，如图所示。

Step 09 切换到V-Ray选项卡，展开“颜色贴图”卷展栏，设置所需的曝光参数，如图所示。

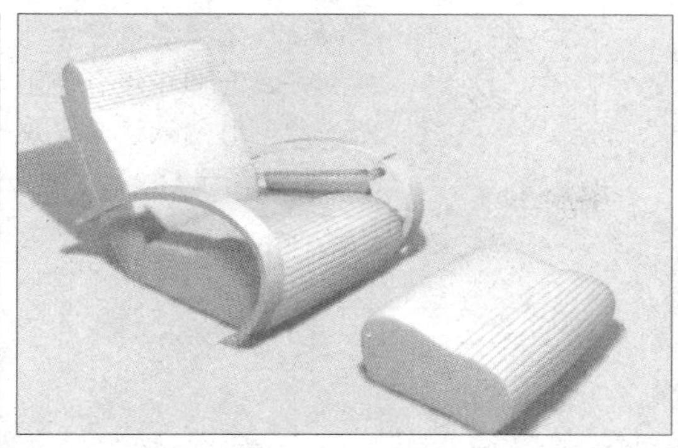

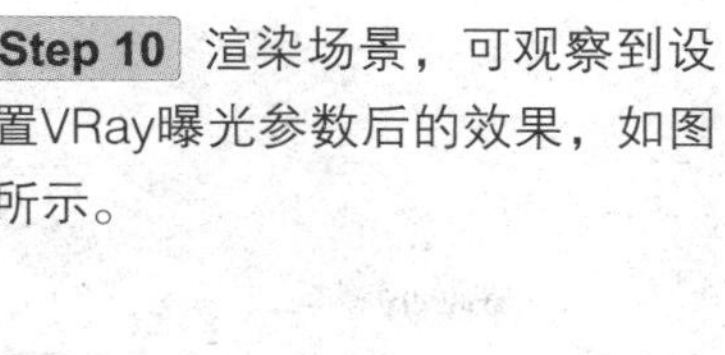

Step 10 渲染场景，可观察到设置VRay曝光参数后的效果，如图所示。

> **提 示**
>
> VRay的曝光方式主要用于控制场景中较暗或较亮区域的明度。

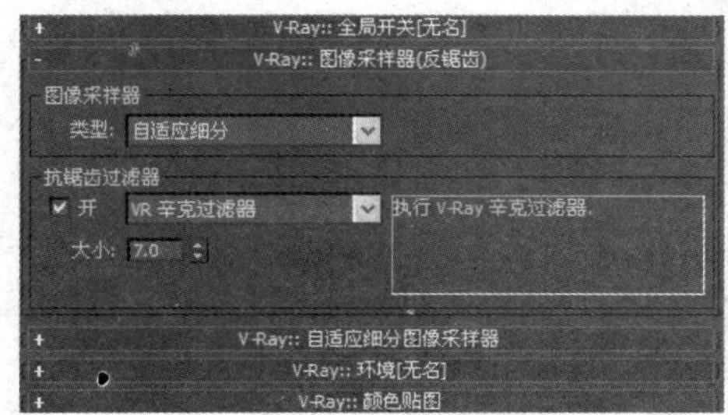

Step 11 在“图像采样器”卷展栏中，选择图像的采样类型并启用抗锯齿过滤器，如图所示。

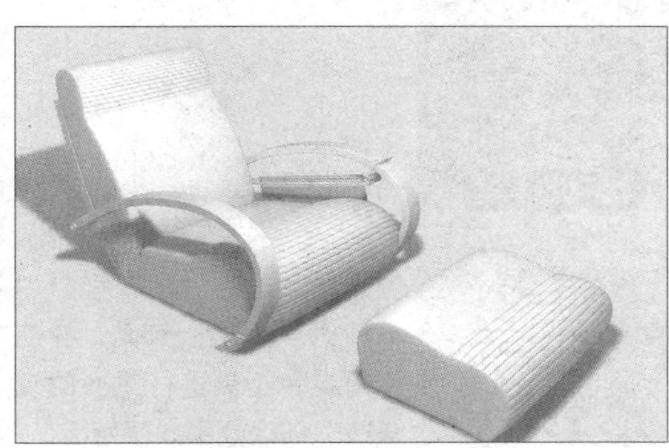

Step 12 再次渲染场景，可观察到设置较高的图像采样质量参数后，最终得到了较好的画面效果，如图所示。

> **提 示**
>
> VRay的半球灯光与天光类似，可以在场景中的任意位置创建。

2. VRay灯光

VRay支持3ds Max的大多数灯光类型，但渲染器自带的VRayLight是VRay场景中最常用的灯光类型，该灯光可以作为球体、半球和面状发射光线。

使用VRay灯光

范例实录

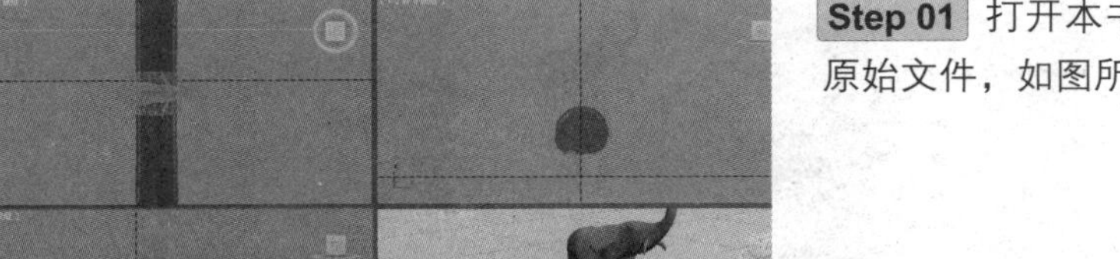

Step 01 打开本书配套光盘中的原始文件，如图所示。

> **DVD-ROM**
>
> **原始文件**:
> 范例文件\Chapter 11\11.4\使用VRay灯光\使用VRay灯光（原始文件).max

DVD-ROM

最终文件:
范例文件\Chapter 11\11.4\使用VRay灯光\使用VRay灯光（最终文件).max

Step 02 渲染场景，可观察到VRay场景中没有使用灯光照明时的默认渲染效果，如图所示。

提 示

VRay灯光的面积越大、强度越高、距离对象越近，对象的受光越多。

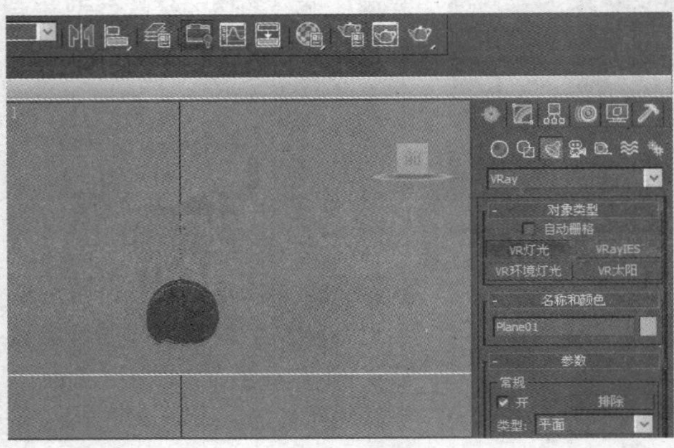

Step 03 在“创建”命令面板中单击“VR灯光”按钮 VR灯光 ，如图所示。

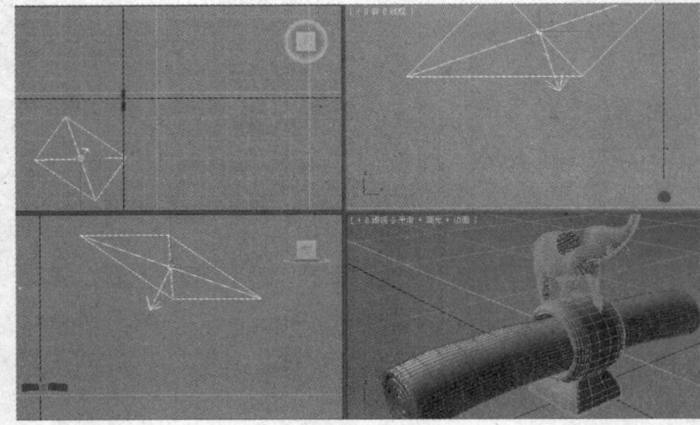

Step 04 在“顶”视口中创建一盏VRay灯光，并使用旋转工具进行适当的调整，创建效果如图所示。

提 示

VRay灯光可以被渲染在场景中，渲染效果与自身大小一致。

Step 05 渲染场景，可观察到默认参数设置下的灯光渲染效果，如图所示。

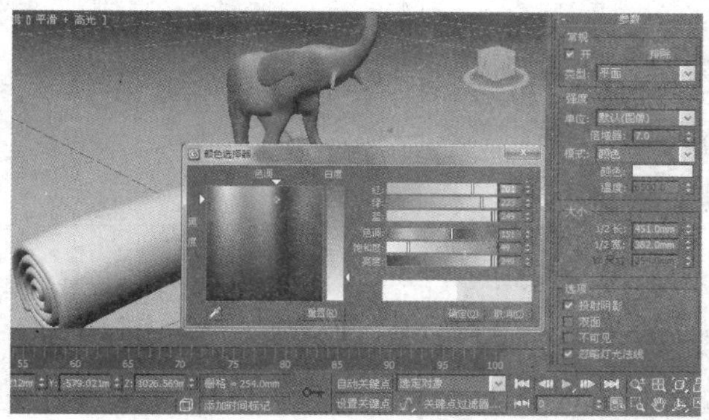

Step 06 选择灯光，在灯光的参数面板中设置倍增、颜色等参数，如图所示。

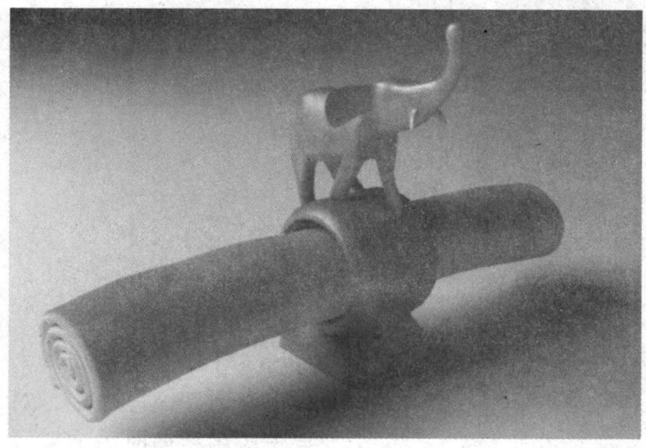

Step 07 渲染场景，可观察到更改了灯光强度和颜色参数后的应用效果，如图所示。

> **提 示**
>
> VRay灯光不能选择阴影方式。

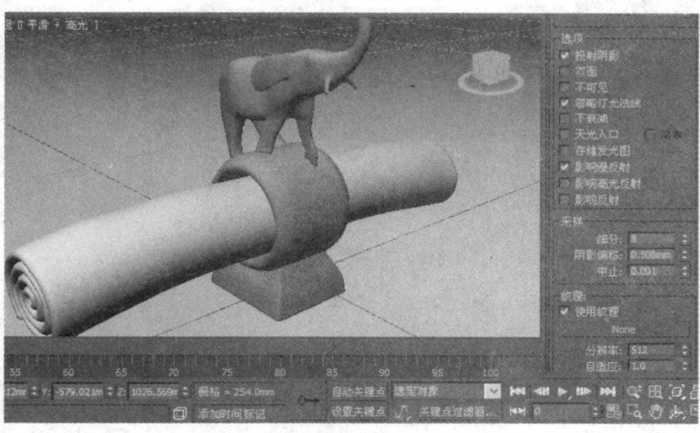

Step 08 在灯光的参数面板中，设置灯光的效果和采样等参数，如图所示。

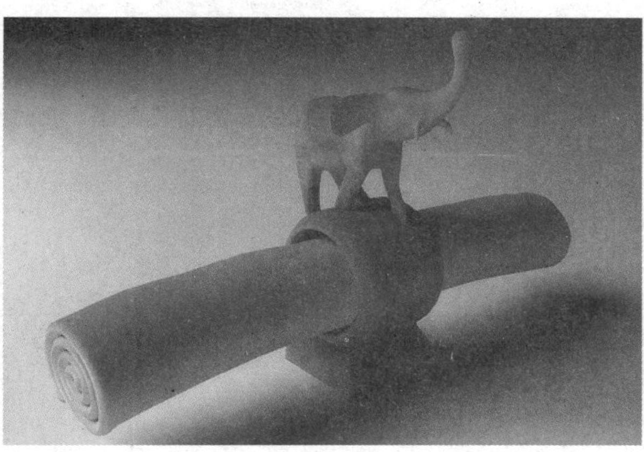

Step 09 渲染场景，可观察到灯光只影响了场景漫反射的效果，并且由于增加了采样参数，噪点明显减少，如图所示。

> **提 示**
>
> VRay灯光的采样数越大，场景生成的噪点越少，渲染速度越慢。

3. VRay材质

VRay材质通过颜色来决定对光线的反射和折射程度，同时也提供了多种材质类型和贴图，使渲染后的场景效果在细节上的表现更完美。

范例实录

使用VRay材质

DVD-ROM

原始文件:
范例文件\Chapter 11\11.4\使用VRay材质\使用VRay材质（原始文件).max

最终文件:
范例文件\Chapter 11\11.4\使用VRay材质\使用VRay材质（最终文件).max

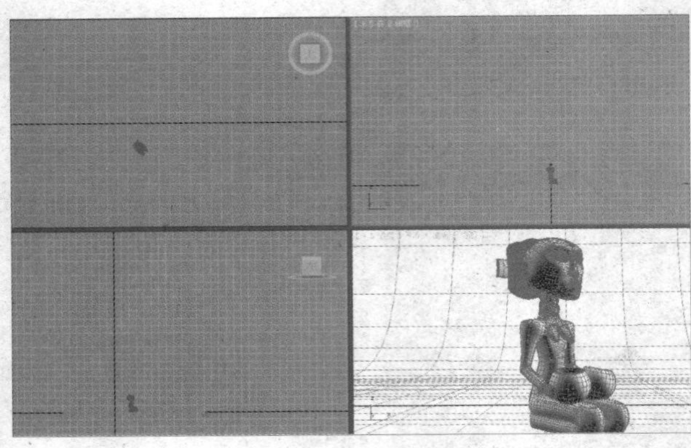

Step 01 打开本书配套光盘中的原始文件，效果如图所示。

提 示

VRayMtl是最常用的材质，同时还提供了其他特殊功能的材质类型，如SSS材质等。

Step 02 直接渲染场景，可观察到VRay场景中，对象未应用材质时的渲染效果，如图所示。

提 示

VRay材质的漫反射与标准材质的漫反射属性一样。

Step 03 在材质编辑器中使用VRayMtl类型替换默认的标准材质类型，如图所示。

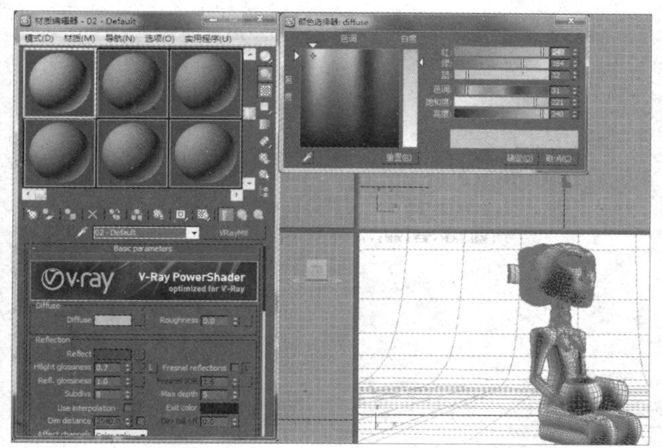

Step 04 在VRayMtl参数面板中，单击“漫反射”旁的色块设置颜色，如图所示。

Step 05 将材质赋予场景中的对象。渲染场景，可以观察到对象表面应用了漫反射颜色，如图所示。

提 示

反射的强度由颜色的明度来控制，颜色越接近白色，反射效果就越强。纯白色能产生镜面的反射效果。

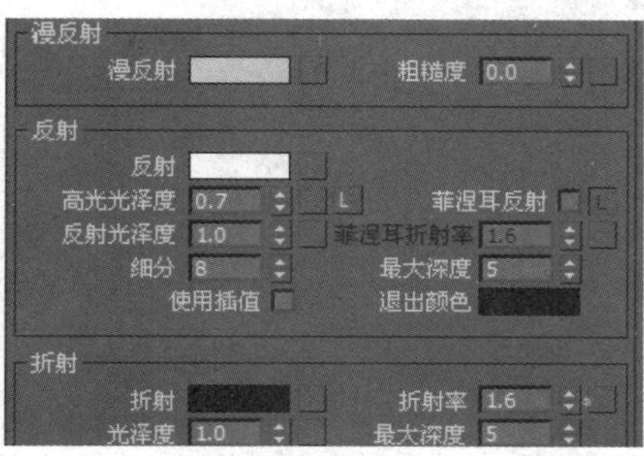

Step 06 在VRayMtl材质的参数面板中，设置“反射”的颜色为白色，“高光光泽度”的参数值为0.7，如图所示。

Step 07 设置反射的参数后，在示例窗中可观察到样本材质产生了类似金属的反光效果，如图所示。

提 示

高光的范围由光泽度参数决定，参数值越小，高光范围越大。

Step 08 渲染场景，可观察到金属材质的应用效果，如图所示。

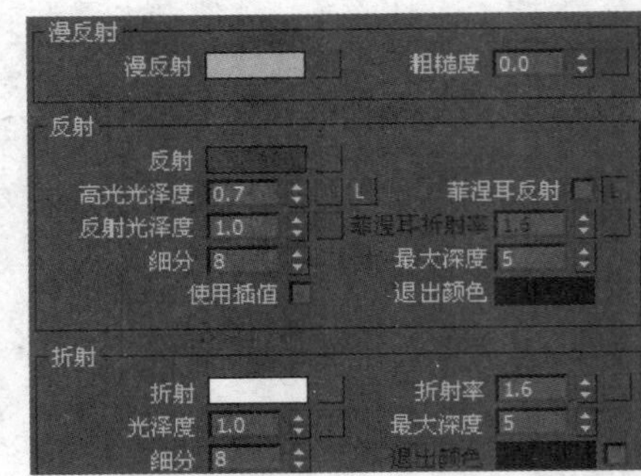

Step 09 将“反射”的颜色设置为偏黑色，然后设置“折射”的颜色为白色，如图所示。

> **提　示**
>
> 当折射颜色为白色时，光线将完全穿透对象，其偏射方向和折射率有关。

Step 10 渲染场景，可以观察到对象呈玻璃般的显示效果，如图所示。

> **提　示**
>
> 为材质设定不同的折射率，可以产生不同的折射效果，参数值设置可以参照真实世界的对象折射率。

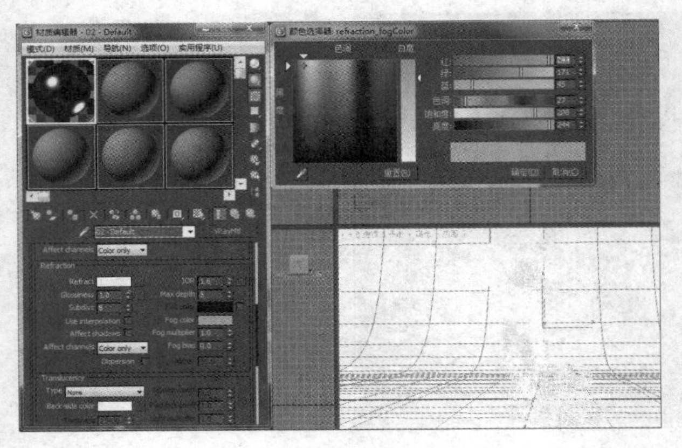

Step 11 单击“雾颜色”的色块，进行颜色设置，如图所示。

Step 12 渲染场景，可以观察到设置雾材质后，光线在穿透场景中的对象的过程中，对象内部映射出了不同程度的雾颜色，如图所示。

11.5 插件渲染器的应用

本节将使用VRay插件渲染器对简单的场景进行照明布置、材质设定以及最终渲染。如图所示为本节案例的最终完成效果。

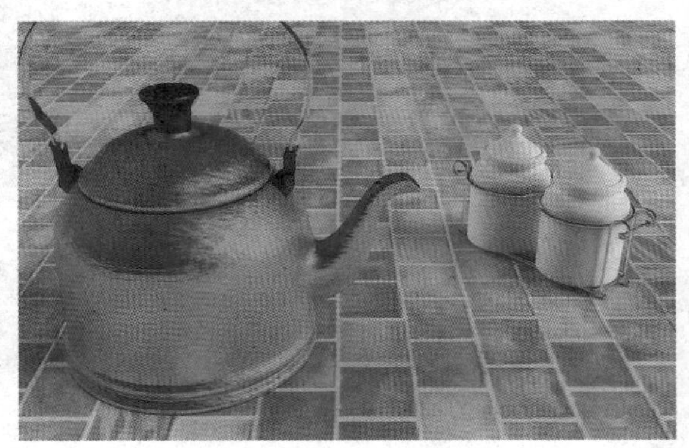

提 示

使用VRay渲染器渲染场景，需要同时使用VRay的灯光和材质，才能达到最理想的效果。

11.5.1 为场景对象制作材质

本小节将介绍制作磨砂金属、陶瓷、不锈钢以及塑料等典型材质的方法，这些材质都可以通过VRayMtl材质类型来完成。设置符合真实世界的物体反光效果是材质制作的关键步骤。

DVD-ROM

原始文件:
范例文件\Chapter 11\11.5\插件渲染器的应用\插件渲染器的应用(原始文件). max

最终文件:
范例文件\Chapter 11\11.5\插件渲染器的应用\插件渲染器的应用(最终文件). max

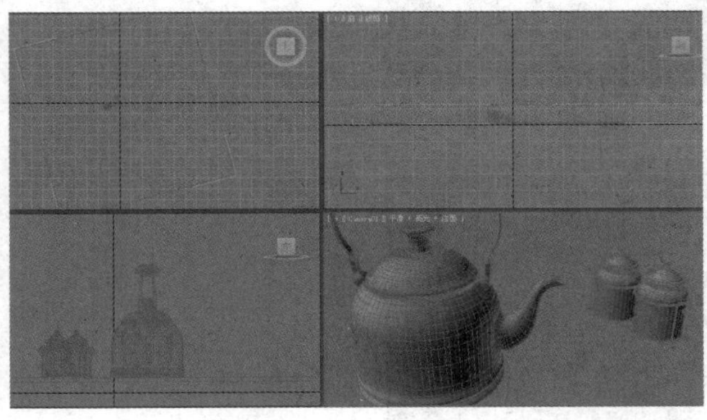

Step 01 打开本书配套光盘中的原始文件，效果如图所示。

提　示

使用VRay渲染场景时，不同的场景可以使用不同的方法，场景照明和材质制作没有固定的先后顺序之分。

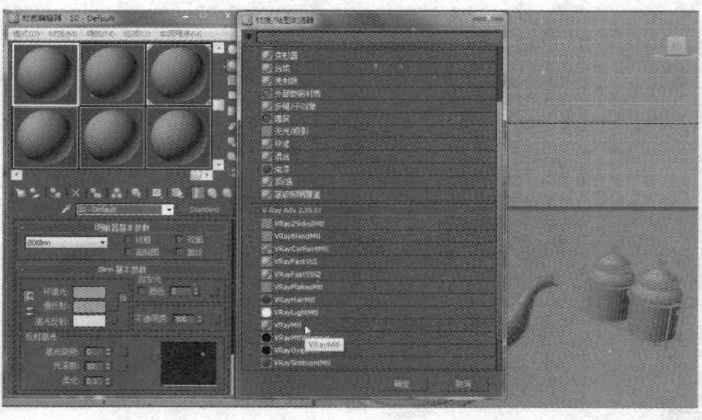

Step 02 打开“材质编辑器”窗口，使用一个VRay Mtl材质球，如图所示。

提　示

VRay支持使用视频文件作为位图贴图功能。

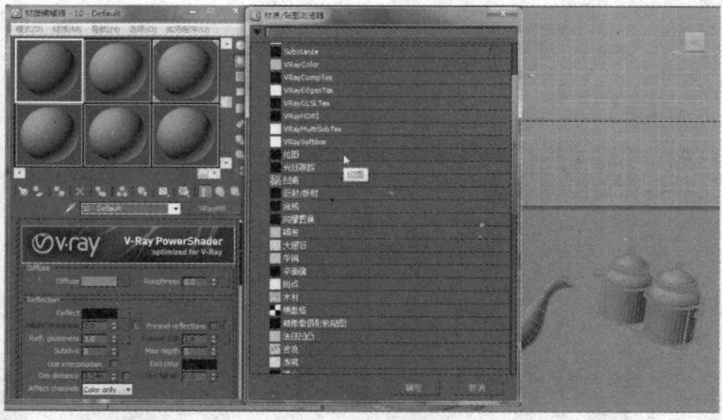

Step 03 为“漫反射”指定“位图”程序贴图，如图所示。

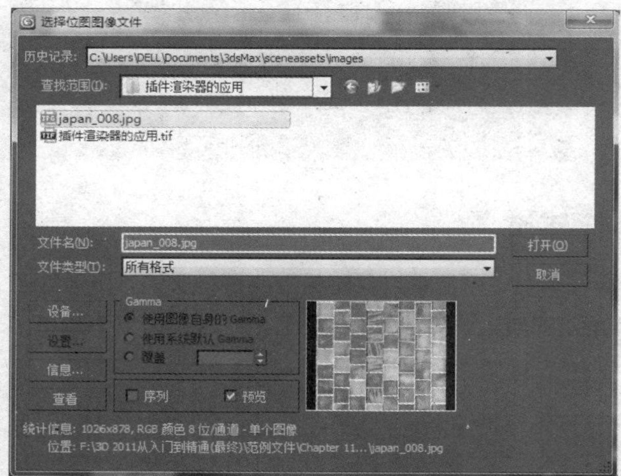

Step 04 在打开的对话框中，选择一张砖纹的位图贴图文件，如图所示。

提　示

可以通过“U-VW贴图”修改器对位图坐标进行调整。

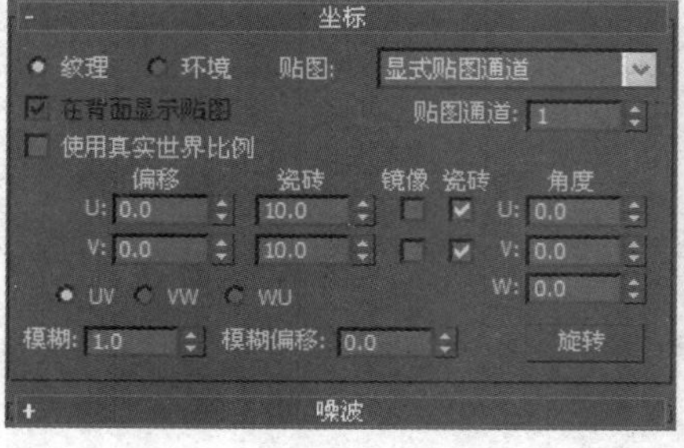

Step 05 在位图的参数面板中，设置“瓷砖”的参数值为10，如图所示。

Step 06 展开“贴图”卷展栏，将“漫反射”的贴图复制到“凹凸”贴图通道，并设置强度，如图所示。

Step 07 在“反射”选项组中，设置反射的颜色和光泽度等参数，如图所示。

为置换贴图通道指定贴图比为凹凸贴图通道指定贴图所生成的凹凸效果要好得多。

Step 08 将材质赋予场景中模拟地面的对象，并显示贴图，可观察到贴图的应用效果，如图所示。

Step 09 使用一个新的VRay Mtl材质球，设置“漫反射”为红色，如图所示。

提 示

在锁定高光光泽度和反射光泽度参数时，设定一个值可同时产生高光和反射模糊效果。

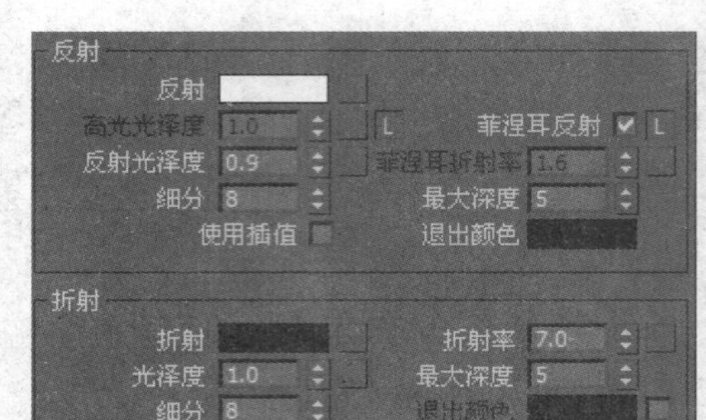

Step 10 在“反射”选项组和“折射”选项组中，设置颜色、光泽度和折射率等参数，如图所示。

提 示

选择“区域”双向反射分布选项，会使材质表面的高光范围变得更大。

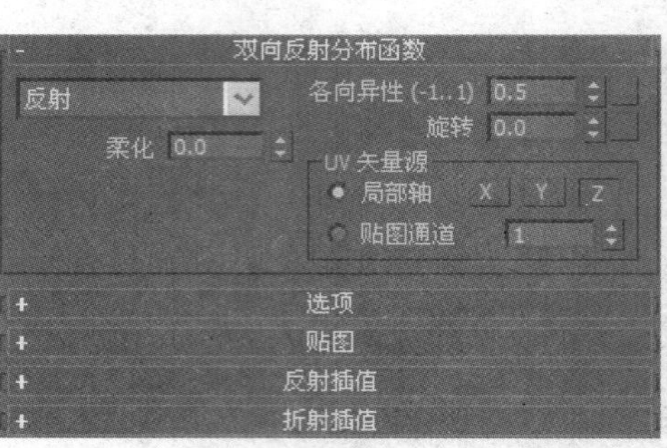

Step 11 展开“双向反射分布函数”卷展栏，设置参数，如图所示。

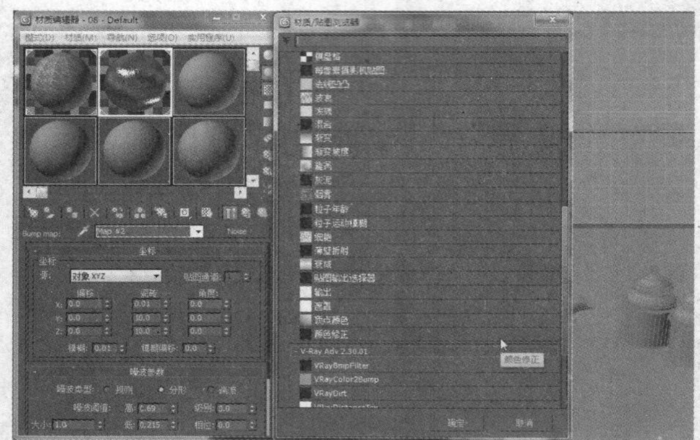

Step 12 展开“贴图”卷展栏，为“凹凸”贴图通道指定“噪波”程序贴图，如图所示。

提 示

通过调整双向反射分布功能的各向异性参数，可以使高光具有方向。

Step 13 将该材质指定给场景中的茶壶对象，如图所示。

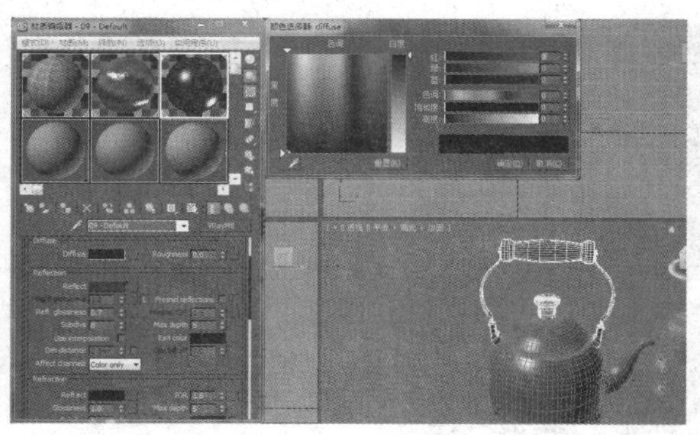

Step 14 使用一个新的VRayMtl材质球，设置“漫反射”颜色为黑色，并设置其他参数，然后将该材质指定给茶壶的壶把等，如图所示。

Step 15 使用一个新的VRayMtl材质球，将其制作成简单的金属材质，并指定给陶罐架，如图所示。

提 示

反射光泽度的值越小，反射模糊的效果越明显，渲染速度也越慢。

Step 16 再使用一个新的VRayMtl材质球，设置“漫反射”颜色为白色并略带反射，将其指定给陶罐，如图所示。

11.5.2 对场景进行照明

本节将通过创建VRayLight对场景进行照明，使用VRay灯光仍然遵循光线的传播原理，可通过创建主光、辅光的方式来照明场景。

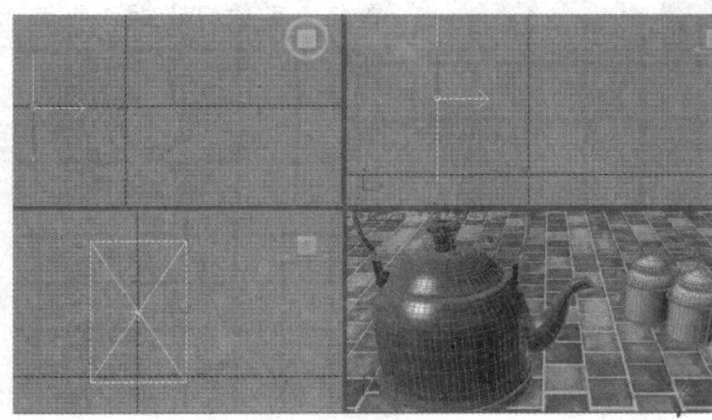

Step 01 在“左”视口中创建一盏“VR灯光”，创建位置如图所示。

提 示

当VRayLight在场景中的面积较大时，通过降低灯光的强度可以避免产生曝光过度的效果。

Step 02 在灯光的参数面板中，设置灯光的强度、颜色等参数，如图所示。

提 示

在测试渲染时，可使用较低的图像采样参数值。

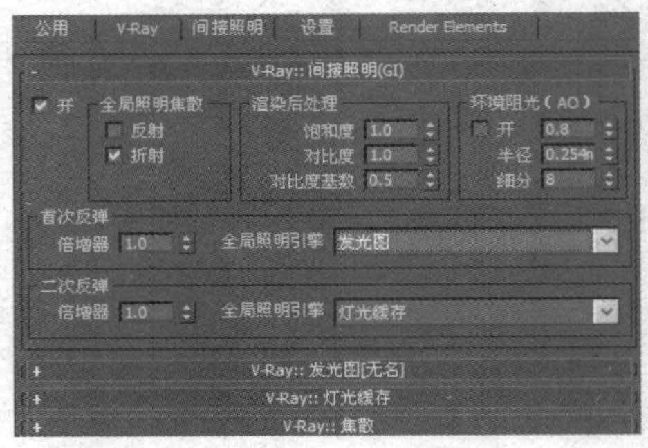

Step 03 切换到“间接照明”选项卡，选择全局光照计算引擎，如图所示。

Step 04 渲染场景，可观察到当前灯光对场景的照明效果，如图所示。

提 示

当主光源和辅助光源的强度和颜色都有所区别时，场景中的光线才更具有层次感。

Step 05 在场景中再创建一盏“VR灯光”，创建位置与之前的灯光相对，如图所示。

Step 06 在该灯光的参数面板中，设置灯光的强度等参数，如图所示。

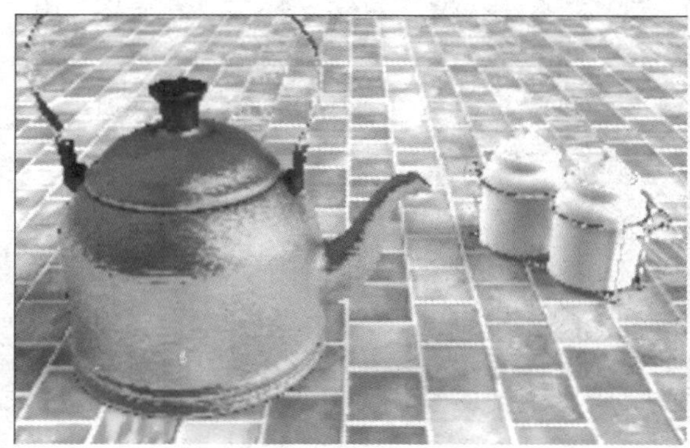

Step 07 再次对场景进行测试渲染，可观察到场景的照明显得有些曝光过度，如图所示。

> **提 示**
>
> 当VRay场景曝光偏灰时，可以通过增减暗部和亮部的倍增参数，来加强画面对比度。

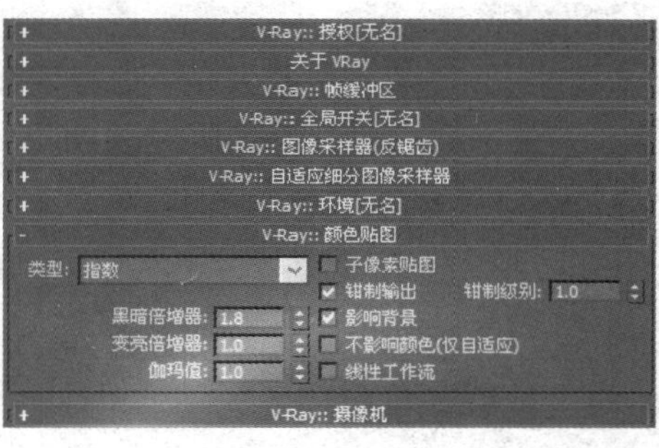

Step 08 在“间接照明”选项卡中展开“颜色贴图”卷展栏，设置曝光参数，如图所示。

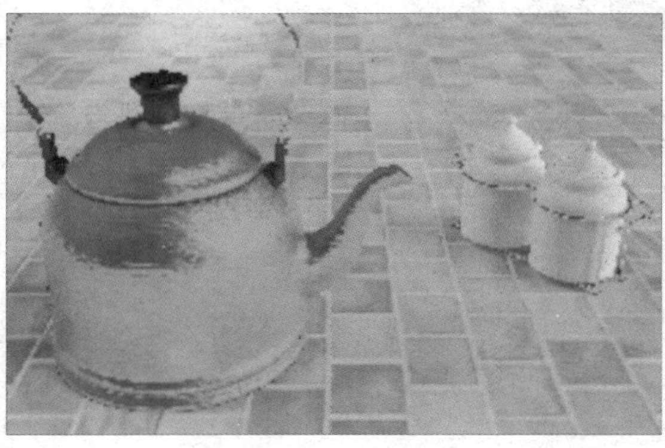

Step 09 再次渲染场景，可观察到场景得到了较为自然的曝光效果，如图所示。

> **提 示**
>
> 在设置全局光照引擎的参数卷展栏中，可以通过控制对比度等参数来控制场景中的溢色。

11.5.3 最终渲染出图

在最终渲染出图时，需要增加图像采样器的参数，并使用抗锯齿过滤器，来保证画面质量，全局光照的引擎参数同样需要增大，以此保证场景中细节位置仍然有正确的光线传播。本节将讲解在最终渲染时需要的关键参数设置。

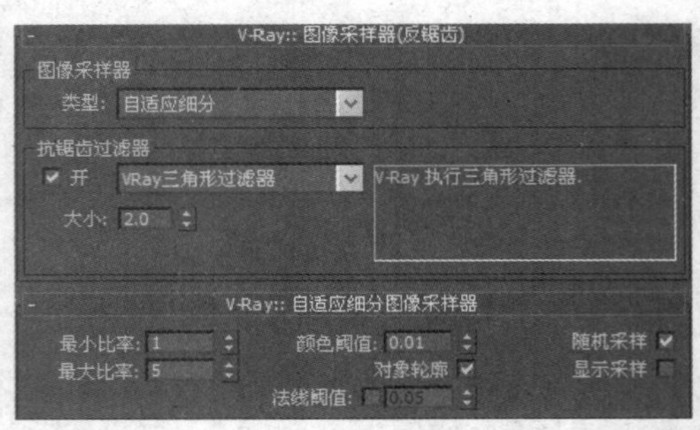

Step 01 在“图像采样器”卷展栏中选择图像采样器和抗锯齿过滤器，并设置较高的图像采样参数值，如图所示。

Step 02 在“发光图”引擎参数卷展栏中选择“高”质量预设参数，如图所示。

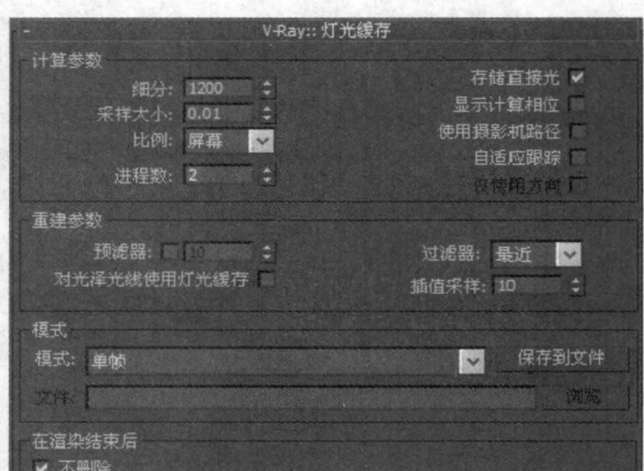

Step 03 在“灯光缓存”卷展栏中进行参数设置，如图所示。

> **提 示**
>
> 较小的场景可以直接使用较大的参数值进行最终渲染，较大场景的建筑通过保存调用全局光引擎的计算结果来进行最终渲染。

Step 04 对场景进行最终渲染，可观察到最终渲染效果，如图所示。

CHAPTER

12 粒子系统

本章将详细介绍粒子系统和空间扭曲的关系以及应用方法，重点讲解粒子流源对象。最后通过简单的综合案例应用，帮助读者巩固粒子和空间扭曲的应用方法。

重点知识链接

本章主要内容	知识点拨
普通粒子系统	雪粒子、喷射粒子、云粒子、粒子阵列等标准粒子系统
粒子流源和粒子视图	粒子流源的基本意义、粒子视图、事件、操作符和测试
空间扭曲	力场应用、导向器的意义

CHAPTER

12

12.1 非事件粒子

粒子系统可以用于各种动画任务，特别是为大量的小型对象设置动画，如创建水流、下雨等效果。3ds Max提供了两种不同类型的粒子系统，包括事件驱动和非事件驱动，事件驱动粒子会指定粒子的不同属性和行为，非事件驱动粒子可以在动画过程中显示类似的属性。

12.1.1 雪粒子

提 示

粒子系统可以涉及大量实体，每个实体都要通过一定数量的复杂计算。因此，将粒子用于高级模拟时，必须使用配置较高的计算机，且内存容量要尽可能大。

“雪”粒子可以模拟降雪或投撒的纸屑，提供了可以用于生成翻滚的雪花的参数。如图所示为雪粒子的粒子发射器和简单的参数面板。

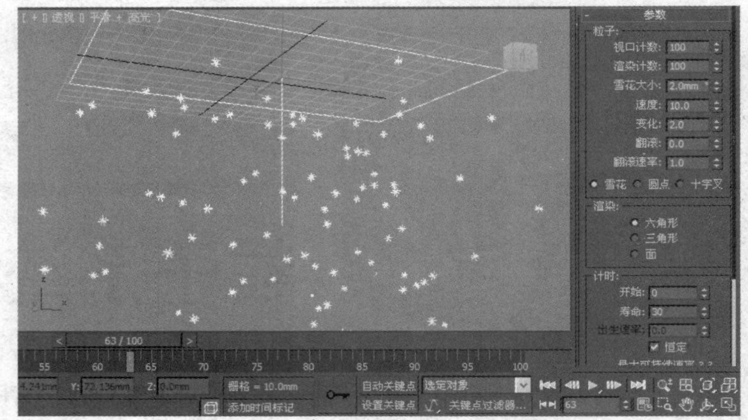

“雪”粒子系统的参数设置较为简单，主要集中在粒子、渲染、计时和发射器几个参数选项组中。

- 粒子：在该选项组中，可以设置粒子的基本外观和属性。
- 渲染：在该选项组中，可以设置粒子在渲染时显示的外观。
- 计时：在该选项组中，可以控制发射的粒子的出生和消亡速率。
- 发射器：在该选项组中，可以指定场景中出现粒子的区域，并且发射器不可渲染。

范例实录

雪粒子的创建

DVD-ROM

原始文件：
范例文件\Chapter 12\12.1\雪粒子的创建\雪粒子的创建（原始文件).max

最终文件：
范例文件\Chapter 12\12.1\雪粒子的创建\雪粒子的创建（最终文件).max

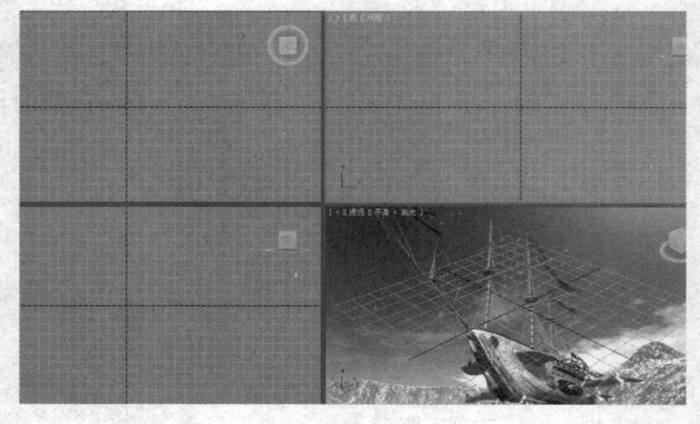

Step 01 打开本书配套光盘中的原始文件，效果如图所示。

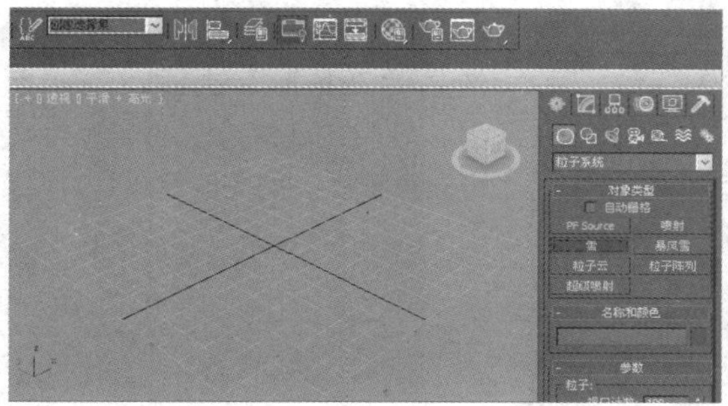

Step 02 在窗口右侧的“创建”命令面板中，单击“雪”按钮 雪 ，如图所示。

> **提 示**
>
> 功能强大的图形卡可以加快粒子几何体在视口中的显示速度。如果碰到失去响应的问题，可通过减少系统中的粒子数，实施缓存或采用其他方法来优化性能。

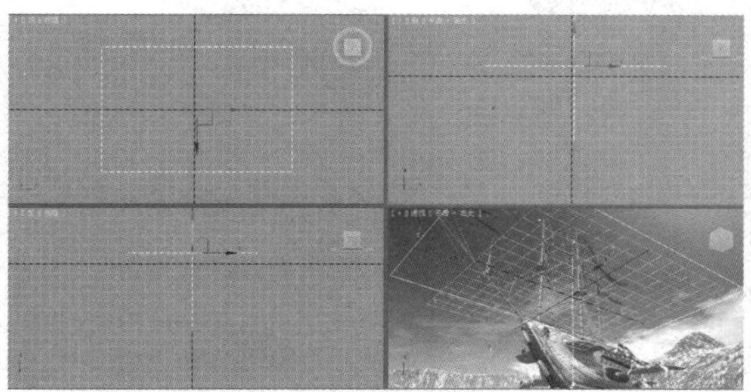

Step 03 在场景中创建“雪”粒子发射器，并在“透视”视口中调整发射器，使之与背景贴图角度匹配，如图所示。

> **提 示**
>
> 通常情况下，对于简单动画，如下雪或喷泉，使用非事件驱动粒子系统进行设置会更为快捷和简便。

Step 04 将时间滑块移动到第63帧，可在视口中观察到雪粒子随时间的变化，降落生成雪花的状态，如图所示。

> **提 示**
>
> 可以利用自动栅格功能，对现有对象、新的粒子系统定向和定位。

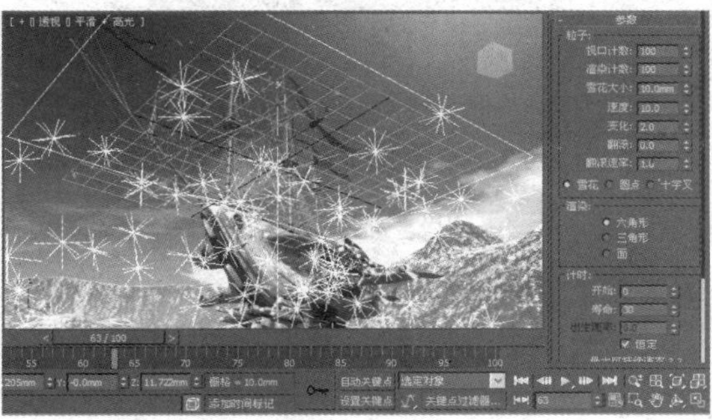

Step 05 设置“雪花大小”的参数为10mm，可观察到场景中的雪花粒子变大，如图所示。

Step 06 设置“速度”的参数为20，可观察到在相同时间内，会产生更多的雪粒子，如图所示。

> **提 示**
>
> 发射器是粒子系统主要的子对象，发射器不会被渲染。粒子出现在发射器的曲面上，从发射器沿着特定方向下落（或漂移、滴落、飘动、喷射）。

Step 07 在“渲染”选项组中，选择“三角形”选项，渲染场景，可观察到雪粒子在渲染后呈三角形形状，如图所示。

注 意

可以将粒子设置为互相检测碰撞，如果粒子用于创建固体对象，如图钉散落等，将会非常有用。如图所示为粒子碰撞后的反弹效果。

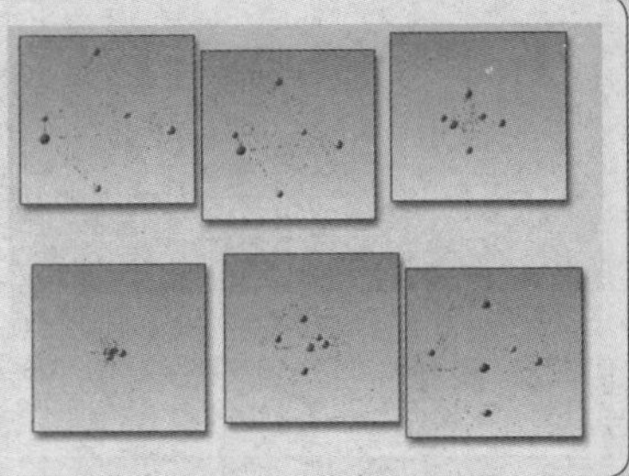

12.1.2 喷射粒子

提 示

当需要设置粒子沿着空间中某个路径运动的动画，可使用路径和随空间扭曲功能。

“喷射”粒子系统通常用于模拟降雨、喷泉、礼花、水滴等效果。该粒子系统提供的参数也非常简单，如图所示为该粒子系统的发射器和基本参数。

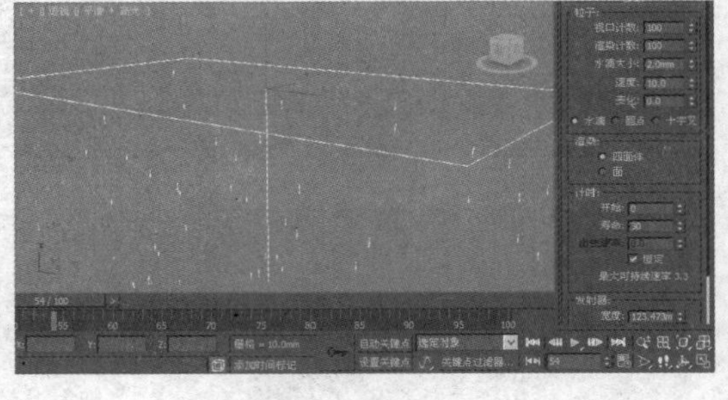

- 粒子：在该选项组中，可以设置喷射粒子的基本参数，如选择水滴外形、设置粒子大小等。
- 渲染：在该选项组中，可以选择粒子在渲染时是显示为四面体还是平面。

范例实录

使用喷射粒子

DVD-ROM

原始文件：
范例文件\Chapter 12\12.1\使用喷射粒子\使用喷射粒子（原始文件).max

Step 01 打开本书配套光盘中的原始文件，如图所示。

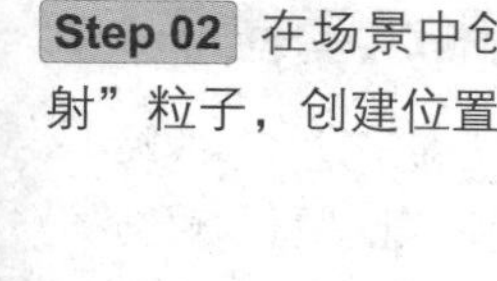

Step 02 在场景中创建一个“喷射”粒子，创建位置如图所示。

Step 03 在喷射粒子的参数面板中，设置“水滴大小”的参数值为5，如图所示。

Step 04 渲染场景，可观察到喷射粒子的渲染效果，如图所示。

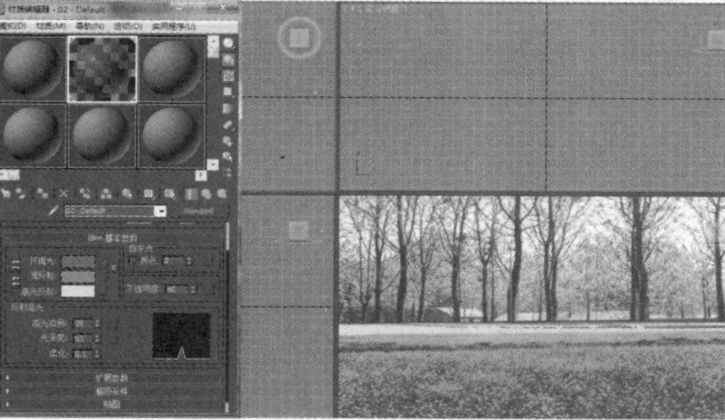

Step 05 打开“材质编辑器”窗口，制作一个简单的材质，并将其指定给粒子对象，如图所示。

Step 06 渲染场景，可观察到场景中的粒子应用了材质的效果，如图所示。

DVD-ROM

原始文件：

范例文件\Chapter 12\12.1\使用喷射粒子\使用喷射粒子（原始文件).max

最终文件：

范例文件\Chapter 12\12.1\使用喷射粒子\使用喷射粒子（最终文件).max

提 示

将视口显示数量设置为少于渲染计数，可提高视口的渲染性能。

提 示

如果选择渲染方式为面，只能在“透视”视口或“摄影机”视口中正常运行。

提 示

通过修改粒子系统参数并设置参数的动画，或使用空间扭曲都可以影响粒子系统的行为，还可以使用网格化复合对象使粒子系统变形。

12.1.3 暴风雪粒子

> **提 示**
>
> 所有的粒子系统均需要发射器，有些粒子系统使用粒子系统图标作为发射器，而有些粒子系统则使用从场景中选择的对象作为发射器。

"暴风雪"粒子是"雪"粒子的升级版本，比"雪"更强大更高级。它提供了大量参数，如图所示为暴风雪粒子系统的发射器和参数卷展栏。

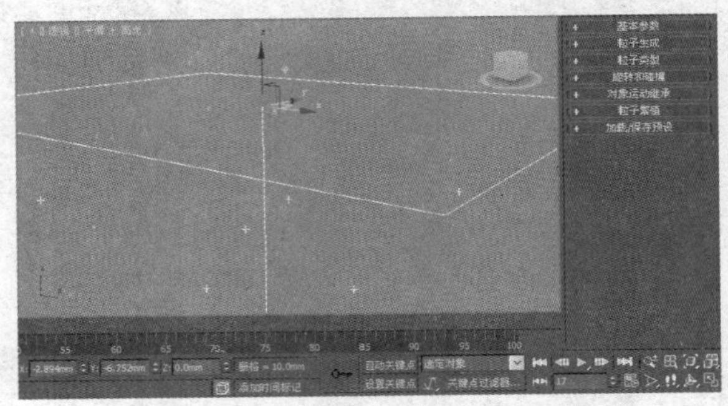

- 基本参数：在该卷展栏中，主要可以设置粒子的发射器参数。
- 粒子生成：在该卷展栏中，可以设置粒子产生的时间和速度、粒子的移动方式及不同时间粒子的大小。
- 粒子类型：在该卷展栏中，可以设置粒子的几何体来源和材质来源。
- 旋转和碰撞：在该卷展栏中，可以影响粒子的旋转，提供运动模糊效果，并控制粒子间碰撞。
- 对象运动继承：在该卷展栏中，通过发射器的运动影响粒子的运动。
- 粒子繁殖：在该卷展栏中，可以使粒子在碰撞或消亡时繁殖其他粒子。
- 加载/保存预设：在该卷展栏中，可以存储预设值，以便在其他相关的粒子系统中使用。

范例实录

创建暴风雪粒子

> **DVD-ROM**
>
> **最终文件**：
>
> 范例文件\Chapter 12\12.1\创建暴风雪粒子(最终文件).max

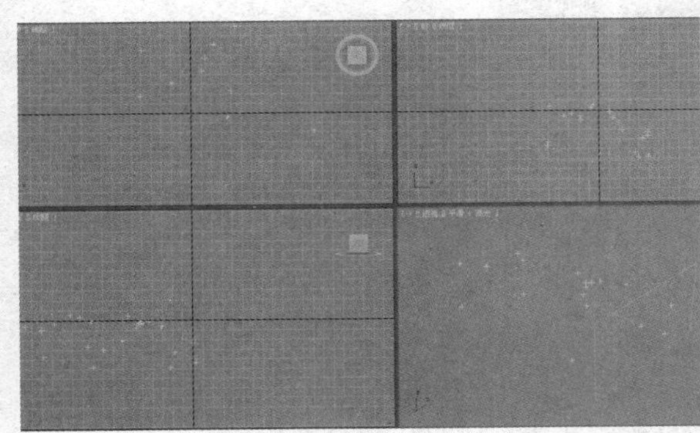

Step 01 打开3ds Max 2013，在"前"视口中创建一个"暴风雪"粒子，创建位置如图所示。

> **提 示**
>
> 如果粒子在发射器移动后不跟随发射器移动，则需要更改路径跟随参数，此时运动将应用于粒子。

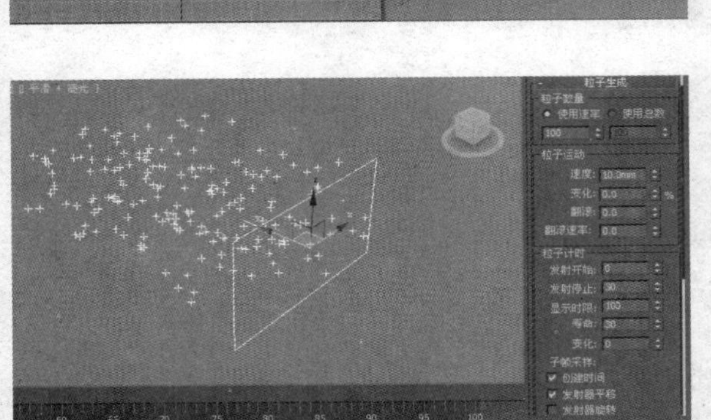

Step 02 在"粒子生成"卷展栏中，设置"使用速率"为100，场景中将增加更多的粒子，如图所示。

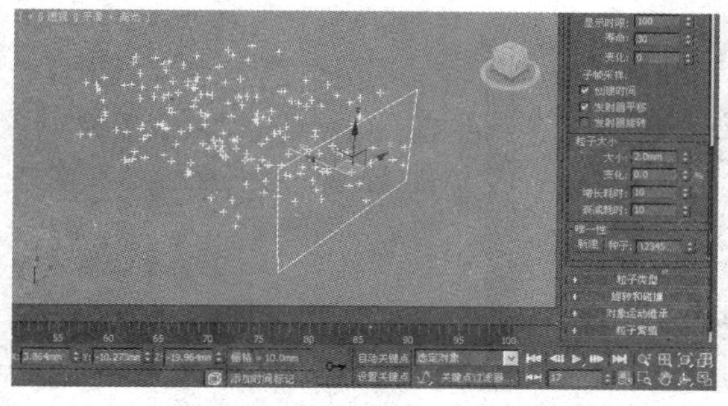

Step 03 在“粒子大小”参数卷展栏中，设置“大小”的参数值为2，如图所示。

> **提 示**
>
> 使用“超级喷射”和“暴风雪”可以创建雨和雪，这两个粒子系统可以针对水滴（超级喷射）和翻滚的雪花（暴风雪）效果进行优化操作。

Step 04 渲染场景，可观察到粒子变大，如图所示。

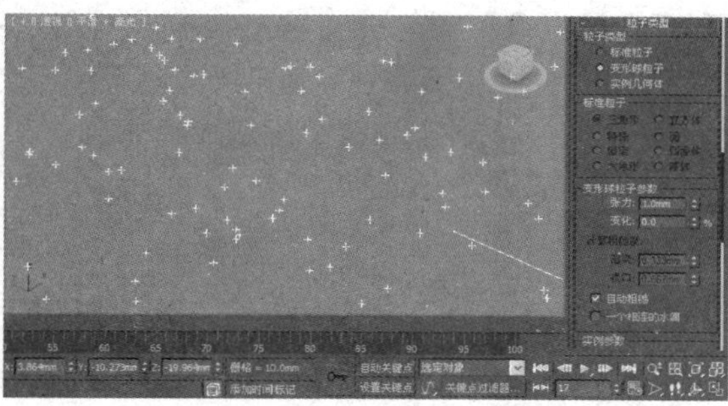

Step 05 在“粒子类型”选项组中，选择“变形球粒子”选项，如图所示。

> **提 示**
>
> 超级喷射和暴风雪没有分布对象，粒子云有分布对象，但是无法从对象处获取材质。

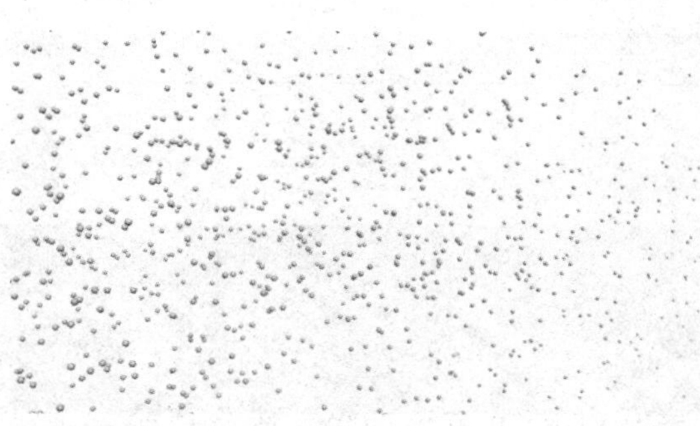

Step 06 渲染场景，可观察到粒子的外形呈现变形球的渲染效果，如图所示。

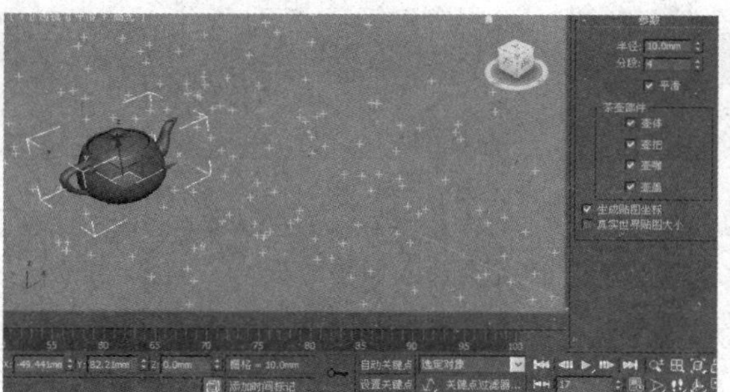

Step 07 下面，我们来尝试其他形状的粒子。在场景中创建一个茶壶，创建位置和参数设置如图所示。

> **提 示**
>
> 粒子系统对象与其他对象类似，任何时候都只能携带一种材质。

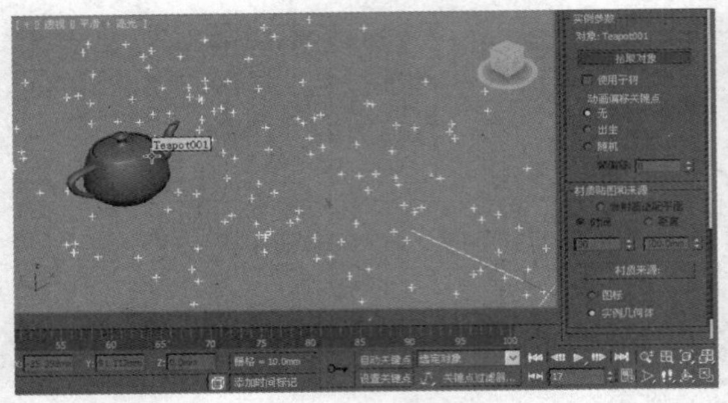

Step 08 选择粒子，并在参数面板中选择“实例几何体”类型，然后单击“拾取对象”按钮拾取对象，在场景中拾取茶壶对象，如图所示。

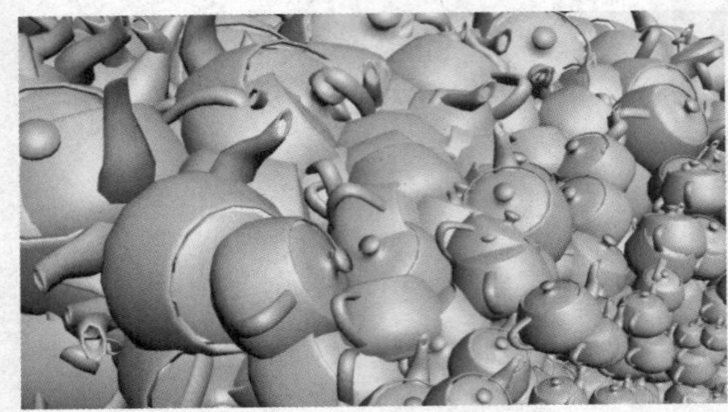

Step 09 渲染场景，可观察到粒子的外形呈现为茶壶的渲染效果，如图所示。

提　示

使用“多维/子对象”材质，将无法对图像应用运动模糊效果。

Step 10 设置茶壶大小参数，然后再次渲染场景，可观察到作为粒子的茶壶也相应的变小，如图所示。

12.1.4 粒子云

提　示

如果需要应用粒子云，就要求对象必须有深度，二维对象不能使用粒子云。

“粒子云”通常用于填充特定的体积，如一群飞翔的鸟、一群搬运食物的蚂蚁等。可以使用提供的基本体积来限制粒子，也可以将粒子云应用至对象的体积。如图所示为粒子云的参数面板。

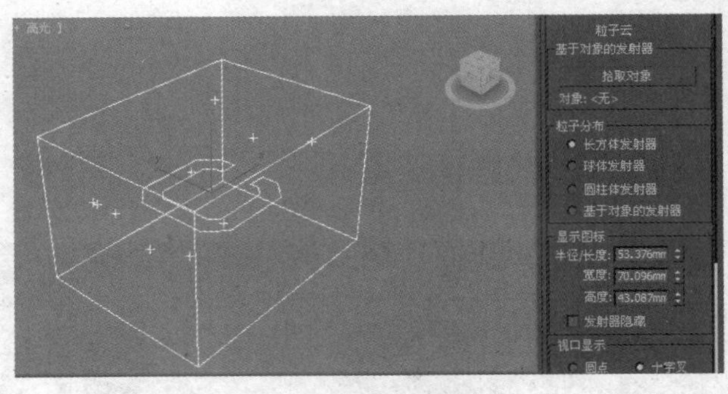

“粒子云”的参数卷展栏和“暴风雪”粒子的参数卷展栏基本一样，但多了“气泡运动”卷展栏，用于控制水下气泡上升时所看到的摇摆效果。

- 幅度：用于控制粒子离开的速度与矢量的距离。

● 周期：设置粒子从气泡到“波”的一个完整振动的周期。
● 相位：设置气泡图案沿着矢量的初始位移。
● 变化：每个粒子所应用的振幅、周期和相位变化的百分比。

创建简单的粒子云

范例实录

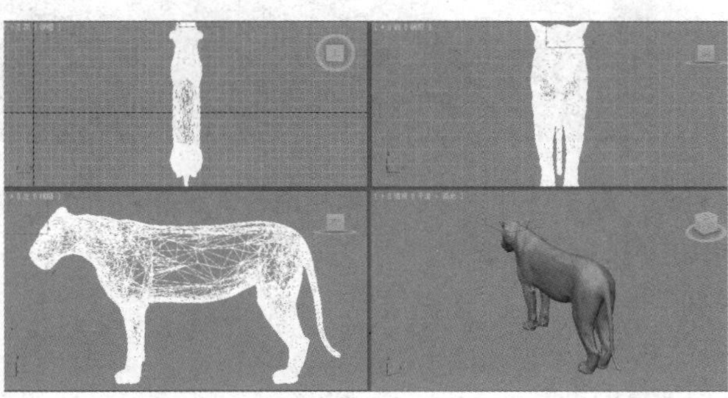

Step 01 打开本书配套光盘中的原始文件，效果如图所示。

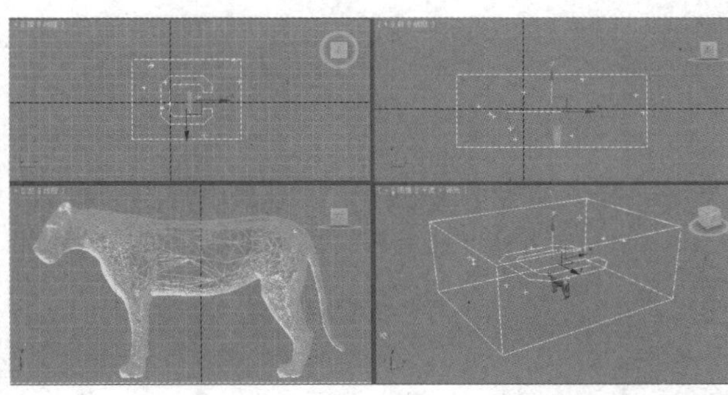

Step 02 在场景中创建一个“粒子云”对象，创建位置如图所示。

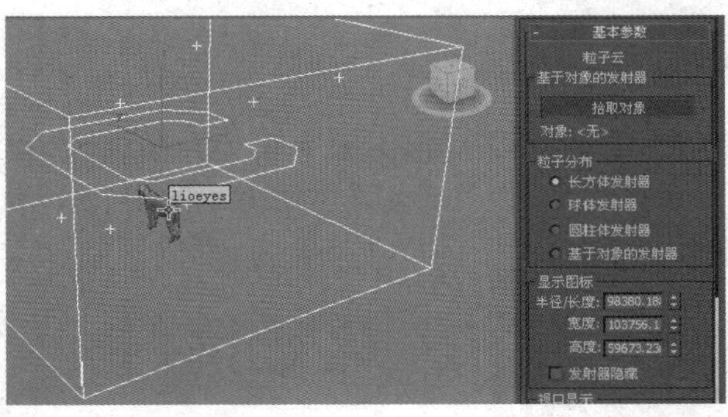

Step 03 在粒子的参数面板中，选择“实例几何体”，单击“拾取对象”按钮 拾取对象，在视口中单击对象以将其选中，如图所示。

Step 04 渲染场景，可观察到场景对象被添加到粒子云的应用范围内，如图所示。

DVD-ROM

原始文件：
范例文件\Chapter 12\12.1\创建简单的粒子云\创建简单的粒子云(原始文件).max

最终文件：
范例文件\Chapter 12\12.1\创建简单的粒子云\创建简单的粒子云(最终文件).max

提 示

作为基于对象的发射器是无法进行自动隐藏的。若要隐藏该对象，可以使用“显示”面板上的“隐藏选定对象”命令，或在轨迹视图中应用“隐藏”项。

提 示

若想获得粒子云正确的体积效果，就应将速度的参数值设置为0。

12.1.5 超级喷射

提 示

设置超级喷射可以生成密集的变形球粒子，可以生成流体效果。变形球粒子水滴聚在一起，可以形成水流。

“超级喷射”与简单的喷射粒子类似，但可以通过参数控制发射的粒子，并增强了控制参数。如图所示为该粒子系统的发射器和参数面板。

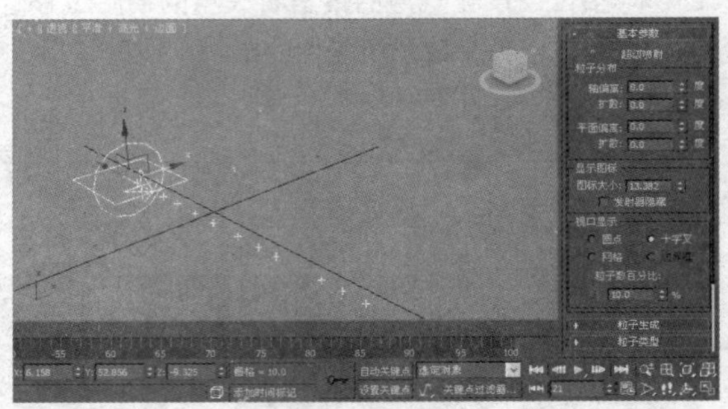

“超级喷射”的参数卷展栏与“粒子云”的参数基本相同，只是在粒子的“基本参数”卷展栏中，可以控制喷射的方向等属性。

- 轴偏离：影响粒子与Z轴的夹角。
- 平面偏离：影响围绕Z轴的发射角度。
- 扩散：影响粒子远离发射向量的扩散。

范例实录

创建超级喷射

DVD-ROM

最终文件:
范例文件\Chapter 12\12.1\创建超级喷射(最终文件). max

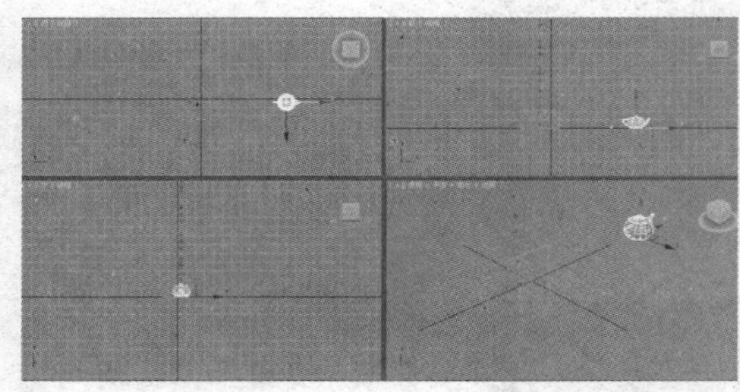

Step 01 在场景中创建一个“超级喷射”对象茶壶，创建位置如图所示。

提 示

使用超级喷射的气泡运动选项可以创建气泡。如果需要较快的渲染速度，应使用圆片粒子或四面体粒子。

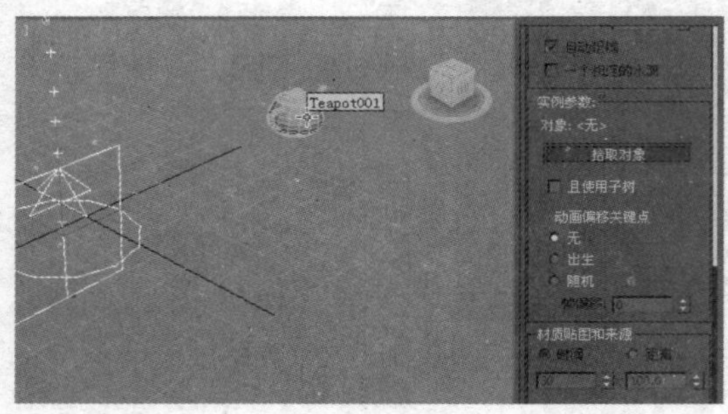

Step 02 选择“实例几何体”生成类型，然后拾取茶壶对象，如图所示。

提 示

粒子阵列使用另一个对象作为粒子发射器，通过设置粒子类型，可使用发射器对象的碎片来模拟出对象爆炸的效果。

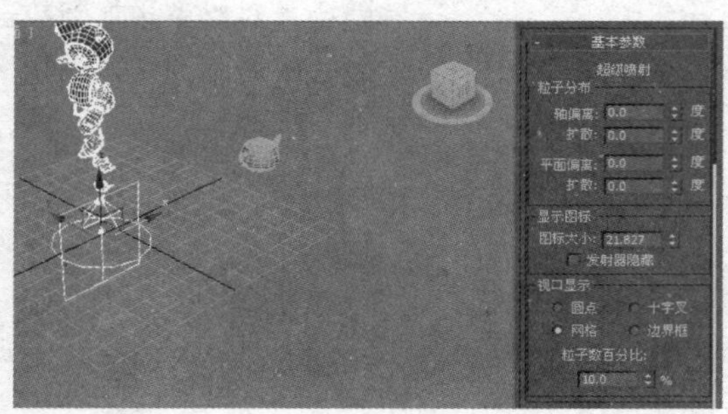

Step 03 在“基本参数”卷展栏中选择“网格”选项，场景中将显示粒子网格效果，如图所示。

Step 04 设置“轴偏移”的参数值为45。发射的粒子将偏移45°，如图所示。

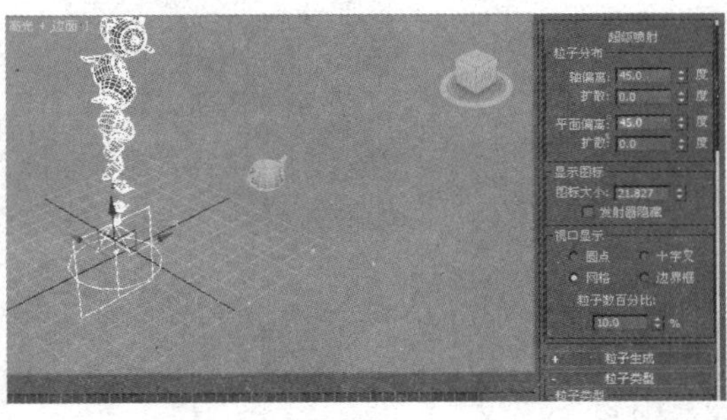

Step 05 设置“平面偏移”的参数为45，粒子将在偏移轴向上的平面上偏移45°，如图所示。

提 示

可以将粒子设置为互相检测碰撞，如果用粒子创建固体对象，将对粒子碰撞非常有用。

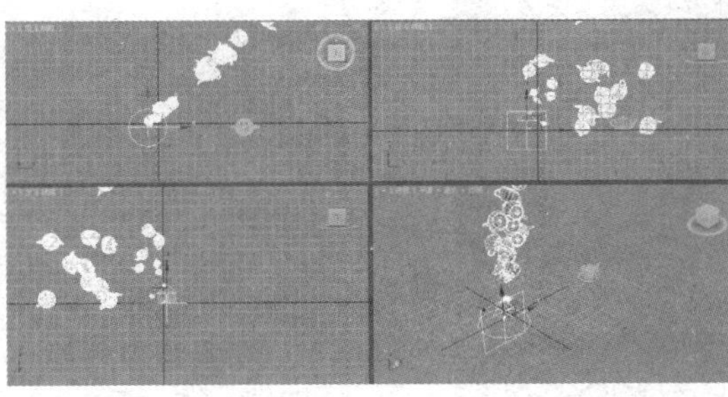

Step 06 设置“轴偏移”的“扩散”值为45。粒子将在偏移轴上偏移45°，如图所示。

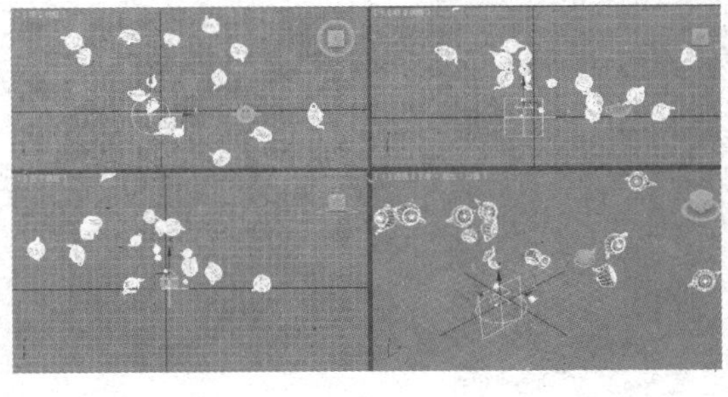

Step 07 设置“平面偏移”的“扩散”值为90，可观察到粒子在垂直Z轴的平面上偏移了90°，如图所示。

提 示

粒子碰撞、导向板绑定和气泡噪波在实际应用中很难很好地配合使用。

12.1.6 粒子阵列

“粒子阵列”可以创建两种不同类型的粒子效果，包括用于将所选几何体对象用作发射器模板，发射粒子和创建复杂的对象爆炸效果。如图所示为粒子阵列应用效果。

提 示

如果对对象碎片粒子使用复杂的分布方式，会减慢视口交互应用的速度。

“粒子阵列”和“粒子云”的参数类似，但粒子阵列不仅可以通过对象发射粒子，还可以选择不同的分布方式。

- 在整个曲面：选择该项，在基于对象的发射器的整个曲面上随机发射粒子。
- 沿可见边：选择该项，从对象的可见边随机发射粒子。
- 在所有的顶点上：选择该项，从对象的顶点发射粒子。
- 在特殊点上：选择该项，在对象曲面上随机分布指定数目的发射器点。
- 在面的中心：选择该项，从每个三角面的中心发射粒子。

范例实录

使用粒子阵列

DVD-ROM

原始文件：
范例文件\Chapter 12\12.1\使用粒子阵列\使用粒子阵列（原始文件）. max

最终文件：
范例文件\Chapter 12\12.1\使用粒子阵列（最终文件）. max

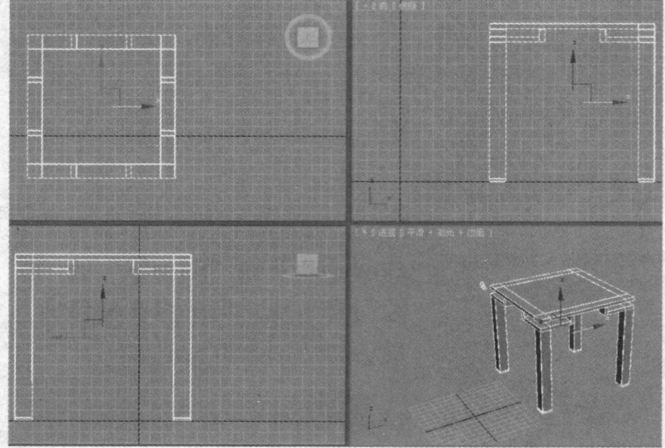

Step 01 打开本书配套光盘中的原始文件，效果如图所示。

提 示

只有使用面片和元素子对象层级时，使用选定子对象才适用于面片对象发射器，但不适用于NURBS对象。

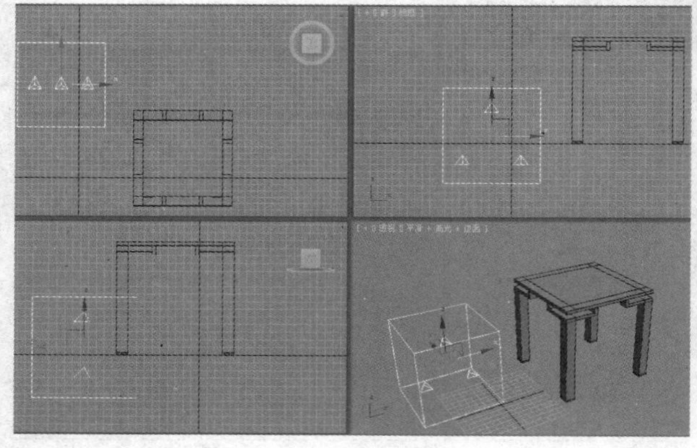

Step 02 在场景中创建一个“粒子阵列”对象，创建位置如图所示。

提 示

粒子系统只能使用一种粒子。不过一个对象可以绑定多个粒子阵列，每个粒子阵列可以发射不同类型的粒子。

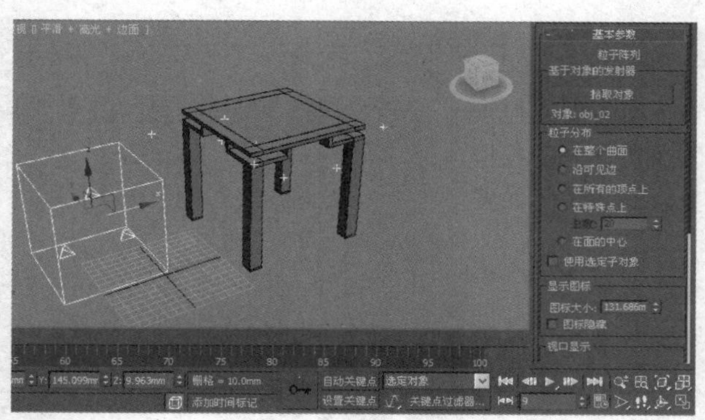

Step 03 拾取桌面为粒子的发射对象，可观察到默认情况下，粒子将通过桌面进行发射，如图所示。

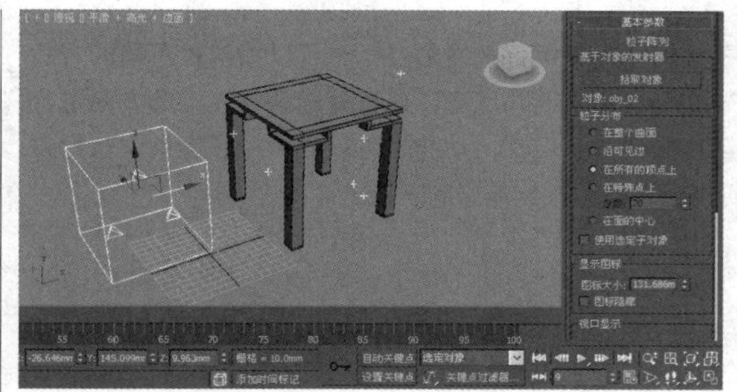

Step 04 选择“在所有的顶点上”选项，粒子将从桌面的4个顶点进行发射，效果如图所示。

12.2 粒子流

粒子流是一种新型的、功能多且强大的3ds Max粒子系统。粒子流通过粒子视图来使用事件驱动模型，可将一定时期内描述粒子属性的单独操作合并到称为事件的组中。

> **提　示**
>
> 粒子视图中的第一个事件被称为全局事件，因为包含在内的任何操作符都能影响到整个粒子系统。

12.2.1 粒子视图

粒子视图提供了用于创建和修改粒子流中粒子系统的主要参数，整个粒子系统可包括一个或多个相互关联的事件，每个事件又允许具有不同的操作符和测试列表。如图所示为粒子视图。

> **提　示**
>
> 默认情况下，事件中的每个操作符和测试的名称后面，是它们最重要的属性设置。

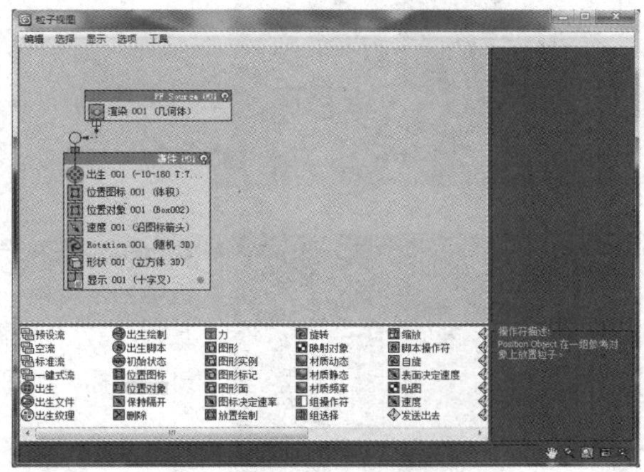

- 菜单栏：提供用于编辑、选择、调整视图以及分析粒子系统的功能。
- 事件显示：在菜单栏左下侧是事件显示窗口，包含粒子图表，并提供了修改粒子系统的功能。
- 参数面板：在菜单栏右下侧是参数面板，包含多个卷展栏，用于查看和编辑任何选定动作的参数。
- 仓库：粒子视图的左下侧为仓库，包含了所有的粒子流动作，以及几种默认的粒子系统。
- 说明面板：粒子视图的右下侧为说明面板，将显示被高亮显示的仓库项目的简短说明。
- 显示工具：显示工具位于粒子视图右下角，可以平移、缩放事件显示窗口。

注 意

粒子流的粒子生出后，粒子可以固定地保留在发射点，也可以按两种不同的方式开始移动。首先，粒子可以在场景中以某种速度，或按各类动作指定的方向进行物理移动。这些是典型的速度操作符，但其他动作也可以影响粒子运动，包括自旋和查找目标。此外，还可以通过外力操作符来影响粒子运动。

范例实录

创建一个粒子流系统

DVD-ROM

最终文件：
范例文件\Chapter 12\12.2\创建一个粒子流系统（最终文件).max

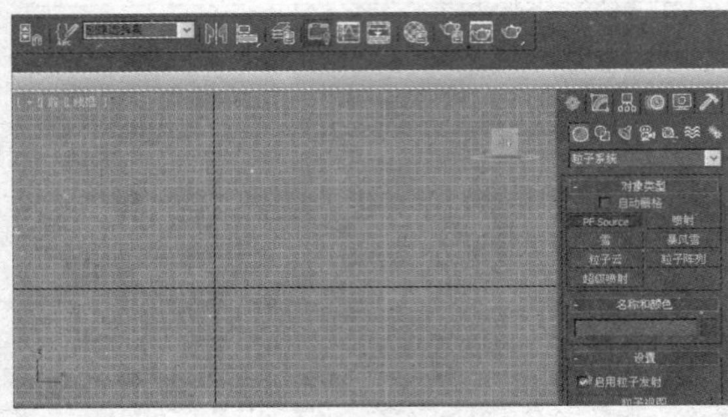

Step 01 在右侧的“创建”命令面板中，单击PF Source（粒子流源）按钮 PF Source ，如图所示。

提 示

粒子流源是每个流的视口图标，同时也可以作为默认的发射器。在默认情况下，显示为带有中心徽标的矩形。

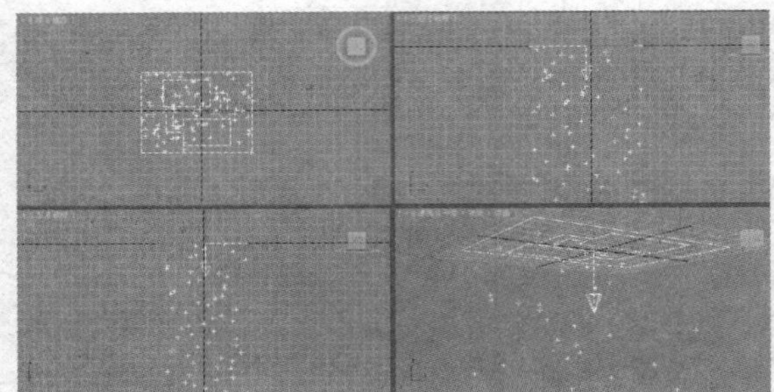

Step 02 在场景中用鼠标拖动的方法，创建出一个粒子流系统，如图所示。

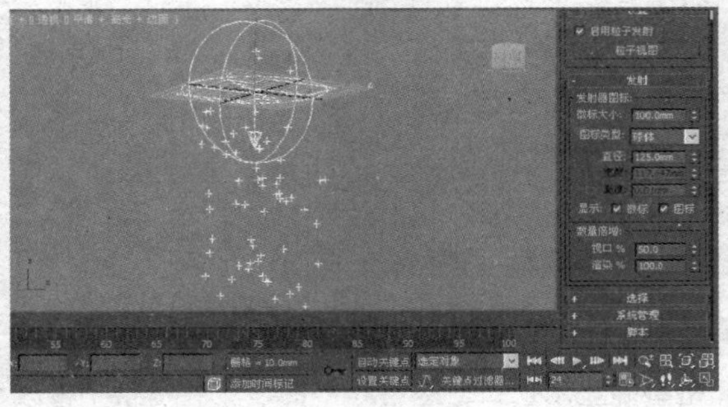

Step 03 在粒子流源的参数面板中的“发射”卷展栏中设置基本参数。选择“球体”的发射器图标，如图所示。

提 示

使用测试可以确定粒子何时能满足条件，可以离开当前事件并进入另外的事件中。

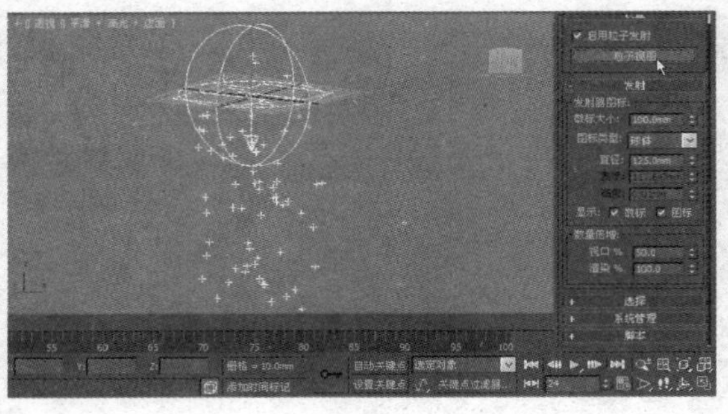

Step 04 在“设置”卷展栏中单击“粒子视图”按钮 粒子视图 ，如图所示。

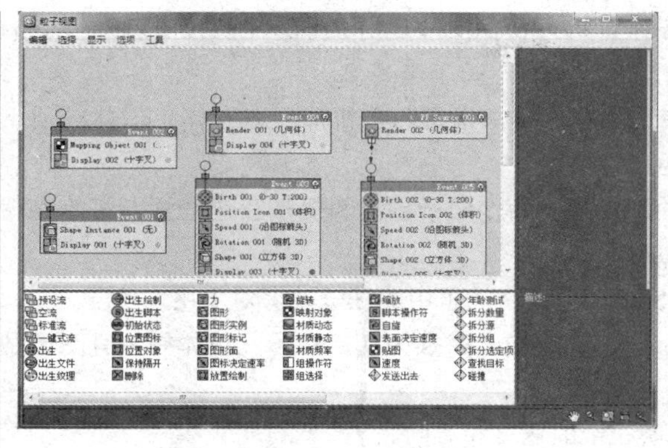

Step 05 单击按钮后，将开启“粒子视图”窗口，在窗口的事件显示区域中将对应显示出创建的粒子流源和默认的动作，如图所示。

12.2.2 操作符

Operators（操作符）是粒子系统的基本元素，将操作符应用到事件中可设定粒子的特性，主要用于描述粒子的速度、方向、形状、外观等属性。如图所示为仓库中的粒子操作符。

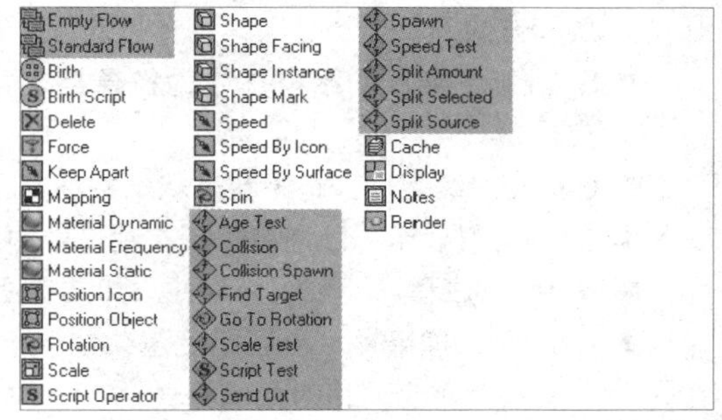

提 示

工具类操作符位于仓库的末尾，总共有5个。

操作符主要分为两类，一类用于直接控制粒子的行为，一类属于工具功能，用于优化粒子系统的播放、显示、注释等特性。

- Birth（出生）：可使用一组简单参数在粒子流系统中创建粒子。
- Birth Script（出生脚本）：使用MAXScript脚本在粒子流系统中创建粒子。
- Delete（删除）：该操作符可将粒子从粒子系统中移除。
- Force（力）：可以应用力类别中的一个或多个空间扭曲来影响粒子运动。
- Keep Apart（保持分离）：可用于将力应用于粒子，使这些粒子分离，从而避免或减少粒子间的碰撞。
- Mapping（贴图）：允许将恒定UVW贴图指定至粒子的整个曲面。
- Material Dynamic（材质动态）：操作符用于为粒子提供在事件期间可以变化的材质ID。
- Material Frequency（材质频率）：操作符允许将材质指定给事件，并指定每个子材质在粒子上显示的相对频率。
- Material Static（材质静态）：为粒子提供整个事件期间保持恒定的材质ID。
- Position Icon（位置图标）：控制发射器上粒子的初始位移。
- Position Object（位置对象）：可以设置发射器从其曲面、体积、边、顶点、轴或子对象选择发射粒子。
- Rotation（旋转）：设置事件期间的粒子方向及其动画，并且可选设置粒子方向的随机变化。
- Scale（缩放）：可以设置事件期间的粒子大小及其动画，并且可选设置粒子大小的随机变化。

- Script Operator（脚本操作符）：使用MAXScript脚本控制粒子流系统中的粒子。
- Shape（图形）：可以使用此操作符来指定四棱锥形、立方体、球体或顶点图形的粒子以及粒子大小。
- Shape Facing（图形朝向）：可将每个粒子创建为矩形，这些矩形将始终朝向某特定对象、摄影机或方向。
- Shape Instance（图形实例）：允许将场景中的任一参考对象用作粒子。
- Shape Mark（图形标记）：将每个粒子替换为切自粒子几何体并带有图像贴图的矩形或长方体。
- Speed（速度）：可以控制粒子的速度和方向。
- Speed By Icon（速度按图标）：允许使用特殊的非渲染图标来控制粒子速度和方向。
- Speed By Surface（速度按曲面）：可使用场景中的任意对象来控制粒子速度和方向。
- Spin（自旋）：给事件中的粒子指定角速度，并且可以设置角速度的随机变化。
- Cache（缓存）：记录粒子状态并将其存储到内存中。
- Display（显示）：指定粒子在视口中的显示方式。
- Notes（注释）：可以为事件添加文字注释，对粒子系统没有任何直接效果。
- Render（渲染）：可以指定渲染粒子所采用的形式，以及出于渲染目的将粒子转换为单个网格对象的方式。

范例实录

应用操作符

DVD-ROM

原始文件：
范例文件\Chapter 12\12.2\应用操作符（原始文件）.max

最终文件：
范例文件\Chapter 12\12.2\应用操作符（最终文件）.max

提 示

使用删除操作符可将粒子从粒子系统中移除，默认情况下粒子永远保持活动状态。

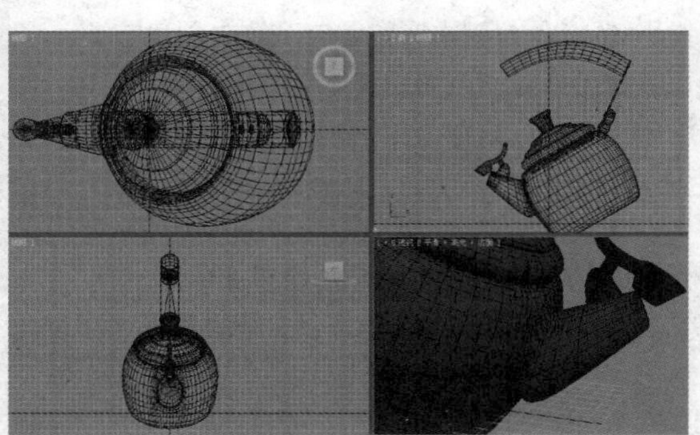

Step 01 打开本书配套光盘中的原始文件，如图所示。

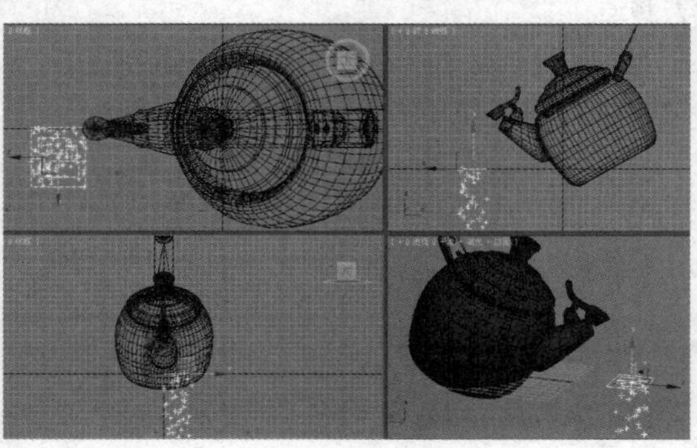

Step 02 在场景中创建一个PF Source（粒子流源）对象，创建位置如图所示。

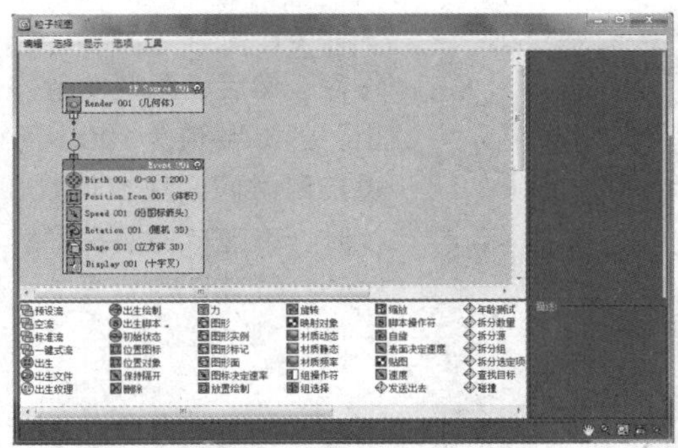

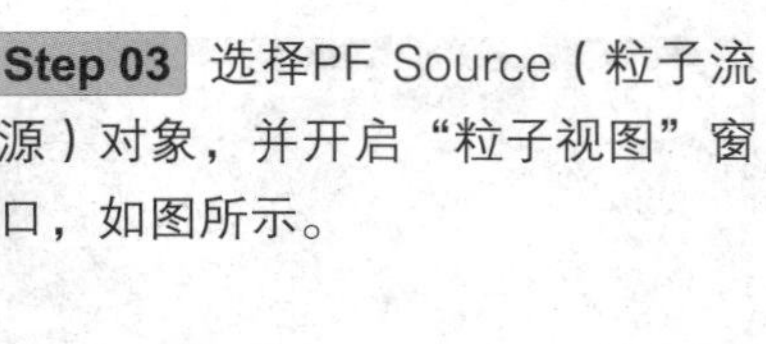

Step 03 选择PF Source（粒子流源）对象，并开启“粒子视图”窗口，如图所示。

> **提 示**
>
> 在出生事件中使用位置对象，粒子最初将会出现在一个或多个发射器对象之上。

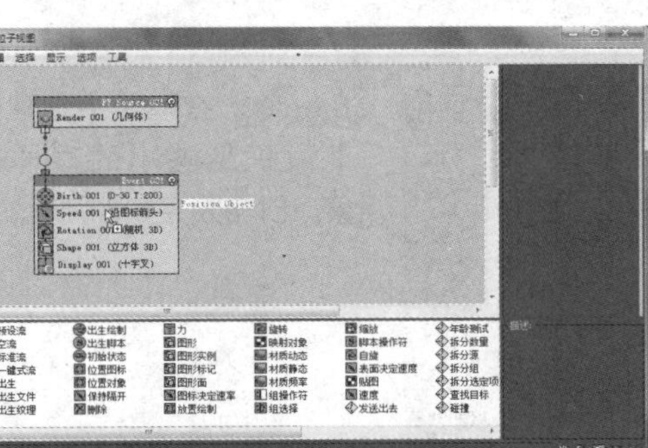

Step 04 删除Position Icon（位置图标）操作符，然后从仓库中拖曳Position Object（位置对象）操作符到事件中，如图所示。

> **提 示**
>
> 旋转操作符的速度空间跟随参数，可以使用粒子方向的坐标空间由进入事件的粒子确定。在默认情况下，粒子会不断地改变自身的方向，以对准正在移动的方向。

Step 05 选择Position Object（位置对象）操作符，在左侧的参数面板中单击“添加”按钮添加，在视口中拾取茶壶对象，如图所示。

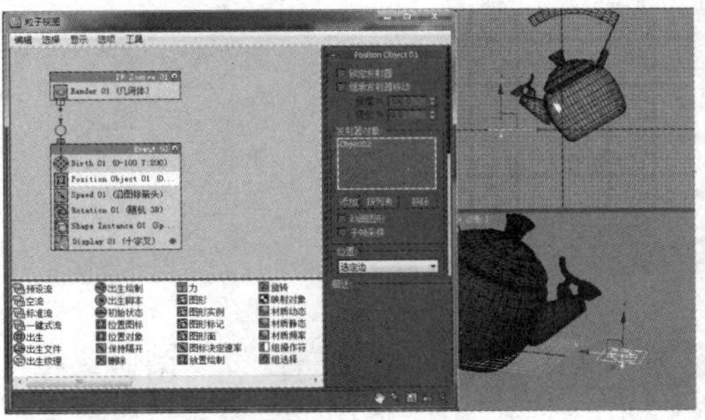

Step 06 在Position Object（位置对象）操作符参数面板的“位置”选项组中，选择“选择的边”选项，如图所示。

> **提 示**
>
> 自旋操作符的速度空间参数可以由刚进入事件的粒子方向确定。

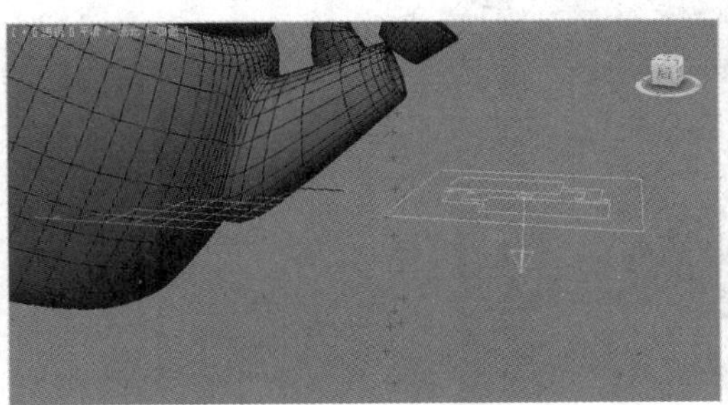

Step 07 选择茶壶口的边，可观察到粒子将从选择的边发射出来，如图所示。

提 示

如果从“创建”面板中添加速度按钮图标，粒子流将会在该粒子图表中创建此操作符的单独事件。

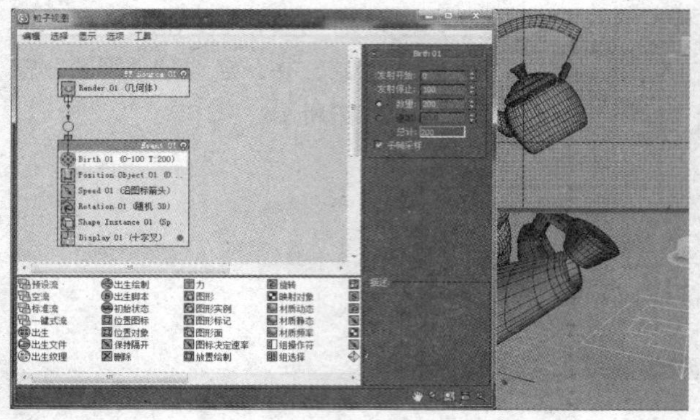

Step 08 选择“出生”操作符，然后设置“发射停止”的参数值为100。可观察到时间滑块在第100帧时，茶壶口仍然在发射粒子，如图所示。

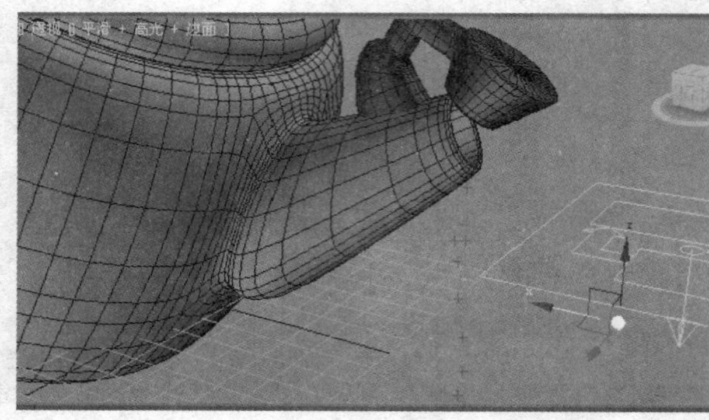

Step 09 在场景中创建一个体积足够小的球体对象，创建效果如图所示。

提 示

如果删除视口中的速度按钮图标操作符，则也会删除粒子流系统中相应的操作符。

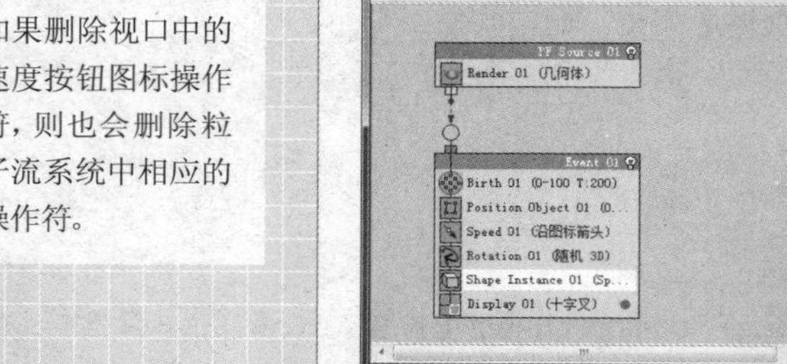

Step 10 在粒子视图中删除“图形”操作符，然后添加“图形关联”操作符，如图所示。

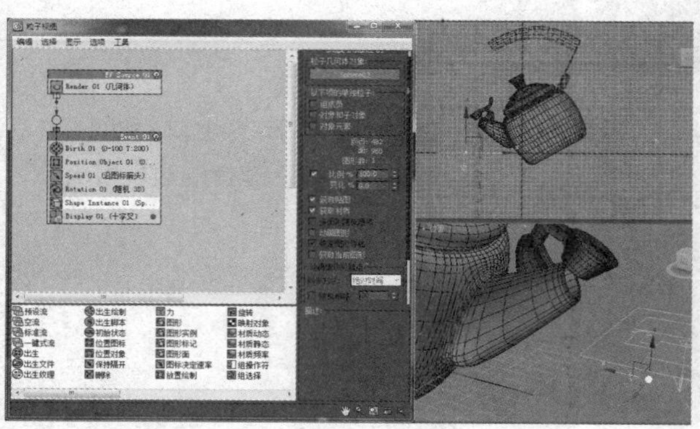

Step 11 在“图形关联”操作符参数面板中激活相应的按钮，然后在视口中拾取球体对象，效果如图所示。

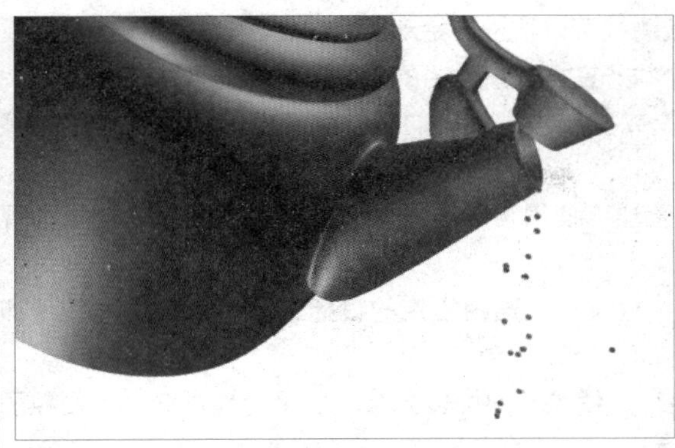

Step 12 简单渲染场景，可观察到茶壶发射的粒子变成了球体，如图所示。

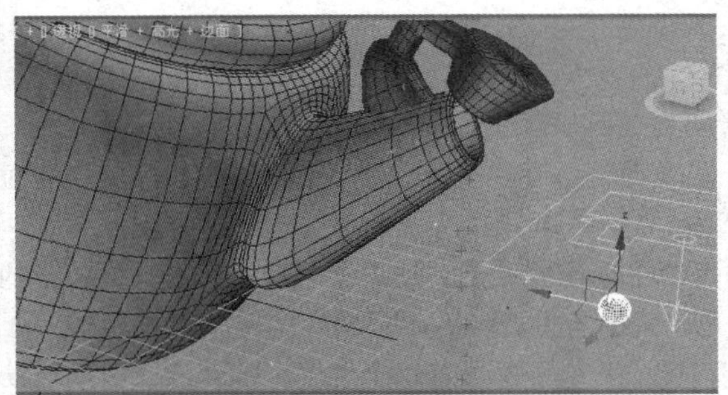

Step 13 为球体对象设置较大的半径参数，使球体变大，如图所示。

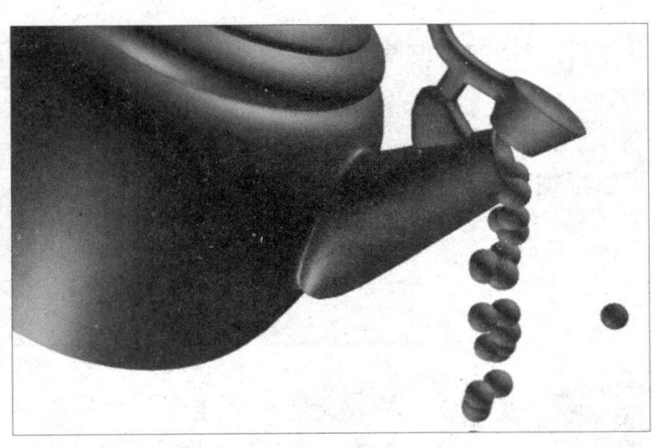

Step 14 再次渲染场景，可观察到作为粒子的球体也相应的变大，如图所示。

> **提 示**
>
> 若想要更好地控制曲面上的粒子运动，应该在应用速度按钮曲面操作符之前，首先应用位于同一事件中的速度操作符。

> **提 示**
>
> 在应用保持分离操作符时，默认的参数设置可能无法避免粒子穿插，此时就需要增加分离，可以对力和加速度限制使用较高的值，并选择相对于粒子大小选项，增加核心值来实现。

12.2.3 测试

“测试”是粒子流的一个重要功能，用于确定粒子是否满足一个或多个条件。当粒子满足时，会进行下一个事件，整个测试过程类似编程过程。如图所示为粒子视图仓库中提供的测试。

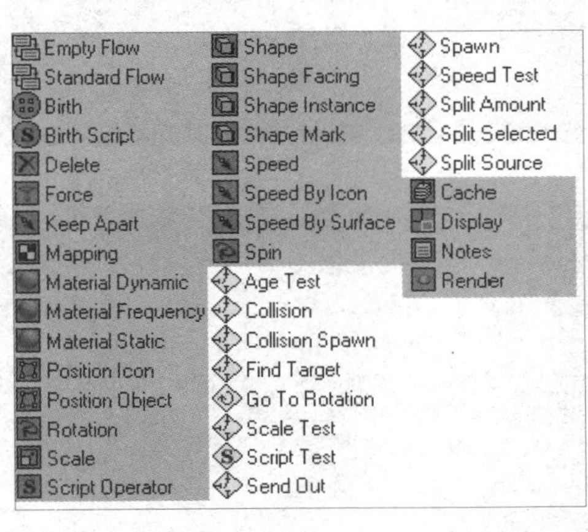

提　示

一般情况下，测试应该放在事件结尾，因特定原因需要将其放在其他位置的除外。

- Age Test（年龄测试）：该测试可以检查开始动画后是否已过了指定时间，及某个粒子存在的时长或某个粒子在当前事件中的时长，并相应导向不同分支。
- Collision（碰撞）：与一个或多个指定的导向板空间扭曲碰撞的粒子的碰撞测试。
- Collision Spawn（碰撞繁殖）：使用与一个或多个导向板空间扭曲碰撞的现有粒子创建新粒子。
- Find Target（查找目标）：将粒子发送到指定的目标，到达目标后，粒子即重定向到另一个事件。
- Go To Rotation（转到旋转）：使粒子的旋转分量可以平滑地过渡，以便粒子可以在特定的周期内逐渐旋转到特定的方向。
- Scale Test（缩放测试）：粒子系统可以检查粒子的缩放或缩放前后的粒子大小以及相应分量。
- Script Test（脚本测试）：可以使用MAXScript脚本测试粒子条件。
- Send Out（发出测试）：简单地将所有粒子发送给下一个事件，或将所有粒子保留在当前事件中。
- Spawn（繁殖）：使用现有粒子创建新粒子，每个繁殖的粒子在其父粒子的位置生成，其方向和形状也和父粒子相同。
- Speed Test（速度测试）：粒子系统可以检查粒子速度、加速度或圆周运动的速率以及相应分量。
- Split Amount（分割量）：可以将特定数目的粒子发送给下一个事件，将所有剩余的粒子保留在当前事件中。
- Split Seleeted（分割选定）：可以根据粒子的选择状态分割粒子流。
- Split Source（分割源）：可以根据粒子的来源分割粒子流。

范例实录

测试粒子流

DVD-ROM

原始文件：
范例文件\Chapter 12\12.2\测试粒子流（原始文件）. max

最终文件：
范例文件\Chapter 12\12.2\测试粒子流（最终文件）. max

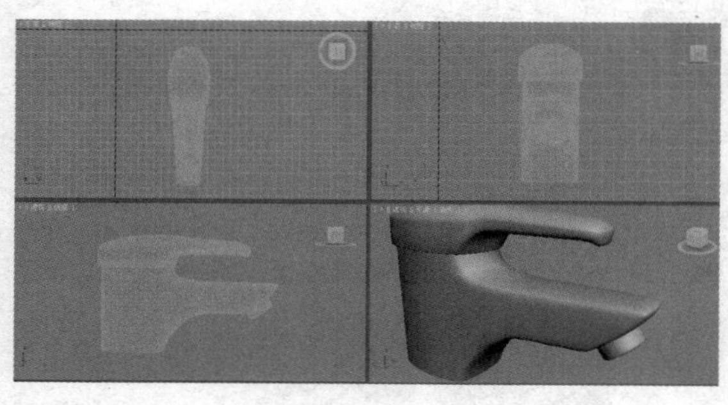

Step 01 打开本书配套光盘中的原始文件，如图所示。

提　示

繁殖测试只是使用现有粒子创建新粒子，将新粒子的测试结果设置为真值，使粒子自动有资格重定向到另一个事件。

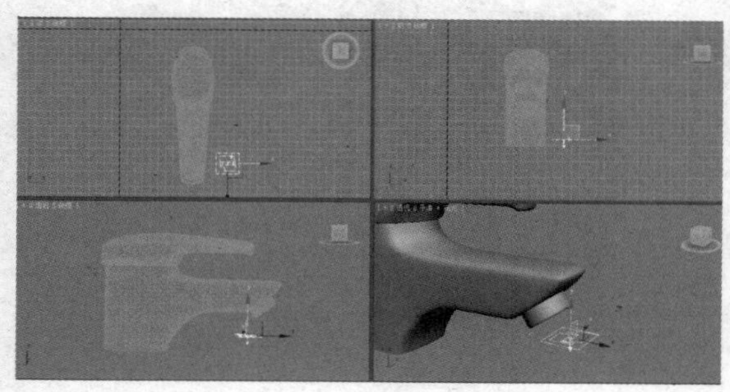

Step 02 在场景中创建一个“粒子流源”对象，创建位置如图所示。

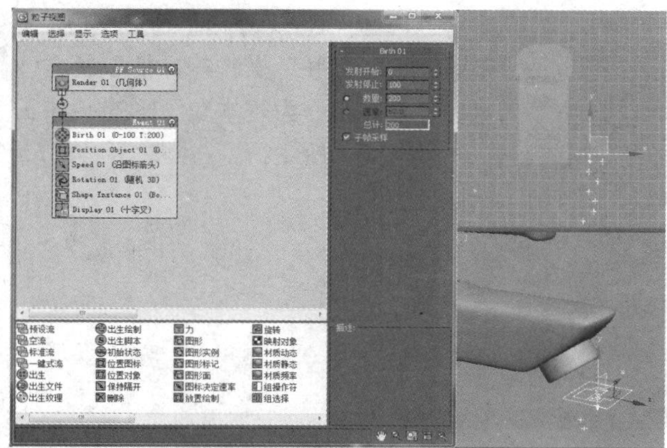

Step 03 在“粒子视图”窗口中，设置“出生”操作符参数，使发射器一直产生粒子，如图所示。

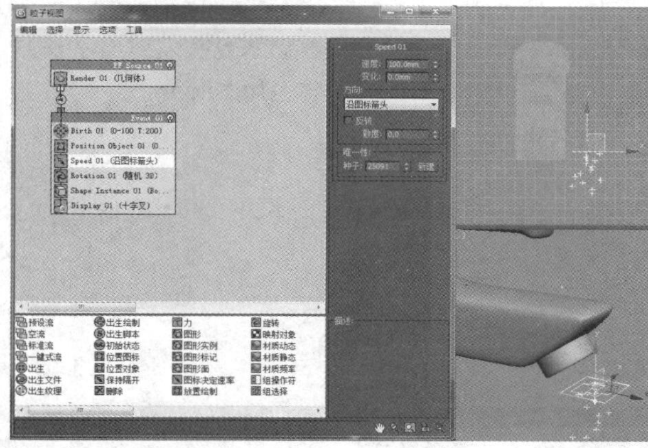

Step 04 设置“速度”操作符，减弱粒子的发射速度，如图所示。

> **提 示**
>
> 在测试与多个导向板的碰撞时，为了获得最佳效果，可以将所有导向板放置在单个碰撞测试中。这样将同时测试与所有导向板的碰撞。

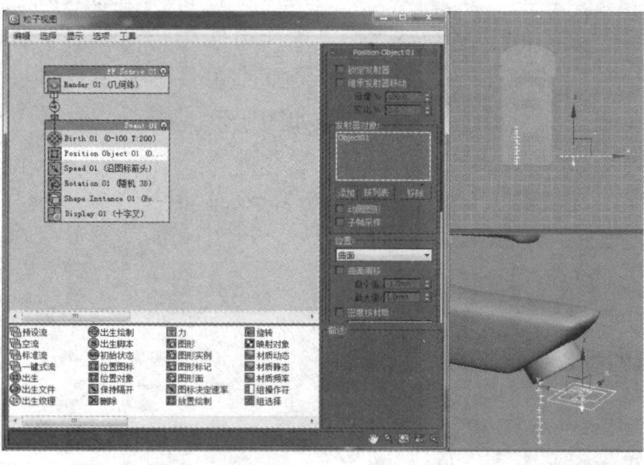

Step 05 应用“位置对象”操作符，将水龙头的喷水口设置为粒子发射器，如图所示。

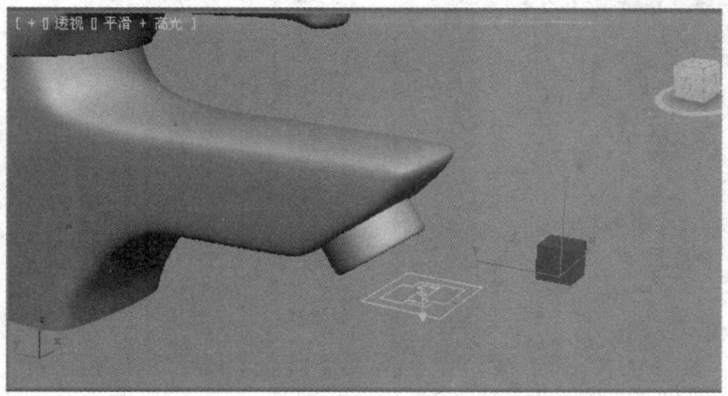

Step 06 创建一个较小的长方体，用作基本粒子，效果如图所示。

> **提 示**
>
> 在现实世界中，如果粒子反复地碰撞某个表面，每次碰撞都会损失动能，速度逐渐减慢。

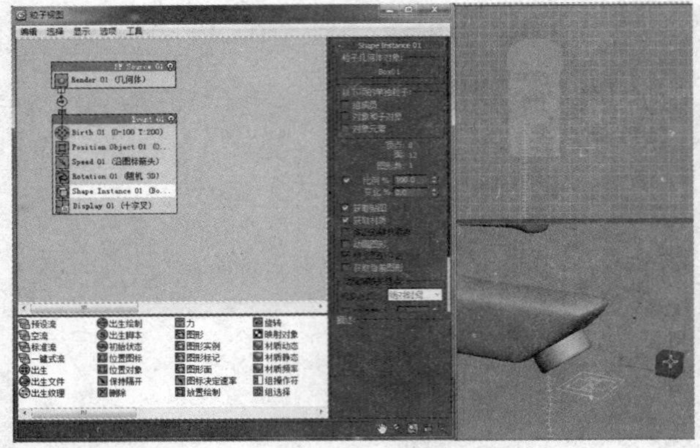

Step 07 应用“图形关联”操作符，拾取长方体作为基本粒子形态，如图所示。

> **提 示**
>
> 在粒子循环中，如果所有粒子都是在各自的起始位置结束，那么所生成的动画就可以无缝地重复播放。

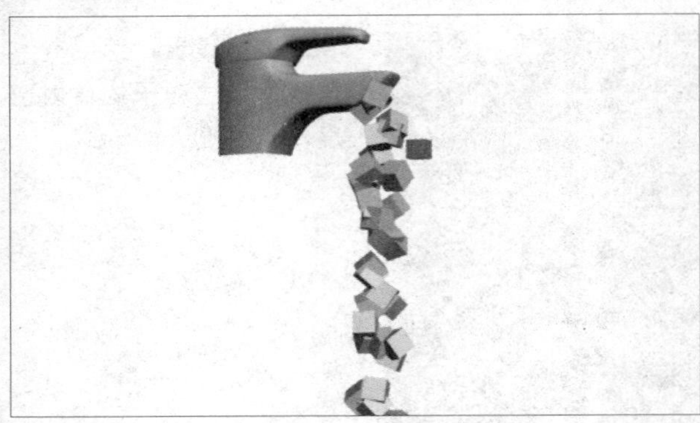

Step 08 渲染场景，可观察到水龙头发射出了长方体，如图所示。

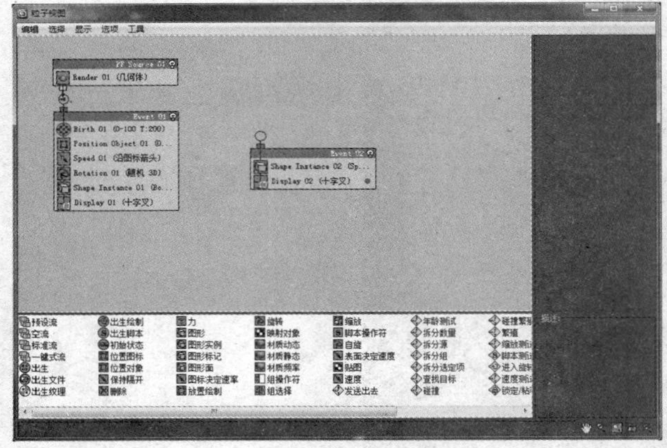

Step 09 在“粒子视图”窗口中，将“图形关联”操作符作为一个新的事件添加到事件显示窗口中，如图所示。

> **提 示**
>
> 使用“查找目标”操作符时，如果要平滑地运动，需要使用较低的加速度限制值。如果需要更高的准确性，要使用较高的值。可以通过设置动画来根据所需的结果指定不同的适当值。

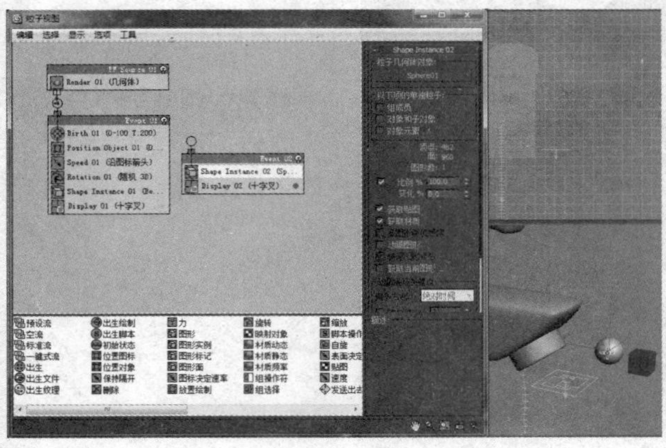

Step 10 在场景中创建一个足够小的球体对象，并将其作为新事件的图形关联对象，如图所示。

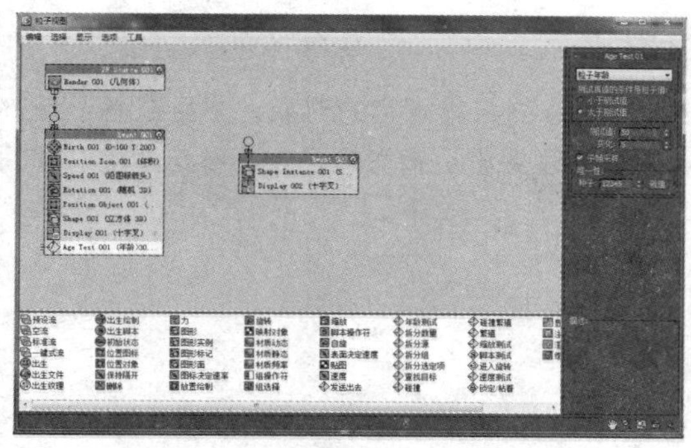

Step 11 为原始事件添加一个“年龄测试”，如图所示。

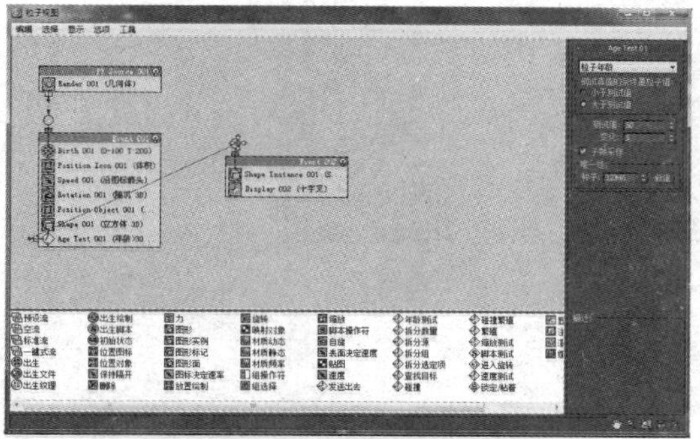

Step 12 在原始事件的左下侧按住鼠标不放，把原始事件拖曳到新事件顶部，然后释放鼠标，将事件进行关联。即当粒子满足一定条件时，应用新的事件2，如图所示。

> **提 示**
>
> 在使用查找目标测试时，如果禁用了锁定目标对象则需要更多的计算。因为系统必须重新计算每个粒子在每个帧中的最佳目标点。

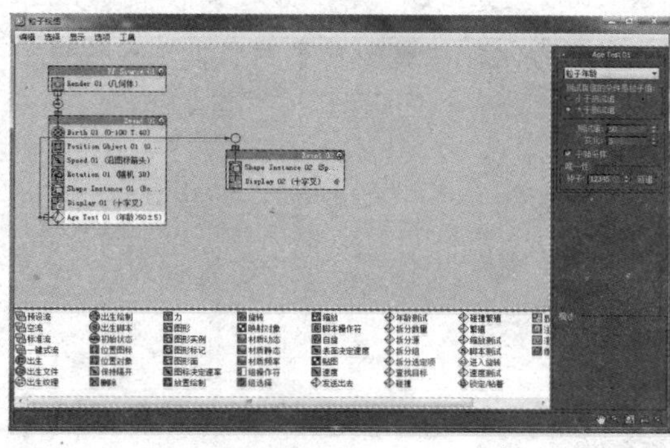

Step 13 完成事件关联的操作后，可观察到有导航线提示事件之间的关系，然后设置“年龄测试”的参数，如图所示。

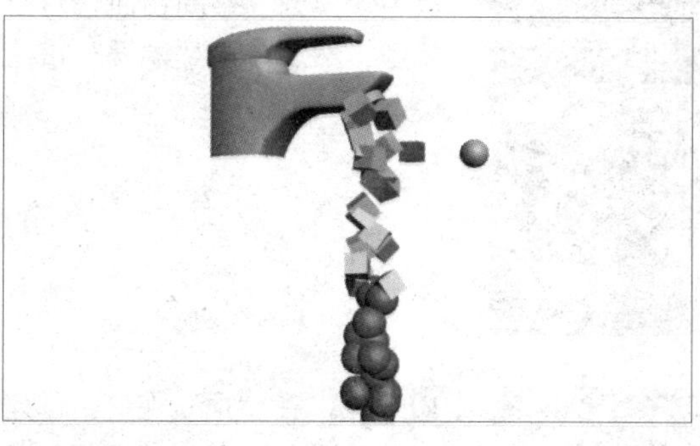

Step 14 从第70帧处开始渲染，可观察到水龙头发射的粒子最初为长方体，到设定的时间处变为球体，如图所示。

> **提 示**
>
> 转到旋转测试与旋转、形状朝向和形状标记操作符不兼容，建议不要在同一事件中同时使用它们。

12.3 与粒子相关的空间扭曲对象

“空间扭曲”通常用于辅助粒子系统，能使场景中的对象受到“力”的影响，并产生形变。用于粒子系统时，能够创建出涟漪、波浪等效果。

12.3.1 空间扭曲的基本知识

提 示

当把多个对象和一个空间扭曲绑定在一起时，空间扭曲的参数会影响所有对象。

"空间扭曲"的行为类似修改器，但只影响与其绑定的对象，并且是基于世界空间。当创建空间扭曲对象后，视口中会出现线框进行表示，但不参与渲染。如图所示为被空间扭曲变形的对象表面。

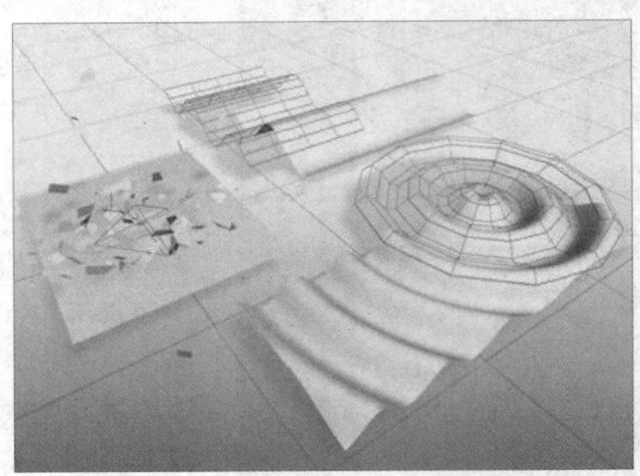

范例实录

简单应用空间扭曲

DVD-ROM

原始文件：
范例文件\Chapter 12\12.3\简单应用空间扭曲（最终文件）.max

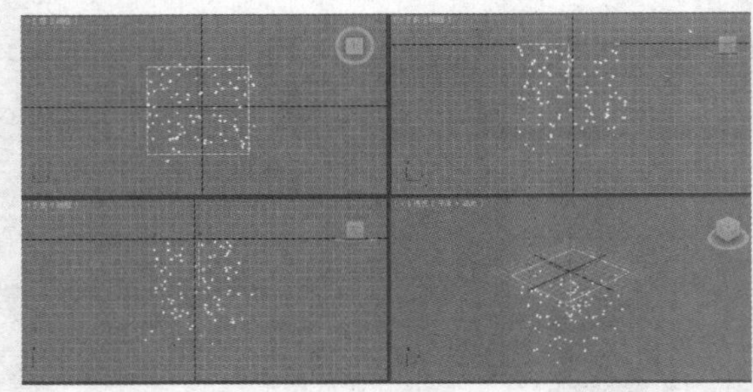

Step 01 在场景中创建一个"雪"粒子对象，创建效果如图所示。

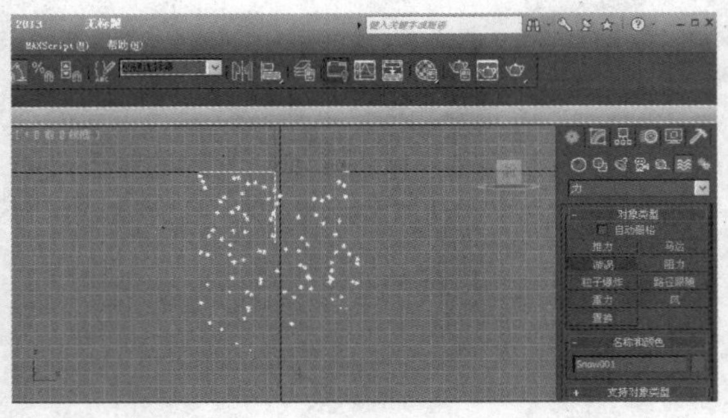

Step 02 在"创建"命令面板中切换到"空间扭曲"对象类型，然后单击"旋涡"按钮 旋涡 ，如图所示。

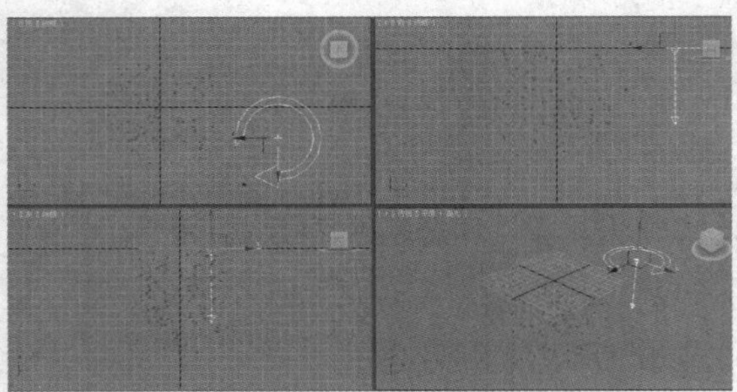

Step 03 在"顶"视口中创建一个旋涡空间扭曲对象，创建位置如图所示。

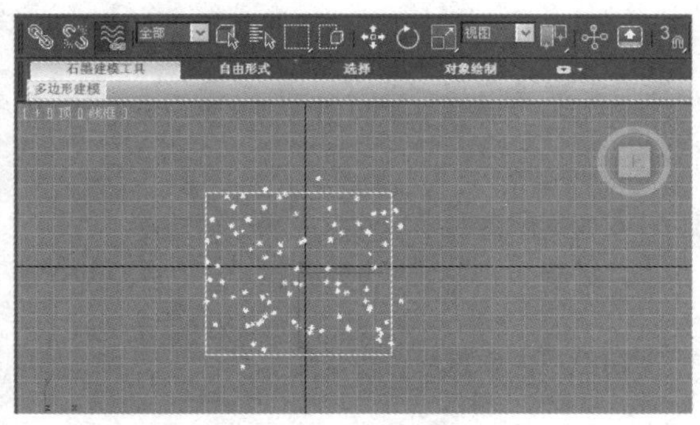

Step 04 选择“雪”粒子对象，然后在主工具栏中单击“绑定到空间扭曲”按钮，如图所示。

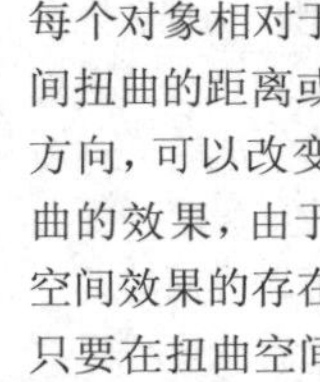

提 示

每个对象相对于空间扭曲的距离或者方向，可以改变扭曲的效果，由于该空间效果的存在，只要在扭曲空间中移动对象就可以改变扭曲的效果。

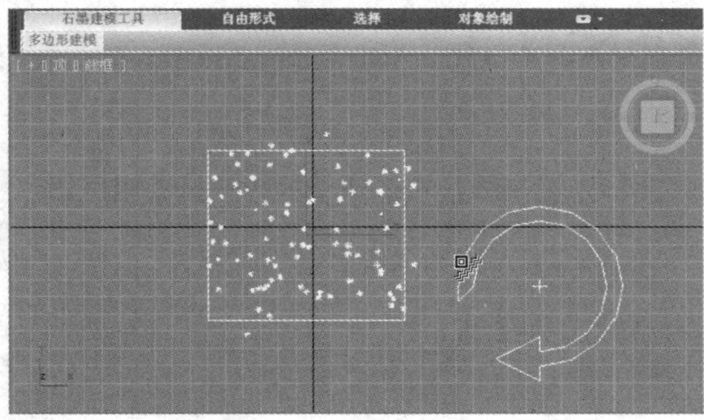

Step 05 通过鼠标拖曳的方式，将雪粒子和旋涡空间扭曲对象进行绑定，如图所示。

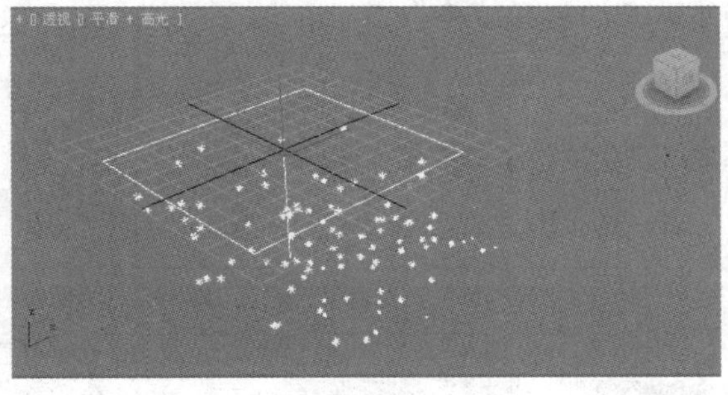

Step 06 完成绑定后，空间扭曲的力场作用即刻生效。如图所示为雪粒子受漩涡的力的影响产生了新的方向。

提 示

重力、粒子爆炸、风力、马达和推力不仅可以作用于粒子系统，还可以在动力学模拟中用于特殊目的。

12.3.2 力

“力”可以模拟多种力场对粒子系统或动力学系统产生的影响，如推力、马达、重力等多种常见力场。如图所示为马达驱散云状粒子的应用效果。

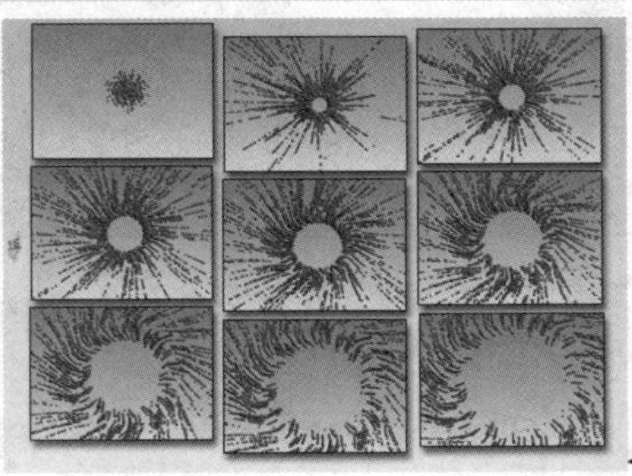

1. 漩涡

“漩涡”可以使粒子在急转的漩涡中旋转，然后向下移动形成一个长而窄的喷流或者旋涡井。

提 示

使用推力时，会在正向或负向采用均匀的单向力。正向力以液压传动装置上的垫块方向移动。力没有宽度界限，其宽幅与力的方向垂直。

2. 路径跟随

“路径跟随”可以强制粒子沿螺旋形路径运动。

3. 马达

“马达”的工作方式类似于推力，对受影响的粒子或对象应用转动扭矩。

4. 重力

“重力”粒子系统所产生的粒子对自然重力的效果进行模拟。

5. 置换

“置换”以力场的形式推动和重塑对象的几何外形。

6. 阻力

“阻力”是一种在指定范围内按照指定量来降低粒子速率的粒子运动阻尼器。

7. 粒子爆炸

“粒子爆炸”创建一种使粒子系统爆炸的冲击波。

8. 推力

“推力”可以正向或负向为粒子系统应用均匀的单向力。

9. 风

“风”可以模拟风吹动粒子系统所产生的粒子的效果。

范例实录

力的综合应用

DVD-ROM

原始文件:
范例文件\Chapter 12\12.3\力的综合应用\力的综合作用（原始文件).max

最终文件:
范例文件\Chapter 12\12.3\力的综合应用\力的综合作用（最终文件).max

Step 01 打开本书配套光盘中的原始文件，如图所示。

Step 02 直接渲染，可观察到场景平面对象应用的贴图作为背景环境的效果，如图所示。

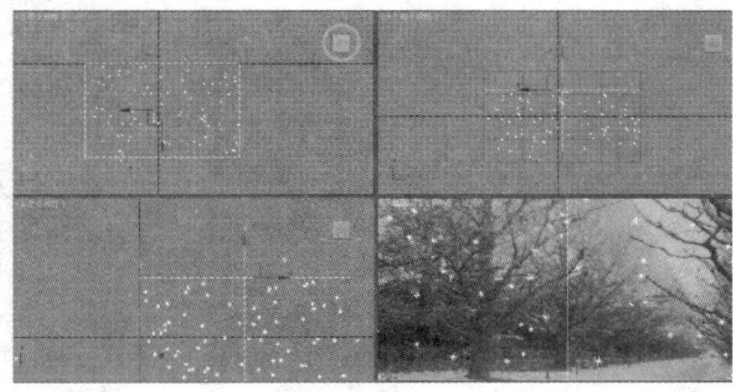

Step 03 在“顶”视口中创建一个“雪”粒子系统，创建位置如图所示。

> **提　示**
>
> 在动力学中应用推力时，系统中将提供与液压传动装置图标的垫块相背离的点力。负向力以相反的方向施加拉力。在动力学中，力的施加和用手指推动物体时类似。

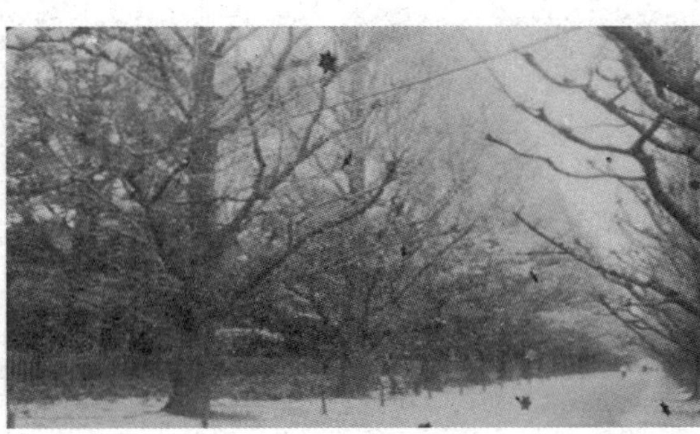

Step 04 渲染场景，可观察到场景中渲染出的粒子比较少，如图所示。

> **提　示**
>
> 1磅约等于4.5牛顿，1牛顿为1千克/平方秒。

Step 05 在“雪”粒子的参数面板中，设置计数参数值为300，如图所示。

> **提　示**
>
> 扭矩的度量单位通常为：N-m代表牛顿米，Lb-ft代表磅力英尺，Lb-in代表磅力英寸。

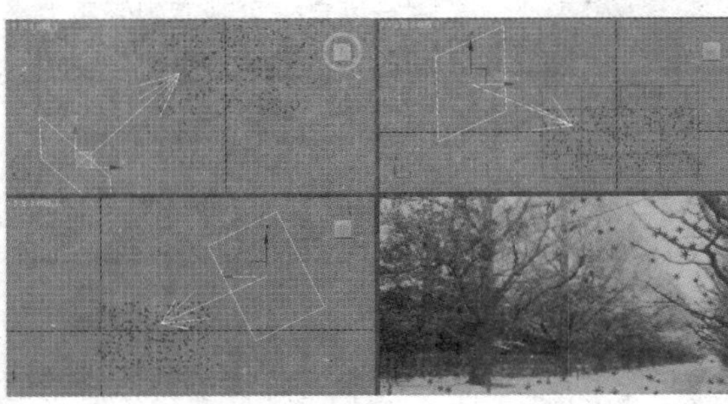

Step 06 在场景中创建一个“风”空间扭曲对象，并设置风力对象的方向，如图所示。

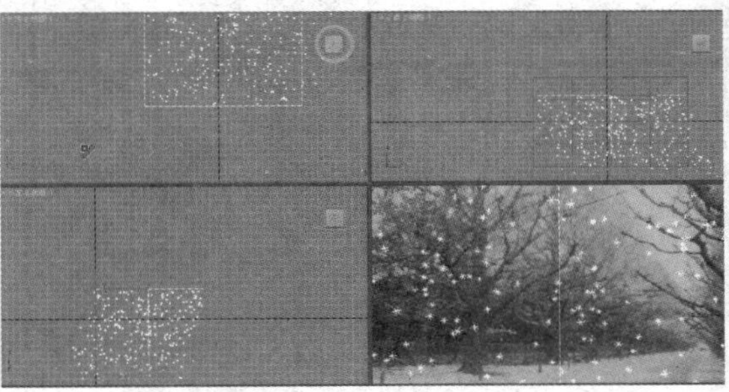

Step 07 使用“绑定至空间扭曲”工具，将雪粒子绑定到风力对象上，如图所示。

> **提　示**
>
> RPH、RPM、RPS分别是指以每小时、每分钟、每秒的转数指定目标转速的度量单位。

Step 08 完成绑定后，可观察到粒子在发射过程中，受到风力的影响而产生了偏向，效果如图所示。

提 示

空间扭曲的位置在最终结果中扮演着重要角色。垂直位置影响漩涡外形，水平位置决定方位。

Step 09 设置风力的参数，使风力变强，粒子受到较强的风力后，偏向更加明显，如图所示。

Step 10 在卷展栏中单击“重力”按钮 重力 ，并在“顶”视口中创建一个重力空间扭曲对象，创建位置如图所示。

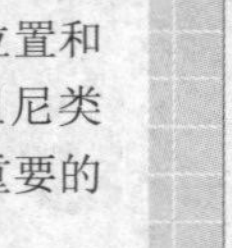

提 示

空间扭曲的位置和方向在3种阻尼类型中扮演着重要的角色。

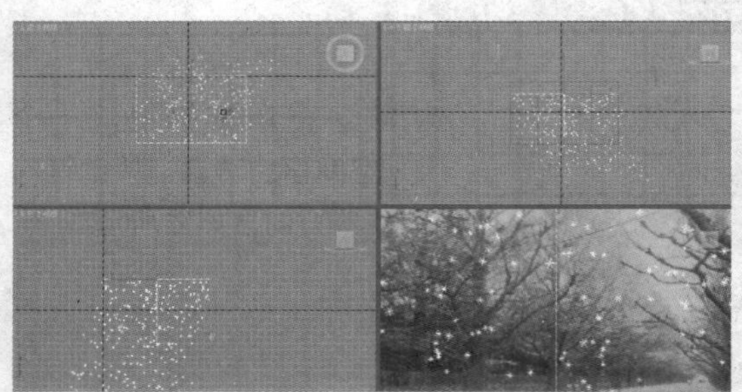

Step 11 将雪粒子与重力辅助对象进行绑定，可观察到受重力影响后，雪粒子的下降速度变快，如图所示。

Step 12 为雪粒子制作简单的透明材质，渲染场景，可观察到受风力和重力影响的粒子应用效果，如图所示。

12.3.3 导向器

“导向器”是一种在粒子系统中充当粒子障碍物的空间扭曲对象，当粒子碰到导向器后，会根据不同的导向器设置产生新的方向变化。如图所示为导向器的应用效果。

> **提 示**
>
> 在保持对路径跟随参数访问的同时，如果要调整路径或粒子系统的位置，应在选中路径跟随空间扭曲的同时，打开修改器堆栈卷展栏中的锁定堆栈选项。

1. 动力学导向板

“动力学导向板”是一种平面的导向器，作为特殊类型的空间扭曲，能让粒子影响动力学状态下的对象。

2. 泛方向导向板

“泛方向导向板”是空间扭曲的一种平面泛方向导向器类型，提供比原始导向器空间扭曲更强大的功能，包括折射和繁殖能力。

3. 动力学导向球

“动力学导向球”类似动力学导向板，但是通过球形进行导向。

4. 泛方向导向球

“泛方向导向球”提供的选项比原始的导向球更多，大多数设置和泛方向导向板中的设置相同。

> **提 示**
>
> 平面重力的初始方向是沿着执行拖动操作的视口中的活动，来构建网格的负Z轴，旋转重力对象可改变该方向。

5. 全动力学导向器

“全动力学导向器”可以使用任何对象的表面作为粒子导向器和对粒子碰撞产生动态反应的表面。

6. 通用泛方向导向器

“通用泛方向导向器”能够使用其他任意几何对象作为粒子导向器。

7. 导向球

“导向球”起着球形粒子导向器的作用。

8. 全导向器

“全导向器”使用任意对象作为粒子导向器的通用导向器。

9. 导向板

“导向板”起着平面防护板的作用，它能排斥由粒子系统生成的粒子。

范例实录

使用导向板

DVD-ROM

原始文件:
范例文件\Chapter 12\12.3\使用导向板\使用导向板（原始文件）.max

最终文件:
范例文件\Chapter 12\12.3\使用导向板\使用导向板（最终文件）.max

提 示

在应用位图的灰度生成位移量时，2D图像的黑色区域不会发生位移，但较白的区域会往外推进，从而使几何体发生3D位移。

Step 01 打开本书配套光盘中的原始文件，观察场景，如图所示。本实例准备模拟一块物体掉到碗中的动画效果。

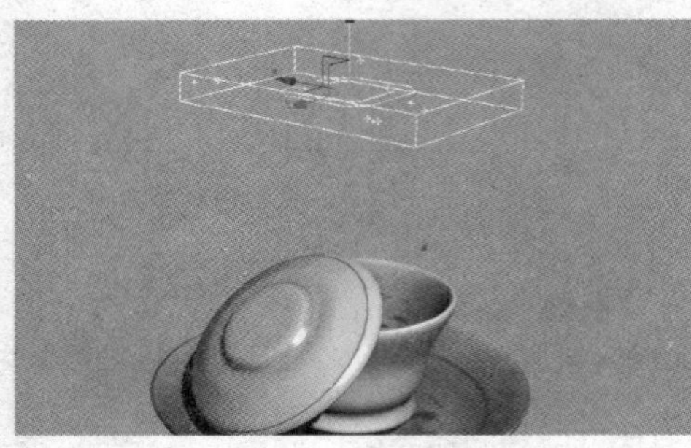

Step 02 在“顶”视口中，创建一个“粒子云”对象，创建位置和效果如图所示。

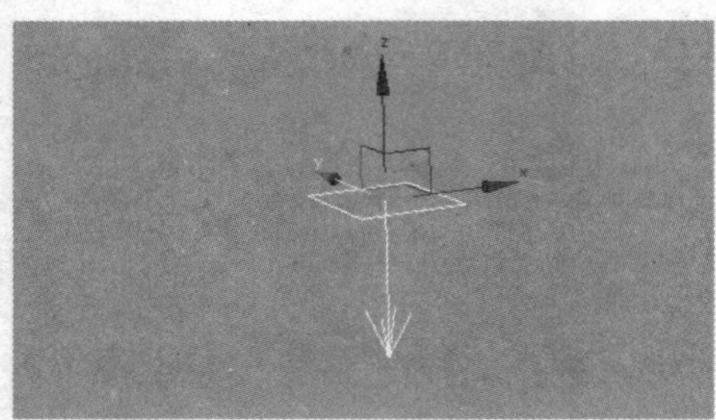

Step 03 在“创建”命令面板中切换到“空间扭曲”对象类型，然后单击“重力”按钮，在透视图中创建对象，如图所示。

提 示

导向器的反面有反转扭曲效果。

Step 04 创建完成后，在主工具栏中单击“绑定到空间扭曲”按钮，将粒子云和重力绑定，如图所示。

提 示

在使用很多粒子以及复杂的导向器对象时，“通用泛方向导向器”可能会发生粒子泄漏。要想避免这种情况的发生，应执行一次测试渲染，以检查是否有泄漏的粒子。

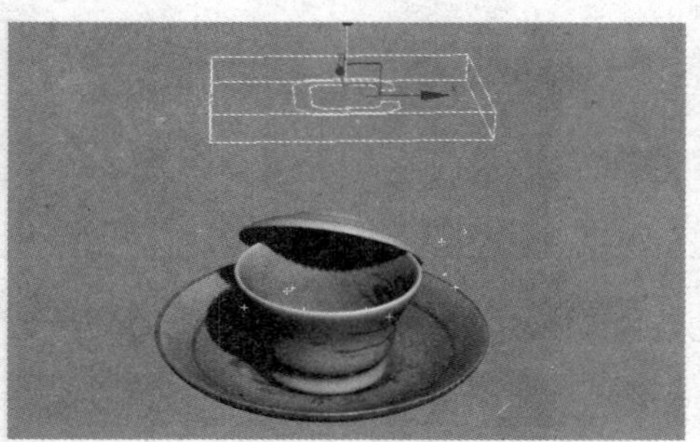

Step 05 播放动画，查看效果。可以看到粒子穿过了碗，如图所示，我们要让粒子和碗之间产生关联。

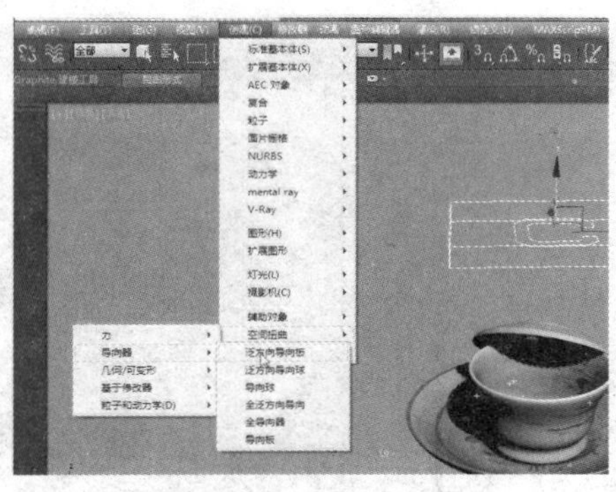

Step 06 执行“创建>空间扭曲>导向器>泛方向导向板”命令，在透视图中创建导向板，如图所示。

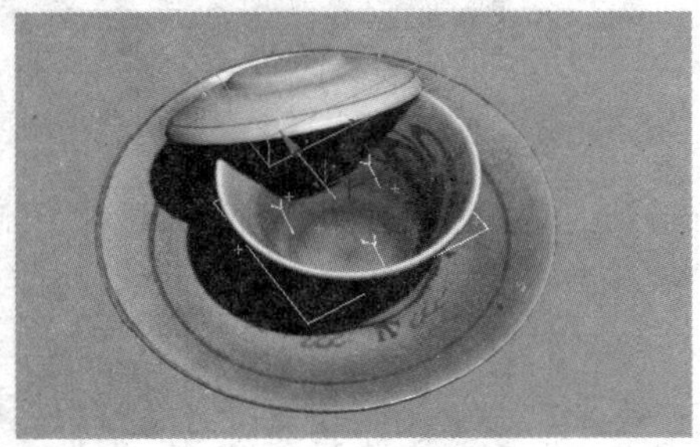

Step 07 利用移动、旋转、缩放命令，调整导向板的大小及位置，如图所示。

Step 08 将粒子和导向板建立连接，单击“选择并链接”按钮，如图所示。

Step 09 播放动画，查看最终渲染效果，如图所示。

提 示

在使用通用动力学导向器时，必须拾取指定受影响的对象，但不需要将其链接在一起。

提 示

要想让粒子沿导向器表面滑动，应将反弹参数值设定为0。同样，除非受到风力或重力的影响，滑动的粒子都应该以非90°的角撞击表面。

注 意

动力学导向器的使用方法和泛方向导向器相同，也就是说，可以在没有动力学模拟的情况下将它们单独用做导向器。考虑到物理学，动力学导向器要比泛方向导向器慢。因此，建议仅在涉及到动力学模拟的情况下才使用动力学导向器。如图所示为动力学导向板视口图标。

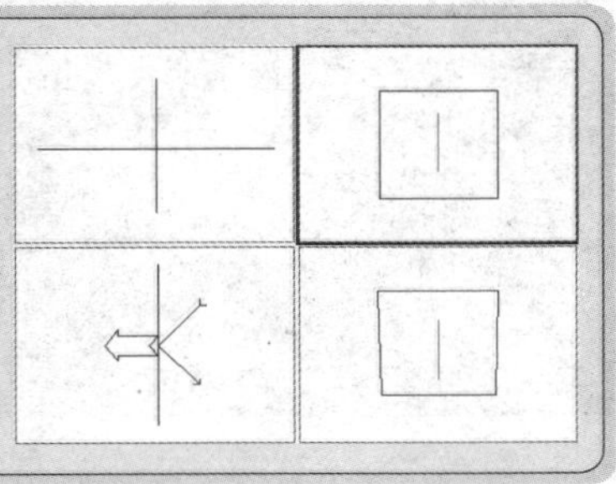

12.4 倒水动画

提 示

如果同时使用力和导向板，一定要先绑定力，再绑定导向板。

本节将通过创建粒子流源对象，应用各种操作符和测试来制作简单的场景倒水动画。如图所示为本案例的最终效果。

12.4.1 制作场景动画和创建辅助对象

DVD-ROM

原始文件:

范例文件\Chapter 12\12.4\倒水动画（原始文件）. max

最终文件:

范例文件\Chapter 12\12.4\倒水动画（最终文件）. max

在使用粒子创建动画时，首先要预计好动画的基本过程，本例预计通过粒子流源来发射粒子，模拟出水物体，并创建重力模拟出水受重力的效果，最后创建导向器来模拟出水在接触杯子时产生的反弹效果。

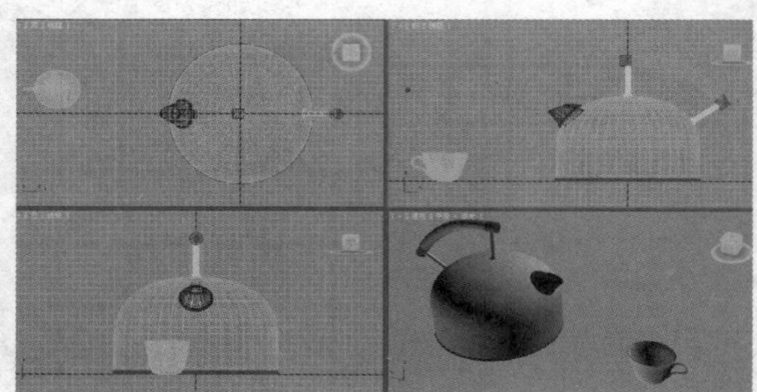

Step 01 打开本书配套光盘中的原始文件，如图所示。

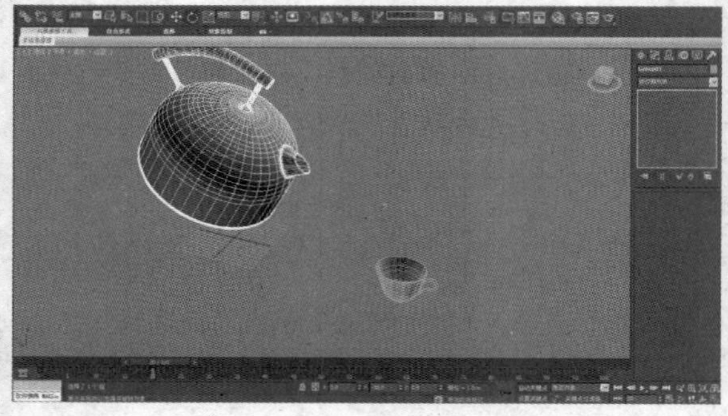

Step 02 在第0帧～第20帧的时间范围内，为茶壶设定简单的运动关键帧动画，如图所示。

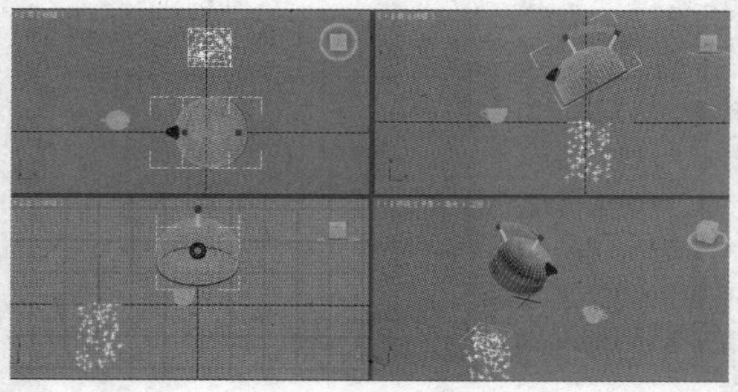

Step 03 在场景中创建一个PF Source（粒子流源）对象，创建位置如图所示。

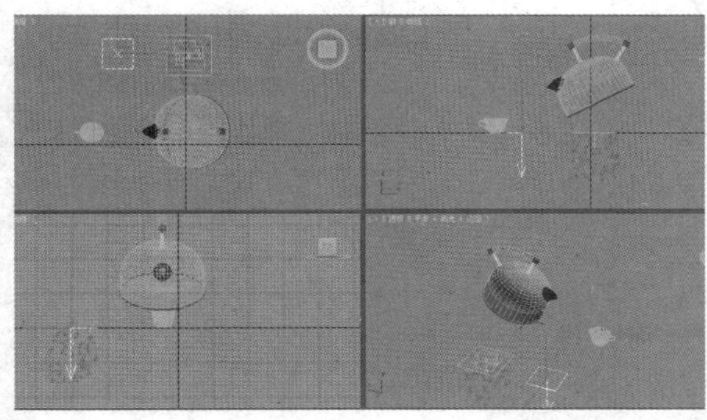

Step 04 将云粒子与泛方向导向板进行绑定，如图所示。

> 提 示
>
> 如果粒子所使用的材质不是贴图材质，所有粒子将采用材质的曲面属性。

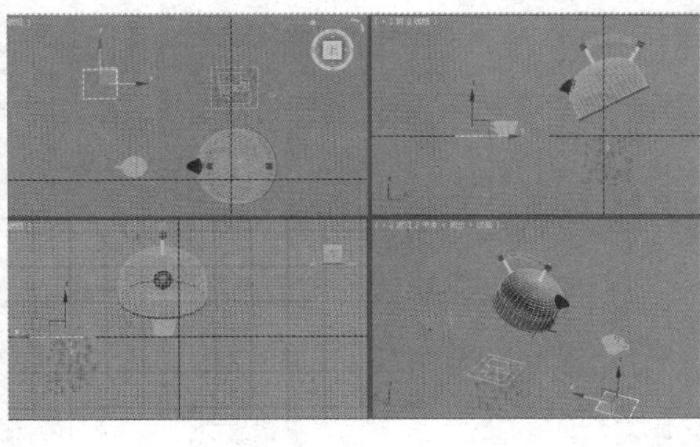

Step 05 接着在场景中创建一个“导向板”导向器，完成效果如图所示。

12.4.2 设定倒水动画

倒水动画主要包括茶壶的运动和模拟水倒出的粒子运动，最终效果通过创建关键帧动画和应用速度、位置对象、力等操作符来实现。

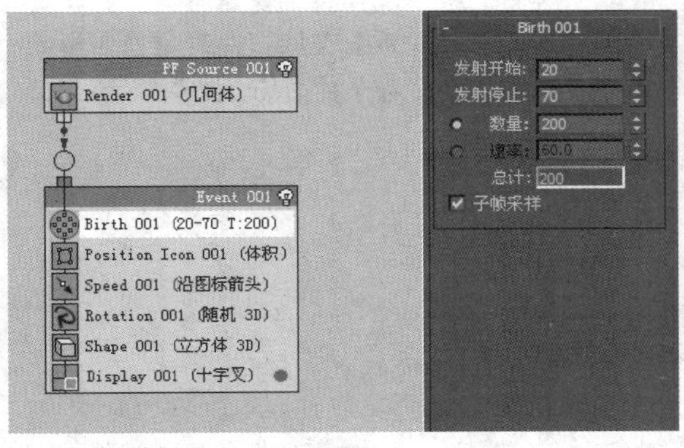

Step 01 打开“粒子视图”窗口，设置粒子的出生和消亡时间，如图所示。

> 提 示
>
> 粒子的运动模糊效果，实际上是根据粒子速度来改变粒子的不透明度和长度的结果。

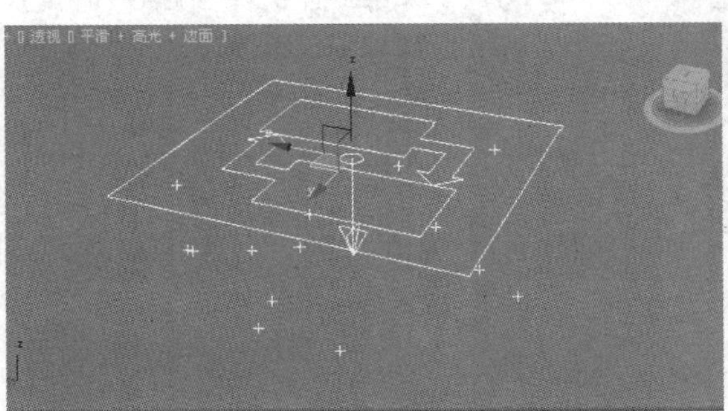

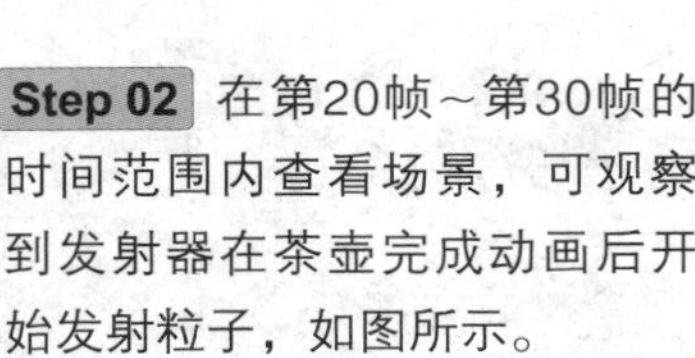

Step 02 在第20帧~第30帧的时间范围内查看场景，可观察到发射器在茶壶完成动画后开始发射粒子，如图所示。

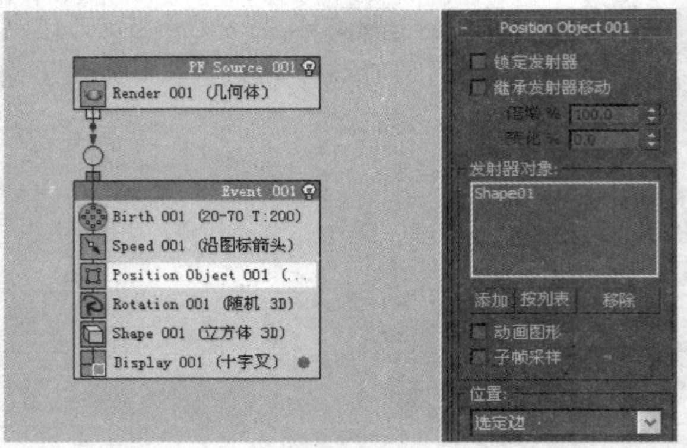

Step 03 在“粒子视图”窗口中，应用Position Object（位置对象）操作符，将茶壶壶口对象作为粒子的发射器，如图所示。

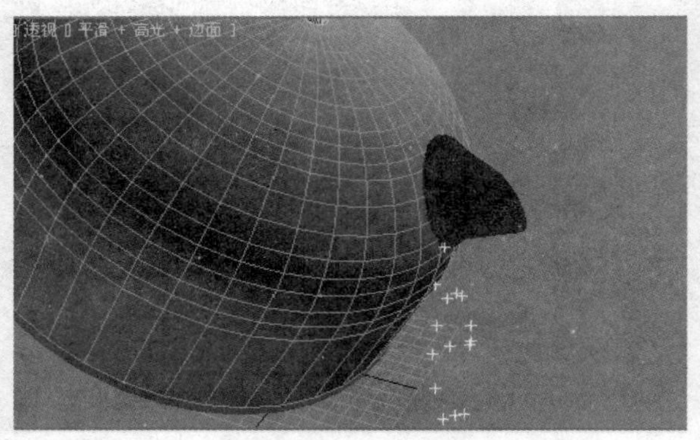

Step 04 预览动画，可观察到茶壶壶口发射粒子的效果，如图所示。

提 示

对于喷射粒子的出生速率参数，如果设置小于或等于最大可持续速率，粒子系统将生成均匀的粒子流，如果大于最大速率，粒子系统将生成突发的粒子流。

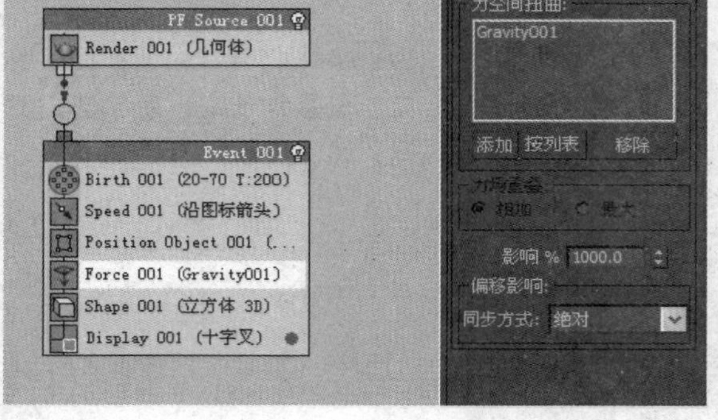

Step 05 应用Force（力）操作符，设置基本参数，将重力空间扭曲对象作为影响粒子的力场，如图所示。

提 示

粒子系统在给定时间内占用的空间，是初始参数以及已经应用的空间扭曲组合作用的结果。

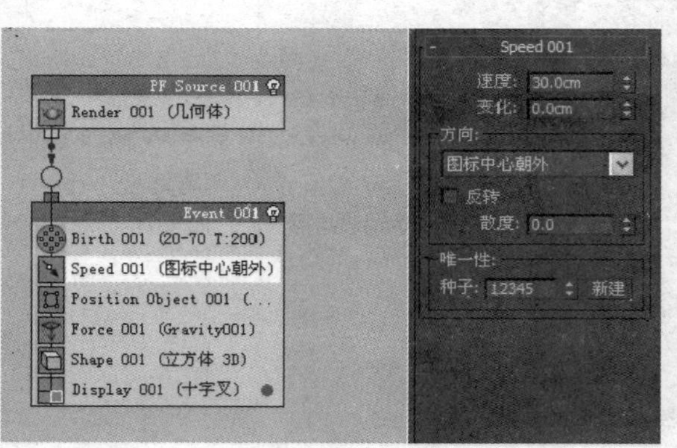

Step 06 选择Speed（速度）操作符，设置“方向”等参数，如图所示。

Step 07 在场景中预览动画，可观察到茶壶发射的粒子产生了角度，更符合现实世界中的倒水效果，如图所示。

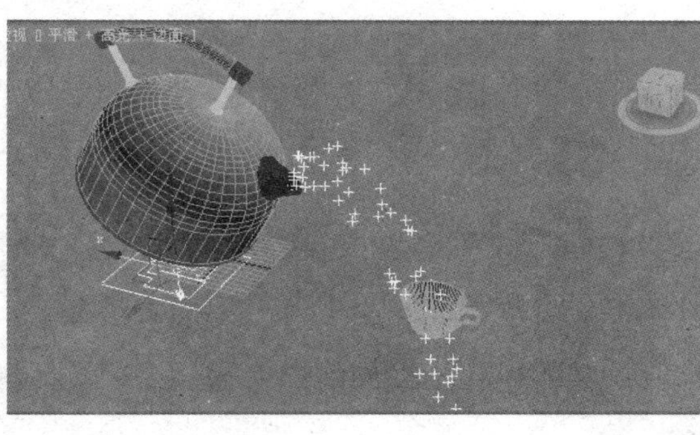

Step 08 移动粒子流源对象，对粒子产生方向影响，使粒子发射的轨迹正确，如图所示。

12.4.3 设定水接触杯子的动画

本小节将完成水接触杯子后的动画制作。在制作该节任务时，可参考现实世界中，水与杯子是如何碰撞的以及碰撞后的效果来设置相关参数。主要会应用到碰撞测试和查找目标测试来完成相应的动画效果。

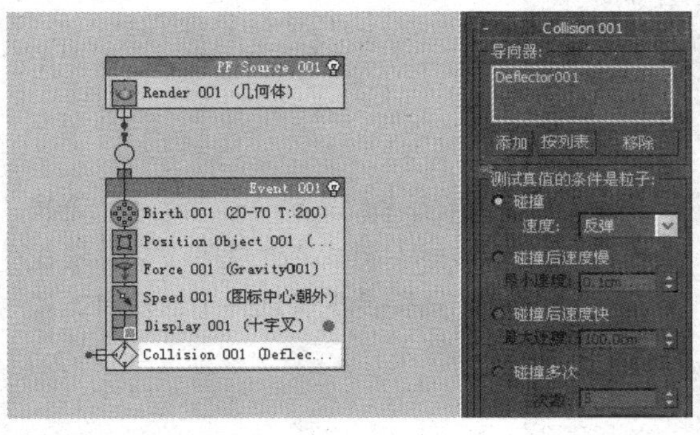

Step 01 为粒子事件应用一个Collision（碰撞）测试，将场景中的导向板作为碰撞目标，参数设置如图所示。

> **提　示**
>
> 对于基于对象发射器的动画，粒子将在第0帧时正确填充变形对象，但是在发射器移动时却无法与发射器一起移动。

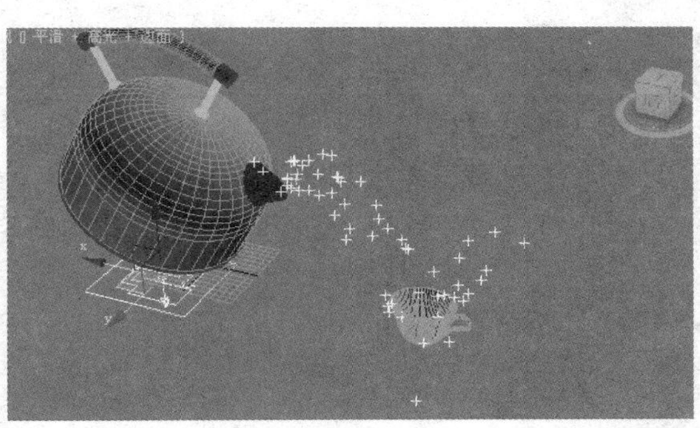

Step 02 在场景中预览动画，可观察到粒子在接触到导向板后产生了反弹效果，如图所示。

提 示

粒子系统对象不会在渲染场景中出现。其在场景中的位置、方向和大小不会影响粒子的效果。

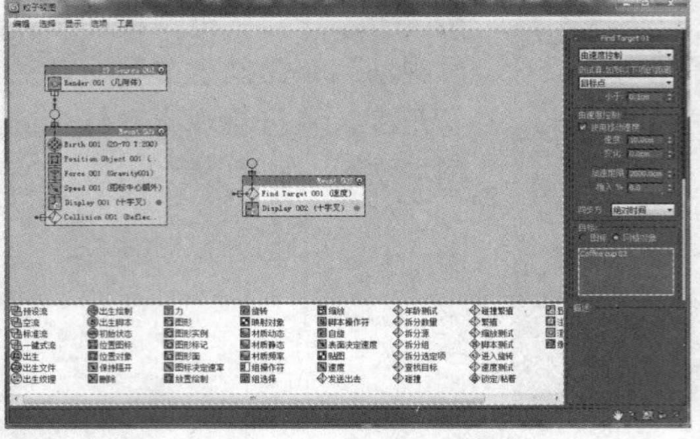

Step 03 将Find Target（查找目标）测试作为新事件添加到事件窗口中，如图所示。

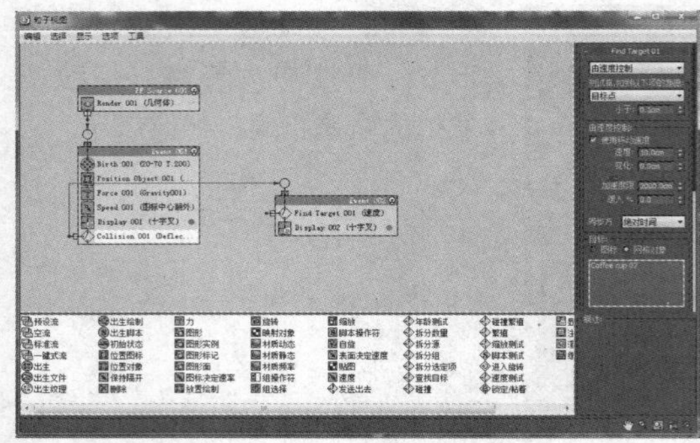

Step 04 将原始事件与新事件进行关联，以使事件发生碰撞后的粒子执行新的事件，如图所示。

提 示

如果已将对象转换为可编辑网格，并且通过顶点、边和面选择方式选中了该对象的各种子对象，在切换粒子分布选项时，将看到粒子从对象的不同区域发射。

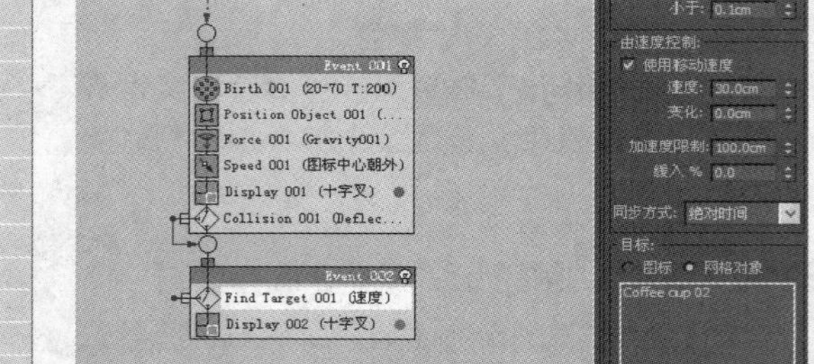

Step 05 选择Find Target（查找目标）测试，并设置“目标”为“网格对象”选项，然后添加咖啡杯为目标对象，参数设置如图所示。

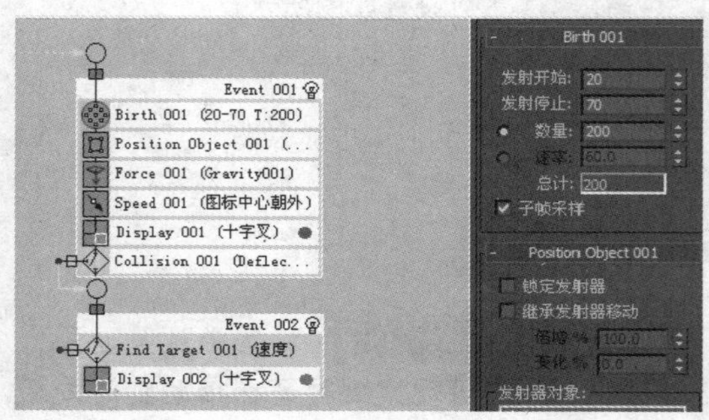

Step 06 设置Find Target（查找目标）测试的速度等参数，使粒子更符合水倒进杯子的效果，如图所示。

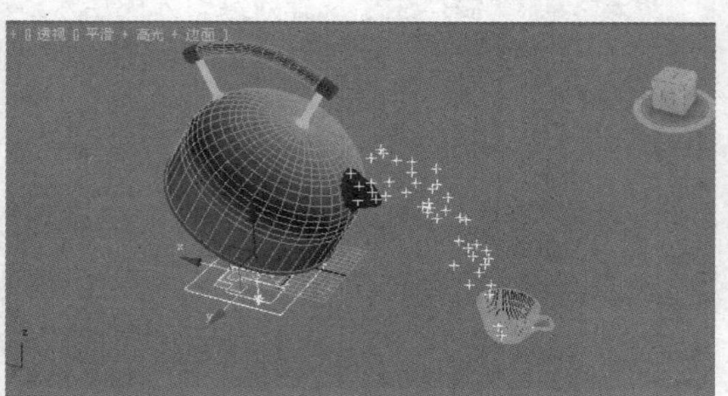

Step 07 在场景中预览动画，可观察到完整的利用粒子制作的倒水动画，如图所示。

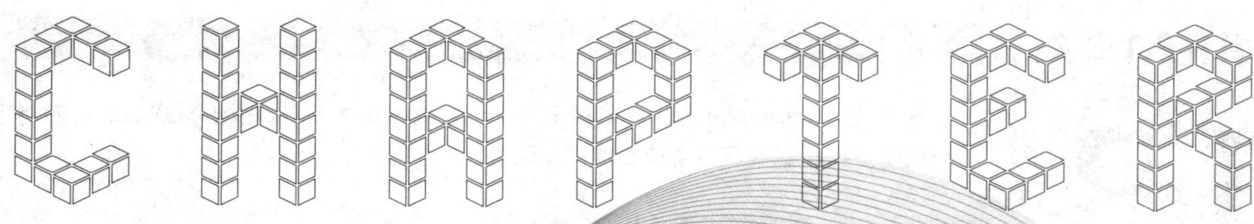

CHAPTER

13 效果图的制作

在国内，3ds Max在建筑设计和室内表现行业中已无法替代，是效果图设计制作的主要应用软件。本章将配合主流渲染器之一——VRay，从建模到渲染输出，详细讲解室内效果图的制作流程。

重点知识链接

本章主要内容	知识点拨
如何创建建筑结构	在建筑行业中创建模型的标准
材质的主次表现	根据材质表现主次制作细分不等的材质
渲染技巧	场景的照明技巧、VRay渲染实际应用

CHAPTER

13

DVD-ROM

最终文件:
范例文件\Chapter 13\效果图的制作.max

13.1 创建建筑结构

室内设计是3ds Max应用比较广泛的一个领域，在本章里，我们着重讲解室内渲染图从建筑结构到最后渲染成图的完整过程。

13.1.1 创建墙面和地板

在这一节里，首先要制作出室内的基本建筑结构，在制作之前，要先设置好单位，然后再利用多边形建模来进行制作。

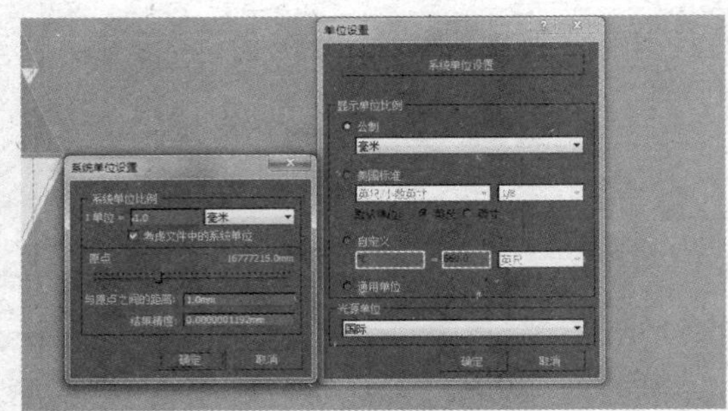

Step 01 在菜单栏中，执行“自定义>单位设置”命令，在弹出的“单位设置”对话框中，设置“公制”为“毫米”，“系统单位比例”为“毫米”，如图所示。

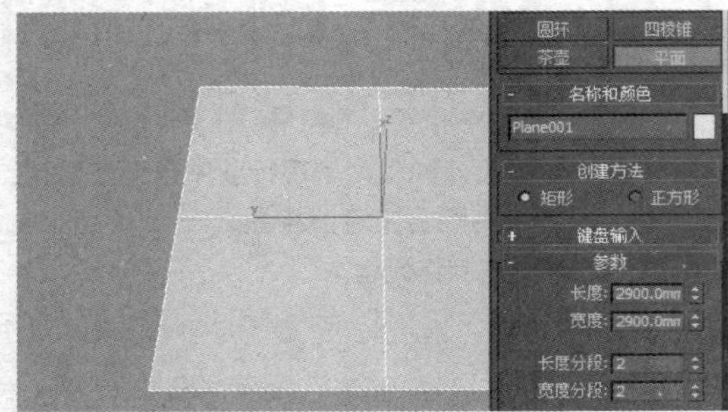

Step 02 在场景中创建平面，作为地面，如图所示，然后调整面的大小。

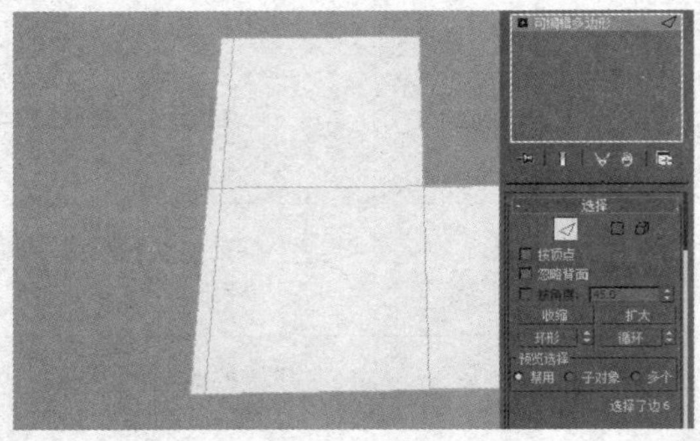

Step 03 调整地面结构，对厨房的布局进行更加细致的调整，如图所示。

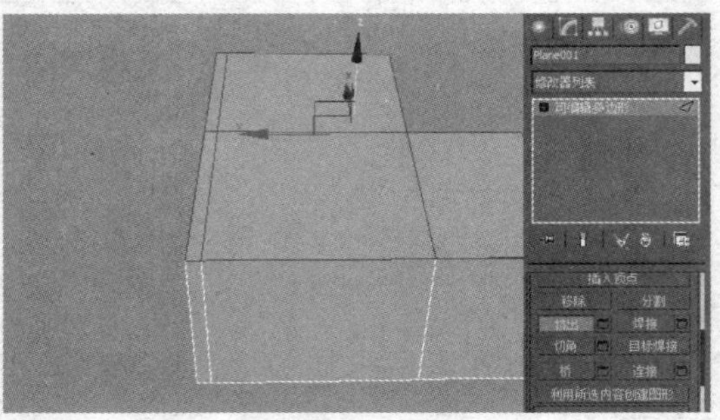

Step 04 在“修改”命令面板中，单击“多边形”按钮■，进入面模式，然后选择所有面，并对地面进行挤压，如图所示。

提 示

场景对象的顶点数、面数越多，场景的操作就越慢。在遇到这种情况时，可以通过隐藏部分对象来解决。

提 示

利用平面可以分割出整个建筑的布局。

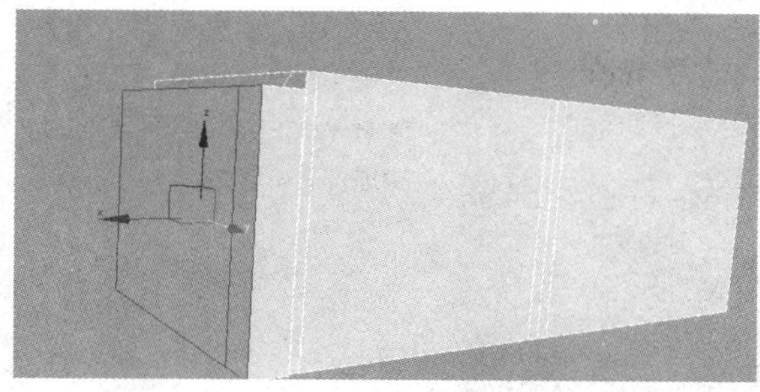

Step 05 右击创建的模型，在弹出的快捷菜单中选择“挤压”命令，创建出厨房内用于做饭的空间，如图所示。

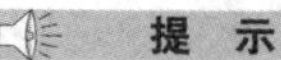

提 示

在完成多边形的编辑后，可以将对象塌陷，以节省电脑内存的损耗。

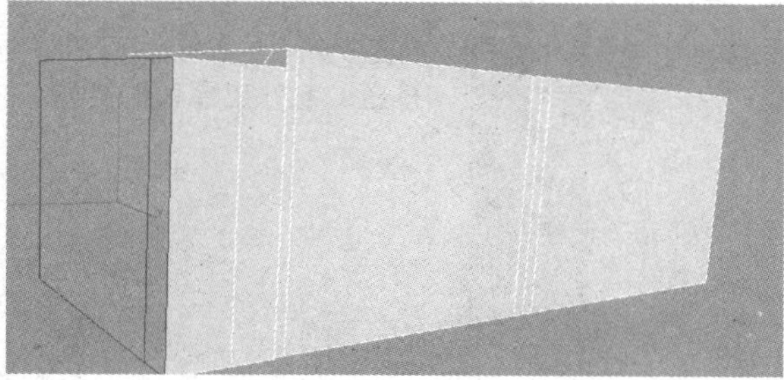

Step 06 再次进行挤压，制作出厨房中用于放置橱柜的空间，如图所示。

提 示

在进行连续挤压操作的过程中，可能会忽略了各部分的比例关系，稍后会统一进行进一步的调整。

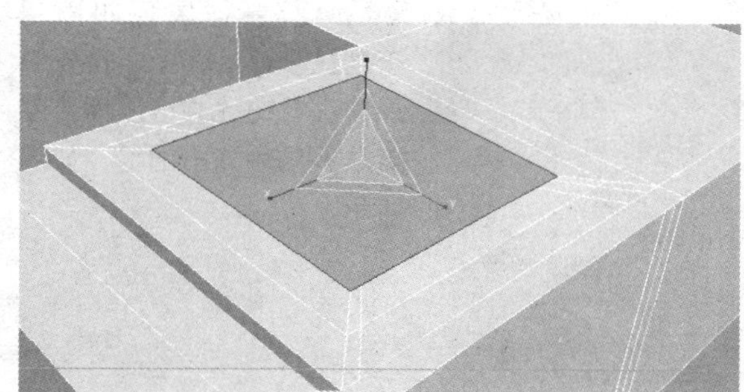

Step 07 挤出房顶的细节，按如图所示进行布线，然后认真调整各部分的比例大小。

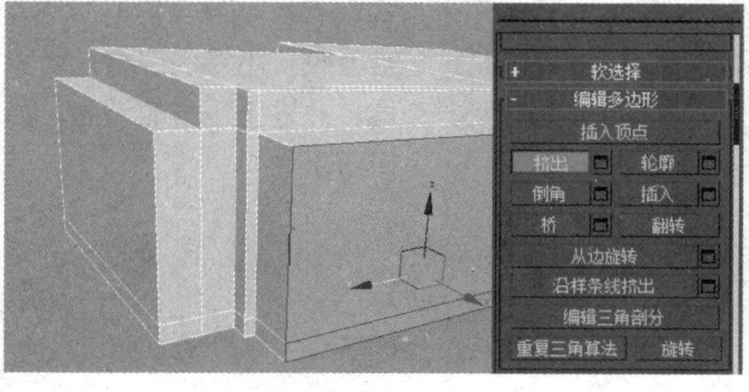

Step 08 继续加线并挤出厨房的两侧需要摆放家具的空间，接着制作右侧用于放置柜子所需要的空间，如图所示。

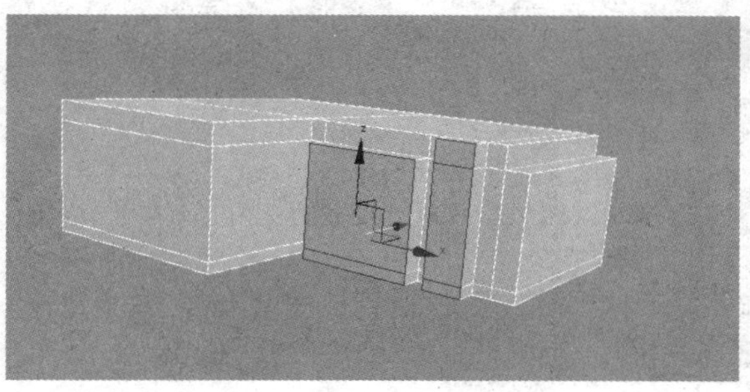

Step 09 继续挤出另一侧用于放置书和衣服所需要的壁橱空间，如图所示。

提 示

在制作屋顶时需要注意布线的变化，使用十字布线会更好。

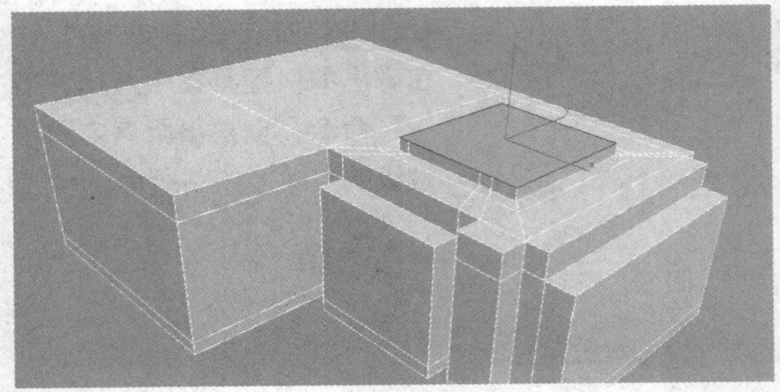

Step 10 创建屋顶，先对平面进行两次挤压后，再创建一个突起的平台，如图所示。

提 示

在“创建”命令面板中单击“几何体”按钮，在下拉列表中选择“复合对象”选项，在“对象类型”卷展栏中单击“布尔”按钮，也是用来计算并制作小灯凹槽部分的一个方法，可以选择性地进行制作。

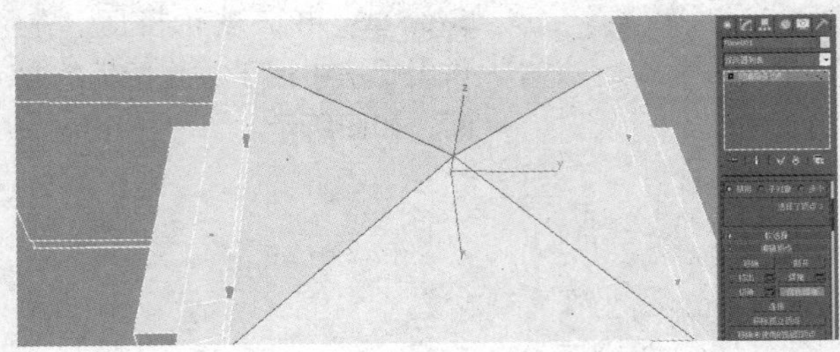

Step 11 按如图所示进行挤压，制作出屋顶的结构。

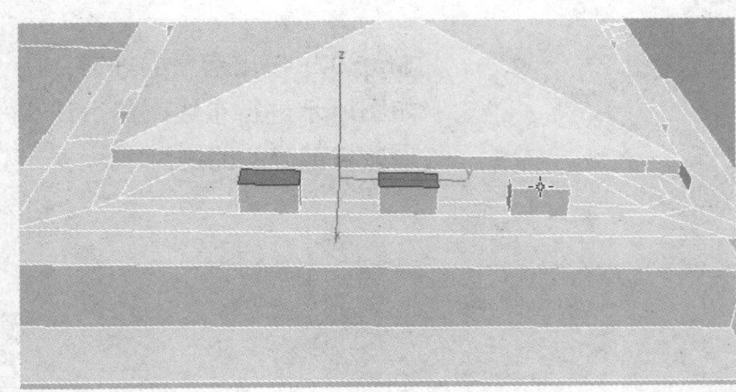

Step 12 制作屋顶四周用于摆放小灯的凹槽，首先对屋顶进行布线并挤压面，然后从外部制作出凹槽，如图所示。

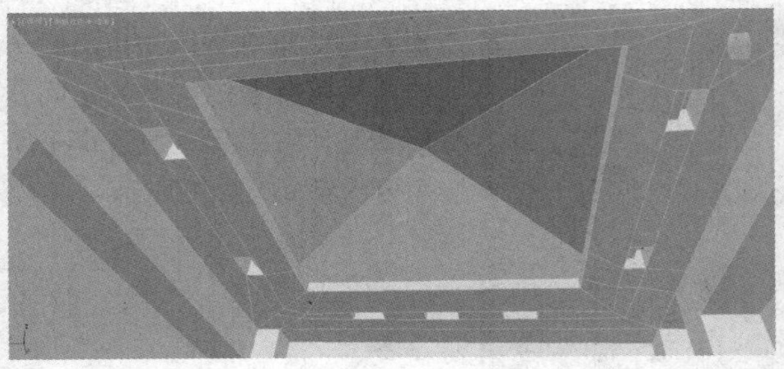

Step 13 观察室内的结构，查看放置小灯的凹槽是否合理，并进行适当的调整，如图所示。

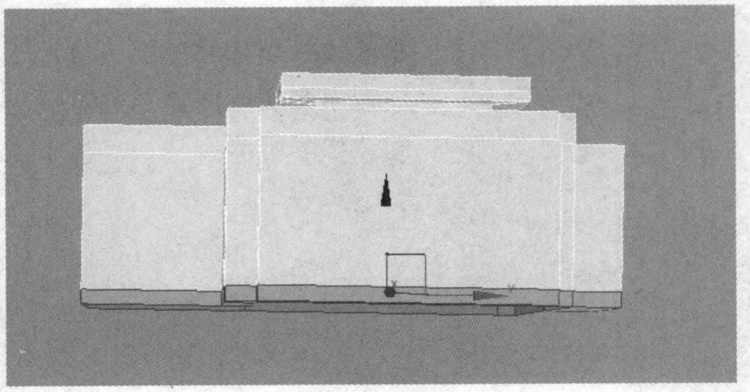

Step 14 在室外，选择建筑下方的面，如图所示。

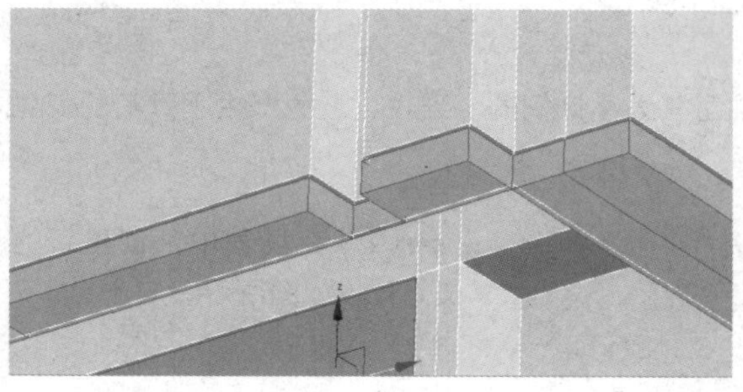

Step 15 制作出地板与墙壁连接处的凸出来的墙棱，然后将所选择的面向室内的里面进行挤压，如图所示。

Step 16 在挤压和调整的过程中，需要注意墙棱的厚度，按如图所示的宽度对其进行大致调整。

提　示

墙棱也可以通过新建长方体进行堆叠的方式制作，但是这样会增加建筑结构的面数，使操作变得繁琐。

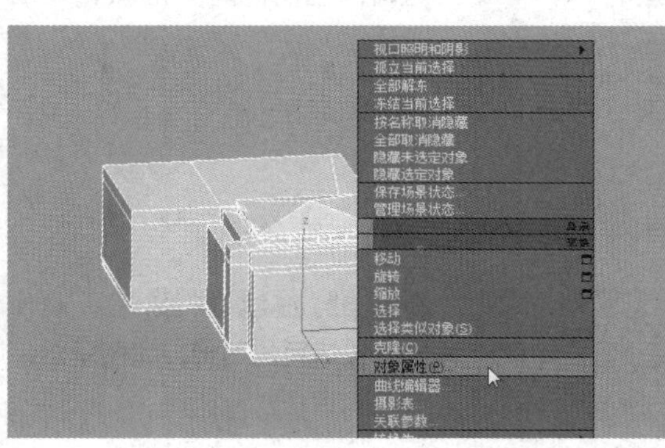

Step 17 选择模型并单击鼠标右键，在弹出的快捷菜单中，选择“对象属性”命令，如图所示。

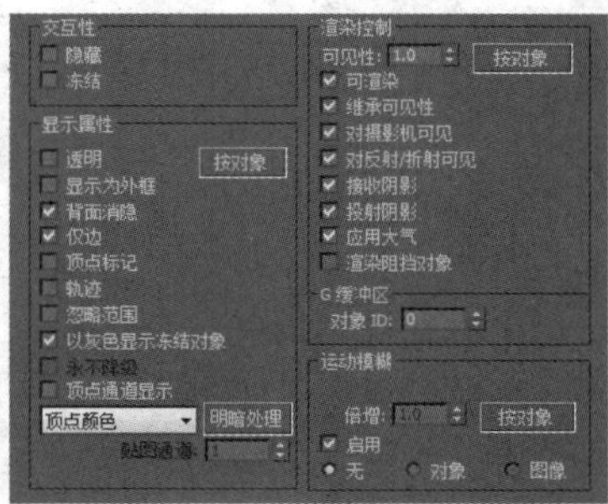

Step 18 在弹出的对话框中，勾选“背面消隐”复选框，如图所示。这样在正面看模型时就会呈现出半透明的状态，有利于我们的观察。

提　示

“背面消隐”是一个方便而实用的功能，它可以非常方便地看到视图中的死角。

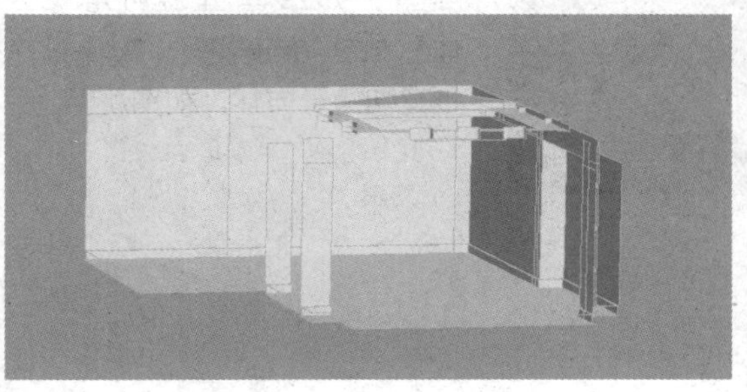

Step 19 查看模型，可以轻松地通过透视看到建筑结构里面的情景，如图所示。

13.1.2 创建橱柜

在制作橱柜模型时，要特别注意其大小比例的合理性，避免产生不真实的视觉效果。下面介绍具体的制作方法。

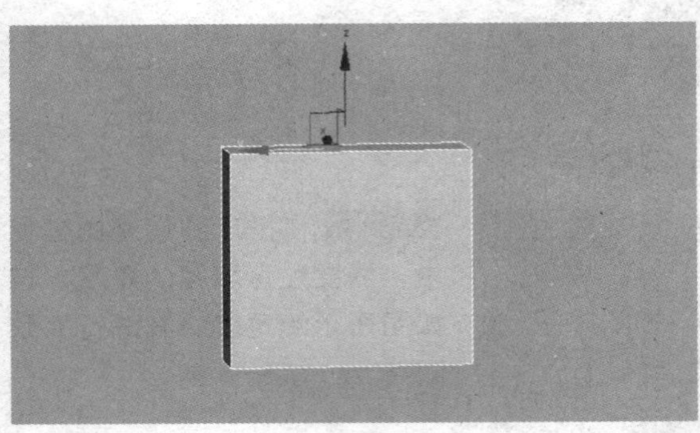

Step 01 在场景中，创建新的长方体，如图所示。

> **提 示**
>
> 在对多边形进行编辑的时候要首先进行塌陷，才可以进行挤压操作。

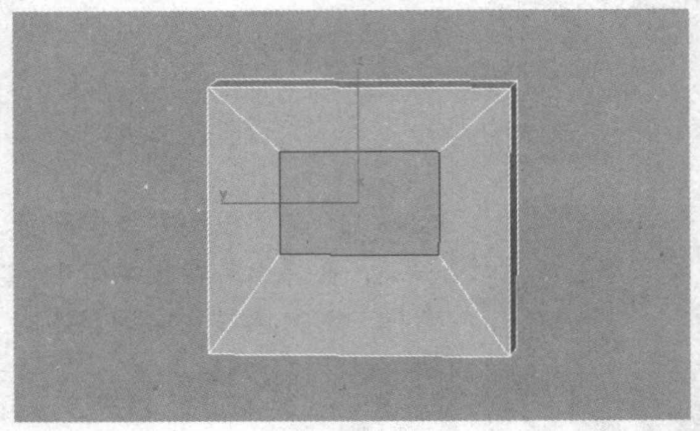

Step 02 在“修改”命令面板中，使用“面”拾取工具，对长方体进行挤压，制作出放置烤箱的空间的基本形状，如图所示。

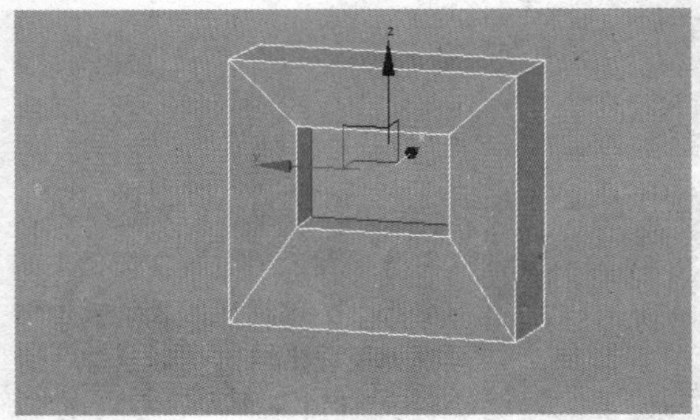

Step 03 继续进行挤压，制作出放置烤箱的凹槽，如图所示。

> **提 示**
>
> 将要制作的木板排需要有圆角，因此要用到切角长方体。

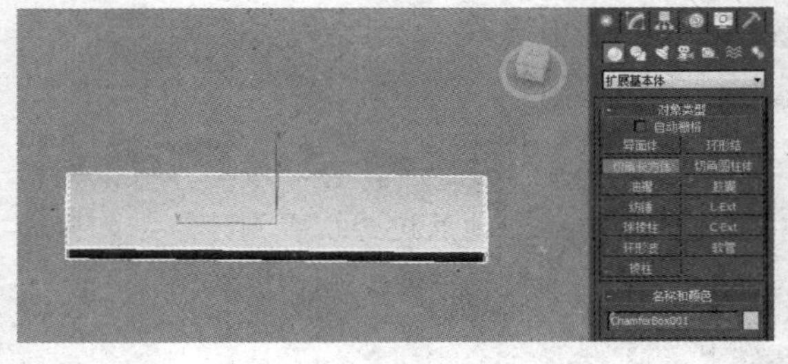

Step 04 在右侧“创建”命令面板中，选择“扩展基本体”类型，然后单击“切角长方体”按钮切角长方体，在场景中创建切角长方体，如图所示。

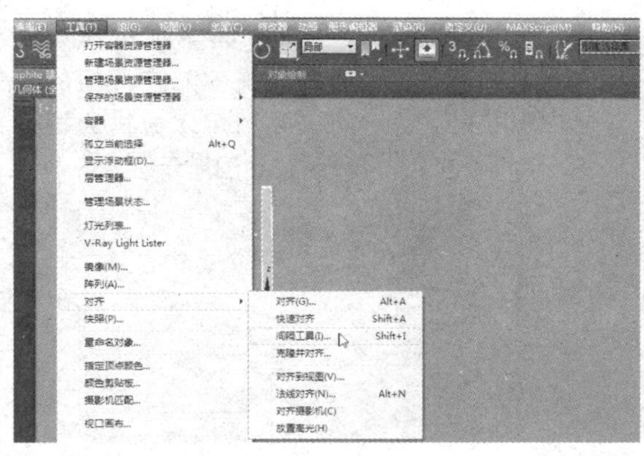

Step 05 在菜单栏中执行“工具>对齐>间隔工具”命令，制作出距离相等的木板排，如图所示。

> **提 示**
>
> 在使用间隔工具进行木板排的制作时，要充分考虑到木条之间的间距，不要出现太大的缝隙，以免失真。

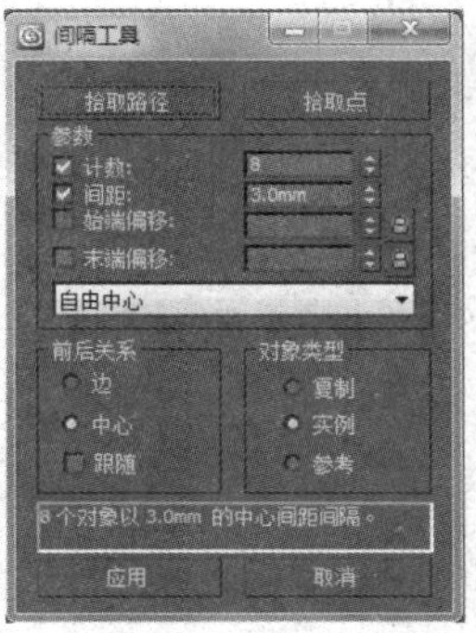

Step 06 在弹出的“间隔工具”窗口中，设置“计数”的参数值为8，“间距”的参数值为3，如图所示。

> **提 示**
>
> 在没有单击“应用”按钮时，更改操作是可以实时进行查看的。

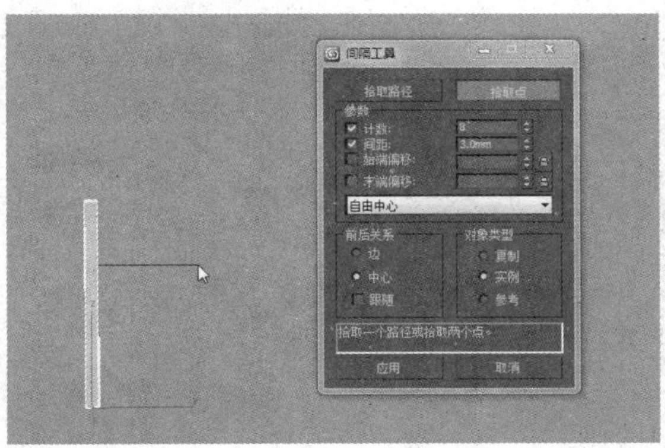

Step 07 在对话框中单击“拾取点”按钮 拾取点 ，在场景中单击要复制的木板条，然后在需要复制到的方向上进行单击，会出现一条蓝色的连接线，如图所示。

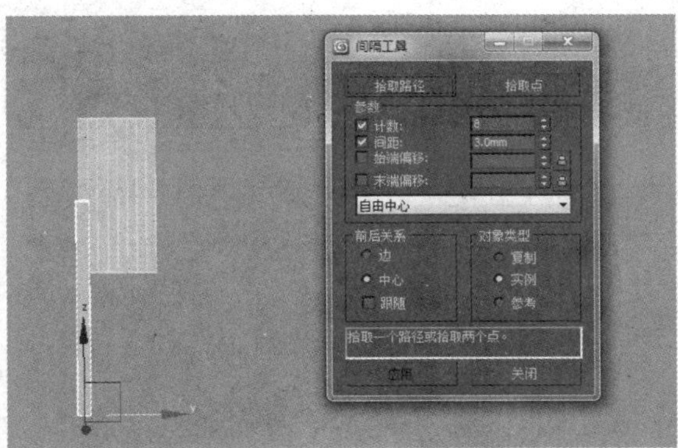

Step 08 创建好木板排后，在“间隔工具”窗口中单击“应用”按钮，如图所示。

提 示

柜子木板排的制作也可以通过使用阵列工具来完成，但需要精确地计算。如果没有特别要求，直接使用手动克隆会更快捷。

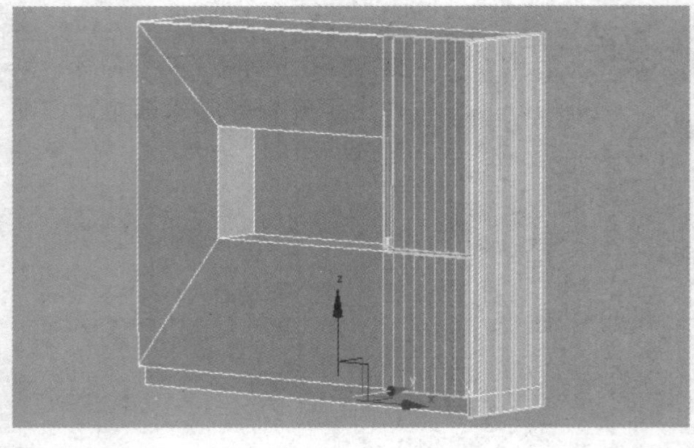

Step 09 将木板排作为橱柜的装饰，贴在橱柜的表面，并利用木板排为柜子分区，如图所示。

提 示

为了方便移动，可以对多个木条进行选择，然后在菜单栏中执行“组>成组”命令，对所有的木板排进行成组的处理。

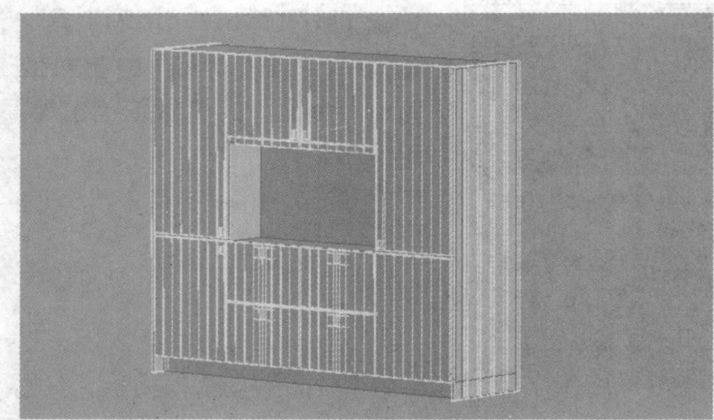

Step 10 继续利用“间隔工具”命令，复制木板排，完成整个橱柜表面的装饰制作，如图所示。

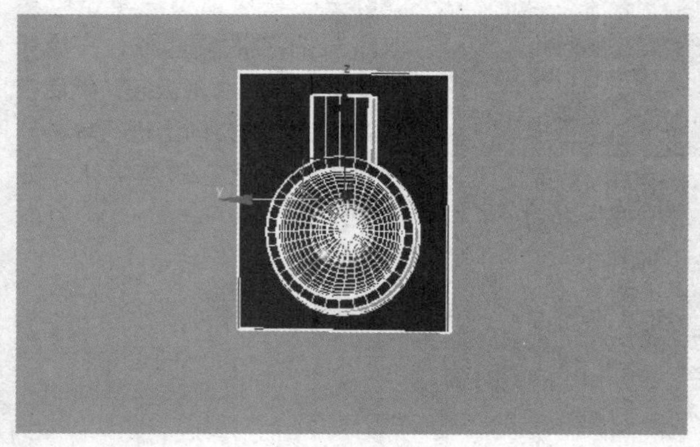

Step 11 导入外部文件，将把手导入到场景中，如图所示。

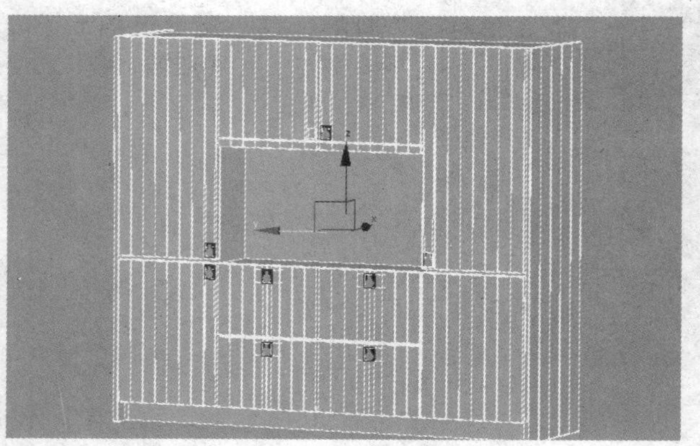

Step 12 将已导入到场景中的把手模型放置在柜门处，以完成橱柜的制作，如图所示。

Step 13 继续制作灶台的基本形状，如图所示进行布线和挤压。

提 示

在制作灶台初模时要计算好布线，不要多也不要少。

Step 14 搭建外部的台子，如图所示。

Step 15 继续利用“间隔工具”命令，制作木板排，将木板贴在台子的面上，如图所示。

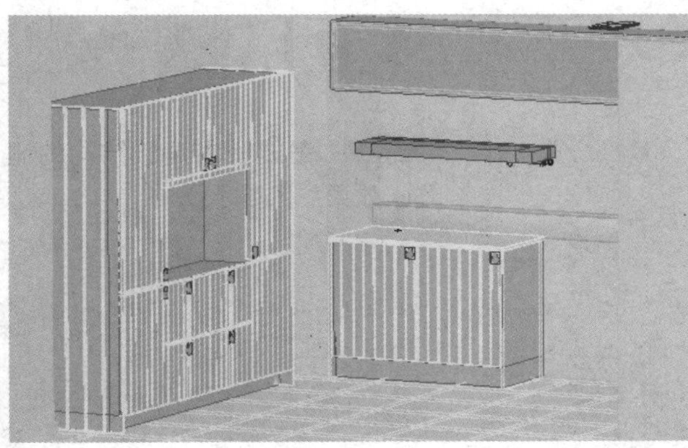

Step 16 将制作好的柜子和灶台放置到厨房内，注意两个柜子的大小比例，要与室内的其他物体大小相一致，如图所示。

提 示

在制作模型时可以灵活地配合对齐、阵列等工具快速地进行设置，具体情况依场景和制作的不同而决定。

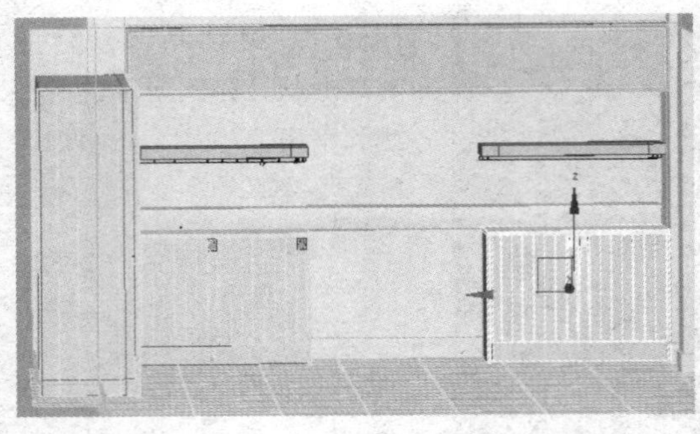

Step 17 复制灶台，将灶台放置在厨房的另一边，并调整把手的位置，如图所示。

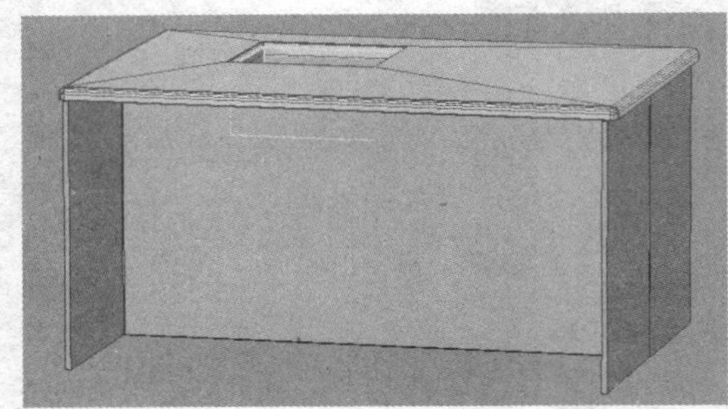

Step 18 继续创建厨房中央的水台，先创建水台的基本形状，按如图所示进行搭建。

> **提 示**
>
> 在制作家具模型的时候，要尽量避免制作时出现面数过多，甚至是并不是在结构处出现的线和面。这些面都是多余的，不但会增加不必要的运算，减慢渲染的时间，还容易出现很多诸如贴图不对应、表面不平整等麻烦的问题。

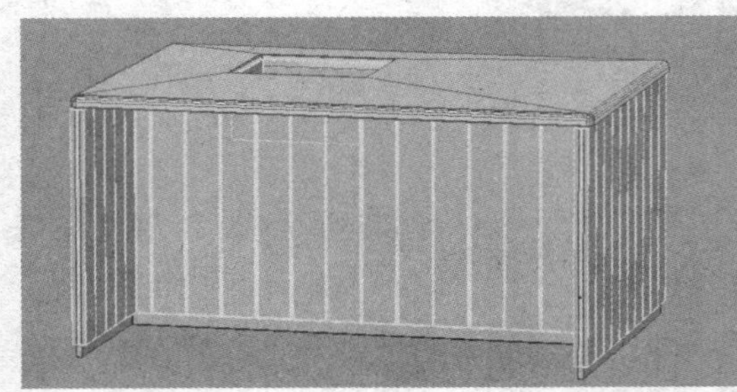

Step 19 继续利用“间隔工具”命令，制作木板排，并将其贴在水台的表面，如图所示。

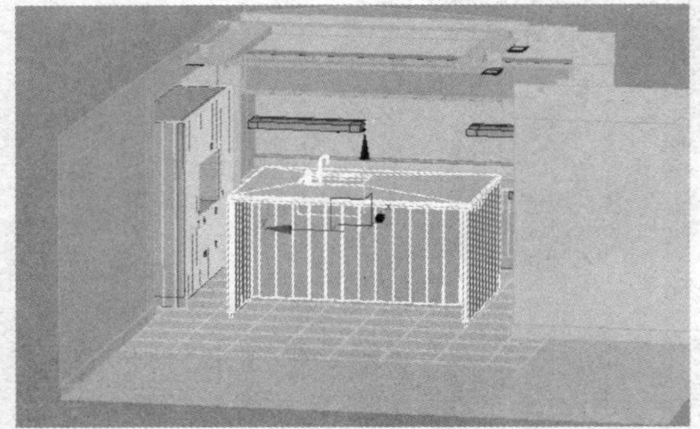

Step 20 将制作好的水台放置到室内，并且调整其大小以适应室内的比例，如图所示。

> **提 示**
>
> 场景对象的顶点数、面数越多，场景的操作就越慢。在遇到这种情况时，通常会隐藏部分对象。

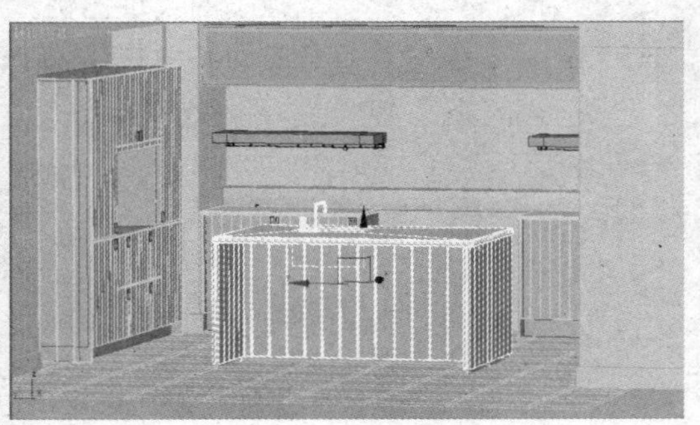

Step 21 完成室内建筑结构的制作，效果如图所示。

13.2 导入场景模型

在合并过程中选择相应风格的模型，是提升设计水平的一个有效的途径。不仅如此，适当掌控家具功能性以及设计理念的完美契合，也能够弥补制作过程中一些不尽如人意的小问题。

13.2.1 合并与整理导入的模型

合并新导入的家具模型，需要注意模型与建筑结构之间的比例，比例是否合适，是决定着场景能否给人以真实感觉的关键，这是在进行室内设计时需要注意的一个基本问题。

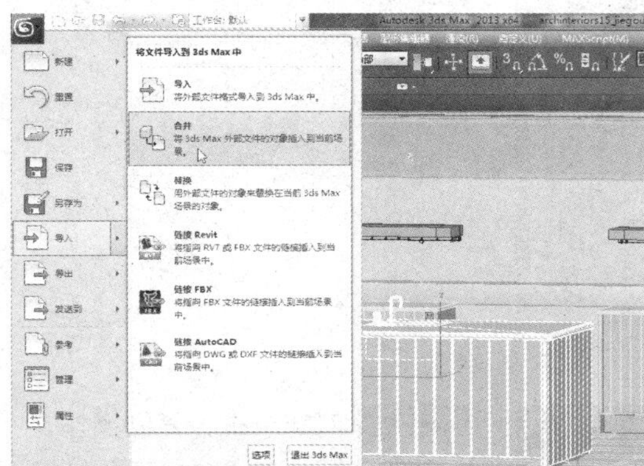

Step 01 单击按钮，执行“导入>合并”命令，如图所示。

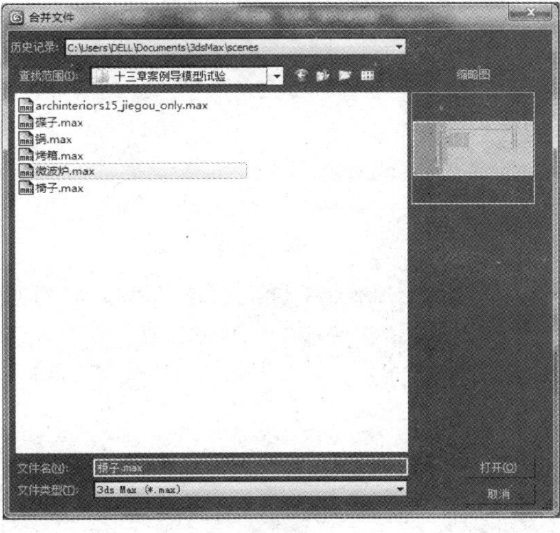

Step 02 在“合并文件”对话框中，选择要导入的模型，然后单击“打开”按钮，如图所示。

> **提 示**
>
> 导入的模型格式最好选择3DS格式，这样不容易出错。

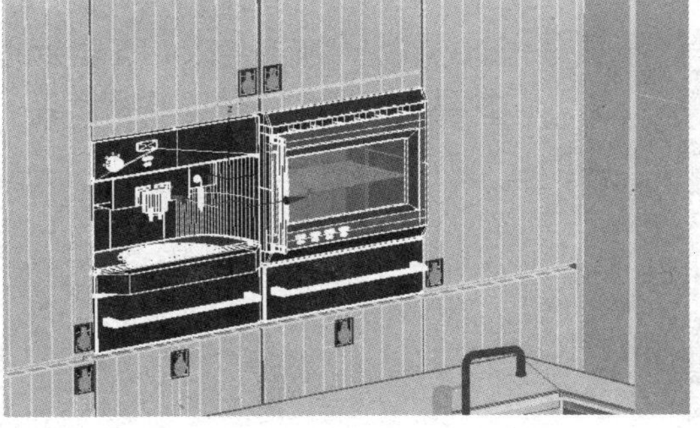

Step 03 将微波炉导入到场景中，放置在柜子的中间，并进行大小比例的调整，如图所示。

> **提 示**
>
> 在运用多边形进行建模时，利用其特有的塌陷功能，可以节约不少内存，同时可以提高制作的流畅度。

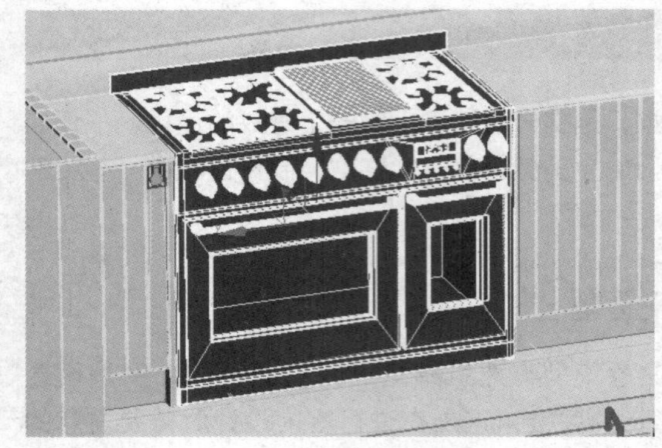

Step 04 继续导入并合并烤箱模型，将烤箱放置在橱柜的中间，如图所示。

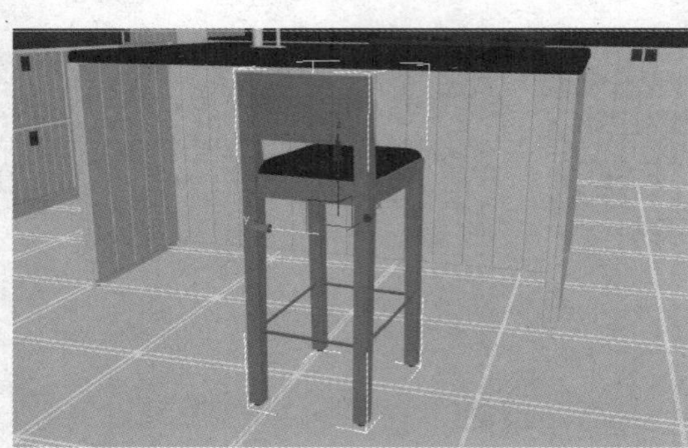

Step 05 导入椅子模型，将椅子放在厨房的水台前，如图所示。

提　示

在制作房屋结构模型的时候，要充分考虑到房梁的结构性和装饰性，通常大柱子是用以支撑结构，小柱子用来做为装饰。在制作模型时，可以和屋子结构一起整体的制作，也可以单独创建模型进行搭建。

提　示

在克隆切角长方体时，如果不需要修改大小或对称位置，可以使用实例的方式进行克隆。

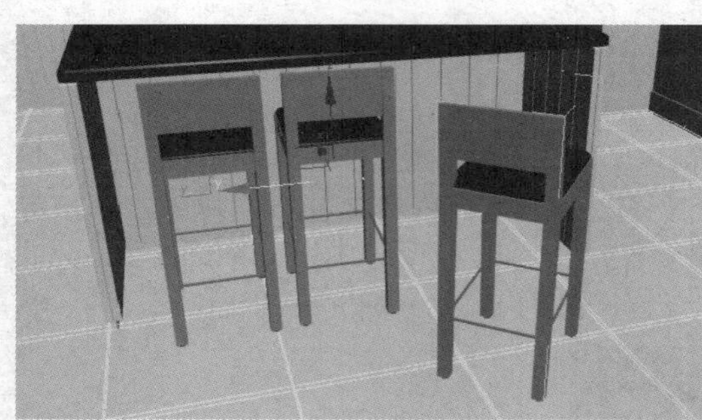

Step 06 对椅子进行复制操作，并自然地摆放在水台的四周，如图所示。

Step 07 导入灯的模型，将灯放置在凹槽中，并调整其比例，如图所示。

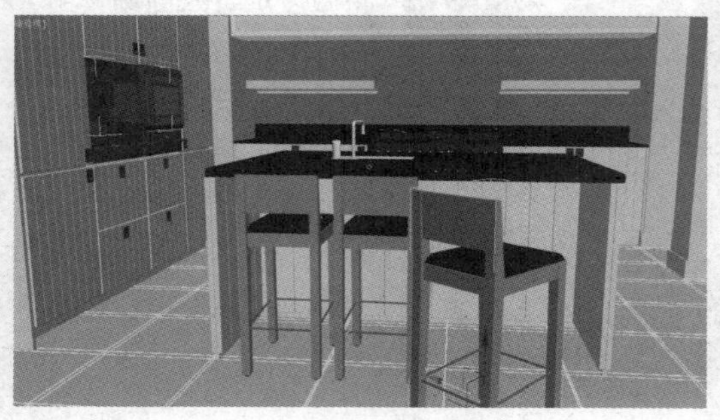

Step 08 对所有导入并且合并的模型进行调整，效果如图所示。

13.2.2 合并室内装饰物

在导入室内装饰物的时候，不仅要注意风格上的统一，更要注意模型的面数，因为这都是电脑所要渲染的设计图，因此更多的时候，需要注意到面数给实际工作所带来的限制。

Step 01 将书本模型合并到场景中，将其放置到架子上，并调整其大小，作为架子上的装饰，效果如图所示。

> **提 示**
>
> 为长方体添加分段数，会将长方体平均划分。分段数在特定的情况下具有有效的辅助功能。

Step 02 导入几只盘子，并在场景中进行复制，然后分别放置在架子和水台上，使整个厨房的氛围看起来更加真实，如图所示。

Step 03 放置两篮水果，并对其进行比例大小和位置的调整，如图所示。

> **提 示**
>
> 摆放时应尽量找一些与整体风格设计符合的模型来增添气氛。

Step 04 合并锅模型到场景中，并放置在橱柜上，如图所示。

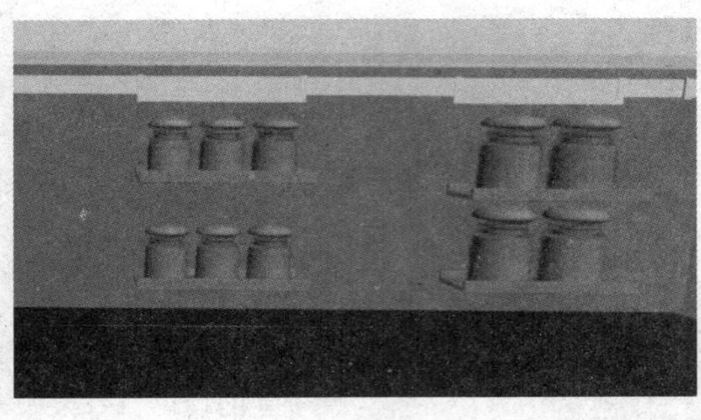

Step 05 继续导入酒瓶等小物件模型，并合并到场景中，使整个场景看起来更有生气，如图所示。

Step 06 放置好所有装饰物后，观察效果，完成模型的导入，如图所示。

13.3 为建筑结构制作材质

材质是制作室内设计图非常重要的环节，在建筑结构与家具的模型做到逼真的同时，再为其赋予更加真实的材质，才能制作出更好的建筑效果图。

13.3.1 制作室内装饰物材质

这一节里会讲到玻璃材质和金属材质的制作过程，装饰物的材质的逼真与否直接决定着整个设计图的可参考性和展示性。

提　示

利用Vray材质球来作为基础材质，可以渲染出更加真实的场景。

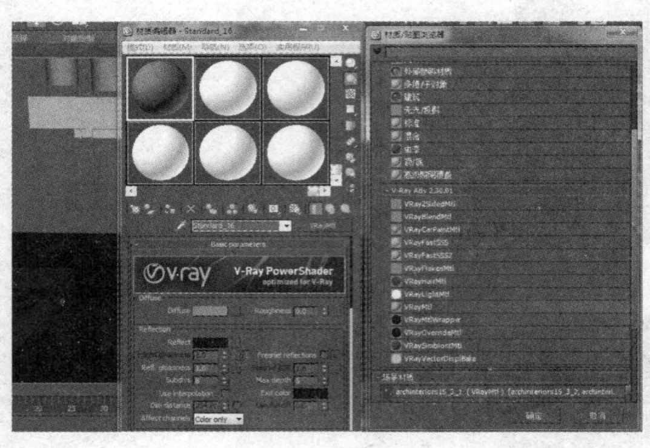

Step 01 首先制作椅子的材质。打开材质编辑器，选择一个新的材质球，为其添加VRayMtl材质，如图所示。

提　示

细分的参数值设置得越大，所需要的解算时间便越长。

Diffuse
Diffuse M Roughness 0.0
Reflection
Reflect
Hilight glossiness 0.54 L Fresnel reflections
Refl. glossiness 1.0 M Fresnel IOR 1.6
Subdivs 30 Max depth 5
Use interpolation Exit color
Dim distance 254.0c Dim fall off 0.0
Affect channels Color only

Step 02 在下方的卷展栏中设置参数，设置反射（Reflect）的颜色为黑色，高光反射（Hilight glossiness）的参数值为0.54，反射高光（Refl. glossiness）的参数值为1，细分（Subdivs）的参数值为30，如图所示。

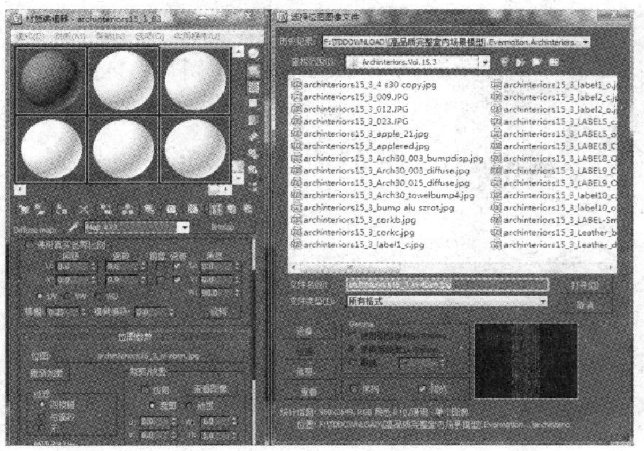

Step 03 单击漫反射（Diffuse）区域中的贴图图标，在对话框中的“位图参数”卷展栏中设置漫反射贴图，如图所示。

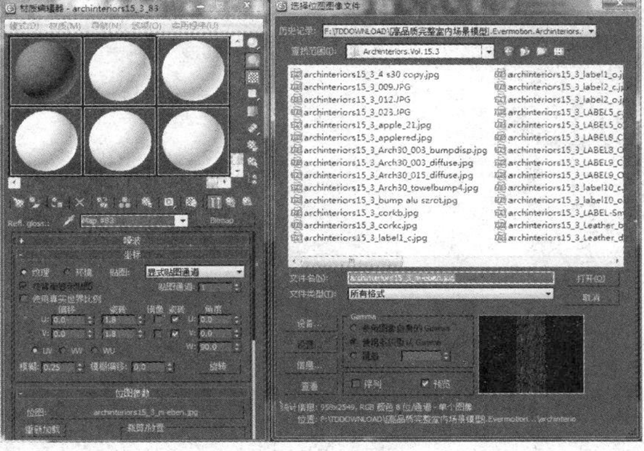

Step 04 继续为R模糊（RGlossiness）属性添加贴图，如图所示。

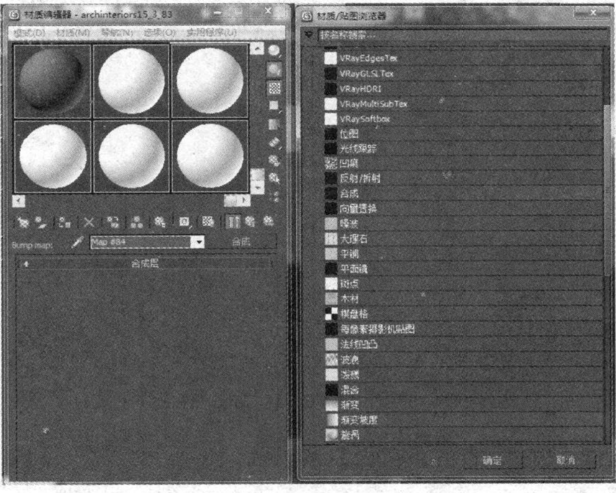

Step 05 为凹凸（Bump）属性添加贴图，先为贴图添加“合成”属性，如图所示。

在“凹凸”属性上赋予材质，可使材质纹理更加真实。

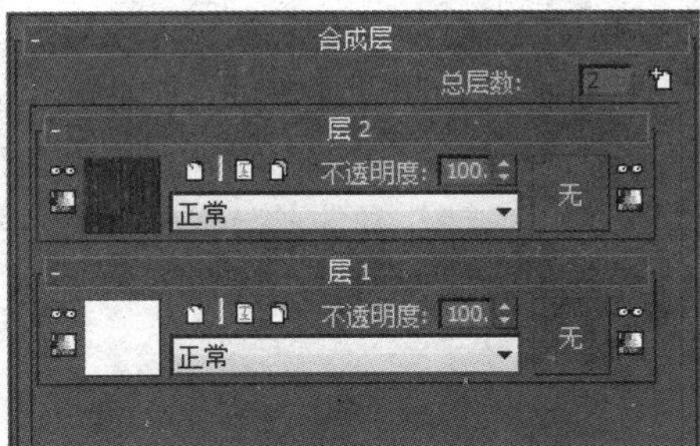

Step 06 单击“层2”卷展栏中添加贴图的白色方块图标，添加木材贴图，如图所示。

提 示

使用合成层可制作更加复杂的材质。

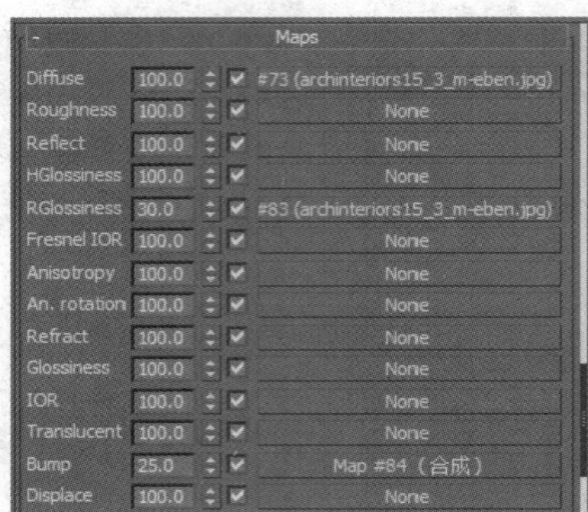

Step 07 在贴图（Map）卷展栏中设置R模糊（RGlossiness）的参数值为30，凹凸（Bump）的参数值为25，如图所示。

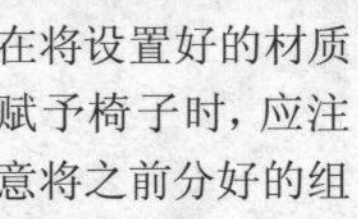

提 示

在将设置好的材质赋予椅子时，应注意将之前分好的组解组。

Step 08 将材质赋予给椅子，如图所示。

Step 09 制作模型的玻璃材质，如图所示选择新的材质球，为材质球赋予VRayMtl材质。

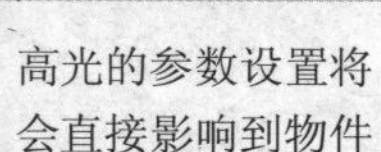

提 示

高光的参数设置将会直接影响到物件整体材质的表现。

Step 10 设置反射（Reflection）选项组中的属性参数，设置反射高光（Refl.glossiness）参数为0.8，细分（Subdi-vs）参数为24，反射（Refl-ect）颜色为灰白色，如图所示。

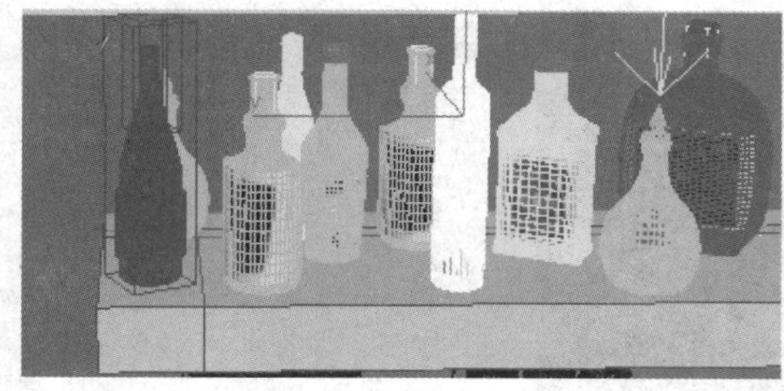

Step 11 调整好后，将材质赋予给酒瓶等玻璃器皿，如图所示。

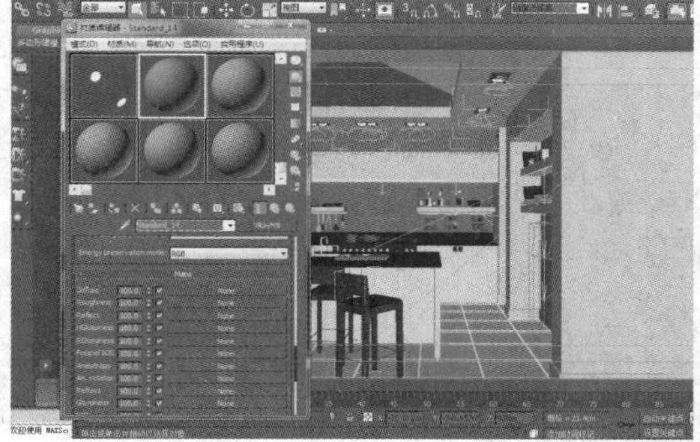

Step 12 制作铁锅的材质，在材质编辑器中选择新的材质球，如图所示。

Step 13 为材质球选择VRayMtl材质，如图所示。

Step 14 在反射（Reflection）选项组中，设置反射高光（Refl. glossiness）的参数值为0.9，最大深度（Max depth）的参数值为5，如图所示。

提 示

如果模型的面数过多，再加上玻璃材质，是会增加电脑的运算难度，请慎重设置。

提 示

电脑在计算模拟玻璃材质时是非常耗费内存的，因此要充分考虑到电脑的配置水平。

提 示

在选择对象的面时，选中面将显示为红色。如果将物体颜色设置为非红色，可以避免颜色混淆。

Step 15 将调整好的材质赋予给铁锅模型，如图所示。

提 示

虽然菜板材质与椅子一样都是木纹材质，但是在反光和凹凸纹理上还是有一定区别的。

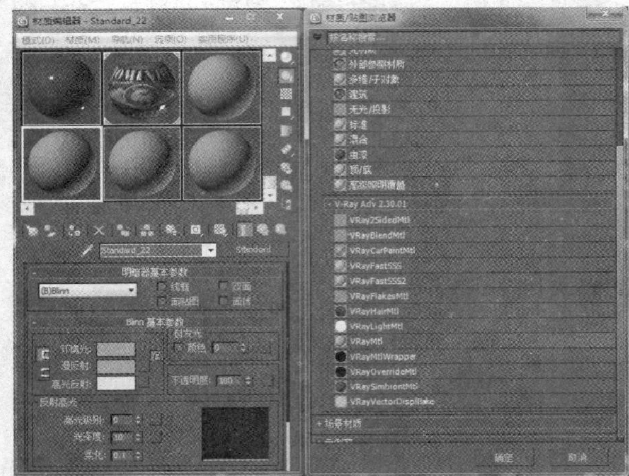

Step 16 制作菜板的木质材质，在材质编辑器中选择新的材质球，并为材质球赋予VRayMtl材质，如图所示。

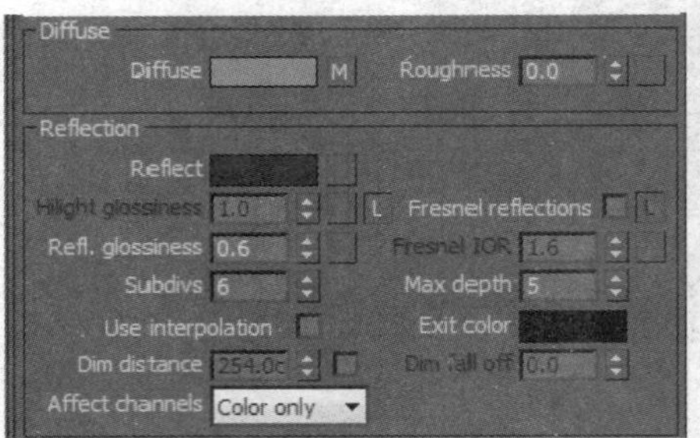

Step 17 在漫反射（Diffuse）选项组中，设置漫反射的颜色为棕黄色，在反射（Refle-ction）选项组中，设置反射高光（Refl. glossiness）的参数值为0.6，细分（Subdivs）的参数值为6，如图所示。

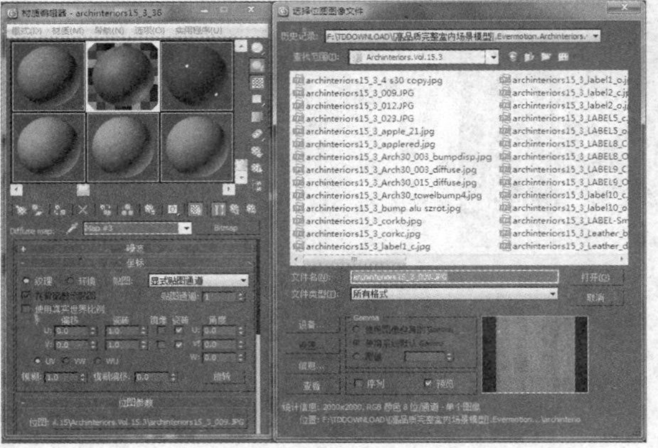

Step 18 在贴图（Maps）卷展栏中，为漫反射选项添加贴图，如图所示。

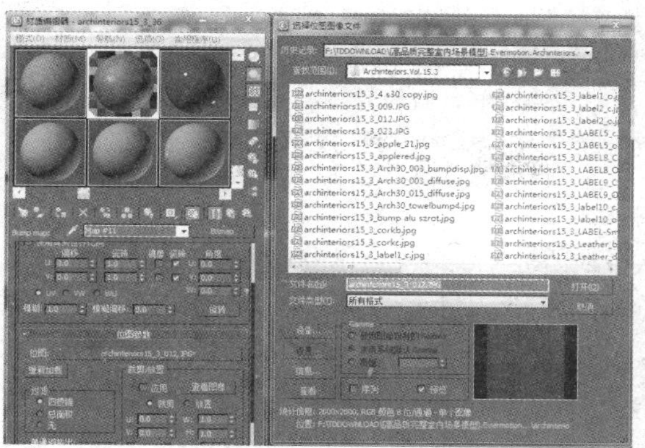

Step 19 继续为凹凸（Bump）属性添加贴图，如图所示。

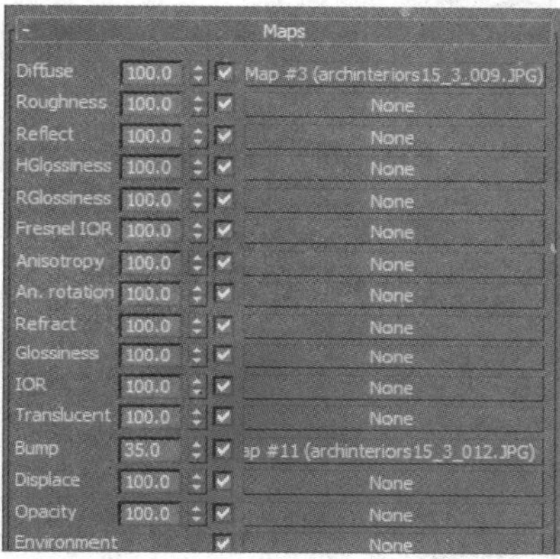

Step 20 设置凹凸（Bump）属性的参数值为35，如图所示。

提 示

在设置凹凸属性时数值不宜过高。由于在现实中地板上的纹理只是细微的起伏，如果设置凹凸属性过高，看起来反倒不真实。

Step 21 将设置好参数的材质球赋予给模型，如图所示。

提 示

不光是模型需要注意比例大小，材质纹理的比例大小也同样不可忽视。纹理的大小也直接影响着呈现的效果是否真实。试想，如果一个地板纹的纹理过大或者过小，和其他的物体进行视觉上的比较时就会看出不小的差异。

Step 22 使用相同的方法将所有材质都赋予给模型之后，观察场景，最终效果如图所示。

13.3.2 制作细节材质

在制作细节材质的时候，为了节省渲染时间，就应该用贴图去替代需要进行庞大的计算才能达到效果的模型。在这一节中将介绍如何利用贴图去制作装在瓶子中的谷物。

提 示

为需要贴图的材质选一个和小瓶子差不多的基底颜色。

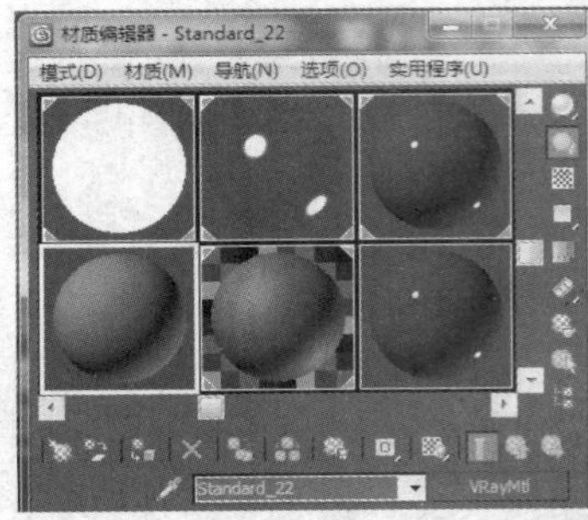

Step 01 首先制作装满谷物的瓶子的材质。在材质编辑器中选择一个新的材质球，并且为材质球赋予VRayMtl材质，如图所示。

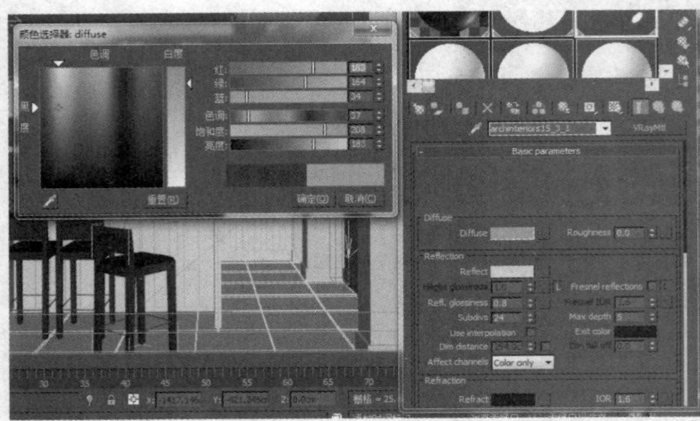

Step 02 设置漫反射（Diffuse）的颜色值，如图所示。

提 示

在制作细小颗粒物体时无需制作模型，只需使用贴图照片进行模拟即可。

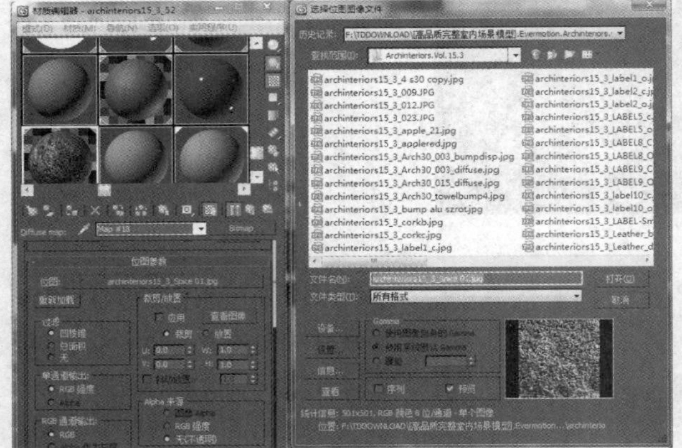

Step 03 单击漫反射（Diffuse)色条旁的M按钮，为漫反射属性赋予材质，如图所示。

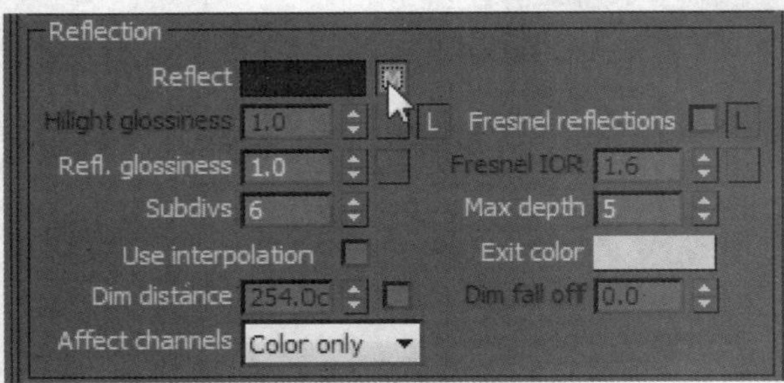

Step 04 单击反射（Reflect）旁的M按钮，为反射添加材质贴图，如图所示。

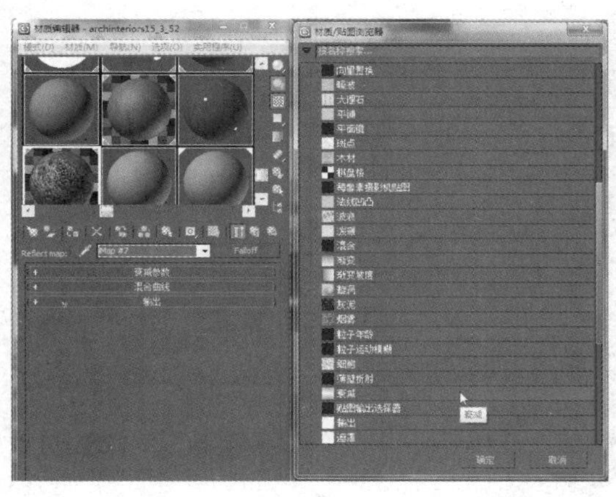

Step 05 为反射值添加衰减属性，如图所示。

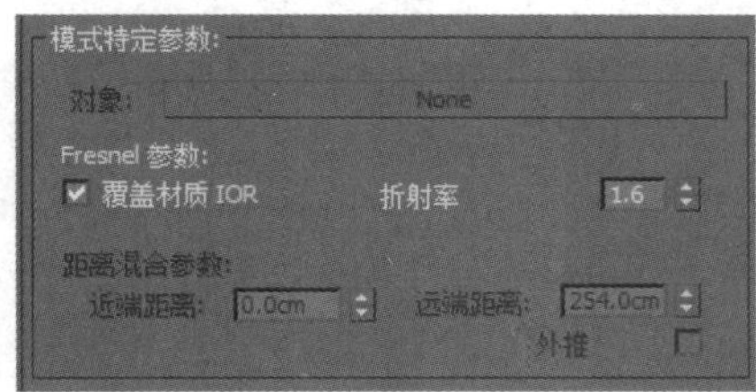

Step 06 在“模式特定参数”选项组中，勾选“覆盖材质IOR”复选框，并设置折射率的参数值为1.6，如图所示。

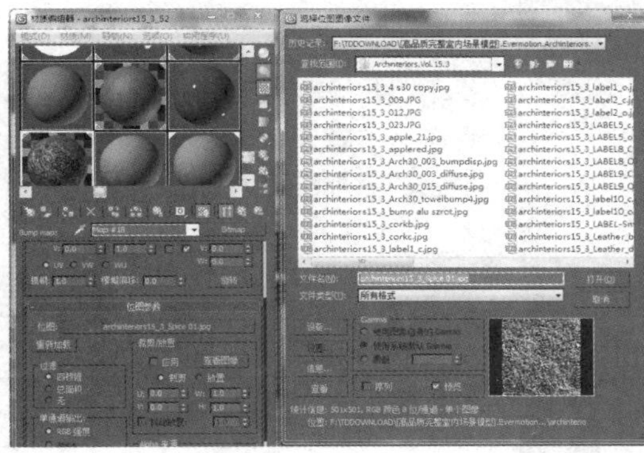

Step 07 在“位图参数”卷展栏中，为凹凸（Bump）属性添加贴图，如图所示。

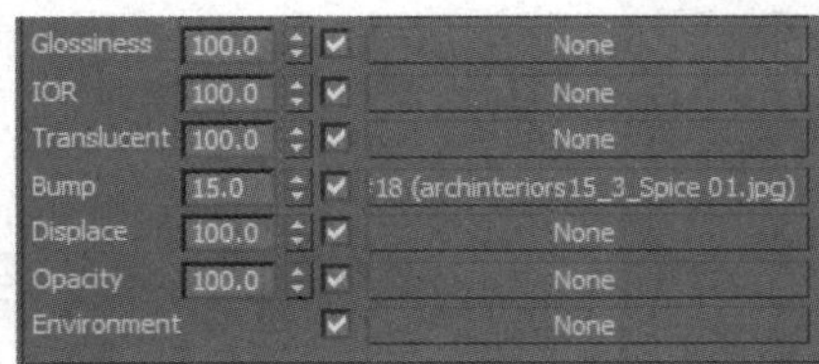

Step 08 在贴图（Maps）卷展栏中，设置凹凸（Bump）的参数值为15，如图所示。

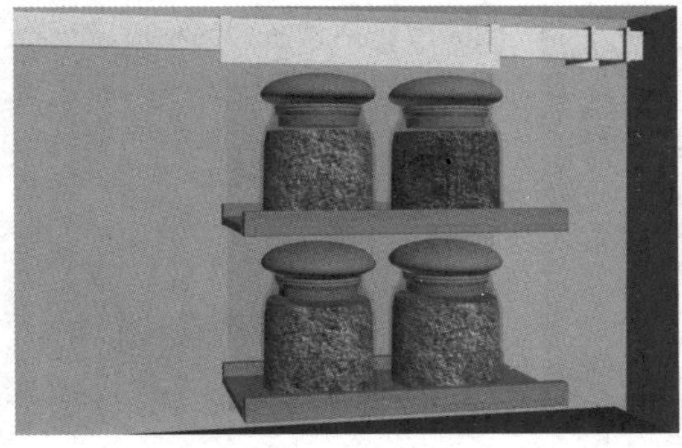

Step 09 设置好材质球后，将材质赋予给模型，如图所示。

提 示

在材质贴图制作中，凹凸效果是至关重要的一环。生活中的物品不只是一个光滑的平面那么简单，物体会因为其材质而呈现出不同的凹凸效果，如磨砂效果或是标签上印刷的凹凸效果的立体字。而在电脑中这些效果都可以用凹凸材质来进行模拟。因为在这里要为谷物附上凹凸材质，会加强真实感，并且有效的节约内存。

提 示

在添加标签时往往大小和瓶子本身并不匹配，甚至连形状都和瓶身的形状都不符合，因此选择与瓶子大小相适合的标签，也是一项基本的工作。

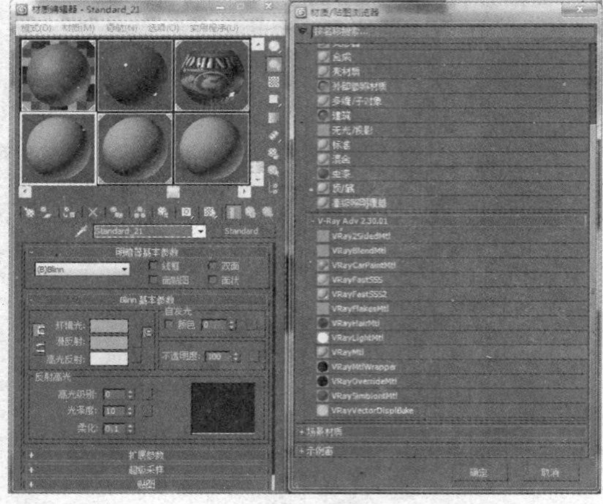

Step 10 制作酒瓶上的商标。在材质编辑器中选择一个新的材质球，并为材质球赋予VRayMtl材质，如图所示。

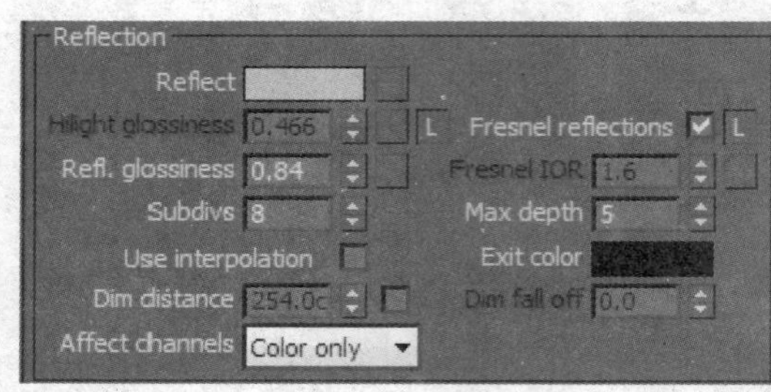

Step 11 设置反射（Reflection）选项组中的反射高光（Refl.glossiness）的参数为0.84，如图所示。

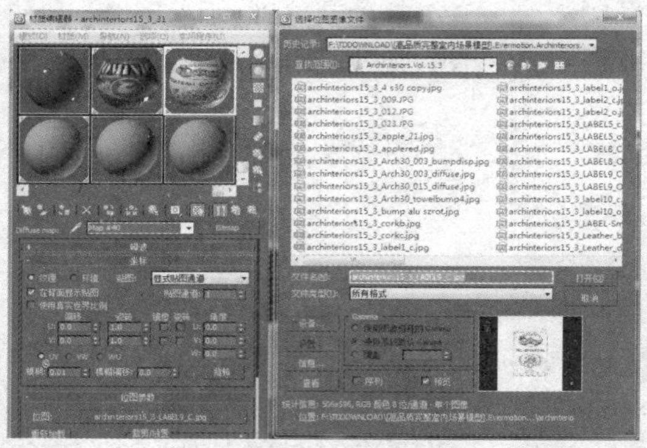

Step 12 单击漫反射（Reflect）色条旁的■按钮，为反射值添加酒瓶上的商标贴图，如图所示。

提 示

如同在场景中应用贴图纹理一样，颜色不一的贴图可以使用染色程序贴图进行修改，以免需要重新设置。

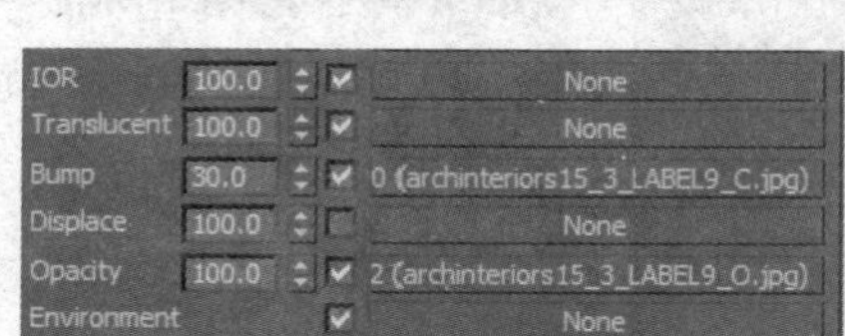

Step 13 在贴图（Maps）卷展栏中，为凹凸（Bump）和透明（Opacity）属性添加贴图，如图所示。

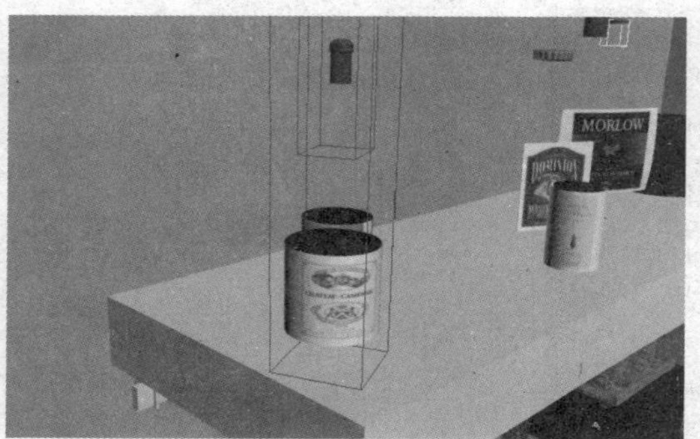

Step 14 将调整好的材质赋予给模型，如图所示。

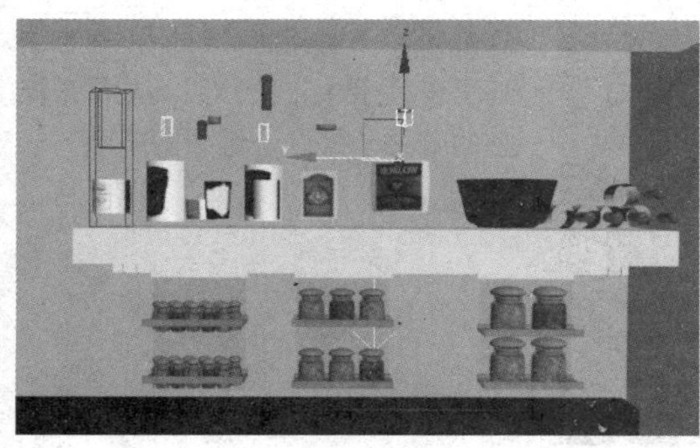

Step 15 将材质赋予完成后，观察场景效果，如图所示。

13.4 设定场景照明与渲染输出

灯光可以体现场景真实感，是渲染场景气氛至关重要的因素。无论是模拟自然光还是布置室内的灯光，都可以更好地烘托出整个设计的效果和品位。

13.4.1 添加场景中的灯光

在设置灯光时，不能只是单纯地设置一盏灯光用于照明，灯光是一种烘托气氛的手段，它可以为呆板的模型瞬间添加一些来自真实世界的味道。因此，在设置灯光的时候，要注重多盏灯光的并用，以及灯光之间主次的搭配。

Step 01 首先在场景中创建灯光。在“创建”命令面板的“灯光”类别中，单击“目标聚光灯”按钮 目标聚光灯，在场景中创建聚光灯，如图所示。

Step 02 将聚光灯摆放在场景中如图所示的位置。

提　示

选择聚光灯作为主光源，可以很好模拟室内灯光效果。

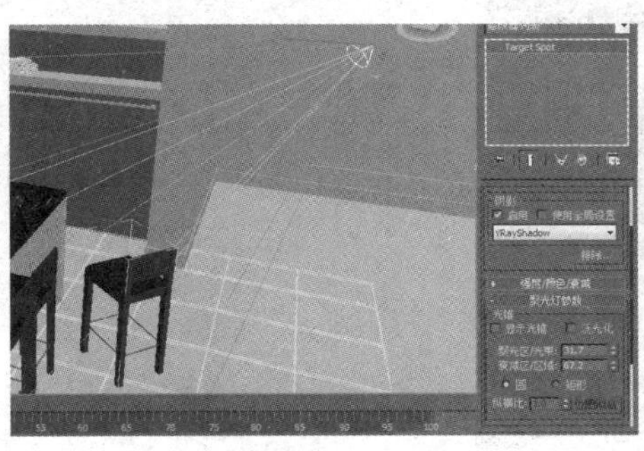

Step 03 切换至“修改”命令面板，设置灯光的参数，在“阴影”选项组中，勾选“启用”复选框，选择阴影类型为VRayShadow，并设置“聚光区/光束”和“衰减区/区域”的参数值，如图所示。

提　示

主光源作为整个场景光的来源是非常重要的。选择灯光摆放的位置和角度，将直接影响到屋子的气氛烘托、阴影位置以及室内表现的效果，因此一定要慎重选择灯光的摆放位置。

Step 04 在灶台旁边的拐角处添加另一盏目标聚光灯，从提亮模型的暗处，摆设位置如图所示。

Step 05 在“修改”命令面板中，设置“聚光区/光束”的参数值为13.8，“衰减区/区域”的参数值为29.1，如图所示。

提　示

在细节处添加光源，以模拟出小灯的光亮。可以体现出因为在主光源照不到的地方，受光不充分的一些小饰物的细节，使整体效果看上去更加完整和丰富。

Step 06 继续创建灯光作为室内的辅助光源，然后在“创建”命令面板中，选择Vray类型，并单击VRay灯光（VRayLight）按钮 VRayLight ，如图所示。

Step 07 将Vray灯光放置在场景中的灶台旁边的拐角处，并利用移动、旋转、缩放工具调整其大小，如图所示。

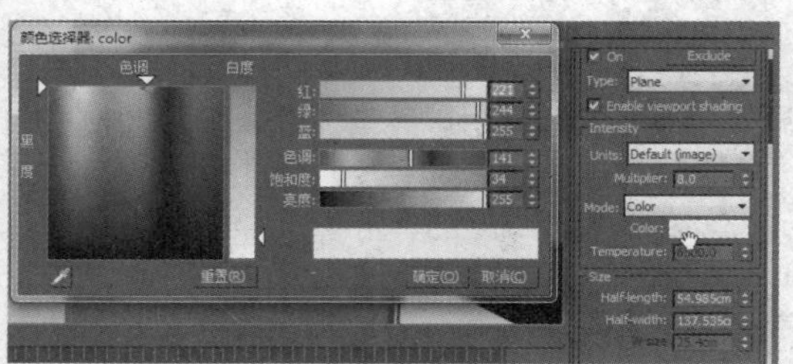

Step 08 设置灯光的颜色，如图所示。

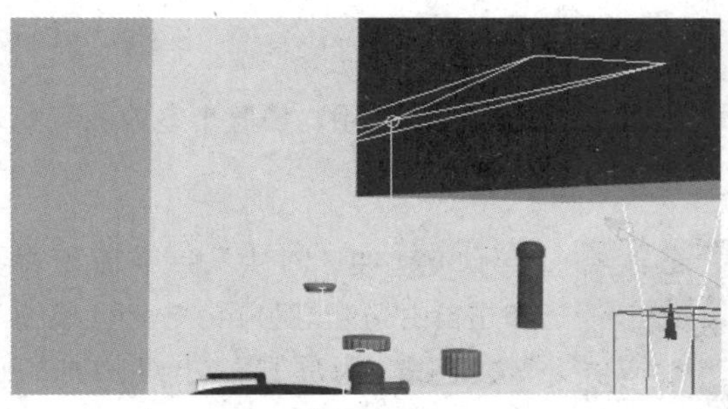

Step 09 继续创建VRay灯光，并放置在灶台上方的缝隙处，如图所示。

Step 10 按住Shift键的同时复制灯光，并平行放置在挡板后边，如图所示。

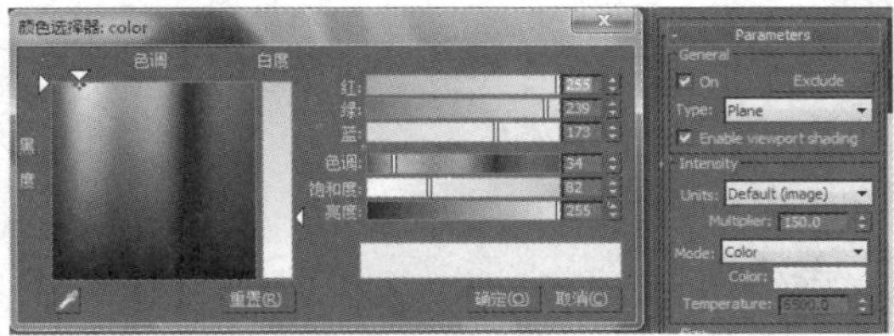

Step 11 调整灯光颜色，将颜色调得偏暖，如图所示。

> **提 示**
>
> 灯光并不是只有强弱搭配，冷暖光的结合使用也是非常重要的。

Step 12 继续复制VRay灯光，将灯光放置在右边壁橱内，以生成辅助光源，如图所示。

> **提 示**
>
> 主光源为冷光，搭配辅助光源暖光，使得整个场景有冷暖对比，加强室内的艺术效果。

Step 13 在水台下层架子的缝隙处放置辅助光源，如图所示。

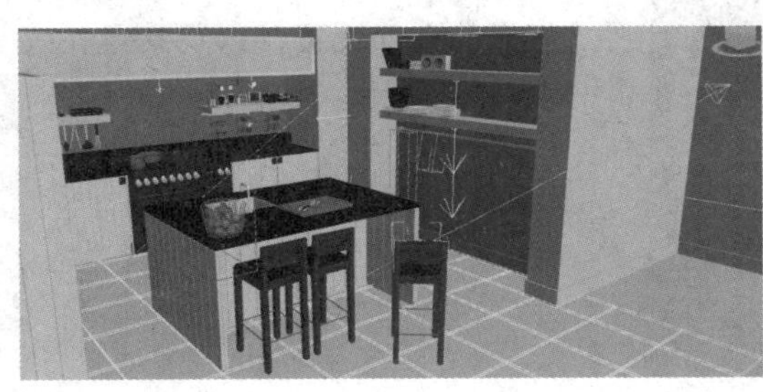

Step 14 整理和观察设置好的主光源和若干辅助光源，效果如图所示。

13.4.2 添加屋顶灯光

在建筑模型中添加一部分小灯，可以起到画龙点睛的作用，使整个室内的气氛活跃起来。

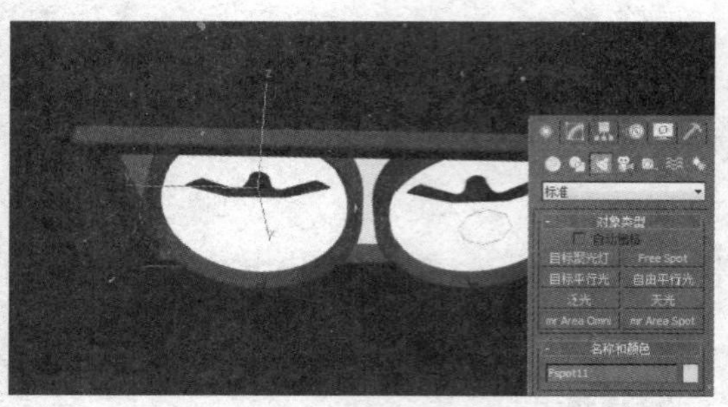

Step 01 在“创建”命令面板中单击自由聚光灯（Free Spot）按钮 Free Spot ，为屋顶的小灯添加灯光，如图所示。

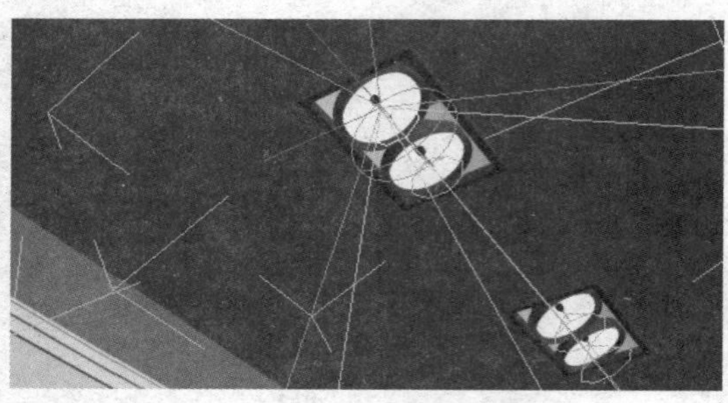

Step 02 将自由聚光灯放置在小灯中间，如图所示。

Step 03 在“聚光灯参数”卷展栏中，设置“聚光区/光束”的参数值为70，“衰减区/区域”的参数值为90，如图所示。

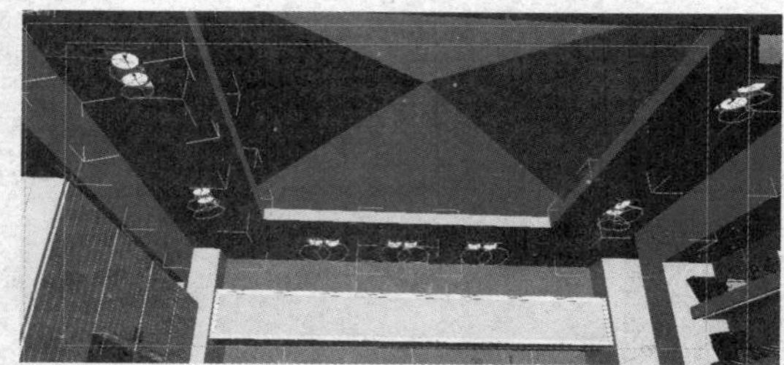

Step 04 复制自由聚光灯，将复制的灯光放置在每个小灯上，如图所示。

> **提 示**
>
> 克隆小灯时克隆选择“实例”，当改变任意一个对象时，其他的克隆对象一起更改，“复制”则只更改选中的那个。

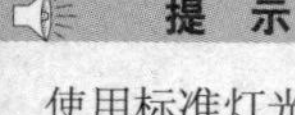

> **提 示**
>
> 使用标准灯光模拟筒灯效果，会比使用VR灯光效果好。

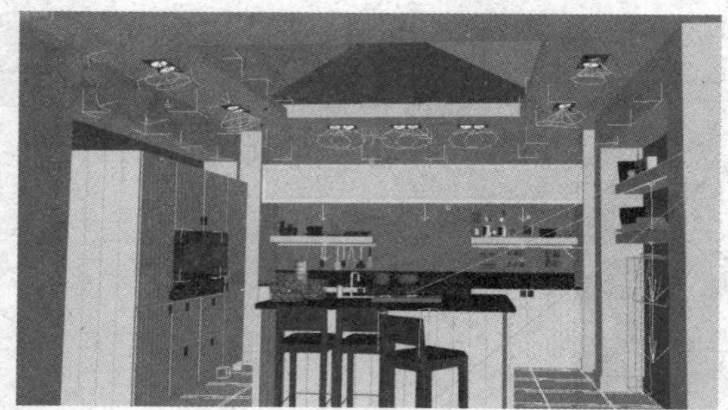

Step 05 完成室内模型、材质及灯光的全部设置，以观察最终效果，如图所示。

13.4.3 渲染准备

临近渲染之前，要认真地进行最后的检查和设置，这是将模型变成成图的必经之路。

Step 01 选择好适当的角度后，在“透视”视口中，按下快捷键Ctrl+C，在场景中创建摄影机，如图所示。

Step 02 查看摄影机的摆设位置，如图所示。

> **提 示**
>
> 若想在视图中切换摄像机视角，可以通过使用视图中右上角的命令栏来进行查找。

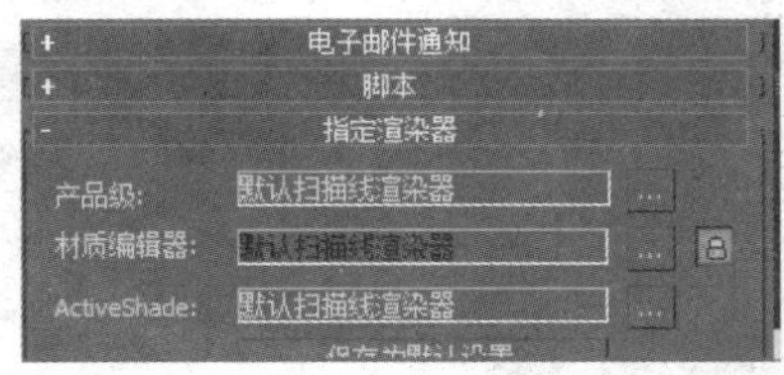

Step 03 单击“渲染设置”按钮，打开“渲染设置”窗口，在“指定渲染器”卷展栏中，单击“产品级”右侧的“浏览”按钮，如图所示。

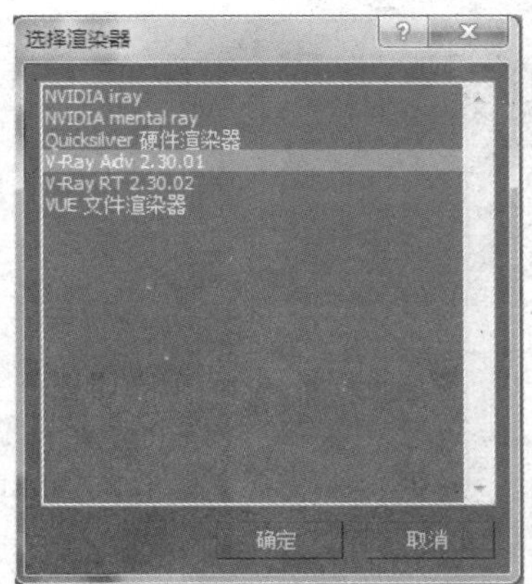

Step 04 在弹出的“选择渲染器”对话框中，选择V-Ray Adv 2.30. 01，作为用于渲染的渲染器，如图所示。

> **提 示**
>
> 在设置渲染器时，要注意场景中的物体材质和灯光是哪一个渲染器所支持的，不同的渲染器只支持自己的材质和灯光的渲染。

Step 05 在“高级照明”选项组中，勾选“使用高级照明”复选框，如图所示。

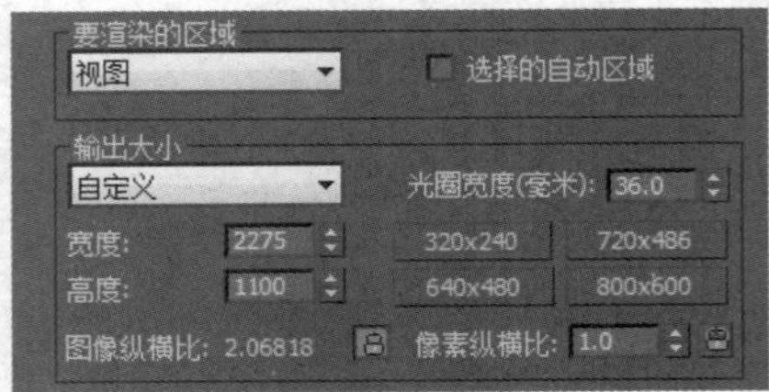

Step 06 在“要渲染的区域”选项组中，选择“视图”选项，并在“输出大小”选项组中自定义输出大小为2275×1100，如图所示。

13.4.4 渲染最终效果

由于VRay渲染器的属性比较多，因此在渲染之前要对VRay渲染器进行最终的设置和确认。

提 示

在室内设计中，Vray渲染器是不可或缺的，其渲染速度快、自带材质和灯光的多样令设计师们爱不释手。

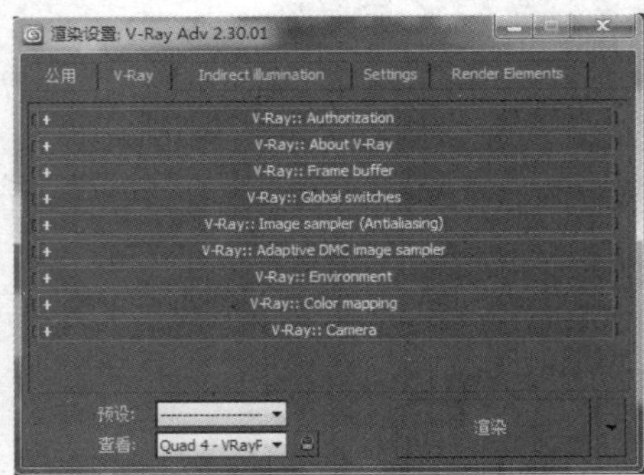

Step 01 在“渲染设置”窗口中，单击V-Ray标签，切换至V-Ray选项卡中，如图所示。

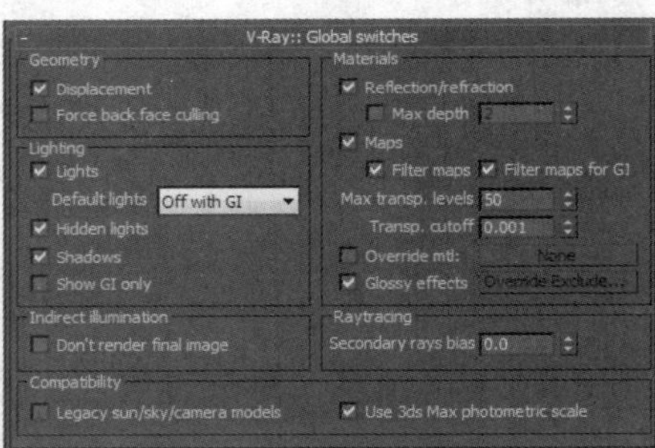

Step 02 展开全局开关（V-Ray::Global switches）卷展栏，按如图所示进行参数设置。

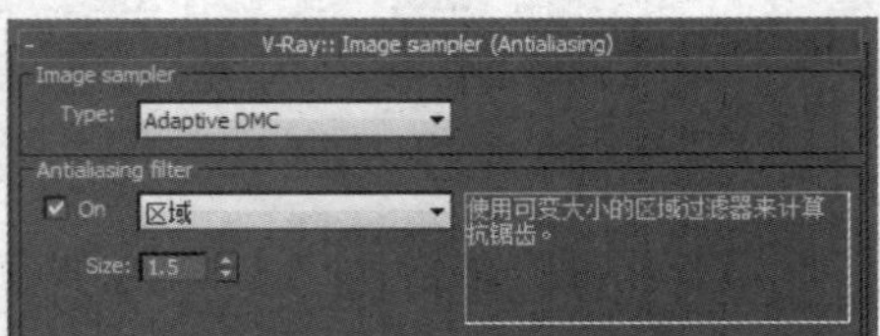

Step 03 展开图像采集器（反锯齿）【V-Ray::Image sampler（Antialiasing）】卷展栏，按进行参数设置如图所示。

提 示

使用高级照明，灯光的光束过渡会更加自然柔和，产生的阴影也会因为周围物体的颜色和材质产生相应变化，渲染出更加逼真的效果。

Step 04 调整好各参数后单击“渲染产品”按钮，对模型进行最终的渲染，效果如图所示。

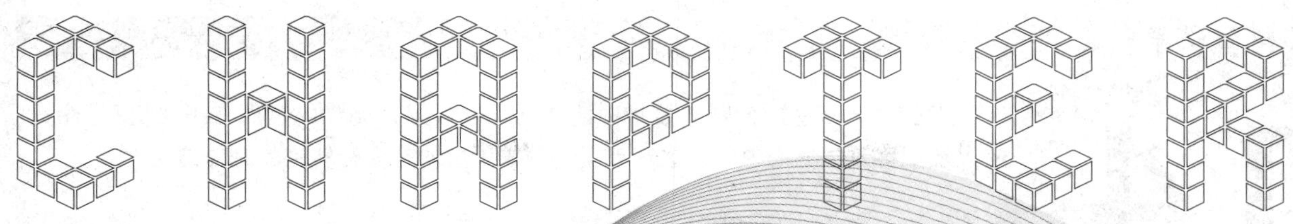

CHAPTER

14

动画场景的制作

动画是3ds Max的核心，在3ds Max应用的各种行业中，几乎都会为场景制作各种类型的动画，如角色动画、动力学动画、机械动画等。本章将以场景小动画的制作实例，引导读者去了解动画的基本制作流程和方法。

重点知识链接

本章主要内容	知识点拨
动画场景的创建	用修改器修改制作模型
场景材质的制作	使用VRay材质制作场景材质
飞行动画和路径动画的制作	关键帧动画和路径约束动画的应用

CHAPTER 14

DVD-ROM

原始文件:
范例文件\Chapter 14\动画场景的制作（原始文件）.max
最终文件:
范例文件\Chapter 14\动画场景的制作（最终文件）.max

14.1 制作空战场景

下面的场面是现代特效技术中比较常见的效果，制作的重点在于飞机飞行的轨迹以及烟雾效果的呈现。在这一节里，着重讲解的是飞行轨迹的制作方法。

14.1.1 制作场景并绘制运动路径

本节主要讲解制作战斗机运动动画之前的准备工作，包括准备场景图和制定飞机运动的路径等。

Step 01 打开本书配套光盘中的原始文件，观察战斗机模型与场景环境，如图所示。

Step 02 选择战斗机模型，按住Shift键的同时，复制战斗机模型，并按如图所示位置进行排列。

提 示

按住Shift键的同时对所选对象进行复制操作时，应选择“实例”选项。

Step 03 在窗口右侧的“图形”命令面板中，选择“线”工具，在相应的视口中绘制战斗机运动的轨迹曲线，如图所示。

提 示

在创建样条线时，建议在“顶”视口中进行创建，然后在其他视口中进行各顶点的调整。

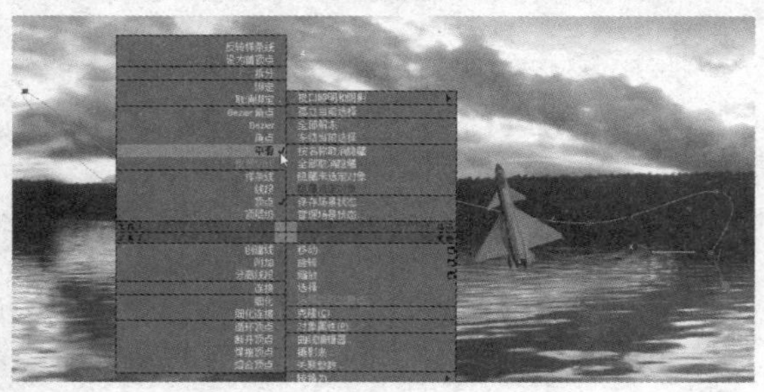

Step 04 选择绘制的曲线路径上的所有顶点并单击鼠标右键，选择“平滑”命令，如图所示。

Step 05 调整场景的角度，在“透视”视口中，按下Ctrl+C键，在场景中创建摄像机，如图所示。

14.1.2 为空战场景制作动画

在为战斗机创建动画时，由于3架战斗机都是做同一轨迹的运动，因此需要一个辅助对象来对3架战斗机同时约束，这样才可以保证3架战斗机动画的一致。

提 示

用虚拟体来控制战斗机的动画，可以减少不必要的错误。

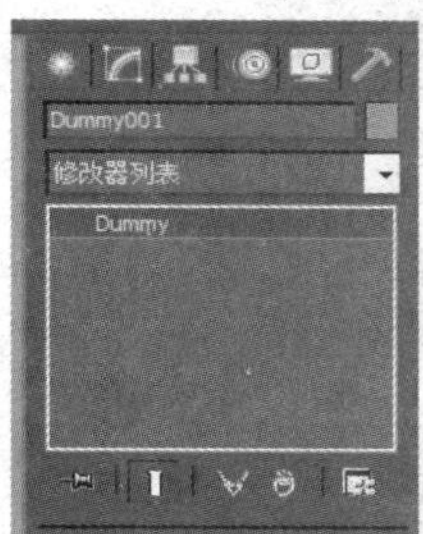

Step 01 在“创建”命令面板中，单击“辅助对象”类型中的“虚拟对象”按钮 虚拟对象 ，在场景中创建虚拟体，如图所示。

Step 02 单击“选择并链接”按钮，将3架战斗机分别与虚拟体进行链接，如图所示。

提 示

将3架战斗机都与虚拟体链接，可以确保战斗机之间的位置保持不变。

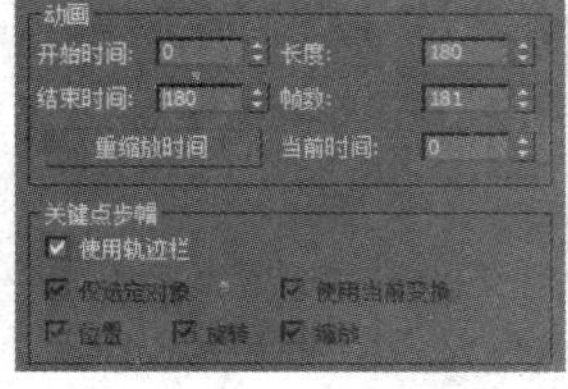

Step 03 单击“时间配置”按钮，设置动画时间的参数，如图所示。

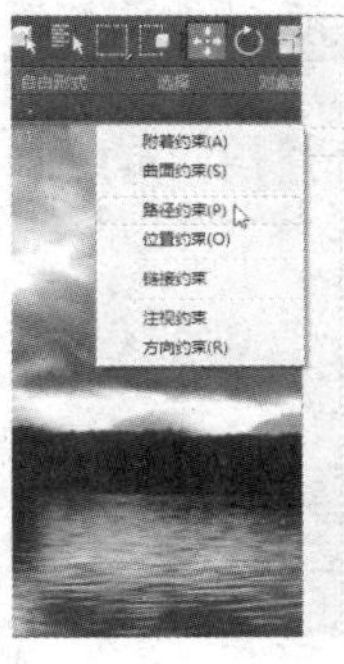

Step 04 选择虚拟体，然后执行“动画>约束>路径约束”命令，如图所示。

Step 05 选择先前绘制好的曲线路径，进行拾取，如图所示。

Step 06 在“运动”命令面板中，勾选“跟随”复选框，并在“轴”选项组中，选择Y轴，如图所示。

提　示

勾选“跟随”复选框并确定轴，可以确保飞机沿着曲线的方向飞行，“翻转”选项可以调整飞机的头尾方向。

Step 07 观察动画，可以看到在转弯处，战斗机并没有倾斜，这与现实不符，如图所示。

提　示

在调整飞机的旋转方向时需要结合动画效果进行调整，滑动动画滑块即可查看其动画效果。

Step 08 在“运动”命令面板中的“路径选项”选项一组中，勾选“倾斜”复选框，并设置“倾斜量”与“平滑度”参数，如图所示。

14.2 创建独立动画

下面需要为不同的战斗机分别创建动画效果，并结合噪波功能的应用，可以使画面效果更加真实生动。

14.2.1 创建领头战斗机的动画

本节将进一步制作和优化战斗机的飞行动画，通过利用关键点来进行手动微调，来使动画的场景看起来更具视觉冲击力。

Step 01 将时间滑块拖动到原点处，然后再创建第二个虚拟体，如图所示。

提 示

用第二个虚拟体控制领机的运动方向，可以不影响其他战斗机的运动。

Step 02 选中第二个虚拟体，将其与之前的虚拟体链接到一起，如图所示。

Step 03 调整第二个虚拟体的方向和位置，然后单击“对齐”按钮，如图所示调整“对齐”的参数值。

提 示

此处的对齐，只是针对运动方向上的对齐，而并非位置上的对齐。

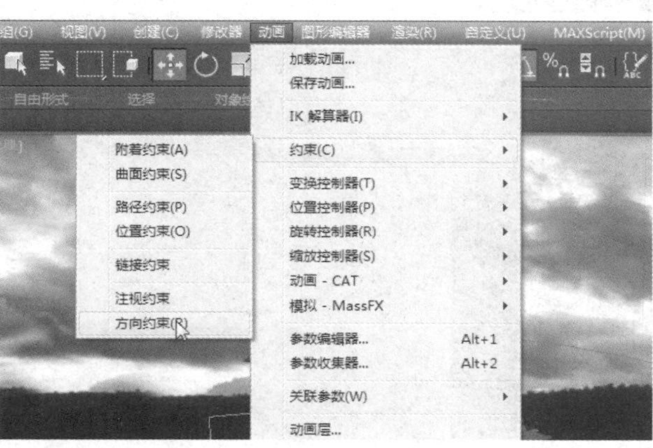

Step 04 选择领头的战斗机，执行菜单栏中的“动画>约束>方向约束”命令，如图所示。

Step 05 将领头战斗机与第二个虚拟体进行链接，如图所示。

Step 06 将时间滑块拖动到第15帧的位置，创建关键点，如图所示。

提 示

战斗机在转弯飞行时会因为向心力而发生倾斜，因此此处需要制作出这种感觉，显得动画效果更加真实。

Step 07 将时间滑块拖动到第35帧处，选择第二个虚拟体，在主工具栏中，调整虚拟体的坐标系为“局部”坐标系，如图所示。

Step 08 利用旋转工具，将第二个虚拟体旋转到与路径相一致的角度，如图所示。

提 示

在调整动画设定关键帧时，可以启用自动记录关键帧功能。这样可以有效减少繁琐的设置环节，使设计师更加专注在动画本身上的制作。

Step 09 在第55帧处，继续旋转第二个虚拟体，使之与路径角度相一致，如图所示。

Step 10 在第85帧处，继续调整第二个虚拟体的角度，并单击“创建关键帧”按钮来创建关键帧，如图所示。

> **提 示**
>
> 使用第二虚拟体控制领机的运动方向，虚拟体2不影响其他战斗机的运动。

Step 11 在第115帧处，调整第二个虚拟体的角度，并创建关键帧，如图所示。

Step 12 播放动画，观察战斗机的飞行效果，如图所示。

14.2.2 噪波控制器的应用

下面将利用噪波控制器来制作出战斗机在行进过程中的震动效果，使战斗机的飞行动画看起来更加真实。

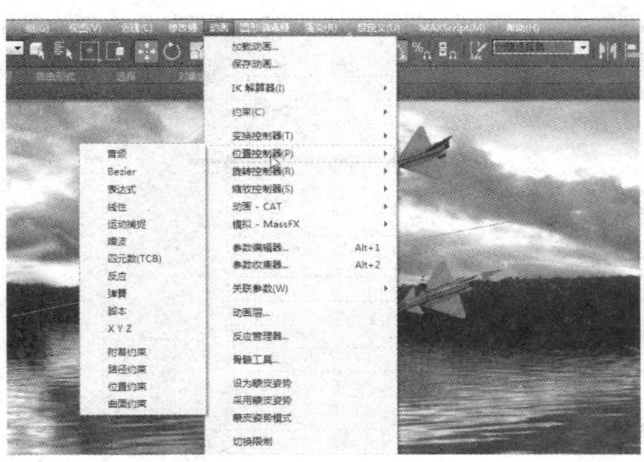

Step 01 选择另一架战斗机，在菜单栏中执行“动画>位置控制器>噪波”命令，如图所示。

> **提 示**
>
> 一般情况下，都利用噪波来模拟飞机在飞行过程中所产生的抖动效果。

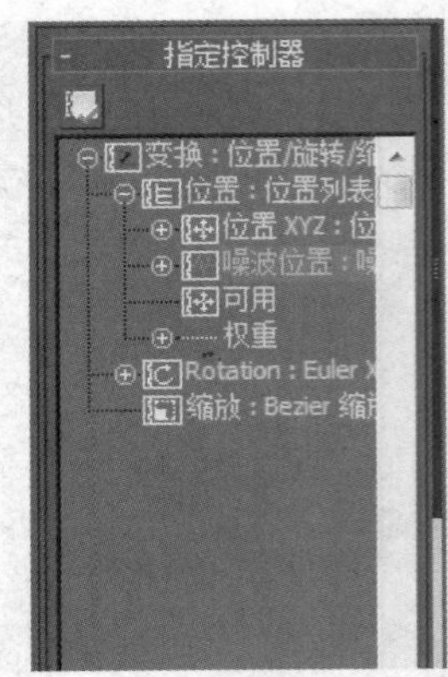

Step 02 在“运动”命令面板下的“指定控制器”卷展栏中，双击“噪波位置”，如图所示。

提 示

若使用“频率”选项来控制战斗机的抖动效果，则会产生战斗机发生了碰撞后的飞行效果。

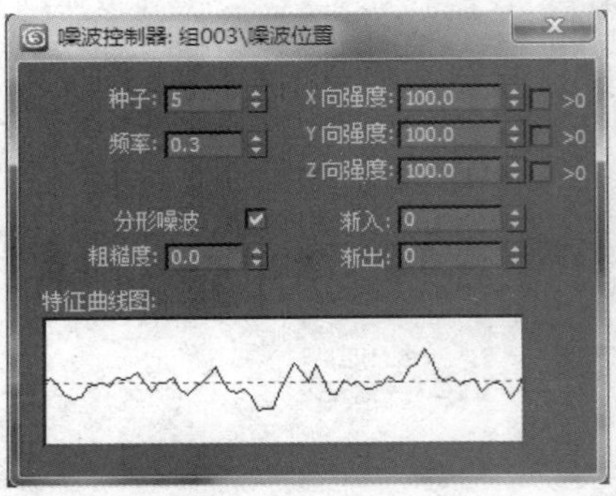

Step 03 在弹出的“噪波控制器”对话框中，设置“频率”的参数值为0.3，如图所示。

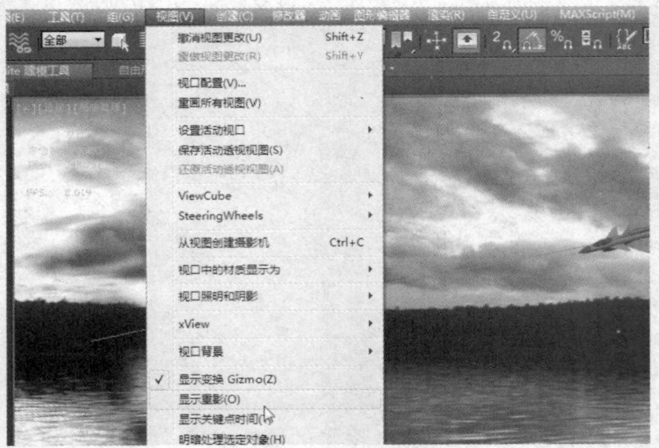

Step 04 观察战斗机的运动轨迹，然后在“视图”菜单中执行“显示重影”命令，如图所示。

提 示

在播放动画时，可以看到领机模拟飞行时所产生的运动模糊的动画效果。

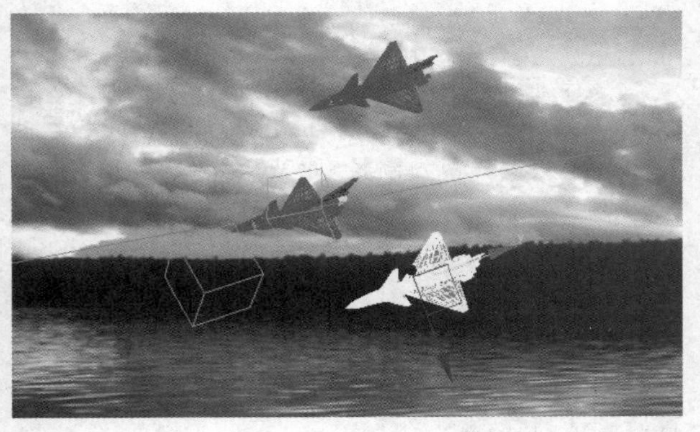

Step 05 在“透视”视口中，观察战斗机的重影状态，然后继续调整噪波参数，观察战斗机的飞行动画，如图所示。

14.2.3 创建其他战斗机的动画

本节主要讲解在有另一条或者多条运动路径的情况下，制作战斗机飞行动画的方法。

Step 01 在场景中创建第3个虚拟体，如图所示。

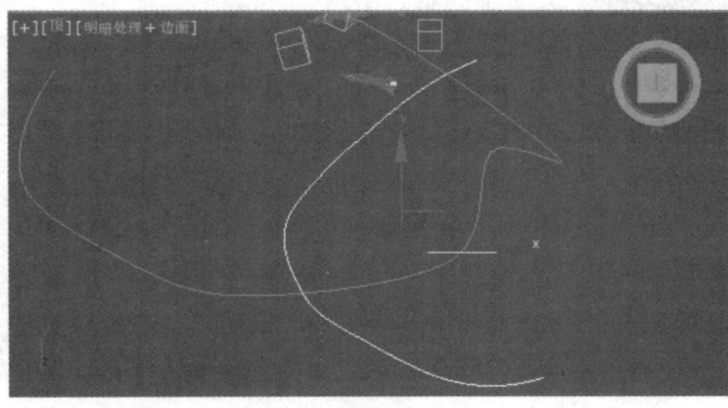

Step 02 绘制出战斗机要飞往另一个方向的曲线路径，如图所示。

> **提 示**
>
> 绘制曲线路径时，要注意迎合第一条路径的方向，以免对以后的动画调整造成不便。

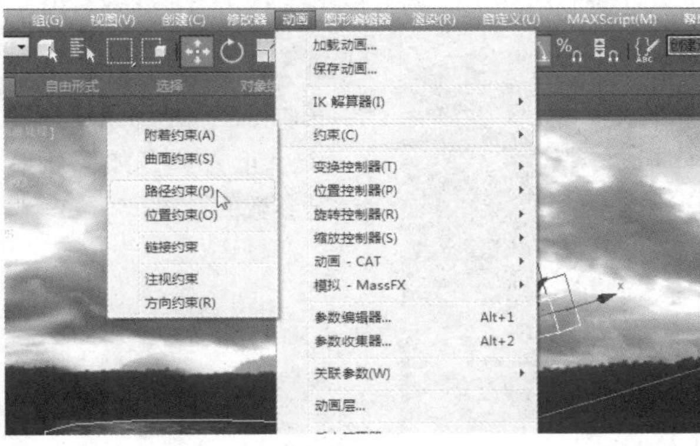

Step 03 选择第3个虚拟体，在菜单栏中执行“动画>约束>路径约束”命令，并拾取新绘制的曲线路径，如图所示。

Step 04 选择第3架战斗机，单击主工具栏中的“断开当前选择链接”按钮，断开链接，如图所示。

> **提 示**
>
> 断开链接后，战斗机将不再受到虚拟体的约束。

Step 05 再次执行菜单栏中的“动画>约束>链接约束”命令，拾取第3个虚拟体，如图所示。

Step 06 将时间滑块拖动至第35帧处，选择战斗机，然后在“运动”命令面板下单击“添加路径”按钮添加路径，选择新建的路径，如图所示。

14.2.4 制作烟雾特效

在特定的条件下（温度、湿度、飞行速度等），飞机在高空飞行时，主机翼的尾端会产生白色的烟雾。在制作飞机飞行动画时为其添加尾烟，可以让动画效果更加真实，也可以更好地突出飞机飞行的速度感。利用粒子流来制作飞机的烟雾特效，就是一个很好的选择。本节将介绍利用粒子流源来制作飞机尾部喷雾的方法。

提 示

如果合并源场景中链接到父对象的对象，而且当前场景中存在作为源父对象的同名对象，则可打开“合并文件”对话框，以便重新创建相同的层次。

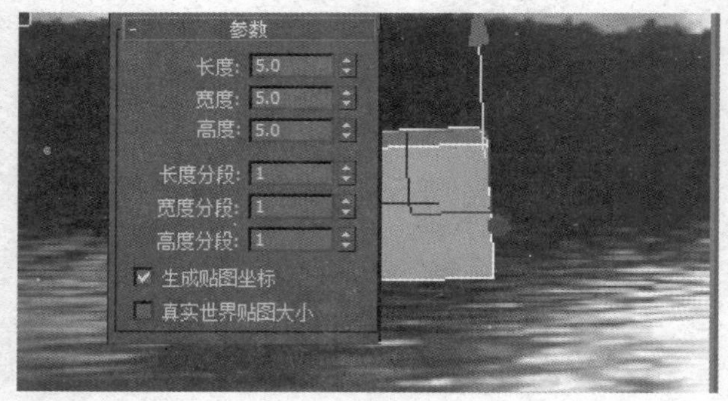

Step 01 将时间滑块拖动到第0帧处，在场景中创建一个小正方体，如图所示进行参数的设置。

提 示

在制作绑定粒子虚拟体时，选择圆形或是其他几何体也可以。

Step 02 将正方形移动到战斗机的机翼处，如图所示。

Step 03 复制正方体到另一侧的机翼处，如图所示。进入“修改”命令面板，单击“附加”按钮 附加 ，然后到场景中，拾取另一个小正方体，将其转化成一个整体。

> **提 示**
>
> 在制作粒子之前，需要先制作用以绑定粒子的发射器的虚拟体。

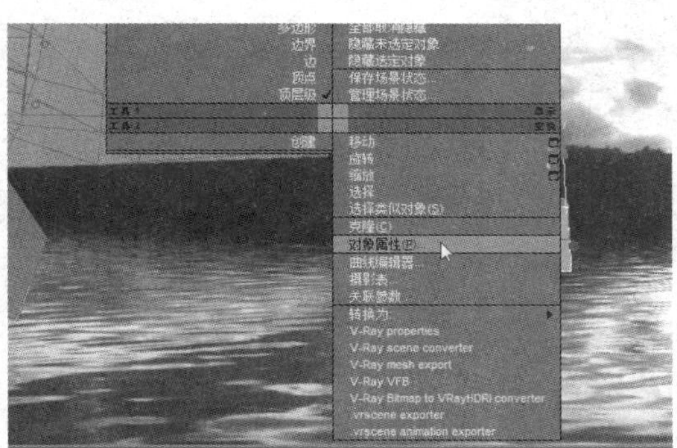

Step 04 选择小正方体，然后单击鼠标右键，在弹出的快捷菜单中，选择“对象属性”命令，如图所示。

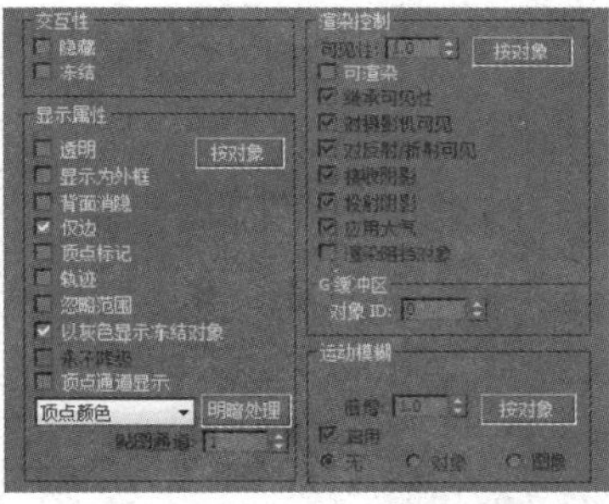

Step 05 在弹出的对话框中，取消勾选“可渲染”复选框，如图所示。

> **提 示**
>
> 取消勾选“可渲染”复选框，可以在制作成品后使小正方体隐形。

Step 06 执行“创建 > 粒子 > 粒子流源”命令，创建粒子，如图所示。

Step 07 将粒子链接到第一个虚拟体上，如图所示。

提 示

在制作过程中，为了加快软件的运行速度，可以先将其他不用制作动画的飞机隐藏。

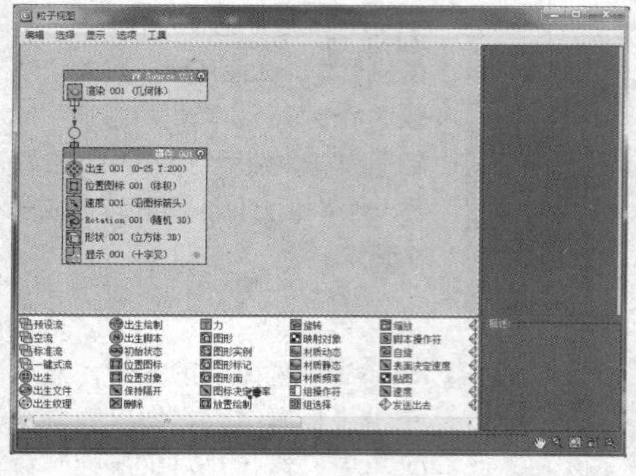

Step 08 在场景中，选择刚创建的粒子流源发射器，按下快捷键6键，打开“粒子视图”窗口，如图所示。

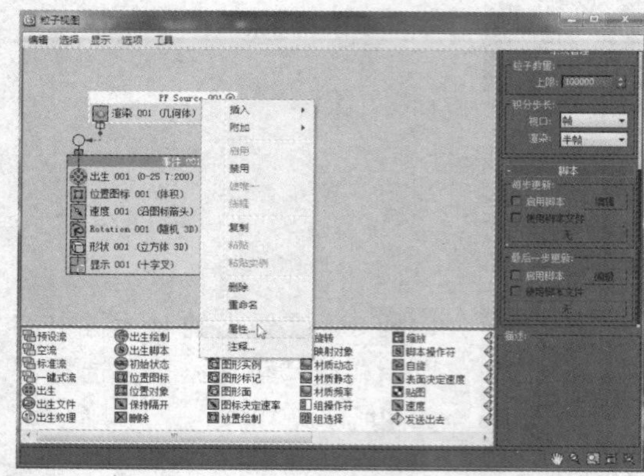

Step 09 在“粒子视图”窗口中选中PF Source 001，右击，在右键快捷菜单中选择“属性”命令，如图所示。

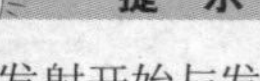

提 示

发射开始与发射停止的参数设置的是动画的帧数，若想在多少帧时开始或者结束，在这两个属性里面进行调整即可。

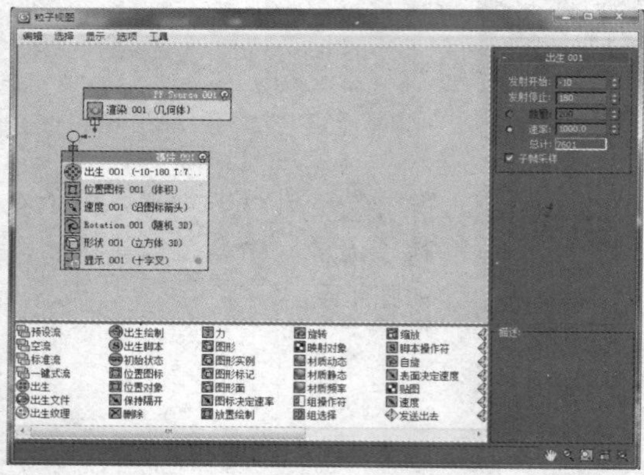

Step 10 单击“出生001”操作符，在窗口右侧设置“发射开始”的参数值为-10，“发射停止”的参数值为180，如图所示。

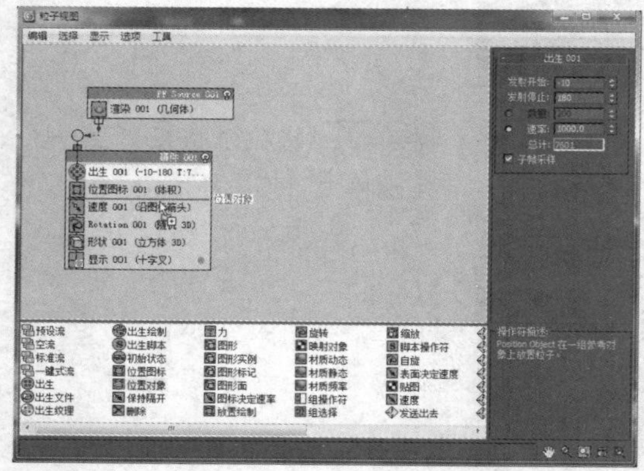

Step 11 将“位置对象”操作符拖曳到“事件001”框中，如图所示。

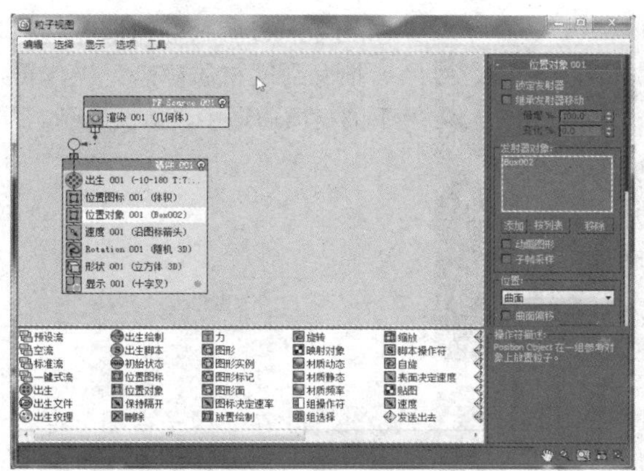

Step 12 单击“位置对象”操作符，在窗口右侧单击“添加”按钮添加，在场景中选择小正方体组作为发射器，如图所示。

> **提 示**
>
> 在制作粒子之前，需要先制作粒子的发射器。

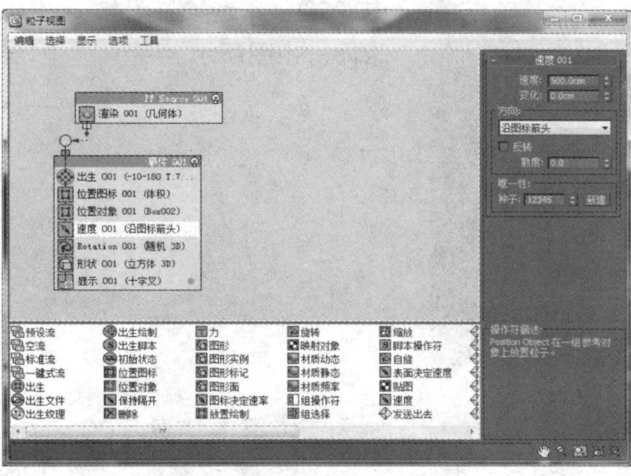

Step 13 单击“速度001”操作符，设置“速度”的参数值为500，如图所示。

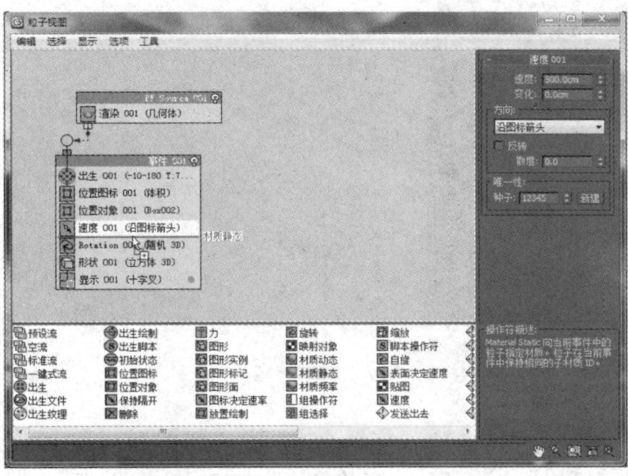

Step 14 将“材质静态”操作符拖曳到“事件001”框中，如图所示。

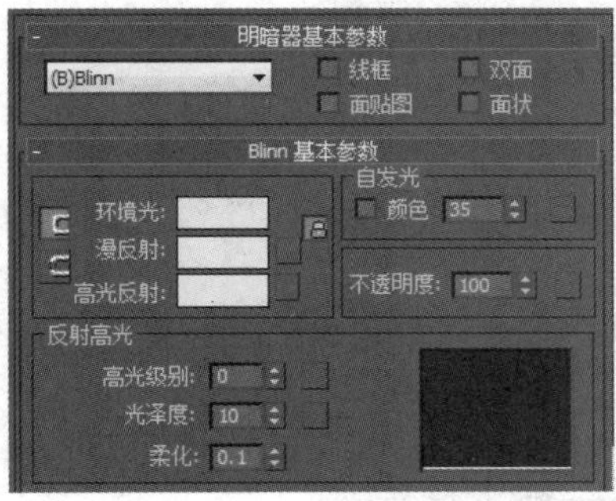

Step 15 单击“材质编辑器”按钮，选择一个材质球作为烟雾的材质，在“Blinn基本参数”卷展栏中，设置“漫反射”为灰白色，“自发光”的参数值为35，如图所示。

> **提 示**
>
> 虽然是烟雾，但是也需要为其赋予材质球，制作烟雾的材质。

提　示

在“粒子视图”窗口中需要注意每一个事件的位置，位置不同，粒子的效果也不相同。

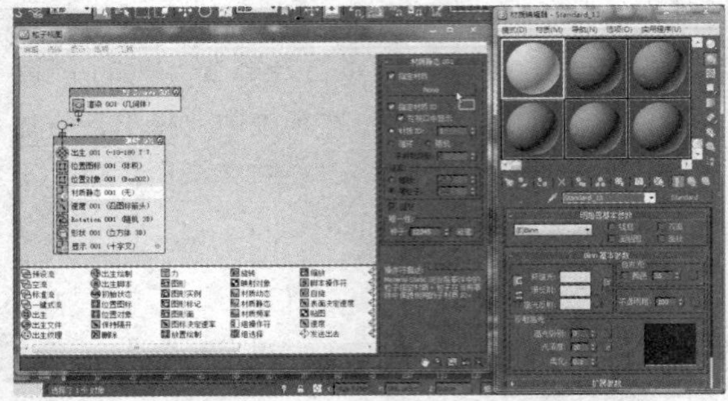

Step 16 将调整好的烟雾材质球拖曳到“材质静态”操作符下的材质通道中，如图所示。

提　示

3D项里几何体的设置不同，所渲染出的烟雾的形状也不相同。这个功能很有趣，可以利用其做出很多不一般的粒子效果。

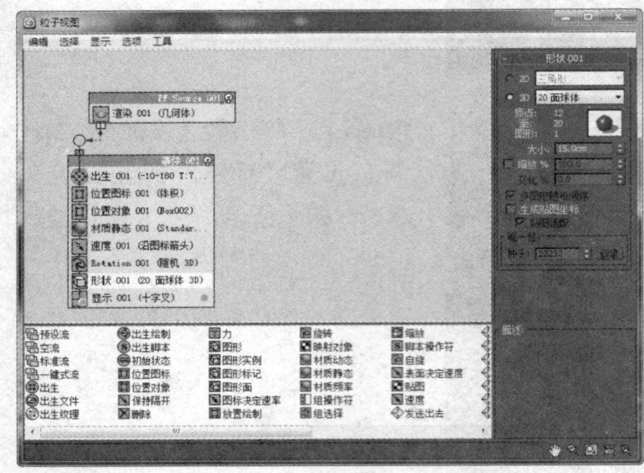

Step 17 在“粒子视图”窗口中，单击“形状”操作符，选中“3D”单选项并设置为20面球体，如图所示。

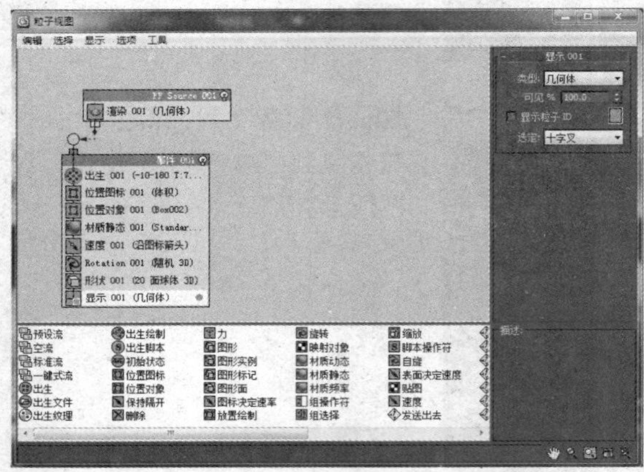

Step 18 单击“显示001”操作符，设置“类型”为几何体，如图所示。

Step 19 将“删除粒子”操作符拖曳到“事件001”框中，如图所示。

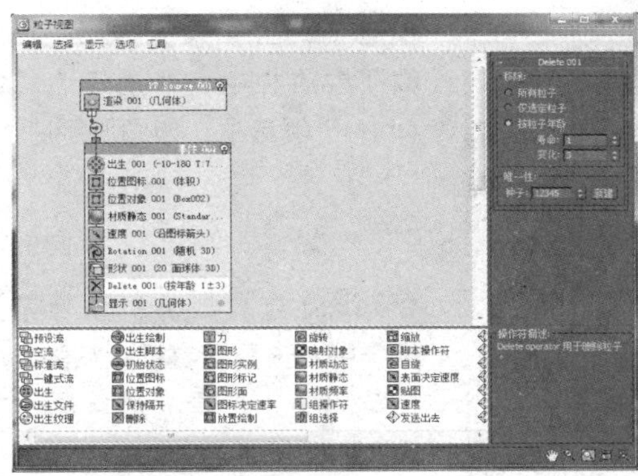

Step 20 单击“Delete删除”操作符，在窗口右侧按如图所示进行各参数的设置。

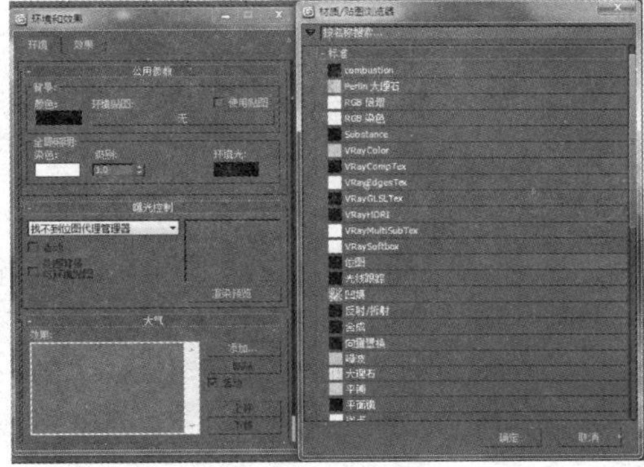

Step 21 按下8，打开“环境和效果”窗口，为场景中的背景指定贴图，如图所示。

> **提 示**
>
> 在“粒子视图”中，注意每一个事件的位置，位置不同，粒子的效果也不相同。

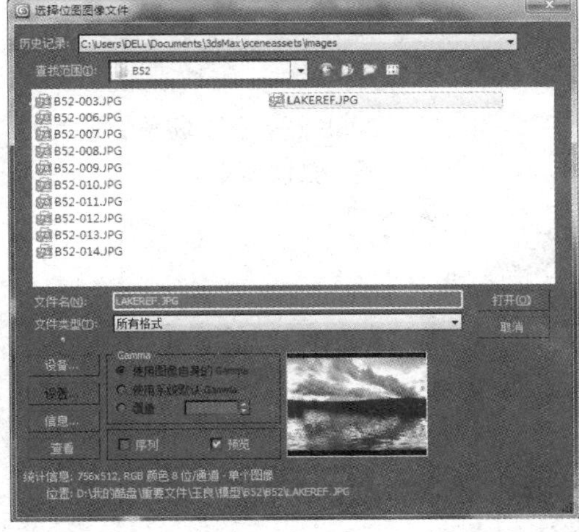

Step 22 在弹出的对话框中，查找并选择要指定的贴图，如图所示。

> **提 示**
>
> 在视口操作的场景中，若想在渲染时看到视口中的图片，则需先在“环境和效果”窗口中添加所需的图片。

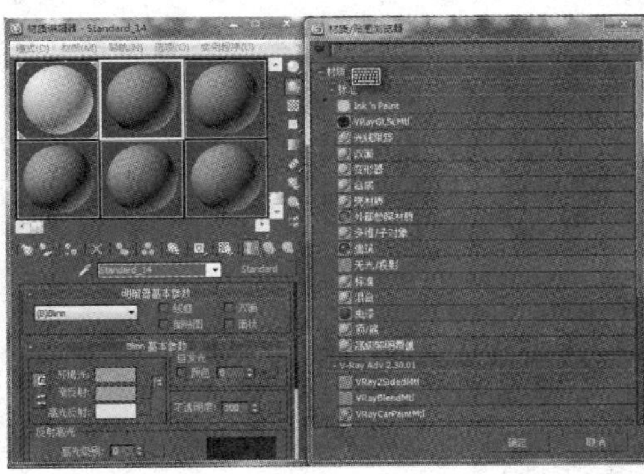

Step 23 在材质编辑器中，为战斗机赋予“无光/投影”材质，如图所示。

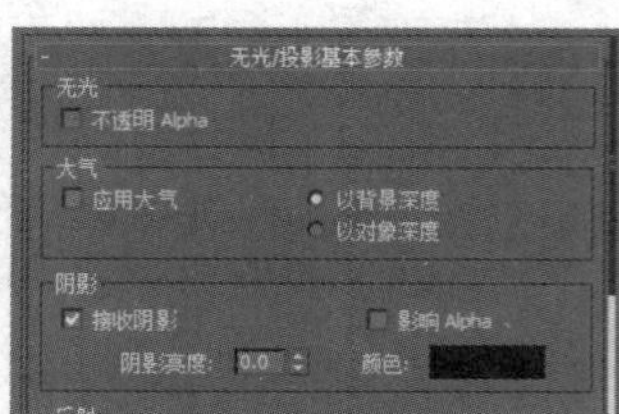

Step 24 在"天光/投影基本参数"卷展栏中，取消勾选"影响Alpha"复选框，如图所示。

Step 25 选择战斗机和烟雾，在场景中单击鼠标右键，在弹出的快捷菜单中，选择"对象属性"命令，如图所示。

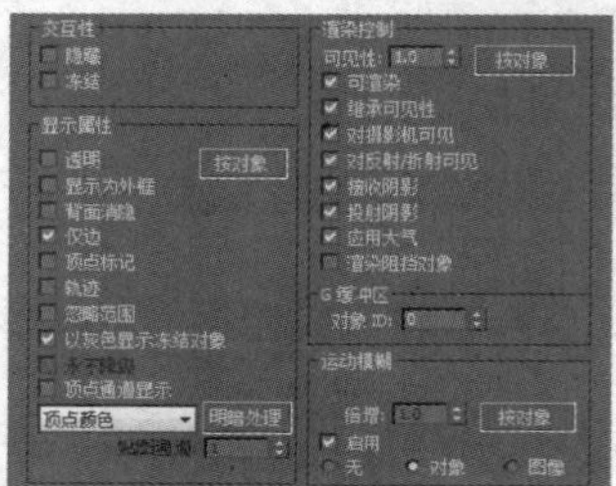

Step 26 在弹出的"对象属性"对话框中，勾选"仅边"和"启用"复选框，如图所示。

提 示

这一步对电脑的配置要求很高，配置不高的电脑可能会显示内存不足，从而无法完成。

Step 27 渲染场景，观察一下效果，如图所示。

Step 28 继续为其他两架战斗机创建烟雾，分别在相同的位置创建小正方体，如图所示。

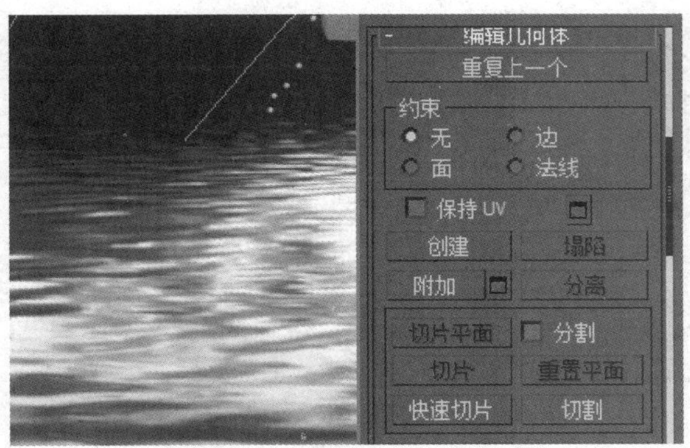

Step 29 对每一架战斗机对应的两个小正方体都执行“附加”操作，如图所示。

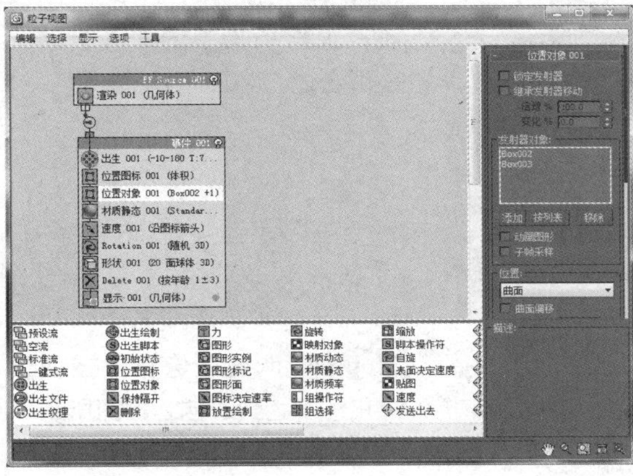

Step 30 在“粒子视图”窗口中，单击“位置对象”操作符，在右侧的“发射器对象”选项组中，单击“添加”按钮添加，回到场景中，选择两个小正方体组，添加发射器，如图所示。

14.3 渲染输出

完成场景动画的设置后，在对场景进行渲染时，需要先预计动画的渲染时间和质量，然后再进行适当的渲染设置。

14.3.1 设置动画时间

动画时间由帧数和帧速率决定，本章动画只是作为教程辅导，因此在渲染时，选择了较短的时间和较低的帧速率。

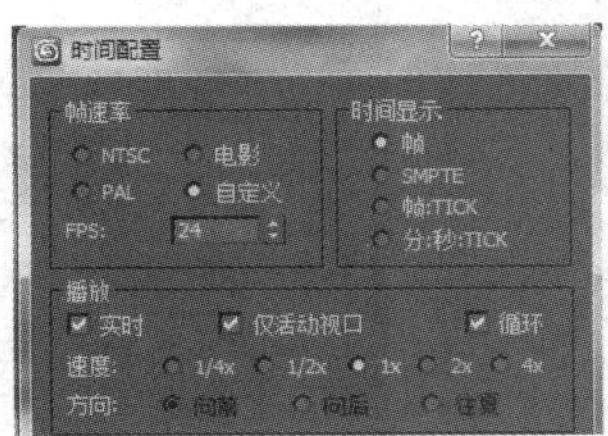

Step 01 单击“时间配置”按钮，在弹出的对话框中设置“帧速率”的参数为24FPS，如图所示。

> **提 示**
>
> 在制作超级真实的场景时，为了和影片同步，需要将帧速率的参数值设置到24帧。

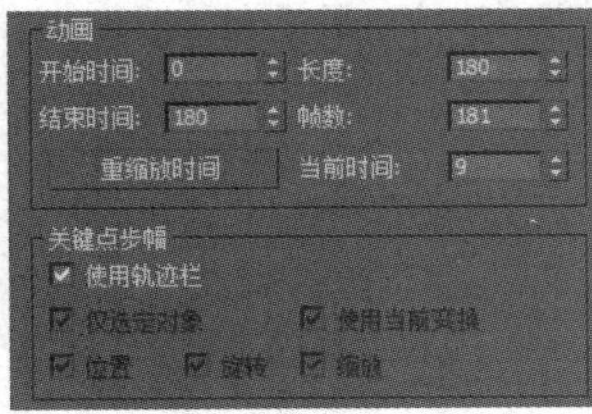

Step 02 在“动画”选项组中，设置“开始时间”的参数值为0，“结束时间”的参数值为180，如图所示。

Step 03 切换至“摄影机”视口，可以观察调整时间配置参数后对战斗机动画的影响，如图所示。

Step 04 前后来回拖动时间滑块，观察场景中的战斗机动画是否合适，如图所示。

提 示

在调整摄像机角度时会出现摄像机难以移动的问题，可以将试图切换到透视图，在利用移动、旋转等工具进行调整，再切换回摄像机视图观察。

Step 05 调整摄像机位置使位置和角度达到最佳，如图所示。

提 示

在场景中烟雾效果只能看出大概的走势，真正的效果还需要待渲染后才能进行查看。

Step 06 在“透视”视口中拉近场景，观察机尾处的烟雾效果，如图所示。

14.3.2 渲染设置与输出

通过3ds Max渲染输出的动画场景通常使用视频文件格式，如AVI等，在特定情况下也可以输出为帧序列，将每一帧都输出为图片。

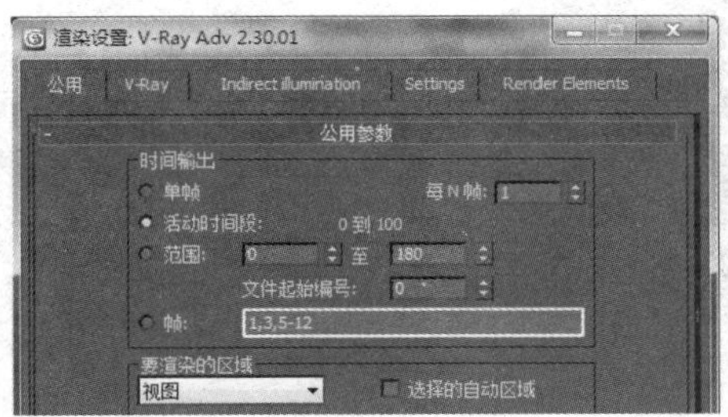

Step 01 单击“渲染设置”按钮，打开“渲染设置”对话框，选中“活动时间段”单选框，如图所示。

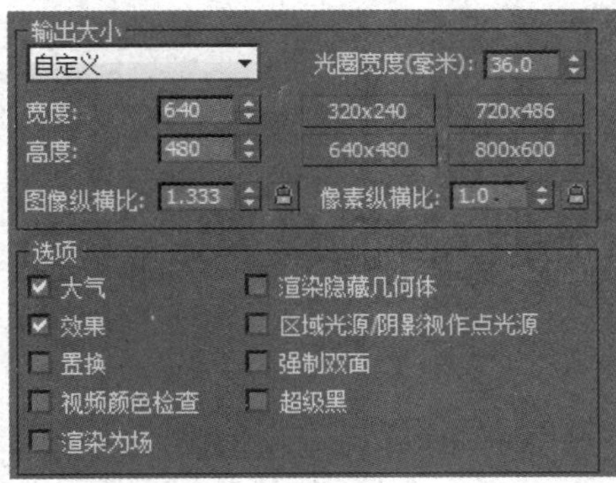

Step 02 继续“输出大小”选项组中分别设置“高度”和“宽度”的参数值为640和480，如图所示。

> **提　示**
>
> 在设置“输出大小”选项时，通常选择630×480，这样可以减少渲染的时间，成像上有不会太过模糊。

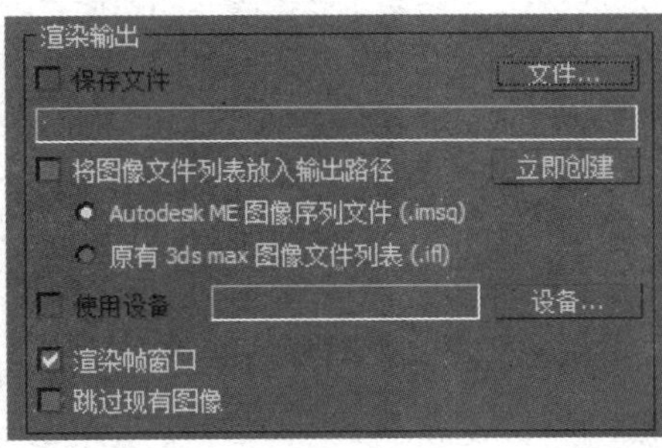

Step 03 在“渲染输出”选项组中单击“文件”按钮，如图所示。

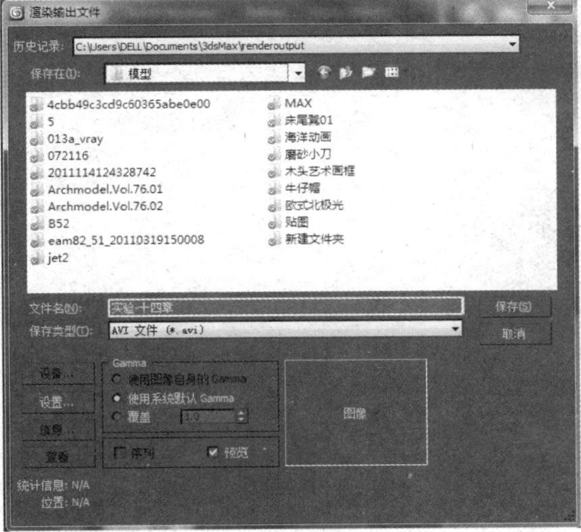

Step 04 在弹出的对话框，设置文件存放的路径和名称，并设置保存的文件格式为AVI格式，如图所示。

> **提　示**
>
> AVI格式是比较常用的视频保存格式，这种格式可以在其他后期软件中进行编辑而不需要再重新转换格式。

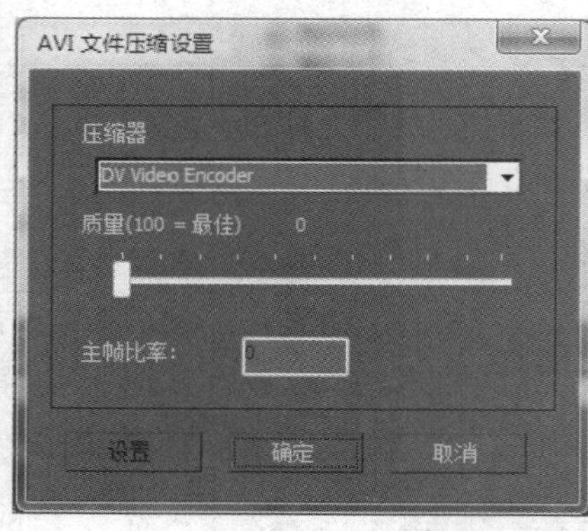

Step 05 保存过程中，会开启AVI压缩设置相关的对话框，设置压缩器的类型为DV Video Encoder，如图所示。

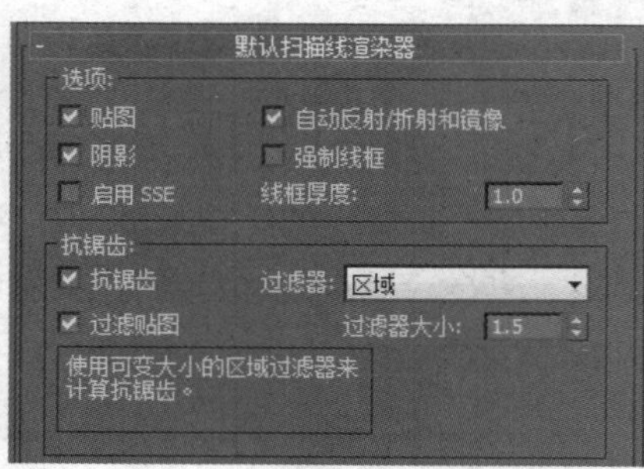

Step 06 在“渲染设置”对话框中切换到“渲染器”选项卡，然后按如图所示进行相应选项和参数的设置。

Step 07 进行渲染，先渲染单帧图进行观察，如图所示。

Step 08 确认无误后，进行最终视频的输出，效果如图所示。

提　示

在输出过程中应注意格式的选择。格式的不同，会直接影响输出动画的品质和大小。